KB052474

실내디자이너 자격예비시험

(사)한국실내디자인학회 편저

미 세 움

머리말

실내디자인(건축)은 전문화된 분야로, 건물 내부의 전반적인 설계에서 시공에 이르는 과정으로 건축물의 구조와 외관을 구성하는 설계와 시공까지 과정인 건축업과 차이가 있으나 직무수행은 설계도면 제작 및 현장의 시공관리업무까지 포함하는 것으로 건축업과 유사한 업무능력이 필요합니다.

건축물의 내부는 실제 건축의 외관보다 면(바닥, 벽, 천정)의 구성이 많고, 각 공간의 사용방안에 따라 추가적인 장식이나 벽면의 구성으로 인해 생성되는 바닥, 벽, 천장의 구성(디자인적인 형태와 기능, 재료를 포함)이 매우 다양하고 복잡합니다. 이를 종합적으로 아우르는 실내건축 업무의 범위와 역할은 매우 중요하며, 특히 이는 공간을 사용하는 사용자들의 행동과 활동, 기본적인 일상생활을 포함한 건강과 안전까지 고려해야 하는 매우 중요한 분야입니다.

실내디자인(건축) 분야는 1979년 한국실내건축가협회(KOSID)가 설립된 후, 1988년 대학에 실내디자인학과가 신설되며 학문분야에도 정착하게 되었으며, 1991년 3월 한국실내디자인학회(KIID)가 설립되었습니다. 건설분야에서도 그 전문적 영역이 인정되어 1991년 8월 대한전문건설협회 실내건축공사업협의회(ICC)가 설립되었으며 세 단체는 실내디자인 분야의 질적, 양적 발전과 균형을 이루며 발전해 왔습니다.

[실내디자이너자격제도]는 (사)한국실내건축가협회(KOSID)가 산업계의 수요와 소비자의 선택권, 교육기관의 요구에 부응하고자 2005년부터 시행하고 있는 자격제도로서, 실내디자인 분야의 기획과 설계, 시공관리 및 감리 영역에서 직무를 수행하는데 필요한 전문 지식과 실무 능력을 검증하여 실내디자이너 자격을 부여하는 국가공인 민간자격제도입니다.

[실내디자이너자격제도]의 운영목적은 검증된 실내디자이너가 수주하여 국민(소비자)에게 안전하고 건강한 실내공간에 거주할 기회 제공 · 실내건축 업무 시 설계 수주자의 자격 근거로 활용 · 실내건축분야 산업체에서 요구하는 검증된 전문인력으로 활용 · 실내건축분야 종사자에게 전문 능력개발기회 및 권리확대로 실내건축 분야 인재를 육성합니다.

실내디자이너자격검정은 실내디자인기획, 실내디자인설계, 실내디자인 시공관리 및 감리에 대한 직무내용 검증으로, 관련 학과 4년제 대졸 이상 또는 이와 동등한 학력수준 +3년 이상의 경력이 요구됩니다. 검정과목 및 방법은 단일등급으로 자격예비시험(필기)은 실내계획, 실내환경, 실내시공, 실내구조 및 법규 총 4과목 객관식이며, 자격시험(실기)은 실내공간 계획 및 설계를 평가합니다.

본 수험서는 [실내디자이너 자격예비시험] 과년도 문제집으로 실내계획, 실내환경, 실내시공, 실내구조 및 법규 총 4과목의 주요 평가 내용 요약과 과년도 문제, 실전모의고사 2세트로 구성되어 있습니다. 기존의 과년도 문제 및 모의고사 문제의 해설이 상세하게 정리되어 있으며, 문제와 관련한 각종 이론과 필수적인 학습 내용으로 구성되어 있습니다. 이는 실내디자인(건축) 분야의 발전과 우수한 인재양성을 위한 자격제도의 활성화를 도모함과 동시에 자격예비시험을 준비하는 수험생들에게 효과적인 학습내용이 될 것입니다.

모든 집필진들은 앞으로 실내디자인 분야의 후배세대가 더욱 발전된 산업구조에서 기량을 펼칠 모습을 고대하며 바쁜 시간을 쪼개어 헌신적이고 투철한 봉사의 마음으로 소망을 담았습니다. 모쪼록 본 수험서를 기반으로 실내디자이너 자격예비시험을 준비하시는 모든 수험생들의 건승을 기원합니다.

한국실내디자인학회 실내디자이너 자격예비시험
집필진 일동

차 례

제 1 장
실 내 계 획

제 2 장
실 내 환 경

제 3 장
실내시공

제 4 장
실내구조 및 법규

제1장

실내계획

INTERIOR PLANNING

01 실내디자인 이론

1 디자인 요소

1) 점, 선, 면

- 수직선 : 높이감, 심리적 상승감, 엄숙함, 희망, 위엄, 강하고 절대적인 느낌
- 수평선 : 확장감, 무한함, 영원성, 안정감, 편안함, 침착함, 고요하며 평화로운 느낌
- 사선 : 생동감 넘치는 에너지와 운동감 및 속도감을 주는 동시에 긴장감, 변화, 위험의 느낌을 줌
- 곡선 : 여성적인 느낌을 주는 선으로 큰 곡선의 경우 우아하며 부드럽고 풍요로운 느낌을 들게 하고 작은 곡선의 경우 경쾌하고 미묘한 느낌을 주는 동시에 불명료한 느낌을 줌

2) 형태

(1) 형태의 분류

- 이념적 형태 : 개념적 형태로 점, 선, 면, 입체
- 현실적 형태 : 현실에 존재하는 모든 형태
- 자연적 형태 : 자연적으로 형성되어 끊임없이 변화하는 형태
- 인위적 형태 : 인간이 인위적으로 만든 형태로 휴먼스케일과 관련 있으며 시대성을 가짐
- 추상적 형태 : 구체적 형태를 생략하거나 과장하여 재형상화한 형태

(2) 형태의 지각심리

- 그룹핑의 법칙 중 근접성은 2개 이상의 유사한 요소가 근접할 경우 하나로 지각하는 경향, 유사성은 색채, 형태, 크기, 질감, 패턴, 명암이 유사한 경우 하나의 그룹으로 인지하려는 경향, 연속성은 유사한 배열로 구성된 형들이 방향성을 지니고 연속되어 보이는 경향, 폐쇄성은 완전하지 않은 형태 또는 그룹을 완전한 형태나 그룹으로 인지하려는 경향을 의미함
- 도형과 배경의 법칙은 도형과 배경을 동시에 지각하는 것이 아닌 둘 중 하나만을 인식하는 경향
- 기하학적 착시란 형태, 길이, 각도 등이 처한 조건에서 실제와 다르게 보이는 현상
- 거리의 착시는 형태는 같으나 크기가 다를 경우 3차원의 거리감, 깊이감이 있는 것으로 보이는 것
- 길이의 착시는 같은 길이라 할지라도 화살표의 방향, 수직/수평, 선 끝처리에 따라 길이가 달리 보이는 것
- 방향의 착시란 하나의 선이 타선의 간섭을 받아 형태의 착각이 생기는 것을 의미함
- 크기의 착시는 같은 크기라 할지라도 겹친 순서, 인접한 선과의 관계, 바탕의 색 등에 따라 그 크기가 달리 보이는 현상
- 위치에 의한 착시는 형태가 놓인 위치에 따른 착시
- 대비에 의한 착시는 인접한 선의 길이, 각도의 크기 등에 따라 길이나 크기가 달리 보이는 현상

3) 공간

(1) 공간의 구성

- **모듈계획** : 현대건축에서 계획자가 적절히 설정한 구체적이고 상대적인 단위로 바닥, 벽, 천장, 가구 등의 공간요소 사이의 균형을 정하고 치수를 결정하는 데 편리함. 건축 부품을 규격화하고 공장 생산하여 시공비를 경감시키기 위해 중요한 요소
- **동선** : 공간에서 사람이나 물건이 지나는 길로 일반적으로 짧은 동선이 효율적이나 공간의 성격에 따라 길게 머무를 수 있는 동선을 계획하기도 함

(2) 공간의 분할

- 완전 차단적 분할 : 차단막 등을 이용하여 공간을 물리적, 시각적으로 폐쇄하는 분할로 차단막의 높이는 눈높이인 1.5m 이상으로 함
- 간접 차단적 분할 : 넓은 공간을 기둥, 식물, 가구, 수공간 등으로 분할
- 지각적 · 심리적 분할 : 동선 변화, 조명, 색채, 마감재의 변화에 따른 분할

6) 질감과 문양

(1) 질감

- 직접 만져보거나 시각을 통해 간접적으로 느낄 수 있는 표면의 촉감
- 같은 색채라도 질감에 따라 다른 색조를 보이므로 재료 선택 시 질감과 조명을 함께 고려해야 함
- 매끄러운 질감은 빛을 반사하여 환하고 가벼운 느낌을 주며 선명하게 느껴짐 거친 질감의 경우 빛을 흡수하고 음영이 생겨 무겁고 안정적인 느낌을 줌

1. 디자인 요소

기출 및 예상 문제

01 다음 형태지각의 특성 중 옳은 것은? 공인2회, 공인3회, 공인4회

① 유사성이란 제반 시각요소들 중 형태의 경우만 서로 유사한 것들이 연관되어 보이는 경향을 말한다.
② 근접성이란 가까이 있는 시각요소들을 패턴이나 그룹으로 인지하려는 특성을 말한다.
③ 폐쇄성이란 완전한 시각요소들을 불완전한 것으로 보게 되는 성향을 말한다.
④ 도형과 배경의 법칙이란 양자가 동시에 도형이 되거나 동시에 배경이 될 수 있는 성향이다.

02 질감에 관한 설명으로 옳지 <u>않은</u> 것은? 공인4회

① 질감의 선택 시 스케일, 빛의 반사와 흡수 정도, 촉감 등의 요소가 중요하다.
② 질감은 만질 때 느껴지는 디자인요소이다.
③ 거친 질감은 빛을 흡수한다.
④ 질감은 실내디자인을 통일시키거나 파괴할 수도 있는 중요한 디자인요소이다.

정답 및 해설

01 ②
유사성이란 색채, 형태, 크기, 질감, 패턴, 명암이 유사한 경우 하나의 그룹으로 인지하려는 경향이다. 폐쇄성이란 완전하지 않은 형태 또는 그룹을 완전한 형태나 그룹으로 인지하는 형태지각의 특성을 말한다. 도형과 배경의 법칙은 도형과 배경을 동시에 지각하는 것이 아닌 둘 중 하나만을 인식하는 것을 뜻한다.

02 ②
질감은 직접 만져보거나 시각을 통해 간접적으로 느낄 수 있는 표면의 촉감이다.

03 선이 갖는 조형심리적 효과에 대해 바르게 설명하고 있는 것은? 공인1회

① 수직선은 구조적인 높이감과 존엄성, 엄숙함을 느끼게 한다.
② 수평선은 확대, 무한, 평온함, 확장감이 있는 동시에 감정을 동요시키는 특성이 있다.
③ 사선은 생동감이 넘치는 에너지를 느끼게 하며, 동시에 안정감과 편안함을 준다.
④ 곡선은 경쾌하며 남성적인 느낌이 들게 한다.

04 모듈(module)계획과 관련한 다음 설명 중 적합한 것은? 공인3회

① 모듈은 가구의 유형, 크기, 배치는 고려하지 않는다.
② 모듈을 설정하여 계획을 전개시키면 설계 작업이 용이해질 수도 있다.
③ 수평방향의 계획모듈은 일반적으로 20㎝의 배수가 되도록 한다.
④ 기술적 효용성이 강조되나 시공비는 증가한다.

05 다음 중 공간을 분할하고 연결하는 방법으로 옳지 않은 것은?

① 공간 분할은 일반적으로 입구, 동선축을 기본으로 구성한다.
② 물리적, 시각적으로 공간의 폐쇄성을 갖도록 분할하는 것을 지각적 분할이라고 한다.
③ 너무 넓은 공간은 스크린, 가구, 화분을 두어 분할할 수 있다.
④ 공간의 연결방법으로 크기가 큰 공간 안에 작은 공간을 두는 방법이 있다.

정답 및 해설

03 ①
수평선은 편안한 느낌의 가로선으로 확장감, 무한함, 영원성, 안정감, 침착하고 고요하며 평화로운 느낌을 준다. 사선은 생동감 넘치는 에너지와 운동감 및 속도감을 주는 동시에 긴장감, 변화, 위험의 느낌을 준다. 곡선은 여성적인 느낌을 주는 선으로 큰 곡선의 경우 우아하며 부드럽고 풍요로운 느낌을 들게 하고 작은 곡선의 경우 경쾌하고 미묘한 느낌을 주는 동시에 불명료한 느낌을 전달한다.

04 ②
모듈계획은 현대건축에서 계획자가 적절히 설정한 구체적이고 상대적인 단위로 바닥, 벽, 천장, 가구 등의 공간요소 사이의 균형을 정하고 치수를 결정하는 데 편리하다. 특히 건축 부품을 규격화하고 공장 생산하여 시공비를 경감시키기 위해 중요한 요소이다.

05 ②
차단벽 등을 이용하여 공간을 물리적, 시각적으로 폐쇄하는 분할은 완전 차단적 분할이다. 넓은 공간을 화분, 가구 등으로 분할하는 것을 간접 차단적 분할, 동선 변화, 조명, 색채, 마감재의 변화에 따른 분할을 지각적 · 심리적 분할이라 한다.

06 다음 중 시각적 무게에 대한 설명으로 옳은 것은?

① 매끄러운 재료는 빛을 흡수하여 편안한 느낌을 준다.
② 기하학적 형태가 불규칙한 형태보다 무겁게 느껴진다.
③ 거친 표면은 무겁고 안정적인 느낌을 준다.
④ 따뜻한 색이 차가운 색보다 무겁게 느껴진다.

07 기하학적인 관점에서의 형태로 개념적으로만 제시되는 상징적 형태는 무엇인가?

① 인위적 형태
② 자연적 형태
③ 이념적 형태
④ 추상적 형태

정답 및 해설

06 ③
매끄러운 재료는 빛을 반사하여 환하고 가벼운 느낌을 준다. 기하학적 형태는 불규칙한 형태보다 가볍게 느껴진다. 따뜻한 색이 차가운 색보다 가볍게 느껴진다.

07 ③
인위적 형태는 인간에 의해 인위적으로 만들어진 형태로 시대성을 갖는다. 자연적 형태는 자연적으로 형성되어 끊임없이 변화하는 형태이다. 추상적 형태는 구체적 형태를 생략하거나 과장하여 재형상화한 형태이다.

2 디자인 원리

- **스케일/척도/규모**(scale) : 공간이나 물건의 크기에 대한 상대적인 크기를 나타내는 개념으로 실내공간에서는 인체 스케일(human scale)을 우선하여 고려하여야 함
- **비례**(proportion) : 스케일과 마찬가지로 상대적인 개념이나 황금비와 같이 부분과 부분 또는 부분과 전체와의 수량적 관계로 규정됨
- **균형**(balance) : 선, 면, 형, 크기, 방향, 재질감, 색채, 명도 등 모든 시각 요소의 배치와 결합으로 표현. 실내공간 계획 시 수직축에 의한 좌우의 균형, 수평축에 의한 상·하의 균형을 모두 고려하여야 함. 같은 색채라 하더라도 면적, 형태, 질감 등에 따라 다른 무게감을 가지므로 공간의 균형을 표현하기 위해 공간요소의 다양한 측면을 고려하여야 함
- **리듬**(rhythm) : 통일성을 전제로 한 동적 변화로 공간요소의 크기, 형태, 색채, 구성을 반복(repetition), 점진(gradation), 교차(replacement), 대비(contrast)하는 기법을 사용하여 표현 가능함. 반복은 동일한 형태, 색채, 문양, 질감 등이 일정한 간격으로 반복되는 현상, 점진은 공간요소가 점차 커지거나 작아지는 또는 강해지거나 약해지는 현상으로 반복보다 복잡하고 동적인 리듬감을 표현 가능, 교차는 엇갈리거나 규칙적으로 반복되는 현상, 대비는 반대되는 요소에서 형성되는 리듬으로 지나치게 과한 대비는 리듬의 효과를 저해할 수 있음
- **강조** : 크기, 색상, 재료. 위치, 명암 등을 통해 표현할 수 있으며 전체의 조화를 파괴하는 것이 아닌 공간의 성격을 명확하게 하려는 목적으로 사용. 대비, 분리, 배치에 의한 강조 기법을 사용할 수 있음
- **조화** : 둘 이상의 요소를 동일한 공간에 배열하는 것. 대비조화는 상반되는 구성요소를 통해 공간에 대립과 긴장을 부여하여 개성이 뚜렷하고 생생한 공간을 표현하는 기법. 유사조화는 통일성이 높은 요소들의 조화로 안정적이고 편안한 느낌을 줄 수 있으나 자칫 공간이 지루해질 수 있음
- **대비** : 상반된 둘 이상의 요소 결합으로 각각의 특징이 더욱 강하게 느껴지는 현상으로 극적인 분위기를 연출하는 데 효과적이나 지나친 대비는 난잡하여 통일성을 방해할 수 있음
- **통일** : 실내공간에 미적 질서를 주는 기본원리로 실내공간의 다양한 디자인요소가 서로 관계를 맺고 하나의 완성체로 종합하는 것을 의미함. 지나친 통일은 지루하고 무미건조한 공간이 될 수 있으므로 통일과 변화가 적절히 조화를 이루도록 계획하여야 함[1)]

---

1) 한국실내디자인학회(2016), 실내디자인론, pp.84-94

2. 디자인 원리

기출 및 예상 문제

제1장 실내계획
제2장 실내환경
제3장 실내시공
제4장 실내구조 및 법규

01 용어에 대한 설명 중 옳지 않은 것은? 공인1회

① 레이아웃이란 공간의 배분계획에 따른 배치를 말한다.
② 조닝이란 기능, 용도, 목적에 따라 전체 공간을 몇 개의 생활권으로 구분하는 것이다.
③ 스케일의 상이성이란 하나의 선이 타선의 간섭을 받아 형태의 착각이 생기는 것이다.
④ 원룸 시스템은 공간을 필요에 따라 기능을 중첩시키거나 동작공간을 공유할 때 적용한다.

02 실내공간에서의 균형에 대한 설명 중 올바른 것은?

① 선, 면, 입체 등 형태에 의해서만 균형의 표현이 가능하다.
② 동일한 색채는 형태, 질감에 관계없이 동일한 무게를 가진다.
③ 실내공간에서는 수평축에 따른 균형을 우선적으로 고려해야 한다.
④ 시각적으로 안정되어 보이는 상태를 의미 한다.

정답 및 해설

01 ③
하나의 선이 타선의 간섭을 받아 형태의 착각이 생기는 것을 방향의 착시라 한다. 스케일은 공간이나 물건의 크기에 대한 상대적인 크기를 나타내는 개념이다.

02 ④
균형은 선, 면, 형, 크기, 방향, 재질감, 색채, 명도 등 모든 시각 요소의 배치와 결합에 의해 표현된다. 실내공간 계획 시 수직축에 의한 좌우의 균형, 수평축에 의한 상하의 균형을 모두 고려하여야 한다. 동일한 색채라 하더라도 면적, 형태, 질감 등에 따라 다른 무게감을 가지므로 공간의 균형을 표현하기 위해 공간요소의 다양한 측면을 고려하여야 한다.

03 디자인 원리 중 조화(harmony)에 대한 설명으로 옳은 것은?

① 둘 이상의 요소가 동일한 공간에 배열될 때 서로의 특징을 돋보이게 한다.
② 전체적인 조립방법이 모순 없이 질서를 잡는 것이다.
③ 대비조화는 감정의 온화성, 안전성이 있으나 통합이 어려우므로 피하는 것이 좋다.
④ 통일성이 높은 요소들의 결합은 생동감이 있다.

04 다음 중 실내공간의 성격을 더욱 명확히 하는 요소는 무엇인가?

① 리듬 ② 변화
③ 강조 ④ 균형

05 디자인 원리 중 점진(gradation)에 대한 설명으로 옳은 것은?

① 형태들의 크기, 방향, 색깔이 점차 변화하는 것을 의미
② 공간에 통일감을 부여하기 위해 사용
③ 동일한 형태, 색채, 문양, 질감 등이 일정한 간격으로 반복되는 현상
④ 반복보다 단순하고 정적인 기법

06 다음 중 규모(scale)에 대한 설명으로 옳은 것은?

① 물체와 인체의 상호관계를 뜻한다.
② 부분과 전체와의 수량적 관계로 규정된다.
③ 실내공간 계획에서는 공간요소 간의 스케일을 우선적으로 고려해야 한다.
④ 규모는 절대적인 크기, 즉 척도를 의미한다.

정답 및 해설

03 ②
둘 이상의 요소가 동일한 공간에 배열되는 것은 디자인 원리 중 반복에 대한 설명이다. 상반되는 구성요소를 통한 대비조화는 공간에 대립과 긴장을 부여하여 개성이 뚜렷하고 생생한 공간을 표현할 수 있다. 통일성이 높은 요소들의 유사조화는 안정적이고 편안한 느낌을 줄 수 있으나 자칫 공간이 지루해질 수 있다.

04 ③
강조는 크기, 색상, 재료, 위치, 명암 등을 통해 표현할 수 있으며 전체의 조화를 파괴하는 것이 아닌 공간의 성격을 명확하게 하려는 목적으로 사용된다. 대비, 분리, 배치에 의한 강조 기법을 사용할 수 있다.

05 ①
공간에 리듬감을 표현하기 위해서 크기, 형태, 색채, 구성을 반복(repetition), 점진(gradation), 교차(replacement), 대비(contrast)하는 기법을 사용할 수 있다. 동일한 형태, 색채, 문양, 질감 등이 일정한 간격으로 반복되는 현상은 반복에 대한 설명이다. 점진은 반복보다 복잡하고 동적인 리듬감을 표현할 수 있다.

07 다음 디자인 원리 중 리듬(rhythm)을 표현하기 위한 방법이 <u>아닌</u> 것은?

① 반복(repetition)
② 억양(accentuation)
③ 점진(gradation)
④ 대비(contrast)

정답 및 해설

06 ①

실내공간 계획에서 우선적으로 고려되어야 할 사항은 인체 스케일(human scale)이다. 비례(proportion)는 스케일과 마찬가지로 상대적인 개념이나 황금비와 같이 부분과 부분 또는 부분과 전체와의 수량적 관계로 규정된다.

07 ②

리듬 표현 방법에는 반복(repetition), 점진(gradation), 교차(replacement), 대비(contrast)가 있다.

3 실내건축의 구성요소

1) 실내건축의 기본요소

- 실내건축은 물리적 측면, 정서적 측면, 환경적 측면, 심미적 측면, 실용적 측면, 환경적 측면 모두를 고려하여야 함. 실내건축의 범위는 건물의 내부공간을 구성하는 바닥, 벽, 천장, 개구부, 기둥, 보, 계단, 통로, 가구, 조명, 실내조경 등을 모두 포함함

(1) 바닥

- 바닥은 벽이나 천장에 비해 변형이 쉽지 않으나, 레벨의 차이, 마감재로 다양성을 부여
- 안전성을 최우선으로 고려하되 지속성과 내구성도 고려
- 바닥 난방, 난방 배관, 바닥 공조 덕트, 전기, 전화, 통신설비 등 고려

(2) 천장

- 천장은 수평적 요소로 공간의 수직적 시각 효과를 결정하는 데 중요한 역할을 하며 공간의 스케일에도 큰 영향을 미침
- 천장 디자인 시 조명, 스피커, 공조 및 소방설비를 고려하여야 함

(3) 벽

- 공간의 형태를 결정하는 가장 중요한 요소
- 위치에 따라 실내에 있는 내벽과 실외와 인접한 외벽, 구조에 따라 상부 하중을 지지하는 내력벽과 비내력벽으로 구분
- 내력벽은 상부의 하중과 벽 자체의 하중을 받는 벽으로 실내공간구성이나 동선을 고려해야 하며 주로 습식보다는 건식구조로 이루어져 있음
- 비내력벽은 오직 벽 자체의 하중만을 받는 벽으로 건식구조를 많이 사용함
- 상징적 벽체는 높이 60㎝ 이하로 걸터앉을 수 있고 시각적으로 교류하며 공간의 영역을 한정할 수 있음

(4) 개구부

- 문은 동선을 연결하는 기능 이외에 공간의 사용 목적, 실내외 분위기의 조화 등을 고려하여 문의 개수, 크기, 형태, 디자인 등을 결정. 최소 문폭은 600㎜이나 일반적으로 900㎜ 내외이며, 일반적 문의 높이는 2,100㎜ 정도임
- 창은 채광, 환기, 통풍 이외에 조망, 장식의 목적을 위해 설치함. 창문 계획 시 방위, 조망, 기후, 조망, 건축양식과 같은 외적 요소를 고려하여 창의 효과를 극대화하여야 함. 창의 크기에 따라 공간의 개방감, 밀폐감, 확대감을 달리할 수 있음

2) 실내건축의 디자인요소

(1) 가구

- 가구 배치는 공간 이용자의 행태에 영향을 미칠 수 있음
- 가구의 배치계획은 실의 크기, 개구부 위치, 가구의 크기, 공간의 용도, 동선이나 시선의 흐름, 인체공학, 인간심리, 공간 이용자의 생활습관, 행위, 취향 등 다양한 요소를 모두 고려하여야 함[2)]
- 가구는 시대 유행뿐 아니라 지역과 민족의 문화적 특성을 반영함

(2) 조명

- 조명은 기능적 효과, 생리적 효과, 미학적 효과를 지님
- 색온도는 광원의 실제 온도가 아닌 시각적으로 인지하는 온도의 느낌을 뜻하며, 높은 색온도는 차가운 느낌의 빛, 낮은 색온도는 따뜻한 느낌의 빛을 나타냄
- 천장높이가 높아 보이는 효과를 내기 위해서는 후퇴되어 보이는 효과가 있는 저명도, 저채도의 한색계열이 적절함

2) 최정신 외(2009), 실내디자인, p.198

〈표 1-1〉 조명형식의 분류

분 류	조명형식	기구형식	비 고
부위별	천장조명	매입등(down light) 펜던트(pendent)	• 천장면에 매입되는 형식 • 천장에 매달려 드리워져 있는 형식
	벽조명	벽부등(bracket)	• 벽의 일부나 전체에 조명벽에 주착된 형식
	바닥조명	스탠드플로어(standfloor) 테이블 스탠드(table stand)	• 독서나 분위기용 • 작업보조나 장식용
형식별	전반조명	광천장(luminious ceiling) 모듈화 조명(modular)	• 구조체로 천장에 조명기구를 설치, 그 아래 루버, 유리, 플라스틱 등으로 마감 • 균질조명 형식
	국부조명	스포트라이트(spot light) 빔라이트(beam light)	• 특정 부위의 집중 • 조사하기 위한 형식
	장식조명	펜던트(pendant) 샹들리에(chandelier)	• 천장에 매달려 분위기의 연출, 상징목적, 장식 조명
	건축화조명	빌트인(built-in light) 코드(cove) 코니스(cornice) 캐노피(canopy)	• 건축벽, 천장 • 구체에 포함되는 조명 • 벽면 상부 위치. 아래로 직사 • 벽면 천장 일부가 돌출 카운터 상부 욕실 세면대

출처 : 실내건축연구회(2015), 실내계획, p.40

3. 실내건축의 구성요소

기출 및 예상 문제

01 다음 동선에 관한 설명 중 틀린 것은? 제17회

① 공간계획 시 모든 동선을 짧게 계획하는 것이 필수적이다.
② 선(線)으로서 사람이나 물건이 움직이는 선(線)을 연결한 궤적이다.
③ 모든 동선은 시작이 있으며 연속적인 공간을 통해 목적하는 동선까지 이어진다.
④ 이동하면서 이루어지는 사람의 행위나 물건의 흐름을 동선계획 시에 고려하여야 한다.

02 실내건축의 개념을 설명한 것 중 알맞은 것은? 공인4회

① 실내건축은 물리적 측면, 정서적 측면, 환경적 측면, 심미적 측면 중에서 선택적으로 고려하는 디자인이다.
② 실내건축은 쾌적한 실내환경 조성을 위한 능률적인 공간구성으로 기능성 보다는 미적인 측면이 우선되는 중요한 목표이다.
③ 디자인 작업 시 고려할 조건 중에서 인간공학, 공간규모, 배치 및 동선 등의 요소는 실내건축의 기능적 조건과 관련된 것이다.
④ 실내건축은 실내공간을 다루는 것이므로 기둥, 보, 계단 등의 건축적 구성요소와는 별개로 이루어져 있다.

정답 및 해설

01 ①
공간에서 사람이나 물건이 지나는 길을 동선이라 한다. 일반적으로 짧은 동선이 효율적이나, 백화점의 판매공간과 같이 공간의 성격에 따라 길게 머무를 수 있는 동선을 계획하기도 한다.

02 ③
실내건축은 물리적 측면, 정서적 측면, 환경적 측면, 심미적 측면, 실용적 측면, 환경적 측면 모두를 고려하여야 한다. 실내건축은 건물의 내부공간을 구성하는 바닥, 벽, 천장, 개구부, 기둥, 보, 계단, 통로, 가구, 조명, 실내조경 등을 모두 포함한다.

03 공간을 구성하는 기본요소에 관한 다음 설명 중 맞는 것은? 공인4회

① 천장은 촉각적 효과가 시각적 효과보다 역할이 큰 요소이다.
② 바닥은 신체와 직접 접촉하므로 안전성이 가장 먼저 고려되어야 한다.
③ 통행이나 시각적 방해가 되지 않지만 공간의 영역을 한정하는 상징적 벽체의 최대 높이는 1,500~1,600㎜이다.
④ 비내력벽은 오직 벽 자체의 하중만을 받는 벽으로 건식보다는 습식구조가 많이 사용된다.

04 다음 중 바닥공간 디자인에 있어서 고려사항이 <u>아닌</u> 것은? 공인4회

① 소모에 의한 지속성 및 내구성
② 조명, 스피커, 공조 및 소방설비
③ 소리의 흡수 및 반사
④ 패턴, 스케일, 방향 등의 독특한 디자인요소

05 창에 대한 설명으로 올바른 것은?

① 창의 목적은 채광, 환기, 통풍이다.
② 창문 계획 시 실내공간에서 보이는 창의 형태가 가장 우선적으로 고려되어야 한다.
③ 건물의 지붕이나 천장면에 채광 또는 환기 목적으로 낸 창을 천장이라 한다.
④ 창의 크기는 공간의 개방감, 확대감 제공과는 무관하다.

정답 및 해설

03 ②
천장은 수평적 요소로 공간의 수직적 시각 효과를 결정하는 데 중요한 역할을 하며 공간의 스케일에도 큰 영향을 미친다. 상징적 벽체는 높이 60㎝ 이하로 걸터앉을 수 있고 시각적 교류가 가능하나 공간의 영역을 한정할 수 있다. 비내력벽은 오직 벽 자체의 하중만을 받는 벽으로 건식구조를 많이 사용한다.

04 ②
조명, 스피커, 공조 및 소방설비는 천장 디자인 시 고려할 사항이다.

05 ③
창은 채광, 환기, 통풍 이외에 조망, 장식의 목적을 위해 설치된다. 창문 계획 시 방위, 조망, 기후, 조망, 건축 양식과 같은 외적요소를 고려하여 창의 효과를 극대화하여야 한다. 창의 크기에 따라 공간의 개방감, 밀폐감, 확대감을 달리할 수 있다.

06 실내공간에서 내력벽에 관한 설명으로 올바른 것은? 공인3회

① 상부의 하중과 벽 자체의 하중을 받는 벽이다.
② 실내공간구성이나 동선계획과는 무관하다.
③ 벽 자체의 하중만을 받는 벽이다.
④ 건식구조로만 구성된다.

정답 및 해설

06 ①
내력벽은 상부의 하중과 벽 자체의 하중을 받는 벽으로 내력벽 계획 시 실내공간구성이나 동선을 고려해야 하며 주로 습식보다는 건식구조로 이루어져 있다.

4 색채

1) 색의 지각

- 색은 빛이 인간의 눈을 자극할 때 지각할 수 있는 시감각으로 색을 지각하기 위해서는 가시광선을 복사하는 광원(자연광, 인공광), 광원에서 나오는 광선을 반사하거나 투과시키는 물체, 광선을 지각하는 인간의 눈이 필요함.
- 가시광선 : 사람이 눈으로 지각하는 범위의 빛의 전자파로 380~780nm(나노미터) 범위
- 빛이 프리즘을 통과하게 되면 파장이 다른 7가지 색으로 분류됨. 물체가 흡수하지 않고 반사하는 색을 사람이 인지하게 되는데 예를 들어 물체가 빨강으로 보이는 것은 다른 6가지 색은 모두 흡수하고 빨강만 반사하기 때문
- 수용기 결함에 의한 색맹으로 명암만 판단하는 사람의 눈은 추상체가 아닌 간상체만 활동하게 되며 이를 전색맹이라 함
- 장파장은 따뜻한 느낌으로 적색광, 단파장은 차가운 느낌으로 자색광
- 색광의 3원색은 빨강(=적, Red), 초록(=녹, Green), 파랑(=청자, Blue)으로 혼합할수록 밝아져 흰색에 이르게 되며 이를 가법혼색(additive mixture of colors)이라 함
- 빨강 + 파랑 = 적자(=자홍, magenta)
- 초록 + 빨강 = 노랑(=황, yellow)
- 초록 + 파랑 = 청(=청록, cyan)
- 색료의 3원색은 노랑(=황, yellow) · 청(=청록, cyan) · 적자(=자홍, magenta)로 가할수록 명도가 떨어져 어두워지므로 감법혼색이라고 함
- 노랑 + 적자 = 빨강(=적, red)
- 노랑 + 청 = 초록(=녹, green)
- 적자 + 청 = 파랑(=청자, blue)
- 색의 3속성은 색상, 명도, 채도
- 색상은 인간이 시각적으로 구별 가능한 색의 속성으로 빛의 파장에 따라 배열됨. 따뜻한 색상은 진출하는 느낌으로 부드럽고 커 보이나 벽이나 천장에 사용하면 공간이 좁게 느껴짐. 시원한 색상은 침착하고 조용한 분위기를 연출하고 공간이 넓어 보이나 시각적 관심을 끌기 어려움

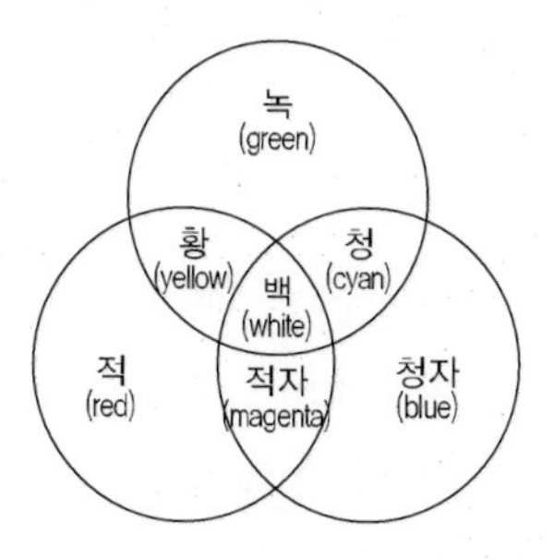

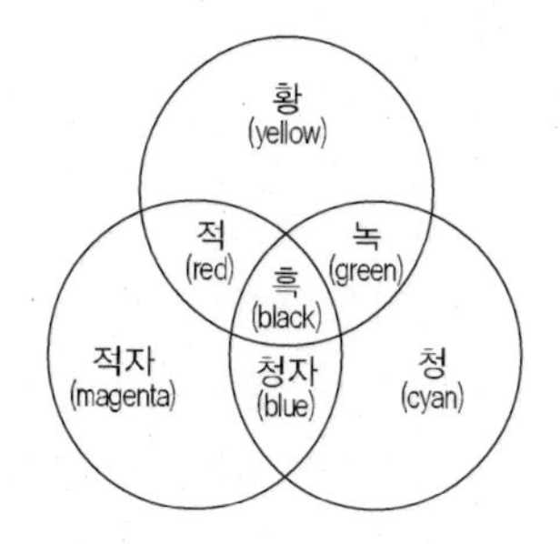

[그림 1-1] 가법혼색(좌)과 감법혼색(우)의 3원색

출처 : 실내건축연구회(2015). 실내계획. p.49

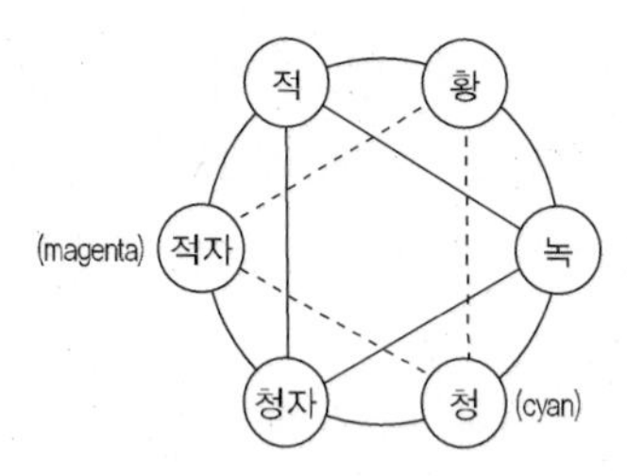

[그림 1-2] 2가지 3원색의 관계

출처 : 실내건축연구회(2015). 실내계획. p.49

2) 색의 체계

- 명도는 동일 색상에서 보이는 어두움과 밝음의 척도로 흰색의 반사율은 85%, 회색은 30%, 검정은 3% 정도임. 명도가 높아 흰색에 가까운 벽과 천장은 공간이 커 보이는 효과가 있음. 명도 대비가 큰 경우 물체가 커 보이고 돌출되어 보임
- 채도는 순색에 다른 색을 섞어 탁해지는 정도의 차이를 의미하며 순색에 가까울수록 채도가 높고, 무채색에 가까울수록 채도가 낮아지며 무채색의 채도는 0임
- 먼셀표색계는 한국산업규격으로 채택된 표색계로 색상(Hue), 명도(Value), 채도(Chroma)를 HV/C의 기호로 사용. 5YR 7/12의 경우 5는 대표색상, YR은 주황색, 7은 명도, 12는 채도를 의미함
- 오스트발트 표색계는 독일에서 창안되었으며 백색량·흑색량의 기호로 표시
- CIE(Commission International L'Eclairage) 표색계는 국제조명위원회에 의하여 결정된 국제기준으로 적(red)·녹(green)·청(blue)자의 조합에 의해 모든 색을 나타냄
- NCS는 스웨덴표준협회에 채택된 표색계

3) 색채의 지각적 효과

(1) 대비

- 동시대비 : 2가지 이상의 색을 동시에 볼 때 서로 다른 색의 영향을 받아 실제와 달리 보이는 현상으로 명도대비, 색상대비, 채도대비, 보색대비가 이에 속함
- 계시대비 : 앞서 보았던 색이 다음에 보이는 색에 영향을 미치는 현상
- 면적대비 : 면적에 따라 채도, 명도가 달리 보이는 현상으로 면적이 클수록 채도, 명도가 증가함
- 한난대비 : 인접한 색에 따라 따뜻하거나 차가운 색의 느낌이 달라지는 현상
- 연변대비 : 두 선 또는 색이 겹치는 지점에서 색상, 명도, 채도의 대비현상이 겹치지 않는 지점에 비하여 더욱 강하게 나타나는 현상. 명도단계대비는 연변대비에 속하며 명도단계가 순서대로 배치되어 있을 때 인접한 부분이 가장 강하게 대비되어 보이는 현상
- 대비와 게슈탈트 : 색, 밝기, 형태와 면적의 조건에 따라 대비현상이 달리 보이며 시각적 관심을 기울이는 쪽의 형태나 밝기로 변화되어 보이는 현상

(2) 동화현상

- 주변의 색이나 패턴과 유사하게 보이는 현상

(3) 잔상

- 기존의 색의 잔상이 다음 색에 동질 또는 이질적인 영향을 미치는 현상으로 부의 잔상, 정의 잔상, 보색잔상이 이에 속함

(4) 항상성

- 항상 고유한 색으로 인식되는 것으로 흰색은 항상 흰색으로 인지되는 현상

(5) 주관색

- 무채색의 자극을 주관적인 시감각에 따라 유채색으로 인지하는 현상

(6) 색의 면적효과

- 색의 크기에 따라 색의 시각반응이 달라지는 현상으로 면적이 클수록 더욱 밝

고 강하게 느껴지고, 윤곽이 뚜렷할수록 채도는 높고 명도가 낮게 느껴짐

(7) 색의 시인성과 유목성

- 시인성(명시도) : 같은 색이라 할지라도 배경색에 따라 뚜렷하게 보이는 정도에 차이가 있는 현상으로 검정 배경에서 노란색은 시인성이 높으나, 파랑색은 시인성이 낮음
- 유목성 : 눈에 띄는 색으로 고명도, 고채도의 색에서 유목성이 높게 나타나나 개인적인 경험 또한 적용됨

(8) 색의 진출 · 후퇴와 팽창 · 수축

- 난색은 팽창, 진출하여 보이고 가벼운 느낌을 주며, 한색은 수축, 후퇴되어 보이며 무거운 느낌을 줌

4) 색채의 감정적인 효과

(1) 색채와 감정

- 온도감 : 난색, 저명도의 무채색, 고명도의 유채색은 따뜻한 느낌을 줌. 한색, 고명도의 무채색, 저명도의 유채색은 차가운 느낌을 줌
- 중량감 : 명도 5~6 이상의 고명도는 가벼운 느낌을 주고 저명도는 무거운 느낌을 줌
- 강약감 : 색의 강하고 약한 느낌의 정도로 채도에 따라 결정됨
- 경연감 : 색의 부드럽고 딱딱한 느낌의 정도로 부드러운 느낌은 난색계열, 고명도, 저채도에서 느껴지고 이에 해당하는 톤은 패일(pale), 라이트(light), 덜(dull), 그래이쉬(graish). 딱딱한 느낌은 중명도 이하, 고채도의 한색계열에서 느껴지며 비비드(vivid), 딥(deep), 브라이트(bright), 스트롱(strong)에서 느껴짐
- 색채의 흥분 · 진정 : 따뜻한 색의 채도가 높은 색은 흥분감을 제공하고, 차가운 색의 채도가 낮은 색은 진정감을 줌
- 시간의 장단 : 지루하고 피로하며 싫증이 느껴지는 색은 적색계통이고, 푸른색 계통은 시간이 짧게 느껴지고 시원한 느낌을 제공함

(2) 색채와 이미지

- 연상은 색을 바라보는 사람의 문화적 특성, 개인적 특성 및 경험에 따라 달라질

수 있음. 색의 연상에 따른 일반적 반응을 사회적인 색으로 사용할 수 있음. 예를 들어 불을 상징하는 빨간색은 위험신호를 의미하고, 동양에서는 흰색이 죽음을 서양에서는 검은색이 죽음을 상징. 기호는 사회문화적 특징에 따라 일반적으로 나타나는 성향으로 젊은 층은 밝은 색을, 성인은 화려한 색을, 고령자는 강도가 약한 색을 선호함

5) 색채조화

- 색상(hue)은 색의 속성으로 실제 인간이 느끼고 구별할 수 있음
- 순색이란 명도가 가장 높은 색으로 빛의 파장에 따라 배열됨
- 비렌은 1차적인 3개의 기본색인 순색, 하양, 검정과 이들 3가지 기본색을 적절히 결합하여 2차적인 4개의 색조군을 구성하였음. 순색에 하양을 더한 밝은 색조(tint), 순색에 검정을 더한 어두운 색조(shade), 하양에 검정을 더한 회색조(gray), 순색과 하양, 검정을 모두 합한 톤(tone)으로 구분함

6) 색채디자인

(1) 공간을 위한 색채조화

- 중성색 : 회색, 베이지색, 크림색 등으로 안정감을 줄 수 있음. 모든 색을 중성색으로 사용한 배색방법은 단색조 배색방법이며, 하나의 색에 명도를 조절한 중성색은 수정이 쉬운 편

(2) 공간별 색채계획

- 주거공간은 전체적으로 편안하고 따뜻하고 밝은 느낌의 색 조화가 바람직함. 명도는 중량감에 크게 영향을 미치는데 바닥의 명도가 벽보다 낮을수록 안정감을 줌. 천장은 명도 5 이하, 벽은 명도 5~7, 바닥은 가장 낮은 톤으로 계획하여 공간에 안정감을 주도록 함. 침실은 거주자의 개성을 나타내는 배색도 가능하며, 어린이 방은 고채도 계열의 색상을 사용하거나 적은 면적에 강조 색을 사용할 수 있고 색상 변화가 쉬운 재료 선택을 고려할 수 있음. 욕실은 단순하고 청명한 느낌의 색상이 바람직함
- 업무공간의 현관, 홀, 로비는 활동적인 공간으로 강한 색채 사용으로 동선을 유도하거나 이미지를 연출하기에 효과적임

7) 색채와 문화

(1) 한국 전통공간의 색채

- 음양오행에 근간을 둔 한국 전통공간에서는 자연의 조화를 이루는 색채조화를 중요시함
- 음양오행의 오색에서 청은 동쪽, 적은 남쪽, 황은 중앙, 백은 서쪽, 흑은 북쪽을 상징

기출 및 예상 문제

4. 색채

01 인간이 색을 지각하기 위해서 갖추어야 할 세 가지 요소인 색의 3요소에 포함되지 않는 것은? 공인5회

① 가시광선을 복사하는 광원(자연광, 인공광)
② 광원에서 나오는 광선을 반사하거나 투과시키는 물체
③ 광선을 지각하는 인간의 감각기관(눈)
④ 대기 중의 오존층 및 부유물질

02 색의 혼합에서 그 결과 혼합전의 색보다 명도가 높아지는 혼합의 3원색과 이 3원색을 배합한 색으로 맞는 것은? 공인5회

① 빨강색(Red)+파랑색(Blue)+)노랑색(Yellow)=흰색(White)
② 마젠타(Magenta)+녹색(Green)+노랑색(Yellow)=검정색(Black)
③ 빨강색(Red)+녹색(Green)+파랑색(Blue)=흰색(White)
④ 마젠타(Magenta)+시안(Cyan)+노랑색(Yellow)=검정색(Black)

03 다음 내용 중 적절하지 않은 것은? 공인5회

① 조명을 위한 광원은 크게 자연광원과 인공광원으로 구분할 수 있다.
② 색온도를 나타내는 단위는 절대온도 K이다.
③ 높은 색온도는 따뜻한 느낌의 빛을 의미한다.
④ 색을 충실하게 보여줄 수 있는지를 지수로 표시한 것이 연색지수이다.

정답 및 해설

01 ④
색은 빛이 인간의 눈을 자극할 때 지각할 수 있는 시감각이다. 색을 지각하기 위해서는 가시광선을 복사하는 광원(자연광, 인공광), 광원에서 나오는 광선을 반사하거나 투과시키는 물체, 광선을 지각하는 인간의 눈이 필요하다.

02 ③
색광의 3원색은 빨강색(Red), 녹색(Green), 파랑색(Blue)이다. 색광은 혼합할수록 밝아져 흰색에 이르게 되며 이를 가법혼색(additive mixture of colors)이라고 한다.

04 아래 그림에서 흰 선이 겹치는 부분에 점이 있는 것으로 지각되는 것은 색채의 어떤 현상인가? 공인5회

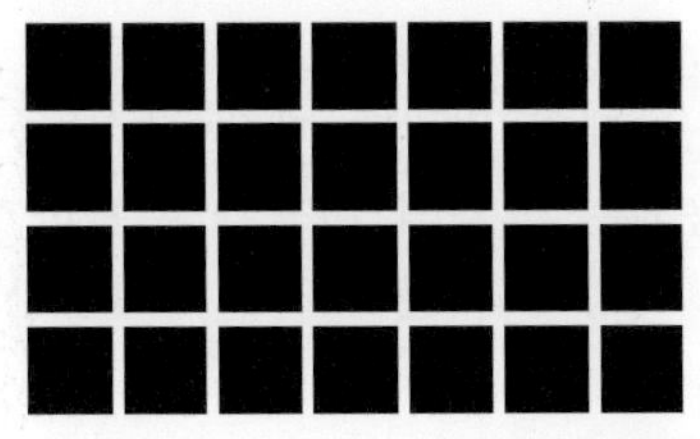

① 계시대비 ② 연변대비
③ 색상대비 ④ 채도대비

05 색채와 이미지에 대한 다음 내용 중 가장 적절한 것은?

① 빨간색은 위엄 있고 장엄한 느낌을 준다.
② 동양에서는 검은색이 죽음을 상징하고, 서양에서는 흰 색이 죽음을 상징한다.
③ 일반적으로 젊은 층은 강도가 약한 색을, 성인은 밝은 색을, 고령자는 화려한 색을 선호한다.
④ 색의 연상에는 구체적 연상과 추상적 연상이 있다.

06 다음 중 중성색을 이용한 배색에 대한 설명으로 맞는 것은? 공인5회

① 중성색의 사용은 생동감이 있다.
② 모든 색들을 중성색으로만 사용하는 배색방법이다.
③ 손쉽게 색채 계획을 할 수 있지만 잘못되면 수정이 어렵다.
④ 하나 이상의 강한 채도 색채를 도입해서 사용할 수 있다.

정답 및 해설

03 ③
높은 색온도는 차가운 느낌의 빛을 의미한다.

04 ②
연변대비는 두 선 또는 색이 겹치는 지점에서 색상, 명도, 채도의 대비현상이 겹치지 않는 지점에 비하여 더욱 강하게 나타나는 현상이다.

05 ④
불을 상징하는 빨간 색은 위험신호를 의미한다. 동양에서는 흰색이 죽음을 상징하고, 서양에서는 검은색이 죽음을 상징한다. 일반적으로 젊은 층은 밝은 색을, 성인은 화려한 색을, 고령자는 강도가 약한 색을 선호한다.

06 ④
회색, 베이지색, 크림색 등의 중성색은 안정감을 줄 수 있다. 모든 색을 중성색으로 사용한 배색방법은 단색조 배색방법이다. 하나의 색에 명도를 조절한 중성색은 수정이 쉬운 편이다.

07 다음 중 실내공간에 대한 색채디자인 시 고려해야 할 사항 중 맞는 것은?

공인3회, 공인4회

① 색채의 선정은 색 견본이나 재료 샘플 북에서 선정해야만 한다.
② 도장의 경우 젖었을 때와 말랐을 때의 색상 중 한 가지만을 고려한다.
③ 실내공간에서 사용되는 색채의 비율과 무관하게 색채를 선정한다.
④ 서로 인접한 방의 색상과의 관계도 고려해야만 한다.

08 주거공간의 일반적인 색채기준으로 가장 타당한 것은? 공인2회

① 침실은 방 전체의 안정감을 위해 천장-벽-바닥 순으로 명도를 낮추었다.
② 현관과 홀, 로비처럼 활동적인 공간에 차분하고 자극이 적은 색을 주로 사용하였다.
③ 가구는 방에서 차지하는 비율을 고려하여 큰 가구에 주목성이 강한 색을 사용하였다.
④ 세면실이나 목욕실 같이 규모가 작은 방은 밝게 하려고 채도가 높은 색을 사용하였다.

09 눈의 감각요인 중 무채색만을 지각할 수 있어 명암만 판단하는 사람은 수용기의 어느 기능만 활동하는 것이며, 이러한 사람을 무엇이라 하는가? 공인4회

① 간상체, 전색명
② 간상체, 부분색명
③ 추상체, 전색명
④ 추상체, 부분색명

정답 및 해설

07 ④
색채의 선정은 실내디자이너에게 중요한 능력 중 하나로 색 견본이나 재료 샘플 북을 참고할 수 있다. 도장은 말랐을 때의 색상을 고려한다. 실내공간에서 색채 선택 시 공간에서 각 색채가 차지하는 비율을 고려하여야 한다.

08 ①
주거공간은 전체적으로 편안하고 따뜻하고 밝은 느낌의 색조화가 바람직하다. 천장은 명도 5 이하, 벽은 명도 5~7, 바닥은 가장 낮은 톤으로 계획하여 공간에 안정감을 주도록 한다. 욕실은 단순하고 청량한 느낌의 색상이 바람직하다. 현관, 홀, 로비가 활동적인 공간은 업무공간으로 강한 색채 사용으로 동선을 유도하거나 이미지 연출을 하기에 효과적이다.

09 ①
수용기 결함에 의한 색맹으로 명암만 판단하는 사람의 눈은 추상체가 아닌 간상체만 활동하게 되며 이를 전색맹이라 한다.

10 다음에서 설명하고 있는 색채디자인에 대한 내용 중 옳은 것은? 공인2회

① 일반적으로 실의 안정감을 부여하기 위해 바닥의 색은 벽의 색보다 밝은 색을 사용한다.
② 벽에 따뜻한 색채를 사용하면 공간속에서 벽이 멀어지는 듯한 느낌을 준다.
③ 공간의 높이를 높아보이게 하기 위해서는 벽보다 밝은 색의 천장으로 처리한다.
④ 공간이 작을 경우 따뜻한 색으로 실 전체를 통일시킨다.

11 색채와 관련된 용어를 설명한 것 중 올바른 것은? 공인2회

① 색상이란 색의 선명한 정도를 나타낸 것이다.
② 순색이란 명도가 가장 높은 색이다.
③ 색조(톤, tone)는 색상과 명도를 합한 개념이다.
④ 명도란 색의 밝고 어두움을 뜻한다.

12 톤의 명칭과 의미를 바르게 연결한 것은? 공인2회

① 스트롱(strong) : 고명도, 고채도
② 패일(pale) : 고명도, 저채도
③ 비비드(vivid) : 저명도, 고채도
④ 딥(deep) : 저명도, 저채도

13 스펙트럼 분광색의 파장과 색의 온도감과의 관계를 올바르게 표현한 것은? 공인2회

① 장파장은 차갑고 단파장은 따뜻한 느낌이다.
② 장파장은 따뜻하고 단파장은 차가운 느낌이다.
③ 장파장은 차갑고 중파장은 따뜻한 느낌이다.
④ 장파장은 따뜻하고 중파장은 차가운 느낌이다.

정답 및 해설

10 ③
난색은 팽창, 진출되어 보이고, 한색은 수축, 후퇴되어 보인다. 명도는 중량감에 크게 영향을 미치는데 바닥의 명도가 벽보다 낮을수록 안정감을 준다.

11 ④
색상(hue)은 색의 속성으로 실제 인간이 느끼고 구별할 수 있다. 순색이란 명도가 가장 높은 색으로 빛의 파장에 따라 배열된다. 비렌은 1차적인 3개의 기본색인 순색, 하양, 검정과 이들 3가지 기본색을 적절히 결합하여 2차적인 4개의 색조군을 구성하였다. 순색에 하양을 더한 것을 밝은 색조(tint), 순색에 검정을 것을 더한 어두운 색조(shade), 하양에 검정을 더한 것을 회색조(gray), 순색, 하양, 검정을 모두 합한 것을 톤(tone)이라 한다.

12 ②
부드러운 느낌은 난색계열로 고명도 저채도에서 느껴지며 이에 해당하는 톤은 패일(pale), 라이트(light), 덜(dull), 그래이쉬(graish)이다. 딱딱한 느낌은 중명도 이하, 고채도의 한색계열에서 느껴지며 비비드(vivid), 딥(deep), 브라이트(bright), 스트롱(strong)에서 느껴진다.

14 다음 그림은 무슨 혼합이며, A 부분에 해당되는 색명은? 공인1회

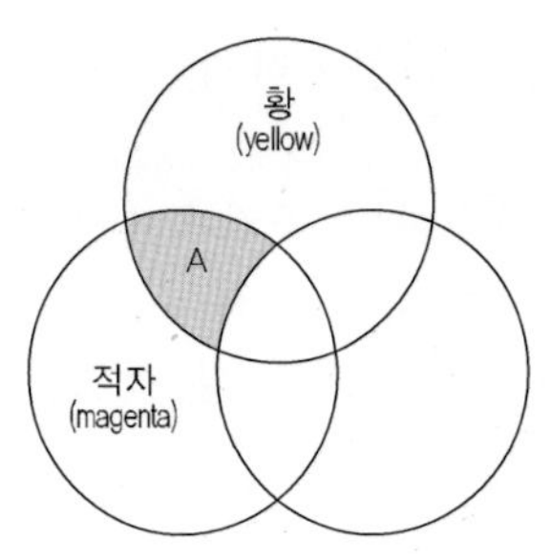

① 감산혼합, Red ② 감산혼합, Green
③ 가산혼합, Red ④ 가산혼합, Green

15 인간의 눈으로 볼 수 있는 가시광선 파장의 범위는? 공인2회

① 200nm(나노미터)~680nm(나노미터)
② 380nm(나노미터)~780nm(나노미터)
③ 880nm(나노미터)~1,280nm(나노미터)
④ 1,780nm(나노미터)~2,280nm(나노미터)

16 색의 지각적인 면에 관심을 가지고 체계화한 것으로 미국, 일본 등과 더불어 우리나라에서도 표준색체계로 채택하고 있는 표색계는? 공인2회

① 오스트발트표색계 ② 먼셀표색계
③ NCS(Natural Color System) ④ 일본색연배색체계(PCCS)

정답 및 해설

13 ②
장파장은 따뜻한 느낌으로 적색광이고, 단파장은 차가운 느낌으로 자색광이다.

14 ①
색료의 3원색은 황(yellow) · 청(cyan) · 적자(magenta)이다. 가할수록 명도가 떨어져 어두워지므로 감법혼색이라고도 한다. 황과 적자의 혼합은 적, 황과 청의 혼합은 녹, 적자와 청의 혼합은 청자이고, 3원색을 같은 양으로 혼합하면 검정이 된다.

15 ②
사람이 눈으로 지각하는 범위의 빛의 전자파를 가시광선이라 하며, 380~780nm(나노미터) 범위이다.

16 ②
먼셀표색계는 한국산업규격으로 채택된 표색계이고, 오스트발트 표색계는 독일에서 창안되었으며, NCS는 스웨덴 표준협회에 채택된 표색계이다.

17 먼셀(Munsell)의 색표기에서 5YR 7/12를 바르게 설명한 것은? 공인1회

① 색상은 주황의 대표색, 채도는 7, 명도는 12이다.
② 색상은 빨강기미의 주황색, 명도는 7, 채도는 12이다.
③ 색상은 노랑기미의 주황색, 채도는 7, 명도는 12이다.
④ 색상은 주황의 대표색, 명도는 7, 채도는 12이다.

18 다음 중 천장높이가 낮고 넓어 보이는 공간의 배색으로 가장 적절한 색채계열은? 공인1회

① 저명도, 저채도의 한색계열
② 고명도, 고채도의 난색계열
③ 고명도, 고채도의 한색계열
④ 중명도, 중채도의 난색계열

19 다음 중 빛과 색에 대한 정의를 올바르게 표현한 것은? 제18회

① 빛은 자연광 및 인공광의 총칭이며, 물체 표면을 비켜가는 것을 색채라 한다.
② 모든 빛은 스펙트럼의 파장이며, 이에 반사되는 파장 범위 밖의 것을 색채라 한다.
③ 빛은 파장을 가지고 있는 가시광선이며, 빛의 반사・투과・흡수에 의해 보이는 물체의 색을 색채라 한다.
④ 빛은 태양광 및 인공광이며, 이에 동반된 물체의 색을 색채라 한다.

20 우리나라의 전통적인 오방색과 방위표시가 잘못 대응된 것은? 공인1회

① 청 – 동쪽
② 흑 – 북쪽
③ 황 – 남쪽
④ 백 – 서쪽

정답 및 해설

17 ④
먼셀의 색표기에서는 색상(Hue), 명도(Value), 채도(Chroma)를 HV/C의 기호로 사용한다. 5YR 7/12의 경우 5는 대표색상, YR은 주황색, 7은 명도, 12는 채도를 의미한다.

18 ①
천장높이가 높아 보이는 효과를 내기 위해서는 후퇴되어 보이는 효과가 있는 저명도, 저채도의 한색계열이 적절하다.

19 ③
빛이 프리즘을 통과하게 되면 파장이 다른 7가지 색으로 분류된다. 물체가 흡수하지 않고 반사하는 색을 사람이 인지하게 되는데 예를 들어 물체가 빨강으로 보이는 것은 다른 6가지 색은 모두 흡수하고 빨강만 반사하기 때문이다.

20 ③
음양오행의 오색 중 청–동쪽, 적–남쪽, 황–중앙, 백–서쪽, 흑–북쪽을 상징한다.

5 가구

1) 가구디자인 시 고려사항

- 안정성, 견고성, 압력, 전단응력, 휨, 보강에 대하여 고려하여야 함

2) 가구의 재료

(1) 목재

- 가구의 목재는 가공 정도와 가공방법에 따라 천연목재와 가공판재로 분류
- 목재의 표면처리는 크게 천연목재를 가공하여 제작하는 방법, 엠디에프나 파티클보드 등 가공판재에 합성표면마감재를 접착하는 방법, 가공판재에 무늬목을 접착한 뒤 도장처리 하는 방법이 있음
- 합판은 3·5·7매 등 홀수의 얇은 나무 판재(박판)를 섬유 방향이 직교하도록 겹쳐 접착제로 붙여 만든 판으로 잘 갈라지지 않고 뒤틀림이 없음
- 파티클보드(particle board) : 작은 나무 조각, 톱밥, 접착제를 섞어 열과 압력으로 가공한 판재
- MDF(Midium Density Fiberboard) : 나무의 섬유질을 추출하여 접착제와 섞어 열과 압력으로 가공한 목재로 다양한 모서리 가공이 가능함
- 목재 결합방법에는 접착제를 이용하는 방법, 못으로 박는 방법, 끼워 맞추는 방법, 조립식 철물로 조이는 방법 등이 있음. 원목과 원목을 끼워 맞추는 방법에는 맞댄맞춤, 통맞춤, 주먹장맞춤 등이 있음. 원목과 판재를 맞추는 방법에는 반턱맞춤, 통솔턱맞춤, 반턱몰딩맞춤 등이 있음
- 목재의 마감에는 원목에 도장, 가공판재에 합성표면마감재 접착, 가공판재에 무늬목을 접착 후 도장으로 표면 처리하는 방법이 있음
- 목재를 도장하는 방법에는 투명도료를 사용하여 나뭇결을 그대로 살리는 방법과 원하는 유색 불투명도료로 처리하는 방법 등이 있음
- 무늬목은 목재를 얇게 켠 것으로 절삭방법에 따라 회전식, 평절단 슬라이싱, 4등분 슬라이싱, 리프트 회전삭 등이 있으며 주로 회전식과 4등분 슬라이싱을 사용함

(2) 금속재

- 가구재로 철재 중 선철과 강철을, 비철재 중 구리와 알루미늄을 주로 사용함

- 가구 금속재의 결합방법은 용접과 리벳조인트가 있음
- 금속재의 가공방법은 크게 압연기법, 주조기법, 단조기법, 판금기법으로 나뉨
- 금속재의 마감처리에는 도장, 도금, 플라스틱코팅, 양극산화법이 있음

3) 가구의 종류

- 암체어는 보통 사이드 체어에 팔걸이를 단 것으로 휴식, 식사, 담소, 독서용으로 사용됨. 사이드 체어는 암체어보다 무게나 크기가 작고 팔걸이가 없음. 라운지 체어는 반쯤 기댄 자세에서 휴식을 취하도록 등받이 높이와 좌판의 높이를 비교적 낮게 디자인함[3]

4) 한국 가구의 역사

(1) 조선시대

- 한국 전통목가구는 절제된 형태의 디자인으로 원목 자체의 무늬결을 최대한 보존하여 자연적인 이미지와 여백의 미가 특징
- 좌식생활을 위한 행동반경과 인체치수를 반영하여 가구의 치수가 정해짐
- 유교사상의 영향으로 건축물과 마찬가지로 가구도 안방, 사랑방 가구의 특성이 구분됨

5) 서양 가구의 역사

(1) 고대

- 이집트 : 가구에 세계관과 종교관 유입, 동물형상의 다리, X자 스툴이 일반적
- 그리스 : 완전한 비례와 선의 아름다움 강조함. 대표적 가구로는 비율, 곡선, 우아한 단순미가 돋보이며 의자 등받이와 뒷다리가 하나의 연속적 곡선을 이루는 여성용 의자인 클리스모스(klismos), 침대와 소파의 기능이 복합된 클리네(kline), 다리가 3개 달린 둥근 형태의 테이블인 트리파드(tripod) 등이 있음.
- 로마 : 그리스 시대에 비하여 규모와 비례가 육중하며, 금속재 가구를 제작함. 테이블, 의자, 침대와 같이 좌석가구가 발달함

3) 최정신 외(2009), 실내디자인, p.189

(2) 중세

- 종교예식과 관련된 묵직하고 투박한 가구가 제작되었으며, 서민가구는 크게 발전하지 못함

(3) 르네상스

- 고전요소가 결합된 독창적 가구 양식을 포함하여 다양한 재료와 정교한 조각을 사용한 가구가 제작되었으며, 큰 규모의 직선을 강조한 육중한 느낌의 가구가 제작됨

(4) 바로크

- 큰 규모의 역동적인 느낌에 고가의 보석, 정교한 도금, 섬세한 조각 장식 등이 더해져 거대하고 화려한 장식이 강조된 가구가 제작됨. 가구의 다리에는 캐브리올(cabriole leg)이라는 동물 다리와 발 모양의 장식을 사용하여 강한 느낌의 곡선을 사용함

(5) 로코코

- 부유한 상류층 여성의 취향과 신체특성을 반영하여 가볍고, 안락하며, 사용하기 적합한 곡선을 적용한 우아한 느낌의 가구가 제작되었음

(6) 신고전주의

- 바로크와 로코코에 대한 반발로 고전주의 양식을 모방하여 초기에는 화려한 양식을 배제하고 직선을 강조한 단순하고 안정감 있는 가구가 제작되었으며, 후기로 갈수록 고전적 모티프를 응용한 형태로 변화하였음

(7) 19세기

- 산업혁명으로 가구 역시 대량생산으로 전화하려는 시도가 일어났으나 여전히 수공예를 옹호하는 경향이 짙게 나타남
- 1830년대에 나무를 구부려 디자인한 가볍고 저렴한 토넷(Thonet) 의자가 최초의 모던가구로 평가됨
- 셰이커(Shaker) 교도들에 의해 생산된 견고하고 단순한 디자인의 실용적인 가구가 상용화됨

- 미술공예운동을 통해 자연을 모티브 삼아 단순하고 직선적인 형태의 가구가 나타남

(8) 20세기 초

- 아르누보 : 자연의 유기적인 곡선 형태를 적용하여 장식적 가치를 우선시한 수공예 제작방식을 강조함
- 데 스틸 : 전통적인 양식을 배제하고 사각형, 3원색, 비대칭의 데 스틸 3가지 기본 원칙을 강조한 가구를 제작하였으며 리에트벨트(G. Rietveld)의 레드 앤 블루 암체어(Red and Blue Armchair)와 지그재그체어(Zig-zag Chair)가 대표적
- 바우하우스 : 단순성, 기능주의적 사고, 신소재, 구조적 기술을 강조한 창조적인 가구
- 국제주의 양식 : 철, 콘크리트, 유리 등의 근대적 재료를 사용한 정식화되고 합리적인 건축물의 일부로 가구를 인식하였으며, 미스 반 데어 로에, 르 코르뷔지에, 알바 알토 등 국제주의 양식을 대표하는 건축가들의 가구가 대표적

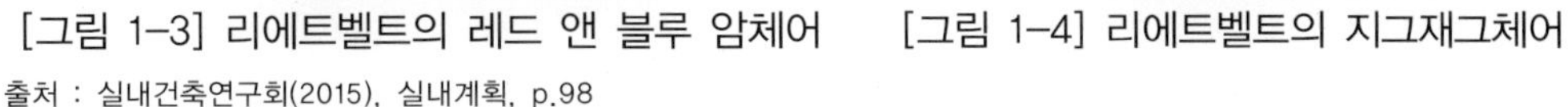

[그림 1-3] 리에트벨트의 레드 앤 블루 암체어　[그림 1-4] 리에트벨트의 지그재그체어

출처 : 실내건축연구회(2015), 실내계획, p.98

(9) 20세기 중반

- 20세기 중반의 대표적인 디자이너인 찰스 임스, 아른 야콥슨, 에로 사리넨은 합판성형 기법을 사용한 목재가구를 디자인하였음

아른 야콥센의
스태킹 의자
(Stacking Chair)

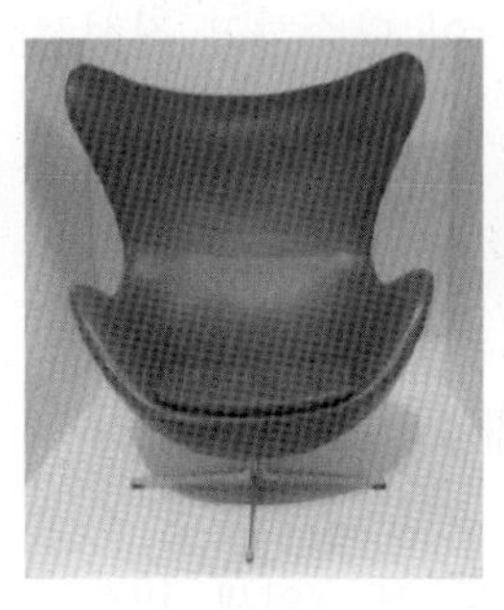

아른 야콥센의
달걀의자
(Egg Chair)

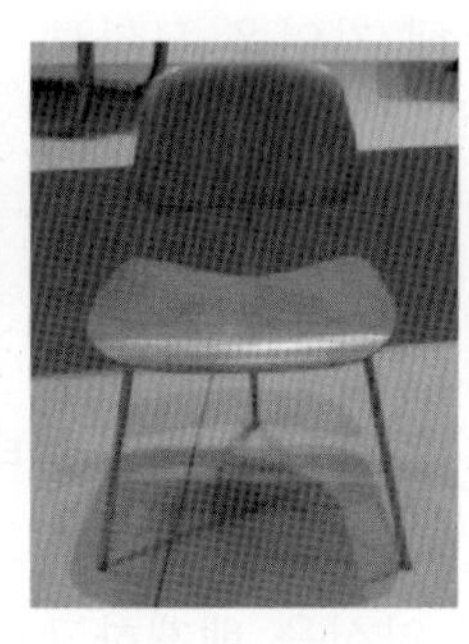

찰스 & 레이의
다리 3개를 가진 의자
(Three-Legged Side Chair)

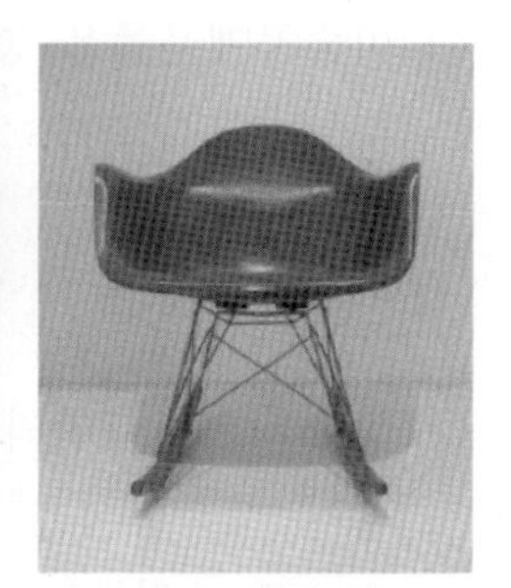

찰스 & 레이의
락킹 의자
(Rocking Chair)

[그림 1-5] 20세기 중반의 가구디자인

출처 : 실내건축연구회(2015), 실내계획, p.100

(10) 20세기 후반

- 민족적 전통 추구, 독창성과 다양성 추가로 대표되는 포스트모더니즘 가구에서는 고전적인 암시를 전달함. 프랭크 게리(Frank Gehry), 마이클 그레이브스(Michael Graves), 찰스 잭슨(Charles Jackson), 멤피스 디자인 그룹(Memphis Design Group) 등이 대표적임
- 포스트모더니즘 이후 첨단 기술과 소재를 적용한 하이테크가 나타났고, 극적인 단순함과 기능성을 추구하는 미니멀리즘 가구가 주류를 이룸

5. 가구

기출 및 예상 문제

제1장 실내계획
제2장 실내환경
제3장 실내시공
제4장 실내구조 및 법규

01 다음 설명 중 올바른 것은? 공인5회

① 암체어(armchair)는 전체를 천으로 씌워서 만들어진다.
② 사이드 체어(Side chair)는 암체어보다 무거운 것이 특징이다.
③ 라운지 체어(lounge chair)는 쉽게 앉고 일어날 수 있도록 하며 푹신할수록 좋다.
④ 스태킹 체어(stacking chair)는 많은 사람들이 모이는 장소나 보조용으로 쓰인다.

02 가구 배치 시 고려해야 할 사항으로 가장 적합한 것은 무엇인가? 공인5회

① 컴퓨터와 관련된 가구는 창가에 배치한다.
② 규모가 큰 가구를 먼저 배치한다.
③ 다양한 스타일의 가구를 배치하여 변화를 준다.
④ 업무 행태의 유형에 따라 배치한다.

정답 및 해설

01 ④
암체어는 보통 사이드 체어에 팔걸이를 단 것으로 휴식, 식사, 담소, 독서용으로 사용된다. 사이드 체어는 암체어보다 무게나 크기가 작고 팔걸이가 없다. 라운지 체어는 반쯤 기댄 자세에서 휴식을 취하도록 등받이 높이와 좌판의 높이가 비교적 낮게 디자인된다.(참고문헌 : 최정신 외(2009), 실내디자인, p.189)

02 ④
가구 배치는 공간 이용자의 행태에 영향을 미칠 수 있으며 공간의 용도 및 목적, 공간 이용자의 생활습관, 행위, 취향 등을 고려하여야 한다.(참고문헌 : 최정신 외(2009), 실내디자인, p.198)

03 새로운 재료, 특히 합판과 플라스틱에 대한 실험을 꾸준히 하였으며 1950년대의 정신을 잘 표현한, 다음 그림의 가구들을 디자인한 작가는? 공인4회

① 찰스 앤 레이 임스(Charles and Ray Eames)
② 해리 베르토이아(Harry Bertoia)
③ 아른 야콥센(Arne Jacobsen)
④ 마르셀 브로이어(Marcel Breuer)

04 한국의 전통목가구의 특징에 관한 설명 중 잘못된 것은? 공인4회

① 가구표면에 나전칠기 효과와 화려한 채색이 주류를 이루고 있었다.
② 목재에 나타난 자연스러운 목리문을 이용하였다.
③ 천연적인 질감효과를 나타내었다.
④ 가구의 기능과 표면에 장식적 효과를 적절히 표현하였다.

05 기계에 의한 대량생산품을 배제하고 재료의 정직한 사용과 가구 제조업의 정직한 원리에 기반을 두어 단순하고 건전한 직선적 가구가 나타난 운동은? 제17회, 공인2회

① 아르 누보
② 아트 앤 크래프트
③ 데 스틸
④ 바우하우스

정답 및 해설

03 ①
그림은 찰스 앤 레이 임스의 다리 3개를 가진 의자와 락킹 의자이다.

04 ①
한국 전통목가구는 절제된 형태의 디자인으로 원목 자체의 무늬결을 최대한 보존하여 자연적인 이미지와 여백의 미를 보여준다.

05 ②
아르누보는 자연의 유기적 곡선과 장식적인 요소를 강조하여 수공예를 통한 물체의 아름다움을 표현하였다. 데 스틸은 전통적 영향을 배제하고 사각형, 삼원색, 비대칭의 3가지 기본 원칙을 고수하였으며 몬드리안을 중심으로 확산되었다. 바우하우스는 합리적인 디자인, 기능적 형태, 단순한 구조, 공업화를 강조하였다.

06 원목가구 제작에 대한 설명 중 가장 올바른 것은? 공인3회

① 엠디에프(MDF)표면 위에 천연 무늬목을 붙여서 만든 가구
② 파티클보드(PB)표면 위에 HPM(열경화성 멜라민 쉬트)를 붙여서 만든 가구
③ 엠디에프(MDF)표면 위에 래커도장을 처리하여 만든 가구
④ 참나무, 단풍나무, 벚나무 등 원목을 가공하여 만든 가구

07 가구를 배치할 때 고려하여야 하는 사항이 바르게 묶인 것은? 공인3회

ㄱ. 기능	ㄴ. 동선
ㄷ. 인체공학	ㄹ. 인간심리

① ㄱ,ㄴ ② ㄱ,ㄴ,ㄷ
③ ㄱ,ㄴ,ㄷ,ㄹ ④ ㄱ,ㄷ,ㄹ

08 다음의 가구디자이너 중 합판성형 기법(molded plywood)을 사용하지 않은 사람은? 공인3회

① 찰스 임스(Charles Eames)
② 한스 와그너(Hans Wegner)
③ 아른 야콥슨(Arne Jacobsen)
④ 에로 사리넨(Eero Saarinen)

정답 및 해설

06 ④
가구의 재료 중 목재의 표면처리는 크게 원목을 가공하여 제작하는 방법, 엠디에프나 파티클보드 등 가공판재에 합성표면마감재를 접착하는 방법, 가공판재에 무늬목을 접착한 뒤 도장처리 하는 방법이 있다.

07 ③
가구 배치 시 기능, 동선, 인체공학, 인간심리 측면을 모두 고려하여야 한다.

08 ②
20세기 중반의 대표적인 디자이너인 찰스 임스, 아른 야콥슨, 에로 사리넨은 합판성형 기법을 사용한 목재 가구를 디자인하였다.

09 다음 가구에 대한 설명 중 틀린 것은? 공인1회

① 가구는 실내공간을 형성하는 중요한 요소로서 다양한 실내분위기와 기능을 충족시켜준다.
② 가구는 보통 시대 유행만을 따르고 지역과 민족의 특성을 반영하지 않고 제작된다.
③ 원시시대의 인간은 좀 더 편리하게 생활하기 위하여 본능적으로 자연물을 이용하였다.
④ 가구를 배치함으로써 공간의 기능이 더욱더 확실해지고 용도가 있는 공간으로 사용되어진다.

10 다음 목재에 관한 설명 중 바르지 않은 것은? 공인1회

① MDF : 대패공법으로 만든 장섬유 펄프와 톱밥에서 섬유질 속의 수지를 제거하고 정제한 다음, 접착제와 방수제를 첨가하여 반죽한 후 판형화한 제품이다.
② 합판 : 3매 이상의 얇은 나무 판재를 섬유 방향이 직교하도록 홀수로 붙여 만든 판으로 잘 갈라지고 뒤틀림이 많다.
③ 도장 : 투명도료를 사용하여 나뭇결을 그대로 살리는 방법과 원하는 유색 불투명도료로 처리하는 방법 등이 있다.
④ 결합방법 : 접착제를 이용하는 방법, 못으로 박는 방법, 끼워 맞추는 방법, 조립식 철물로 조이는 방법 등이 있다.

11 실내공간에 가구 배치를 하기 위하여 검토하여야 할 사항이 아닌 것은? 제17회

① 가구의 기능을 고려하여야 한다.
② 가구가 놓일 공간에 효율적인 동선을 고려하여야 한다.
③ 가구의 배치계획은 반드시 표준화된 규격에 준한다.
④ 가구와 사람과의 간격이 인체공학적 치수에 의하여 고려되어야 한다.

정답 및 해설

09 ②
가구는 시대 유행뿐 아니라 지역과 민족의 문화적 특성을 반영한다.

10 ②
합판은 3 · 5 · 7매 등 홀수의 얇은 나무 판재(박판)를 섬유 방향이 직교하도록 겹쳐 접착제로 붙여 만든 판으로 잘 갈라지지 않고 뒤틀림이 없다.

11 ③
가구의 배치계획은 실의 크기, 개구부 위치, 가구의 크기, 공간의 목적, 동선이나 시선의 흐름 등 다양한 요소를 고려하여야 한다.

6 실내건축사

1) 한국 실내건축사

(1) 건축적 구성

- 한국 전통건축은 목재와 석재를 사용한 목조 가구식 구조가 주를 이루며 건축물의 배치, 형태, 재료의 사용에 있어 자연에 순응하고자 하였음
- 마당 : 우리나라 전통건축에서 안마당은 빈 공간으로 둠
- 연못 : 일반적으로 방향을 띄고 넘치는 물이 나갈 수 있는 수구나 도랑을 만듦
- 석련지 : 방형의 연꽃을 키우는 석물
- 마루 : 마루를 설치하는 위치에 따라 대청, 툇마루, 쪽마루, 난간마루, 측간마루 등으로 구분함
- 기둥 : 민흘림기둥 형태는 상부로 가면서 점차 얇아지는 기둥. 배흘림기둥 형태는 서양의 엔타시스와 유사하며 기둥의 가운데 부분이 기둥의 위아래에 비하여 불룩한 형태로 시각적인 안정감을 줌

(2) 건축적 특성

- 개방과 폐쇄성 : 집 안은 개방적이고 집 밖으로 폐쇄적인 특성을 보임. 벽체의 많은 부분이 창과 문으로 구성되어 필요에 따라 닫거나 열고, 들어 올려 개방적이거나 폐쇄적으로 사용
- 위계성 : 남성이 주로 사용하는 사랑채와 여성이 주로 사용하는 안채로 나뉨. 사랑채는 집안을 대표하는 위엄과 격식을 갖춤. 주택에서 안채는 가장 깊숙한 곳에 위치. 대청은 집 안의 의례 공간으로 위계성을 나타내기 위하여 높은 천장을 계획함
- 연속성 : 채와 간으로 분화되어 있음. 채와 채 사이에 마당이 있고, 각 채는 간으로 분화되어 변화함. 행랑채, 행랑마당, 사랑채, 사랑마당, 안채, 안마당 등 적극적인 공간인 채와 소극적 공간인 마당이 교차 반복되면서 시각적으로 연속되어 있음
- 자연과의 융합 : 휜 목재를 자연의 모양 그대로 사용하여 자연과 융합된 특징
- 인간적 척도 : 실의 규모와 비례, 척도는 인간의 치수를 기준으로 함

2) 서양 실내건축사

(1) 고대

- 이집트 건축의 특징은 좌우대칭, 장방형과 직선의 기하학적인 형태를 사용하여 거대함과 영원성을 표현함. 상인방식구조는 이집트 건축을 대표하는 특징으로 화강암, 현무암, 석회암, 종려나무, 파피루스, 갈대 등을 주요 건축재료로 사용
- 그리스 : 균형, 비례, 조화, 색채가 고도로 발달하였으며, 실용성을 고려함. 트러스 구조, 박공지붕(pediment), 엔터블레처(entablature)와 3가지 기둥 양식인 도리아식(doric), 이오니아식(ionic), 코린티안(corinthian)식을 개발함. 그리스 주택은 중정 회랑이 있는 중정형으로 중정을 향해 창을 내고 길에 접한 면은 창 없이 폐쇄함
- 로마 : 그리스의 3가지 기둥 양식 이외에 도리아형이 간소화된 투스칸형(tuscan)과 이오니아형과 코린트형이 혼합된 콤퍼짓형(composit)이 개발됨. 1~2층으로 구성된 로마 주택은 실용성을 강조함. 그리스의 열주식 중정형을 채택하여 전방 중앙에 사교실을 배치하고, 후방에는 중정을 중심으로 가족이 거주하는 페리스타일(peristyle)을 구성하였음

(2) 중세

- 초기 기독교 : 바실리카를 모방한 바실리카형 교회가 일반적
- 비잔틴 양식 : 고전적 디테일은 줄어들고 기둥과 주두를 과거보다 자유로운 선으로 표현. 콘스탄티노플의 헤지아소피아가 대표적 건축물
- 로마네스크 : 아케이드, 반원아치, 반원통형 볼트, 블라인드 아치, 대칭균형, 수평선, 매스를 강조하였으며, 유리가 없어 창이 작고 어두웠으며 육중하고 단순한 느낌
- 고딕 : 거대한 유리창을 활용한 스테인드글라스, 아치형 천창, 버팀벽(butress), 플라잉 버트레스(flying buttress)를 이용하여 건축물의 수직적 조형미 강조

(3) 근세

- 르네상스 : 대칭적인 평면에 원주, 반원아치, 볼트, 돔, 페데스탈, 페디먼트, 니치(niche) 등 고대 로마의 건축적인 요소를 사용하여 호화스럽고 웅장함과 동시에 단순함과 간소한 특징이 있음
- 바로크 : 르네상스의 엄격함을 탈피하여 통일성과 균형을 강조하나 불규칙한 곡선, 화려한 장식을 통하여 극적이고 역동적인 느낌 강조
- 로코코 : 18세기에 유럽에서 유행한 스타일로 직선을 피하고 곡선적인 장식을

선호함. 부드럽고 경쾌하며 작은 곡선, 비대칭 균형, 섬세한 파스텔 색조 사용, 우아하고 여성적인 분위기가 특징적임. 로코코는 프랑스 베르사유궁전 정원에 사용된 조개껍질과 돌 등의 장식을 의미하는 '로카이유(rocaille)'에서 유래됨
- 신고전양식 : 고전예술과 건축의 관심에 대한 부활로 단순하고 균형 잡힌 고대 그리스, 로마 건축양식을 모방하여 직선, 기하학적인 형태, 파스텔톤 색채를 선호함

(4) 19세기 전후

- 빅토리아 양식 : 산업혁명이 일어난 시기의 영국과 미국에서 강하게 일어남. 장식적인 디자인과 신재료 공법이 동시에 나타남
- 미술공예운동(Art & Crafts) : 19세기 초 윌리엄 모리스에 의해 주창됨. 대량 기계생산 제품을 배제하고 수공예를 통한 제품의 정직한 원리에 기반하여 직선적인 형태와 자연을 모티브로 한 장식 사용

(5) 20세기 전반기

- 아르누보 : 자연의 유기적 곡선과 장식적인 요소를 강조하여 수공예를 통한 물체의 아름다움을 표현
- 데 스틸 : 전통적 영향을 배제하고 사각형, 삼원색, 비대칭의 3가지 기본 원칙을 고수하였으며 몬드리안을 중심으로 확산됨. 색채의 경우 가장 순수한 색채인 검정, 회색, 흰색의 무채색과 빨강, 파랑, 노랑의 삼원색을 사용
- 바우하우스 : 합리적인 디자인, 기능적 형태, 단순한 구조, 공업화 강조
- 아르데코 : 1925년 파리 장식예술박람회에서 시작되었으며 기능주의에 기반을 둔 새로운 시도로 루이 16세 시대의 가구의 순수한 형태와 세련됨을 계승. 광택 있는 금속, 흑단, 상아, 유리, 플라스틱 등 매끈한 소재를 사용하고 기하학적 무늬의 적용이 특징이나 탄탄하지 못한 이론으로 장기간 지속하진 못하였음

(6) 20세기 후반기

- 하이테크 : 알루미늄패널, 강철, 파이프, 유리 등의 기계미학과 산업적인 이미지를 주는 소재를 사용하고 무채색과 원색의 인공적인 색채대비가 특징
- 포스트모더니즘 : 사주의, 은유와 상징, 장식성, 이중코드화, 복합성과 대립성, 맥락주의, 절충주의, 해체주의의 특징이 있음. 모더니즘의 질서와 논리에 대항하여 다양한 형식을 자유롭게 수용하고 민족적인 전통을 추구하되 역사적 상징을

재해석하고자 함. 파스텔 톤을 비롯한 다양한 색채를 사용하고 기하학적 형태와 비대칭적인 형태도 사용

- **해체주의** : 1980~1990년대 작품의 경향으로 각 요소가 혼돈스럽게 분해되어 있거나 이질적인 재료가 혼합되어 있는 양상으로 피터 아이젠만(Peter Eisenman), 프랭크 게리(Frank Gehry)가 대표적 작가

기출 및 예상 문제

6. 실내건축사

01 다음 중 데 스틸(De Stijl) 색채에 대한 설명으로 맞는 것은? 공인3회

① 강한 원색보다는 중간 톤의 색들을 사용하였다.
② 데 스틸(De Stijl)의 가장 대표적인 색채는 금색이다.
③ 자연상태에 가까운 연한 갈색을 사용하였다.
④ 검정, 회색, 흰색의 무채색과 빨강, 파랑, 노랑의 원색으로 제한하여 사용하였다.

02 한국전통주택의 건축적 특성에 대한 설명으로 적합한 것은?

① 행랑채, 사랑채, 안채는 마당을 기준으로 시각적으로 철저히 분할되어 있다.
② 안채는 집 안의 의례 공간으로 위계성을 나타내기 위하여 천장을 높게 계획한다.
③ 집 안으로 개방적이고, 집 밖으로 폐쇄적인 특성을 보인다.
④ 남성이 주로 사용하는 안채와 여성이 주로 사용하는 사랑채로 나뉜다.

정답 및 해설

01 ④
데 스틸 운동은 몬드리안을 중심으로 확산되었으며 가장 순수한 색채인 검정, 회색, 흰색의 무채색과 빨강, 파랑, 노랑의 원색을 사용하였다.

02 ③
한국전통주택은 집 안으로 개방적이고 집 밖으로 폐쇄적인 특성을 보인다. 남성이 주로 사용하는 사랑채와 여성이 주로 사용하는 안채로 나뉘는데 사랑채는 집안을 대표하는 위엄과 격식을 갖추고, 안채는 가장 깊숙한 곳에 있다. 채와 채 사이에 마당이 있고, 각 채는 간으로 분화되어 변화한다. 행랑채, 행랑마당, 사랑채, 사랑마당, 안채, 안마당 등 적극적인 공간인 채와 소극적 공간인 마당이 교차 반복되면서 시각적으로 연속된 특징을 보인다.

03 다음은 어느 시대 실내건축에 대한 설명인가?

- 18세기에 유럽에서 유행한 스타일
- 직선을 피하고 곡선적인 장식을 선호
- 부드럽고 경쾌하며 작은 곡선, 비대칭 균형, 섬세한 파스텔 색조 사용
- 우아하고 여성적인 분위기

① 고딕
② 바로크
③ 로코코
④ 빅토리아

04 다음 중 이집트의 건축에 대한 설명으로 알맞은 것은?

ㄱ. 주택은 돌을 사용하여 지었다.
ㄴ. 좌우대칭으로 견고함을 표현하였다.
ㄷ. 방의 벽은 흰 칠을 하였다.
ㄹ. 상인방식구조를 사용하였다.

① ㄱ, ㄴ
② ㄴ, ㄹ
③ ㄱ, ㄷ
④ ㄷ, ㄹ

05 현대 건축을 시대 순으로 바르게 정리한 것은? 공인2회

① 미술공예운동 – 아르누보 – 데 스틸 – 바우하우스
② 아르누보 – 미술공예운동 – 바우하우스 – 데 스틸
③ 미술공예운동 – 데 스틸 – 아르누보 – 바우하우스
④ 아르누보 – 미술공예운동 – 데 스틸 – 바우하우스

정답 및 해설

03 ③
다음의 설명은 로코코 시대에 대한 설명이다.

04 ②
이집트 건축의 특징은 좌우대칭, 장방형과 직선의 기하학적인 형태를 사용하여 거대함과 영원성을 표현하였다. 상인방식구조는 이집트 건축을 대표하는 특징으로 화강암, 현무암, 석회암, 종려나무, 파피루스, 갈대 등을 주요 건축재료로 사용하였다.

05 ①
미술공예운동 – 아르누보 – 데 스틸 – 바우하우스의 순서이다.

06 포스트모더니즘에 대하여 맞는 내용은?

① 검정, 회색, 흰색의 무채색과 빨강, 파랑, 노랑의 원색을 사용하였다.
② 독창적이고 다양한 시도는 최대한 배제하고 민족적인 전통을 추구하였다.
③ 유기적이고 자연적인 형태가 주로 사용하였다.
④ 프랭크 게리, 마이클 그레이브스 등이 대표적이다.

07 한국 전통건축에 대한 설명으로 적절하지 <u>않은</u> 것은? 공인5회

① 자연재료
② 가구식 구조
③ 정확한 모듈
④ 자연에 순응

08 아트 앤 크래프트 운동(Arts and Crafts Movement)에 대한 설명으로 올바른 것은? 공인4회

① 대량생산화에 대항하는 공예의 부활
② 장식적 디자인과 신재료의 개발
③ 새로운 기계 대량생산운동
④ 현대 디자인의 출발점

정답 및 해설

06 ④
포스트모더니즘은 모더니즘의 질서와 논리에 대항하여 다양한 형식을 자유롭게 수용하고 민족적인 전통을 추구하되 역사적 상징을 재해석하고자 하였다. 파스텔 톤을 비롯한 다양한 색채를 사용하고 기하학적 형태와 비대칭적인 형태도 사용되었다.

07 ③
한국 전통건축은 목재와 석재를 사용한 목조 가구식 구조가 주를 이루며 건축물의 배치, 형태, 재료의 사용에 있어 자연에 순응하고자 하였다.

08 ①
19세기 초 윌리엄 모리스에 의해 주창된 아트 앤 크래프트 운동은 대량 기계생산 제품을 배제하고 수공예를 통한 제품의 정직한 원리에 기반하여 직선적인 형태와 자연을 모티브로 한 장식을 사용하였다. 장식적인 디자인과 신재료 공법이 동시에 나타난 것은 빅토리아 양식이다.

09 우리나라 전통건축의 정원에 나타난 특징으로 맞는 것은?

① 안마당에는 주로 다양한 석물을 놓는다.
② 연못에는 별도의 수구나 도랑을 만들지 않는다.
③ 연못의 모양은 일반적으로 방형으로 한다.
④ 장방형의 연꽃을 키우는 석물을 돌확이라 한다.

10 디자인 사에서 아르데코(art deco)의 영향에 대하여 알맞은 것은? 공인3회

① 흑단, 상아 등의 고급재료와 수직선 강조
② 대중을 위한 실내양식 발전
③ 기능주의를 배제한 초기장식 요소의 지속성
④ 주된 소재는 일반 직물과 린넨 활용

11 19세기 초 미술공예운동(Arts and Craft Movement)을 주창하였으며, 가구 형태의 단순화와 기능적인 아름다움을 추구한 사람은?

① 엘시 드 울프(Elsie de Wolfe)
② 사무엘 맥켄타이어(Samuel McIntyre)
③ 제임스 아담(Adam James)
④ 윌리엄 모리스(William Morris)

정답 및 해설

09 ③
우리나라 전통건축에서 안마당은 빈 공간으로 둔다. 연못은 일반적으로 방향을 띄고 넘치는 물이 나갈 수 있는 수구나 도랑을 만든다. 방형의 연꽃을 키우는 석물을 석련지라 한다.

10 ①
1925년 파리 장식예술박람회에서 시작된 아르데코는 기능주의에 기반을 둔 새로운 시도로 루이 16세 시대의 가구의 순수한 형태와 세련됨을 계승하였다. 광택 있는 금속, 흑단, 상아, 유리, 플라스틱 등 매끈한 소재를 사용하고 기하학적 무늬의 적용이 특징이나 탄탄하지 못한 이론으로 장기간 지속하진 못하였다.

11 ④
미술공예운동은 19세기 초 윌리엄 모리스에 의해 주창되었으며 대량 기계생산 제품을 배제하고 수공예를 통한 제품의 정직한 원리에 기반하여 직선적인 형태와 자연을 모티브로 한 장식을 사용하였다.

12 한국의 마루에 대한 설명 중 올바르지 않은 것은?

① 마루는 여름을 나기 위한 구조로 발달되어 왔다.
② 북쪽지역에서는 저장용 공간으로 사용되었다.
③ 구성방식에 따라 장마루, 우물마루로 구분된다.
④ 규모에 따라 대청, 툇마루, 쪽마루, 난간마루, 측간마루 등으로 구분된다.

13 맥락주의(contextualism)와 관련 없는 것은?

① 포스트모더니즘　　② 이중코드화
③ 역사주의　　④ 통일성

14 르네상스 시대의 실내건축에 관한 설명 중 옳지 않은 것은? 공인3회

① 실내건축에 건축적인 요소가 사용되었다.
② 바닥은 주로 목재와 석재로 마감되었다.
③ 내벽은 석고판 위에 벽화와 천장화를 그려 넣은 것도 있다.
④ 천장은 편평하고 아치와 볼트는 사용되지 않았다.

15 다음 중 그리스 건축예술의 특징에 해당되는 것은? 공인3회

① 아치나 원형 천정의 건축을 많이 활용하였다.
② 기본적으로 장식과 권위에 목표를 두었다.
③ 박공(Pediment)을 창안하였다.
④ 벽식 건축구조로 공간을 구성하였다

정답 및 해설

12 ④
대청, 툇마루, 쪽마루, 난간마루, 측간마루 등은 마루를 설치하는 위치에 따라 구분된다.

13 ④
포스트모더니즘의 특징은 역사주의, 은유와 상징, 장식성, 이중코드화, 복합성과 대립성, 맥락주의, 절충주의, 해체주의이다.

14 ④
르네상스의 건축은 대칭적인 평면에 원주, 반원아치, 볼트, 돔, 페데스탈, 페디먼트, 니치(Niche) 등 고대 로마의 건축적인 요소를 사용하여 호화스럽고 웅장함과 동시에 단순함과 간소한 특징이 있다.

15 ③
그리스 건축예술에서는 균형, 비례, 조화, 색채가 고도로 발달하였으며, 트러스 구조, 박공지붕(Pediment), 엔터블레처(Entablature)와 3가지 기둥 양식인 도리아식(Doric), 이오니아식(Ionic), 코린티안(Corinthian)식을 개발하였다.

16 조선시대 전통공간구성의 특성은? 공인1회

① 공간 사용에 성별의 구분이 없다.
② 공간에서 가장 장식성이 강한 곳은 안방이다.
③ 부엌은 주택의 가장 바깥쪽 대문 주위에 위치한다.
④ 주택에서 사랑채는 가장 깊숙한 곳에 위치한다.

17 그리스 건축의 3가지 기둥 양식이 아닌 것은?

① 페디먼트(Pediment)
② 도리아(Doric)
③ 이오니아(Ionic)
④ 코린티안(Corinthian)

18 아래의 보기는 대표적인 실내디자인 양식들이다. 시대 순서대로 옳게 나열된 것은? 제18회

㉠ 메소포타미아	㉡ 바로크	㉢ 르네상스
㉣ 이집트	㉤ 로마	㉥ 고딕
㉦ 비잔틴	㉧ 로마네스크	

① ㉠→㉣→㉤→㉧→㉦→㉥→㉡→㉢
② ㉠→㉣→㉤→㉧→㉦→㉥→㉢→㉡
③ ㉠→㉣→㉤→㉦→㉧→㉥→㉢→㉡
④ ㉠→㉣→㉤→㉦→㉧→㉥→㉡→㉢

정답 및 해설

16 ②
남성이 주로 사용하는 사랑채와 여성이 주로 사용하는 안채로 나뉜다. 사랑채는 집안을 대표하는 위엄과 격식을 갖추고, 주택에서 안채는 가장 깊숙한 곳에 있다. 대청은 집 안의 의례 공간으로 위계성을 나타내기 위하여 높은 천장을 계획한다.

17 ①
페디먼트는 그리스 건축에서 개발된 박공을 의미한다.

18 ③
메소포타미아-이집트-그리스-로마-중세(초기기독교-비잔틴-로마네스크-고딕)-르네상스-바로크-로코코-엠파이어-빅토리아-미술공예운동-식민지양식-아르누보-아르 데코의 순서이다.

19 다음 기술 중 옳지 않은 것은? 제18회

① 로코코(Rococo)건축양식이란 17세기 말기에 이탈리아에서 발전된 양식이다.
② 바로크(Baroque)라는 용어는 "일그러진 진주"라는 의미를 가지고 있다.
③ 프랑스 아르누보운동의 대표적인 건축가는 헥터기마르이다.
④ 국제건축의 제창자는 월터 그로피우스(Walter Gropius)이다.

20 한국전통건축에 대한 설명으로 올바르지 않은 것은? 제18회

① 가구식 건축은 기둥, 도리, 보를 사용하여 뼈대를 구성한다.
② 도리가 3개 있는 3량은 가구의 기본이며 가장 작은 규모의 살림집에 사용된다.
③ 보의 숫자가 많아지면 건물의 규모가 커진다.
④ 민흘림 기둥형태는 외국의 엔타시스와 유사하다.

21 그리스와 로마 건축에 공통적으로 나타난 특징으로 묶인 것은? 제17회

ㄱ. 도리아식, 이오니아식 기둥을 사용하였다.
ㄴ. 실용적인 건축을 지었다.
ㄷ. 실내 벽에 프레스코화를 그렸다.
ㄹ. 중정형 주택을 지었다.

① ㄱ, ㄷ ② ㄴ, ㄹ
③ ㄱ, ㄴ, ㄹ ④ ㄱ, ㄹ

정답 및 해설

19 ①
18세기 유럽에서 유행한 로코코 건축양식에서 로코코는 프랑스 베르사유궁전 정원에 사용된 조개껍질과 돌 등의 장식을 의미하는 '로카이유(rocaille)'에서 유래되었다.

20 ④
민흘림 기둥형태는 상부로 가면서 점차 얇아지는 기둥이다. 서양의 엔타시스와 유사한 기둥형태는 배흘림 양식으로 기둥의 가운데 부분이 기둥의 위아래에 비하여 불룩한 형태로 시각적인 안정감을 준다.

21 ④
그리스 건축의 3가지 대표적인 기둥 양식은 도리아식(Doric), 이오니아식(Ionic), 코린티안(Corinthian)식이다. 로마 건축에서는 그리스의 3가지 기둥 양식 이외에 도리아형이 간소화된 투스칸형(Tuscan)과 이오니아형과 코린트형이 혼합된 콤퍼짓형(Composit)이 개발되었다. 그리스와 로마 건축 모두 실용성을 고려하였다. 그리스 주택은 중정 회랑이 있는 중정형으로 중정을 향해 창을 내고 길에 접한 면은 창 없이 폐쇄하였다. 1-2층으로 구성된 로마 주택은 그리스의 열주식 중정형을 채택하여 전방 중앙에 사교실을 배치하고, 후방에는 중정을 중심으로 가족이 거주하는 페리스타일(Peristyle)을 구성하였다.

22 다음 보기 중에서 시대적 특성에 대한 설명이 올바르지 않은 것은? 제17회

① 아트 앤 크래프트(Art & Craft Movement)는 재료의 정직한 사용을 원칙으로 하였다.
② 빅토리아 양식은 미국과 프랑스에서 강하게 일어난 양식으로 다양한 양식이 혼재하여 사용되었다.
③ 아르누보(Art Nouveau)는 자연에서 영감을 받는 완만한 곡선을 사용하여 비대칭적인 아름다움을 추구하였다.
④ 데 스틸(De Stijl)은 1917년 네덜란드에서 일어난 조형운동이다.

23 컨템퍼러리 디자인사조에 알맞은 것은? 제17회

① 바우하우스 ② 데 스틸
③ 하이테크 ④ 바로크

24 다음 중 한국 전통건축의 공간특성으로 맞지 않은 것은? 제17회

① 건물정면 칸수는 짝수가 많다.
② 평면형태는 장방형이 일반적이다.
③ 한 간(間)의 넓이는 융통성이 있다.
④ 다각형 지붕에는 사모지붕, 육모지붕, 팔모지붕 등이 있다.

정답 및 해설

22 ②
빅토리아 양식은 산업혁명이 일어난 시기의 영국과 미국에서 강하게 일어난 양식이다.

23 ③
동시대(Contemporary)의 디자인 사조에 알맞은 것은 하이테크이다. 기계미학이 특징적인 하이테크는 알루미늄패널, 강철, 파이프, 유리 등의 산업적인 이미지를 주는 소재를 사용하고 무채색과 원색의 인공적인 색채대비가 특징적이다.

24 ①
한국 전통건축은 99칸 등 홀수가 많다.

02 실내공간별 계획

1 주거공간

1) 주거공간 개념

삶의 가장 기본적인 생활을 담는 공간으로 다양한 자연재해 및 자연현상으로부터 인간을 보호하며 에너지를 충전하고 일상을 이어나가는 장소다. 다양한 구성의 가족단위로 계획되며 가족구성원에 대한 상호관계를 고려해야 한다.

2) 주택의 유형

(1) 일반주택

① 단독주택
단위 주택의 사면이 완전히 독립되어 기본적으로 한 가구가 거주하도록 계획된 주택이다. 공간의 독립성과 디자인의 독립성이 있으며, 증축과 개축에 있어 자유롭다.

② 공동주택
각각의 주택이 수평 및 수직으로 연립되어 있어 벽과 지붕을 인접 주택과 공유하는 주택이다. 아파트, 연립주택, 다세대주택, 다가구주택과 주거용 오피스텔이 포함된다. 획일적인 평면구성을 다양한 실내디자인으로 해결할 수 있다.

(2) 특수주택

① 노인주택
「노인복지법」 제32조에서는 노인주택을 노인주거복지시설이라고 일컫는다. 노인

주거복지시설은 노인복지시설에 속하며 60세 이상이 입소하고 양로시설, 노인공동생활가정, 노인복지주택이 이에 포함된다.

② 디지털홈(스마트홈, 유비쿼터스 홈)

디지털홈은 디지털기술을 이용하여 좀 더 편리하고 쾌적한 생활의 질 향상을 꾀할 수 있는 주거공간이다. 정보통신부에서는 모든 정보 가전기기가 유무선 홈네트워크로 연결되어 누구나 기기, 시간, 장소에 구애받지 않고 다양한 홈디지털 서비스를 제공받을 수 있는 미래지향적인 가정환경을 디지털홈이라고 정의하였다.

3) 주거공간의 기본계획

(1) 대지 분석

설계 이전에 대지가 가지고 있는 조건에 대해서 조사를 하는 것으로 주택이 위치한 대지에 대한 분석이 필요하다. 대지가 위치한 다양한 주변 환경특성, 주변 도로 현황, 주택 내부 공간으로의 진입 방법, 마당의 특성, 주택 내부 공간에서 본 외부의 조망과 일조, 소음, 통풍 등에 대한 면밀한 검토가 현장조사를 통해 대지가 가지고 있는 모든 조건을 설계에 활용할 수 있도록 분석한다.

(2) 주택평면도 조사

주택평면도 조사는 주거공간 전체의 규모와 각 실의 크기, 실의 종류와 배치 관계, 출입문과 창문 등 다양한 개구부의 위치와 크기 등을 파악한다. 현장을 직접 방문하여 실측하고 사진촬영을 하여 도면으로 기록하는 것이 좋다.

(3) 소유가구 및 설비 조사

가족 구성원들이 가지고 있는 다양한 가구 및 집기 목록을 작성하여 재사용해야 하는 것, 재활용해도 되는 것, 폐기할 것 등으로 구분하여 표시한다.

(4) 거주자 분석

주거공간에 어떠한 가족 구성원이 거주할 것인지를 선정하여 성별, 연령, 가족관계, 직업, 소득수준, 취미, 생활방식 등 기본적 특성과 함께 각각의 구성원별 요구사항을 상세하게 파악한다.

4) 실내공간계획

기본적인 사전조사를 마치고 나면 본격적인 실내공간계획을 시작한다. 실제 주거공간에 대한 물리적 상황과 거주자에 대한 분석 내용을 종합하여 전반적인 디자인 계획 방향을 설정한다. 우선 주거공간계획의 방향을 설정하고 각각의 실별로 구체적인 계획을 진행한다.

5) 각 실 계획

실내공간은 공간 용도에 따라 개인공간, 공동공간, 가사작업공간, 생리위생공간, 기타 공간으로 구분할 수 있다.

(1) 개인공간

① 침실

대표적인 개인공간으로 프라이버시 유지가 중요하다. 주된 기능은 취침이지만 휴식, 대화, 탈의, 화장, 독서, 음악 감상 등이 이루어지며 공부방, 작업실, 놀이실 등의 역할을 병행하기도 한다.

숙면을 취할 수 있도록 실내기후조건에 대한 계획을 최우선으로 온습도가 적절하게 유지되고 채광이 양호하며 환기가 적절하고 조용해야 한다. 일조량이 적절하고 통풍이 잘 되는 남향이나 동남향이 이상적이며, 적어도 하루 1번 직사광선을 받을 수 있어야 한다.

취침과 휴식을 위한 공간이므로 난색 계열의 백열등이 적합하며 간접조명이 안정적 분위기 조성을 위해 바람직하다. 독서 등을 위한 국부조명을 침대 옆이나 벽면, 탁자 가까이에 두면 편리하다.

② 자녀실/아동실

자녀실/아동실(children's room)은 성별과 연령에 따른 계획이 반영되어야 한다. 독립된 영역 확보도 중요하지만 가족 간 교류도 필요하므로 가족공간과의 관계를 고려하여 계획한다. 부모의 관리하에 있으면서 다른 가족구성원과 자연스러운 소통이 가능하도록 계획한다.

③ 노인실

노인은 상대적으로 환경에 대한 적응력이 떨어지며, 하루 중 많은 시간을 주거공간에서 보낸다. 일조와 통풍이 양호한 남향이나 남동향에 배치하여 기후조건을 적절하게 유지하며, 밖을 내다볼 수 있도록 창문의 높이도 고려하여 계획한다. 또한 사용빈도가 높은 화장실과 가까운 곳에 위치시키거나 전용 욕실을 제공하고, 거실 및 식당 공간과 인접시켜 가족과의 접촉 기회를 늘려 외로움이나 소외감을 줄일 수 있도록 계획한다.

특히 노인실의 조명은 일반 성인보다 3배의 밝기를 필요로 하며 자연광을 최대한 이용하여 생활의 질을 높이고, 크고 작은 안전사고를 예방할 수 있도록 한다.

④ 작업실(재택근무실)

작업실(work room/home office)은 업무, 연구, 취미활동, 예술활동 등 다양한 개인 작업을 위한 공간으로 직업에 따른 작업의 종류와 사용자의 취향 및 개성에 맞는 맞춤형 공간계획이 필요하다.

(2) 공동공간

① 거실

가족 구성원 모두가 공동으로 사용하며 휴식, 대화, 손님 접대, 가사 작업 등 다양한 활동을 하는 다목적 공간이다. 가족마다 거실(living room)을 사용하는 방식이 다양하기 때문에 가족구성원의 특성을 고려하여 계획한다. 가족을 대표하는 공간이기에 가족의 개성이 나타날 수 있도록 계획한다.

② 식당

식당(dining room)은 식사 기능 외에도 가족 간 유대감과 일체감을 형성하는 역할을 하며, 거실에서 이루어지던 다양한 기능이 식당으로 확대되고 있다. 위생이 중요한 공간으로 충분한 자연채광과 환기가 잘 되도록 한다. 부엌과 거실의 중간에 위치시키는 것이 동선 단축에 유리하다.

(3) 가사작업공간(부엌)

각종 가사작업 중 가장 많은 시간을 필요로 하는 곳으로 일조와 환기가 좋은 남향이나 동향에 배치하는 것이 이상적이며 음식물의 동선을 고려하여 동선이 길어지지 않게 배치한다.

오른손잡이를 기준으로 음식 준비의 진행 순서에 따라 오른쪽에서 왼쪽으로 준비대→개수대→조리대→가열대→배선대 순으로 배열하면 효율적이다.

(4) 생리위생공간(욕실/화장실)

변기와 세면대 설비만으로 구성된 화장실(toilet)과 변기와 세면대 설비 외에 욕조 설비를 갖춘 욕실(bathroom)로 구분할 수 있다. 욕실에 욕조 대신 샤워 설비를 설치하기도 하며 욕조와 샤워 설비를 모두 설치하기도 한다. 방수성이 좋은 재료인 타일을 많이 사용한다. 바닥에 떨어진 물로 인하여 미끄러지는 사고가 빈번하므로 미끄럽지 않은 재료를 사용하는 것이 바람직하다. 최근의 욕실 디자인은 거실이나 침실 못지않게 편안한 공간으로 계획하는 경향이다.

(5) 기타 공간(현관)

현관은 우선 외부에서 첫 번째로 거치는 공간이며 신을 신고 벗는 공간이다. 현관에 들어섰을 때 집 안이 바로 보이지 않으면서 너무 폐쇄적이지 않게 정한다. 현관의 규모는 주택의 규모, 가족 수, 방문객 수, 신발장과 수납장의 규모 등에 따라 결정하며, 최소한의 규모는 폭 1,200㎜×길이 900㎜ 정도이다.

기출 및 예상 문제

1. 주거공간

01 주거공간계획 시 고려할 사항과 거리가 가장 먼 것은? 제4회, 공인1회

① 기후와 방위 조사 ② 거주자의 주생활 특성 파악
③ 생활비 조사 및 분석 ④ 시설 설비 계획

02 스마트 홈(디지털 홈)의 특징과는 거리가 먼 것을 고르시오.

① 스마트 기술을 활용하여 쾌적한 생활과 삶의 질 향상 추구
② 모든 정보전자기기가 유무선 홈 네트워크에 연결
③ 재택근무, 재택의료, 원격교육이 가능
④ 기존 공간에 디지털기술만 투입

03 다음에 열거한 주거공간의 실 중 그 가족의 특성을 가장 잘 나타낼 수 있는 개성표현이 중요하게 여겨지는 실은? 공인2회

① 부부침실 ② 거실
③ 식당 ④ 욕실

정답 및 해설

01 ③
주거공간계획 시 기후와 방위 등 물리적 사항들은 공간의 배치와 개구부 특히 창의 위치에 많은 영향을 주며, 거주자의 주생활 특성과 각 개인 및 가족의 요구와 희망을 반영하여 개성적인 주거공간계획이 될 수 있도록 한다.

02 ④
스마트 홈(디지털 홈)을 디자인할 때 기존 주거공간에 디지털 기술만 투입하는 것이 아닌, 디지털 기술이 갖는 딱딱함이나 삭막함을 줄이기 위해 공간의 형태뿐 아니라, 평면계획, 가구설비 등의 디자인을 고려하여 보다 부드럽고 안정된 분위기를 조성해야 할 필요가 있다.

03 ②
거실은 가족을 대표하는 공간이므로 가족의 특성을 나타내 줄 수 있는 개성표현이 중요하다. 또한 가족의 단란, 휴식, 접객 등이 이루어지는 곳으로 취침 이외의 전 가족생활의 중심이 된다. 크기는 100㎡ 내외의 주택의 경우 20㎡ 정도이고 위치는 현관, 주방, 식당이 가깝고 전망이 좋은 곳이 좋다.

04 주거공간의 일반적인 색채기준으로 가장 타당한 것은? 제1회, 제7회, 공인2회

① 침실은 방 전체의 안정감을 위해 천장－벽－바닥 순으로 명도를 낮추었다.
② 현관과 홀, 로비처럼 활동적인 공간에 차분하고 자극이 적은 색을 주로 사용하였다.
③ 가구는 방에서 차지하는 비율을 고려하여 큰 가구에 주목성이 강한 색을 사용하였다.
④ 세면실이나 목욕실 같이 규모가 작은 방은 밝게 하려고 채도가 높은 색을 사용하였다.

05 노인실의 실내계획에 관한 설명 중 맞는 것은? 제17회

① 노인실은 조용한 북향이 바람직하다.
② 무릎이 아픈 노인의 경우 침대보다 요를 사용하는 것이 도움이 된다.
③ 노인실의 조명은 다른 침실보다 밝아야 한다.
④ 노인실 가까이에 화장실을 두는 것은 바람직하지 않다.

06 부엌의 작업대 배열에 관한 기술 중 맞는 것은? 제1회, 제4회

① 준비대－개수대－가열대－조리대－배선대
② 준비대－조리대－가열대－개수대－배선대
③ 준비대－개수대－조리대－가열대－배선대
④ 준비대－가열대－조리대－개수대－배선대

정답 및 해설

04 ①
일반적으로 주거공간의 색채계획은 기본적으로 대비가 강하지 않도록 한다. 주거공간은 휴식과 안정을 위한 공간이다. 따라서 온화한 배색으로 전체적으로 따듯한 느낌이 들도록 색채계획을 하는 것이 좋다. 색채계획을 할 때는 먼저 주조색을 결정하고 보조색을 한두 가지 사용하고, 주목을 끌기 위해 강조색을 한두 가지 사용해서 전체적으로 생상수가 많지 않도록 한다.(출처 : 안옥희 외(2007), 스스로 하는 인테리어 디자인, p.173)

05 ③
주거공간에서 노인은 일반 성인보다 2~3배의 밝기를 필요로 한다. 거실의 전반조명의 경우 일반성인은 30~75lx 정도의 밝기를 필요로 하는 반면 노인의 경우 90~215lx 정도의 밝기가 요구된다.

06 ③
부엌의 작업대의 배열은 냉장고에서 시작하여 준비대, 개수대, 조리대, 가열대, 배선대 순이다. 부엌의 크기는 주택 연면적의 8~12% 정도가 적당하며, 작업대의 높이는 기능적인 면에서 73~83㎝ 정도로 한다.

07 부엌의 작업대 배열형태 중 동선단축에 유리한 배열형태는? 제5회, 공인2회

① 일자형
② ㄱ자형
③ ㄷ자형
④ 병렬형

08 주거공간의 다용도실(utility room)에 관한 설명 중 가장 적합한 것은? 공인5회

① 취미 활동실에 해당한다.
② 주로 가변형 시스템으로 이루어진다.
③ 부엌과 유기적인 관계에 있는 실이다.
④ 최소 25㎡ 이상이 필요하다.

09 다음 중 욕실의 실내계획에 대한 설명으로 옳은 것은? 공인2회

① 욕실의 규모는 욕조, 샤워부스, 세면대, 변기 등의 욕실설비에 의해서만 결정된다.
② 인체동작공간은 욕실의 규모를 결정짓는 요인이 아니다.
③ 더러움이 눈에 잘 보이지 않는 색이 위생적인 색으로 욕실에 맞는다.
④ 욕실 바닥은 물에도 잘 미끄러지지 않는 마찰계수가 높은 재료로 마감한다.

정답 및 해설

07 ③
부엌의 위치는 실의 건조, 소독, 채광, 환기 등을 고려할 때 남측이나 동측에 면하게 하는 것이 이상적이며, 작업대의 배열형태는 ㄷ자형이 동선단축 면에서 가장 유리하다. 또한 작업대의 배치 방법은 오랜 습관에 의해 왼쪽에서 오른쪽으로 이동하며 사용 하도록 한다.

08 ③
유틸리티 공간(utility area)은 욕실 및 부엌의 서비스 관계의 제실과 접한 위치가 바람직하고, 옥외와는 서비스 야드와 접해야 효율적인 사용이 가능하다.

09 ④
세대 내 2개 이상의 욕실(화장실)을 선호하는 추세이며 샤워부스 또는 욕조 내 커튼 설치로 점차 건식화하는 경향이 있다. 폐쇄적이고 습한 욕실의 특성상 환기와 습기 관리가 용이해야 되며 겨울철의 쾌적한 사용을 위해서는 보온 기능도 고려돼야 한다. 또한 바닥에 물기가 남아있는 경우 안전상 유의가 필요하다.

2 판매공간

1) 판매공간의 개념

판매공간의 디자인은 상품의 이미지와 고객의 시선을 주목시킬 수 있는 요소로 계획된다. 상업공간의 일부로 생산과 소비를 연결하는 매개공간이며 최근의 경향으로는 공공에게 다양한 생활 서비스를 제공하며 문화공간의 역할도 하고 있다.

2) 판매공간계획의 기본

(1) 계획 시 고려 사항

판매공간의 계획은 판매 증대를 위한 유통시설을 갖추는 것을 목표로 한다. 이를 위해서는 구매 충동을 일으키는 시각적 요소, 판매 외적 서비스 시설, 정서 욕구를 채울 수 있는 다양한 문화시설 등을 복합적으로 조성하여 편리하고 매력적인 환경을 만들어야 한다.

(2) 디자인 계획 시 고려 사항

판매공간 디자인은 전체의 통일성과 각각의 개성을 동시에 추구하고, 소재를 통한 공간의 표면적 효과와 브랜드의 내면적 이미지를 조화시킨다. 또한 업종에 따라 차이가 있지만 첨단 기술을 도입하여 극적인 효과와 더불어 현대적 감각을 부각시키는 디자인을 고려한다.

(3) 고객의 유도법칙

- AIDCA 법칙
  - A(attention, 주의) : 주목을 끌어 상품에 대한 관심을 유도
  - I(interest, 흥미) : 공감을 일으켜 상품에 흥미를 갖게 함
  - D(desire, 욕망) : 상품 구매에 강한 욕망을 갖게 함
  - C(confidence, 확신) : 상품 구매에 대한 신뢰성으로 확신을 갖게 함
  - A(action, 행동) : 구매행위를 실행

• 판매공간의 공간별 주기능과 부기능

공간 / 기능	판매촉진공간	판매공간	판매예비공간	부대공간
주기능	파사드, 쇼윈도 출입구	DP, 진열, 평가, 포장	계산대, 통신, 검색	대기, 휴게, 서비스, 옥외기능
부기능	도난방지	창고, 수납, 재고	사무, 종업원 휴식	화장실

• 쇼윈도 계획

쇼윈도(show window)는 상품을 진열하여 지나가는 고객들의 시선과 관심을 유도할 수 있도록 하며, 상품에 대한 정보를 제공하고 상점 안으로 고객을 유인하여 판매로 연결시킨다. 쇼윈도에 진열된 구성은 판매 공간의 특성을 적합하게 나타내며 유행에 민감한 계절성이 있어야 한다. 진열상품은 가시성이 있고 주력상품과 보조상품의 선별과 강조가 적절히 조화를 이루어야 한다.

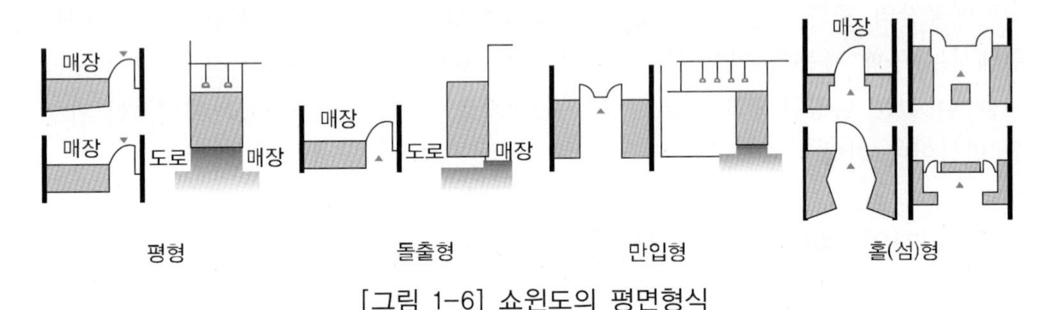

[그림 1-6] 쇼윈도의 평면형식

출처 : 실내건축연구회(2015), 실내계획, p.166

• 쇼윈도의 눈부심 방지

- 주간
  - 진열창 내의 밝기를 외부보다 더 밝게 한다.
  - 차양장치를 달아 외부에 그늘을 만든다.
  - 유리면을 경사지게 하고 특수한 곡면유리를 사용한다.
  - 건너편 건물이 비치는 것을 방지하기 위해 가로수를 심는다.
- 야간
  - 광원을 감추어 눈에 입사되는 광속을 적게 한다.

• 진열대에 의한 평면배치 형식

판매공간의 경우 진열대의 배치에 의해 평면의 유형이 변경된다. 진열장의 크기는 상점에 따라 다르나 규격을 통일하는 것이 좋으며 이동식 구조로 가변성을 높인다.

일반적으로 진열장의 폭은 0.5~0.6m, 길이는 1.5~1.8m, 높이는 0.9~1.1m를 사용한다.

진열장을 이용한 배치계획 시에는 손님 쪽에서 상품이 효과적으로 보일 수 있도록 하며, 다수의 손님을 소수의 종업원으로 관리하기에 편리해야 한다. 또한 들어오는 손님과 종업원의 시선이 직접 마주치지 않아야 한다.

3) VMD

VMD Visual Merchandising는 V(Visual : 전달 기술로서의 시각화)와 MD(Merchandising : 상품계획)를 조합한 말로써 상점 구성의 기본이 되는 상품계획을 시각적으로 구체화시켜 상점의 이미지를 경영전략 차원에서 고객에게 인식시키는 것이다.

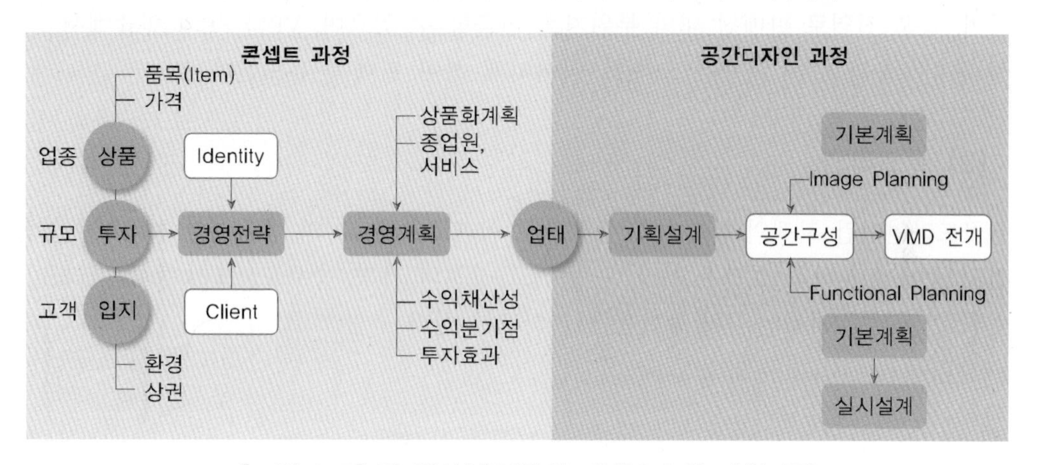

[그림 1-7] 판매(상업)공간의 계획요소와 계획과정

출처 : 실내건축연구회(2015). 실내계획. p.173

'누구를 위해, 언제, 어떤 것을, 어떻게 진열하며, 그것을 어떠한 시각을 통해 어떻게 진열하며, 그것을 어떠한 시각을 통해 어떻게 팔 것인가?'라고 하는 것을 명확하게 매뉴얼화하여 매장 전체에 표현하는 것이다. 따라서 상품을 올바르게 보여줄 수 있는 매장 구성과 집기 등의 계획에 있어 VMD를 정확히 이해하는 것은 이상적인 상점 디자인의 기본이다.

4) 디스플레이 계획

(1) 연출

연출은 소비자의 소비력을 촉진시키기 위한 고객과의 커뮤니케이션으로 상품의 특성을 표현하고 용도를 알리며, 상품의 가치를 높이는 디스플레이 기술이다. 따라서 고객이 상품을 보고 흥미와 구매 욕구가 일어날 수 있도록 한다. 이를 위해 매장과 상품의 이미지 표현 방법으로 쇼윈도나 스테이지 등의 VP(visual presentation) 부분과 벽면, 집기류 상단부에 판매 포인트를 만들어주는 PP(point of sale presentation)

부분을 연출해야 한다. 이를 위해 테마 구성, 컬러, 소품, POP, 조명 연출 등의 다양한 연출이 이루어진다.

(2) 진열

직접적으로 상품 판매가 이루어지는 판매공간(IP)에서의 상품 디스플레이 표현 방법이다. 상품 진열은 상품에 대한 신뢰와 구매 확신을 느끼게 하여 디스플레이의 최종 목적인 판매에 직접적인 영향을 미칠 수 있다. 상품을 고르기 쉽고 보기 쉽도록 하며, 상품 진열로 판매점 내의 분위기를 연출할 수 있으며, VP와 PP의 연출에서 느낀 흥미로움과 구매 욕구를 그대로 이어지게 하여 판매를 유도한다.

(3) 골드라인

골드라인이란 고객의 눈높이를 중심으로 아래로 10~40°의 범위이다. 수직 진열의 범위 중에서 시각적 효과가 가장 큰 범위로 상품의 가격, 중요도, 크기 등에 따라 이 범위 안에서 효과적인 진열방법을 연출하도록 한다.

출처 : 실내건축연구회(2015), 실내계획, p.197

기출 및 예상 문제

2. 판매공간

01 소비자의 구매심리에 대한 시나리오의 올바른 순서를 고르시오.

1. 구매한다(Action)	2. 확신을 심어준다(Conviction)
3. 주의를 끈다(Attention)	4. 흥미를 준다(Interest)
5. 욕망을 느끼게 한다(Desire)	

① 3－4－5－2－1　② 5－4－2－3－1
③ 1－2－3－4－5　④ 5－1－3－2－4

02 상점의 구성과 관련한 다음 기술 중 맞는 것은? 제1회, 제12회, 공인2회

① 고급 의류, 골동품 등 소수의 고객을 위한 전문상점의 경우 개방형 윈도를 적용하는 것이 좋다.
② 전문점의 구성은 기본적으로 판매, 관리, 서비스 공간 등 3가지로 구분한다.
③ 시각적 상품전달계획(VMD)에 있어서는 기본적으로 경쟁사 상품의 유통과정과 제품 등을 평가할 줄 알아야 한다.
④ 구체적인 상점의 공간 디자인이 완성되면 그에 따라 경영계획과 상품화 계획을 수립해야 한다.

정답 및 해설

01 ①
소비자의 구매심리 5단계(AIDCA 법칙)
1. 주의(Attention; A) : 상품에 대한 관심으로 주의를 갖게 한다.
2. 흥미(Interest; I) : 상품에 대한 흥미를 갖게 한다.
3. 욕망(Desire; D) : 상품 구매에 대한 강한 욕망을 갖게 한다.
4. 확신(Conviction; C) : 상품 구매에 대한 신뢰성으로 확신을 갖게 한다.
5. 행동(Action; A) : 구매 행위를 실행하게 한다.

02 ③
경쟁사와 차별화할 수 있는 합리적이며 독창적인 아이덴티티를 확보하기 위해 VMD의 모든 요소를 컨트롤해야 하

03 쇼윈도 전면의 눈부심(현휘현상)방지를 위한 설명 중 적합하지 않은 것은?

제6회, 공인2회

① 차양을 쇼윈도에 설치하여 햇빛을 차단한다.
② 가로수를 쇼윈도 앞에 심어 도로 건너편의 건물이 비치지 않도록 한다.
③ 곡면유리를 사용하거나 유리를 경사지게 처리한다.
④ 도로면을 밝게 하고 쇼윈도 내부를 어둡게 한다.

04 쇼윈도의 평면형식으로 다음 그림과 적합한 것을 고르시오.

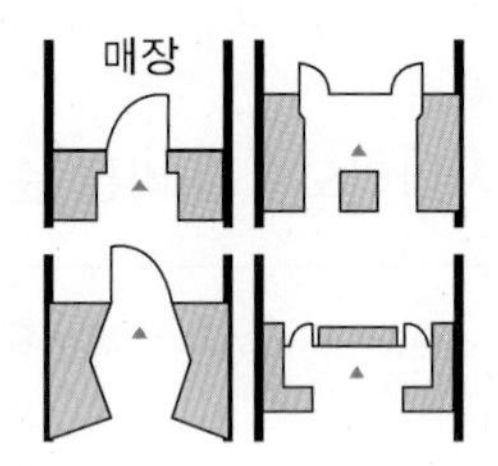

① 평형
② 홀(섬)형
③ 돌출형
④ 만입형

05 주매장 진열장 배치 시 고려사항으로 틀린 것은?

제10회, 제20회

① 고객과 종업원의 시선이 서로 마주칠 것
② 진열장 길이는 가능한 한 길게 할 것
③ 충분한 통로확보와 원활한 동선처리를 할 것
④ 상품의 효과적인 전시와 고객행위의 신속한 대응이 용이할 것

정답 및 해설

고 고객만족을 목표로 하는 점(店) 전략차원의 활동을 계획하고 아이디어를 발상할 수 있는 전문성과 함께 컨설팅 능력 또한 요구된다. 디자이너는 물리적 환경이 소비자에게 미치는 영향에 관심을 기울여야 하며 특정한 물리적 환경을 제공했을 때 소비자의 반응과 행태를 정확히 예측할 수 있어야 한다.

03 ④

진열창의 반사 방지 방법으로는

- 진열창의 내부를 밝게 한다.
- 차양을 달아 외부에 그늘을 준다.
- 유리면을 경사시켜 비치는 부분을 위쪽으로 가게 한다.
- 특수한 경우에는 곡면 유리를 사용한다.
- 가로수를 쇼윈도 앞에 심어 도로 건너편의 건물이 비치지 않도록 한다.

04 ②

판매공간에서 쇼윈도의 평면형식은 일반적으로 평형, 돌출형, 만입형, 홀(섬)형으로 구분되며, 이중 홀(섬)형은 만입형의 만입부를 더욱 넓게 잡아 진열창을 둘러놓고 홀을 두는 형식이다.

06 판매 공간의 매장 내 진열장을 배치 계획할 때 가장 중심적으로 고려해야 할 사항은? 공인2회

① 진열 케이스의 수 ② 고객 동선의 원활
③ 매장의 조명 조도 ④ 수직 동선 처리

07 매장의 상품을 유형별로 분류하고 배치할 때 고려해야 할 점과 가장 거리가 먼 것은? 공인3회

① 중점상품은 매장 내에서 가장 많은 양을 차지하므로 주통로를 중심으로 배치한다.
② 충동상품은 고객의 시선을 집중시킴으로써 유인효과를 갖도록 쇼윈도에 배치한다.
③ 기획상품은 매장의 이미지를 돋보이게 하기 위한 상품으로 내부의 전면에 배치한다.
④ 보완상품은 중점상품의 매출을 돕기 위해 부통로부분에 배치한다.

08 VMD전개 시스템 구분하는 요소가 아닌 것은? 제9회

① V.P : Visual Presentation ② P.P : Point Presentation
③ D.P : Differentiation Presentation ④ I.P : Item Presentation

제1장 실내계획
제2장 실내환경
제3장 실내시공
제4장 실내구조 및 법규

정답 및 해설

05 ①
상점 내에서 종업원의 동선은 단순하면서도 짧게, 고객의 동선은 원활하면서도 길게 해야 한다.또한 고객이 진열장의 상품에 집중할 수 있도록 종업원과의 시선이 서로 마주치지 않도록 하지만 고객행위에 신속하게 대응할 수 있도록 고려하여 배치한다.

06 ②
판매공간의 경우 진열대의 배치에 의해 평면의 유형이 결정된다. 진열장의 크기는 상점에 따라 다르나 동일 상점에서는 규격을 통일하는 것이 좋으며 이동식 구조로 한다. 판매공간을 비롯한 대부분 상업 공간 계획 시 가장 우선순위는 고객의 동선을 원활히 처리하는 것이다.

07 ②
충동상품은 비교적 저가의 소품이나 액세서리와 같이 중점상품의 보완적 요소로서 충동적 구매를 유도할 수 있는 상품, 주로 계산대 주위에 배치한다.

08 ③
VMD의 전개요소는 통일된 이미지를 위한 시각설명의 요소로 VP, PP, IP가 있다. 이 3가지는 하나의 매장 내에서 각각의 기능을 하며 최종 목적은 고객을 향해 매장의 주인이 되는 상품의 제안, 즉 머천다이징 프레젠테이션(merchandising presentation : MP VP+PP+IP)이다.

09 다음 중 VP에 관한 설명으로 맞는 것은? 공인2회

① 매장 내의 상품정보를 시각적으로 소구하며 관련 상품과의 자연스러운 코디네이트로 제안한다.
② 스토어 콘셉트를 전달하기 위한 스테이지를 설치하여 테마의 종합적인 표현과 연출을 한다.
③ 상품을 분류·정리하며, 일관성 있는 연출법으로 고객이 쉽게 알아볼 수 있도록 진열한다.
④ 판매원을 대신하여 상품 정보 및 판매정보를 알려주고 행사 분위기, 시즌 분위기를 연출하여 매출 증대에 기여하도록 연출한다.

10 연출과 진열에 대한 설명으로 틀린 것은? 제13회, 제18회

① 연출은 고객이 상품을 보고 흥미와 구매 욕구를 불러일으키도록 표현하는 방법을 말한다.
② 진열은 상품판매가 직접적으로 이루어지는 판매공간(IP)에서의 상품 디스플레이 표현방법을 말한다.
③ 상징적 연출은 상품과 관련된 분위기를 조성하며 상품의 가치나 특성을 추구하는 감각 진열로서 구매심리를 직접적으로 자극하는 방법을 말한다.
④ 상품에 대한 신뢰와 구매의 확신을 느끼게 하여 디스플레이의 주요 목적인 판매에 직접적인 영향을 주는 것은 진열이다.

11 골드라인(Gold line)에 관한 설명 중 맞는 것은? 공인2회

① 스테이지 위의 진열일 경우 일반적으로 400~1,300㎜의 높이 범위에 해당한다.
② 선반 진열의 경우에는 750~1,200㎜ 정도의 범위가 이에 해당한다.
③ 고객의 시야를 기준으로 하향 10~40°의 범위이다.
④ 인간의 시야는 세로와 가로의 비가 1 : 1.6이다.

정답 및 해설

09 ②
VP는 스토어 콘셉트를 전달하기 위한 스테이지를 설치하여 테마의 종합적인 표현으로 매력적인 연출을 하는 것으로 트렌트 제시, 화제 및 이벤트성, 테마 컬러 적용, 연간 계획에 의한 연출, 조명 연출 효과, 오브제 및 마네킹의 연출 등을 통해 이루어진다.

10 ③
상징적 연출은 매장의 이미지 또는 기업의 이미지나 대표적인 상품을 상징적으로 연출하여 표현하는 형식으로 시선을 유도하는 영향력을 갖는다. 또한 상품과 관련된 분위기를 조성하여 상품의 가치나 특성을 추구하는 감각 진열로서 구매심리를 직접적으로 자극하는 방법은 분위기 연출방법이다.

11 ③
① 스테이지 위의 진열일 경우 일반적으로 600~2,100㎜의 높이 범위에 해당한다.
② 선반 진열의 경우에는 950~1,300㎜ 정도의 범위가 이에 해당한다.
④ 인간의 시야는 세로와 가로의 비가 1 : 1.4이다.

3 백화점

1) 백화점의 개념

백화점은 일상생활에 필요한 온갖 상품을 여러 부문별로 나누어 파는 대규모의 현대적 상점으로 '무엇이든지 갖추어져 있는 대형 점포'라 할 수 있다. 대규모 소매기관으로 판매 촉진, 서비스 향상, 경영 및 회계의 합리화 등을 위하여 다양한 상점을 상품별, 소비자별로 부문화하고 판매하는 특성을 갖는다.

(1) 공간디자인 Concept 전략

① 판매공간의 포지셔닝 설정(positioning)

소비자에게 어떻게 포지셔닝할 것인가를 설정하여 도심고급백화점, 패션전문백화점, 생활경제형백화점, 대형종합백화점 등으로 구분하여 설정한다.

② 시장 타깃을 위한 소비자 설정(targeting)

소비자 계층을 지역별, 문화 수준별, 연령별, 생활수준별 등으로 설정한다.

③ 경쟁점과의 차별화 포인트 설정(differentiation)

경쟁점과의 차별화를 두어 생활 편의점, 상품 전문점, 문화 중심점 등으로 설정한다.

스토어 디자인 개념은 점포의 실체화를 위한 첫 번째 작업으로 기업의 이념 및 이미지와 다양한 환경 분석에 근거한 마케팅전략을 바탕으로 백화점의 운영 방향을 분석 정리하여 설정한다.

2) 백화점 공간디자인 프로세스

① 기본전략계획

사회의 경제동향 분석으로부터 상권, 입지, 고객 분석에 이르기까지 다양한 환경 조건이나 시장 조건의 파악

② 마스터플랜

마케팅을 바탕으로 백화점 만들기의 종합 계획수립

③ 스토어플랜

백화점 전체의 구성에 대한 합리적 기준을 마련

④ 스토어디자인
- 외관과 내부 인테리어의 시각적 이미지로 소비자가 백화점을 찾는 동기부여
- 인테리어 디자이너의 역할이 중요

⑤ 비주얼머천다이징 VMD 전개
V(visual, 전달기술로서의 시각화)와 MD(merchandising, 상품계획)의 합성어. 백화점 구성의 기본이 되는 상품계획을 시각적으로 구체화하여 백화점 이미지를 경영전략 차원에서 고객에게 인식

3) 백화점 매장 배치계획

① 층별 구성 시 기본적으로 검토해야 할 사항
- 전 층에 걸친 원활하고 활성화된 상품 순환
- 1층을 기준으로 상 · 중 · 하층의 전략적 구획
- 서비스를 위한 편의시설은 각 층의 성격에 따라 배분

② 일반적인 백화점 층별 구성
- 일반적으로 지하층은 목적성이 강하며 식품부를 둔다.
- 1층은 백화점의 얼굴인 전략적 매장으로 전략상품으로 구성하고 소형이면서도 선택이 비교적 오래 걸리지 않고 손쉽게 구매할 수 있는 액세서리, 핸드백, 구두 등의 신변잡화를 둔다.
- 중층에는 화제성과 시대성이 높고 매출면에서 판매가 가장 많이 이루어지는 의류 및 새로운 감각의 생활용품을 둔다.
- 상층부는 고객을 머물게 하는 목적성이 강한 상품군인 가정용품, 가전제품 등을 둔다.
- 최상층부는 식당가, 전시장, 문화센터 등을 둔다.
- 층별 구성과 면적 배분은 각 백화점의 경영전략, 판매 방침에 따라 달라질 수 있다.

4) 백화점 동선계획

① 기능적 동선
- 주동선 : 주요 통로로 공공성과 보행하기 쉬운 기능, 유동 동선의 역할을 한다.
- 부동선 : 보조 통로로 내점객의 체류를 목적으로 하는 체류 동선의 역할을 한다.

② 행태적 동선

- 고객동선 : 고객의 흐름으로 길고 자연스러워야 한다.
- 판매원동선 : 고객동선과는 반대로 짧은 것이 효과적이다.
- 관리동선 : 사무실을 중심으로 매장, 창고, 작업장 등이 최단거리로 연결되면 이상적이다.

5) 조명계획

백화점의 전체조명은 빌딩의 사무실 조명에 준하도록 계획하며, 매장의 배치가 변경되더라도 조명설비가 대응할 수 있도록 융통성 있게 계획한다. 또한 각 층의 중요도 및 업종, 고객의 밀도를 고려하여 계획한다. 매장의 조명계획(lighting plan)은 상품의 종류와 진열 구조에 따라 적절한 방법으로 한다.

일반적으로 백화점의 전반조명은 각 상점들의 평균조도를 유지하여야 하므로 효율이 높은 조명기구를 사용하며, 조명기구 위치의 변경이 어려움으로 장래성을 고려한 계획이 이루어져야 한다. 따라서 확산광조명(라인라이트, 광천장, 루버 매입)과 직접광(다운라이트)을 동시에 사용하도록 계획한다. 최근 백화점의 조명은 각 층별 상품 구성에 따라 기본조명과 함께 다양한 변화를 갖는 조명 분위기로 연출된다.

출처 : 실내건축연구회(2015), 실내계획, p.209

기출 및 예상 문제

3. 백화점

01 다음 중 백화점의 일반적인 배치계획으로 적절하지 않은 것은?

① 1층은 백화점의 얼굴인 전략적 매장으로 전략상품으로 구성하고 소형이면서도 선택이 비교적 오래 걸리지 않고 손쉽게 구매할 수 있는 액세서리, 핸드백, 구두 등의 신변잡화를 둔다.
② 중층에는 목적성이 강하며 식품부를 둔다.
③ 상층부는 고객을 머물게 하는 목적성이 강한 상품군인 가정용품, 가전제품 등을 둔다.
④ 최상층부는 식당가, 전시장, 문화센터 등을 둔다. 층별구성과 면적배분은 각 백화점의 경영전략, 판매방침에 따라 달라질 수 있다.

02 백화점 디자인에 영향을 미치는 마케팅전략요소 중 '공간디자인 콘셉트 전략'과 무관한 것을 고르시오.

① 관리시스템 포인트 설정
② 판매공간의 포지셔닝 설정
③ 시장 타깃을 위한 소비자 설정
④ 경쟁점과의 차별화 포인트 설정

정답 및 해설

01 ②
중층에는 화제성과 시대성이 높고 매출면에서 판매가 가장 많이 이루어지는 의류 및 새로운 감각의 생활용품을 배치하는 것이 일반적인 백화점 계획이다.

02 ①
백화적 디자인에 영향을 미치는 마케팅 전략요소 및 콘셉트 전략은 '공간디자인의 콘셉트 전략', '소비환경', '라이프스타일', '머천다이징(MD)', '입지' 등이며 이 중 공간디자인 콘셉트 전략은 판매공간의 포지셔닝 설정, 시장 타깃을 위한 소비자 설정, 경쟁점과의 차별화 포인트 설정이 있다.

03 백화점의 공간디자인 프로세스로 옳은 것은? 제20회

① 마스터플랜 – 기본전략계획 – 스토어디자인 – 스토어플랜 – VMD 전개
② 마스터플랜 – VMD 전개 – 기본전략계획 – 스토어플랜 – 스토어디자인
③ 기본전략계획 – 마스터플랜 – 스토어플랜 – 스토어디자인 – VMD 전개
④ 기본전략계획 – VMD 전개 – 마스터플랜 – 스토어플랜 – 스토어디자인

04 백화점의 마스터플랜 요소가 아닌 것은?

① VMD의 기본정책 결정
② 스토어 콘셉트의 설정
③ 중점대상 고객층의 설정
④ 상품의 이해

05 백화점 매장 배치계획 중 층 별구성에 있어 기본적으로 검토해야 할 사항으로 적합하지 않은 것은? 공인2회

① 1층을 기준으로 상, 중, 하층의 전략적 구획을 한다.
② 최소 인원으로 최대 매출 증대를 위해 매장을 조정하고 상품을 배치한다.
③ 서비스를 위한 편의시설은 각층의 성격에 따라 배분한다.
④ 전 층에 걸쳐 상품의 순환이 원활하도록 활성화를 꾀한다.

정답 및 해설

03 ③

(1) 기본전략계획 : 사회경제동향 분석으로부터 상권, 입지, 고객 분석에 이르기까지 환경조건이나 시장 조건의 파악을 목표로 한다.
(2) 마스터플랜 : 마스터플랜이란 마케팅을 바탕으로 한 점 만들기의 종합계획이다.
(3) 스토어플랜 : 스토어플랜이란 마케팅을 바탕으로 점 전체의 구성에 대한 합리적 기준을 마련하는 것이다.
(4) 스토어디자인 : 외관과 내부 인테리어의 시각적 이미지는 소비자가 점을 찾는 동기부여에 막대한 영향을 미친다.
(5) 비주얼머천다이징 VMD 전개 : V(visual, 전달기술로서의 시각화)와 MD(merchandising, 상품계획)의 조합어로 점 구성의 기본이 되는 상품계획을 시각적으로 구체화하여 점 이미지를 경영전략 차원에서 고객에게 인식시키는 표현전략이다.

04 ④

마스터플랜이란 마케팅을 바탕으로 한 점 만들기의 종합계획이다. 마스터플랜의 요소는 다음과 같다. 화점의 마스터플랜 요소는 스토어 콘셉트의 설정, MD계획에 의한 상품정책의 이해, VMD 기본정책 결정, 판촉 및 영업 기본정책의 이해, 중점대상 고객층의 설정 등이다.

05 ②

백화점의 층별 구획의 결정은 계획단계에서 이루어지며 다음과 같은 사항을 기본적으로 검토해야 한다.

- 전 층에 걸쳐 상품 순환이 원활하도록 활성화를 꾀한다.
- 단위에 따라 상품의 성격, 특성을 명확히 한다.
- 1층을 기준으로 상, 중, 하층의 전략적 구획을 한다.
- 서비스를 위한 편의시설은 각 층의 성격에 따라 배분한다.

06 백화점 조명방식의 구분으로 적합한 것은? 공인2회

① 환경조명 – 특수조명 – 전체조명
② 기본조명 – 전체조명 – 부분조명
③ 기본조명 – 상품조명 – 환경조명
④ 상품조명 – 전체조명 – 환경조명

07 백화점 판매장에 있어서의 진열장의 배치, 고객용 통로의 배치와 관련한 기본적인 매장의 가구배치유형에 해당되는 것은? 공인5회

① 평행형배치
② 병렬형배치
③ 일자형배치
④ 방사형배치

정답 및 해설

06 ③

백화점 조명은 기본조명, 상품조명, 환경조명방식에 의해 이루어진다.

- 기본조명 : 백화점 내 기본이 되는 밝기를 만드는 조명방식, 고객의 동선에 지장이 없이 고르고 광범위한 밝기유지
- 상품조명 : 연출부분을 밝힘으로 상품의 가치를 높이는 조명방식, 빛의 방향에 따라 효과를 높이며, 수직보다는 경사방향이 자연스러운 빛의 방향임
- 환경조명 : 광원 또는 조명구 자체의 장식 효과를 위한 조명방식
- 각 층의 퍼블릭공간 또는 옥외에 백화점의 격에 맞는 분위기로 즐거운 구매 환경을 조성

07 ④

방사법(방사배치)은 엘리베이터, 에스컬레이터 등 주요수직 동선을 중심으로 판매장의 통로를 방사형이 되도록 배치하는 형식이다. 고객의 동선이 명확하고 매장에 대한 인지도가 비교적 높다. 또한 매장의 적극적인 형태로 진열장에 의한 고객과 종업원간의 거리감을 감소시킬 수 있다.

4 식음공간

1) 식음공간의 실내계획의 주안점

식음공간의 기획, 구상에 있어서 아무리 소규모라 하여도 입지조건, 규모, 업종, 경영방침, CI구상, 기획특성 등이 고려되어야 한다. 또한, 디자인 콘셉트는 레이아웃부터 입면, 공간적 구성에까지 일관성 있는 디자인이 되도록 하되 고객 편의 및 운영자의 수익창출을 위한 창조적인 디자인이 되도록 해야 한다.

2) 식음공간의 공간구성

식음공간은 크게 영업영역, 조리영역, 관리영역으로 구성된다. 영업영역은 식당, 객석 및 중심 서비스공간으로 로비, 화장실, 현관 입구, 라운지, 담화실 등이 이에 해당된다. 조리영역은 주방, 배선실, 팬트리, 주류창고, 세척실, 식품저장고 등이며 관리영역은 식당의 경영부분인 사무실, 지배인실, 준비실, 종업원 휴게실, 종업원 화장실, 라커룸, 기계실 등이다.

3) 동선계획

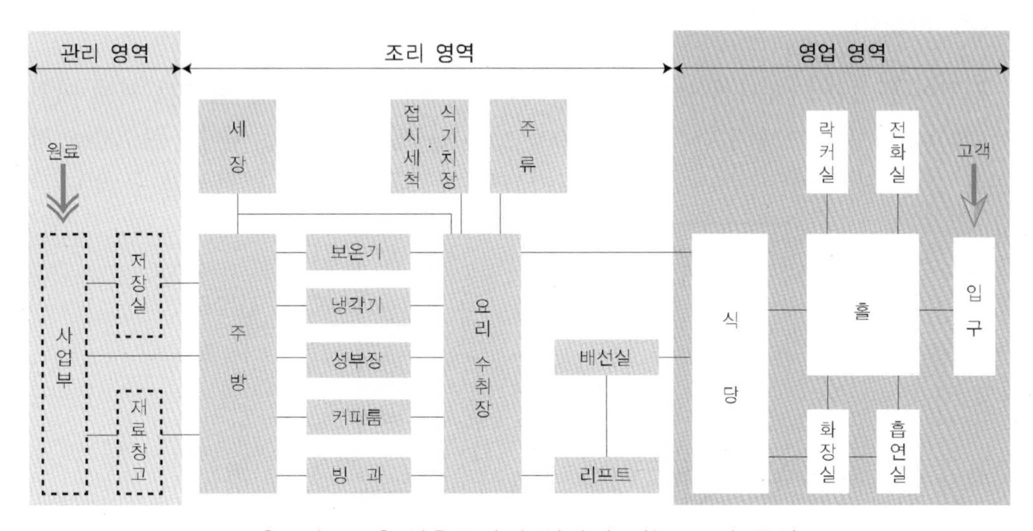

[그림 1-8] 식음공간의 일반적 기능도 및 동선

출처 : 실내건축연구회(2015), 실내계획, p.219

원활하고 신속한 서비스를 위한 동선계획은 경영방침과 함께 가장 중요한 부분이다. 동선은 크게 고객 동선, 종업원 서비스동선, 주류 및 음식의 반입과 반출을 위한 식품동선으로 구분된다. 규모에 관계없이 고객 동선과 종업원의 서비스동선은 서로 교차되지 않도록 계획해야 하며, 종업원의 이동거리를 단축시키기 위해 주방의 위치를 고려하여 가능한 짧게 단순화 시키도록 한다. 또한 주통로와 부통로의 충분한 치수와 요리의 출구, 식기의 반입에 유의하는 것도 중요하므로 주요 통로는 1,200~1,500㎜, 주통로에서 갈라진 부통로는 900~1,200㎜ 이상이 되어 충분한 통로 폭을 확보하도록 한다.

4) 가구계획

(1) 테이블의 필요 치수

테이블의 크기는 판매하는 메뉴 내용과 사용하는 식기 크기를 고려하여 계획한다.

- 2인용 테이블 600~750㎜, 4인용 테이블은 정사각형(850~960㎜×850~960㎜, 직사각형(1,000~1,200㎜×700~800㎜) 정도가 표준이다.
- 일반적으로 직사각형 테이블을 사용하며 정사각형은 서비스에 편리하다.
- 6인용 테이블의 경우 1,350~1,800㎜×650~800㎜ 정도가 표준이다.
- 바로 뒤에 벽이나 좌석이 있을 경우 머리의 움직임을 위해 여유 치수를 주어 공간을 확보한다.

(2) 카운터

작업이 용이한 카운터의 높이는 800~850㎜ 정도이나 작업대를 감추기 위해 여기에 200㎜ 이상을 더해 일반적으로 1,000~1,050㎜ 정도로 하고, 테이블은 700㎜ 전후로 한다. 단 차이는 300~350㎜ 정도가 되어야 시선 레벨을 일치시킬 수 있다.

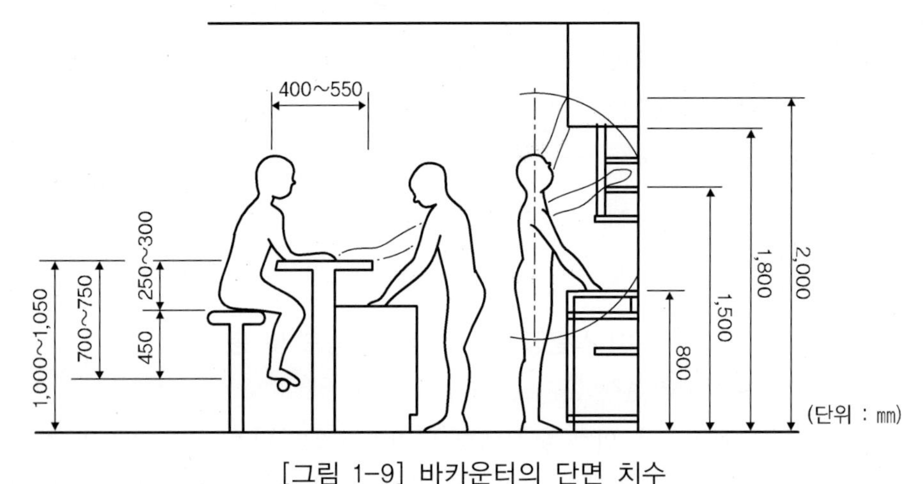

[그림 1-9] 바카운터의 단면 치수

출처 : 한국실내건축가협회(2004). 실내건축총론 시리즈

5) 조명계획

조명은 미각을 자극하는 중요한 요소이다. 또한 조명은 실내의 구성요소로 실내 분위기 연출을 좌우한다. 특히 주류나 음료의 경우 색깔과 분위기가 자극적 역할을 하므로 분위기 조명에 중점을 두어 실내계획을 해야 한다.

6) 색채계획

색채의 연출에 있어서는 자연계열과 난색계열을 중심으로 유사 색상을 통한 명도나 채도의 대비, 또는 무채색으로 조화를 이루거나 갈수록 강한 대비의 색채를 도입시켜 분위기를 연출한다. 주로 난색을 주조색으로 사용하여 편안하고, 아늑하고, 식욕을 돋우는 분위기로 밝고 즐거운 분위기가 되도록 계획한다.

테이블은 색상이 음식에 영향을 주지 않아야 하므로 보라와 남보라, 노랑과 연두는 사용하지 않는다. 또한 회색에 가까운 청록과 파랑 등은 빨강과 주황을 강하게 하여 신선하게, 푸르게 보이게 한다.

기출 및 예상 문제

4. 식음공간

01 식음 공간 설계에 대한 설명 중 가장 올바른 것은? 제17회, 공인2회

① 식음공간의 동선은 크게 고객동선, 종업원동선으로 나뉘며 이는 서로 분리시켜 혼잡을 피하는 것이 바람직하다.
② 식음공간이란 식사전문음식점, 음료 및 주류전문점, 극장식당, 식자재 등을 판매하는 점을 모두 총칭하여 일컫는 말이다.
③ 식음공간 계획에 있어 규모, 메뉴, 맛, 가격, 서비스, 좌석배치, 위생적인 면은 매장의 분위기와 직접적으로 관계한다.
④ 고객과 종업원이 모두 불편하지 않도록 무엇보다 기능위주의 설계가 가장 중요하다.

02 레스토랑 평면계획에 대한 설명 중 옳지 <u>않은</u> 것은? 공인4회

① 카운터는 출입구 부분에 위치하여 통행에 불편이 없도록 한다.
② 고객의 동선과 주방의 동선이 교차되지 않도록 한다.
③ 요리의 출구와 식기의 회수 동선은 분리시킨다.
④ 공간의 다양성을 위해 서비스 동선이 이루어지는 곳은 바닥의 고저차를 적극 활용한다.

정답 및 해설

01 ③
식음공간의 실내계획은 상품, 입지현황, 고객의 라이프스타일과 소비성향, 운영시스템 및 서비스방식을 파악하고 공간을 효율적으로 계획하여 고객편의 및 운영자의 수익창출을 위한 창조적인 디자인이 되도록 해야 한다.

02 ④
서비스 동선은 기능성이 우선되어야 하므로 안전을 위하여 바닥의 고저차가 없어야 한다. 또한 신속한 서비스, 홍보계획, 위생시설, 투자 등이 종합적으로 함께 이루어져야 한다. 일반적으로 식음공간의 동선은 고객의 동선, 종업원의 서비스동선, 식품동선(음식재료의 반입, 쓰레기 반출)으로 구성된다.

03 배선실 계획에 바람직하지 않은 것은? 공인3회

① 규모가 큰 전문 음식점일 경우 주방과 별도로 마련한다.
② 배선실은 식기과 글라스류의 보관과 서비스, 테이블보, 냅킨, 조미료, 메뉴 등이 비치된다.
③ 규모가 소형일 경우 음료수의 서비스스테이션은 배선실과 별도로 설치된다.
④ 주방의 내부가 보이지 않도록 처리한다.

04 레스토랑의 실내계획으로 적당하지 않은 것은?

① 고객이 부담 없이 편히 쉴 수 있는 안락한 분위기로 전개한다.
② 규모, 맛과 가격, 서비스 정도, 좌석의 배치유형 등을 규정한다.
③ 효과적 서비스를 위해 종업원의 피로가 절감될 수 있는 서비스시설로 계획한다.
④ 신속한 서비스, 홍보계획, 위생시설, 투자 등은 중요하지 않다.

05 바 카운터의 배치형태 중에서 카운터 안의 작업공간이 보이는 단점은 있으나 한정된 스페이스와 종업원으로 많은 고객에게 서비스할 수 있는 배치의 형태는?

제7회, 제10회, 공인2회

① 자유형
② 벽면부착형
③ 직선형
④ 대면형, 원형

정답 및 해설

03 ③
규모가 대형일 경우 음료수의 서비스 스테이션은 배선실과 별도로 설치되어 각종 음료수, 주류, 글라스류 등이 비치된다.
주방과 객석 중간에 연락장소를 설치한다. 또한 식기와 글라스류, 조미료, 메뉴 등이 비치되며, 간단한 세척을 위해 서비스스테이션을 설치하며 되도록 내부가 보이지 않게 처리한다.

04 ④
레스토랑의 실내계획은 신속한 서비스, 홍보계획, 위생시설, 투자 등이 종합적으로 함께 이루어져야 한다. 또한 먹고 마시고 싶은 욕구를 충족시키며 고객이 부담 없이 편안하게 즐길 수 있는 안락한 분위기여야 하며 아름다운 분위기의 쾌적한 실내환경과 격조 높은 서비스 및 홍보, 위생, 투자 등에 관한 종합적인 계획을 세워야 한다.

05 ④
- 직선형 배치 : 안길이가 길거나 폭이 넓은 평면에 적당하다. 카운터가 너무 길면 작업동선이 길어지므로 계획 시 유의한다.
- 코너형 배치 : 개방적 카운터로 적은 수의 종업원으로 손님에게 서비스할 수 있다. 주방 내부가 보이거나 손님끼리 시선의 교차되므로 주의한다.
- 대면형, 원형 배치 : 카운터의 손님이 서로 대면하는 형태로 U자형, C자형, 원형 등이 있다. 한정된 면적에 많은 사람이 앉을 수 있으나 시선이 교차되므로 카운터에 선반이나 수납장 등을 놓아 시선을 차단한다.

06 요식업(대중 한식 · 중식 · 일식)공간의 가구계획에 있어서 4인용 테이블의 필요치수 (단위 : ㎜)로 알맞은 것은? 제3회

① 900~1,000㎜×400~500㎜
② 1,000~1,200㎜×700~800㎜
③ 1,500~1,800㎜×800~900㎜
④ 2,000~2,500㎜×900~1,000㎜

07 카페나 바에서 고객용 카운터를 높은 카운터로 만드는 경우 바닥에서 카운터까지의 높이(Y)는? 제5회

① 1,000~1,050㎜
② 800~850㎜
③ 700㎜
④ 1,100~1,200㎜

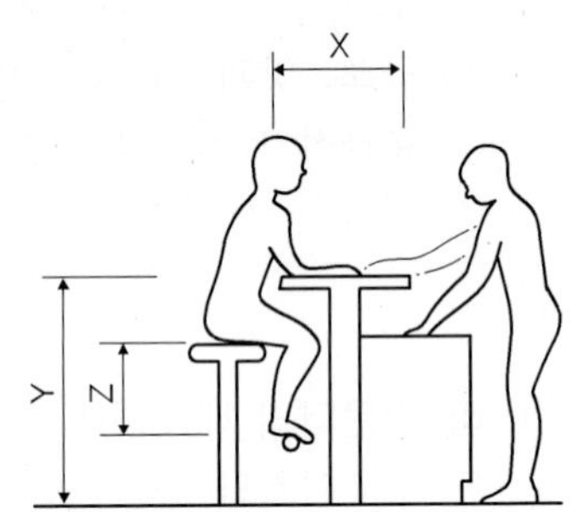

08 대중유흥업의 요소계획에 있어서 바 카운터 상판의 높이가 1,000㎜일 때 고객용 스툴의 좌석면의 높이가 750㎜이다. 바닥면에서 발 받침대의 높이에 가까운 치수는? 제9회, 공인5회

① 200㎜
② 300㎜
③ 400㎜
④ 500㎜

정답 및 해설

06 ②
테이블의 크기는 메뉴 내용과 사용하는 식기를 고려하여 계획한다. 4인용 테이블은 정사각형(850~960㎜×850~960㎜), 직사각형(1,000~1,200㎜×700~800㎜) 정도가 표준이다. 바로 뒤에 벽이나 좌석이 있을 경우 머리의 움직임을 위해 여유치수를 주어 공간을 확보한다.

07 ①
작업대의 높이에는 차이가 있지만 높이 800~900㎜, 깊이 450~600㎜ 정도를 기본으로 하여 카운터와 의자의 높이가 결정된다. 좌면의 높이는 바닥에서 450㎜ 전후, 테이블 높이는 바닥에서 700~750㎜가 적절하다. 카운터에서 손님과 작업자의 최대 활동 높이는 1,100㎜ 정도이다. 의자 높이는 테이블 상판과 좌면이 250~300㎜ 정도 차이가 나야 한다.

08 ②
작업하기 쉬운 카운터의 높이는 800~850㎜ 정도이나 작업대를 감추기 위해 여기에 200mm 이상을 더해 일반적으로 1,000~1,050㎜ 정도로 하고, 테이블은 700㎜ 전후로 한다. 단 차이는 300~350㎜ 정도가 되어야 시선레벨을 일치시킬 수 있다.

09 식음공간의 색채계획과 관계가 없는 것은?

① 어두운 빨강, 자주색은 고기의 부패를 연상시켜 식욕 증진으로 어두운 단색은 피한다.
② 색과 함께 분위기를 좌우하는 중요한 요소, 색에 따른 광원의 색을 고려한다.
③ 노랑·연두의 어두운색은 채소류가 시들어 보이거나 한색으로 느껴지므로 밝은색을 사용한다.
④ 음식점의 배색은 난색을 주조색으로 하여 즐겁고 편안한 분위기, 활기 있는 분위기가 되도록 한다.

정답 및 해설

09 ①

식음공간에서 조명은 식음의 형태에 따라 미각을 자극하는 중요한 요소이다. 조명은 실내의 구성요소로 실내 분위기 연출을 좌우한다. 특히 주류나 음료의 경우 색깔과 분위기가 자극적 역할을 하므로 분위기 조명에 중점을 두어 실내계획을 해야 한다. 어두운 빨강, 자주색은 고기의 부패를 연상시켜 식욕을 감퇴시키므로 단색의 경우 어두운 색은 피한다.

5 호텔

1) 호텔의 공간구성

호텔은 공간별 특성에 따라 관리부분, 숙박부분, 공용(사교)부분, 요리관계부분, 설비관계분분, 기타대실부분으로 분류할 수 있다.

〈표 1-2〉 공간별 특성에 따른 호텔의 공간구성

기 능	소요실명
관리부분	프런트 오피스, 클러크룸, 지배인실, 사무실, 공작실, 창고, 복도, 화장실, 전화교환실
숙박부분	객실, 보이실, 메이트실, 리넨실, 트렁크룸
공용(사교)부분	현관, 홀, 롭, 라운지, 식당, 연회장, 오락실, 바, 다방, 무도장, 그릴, 담화실, 독서실, 진열장, 이·미용실, 엘리베이터, 계단, 정원
요리관계부분	배선실, 부엌, 식기실, 창고, 냉장고
설비관계부분	보일러실, 전기실, 기계실, 세탁실, 창고
기타대실부분	상점, 창고, 대사무소, 클럽실

2) 호텔 동선계획

① 숙박객 동선

숙박객은 주출입구부터 프런트데스크를 지나 객실까지 중간에 다른 공간을 경유하지 않고 올라갈 수 있어야 한다. 프런트에서는 항상 숙박객의 동향을 파악할 수 있어야 하며, 객실에서 주차장으로 이동 시 프런트를 거쳐 갈 수 있도록 한다.

② 외래객 동선

식사 또는 다른 목적으로 호텔에 들어온 방문객들은 로비를 자유로이 지나다닐 수 있도록 하되, 프런트데스크 앞을 통과하여 목적하는 공간에 다다르는 것이 원칙이다. 대규모 연회장이 있는 경우에는 직결되는 통로를 두거나 별도의 출입구를 마련하여 연회장 전용 로비와 접수 카운터를 설치한다.

③ 종업원 및 물품동선

고객동선과 종업원의 서비스동선은 분리하여 교차되지 않도록 한다. 물품동선은 호텔 내에서 서비스에 소요되는 동선으로 고객의 수하물 운반동선을 포함하며 작업이 용이하도록 계획한다.

3) 호텔 실내계획

① 호텔 현관 실내계획

현관은 첫인상을 좌우하고 고객을 맞아들이는 장소로 프런트데스크(front desk)와의 접속이 원활해야 하며 기능적으로는 로비와 라운지에 연속된다.

천장고는 2,500~3,500㎜ 이상으로 하며, 방풍기능을 해야 하고 내외부 공간이 바뀌는 지점이라는 것을 고려한 마감재료를 선정한다. 일반적으로 외부의 바닥, 벽 재료를 그대로 사용하며 천장과 조명은 내부로비와 연계감이 있도록 처리한다.

② 로비 실내계획

로비는 호텔의 성격을 규정하는 장소로써 실내건축적 고려가 가장 필요한 부분이다. 고객동선의 중심으로 현관에 도착한 고객의 예약이나 식사 및 사교를 위해서 이용된다. 또한 프런트오피스에서 연속될 수 있는 위치로 엘리베이터, 계단에 의해 객실로 통하고 식당, 오락실 등 다양한 공간에 용이하게 연계되는 장소이기도 하다.

따라서 다목적 공간으로 조닝을 명확히 하여 혼란이 없도록 하며, 메인로비를 중심으로 다양한 기능들의 공간들이 연결되므로 다른 기능들과의 연계거리와 동선을 검토한다.

③ 라운지 실내계획

라운지는 만남, 휴식, 사교의 장소로 사용된다. 보통 로비공간의 10% 정도를 라운지로 할애하며, 호텔에 따라 더 넓게 만들기도 한다. 라운지는 로비 안에 함께 있거나 또는 주 통로로부터 분리되어 있기도 하다. 로비와 함께 있을 경우에는 서비스 동선과 방문객의 동선이 얽혀 혼잡해질 우려가 있으므로 신중하게 계획해야 한다. 로비와 비교할 때 상업적 측면이 강하므로 바나 커피숍 등이 부속되기도 한다.

④ 프런트 실내계획

프런트는 호텔의 중추적인 업무를 담당하는 부분으로 프런트데스크와 프런트데스크의 업무를 위한 프런트오피스(front office)로 구분된다. 호텔 각 부분에서의 정보가 집중되어 투숙객이 호텔에 머무르는 동안 필요한 모든 정보를 제공한다. 접수 및 계산 업무를 담당하는 프런트데스크는 일자형이나 ㄱ자형으로 하는 것이 일반적이며, 길이는 최소 3,500㎜ 정도로 하며 객실의 수에 따라 조정된다. 고객의 간단한 짐이나 핸드백을 올려놓을 수 있어야 하며 고객이 서서 서명할 수 있도록 깊이 500~600㎜, 높이 1,000~1,100㎜의 치수로 계획한다.

⑤ 엘리베이터 실내계획

손님용 엘리베이터는 프런트데스크에서 잘 보이는 곳에 위치하는 것이 좋으며 유지 · 관리를 위해 한 곳에 집중시키는 유리하다. 엘리베이터가 서로 마주 보고 있을 경우 3.5m 정도의 통로를 확보한다. 수량은 건물의 층수, 객실 수에 비례하며 손님용 엘리베이터와 서비스 엘리베이터의 비율은 3 : 1 정도가 적당하다.

⑥ 객실 실내계획

사실 호텔의 주 기능은 잠자기 위한 방을 제공하는 것이며, 따라서 객실은 호텔의 주거기능적 성격을 가진 심장부에 해당되는 것으로 투숙객에게 안락함과 쾌적함 속에서 개인적이고도 친밀감을 느낄 수 있도록 디자인되어야 한다.

4) 호텔의 색채계획 및 조명계획

① 호텔의 색채계획

호텔은 다양한 계층이 사용하는 공간이므로 호텔 자체의 독특한 분위기로 이미지를 향상시키고 기억에 남는 장소가 되도록 색채계획을 한다. 적은 수의 유사 색으로 간결하게 색채계획하는 것이 일반적이며 대체로 명도가 높은 유사한 색상들에 포인트가 가해진 색채들을 조화시켜 변화를 주는 것이 무난하다.

② 호텔의 조명계획

호텔의 조명계획은 호텔의 콘셉트에 맞는 건축, 실내, 가구 등 디자인 스타일과 조화를 이루며, 호텔 고객층의 취향에 잘 부합되어야 한다. 특히 조명은 색과 함께 실내 분위기를 좌우하므로 호텔의 유형과 실에 따라 그에 대한 요구, 분위기를 파악하여 계획한다. 조명은 실내에 충분한 밝기를 제공해야 하고 조명기구는 의장적으로 아름다워야 한다.

기출 및 예상 문제

5. 호텔

01 호텔의 공간은 크게 숙박부분과 관리부분, 그리고 공용부분으로 나눌 수 있다. 다음 중 관리부분에 속하지 않는 것은? 제6회, 공인5회

① 프런트오피스 ② 클러크룸
③ 로비 ④ 지배인실

02 호텔계획과 관련한 설명 중 가장 적합한 것은? 제6회, 제20회

① 호텔의 고객동선과 종업원의 서비스 동선은 교차하도록 한다.
② 호텔건축의 기능적 분류에서 프런트오피스는 숙박부분에 해당한다.
③ 라운지(lounge)는 호텔을 이용하는 모든 사람을 위한 공간이다.
④ 지배인실은 외래객이 쉽게 알 수 없는 곳에 배치한다.

정답 및 해설

01 ③
호텔의 관리부분(managing part) 프런트 오피스, 클러크룸, 지배인실, 사무실, 공작실, 창고, 복도, 화장실, 전화교환실 등이 있으며, 공용(사교)부분(public space) 현관, 홀, 롭, 라운지, 식당, 연회장, 오락실, 바, 다방, 무도장, 그릴, 담화실, 독서실, 진열장, 이·미용실, 엘리베이터, 계단, 정원 등이 있다.

02 ③
라운지(lounge)는 넓은 복도이며 현관·홀, 계단 등에 접하여 응접용, 대화용, 담화용 등을 위한 칸막이가 없는 공간으로 만남·휴식·사교의 공간이다. 일반적으로 로비공간의 10% 정도를 라운지 면적으로 할애하며 호텔에 따라 더 넓게 만들기도 한다. 라운지는 로비공간의 일부분을 차지하거나 주통로를 거쳐 독립적으로 설치되기도 하며, 로비와 비교할 때 상업적 측면이 강하므로 바나 커피숍 등이 부속되기도 한다. 라운지는 엔트런스로비, 엘리베이터홀, 식당, 연회장, 회의장 등과의 연결 관계를 고려하여 원활한 동선흐름이 되도록 한다.

03 호텔 이미지에 가장 큰 영향을 미치는 공간으로 호텔 실내계획에 있어서 세심한 고려가 이루어져야 하는 부분은? 공인2회

① 객실
② 로비
③ 프런트 오피스
④ 레스토랑

04 호텔의 공간구성요소 중 업무의 중추적 역할을 담당하며 접객기능을 지닌 공간은?

① 객실
② 로비
③ 프런트데스크
④ 현관

05 호텔의 프런트데스크의 높이와 깊이로 적합한 것은? 공인2회

① 높이 800~900㎜, 깊이 300~400㎜
② 높이 900~1,000㎜, 깊이 400~500㎜
③ 높이 1,000~1,100㎜, 깊이 500~600㎜
④ 높이 1,200~1300㎜, 깊이 700~800㎜

정답 및 해설

03 ②

로비는 호텔의 성격과 질을 규정하는 장소로서 실내건축적 고려가 가장 요구되는 부분이다. 체인호텔이나 중저가 호텔은 평범한 배치로서 친근하고 안정된 디자인이 추구되는 반면, 대형 시티호텔은 고가의 이미지를 강조되며 리조트호텔은 휴양지의 성격을 고려하여 오락공간과 다른 흥밋거리와의 시각적 연결을 고려하여 계획된다.

04 ③

프런트는 호텔의 중추적인 업무를 담당하는 접객부분으로 프런트데스크(front desk)와 프런트데스크의 업무를 위한 프런트오피스(front office)로 나뉜다. 호텔 각 부분에서 정보가 집중되어 투숙객이 호텔에 머무르는 동안 필요한 모든 정보를 제공한다.

05 ③

접수 및 계산 업무를 담당하는 프런트데스크는 일자형이나 ㄱ자형으로 하는 것이 일반적이다. 길이는 최소 3,500㎜ 정도로 하며 객실의 수에 따라 조정된다. 프런트의 고객 측에 간단한 짐이나 핸드백을 올려놓을 수 있어야 하며 고객이 서서 서명할 수 있도록 깊이 500~600㎜, 높이 1,000~1,100㎜의 치수로 한다. 종업원 측 부분은 프런트의 제설비가 충분히 설치되도록 하며 앉아서 업무를 할 수 있도록 깊이 500~600㎜, 높이 700~750㎜의 치수가 필요하다. 이때 고객이 직원의 업무나 데스크 내부를 볼 수 없어야 한다.

06 호텔계획의 엘리베이터에 관한 사항이다. 다음 사항 중 맞는 문항은? 제2회, 제3회, 제7회

① 손님용 엘리베이터는 프런트데스크에서 잘 보이지 않는 곳에 위치하는 것이 좋다.
② 엘리베이터가 서로 마주보고 배치될 경우 3.5㎜ 정도의 통로를 확보한다.
③ 엘리베이터의 수량은 안전을 위해서 여러 곳에 분산시키는 것이 좋다.
④ 손님용 엘리베이터와 서비스 엘리베이터의 비율은 1:2가 적당하다.

07 호텔 객실에 대한 설명이다. <u>틀린</u> 것은? 제6회, 제17회, 공인5회

① 싱글 베드룸(single bedroom)은 1인 숙박 객실로 한 개의 싱글 베드가 있는 형이다.
② 더블 베드룸(double bedroom)은 2인 숙박 객실로 두 개의 싱글 베드가 있는 형이다.
③ 호텔 객실은 호텔 총면적의 50~80%에 해당하는 큰 비중을 차지한다.
④ 전체 객실에 대한 특실의 비율은 5% 정도로 리조트 호텔의 경우에는 그 이상을 차지한다.

08 호텔의 조명계획에 대한 설명 중 <u>틀린</u> 것은?

① 프런트데스크는 프런트 직원과 고객의 표정이 서로 확실히 보이도록 500lx 이상의 밝은 조명이 필요하다.
② 호텔 객실층의 복도는 안정을 위해 객실보다 높은 300~400lx 정도로 균일한 조명을 한다.
③ 연회장의 조명의 조건은 200~500lx 이상의 조명으로 구석구석까지 밝고 균일하게 조명되도록 하며 연색성이 좋은 광원을 선택한다.
④ 객실은 침대를 중심으로 조명하도록 하되 천장의 조명은 침대에 누웠을 때 시선 안에 들어오므로 간접조명방식으로 하고 플로어스탠드, 벽부등과 같은 국부조명을 위주로 계획한다.

정답 및 해설

06 ②
손님용 엘리베이터는 프런트데스크에서 잘 보이는 곳에 위치하는 것이 좋으며 유지 · 관리를 위해 한곳에 집중시키는 것이 바람직하다. 엘리베이터가 서로 마주보고 있을 경우 3.5m 정도의 통로를 확보한다. 수량은 건물의 층수, 객실 수에 비례하며 손님용 엘리베이터와 서비스엘리베이터의 비율은 3 : 1 정도가 적당하다.

07 ②
객실은 호텔 총면적의 50~80%에 해당하는 비중을 차지하므로 호텔이용자의 목적, 경향 등을 분명히 예측하여 객실계획에 반영해야 한다.
- 싱글베드룸(single bedroom) : 1인의 숙박을 위한 객실로 1인용 침대가 놓임
- 더블베드룸(double bedroom) : 2인의 숙박을 위한 객실로 2인용 침대가 놓임

08 ②
객실로 가는 복도는 안내받지 않은 숙박객이 불편하지 않을 정도의 조명이 필요하나 복도는 객실보다 낮은 50~100lx 정도로 균일한 조명을 한다. 또한 야간을 위한 조광장치를 하는 것이 경제적이다.

6 의료공간

1) 의료공간 개념

의료공간은 질병의 예방과 진료, 재활을 총합하는 포괄적 의료서비스를 제공하는 공간이며, 의료시설은 병상수와 진료과목을 기준으로 의원(30개 병상 미만), 병원(30개 병상 이상), 종합병원(100개 병상 이상)으로 구분된다. 의원(clinic)의 경우 각 지역에 위치한 1차 진료기관으로 예방과 치료과 통합된 보건 의료서비스를 제공하는 공간이며, 종합병원의 경우 100개 병상 이상과 7개과 또는 9개 이상의 진료과목과 각 과목에 전속하는 전문의를 갖춘 2차 의료급여 기관이다.

2) 의원(클리닉, clinic)의 공간

(1) 의원(클리닉, clinic)의 공간구성

의원의 공간 구성은 우선진료 과목과 공간의 규모, 직원수에 따라 의료 서비스 제공을 위한 서비스 공간, 화합 공간과 병원 운영을 위한 사무공간이 복합적으로 구성되어 있다. 진료실, 원장실, 간호사실, 탕비실, 차트실, 검사실, 수술실 등은 병원진료와 병원 업무처리를 위한 사무공간에 해당되며, 대기실은 화합공간에 입구와 너스스테이션(N/S)은 서비스 공간에 해당된다.

(2) 의원(클리닉, clinic)의 동선계획

의원의 실내공간은 기본적으로 환자들의 행위와 동선에 따라 대기실→접수창고·원무실→검진실→진료실→처치실(주사실, 검사실, 수술실)→수납공간·창고로 구분하여 계획되며, 이외에 직원들의 동선에 따라 간호사실, 휴게공간 및 탕비실로 구분된다.

(3) 의원(클리닉, clinic)의 공간계획

① 대기실

대기실은 환자에게 병원에 대한 첫인상을 갖게 하는 상징적인 공간이기 때문에 병원의 목표나 진료 정보와 관련한 병원의 전체적인 이미지가 잘 전달될 수 있도록 연출되어야 한다. 대기실은 병원의 운영절차에 따라 접수창고 및 진료실과의 연결성을 고려한 적절한 위치에 배치하여야 하며, 환자의 대기시간을 고려하여 화장실 및 각종 서비스 공간을 대기실 주변에 배치하는 것이 이상적이다.

대기실의 가구는 기본적으로 소파와 테이블, 간이 책장 및 의약품 및 각종 제품을 판매하는 진열장을 둔다. 가구의 소재뿐만 아니라 바닥과 벽의 마감재는 청결하면서 친근한 느낌을 주는 소재와 밝은 단색을 선택하는 것이 바람직 하지만, 너무 딱딱한 분위기를 조성할 수 있으므로 어느 정도의 패턴과 문양, 소품을 적절히 섞어서 배치하는 것이 좋다.

② 진료실

진료실은 의사와 간호사가 환자를 진료를 하는 공간이면서 동시에 의사가 기타업무나 연구, 휴식을 취하는 개인적인 공간이다. 따라서 환자와 의사, 간호사 모두에 대한 배려가 필요하며, 진료실은 환자가 심리적 안정을 취할 수 있도록 친근하고 따뜻한 분위기로 연출하는 것이 바람직하다.

진료실의 가구는 기본적으로 의사를 위한 책상과 의자, 책꽂이, 작은 옷장 및 옷걸이, 세면대 등과 환자와 보호자용 의자 2개 등이 필요하다. 진료실은 따뜻하고 안정감 있는 분위기를 연출하기 위해 벽지를 사용하고 바닥에는 목재플로링이나 석재류 등을 사용하는 것이 좋다.

〈표 1-3〉 진료과목별 의원(클리닉)의 필요공간 및 고려사항

클리닉별	필요공간	고려사항
내과 (general medicine)	진료실, 대기실, 검사실, 주사실, 검진실, 내시경실, X-ray실, 링거실, 회복실, 서비스 공간	불특정 다수의 다양한 연령대의 환자가 방문하므로 따뜻하고 친근한 분위기를 조성하며, 환자가 탈의할 경우를 대비하여 충분한 난방을 고려
소아과 (pediatric)	진료실, 대기실, 검사실, 주사실, 격리진찰실, 격리대기실, 서비스 공간	벽면 1~2개를 밝고 명랑한 분위기가 나도록 채색하고 어린이의 흥미를 끌 수 있는 예술품이나 벽무늬 등으로 장식, 대기실은 대부분의 아동이 보호자의 동행하는 것을 고려한 충분한 면적 확보
성형외과 (plastic surgery)	진료실, 대기실, 상담실, 수술실, 회복실, 입원실, 탈의실, 서비스 공간	환자 개인의 프라이버시를 위해 조도를 낮게 하는 등 공간적 처리가 필요
정형외과 (orthopedic)	진료실, 대기실, 처치실, X-ray실, 수술실, 입원실, 물리치료실, 서비스 공간	병원의 실내는 환자의 기분이 밝아지고 기분이 좋아지도록 계획
산부인과 (obstetric & gynecology)	진료실, 대기실, 검진실, 분만실, 분만대기실, 내진실, 수술실, 회복실, 수유실, 신생아실, 서비스 공간	산부인과 대기실은 넓고 편안한 공간이여야 하며, 여성 환자의 취향에 맞도록 밝은 색조 벽지와 장식품 배치, 내진실은 외부에서 보이지 않도록 차단
비뇨기과 (urology)	진료실, 대기실, 처치실, 검뇨실, 방광경실, 서비스 공간	프라이버시 보호를 위해 환자의 출입이 눈에 띄지 않도록 배치하며, 검뇨실의 경우 화장실과 인접시켜 위치

이비인후과 (ENT : ear, nose & throat)	진료실, 대기실, 검진실, 청각실험실, 소수술실, X-ray실과 암실, 호흡기치료실, 청력검사용 방음실, 서비스 공간	벽의 마감 시 흡음재를 사용하여 치료과정에서 발생하는 소음 차단
안과 (ophthalmology)	진료실, 대기실, 처치실, 검사실, 암실, 수술실, 서비스 공간	시력검사실의 벽과 바닥은 검사에 방해가 되지 않도록 중간 색조의 간단한 패턴을 사용
치과 (dental)	진료실, 대기실, 기공실, X-ray실, 서비스 공간	진료실은 북쪽이 좋으며 한 공간에 진료의자 여러 대를 설치할 때에는 상호 간 칸막이 설치 필요

(4) 의원(클리닉, clinic)의 세부공간 계획

의료공간은 불특정 다수를 대상으로 하는 여러 종류의 공간 중 몸이 불편한 사용자의 방문빈도 수가 가장 높다. 무엇보다도 의료공간의 실내상세 계획은 유니버설디자인의 개념을 고려하여 연령의 높고 낮음이나 남성 혹은 여성, 일반인과 장애인 등의 구분 없이 모든 사람들이 이용하기에 불편하지 않도록 디자인되어야 한다.

① 문

출입문의 경우 가능하면 91㎝ 이상이 되도록 한다. 그리고 안전성을 고려하여 문틀과 테두리는 철재나 경질의 목재를 사용하며, 문폐쇄기 또는 스프링힌지를 설치할 경우 최소 5초간 문이 열린 상태를 유지할 수 있도록 해야 한다. 병원의 경우 몸이 불편한 환자 또는 장애인의 방문이 많으므로 장애인용 출입문과 비상문의 위치를 고려하고, 휠체어 사용자들의 이용을 고려하여 문의 하부 챌판 높이는 25~41㎝가 되도록 한다.

② 바닥마감

병원 바닥의 경우 방문자들의 안전과 위생을 고려하여 약간 거친 마감재를 사용하여 미끄럽지 않게 하며, 광택이 있는 표면은 피하는 것이 좋다. 그리고 휠체어 사용을 고려하여 바닥의 타일은 반드시 수평이어야 하며 넓고 깊은 이음새와 1.25㎝ 이상의 바닥높이 차는 피한다. 바닥에 카펫을 깔 경우 털이 짧고 조밀한 것이 바람직하며 접착제로 밀착시켜 고정하고, 한쪽 부분에만 설치하는 러그는 피한다.

출처 : 실내건축연구회(2015), 실내계획, p.258

(5) 의료공간 병실계획

병실은 진료형태에 따라 일반병실, LDR실, 중환자병실, 감염방지 격리병실 등이 있으며, 각 병실당 침상 수의 배치 운영은 시설경영방침에 따라 결정되며 일반적으로 1인실에서 6인실까지 운영된다. 병실계획을 위해서는 병상의 크기, 병상간의 거리와 배치, 의료설비의 위치, 직·간접조명의 위치 및 형태, 개구부의 위치, 화장실의 출입구, 보호자 보조침상 등의 관계가 고려되어야 한다.

〈표 1-4〉 병실공간계획 특성

구 분	특 성
단위공간	• 환자 1인을 위한 병실면적은 6.3㎡ 이상 • 다인병실의 경우에는 병상당 1.2㎡ 이상
출입문	• 병실의 출입문은 침상의 왕래가 용이하도록 폭 1.2m 이상 • 출입문은 침상의 이동빈도수, 복도와 관계, 병동 운영체계에 따라 외짝문(1D) 또는 두짝문(4/3+1/4D)로 계획
조명	• 자연채광과 더불어 개구부를 통하여 외부환경 변화를 인식 할 수 있도록 창문의 위치 및 높이 조절 • 인공채광의 경우 병실 내 조명은 간접조명과 구부조명을 중심으로 계획
내구성	• 가구의 경우 감영예방을 위한 청결도 유지 및 의료장비의 설치·이동에 적합한 내구성을 갖추어진 것으로 구비 • 바닥면의 경우 환자를 포함 이용자들의 안전을 위함 미끄럼 방지, 환자의 심리적 회복에 도움을 줄 수 있는 색상과 마감재 선택

기출 및 예상 문제

6. 의료공간

01 클리닉(clinic) 디자인의 공간 구성은 '사무공간+화합공간+상업서비스공간'으로 표현될 수 있다. 이 중 화합공간에 해당하는 것은? 제17회

① 수술실
② 간호사실
③ 차트실
④ 대기실

02 클리닉(clinic) 설계에 있어서 진료과목별 공간계획 내용 중 옳지 <u>않은</u> 것은? 공인1회

① 내과는 환자가 탈의를 하므로 충분한 난방을 고려하는 것이 좋다.
② 소아과의 진료실은 소아를 대상으로 하므로 소요 면적을 줄이는 것이 좋다.
③ 산부인과의 내진실은 외부에서 보이지 않도록 차단하는 것이 좋다.
④ 비뇨기과의 검뇨실은 화장실과 인접시키는 것이 좋다.

03 의료공간의 대기실 실내계획에 대한 다음 설명 중 적합하지 <u>않은</u> 것은? 공인4회

① 의사에 대한 첫인상을 형성하게 하는 공간이다.
② 접수창고가 바로 보이면 긴장하게 되므로 보이지 않게 배치한다.
③ 소아과 대기실에는 어린이 놀이공간을 만들어주는 것이 바람직하다.
④ 대기실은 집과 같이 친근하고 편안한 분위기를 조성해주는 것이 환자의 긴장을 줄여주어 바람직하다.

정답 및 해설

01 ④
클리닉의 공간적 개념은 사무공간, 화합공간, 서비스공간의 복합적 구성체이다. 진료실, 원장실, 간호사실, 탕비실, 차트실, 검사실, 수술실 등은 사무공간에, 대기실은 화합공간에, 입구와 너스스테이션(N/S)은 서비스공간에 포함시킬 수 있다.

02 ②
소아과는 주로 부모(보호자)가 동반함으로 진료실과 대기실에 충분한 넓이의 공간이 필요하다. 또한, 전염우려가 있는 환자를 위한 격리 진료실과 격리 대기실을 별도로 설치하는 것이 면역성이 낮은 어린이들을 위해 바람직하다.

04 의료공간에서 진료실 인테리어 계획 시 고려해야 할 사항으로 적합하지 <u>않은</u> 것은?

① 진료실은 환자가 긴장을 풀 수 있도록 거실같이 친근하며 따뜻한 분위기를 조성하는 것이 바람직하다.
② 진료실의 마감재는 위생을 위해 타일을 사용하는 것이 좋다.
③ 진료실 조명은 자연채광이 들어오게 하는 것이 이상적이며 부드럽고 밝은 전체조명과 독서용 국부조명이 필요하다.
④ 진료실에 필요한 가구는 패브릭 소재의 부드러운 가구를 사용하는 것이 좋다.

05 의료공간 계획에 관한 사항 중에 적절치 <u>못한</u> 것은? 제17회

① 의료공간의 바닥은 약간 거칠어 미끄럽지 않은 표면이 좋고, 미끄럽고 광택이 있는 표면은 피한다.
② 계단이나 경사로의 하단에는 최소 30㎝ 핸드레일을 연장하여 46㎝ 정도가 더 바람직하다.
③ 경사진 손잡이를 사용한 경우에는 반드시 한쪽에 손잡이를 달아야 한다.
④ 입구와 출입문은 가능하면 91㎝가 되어야 한다.

06 이비인후과 인테리어 계획 시 고려해야 할 사항으로 적합한 것은?

① 프라이버시 보호를 위해 환자의 출입이 눈에 띄지 않도록 배치한다.
② 벽의 마감 시 흡음재를 사용하여 치료과정에서 발생하는 소음을 차단한다.
③ 벽과 바닥은 검사에 방해가 되지 않도록 중간 색조의 간단한 패턴을 사용한다.
④ 어린이의 흥미를 끌 수 있는 예술품이나 벽무늬 등으로 장식한다.

정답 및 해설

03 ②
대기실은 병원과 의사에 대한 첫인상을 갖게 해주는 곳이므로 병원이 추구하는 미션이나 목표 등을 나타내도록 실내 분위기를 연출한다. 또한, 대기실은 접수창고와 직접 연결되는 위치에 배치하는 것이 기능적으로 볼 때 적절하다.

04 ②
진료실의 마감재는 따뜻한 분위기를 연출하기 위해 벽지를 사용하고 바닥에는 목재플로링이나 석재류 등을 사용하는 것이 좋다.

05 ③
경사진 손잡이는 팔꿈치로 동시에 밀고 당겨야 하므로 위험하기 때문에 사용을 피하는 게 좋다. 만약 경사진 손잡이를 반드시 사용해야 한다면 전체 팔뚝을 버틸 수 있게 53㎝ 이상 충분히 길어야 하며, 반드시 양쪽에 손잡이를 설치한다.

06 ②
이비인후과는 귀, 코, 목의 질환을 다루는 곳으로 청력검사용 방음실(청각실험실)이 필요하며, 벽의 마감 시 흡음재를 사용하여 치료과정에서 발생하는 소음을 줄일 필요가 있다.

07 성형외과의 실내계획에 대한 내용 중 잘못된 것은? 공인2회

① 성형외과의 실내공간은 다른 전문분야보다 화려하게 한다.
② 성형외과에 필요한 기본실은 진료실, 상담실, 수술실, 회복실, 입원실이다.
③ 대기공간은 환자들의 프라이버시 보호에 중점을 두고 굳이 병원의 이미지를 부각시키려 할 필요는 없다.
④ 회복실은 환자의 관찰을 용이하게 할 수 있도록 수술실 및 간호사실과 인접하여 배치한다.

08 의료시설을 위한 유니버설디자인을 고려할 때 옳지 않은 것은? 제17회

① 입구와 출입문은 가능하면 91㎝ 정도가 되는 것이 바람직하다.
② 문폐쇄기(도어클로저) 또는 스프링 힌지를 사용할 경우 최소 5초간 열린 상태를 유지하도록 하는 것이 바람직하다.
③ 문틀과 문의 테두리는 연질의 목재를 사용하는 것이 바람직하다.
④ 휠체어 사용자가 이용하는 문의 하부챌판의 높이는 25~41㎝가 적당하다.

09 의료공간 바닥 마감에 대한 설명으로 적당하지 않은 것은? 공인5회

① 유동적이거나 한부분에만 설치한 양탄자는 피한다.
② 모자이크 타일의 이음새는 휠체어 사용 시 큰 마찰력을 얻으므로 깊은 이음새는 피한다.
③ 가능한 1/2인치(1.25㎝) 이상의 바닥높이 변화를 권장한다.
④ 바닥에 격자, 그릴을 두지 않는다. 단 사용할 경우 큰 간격을 피한다.

정답 및 해설

07 ③
성형외과의 경우 고가의 비용을 요하는 수술이 많으므로 대기공간과 상담실에서부터 병원의 이미지를 적절히 제시하는 것이 필요하다. 또한, 대기실은 화려하며 우아한 분위기를 조성하여 환자의 기분을 돋움과 동시에 환자 개인의 프라이버시를 위해 조도를 낮게 하는 공간적 처리가 필요하다.

08 ③
의료시설의 문은 충격에 견딜 수 있도록 문틀과 문의 테두리는 철재나 경질의 목재를 사용한다.

09 ③
의료공간의 바닥은 약간 거칠어 미끄럽지 않게 하며, 미끄럽고 광택이 있는 표면은 피하는 것이 좋다. 또한, 1.25㎝ 이상의 바닥높이 차는 피한다.

10 다음 중 의료공간의 문을 디자인할 때 고려해야 하는 사항이 아닌 것은? 공인3회

① 문폐쇄기나 스프링 힌지를 설치할 경우 최소 5초간 열린 상태를 유지하도록 한다.

② 휠체어 사용자가 이용하는 문의 하부챌판 높이는 25~41㎝가 적당하다.

③ 입구와 출입문의 폭은 80㎝로 한다.

④ 문틀과 문의 테두리는 충격에 견딜 수 있도록 철재나 경질목재를 사용한다.

정답 및 해설

10 ③
의료공간의 입구와 출입문은 가능하면 91㎝가 되도록 하며, 장애인용 출입문은 건물의 비상구 위치를 고려해야 한다.

7 사무공간

1) 사무공간의 개념

사무공간은 과학기술의 발달에 따른 사무 자동화 및 인텔리전트 빌딩의 등장과 함께 산업구조의 변화에 따른 기업 근무 시스템의 변화 및 근무자의 의식 변화 등에 따라 업무공간의 환경이 변화되어 왔다. 1970년대 초부터 오피스 랜드스케이프와 액션 오피스가 적용되면서 시스템 가구가 결합된 유형으로 발전하였으며, 1980년대 이후 정보통신기술의 발달에 따라 다양한 분야의 기술 자동화 시스템이 사무공간에 적용되었다.

사무공간의 유형은 기업의 운영방식 및 사업유형에 따라 각 실을 벽으로 분리시키는 폐쇄형 오피스와 조직과 직급에 따라 공간을 구분하지 않고 넓은 공간을 업무별, 기능별로 적합한 크기로 그룹화하여 자유롭게 배치한 개방형 오피스 구분된다. 현대에 와서는 개방형 오피스가 주를 이루고 있으나 업무의 효율성과 기밀성을 고려하여 폐쇄형 오피스는 적절히 혼영하여 배치시킨다.

〈표 1-5〉 개방형 오피스의 장 · 단점

특 성	내 용
장점	• 개별형 · 폐쇄형 오피스의 경우 1인당 7.5~8.5㎡의 면적이 필요하지만 개방형 오피스는 복도나 통로 면적의 최소화로 1인당 4~5㎡의 면적이 필요하여 공간이 절약되고 유효면적이 넓다. • 시스템가구의 사용으로 부서 간 가구나 비품 등을 이동할 수 있으며 부서 간 벽과 문이 없어 시설비 · 관리비가 적게 든다. • 벽이 없어 변화에 대응하기가 용이하며 동선이 자유롭고 커뮤니케이션도 용이하다.
단점	• 개방된 공간에서 나타나는 소음과 프라이버시 문제가 있다. • 개방감은 근무자의 산만함을 초래하여 집중력과 사무능률을 저하시킬 수 있으며, 직급에 따른 가구배치로 인한 계급의식 강조, 비개성적인 공간에 의한 자기표현의 기회 부족으로 이어진다.

출처 : 실내건축연구회(2015), 실내계획, p.260

2) 사무공간의 실내계획 고려사항 및 계획단계

(1) 사무공간 실내계획 조건

사무공간의 실내계획을 위해서는 설계 착수 전 회사의 경영방식, 사무실의 차별성, 설계 요구조건, 소유가구와 집기 현황파악, 근무자의 근무특성 및 업무형태의 변화, 기업 비밀의 누출방지, 건축계획(평면구성, 천장고, 창, 비상재해관련설비) 조건 등을 고려하여야 한다.

(2) 사무공간 실내계획 단계

사무환경의 계획 단계는 전반적인 공간의 기본을 구상하는 준비단계와 조사 및 분석단계, 기본계획단계를 거쳐 실시단계로 진행된다.

〈표 1-6〉 사무공간 계획 단계

공간계획 단계	내 용
계획 준비	업무공간 기본구상, 스케줄 계획, 예산편성
조사 및 분석	조직별 업무내용 및 인원계획, 레이아웃을 토대로 면적구성 및 공간계획, 회의실, 접견실, 휴게실 공간 연결 동선 및 구성 분석, 소음 및 조명, 색채 분석
기본설계	부서별 업무내용 고려, 색채 및 집기 종류, 크기를 고려한 인체공적학적 계획
실시설계	평면배치도, 집기비품관련 실시도 작성, 내장과 조작 관련도 작성, 설비와 관련된 시공도 작성, 시행 전 설명회 실시

3) 사무공간 실내계획

사무공간의 계획은 공간을 구성하는 공간계획와 사무환경을 형성하는 다양한 공간요소계획으로 구분된다. 사무공간 계획은 공간의 기능에 따른 공간 프로그램을 바탕으로 층별 공간배치 및 공간별 평면이 계획되어야 한다.

(1) 사무공간 동선계획

사무공간의 동선계획은 사람뿐 아니라 서류와 물품의 이동까지도 함께 고려하여야 한다. 또한 사무공간으로 접근 시 후면보다는 전면이나 양옆에서 접근하도록 하며, 교류가 빈번한 부서들은 인접 배치하여 동선을 단축시키는 것이 좋다. 개인의 사무공간에서 통로로 나가는 경우 타인에게 방해가 되지 않도록 하며, 통로에는 동선에 방해가 되는 가구나 기기의 배치를 피하고, 주요 통로는 2,000㎜ 이상, 각 공간의 경계가 되는 부통로는 1,000㎜ 이상, 내부 통로는 700㎜ 이상을 확보하는 것이 좋다.

(2) 사무공간 평면 · 입면계획

사무공간의 건축부분에 그리드플래닝이나 모듈시스템이 적용되었다면 이에 준하여 공간의 평면과 입면을 계획하는 것이 바람직하다. 칸막이는 기둥이나 창틀에 맞추어 계획하되 창의 중간에 위치하지 않도록 한다. 회사조직이나 인원의 변화 등에 따른 가구나 개실의 재배치, 규모나 위치변화에 따른 재조정에 어느 정도 대응이 가능하도록 한다.

① 그리드 플래닝

그리드 플래닝(grid planning)은 디자인상의 요소를 종합하여 균형 잡힌 계획으로 정리하기 위한 일반적 계획방법 중 하나이다. 이것은 일정하게 정해진 규칙적인 형태의 기하학적 면이나 입체적 그리드를 계획의 보조도구로 사용하여 디자인을 전개하는 것이다. 그리드의 형태는 삼각형, 사각형, 육각형 등 다양한 형태가 가능하지만 그리드의 한 변은 어느 가구와도 조합될 수 있도록 통일된 치수체계여야 한다.

② 모듈러 시스템

바닥, 벽, 천장을 구성하는 각 부재의 크기를 기준단위로 한 모듈을 계획의 보조도구로 삼아 생활면의 고려는 물론 의장, 구조, 공법 등 갖가지 면에서의 요구를 종합적으로 조정 · 해결하는 것이 모듈러 시스템(modular system)의 적용이며 모듈러 플래닝이라 한다. 이를 그리드 플래닝과 병행할 경우 동일한 치수체계를 사용하는 것이 유리하다.

출처 : 실내건축연구회(2015), 실내계획, pp.267-268

(3) 사무공간 인테리어 요소별 디자인

사무공간의 인테리어 요소들의 배치계획은 업무기능별 단순 조합이 아닌 직원들에게 심리적 안정감을 주고 쾌적한 상태를 유지하여 직원들로 하여금 창의적이며 효율적으로 업무를 처리할 수 있도록 인체공학적 가구와 집기 배치, 조명, 소음, 온·습도, 색채 등이 종합적으로 계획되어야 한다.

〈표 1-7〉 사무공간 인테리어 요소별 디자인

요 소	디자인 특성
천장	사무공간의 천장의 경우 건축구조, 각종설비, 전기 및 통신 시스템과 방재 및 조명 등이 천장면에 위치하므로 각 설비들의 노출 여부에 따라 마감천장과 노출천장으로 구분하여 계획
조명	업무공간의 조명은 충분한 조도와 함께 불쾌한 눈부심이 없도록 실내의 휘도분포 고려
벽	업무공간에서 내부벽은 형태와 위치, 마감재료의 선택에 따라 소리와 빛, 시선과 통행을 차단기능과 동시에 공간의 심리적 환경을 표현하는 요소
바닥	업무공간의 특성에 따라 통행량을 충분히 견딜 수 있는 재료를 선정
출입문	• 일반적으로 사무실 도어의 폭은 900㎜가 대부분이나 경우에 따라서는 1,000㎜ 도어를 사용, 높이는 일반적으로 2,100㎜가 표준 • 도어의 프레임은 대부분 금속이며, 방화구역선상이 있는 도어는 소방법에서 규정하는 대로 반드시 철제문을 사용하고 내부는 열 차단재료로 충진

가구	• 사무용 가구의 디자인은 편안하고 능률적인 작업을 위해 기능적, 인체공학적 측면 강조 • 사용 목적에 따라 자유롭게 조립 및 분해가 가능하며 어떤 공간에도 설치할 수 있는 시스템가구를 설치하여 공간의 융통성 제공 – 워크스테이션 : 워크스테이션(work station)은 사무작업공간의 기본단위로 사무실 내 한 사람이 차지하는 면적을 기준으로 정해지며, 작업을 위해 가장 기본이 되는 개인영역으로 사용자의 직위나 업무성격에 따라 비품과 사무기기, 서류의 양에 따른 기본가구로 구성 – OA 시스템 가구 : 시스템가구는 가구와 인간의 관계, 가구와 건축의 관계, 가구와 가구의 관계 등 여러 요소를 고려하여 적절한 치수 산출

기출 및 예상 문제

7. 사무공간

01 실내계획에 있어서 업무공간설계에 착수하기 전에 필요한 조사 분석 사항이 <u>아닌</u> 것은? 공인1회

① 사무실의 차별성(identity)
② 업무행태의 변화
③ 비상계단의 수량과 형태
④ 기업 비밀의 누출 방지

02 폐쇄형 오피스에 대한 설명 중 <u>잘못된</u> 것은? 공인2회

① 정신 집중을 요하는 전문직이나 프라이버시를 요하는 업무에 적합한 유형이다.
② 실마다 개성 있는 공간표현이 가능하다.
③ 공간규모의 축소나 확대를 요하는 변화에 대처하기 어렵다.
④ 공사비와 관리비가 적게 든다.

정답 및 해설

01 ③
업무공간의 기본계획 조건을 파악하기 위해서는 회사의 경영 방식뿐만 아니라 근무자의 근무 특성(조직의 체계 및 비밀누출 방지, 부서별 인원수, 업무내용 및 업무방식) 및 건물의 특성(소유집기, 평면구성, 천장고, 향, 창의 위치와 크기, 코어 등)을 사전에 파악하여야 한다.

02 ④
폐쇄형 오피스는 같은 부서에 속하는 구성원들이 한 공간에서 근무하여 구성원 간 의사소통과 정보교류가 용이하다. 하지만 부서의 규모를 축소하거나 확대 시 공간배치의 변경이 어려워 빠르게 대처하기 어려운 점이 있으며, 공사비 및 관리비가 많이 들고 복도, 통로, 구석이 생겨 공간의 낭비를 초래한다.

03 개방형 오피스의 장점과 거리가 먼 것은?

① 개방형 오피스는 폐쇄형 오피스에 비해 1인당 더 넓은 최소면적이 요구된다.
② 개방형 오피스는 시스템가구의 사용으로 부서 간 가구나 비품 등의 이동이 자유롭다.
③ 부서 간 벽과 문이 없어 시설비 및 관리비가 적게 든다.
④ 벽이 없어 변화에 대응하기가 용이하며 동선이 자유롭고 커뮤니케이션도 용이하다.

04 다음 중 업무공간 디자인의 프로그래밍(programming) 단계에서 해당되지 않는 것은? 공인5회

① 업무분석
② 직원들 간의 네트워킹(networking) 패턴(pattern)
③ 평면도와 입면도 작성
④ 직원 인터뷰와 설문

05 다음 설명에 해당하는 오피스 공간 계획으로 올바른 것은?

오피스 평면과 입면계획에 있어서 바닥, 벽, 천장을 구성하는 각 부재의 크기를 기준 단위로 한 유닛(모듈)을 계획의 보조 도구로 삼아 생활면의 고려는 물론 의장, 구조, 공법 등 갖가지 면에서의 요구를 종합적으로 조정 및 해결하는 계획방법

① 그리드 플래닝
② 모듈러 시스템
③ 워크스테이션
④ 좌우대향형

정답 및 해설

03 ①
폐쇄형 오피스의 경우 1인당 7.5~8.5㎡의 면적이 필요하지만 개방형 오피스는 복도나 통로 면적의 최소화로 1인당 4~5㎡의 면적이 필요하여 공간이 절약되고 유효면적이 넓다.

04 ③
업무공간의 디자인 프로그래밍 단계에서는 회사의 경영방식뿐만 아니라 근무자의 근무 특성(조직의 체계 및 비밀누출 방지, 부서별 인원수, 업무내용 및 업무방식) 및 직원들의 의견청취, 건물의 특성(소유집기, 평면구성, 천장고, 향, 창의 위치와 크기, 코어 등)을 사전에 파악하여 공간 프로그래밍에 적용해야 한다.

05 ②
그리드 플래닝은(grid planning)은 디자인상의 여러 가지 요소를 종합하여 균형 잡힌 계획으로 정리하기 위한 일반적 계획방법 중 하나이다. 이것은 일정하게 정해진 규칙적인 형태의 기하학적 면이나 입체적 그리드를 계획의 보조도구로 사용하여 디자인을 전개하는 계획방법이다.

06 사무실을 계획할 때 사용하는 그리드계획에 대한 설명 중 올바른 것은? 공인4회

① 바닥, 벽, 천장을 구성하는 각 부재의 크기를 기준 단위로 한 모듈을 계획의 보조도구로 삼아 계획하는 것이다.
② 평면계획용 그리드와 설비용 그리드의 형태와 크기는 반드시 달라야 한다.
③ 삼각형, 사각형, 오각형 등의 다양한 형태의 그리드를 사용할 수 있다.
④ 그리드의 한 변과 가구의 치수체계를 통일할 필요는 없다.

07 사무공간 계획 시 능률적인 사무를 위한 동선계획의 설명이 잘못된 것은? 제17회

① 주 통로는 폭이 2,000㎜ 이상, 일반 통로는 1,000㎜ 이상, 단위 그룹 간의 통로는 700㎜ 이상이 되도록 한다.
② 작업공간의 접근은 후면에서 접근하도록 하여, 시선이 마주치지 않고 작업에 방해가 되지 않도록 한다.
③ 회의용 또는 휴식용 테이블은 모든 작업공간에서 쉽게 도달할 수 있는 위치에 배치한다.
④ 관계있는 부서는 의사전달을 원활히 하기 위해 관리자의 시야범위인 10m 이내에 배치한다.

08 오피스 공간의 시스템가구 특성으로 올바르지 않은 것은?

① 몇 개의 단위요소로 구성되어 넓은 공간에 다양한 배치가 가능하다.
② 유연한 동선의 흐름에 근거하여 배치함으로써 공간을 명확하게 구분할 수 있다.
③ 색채, 재료, 형태를 통일함으로써 실내 분위기가 적절하게 조성되고 환경을 개선할 수 있다.
④ 모듈화된 가구는 계급의식을 발생시켜 작업환경 조직화시킨다.

정답 및 해설

06 ③
그리드계획에서 그리드는 삼각형, 사각형, 육각형 등 다양한 형태가 가능하지만 그리드의 한 변은 어느 가구와도 조합될 수 있도록 통일된 치수체계여야 한다.

07 ②
작업공간은 전면이나 양 옆에서 접근이 가능하도록 동선을 계획하며, 후면에서 접근하게 배치하지 않는다. 또한, 공용공간인 회의실, 휴게실, 서류보관실 등은 접근이 용이한 곳에 배치하며, 교류가 빈번한 부서들은 인접 배치하여 동선을 단축시킨다.

08 ④
시스템가구는 가구와 인간의 관계, 가구와 건축제의 관계, 가구와 가구의 관계 등 여러 요소를 고려하여 적절한 치수를 산출한다. 이렇게 모듈화된 가구는 계급의식을 없애므로 작업환경의 인간화를 유도한다.

09 사무실의 책상 배치 유형 중 면적 효율이 좋고, 커뮤니케이션(communication) 형성에 유리하여 일반 업무에 적용되는 배치 유형은? 제17회

① 동향형 ② 대향형
③ 좌우대향형 ④ 자유형

10 오피스 공간설계에서 책상 배치의 유형에 대한 설명이 올바른 것은? 제17회

① 대향식 레이아웃 : 면적 효율이 좋으며 커뮤니케이션 효과가 크다.
② 동향식 레이아웃 : 관리 면에서 조직의 융화가 쉽고 업무처리의 효율이 좋다.
③ 좌우 대향식 레이아웃 : 원활한 의사소통이 필요한 그룹 작업에 적합하다.
④ 십자형 레이아웃 : 적당한 프라이버시가 유지되며 통로가 명확하다.

11 사무공간의 조명계획 시 눈부심을 방지하기 위해 고려할 사항 중 잘못된 것은? 제17회

① 시선에서 30° 범위 내는 글레어존(glare zone)으로 눈부심이 일어나므로 이 범위의 휘도에 주의하여 조명기구를 선정한다.
② 천장면을 밝게 하여 휘도대비를 줄인다.
③ 천정 조명기구의 설치는 되도록 낮게 설치하여 밝게 한다.
④ 천정, 벽은 반사율이 좋은 재료로 마감한다.

정답 및 해설

09 ②
대향형은 책상을 마주보도록 배치한 유형이다. 공간 활용의 효율성이 높고, 커뮤니케이션 효과가 커서 공동작업에 적합하다.

10 ①
동향식 레이아웃은 가장 일반적인 레이아웃으로 같은 방향으로 나란히 배치한 유형이다. 좌우 대향식 레이아웃은 조직의 융화가 쉽고 정보처리나 집무동작의 효율이 좋으나 면적의 손실이 크다. 십자형 레이아웃은 원활한 의사소통이 필요한 그룹작업에 적합하다.

11 ③
사무공간은 쾌적한 근무환경 조성을 위해 조도와 휘도분포가 적당해야하기 때문에 적절한 기준에 의한 조명계획이 필수적이다. 대형 사무공간의 경우 작업에 필요한 적정조도를 확보하기 위하여 주간에도 인공조명이 필요하므로 조명기구의 열 제거를 위해 공조설비와 일체화시키는 것이 바람직하다.

8 전시공간

(1) 전시공간의 개념

전시는 목적에 따라 기획된 정보(기후, 언어, 영상, 음향, 모형, 파노라마 등)와 관람자 사이의 상호작용을 통한 커뮤니케이션의 일종으로 일반적으로 전시는 쇼룸과 같은 상업적 목적이 강한 영리적 전시와 박물관이나 미술관과 같은 교육과 정보전달의 목적이 강한 비영리적 목적을 지닌 전시로 구분할 수 있다.

- **쇼룸** : 주로 브랜드의 제품을 전시하여 상품을 홍보하는 상설전시공간이다.
- **전시** : 전시는 소규모 커뮤니티의 행사에서부터 전람회, 온·오프라인 전시회, 쇼, 세계박람회 등 개최의 목적과 성격, 내용과 규모, 기간에 따라 다양하다.
- **박물관** : 박물관은 기본적으로 기록 보관과 교육을 목적으로 건립주체에 따라 국가, 도·시, 구, 기업과 개인의 이르기까지 다양한 규모와 테마를 가지고 있다.

(2) 전시의 기본구상

전시를 위한 기본구상의 체계 확립을 위해서는 전시의 기본방향 및 주제의 설정, 전시자료 선정 수집, 전시 시나리오 구상을 통한 전시방법 설정 순으로 진행된다. 이때 전시구상을 위해는 전시를 통해 정보를 전달하고자 하는 대상물과 공간, 관객, 시간과 같은 구성요소들이 고려되어져야 하며 이러한 구성요소들과 관계 구상을 통해 전시의 규모 및 순회유형, 동선계획, 전시방법이 결정된다.

(3) 전시공간 규모

전시공간의 규모는 전시의 성격과 전시내용, 전시자료, 전시방법을 무엇으로 설정하여 공간을 구성하느냐에 따라 달라지지만, 무엇보다도 전시작품과 관람자와의 관계를 고려한 적정규모를 설정하는 것이 중요하다. 단위 전시실이 최소한의 기능을 수행하기 위해서는 최소 50m²의 면적이 필요하며, 폭은 최소한 5.5m 이상이 요구된다. 또한, 단위 전시실의 최대한의 면적은 일반적인 전시의 경우 보안과 관람의 집중도를 고려하여 300~350m² 이내로 설정하는 것이 바람직하다.

(4) 전시순회 유형

전시순회는 입구에서 출구까지 경로에 따른 관람객의 동선을 의미하며, 동선의 종류에는 이용자동선, 관리자 동선, 자료동선이 있다. 그리고 일반적으로 전시순회 유형은 공간의 형태와 규모, 전시자료, 관람객 동선과의 관계를 통해 연속순회형, 갤러리 및 복도형, 중앙홀형으로 구분할 수 있다.

(5) 전시방법

전시방법은 일반적으로 벽면전시, 벽부형 전시, 전시스크린을 활용한 전시와 특수 전시기법을 활용한 파노라마 전시, 아일랜드 전시, 하모니카 전시, 디오라마 전시가 있다.

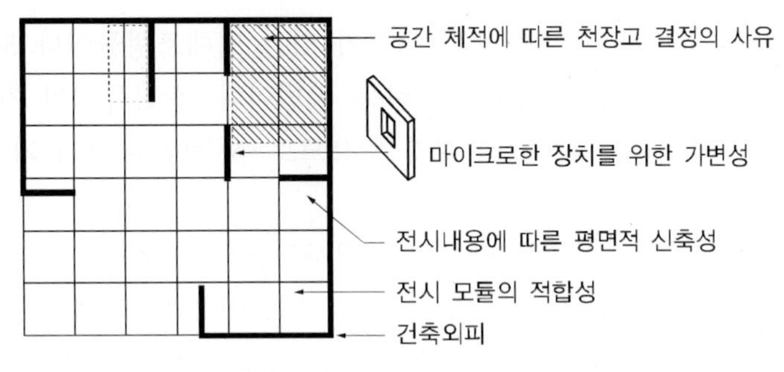

[그림 1-10] 벽면전시

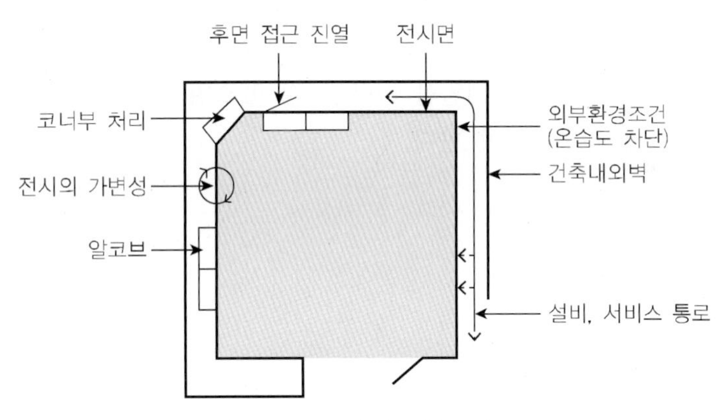

[그림 1-11] 벽부형 전시

출처 : 실내건축연구회(2015), 실내계획, p.278

- **벽면전시** : 미술회화나 사진, 역사문서 등 평면 전시물 전시에 적합하며 감상거리는 전시물 대각선 길이의 1~1.5배가 적당하다.
- **벽부형 전시** : 전시벽면을 따라 전면에 유리를 두어 진열장 내부로 전시실을 갖춘 형태다. 보통 진열장 폭은 1.2m 정도이며, 전면 유리는 바닥에서 50㎝ 이상 턱을 두고, 유리 높이는 1.8~2.1m 정도, 유리의 두께는 10~12㎜ 정도로 한다.
- **전시 스크린** : 전시 스크린은 그래픽을 활용한 정보를 전달하기 위해 사용된다. 전시 스크린은 공간에 가변성을 줄 수 있도록 일정한 유닛으로 시스템화되어야

하며, 유닛의 크기는 1.2×2.4m가 일반적이다. 전시 스크린의 종류로는 고정 스크린, 상자형 스크린, 플리스탠딩 스크린 등이 있다. 최근에는 기술 발전에 의해 영상자료 질이 높아지고 표현방법이 다양해지면서, 일반적 영상전시뿐만 아니라 아이맥스, 옴니맥스, 서클비전과 같은 대형영상 전시, 멀티영상이 전시에 활용되고 있다.

- 파노라마 전시 : 단일한 정황을 파노라마로 연출하는 방법으로 시각적 연속성을 위해 플로차트로 구성하며, 사건과 인물의 맥락을 보여주기 위해 수평으로 연속된 화면을 선적으로 구성하는 방법이다.
- 아일랜드 전시 : 360°로 감상해야 할 필요가 있는 입체조형물이나 모형을 전시실의 벽면과 인접하지 않은 곳에 전시하는 방법이다. 관람동선이 자유로우나 좁은 공간에서는 동선이 정체될 우려가 있으므로 작품에 손상이 가지 않도록 가드레일이나 유리 케이스를 사용한다.
- 하모니카 전시 : 사각형 평면을 반복시켜 전시공간을 구획하는 가장 기본적인 공간구성방법이다. 사각형 평면이 기본형이나 공간의 조건에 따라 벽면의 각도를 135° 등으로 조절하여 동선의 흐름을 유연하게 배치한다.
- 디오라마 전시 : 깊이가 깊은 벽장형식으로 구성하여 어떤 상황을 배경과 실물 또는 모형으로 재현하는 방법이다. 전시공간의 상황과 재현하고자 하는 상황과 배경을 고려하여 축소된 스케일을 사용할 수 있으며, 화면 배경에 대한 조명의 투사는 균질하게 유지되어야 한다.

8. 전시공간

기출 및 예상 문제

01 전시계획에서 4가지의 입장과 업무내용에 필수적이지 않는 역할은? 제17회

① 클라이언트(매니저) 주최자　　② 플래너(프로듀서)
③ 관객　　④ 디자이너

02 다음 중 쇼룸의 역할과 맞지 않은 것은? 제16회

① 기업의 상품판매를 목적으로 다양한 전시기법을 이용하여 연출한 공간이다.
② 실질적인 제품, 소재를 통해 상품의 소개 및 홍보하는 상설전시 스페이스이다.
③ 상품판매에 직·간접적으로 관계되는 정보서비스 기능으로 재인식되는 장소이다.
④ 데몬스트레터의 설명과 질의응답에 의해 상품의 지식과 특성을 확인하는 장소이다.

정답 및 해설

01 ③
전시계획과 관련된 사람들 중에는 클라이언트, 플래너, 디자이너, 프로덕션과 같은 4가지 종류의 입장이 있다. 이들의 전체를 총괄하는 플래너(프로듀서) 또는 매니저가 진행의 가장 중요한 역할을 한다.
- 클라이언트(매니저) : 기획, 계획, 설계, 입찰, 발주, 계약, 제작시공, 오프닝 기안, 실시, 전시회의 운영, 반출, 철거의 운영을 담당한다.
- 플래너(프로듀서) : 수입과 지출, 운영계획에 대한 적절한 판단과 실행 및 체크하는 중요한 업무를 수행한다.
- 디자이너 : 기획서를 기본으로 전시의 구체적인 디자인을 실시한다.
- 프로덕션 : 실시설계도에 의해 공장과 현장에서 제작, 시공, 공정 관리 등의 업무를 수행한다.

02 ①
쇼룸은 주로 제품을 전시하여 상품의 소개 및 PR을 하는 상설전시공간이다. 쇼룸의 유형은 유통면과 전시내용, 입지조건 등에 따라 다양하게 나타나는데 이에 따라 전시수법 또한 다양하다. 쇼룸은 고객이 상품을 직접 체험해봄으로써 상품에 대한 정보를 파악할 수 있다.

03 다음 중 전시공간의 규모 설정에 영향을 주는 요인과 가장 거리가 먼 것은? 공인3회

① 전시방법
② 전시의 효과
③ 전시공간 평면형태
④ 전시자료의 크기와 수량

04 전시의 순회유형 중 연속순회 유형의 특징으로 올바른 것은?

① 동선이 단순하고 공간을 절약할 수 있다.
② 복도를 통해 각 실에 출입이 가능하다.
③ 관람자의 선택적 관람이 가능하다
④ 홀 중앙에 주로 천창을 설치한다.

05 전시공간의 동선계획에 있어서 고려할 사항 중 옳지 않은 것은? 공인5회

① 동선은 가능한 한 단순 명쾌하게 설정함
② 화재 등의 비상사태에 대비하여 피난동선을 확보함
③ 기능이 서로 다른 동선은 가능한 교차시켜 이동의 효율성을 확보함
④ 동선상의 교통량, 통과속도를 상정하여 폭, 거리를 설정함

06 전시회(Exhibition)의 구성요소로 맞는 것은? 제15회

① 대상물, 공간, 관객, 시간
② 공간 대상물, 시간, 장소
③ 관객, 대상물, 장소, 시간
④ 시간, 공간, 대상물, 내구성

정답 및 해설

03 ②
전시의 유형은 개최의 목적, 성격, 내용, 규모, 기간 등 실제적으로 다양하다. 전시의 목적과 성격에 따라 문화적 행사, 상업적 행사로 나눌 수 있으며, 전시목적에 따른 전시자료의 유형과 전시방법은 전시공간 규모설정에 영향을 준다. 또한, 공간과 전시방법, 전시자료의 관계에 따라 다양한 전시효과를 기대할 수 있다.

04 ①
연속순회형의 장점은 동선이 단순하고 공간을 절약할 수 있다는 장점이 있으나, 주어진 순서로 관람해야 하므로 관객의 지루함을 유발할 수 있으며, 한곳이 폐쇄되면 관람이 불가하다는 단점을 가지고 있다.

05 ③
동선의 종류에는 이용자동선, 관리자동선, 자료동선이 있으며, 전시의 동선 흐름은 진입홀에서 시작하여 전시실, 출구, 야외전시의 순으로 이어진다. 동선의 흐름에는 흐름에 막힘이 없어야 하며, 피로감을 덜 느끼게 해야 하며, 전후좌우가 다 보여야 한다.

06 ①
전시공간의 구성요소는 대상물, 공간, 관객, 시간이 있으며, 대상물의 형태와 색채, 재질의 특성에 의하여 전시디자인의 기본 방향이 결정된다. 공간은 대상물과 관객의 커뮤니케이션 장소로 기능적 특성을 가지며, 관객은 대상물의 전달내용을 받아들이는 대상이며, 시간은 전달하고자 하는 대상물에 대한 시점으로 전시기간과 관계가 있다.

07 전시공간의 전시방법에 있어 현장감을 살리기 위해 스크린으로 배경을 만들고 그 앞에 실물을 설치하는 전시방법은? 제17회

① 디오라마 전시 ② 파노라마 전시
③ 입체영상 전시 ④ 멀티스크린 전시

08 디오라마 전시방법에 대한 설명으로 가장 알맞은 것은? 공인4회

① 연속적인 주제를 시각적인 연속성을 가지고 선형으로 연출하는 방법이다.
② 천장과 벽면을 따라 전시하지 않고 주로 전시물의 입체물을 중심으로 독립된 전시공간에 배치하는 방법이다.
③ 전시물을 동일한 크기의 공간에 규칙적으로 반복하여 배치하는 방법이다.
④ 일정한 공간 속에서 배경 스크린과 실물의 종합전시를 동시에 연출하여 현장감을 살리는 방법이다.

09 전시공간디자인에서 연속적인 주제를 선적으로 구성하여 전시의 내용이 서로 관계성 깊게 연계적 연출을 목적으로 하는 전시표현기법은? 제16회

① 파노라마(panorama) 전시
② 하모니카(harmonica) 전시
③ 아일랜드(island) 전시
④ 디오라마(diorama) 전시

정답 및 해설

07 ①
파노라마 전시는 과학정보 등 연속적 주제를 선정하여 연출하기 때문에 넓은 시야의 실제 풍경을 보는 듯한 느낌을 연출할 수 있다. 입체영상 전시는 3차원 입체영상을 활용하기 때문에 2차원의 평면정보와 달리 깊이 및 공간 형성 정보를 동시에 제공하기 때문에 보다 사실적이고 생동감 있는 연출이 가능하다. 멀티스크린 전시는 다양한 화면의 집적으로 대형 화면과 같은 효과를 주며, 가변적인 화면구성에 의한 다채로운 영상표현이 가능하다.

08 ④
디오라마 전시는 깊이가 깊은 벽장형식으로 하여, 배경과 실물 또는 모형으로 재현하는 수법을 사용한다. 디오라마는 그리스어로 뒤에서 사진이나 그림을 비추는 것을 의미하며, 이는 마치 현장에 있는 듯한 효과를 준다. 고려사항으로는 화면의 배경에 대한 조명의 투사가 균질해야 한다는 점이다.

09 ①
파노라마 전시는 과학정보 등 연속적 주제 선정으로 연출하여 넓은 시야, 실제의 풍경을 보는 듯한 전시효과를 줄 수 있다. 하모니카 전시는 사각형 평면을 반복시켜 전시공간을 구획하는 가장 기본적인 공간 구성방법이다. 아일랜드 전시는 사방을 감상해야 할 필요가 있는 입체물이나 모형을 전시할 때 적합한 방법이다.

9 공연공간

(1) 공연공간의 개념

공연장은 연극과 공연, 강연을 관람하는 장소로 현대사회에 문화여가를 위해 필요한 필수적 문화시설로 공연장의 종류로는 일반(연극)극장, 오페라극장, 콘서트홀, 뮤직홀, 영화관 등이 있다.

(2) 공연장 계획 시 고려요소

공연장은 관객의 감상을 위한 관람부분과 무대표현을 위한 연출부분 나누어진다. 이러한 공연장을 계획 시 고려해야 하는 요소로는 극장의 성격과 사용목적, 극장의 위치, 무대의 형식, 오디토리움의 수용력, 오디토리움의 단면형, 오디토리움의 디자인, 무대, 프로세니엄의 주변, 기술부문, 무대 뒤, 공공서비스 공간, 관리공간, 상연공간, 제작공간이 올바르게 고려되어 계획되어 졌을 때 출연자나 관객, 제작자, 관리자 모두가 만족하는 공간이 될 수 있다.

(3) 공연장 공간 프로그램

공연장은 공연이 진행되는 무대와 관람석의 연결을 축으로 하여 이에 부수적으로 필요한 여러 기능적 공간들이 배치되게 된다. 즉, 공연공간, 공공서비스, 상연공간, 관리공간, 제작공간으로 분류할 수 있다.

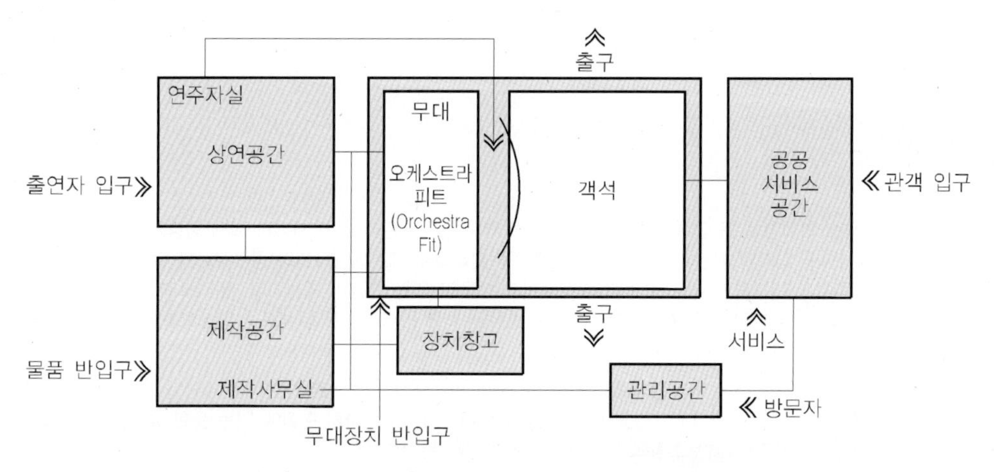

[그림 1-12] 공연장 공간 구성 및 동선

출처 : 실내건축연구회(2015). 실내계획. p.285

〈표 1-8〉 공연장 공간 프로그램

공간구분	공간 프로그램
공공서비스	매표소, 물품보관소, 라운지, 화장실, 카페테리아 등
공연	무대, 객석, 오케스트라 피트
상연	분장실, 출연자 대기실, 연주자실, 리허설 룸, 지휘자 및 무대감독실, 무대경비실, 화장실, 악기·의상·소품 창고실, 의상실, 스탭실, 음향조정실, 영사실 등
관리실	사무실, 지배인실, 경비실, 회의실, 홍보 및 인터뷰실, 감독실 등
제작실	디자인실, 배경 제작실, 목공·도공장, 소품·의장류 제작실, 각종 소품 창고실 등

(4) 공연장 평면 유형

공연장은 무대와 관람석의 관계에 의하여 프로세니엄형, 오픈 스테이지형, 아레나형으로 분류할 수 있으며 다양한 형식으로 변형하여 사용할 수 있는 가변형 평면이 있다.

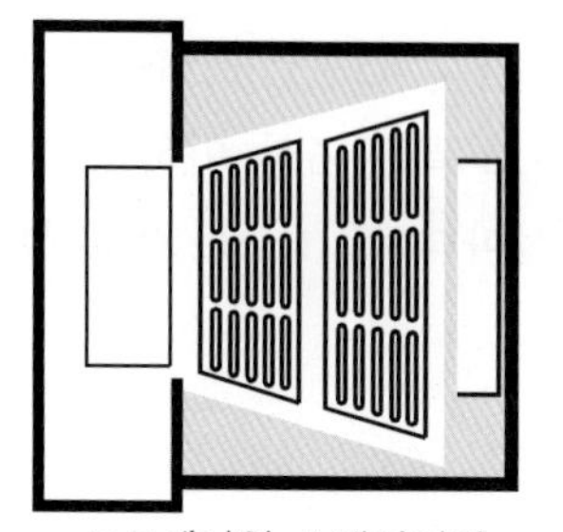

프로세니엄 스테이지형

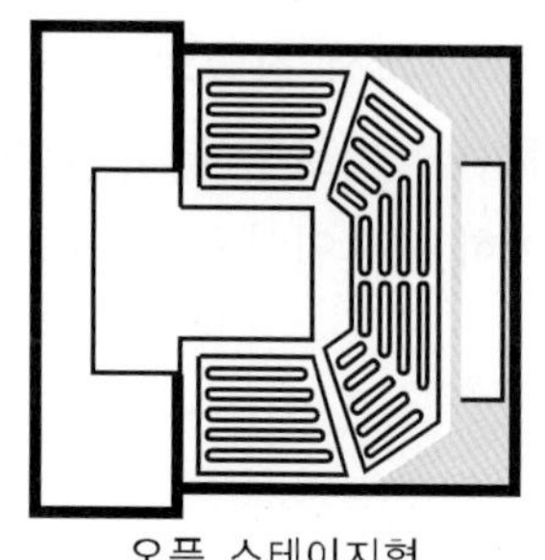

오픈 스테이지형

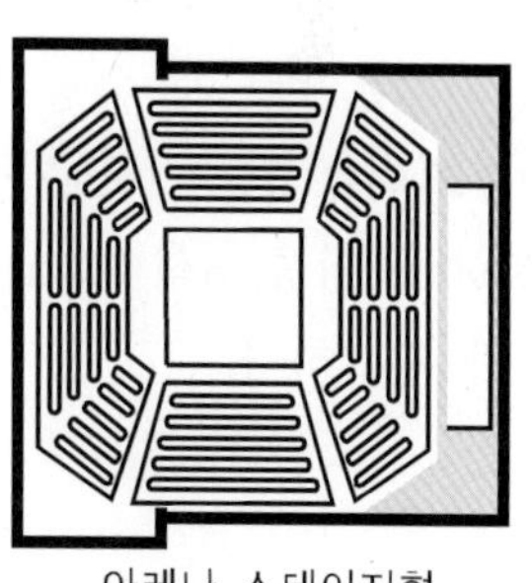

아레나 스테이지형

[그림 1-13] 공연장 평면 유형

출처 : 실내건축연구회(2015), 실내계획, p.286

- 프로세니엄 스테이지형(Procenium Stage) : 투시도법을 무대공간에 응용함으로써 연극의 내용을 하나의 구성된 작품을 고정액자에서 보는 것 같은 느낌을 들게 연출한 평면으로 연기자가 한쪽 방향으로만 관객과 접하게 되므로 거리가 먼 관람석까지 수용하기에는 제한이 있다.
- 오픈 스테이지형(Open Stage) : 프로세니엄형보다는 무대가 관객에게 더 가까이 근접하여 있어 관객과 연기자가 좀 더 많은 교감을 형성할 수 있다.
- 아레나 스테이지형(Arena Stage) : 가까운 거리에서 관람하면서 가장 많은 관객을 수용할 수 있으며 관람석과 무대의 일체감이 형성되지만, 다양한 방향감 때문에 전체적인 통일된 효과를 연출하는 것이 쉽지 않다.
- 가변형 무대(Adaptable Stage) : 무대와 관람석의 크기, 모양, 배열이 고정되어 있지 않고 공연작품의 성격과 필요에 따라 가변적으로 변경하여 다양한 무대연출이 가능하다.

(5) 공연장 객석계획

① 객석평면 유형 및 가시거리 설정

공연장 객석평면의 종류는 장방형, 부채형, 범종형, 말발굽형, 반원형, 육각형 등이 있으며, 일반적으로는 장방형, 부채형, 범종형을 많이 사용한다. 또한, 객석 계획 시 공연장의 규모 및 무대와의 거리를 고려하여 적절한 가시거리가 설정되어야 한다.

관객들이 무대 위에서 연기자들의 표정을 인지할 수 있는 생리적인 가시한계는 15m 정도이며, 소규모 국악, 오페라, 발레, 현대극, 신극, 실내악 등 1차적으로 허용되는 가시한계는 22m 정도다. 또한, 대규모 극장에서와 같이 연기자의 표정보다는 일반적인 동작을 어느 정도 감상할 수 있는 2차적 허용 가시한계는 35m다. 그리고 영화극장에서의 가시한계는 45m 정도다.

② 객석계획 및 설계기준

객석의 좌석배열은 무대와 스크린을 중심으로 한 원호의 배일이 이상적이며 횡렬의 좌석은 반드시 수평이어야 한다. 객석 좌석의 폭은 1인석 기준 45~55m, 좌석 간 전후거리는 85~110㎝가 일반적이다. 가로열에 따른 세로 통로 폭은 6석 이하의 경우 60㎝ 이상, 8석 80㎝, 10석 이하 1m 이상으로 세로열 20석마다 폭 1m의 가로 통로가 필요하다.

기출 및 예상 문제

9. 공연공간

01 공연장의 각 평면형태에 관한 설명으로 올바른 것은? 제17회

① 프로세니엄 스테이지형(Procenium Stage) : 강연, 콘서트, 독주, 연주
② 오픈 스테이지형(Open Stage) : 중심 무대형, 객석과 무대의 일체감을 형성
③ 아레나 스테이지형(Arena Stage) : 무대 가까이에 많은 관객을 수용할 수 있음
④ 어댑터블 스테이지형(Adaptable Stage) : 일명 픽처 프레임 스테이지형이라고도 불림

02 공연장 객석계획 및 설계기준에 적절한 항목은?

① 좌석의 폭은 45~55㎝, 전후거리는 70~80㎝로 한다.
② 단측 통로폭은 60~120㎝, 종 20석마다 횡통로폭 80㎝ 이상 1개소 설치
③ 객석과 내부 벽 사이에는 2m 이상의 통로를 설치한다.
④ 영사막과 최전열 사이와의 거리는 10m 이상으로 한다.

정답 및 해설

01 ①
오픈 스테이지형은 무대 가까이에 많은 관객을 수용할 수 있으며, 아레나 스테이지형은 중심무대형이라고도 한다. 어댑터블 스테이지형은 가변형 무대라고도 한다.

02 ④
공연장 좌석의 폭은 45~55㎝, 전후거리는 85~110㎝로 한다. 단측 통로폭은 60~120㎝, 종 20석마다 횡통로폭 100㎝ 이상 1개소 설치한다. 객석과 내부 벽 사이에는 1m 이상의 통로를 설치한다.

03 공연장과 영화관의 실내건축설계 시 고려해야 할 사항으로 적절한 것은? 공인2회

① 영화관의 영사 중 실내조도는 15lx(럭스)가 적당하다.
② 프로세니엄아치 개구부의 종횡비는 1 : 1.618이 적당하다.
③ 관람석의 형상은 음향상태에 가장 많은 영향을 준다.
④ 발코니 밑 후면벽은 음향이 취약하므로 반사재, 객석의 의자는 흡음재가 적당하다.

04 공연공간의 평면 유형 중, 가장 가까운 거리에서 관람하면서 많은 관객을 수용할 수 있고, 관람석과 무대가 한 공간에 있어서 관객에게는 친근감을 주고 연기자에게는 긴장감을 주며, 무대의 배경을 만들지 않아서 경제적인 유형은? 제17회

① 프로세니엄 스테이지형(Procenium Stage)
② 오픈 스테이지형(Open Stage)
③ 아레나 스테이지형(Arena Stage)
④ 픽처프레임 스테이지형(Picture Frame Stage)

05 공연장 객석 계획에서 가시거리 설정에 대한 설명중 올바르지 않은 것은?

① 공연장에서 무대 위 연기자의 표정을 읽을 수 있는 시각한계는 15m 정도이다.
② 소규모 국악, 오페라, 발레, 현대극의 가시거리에 있어 제1차 허용한도는 22m 정도이다.
③ 대규모 오페라, 발레, 뮤지컬의 가시거리에 있어 제2차 허용한도는 50m 정도이다.
④ 영화에서 가시의 한계는 45m 정도이다.

정답 및 해설

03 ②
프로세니엄 아치는 무대와 객성의 경계를 이루는 것으로 관객은 프로세니엄 아치를 통해 연기를 보게 되고 개구부는 직사각형으로 그 비례는 황금비(1:1.618)로 구성되는 경우가 많다.

04 ③
프로세니엄 스테이지형(procenium stage)은 강연, 콘서트, 독주, 연주에 적합하다. 일명 픽처 프레임 스테이지형이라고도 한다. 오픈 스테이지형은 무대 가까이에 많은 관객을 수용할 수 있고 연기자와 관객 사이의 친밀감이 있다. 아레나 스테이지형은 중심무대형(central stage)이라고도 한다. 근거리에 많은 관람객 수용이 가능하고 객석과 무대의 일체감이 형성된다. 어댑터블 스테이지는 가변형 무대라고도 하며 다양한 변화가 가능하여 대학연구소 등 실험적 요소가 있는 공간에 많이 이용된다.

05 ③
공연장의 가시거리 설정은 소규모 국악, 오페라, 발레, 현대극, 신극, 실내악 등의 경우 1차 허용한도는 22m 정도이며, 대규모 공연과 같은 경우 2차 허용한도는 35m이다.

06 공연장에서 공연 중 관람석에 점화하는 등화 설비의 조도는 몇 lx 이상인가? 제16회

① 0.2lx ② 5lx
③ 10lx ④ 20lx

07 공연장의 소음제거 방안으로 적합한 것은? 제17회

① 창은 이중창 구조로 하여 객석소음을 40~45dB 이하가 되게 한다.
② 천장은 차음, 흡음구조로 하며 무대 쪽에는 음확산 반사재를 사용하고 출입구는 밀폐하고 도로면을 피하여 배치한다.
③ 객석 후부와 통로주변은 반사적으로 계획하고 통로에는 카펫을 설치한다.
④ 객석의 지붕 외부에 접하는 외벽은 최소한 15㎝ 이상의 철근콘크리트벽이 필요하고 객석과 화장실 사이는 격리시키지 않는다.

08 공연장 디자인에서 무대계획에 관한 설명 중 올바르지 않은 것은?

① 그림 액자와 같은 구성은 관객이 눈을 무대에 쏠리게 하는 시각적 효과를 갖는다.
② 천장의 높이는 프로세니엄 높이에다 사람이 올라가서 작업하는 공간 2m 이상을 확보한다.
③ 커튼라인은 프로세니엄 아치 바로 앞 막의 위치에 있다.
④ 주무대는 무대의 중심으로 배우가 연기를 하는 장소이므로 평면계획과 함께 단면계획 역시 중요하다.

정답 및 해설

06 ①
관람석, 휴게실, 변소 기타 관람자가 출입하는 장소에는 20lx 이상의 조도 이외에 관람석에는 0.2lx 이상의 조도를 가지는 등화설비를 사용하여 공연 중에 이를 점화하도록 하여야 한다.

07 ①
객석소음을 30~35dB 이하가 되게 하며 전면벽은 반사재, 후면벽 쪽으로 갈수록 흡음성이 강한 재료를 사용한다. 객석과 화장실 사이는 1개 이상의 벽 또는 구조체로 격리시킨다.

08 ③
커튼라인은 프로세니엄아치 바로 뒤 막의 위치에 있다. 주무대는 무대의 중심으로 배우가 연기를 하는 장소이므로 평면계획과 함께 단면계획 역시 중요하다. 단면으로는 주무대 위쪽의 각종 장식품을 매단 줄을 내려두는 공간과 주무대의 하부공간이 필요하다. 천장의 높이는 프로세니엄 높이에다 사람이 올라가서 작업하는 공간 2m 이상을 확보한다. 무대의 하부공간은 인물의 아래쪽에 서만 등장하는 경우 3m 이상 필요하므로 장치에 따라 무대전환을 고려할 경우 폭, 높이 이상의 길이가 필요하고 이외에 기계피트가 3m 이상 필요하게 된다.

10 교육공간

1) 교육공간의 개념

교육공간은 교육제도 학습활동의 행태가 변화하면서 공간의 운영과 구성 또한 기존의 획일적인 방법에서 벗어나 개성과 자율성을 고려한 공간으로 변화해 가고 있다. 일반적인 교과교실 이외에 다양한 특수교육 및 방과 후 활동을 지원할 수 있도록 안전체험교실, 온라인학습실, 돌봄교실 등 교육공간의 기능이 다양해지고 있다.

2) 학교운영방식

- 종합교실형(U형 : Usual Type) : 모든 교과를 한 학급에서 행하는 운영방식으로 어느 교과에도 유연하게 대응할 수 있는 충분한 면적과 설비가 필요하다.
- 일반교실·특별교실형(U·V형 : Usual with Variationg Type) : 보통교과는 각 학습 교실에서 진행하고, 그 외의 특별교과나 활동은 교과교실이나 특별교실에서 진행하는 운영방식으로, 전용 학급 교실이 주어지기 때문에 홈룸 활동이 가능하고 안정적인 반면 특별교실을 확충하면 일반 교실의 이용률이 낮아진다.
- 교과교실형(V형 : Variation Type) : 모든 교실이 특정 교과에 의한 교실로 일반 교실은 없는 운영방식이다. 각 교과마다 전문교실 운영하여 시설과 수업의 질은 높아지지만 학생들의 이동 빈도가 많고 소지품 보관 등이 고려되어야 한다.
- 플라톤형(P형 : Platoon Type) : 전 학습을 2분단으로 구분하여 한쪽은 일반교실, 다른 한쪽은 특별 교실로 운영한다.
- 오픈 스쿨형(Open School) : 학급단위 수업보다는 개인의 능력과 자질에 따라 교육 프로그램을 편성하고, 필요에 따라서는 무학년제로 운영하여 다양한 학습활동이 진행될 수 있도록 한다. 하지만 다양한 변화를 시도하다 보니 기존의 교실에 비해 넓고 가변적인 공간을 필요로 한다.

3) 학교와 교실공간의 배치유형

(1) 학교배치계획의 유형

학교의 배치는 학교부지와 건물과의 관계에 따라 폐쇄형과 분산병렬형으로 배치된다.

① 폐쇄형

일반적으로 운동장을 남쪽에 두고 건물을 L형에서 ㅁ자형으로 부지의 북쪽으로 배치하는 일반적인 유형으로 부지를 효율적으로 사용할 수 있으나 화재와 같은 비상상황 대응에 불리하며, 일조 및 통풍 등 환경조건이 불균형할 뿐만 아니라 교실로 소음 유입이 쉽다는 단점이 있다.

② 분산병렬형

각 블록을 분산, 병렬시키는 형식으로 일조 및 통풍과 같은 교실의 내외환경이 균등하고 구조계획이 유리하다. 외부 공간의 활용이 유리한 반면 넓은 부지가 요구되며 편복도로 배치할 경우 복도 면적이 많이 소요되고 공간구성이 단조로워진다.

(2) 교실배치계획의 유형

초·중학교 교실 배치의 기본원칙은 학년단위를 중심으로 계획된다는 것이다. 비슷한 연령군으로 이루어진 학년은 교과내용이 대부분 일치되어 있어 교재와 교구, 가구의 선택과 사용에 있어서도 편리하기 때문이다. 학년을 기준으로 교실의 군집이 이루어지고 나면 건물의 배치와 향, 동선과 복도와의 관계에 따라 교실의 경우 편복도형, 중복도형, 핑거형, 홀형, 통과형, 오픈 플랜형, 분산형으로 교실이 배치된다.

4) 교실유형 및 특성

교실은 일반적으로 일반교실과 특별교실, 병용형 교실이 있으며, 현재 우리나라 표준 설계도의 일반 교실의 크기는 9.0×7.5m로 되어 있고, 그 면적은 67.5m²이다. 교실면적 중 1인당 소요면적은 초등학교는 3.3~4.0m², 중학교 5.5~7.0m², 고등학교 7.0~8.0m² 대학교 16.0m² 이상이 필요하다.

일반교실 이외에 실습활동이 필요한 교과목의 경우 자연과학실, 가정실습실, 음악실, 미술실, 기술실습실, 시청각실, 강당 및 실내체육관과 같은 특별교실에서 수업이 진행된다. 이러한 교실들은 일반교실 및 교과의 특성을 고려하여 접근성 및 이용빈도를 고려하여 합리적인 배치가 이루어 져야한다.

학교는 학생이 주사용자이기 때문에, 저학년부터 고학년에 이르기까지 학생들의 신체적 특성 및 신체발달을 고려한 인체공학적인 설계가 필요하다. 또한, 학생들의 심리적 안정감과 학습의 집중도를 높이기 위해 자연채광 및 인공조명 계획 시 일정한 조도를 유지하고 공간의 색채는 주변과의 대비가 크지 않도록 하는 것을 권장한다.

기출 및 예상 문제

10. 교육공간

01 학교운영방식에 따른 교실의 유형별 설명으로 옳지 않은 것은?

① 종합교실형은 각 학급의 교실 내에서만 모든 교과를 수행한다.
② 교과교실형은 모든 교실이 특정한 교과를 위해 만들어진다.
③ 플라톤형은 학생의 이동이 심함으로, 소지품을 두는 곳을 고려할 필요가 있다.
④ 일반교실・특별교실형(U・V형)은 일반교실이 각 학급에 하나씩 배당되고, 기타에 특별교실을 가진다.

02 교육시설에서 평면 배치계획의 유형 중 분산병렬형에 해당하지 않은 것은? 공인5회

① 일종의 핑거 플랜이라 한다.
② 일조, 통풍 및 각 교실의 내외 환경이 균등하다.
③ 교실로의 소음이 다소 크나 유기적인 구성을 취하기 유리하다.
④ 편복도를 사용할 경우 복도면적이 많이 소요된다.

03 학교의 평면계획 시 고려해야 할 사항으로 올바르지 않은 것은?

① 학교 각 공간의 층별・특성별 공간 배분과 도성이 분리·연결되어야 한다.
② 코어를 통한 공간의 시지각적 체험유도 및 편의를 도보해야 한다.
③ 각 동의 기능별 분리와 내부 동선의 효율을 고려하여야 한다.
④ 교육공간 평면계획의 기본적 원칙은 교과 단위로 정리해야 한다는 것이다.

정답 및 해설

01 ③
플라톤형은 전 학급을 2분단으로 나누고, 한편이 일반교실을 사용할 때 다른 한편은 특별교실로 이용한다.

02 ③
분산병렬형의 경우 저학년을 위한 외부 공간활용이 유리한 반면 넓은 부지가 요구되며 편복도로 배치할 경우 복도면적이 많이 소요되고 단조로워 유기적 구성을 취하기 어렵다.

04 초등학교의 교사면적 중 1인당 소요면적으로 맞는 것은? 제17회

① 3.3~4.0㎡
② 4.4~5.5㎡
③ 5.5~7.0㎡
④ 7.0~8.0㎡

05 학교 실내공간의 조명(창/채광)계획 시 고려해야 할 사항으로 올바르지 <u>않은</u> 것은?

① 초등학교에서 창대의 높이는 약 80㎝를 기본으로 하며 중학교에서는 85㎝를 기준으로 한다.
② 교실 채광의 가장 중요한 방식은 교실 내 다양한 조도의 빛이 유입되도록 하는 것이다.
③ 교실조도를 일정하게 유지하는 방식으로는 차양, 확산글라스, 간접 빛, 루버 설치 등이 있다.
④ 채광창의 크기는 바닥 면적의 1/5 이상으로 하는 것이 좋다.

06 다음 중 학교 도서관 공간 계획에 관한 설명 중 옳지 <u>않은</u> 것은?

① 서고의 수장능력 기준은 능률적인 작업용량으로서 서고면적 1㎡당 150~250권 정도이다.
② 일반적으로 열람실의 크기는 도서관 봉사계획에 의해서 정해진다.
③ 서고의 창호는 채광과 통풍을 원활히 할 수 있도록 크게 계획한다.
④ 열람실은 서고에 가깝게 위치하는 것이 바람직하다.

정답 및 해설

03 ④
교육공간 평면계획의 기본적 원칙은 학년 단위로 정리해야 한다는 것이다. 같은 학년의 학급은 교과내용이 거의 일치하며, 심신의 발육상태도 거의 같기 때문이다.

04 ①
교사면적의 경우 초등학교는 3.3~4.0㎡, 중학교 5.5~7.0㎡, 고등학교 7.0~8.0㎡, 대학교 16.0㎡ 이상이 필요하다.

05 ②
교실 채광의 가장 중요한 방식은 교실 내 일정한 조도가 유지되도록 하는 것이며, 이를 위한 방법으로 차양, 확산글라스, 간접 빛, 루버 등을 사용하며 나아가 하이사이드라이트나 톱라이트 방식을 적용하기도 한다.

06 ③
학교 도서관은 학습활동이 중이 될 수 있어야 하고, 전교생이 접근하기 편리한 위치에 계획되어야 한다. 서고의 개구부는 환기, 채광에 필요한 최소한으로 하고, 서고의 채광은 간접 채광을 유도해야 하고, 인공채광이 효과적이다.

디자인 경영

1 실내건축/실내디자인 작업

1) 실내디자이너의 정의 및 역할

미국의 실내디자이너 자격증을 관할하는 National Council for Interior Design Qualification에 따르면, 실내디자인은 다음과 같이 정의된다.

- 실내디자인은 실내공간을 계획하고 설계하는데 필요한 특화된 지식을 갖춘 전문분야임
- 이렇게 계획과 설계가 이루어진 실내공간은 공간사용자의 경험을 지지하고 극대화시킴과 동시에 공간사용자의 건강(health), 안전(safety), 복지(welfare)를 증진시킴
- 디자인과 인간행태 이론과 연구를 근본으로 하는 실내디자인은 보다 총체적이고, 기술적이며, 창조적이고, 맥락에 맞는 디자인 해결책을 찾아내기 위해, 수집된 정보를 파악하고, 분석하고, 종합하는 증거기반 방법(evidence-based methodologies)을 적용함

"Interior design is a distinct profession with specialized knowledge applied to the planning and design of interior environments that promote health, safety, and welfare while supporting and enhancing the human experience. Founded upon design and human behavior theories and research, interior designers apply evidence-based methodologies to identify, analyze, and synthesize information in generating holistic, technical, creative, and contextually-appropriate design solutions(NCIDQ, 2019).

- 실내디자인은 사회에 영향을 주는 문화적, 인구학적, 정치적 영향을 표명하는

인간중심적인 전략을 포용함
- 실내디자이너는 탄력적이고 지속가능하며, 적용 가능한 디자인 및 시공 방안을 제공함
- 실내디자이너는 교육, 경험, 시험 등을 통해 자격이 주어지며, 실내디자이너들은 공간 사용자와 거주자들을 보호하기 위해 법규를 따르고, 접근 가능하며, 포용적인 실내환경을 제공하는 등 도덕적이고 윤리적인 책임의식을 가짐. 이러한 실내환경은 공간사용자의 신체적, 정신적, 감성적 요구를 고려하는 동시에 웰빙을 추구함

Interior design encompasses human-centered strategies that may address cultural, demographic, and political influences on society. Interior designers provide resilient, sustainable, adaptive design and construction solutions focusing on the evolution of technology and innovation within the interior environment. Qualified by means of education, experience, and examination, interior designers have a moral and ethical responsibility to protect consumers and occupants through the design of code-compliant, accessible, and inclusive interior environments that address well-being, while considering the complex physical, mental, and emotional needs of people (NCIDQ, 2019).

- 실내디자이너는 다음과 같은 서비스를 제공함
  - 프로젝트 관리(Project Management) : 예산, 계약, 일정, 컨설팅, 직원관리, 자원관리, 일반사무관리 등. 소속된 디자인 분야전문가나 컨설턴트를 고용하고 협업을 하며, 계약과는 별개로 독립적인 관계를 수립함
  - 프로젝트 목표수립 : 고객 및 이해당사자의 프로젝트의 목적과 목표를 이해하고, 문서작성하고 확인하는 작업 수행. 프로젝트와 관련한 결과물, 공간 요구, 예산, 보다 특화되거나 측정이 가능한 결과물에 대한 요구 파악
  - 자료수집 : 실내디자이너는 고객과 이해당사자들로부터 디자인에 대한 요구를 파악하기 위해 설문조사, 집중그룹인터뷰(focus groups), 인터뷰 등의 다양한 연구방법을 통해 디자인안에 대한 계획을 수립함
  - 현재의 상황 분석 : 디자인을 위한 건축물이나 공간의 상황을 파악하고 분석함
  - 개념화 : 디자인에 대한 요구를 파악하고 현재의 상황에 맞추어서 디자인 개념을 수립하고 발전시킴. 개념화 과정에서 디자인 개념을 시각화하거나 기술함
  - 재료, 마감재, 가구 선정 : 건축물의 실내 재료, 마감재, 가구, 설비, 표지판, 창문재료, 비구조체에 해당하는 기타 요소들을 선정함. 이러한 선정은 고객과 사용자의 요구, 프로젝트의 예산, 관리 및 청소의 용이성, 생애주기를 고

려한 기능(lifecycle performance), 지속가능성에 대한 기여도, 환경에의 영향, 설치방법, 관련 법규등을 기초로 결정을 함

– 문서작성 : 실내디자이너는 프로젝트의 고객(client)과 소통하면서 프로젝트의 의도와 목표 등을 명확하게 수립하고 건축허가를 얻을 수 있도록 계약 문서를 작성함. 이때 문서는 디자인 단계별로 작성되며, 기초설계단계에서는 기초설계안을 제공하고 시공을 위한 도면이 필요할 시에는 시공도면을 작성함. 필요한 문서에는 평면도, 부분상세도, 천정도, 마감재 계획, 가구 및 설비계획도, 길찾기와 표지판 계획, 법규관련 계획, 협업을 위한 계획, 입면도, 단면도, 일정표와 비구조적 요소의 상세한 이미지 도면 등이 포함됨. 공사 중 변경이 필요할 때 변경도면도 제공함

– 코디네이션(coordination) : 실내디자이너는 작업들 간에 조율을 하고 작업을 하는 주체들 간의 조율을 주도함. 건축가, 기계설비전문가, 전기설비전문가, 배관전문가, 화재관련 기술자와 디자이너, 음향전문가, 음향-시각 효과, 식사서비스, 지속가능함, 안전, 기술 및 타분야 전문가들의 협업을 위해 조율작업을 함

이러한 코디네이션 작업에는 구체적으로,

- 기계설비, 전기설비, 배관설치, 화재관련 설비, 장식품 등의 스타일과 마감형식, 설치 등을 조율함
- 천정재료와 높이, 실내 파티션(partition)의 높이와 위치를 정하기 위해 조율함
- 음향효과를 위한 실내계획, 시공, 마감재 선정을 조율함
- 예산을 맞추기 위해 시공업자와 긴밀하게 협조함
- **계약이행을 위한 업무 수행** : 프로젝트 의뢰인의 대행자처럼 시공을 위한 입찰을 분석하고, 시공 관리, 시공업체의 지불요청서 검토, 시공도면 검토 및 제출, 현장관찰, 필요한 내용 목록표 작성, 프로젝트 마무리 등의 업무 수행
- **사전 및 사후디자인 서비스** : 제시하는 디자인안이 성공적일 것인가를 평가하는 업무로 거주자 대상 설문조사, 집중그룹 인터뷰(focus groups), 직접 현장방문(walkthroughs), 이해당사자와의 회의 등 다양한 데이터 수집방법을 통해 디자인의 타당성을 진단함. 프로젝트의 목적과 목표에 따라서 사전 및 사후 평가 결과를 문서화하여 보고하기도 함(출처 : https://www.cidq.org/about-cidq)

2) 실내디자이너 자격증

- 우리나라의 실내디자이너 자격증은 현재 한국실내건축가협회(KOSID)에서 주관하며 국가공인 자격증이다.
- 자격시험은 "실내디자이너 자격예비시험"과 "실내디자이너 자격시험"의 두 단계

로 나뉘는데, “실내디자이너 자격예비시험”에 응시할 수 있는 자격은 응시원서 접수 시작일 기준 다음의 각 항의 1과 같다.

- 실내디자인 분야에서 7년 이상의 경력이 있는 자
- 고등학교 졸업 동등 학력 소지자로 실내디자인분야에서 4년 이상의 경력이 있는 자
- 대학의 4년제 또는 5년제 정규과정을 실내디자인분야 전공으로 졸업한 자 또는 졸업예정자
- 2년제 대학의 정규과정을 실내디자인분야 전공으로 졸업하고 실내 디자인 분야에서 2년 이상의 경력이 있는 자
- 3년제 대학의 정규과정을 실내디자인분야 전공으로 졸업하고 실내 디자인 분야에서 1년 이상의 경력이 있는 자
- 2년제 또는 3년제 대학원 정규과정을 실내디자인분야 전공으로 졸업한 자 또는 졸업예정자

(비고) “졸업예정자”라 함은 현재 초·중등교육법 및 고등교육법에 의해 정해진 학년 중 최종 학년에 재학 중인 자를 말한다. 다만, 학점 인정 등에 관한 법률 제7조의 규정에 의하여 106학점 이상을 인정받은 자는 4년제 대학졸업예정자로 본다.

• 이상의 자격으로 예비시험에 응시하고 합격 후에 상기 각 항의 사항에 추가로 실내디자인 분야에서 3년 이상의 경력을 소지한 자는 “실내디자이너 자격시험”에 응시할 수 있다.

〈표 1-9〉 실내디자이너 자격증 시험의 구성

구 분	시간별 교과목	세부내용	시험방법 및 배점	합격기준
실내 디자이너 자격 예비시험	1교시 : 실내계획 100점/40문제	실내디자인이론/공간별계획/유니버설디자인/디자인경영	• 검정 시간 : 4교시 (교시별 각 40분) • 검정 유형: 총 400점 (4과목, 객관식)	과목별 50점 이상이고, 총 60% (400점 만점에 240점) 이상 합격
	2교시 : 실내환경 100점/40문제	인간공학/환경심리행태/실내설비/조명/친환경디자인		
	3교시 : 실내시공 100점/40문제	공정별시공 및 관리/적산/재료, 디테일/시방서(설계도서)		
	4교시 : 실내구조 및 법규 100점/40문제	실내구조/건축관련/소방 및 피난관련/장애인·노약자시설관련		
실내 디자이너 자격시험	실내설계	• 기획영역 : 공간분석/재료계획/개념스케치 • 설계영역 : 평면도/천정도/주요입면	A3 답안지에 프리핸드 또는 제도대 이용하여 작성 • 기획 50점 • 설계 50점	영역별 25점 이상이고, 총 60% 이상 합격

참고 : 실내디자이너 자격시험은 예비시험의 자격에 덧붙여서 3년 이상의 경력이 있어야 응시 가능함
출처 : ksidq.kosid.or.kr/page/page16

- 실내디자이너 자격시험에서 <표 1-9>와 같은 과목으로 평가하며 실내디자이너 자격 예비시험은 총 4과목으로 과목당 객관식 40문제를 출제함. 이때 과목별 50점 이상 총 400점 만점에 240점 이상(60%)을 획득해야 합격이다.
- 실내디자이너 자격시험은 실내설계를 평가하며, 기획영역에는 공간분석, 재료계획, 개념 스케치를 평가하고, 설계영역에는 평면도, 천장도, 주요입면을 평가함. 실내디자이너 자격시험은 영역별 25점 이상이고 총 60% 이상이어야 합격 가능하다.

3) 실내건축디자인의 공통지식체계

- 건축 및 디자인 분야 세계적인 기업에서 언급하는 최근의 디자인 동향으로는 지속가능성(sustainability), 기후변화(climate change)와 기후탄력성, 탄소제로, 인간중심 디자인(user-centered design) 등이 있다.
- 실내건축 또는 실내디자인에서 공통지식체계는 다음과 같으며, 이는 본 교재의 내용구성과도 연관되어 있다.
- 공통지식체계는 크게 실내계획, 실내환경, 실내시공, 실내구조와 법규이며, 이외에 실내설계를 위한 지식과 기술 등이 포함된다.
- 실내디자이너 교육과정을 인증하는 미국의 Council for Interior Design Accreditation(CIDA)에서는 실내건축디자인 교육을 위한 지식체계를 다음과 같이 구분하여 제시한다.
- 이는 실내디자인 교육하는 학과의 인증에 적용되는 기준임. 학과의 운영과 관리에 관한 3개의 기준을 제외하고 교육을 통해 학생들에게 습득시켜야 하는 기준은 다음의 13개가 있음 : 세계적 맥락, 협력, 비즈니스 실습과 전문성, 인간중심 디자인, 디자인 프로세스, 커뮤니케이션, 역사, 디자인 요소와 원리, 조명과 색채, 제품과 재료, 환경시스템과 인간의 웰빙, 시공, 규정과 가이드라인 등을 포괄한다.
- 이러한 기준이 중요한 이유는 다음의 <표 1-10>과 같다.

〈표 1-10〉 실내디자이너 교육을 위한 지식체계 구분

지식체계 구분	의 도	설 명
Global Context 세계적 맥락	Interior designers have a global view and consider social, cultural, economic, and ecological contexts in all aspects of their work.	실내디자이너는 사회적, 경제적, 생태학적 관점에서 업무를 통찰하는 세계적 관점을 갖음
Collaboration 협력	Interior designers collaborate and participate in interdisciplinary teams	실내디자이너는 다학제적인 팀과 협력하고 팀에 참여함

Business Practices and Professionalism 비즈니스 실습과 전문성	Interior designers understand the principles, processes, and responsibilities that define the profession and the value of interior design to society.	실내디자이너는 직업의 전문성을 위한 원리, 과정, 책임감, 사회에 기여하는 가치를 이해해야 함
Human-Centered Design 인간중심 디자인	Interior designers apply knowledge of human experience and behavior to designing the built environment.	실내디자이너는 건조환경을 계획하기 위해, 인간의 경험과 행태에 관한 지식을 적용함
Design process 디자인 프로세스	Interior designers employ all aspects of the design process to creatively solve a design problem.	실내디자이너는 창조적인 디자인안을 만들기 위해 디자인 과정에서 다양한 관점으로 가지고 프로젝트를 봐야함
Communication 커뮤니케이션	Interior designers are effective communicators. oral/written/visual communications	실내디자이너는 oral, written, visual 커뮤니케이션을 효과적으로 할 수 있어야 함
History 역사	Interior designers are knowledgeable about the history of interiors, architecture, decorative arts, and art.	실내디자이너는 실내, 건축, 장식예술, 예술 분야의 역사에 대해 충분한 지식을 갖추어야 함
Design Elements and Principles 디자인 요소와 원리	Interior designers apply elements and principles of design.	실내디자이너는 실내디자인 요소와 원리를 디자인에 적용시켜야 함
Light and Color 조명과 색채	Interior designers apply the principles and theories of light and color effectively in relation to environmental impact and human wellbeing.	실내디자이너는 환경적 영향과 인간의 웰빙을 고려하여, 조명과 효과적인 색채계획의 원리와 이론을 적용할 수 있음
Products and Materials 제품과 재료	Interior designers complete design solutions that integrate furnishings, products, materials, and finishes.	실내디자이너는 가구, 제품, 재료, 마감재 등을 종합하는 디자인 안을 완성해야 함
Environmental Systems and Human Wellbeing 환경시스템과 인간의 웰빙	Interior designers use the principles of acoustics, thermal comfort, indoor air quality, plumbing systems, and waste management in relation to environmental impact and human wellbeing	실내디자이너는 환경으로의 영향과 인간의 웰빙을 고려하여, 음향, 온열쾌적감, 실내공기질, 배관시스템, 쓰레기 관리 등의 원리를 활용함
Construction 시공	Interior designers understand interior construction and its interrelationship with base building construction and systems.	실내디자이너는 실내시공과 그것이 건축물의 시공과 시스템과의 상호관계를 이해함
Regulations and Guidelines 규정과 가이드라인	Interior designers apply laws, codes, standards, and guidelines that impact human experience of interior spaces.	실내디자이너는 실내공간 내에서 사용자의 경험에 영향을 줄 수 있는 법, 규정, 기준, 지침 등을 적용함

출처 : CIDA Standards, 2022.

4) 실내건축가의 윤리규범

실내건축가가 준수해야 하는 윤리규범은 다음과 같다.

- 디자이너는 고객과 다른 사람들에게 고의로 자기 자신을 허위선전하거나, 같은 회사의 다른 사람이 자신이나 회사를 잘못 대변하게 하면 안 됨
- 디자이너는 고객에게 디자이너에 대한 보수지급에 관해 충분히 알려주어야 한다.
- 자재 공급자로부터 어떤 종류의 사례금이나 대가를 요구하면 안 됨
- 고객의 허락 없이 고객의 개인정보를 누설하지 않음
- 업무를 통해 알게 된 기업의 기술적 정보·영업적 기밀을 누설하지 않음
- 다른 디자이너의 명성에 손상이 가는 말을 하지 않음
- 다른 디자이너와 고객 사이에 체결된 계약관계를 방해하면 안 된다. 이미 다른 디자이너와 프로젝트가 진행 중이라면 그 사이에 끼어들지 않음
- 다른 디자이너가 발표한 디자인을 모방·표절하거나 무단 사용하면 안 됨. 디자인에 영감을 주거한 경우에는 반드시 출처를 표기해야 함(내용 출처 : 실내건축연구회(2015), 실내계획, p.317)

5) 디자인 싱킹(Design Thinking)

디자인 싱킹(Design thinking)은 과거의 한방향적이고 수직적 사고방식이 아닌 다양하고 창조적인 사고방식을 강조하는 방식으로 다음과 같은 특징을 가진다.

- 디자인 싱킹은 확산적 사고를 구사함
- 디자인 싱킹 프로세스 중 아이디어 도출 단계에서는 브레인스토밍(brain storming)을 사용함
- 디자인 싱킹은 수직적 사고방식이라기보다는 수평적이며 종합적인 사고방식임
- 디자인 싱킹은 여러 가지 환경과 정보를 취합하여 종합적으로 결론을 내리며 창조적인 해결방안을 강조하는 방식임

1. 실내건축/실내디자인 작업

기출 및 예상 문제

제1장 실내계획
제2장 실내환경
제3장 실내시공
제4장 실내구조 및 법규

01 실내건축가의 윤리강령에 관한 설명 중 맞는 것은? 공인2회

① 디자이너는 고객에게 디자이너에 대한 보수지급에 관해 알려 줄 수 있다.
② 고객의 허락 없이 고객에 대한 개인정보를 공유할 수 있다.
③ 다른 디자이너의 실책은 설명해 주어야 한다.
④ 다른 디자이너와 고객 사이에 이미 체결된 계약관계를 고려할 필요 없이 개입해도 좋다.

02 실내건축가는 자재공급자에게 자재 선정에 따른 사례금을 요구하지 않아야 한다. 이 설명에 알맞은 것은? 공인1회, 공인5회

① 책임의무
② 의무불이행
③ 윤리강령
④ 조정과실

정답 및 해설

01 ①
① 디자이너는 고객에게 디자이너에 대한 보수지급에 관해 충분히 알려주어야 한다.
② 고객에 대한 개인 정보는 고객의 허락이 반드시 필요하다.
③ 다른 디자이너의 명성에 손상이 가는 말을 하지 않는다.
④ 다른 디자이너와 고객 사이에 이미 체결된 계약관계를 방해하면 안 된다.

02 ③
윤리강령이란 직업인의 행동 또는 업무수행과 관련된 옳고 그름에 관한 규정이다. 시행 가능한 기준을 단체나 학교에서 제시할 수도 있지만, 윤리적 행동은 각 디자이너가 고객 · 동료 · 사회, 연계된 전문가들과 거래할 때 자발적으로 우러나야 한다. 윤리 규범 중 하나는 "자재 공급자로부터 어떤 종류의 사례금이나 대가를 요구하면 안 된다."이다.

03 실내건축가로서 갖추어야 하는 여러 가지 지식들 중에서 가장 거리가 먼 것은?

공인1회

① 디자인의 기본적 요소와 이러한 기본 요소들의 이해를 돕는 다양한 대중시각 예술매체에 대한 인식이 필요하다.
② 건축과 환경 사이의 상관관계를 이해하도록 도움을 주는 디자인, 색상, 시각 인지력, 공간구성이론 등에 대한 지식을 갖추는 것이 좋다.
③ 다양한 연령층을 위한 공간설계 및 가구설계와 선택에 대한 모든 지식을 갖춰야 한다.
④ 공공복지, 안전, 건강보호를 위한 디자인에 영향을 미칠 수 있는 법조항, 규약, 규칙, 기준들의 적용에 대하여 교육할 수 있어야 한다.

04 실내건축의 공통지식체계가 아닌 것은?

공인5회

① 시각예술매체에 대한 인식
② 수리학
③ 공간구성이론
④ 직업윤리에 대한 이해

05 21세기 디자인에 있어서 변화한 환경이라고 할 수 없는 것은?

① 지역화
② 정보기술
③ 지식기반경제
④ 네트워크 사회

정답 및 해설

03 ④
실내건축가는 독특한 자질을 가지고 어떤 분야에 대해 고도로 전문화된 능력을 가지면서 공통적으로 다음과 같은 지식을 갖추어야 한다.
- 창조적 디자인의 기초를 이루는 구성과 디자인의 기본적 요소와 이러한 기본 요소의 이해를 돕는 다양한 대중 시각예술 매체에 대한 인식
- 건축환경과 건물 사이의 상관관계를 이해하게 해줄 디자인, 색상, 근접학, 시각인지력, 공간구성이론
- 모든 종류의 주거공간, 다양한 연령층과 사용자의 신체적 특성을 고려한 공간설계, 가구설계와 선택
- 공공복지, 안전, 건강, 노약자와 장애인 보호 등 디자인에 영향을 미칠 수 있는 법 조항, 규약, 규칙, 기준을 적용은 하나 적용에 대해 교육하는 것은 관계가 없다.

04 ②
위에서 언급한 실내건축가의 자질 이외에, 실내건축가는 직업의 역사와 조직, 실내디자인 사업의 영업방식과 유형, 직업윤리의 이해에 관한 지식이 있어야 한다.
④ 직업의 역사와 조직, 실내디자인 사업의 영업방식과 유형, 직업윤리의 이해

05 ①
① 21세기 디자인에 있어서 변화한 환경은 세계화, 정보기술, 지식기반 경제, 네트워크 사회이다.

06 최근의 실내건축/디자인 경향이라고 할 수 없는 것은?

① 인간중심 디자인
② 자연을 모티브로 한 디자인
③ 환경을 고려한 디자인
④ 신축 중심 디자인

07 미국의 National Council for Interior Design Qualification(NCIDQ)에서 정의하는 실내디자인의 내용이 아닌 것은?

① 실내디자인은 인간의 건강과 복지에 기여한다.
② 실내디자인이 순수예술과 다른 점은 법과 규칙을 따라야 한다는 점이다.
③ 디자인은 인간중심의 디자인이어야 한다.
④ 실내디자인은 법과 규범을 뛰어넘어 디자이너의 창의력을 아낌없이 발휘할 수 있어야 한다.

08 미국의 National Council for Interior Design Qualification(NCIDQ)에서 정의하는 실내디자이너의 작업내용으로 잘못된 설명은?

① 실내디자이너는 디자인 프로젝트 관리를 한다.
② 실내디자이너는 마감재 및 재료를 선택한다.
③ 실내디자이너는 디자인 프로젝트 계약에는 관여하지 않는다.
④ 실내디자이너는 현장답사 및 실측을 한다.

정답 및 해설

06 ④
④ 지구환경 보존과 에너지 절감을 위해 신축을 위한 Greenfield의 개발보다는 기존의 건물을 리모델링하고 재개발하는 디자인이 최근의 경향이다.

07 ④
④ 실내디자인이 순수예술과 다른 점은 건축법과 실내디자인 관련 법을 근거로 공간사용자 중심의 디자인을 제안해야 하므로, 디자이너의 창의성이 이러한 한계를 인지하면서 발휘되어야 한다.

08 ③
미국의 실내디자이너 자격증을 주관하는 NCIDQ에 따르면 실내디자이너는 프로젝트 관리, 문서관리, 계약관리, 공간계획, 마감재 및 재료 선택, 현장 답사 및 실측, 전체 코디네이션, 사전 사후 디자인 관리 등을 한다.

09 미국의 Council for Interior Design Accreditation(CIDA)에서 실내건축디자인 교육을 위한 지식체계로 제시하는 항목이 아닌 것은?

① 세계적 맥락에 대한 지식
② 협력에 대한 이해 및 실천
③ 직관적인 색채와 제품계획
④ 디자인을 위한 규정과 가이드라인 존중

10 디자인 싱킹(Thinking)을 설명하는 내용이 아닌 것은?

① 연역적 사고 또는 귀납적 사고를 강조하는 수직적 사고이다.
② 기존의 패턴을 벗어나 재구성하는 사고방식이다.
③ 비선형적 사고나 방사적 사고방식이다.
④ 창의적인 문제해결을 강조한다.

11 과거의 일방향적인 사고방식이 아닌 다양하고 창조적인 사고방식을 강조하는 디자인 싱킹(design thinking)의 특징으로 타당하지 않은 것은?

① 디자인 싱킹은 확산적 사고를 구사한다.
② 디자인 싱킹 프로세스 중 아이디어 도출 단계에서는 브레인스토밍(brain storming)을 사용한다.
③ 디자인 싱킹은 효율적인 수직적 사고방식이다.
④ 디자인 싱킹은 귀추적 방식이다.

정답 및 해설

09 ③
본문의 〈표 1-10〉 실내디자이너 교육을 위한 지식체계 구분 참조
③ 실내디자이너는 환경적 영향과 인간의 웰빙을 고려하여 색채와 마감재 등의 제품을 계획해야 한다.

10 ①
디자이너가 아이디어와 조형적 특성을 창출할 때 조건이나 제약 등에 너무 구애받지 않고 시각적으로 생각한다는 데서 유리됨. 하버드 디자인 대학원장을 역임한 피터 로위(Peter Rowe)는 "Design Thinking"이라는 책에서 건축과 도시계획에서 문제해결은 디자이너처럼 창의적인 생각해야 한다고 하였다. 디자인 싱킹은 수직적이지 않고 수평적이며 귀납이나 연역적 방법이 아닌 귀추적 방법을 쓰면서 다각적으로 해결방안을 모색한다.

11 ③
③ 디자인 싱킹은 기존의 귀납적 사고나 연역적 사고의 유형인 수직적 사고방식을 탈피하여 귀추적 사고방식을 가진다. 이는 여러 가지 환경과 정보를 취합하여 종합적으로 결론을 내리며 창조적인 해결방안을 강조하는 방식이다.

12 실내디자이너가 갖추어야 하는 지식체계에 관한 설명이 잘못된 것은?

① 실내디자이너는 환경적 영향과 인간의 웰빙을 고려하여, 조명과 효과적인 색채계획의 원리와 이론을 적용할 수 있어야 함
② 실내디자이너는 실내, 건축, 장식예술, 예술 분야의 역사에 대해 충분한 지식을 갖추어야 함
③ 실내디자이너는 실내디자인 요소와 원리를 디자인에 적용시켜야 함
④ 실내디자이너는 독립적인 전문가로써 다학제적인 작업은 거의 하지 않음

13 실내디자이너가 하는 작업에 관하여 틀리게 설명한 것은?

① 기계설비, 전기설비, 배관설치, 화재관련 설비, 장식품 등의 스타일과 마감형식, 설치 등을 조율함
② 예산을 맞추기 위해 시공업자와 긴밀하게 협조함
③ 시공을 위한 입찰을 분석하고, 시공 관리 및 시공업체의 지불요청서 검토를 전문가에게 의뢰
④ 디자인의 효과를 보기 위해 거주 후 평가 서비스를 제공함

정답 및 해설

12 ④
③ 실내디자이너는 전문가이면서 동시에 다른 전문가들과 협력을 통해 다학제적인 측면에서 협력하고 다양한 프로젝트에 참여한다.

13 ③
③ 프로젝트 의뢰인의 대행자처럼 시공을 위한 입찰을 분석하고, 시공 관리, 시공업체의 지불요청서 검토, 시공도면 검토 및 제출, 현장 관찰, 필요한 내용 목록표 작성, 프로젝트 마무리 등의 업무 수행

2 실내건축디자인회사

1) 실내건축디자인 회사의 특징

- 실내디자인 회사는 과거에는 소수의 실내디자이너들이 주축이 된 소규모의 회사들이 다수 있었으나, 현재에는 200여 명의 실내디자이너들이 함께 근무하는 대규모 디자인 회사들이 많아짐. 실내디자인뿐 아니라 건축 및 도시설계를 함께 하는 회사들이 성장하면서 대규모의 실내 및 건축디자인 회사는 전 세계의 디자인 트랜드를 이끌고 있다.
- 실내건축디자인 회사는 설계 뿐 아니라 브랜딩 서비스까지 제공하는 경우도 다수 있다.

2) 대표기업 사례

- 전 세계의 실내디자인회사의 랭킹을 살펴보면, 2022년 현재 세계에서 탑 10에 드는 실내건축디자인기업은 겐슬러, 제이콥스, 에이콤, 퍼킨스 앤 윌, 넬슨, 에이치오케이, 골드 마티스, 아이 에이 실내건축, 에이치 비에이, 캐논 디자인 등이다. 각 회사별 본사위치, 웹사이트 주소, 디자인 비용, 기업 가치 등은 다음의 <표 1-11>과 같다.

〈표 1-11〉 전 세계 탑 10 실내디자인회사

순위	기업명	본사 위치	웹사이트	Design fee (in millions)	가치(in Millions)
1	Gensler	San Francisco, CA	gensler.com	$565.40	NR
2	Jacobs	Dallas, TX	jacobs.com	$213.60	$5,341.00
3	AECOM	Los Angeles, CA	aecom.com	$209.50	$8,057.70
4	Perkins+Will	Chicago, IL	perkinswill.com	$198.00	$6,500.00
5	NELSON Worldwide	Minneapolis, MN	nelsonworldwide.com	$167.10	NR
6	HOK	St. Louis, MO	hok.com	$150.00	$4,911.00
7	Gold Mantis	Suzhou City, China	goldmantis.com	$149.70	$2,994.00
8	IA Interior Architects	San Francisco, CA	interiorarchitects.com	$136.90	$2,976.00
9	Hirsch Bedner Associates (HBA)	Santa Monica, CA	hba.com	$112.00	$6,975.00
10	CannonDesign	New York City, NY	cannondesign.com	$101.00	NR

출처 : https://interiordesign.net/research/giants-2021/

- 미국의 실내디자인회사를 대상으로 매년 이러한 순위를 산출하며, 겐슬러는 부동의 1위를 차지하고 있다.
- 겐슬러의 2022년 주요 디자인 이슈는 지속가능성(sustainability)이며 기후변화에 대응하는 탄력적인 디자인(resilient design)에 최근 초점을 두고 있다. 이는 특히 공간사용자의 경험을 극대화시킴으로써 환경과 건강에 대한 관심도 강조하고 있다. 이러한 탄력적인 디자인은 실내, 건축물, 도시 환경에서도 모두 다루어야 하는 디자인 이슈로 강조하고 있다.(출처 : https:// www.gensler.com/publications/design-forecast/2022)
- 제이콥스의 2022년 주요 디자인 이슈는 지속가능한 건물계획, 설계, 시공을 위해 다학제적인 접근으로 서로간의 협력을 강조한다. 이 회사는 건축설계를 비중 있게 하며 실내건축디자인 프로젝트도 많이 진행하는 것으로 파악된다. 따라서 다학제적인 접근으로 보다 유용하고 혁신적이며 창조적인 디자인안을 도출하고자 한다.(출처 : https://www.jacobs.com/delivery/architecture)
- 3위인 에이콤의 2022년 주요 디자인 이슈는 지속가능한 디자인안(sustainable solutions)을 도출하는 것이며, 이 회사의 경우에는 실내공간에서부터 교통계획까지를 포괄한다. 실내건축디자인에 있어서는 다음과 같은 내용을 강조한다.

We strive to be trusted advisors, bringing forward the right intellectual capital and resources to successfully build new facilities, improve existing ones and create environments that support the culture and goals of each organization. Our design philosophy is based on balance. From the outset of the project, we structure our project teams to integrate design, management and technical professionals. These team members are assigned to the project on Day One and remain on the project until it is completed. Each team member, while focused on certain aspects of the project to expedite design and production, maintains overall responsibility for the entire project.
(출처 : https://aecom.com/services/architecture-design/interior-architecture/)

3) 주요업무

- 이러한 실내디자인회사는 규모에 관계없이 다음의 업무를 주요 업무로 삼는다. 크게 사업계획, 법적책임, 조직관리, 디자인 관리 등의 업무가 있으며, 이에 대한 자세한 내용은 실내건축연구회(2015), 실내계획, 318쪽에서 329쪽의 내용 참조 가능하다.

(1) 사업계획 : 사업계획서 작성, 사업계획 조사 등의 내용 참조

- 사업계획서의 내용은 실내건축연구회(2015), 실내계획, 319쪽의 내용과 같다.

사업계획서는 다음과 같은 부분으로 이루어짐
- 사업요강 : 회사 소유주, 회사 유형, 제공 서비스, 전문분야의 알림
- 시장조사 : 잠재고객 수, 경쟁사에 대한 서술, 동종 회사의 현재 판매고, 회사의 성공 여부에 관계하는 산업적 · 지역적 경향 설명
- 마케팅계획 : 공략시장의 상술, 제공서비스의 상술, 서비스 가격책정, 광고, 판촉활동
- 운영계획 : 조직구조, 직원고용과 직업특성 서술, 장부기록과 관리 결정, 직원 특혜분석, 공급업자, 시공업자, 하도업자, 컨설턴트와 거래계획, 고객과의 관계의 틀, 직원의 업무계획
- 재정계획 : 설립자본 및 첫해 예산계획, 자금의 사용방도, 손익분기점 이상의 추가수입 산정, 원단위 손익보고서 제시, 사용할 회계방식, 시작손익계산서 제시, 회사 유형에 따른 부가정보 제시

(출처 : 실내건축연구회(2015), 실내계획, p.319)

(2) 법적책임

- 실내건축가는 다음과 같은 법적 책임을 이행해야 한다.

(1) 불법행위(tort)

불법행위란 어떤 사람이 저지른 비행으로 간주되는 행위가 다른 사람에게 해를 끼치는 것임

① 실내건축가의 일반적인 불법행위
- 업무태만(negligence) : 자신의 디자인과 관련된 책임을 이행하지 못하는 것. 적절한 주의를 기울이지 않아 다른 사람에게 재산상의 피해를 주거나 재해를 입히는 경우를 의미함
- 책임의무 : 고객은 물론 자신의 디자인을 체험하게 될 불특정 다수인 공공에 대한 책임의무를 의미함. 프로젝트의 기능적 해결과 법적 요구에 적당한 디자인의 제시와 용도에 맞는 적절한 재료와 제품을 선정하는 것이 모두 포함됨. 또한, 시공감리 시 발생하는 하자를 간과하면 안 됨. 시공상의 문제점을 파악했을 때 그 작업을 정지하고 재수정할 책임이 있으며, 디자인 결함으로 발생할 수 있는 위험을 미연에 방지할 의무도 있음

- 의무 불이행 : 계약조건을 이행하지 못하는 것을 의미함. 전문가로서 적합하지 않은 행동을 하는 경우에 발생함. 가령, 고의적으로 잘못된 마감재 선정, 가구 선정, 잘못된 작업을 알고도 중단하지 않은 행위 등이 포함됨
- 원인 제공 : 불법행위 발생 시 이에 대한 원인을 제공하거나, 어떤 행위와 피해와의 관계가 명확한 경우 원인제공이라고 간주할 수 있음

② 손해

업무태만이라는 불법행위는 원고가 입는 손실, 피해, 부당, 침해 등이 법적으로 인정될 때 일어남. 손해에 대해서 원고는 보상을 받을 수 있음. 불법행위의 소송에서 원고는 피고로부터 피해액에 대한 보상을 바라는 것이 일반적임

(출처 : 실내건축연구회(2015), 실내계획, p.319)

(3) 조직관리

- 인사관리를 의미하며, 소규모의 사무소에서는 사무소를 대표하는 소장이나 대표가 디자인을 위한 마케팅, 감독, 홍보, 관리 등 다양한 역할을 수행한다. 대규모의 회사에서는 조직화된 체계를 기초로 각 분야에서 담당업무를 전문적으로 수행함. 회사의 규모에 따라 업무가 다양한 형태로 나뉘어서 하나의 프로젝트가 진행될 수도 있다.

(4) 디자인관리 및 경영

- 디자인 관리는 회사가 추구하는 디자인 전략과 방향을 기본으로 차별화된 디자인안을 도출할 수 있다. 디자인 전략은 최근의 디자인 이슈를 기초로 수립되며, 많은 디자인 회사에서 최근에 추구하는 디자인안은 지속가능성(sustainability), 인간중심 디자인, 공간사용자 건강과 웰빙, 테크놀러지의 활용 등으로 파악되고 있다.
- 차별화된 디자인 전략과 고객의 요구를 반영하고, 시장의 상황을 고려한 디자인안이 추구되어야 한다. 이를 위해, 디자인 관리에서 나아가 디자인 경영을 추구하는 회사들이 많다.
- 디자인 경영은 1980년대부터 혁신경영, 2001년에는 창조경영이 대세를 이루었으며, 특히 창조경영은 2001년경부터 전 세계 디자인 경영을 주도한 애플의 스티브 잡스가 내세운 경영을 의미한다(조동성, 2012). Creativity(창조)와 Innovation(혁신)을 두 개의 키워드로 삼고 스티브 잡스는 애플을 다시금 전 세계 최고의 기업으로 올려놓게 되었다.

- 이후에 테크놀러지의 발전, 4차 산업혁명의 대두로 인하여 “소프트 경영”이 하나의 키워드로 나타나게 되었다(조동성, 2012). 이는 정보화, 지식화, 디지털화 등이 주요한 키워드이며, 서비스를 중시하는 디자인 경영 형태이다. 정보기술의 발달은 디지털시대를 열었고, 현재는 테크놀러지를 떼어놓고는 우리의 일상을 말하기 힘든 사회에 살고 있음. 소프트 경영은 디자인 분야에서도 소프트웨어, 레저, 미디어, 유통 등과 연계한 사업의 발전에 기여한다. 이는 우리나라의 현상이 아니라 국제적인 현상이므로 향후에도 지속될 것으로 예상된다.

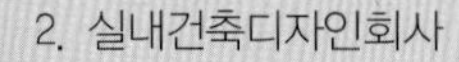

기출 및 예상 문제

01 이 경영방식은 기업 구성원 모두가 비전과 이념으로 무장한 다음 각자의 역할을 능동적으로 수행할 수 있어야 한다. 상급자의 지시나 명령에 따라 수동적으로 움직이는 것이 아니라 자율적이고 능동적으로 문제를 해결해 나가도록 하는 방식이다. 이것은 다음의 어떤 경영방식의 특성일까?

① 문화경영 ② 혁신경영
③ 창조경영 ④ 소프트경영

02 다음에서 건축 및 디자인 분야 세계적인 기업에서 언급하는 최근의 디자인 동향이 아닌 것은?

① 지속가능성(sustainability)
② 기후변화(climate change)
③ 인간중심 디자인(user-centered design)
④ 이윤추구 경영(profit-oriented management)

정답 및 해설

01 ①

② 혁신경영 : 혁신경영을 받아들이는 기업은 저효율성을 제거하고 미래환경 변화를 사전에 대비함으로써 변화에 신속하고 유연하게 대응하는 능력을 강화해야 한다.
③ 창조경영 : 애플의 최고 경영자인 스티브잡스의 경영방식으로 미래를 향해 나서며 자연스러운 해경방안이 아닌 창조적인 해결방안을 찾는다.
④ 소프트 경영 : 정보화, 지식화, 디지털화에 발맞추어 정보기술을 중시하는 경영하는 경영방식이다. 최근에 전 세계가 소프트화 시대로 전환되면서 소프트 경쟁력을 추구하고 있다.

02 ④

최근의 디자인 분야의 경영은 보다 사용자 중심의 디자인을 모색하고, 지구환경을 고려하는 지속가능성(sustainability)과 기후변화를 고려한다. 이윤추구 경영에서 보다 나아가 소비자와 사용자 중심의 경영을 모색하고 있다.

03 실내건축가의 일반적인 불법행위에 해당하지 않은 것은? 공인2회

① 업무태만 ② 책임의무 불이행
③ 계약 불이행 ④ 부당대우

04 '업무태만'을 입증하기 위한 피해자의 증명조건으로 부족한 것은? 공인2회

① 피고가 원고에게 의무(정당한 책임)를 지니고 있어야 한다.
② 고의든 아니든 그 의무의 불이행이 있어야 한다.
③ 그 행위가 손해를 초래했다는 증거가 있어야 한다.
④ 고객과 사전에 동의된 일로 사람 또는 재산에 피해가 있어야 한다.

05 업무태만에 대한 변호원칙으로 고객의 '사전동의' 등 양쪽 모두의 태만으로 과실이 발생하였음을 입증함으로써 면제받을 수 있는 것은? 공인2회

① 이행보증 ② 조정과실
③ 원인제공 ④ 부당대우

06 저스틴 스위트(Justine Sweet)의 《건축공학과 시공과정의 법적측면(Legal Aspects of Architecture and the Construction Process)》에 등장하는 직업상 업무태만의 예에 해당하지 않는 것은? 공인2회

① 잠재위험을 고객에게 알리지 않은 것
② 추가 업무를 유발하는 모호한 스케치 도면
③ 고객의 예산을 지나치게 초과하는 디자인을 하는 것
④ 특이한 재료를 사용하는 것

정답 및 해설

03 ④
불법행위라는 말에 주의를 해야 하며, 업무태만, 책임의무 불이행, 계약 불이행 등이 실내건축가의 일반적인 불법행위에 해당된다. 부당대우는 윤리적인 책임에 해당된다.

04 ④
고객의 사전동의 등 양쪽 모두의 태만으로 과실이 발생하였음을 입증함으로써 면제받을 수 있는 것이 바로 조정과실이다. 만약 업무태만으로 발생한 피해가 조정과실로 입증된다면 손해 정도와 관계없이 원고는 보상을 받을 수 없다. 즉, 사전에 동의된 일로 초래된 피해는 업무태만을 입증할 수 없다.

05 ②
업무태만에 대한 변호원칙은 위험(risk)과 조정과실(contributory negligence)이라는 가정이 있다. 만약 고객이 위험이 내포되어 있다는 것을 알면서도 위험한 상황을 택했다면 손해가 발생해도 보상받을 수 없다. 고객의 '사전동의' 등 양쪽 모두의 태만으로 과실이 발생하였음을 입증함으로써 면제받을 수 있는 것이 조정과실이다. 업무태만으로 발생한 피해가 있음을 입증함으로써 면제받을 수 있는 것이 조정과실이다. 업무태만으로 발생한 피해가 조정과실로 입증되면 그 손해 정도에 상관없이 원고는 보상받을 수 없다.

07 실내건축 사업계획서 작성 시 필요한 요강이 아닌 것은? 공인1회

① 시장조사
② 디자인계획
③ 운영계획
④ 재정계획

08 〈보기〉의 내용과 관련이 깊은 것은? 제2회

- 어떤 시장을 공략할 것인가?
- 어떤 서비스를 제공할 것인가?
- 어떤 광고와 판촉이 효과적인가
- 서비스와 제품의 가격은 어떻게 책정할 것인가?

① 운영계획
② 예산계획
③ 마케팅 계획
④ 시장조사계획

정답 및 해설

06 ④
직업상 업무태만의 예는 다음과 같다.
- 추가 업무를 유발하는 모호한 스케치 도면
- 고객의 예산을 지나치게 초과하여 디자인하는 것
- 건축물의 법규에 지정되지 않는 재료의 지정
- 인체공학을 무시한 가구를 디자인하는 것
- 자문을 찾아 상담하지 않은 것

07 ②
사업계획서는 다음과 같은 부분으로 이루어진다. 각 부분에서 작성해야 할 구체적인 내용을 정리하면 다음과 같다.
① 시장조사 : 잠재고객 수, 경쟁사에 대한 서술, 동종 회사의 현재 판매고, 회사의 성공 여부에 관계하는 산업적 · 지역적 경향 설명
③ 운영계획 : 조직구조, 직원고용과 직업특성 서술, 장부기록과 관리 결정, 직원 특혜 분석, 공급업자, 시공업자, 하도업자, 컨설턴트와 거래계획, 고객과의 관계의 틀, 직원의 업무계획
④ 재정계획 : 설립자본 및 첫해 예산계획, 자금의 사용방도, 손익분기점 이상의 추가 수입 산정, 원단위 손익보고서 제시, 사용할 회계방식, 시작손익계산서 제시, 회사 유형에 따른 부가정보 제시
- 선지에 나와 있지 않은 다른 한 가지는 사업요강이다.
  사업요강 : 회사 소유주, 회사 유형, 제공 서비스, 전문분야의 알림

08 ③
① 운영계획 : 조직구조, 직원고용과 직업특성 서술, 장부기록과 관리 결정, 직원 특혜 분석, 공급업자, 시공업자, 하도업자, 컨설턴트와 거래계획, 고객과의 관계의 틀, 직원의 업무계획
② 재정계획 : 설립자본 및 첫해 예산계획, 자금의 사용방도, 손익분기점 이상의 추가 수입 산정, 원단위 손익보고서 제시, 사용할 회계방식, 시작손익계산서 제시, 회사 유형에 따른 부가정보 제시
③ 마케팅계획 : 공략시장의 상술, 제공서비스의 상술, 서비스 가격책정, 광고, 판촉활동
④ 시장조사 : 잠재고객 수, 경쟁사에 대한 서술, 동종 회사의 현재 판매고, 회사의 성공 여부에 관계하는 산업적 · 지역적 경향 설명

09 실내건축 사업계획서 작성 시 필요한 요강이 아닌 것은? 공인5회

① 시장조사
② 디자인계획
③ 운영계획
④ 재정계획

10 '업무수행평가' 시 주의해야 할 오류 중 모든 직원을 보통 또는 우수 등급으로 평가하는 것을 말하며 누구에게도 동기부여는 거의 되지 않는 오류를 낳는 것은? 공인5회

① 후광효과(Halo Effect)
② 적당히 평가하게 되는 실수(Central Tendency Mistake)
③ 톱니바퀴효과(Rachet Effect)
④ 중앙심사평가(Central Evaluation)

정답 및 해설

09 ②

디자인 계획은 프로젝트가 정해지면 필요한 계획이다. 사업계획서는 다음과 같은 부분으로 이루어진다. 각 부분에서 작성해야 할 구체적인 내용을 정리하면 다음과 같다.

① 시장조사 : 잠재고객 수, 경쟁사에 대한 서술, 동종 회사의 현재 판매고, 회사의 성공 여부에 관계하는 산업적·지역적 경향 설명
③ 운영계획 : 조직구조, 직원고용과 직업특성 서술, 장부기록과 관리 결정, 직원 특혜 분석, 공급업자, 시공업자, 하도업자, 컨설턴트와 거래계획, 고객과의 관계의 틀, 직원의 업무계획
④ 재정계획 : 설립자본 및 첫해 예산계획, 자금의 사용방도, 손익분기점 이상의 추가 수입 산정, 원단위 손익보고서 제시, 사용할 회계방식, 시작손익계산서 제시, 회사 유형에 따른 부가정보 제시

이외의 사업 계획서의 필요한 내용은 다음과 같다.

- 사업요강 : 회사 소유주, 회사 유형, 제공 서비스, 전문분야의 알림
- 마케팅계획 : 공략시장의 상술, 제공서비스의 상술, 서비스 가격책정, 광고, 판촉 활동

10 ②

① 후광효과 : 어떤 사물이나 사람을 평가함에 있어 부분적인 속성에서 받은 인상 때문에 다른 측면에서의 평가나 전체적인 평가가 영향을 받는 부적절한 일반화의 경향을 의미한다.
② 적당히 평가하게 되는 실수 : 모든 직원을 보통 또는 우수 등급으로 적당히 평가하게 되면 동기부여가 없고 대충 일을 해도 그 정도 평가를 받을 수 있다는 인식을 주게 되어서 능률성이 떨어진다.
③ 톱니바퀴효과(rachet effect) : 경제학자인 Duesenberry가 정의한 내용으로 경제주체들의 특이한 행태를 표현하면서 사용한 용어이고 사람들이 소득이 증가할 때는 소비를 늘리지만, 반대로 소득이 감소하는 경우가 발생할 때 소비를 쉽게 줄이지 못한다는 의미이다.

11 디자인 리더와 디자인 경영자는 각기 다른 특성을 가지고 있다. 다음 중 디자인 경영자가 갖추어야 할 특성으로 옳은 것은? 공인4회

① 기발한 착상과 가시적인 해결안 모색
② 이윤의 극대화를 위한 분석적 사고
③ 비선형적이며 종합적인 사고
④ 독창적, 심미적 디자인 창작위주

12 전 세계 건축 및 실내건축 디자인 시장을 이끄는 세계적인 건축 및 실내디자인 회사가 아닌 것은 다음 중 어느 회사인가?

① 겐슬러(Gensler)
② 퍼킨스 앤 윌(Perkins & Will)
③ HOK
④ 구글

13 21세기 디자인 회사들은 차별화된 디자인 전략을 세우고 고객의 요구를 반영하고, 시장의 상황을 고려한 디자인안을 추구해 왔다. 이를 위해 디자인 관리에서 나아가 디자인 경영을 추구하는 회사들이 많다. 이러한 방식은 1980년대부터는 혁신경영, 2021년경부터는 (　　)이 대세를 이루었으며, 특히 이 방식은 애플의 스티브 잡스가 내세운 경영을 의미하기도 한다. 이는 무엇인가?

① 문화경영　② 디지털 경영
③ 창조경영　④ 미래경영

정답 및 해설

11 ②
디자인 리더와 디자인 경영자는 성공적인 디자인 경영을 위해 회사의 이윤을 극대화하기 위한 분석적 사고를 가져야 한다. 기발하고, 독창적이며 심미적 디자인이라도 회사의 이윤과 대치된다면 문제가 될 수 있다. 비선형적이며 종합적인 사고는 디자이너가 갖추어야 할 특성이다.

12 ④
④ 전 세계적으로 Top 10에 들어가는 건축 및 실내디자인 회사는 다음과 같다.
https://interiordesign.net/research/giants-2021/
구글은 세계적인 기업이지만, 건축 및 실내디자인분야의 탑 회사에는 포함되지 않는다.

13 ③
창조경영은 2001년경부터 전 세계 디자인 경영을 주도한 애플의 스티브 잡스가 내세운 경영을 의미하며, Creativity(창조)와 Innovation(혁신)을 두 개의 키워드로 삼고 애플을 다시금 전 세계 최고의 기업으로 올려놓게 되었다.

14 4차 산업혁명의 대두로 인하여 나타난 경영방식으로, 정보화, 지식화, 디지털화 등이 주요한 키워드이며, 서비스를 중시하는 디자인 경영형태는 무엇인가?

① 소프트 경영　　② 문화경영
③ 창조경영　　④ 혁신경영

정답 및 해설

14 ①

① 소프트 경영은 정보화, 지식화, 디지털화 등이 주요한 키워드이며, 서비스를 중시하는 디자인 경영 형태이다.
② 문화경영 : 회사의 구성원뿐 아니라 구성원이 이루는 문화를 이해하고 경영하고자 한다.
③ 창조경영 : 창조경영은 2001년경부터 전 세계 디자인 경영을 주도한 애플의 스티브잡스가 내세운 경영을 의미하며, 창조와 혁신을 두 개의 키워드로 삼는 경영방식이다.

3 실내건축디자인 회사의 운영 및 관리

1) 재무관리

재무관리는 회사의 입출금을 관리하고 전체적인 사업의 규모를 설정할 수 있어서 매우 중요하다. 외부의 회계사와 같은 전문가의 서비스를 이용하여 보다 정확한 재무관리를 하지만, 회사의 운영자는 재무관리에 관한 정확한 이해가 있어야 한다.

재무관련 용어에 관하여 살펴보면 다음과 같다(내용 출처 : 실내건축연구회(2015), 실내계획, pp.330-332).

① 재무상태표

재정상태보고서라고도 하며, 한 회사의 어느 특정시기의 자산과 자본을 토대로 재정상태를 보여준다.

- 총 자산은 총 자본이라고도 함
- 자산은 부채와 자기자본의 합임(부채(타인 자본)+자기자본(소유자 자본))
- 자기자본은 자사에서 부채를 뺀 것임(자산−부채=자기자본)

② 자산(asset)

회사가 소유하거나 관리하는 유무형의 자원

- **유동자산**(current assets) : 1년 안에 정상적으로 현금으로 전환할 수 있는 자원
- **고정자산**(fixed assets) : 장기간 소유하는 소유지, 플랜트, 설비 등의 자원
- **기타자산** : 비교적 중요도가 낮은 특허권, 저작권, 유가증권 등의 자원

③ 자본(equities)

자본은 그 자본의 출처에 따라 부채(타인자본)와 자기자본으로 구분된다. 자기자본을 의미하는 자본은 소유주의 지분으로 회사의 총 자산에서 총 부채를 차감한 잔여분이다.

④ 부채(liabilities)

회사가 제3자로부터 빚진 자금으로 타인자본을 의미한다.

⑤ 기타 재정과 관련된 용어

- **미지급금**(accrued expense) : 일정 기간 타인에게 진 빚, 미지불된 비용, 급여, 임차료, 수도광열비 등이 포함됨
- **감가상각비**(depreciation) : 자본설비는 제한된 사용수명이 있다는 개념에서 출발한 것으로 시간이 지나면서 감소하는 가치에 대한 고려가 필요함
- **예수금**(deferred revenues) : 미리 받아두는 금액을 의미함. 아직 제공되지 않은 용

역이나 매매거래에서 발생하는 수입을 의미함. 고객이 디자이너에게 지불하는 의뢰금, 착수금, 계약금 등이 예수금에 속함

- **미지급 세금, 예정납세**(taxes payable) : 기업 등이 지불해야 하는 세금이 결정되었으나 아직 납부하지 않은 세금을 의미함
- **단기차입금**(current portion of long-term debt) : 단기는 1년 이내를 의미하며, 기업이 차입한 후 1년 이내에 상환해야 하는 금액을 의미함
- **자기자본**(owner's equity) : 회사의 소유자가 출자한 자본을 의미

(이상 내용의 출처는 실내건축연구회(2015), 실내계획, pp.330-333)

2) 포괄손익계산서

한 달, 1/4분기, 반기, 또는 1년을 기간으로 설정하고 그 기간 내 회사의 모든 수입과 지출에 관한 공식적인 보고서로 회사의 순수입과 손실을 나타낸다.

① 매출(sales)

디자인 회사가 영업을 통해 상품을 판매하거나 서비스를 제공하고 받는 대가를 통해 달성하는 수익을 의미한다. 설계를 하는 회사는 설계비, 제품을 만드는 회사는 판매액, 두 가지를 모두 하는 디자인 회사는 이러한 판매와 서비스를 통해 취득한 수익을 모두 합한 금액을 의미한다.

② 비용(expense)

디자인 회사가 수익을 얻기 위하여 소비한 상품 또는 서비스를 지불하기 위해 사용된 금액을 의미한다.

③ 순이익(net income)

순이익은 회사가 매출을 통해 얻은 수익에서 비용을 차감한 잔액을 의미한다.

순이익 = 수익 - 비용

④ 매출원가

회사에서 어떠한 매상을 올리기 위해 이미 사용한 비용을 의미한다. 설계비의 경우에는 용역을 따기 위한 작업을 수행하는데 든 비용이 매출원가가 된다. 또한, 디자인 회사에서 제품을 만들기 위해 디자인 작업을 하고 계획서를 작성하는데 든 직접노동에 대한 비용 등이 매출원가에 해당된다.

⑤ 간접비(overhead expense)

간접비는 직접비와 구분되는 용어로, 일반적으로 관리비로 이해되는데, 가령 디자이너들이 프로젝트를 따기 위해 필요한 문서작성 및 행정업무를 하는 인력에게

지불되는 급여, 프로젝트를 수행하기 위해 사용하는 공간의 관리비 등 급여항목 중 "비수입 창출활동"이라고 하는 부분에 대해 지불하는 지출액을 포함한다. "비수입 창출활동이라 함은 프로젝트와 관련하여 쉽게 액수를 매길 수 없는 활동"을 의미하며 이에 대한 지출액이 간접비에 포함된다(출처 : 실내건축연구회(2015), 실내계획, p.332).

2) 디자인 보수결정

디자인 보수산출 방법에는 시간 요금제, 균일요금제, 평당요금제, 가치근거제 등이 있다((내용 출처 : 실내건축연구회(2015), 실내계획, pp.336-337).

① 시간요금제(실비정산 보수)

디자인 프로젝트에 소요되는 시간을 실제로 추정하고 예상되는 비용에 대해 회사에서 책정해 놓은 "직접 개인당 비용(direct personnel expense, DPE)" 또는 설계 보수요율에 기초하여 청구하는 방법이다. 이를 위해서는 정확하게 서비스를 제공하는 시간, 작업의 지연이나 초과작업의 원인이 디자인회사가 아닌 고객에게 있을 경우, 추가요금이 청구된다는 것을 명시해야 한다.

② 균일요금제

들이는 시간에 상관없이 총액을 정해두고 요금을 산정하는 방법이다. 이 방법은 프로젝트를 하기 위해 투입되는 인력에 대한 급여와 일반비용 및 기타 비용 등에 대해 완벽하게 파악하고 있을 때 산정하는 방법으로, 다양한 프로젝트 경험을 통해 요금산정에 대해 타당한 근거가 다수 마련되어 있는 경우에 사용하는 것이 좋다. 그렇지 않으면, 프로젝트를 하는 중에 예상치 못한 일이 발생할 경우에 대한 비용이 산정되어 있지 않아서, 실제로 그러한 일이 발생할 경우, 경험이 없는 회사의 경우에는 손해를 볼 수도 있다.

③ 평당요금제

프로젝트 진행시 평당 요금비율을 전체 프로젝트의 면적에 곱해서 요금을 산출하는 방법이다. 평당요금를 산정하는 기준은 기존의 경험에서 오는 경우가 많으므로, 특정 분야의 프로젝트에 경험이 많은 경우에는 이 방법이 유리하다. 그러나 평당 요금비율을 산정하기 위해서는 사전에 평당 들어가는 비용을 면밀하게 파악하고 계획해야 하며, 프로젝트를 진행하는 중간에 자재나 인력의 비용이 더 투입될 경우를 대비하여 비용을 산정하는 것이 유리하다.

④ 가치근거제(value-oriented method)

디자인회사가 프로젝트를 진행하기 위해 제공하는 서비스의 가치와 투입되는 인력의 질 등을 고려하여 보수를 산출하는 방법이다. 디자인회사가 오랫동안 노하우를 가지고 프로젝트를 진행할 수 있으며, 경쟁사보다 우수한 결과를 제공할 수 있다면 가치근거제를 기반으로 비용을 산출하는 것이 유리하다.

고객은 여러 디자인회사가 제시한 내용 중 보다 서비스의 가치가 높고 디자인의 질적 수준이 높은 회사를 선정하게 된다. 회사만의 노하우가 많거나 전문분야를 확고히 하는 경우, 수준 높은 디자이너들이 참여하는 경우에 가치근거제를 기반으로 한 보수를 결정하는 것이 유리하다.

3) 간접적인 작업비용 요인

디자인사무소 운영 시 발생하는 이익이나 손실에 간접적으로 영향을 주는 요인이 있다. 디자인사무소에서 흔히 발생하는 간접적인 작업비용 요인으로는 다음과 같은 사항 등이 있다(출처 : 실내건축연구회(2015), 실내계획, p.337).

- 잔업 : 프로젝트를 위한 견적을 산출하기는 하나 이와 관계없이 초과수당이 발생하면 프로젝트 총 이익과 잠재성 수익성이 감소된다. 잔업이 자주 발생할 경우에 수입에 부정적인 영향을 준다.
- 우유부단한 고객 : 고객이 결정을 바로 내리지 못하고 중요한 결정이 미루어지면서 전체적인 프로젝트의 일정이 늦어지거나, 고객이 자주 결정을 번복해서 설계변경을 자주 하게 되면 이는 시공일정에도 부정적인 영향을 주고 전체적으로 공사일정과 공사비에도 부정적인 영향을 준다. 이를 대비하기 위해서는 '시간제 보수요율'이 도입되어서 추가로 발생하는 작업에 대한 비용을 산정하고 요청해야 하는 것이 유리하다.
- 해당 분야의 프로젝트 경험 부족 : 디자인회사가 담당하고 있는 프로젝트가 해당되는 분야에 대한 경험이 많지 않은 경우, 프로젝트를 진행하면서 예상 밖에 기술적 자문이나 전문상담료 등의 추가비용이 발생할 수 있다. 또한, 노하우가 부족한 경우에도 예상보다 일정이 늦어지고 손실을 가져올 수 있다.

4) 디자인 계약

(1) 계약의 정의와 기본요소

① 계약의 정의

디자인 프로젝트를 수행하기 위해, 어떤 행위를 할 것인가 하지 않을 것인가에 대한 둘 또는 그 이상의 관계자 사이의 약속이나 동의를 말한다. 프로젝트 타당성 검토를 통해 후 계약체결 여부를 결정하며, 프로젝트의 내용에 따라 클라이언트 · 수행자의 권리와 의무를 규정짓는다. 공적 계약의 효력을 발휘하기 위해서는 계약서의 작성이 필요하다.

② 디자인 계약서에서 일반적으로 명시해야 할 항목

디자인 계약서에서 일반적으로 명시해야 하는 항목은 다음과 같다. 다만, 프로젝트의 유형에 따라서, 추가적인 항목이 포함될 수 있다.

- 고객의 이름과 주소
- 제공될 서비스의 세부적인 범위
- 보수의 지불방법
- 초과 서비스에 대한 요금
- 제3자의 책임과 보수
- 계약의 완료
- 서류의 소유권
- 중재문제
- 서명
- 프로젝트 위치의 세부적인 설명
- 세부적인 구매동의서
- 현금지급 경비에 대한 환불
- 디자이너의 책임 포기
- 사진촬영 및 출판권
- 고객의 책임
- 계약기간
- 의뢰금 조건과 금액

기출 및 예상 문제

3. 실내건축디자인 회사의 운영 및 관리

01 디자인 비용 산정 시 핵심 고려사항으로부터 거리가 먼 항목은? 공인2회

① 제공될 서비스의 범위를 이해한다.
② 그 요금방법이 비용을 만족스럽게 충당하고 순이익을 제공하리라는 확신하에 신중하게 비용을 계산한다.
③ 경쟁사를 고려하여 신중하고도 철저한 분석에 의해 디자인 비용을 산정한다.
④ 특정 프로젝트에 있어 가장 수익성이 보장되는지를 결정하기 위해서 단 1가지 보수산출방법을 선택하고 마련한다.

02 디자인 보수 산출 방법 중 알맞지 않은 것은? 공인2회

① 일일 요금제 ② 시간 요금제
③ 평당 요금제 ④ 가치 근거제

정답 및 해설

01 ④
디자이너나 경영자는 어떤 방법이 가장 수익성이 보장되는 방법인지 결정하기 위해 하나 또는 그 이상의 보수산출방법을 선택하여 마련해야 한다. 서비스에 절대적 방법은 없으므로, 회사는 함께 일할 고객, 디자인할 대상 공간의 유형 및 특성, 경쟁업체를 고려하여 디자인 비용을 산정하도록 한다.

02 ①
보수산정방법은 다음과 같이 4가지로 요약된다.
② 시간요금제(실비정산 보수) : 디자이너가 프로젝트에 소요되는 시간을 추정하고, 예상되는 제반비용을 표준 설계 요율표를 기초하여 산정하는 방법임. 이 경우 정확한 기간 명시가 필요하며 작업이 지연되거나 고객으로 인하여 초과작업을 하는 경우, 추가요금이 청구됨을 명시해야 함.
③ 평당요금제 : 평당 요금비율을 작업할 프로젝트의 면적에 곱해서 요금을 산출하는 방법으로 프로젝트 대상공간에 대한 경험이 많은 경우에는 이러한 요금제가 유리하다. 특정 공간에 대한 경험이 많은 경우에 시간제로 하게 되면, 시간이 덜 걸려서 비용을 적게 산정해야 하기 때문에 이러한 경우에는 평당요금제가 유리하다.
④ 가치근거제(value-oriented method) : 디자인회사가 제공하는 서비스의 가치나 질에 기초하여 보수를 산출하는 개념으로 경쟁사와 다른 점, 자신의 서비스가 경쟁 디자이너의 회사보다 우수하다는 것을 보여줄 때 가능하다.

03 디자인회사의 서비스 비용보다는 그 서비스의 가치나 서비스의 질에 기초해서 보수를 산출하는 개념으로 이 경우 자신이 경쟁사와 다르다는 것, 자신의 서비스가 경쟁 디자인회사보다 우수하다는 것을 보여줄 수 있을 때 가능하며, 고객은 디자인회사가 제시한 내용들 중에서 보다 큰 가치를 제공해줄 수 있는 디자인회사와 계약한다는 개념에 근거한 디자인 보수요율은? 제16회

① 시간요금제　② 가치근거제
③ 균일요금제　④ 평당요금제

04 특정 종류의 업무에 경험이 많아서 요금비율에 안심할 수 있는 경우에 사용하면 좋은 보수요율방법은? 제17회

① 균일요금제　② 평당요금제
③ 가치근거제　④ 시간요금제

정답 및 해설

이외에 균일요금제가 있다.
• 균일요금제 : 총액에 한계를 두는 시간제 방법이다. 이 방법은 회사의 급여와 일반비용 및 제공해야 할 서비스에 대해 완벽하게 파악하고 있을 때 가능하며, 다양한 프로젝트 경험이 있거나 그러한 프로젝트의 시간에 대한 자료를 가지고 있는 회사에서 사용하는 것이 유리하다.

03 ②
① 시간요금제는 실비정산보수라고도 하며, 디자이너가 프로젝트에 소요되는 실제 시간을 추정하고, 예상되는 제반 비용에 회사의 DPE 또는 설계 보수요율표에 기초하여 청구하는 방법이다. 이 경우, 정확한 프로젝트 기간을 명시해야 하며, 작업 지연이나 초과 작업의 원인이 고객에게 있을 경우, 추가 요금이 청구됨을 계약서상에 명시해야 한다.
② 디자인회사가 제공하는 서비스의 가치나 질에 기초하여 보수를 산출하는 개념으로 경쟁사와 다른 점이 있으며, 자신의 서비스가 경쟁사보다 우수하다는 것을 보여줄 수 있을 때 제안할 수 있다. 고객은 여러 디자인회사가 제시한 내용 중 보다 큰 가치를 제공하는 디자인회사를 골라 계약하게 된다. 노하우가 축적된 회사는 신생회사보다 더 많은 기대감을 줄 수 있다. 그 회사만의 전문분야가 있을 때도 가치근거제를 반영하는 것이 가능하다. 이 방법은 디자이너의 경험과 능력을 분명하게 차별화할 수 있을 때 효과적이다.
③ 균일요금제는 총액에 한계를 두는 시간제 방법이다. 이 방법은 회사의 급여와 일반 비용 및 제공해야 할 서비스에 대해 완벽하게 파악하고 있을 때에 제안할 수 있다. 다양한 프로젝트 경험이 있거나, 그러한 프로젝트가 소요하는 시간에 대한 구체적인 자료를 가지고 있는 회사에서 사용하는 것이 유리하다.
④ 평당 요금비율을 작업할 프로젝트의 면적에 곱해서 요금을 산출하는 방법이다. 특정 분야의 경험이 많은 경우에 유리하다.

04 ②
① 균일요금제는 총액에 한계를 두는 시간제 방법이다. 이 방법은 회사의 급여와 일반 비용 및 제공해야 할 서비스에 대해 완벽하게 파악하고 있을 때에 제안할 수 있다. 다양한 프로젝트 경험이 있거나, 그러한 프로젝트가 소요하는 시간에 대한 구체적인 자료를 가지고 있는 회사에서 사용하는 것이 유리하다.
② 평당 요금비율을 작업할 프로젝트의 면적에 곱해서 요금을 산출하는 방법이다. 특정 분야의 경험이 많은 경우에 유리하다. 경험이 많은 경우에 시간제요율로 하게 되면 오랜 경험으로 시간이 짧게 걸릴 수 있어서 비용을 적게 책정할 수 있다.
③ 디자인회사가 제공하는 서비스의 가치나 질에 기초하여 보수를 산출하는 개념으로 경쟁사와 다른 점이 있으며, 자신의 서비스가 경쟁사보다 우수하다는 것을 보여줄 수 있을 때 제안할 수 있다. 고객은 여러 디자인회사가 제시한 내용 중 보다 큰 가치를 제공하는 디자인회사를 골라 계약하게 된다. 노하우가 축적된 회사는 신생회사보다 더 많은 기대감을 줄 수 있다. 그 회사만의 전문분야가 있을 때도 가치근거제를 반영하는 것이 가능하다. 이 방법은 디자이너의 경험과 능력을 분명하게 차별화할 수 있을 때 효과적이다.

05 디자인 비용 산정 시 핵심 고려사항이 아닌 것은?

① 제공될 서비스의 종류와 범위를 이해한다.
② 선정된 요금방법이 비용을 충분히 포함하고 순이익을 제공할 수 있도록 비용 계산을 한다.
③ 다른 회사에 관한 분석은 디자인 비용 산정 시 고려하지 않아도 된다.
④ 특정 프로젝트에 있어 어떤 방법이 가장 수익성이 보장되는지 결정하기 위해서 여러 가지 보수산출방법을 비교해 본다.

06 평당 요금비율을 작업할 프로젝트의 면적에 곱해서 요금을 산출하는 방법으로, 특정 분야의 경험이 많은 경우에 유리한 요금제는?

① 균일요금제　　② 평당요금제
③ 가치근거제　　④ 시간요금제

정답 및 해설

④ 시간요금제는 실비정산보수라고도 하며, 디자이너가 프로젝트에 소요되는 실제 시간을 추정하고, 예상되는 제반 비용에 회사의 DPE 또는 설계 보수요율표에 기초하여 청구하는 방법이다. 이 경우, 정확한 프로젝트 기간을 명시해야 하며, 작업 지연이나 초과 작업의 원인이 고객에게 있을 경우, 추가 요금이 청구됨을 계약서상에 명시해야 한다.

05 ③

디자인 비용 산정의 핵심은 다음과 같다.

- 제공될 서비스의 범위를 이해한다.
- 그 요금방법이 비용을 만족스럽게 충당하고 순이익을 제공하리라는 확신하에 신중하게 비용을 계산한다.
- 디자이너나 경영자는 어떤 방법이 가장 수익성이 보장되는 방법인지 결정하기 위해 하나 또는 그 이상의 보수산출방법을 선택하여 마련해야 한다. 서비스에 절대적 방법은 없다. 회사는 함께 일할 고객, 디자인 공간의 유형, 경쟁사를 고려하여 신중하고 철저하게 디자인 비용을 산정해야 한다.

06 ②

① 총액에 한계를 두고 있다. 균일요금제는 총액에 한계를 두는 시간제 방법이다. 이 방법은 회사의 급여와 일반 비용 및 제공해야 할 서비스에 대해 완벽하게 파악하고 있을 때에 제안할 수 있다. 다양한 프로젝트 경험이 있거나, 그러한 프로젝트가 소요하는 시간에 대한 구체적인 자료를 가지고 있는 회사에서 사용하는 것이 유리하다.
② 평당 요금비율을 작업할 프로젝트의 면적에 곱해서 요금을 산출하는 방법이다. 특정 분야의 경험이 많은 경우에 유리하다.
③ 디자인회사가 제공하는 서비스의 가치나 질에 기초하여 보수를 산출하는 개념으로 경쟁사와 다른 점이 있으며, 자신의 서비스가 경쟁사보다 우수하다는 것을 보여줄 수 있을 때 제안할 수 있다.
④ 시간요금제는 실비정산보수라고도 하며, 디자이너가 프로젝트에 소요되는 실제 시간을 추정하고, 예상되는 제반 비용에 회사의 DPE 또는 설계 보수요율표에 기초하여 청구하는 방법이다. 이 경우, 정확한 프로젝트 기간을 명시해야 하며, 작업 지연이나 초과 작업의 원인이 고객에게 있을 경우, 추가 요금이 청구됨을 계약서상에 명시해야 한다.

07 법적으로 유효한 계약의 항목에 해당하지 않는 것은? 공인1회

① 동의(agreement) ② 대가(consideration)
③ 양식(form) ④ 세부항목(detail)

08 자본설비는 제한된 사용수명이 있다는 개념에서 출발한 것으로 회사가 이익을 계산함에 있어 고정자산의 사용을 표현한 것은? 공인1회

① 자산(assert) ② 이익잉여금(retained earning)
③ 유동자산(current assets) ④ 감가상각비(depreciation)

09 기업 재무관리를 이해함에 있어 주주들에게 배당이 돌아간 후, 주식회사에 남아 있는 누적미배당 소득에서 발생하는 자산 청구권을 일컫는 용어는? 공인1회

① 감가상각비 ② 이익잉여금
③ 단기차입금 ④ 지불계정

정답 및 해설

07 ④
법적으로 유효한 계약의 항목에는 총 6가지가 있다.
- 동의(agreement) : 한쪽에서 제의하고 상대편에서 동의해야 한다.
- 대가(consideration) : 법원에서 계약으로 인정하기에 충분한 금액이어야 한다.
- 법적계약자격(contractual capacity) : 쌍방이 계약에 관여해야 한다.
- 적법성(legality) : 계약은 어떤 법적 행동의 수행을 지지하기 위해서 존재해야 한다.
- 진실성(reality of assent) : 쌍방이 계약을 맺었다는 것을 증명할 수 있어야 한다.
- 양식(form) : 계약을 법적으로 정한 양식에 의해 작성되어야 한다.

③ 단기차입금(current portion of long-term dept) : 1년 이내에 상환해야 하는 차입금

08 ④
① 자산(asset) : 회사가 소유하고 있거나 관리하는 금전으로 환산할 수 있는 유무형의 자원.
② 이익잉여금(retained earning) : 유보이익이라고도 부르며 영업활동이나 재무활동 등 기업의 이익창출 활동에 의해 획득한 이익으로써 사회에 유출되거나 납입자본계정에 대체되지 않고 회사에 유보된 부분을 말한다.
③ 유동자산(current assets) : 1년 안에 정상적으로 현금으로 전환할 수 있는 자원이다.
④ 감가상각비(depreciation) : 자본설비는 제한된 사용수명이 있다는 개념에서 출발한 것으로 회사가 이익을 계산함에 있어 고정자산의 사용을 표현한 것이다.

09 ②
① 감가상각비(depreciation) : 자본설비는 제한된 사용수명이 있다는 개념에서 출발한 것으로 회사가 이익을 계산함에 있어 고정자산의 사용을 표현한 것이다.
② 이익잉여금(retained earning) : 유보이익이라고도 부르며 영업활동이나 재무활동 등 기업의 이익창출 활동에 의해 획득한 이익으로써 사회에 유출되거나 납입자본 계정에 대체되지 않고 회사에 유보된 부분을 말한다. 기업 재무관리를 이해함에 있어 주주들에게 배당이 돌아간 후, 주식회사에 남아 있는 누적미배당 소득에서 발생하는 자산 청구권을 일컫는 용어이기도 하다.
③ 단기차입금(current portion of long-term dept) : 1년 이내에 상환해야 하는 차입금

10 재정 상태를 알 수 있는 내용에서 총자산을 설명하는 것으로 알맞은 것은? 공인1회

① 자기자본 - 부채
② 부채 + 자기자본
③ 부채 - 소유자자본
④ 소유자자본

11 재무관리에 대한 설명 중 맞지 <u>않은</u> 것은? 공인1회

① 재무관리는 회사의 재정자원을 정기적으로 검토하고 보고하여 현금의 흐름을 신속히 점검하게 해주며 재정적인 성공여부를 분석 가능하게 해준다.
② 대차대조표는 한 회사의 특정시기의 자산, 부채, 지분 및 손익상태를 밝히고 그 회사의 재정 상태를 보여준다.
③ 손익계산서는 일정시간동안 회사의 모든 수입과 지출의 공식적인 보고서로서 회사의 순수입과 손실을 나타낸다.
④ 현금흐름표는 일정기간 내에 영업, 투자, 금융활동에 의한 순수현금 유출입 상황을 나타내는 표이다.

정답 및 해설

10 ②

총 자산=총 자본
자산=부채(타인 자본) + 자기자본(소유자 자본)으로 자산에는 부채도 포함된다.
자산 - 부채=자기자본
자기자본청구권은 모든 부채가 지불된 후에야 남는다. 부채계정은 자산 중 최우선권을 가진다.

11 ②

① 재무관리는 회사의 재정자원을 정기적으로 검토하고 보고하여 현금의 흐름을 신속히 점검하게 해주며 재정적인 성공여부를 분석 가능하게 해준다.
② 대차대조표가 아니고 재무상태표에 관한 설명이다. 재무상태표(balance sheet) : 재정상태보고서라고도 하며, 한 회사의 특정시기의 자산(자원)과 자본(자본에 대한 청구권)을 밝히며 그 회사의 재정상태를 보여준다.
③ 포괄손익계산서 : 일정 기간 회사의 모든 수입과 지출에 관한 공식적인 보고서로 회사의 순수입과 손실을 나타낸다. 기간은 한 달, 일사분기, 반기 또는 1년이 될 수 도 있다.
④ 현금흐름표 : 기간 내 영업, 투자, 금융활동에 의한 순수 현금유출입 상황을 나타내는 표로 이 작성 자료는 대차대조표, 손익계산서, 법인의 경우라면 손익계산서의 이익잉여금에 근거한다.

12 발생수입과 지출이 실제 수금과 지출과는 관계없이 수입과 지출이 발생한 시기를 기준으로 계산하는 것은? 공인2회

① 회계계정방식
② 현금계정방식
③ 발생주의방식
④ 명목상 재정방식

13 아직 제공되지 않은 용역이나 매매거래에서 발생하는 수입으로 디자인회사의 경우 고객이 디자이너에게 지불하는 의뢰금, 착수금, 계약금 등을 무엇이라 하는가?

① 미지급 세금(taxes payable)
② 인출금(drawing)
③ 예수금(deferred revenues)
④ 단기차입금(current portion of long－term debt)

14 간접적인 작업비용요인에 해당하지 <u>않는</u> 것은? 공인5회

① 잔업
② 우유부단한 고객
③ 경험이 없는 분야의 작업
④ 불확실한 계약

정답 및 해설

12 ③
회계의 원칙은 '발생주의방식'과 '현금계정방식'으로 나누어진다. 두 방식의 주된 차이는 수입과 지출이 인식되는 시기에 있다.
② 현금주의방식(cash accounting) : 회계에서 현금이 확실히 들어오거나 나간 경우를 수익과 비용으로 인식하여 회계처리하는 것이다. 발생주의방식은 회사의 이익이나 손실보다는 포괄적인 상황을 제공한다는 이점이 있다.
③ 발생주의방식(accrual accounting) : 실제 수금・지출과 관계없이 서류상 수입과 지출이 발생한 시기를 기준으로 계산하는 것이다. 회사의 소유주나 경영주는 정확한 재무상황을 파악할 때, 더욱 현명한 결정을 내릴 수 있다. 국제회계기준(IFRS)에 의거하여 우리나라 역시 발생주의방식의 회계처리를 하고 있다.

13 ③
① 미지금 세급 또는 예정납세는 아직 부과되지 않은 소득세나 기타 총 세금을 말한다.
③ 아직 제공되지 않은 용역이나 매매거래에서 발생하는 수입을 말한다. 고객이 디자이너에게 지불하는 의뢰금, 착수금, 계약금 등이 이에 속한다.
④ 1년 이내에 상환해야 하는 차입금을 발한다.

14 ④
간접적인 작업비용의 요인으로는 잔업을 위한 시간과 비용, 결정을 번복하거나 바꾸는 우유부단한 고객, 업체에서 경험이 없는 분야의 작업으로 인한 비용 등이 포함된다.

15 재정상태보고서라고 하며, 한 회사의 특정 시기의 자산(자원)과 지분(총 자본에 대한 청구권)을 밝히고 구 회사의 재정상태를 보여주는 것은? 공인5회

① 대차대조표 ② 손익계산서
③ 현금흐름표 ④ 재무비율표

16 재정과 관련한 다음과 같은 용어의 의미가 옳게 설명된 것은?

① 미지급금 : 아직 제공되지 않은 용역이나 서비스에 대해 미리 받아두는 금액을 의미
② 감가상각비 : 자본설비는 제한된 사용수명이 있다는 개념에서 출발한 것으로 시간이 지나면서 감소하는 가치에 대한 고려
③ 예수금 : 일정 기간 타인에게 진 빚, 미지불된 비용
④ 단기차입금 : 단기는 6개월 이내를 의미하며, 기업이 차입한 후 6개월 이내에 상환해야 하는 금액

정답 및 해설

15 ①

① 대차대조표 : 재정상태보고서라고도 하며, 한 회사의 특정시기의 자산(자원)과 자본(자본에 대한 청구권)을 밝히며 그 회사의 재정상태를 보여준다.
② 포괄손익계산서 : 일정 기간 회사의 모든 수입과 지출에 관한 공식적인 보고서로 회사의 순수입과 손실을 나타낸다. 기간은 한 달, 일사분기, 반기 또는 1년이 될 수도 있다.
③ 현금흐름표 : 기간 내 영업, 투자, 금융활동에 의한 순수 현금유출입 상황을 나타내는 표로 이 작성 자료는 대차대조표, 손익계산서, 법인의 경우라면 손익계산서의 이익잉여금에 근거한다. 현금흐름표(statement of cash flows)는 모든 형태의 회사 재정상태를 검토하는 데 유용하다. 현금흐름표의 우선적인 목적은 주어진 기간의 현금유출입을 보고하는 것이다.
④ 재무비율표 : 기업의 매출액, 매출원가, 판매비, 관리비, 영업외수익, 영업외비용, 법인세 등 기업 전반의 재무제표를 입력하여 연도별, 월별 비교 및 재무제표의 변화를 분석하여 그래프 및 통계로 확인할 수 있는 양식을 의미한다.

16 ②

① 미지급금 : 일장기간 타인에게 진 빚, 미지불된 비용
③ 예수금 : 아직 제공되지 않은 용역이나 서비스에 대해 미리 받아두는 금액
④ 단기차입금 : 단기는 6개월 이내를 의미함

17 디자인 계약서에 일반적으로 명시해야 하는 항목에 대한 설명으로 옳지 않은 것은?

① 제공될 서비스의 세부적 범위는 별도의 문서로 명시함
② 보수의 지불방법은 계약서에 명시함
③ 초과 서비스에 대한 요금은 계약서에 명시함
④ 서류의 소유권을 계약서에 명시함

18 디자인 계약서에 일반적으로 명시해야 하는 항목은?

① 미지급금 액수
② 감가상각비
③ 예수금
④ 계약기간과 중재문제

정답 및 해설

17 ①
① 제공될 서비스의 자세한 설명은 계약서에 명시함
나머지 3개의 내용도 계약서에 명시해야 함

19 ④
① 미지급금 : 일장기간 타인에게 진 빚. 미지불된 비용
② 감가상각비 : 시간이 지나면서 제품 등이 사용되거나 해서 가치가 하락하는 비용
③ 예수금 : 아직 제공되지 않은 용역이나 서비스에 대해 미리 받아두는 금액
④ 계약기간과 중재문제에 대하여 계약서에 받아두는 게 좋음

4 프로젝트 관리

성공적인 프로젝트 완료를 위해 프로젝트는 다음과 같은 측면에서 관리하는 것이 바람직하다.

1) 프로세스

하버드 대학의 교수를 지낸 존 자이젤(John Zeisel)에 따르면, 효율적인 디자인 프로세스는 다양한 정보를 취득하고 종합하는 과정으로 일방향적이기보다는 상호 작용을 하는 프로세스이다. 실내디자인 프로젝트를 진행하기 위해서는 현장을 가봐야 하고 적합한 마감재와 재료의 선정을 위해서는 기후특성을 파악해야 한다.

따라서 디자인 프로젝트의 프로세스는 한방향적인 프로세스보다는 순환적인 프로세스가 더욱 바람직하다. 이는 프로젝트를 진행하면서 발생할 수 있는 디자인 변경, 시공방법 변경, 작업시기 변경 등 다양한 변수에 융통성 있게 대비할 수 있기 때문이다.

2) 시간관리

디자인 프로젝트를 운영하는 과정에서 시간관리(time management)는 매우 중요하다. 고객과의 약속을 지키기 위해서는 제시한 일정에 맞추어서 프로젝트가 진행되고 완성되는 것이 필요하다. 미국의 건축사협회(American Institute of Architects)에서는 시간관리를 건축가가 갖추어야 할 중요한 직업의식에 포함시키며, 건축학과와 실내디자인학과의 교과과정에서도 시간관리는 지속적으로 강조되고 있다.

3) 시간기록 관리

프로젝트에 투입되는 인력과 그들의 시간에 관한 기록은 비용 산출에 중요한 근거가 된다. 특히, 초과비용이 생기거나 고객의 요구에 의하여 비용이 추가되는 경우에 좋은 근거자료가 되므로 시간기록 및 관리는 중요하다. 시간기록 관리는 디자이너나 프로젝트 관리자가 현재 진행하고 있는 프로젝트가 제시한 일정에 맞추어서 진행되고 있는지를 점검하는데 도움이 된다.

4) 프로젝트 스케줄 관리

현재 진행하고 있는 프로젝트가, 전체적으로 제시한 일정에 맞추어서 진행되고 있는지를 파악하여 계획한 날짜에 완공을 할 수 있도록 관리한다. 또한, 일정보다 늦어질 경우 추가로 발생하는 비용에 대한 대비를 해야 하며, 일정보다 빨라지는 경우에는 고객에게 미리 통보하여 프로젝트의 완료에 대비하여 잔금을 마련할 수 있는 시간을 주도록 한다.(내용 출처: 실내건축연구회(2015), 실내계획, pp.340-342)

5) 프로젝트 파일/작업총록

프로젝트를 수행하면서 발생하는 문서와 파일을 정리하고 수록하는 작업은 매우 중요하다. 이는 프로젝트에 관한 기록이며, 프로젝트가 완결된 이후에도 참고자료로 활용된다. 특히, 하자가 있거나 몇 년 후에 리모델링 작업을 하고자 할 때 프로젝트 파일을 참고로 작업을 하는 것이 가장 바람직하다.

프로젝트 파일을 시간 순서나 작업의 순서대로 정리하고 저장하는 작업에 대한 훈련이 필요하며, 이를 전체적으로 목록으로 정리하여 보관하는 것이 필요하다. 잘 정리된 프로젝트 파일은 추후에 유사한 프로젝트를 진행할 때 좋은 지침서가 되며, 고객을 유치할 때 참고자료로 활용하여 잠재고객이 프로젝트를 담당한 회사를 결정하는데 중요한 역할을 할 수 있다.

6) 회의기록

고객과의 회의, 회사 내 구성원들 간의 회의, 회사 외부의 협력사와의 회의, 프로젝트를 진행하면서 수행한 다수의 회의 등에 관한 기록이 필요하다. 중요한 문제에 대한 결정내용이 들어간 회의기록은 추후에도 매우 중요한 자료로 쓰인다.

7) 의견 및 서신교환

디자인 회사와 고객 간의 서신, 회사 내 구성원들 간의 주요 의견이 들어간 전자서신, 디자인 회사와 협력사와의 전자서신, 논의를 거쳐 결정한 사항에 대한 기록 등을 보관하여, 프로젝트가 완결될 때까지 참고자료로 활용한다. 최근에는 다양한 클라우드 저장소(cloud storage)나 문서저장 앱(application)을 통해서 개인의 컴퓨터가 아닌 공용문서 저장소를 활용하여 보다 효율적인 문서관리를 하고 있다.

8) 견본

프로젝트에 사용된 재료나 제품에 관한 견본을 저장해 두도록 하며, 이는 추후 하자발생 또는 시공 후 고객의 불만족이 발생할 경우에 시비를 가려줄 근거가 될 수 있다. 가령, 시공한 타일이 문제가 생겼을 경우, 시공상의 문제인지 제품을 공급한 납품업자의 잘못인지를 따져볼 수 있는 근거를 제시할 수 있다.

9) 도면도서

프로젝트를 진행하면서, 기획설계・기본설계・실시설계의 과정을 거치는데 이때 최종적으로 나온 도면과, 프로젝트 진행 중에 변경된 내용을 저장해 둔 도면 등의 관리가 매우 중요하다. 설계변경 등을 명확하게 제시하는 도면을 구성하고 저장하여 추후에 실내개조나 하자보수 시에 중요한 참고자료로 활용하도록 한다.

10) 거주 후 평가

프로젝트 완공 후 공간사용자 또는 거주자들이 건물에 입주 한 후, 공간과 건물에 대한 이들의 의견을 파악하교 평가하는 것을 의미한다. 이때, 만족스러운 부분과 불만스러운 부분을 찾아내고 개선하는 작업을 의미한다. 거주 후 평가는 거주자들을 대상으로 하지만, 건물이나 공간 관리자를 대상으로도 실시한다. 심리적인 만족도 이외에 실제로 건축물이나 공간을 방문하여 문제점을 파악하고 이를 수리하거나 개선하기 위한 보고서를 작성한다.

거주 후 평가는 디자이너에게 자신이 한 디자인에 대한 피드백을 얻을 수 있는 기회를 제공하며, 거주자에게는 문제점을 파악하고 개선할 수 있는 기회를 제공한다. 거주 후 평가의 시점은 평가자마다 다르나 보통 입주 후 3개월, 6개월 또는 1년이 지난 시점에서 하는 경우도 있고, 입주 후 얼마 되지 않아서 시행하는 경우도 있다. 거주 후 평가의 목적에 따라서 평가를 하는 시기는 달라질 수 있다.

거주 후 평가에서 디자인에 대한 평가는 다음과 같은 항목을 기준으로 한다.

- 공간계획에 관한 평가
- 실내마감재와 실내색채 등 디자인의 심미적인 평가
- 실내환경에 관한 평가 : 실내온도, 습도, 공기의 질, 소음 및 음향, 프라이버시, 조명 등에 관한 평가
- 사용자 쾌적감에 관한 평가
- 건물 관리에 관한 평가
- 원가와 건물 운영비용에 관한 평가
- 에너지 효율에 관한 평가
- 휠체어 사용자나 어린이, 노인, 장애가 있는 거주자들을 고려한 유니버설디자인에 관한 평가
- 기타 사항 평가

거주 후 평가는 평가항목들로 구성된 설문도구나 체크리스트를 근거로 설문조사, 인터뷰, 그룹미팅 등 다양한 방법으로 통해 수행된다. 거주 후 평가를 통해, 디자이너는 디자이너에 대한 피드백을 얻을 수 있으며, 시공자들은 시공 후 문제점을 파악하여 추후 개선방안을 모색할 수 있다.

기출 및 예상 문제

4. 프로젝트 관리

01 프로젝트관리에서 시간 관리의 궁극적인 이로운 점이라고 보기 <u>어려운</u> 것은?

공인4회

① 고객의 청구액에 대한 논리적인 근거자료로 사용된다.
② 프로젝트에 소비된 시간과 그 프로젝트로부터 얻을 이익을 비교하기 용이하다.
③ 이전 기록에 기초해서 새로운 프로젝트를 위한 예상시간과 요금을 결정하는 데 도움이 된다.
④ 우수사원 선정방법으로 용이하다.

02 효율적인 디자인 프로세스를 설명하는 내용이 <u>아닌</u> 것은?

① 한방향적인 디자인 프로세스가 효율적이다.
② 통합적인 디자인 프로세스가 다양한 문제를 효율적으로 해결할 수 있다.
③ 디자인 해결방안을 모색하기 위해서 다양한 정보를 취합하고 종합분석해야 한다.
④ 실내디자인 프로젝트를 진행하기 위한 다양한 정보에는 현장답사, 기후에 관한 정보 등도 포함된다.

정답 및 해설

01 ④
대부분의 경우, 디자인 사무소의 보수는 그 프로젝트에 투입하는 디자이너의 작업 시간을 기초로 한다. 그러므로 모든 전문적인 서비스에 대한 정확한 시간을 기록하는 것이 필요하다. 시간기록의 이점은 다음과 같다.
- 고객의 청구액에 대한 논리적인 근거자료로 사용한다.
- 작업의 진척 사항 점검이 용이하다.
- 프로젝트에 소비된 시간과 그 프로젝트로부터 얻을 이익을 비교하기가 용이하다.
- 새로운 프로젝트의 예상 소요 시간과 요금 결정에 도움이 된다.
- 직원들이 얼마나 생산적인지를 파악하고 얼마나 많은 근로 시간을 청구할 수 있는지 파악하는 데에 용이하다.

03 디자인 프로그래밍(programming)에 있어서 실내공간 사용자의 요구를 파악하는 연구방법 중 공간의 종류를 정하고 공간사용자로써의 역할을 분담하여 공간 사용에 관한 니즈를 파악하는 방법은 어떤 것인가?

① 설문조사
② 관찰법
③ 인터뷰(interview)
④ 게이밍법(gaming)

04 디자인 프로세스에 있어서 하버드대 교수를 지낸 존 자이젤(John Zeisel)은 최종 디자인안은 정보를 (　　　)하는 단계라고 하였다. 빈칸에 들어갈 말은?

① 수집
② 파악
③ 분석
④ 종합

05 다음 중 거주 후 평가에 관하여 옳지 않은 설명은?

① 공간계획에 관한 평가를 포함한다.
② 공간 사용자의 쾌적감에 관한 평가를 포함한다.
③ 거주 후 2주 이내 실시하는 것이 바람직하며 1년이 지난 후는 시기적으로 늦다.
④ 거주자들을 대상으로 하며, 건물이나 공간 관리자를 대상으로 하기도 한다.

제1장 실내계획
제2장 실내환경
제3장 실내시공
제4장 실내구조 및 법규

정답 및 해설

02 ①
하버드 대학의 교수를 지낸 존 자이젤에 따르면, 효율적인 디자인 프로세스는 다양한 정보를 취득하고 종합하는 과정으로 일방향적이기보다는 상호 작용을 하는 프로세스이다. 실내디자인 프로젝트를 진행하기 위해서는 현장을 가봐야 하고 적합한 마감재와 재료의 선정을 위해서는 기후특성을 파악해야 한다.

03 ④
공간의 종류가 정해진 상태에서 각 공간 사용자의 역할을 하면서, 공간에서 필요한 니즈를 파악하는 방법을 게이밍법이라고 한다.
설문조사는 공간이 정해지지 않은 상태에서도 가능하며, 관찰법과 인터뷰 역시 공간사용자가 아닌 대상도 가능하다.

04 ④
존 자이젤에 따르면, 디자인 프로세스에 있어서 디자이너는 정보를 수집하고 분석한다. 최종적으로 제시하는 디자인안은 정보를 종합한 결과물(Synthesized outcome)이다.

05 ③
거주 후 평가는 목적에 따라 입주 후 3개월, 6개월, 또는 1년이 지난 시점에서 하는 것이 일반적이며, 목적에 따라서는 입주 후 얼마 되지 않아서 시행하는 경우도 있다.

5 세무관리

디자인 회사를 경영하는 데 있어서 세무관련 지식은 필수적이다. 그러나 최근에는 세무관련 업무는 세무사를 통해서 처리하는 회사들이 많아지고 있다. 다만 다음과 같은 기초적인 용어에 대한 정의는 본 교재에서 필요하다.

1) 소득세

소득세는 소득에 대한 세금으로 2가지로 나뉘며, 개인이 내는 개인소득세와 디자인회사의 경우 법인소득세가 부과된다.

2) 과세표준

과세표준은 소득에서 비과세소득을 제외한 총 수입을 산출하고 총 수입 중 필요경비를 제외한 소득금액을 산출한 후, 그중 소득공제만큼을 감한 액수를 의미한다.

3) 결정세액

결정세액은 연말정산을 거쳐 한 해 소득에 대해 납부해야 할 최종 세금을 의미한다. 결정세액을 계산하는 방법은, 연봉에서 비과세소득·근로소득공제를 제외한 근로소득금액에서 각종 소득공제를 빼면 세금부과의 기준이 되는 과세표준이 나오는데, 여기에 세율을 곱해 세액이 산출되면 다시 세액공제를 하고 나서 확정하는 금액이다.

4) 원천징수

회사에서 고용된 디자이너나 근로자의 소득이 되는 금액을 지급할 때 이를 회사가(원천징수의무자) 그 금액을 받는 사람(소득자, 납세의무자)이 내야 할 세금을 미리 떼어서 대신 납부하는 것을 의미한다.

5) 부가가치세

부가가치세는 상품(재화)의 거래나 서비스(용역)의 제공과정에서 얻어지는 부가가치(이윤)에 대하여 과세하는 세금이다.

6) 기장의무

모든 사업자는 사업규모에 따라 각종 증명서류를 받아 이를 장부에 기록하고 증명서류를 보존하도록 하고 있다(소득세법 제 160조, 소득세법 시행령 제 208조). 이는 소득금액을 계산함에 있어서 근거과세제도를 확립하고, 실질과세원칙에 따라 수입과 필요경비를 실제로 발생된 내용을 토대로 소득금액을 신고 또는 결정하기 위한 것이다.

이때, 장부란 소득세법 시행령 제 208조에 근거, 사업의 재산상태와 그 손익거래내용의 변동을 빠짐없이 이중으로 기록하여 계산하는 부기형식의 장부를 말한다.

납세자는 각 세법에서 규정하는 바에 따라 모든 거래에 관한 장부 및 증거서류를 성실하게 작성하여 갖춰 두어야 한다(소득세법 제 160조의 2, 국세기본법 제 85조 3 제 2항). 이러한 장부의 보존기간은 그 거래사실이 속하는 과세기간에 대한 해당 국세의 법정신고기한이 지난 날부터 5년간 보존하여야 한다.

부가가치세의 기장의 의무에 근거하여 기재하여야 할 기장사항으로는 다음과 같은 항목이 있다.

- 공급한 자와 공급받은 자
- 공급한 품목 및 공급받은 품목
- 공급가액 및 공급받은 가액
- 매출세액과 매입세액
- 공급한 시기 및 공급받은 시기
- 기타 참고사항

기출 및 예상 문제

5. 세무관리

01 회사에서 고용된 디자이너나 근로자의 소득이 되는 금액을 지급할 때 이를 회사가 그 금액을 받는 사람(소득자, 납세의무자)이 내야할 세금을 미리 떼어서 대신 납부하는 것을 의미하는 이것은 무엇인가?

① 원천징수 ② 부가가치세
③ 결정세액 ④ 근로소득세

02 재정상태보고서라고 하며, 한 회사의 특정 시기의 자산(자원)과 지분(총 자본에 대한 청구권)을 밝히고 구 회사의 재정상태를 보여주는 것은? 공인5회

① 대차대조표 ② 손익계산서
③ 현금흐름표 ④ 재무비율표

정답 및 해설

01 ①

미리 납부할 세금을 떼어 놓는 것은 원천징수라 한다. 부가가치세는 상품의 거래나 서비스의 제공 과정에서 얻어지는 부가가치(이윤)에 대하여 과세하는 세금이다.

02 ①

① 재무상태표(balance sheet) = 대차대조표와 동의어 : 재정상태보고서라고도 하며, 한 회사의 특정시기의 자산(자원)과 자본(자본에 대한 청구권)을 밝히며 그 회사의 재정상태를 보여준다.
② 포괄손익계산서 : 일정 기간 회사의 모든 수입과 지출에 관한 공식적인 보고서로 회사의 순수입과 손실을 나타낸다. 기간은 한 달, 일사분기, 반기 또는 1년이 될 수도 있다.
③ 현금흐름표 : 기간 내 영업, 투자, 금융활동에 의한 순수 현금유출입 상황을 나타내는 표로 이 작성 자료는 대차대조표, 손익계산서, 법인의 경우라면 손익계산서의 이익잉여금에 근거한다. 현금흐름표(statement of cash flows)는 모든 형태의 회사 재정상태를 검토하는 데 유용하다. 현금흐름표의 우선적인 목적은 주어진 기간의 현금유출입을 보고하는 것이다.
④ 재무비율표 : 기업의 매출액, 매출원가, 판매비, 관리비, 영업외수익, 영업외비용, 법인세 등 기업 전반의 재무제표를 입력하여 연도별, 월별 비교 및 재무제표의 변화를 분석하여 그래프 및 통계로 확인할 수 있는 양식을 의미한다.

03 주주들에게 배당이 돌아간 후, 주식회사에 남아 있는 누적 미배당 소득에서 발생하는 자산청구권은? 공인1회

① 자기자본(owner's equity) ② 이익잉여금(retained earning)
③ 예수금(deferred revenues) ④ 인출금(drawing)

04 자본설비는 제한된 사용수명이 있다는 개념에서 출발한 것으로 회사가 이익을 계산함에 있어 고정자산의 사용을 표현한 것은? 공인4회

① 자산(asset) ② 이익잉여금(retained earning)
③ 유동자산(current assets) ④ 감가상각비(depreciation)

05 재무관리에 대한 설명 중 맞지 않은 것은? 공인1회

① 재무관리는 회사의 재정자원을 정기적으로 검토하고 보고하여 현금의 흐름을 신속히 점검하게 해주며 재정적인 성공여부를 분석 가능하게 해준다.
② 감가상각표는 한 회사의 특정시기의 자산, 부채, 지분 및 손익상태를 밝히고 그 회사의 재정 상태를 보여준다.
③ 손익계산서는 일정시간동안 회사의 모든 수입과 지출의 공식적인 보고서로서 회사의 순수입과 손실을 나타낸다.
④ 현금흐름표는 일정기간 내에 영업, 투자, 금융활동에 의한 순수현금 유출입 상황을 나타내는 표이다.

정답 및 해설

03 ②
① 자기자본은 자산에서 부채를 뺀 것으로, 자기자본청구권은 모든 부채가 지불된 후에 남는다.
② 이익잉여금은 유보이익이라고도 부르며, 영업활동이나 재무활동 등 기업의 이익창출 활동에 의해 획득된 이익 중, 사회에 유출되거나 납입자본 계정에 대체되지 않고 회사에 유보된 부분을 말한다. 이는 주주들에게 배당이 돌아간 후, 주식회사에 남아 있는 누적 미배당 소득에서 발생하는 자산청구권이다.
③ 아직 제공되지 않은 용역이나 매매거래에서 발생하는 수입을 말한다. 고객이 디자이너에게 지불하는 의뢰금, 착수금, 계약금 등이 이에 속한다.

04 ④
① 자산은 회사가 소유하고 있거나 관리하는, 금전으로 환산할 수 있는 유무형의 자원이다. 부채(타인 자본)와 자기자본(소유자 자본)으로 구성된다.
② 이익잉여금은 유보이익이라고도 부르며, 영업활동이나 재무활동 등 기업의 이익창출 활동에 의해 획득된 이익 중, 사회에 유출되거나 납입자본 계정에 대체되지 않고 회사에 유보된 부분을 말한다. 이는 주주들에게 배당이 돌아간 후, 주식회사에 남아있는 누적 미배당 소득에서 발생하는 자산청구권이다.
③ 유동자산은 1년 안에 정상적으로 현금으로 전환할 수 있는 자원을 말한다.

06 디자인 프로젝트 계획에 있어서 소프트 코스트(soft cost)와 하드 코스트(hard cost)에 대한 산출이 필요하다. 소프트 코스트에 포함되지 않는 항목은 다음 중 어느 것인가?

① 마감재와 재료비
② 보험료
③ 계약서 작성을 위한 인건비
④ 건축허가 등을 위한 비용

07 상품(재화)의 거래나 서비스(용역)의 제공과정에서 얻어지는 이윤에 대하여 과제하는 세금을 무엇이라고 하는가?

① 소득세
② 과세표준
③ 부가가치세
④ 결정세액

정답 및 해설

05 ②

① 재무관리는 회사의 재정자원을 정기적으로 검토하고 보고하여 사업을 하는 데 있어 현금의 흐름을 신속하게 점검할 수 있도록 하며, 재정적인 성공 여부를 분석 가능하게 한다. 재무부분은 외부인(지정된 회계사 등)에 의해서 이루어지는 것이 일반적이나, 진정한 경영주라면 기본적인 재무 관련 용어와 정보에 익숙해야 하며 그 결과를 읽고 해석하고, 분석할 줄 알아야 제대로 된 디자인보수 책정 및 회사의 정책수립과 재정관리를 할 수 있다.
② 재무상태표(balance sheet) 또는 대차대조표는 재정상태보고서라고도 하며, 한 회사의 특정 시기의 자산(자원)과 자본(자본에 대한 청구권)을 밝히며 그 회사의 재정 상태를 보여준다.
③ 손익계산서, 또는 포괄손익계산서는 일정 기간 회사의 모든 수입과 지출에 관한 공식적인 보고서로 회사의 순수입과 손실을 나타낸다. 기간은 한 달, 일사분기, 반기 또는 1년이 될 수도 있다. 손익계산서에 포함되는 항목은 매출(sales), 비용(expense), 순이익(net income), 매출원가, 간접비(overhead expense) 등이 있다.
④ 기간 내 영업, 투자, 금융활동에 의한 순수 현금유출입 상황을 나타내는 표이다. 이 작성자료는 대차대조표, 손익계산서, 법인의 경우라면 손익계산서의 이익잉여금에 근거한다. 현금흐름표(statement of cash flows)는 모든 형태의 회사 재정상태를 검토하는 데 유용하다. 현금흐름표의 우선적인 목적은 주어진 기간의 현금유출입을 보고하는 것이다.

06 ①

소프트 코스트는 문서와 허가 등을 위한 비용으로 실질적으로 공사에 들어가는 재료와 마감재 등에 사용되는 비용은 하드 코스트라고 한다. 가령 주택을 짓기 위한 콘크리트, 석재, 목재를 포함하여 모든 실질적인 재료 구입을 위한 비용은 하드 코스트이다.

07 ③

① 소득세 : 소득에 대한 세금으로 개인소득세와 법인소득세로 나뉜다.
② 과세표준 : 소득에서 비과세소득을 제외한 총 수입을 산출하고 총 수입 중 필요경비를 제외한 소득금액을 산출한 후, 그중 소득공제만큼을 감한 액수를 의미
③ 부가가치세 : 상품(재화)의 거래나 서비스(용역)의 제공과정에서 얻어지는 부가가치(이윤)에 대하여 과세하는 세금
④ 원천징수액 : 회사에서 고용된 디자이너나 근로자의 소득이 되는 금액을 지급할 때 이를 회사가(원천징수의무자) 그 금액을 받는 사람(소득자, 납세의무자)이 내야할 세금을 미리 떼어서 대신 납부하는 것을 의미

유니버설디자인

1 유니버설디자인의 개념

'모든 사람을 위한 디자인(Design For All)', '범용(汎用) 디자인'이라고도 불린다. 이렇게 디자인된 도구, 시설, 설비 등은 장애가 있는 사람뿐 아니라 비장애인에게도 유용한 것이다. 장애의 유무와 상관없이 모든 사람이 무리 없이 이용할 수 있도록 도구, 시설, 설비를 설계하는 것을 유니버설디자인(공용화 설계)이라고 한다.

평균수명의 지속적인 증가와 전체 장애의 80% 이상이 후천적인 원인에 기인함에 따라서 특정 대상이 아닌 누구나의 삶에나 보편적이고도 일상적으로 일상생활 능력의 감소에 대한 디자인 기준에 대하여 통합적이고 포용적인 관점에서 고려하는 개념이다.

1) 유니버설디자인과 무장애디자인

(1) 유니버설디자인(universal design)

유니버설디자인은 접근성을 기본으로 하는 안전한 환경의 개념을 포함하는 것에서 한걸음 나아가 공간의 용도와 기능, 사용자 개개인의 특성까지 고려하여 공간과 사용자가 상호 적응할 수 있는 방법을 설계에 반영한 디자인(adaptable design)이다. 나아가 물리적 한계를 넘어 정서적·심리적 만족을 제공한다.

(2) 무장애디자인(barrier free design)

무장애, 즉 배리어프리란 공간에서 사용자의 안전한 활동에 장애가 될 만한 물리적 장애물을 제거함으로써 장애인을 주 대상으로 하여 보편적 접근성을 확보하는 것을 목적으로 한다. 이는 보행이 불편한 사용자를 고려하지 않은 출입구의 단차를 없애거나, 휠체어 사용자를 위하여 계단이 설치된 곳에 엘리베이터를 함께 설치하는 것처럼 장애인 사용자가 차별받지 않도록 안전한 접근권을 확보하고 감소된 능력을 보완하는 디자인(accessible design)이다.

(3) 유니버설디자인과 무장애디자인의 비교

구분	유니버설디자인(UD)	무장애디자인(BF)
개념	• 누구에게나 공평하고, 이용하기 쉽고, 쾌적한 물리적 · 사회적 환경 만들기 • 가능한 한 많은 사람의 요구에 만족시키기 위한 디자인 철학이자 접근방법 • 다양한 선택지를 통한 기회 제공	• 신체적 불편 또는 장애가 있는 사람이 안전하고 쉽게 사용하도록 장애물 없는 물리적 환경 만들기 • 장애인을 주 대상으로 평등한 환경을 조성하기 위한 법규 및 명령에 근거한 디자인 • 주로 표준을 통한 기준 설정
대상	• 성별, 연령, 국적, 장애의 유무에 관계없는 모든 사람들 • 건축공공시설물 등의 물리적 환경을 비롯한 행정 · 교육 · 복지 등의 사회적 환경 가치 제고	• 주로 장애인, 노인 등의 신체적 · 정신적 어려움을 가진 사람들 • 건축물, 공공시설 등에 존재하는 물리적 환경(시설, 설비, 정보)의 장애물 제거
법적 근거	• 각 지자체의 유니버설디자인 관련 조례 • 서울특별시 유니버설디자인 도시조성 기본조례(2016 제정)	• 장애인 · 노인 · 임산부 등의 편의증진보장에 관한 법률(1997 제정) • 교통약자의 이동편이 증진법(2005 제정) • 장애물 없는 생활환경 인증에 관한 규칙 제정(2010 제정)
태생 배경	• 유니버설디자인은 무장애의 장애에 대한 한정적인 시각에서 벗어나 보편성의 관점에서 1980년대 유니버설디자인의 개념이 정립되기 시작 • 1997년 North Carolina 주립대학 Ronald L. Mace가 현재와 같은 유니버설디자인의 정의를 완성하고 원칙을 설정 • 법적기준으로는 해결할 수 없는 사안들을 디자인적인 사고와 해결안으로 사용자의 차별감 해서 및 자존감 향상에의 필요에서 출발 • 다양한 사용자의 이용편의 증진과 사회적 참여의 보장을 위해 환경과 제품디자인 분야에서 서비스 전달까지 확장	• 1974년 UN 장애인 생활환경 전문가협회에 의해 <장벽이 없는 건축 설계>라는 보고서가 알려지면서 건축분야에서 사용되기 시작 • 1990년대에 관련 이론이 정립되며 건축을 중심으로 Barrier-Free(무장애) 명명 • 장애인의 이동 및 접근을 위해 미국의 The Americans with Disabilities Act(ADA)에 근간하여 요구사항을 구현하는 규정에서 비롯해 주로 접근성 보장을 위한 표준적인 기준 제시 • 한국에서도 ADA의 기준을 바탕으로 법적 기준 마련
추세	• 무장애는 그 범위를 확대하여 '모든 사람을 위한 디자인(Design for All)'이라고 정의하며, 물리적 공간뿐이 아닌 제품과 인간 주변의 모든 환경을 대상으로 하는 유니버설디자인 개념으로 발전	

출처 : 서울특별시(2017), 서울시 유니버설디자인 통합가이드라인, p.17

실제 환경의 적용에 있어서도 배리어프리는 물리적 장애제거를 위한 최소한의 기준을 요구 하는 반면, 유니버설디자인은 물리적 장애 제거뿐만 아니라 보다 적극적으로 개개인의 능력과 적응력의 차이를 감안하여 모든 사람들에게 대응할 수 있는 인간과 환경의 적응관계를 끊임없이 창조적으로 다룬다.

무장애디자인(배리어 프리 디자인)은 장애인 등이 일상생활에서 부딪히는 장애물을 없애기 위해 특별한 디자인을 내놓는 것이라면 유니버설디자인은 장애인만이 아니라 모두가 사용할 수 있는 보편적 디자인을 제시하는 것으로 유니버설디자인이 무장애디자인 보다 포괄적 개념으로 볼 수 있다.

(4) 접근성과 적응성

① 접근성

설계의 최초부터 사용자의 신체동작능력의 최저단계를 기준으로 공간을 설계하는 것이다. 이는 배리어프리(barrier free)를 위한 최소기준이며 표준휠체어를 사용하는 신체 장애인을 대상으로 원활한 일상생활을 할 수 있도록 계획한다.

② 적응성

공간 사용자의 신체적 · 정신적 능력단계에 맞게 공간의 지원 단계를 조절 가능하도록 계획하는 것이다. 장애의 정도나 유형, 특성, 라이프 스타일에 따라 공간에서 필요로 하는 지원의 정도가 다를 수 있으므로 모든 공간에 전면적인 배리어프리를 전개할 필요가 없다는 관점이다.

2) 유니버설디자인의 4요소와 7가지 원칙

'평생을 생각하는 디자인(lifespan design)'의 개념을 내포하는 유니버설디자인은 모든 사용자에게 쾌적하고 사용하기 편리한 환경과 제품을 제공한다는 목적을 지향하는 사회적 의식과 태도인 동시에 사회가 개개인을 존중해야 한다는 규범이자, 모든 사람을 위한 디자인으로서 굿 디자인(good design)의 새로운 척도이다.

(1) 유니버설디자인의 4요소

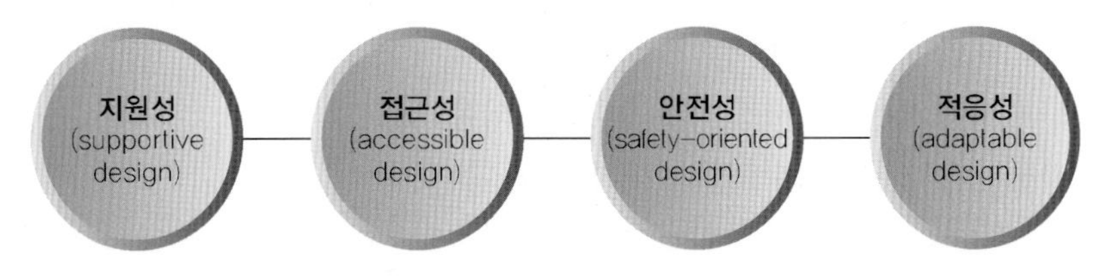

① 지원성 : 기능을 지원하는 디자인

기능을 지원하는 디자인(supportive design)이란 사용자에게 기능을 지원할 때, 불필요한 거부감을 주지 않는 것이다. 이를 위해 동작센서, 인공지능센서, 인터렉션 디자인 등 사용자의 이용 편의를 증진하는 기술이 적용된다.

② 접근성 : 접근이 원활한 디자인

접근이 가능한 디자인(accessible design)이란 사용자가 이용하는 환경의 장애물을 제거하는 것이다. 유니버설디자인은 일반적으로 많은 사람에게 방해가 되거나 위협적인 물리적 환경을 예측하고 사용자에게 해가 되지 않도록 제거한다. 일상적인 이동과 생활에 물리적 장애 요인이 없어야한다.

③ 안정성 : 안전한 디자인

안전한 디자인(safety-oriented design)이란 사용자의 건강과 복지를 증진시키는 디자인이다. 이러한 안전성에는 물리적인 위험을 극복하는 동시에 위험을 예방하고 심리적인 복지와 소속감, 자기평가와 자기가치 등의 의미가 수반되어 있다.

④ 적응성 : 적응이 가능한 디자인

적응이 가능한 디자인(adaptable design)이란 장애인, 비장애인, 성인, 어린이, 노인 등 모든 이용자가 동등한 혜택을 누리게 하는 것으로 정보의 이해 능력 차이, 개인 감성에 따른 기호의 차이까지 고려하는 것이다. 신체능력의 감소가 제품과 환경 사용에 있어 개인의 활동을 감소시키거나 해낼 수 있다는 기대감의 수준을 낮추어서는 안 된다.

(2) 유니버설디자인의 7가지 원칙

로날드 메이스(Ronald L. Mace) 주창한 유니버설디자인의 실천개념이자 근본원칙으로 전 세계적으로 각 종 정책 및 제도에 통용되고 있다.

① 공평성(equitable use)

누구나 공평하게 이용할 수 있도록 하는 것이다. 연령, 성별, 인종을 불문하고 일시적이든 연속적이든 간에 어떠한 질병이나 정신적 · 신체적으로 장애를 가진 사람을 포함하여 모든 사용자에게 같은 의미를 갖게 해야 하고 동등하게 취급하는 것이다.

- 사용자에 대한 차별 · 비난을 피할 것
- 모든 사용자에 대해서 자신감과 안전을 꾀할 것
- 모든 사용자가 만족할 수 있는 디자인을 할 것

② 융통성(flexibility in use)

사용상 자유도가 높도록 하는 것이다. 유니버설디자인은 사용하는 사람의 다양한 기호와 능력에 맞도록 제작하여야 한다. 즉 사용자가 특정한 환경이나 생활용품 혹은 서비스를 이용할 때 목적이나 용도에 폭넓게 대응할 수 있도록 배려하는 것이다.

- 사용방법을 선택할 수 있게 할 것
- 사용방법에 대한 적응이 쉽게 할 것
- 정확한 조작이 용이하도록 할 것
- 사용자의 사용능력과 속도에 적응할 것

③ 단순성(simple and intuitive use)

사용자가 이해하기 쉽게 하는 것이다. 유니버설디자인은 사용하는 사람의 경험과 지식, 언어능력, 집중력에 관계없이 사용방법과 공간에의 적응이 쉽고 단순해야 한다.

- 불필요한 복잡성을 배제할 것
- 사용자의 기대, 직감과 조화되도록 할 것
- 누구나 알 수 있는 용어로 표기할 것
- 중요성이 높은 순서대로 정보를 정리할 것
- 조작을 위한 조작확인 등을 효과적으로 제공할 것

④ 정보의 지각성(perceptible information)

필요한 정보를 곧바로 알 수 있게 하는 것이다. 정보의 사용환경과 사용자의 시각, 청각 등 감각능력에 관계없이 필요한 정보가 효과적으로 전달되도록 배려하는 것이다. 이때 중요한 정보가 충분히 전달되도록 그림이나 문자, 촉각 등 다양한 방법을 병행할 수 있다.

- 중요한 정보는 강조하고 읽기 쉽게 할 것
- 정보를 되도록 구별해서 이해하기 쉬운 요소로 구성할 것
- 감각의 제한이 있는 사용자에게도 다양한 기술·장치를 공급하여 호환성을 갖게 할 것

⑤ 오류의 허용성(tolerance for error)

오조작으로 인한 위험을 피할 수 있게 하는 것이다. 생각지 못한 실수로 위험한 결과를 초래하지 않도록 배려할 것, 모든 환경과 도구 그리고 제품을 언제나 안전하게 조작하고 사용하는 것은 불가능할 수 있다는 전제하에 그 실패를 충분히 회복할 수 있는 환경을 제공하는 것이다. 사용자가 조작에 다소 실패하더라도 목적하는 행위에 도달할 수 있도록 배려하는 것이 무엇보다 중요하다.

- 위험과 실수를 최소한으로 줄이도록 배려할 것
- 사전에 위험과 실수에 대한 충고와 경고를 할 것

- 실수를 불러일으키지 않는 기능과 환경을 조성할 것
- 사용자의 실수로 인한 오조작으로 중대한 위험상황이 발생하지 않도록 중지 및 번복이 가능한 안전방안 마련
- 주의가 필요한 조작을 무의식적으로 행하지 않도록 배려할 것

⑥ 육체적 노력의 최소화(low physical effort)

무리한 자세를 취하지 않고 적은 힘으로도 충분히 생활하도록 배려하는 것이다. 유니버설디자인은 모든 사물과 환경이 신체적으로 적정하고 부담이 없는 상태를 지향해야 한다. 무리한 자세는 안전성을 잃어 자칫 사고로 이어지기 때문이다.

- 자연스러운 자세로 조작할 수 있도록 할 것
- 최소한의 힘으로도 조작이 가능하도록 할 것
- 같은 동작의 반복을 되도록 피할 것
- 몸에 지속적인 부담이 가지 않게 할 것

⑦ 접근 · 이용의 용이성(size and space for approach and use)

활동하는 데 있어 원활한 공간과 크기를 확보하는 것이다. 편리한 환경과 좋은 기능을 가지고 있더라도 활용할 수 있는 적절한 공간이 확보되지 않으면 사용이 불가능하게 된다.

- 앉거나 서 있는 사용자가 중요한 요소를 명확하게 볼 수 있는 시계를 확보할 수 있도록 할 것
- 앉거나 서 있을 때에도 원하는 물건에 충분히 손이 닿을 수 있도록 배려할 것
- 다양한 크기와 형태에 적응할 수 있도록 할 것
- 여러 가지 보조장치 또는 개인적인 보조기구를 사용하는 사람을 위해 충분한 공간을 확보할 것

기출 및 예상 문제

1. 유니버설디자인의 개념

01 다음 중 '유니버설디자인'을 적용하는 데 우선해서 고려해야 할 대상은? 제19회

① 노인, 장애인
② 임산부, 어린이
③ 연령, 성별, 국적, 장애의 유무에 관계없이 모든 사람
④ 외국인

02 다음 중 '유니버설디자인'과 '무장애 공간디자인'의 차이를 바르게 설명한 것은?

① '무장애 공간디자인'은 상위 기준이며 '유니버설디자인'은 적용을 위한 상세한 하위 기준에 해당한다.
② '유니버설디자인'은 특정 사용자층을 대상으로 하나 '무장애 공간디자인'은 예외집단을 갖지 아니한다.
③ '무장애 공간디자인'은 특정 사용자층을 대상으로 하나 '유니버설디자인'은 예외집단을 갖지 아니한다.
④ '유니버설디자인'과 '무장애 공간디자인'은 용어의 차이일 뿐 정의와 대상의 차이가 없다.

정답 및 해설

01 ③
유니버설디자인은 연령, 성별, 국적, 장애의 유무와 관계없이 모든 사람을 대상으로 보편적이고 일상적으로 반영되어야 할 사항이다.

02 ③
유니버설디자인은 예외집단을 갖지 않는 모두를 생각하는 범용 디자인이며 무장애 공간디자인은 특정 사용자층을 위한 물리적 문제해결을 도모한다.

03 주거공간은 시간과 함께 변화 한다. 생활인의 시점에서 본 주거공간 조성에 있어 유니버설디자인 관점과 가장 거리가 먼 것은? 공인4회

① 노인이 편하게 사용할 수 있는 디자인
② 사양의 유연한 대응이 가능한 디자인
③ 간단하고 직감적으로 사용할 수 있는 디자인
④ 접근이 쉽고, 편리한 공간과 크기가 확보된 디자인

04 유니버설디자인에 대한 다음 설명 중 잘못된 것은?

① 장애인을 포함한 모든 개인을 대상으로 기준으로 한다.
② 물리적, 심리적인 총체적 환경의 범주를 다룬다.
③ 완결된 기준을 중심으로 하는 개념이다.
④ 시장경제적인 사회복지의 개념이다.

05 다음 중 '유니버설디자인'의 공간 계획방식에 있어 우선적으로 고려되어야 하는 개념으로 옳은 것은?

① 지속성과 접근성
② 접근성과 적응성
③ 적응성과 심미성
④ 접근성과 친환경성

06 다음 중 유니버설디자인의 4요소에 해당하지 않는 것은? 제18회

① 건강과 복지를 위한 안전성
② 사용자의 심리적 정서적 쾌적성
③ 거부감을 주지 않는 기능에 대한 지원성
④ 사용자의 요구와 능력에 맞춘 적응성

정답 및 해설

03 ①
유니버설디자인은 연령, 성별, 인종, 질별과 장애 유무와 관계없이 누구나 편하게 사용할 수 있는 디자인을 한다.

04 ③
완결된 기준을 중심으로 하는 것은 배리어프리(Barrier Free)의 개념이며 유니버설디자인은 적응되는 과정을 중심으로 한다.

05 ②
유니버설디자인의 공간 계획 방식에 있어 이용자의 접근성(accessability)과 적응성(adaptability)을 우선으로 고려되어야 한다.

06 ②
유니버설디자인의 4요소는 지원성, 접근성, 적응성, 안전성이다.

07 다음 중 유니버설디자인의 4가지 디자인 요소에 해당하지 않은 것은? 제19회

① 지원성 ② 적응성
③ 직관성 ④ 안정성

08 유니버설디자인의 4요소 중 적응 가능한 디자인에 대한 설명 중 맞지 않은 것은?

① 모든 제품·환경의 이용자들이 동등한 혜택을 누려야 한다는 의미이다.
② 개인의 정보 이해능력의 차이, 개인의 감성에 따른 기호의 차이까지 고려한다.
③ 노화에 따른 활동 감소나 기대감의 수준을 자연스럽게 낮출 수 있게 도와준다.
④ 변화하는 사용자의 요구와 능력에 따라 대응할 수 있는 환경의 융통성을 뜻한다.

09 유니버설디자인의 4요소 중 '안전한 디자인'에 대한 설명 중 맞는 것은?

① 모든 이용자가 동등한 혜택을 누리게 하는 것이다.
② 물리적인 위험을 극복하는 것에 고려 범위를 두고 있다.
③ 불필요한 거부감을 주지 않는 것이다.
④ 위험을 예방하고 심리적인 건강성을 지원한다.

10 다음 중 유니버설디자인의 7원칙에 해당하지 않은 것은? 제18회

① 단순성 ② 공평성
③ 안전성 ④ 융통성

정답 및 해설

07 ③
유니버설디자인의 4요소는 지원성, 접근성, 적응성, 안전성이다.

08 ③
노화에 따른 신체능력의 감소 때문에 제품과 환경을 사용함에 있어서 개인의 활동을 감소시키거나 그들이 해낼 수 있다는 기대감의 수준을 낮추게 해서는 안 된다.

09 ④
유니버설디자인의 안전한 디자인 요소는 위험을 예방하고 심리적인 복지와 소속감, 자기평가와 자기가치 등의 의미가 수반된다.

10 ③
유니버설디자인의 7원칙은 공평성, 융통성, 단순성, 정보의 지각성, 오류의 허용성, 육체 적 노력의 최소화, 접근·이용의 용이성이다.

11 다음 중 유니버설디자인의 7원칙에 해당하지 않은 것은?

① 접근 · 이용의 용이성
② 오류의 최소화
③ 정보의 지각성
④ 육체적 노력의 최소화

12 다음 유니버설디자인의 원칙인 '공평한 사용에 대한 배려'에 해당하는 것은? 제19회

① 사용법의 자유
② 복잡함 배제
③ 쾌적한 사용을 위한 자세
④ 평등한 사용

13 유니버설디자인의 7원칙 중 '정보의 지각성'과 관련된 내용으로 맞지 않은 것은?

① 사용 환경과 사용자의 시각, 청각 등 감각능력에 따라 별도로 정보를 제공할 것
② 중요한 정보는 강조하고 읽기 쉽게 할 것
③ 정보를 되도록 구별해서 이해하기 쉬운 요소로 구성할 것
④ 감각의 제한이 있는 사용자에게도 다양한 기술 · 장치를 공급하여 호환성을 갖게 할 것

14 유니버설디자인의 7원칙 중 '오류의 허용성'과 관련된 내용으로 맞지 않은 것은?

① 위험과 실수를 최대한으로 허용할 수 있도록 배려할 것
② 위험과 실수에 대하여 사전에 충고와 경고를 할 것
③ 실수를 불러일으키지 않는 기능과 환경을 조성할 것
④ 주의가 필요한 조작을 무의식적으로 행하지 않도록 배려할 것

정답 및 해설

11 ②
유니버설디자인의 7원칙은 공평성, 융통성, 단순성, 정보의 지각성, 오류의 허용성, 육체적 노력의 최소화, 접근 · 이용의 용이성이다.

12 ④
연령, 성별, 인종, 질병과 장애 유무와 관계없이 누구나 평등하게 이용할 수 있도록 하는 것이다.

13 ①
정보의 사용환경과 사용자의 시각, 청각 등 감각능력에 관계없이 필요한 정보가 효과적으로 전달되도록 배려하고 정보가 충분히 전달되도록 그림이나 문자, 촉각 등 다양한 방법을 병행 활용하여 종합적이고 입체적인 방식으로 정보 전달력을 높인다.

15 유니버설디자인의 7원칙 중 '접근 · 이용의 용이성'과 관련된 내용으로 맞지 않은 것은?

① 앉거나 서 있는 사용자가 중요한 요소를 명확하게 볼 수 있는 시계를 확보할 수 있도록 할 것
② 앉거나 서 있을 때에도 원하는 물건에 충분히 손이 닿을 수 있도록 배려할 것
③ 보고 장치 및 기구를 사용하는 사람을 위한 별도의 구분된 동선을 배려할 것
④ 여러 가지 보조장치 또는 개인적인 보조기구를 사용하는 사람을 위해 충분한 공간을 확보할 것

정답 및 해설

14 ①
위험과 실수를 최소한으로 줄일 수 있도록 배려하여야 한다.

15 ③
유니버설디자인은 특정인을 별도로 구분 배려하는 것이 아니라 장애인을 모함한 모든 개인이 함께 사용함에 있어 문제가 없어야 하며 특정인의 이용이 도드라지는 심리적 차별이 없어야 한다(예: 계단에 경사형 장애인 리프트를 설치하기 보다는 일반 엘리베이터를 설치하여 모두가 함께 이용할 수 있도록 하는 것이 바람직하다).

2 유니버설디자인 프로세스

1) 계획공간에 대한 이해

계획공간의 유형과 기능에 따라 공간을 정의하고 해당 법적 기준을 검토하여 목적과 용도에 적합한 공공성의 정도를 설정한다.

2) 사용자에 대한 이해

공간의 용도에 따른 사용자의 유형 및 이용 행태를 분류하고 특성을 정의한다. 사용자 분석은 사용자의 신체적 · 정신적 · 사회적 특성을 중심으로 경험의 차이 등을 고려하여 감각기능, 인지기능, 운동능력 등 생리적 기능의 차이와 사회 심리적 특성을 분석함으로써 사용자에 대한 구체적 이해를 체계화한다.

- 다양성의 고려
- 신체능력의 차이
- 감각능력의 차이
- 인지능력의 차이
- 나이와 신체 사이즈

3) 관련 법규의 검토

공간의 목적과 유형에 따라 유니버설디자인 개념을 반영하여 준수해야 할 법적 의무규정이 있다. 또한 모든 공공시설은 최소한의 법적기준 준수는 물론 그 이상의 편의성을 제공할 수 있는 디자인을 해야 한다. 이를 위해 건축물과 대상공간에 관련된 법적 · 제도적 규제와 권장사항 등을 검토하되 접근성을 중심으로 한 최소기준과 권장기준 등을 중심으로 검토해야 한다. 건축물의 유형에 따라 검토해야 할 법적 기준으로는 「건축법 시행령」, 「장애인 · 노인 · 임산부 등의 편의증진 보장에 관한 법률 시행규칙」, 「소방시설 설치유지 및 안전관리에 관한 법률 시행령」, 「장애인 복지법 시행규칙」 등이 있다.

4) 기본계획의 수립

건축물과 공간에 대한 이해와 사용자에 대한 이해, 법적 검토가 끝나면 대상 공간에 유니버설디자인을 적용하기 위한 기본계획을 수립한다. 이는 계획공간에 대한 접근성, 안전성, 기능성, 편리성 등을 중심으로 앞서 정의한 사용자에 대한 분석 내용과 대상 공간의 특성에 맞게 유니버설디자인을 적용하기 위한 기본계획이다.

5) 공간계획

유니버설디자인 개념을 적용한 공간구성은 사용자가 공간을 파악하기 쉽고, 사용자의 예측과 공간의 구성이 부합되는 양립성이 성립되는 공간배치가 필수적이다. 사용자가 실내공간에서 어떠한 목적을 가지고 행동을 할 것인지를 예측하고 이를 수월하게 할 수 있도록 공간의 레이아웃을 완성한다. 전적으로 어떠한 불편한 여건을 가진 사용자라고 할지라도 그의 관점에서 가장 합리적이고 수월하게 사용할 수 있도록 공간을 구성하는 것이 중요하다.

- 양립성에 입각한 합리적 공간계획
- 사용자의 다양성을 고려한 공간계획
- 인지가 쉬우며 체계적인 동선계획
- 다양한 장애를 가진 사용자도 함께 이용함에 편리한 공간계획

6) 세부공간디자인

각각의 단위공간에 원활한 접근성과 높은 활용성을 유도하기 위해서는 세부공간 설계에 있어 세심한 유니버설디자인 적용이 매우 중요하다. 실 사용자의 공간이용에 있어 지원 및 배려 사항들의 적용이 입체적이고 체계적으로 반영되어야만 어느 누구나 원활히 사용할 수 있는 완성도 공간디자인이 될 수 있다. 세부공간디자인이 적용되는 공간은 다음과 같이 분류할 수 있다.

- 접근공간 : 주차장, 건물의 주출입구까지 이르는 진입로
- 진입공간 : 건물의 주출입구, 단위 세대의 현관, 단위공간 출입구의 안팎
- 이동공간 : 복도, 계단, 램프, 엘리베이터 등 내외부의 동선공간
- 위생공간 : 화장실, 욕실 등
- 개별 단위공간 : 전체공간 내 개별실과 단위공간 등
- 사인 및 설비 : 안전설비 및 사인, 전기, 수도, 공조, 냉온설비와 조절장치 등

7) 설계안의 검토

전반적인 설계안이 완성되었다면 초기 계획 방향 및 고려 상황과 일치하는지, 잘 반영되었는지 체크리스트를 활용한 검토가 필요하며 설계상 개선·보완할 부분을 반영함으로써 최종설계가 완성된다. 또한 향후 공간 활용에 있어 이용자의 요구 변화를 반영할 수 있는 유지관리 측면에서의 융통성 있는 가변성의 여지를 유지한다.

기출 및 예상 문제

2. 유니버설디자인 프로세스

01 유니버설디자인 관련 국내 법규에 대해 아래 설명을 읽고 해당하는 것을 고르시오.

제19회

이 법률은 장애인·노인·임산부 등이 생활을 영위함에 있어 다른 사람의 도움 없이 안전하고 편리하게 시설 및 설비를 이용하고 정보에 접근하도록 보장함으로써 이들의 사회활동참여와 복지증진에 이바지함을 목적으로 1997년에 제정되었다.

① 심신장애자복지법
② 장애인편의증진법
③ 교통약자의 이동편의증진법
④ 장애인복지법

02 유니버설디자인의 프로세스로 올바른 것은?

제18회, 제19회, 공인4회

① 사용자에 대한 이해－설계안 검토－계획공간계획－공간계획－법규 검토
② 법규 검토－공간에 대한 이해－기본계획 수립－공간계획－설계안 검토
③ 계획공간에 대한 이해－사용자에 대한 이해－법규 검토－공간계획－설계안 검토
④ 공간에 대한 이해－공간계획－설계안 검토－세부공간디자인－사용자에 대한 이해

정답 및 해설

01 ②
장애인편의증진법은 장애인 · 노인 · 임산부 등이 자주적으로 안전하고 편리하게 공공시설을 이용할 수 있도록 보장하고 있다.

02 ③
유니버설디자인의 프로세스는 계획 공간에 대한 이해－사용자에 대한 이해－관련 법규 검토 －기본계획 수립－공간계획－세부공간디자인－설계안 검토의 순으로 진행한다.

03 유니버설디자인 프로세스 중 '관련법규의 검토' 시 고려해야 할 법적 기준이 아닌 것은?

① 건축법 시행령
② 장애인·노인·임산부 등의 편의증진 보장에 관한 법률 시행규칙
③ 소방시설공사업법시행령
④ 장애인복지법 시행규칙

04 유니버설디자인을 적용한 공간계획에 관한 설명 중 틀린 것은?

① 양립성에 벗어나지 않는 공간계획
② 다양한 사용자를 고려한 공간계획
③ 인지가 쉬운 동선계획
④ 휠체어 장애인을 우선하는 공간계획

정답 및 해설

03 ③
유니버설디자인 시 고려해야 할 법적 기준으로는 건축법 시행령, 장애인·노인·임산부 등의 편의증진 보장에 관한 법률 시행규칙, 소방시설 설치유지 및 안전관리에 관한 법률 시행령, 장애인복지법 시행규칙 등이 있다.

04 ④
휠체어뿐만 아니라 다양한 장애를 가진 사용자도 함께할 수 있는 편리한 공간계획이 되어야 한다.

3 유니버설디자인 적용 기준

유니버설디자인 적용에 있어 각각의 세부공간디자인에서 고려할 설계기준은 「장애인·노인·임산부 등의 편의증진 보장에 관한 법률」에 명시된 내용을 최소 기준으로 한다. 다만, 유니버설디자인의 목적과 취지에 따른 권고 기준은 최소기준에 상회하여 사용자 측면에서 원활한 접근 및 이용에 불편이 없도록 하여야 한다.

1) 해당 적용 법적기준

- 장애인복지법(1989년 제정)
- 장애인·노인·임산부 등의 편의증진보장에 관한 법률(1998년)
- 교통약자의 이동편의 증진법(2006년)
- 장애인차별금지 및 권리구제 등에 관한 법률(2008년)
- 장애물 없는 생활환경(BF)인증에 관한 규칙(2010년)
- 보행안전 및 편의증진에 관한 법률(2012년)
- 서울특별시 유니버설디자인 도시조성 기본 조례(2016년)

등 각 지자체별 유니버설디자인 관련 조례

2) 공간별 설계 기준

본 교재의 제4장 〈실내구조 및 법규〉 중 「장애인·노약자 시설 관련 법규」에 기재된 법적 기준을 토대로 사회적 가치의 지향점이 되는 유니버설디자인 설계 기준을 적극적으로 고려하여 반영한다. 다만 유니버설디자인 설계 기준의 경우 상당부분이 권고 사항이며 그 수치 또한 객관화하기에 다소 차이가 있어 본 교재에서는 최우수 BF(베리어프리)인증기준을 현실 적용 가능 범위 내에서 가장 이상적 기준으로 삼아 법적 기준과 비교하여 아래와 같이 주요 사항에 대하여 소개한다.(유니버설디자인의 일반적인 법규 적용 기준은 제4장 〈실내구조 및 법규〉 내 「장애인·노약자 시설 관련 법규」 내용을 참고하도록 한다.).

(1) 접근공간 : 대지 출입구, 보행접근로, 주차장

① 보행접근로

반영 요소	법적기준	최우수 BF인증 기준
유효폭	1.2m 이상	1.8m 이상
유효높이	최소 2.1m 이내	최소 2.5m 이내(유효안전높이)

단차	2cm 이하 허용	전체구간 단차 없음
기울기	1/18 이하	1/24 이하
바닥 포장재	-	줄눈 간격 0.5cm 이하
배수	배수로 덮개의 틈새 간격 2cm 이하	구멍이 없는 배수로 덮개

② 주차장

반영 요소	법적기준	최우수 BF인증 기준
설치규격	일반 : 폭 2.3m, 길이 5.0m 장애인 : 폭 3.3m, 길이 5.0m	일반 : 폭 2.3m, 길이 5.0m 이상 장애인 : 폭 3.5m, 길이 5.0m
주차면수	규정비율	규정비율의 100% 초과 확보

(2) 진입공간 : 주출입구, 로비

① 주출입구

반영 요소	법적기준	최우수 BF인증 기준
단차	높이 2cm 이하	단차 불허
경사로기울기	기울기는 1/12 이하	기울기 없이 수평접근
문 형태	회전문이 아닌 문	자동문
전면공간	유효폭 0.8m 이상, 전면 유효거리 1.2m 이상	유효폭 1.2m 이상, 전면 유효거리 1.8m 이상
점형블록	-	주출입구(문) 0.3m 전후에 표준형 점형블록 설치
손끼임 방지	-	손끼임 방지설비 설치

(3) 이동공간 : 복도, 실내출입문, 경사로, 계단, 엘리베이터, 에스컬레이터 방재 및 피난시설

① 복도

반영 요소	법적기준	최우수 BF인증 기준
유효폭	1.2m 이상 (복도 양옆에 거실이 있는 경우 1.5m 확보)	1.5m 이상
보행장애물	높이 2.1m 이내, 벽면에서 돌출폭은 0.1m 이하	벽면에 돌출물 및 설치물과 바닥 이동장애물 설치 지양, 킥플레이트 설치, 모서리는 둥글게 마감

제1장 실내계획
제2장 실내환경
제3장 실내시공
제4장 실내구조 및 법규

② 실내출입문

반영 요소	법적기준	최우수 BF인증 기준
문의 형태	회전문 금지	미닫이문, 여닫이문, 자동문
단차	2cm 이하	단차 불허
유효폭	0.8m 이상	1.0m 이상
전·후면 유효거리	1.2m 이상	1.8m 이상

③ 경사로

반영 요소	법적기준	최우수 BF인증 기준
유효폭	1.2m 이상	1.5m 이상
추락방지	-	5cm 이상의 추락방지턱 또는 측벽 설치
기울기	1/12 이하	1/18이하

④ 계단

반영 요소	법적기준	최우수 BF인증 기준
형태	-	직선 또는 꺾임 형태의 계단
휴식참(계단참)	높이 3.0m 이내마다 계단참 설치	1.8m마다 휴식참 설치
유효폭	1.2m 이상, 옥외계단 0.9m 이상	1.5m 이상

⑤ 엘리베이터(승강기)

반영 요소	법적기준	최우수 BF인증 기준
활동공간	1.4×1.4m 이상	1.5×1.5m 이상
출입문 통과 유효폭	0.8m 이상 (신축 건축물의 경우 0.9m 이상)	1.2m 이상
내부 유효바닥면적	폭 1.1m 이상 (신축 건축물의 경우 폭 1.6m 이상), 깊이 1.35m 이상	폭 1.6m 이상, 깊이 1.4m 이상

(4) 위생공간 : 화장실, 다목적 화장실, 수유실, 욕실 · 샤워실 · 탈의실

① 화장실

반영 요소	법적기준	최우수 BF인증 기준
출입구(문) 유효폭	유효폭 0.8m 이상	1.2m 이상 확보
활동공간	간 1.4×1.4m 이상	1.5×1.5m 이상
마감	물에 젖어도 미끄러지지 않는 재질로 바닥마감	물이 묻어도 미끄럽지 않고 걸려 넘어질 염려가 없는 바닥마감, 타일이나 판석마감의 경우 줄눈 0.5m 이하 설치

② 다목적 화장실

반영 요소	법적기준	최우수 BF인증 기준
출입구(문) 유효폭	유효폭 0.8m 이상	1.2m 이상 확보
유효바닥면적	폭 1.4m 이상, 깊이 1.8m 이상	폭 2.0m 이상, 깊이 2.1m 이상
위생 및 편의설비	시각적 설비 및 잠금장치 설치, 대변기에 앉은 상태에서 이용 가능한 세정장치, 휴지걸이 등 기타 설비	버튼식 형태의 잠금장치, 불이 켜지는 문자 시각설비 설치, 대변기에 앉은 상태에서 이용 가능한 휴지걸이 등의 기타 설비, 광감지식 및 누름버튼 세정장치 설치, 비상호출벨 및 등받이 설치, 유아용거치대 설치, 조명 스위치 및 휴지걸이 등의 높이 0.8m~1.2m 이내

3) 설비

① 안전 및 비상장치

주택이나 공공시설의 실내공간에는 위급한 상황이나 비상 시 작동할 수 있는 안전설비가 필요하다. 비상인터폰, 비상전화, 감지기 등은 응급상황 시 경비실, 관리실, 상황실 또는 소방서나 경찰서 등에 곧바로 연결되도록 하여 신속한 대처가 가능해진다. 이러한 장치를 설치할 때에는 비상상황 시 사용자의 동작범위와 활동 가능여부를 고려하여 설치위치와 작동방식 등을 합리적으로 계획한다. 비상벨은 응급 시 사용자의 자세 등을 고려하여 손이 쉽게 닿을 수 있도록 설치하는 위치를 고려한다.

고령자나 장애인의 생활공간에 적용되는 안전장치와 설비 등은 거주자의 조작을 통해 작동하거나 반응하는 수동적 방식으로부터 공간에 설치된 센서를 통해 사용자의 활동이나 동작의 의도를 파악하고 그에 맞게 인터렉티브한 환경조절을 수행하는 능동적 방식으로 발전하고 있다.

기본적인 동작센서 외에도 열센서나 압력센서, RFID, 그 밖에 여러 다양한 센싱기술을 활용하여 사용자의 신체동작을 감지하고 감지된 사용자 정보를 기준으로 실내의 설비나 기기를 조절함은 물론 거주자의 안전 여부를 실시간으로 감지함으로써 위급한 상황에 신속히 대처할 수 있게 한다.

② 설비의 유지 · 보수

생애주기별 신체적 특성이 달라지고 질환 및 사고에 의한 후천적 장애요소의 발생을 고려하여 보조 장치 및 설비를 추가하는 공사가 손쉽게 이루어질 수 있도록 사전에 검토하여 반영한다. 또한 일상생활에 지장 없이 장치 및 설비의 유지 · 보수가 효율적으로 이루어질 수 있도록 관리방법을 체계화한다.

4) 사인

- 연속성 : 목적지점까지 경로상 안내사인, 유도사인, 기명사인 등과 같은 적절한 사인물에 의하여 동선 유도가 끊어짐 없이 유지되어야 한다.
- 통일성 : 지도, 문자, 픽토그램 등의 표시요소 표현방식에 있어 이용자의 혼선이 없도록 일관성을 적용해야 한다.
- 인지성 : 표시요소에 대한 이용자의 인식이 용이해야 하며 내용을 직관적으로 판단할 수 있어야 한다.
- 충실성 : 시설에 대한 이용자의 충분한 이해 및 편리한 이용을 위한 적정한 정보량을 게재하여야 한다.
- 배치의 적절성 : 공간과 이용자 행태를 고려하여 시선에 따른 적절한 위치 선정 및 형식을 적용하여야 한다.

① 점자블록

시각장애인의 보행편의를 위하여 점자블록은 같은 감지용 점형블록과 유도용 선형블록을 사용해야 한다. 점자블록의 색상은 원칙적으로 황색을 사용하되, 바닥재의 색상과 비슷하여 구별하기 어려운 경우에는 다른 색상을 쓸 수 있다.

시각장애의 유형 중에는 전맹뿐 아니라 약시가 많은 비중을 차지하고 있다. 약시의 경우 희미하게 잔존시력이 남아 있어 점자블록과 바닥재의 콘트라스트가 강할 경우 보다 쉽게 동선을 인지할 수 있다. 반대로 화강석 바닥재 위 스테인리스같이 바닥재와 점자블록 간 색상대비가 약한 경우 발바닥 감각에 의존하여 동선을 식별해야 한다.

실외에 설치하는 점자블록의 경우 햇빛이나 불빛에 반사되거나 눈·비 등에 미끄러지기 쉬운 재질을 사용해서는 안 되며, 실내에 설치하는 경우 우천 시 바닥의 물기로 인해 미끄러지기 쉬우므로 스테인리스나 알루미늄 등 금속 소재의 점자블록을 피한다.

② 일반사인

- 사인의 위치

사인은 종합병원과 같이 공간의 규모가 크고 동선이 복잡할수록 비중이 높다. 실내에서 사인이 눈에 쉽게 띄도록 가시성을 높이려면 사인의 위치가 높아야 한다. 천장에 부착하는 행잉(hanging)타입의 사인은 먼 거리에서도 가시성이 높다. 층고가 높아 사인 부착이 어렵거나 가시성이 낮은 경우 대형 부조와 같은 조형요소를 배치하여 공간을 기억하게 하는 상징물로 사인의 효과를 유도할 수도 있다.

• 촉지도

시각장애인을 위한 촉지도는 입식사인이나 벽 부착형의 사인형식으로 하되 내구성이 높은 소재를 이용하여 반영구적으로 설치한다.

• 문자의 서체와 크기

사인의 문자나 서체 크기는 아동부터 고령자까지 모두가 식별하기 용이하고 간결하며 인식이 수월해야 한다. 장식적 서체나 모서리가 둥근 서체, 흘림체 등은 사인에 적합하지 않다. 문자의 크기는 사인의 설치 위치에 따라 가시거리를 감안하여 정한다. 영문자가 흰 바탕에 검정 글씨로 쓰일 경우 획의 두께와 문자 높이의 비례가 1 : 6~1 : 8일 때 가시성이 가장 좋으며, 검정 바탕에 흰 글씨로 쓰일 경우는 1 : 8~1 : 10이 권장된다.

• 색상

시각적 인지 능력 부족에 대비하여, 멀리서도 쉽게 인지할 수 있도록 색상은 주변환경과 명도 대비가 되도록 하고 높은 채도의 색을 사용하여 시인성을 강화한다. 단, 지나치게 강한 색상대비는 심리적 불안감을 조성할 수 있으므로 주의하여야 한다.

• 외국어 및 한자

다문화 사회로의 전환 및 외국인 방문자를 위한 국제공용어 병행표기가 이루어져야 한다. 또한 한자 사용 시에는 한글이나 영문자보다 시인성이 떨어지는 것을 고려하여 2배 이상의 글자 크기를 적용하여 한다.

5) 안전한 마감재의 사용

디자이너는 마감재를 선택할 때 재료의 색상이나 질감, 다른 재료와의 멋진 코디네이션을 연출하는 것 이전에 예기치 못한 사고나 부상을 방지하기 위한 재료의 안전성에 대한 문제를 고민해야 한다. 특히, 불특정 다수가 이용하는 공공장소에서 아름다운 무늬와 광택이 돋보이는 대리석 바닥, 대리석을 모방한 폴리싱타일, 온통 투명한 유리문이나 벽 모서리의 스테인리스 코너몰딩과 같은 부주의한 마감재의 사용으로 인한 안전사고 발생이 예상보다 많다.

많은 디자이너들이 설계 시 스스로의 생각과 관점에 사로잡혀 여러 가지 가능성 중 가장 긍정적인 결과의 조합만을 상상하며 자신만의 결론을 내리게 된다. 그러나 유니버설디자인적 관점의 의사결정 방식은 그 반대로 해야 한다. 디자이너는 선택과 결정의 단계에서 최악의 방문자를 설정하고 그 이후의 상황들을 더욱 진지하게 상상해보며 결론을 내려야 한다.

디자이너는 자신이 설계한 공간이 의도와 달리 사람들에게 해를 끼칠 수 있다는 사실을 늘 염두에 두어야 한다. 예를 들어 쇼핑몰의 통로에 가공하지 않은 듯 석재의 자연미를 혹두기 스타일로 연출하여 멋스럽게 마감한 점포의 벽체는 거동이 불편한 고령자나 주의력이 부족한 아동에게 매우 위협적인 장애물이 될 수 있다.

6) 유니버설가구디자인

유니버설가구디자인은 장애와 같은 특수한 상황의 이용자만을 위해 특별한 가구를 디자인하는 것이 아니라, 신체장애를 가진 사용자뿐 아니라 모든 건강한 비장애인까지 편안하게 지원하는 가장 보편적이며 기능적인 가구를 만드는 것이다.

① 기본 원칙

- 안전한 일상을 위한 가구
- 자립생활을 도와주는 가구
- 변화와 다양성을 포용하는 가구
- 정서적으로 편안하고 이용이 편리한 가구

② 유니버설가구디자인 프로세스

첫째, 가상의 일반인을 대상으로 하는 추상적 대상을 넘어 장애인과 비장애인, 아동과 고령자와 같이 사용이 예측되는 모든 대상자에 대하여 구체적 유형과 특성을 설정한다. 다양한 장애의 정도에 대한 지식을 토대로 다양한 조건의 사용자의 특성을 분석한다.

둘째, 사용자의 특성과 필요에 부합하는 기능을 지원할 수 있는 방법을 나열한다. 이때 가구를 사용하는 목적과 사용 행태에 따라 요구되는 기능의 유무 등을 고려한다.

셋째, 모의실험, 이용자 직접관찰 및 인터뷰 등 다양한 방법을 통한 가구 아이템의 안전성, 기능성, 활용성 등을 수치화하여 검증하고 개선한다.

③ 가구의 구성재 및 마감재

구성재는 가구의 기능을 최대한 발휘하며 최적의 성능을 발휘할 수 있는 조건을 충족시켜야 한다. 목재와 같은 섬유소재 외에도 공간 확보를 위하여 부피가 작은 금속구조재를 사용할 수 있으며, 특히 사용자의 수월한 이용 및 조절을 위해여 금속재를 사용하여 착탈식 · 조절식 · 가변식으로 구성할 수 있다. 또한 가구를 경량화하고, 폭넓은 조절범위를 갖도록 하며, 적은 힘으로도 수월하게 조절할 수 있어야 한다. 신체의 좌우 어느 한쪽에 장애가 있는 경우 가구가 특별히 불편하지 않게 하려면 사용자의 장애가 어떠한 유형이더라도 대응 가능한 방법을 고려하는 아이디어가 필요하다.

마감재는 사용자의 피부와 접촉하므로 따뜻하고 부드러운 특성을 가져야 한다. 색상은 마감재 고유의 자연색을 기본으로 하며, 특별히 심리적 · 기능적인 목적이 있다면 특정한 색상의 대비를 의도하거나 질감의 대비 등을 연출할 수 있다.

3. 유니버설디자인 적용 기준

기출 및 예상 문제

01 건축물 신축 시 장애인 · 노인 · 임산부 등을 위한 경사로 계획에 있어 틀린 기준은?

① 최소 유효폭은 1.2m 이상이어야 한다.
② 단차가 있어서는 안 된다(단, 법적 기준은 30㎜ 이하는 허용한다.).
③ 접근로의 경계면은 휠체어나 유모차의 바퀴 이탈방지를 위하여 경계턱(75~100㎜)을 만든다.
④ 경사로의 기울기는 1/18 이상으로 설치한다.

02 유니버설디자인을 적용한 진입로 설계 시 고려할 사항으로 적절하지 않은 것은?

제18회

① 경사로의 좌우측에 휠체어가 탈락하지 않도록 턱을 준다.
② 접근로의 단차가 20㎜ 이하이면 적법하다.
③ 접근로의 램프각도는 1/18 이상 되어야 한다.
④ 배수를 위한 그레이팅의 살 간격은 15㎜ 이하로 한다.

정답 및 해설

01 ②
유니버설디자인 적용 시 진입로의 단차가 있어서는 안 된다 단, 법적 기준은 20㎜ 이하는 허용한다.

02 ④
배수를 위한 그레이팅은 휠체어나 유모차 바퀴가 틈새에 빠지지 않도록 살 간(13㎜ 이하)과 살 방향(보행 방향과 직각)을 고려해야 한다.

03 출입구 공간에 대한 기준으로 적절한 것은?

① 공동주택 방화문의 방풍턱은 최소 20㎜ 이하로 시공하여야 한다.
② 방풍실의 앞뒤 문 사이 간격은 최소 1,800㎜가 유지되어야 한다.
③ 투명유리 출입문이나 전면 창은 눈높이에 패턴이나 문자를 붙여 시인성을 높인다.
④ 출입구의 바닥은 오염에 대해 청소가 용이하도록 표면이 매끄러운 마감재를 사용한다.

04 유니버설디자인을 고려할 때, 공간의 규모에 관한 다음 설명으로 맞는 것은?

제18회, 제19회, 공인4회

① 휠체어가 회전하기 위해서는 최소 지름 1,300㎜의 공간이 필요하다.
② 출입문은 개방한 상태로 최소 유효폭 900㎜ 이상이 확보되도록 해야 한다.
③ 문측면 유효폭은 레버가 달린 벽면 쪽으로 600㎜ 이상을 권장한다.
④ 바닥면의 단차 발생 시 재료분리대를 경사면으로 처리하되 높이 20㎜ 이하, 1/2의 경사각으로 설치한다.

05 유니버설디자인을 고려할 때, 공간의 규모에 관한 다음 설명으로 <u>틀린</u> 것은?

① 휠체어 동작공간은 최소 1,400×1,400㎜ 이상의 공간을 확보한다.
② 문 유효폭은 800㎜이며, 850~900㎜를 권장한다.
③ 출입문 손잡이의 설치는 높이 850~1,000㎜ 이내로 한다.
④ 불가피하게 바닥면에 단차가 발생하는 경우에는 재료분리대를 경사면으로 처리하되 높이 15㎜ 이하, 1/2의 경사각으로 제작·설치한다.

정답 및 해설

03 ③
공동주택 방화문의 방품턱은 최소 15㎜ 이하로 시공하여야 한다. 방풍실의 앞뒤 문 사이 간격은 최소 1,200㎜ 이상의 유효거리를 확보해야 한다. 출입구의 바닥은 배수가 원활하고 표면이 미끄럽지 않은 바닥재를 사용해야 한다.

04 ③
휠체어 회전직경은 최소 지름 1,500㎜ 이상을 확보한다. 출입문 개방 상태에서 최소 유효폭은 800㎜ 이상이며 850~900㎜을 권장한다. 불가피하게 단차발생 시 재료분리대를 사면으로 처리하고 높이는 15㎜ 이하, 1/2의 경사각으로 설치한다.

05 ①
휠체어 동작공간은 회전직경이 보장되도록 최소 1,500×1,500㎜ 이상의 공간을 확보한다.

06 「장애인·노인·임산부 등의 편의증진보장에 관한 법률」에서 규정한 출입구의 통과 유효폭(a)과 「고령자 배려 주거시설 설계치수 원칙 및 기준」의 출입구 유효폭(b)이 맞게 짝지어진 것은? 제19회, 공인5회

① a : 850㎜, b : 900㎜
② a : 800㎜, b : 900㎜
③ a : 850㎜, b : 850㎜
④ a : 800㎜, b : 850㎜

07 유니버설디자인 적용 시 단위공간 출입구에 불가피하게 단차가 발생하는 경우 적용 기준으로 올바른 것은?

① 재료분리대를 경사면으로 처리하는 것을 권장하되 높이 15㎜ 이하의 단차는 경우 법적 허용치이다.
② 재료분리대를 경사면으로 처리하되 높이 15㎜ 이하, 1/2의 경사각으로 제작·설치한다.
③ 재료분리대를 경사면으로 처리하되 높이 20㎜ 이하, 1/2의 경사각으로 제작·설치한다.
④ 재료분리대를 경사면으로 처리하되 높이 15㎜ 이하, 1/3의 경사각으로 제작·설치한다.

08 유니버설디자인을 적용한 건물 내부의 복도·통로 계획의 방법으로 옳지 못한 것은? 공인4회

① 낮은 단차를 사용하며 경사로가 필요한 경우 경사는 1/5 이내로 한다.
② 필요에 따라 복도에 유도블록을 깔거나 유도 라인을 긋는다.
③ 바닥은 잘 미끄러지지 않는 마감재를 선택한다.
④ 병원이나 양로시설 등 필요하다고 생각되는 건물 복도에는 천천히 잡고 걸을 수 있는 손잡이를 복도의 양쪽, 또는 한쪽에 설치한다.

정답 및 해설

06 ④
장애인·노인·임산부 등의 편의증진보장에 관한 법률」 시행규칙 중 제2조 제1항 관련 [별표 1] 편의시설의 구조·재질 등에 관한 세부기준 중 장애인 등의 출입이 가능한 출입구는 800㎜, '고령자 배려 주거시설 설계치수 원칙 및 기준'의 출입구 유효폭은 850㎜이다.

07 ②
단차발생이 불가피할 경우 재료분리대를 경사면으로 처리하되 높이 15㎜ 이하, 1/2의 경사각으로 제작·설치한다.

08 ①
실내 경사로의 기울기는 12분의 1 이하로 한다.

09 복도의 설계에 관한 다음 사항 중 틀린 것은?

① 복도 의자나 벽 부착물 등의 경우 100㎜ 이하로 돌출되어야 한다.
② 2단 핸드레일의 높이는 상단 850㎜ 하단 650㎜ 내외로 설치한다.
③ 행거타입 사인은 높이 하단이 바닥에서 2100㎜ 이상 되도록 설치한다.
④ 공공시설물의 경우 복도폭이 1,500㎜ 이상 되어야 한다.

10 이동 복도 및 통로 계획에 있어 사고 방지를 위한 적용 사항에 관한 설명으로 틀린 것은?

① 벽 부착물의 경우 시각장애인의 안전사고를 유발할 수 있어 100㎜ 이하로 돌출되게 한다.
② 행거타입의 사인과 같은 매다는 설치물은 하단이 바닥에서 최소 2,100㎜ 이상 높이를 확보한다.
③ 개방되어 있는 계단 하부에 가구나 화단 등을 배치하지 않아 충돌 위험 방지한다.
④ 핸드레일을 설치를 할 경우 출입문 부위를 제외하고는 단절되지 않고 연속되게 설치한다.

11 핸드레일에 관한 다음 설명 중 틀린 것은?

① 핸드레일은 직경 28~32㎜의 원형이나 타원형으로 한다.
② 벽면에서의 이격거리는 50㎜로 한다.
③ 핸드레일의 끝단은 벽면으로 90° 꺾어 부착한다.
④ 계단이나 램프의 끝에서는 300㎜ 이상 수평으로 연장하여 벽에 부착한다.

정답 및 해설

09 ④
공공시설물의 경우 복도폭이 최소 1,800㎜가 되어야 하며 이는 휠체어 2대가 교행할 수 있는 최소폭이다.

10 ③
계단 하부가 복도에 개방되어 있는 경우 가구나 화단 등을 배치하여 하부 접근을 차단한다.

11 ①
핸드레일봉의 형상은 원형, 타원형 등 가능하며 지름 32~38㎜로 한다.

12 핸드레일 설치 시 1단 핸드레일 높이와 2단 핸드레일의 높이에 대한 적용 기준으로 옳은 것은?

① 1단 핸드레일 높이 800~900㎜, 2단 핸드레일 높이 상단 850㎜, 내외로 설치
② 1단 핸드레일 높이 800~900㎜, 2단 핸드레일 높이 상단 900㎜, 하단 650㎜ 내외로 설치
③ 1단 핸드레일 높이 750~850㎜, 2단 핸드레일 높이 상단 850㎜, 하단 650㎜ 내외로 설치
④ 1단 핸드레일 높이 750~850㎜, 2단 핸드레일 높이 상단 900㎜, 하단 700㎜ 내외로 설치

13 유니버설디자인을 적용한 계단의 설계에 관한 설명 중 맞는 것은?

제18회, 공인4회

① 디딤판의 너비는 최소 250㎜로 한다.
② 계단의 손잡이는 950㎜ 높이로 설치한다.
③ 챌면 기울기가 60° 이상이어야 한다.
④ 계단이 시작하는 바닥면에만 점자블록을 설치한다.

14 유니버설디자인을 적용한 계단의 설계에 관한 설명 중 <u>틀린</u> 것은?

① 유효폭의 법적 기준은 1,200㎜ 이상이지만 1,500㎜ 이상을 권장한다.
② 수평참을 바닥에 높이 1,800㎜마다 수평참을 1,200㎜ 이상의 유효폭을 갖도록 설치한다.
③ 챌면의 기울기를 디딤판의 수평면으로부터 60° 이상으로 설치한다.
④ 계단코는 4㎝ 이상 돌출되지 않게 하여 걸려 넘어지는 것을 방지한다.

정답 및 해설

12 ①
1단 핸드레일 높이 800~900㎜, 2단 핸드레일 높이 상단 850㎜, 하단 650㎜ 내외로 설치

13 ③
챌면은 계단코를 만들기 위하여 수직면이 아니라 각도를 갖는 형태로 완성된다. 그것은 수평면에 대하여 60° 이상이어야 한다.

14 ④
디딤판의 계단코는 발끝이나 목발의 끝이 걸리지 않도록 3㎝ 미만으로 돌출되게 한다.

15 유니버설디자인 시설 설계 시 계단 치수 기준에 관한 사항 중 ( )안의 치수로 맞는 것은? 제18회

> i) 계단의 유효폭은 (ㄱ) 이상으로 한다.
> ii) 수평참은 바닥에 높이 1,800㎜마다 수평참을 (ㄴ) 이상의 유효폭을 갖도록 설치한다.
> iii) 디딤판은 (ㄷ) 이상, 챌면 높이는 (ㄹ) 이하로 하여 동일한 계단에는 동일하게 적용한다.

① ㄱ : 900㎜, ㄴ : 900㎜, ㄷ : 270㎜, ㄹ : 170㎜
② ㄱ : 1,000㎜, ㄴ : 1,000㎜, ㄷ : 270㎜, ㄹ : 170㎜
③ ㄱ : 1,000㎜, ㄴ : 1,000㎜, ㄷ : 280㎜, ㄹ : 180㎜
④ ㄱ : 1,200㎜, ㄴ : 1,200㎜, ㄷ : 280㎜, ㄹ : 180㎜

16 유니버설디자인을 적용한 실내 경사로 설계에 관한 설명 중 <u>틀린</u> 것은?

① 실내 경사로의 기울기는 12분의 1이하로 한다.
② 수평참은 바닥면에서 높이 750㎜마다 설치한다.
③ 수평참의 유효폭은 1,200㎜ 이상으로 설치한다.
④ 휠체어 바퀴가 경사로 밖으로 이탈하지 않도록 양 측면에 5㎝ 이상의 추락 방지턱 또는 측벽을 설치한다.

17 엘리베이터의 투시창에 관한 설명 중 맞는 것은?

① 엘리베이터의 투시창은 비상시 내부를 확인할 수 있는 최소면적으로 만든다.
② 조망을 고려하여 최대한 가리는 부분이 없도록 만든다.
③ 성인의 얼굴을 확인할 수 있는 정도의 높이가 좋다.
④ 아동의 눈높이에서 외부가 보이도록 만든다.

정답 및 해설

15 ④
계단의 유효폭은 1,200㎜ 이상으로 한다. 수평참은 바닥에 높이 1,800㎜마다 수평참을 1,200㎜ 이상의 유효폭을 갖도록 설치한다. 디딤판은 280㎜ 이상, 챌면 높이는 180㎜ 이하로 하여 동일한 계단에는 동일하게 적용한다.

16 ③
수평참의 유효폭은 1,500㎜ 이상으로 설치한다.

17 ④
엘리베이터의 투시창은 사고 시나 내부의 탑승자에게 돌발적인 상황(경련, 발작, 마비, 의식 상실 및 범죄상황 등 다양한 위급상황에 대처할 때 유용하며, 특히 아동의 단독 탑승 때 위급상황이 발생한 경우(자폐증, 폐쇄공포신경증 등)에 대응하려면 투시창을 아동의 눈높이를 기준으로 설치할 필요가 있다. 엘리베이터 투시창은 밀폐감을 감소시키고 탑승자에게 심리적 안정감을 준다.

18 장애인 화장실을 설명하는 것으로 옳지 않은 것은?

① 세정장치, 수도꼭지 등은 광감지식, 누름버튼식, 레버식 등 사용하기 쉬운 것을 사용한다.
② 점자블록을 설치하지 않아도 된다.
③ 화장실바닥은 높이 차이를 두지 않고 미끄러지지 않는 재질로 한다.
④ 대변기 칸막이는 유효 바닥면적이 폭 1.0m 이상, 깊이 1.8m 이상으로 한다.

19 휠체어 사용자의 원활한 접근을 위해서는 화장실의 세면기의 하단의 높이는 최소 얼마 이상 비워져야 하는가(국내 기준)? 제18회, 공인5회

① 600㎜ 이상 ② 680㎜ 이상
③ 650㎜ 이상 ④ 700㎜ 이상

20 공중화장실에 관한 설명 중 맞지 않은 것은?

① 휠체어 접근이 가능하려면 세면대 하단이 높이가 650㎜까지 개방되어야 한다.
② 바닥은 배수가 용이하도록 1/30 이상의 구배를 주어야 한다.
③ 벽면에 설치되는 부착물은 높이 900～1,200㎜ 이내에 설치한다.
④ 모든 공공시설의 여성 변기 비율은 남성 대소변기 합의 1.5배가 되어야 한다.

정답 및 해설

18 ②
남, 여를 구분하는 점자블록을 설치해야 한다.

19 ③
「장애인·노인·임산부 등의 편의증진보장에 관한 법률」 시행규칙 중 제2조제1항 관련 [별표 1] 편의시설의 구조·재질 등에 관한 세부기준 중 장애인 등의 이용이 가능한 화장실 중 라. 세면대 / (1) 구조 / (가) 휠체어사용자용 세면대의 상단 높이는 바닥면으로부터 0.85m, 하단 높이는 0.65m 이상으로 하여야 한다.

20 ④
여성화장실의 대변기 수는 남성화장실의 대·소변기 수의 합 이상이 되도록 설치하여야 한다(공중화장실 등에 관한 법률 제7조 1항). 수용인원이 1,000명 이상인 전시장, 공연장, 야외음악당 등의 경우에만 여성화장실의 대변기가 남성화장실의 대·소변기 수의 합보다 1.5배 이상이 되어야 한다(동 법률 제7조 2항).

21 장애인을 위한 편의시설 안내표시기준 중 그 내용이 옳지 않은 것은?

① 안내표지의 색상은 청색과 백색을 사용하여야 한다.
② 안내표지의 크기는 단면을 0.3m 이상으로 하여야 한다.
③ 시각장애인용 안내표지와 청각장애인용 안내표지는 기본형과 함께 설치하여야 한다.
④ 시각장애인을 위한 안내표지에는 점자를 병기하여야 한다.

22 다음 중 알파벳의 가시성에 관한 연구 결과에 대한 설명으로 맞는 것은?

① 검정 바탕에 흰 글씨를 쓸 경우 획 두께와 높이의 비는 1 : 10~1 : 12가 좋다.
② 흰 바탕에 검정색의 글씨의 경우 획 두께와 높이의 비는 1 : 6~1 : 8이 좋다.
③ 영문자의 높이와 폭의 비례는 정사각형을 기준으로 하여 폭이 넓어질수록 가시성이 높다.
④ 동일한 가시성을 위해서 한자는 알파벳의 2배 면적을 필요로 한다.

23 유니버설디자인 개념의 재료 사용에 관한 설명 중 맞지 않은 것은? 제18회, 제19회

① 공공장소의 디자인에서 재료의 선택은 우선적으로 안전성을 고려해야 한다.
② 실외에 설치되는 점형블록은 부식 방지를 위해 스테인리스 소재를 사용한다.
③ 계단코의 색상과 재질은 디딤판과 확실히 구별되는 재료를 사용하는 것이 좋다.
④ 복도 손잡이봉의 단면은 원형, 타원형 모두 가능하며 목재를 사용하는 것이 좋다.

정답 및 해설

21 ②
안내표지의 크기는 단면을 0.1m 이상으로 하여야 한다.

22 ②
베이커(Baker)의 실험과 유사한 실험 결과, 흰 바탕에 검정 글씨로 쓴 알파벳은 1 : 6~1 : 8의 비례일 때 가장 가시성이 좋다.

23 ②
점자블록의 재질은 물기로 인해 미끄러지기 쉬운 스테인리스나 알루미늄 등의 금속 소재를 피한다.

24 유니버설가구디자인에 대한 설명 중 맞지 않은 것은? 제18회, 공인5회

① 특별히 몸이 불편한 사람들을 위해 초점을 맞춘 디자인이다.
② 가구의 기능성이 최대한 발휘되는 조건에 맞는 재료를 선택한다.
③ 색상은 고유의 자연색을 기본으로 한다.
④ 마감재는 사용자의 피부와 접촉하므로 부드러운 특성을 가져야 한다.

25 다음 유니버설디자인 가이드라인에 의한 어린이집 공간계획 중 맞는 것은? 제19회

① 현관문이나 주출입구의 문에는 반드시 도어체크를 설치한다.
② 외부와 통하는 주출입문에 (반)자동문을 설치할 경우에는 아동의 안전을 위해 열리는 속도와 닫히는 속도를 천천히 한다.
③ 화장실의 대변기 부스는 안전을 위해 전부 칸막이가 없도록 계획하는 것이 좋다.
④ 화장실 거울의 높이는 아동의 키를 고려하여 거울 하단이 바닥으로부터 900㎜ 이하에 오도록 설치한다.

26 다음 유니버설디자인에 의한 실내 색채계획 중 맞는 것은? 공인4회

① 기조색은 각 공간의 테마가 되는 색으로 공간별로 다르게 적용하면 인지성을 높이는 데 도움을 줄 수 있다.
② 전반적으로 차갑지 않으며 밝은 느낌을 주기위해 주조색은 따뜻한 계열의 컬러에서 명도가 7~9 정도의 범위에서 선택한다.
③ 강조색은 채도가 높은 색상을 선택하여 공간에 활력을 줄 수 있도록 선택한다.
④ 기조색은 주조색보다는 채도를 높여 선명한 색상을 낼 수 있도록 선택한다.

정답 및 해설

24 ①
유니버설가구디자인은 몸이 불편한 사람들을 위해 특별한 소재나 형태의 가구를 추구하는 것이 아니라 건강한 비장애인은 물론 신체장애를 가진 사용자 모두를 편안하게 지원할 수 있는 가장 보편적인 기능성의 가구를 디자인하는 것이다.

25 ①
현관문이나 주출입구의 문에는 반드시 도어체크 및 손끼임 방지 장치를 설치하여 아동 이동시 문 개폐에 따른 안전사고를 예방한다.

26 ③
강조색은 채도가 높은 색상을 선택하여 공간에 활력을 유도하고 시인성을 높인다.

참고문헌

01

최정신, 김대년, 천진희, 실내디자인, 교문사, 2011
한국실내디자인학회, 실내디자인총설, 기문당, 2016

02

박효철, 한혜선, 모든 분야 인테리어 디자인 인을 보다 실내디자인각론, 서우, 2017
실내건축연구회, 실내계획, 교문사, 2015
안자이 테스, 공간을 쉽게 바꾸는 조명, 마티, 2016
얀 로렌스, 리 H. 스콜릭, 크레이그 버그, 전시 디자인의 모든 것, 고려닷컴, 2009
오인욱, 실내계획론, 기문당, 2007
이규상, 건축계획학 기본서, 예문사, 2013
이상화, 실내건축기사 필기, 엔플북스, 2020
주거학연구회, 넓게 보는 주거학, 교문사, 2018
필립 휴즈, 전시 디자인을 위한 커뮤니케이션, 대가, 2012

03

과오름, 기장의 의무와 신고방법, 2014
김석경, 이은실, LEED for Homes의 인증제도 특성 및 인증 후 거주자 만족도 조사: 미국 사례를 중심으로, 한국주거학회논문집, 25(3), 25-34, 2014
실내건축연구회, 실내계획, 교문사, 2015
정경원, 디자인경영, 디자인다이내믹스, 안그라픽스, 2018
정경원, 디자인경영, 안그라픽스, 2018
정경원, 디자인경영, 에센스, 안그라픽스, 2018
조동성, 디자인이론, 디자인경영, 경영디자인. 서울경제경영, 2001
Aecom(2022). Interior architecutre. Retrieved February 1st, 2022, from https://aecom.com/services/architecture-design/interior-architecture/.
Council for Interior Design Accreditation (2022). CIDA Standards. Available at https://www.accredit-id.org/professional-standards
Duerk, D. P, *Architectural Programming: Information Management for Design.* John Wiley & Sons, 1993
Gensler(2022). Design forecast 2022: Resilient, design strategies for the human experience. Retrieved March 1st, 2022, from https://www.gensler.com/publications/design-forecast/2022.
Interior Design(2022). 100 Giants - 2021. Retrieved February 1, 2022, from https://interiordesign.net/research/giants-2021/.

Jacobs(2022). Architecture: We are design, we are solution. Retrieved February 1st, 2022, from https://www.jacobs.com/solutions/markets/cities-places/architecture.

National Council for Interior Design Qualification (2019). Definition of interior design. Available at https://www.cidq.org/about-cidq

https://m.blog.naver.com/PostView.naver?isHttpsRedirect=true&blogId=jindong1982&logNo=110188246619

04

경기도, 경기도 유니버설디자인 가이드라인, 2011

서울특별시, 서울시 유니버설디자인 통합가이드라인, 2017

서울특별시, 유니버설디자인 어르신 가구 가이드북, 2021

실내건축연구회, 실내계획, 교문사, 2015

제2장

실내환경

INDOOR ENVIRONMENT

01 인간공학

1 인간공학 일반

1) 인간공학의 이해

(1) 인간공학의 정의

- 인간공학의 영어표현인 ergonomics의 어원은 그리스어인 ergo(work: 일)+nomos (law: 법칙)+ics(학문)의 합성어이다.
- 인간이 여러 가지 작업을 하는 데 필요한 방법을 연구하는 학문이라는 의미이다. 미국에서는 human factors(혹은 human factors Engineering)라는 용어로 사용되기도 한다.
- 인간공학은 인간의 신체적 특성, 정신적 특성, 심리적 특성의 한계를 정량적 또는 정성적으로 측정하여 이를 시스템, 제품, 환경 설계와 인간의 안전, 평안함, 만족감을 극대화하고 작업의 효율을 증진시키기 위하여 공학적으로 응용하는 학문이다.
- Chapanis는 인간의 행위・능력・한계・특성들을 파악하여 이를 생산적이고, 안전하고, 편안하고, 효율적으로 인간이 사용할 수 있도록 도구・기계・시스템・작업・환경 등을 설계하는 데 응용하는 학문을 인간공학으로 정의하고 있다 (Chapanis, A,. 1976).

(2) 인간공학의 주요 관점

- 인간공학은 인간이 사용하거나 이용하는 기기나 기계를 인간이 사용하는 데 가장 적절하게 공학적으로 설계하여 인간의 능력, 한계 등을 극대화하는 데 초점

을 맞추고 있다.

- 인간공학은 산업현장에서뿐만 아니라 일상생활에서도 적용되어 모든 사람들이 안전하고 편안한 삶을 살 수 있는 공간이나 환경을 만드는 데도 활용된다.

(3) 인간공학의 목적

- 사용의 편리성을 증대, 오류 감소, 생산성 향상을 위해 일과 활동을 수행함에 있어서 효율성을 증진시키는 데 목표를 둔다.
- 피로 감소, 스트레스 감소, 사용의 쾌적감 증가, 사용자의 적합성 향상, 안전성 향상, 작업만족도 향상, 삶의 질 향상 등 인간의 바람직한 가치를 증진시킨다.
- 인간공학의 세부 목적
  - 안전성의 향상과 능률 향상
  - 기계 조작의 능률성과 생산성의 향상
  - 환경의 쾌적성
  - 훈련비용의 절감
  - 사고 및 오용(誤用)으로부터의 손실 감소
  - 제품 개발비의 절감

(4) 인간공학의 연구방법

- 인간공학의 연구는 연구방법에 따라 조사연구, 실험연구, 평가연구로 구분된다.
- 조사연구는 웹디자이너 같은 특정 집단에 관한 자료를 얻는 것에 의해 그 집단에 관한 속성을 탐구하는 것이다.
- 실험연구는 어떤 변수가 행동에 미치는 영향을 실험하는 것을 목적으로 하며, 대개 설계 문제가 생기는 실제 상황 또는 변수 및 행동을 예측할 수 있는 이론에 기초하여 조사할 변수와 측정할 행동을 결정한다.
- 평가연구는 실험연구보다 일반적이고 포괄적인 것으로 대개 편익-비용 분석을 위주로 한다.
- 이외에도 연구방법에는 직접관찰법, 제품분석법, 소비자 조사법, 라이프스타일 분석법, 반응조사법, 제품 파손도 조사법, 순간조작 분석법, 지각-동작정보 분석법, 연속 컨트롤 부담 분석법, 사용빈도 분석법, 전 작업 부담 분석법, 기계의 상호관련성 분석법, 인간-기계 관계 측청법 등이 있다.

2) 신체역학

(1) 동작의 종류

- 위치동작 : 자동차 브레이크, 기계 스위치 개폐 등 손과 발 또는 몸 전체를 사용하는 동작으로 신체 부위의 이동 동작이다.
- 연속동작 : 자동차 핸들 조정, 페인트 작업, 바느질, 그림 그리기 등 변화하는 환경과 작업에 맞추어 나가며 근육을 통제하는 동작이다.
- 조작동작 : 속도계를 보고 작업행동을 조정하는 것으로, 숙련된 동작법이 요구된다.
- 계열동작 : 피아노 연주, 타이핑, 재봉틀 등 발과 손, 왼손과 오른손이 각각 다른 행동으로 작업하는 것이다.
- 반복동작 : 망치질과 같이 같은 행동을 반복해서 하는 작업이다.
- 정지 조정 동작 : 물체 들기 등 근육운동은 하지 않으나, 신체 일부를 어떤 상태로 유지해 두는 것으로 근육의 평형을 유지하는 동작이다.

(2) 동작 경제의 원리

- 두 손의 운동을 동시에 개시하고 동시에 끝낼 것
- 휴식시간 이외는 손을 늘리지 말 것
- 너무 세밀하게 일을 구분하지 말고 필요한 최소량에서 멈출 것
- 발이나 몸의 다른 신체부위로 하는 것이 좋은 일은 모두 손으로 하지 말 것
- 공작물은 부착기구나 바이스(vise)로 물게 하고 손이 닿는 범위 내에 둘 것
- 작업 중에 서거나 앉기 쉽게 작업장소 및 의자의 높이를 조절해 둘 것
- 방향이 갑자기 변하는 직선적 동작은 피하고, 연속된 곡선에 따라 부드럽게 동작할 것
- 융통성 있고 자유로운 움직임이 빠르고 보다 정확하게 이루어 질 것
- 자연스럽고 부드러운 리듬을 탈 수 있도록 작업이나 물품을 수배해 둘 것
- 하나의 작업 매듭 위치나 상태가 다음 작업의 시작에 편리하도록 되어야 함
- 동작의 범위를 최소로 줄일 것

(3) 동작 경제의 3원칙

- 동작범위의 최소화
- 동작수의 조합화
- 동작순서의 합리화

3) 신체활동과 에너지

(1) 에너지소비량

- 에너지소비량 : 작업자가 작업을 수행할 때의 작업방법, 작업자세, 작업속도, 작업도구 등에 의해 에너지소비량은 달라진다. 에너지소비량은 분당 칼로리 소모량에 의해 측정이 되며 단위는 kcal/min이다.
- 작업에 따른 등급 : 작업의 에너지소비량에 따라서 등급을 정의하고, 성인남자를 기준으로 할 때 심박수, 산소소비량을 나타낸 것이다.

(2) 에너지소비량에 영향을 주는 요인

- 작업방법 : 특정한 작업을 할 때 작업의 방법에 따라서 에너지소비량은 달라진다. 그러므로 편안하고 좋은 자세로 작업하는 것이 에너지소비량 측면에서 효율적이다.
- 작업자세 : 작업자세에 따라서도 에너지소비량이 달라진다. 작업자가 허리를 굽히거나 다리를 쪼그린 상태로 장시간 작업을 할 경우 허리를 펴거나 무릎을 꿇고 하는 작업에 비해 에너지소비량이 많아진다.
- 작업속도 : 작업을 할 때 작업속도는 생리적 수하에 매우 큰 영향을 준다. 같은 작업을 할 경우에도 작업속도가 적당하며 장시간 동안 작업을 해도 에너지소비량이 크지 않아서 생리적인 부하가 적지만 작업속도가 빠르면 생리적인 부하가 커지고, 심박수도 증가하여 에너지소비량이 커지게 되며 장시간 작업을 지속하기 어렵다.
- 작업도구 : 작업에 사용되는 도구에 따라서 작업의 효율성이 달라지며, 작업의 자세나 방법에도 영향을 주기 때문에 적당한 작업도구를 사용하면 에너지소비량을 줄일 수 있다.

(3) 작업효율

- 작업효율 : 최적의 조건에서 작업을 할 경우 인간의 인체는 약 30%의 효율을 가지고 나머지 70%는 열로 변하게 된다.

$$\text{작업효율}(\%) = \frac{\text{작업량}}{\text{에너지 소비량}} \times 100(\%)$$

(4) 생체의 항상성

- 사람이 살아가는 데 우리 몸은 환경의 변화와 개방된 체제 아래에서 외부로부터 신체에 가해지는 각종 자극을 받아들이고 이에 대하여 적절하게 반응을 나타낸다. 몸의 구성은 체내・외가 복잡하게 이루어진 기관의 모임체이지만 체내・외의 변화에 대하여 상호 협력 아래 조절함으로써 신체의 전체적인 기능을 일정하게 유지해나가는 기구를 갖추고 있다. 이와 같은 기구를 총칭하여 조절기구(coordination mechanism)라 한다.
- 조절기구는 자율신경계에 있는 신경성 조절과 체액성 조절로 나눌 수 있다. '신경성 조절'은 무의식중에 심장, 혈압, 호흡, 소화기계 등의 기능을 조절하게 되는데 시간적으로 매우 짧은 시간에 활발하게 조절되어진다. 한편 '체액성 조절'은 내분비기관에서 생성되는 특수한 화학물질인 호르몬에 의하여 혈액이나 림프액을 통하여 이루어지는 조절로써 대사, 발육, 성장 등의 작용이 지속적이고 장기적으로 이루어진다.
- 사람의 신체는 체내의 환경을 외부환경의 변동으로부터 보호하고 내부환경 변화가 생길 경우 즉시 정상적인 상태로 되돌리려는 작용을 한다. 이것을 '항상성'이라고 한다. 즉 항상성이란 생체에 생리적 긴장을 일으키는 순환요인 영향을 감소시키기 위한 변화를 지칭하며, 적응이라고도 하며 버다드(Claude Bernad)의 '내부환경 유지설'이라고도 한다.

4) 인간-기계・환경 시스템(Man-Machine System)

- 기계, 기구, 제품 및 환경을 설계함에 있어서 인간이 가진 여러 가지 특징을 고찰하여 형태뿐만 아니라 사용의 편리성 및 쾌적성을 고려한 최적의 결과를 이루어내도록 해야 한다.
- 인간과 기계・환경의 기능적 상호관계의 특성은 다음과 같은 통합적 시스템의 구도로 이해될 수 있다.
- 어떤 정보가 인간에게 자극으로 입력되면 대뇌, 중추를 통과하면서 정보처리 과정을 거치고 운동기관을 통해 제어기기로의 명령을 행하게 되며 그 결과로 디스플레이 되어 이어지는 순환과정을 거치는 것이며, 이 기본적인 구성을 토대로 다양한 시스템이 개발될 수 있다.
- 인간・환경 시스템은 인간의 다양한 요소와 환경의 다양한 요소에 의해 결정된다. 따라서 다양한 요소간의 상호작용에 의한 지각, 인식, 행동의 다양성이 고려되어야 한다.

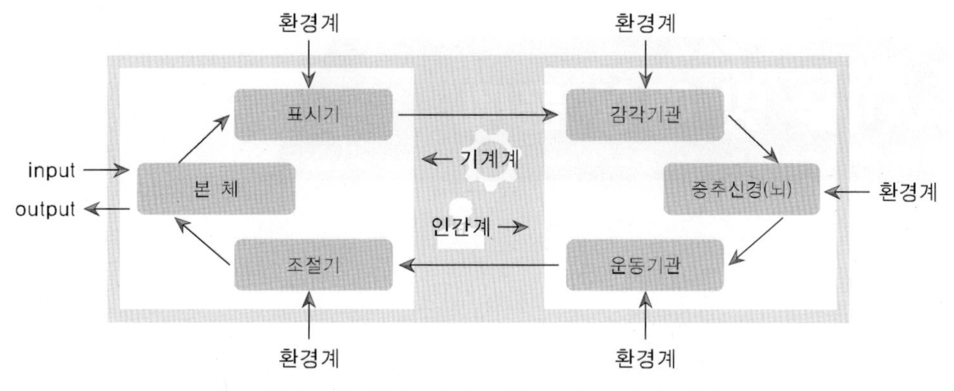

[그림 2-1] 인간-기계·환경 시스템의 체계도

- 메스커(D. Meister)는 기계장치 등을 사용할 때 효율 등에 가장 영향을 끼치는 중요 요인을 기계장치, 환경, 업무특성, 개별특성이라고 하였다. 이때 '기계장치'는 인간이 기계장치를 사용할 때 인간의 감성에 대한 기계 등의 물리적 특성을 말하는데, 예를 들어 계기 등의 배치나 보기 쉬운 계기 등을 말한다.
- '환경'을 기계장치 등을 운전하거나 보수할 때의 물리적 환경으로 예를 들어, 온습도, 소음 등의 물리적 환경과 작업역, 기계 등의 배치를 말한다. '업무특성'은 목적을 달성하기 위한 업무상의 특성으로, 예를 들어 작업방법 등을 말한다. '개별특성'은 작업수행에 대한 능력과 한계로써 시력, 청력, 근력, 지적 능력, 경험, 훈련 등을 말한다.

〈표 2-1〉 인간-기계·환경 시스템으로서의 체크 항목

기계장치	환경	업무특성	개별특성
계기류 표시류 크리(치수) 기계의 구성부품 (보수 시의 체크포인트)	온도 조명 진동 소음 환기	작업 방법 단순성 피드백 응답빈도 정밀도 속도	지적 필요도 감감 정밀도의 필요도 육체적 노동부삼 훈련 경험 동기부여(motivation)

기출 및 예상 문제

1. 인간공학 일반

01 인간공학의 정의에 맞지 않은 것은? 공인3회, 공인5회

① 인간과 작업환경과의 관계에 대한 과학적 연구
② 인간과 공간 같은 환경과의 관계에서 합리성을 추구하는 과학
③ 인간의 생활 및 작업에 적합하도록 환경을 창조하는 과정
④ 인간과 기구나 공간체계 중 공간에 중점을 두어 환경을 설계하는 학문

02 인간공학의 내용 및 범위에 속하지 않은 것은? 제13회

① 인간의 형상, 자세, 근육운동 등의 분석
② 기계의 작동 시스템과 생산량 분석
③ 작업 부담 및 피로의 분석
④ 인간의 신뢰도 분석과 시스템의 안정성 설계

정답 및 해설

01 ④
인간공학은 인간과 기구나 공간체계 중 '인간'에 중점을 두어 환경을 설계하는 학문이다.

02 ②
인간공학은 기계 자체의 작동 시스템을 연구하기 보다는 보다 효율적이고 쾌적한 작업환경을 조성하는 것에 가치를 두는 학문이라 하겠다.

03 다음의 인간공학에 대한 서술 중 옳지 않은 것은? 제18회, 제19회, 공인1회, 공인4회

① 인간공학의 초점은 기계, 기구, 환경을 설계하는 과정에서 인간을 고려하는 것이다.
② 인간공학은 인간과 사물이 접촉하는 인터페이스 부분에 중점을 두고 연구되어왔다.
③ 인간공학 연구는 인간-공간시스템으로부터 인간-기계시스템으로 그 범위가 축소되었으며 연구가 정밀화되고 있다.
④ 인간공학은 대상을 보는 관점을 물질에서 인간 쪽으로 이동시켰다.

04 인간공학과 관련된 용어가 아닌 것은? 제12회, 제14회

① 에콜로지(Ecology)
② 에르고노믹스(Ergonomics)
③ 휴먼 팩터 엔지니어링(Human factor Engineering)
④ 휴먼 팩터(Human factor)

05 다음 중 인체골격근육의 주요기능이 아닌 것은? 공인5회

① 조혈작용
② 신진대사 작용을 통해 체온을 유지
③ 신체의 지지 및 현상 유지
④ 수축과 이완을 통한 관절의 움직임

정답 및 해설

03 ③
인간공학은 인간과 기계체계의 상호관계에 초점을 두고, 인간과 기계체계 중 인간에 중점을 두는 학문이다.

04 ①
인간공학의 영어 표현은 ergonomics이며, 미국에서는 human factor 혹은 human factor engineering라는 용어로 사용되기도 한다.

05 ①
골격근은 수축과 이완에 의하여 신체의 전체 혹은 그 일부를 움직여서 운동을 한다. 골격근은 부분적인 수축을 계속하여 서기, 눕기, 앉기, 기대기 등의 신체의 자세를 유지시킨다. 모든 세포들은 신진대사에 의한 이화작용을 통해 열을 생산하여 체온을 유지하는 기능을 갖고 있다.

06 다음 중 자유도가 가장 큰 관절은? 공인2회

① 어깨 ② 팔꿈치
③ 손목 ④ 무릎

07 인간공학과 가장 관련이 적은 분야는? 공인3회

① 색채 ② 조명
③ 구조 ④ 소음

08 인간의 동작·행동에는 사람마다 정해진 경향이나 습관이 있으며, 일반화되면 그 문화권 특유의 행동특성이 되는 것을 무엇이라고 하는가? 공인5회

① 티피컬 텐던시타입(Typical Tendency Type)
② 커먼 컬처타입(Common Culture Type)
③ 제너럴타입(General Type)
④ 파퓰레이션 스테레오타입(Population Stereo Type)

09 인간–기계·환경 시스템(man–machine system)에 대한 설명 중 옳은 것은? 제18회, 공인3회

① 인간의 대뇌중추에서의 인식과 운동신경을 통한 자극전달과정이 가장 중요한 연구대상이다.
② 인간–기계 시스템은 일방향으로만 순환한다.
③ 인간은 운동기관보다는 감각기관으로 기계를 제어한다.
④ 기계의 정보는 인간의 감각기관에서 인지한다.

정답 및 해설

06 ①
인체의 움직임을 분석하면 어깨가 가장 넓은 범위로 움직인다.

07 ③
인간의 지각이나 감성에 영향을 미치는 색채, 조명, 소음, 공기, 온도 등이 인간공학에서 주요하게 다루는 분야이다.

08 ④
어떤 특정한 대상이나 집단에 대하여 많은 사람이 공통으로 가지는 비교적 고정된 견해와 사고, 행동특성을 '스테레오타입'이라고 한다.

09 ④
인간과 기계 시스템의 다양한 요소간의 상호작용에 의한 지각, 인식, 행동의 다양성을 고려한다.

10 인간과 기계의 차이점을 옳게 설명한 것끼리 바르게 짝지은 것은? 공인2회, 공인4회

> ㄱ. 인간이 창의적인 일을 더 잘할 수 있다.
> ㄴ. 인간이 물리적인 힘을 균등하게 더 오랫동안 낼 수 있다.
> ㄷ. 기계는 반복작업을 정확히 할 수 없다.
> ㄹ. 기계는 드물게 일어나는 자극도 감지한다.

① ㄱ, ㄴ ② ㄱ, ㄹ
③ ㄱ, ㄷ, ㄹ ④ ㄱ, ㄴ, ㄹ

11 인간과 기계의 기능비교에 있어서 인간이 기계보다 우수한 점에 대한 설명으로 바르지 <u>못한</u> 것은? 공인5회

① 상황적 요구에 따라 적응적인 결정을 하는 능력
② 원칙을 적용하여 다양한 문제를 해결하는 능력
③ 일상적, 반복적 혹은 단조로운 일을 수행하는 능력
④ 다양한 운용상의 요건에 맞추어 신체적 반응에 적응하는 능력

12 열(에너지)의 단위에 대한 설명 중 <u>틀린</u> 것은? 제16회, 공인5회

① J : 어떤 물체를 1N의 힘으로 10m 옮기는 데 필요한 에너지
② cal : 물 1g을 1℃ 높이는 데 필요한 에너지
③ Wh : 1W(1J/s)의 일률로 1시간(3600s) 동안 사용할 수 있는 에너지
④ BTU(British Thermal Unit) : 물 1lb를 1°F 높이는 데 필요한 에너지

제1장 실내계획
제2장 실내환경
제3장 실내시공
제4장 실내구조 및 법규

정답 및 해설

10 ②
물리적인 힘을 균등하게 오랫동안 실행하면서도 반복작업을 정확히 할 수 있는 것은 기계가 가진 특징이다.

11 ③
단조로운 일, 반복적 작업에 수행 능력이 뛰어난 것은 기계의 특징이다.

12 ①
1J(줄)은 물체를 1N의 힘으로 1m 이동시킬 때 하는 일의 양을 나타낸다.

13 정보 표현에 대한 설명 중 옳은 것은? 제19회

① 인간은 감각기관을 통해 모든 정보자체를 변함없이 그대로 전달받는다.
② 자극은 직접적인 정보를 말한다.
③ TV나 라디오 등은 재생된 정보의 한 형태이다.
④ 교통 신호등은 정적 정보이다.

14 같은 중량의 짐을 나를 경우, 에너지소비량이 가장 큰 것은? 제19회

① 등에 진다.
② 양손에 든다.
③ 머리에 올려놓는다.
④ 어깨에 맨다.

15 다음 중 인간공학 연구방법이라 볼 수 없는 것은?

① 라이프스타일 분석법
② 제품 파손도 조사법
③ 순간조작 분석법
④ 기계-동작정보 분석법

16 다음은 신체 활동의 생리적 능률에 대한 설명이다. 바르지 못한 것은?

① 제어장치는 팔꿈치에서 어깨의 높이 사이에 두고 조작할 때는 전방 약간 위쪽이 가장 편리하다.
② 앉아 있을 때 팔꿈치 높이가 쥔 손잡이에 가장 힘이 많이 들어간다.
③ 빨리 돌려야 하는 크랭크는 회전축이 신체 전면에 60~90° 정도가 적당하다.
④ 조작하는 제어장치는 작업원의 어깨로부터 70㎝ 이내의 거리에 있는 것이 적당하다.

정답 및 해설

13 ③
어떤 정보가 인간에게 자극으로 입력되면 대뇌, 중추를 통과하면서 정보처리 과정을 거치고 운동기관을 통해 제어기기로의 명령을 행하게 그 결과로 디스플레이 되어 이어지는 순환과정을 거치게 된다. 실시간에 가깝게 파악 가능하며 유효기간이 길지 않은 정보는 '동적정보'이며, 유효기간이 비교적 길며 반영구적으로 보존이 가능한 정보는 '정적정보'이다.

14 ②
동작의 효율성은 에너지의 요구량을 좌우한다.

15 ④
인간공학 연구방법에는 직접관찰법, 제품분석법, 소비자 조사법, 라이프스타일 분석법, 반응조사법, 제품 파손도 조사법, 순간조작 분석법, 지각-동작정보 분석법, 연속컨트롤 부담 분석법, 사용빈도 분석법, 전 작업 부담 분석법, 기계의 상호관련성 분석법, 인간-기계관계 측청법 등이 있다.

16 ①
제어장치를 조작할 때는 어깨보다 약간 아래쪽에 있는 것이 편리하다.

17 작업을 실시할 때 작업자에게 주는 부하의 강도를 나타내는 말은?

① 에너지 대사율 ② 기초대사량
③ 신진 대사율 ④ 생체리듬

18 사람의 신체는 체내의 환경을 외부환경의 변동으로부터 보호하고 내부환경 변화가 생길 경우 즉시 정상적인 상태로 되돌리려는 작용은 한다. 이러한 현상을 무어라 하는가?

① 효율성 ② 항상성
③ 균일성 ④ 생체리듬

19 동작 경제의 원리에 맞지 <u>않은</u> 것은?

① 동작의 범위는 최소로 할 것
② 사용하는 신체의 범위를 가급적 많이 할 것
③ 동작을 가급적 조합하여 하나의 동작으로 할 것
④ 동작의 순서를 합리화할 것

20 인간공학의 3대 목표가 올바르게 나열된 것은?

① 심미성－경제성－쾌적성
② 경제성－안전성－내구성
③ 기능성－형태성－능률성
④ 적합성－안전성－쾌적성

정답 및 해설

17 ①
작업강도는 에너지 대사율(RMR)로 나타낸다. 가벼운 작업은 1~2, 보통 작업은 2~4, 힘든 작업은 4~7, 굉장히 힘든 작업은 7 이상으로 표현한다.

18 ②
항상성이란 생체에 생리적 긴장을 일으키는 순환요인 영향을 감소시키기 위한 변화를 지칭하며, 적응이라고도 하며 버다드(Claude Bernad)의 '내부환경 유지설'이라고도 한다.

19 ②
사용하는 신체의 범위를 가급적 적게 해야 한다.

20 ④
인간공학의 3대 목표는 적합성, 안정성, 쾌적성이다.

2 인간척도

1) 인간 측정(Amthropometry)

(1) 인간 측정의 정의

- 정의 : 인간의 신체 각 부위별로 길이, 질량, 부피 등의 물리적인 특성을 측정하는 것이다.
- 목적 : 일상생활에서 사용되는 의자, 책상, 선반, 작업대 등의 다양한 물건이나 제품뿐만 아니라 공간을 설계하는 데 적용되어 이용성이 좋도록 만드는 것이 목적이다.

(2) 정적 측정(static)

- 구조적 인체측정(structural body dimension)이라고도 한다.
- 피측정자가 움직이지 않고 일정한 표준자세에서 마틴식 인체측정기를 사용하여 측정한다.
- 나체 측정을 원칙으로 한다.
- 정적 측정의 결과는 제품 및 작업장을 설계할 때 기초자료로 활용된다.

(3) 동적 측정(dynamic)

- 기능적 인체측정(functional body dimension)이라고도 한다.
- 피측정자가 움직이는 경우에 일정한 자세로부터 인체의 동작범위 등을 측정한다.
- 동적 측정치수를 사용하는 이유는 인체의 각 부위가 조화를 이루면서 움직이기 때문이다. 즉, 정적 측정만으로는 인간의 작업에 미치는 현실적인 치수를 구하기 어렵다.

(4) 퍼센타일(백분위 수, Percentiles)

- 대개의 인체측정 자료들은 퍼센타일로 나타내고 있다. 신체부위의 측정치를 100%를 최대 범주로 하여 최대와 최소의 퍼센트로 나타낸다. 퍼센타일이란 일정한 어떤 부위의 신체규격을 가진 사람들과 이보다 작은 사람들의 비율을 말하며, 특히 디자인의 특성에 따라서 5퍼센타일, 95퍼센타일로 주로 적용하고 있다.
- 제50분위 수(50퍼센타일)는 그 그룹의 50%가 그 값보다 작고, 50%가 그 값보다

큰 치수이다.

- 제95분위 수(95퍼센타일)는 그 그룹의 95%가 그 값보다 작고, 5%가 그 값보다 큰 치수이다.

2) 척도의 필요성

- 척도란 물체의 길이를 측정하기 위해 약속에 의하거나 제도적으로 정해진 단위, 또는 그 단위로 눈금을 새긴 자이다. 길이는 인간이 최초로 측정하기 시작한 양(量)이며, 처음에는 손뼘, 팔꿈치까지의 길이, 손가락 길이, 양팔을 벌린 길이, 발 길이, 보폭 등으로 직접 계측하였으나 차츰 막대기나 널빤지를 이용하면서 신체 부분의 길이까지도 단위로 정해 사용하게 되었다. 지금은 각 국가에서 제도적으로 통일된 표준을 제정하여 사용하고 있다.
- 인체의 구조 및 기능은 주거환경에서뿐만 아니라 인간과 접촉하는 모든 공간, 또는 도구의 설계에서도 고려되고 있다. 그러나 실제 디자인에 있어서는 키, 팔, 다리 등의 크기가 사람마다 다르기 때문에 유연성을 부여해야 한다.
- 현대는 일정한 규격의 제품이 양산 체제로 생산되므로 모든 사람에 맞는 제품을 만들기가 어렵다. 따라서 인체 크기의 범위를 설정하고 그 범위에 적합한 제품규격의 범위를 설정해야 한다. 또한 개인차에 적응할 수 있는 유연성을 부여함은 제품설계에서 필수적인 고려사항이다.

3) 모듈(Module)

- 모듈은 공간을 설계함에 있어서 이용되는 기본단위를 말한다. 즉, 여러 크기를 지닌 복합적 공간을 설계한 경우 공통으로 이용될 수 있는 일정한 최소단위를 설정하고 이의 배수로써 다양한 공간의 규모를 정하는데 사용된다.
- 모듈은 인간의 생활이나 동작을 토대로 치수상의 기준 단위를 의미하며, 미터법과 같은 절대적인 단위가 아니라 상대적인 기준의 단위이다. 르 코르뷔지에(Le Corbusier)는 '르 모듈러(Le Modular, 1951)'에서 인체치수의 황금분할을 바탕으로 새로운 설계 단위를 설정하여 적용하였다.
- 모듈은 구성재의 크기를 결정하기 위한 치수의 조직으로서 최소 단위를 설정하고 이의 배수로 다양한 규모를 정하는 사용되며, 건축의 계획상, 생산상, 사용상 편리한 치수 측정 단위이다.
- **기본 모듈** : 기준 척도를 10㎝로 하고, 이를 1M로 표시하여 모든 치수의 기준으로 한다.
- **복합 모듈** : 기본 모듈이 1M의 배수가 되는 모듈이며 건물 높이 방향의 기준은

2M(20㎝), 건물 수평길이 방향의 기준은 3M(30㎝)으로 한다.

- 모든 모듈상의 치수는 공칭 치수를 말한다. 따라서 제품 치수는 공칭 치수에서 줄눈 두께를 빼야 한다.

4) 인체치수

(1) 인체 측정에 있어서 적용 원칙

- 인체 측정방법으로는 인체에 적합한 기계를 제작하려는 의도로 인체를 분석하는 '인체 공학적 측정'과 단지 인체의 형태에 치중하여 각 부위의 길이, 둘레, 너비, 무게 등을 측정하는 '생태학적(행태학적) 측정'이 있으며, 또한 인체 각 구조의 운동 기능으로부터 생활 현상까지 관찰하여 측정하는 '생리학적 측정'방법 등을 들 수 있다.
- **최소 집단치 설계**(도달 거리에 관련된 설계) : 사람들이 사용할 수 있도록 치수의 최소값을 적용한다. 예를 들어 계단의 높이 또는 의자의 깊이, 버스나 지하철 손잡이의 높이, 선반의 높이, 조절 장치의 거리 등이 이에 해당한다. 통상 대상 집단에 대한 관련 인체 계측 변수의 하위 백분위수를 기준으로 하여 1, 5, 10퍼센타일까지 사용한다.
- **최대 집단치 설계**(여유 공간에 관련된 설계) : 대부분의 사람들이 사용할 수 있도록 치수들의 최대값으로 설정한다. 예를 들어 공공장소에 설치된 의자의 너비나 문의 높이, 탈출구나 통로의 너비 등이 이에 해당한다. 여유공간과 관련된 것으로 90, 95, 혹은 99퍼센타일을 사용하며, 보다 많은 사람들을 만족시킬 수 있는 설계가 되는 것이다.
- **평균치 설계** : 특정한 장비나 설비의 경우 최소 집단치나 최대 집단치를 기준으로 설계하는 것이 부적합하고도 조절식으로 하기에도 부적절한 경우에 있어서 부득이하게 평균치를 측정 기준으로 삼는다(예 : 백화점이나 대형 매장의 계산대).

(2) 인체치수 기준

- 인간공학의 가장 기본이 되는 것이 인체치수이다. 인체치수는 연령, 성, 인종 등에 따라서 다르다.
- 통계청 2019년 한국인 평균 키 보고에 의하면, 성인 남성의 평균키는 171.1㎝로 30년 전과 비교하면 1.9㎝가량 늘어났으며, 특히 20대 174.2㎝, 30대 174.4㎝, 40대 172.8㎝ 이기에 젊은 세대로 갈수록 평균을 상회한다.
- 우리나라 성인 여성의 평균키는 157.8㎝이고 젊은 연령대인 20대는 161.7㎝, 30

대 161.6㎝, 40대 159.9㎝로 나타나 있으며, 역시 30년 전과 비교하면 신장이 많이 커졌다.

- 인체치수의 길이, 높이 방향은 신장과 비례하고, 폭 방향은 체중과 비례하는 경향이 있다. 이 때문에 신장에서 다른 부위의 치수들을 약산하여 가늠할 수 있다. 예를 들어 신장을 H로 하였을 때, 눈높이는 0.9H, 양팔을 펼친 상태에서 손가락 양끝 사이의 길이는 신장과 같은 H, 어깨넓이나 하퇴부 높이는 0.25H, 앉은키의 높이는 0.55H, 직립자세에서 한 손을 올린 높이, 즉 손이 닿는 높이는 신장의 1.2H로 표현할 수 있다.

(3) 기능치수

- 가구나 기기, 건축이나 실내공간의 설계치수는 인간의 행태를 고려하여야 한다. 움직임을 동반하는 실제 생활이나 작업 환경에서는 정적인 인체 계측치만으로는 자료가 충분치 않다. 그렇기에 건축이나 실내디자인 분야에 있어 인체치수를 그대로 설계치수로 반영해서는 안 된다.
- 기능적 측면을 고려한 치수 요인으로는 인체치수의 개인차는 물론, 의복이나 휴대품, 신체의 흔들림, 동작에 필요한 여유치수, 심리적인 여유 등이 있을 수 있다.
- 설계치수라 함은, 기본적인 인체치수와 활동을 위한 동작치수, 가구나 물품이 차지하는 점유공간, 가구나 물품을 이용할 때 필요로 하는 여유공간의 치수까지로 모두 포함하는 것이어야 한다.

5) 높이와 치수

- 높이의 치수는 인간의 물리적 조건, 즉 선 자세, 앉은 자세, 누운 자세 등의 기본자세나 손의 도달범위를 기초로 해서 정해진다. 높이의 치수는 인체 각 부위인 머리, 어깨, 팔꿈치, 손끝, 허리, 대퇴부, 발끝이 동작할 때를 상정하여 적절한 높이로 정한다.

(1) 담장

- 60㎝ 이하의 담장은 두 공간을 상징적으로 분리할 뿐 두 공간 상호간의 통행이 가능하다. 이 경우는 원한다면 걸터앉을 수도 있는 높이로서 플랜트, 연석 등이 이에 해당된다.
- 1.2m 정도 높이의 담장은 인체의 가슴 부분에 해당되는 높이로써 두 공간의 상호 왕래는 힘들어지나 섰을 때의 눈높이보다는 낮아서 시각적으로 개방된다. 일

반적인 높이의 의자에 앉았을 경우의 눈높이 보다는 높아서 벤치 주변으로 위요된 공간을 조성할 때 이용되며 높은 프라이버시를 필요로 할 경우에는 이보다 높아야 한다.

- 1.8m 높이의 담장은 시선보다 높아서 시각적으로 완전히 차단되며 시각적으로 높은 프라이버시가 요구될 때 이용된다. 우리나라 주택의 담장 높이는 보통 1.8m 이상이어서 프라이버시가 높은 정원이 형성된다. 서구의 주택이 일반적으로 정원을 시각적으로 개방하고 있는 것에 비교하면 흥미 있는 현상이다.
- 2.4m 높이 이상의 담장은 손을 뻗었을 때의 높이보다 높게 되어(대략 2.16m) 보통의 방법으로는 넘어갈 수 없다. 고도의 안전도가 요구되는 경우에 이용되며 변전소, 교도소, 성곽 등이 해당된다.

(2) 개구부

- 개구부(開口部)란 건물에 있어서 벽, 지붕, 천장 등의 일부에 개방된 부분이며, 채광·환기·통풍·시각적 전망, 사람이나 물건의 통행을 목적으로 설치된 것이다. 창, 출입구, 환기구 등의 총칭이다.
- 출입구의 경우 25~30㎝ 정도의 머리 위 여유공간이 있어야 통과할 때 심리적인 부담이 없다고 한다.
- 창틀의 높이는 방의 기능이나 사람의 자세와 눈의 높이 등에 따라서 결정한다. 40~50㎝의 경우, 바닥에 앉아 있을 때의 눈의 위치에 대응한다. 창문이 높으면 밖이 보이지 않고 답답하다. 70~90㎝의 경우, 일반적인 사무실이나 강의실 등 의자에 앉았을 때에 대응하는 높이다. 책상의 높이보다 조금 높은 편이 안전도 면에서 좋다. 1m 내외의 경우, 주방, 화장실, 세면실 등 소위 물을 사용하는 곳의 높이다. 서 있는 자세로 작업을 하면서 밖을 볼 수 있는 높이라 할 수 있겠다.

(3) 계단

- 계단의 치수는 보폭과 관계가 있는데 발판의 길이에 계단높이 두 배를 더한 것이 보폭 60~63㎝ 정도가 되도록 하면 가장 편안히 오르내릴 수 있는 계단이 된다. 따라서 발판의 깊이가 길수록 낮은 높이를 갖도록 하여야 한다. 계단을 설치할 때는 한 단만 있을 경우는 잘 보이지 않아 위험하므로 최소한 2~3단 이상 설치하여야 한다.

(4) 의자와 탁자

- 해변가, 수영장 등에서 휴식 등을 취하기 위한 의자는 높이가 24㎝ 정도로 가장 낮다. 인체를 지지하는 수평면의 길이는 가장 길며 등받이는 수평면에 가장 가깝게 기울어져 있다. 이 경우는 앉기보다는 드러눕는다는 표현이 오히려 적절할 것이다. 가장 정적인 형태를 위한 것이다.
- 소파 등의 안락의자는 일상적인 담화 혹은 TV 시청 등을 위한 것으로서 높이가 33~36㎝ 정도이다. 인체를 지지하는 수평면 길이는 앞서의 경우보다 짧아지며 등받이는 수직선에 가까워진다. 이런 유형의 의자에는 팔걸이가 부착되는 것이 보통이다. 이와 함께 사용되는 탁자의 높이는 39~42㎝ 정도이다.
- 사무용 혹은 식탁의 의자는 높이가 42~45㎝ 정도로서 수평면의 길이는 더욱 짧아지며 등받이는 거의 수직에 가까워진다. 글을 쓰거나 타이프를 치는 등 비교적 정밀한 작업을 하는 데 사용된다. 야외용 벤치의 높이는 휴식의 기능을 가지므로 사무용 의자보다 다소 낮아서 39~42㎝ 정도로 한다. 짧은 시간 동안의 체재를 위한 경우에는 등받이가 없는 경우도 있다. 사무용 의자와 함께 사용되는 탁자의 높이는 75㎝ 정도로서 의자에 앉아서 팔이 자연스럽게 놓이는 높이다.
- 작업용 의자는 45~48㎝ 정도이며, 제도용 의자가 이에 속한다. 이 높이는 무릎부터 발까지의 길이보다 길어서 중간에 발받이를 설치하는 것이 보통이다. 이와 함께 이용되는 탁자는 78~81㎝ 정도로서 경사면을 지닌 제도용 테이블, 또는 주방의 조리대가 이에 속한다. 이 높이의 탁자는 앉았을 경우 손바닥이 탁자 위에 자연스럽게 놓이게 되며 보다 동적인 작업을 할 수 있다. 이 높이는 주방의 경우와 같이 서서 작업하기에도 적당한 높이라 할 수 있다.
- 스탠드바의 의자의 높이는 75~78㎝ 정도이며, 작업용 의자와 마찬가지로 발받이가 있다. 이 의자에 앉게 되면 서 있을 경우와 높이가 비슷하게 된다. 이와 함께 이용되는 탁자의 높이는 105~114㎝로서 의자에 앉았을 경우 팔꿈치가 자연스럽게 탁자 위에 놓이게 되며, 턱을 자연스럽게 괼 수 있는 높이이다. 이 탁자는 서 있을 경우에도 팔꿈치가 자연스럽게 놓이게 되어 글씨를 쓸 수 있는 정도의 높이가 된다. 따라서 탁자를 중심으로 앉아서 서비스를 받고 서서 서비스를 하는 경우(스탠드바) 혹은 양자가 마주 서서 일을 처리하는(은행 또는 접수대) 형태가 이루어진다.

6) 폭과 치수

- 사람의 어깨폭은 42~48㎝ 정도 되므로 보도의 최소폭은 60㎝이어야 한다. 두 사람이 왕복할 수 있도록 하고자 한다면 1.2m가 최소폭이 될 것이다. 실내복도

혹은 계단의 경우도 왕복이 가능하여야 하므로 1.2m 폭이 최소가 된다. 식탁 혹은 회의용 테이블의 크기도 인체를 고려하여 1인당 폭이 최소 60㎝ 정도가 되어야 한다.

기출 및 예상 문제

2. 인간척도

01 인체 측정 데이터를 이용할 때 주의해야 할 사항으로 맞는 것은? 제13회, 공인3회

① 집합주택의 공간 계획은 여러 사람이 사용하는 것을 전제하므로 50%의 인체 측정치가 적용되어 계획되어져야 한다.
② 앉은 자세나 선 자세에서 팔을 뻗어 닿는 곳을 계획할 땐 인체 측정치의 누계 5%에 해당하는 값이 사용되어야 한다.
③ 수납공간(단위 공간)을 계획할 땐 인체 측정치의 누계 5%나 그 이하의 값이 적용되어야 한다.
④ 부엌 작업대 위의 수납공간을 계획할 때는 눈높이 위치보다 반드시 높게 수납선반을 달아주어야 한다.

02 인체 계측값을 이용할 때 주의할 점으로 옳은 것은? 제19회

① 기계 및 장치의 사양이 결정된 후에 인체치수를 검토한다.
② 일정 집단의 계측값은 민족, 지역, 성별, 연령을 고려하여야 한다.
③ 평균값은 불필요하므로 사용하지 않는다.
④ 사람은 끊임없이 움직이나 디자인 치수는 정적 치수를 기준으로 한다.

정답 및 해설

01 ②
도달 거리에 관련된 설계에 있어서는 최소 집단치를 이용하도록 한다. 상부장의 아래높이를 눈높이 위치보다 조금 낮게 잡아도 작업에는 큰 지장이 없다.

02 ②
인체 계측치를 설계에 반영할 때에는 기계 및 장치의 사양이 결정된 후가 아니라 설계 초기단계부터 고려해야 한다. 치수의 적정범위를 개인에 맞출 것인지, 평균치와 표준편차로 결정할 것인지, 혹은 최대치나 최소치로 할 것인지에 대한 결정을 명확히 해야 한다. 그리고 활동에 따른 여러 변동요인까지도 미리 고려하여야 한다.

03 공간척도를 설명하는 내용 중 알맞은 것은? 제17회

① 건축척도는 미국규격의 100㎝를 기본치수로 하고 있다.
② 측정의 척도란 수치를 양으로 표시하기 위한 규칙이다.
③ 모듈이란 르 코르뷔지에의 모듈러에서 표시된 단위이다.
④ 실내척도는 생활분야와 가까운 모든 것을 포함한 유니버설 모듈이다.

04 공간설계를 위한 건축적인 모듈(module)에 대한 설명으로 옳은 것은? 공인2회, 공인4회, 공인5회

① 건축구성재의 치수에 모듈을 적용하면 색채 및 장식의 조절이 쉽다.
② 모듈수열은 배수성과 약수성의 속성을 지니므로 활용이 더 효과적이다.
③ 하나의 공간 안에 있는 모든 실내요소는 반드시 하나의 모듈로 수치를 단일화해야만 한다.
④ 모듈은 현대건축에서 개발해 사용하는 새로운 개념의 치수적용방법이다.

05 모듈러에 관한 설명으로 맞지 않은 것은? 제16회, 공인1회

① 프랑스인의 표준 신장인 170㎝를 기준으로 만들었다.
② 프랑스 건축가 르 코르뷔지에가 만든 건축을 위한 인간 척도체계이다.
③ 인간신체를 척도로 하여 수학적, 기하학적 원리에 근거하고 있다.
④ 최종 치수척도는 영국인 표준형인 6ft를 기준으로 만들었다.

06 인간의 '움직이는 행동'을 고려하여 산정한 치수는? 제12회, 제15회, 제17회

① 평균치수
② 절대치수
③ 구조적 인체치수
④ 기능적 인체치수

정답 및 해설

03 ④
건축척도는 독일 규격 100㎜를 기본으로 채택하였다. 척도란 길이나 거리, 양의 크기를 수치로 표시하기 위한 규칙이다. 모듈이란 모듈러 코디네이션에서 눈금사이즈로 표시되는 단위를 말한다.

04 ②
모듈은 디자인의 의도에 따라 비례를 위한 모듈, 기본모듈, 규격치수로서의 모듈, 조직화된 척법계열 내지는 수열로서의 모듈로 구분해 적용해야 한다. 모듈은 고대시대부터 다양한 방식으로 적용되어 온 치수적용법이다.

05 ①
르 코르뷔지에는 모듈러의 기준을 프랑스인의 표준 신장인 175㎝을 적용하였다.

06 ④
기능적 인체치수는 신체의 일부를 확장한 상태로, 예를 들어 한쪽 팔을 들거나 혹은 옆으로 펴거나, 한쪽 발을 펴거나 구부린 상태 등의 치수를 말한다.

07 손잡이를 계획할 때 필요한 조건은? 공인2회, 공인4회

① 손잡이는 잡았을 때 손에 꽉 찰 정도로 크게 만든다.
② 손잡이의 표면은 매끄러워야 한다.
③ 촉각에 의해 식별이 가능해야 한다.
④ 회전식 손잡이는 많이 돌아가는 것이 좋다.

08 정적인 인체치수를 측정하는 부위가 아닌 것은? 공인2회, 공인4회

① 어깨 너비　　② 들어 올린 다리 높이
③ 의자에 앉은 엉덩이 너비　　④ 팔꿈치 높이

09 Minimum Dimension(최소차원 디자인)에 대한 다음 설명 중 옳은 것은? 공인1회

① 인체측정치의 누계 5%에 해당하는 측정치를 적용한다.
② 기능적인 선반의 높이 등을 결정할 때 사용할 수 있다.
③ 문, 탈출구의 치수계획에 적용되는 설계 원리이다.
④ 은행의 카운터를 설계할 때 적용될 수 있는 개념이다.

10 다음의 〈보기〉 중 최소 집단값에 의한 설계가 적당한 것끼리 짝지어진 것은? 제19회

ㄱ. 지하철 손잡이	ㄴ. 문의 높이
ㄷ. 조종장치까지의 거리	ㄹ. 선반의 높이

① ㄱ, ㄴ　　② ㄴ, ㄷ
③ ㄱ, ㄹ　　④ ㄴ, ㄹ

정답 및 해설

07 ③
손잡이는 한손으로 조작하기 편하게 하거나 감싸 쥐는데 용이하게 하는 등의 인간 중심의 디자인이 되어야 한다.

08 ②
자연스러운 자세로 신체 각 부위를 정지시킨 상태에서 측정하는 것을 정적 측정이라고 하고, 근육긴장 및 운동을 수반하는 치수의 변화 등을 측정하는 경우는 동적 측정이다.

09 ③
문, 탈출구, 통로 등 기능적 문제가 발생하지 않을 수 있는 최소한 확보해야 하는 치수를 minimum dimension이라 한다.

10 ③
최소치 설계는 계단의 높이 또는 의자의 깊이, 버스나 지하철 손잡이 높이 등은 최소치 설계를 이용한다.

11 다음 설명 중 옳지 않은 것은? 제15회

① 건축이나 가구설계에 있어서 가장 우선적인 기준 치수는 인체치수의 평균치이다.
② 인체의 구조상 등뼈 등에 걸리는 부담의 측면에서 볼 때, 앉은 자세보다 선 자세가 자연스러운 자세라고 할 수 있다.
③ 건축이나 가구설계에서 여유치수는 상당히 중요하고, 경우에 따라선 인체치수 이상 중요한 의미를 갖는다.
④ '인간의 양팔을 벌린 팔의 길이는 신장과 같다'는 말은 로마시대의 건축가 비트루비우스가 한 말이다.

12 다음의 집단 값을 적용하는 방법에 대한 설명 중 옳은 것은? 제18회

① 지하철 손잡이는 집단 최대값을 이용한다.
② 버스의 의자높이는 집단 최소값을 이용한다.
③ 문의 높이는 집단 평균값을 이용한다.
④ 승용차 운전석은 집단 최대값을 이용한다.

13 사회적 약자에 대한 관심과 배려가 사회문제로 주목받으면서 휠체어 사용자를 배려하는 공간이 늘어나고 있다. 다음 중 휠체어 사용자를 위해 고려되어야 할 인체 치수로 옳은 것은? 공인4회

① 정적치수 ② 동적치수 ③ 정적치수+동적치수 ④ 근력

14 휠체어 사용자를 위해 법규상 경사로의 최대 경사는? 제18회, 제19회, 공인3회

① 1/11 ② 1/12 ③ 1/13 ④ 1/14

정답 및 해설

11 ①
치수계획에서 평균치는 최후에 고려되는 것으로 먼저, 최소차원, 최대차원, 혹은 조절 가능한 범위를 가질 수 있는지의 여부를 고려해야 한다.

12 ②
지하철 손잡이나 버스 의자높이는 집단 최소값을 이용하며, 통로나 문, 탈출구는 집단 최대값을 이용한다. 승용차 좌석이나 사무실 의자는 조절식 설계를 적용한다.

13 ③
정적 치수(Static Dimensions) : 고정 자세에서 인체 측정
동적 치수(Dynamic Dimensions) : 움직이는 활동자세에서 인체 측정
근력(Muscular Strength) : 근육의 힘 측정

14 ②
휠체어 사용자의 자유로운 통행을 위하여 보도의 구배는 1/12 이하로 하는 것이 바람직하다.

15 두 사람이 서로 여유롭게 교행할 수 있는 통로를 계획하는 데 있어 옳지 <u>않은</u> 것은?

제14회

① 성인의 보행에 필요한 통로폭은 70㎝ 이상, 바퀴달린 의자에서는 90㎝ 이상이 필요하다.
② 바닥의 재료는 쉽게 미끄러지지 않는 재료를 계획하여야 한다.
③ 통로공간의 폭은 한 사람이 지나는 데 최소한 35㎝ 이상이 되도록 해야 한다.
④ 짐을 양팔로 들고 걷는 사람과 두 손을 내리고 걷는 사람이 동시에 편히 지나치기 위해서는 150㎝의 통로 폭이 필요하다.

16 인체치수에 퍼센타일 개념을 적용한 설명으로 맞는 것은? 제12회, 공인3회

① 자동차 운전석은 가변치수로 설계된다.
② 지하철 손잡이의 경우 집단 최대값을 이용해야 한다.
③ 통로를 설계할 때 집단 최소값을 이용한다.
④ 퍼센타일 적용 시 인종, 연령, 성별 등의 치수에 다양성을 줄 수 있는 요소는 고려할 필요가 없다.

17 퍼센타일(백분위수)의 개념으로 옳지 <u>못한</u> 것은?

제18회, 제19회, 공인5회

① 1퍼센타일은 집단내의 나머지 99%보다 작은 수치이다.
② 95퍼센타일은 집단내의 5%만이 더 큰 수치를 나타낸다.
③ 퍼센타일은 단순히 양을 나타내는 것뿐 아니라 집단내의 순위까지도 나타내는 개념이다.
④ 퍼센트와 퍼센타일은 같은 개념이다.

정답 및 해설

15 ③
1인 통행 시 양측 난간이 있을 경우는 최소 45㎝이면 가능하나, 한쪽에만 난간이 있을 경우는 60㎝ 이상이 되어야 한다.

16 ①
탈출구, 통로 등 공공장소에서 여유를 두어야 하는 치수는 집단 최대값을 이용하며, 버스나 지하철 손잡이의 경우 집단 최소값을 적용하여 많은 사람들이 이용할 수 잇도록 한다.

17 ④
대개의 인체측정 자료는 퍼센타일로 나타낸다. 신체부위 측정치는 100%를 최대범주로 하여 최대와 최소의 퍼센트로 나타낸다.

18 다음의 〈보기〉에서 ㄱ, ㄴ, ㄷ에 알맞은 치수를 순서대로 올바르게 나열한 것은?

제16회

> ㄱ. 변기 앞부분으로부터 벽까지의 활동범위
> ㄴ. 휠체어를 탄 사람이 통과할 수 있는 복도폭(양측이며 직선 통로인 경우)
> ㄷ. 부엌 상부 수납장의 깊이

① 40㎝－80㎝－30㎝
② 61㎝－110㎝－30㎝
③ 40㎝－110㎝－50㎝
④ 61㎝－110㎝－50㎝

19 인체 각 부의 치수로서 신장에 대한 비율이 적합한 것은?(H : 신장)

① 앉은키는 신장의 0.5H
② 선 자세의 눈높이는 신장의 0.8H
③ 어깨너비는 신장의 0.25H
④ 양팔을 폈을 때의 손끝 사이의 폭은 신장의 0.9H

20 편리한 의자의 높이 치수로 옳지 못한 것은?

① 해변가, 수영장 등에서 휴식 등을 취하기 위한 의자의 높이 : 24㎝
② 소파 등의 안락의자의 높이 : 33~36㎝
③ 사무용 혹은 식탁의 의자 높이 : 42~45㎝
④ 스탠드바의 의자 높이 : 55~60㎝

정답 및 해설

18 ②
변기 앞부분으로부터 벽까지의 최소 활동범위는 61.0㎝, 부엌 상부 수납장의 깊이는 30.5~33.0㎝, 휠체어 1대의 적정 통행 폭은 110㎝를 확보해야 한다.

19 ③
신장을 H로 하였을 때, 앉은키는 0.55H, 눈높이는 0.9H, 양팔을 펼친 길이는 H이다.

20 ①
스탠드바의 의자 높이는 대체로 75~78㎝ 정도가 적당하다.

3 감성공학

1) 감성공학 정의

(1) 감성공학의 정의와 의의

- '인간의 감성을 정량적으로 측정·평가·분석 후 제품 개발이나 환경 설계에 적용하여 더욱 편리하고 쾌적한 인간의 삶을 도모하는 기술'을 의미한다. 쉽게 말해 기분이나 마음과 같은 인간의 비언어적 요소들을 IT에 접목하여 실생활에 도움이 되도록 기술적으로 실현하는 것이다.
- 감성공학은 오감을 통해 느끼는 인간의 감정과 기분을 과학적으로 분석하는 새로운 학문이며, 쾌적함, 불쾌함, 세련됨 등 막연하고 다소 주관적인 상태를 수치화하여 소비자의 감성에 맞는 제품 및 환경을 만드는 데 기초로 활용되어 진다.
- 과거에는 소비자들의 기능적이며 물리적인 측면의 일차적 욕구를 만족시키는 데 우선했지만, 최근에는 감각적인 표현인 심리적이며 정서적인 기호도를 충족시킬 수 있는 이차적인 욕구에 더욱 관심을 기울이고 있다. 여러 광고매체를 통해 자주 등장하는 '감성'이라는 키워드는 신제품의 개발에 있어 소비자의 기호를 만족시키는 것의 중요성을 대변하고 있다 하겠다.

(2) 감성공학의 기원

- 1970년 감성공학 창시자인 일본 히로시마 대학교의 나가마치 미츠오(長町三生, 1936~) 교수는 당시 '정서공학(Emotional Engineering)'의 개념을 언급했다. 그는 이를 '인간의 제품에 대한 욕구로서의 이미지나 느낌을 물리적인 디자인 요소로 해석하여 제품 디자인에 반영시키는 기술'로 정의하였다. 1988년 호주에서 열린 국제 인간공학회에서 정서공학의 명칭이 '감성공학'으로 변경되었으며, 이후 지금까지 지속적으로 연구되고 있다.

(3) 감성공학에 대한 접근 방법(나가마치 교수의 분류)

- 감성공학 1류 : 인간의 감성을 형용사로 표현할 수 있다고 보고 인간의 감성 이미지를 측정하는 방법이다. 이를 통해 제품에 대한 이미지를 조사·분석하여 제품의 디자인 요소와 연계시킨다.
- 감성공학 2류 : 개인의 연령, 성별 등의 개별적 특성과 생활 방식으로부터 개인이 갖고 있는 이미지를 구체화하는 방법이다. 감성의 심리적 특성을 강조한 접

제1장 실내계획 제2장 실내환경 제3장 실내시공 제4장 실내구조 및 법규

근 방법이라 할 수 있다. 또한 감성의 개인성에 중점을 둔 '문화적 감성'의 일부를 반영하기도 한다.

- **감성공학 3류** : 기존의 감성적 어휘 대신 공학적인 방법으로 접근하여 인간의 감각을 측정하고, 이를 바탕으로 수학적 모델을 구축하여 활용한다. 대상이 되는 제품의 물리적 특성과 인간의 감각이 객관화된 지표 사이 연관성을 분석하여 제품 설계에 응용할 수 있으며, 측정 시 감성의 생리적 특성을 중시한다.

2) 시각

- **시지각** : 외부로부터 들어오는 빛 자극은 물체가 방사하거나 반사하여 눈으로 들어오게 되는데, 눈에 렌즈인 수정체를 통해 망막에 거꾸로 상을 맺게 되고 망막의 원추세포와 간상세포에 수용되어 시신경을 거쳐 뇌의 시각 중추를 흥분시키게 되며, 대뇌에서 대상물에 대한 인식과 함께 행동이나 명령을 하게 되는 것이 시지각이다. 이때 대뇌의 작용은 대상물에 대한 경험, 지식, 정보 등 통합적인 인식작용 등이 일어난다.

(1) 눈의 구조

- 인간의 안구는 직경이 약 24㎜로 거의 구형이다. 안구의 구조는 공막, 맥락막, 망막의 3개 층으로 구성되지만, 빛은 '결막→각막→동공→렌즈→초자체→망막'의 순서에 의하여 감각된다.
- **각막** : 빛을 받아들이는 부분이다.
- **홍체** : 동공을 통해 눈으로 들어오는 빛의 양을 조절. 카메라의 조리개와 같은 역할을 한다.
- **렌즈** : 동공을 통과한 빛은 렌즈를 거치는데, 눈의 뒷부분에 있는 빛에 예민한 표면인 망막에 상이 분명히 맺히도록 하며, 물체의 거리에 따라 두께가 달라진다.
- **초자체** : 렌즈 뒤와 망막 사이에서 안구의 형태를 구형으로 유지하는 액체이다.
- **망막** : 안구벽의 가장 안쪽에서 추상체와 간상체에 의하여 빛에너지를 흡수하고, 시세포가 분포한다.

(2) 시력(視力, visual acuity)

- 사물의 형태를 자세히 식별하거나 접근한 2개의 점 및 선을 구별하여 판별하는 능력을 말한다. 즉, 눈의 분해능(分解能, resolving power)이다.
- **중심시력** : 시야 중심부에서의 시력을 말한다.

- **주변시력** : 시야 주변부에서의 시력을 말하고, 주변시력은 중심시력에 비하여 현저히 낮고, 시야 중에서 시대상(視對象)을 볼 수 있는 것은 시각으로 1° 정도이다.
- **원시** : 안구의 길이가 짧아서 상이 망막 뒤에서 맺히는 현상이다. 볼록렌즈로 교정한다.
- **근시** : 안구의 길이가 너무 커서 상이 망막 앞에서 맺히는 현상이다. 오목렌즈로 교정한다.
- **난시** : 각막의 만곡도가 눈의 경도(經度)에 따라 달라 부분적으로 흐리게 되는 눈이다. 원추형 렌즈로 교정한다.

(3) 시야(視野, visual field)

- 한 눈으로 하나의 고정된 지점만을 계속 바라볼 경우 이 눈에 보이는 외계의 범위 전체를 말한다. 시야의 바깥 한계는 대략 우 100°, 좌 60°, 상 55°, 하 65° 정도이다.
- **암점**(暗點, blind spot) : 시야의 중앙부 근처에 보이지 않는 부위, 즉 시야절손 부위를 말한다. 이곳에 맺히는 상은 시각을 일으킬 수 없다.
- **두 눈 보기 시야** : 두 눈으로 한 점을 보게 하면 두 시야는 대부분 겹치게 되는데, 이러한 두 시야가 겹친 영역을 '두 눈 보기 시야(field of binocular vision)'라고 한다.

(4) 시각의 종류

- **명소시** : 밝은 곳에서 원추세포가 작용하는 상황에서의 시각을 말한다. 약 100[cd/m²] 이상에서 작동하며, 가장 밝게 느끼는 색은 파장이 약 555㎚의 황녹색 빛으로 이때 느끼는 밝기의 정도이다.
- **암소시** : 어두운 곳에서 주로 간상세포가 작용하는 상황에서의 시각을 말한다. 약 0.1[cd/m²] 이하에서 작동하며, 파장이 약 507㎚의 청녹색에서 가장 어둡게 느껴지며 어두워질수록 녹색 빛에 대한 감도가 높아지는 특징이 있다.
- **박명시** : 원추세포와 간상세포가 함께 작용하는 상황을 말한다.

(5) 눈의 순응

- 암순응(dark adaptation)
  - 밝은 곳에서 어두운 곳으로 들어갈 때 감광색소의 합성이 일어나게 되는데 이를 암순응이라고 한다.

- 어두운 곳에 들어가면 눈에 더 많은 양의 빛을 들이기 위해 동공이 확대된다.
- 완전 암순응은 30~40분 정도 소요된다.

• 명순응(light adaptation)
- 어두운 곳에서 밝은 곳으로 들어갈 때 빛에 노출되면 그 즉시 감광색소의 퇴색이 일어나게 되는데 이를 명순응이라고 한다.
- 밝은 곳에서는 눈에 들어오는 빛의 양을 제한하기 위해 동공이 축소된다.

3) 청각

(1) 소리

• 소리의 속도 : 소리가 공기 속에 전달될 때의 속도는 일반적으로 기압이나 온도의 영향을 무시하지만 특히 온도의 영향도 고려하지 않을 경우에는 340m/sec (15℃)를 사용하고 있다.
• 소리의 현상 : 소리도 빛과 마찬가지로 파동이지만, 빛의 파장에 비해 매우 길다. 이 때문에 회절(回折)이나 간섭(干涉)을 하게 되므로 소리는 차단하기가 매우 어렵다.
• 소리의 단위 : 일반적으로 소리를 나타낼 때는 주로 dB이나 폰(phon)을 단위로 사용한다. 140dB일 때 귀가 아프게 느껴지기 시작하는 한계이며, 그 이상이 되면 귀가 파열된다.
• 소리의 3요소 : 소리의 3요소란 진폭(振幅), 진동수(振動數), 파형(波形)이다. 진폭은 소리의 강도를, 진동수는 소리의 고저를, 파형은 소리의 음색을 정한다.
• 소리가 가장 작게 들리는 한계를 최소가청치(最小可聽値)라고 하며, 이에 대응하는 음압레벨은 주파수에 따라 다르다. 반대로 가려움, 통증이 시작되는 한계를 최대가청치(最大可聽値)라 하며, 이것은 주파수와 관계없다.
• 나이와 더불어 고음부(高音部)의 감도가 둔해지지만, 저음부(低音部)의 감도는 그다지 떨어지지 않는다. 일반적으로 나이가 들어감에 따라 시력과 청력이 감퇴된다. 대체로 40세가 넘으면 이 저하가 가속화되기 시작한다.

(2) 소음

• 소음은 도시의 여건 변화와 함께 변화한다. 일반적으로 도시는 낮의 경우 사람과 차 때문에 소란스럽지만 밤에는 정적이 깃든다. 또한 주거지역은 상업지역보다 조용하고, 도시의 중심을 이룬 번화가는 상가보다 더 시끄럽다.
• 소음의 기준을 정하는 대표적인 것으로 NC치(値)가 있다. 이는 소음의 허용치를

단순히 소음의 수준에서가 아니라 그 스펙트럼에 의한 차이를 고려하여 주파수 분포의 결과에서 부여하도록 한 값이다.

〈표 2-2〉 장소별 허용 소음 강도

각 실	폰	NC곡선	각 실	폰	NC곡선
방송스튜디오	25	15~20	병원	35	30
음악홀	30	20	도서관	40	30
극장(500석)	35	20~25	소사무실	45	30~35
교실	40	25	레스토랑	50	NCA45
회의실	40	25	체육관	55	NCA50
아파트, 호텔	40	25~30	대사무실	50	45
주택	40	25~35	공장	60~70	NCA50~65
영화관	40	30			

(3) 반향(反響)과 잔향(殘響)

- **반사음과 에코** : 소리에 반사·굴절하는 성질이 있다. 음원과 듣는 사람의 거리가 17M 이상이 되면 분명히 반사음으로서 들린다. 에코란 이와 같이 음원으로부터의 직접음과 벽체 등에서 반사된 소리가 그 시간차 때문에 한 소리가 둘 이상으로 들리는 현상이다.
- **공간설계와 반향** : 극장, 영화관은 말할 것도 없고, 거실에서도 가급적이면 에코를 배제하도록 설계해야 한다. 대규모의 공회당에는 부채꼴 설계가 채택되는데, 오목곡면에 의한 반사음은 에코가 되기 쉬운 결점을 지니고 있다. 포물곡면에서는 들어오는 소리가 모두 그 초점에 집중되므로 바람직하지 못하다. 반대로 규모가 큰 장방형 평면에서는 그 평행을 이루고 있는 두 면이 다른 두 면에 비해 반사성일 때 부밍(booming)이 발생한다. 또 평행벽면 사이를 왕복하는 거리가 길어지면 왕복반사된 소리가 각각 별도로 들리는, 이른바 다중반향현상(多重反響現像)을 일으킨다. 따라서 이 같은 결점을 없애기 위해서는 평면의 모양이나 벽의 재료를 결정할 때 주의를 기울일 필요가 있다.
- **잔향** : 소리를 끈 뒤에도 실내에 남아 있는 소리가 잔향이다. 음악을 감상할 때에는 어느 정도의 잔향이 있어야 하며, 명쾌한 소리 전달을 요하는 강연공간에서는 잔향이 발생하지 않도록 해야 한다. 잔향시간이란, 소리의 강도 수준이 최초보다 60dB 내려가는 데 요하는 시간을 말한다.

3. 감성공학

기출 및 예상 문제

01 감성공학에 대한 설명 중 옳지 않은 것은? 제15회, 제17회

① 감성공학이란 용어는 1980년대에 처음 사용되었다.
② 감성공학의 가치는 물리적 편리함을 추구하는 데 있다.
③ 감성공학은 사용자 중심, 소비자 중심의 제품개발을 위해 시도되었다.
④ 인간의 감성을 어휘로 표현하게 하여 연구한다.

02 감성공학적 방법론에서 개인의 환경적 선호 성향을 측정하기 위해 선정된 형용사를 이용하여 이미지나 느낌을 표현하게 하는 연구방법은? 공인5회

① 직접관찰법
② 사용빈도 분석법
③ 의미분별 척도법
④ 실험연구법

03 다음의 빈 칸에 들어갈 알맞은 용어는? 제12회, 제17회, 공인3회

감성공학은 인간의 (ㄱ)에, 인간공학은 (ㄴ)에 더 중점을 둔다.

① ㄱ-심미성, ㄴ-정서적 충족
② ㄱ-가능성, ㄴ-합리성
③ ㄱ-문화적 가치, ㄴ-심미성
④ ㄱ-정서적 충족, ㄴ-물리적 편리성

정답 및 해설

01 ②
인간공학은 물리적 편리함만을 추구하는 것이 아니라, 인간의 다양한 인지방식이나 감성적 특징을 분석하여 쾌적한 환경이나 제품(기구)을 만드는 데 가치를 두고 있다.

02 ③
의미분별척도법(Semantic Differential Method)은 반대 의미를 갖는 형용사를 짝지어 제품(혹은 환경)의 색채나 음향, 감촉 등 다양한 인상을 파악하는 방법이다.

04 지각 과정을 바르게 나타낸 것은? 제17회, 공인3회

① 지각 → 인지 → 태도 → 반응
② 지각 → 태도 → 인지 → 반응
③ 지각 → 반응 → 인지 → 태도
④ 지각 → 인지 → 반응 → 태도

05 다음의 감각 중 지각시간이 가장 짧은 것은? 제18회, 공인2회, 공인4회

① 시각
② 청각
③ 미각
④ 취각

06 인체의 감각기관을 통해 환경자극에 대한 정보를 받아들이게 되는 과정은? 공인2회, 공인4회

① 지각
② 반응
③ 인지
④ 선호도

07 시각표시장치를 디자인할 때의 지침으로 옳지 않은 것은? 공인2회

① 눈에 잘 띄도록 해야 한다.
② 친숙한 도형을 사용한다.
③ 사용 시 예상되는 시각환경을 고려하여 디자인한다.
④ 정확하고 정교한 표현이 바람직하다.

정답 및 해설

03 ④
감성공학은 물리적 편리성보다 정서적 충족을 궁극적인 목표로 한다. 인간공학은 인간의 특성을 시스템 설계에 적용하여 만족도, 효율성, 쾌적성, 편리성 등에 중점을 둔다.

04 ①
인간은 자극(지각대상)에 대해 수용(지각)과 처리(인지) 과정을 거쳐 산출(견해, 감정, 태도)하고 마지막으로 반응을 유발한다.

05 ②
청각은 주변 상황을 인식하는 데 가장 빠르고 딜레이가 적은 감각이다.

06 ①
'지각'이란 직면한 상황, 사물 등과 자신의 상태를 감각기관을 통해 받아들이는 과정을 말한다.

07 ③
시각표시장치는 가시도, 주목성, 읽기 쉬운 정도, 이해 가능도 등을 고려한다.

08 다음 중 표시판을 쉽게 이해할 수 있게 하는 조건으로 바르지 못한 것은? 제18회

① 다양한 색채를 이용한 새로운 디자인이어야 한다.
② 사람들의 주목을 끌 수 있도록 한다.
③ 시각상의 착각을 일으키지 않아야 한다.
④ 크기가 적당해야 한다.

09 시지각의 생리적, 심리적 특성에 대한 다음 설명 중 틀린 것은? 공인5회

① 암시에 주로 사용되며 명암을 구분하는데 쓰는 세포를 간상세포라 한다.
② 적색광의 영향 하에서 대개 물체가 더 길게, 더 무겁게 느껴진다.
③ 망막상의 시홍의 형성이 원활히 되지 않으면 야맹증이 온다.
④ 어두운 환경에서는 주변에 있는 물체보다는 시선의 중심에 있는 물체가 잘 보인다.

10 시각에 관련된 잔상에 대한 설명 중 틀린 것은? 공인5회

① 3분의 1초 정도의 강한 자극을 주었을 때 나타나며 자극이 없어진 후에 원래의 자극과 같은 자극으로 남게 되는 잔상을 긍정적인 잔상(양의 잔상)이라고 한다.
② 해를 보다가 눈을 감으면 검은 점이 보이는 것과 같은 현상을 부정적인 잔상(음의 잔상)이라 한다.
③ 잔상은 망막이 자극을 받은 후 시신경의 흥분이 사라진 상태를 말한다.
④ 양의 잔상에서는 흑은 흑, 백은 백으로 남아서 보이며 주로 영화와 TV의 각 장면 등에 사용된다.

정답 및 해설

08 ①
가독성이 높은 시각표시장치를 제작하기 위해서는 다양한 색채나 새로운 디자인은 그다지 좋은 선택이라 볼 수 없다.

09 ④
간상세포는 주로 어두운 곳에서 작용하며 색채 지각보다는 명암을 식별하는 역할을 한다. 야맹증은 비타민A의 부족에 의하여 간상세포 내의 시홍의 재합성이 방해되어 암순응이 지연되는 상태이다.

10 ③
잔상이란, 외부 자극이 사라진 뒤에도 감각 경험이 지속되어 나타나는 상을 말한다.

11 다음은 각종 시야의 종류에 대한 설명이다. 바르게 설명된 것은? 제13회, 공인4회

① 유도 시야는 제시된 정보의 존재를 판별할 수 있는 정도의 식별밖에 할 수 없지만 공간 좌표 감각에 영향을 미치는 범위로서 수평 30~100°, 수직 20~85° 정도의 범위를 말한다.
② 보조 시야는 정보의 수용은 최대로 올라가고 일반적인 자극 등에 주시 동작을 유발시키는 정도의 보조적 작용을 하는 범위로서 수평 100~200°, 수직 85~135° 정도의 범위를 말한다.
③ 판별 시야는 시력, 색인별 등의 시기능이 떨어지며 일반적인 정보를 수용할 수 있는 범위를 말한다.
④ 동시야는 고정된 상태에서 관람되는 시야를 말하며 전시물의 위치와 배치는 상향, 하향, 상중향, 하중향 또는 상중하향이 복합적으로 시각 구성이 되도록 한다.

12 병원 수술실에서 수술복을 녹색으로 하는 것과 관련이 깊은 시지각 현상은? 공인3회, 공인4회

① 암순응 ② 착시
③ 잔상 ④ 푸르킨예 현상

13 실내조명의 감성공학의 연구결과로 알맞은 것은? 제12회, 제15회

① 거실의 낮은 조도는 전체의 정서에 좋게 작용한다.
② 거실의 높은 조도는 활동성을 좋게 하여 무드도 플러스시킨다.
③ 거실 조도조절은 간접조명과 보조조명을 섞어 설치하는 것이 좋다.
④ 거실의 낮은 조도에서 플로어 스탠드를 설치하면 안정성에 마이너스로 작용한다.

제1장 실내계획
제2장 실내환경
제3장 실내시공
제4장 실내구조 및 법규

정답 및 해설

11 ①
인간공학 및 주거계획, pp.149~151 참조.

12 ③
수술실의 강한 조명 아래에서 오랫동안 수술을 하면서 붉은 피를 계속 보고 있으면 그 보색인 녹색의 잔상이 생긴다. 이런 잔상은 의사의 집중력을 떨어뜨릴 수 있기 때문에 잔상을 느끼지 못하도록 녹색 수술복을 입는 것이다.

13 ③
높은 조도는 활동성은 좋게 하나, 반면에 무드를 손상시킨다. 낮은 조도는 전체의 정서에 마이너스로 작용하나, 다운라이트나 플로어 스탠드를 부가적으로 설치하면 안정성이나 무드를 높인다.

14 감성공학(컬러 이미지 스케일)과 색채와의 관계가 알맞은 것은? 제12회, 제15회

① 상쾌한 느낌은 소프트-한색축상에 둘러싸인 공간
② 즐거움은 하드-난색축상에 둘러싸인 공간
③ 기계적인 느낌은 소프트-난색축상에 둘러싸인 공간
④ 야성적인 것은 하드-한색축상에 둘러싸인 공간

15 소리의 특성에 관한 다음의 설명 중 <u>틀린</u> 것은? 공인1회

① 소리의 음파는 실내 표면에 부딪히면 입사된 음 에너지의 일부는 흡수, 일부는 통과하고 일부는 반사하며 재료의 특성과 구조에 따라 비율 차이가 발생한다.
② 소리가 장애물을 우회하거나 구멍을 통하여 퍼져 나가는 것을 음의 회절이라 하는데 고주파일수록 회절이 잘 일어난다.
③ 여러 소리가 동시에 들릴 때 서로 합해지거나 감해져서 들리는 현상을 음의 간섭이라 하며 간섭에 의하여 소리가 강해지거나 약해진다.
④ 음파가 표면에 부딪히면 균일한 음분포를 가진 작고 약한 파형으로 나누어지는 현상을 음의 확산이라 하며 음의 효과적인 확산을 위하여 반향을 방지하고 실내 음압 분포를 고르게 하는 것이 바람직하다.

16 다음 연결관계가 적합하지 <u>않은</u> 것은?

① 홍체 : 동공을 통해 눈으로 들어오는 빛의 양을 조절
② 각막 : 빛을 받아들이는 부분
③ 초자체 : 색채 정보를 구분하는 기능
④ 망막 : 추상체와 간상체에 의하여 빛에너지를 흡수

정답 및 해설

14 ①
감정효과를 컬러 이미지 스케일로 분류하자면, 즐거움은 소프트-난색, 기계적인 느낌은 하드-한색, 야성적인 것은 하드-난색계열이다.

15 ②
저주파는 큰 에너지를 가지므로 당연히 멀리가지 전파하며 고주파보다 잘 회절하므로 구석구석 전파한다.

16 ③
초자체는 렌즈 뒤와 망막 사이에서 안구의 형태를 구형으로 유지하는 액체이다.

17 다음 중 굴절이상이라 할 수 없는 것은?

① 노안시 ② 난시
③ 근시 ④ 원시

18 명소시에서 암소시로 이행할 때 색의 감지에 관한 푸르키네 효과(Purkinje Effect)을 적용한 비상구 표시로 알맞은 색은?

① 황색 ② 적색
③ 주황색 ④ 녹색

19 일상생활 중에 밝은 곳에 있다가 어두운 곳으로 들어가면 처음에는 아무 것도 보이지 않다가 차츰 적응되면서 시야가 되살아난다. 이런 시지각 현상은?

① 명순응(明順應) ② 색순응(色順應)
③ 암순응(暗順應) ④ 시순응(視順應)

20 잔향시간이란 소리의 강도수준이 최초보다 몇 dB 내려가는 데 필요로 하는 시간(秒)인가?

① 30dB ② 40dB
③ 50dB ④ 60dB

정답 및 해설

17 ①
굴절에 의한 이상으로는 원시, 근시, 난시가 있으며, 각각 볼록렌즈, 오목렌즈, 원추형 렌즈로 교정한다.

18 ④
푸르키네 효과란 밝은 곳에서는 빨강색이 선명하게 보이고 어두운 곳에서는 파랑색이 선명하게 보이는 현상이다.

19 ③
영화관이나 암실에서 경험할 수 있다.

20 ④
잔향시간이란 소리의 강도 수준이 최초보다 60dB 내려가는 데 요하는 시간이다.

4 작업환경조건

1) 작업설계 기본원칙

- 자연스러운 작업 자세 유도
- 과도한 힘 사용 금지
- 도구 및 부품은 손이 닿기 쉬운 곳에 비치
- 적절한 높이에서 작업 실시
- 반복동작의 실시횟수 감소
- 피로와 정적 부하를 줄이도록 설계
- 신체 압박 유의
- 충분한 여유공간 확보
- 적절한 움직임으로 근육 경직 억제
- 쾌적한 작업환경 유지
- 표시장치와 조종장치에 대한 고려
- 비상시 즉각적인 반응과 대피 가능하도록 설계

2) VDT작업 환경

(1) VDT작업

- Visual Display Terminals의 약자로써, 자료입력, 문서작성, CAD작업, 자료검색 등의 작업으로 영상표시단말기(VDT)의 화면을 보거나 키보드, 마우스 등을 조작하는 작업이다.
- VDT증후군(VDT Syndrome) : VDT작업으로 인해서 발생하는 근골격계 질환의 일종으로 경견완증후군(頸肩腕症候群) 등이 이에 해당한다.

(2) 작업시간 및 휴식시간

- 영상표시단말기 연속작업을 수행하는 근로자에 대해서는 영상표시단말기 작업 이외의 작업을 중간에 넣거나 또는 다른 근로자와 교대 실시하는 등 계속해서 영상표시단말기 작업을 수행하지 않도록 하여야 한다.
- 영상표시단말기 연속작업을 수행하는 근로자에 대하여 작업시간 중에 적절한 휴식시간을 주어야 한다.
- 영상표시단말기 연속작업을 수행하는 근로자가 휴식시간을 적절히 활용할 수

있도록 휴식장소를 제공하여야 한다.

(3) VDT화면

- 영상표시단말기 화면은 회전 및 경사조절이 가능할 것
- 화면의 깜박거림은 영상표시단말기 취급근로자가 느낄 수 없을 정도이어야 하고 화질은 항상 선명할 것
- 화면에 나타나는 문자·도형과 배경의 대비(contrast)는 작업자가 용이하게 조절할 수 있는 것일 것
- 화면상의 문자나 도형 등은 영상표시단말기 취급근로자가 읽기 쉽도록 크기·간격 및 형상 등을 고려할 것
- 단색화면일 경우 색상은 일반적으로 어두운 배경에 밝은 황·녹색 또는 백색문자를 사용하고 적색 또는 청색의 문자는 가급적 사용하지 않도록 할 것

(4) VDT 작업대

- 작업대는 모니터·키보드 및 마우스·서류받침대·기타 작업에 필요한 기구를 적절하게 배치할 수 있도록 충분한 넓이를 갖출 것
- 작업대는 가운데 서랍이 없는 것을 사용하도록 하며, 근로자가 영상표시단말기 작업 중에 다리를 편안하게 놓을 수 있도록 다리 주변에 충분한 공간을 확보하도록 할 것
- 작업대의 높이는 조정되지 않는 작업대를 사용하는 경우에는 바닥면에서 작업대 높이가 60~70㎝ 범위 내의 것을 선택하고, 높이 조정이 가능한 작업대를 사용하는 경우에는 바닥면에서 작업대 표면까지의 높이가 65㎝ 전후에서 작업자의 체형에 알맞도록 조정하여 고정할 수 있는 것일 것
- 작업대의 앞쪽 가장자리는 둥글게 처리하여 작업자의 신체를 보호할 수 있도록 할 것

(5) VDT 작업의자

- 의자는 안정감이 있어야 하며 이동 및 회전이 자유로운 것으로 하되 미끄러지지 않는 구조의 것으로 할 것
- 바닥면에서 앉는 면까지의 높이는 눈과 손가락의 위치를 적절하게 조절할 수 있도록 적어도 35~45㎝의 범위 내에서 조정이 가능한 것으로 할 것
- 의자는 충분한 넓이의 등받이가 있어야 하고 영상표시단말기 취급근로자의 체

형에 따라 요추(腰椎)부위부터 어깨부위까지 편안하게 지지할 수 있어야 하면 높이 및 각도의 조절이 가능한 것으로 할 것
- 영상표시단말기 취급근로자의 필요에 따라 팔걸이가 있는 것으로 사용할 것
- 작업 시 영상표시단말기 취급근로자의 등이 등받이에 닿을 수 있도록 의자 끝 부분에서 등받이까지의 깊이가 38~42㎝ 범위로 적절할 것
- 의자의 앉는 면은 영상표시단말기 취급근로자의 엉덩이가 앞으로 미끄러지지 않는 재질과 구조로 되어야 하며 그 폭은 40~45㎝ 범위로 할 것

(6) 작업자세

- 영상표시단말기 취급근로자의 시선은 화면상단과 눈높이가 일치할 정도로 하고 작업 화면상의 시야범위는 수평선상으로부터 10~15° 밑에 오도록 하며 화면과 근로자의 눈과의 거리는 적어도 40㎝ 이상이 확보될 수 있도록 할 것
- 상완(upper arm)은 자연스럽게 늘어뜨리고, 작업자의 어깨가 들리지 않아야 하며, 팔꿈치의 내각은 90° 이상이 되어야 하고, 전완(fore arm)은 손등과 수평을 유지하여 키보드를 조작하도록 할 것
- 연속적인 자료의 입력을 위한 작업 시에는 서류받침대를 사용하도록 하고, 서류받침대는 높이·거리·각도 등을 조절하여 화면과 동일한 높이 및 거리에 두어 작업하도록 할 것
- 의자에 앉을 때는 의자 깊숙이 앉아 의자등받이에 작업자의 등이 충분히 지지되도록 할 것
- 영상표시단말기 취급근로자의 발바닥 전면이 바닥에 닿는 자세를 기본으로 하되, 그러하지 못할 때에는 발 받침대를 조건에 맞는 높이와 각도로 설치할 것
- 무릎의 내각은 90° 전후가 되도록 하되, 의자의 앉는 면의 앞부분과 영상표시단말기 취급 근로자의 종아리 사이에는 손가락을 밀어 넣을 정도의 틈새가 있도록 하여 종아리와 대퇴부에 무리한 압력이 가해지지 않도록 할 것
- 키보드를 조작하여 자료를 입력할 때 양 손목을 바깥으로 꺾은 자세가 오래 지속되지 않도록 주의할 것

(7) 조명 및 채광

- 작업실 내의 창·벽면 등을 반사가 되지 않는 재질로 하여야 하며, 조명은 화면과 명암의 대조가 심하지 않도록 하여야 한다.
- 영상표시단말기를 취급하는 작업장 주변 환경의 조도를 화면의 바탕 색상이 검정색 계통일 때 300~500lx, 화면의 바탕 색상이 흰색 계통일 때 500~700lx를

유지하도록 하여야 한다.

- 화면을 바라보는 시간이 많은 작업일수록 화면 밝기와 작업대 주변 밝기의 차를 줄이도록 하며, 작업 중 시야에 들어오는 화면·키보드·서류 등의 주요 표면 밝기를 가능한 한 같도록 유지하여야 한다.
- 창문에는 블라인드 또는 커튼 등을 설치하여 직사광선이 화면·서류 등에 비치는 것을 방지하고 필요에 따라 언제든지 그 밝기를 조절할 수 있도록 하여야 한다.
- 작업대 주변에 영상표시단말기 작업 전용의 조명등을 설치할 경우에는 영상표시단말기 취급근로자의 한쪽 또는 양쪽 면에서 화면·서류면·키보드 등에 균등한 밝기가 되도록 설치하여야 한다.
- 지나치게 밝은 조명·채광 또는 깜박이는 광원 등이 직접 영상표시단말기 취급근로자의 시야 내로 들어오지 않도록 하여야 한다.
- 눈부심 방지를 위하여 화면에 보안경 등을 부착하여 빛의 반사가 증가하지 않도록 하여야 한다.
- 작업 면에 도달하는 빛의 각도를 화면으로부터 45° 이내가 되도록 조명 및 채광을 제한하여 화면과 작업대 표면반사에 의한 눈부심이 발생하지 않도록 하여야 한다.

(8) 소음 및 정전기

- 프린터에서 소음이 심할 때에는 후드·칸막이·Box의 설치 및 프린터의 배치 변경 등의 조치를 취할 것
- 정전기의 방지는 접지를 이용하거나 알코올 등으로 화면을 깨끗이 닦아 방지할 것

(9) 온도 및 습도

- 영상표시단말기 작업을 주목적으로 하는 작업실내의 온도를 18~24℃, 습도는 40~70%를 유지하여야 한다.

(10) 작업공간

- 작업실 내의 환기·공기정화 등을 위하여 필요한 설비를 갖추도록 하여야 한다.
- 작업대 주변기류를 공기이동을 거의 느끼지 못할 정도로 유지하도록 하고 기류의 세기가 커 작업에 방해가 될 때에는 칸막이 등을 이용하여 조절할 수 있도

록 하여야 한다.

- 영상표시단말기 취급근로자는 작업개시 전 또는 휴식시간에 조명기구·화면·키보드·의자 및 작업대 등을 점검하여 조정하도록 한다.
- 영상표시단말기 취급근로자는 수시 또는 정기적으로 작업장소·영상표시단말기 등을 청소함으로써 항상 청결을 유지하도록 한다.

3) 작업영역

(1) 수평 작업영역

- 정상 작업영역(normal working area) : 상완(upper arm)을 자연스럽게 늘어뜨리고 전완(forearm)만을 이용해서 파악할 수 있는 영역. 약 34~45㎝ 정도이며 작업시 많이 쓰이는 도구는 이 범위 안에 둔다.
- 최대 작업영역(maximum working area) : 상완(upper arm)과 전완(forearm)을 모두 최대한 뻗어서 파악할 수 있는 영역. 약 55~65㎝ 정도이며 도구는 이 범위 내에 둔다.

(2) 수직 작업영역

- 제1영역 : 손이 가장 쉽게 닿는 영역
- 제2영역 : 손을 위로 약간 올려야 닿는 영역
- 제3영역 : 허리를 구부리거나 앉아야 닿는 영역
- 제4영역 : 손을 위로 높이 뻗어야 닿는 영역
- 제5영역 : 웅크리고 앉아 허리를 많이 굽혀야 닿는 영역

(3) 입체 작업영역

수직 작업영역의 각 지점에 수평 작업영역을 합한 것으로 작업영역을 입체적으로 나타낸 것이다.

4) 작업공간의 배치

(1) 부품배치의 원칙

- 중요성의 원칙 : 사용하는 도구나 재료의 중요도에 따라서 우선순위를 정해서 중요도가 높은 것을 우선적으로 배치한다.
- 기능별 배치의 원칙 : 비슷한 기능을 하는 조종장치나 표시장치는 그룹을 지어서

인접하도록 배치한다.

- **사용빈도의 원칙** : 작업의 사용빈도가 높은 것을 우선적으로 배치한다.
- **사용순서의 원칙** : 시스템에서 조종장치와 표시장치의 사용순서를 파악하여 순서에 맞게 배치한다.

(2) 개별작업 공간의 설계지침

- 1순위 : 주된 시각적 업무
- 2순위 : 주 시각임무와 상호 교환하는 주 조종장치
- 3순위 : 조종장치와 표시장치 간의 관계
- 4순위 : 사용순서에 따른 부품의 배치
- 5순위 : 자주 사용되는 부품에 편리한 위치에 배치
- 6순위 : 체계 내 또는 다른 체계의 배치와 일관성 있게 배치

4. 작업환경조건

기출 및 예상 문제

01 입식 작업대의 높이를 결정하는 방법으로 맞지 않은 것은? 공인4회

① 섬세한 작업(정밀작업)일수록 작업대 높이를 높여야 한다.
② 일반작업의 작업대 높이는 팔꿈치보다 5～10㎝ 정도 낮은 것이 좋다.
③ 힘을 가하는 작업(힘든 작업)에는 팔꿈치보다 약간 높은 작업대가 낫다.
④ 발판 등으로 설비를 사람에게 맞추는 방법이 있을 수 있다.

02 각 작업 장소별 적정 조도로서 바르지 못한 것은? 공인4회

① 복도, 계단 : 50～150(lx)
② 화장실, 휴게실 : 100～200(lx)
③ 사무실 : 200～350(lx)
④ 제도실 : 500～1,000(lx)

03 침실공간의 치수를 결정하는 데 있어 옳지 않은 설명은? 공인1회

① 침대 주위의 이동 공간뿐 아니라 침대 정리 공간도 확보되어야 한다.
② 침실, 탈의실에 설치되는 수납선반의 높이는 집단 최소치를 고려한다.
③ 옷을 수납하고 갈아입는 클로젯의 경우, 수납장 부분을 제외한 탈의공간의 필요 폭은 30㎝ 정도이다.
④ 2인용 한식실의 경우 2인용의 양식실보다 필요공간이 작다.

정답 및 해설

01 ③
정밀작업의 경우 팔꿈치 높이보다 약 5~15㎝ 높게 한다. 일반작업(경작업)의 경우 팔꿈치 높이보다 약 5~10㎝ 낮게 한다. 중작업(힘든 작업)의 경우 팔꿈치 높이보다 약 10~20㎝ 낮게 한다.

02 ③
업무의 집중도를 요하는 사무실의 경우 500~600lx 정도가 적당하다.

03 ③
침실 갱의실(드레스룸)은 원하는 의상을 편안하게 선택, 탈의, 이동하기 위하여 최소 86.4~91.4㎝의 공간치수를 유지하는 것이 바람직하다.

04 다음의 계획치수 중 맞지 <u>않은</u> 것은? 공인1회

① 부엌 작업대 하부수납장의 깊이(세로폭)는 60㎝ 정도가 적당하다.
② 부엌 작업대 상부수납장의 깊이(세로폭)는 50㎝ 정도가 적당하다.
③ 복도 폭은 측면이 벽일 경우 난간일 경우보다 공간을 더 확보한다.
④ 보행자와 휠체어가 교행해야 하는 복도 폭은 140㎝로 한다.

05 차척(책상높이-오금높이)을 산출하여 계산하면 신발 굽 높이 3㎝, 앉은 오금 높이 38㎝, 앉은키 90㎝인 사람에게 맞는 사무용 책상 높이는 얼마인가? 제16회, 제17회

① 71㎝ ② 68㎝ ③ 75㎝ ④ 73㎝

06 안간공학적 관점에서 계단 및 통행공간을 계획할 때 옳지 <u>않은</u> 것은? 제14회

① 계단의 폭은 70㎝ 이상으로 계획하며, 오르내리는 경사도는 29~35°가 적당하며 최고 45°를 넘지 않도록 계획한다.
② 계단의 챌판의 높이는 16㎝에서 18㎝로 하고, 디딤판의 치수는 22㎝ 이상으로 계획한다.
③ 계단 손잡이(hand rail)의 높이는 110㎝에서 120㎝로 계획한다.
④ 전용통행 공간인 복도는 최소 80㎝ 이상, 일반적으로 90㎝ 이상으로 계획한다.

07 작업환경의 조명을 적절하게 하는 목적으로 적합하지 <u>않은</u> 것은?

① 작업자에게 있어서 안전하고 쾌적한 환경을 만드는 것이다.
② 작업자가 작업하기 쉽고 작업에 필요한 부분이 잘 보이도록 하는 것이다.
③ 작업자의 피로가 보다 적고, 시각기능의 장애가 일어나지 않도록 하는 것이다.
④ 일률적인 조명방법은 전력소비량을 줄이기 때문이다.

정답 및 해설

04 ②
상부수납장의 깊이는 30.5~33.0㎝ 정도가 적당하다.

05 ①
차척(책상높이-오금높이)은 앉은키의 1/3에 해당하며 여기에 오금높이와 신발 굽 높이를 더하면 자신의 신체치수에 맞는 사무용 책상높이가 나온다. (90÷3)+38+3=71(㎝)

06 ③
계단 손잡이의 높이는 70~90㎝ 정도가 적합하다.

07 ④
전력소비량을 줄이기 위해서 일률적인 조명 계획을 하는 것은 인간공학적 차원에서 바르지 못한 방법이다.

08 사람의 작업 성능에 대한 소음의 영향 중 옳은 것은?

① 특정한 의미가 없는 일정 소음이 90dB(A)를 초과하지 않을 때는 작업을 방해하지 않는 것으로 본다.
② 불규칙한 폭발음이 90dB(A) 이하면 작업에 전혀 방해가 안 된다.
③ 소음은 작업의 정밀도 저하보다는 총 작업량을 저하시키기 쉽다.
④ 단순작업은 복잡한 작업보다 소음에 의해 나쁜 영향을 받기 쉽다.

09 VDT 작업 시 바람직한 작업환경으로 적합한 것은?

① 작업자의 시선은 VDT 화면의 중심 위치보다 약간 낮게 하는 것이 좋으며, 작업자의 양팔은 수평이 되도록 한다.
② 조정되지 않는 작업대를 사용하는 경우, 바닥면에서 작업대 높이가 75~85㎝ 범위 내의 것을 선택한다.
③ 화면과 작업자 눈과의 거리는 적어도 30㎝ 이내이어야 적확한 작업을 할 수 있다.
④ 작업 면에 도달하는 빛의 각도를 화면으로부터 45° 이내가 되도록 조명 및 채광을 제한하여야 눈부심이 발생하지 않는다.

10 다음 설명 중 작업영역에 대해 잘못 설명한 것은?

① 사람이 일정한 장소에서 몸의 각 부분을 움직일 때 평면적 또는 입체적으로 어떤 영역의 공간이 만들어지는 것을 말한다.
② 의자에 앉아서 하는 동작이나 기계조작 시 필요한 공간의 위치 및 치수를 정하는 데 필요하다.
③ 최대작업영역이란 팔을 최대한 뻗어서 파악할 수 있는 영역으로 약 55~65㎝ 정도이다.
④ 수직 작업영역과 수평 작업영역은 다리의 움직임을 기준으로 정해진다.

정답 및 해설

08 ③
조용한 사무실의 경우 50dB에서 호흡, 맥박수 증가 및 계산력 저하 등의 영향을 받게 된다. 보통의 대화소리나 백화점 내의 소음이라 하더라도 60dB 이상의 소음에 지속적으로 노출될 경우 수면장애를 일으키기 시작한다. 1일 8시간 기준 90dB 이상의 소음은 '강렬한 소음작업'에 해당하며, 난청증상 및 소변량 증가 등의 신체적 반응을 일으키게 된다.

09 ④
작업자의 시선은 화면 상단과 눈높이가 일치할 정도가 하고 작업 화면상의 시야범위는 수평선상으로부터 10~15° 밑에 오도록 하는 것이 좋다. 작업대의 높이는 60~70㎝ 범위 내가 적합하다. 화면과 작업자 눈과의 거리는 적어도 40㎝ 이상 확보되어야 피로하지 않다.

11 입식 작업대의 높이는 작업의 종류 및 내용에 따라 달라지는데, 일반적으로 입식 작업대 높이의 기준이 되는 신체 부위는?

① 어깨 ② 가슴
③ 허리 ④ 팔꿈치

12 작업공간의 부품배치의 원칙 중 잘못 설명한 것은?

① 사용하는 도구나 재료의 중요도에 따라서 우선순위를 정해서 중요도가 높은 것을 우선적으로 배치한다.
② 비슷한 기능을 하는 조종장치나 표시장치는 그룹을 지어서 인접하도록 배치한다.
③ 작업의 사용빈도가 낮은 것을 우선적으로 배치한다.
④ 시스템에서 조종장치와 표시장치의 사용순서를 파악하여 순서에 맞게 배치한다.

정답 및 해설

10 ④
수직 작업영역과 수평 작업영역은 팔과 손의 움직임을 기준으로 한다.

11 ④
정밀작업, 일반작업, 가벼운 작업에 따라 입식 작업대의 높이를 달리하는데, 그 치수의 기준이 되는 것은 팔꿈치높이다.

12 ③
작업의 사용빈도가 높은 것을 우선적으로 배치해야 한다.

02 환경심리행태

1 환경심리행태 일반

1) 환경심리행태학의 정의

환경심리학의 정의는 학자들마다 다양한 관점이 존재한다.

- 프로샨스키(Proshansky, 1976)
  "환경심리학은 인간의 행동 및 경험과 인간이 만든 환경 간의 경험적 관계와 이론적 관계를 정립하려는 것이다."
- 하임스트라와 맥파링(Heimstra & McFaring, 1978)
  "환경심리학은 인간 행동과 물리적 환경 간의 관계에 관심을 둔 학문이다."
- 캔터와 크레이크(Canter & Craik, 1981)
  "환경심리학은 인간의 경험 및 행위와 그와 관련된 측면의 사회 물리적 환경 간의 상호관계 및 교류를 다루고 분석하는 심리학의 한 영역이다."
- 이러한 정의들을 바탕으로 "환경심리학은 개인과 그들을 둘러싼 물리적-사회 물리적 환경 간의 상호작용에 관해 연구하는 학문"이라고 할 수 있다.
- 환경심리학이 다루는 환경은 자연경관과 같은 비인위적 환경과 인위적 건조 환경(built environment), 그리고 물리적 측면만이 아니라 사회적 환경이기도 하다.
- 환경심리학이 다루는 포괄적 특성을 반영하기 위해 환경심리행태학에서 환경행태학, 그리고 환경심리행태학으로 변화되어 불리고 있다.

2) 환경심리행태학의 특징

① 환경-행태 단위 연구

- 환경심리학에서는 환경과 행동을 독립된 성분으로 분리해서 연구하기보다는 환경-행태의 관계를 하나의 단위로 간주하여 연구하는 데 중점을 두며, 이를 체계 접근(systems approach)이라고 부른다.
- 예를 들어, 도시에 거주하는 사람들의 지각은 도시 경관의 개별 자극들에 영향받을 뿐만 아니라 그 내용의 배열 형태나 사람들의 경험과 개성 등에 따라 달라질 수 있기 때문이다.

② 응용연구와 이론연구

- 일반 심리학 분야는 인과관계를 발견하고 이론을 구축하는 이론연구와 현장에서 이루어지는 응용연구의 이분법적 연구 성향을 보이지만, 환경심리학에서는 응용연구 및 이론연구의 목적을 동시에 가지고 연구가 이루어지는 경우가 많다.
- 공해가 행동에 미치는 영향, 효율적인 사용을 위한 환경 디자인 등과 같은 연구는 응용에 관심이 있는 것이지만, 이런 유형의 연구로부터 환경심리학의 이론적 토대들이 직접적으로 도출되기 때문이다.

③ 다학제적

- 환경심리학은 여러 학문분야가 관련된 학제적(interdisciplinary) 특징이 있다. 예를 들어, 소음 등 환경이 행동에 미치는 연구는 건축가, 기업가, 변호사, 병원, 학교 관리자들과도 관계가 있다.
- 환경디자인은 건축가와 디자이너만의 관심사가 아니고, 관련되는 모든 사람들의 관심사가 되는 다학제적 특성을 가지고 있다.

④ 사회심리학적 근거

- 환경심리학을 지지하는 사람들 중 많은 이들이 사회심리학자라는 특징이 있다. 이것은 인간 행태가 두 분야의 관심사이며 연구 방법론에 있어 중복된 특성을 가지기 때문이다. 즉, 밀집과 개인공간과 같은 환경심리학적 관심사는 사회적 행동을 내포하며, 환경에 대한 태도 형성에 관한 연구도 사회심리학 연구에 근거를 두고 있다.
- 그러나 환경심리학은 모든 가능한 방법들을 동원하려고 하는 보다 절충적 접근을 취하는 경향이 있다.

3) 환경이 인간행동에 미치는 영향

- 환경이 인간 행동에 영향을 주는 정도에 대한 이론은 역사적 배경이나 학자에 따라 다르게 제시되어왔다.
- 이러한 이론들은 환경의 유형과 상황에 따라 모두 공존할 수 있으며, 상호 보완적으로 이해되어야 한다.

(1) 환경결정론(Environmental Determinism)

- 환경이 그 안에 있는 사람들의 행동을 형성한다는 것이다. 환경결정론에서는 인간행태의 원인을 인간에게 찾기보다는 자연환경이 결정한다고 보았다.
- 인간 행동을 모두 설명하기에는 어렵다.
- 그러나 특정 경우에 환경이 절대적 영향을 미치기도 한다. 예를 들어 실내공간 디자인에서 출입구를 한쪽에 두면, 사람들이 그 출입구를 통해서만 이동하도록 만들기 때문에 특정 행동에 대한 절대적 영향을 미친다고 볼 수 있다.

(2) 환경가능론(Environmental Possibilism)

- 환경결정론에 대한 반발로 환경가능론이 제시되었는데, 이 이론은 환경이 특정 행동을 가능하게 하거나 제약을 줄 수 있다고 주장한다. 예를 들어 업무환경의 디자인은 작업자에게 어떤 행동이 일어나게 하는 가능성을 제공하기도 하지만 특정 행동을 억제하는 특성을 가지기도 한다.
- 결국 공간에서 인간 행동은 환경이 모두 결정하는 것이 아니라, 환경과 인간의 선택으로 결정된다는 이론이다.

(3) 환경개연론(Environmental Probabilism)

- 환경결정론과 환경가능론의 절충적 안이다.
- 인간은 특정 환경에서 다양한 반응을 보일 수 있으나, 환경디자인의 특성과 그곳에서 일어나는 특정 행동 간에는 유관한 관계가 있다는 것이다. 예를 들어, 둥글게 배치된 책상 배열은 학생들의 토의를 활발하게 만들어주는 경향을 보인다. 그러나 최종 토의 행동은 책상 배열 외에도 학생들의 특성이나 선생님의 지도방식 등에 따라 영향을 받을 수 있다.

기출 및 예상 문제

1. 환경심리행태 일반

01 〈보기〉에서 환경심리학의 특성으로 바른 설명은? 공인1회

ㄱ. 건축, 조경, 도시계획, 사회학, 심리학 등 다양한 분야의 다학제적 접근을 통한 종합과학이다.
ㄴ. 이론적인 기초연구와 현실적인 문제 해결을 위한 응용 연구를 포함한다.
ㄷ. 환경과 행태의 상호작용을 연구한다.
ㄹ. 환경과 행태를 개별적으로 연구한다.

① ㄱ
② ㄱ,ㄴ
③ ㄱ,ㄴ,ㄷ
④ ㄱ,ㄴ,ㄷ,ㄹ

02 환경심리학에 대한 설명으로 <u>틀린</u> 것은?

① 환경심리학 연구는 이론 연구와 응용 연구의 목적을 동시에 가지고 이루어지는 경우가 많다.
② 환경심리학에서 환경은 인간이 건축한 건조환경에 국한되어 다루어진다.
③ 환경심리학자들 중 많은 이들이 사회심리학자이기도 하다.
④ 환경심리학에서는 환경과 인간행동을 하나의 단위로 연구한다.

정답 및 해설

01 ③
환경심리학은 인간행태와 물리적 환경(건조환경과 자연환경) 간의 상호관계를 다루는 다학제적 연구분야이다.

02 ②
환경심리학이 다루는 환경은 자연환경과 인간이 만든 건조환경, 사회환경, 정보환경 등 모든 물리적 환경을 포함한다.

03 환경이 행동에 영향을 주는 정도는 환경영향론으로 설명할 수 있다. 다음 중 환경과 인간관계에 관한 주요관점을 설명하는 시각이 아닌 것은?

제19회

① 환경결정론 ② 환경가능론
③ 환경 스트레스 이론 ④ 환경개연론

04 환경디자인이 인간의 행동에 미치는 영향에 대한 설명으로 맞는 것은?

제18회

① 환경개연론 : 환경과 인간의 행동 사이에는 규칙성이 있는 관계가 있다고 가정
② 환경결정론 : 환경이 인간의 행동에 제한을 줄 뿐만 아니라 기회도 준다고 가정
③ 환경가능론 : 환경이 자극을 제공하고 인간은 거기에 반응한다는 가정
④ 환경인과론 : 환경과 인간의 행동에서 개인의 선택에 비중은 둔다는 가정

정답 및 해설

03 ③
인간과 환경의 관계성을 보는 관점에는 자연환경이 인간의 행태를 결정하는 인과관계 개념인 '환경결정론', 환경이 행동에 제한을 주기도 하지만 기회도 준다고 보는 '환경가능론', 이의 절충적 관점인 '환경개연론'이 있다.

04 ①
환경 결정론은 인간행태의 원인을 자연환경으로 보고, 자연현상을 인(cause), 인간을 과(effect)로 보는 견해이다. 환경가능론은 환경이 행동에 제한을 줄 뿐만 아니라 기회도 주는 것으로 보는 것이다.

2 환경심리행태 기초이론

1) 환경-인간행동 이론

(1) 르윈(Lewin)의 장 이론

- 르윈은 심리적 장(filed)의 개념을 도입하여 인간행태를 설명하였으며, 인간행태(B)를 개인의 특성(P)과 개인에게 지각되는 환경(E)의 함수로 나타내었다.

$$B = f(P \cdot E)$$

- 르윈은 이 함수관계를 설명하기 위해 유인가 개념을 도입하고, 생활공간의 사물, 사람, 상황은 긍정적 또는 부정적 유인가를 지니고 있다고 하였다. 예를 들어 더운 날씨에 분수는 사람이 가까이 가고 싶어지는 긍정적 유인가를 가지고, 뜨거운 태양 빛은 피하고 싶어지는 부정적 유인가를 지닌다고 할 수 있다.

(2) 각성 이론

- 환경 자극에 노출되었을 때 사람들에게 나타나는 효과 중 하나는 각성의 증가이다. 이것은 심장 박동이나 호흡 등 자율신경계의 활동 증가, 또는 스스로 각성상태를 느끼는 것으로 나타난다.
- 벌린(Berlyne)은 지나치게 높은 각성수준은 작업에 대한 집중을 방해하고, 낮은 각성수준은 작업수행이 최대가 되도록 유도하지 못하여 사람들은 중간수준의 자극을 추구한다고 하였다.

(3) 환경부하이론

- 코헨(Cohen)과 밀그램(Millgram)은 복잡한 환경자극의 효과는 사람들이 정보를 처리하는 능력에 한계가 있기 때문이라고 주장하였다.
- 환경에서 유입되는 정보 양이 개인의 능력을 초과할 때 정보과부하가 일어나고, 이 상태에서는 자극 일부를 무시하여 긍정적 또는 부정적 행동이 초래된다. 예를 들어 한 장소를 지나며 통화할 때, 통화내용을 기억하는 동시에 주변 환경의 특징을 기억해야 하면, 과도한 정보로 인해 일부 정보는 기억하지 못한다.

(4) 행동제약모델

- 자극이 지닌 또 다른 결과로 그 상황에 대한 지각된 통제감의 상실이 있는데, 행동제약 모델에서의 주요개념이 된다.
- 행동제약모델의 단계는 지각된 통제감, 심리적 반발, 학습된 무기력이 있다.

(5) 바커(Barker)의 생태심리학

- 바커와 동료들은 생태학적 접근을 주장하였는데, 사람들의 행동에 영향을 미치는 행태 세팅(behavior setting)에 초점을 두고 있다.
- 행태 세팅이란 사람과 무생물로 구성된 작은 스케일의 사회적 체계이며, 이 체계의 다양한 구성요소들은 기능을 수행하기 위해 질서정연하게 상호작용한다. 예를 들어 액세서리 상점의 경우, 고객의 구매가 이루어지도록 진열대 배열 요소와 고객, 점원의 활동이 질서정연하게 대응하며 상호작용이 이루어지게 된다.

(6) 깁슨(Gibson)의 지원성 이론

- 깁슨은 환경지각을 총체적 과정으로 이해하고, 환경의 지원성을 유기체에 제공되는 환경에 내재하는 변하지 않는 기능으로 보았다. 예를 들어 일정한 높이의 평평한 사물의 경우, 앉는 기능에 대한 '지원성'을 지닌다고 할 수 있다.
- 이러한 관점에서 보면, 환경디자인은 생태적 상황에서 적절한 기능을 지원하는 작업이다.

(7) 머사 앤 리(Murtha and Lee)의 사용자 이득 기준

- 머사 앤 리 이론은 디자인을 위한 환경행태이론으로, 사용자의 복지를 높여주기 위한 환경의 역할에 초점을 두고 있으며, 환경으로부터 얻을 수 있는 사용자 이득은 행동의 용이성, 생리적 유지, 지각적 유지, 사회적 용이성의 범주로 나뉜다.

① 행동의 용이성

- 주어진 환경에서 사용자가 여러 행동을 수행하도록 유도하거나 쉽게 이루어질 수 있도록 해주는 환경적 특성이 갖는 지원성

② 생리적 유지

- 행동을 수행하는 동안 사용자의 생리적, 생물학적 쾌적성이나 건강을 지속되게 해주는 환경의 지원성

③ 지각적 유지

- 환경의 형태와 의미가 사용자에게 적절히 전달되는지에 관련된 것으로 심리적 편안함과 쾌적함에 직접적 영향을 미치는 지원성

④ 사회적 용이성

- 사회적 상호작용을 조절하여 바람직한 수준으로 촉진시키는 환경의 지원성

2) 환경지각과 인지

(1) 환경지각

- 지각이란 일정한 정보가 인간의 감각기관을 통해 들어오는 일련의 과정이다.
- 환경지각도 이와 비슷한 개념으로, 홀라한(Holahan, 1982)은 '환경지각이란 인체의 감각기관을 통해 현존하는 환경에 대한 정보를 감지하여 받아들이는 과정', 무어와 골리지(Moore & Golledge, 1976)는 '환경지각은 감각기관의 생리적 자극을 통해 외부의 환경 자극을 받아들이는 과정'으로 정의하였다.

(2) 환경지각 과정

- 환경에 대한 지각은 현재의 자극을 감지하는 것과 과거에 유사한 자극을 경험한 것에 대한 정보 수집을 포함한다. 예를 들어 길가의 꽃을 지각하는 것은 꽃의 색과 형태를 감지하는 동시에 과거의 유사 자극을 '꽃'으로 배운 것을 떠올려 '꽃'이라 지각하게 되며, 경험에서의 의미를 떠올려 꽃에 대한 반응을 보이게 된다.

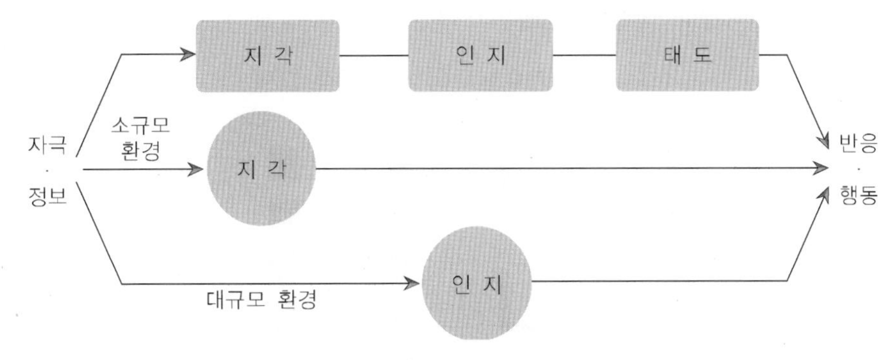

[그림 2-2] 자극에 대한 지각과정(임승빈, 1997)

- 심리학자 이텔슨(Ittelson, 1978)은 환경지각의 영역을 인지요소, 감정요소, 해석요소, 평가요소로 분류하였다.
- 인간의 반응이나 행동은 반드시 지각-인지-태도의 과정을 순차적으로 거치는

것이 아니다. 환경의 규모에 따라 인지나 지각으로부터 직접적으로 반응이 일어나는 경향이 있다.

(3) 환경지각이론 : 형태심리학(Gestalt Psychology)

- 형태심리학자들은 '전체는 부분의 합 이상'이며 인간의 지각은 총체적 과정으로만 이해가 가능하다고 주장하였다.
- 이들의 관점을 이해하기 위한 지각법칙의 기본 원리에는 근접성 원리, 폐쇄원리/완결성, 유사성 원리, 연속성 원리가 있다.

① 근접성 원리

- 가까이 있는 요소들은 함께 묶여 있는 것처럼 보이는 경향이다. <표 2-3>의 예를 보면 점들의 간격이 가로가 세로 방향보다 가까워서 가로선으로 묶여 보이는 경향을 보인다.

② 폐쇄/완결성 원리

- 보다 완전한 형태로 형성하려는 경향이다. <표 2-3>의 예와 같이 각 형태에 빈틈이 있지만 하나의 형태로 지각된다.

③ 유사성 원리

- 유사한 자극끼리 모아 형태를 인지하게 되는 원리이다. <표 2-3>의 예와 같이 유사한 사각형끼리 모아서 세로 방향 선으로 보는 경향을 보인다.

④ 연속성 원리

- 연속적인 형태로 구성되어 있는 대상이 더 쉽게 지각되는 경향이다. <표 2-3>처럼 연속된 화살표 방향이 원형의 배열보다 더 쉽게 지각된다.

〈표 2-3〉 게슈탈트의 형태지각 법칙

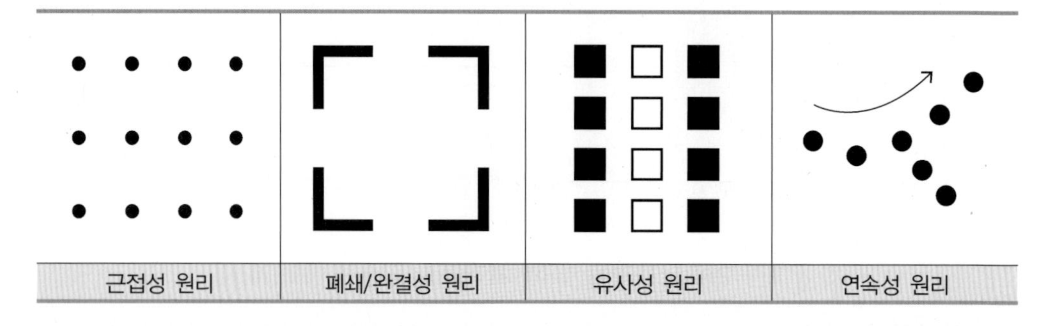

(4) 환경인지

- 무어와 골리지(Moore & Golledge, 1976)에 의하면 환경인지는 사람들이 환경에 대해 지니고 있는 인식(awareness), 정보나 이미지 등과 관련된다고 하였다.
- 환경인지는 국가, 도시 등과 같은 대규모의 환경이나 건물 사이 공간, 내부와 같이 소규모의 환경과 관련이 있고 자연환경과 사회문화적, 경제적 측면의 인공환경을 모두 포함한다.

(5) 환경인지이론

① 린치(Lynch) 이론

- 린치는 도시에서 사람들이 길을 이용하는 일정한 패턴을 발견하고, 도시이미지에 관한 이론을 연구하였다.
- 그는 도시 이미지 형성에 기여하는 물리적 요소로 통로(paths), 모서리(edges), 지역(districts), 교차점(nodes), 랜드마크(landmarks)의 다섯 가지를 제시하였다.
  - 통로 : 보도, 거리와 같이 사람들이 이동 통로로 이용하는 요소
  - 모서리 : 해안선이나 벽처럼 선형적 특징을 지닌 요소, 공간의 경계 역할
  - 지역 : 대도시에서 발견되는 블록 개념의 큰 공간
  - 교차점 : 두 개의 도로가 교차하는 지점, 행위가 집중적으로 발생하는 공간
  - 랜드마크 : 사람들이 길을 찾을 때 참고하는 큰 건물이나 기념관 등의 요소

② 스타이니츠(Steinitz) 이론

- 스타이니츠는 린치의 개념을 발전시켜 도시환경에서의 형태(form)와 행태(activity)의 일치를 연구하여, 도시형태와 공간 행위 사이의 일치성을 타입(type), 밀도(intensity), 영향(significance)의 일치성으로 구분하였다.
- 그의 연구는 환경설계에서 공간과 형태의 중요성뿐 아니라 공간행위가 가지는 의미도 중요하게 보았다.

③ 인지도(cognitive map)

- 인지도는 공간의 관계 및 환경의 특성에 대해 머릿속에 기억해 두는 이미지이며, 또한 인식된 내용을 구체적으로 묘사한 표현 결과를 말하기도 한다.
- 인지도의 특성
  - 물리적 환경이 생략되거나 불연속적으로 표현되는 불완전성
  - 거리와 방향이 실제와 다른 왜곡
  - 실제 존재하지 않는 내용인 확대현상

• 인지도에 영향을 주는 요인
 – 개인적 측면 : 성(남녀)과 연령(인간발달 단계에 따른 차이)
 – 사회적 측면 : 교육과 소득수준
 – 환경적 측면 : 거주지역에 대한 경험과 환경에 대한 친숙성

[그림 2-3] 같은 집 두 형제가 다르게 표현한 동네 지도(Ladd, F. C., 1970)

3) 환경태도

• 환경태도는 환경을 좋아하거나 싫어하는 것과 같은 감정이나 정서를 포함하며, 환경을 우호적으로 평가하느냐 또는 비우호적으로 평가하느냐는 환경에 대한 접근이나 피하려는 행위를 예측할 수 있는 중요한 요인이 된다.
• 환경평가와 관련된 대표적 이론은 다음과 같다.

(1) 카플란과 카플란(Kaplan & Kaplan, 1979)

• 카플란과 카플란은 환경에 대한 선호를 예측할 수 있는 네 가지 주요 요인을 추출하였는데, 경관이 체계화된 정도의 일관성(coherence), 경관의 내용을 이해하거나 분류할 수 있는 명명용이성(legibility), 경관에 포함된 요소들의 수와 다양성의 복잡성(complexity), 감추어진 정보인 신비성(mystery)이라고 하였다.

(2) 벌린(Berlyne, 1960)

• 벌린은 자극이 가지는 요소들이 아름다움과 추함의 평가를 가능하게 한다고 가정하고, 자극의 대조적 속성과 탐색적 특성을 주요 개념으로 주장하였다.
• 대조속성에는 복잡성, 새로운, 비일치성, 놀라움의 네 가지 요소를 제시하였다.

(3) 홀월(Wohlwill)

- 홀월은 나비곡선가설(butterfly curve hypothesis)로 사람들의 환경에 대한 반응은 자극의 수준과 적응 수준의 불일치 정도에 따라 결정된다고 하였는데, 적응 수준에서 자극의 적당한 증가 또는 감소를 즐거운 것으로 보았다.

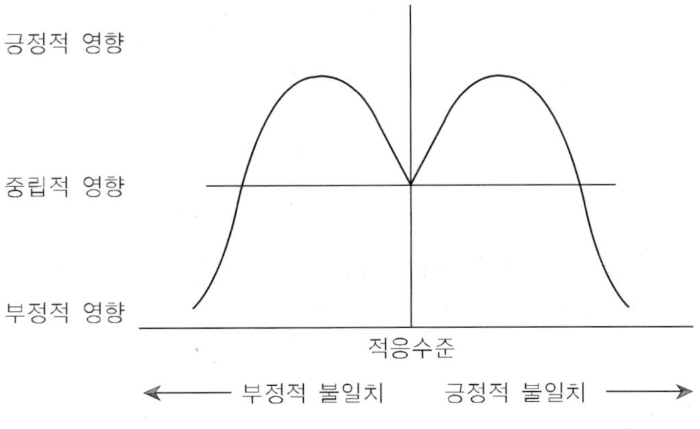

[그림 2-4] 홀월의 나비곡선(Berlyne, 1974)

(4) 메라비엔과 러셀(Mehrabian-Russell) 모델

- 메라비엔과 러셀은 환경 영향에 대한 모델에서 환경 자극은 감정적 특성의 관점에서 지각된다고 가정했는데, PAD로 약칭하는 유쾌(pleasure), 각성(arousal), 지배(dominance)의 3가지 차원을 제안했다.
- 쾌락은 어떤 장소에서 행복하거나 만족하는 정도, 각성은 분위기에 의해 유발되는 자극 정도, 지배력은 주변 환경에 영향을 미치고 상황을 통제할 수 있다고 느끼는 정도를 의미한다.

(5) POE(Post Occupancy Evaluation)

- 환경을 사용하는 사람들의 요구와 결과의 행동에 근거하여 행동지향적 평가를 시도한 프레이저(Preiser)는 건물에 대한 사용 후 평가(Post Occupancy Evaluation: POE)에 대한 연구를 체계적으로 발전시켰다.
- POE는 일정한 시간동안 건물을 이용한 사용자들에게 만족과 불만족의 요인을 설문조사하여 환경을 평가하는 것이다.

2. 환경심리행태 기초이론

기출 및 예상 문제

01 메라비엔(Mehrabian)과 러셀(Russell)의 환경영향 모델에서 인간행동에 영향을 미치는 3차원들로 이루어진 것은? 공인2회

① 접근, 회피, 반응
② 접근, 유쾌, 반응
③ 유쾌, 접근, 반응
④ 유쾌, 각성, 지배

02 다음 중 머사 앤 리(Murtha & Lee)의 사용자 이득 기준 범주에 대한 설명으로 옳은 것은? 공인2회

① 지각적 유지 : 욕실은 안전에 위험을 초래하지 않는 마감재가 선택되어야 한다.
② 사회적 용이성 : 현관에 노출된 코트 수납장을 두어 외투를 걸게 한다.
③ 행동의 용이성 : 2층으로 올라가는 곳에는 계단이 있어야 한다.
④ 생리적 유지 : 집합주거의 복도에는 사교를 위하여 니치, 라운지 등의 공간을 제공해야 한다.

정답 및 해설

01 ④
메라비엔과 러셀(Mehrabian & Russell, 1974)은 환경영향모델에서 PAD로 약칭하는 유쾌(pleasure), 각성(arousal), 지배(dominance)의 3가지 차원을 제안했다.

02 ③
머사 앤 리의 사용자 이득 기준에서 '지각적 유지'는 현관에 코트 수납장을 두어 외투를 걸게 하는 등 환경의 형태와 의미가 사용자에게 적절히 전달되는 지의 지원성이고, '사회적 용이성'은 사교를 위해 니취, 벤치 등의 공간을 제공하는 등 사회적 상호작용을 조절하여 바람직한 수준으로 촉진시키는 지원성이며, '생리적 유지'는 욕실에 미끄럽지 않은 바닥재를 선택하는 등 행동을 수행하는 동안 사용자의 생리적, 생물학적 쾌적성이나 건강을 지속되게 해주는 지원성이다.

03 행동제약모델에 대한 설명으로 맞는 것은? 공인2회

① 환경 대 행동 간의 관계를 지각된 통제감의 상실의 관점에서 설명
② 환경 대 행동 간의 관계를 조정의 관점에서 설명
③ 환경 대 행동 간의 관계를 한정된 정보처리 능력의 관점에서 설명
④ 환경 대 행동 간의 관계를 지배의 관점에서 설명

04 색채와 심리반응에 대한 설명 중 틀린 것은? 공인1회

① 물체와 배경의 명도대비를 크게 할수록 사물의 인지를 용이하게 할 수 있다.
② 청색과 녹색과 같은 한색광은 혈압과 호흡수를 낮추는 작용을 한다.
③ 인간의 시세포는 시야주변에서는 빛보다는 색채를 더 지각하게 된다.
④ 밝은 색의 벽은 공간을 보다 더 깊게 인지하게 한다.

05 사람들의 빛에 대한 지각적 특성 중에서 틀린 것은 어떤 것인가? 공인1회, 공인4회

① 시야 주변에서는 색채가 그다지 지각되지 못하며 다만 빛의 존재를 느낄 뿐이다.
② 어두운 환경에서는 주변에 있는 물체보다는 시선의 중심에 있는 물체가 잘 보인다.
③ 사람들은 빛이 강한 곳으로 자연스럽게 주의가 집중되고, 밝은 곳으로 무의식적으로 움직이는 경향을 보인다.
④ 색감각은 눈의 중심 부근에서 주로 지각된다.

정답 및 해설

03 ①
제약은 환경의 어떤 것이 우리가 하고 싶어 하는 바를 제한하거나 방해하고 있다는 것을 의미하는 것으로, 극심한 추위와 더위의 상황에서 그 상황을 대처하기 위해 아무것도 할 수 없다는 것을 느끼는 등 통제감의 상실이 행동제약모델의 주요 개념이다.

04 ③
인간의 시세포는 색감각이 있는 추체와 명암정보를 처리하는 간체가 있는데, 추체는 눈 중심 부근에 존재하며 밝은 환경에서 작용하며, 간체는 시야 주변에 존재하는 것으로 어두운 환경에서 작용한다.

05 ②
시세포는 추체와 간체가 있는데, 추체는 눈 중심 부근에 존재하며 밝은 환경에서 작용하며, 간체는 시야의 주변에 존재하는 것으로 어두운 환경에서 작용한다. 따라서 어두운 환경에서는 시선의 중심에 있는 물체보다는 주변에 있는 물체가 잘 보인다. 추체에는 색감각이 갖추어져 있지만 간체에는 색감각이 없다.

06 린치(Lynch)의 도시이미지 인지의 5요소에 대한 설명으로 맞는 것은? 공인2회

① 지역 : 합과 집중의 성격을 갖는 것으로 방향성을 가짐
② 모서리 : 점으로 도시 내부에 있는 주요한 지점
③ 랜드마크 : 점이지만 내부로 진입하는 개념이 아니고 외부에서 바라보는 것
④ 결절점 : 관찰자가 그 속에 들어가 있기도 하고 어떤 특징이 보이거나 인식되는 2차원적인 일정 크기를 가진 것

07 도시환경에서 형태(form)와 행위(activity)의 일치로 환경인지를 연구한 학자는? 공인2회

① 머사 앤 리(Murtha & Lee)
② 스타이니츠(Steinitz)
③ 소넨펠드(Sonnenfeld)
④ 자이젤(Zeisel)

08 형태의 지각심리에 대한 설명 중 <u>틀린</u> 것은? 공인4회

① 사람들은 대상을 될 수 있는 한 간단한 구조로 인식하려는 경향이 있다.
② 유사성을 형태, 크기, 위치 및 의미의 유사성으로 구분될 수 있다.
③ 익숙하고 거의 완전한 형태는 불안전한 것으로 보다 완전한 것으로 보인다.
④ 그룹핑(Grouping)되어진 것으로 경험될 때는 전체보다 구성하는 개별요소를 보게 된다.

정답 및 해설

06 ③
지역은 독자성이 인식되는 일정 구획이고, 모서리는 두 개 지역 간 경계를 나타내는 선형요소, 결절점은 집합과 집중의 성격을 갖는 초점으로 도시 내부에 있는 주요한 지점이자.

07 ②
스타이니츠(Steinitz)는 도시 환경에서 형태와 행위의 일치를 연구하고, 바람직한 도시이미지 형성을 위해서는 물리적 구성만을 추구하지 않고 행위적 의미까지 전달해줄 수 있는 도시환경을 구성해야한다고 강조했다.

08 ④
근접해 있는 요소들을 하나의 그룹으로 느끼고, 유사한 물리적 특성을 지닌 요소들끼리 하나의 그룹으로 지각하는 경향이 있다.

09 인지도에 영향을 주는 요인으로 알맞은 것은? 공인4회

① 개인적 측면 : 공간인지 능력이 연령에 따라 발달하며 중년기에 쇠퇴한다.
② 사회문화적 측면 : 학력이나 소득과 같은 사회적 지위 요소는 관계가 없다.
③ 환경적 측면 : 거주하는 지역에 대한 경험과 환경에 대한 친숙성의 영향을 받는다.
④ 공간적 측면 : 공간에 대한 친밀성이 높을수록 인지하는 공간 범위가 좁다.

10 보기의 내용들과 가장 관련이 깊은 것은? 제19회

- 근접성의 원리
- 유사성의 원리
- 폐쇄(완결)의 원리
- 연속성의 원리

① 기능주의적 접근
② 생태심리학
③ 구조주의적 접근
④ 형태심리학

11 환경지각이론 중 게쉬탈트 법칙을 설명한 내용 중 틀린 것은? 제18회

① 지각에 있어서의 분리(segregation)를 규정하는 요인으로 공통분모가 되는 것을 끄집어내는 일의 법칙이다.
② 최대의 법칙으로서 분절된 게슈탈트마다의 질서를 가지는 것을 말한다.
③ 게슈탈트 심리학을 이해하기 위해서는 형태지각의 법칙을 살펴봐야 한다.
④ 게슈탈트는 구조를 가지고 있기 때문에 에너지가 있고 운동과 적절한 긴장이 내포되어 역동적, 역학적이다.

정답 및 해설

09 ③
인지도(cognitive map)는 인지 과정에서 얻은 상태를 보여주는 것으로, 인지도에 영향을 주는 요인은 개인적 측면, 사회문화적 측면, 환경적 측면 등이 있다. 개인적 측면은 성과 연령으로, 노년기에 공간인지 능력이 쇠퇴하게 된다. 사회문화적 측면은 학력과 소득 등으로 사회적 지위에 따라 달라지는데, 교육과 소득이 낮을 경우 인지하고 있는 공간범위가 좁다.

10 ④
형태심리학은 게슈탈트 심리학으로, 인간이 사물을 지각할 때 개인의 경험에 의해 형태나 패턴을 조직화하여 의미 있는 전체로 지각하는 것을 뜻하는데, 형태지각에 영향을 주는 근접성, 유사성, 연속성, 완결성, 대칭성 등의 형태 지각 법칙이 있다.

11 ①
게슈탈트 형태지각 법칙에는 분리를 규정하기 위한 것이 아니라, 유사한 물리적 특성을 지닌 요소들을 하나의 그룹으로 지각하는 유사성, 근접한 물체들을 하나의 그룹으로 지각하는 근접성, 같은 방향으로 연결된 것처럼 보이는 요소들을 동일한 그룹으로 지각하는 연속성 등이 있다.

12 보기의 그림에서 보이는 형태심리학의 원리는?

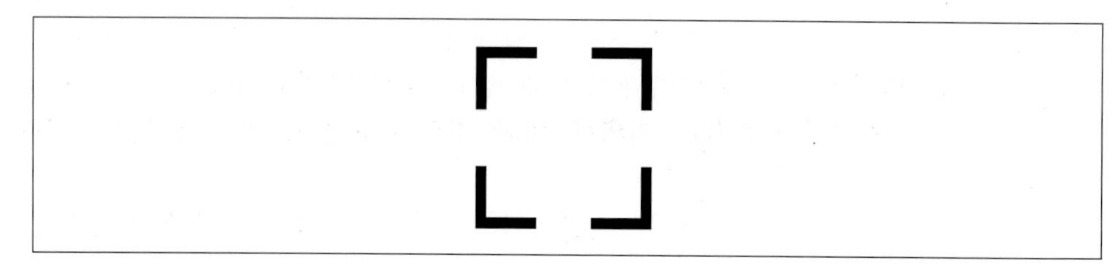

① 근접성의 원리 ② 유사성의 원리
③ 완결/폐쇄성 원리 ④ 연속성의 원리

13 자극과 반응의 과정에 대한 설명 중 맞는 것은? 제17회

① 환경적 자극을 받아들이고 그에 대한 반응과정을 설명하는 것이 환경지각, 환경태도 등이다.
② 환경에 대한 지각 및 태도는 상호 연계된 인과관계로 이해되어야 한다.
③ 환경지각은 현존하는 환경에 대한 정보를 저장, 조직, 재편성, 추출하는 과정을 포함한다.
④ 환경인지는 환경에 대한 반응을 일으키게 되는 직접적인 원인이 된다.

14 다음 환경이론에 대한 설명이다. 이 이론을 제시한 학자와 함수관계를 설명함에 있어서 도입된 개념이 맞게 연결된 것은? 공인2회

- 인간 행태의 흐름이 요구, 가치, 감정 등과 같은 인간존재 내의 요인과, 주어진 일정한 환경에서 지각될 수 있는 다른 외적 요인과의 부단한 상호작용에 의해 나타난다고 보았다.
- 인간행태(B)를 개인의 특성 및 기타 개인적인 인자(P)와 개인에게 지각되는 환경(E)의 함수로 나타내었다.

① 바커(Barker) – 동일체 ② 깁슨(Gibson) – 지원성
③ 코헨(Cohen) – 환경부하 ④ 르윈(Lewin) – 유인가

정답 및 해설

12 ③
폐쇄성 또는 완결의 원리는 보다 완전한 형태로 형성하려는 경향이다.

13 ①
환경지각은 환경을 이해하기 위해 감각기관을 통해 전달된 정보를 조직화하고, 해석하는 일련의 과정이다. 환경에 대한 지각 및 태도는 특정 느낌을 반복 경험하면 특정 태도를 지니게 된다는 고전적 조건모델과 보상을 받는 반응은 더욱 강해지고, 그렇지 못한 반응은 점차 사라진다는 조작적 조건모델로 접근되고 있다.

14 ④
르윈(Lewin)은 인간행태(B)를 개인의 특성 및 기타 개인적인 인자(P)와 개인에게 지각되는 환경(E)의 함수로 나타내었다. B=f(P · E)

15 환경에 대한 태도를 평가하는 접근법과 제시한 학자의 연결이 맞는 것은? 공인2회

① 프레이저(Preiser) – 나비곡선가설
② 벌라인(Berlyne) – 환경에 대한 미적반응모델
③ 홀월(Wohlwill) – 환경선호평가모델
④ 카플란과 카플란(Kaplan & Kaplan) – 사용자 이용 후 평가

16 인간이 환경 자극에 반응하는 과정으로 가장 알맞은 것은? 제19회

① 자극 → 인지 → 지각 → 태도 → 반응
② 자극 → 인지 → 태도 → 지각 → 반응
③ 자극 → 지각 → 인지 → 태도 → 반응
④ 자극 → 지각 → 태도 → 인지 → 반응

정답 및 해설

15 ②
카플란과 카플란(Kaplan & Kaplan) – 환경선호평가모델
홀월(Wohlwill) – 나비곡선가설
프레이저(Preiser) – 사용자 이용 후 평가(Post Occupancy Evaluation : POE)

16 ③
인간은 주어진 환경자극에 대해 시각, 청각, 후각, 촉각과 같은 감각기관에 의해 정보를 감지하여 지각하고, 기억, 회상, 추론, 판단과 평가 등의 다양한 단계로 인지하며, 이를 긍정적으로나 부정적으로 평가하려는 경향인 태도를 보이고, 행태의 반응을 하게 된다.

3 환경심리행태적 요소

1) 개인적 공간(personal space)

(1) 정의

- 카츠(Katz, 1937)가 처음 언급한 개인공간에 대해 소머(Sommer, 1969)는 '침입자가 들어올 수 없는 개인의 신체를 둘러싼 눈에 보이지 않는 경계를 가진 영역'으로 정의하고, 우리와 함께 움직이고 상황에 따라 확장이나 수축된다고 하였다.
- 알트만(Altman, 1975)은 '개인 상호 간 접촉을 조절하고 바람직한 수준의 프라이버시를 이루기 위한 기능을 하는 영역'으로 정의하였다.
- 헤이덕(Hayduk, 1978)은 개인공간이 3차원으로 표현될 수 있다고 생각하고, 허리 위로는 원통형, 허리 아래는 내려갈수록 좁아지는 원추형 모양으로 보았다.

(2) 개인공간의 분류

- 홀(Hall, 1966)은 미국인을 대상으로 개인의 친밀도와 활동에 따라 개인공간의 유형을 4가지 범주로 구분하였다.

① 친밀한 거리(0~46㎝)
- 연인들, 가족, 어린아이 또는 매우 친한 친구들에게 해당되는 거리

② 개인적 거리(30㎝~1.2m)
- 친한 친구, 잘 아는 사람들 간의 일상적 대화에서 유지되는 간격

③ 사회적 거리(1.2~3.6m)
- 대부분의 공적 상호작용이 관찰되는 거리
- 1.2~2.1m는 같이 일하는 사람들에게 일반적인 간격, 2.1~3.6m는 보다 공식적이며 낯선 사람들이 사용하는 거리

④ 공적 거리(3.6~7.5m)
- 비개입이 시작되는 범위, 그냥 지나치거나 연사와 청중 같은 공적 모임에서 유지되는 거리
- 비개입의 공적 거리를 확보하기 위해서는 통로나 출입구를 3.6m 이상의 거리를 두고 계획해야 한다.

(3) 개인공간의 기능

- 방어의 기능 : 과다자극이나 지나치게 근접해 생기는 스트레스 요인들을 피하기 위한 완충지대로 작용한다.
- 정보교환의 기능 : 다른 사람과 유지하는 거리에 따라 어떠한 정보교환 수단(시각, 후각, 촉각, 언어입력)을 사용할지 선택된다.

(4) 개인공간의 변수

① 상황적 변수 : 매력, 연령/인종 등의 유사성, 상호작용의 유형(긍정적/부정적)

- 여러 연구에서 한 쌍의 남녀의 거리는 상호 느끼는 매력이 강할수록 좁아짐
- 연령, 인종, 사회적 지위 등에서 유사한 사람들 간의 거리가 그렇지 않은 경우보다 더 가까운 거리를 유지(Latta, 1978; Campbell et al, 1966; Lott & Sommer, 1967)
- 자신이 수행한 활동에 대해 부정적 피드백을 받은 사람들이 긍정적 피드백을 받은 경우보다 협조자들과 더 멀리 떨어져 있음(Karabenick & Meisels, 1972)

② 개인적 변수 : 인종, 문화, 성, 연령, 성격

- 지중해 등 접촉 문화권 민족들이 북유럽 등의 비접촉 문화권보다 더 가까운 거리에서 상호작용(Hall, 1966)
- 여성들은 좋아하는 사람들과 더 가까운 거리에서 상호작용(Aiello & Jones, 1971)
- 아동은 어릴수록 더 가까운 거리를 선호(Aiello & Jones, 1974)
- 노인들의 대인거리가 더 가까움(Heshka & Nelson, 1972)
- 내향적인 사람이 외향적 사람보다 먼 거리를 유지(Cook, 1970)

③ 물리적 변수 : 건축상의 세부적 특징

- 천장이 낮은 곳에서 개인공간 요구가 더 커짐(Savinar, 1975)
- 방의 크기가 클수록 개인공간의 크기는 작아짐(White, 1975)
- 밝은 곳보다 어두운 곳에서 다른 이와 몸을 맞댈 확률이 높음(Gergen et al., 1973)
- 구석에 있을 때 대인 공간을 넓게 설정하여 개인공간이 좁아지는 경향 있음(Dabbs et al., 1973)

(5) 개인공간 침범에 대한 반응

① 도주 행동에 미치는 반응

- 버스나 지하철 등에서 경험하듯 침범에 대해 대안이 없을 때에는 참고 있지만, 개인공간 침입자에 대해서는 몸을 돌려 간격을 유지하고자 한다.

제1장 실내계획
제2장 실내환경
제3장 실내시공
제4장 실내구조 및 법규

② 각성에 미치는 반응

- 복잡한 과제 수행 시 개인공간 침범이 수행 저하를 가져오지만, 단순한 과제에서는 타인이 지나치게 가까이 있더라도 부정적 영향이 미치지 않을 수 있다.
- 남성이 여성 침범자들보다 부정적으로 평가되며, 더 많이 이동하게 하였다 (Murphy & Berman, 1978).

③ 타인의 개인공간 침범에 대한 반응

- 다른 사람의 개인공간을 침범할 가능성은 사람들의 지위, 집단의 크기 등과 관련이 있다. 즉, 지위가 낮은 이들이 더 자주 침범당하는 것으로 관찰되었다 (Knowles, 1973).

2) 영역성(territory)

(1) 정의

- 개인공간은 눈에 보이지 않으나 몸을 둘러싸고 사람이 움직임에 따라 이동하며 개인들이 얼마나 가까이 상호작용할 것인가를 정하게 한다(이연숙, 1998).
- 영역성은 피셔(Fisher et al., 1984)에 의하면 주로 집을 구심점으로 고정된 일정한 지역 또는 공간이며, 사람뿐 아니라 동물에게서도 흔히 볼 수 있는 행태이다.

(2) 영역성의 특성(임승빈, 1986)

- 프라이버시, 가족의 안전, 소유권의 보호 등 여러 가지 동기가 있다.
- 크기, 위치 등의 지리적 형태를 가지고 있다.
- 개인, 가족, 커뮤니티 등 사회적 단위별로 구분되어진다.
- 영구적이거나 잠재적 영역으로 표현되는 시간성을 가지고 있다.
- 다양한 영역표시 행위 및 침입에 대한 방어행위를 하는 특성을 가진다.

(3) 영역성의 분류

- 알트만(1975)은 영역을 일차영역, 이차영역, 공적영역으로 분류하였다.

① 일차영역

- 일상생활의 중심이 되는 반영구적 점유되는 지역이나 공간, 가정, 사무실 등
- 소유주가 강력한 통제권을 가지고, 침범 받을 경우 심각한 문제를 일으킨다.

② 이차영역

• 사회적 특정 그룹 소속원들이 점유하는 공간, 교회, 교실 등
• 소유권은 인정되지 않지만 이 영역을 사용할 자격이 있다고 인정되며, 일차영역보다 덜 영구적이나 합법적 점유기간 동안 어느 정도 개인화와 통제권을 가질 수 있다.

③ 공공영역

• 소유권이 인정되지 않으며, 통제권을 주장하기 힘든 공간, 해변, 공원 등
• 프라이버시 유지도는 낮으며 방어의 가능성이 거의 없다.

(4) 영역성의 기능(Bell et al., 1996)

• 조직의 기능을 가져, 우리 삶에 예측 가능성, 질서, 안전성을 증진시킨다.
• 남과 구별될 수 있는 개인의 자아정체감을 부여한다.
• 자극의 양과 복잡성을 줄이고, 질서 부여로 대처 가능한 공간으로 만들어준다.
• 자극의 양을 통제하여 스트레스를 줄이고, 불필요한 각성을 낮춰준다.

3) 프라이버시(privacy)

(1) 정의

• 프로샨스키 외(Proshansky et al., 1970)
"목표를 성취하기 위해 선택의 자유를 가지는 것"
즉, 자신에 관한 정보를 의사소통할 사람과 그 정보와 방법을 조절하는 것
• 웨스틴(Westin, 1970)
"다른 사람과 의사소통해야 할 개인의 정보와 상황을 결정할 수 있는 권리"
즉, 프라이버시 유형 구분 : 혼자 있는 상태, 친교 상태, 익명 상태, 은폐 상태

(2) 프라이버시의 특성(Altman, 1974)

• 여러 종류의 사회적 단위들이 대상이다.
• 변증법적 성격 : 상호접촉 규제와 상호접촉 요구의 간의 변증법적 성격을 가지며, 바람직한 프라이버시 수준은 접근과 분리를 통틀어 내포한다.
• 다면적 성격 : 너무 많거나 적은 프라이버시는 불만족을 일으킨다.
• 경계조절 작용 : 인간상호 간의 경계를 통제한다.
• 다면적 작용 : 주관적으로 정의한 이상적 프라이버시와 실제 성취한 프라이버시

제1장 실내계획
제2장 실내환경
제3장 실내시공
제4장 실내구조 및 법규

의 두 측면이 있으며, 일치할 때 바람직한 상태가 된다.

- 양방향적 작용 : 타인에게로의 유출과 유입 모두를 프라이버시 관점으로 본다.
- 프라이버시 보호를 위해 언어, 비언어, 환경적 기제와 같은 행동기제를 사용한다.
- [그림 2-5]는 프라이버시 특성을 종합한 것으로, 성취한 프라이버시와 원하는 프라이버시 사이의 관계를 보여준다. 사례1에서 사례4까지는 타인으로부터 유입된 성취된 프라이버시와 원하는 프라이버시 간 관계를 보여주며, 사례5에서 사례8까지는 자아에서 타인으로 향하는 유출을 다루고 있다.

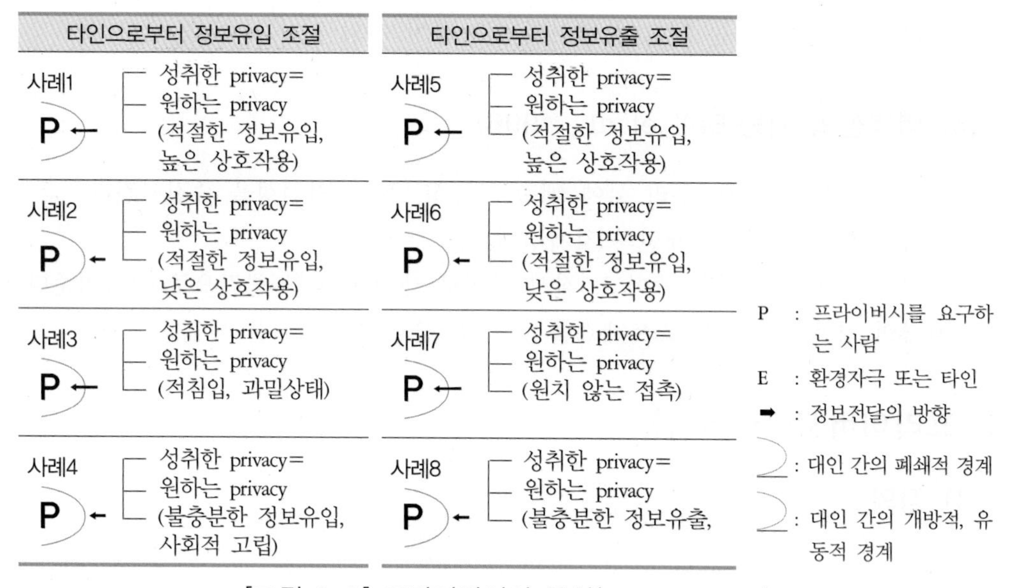

[그림 2-5] 프라이버시의 특성(Altman, 1974)

(3) 프라이버시의 기능(Westin, 1970)

- 개인의 자율적 측면 : 자아의 독립, 정체성 같은 중요 문제 발견을 돕는다.
- 정서적 해방 : 사회적 역할 수행에서의 긴장감을 떠나 휴식을 주고, 규율과 관습에서 벗어나게 해준다.
- 자아평가 : 자신의 경험을 통합하여 미래 행동을 계획하고 평가할 기회를 준다.
- 제한되고 보호된 의사소통 : 타인과 신뢰 나누거나 정보 보호 기회를 제공한다.

4) 과밀/혼잡(crowding)

(1) 정의

- 과밀/혼잡은 주어진 밀도 상황에서 느끼는 개인에 의존하는 주관적 용어이다(이연숙, 1998).

- 스토콜스(Stokols, 1976)는 인간을 대상으로 할 때는 밀도(density)와 과밀(crowding)을 구별해야 한다고 하였으며, 공간적 밀도와 사회적 밀도를 구별했다.
- 공간적 밀도는 일정 면적에 거주하는 사람의 수이고, 사회적 밀도는 사회적 접촉에 의해 일어나는 밀도이다.

(1) 고밀도의 영향

① 정서, 생리적 각성, 질병에 미치는 영향

- 사회적 고밀도 환경은 부정적 정서를 일으킨다(Evans, 1975).
- 남성은 공간적 고밀도에서, 여성은 공간적 저밀도에서 부정적 느낌 가진다(Freeman et al., 1972).
- 고밀도에서 손바닥이 젖거나(Saegert, 1974), 스트레스를 나타내는 코티졸이 높게 나타나는 등 생리적 각성에 영향을 준다(Heshka & Pylypuk, 1975).
- 고밀도는 건강에 부정적 영향을 미친다(Baron et al., 1976).

② 사회적 행태에 미치는 영향

- 고밀도는 상대방에 대한 호감을 감소시킨다(Baum & Greenberg, 1975).
- 고밀도에서의 대처로 위축 반응이 나타난다(Baum & Greenberg, 1975).
- 고밀도 건물에서 친사회적 행태가 적게 나타난다(Bickman et al., 1973).
- 고밀도가 공격성에 미치는 영향은 크지 않은 것으로 나타났다.

③ 업무수행에 미치는 영향

- 단순업무에서 고밀도는 업무수행에 영향 미치지 않았다(Bergman, 1971).
- 복잡한 업무에서 사회적 고밀도, 공간적 고밀도 모두 업무수행이 감소되었다(Paulue st al., 1976).

5) 개인공간, 영역성, 과밀 간의 관계

- 알트만(1975)은 프라이버시 모델을 정리하며 개인공간, 영역성, 과밀의 개념을 종합하여 이용하였다.
- 개인이 희망하는 프라이버시와 조절과정을 거쳐 얻은 프라이버시가 일치하면 최적 수준의 프라이버시를 확보한 상태라 할 수 있고, 조절과정에 관련되는 주요 기제는 개인공간과 영역성, 언어적, 비언어적 행동 등을 들 수 있다.
- 성취한 프라이버시가 희망 프라이버시 수준보다 높은 경우는 사회적 고립이 발생하고, 성취한 프라이버시가 희망 프라이버시 수준에 미치지 못할 때 과밀상태가 발생한다.

3. 환경심리행태적 요소

기출 및 예상 문제

01 심리적 척도와 관련하여 인류학자 홀(Hall)이 언급한 사회적 거리(social distance)는? 공인1회

① 0~46㎝ ② 30㎝~1.2m
③ 1.2~3.6m ④ 3.6~7.5m

02 홀(Hall)은 개인의 친밀도와 활동에 따라 접촉거리를 조사하여 4가지로 범주화하였다. 이 중 '친밀한 거리'와 '사회적 거리'가 맞게 연결된 것은? 공인2회, 공인4회

① 46㎝~1.2m/3.6m 이상 ② 0~1.2m/1.2~3.6m
③ 0~46㎝/1.2~3.6m ④ 0~50㎜/50㎜~1.2m

03 개인공간의 크기는 물리적 변수에 따라 영향을 받는다. 다음 중 물리적 변수에 따른 개인공간의 크기를 바르게 비교한 것은? 공인5회

① 실내보다는 실외에서 개인공간의 크기가 크다.
② 방의 크기가 커질수록 개인공간의 크기는 커진다.
③ 천장이 높은 공간에 있을 때는 낮은 공간에 있을 때에 비해 개인공간의 크기가 커진다.
④ 실내중앙보다는 구석에 있을 때 개인공간의 크기가 커진다.

정답 및 해설

01 ③
홀(Hall)이 구분한 '사회적 거리'는 업무상, 사무적인 인간관계를 대상으로 1.2~3.6m의 거리이다.

02 ③
홀(Hall)의 '친밀한 거리'는 0~46㎝의 거리이고, '사회적 거리'는 1.2~3.6m 거리이다.

03 ④
실내에 있을 때와 방의 크기가 클수록 개인공간이 커지는 경향이 있고, 천장이 낮은 곳, 구석진 곳에서 개인공간은 좁아지는 경향이 있다.

04 개인공간의 개념에 대해 바르게 설명한 것은?

① 침입자가 들어올 수 없는 눈에 보이는 경계가 있는 영역이다.
② 개인공간은 2차원으로 나타나는 영역이다.
③ 개인공간은 사람들마다 동일한 크기를 지닌다.
④ 사람과 책상 간 거리는 개인공간으로 보지 않는다.

05 개인공간의 기능에 대해 바르게 설명한 것은?

① 자극이 많을 때 가까운 거리를 유지하려고 한다.
② 개인공간은 정신적 위협에 대한 방어를 해준다.
③ 개인공간은 물리적 위협에 대한 방어와는 관계가 없다.
④ 거리가 멀수록 시각보다 후각이나 촉각을 통한 정보교환이 많이 이루어진다.

06 개인공간 침범 시 나타나는 반응에 대해 바르게 설명한 것은?

① 남성과 여성의 개인공간 침범에 대한 평가는 동일하게 나타난다.
② 복잡한 과제에서는 개인공간 침범이 부정적 영향을 미치지 않는다.
③ 개인공간이 침범 당했을 때에는 도주 행동이라는 유일한 대처 반응으로 나타난다.
④ 침범에 대한 대안이 없을 때는 표정이나 몸을 돌림 등 새로운 간격을 유지하고자 한다.

정답 및 해설

04 ④
개인공간은 침입자가 들어올 수 없는 개인의 신체를 둘러싼 눈에 보이지 않는 경계를 갖는 영역이고, 3차원으로 표현될 수 있으며, 사람들마다 점유하는 공간 크기가 다르다. 개인공간은 대인관계에서만 의미를 지닌다.

05 ②
개인공간은 외부의 자극들로부터 완충지대로 작용하며, 정신적이거나 물리적 위협에 대한 방어를 해준다. 거리가 가까울수록 사적인 정보교환과 후각 및 촉각을 통한 정보교환이 많이 이루어진다.

06 ④
개인공간의 남성 침범자들이 여성보다 더 부정적으로 평가되고, 단순한 과제에서 타인이 지나치게 가까이 있어도 부정적 영향을 미치지 않는다. 개인공간 침범에 대한 방어로 도주나 신체거동, 표정, 읽을거리를 이용해 새로운 간격을 유지하고자 하는 행동이 있다.

07 영역성의 특성으로서 가장 거리가 먼 것은? 공인1회

① 프라이버시, 개인 또는 가족의 안전, 소유권의 보호 등 여러 가지 동기가 있다.
② 영역성은 눈에 보이지 않으나 사람이 움직임에 따라 이동하며 대인 간 상호작용의 거리에 반응한다.
③ 상징적이거나 구체적인 다양한 영역표시를 하게 되며 침범에 대해서는 방어행위를 하는 특성을 가지고 있다.
④ 시간성을 가지고 있어 집과 같은 영구적 영역과 버스와 같은 일시적 영역으로 구분한다.

08 경계와 영역의 체계에 대한 설명으로서 가장 알맞은 것은? 공인3회

① 이차영역은 소유권이 인정되지 않으며 통제권도 주장하기 힘든 공간이다.
② 공공영역은 사회의 특정그룹이 점유하는 공간이고 소유권은 인정되지 않지만 특정 그룹은 영역을 사용할 자격이 있는 사람으로 인정 된다.
③ 일차영역은 일상생활의 중심이 되는 반영구적으로 점유되는 지역 또는 공간을 말한다.
④ 이차영역은 프라이버시 유지도가 가장 낮으며 방어의 가능성이 거의 없는 공간이다.

09 다음 영역성의 특성 가운데 틀린 것은? 공인5회

① 인간에게만 존재하는 고유한 행태이다.
② 크기, 위치 등의 지리적 형태를 가지고 있다.
③ 신분, 지위 등과 같은 동기의 조건으로 이루어진다.
④ 시간성을 가지고 있다.

정답 및 해설

07 ②
개인공간은 눈에 보이지 않으나 몸을 둘러싸고 있는 것으로 사람의 움직임에 따라 이동하지만, 영역성은 소유, 구분 등의 개념으로 크기, 위치 등 볼 수 있는 지리적 형태를 가지고 있다.

08 ③
알트만이 분류한 일차영역은 가정, 사무실과 같이 일상생활의 중심이 되는 공간을 말하고, 이차영역은 사회적 특정그룹 소속원들이 점유하는 공간으로 교회, 교실 등이 있다.

09 ①
영역은 사람뿐만 아니라 동물에서도 흔히 볼 수 있는 행태이며, 영구적인 집 또는 잠정적인 영역으로 표시되는 시간성을 지니고 있다.

10 알트만(Altman)의 영역성에서 소유권이 인정되지 않으며 낮은 프라이버시와 낮은 배타성을 지니는 영역은? 제19회

① 공적 영역
② 1차적 영역
③ 2차적 영역
④ 방어영역

11 다음 보기와 관계되는 것은? 제19회

> 아파트 주변의 공간에 대해 주민들이 보다 높은 소유 느낌을 가질 수 있도록 함으로써 주거 커뮤니티 계획에 필수적 고려 사항이 된다.

① 과밀
② 영역성
③ 프라이버시
④ 개인적 공간

12 개인의 정체성 및 개인화 작업에 영향을 주는 행태적 개념은? 제18회

① 친밀성
② 과밀
③ 개인공간
④ 영역성

13 영역성에 대한 설명 중 알맞은 것은? 제17회

① 교통량이 적은 가로에 인접한 이웃과의 가정영역은 더 넓다.
② 개인, 가족, 이웃, 사회 등의 단위별로 구분할 수 있다.
③ 2차영역은 1차영역에 비해 배타적 성격이 강하다.
④ 타인으로부터 감각입력에 대한 자각이 크게 영향을 받는다.

정답 및 해설

10 ①
알트만은 영역을 일차영역, 이차영역, 공공영역의 세 가지로 분류하였는데, 공공영역은 소유권이 인정되지 않고, 통제권을 주장하기 어려운 공간이다.

11 ②
영역은 사람들이 소유하고 있는 영역과 그 영역을 개인화하는 방법을 통해 높은 자아정체감을 가질 수 있게 한다.

12 ④
영역은 남과 구별될 수 있는 개인의 자아정체감을 유발시키며, 그들이 소유하고 있는 영역과 그 영역을 개인화하는 방법을 통해 높은 자아정체감을 가질 수 있다.

13 ②
1차영역은 반영구적으로 점유되는 곳으로 높은 배타성을 가지며, 2차영역, 공적 영역으로 갈수록 낮은 프라이버시와 낮은 배타성의 특성을 지닌다.

14 개인공간과 영역성에 대해 바르게 설명한 것은?

① 영역성은 개인공간에 비해 유동적이다.
② 영역성은 사람에게만 고유하게 존재하는 행태이다.
③ 개인공간에 비해 영역표시가 어렵다
④ 개인공간은 타인과 얼마나 가까이 상호작용할 것인가를 정하게 한다.

15 다음 표는 대인 간 경계조절작용으로서의 성취한 프라이버시와 원하는 프라이버시의 관계를 나타낸 것이다. 다음의 사례를 설명한 것 중 맞는 것은? 공인1회

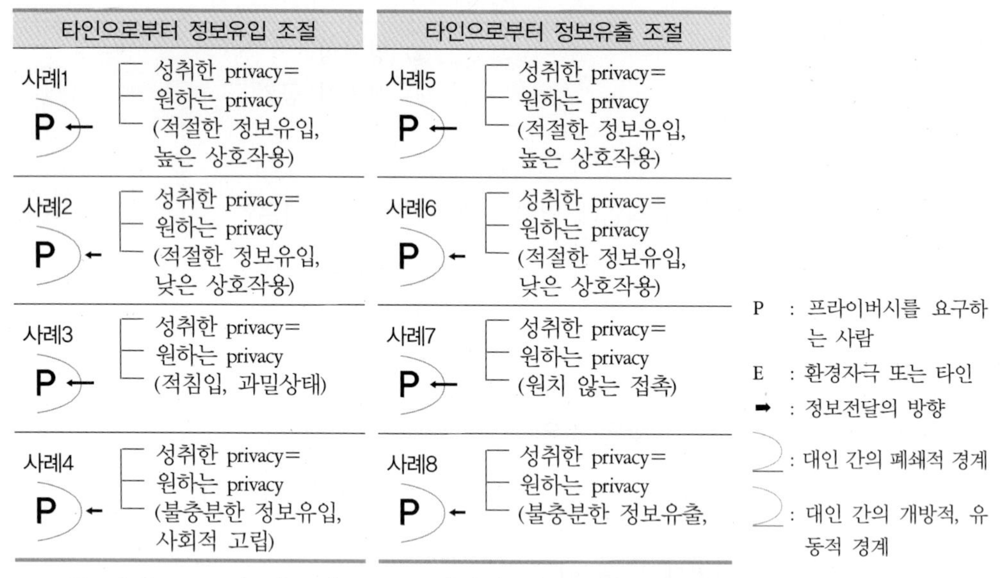

① 사례 5 : P가 성공적으로 긍정적인 목표물에 접근함
② 사례 3 : 전통적으로 생각하는 만족할 만한 프라이버시 상태임
③ 사례 1 : P는 능동적으로 E의 접촉을 원하나 실패함
④ 사례 8 : P는 자아경계선을 넘어가서 E의 침범을 받게 됨

정답 및 해설

14 ④
개인공간은 개인의 움직임에 따라 이동하는 공간임에 비해 영역은 개인을 중심으로 고정된, 볼 수 있는 공간이고, 개인 소유물을 놓는 등 다양한 영역표시 행위가 가능하다.

15 ①
사례1은 P와 타인이 격리되지 않고 환영하는 상태이고, 사례3은 P가 침입을 받은 상태이며, 사례8은 P가 능동적으로 타인의 접촉을 원하나 실패한 경우를 설명한다.

16 다음 중 프라이버시의 기능이 아닌 것은? 공인1회

① 개인 또는 집단 간의 사회 환경과의 상호작용을 조절한다.
② 자아와 사회 간의 상호작용을 조절한다.
③ 방어의 기능이 있다.
④ 자아 정체감을 갖게 한다.

17 알트만(Altman) 이론에 의한 프라이버시의 특성에 대한 설명으로 가장 거리가 먼 것은? 제17회

① 프라이버시는 인간 상호 간의 경계를 통제하는 작용을 가지고 있어 타인과의 상호작용의 정도 및 외부환경과의 개방을 조정한다.
② 이상적으로 원하는 프라이버시 수준이 실제로 성취된 수준보다 높을 때 사회적으로 고립된다.
③ 상호접촉의 요구와 규제 간의 지속적인 변증법적인 성격을 가짐으로써 바람직한 프라이버시의 수준은 접근과 분리를 통틀어(함께) 내포하고 있다.
④ 프라이버시 보호의 목적을 달성하기 위해 언어적 기제, 비언어적 기제, 환경적 기제 등의 행동기제를 사용한다.

18 다음 중 프라이버시가 침해된 상황의 경우는?

① 공간 소유자의 것이 아닌 물품이 놓여 있을 경우
② 공간에서 필요한 만큼 타인과 접촉하는 경우
③ 가족 상호 간의 교류가 적절히 일어나는 경우
④ 시각적 관점에서 가족 간에 적절히 분리된 주거공간의 경우

정답 및 해설

16 ③
프라이버시가 확보될 경우의 자아의 정체성을 발견하도록 돕고, 사회적 역할에서 오는 긴장감을 떠나 휴식을 취할 수 있게 해주며, 개인과 집단 간, 자아와 사회 간의 상호작용을 조절할 수 있게 된다.

17 ②
알트만의 환경-행동 관계이론에 의하면 사회적 고립은 성취한 프라이버시가 원하는 프라이버시 수준보다 높은 경우에 발생된다.

18 ①
공간의 소유자 또는 이용자의 것이 아닌 물품이 놓여 있을 때, 영역적 침해가 일어나 프라이버시가 침해된 상황이 발생했다고 볼 수 있다.

19 개인공간, 영역성, 과밀의 관계를 적절하게 설명한 것은?

① 개인공간은 프라이버시 조절과정에 관련이 없다.
② 영역성은 프라이버시 조절과정에 영향을 주지 않는다.
③ 성취한 프라이버시가 원하는 프라이버시보다 낮은 수준일 경우 사회적 고립이 발생한다.
④ 성취한 프라이버시가 원하는 프라이버시에 못 미치면 과밀 상태가 발생한다.

20 프라이버시의 특성에 대해 바르게 설명한 것은?

① 프라이버시가 너무 많거나 적은 경우 모두 불만족을 일으킨다.
② 프라이버시는 외부환경과의 접촉에 영향을 받지 않는다.
③ 원하는 프라이버시와 성취된 프라이버시가 불일치할 때가 바람직하다.
④ 프라이버시는 일방향적 작용으로 타인으로부터의 유입 방향만 존재한다.

21 보기의 내용들과 가장 관련이 깊은 것은? 공인3회

• 천장의 높이	• 시각적 출구	• 방의 형태
• 조명	• 색채	

① 프라이버시의 조절 ② 영역성의 조절
③ 과밀감의 조절 ④ 개인공간의 조절

22 혼잡(crowding)이 인간에게 미치는 영향을 설명한 내용으로 맞는 것은? 공인4회

① 고밀도의 생리적 현상(맥박 및 혈압 증가)은 남자보다 여자에게 더 현저히 나타난다.

정답 및 해설

19 ④
알트만에 의하면, 개인공간, 영역성은 프라이버시 조절과정에 관련되는 주요기제이며, 성취한 프라이버시가 원하는 프라이버시 수준보다 높을 경우 사회적 고립이 발생한다.

20 ①
프라이버시는 개인이나 집단이 외부환경과의 접촉에 대해 개방적/배타적 태도를 취하게 되는 경제조절 작용을 가진다. 주관적으로 원하는 프라이버시와 실제 성취된 프라이버시가 일치할 때 프라이버시의 바람직한 상태가 되며, 프라이버시는 타인으로 향하는 유출과 유입의 양방향적 작용으로 본다.

21 ③
높은 천장은 과밀을 덜 느끼게 하고, 동일한 직사각형 방이 정사각형 방보다 과밀을 완화시켜 주며, 시각적 출구가 있는 방이 출구가 없는 방보다 과밀을 줄여준다. 벽의 주조색과 적절한 조명에 의해 실내가 밝을 경우에도 과밀을 덜 느낀다.

② 고밀도는 복잡한 작업수행과는 관련이 없다.
③ 고밀도에서는 저밀도에서보다 타인에 대한 호감이 떨어진다.
④ 고밀도의 도시에서 저밀도의 마을보다 남을 돕는 행위가 더 많이 나타난다.

23 혼잡 또는 과밀(crowding)에 영향을 미치는 변인에 대해 맞게 설명한 것은?

① 개인차 : 키가 큰 사람이 작은 사람보다 과밀을 쉽게 느낀다.
② 상황적 조건 : 자기가 통제 가능하다고 느낄 때 과밀에 더 늦게 반응한다.
③ 사회적 조건 : 좋은 사람과 있을 때 과밀감을 더 느낀다.
④ 사회적 조건 : 비조직적 업무보다 조직적 업무수행에서 더 과밀을 느낀다.

24 혼잡 또는 과밀(crowding) 관련 내용을 바르게 설명한 것은?

① 고밀도는 항상 부정적인 결과가 나타난다.
② 공간의 중심보다 구석에서 활동이 이루어지게 계획하면 과밀을 덜 느끼게 된다.
③ 공간의 마감색과 공간 내 패턴이 밀집감에 영향을 줄 수 있다.
④ 창문 없는 공간에서 과밀감을 덜 느낀다.

25 과밀 또는 혼잡(crowding)을 더 많이 느끼는 경우는?

① 소음이 적은 공간에 있을 때
② 개인 거리를 짧게 두는 걸 선호하는 사람의 경우
③ 공간에 들어가기 전에 과밀에 대한 정보를 미리 제공받은 경우
④ 식당 등 이차환경이 아닌 가정, 사무실 등 일차환경에 있는 경우

정답 및 해설

22 ③
연구결과, 남성이 여성보다 과밀을 더 쉽게 느끼고, 고밀도의 경우 복잡한 업무수행에서 업무수행이 감소되며, 고밀도 건물에서 친사회적 행태가 적다고 나타났다.

23 ②
자기가 통제할 수 있다고 느끼는 경우가 외부 힘에 의해 통제된다고 느끼는 경우보다 과밀상태에 더 늦게 반응하는 것으로 나타났다.

24 ③
사회적 고밀도 건물로 이주한 경우, 피고용인들이 역할 갈등을 덜 느끼며 친밀한 관계의 기회가 증가하기도 하고, 공간의 구석보다 중심에서 활동이 이루어지게 계획하면 과밀을 덜 느끼게 된다. 또한, 창이나 문이 있는 방이 없는 방보다 과밀을 줄여준다.

25 ④
연구결과에서 소음과 같은 스트레스 요인이 개입되거나 개인 거리를 멀리 두기를 원하는 경우 과밀을 더 쉽게 느끼며, 사전에 과밀 정보를 받은 경우에 인지적 통제력이 증가되어 과밀감에 부정적 느낌을 덜 받게 된다고 나타났다.

4 행태학적 개념과 공간디자인

1) 주거공간

(1) 개요

- 주거공간은 물리적인 주택 이상의 의미를 가진다.
- 주거공간이란 인간과 거주하는 장소 간에 감정적으로 근거를 가지는 의미 있는 관계를 표현한 것으로, 개인이 통제하고 조절할 수 있으며 예측할 수 있는 안전한 장소이다(Pastalan & Polakow, 1986).

(2) 주거공간과 인간행태

① 주거공간과 인간에 대한 생활행태적 접근

- 주거공간은 물리적, 환경적 속성뿐 아니라 거주자들의 사회, 심리적 속성도 내포하고 있다.
- 미첼슨(Michelson, 1976)은 주거공간이 거주자의 요구를 충족시켜주는 환경이 되기 위해서는 행태적 접근이 필요하다고 하였다.
- 깁슨(Gibson, 1979)은 물리적 환경요소들이 행태를 지원하는 개념으로 지원성을 제시하였고, 지젤과 웰치(Zeisel & Welch, 1981)는 인간을 위한 주거공간을 디자인하기 위해서는 거주자들이 영역성을 가지고 프라이버시를 조절할 수 있으며, 소속감 및 소유의식을 느낄 수 있도록 해야 한다고 하였다.

② 주거조정이론

- 모리스와 윈터(Morris & Winter, 1975)는 주거만족과 관련하여 주거조정이론을 제시하였는데, 이 이론은 가족이 성장하고 쇠퇴함에 따라 변화되는 주거요구를 충족시키기 위한 주거조정행위를 조절 및 적응과정으로 구분하고 있다.
- 가족의 기준이나 규범에 맞지 않게 되면, 주거 결함이 생기게 되어 주거결함을 줄여가는 조정하게 된다. 실제 주거결손을 없애기 위해 주거이동이나 주거개조를 선택하게 된다.

(3) 주거공간 디자인을 위한 행태학적 개념

① 프라이버시

- 주거공간에서 프라이버시는 파티션이나 벽을 이용해 실내공간을 구분하거나 외

부와의 접촉을 조절하는 담장이나 구조에 이르기까지 다양한 수준이 있을 수 있다.

- 문화적 배경이나 가족 구성원에 따라 프라이버시의 요구 정도가 다를 수 있다.
- 주거공간에서의 프라이버시는 보호나 차단을 강조하기보다 필요에 따라 조절할 수 있는 개념으로 이해하는 것이 바람직하다.

② 개인공간

- 개인공간은 신체가 움직이는 대로 움직이고 범위는 상황에 따라 변화한다.
- 일반적으로 부부나 유아기 자녀에 비해 성장한 자녀와는 공간적 거리를 좀 더 두게 된다.

③ 영역성

- 고정적 성격인 영역성은 주거공간에도 나타나는데, 가족 구성원들이 각기 영역을 가지고 생활하게 된다.
- 공간 이용자 수가 적을수록 구성원의 영역 행위는 강해진다.

④ 사회적 상호작용

- 거실이나 주방 또는 식사공간에서 대화나 만남 등의 상호작용이 주로 이루어지며, 공간의 구성이나 가구 배치가 상호작용에 영향을 미칠 수 있다.
- 집합주택에서 커뮤니티 공간이나 옥외시설 등의 공유공간은 거주자 간 사회적 상호작용을 높여 이웃관계가 좋아지고 지역사회에 애착심을 심어주는 긍정적 효과를 가져올 수 있다.

2) 교육공간

(1) 개요

- 교육은 아동과 청소년의 사회화에 중요한 역할을 하며, 교육공간은 교육의 전달체계를 충족시키도록 계획되어야 하고, 지적 가치와 함께 심적 상황과 욕구에 부응할 수 있도록 계획되어야 한다.
- 교육공간의 기능은 가르치는 기능을 강조한 것에서 배우는 기능으로 변화되어 가고, 현대에는 '학교-지역' 기능의 통합이 시도되고 있다.
- 과거의 주입식 교육으로부터 열린 교육으로 변화하게 되면서, 열린 교육공간으로의 시도가 이루어지고 있다.

(2) 교육공간 디자인을 위한 행태학적 개념

① 집단소속감

- 교육공간에서의 소속감을 위해서는 다음과 같은 고려가 필요하다.
  - 학교를 소규모화한다(Baker & Gumo, 1964).
  - 비공식적인 사회화의 장을 만든다.
  - 소식란과 안내소 등을 통해 정보교환의 효용성을 도모한다.
  - 출입구나 복도 등 비공식적인 학습공간을 제공한다.

② 접근/회피의 균형

- 개인 프라이버시 등을 고려하여 크기, 개방과 폐쇄, 책상 배열 형태 등이 다양해야 한다.

③ 개인공간

- 학교와 같이 공적 공간에서도 일정한 개인공간을 확보할 수 있는 공간을 제공해주어야 하며, 대인 간 공적 거리개념은 교실 규모를 설정할 때 고려되어야 한다.

④ 영역성

- 영역성 문제를 감소시키기 위해 수업공간과 다른 공간들 사이에 분명한 영역 경계를 설정하며, 수업영역 사이를 음향적으로 분리해야 한다.

⑤ 과밀/혼잡

- 교육공간에서 과밀은 부정적 반응을 가져와 다음과 같은 고려가 필요하다.
  - 천장을 높일수록 과밀감이 줄어든다(Savinar, 1975).
  - 같은 면적이어도 정방형보다 장방형이 과밀을 덜 유발시킨다(Desor, 1972).
  - 창, 문과 같은 시각적 출구가 있는 경우 덜 과밀된 방으로 느낀다.
  - 모퉁이나 벽 쪽 영역보다 중앙영역에서 활동이 이루어지면 과밀감을 줄인다(Dabbs, et al., 1973).
  - 방에 이동식 칸막이를 설치하면 과밀감을 줄인다(Baum et al., 1974).
  - 밝기로 과밀을 덜 느끼게 하고, 그림 등 시각 분산 물체로 넓게 보이게 한다(Baum & Davis, 1976).

3) 업무공간

(1) 개요

- 업무공간의 기능은 회사 이미지 전달과 업무 효율성을 높이고, 직원 간 효율적 의사소통이 이루어지도록 하며, 근무자의 만족도를 높일 수 있어야 한다.
- 최근 업무공간은 업무조직의 변화와 컴퓨터 기술의 발달 등으로 개방형 사무공간과 이동형 사무공간 등 새로운 유형으로 변화되어가고 있다.

① 개방형 사무공간(open office)
- 벽을 없애고, 칸막이와 모듈 가구를 사용해 개방공간에 배치하는 사무공간
- 업무의 능률과 건설비용 절감에서 유리하나, 소음, 주의 분산, 프라이버시 결여, 비효율적 에너지 사용 등의 단점이 있다.

② 이동형 사무공간(mobile office)
- 대안적 사무환경 개념으로 개인이 일하는 공간은 어디든 업무환경이 된다.
- 최근 거점오피스, 스마트오피스, 버추얼오피스 등이 대두되고 있다.

(2) 업무공간 디자인을 위한 행태학적 개념

① 개인화
- 사람들은 근무하는 장소에 개인물품을 배열하여 자신만의 공간으로 만들며 만족감을 느끼고, 작업 능률에 긍정적 영향을 준다.

② 영역성과 지위
- 바람직한 영역의 작업환경은 개인적 애착과 통제력, 책임감이 커지게 한다.
- 지위에 따른 공간의 위치, 가구의 차이 등은 보수 외 다른 보상이 될 수 있다.

③ 프라이버시
- 개방 사무공간은 관리, 감독의 수월함을 주나 프라이버시 결여의 문제가 있다.
- 업무 특성상 개방형이 더 요구되거나, 폐쇄형의 장점이 더 중요할 수 있다.
- 흡음을 통해 대화 프라이버시를 제공할 수 있다.

④ 커뮤니케이션
- 커뮤니케이션의 편이성은 방해 요소를 없애는 것을 의미하며, 개방 사무실이 등장한 배경이다.
- 개방 사무공간은 커뮤니케이션을 증가시키지만, 근무자가 원하지 않는 부정적 방향으로 증가할 수 있다.

4) 의료공간

(1) 개요

- 의료공간은 환자를 수용하여 진단하고 질병 예방과 재활서비스를 제공하는 시설을 갖춘 곳이다.
- 병원의 역할은 단순히 신체적 질병을 치료하기보다 질병의 예방과 정신과 신체가 조화된 상태로 유지할 수 있도록 하는 방향으로 변화하고 있다.

(2) 의료공간 디자인을 위한 행태학적 개념

① 통제감(sense of control)
- 통제력의 유무는 스트레스 수준과 건강에 중요한 인자이다.
- 환자에게 물리적, 사회적 환경으로서의 병원시설은 위치를 찾기 어렵거나 개인의 프라이버시가 침해당하기 쉬운 장소이다.
- 환자들에게 통제감을 부여하기 위해서는 TV 등 병실 내 환경요소를 조절할 수 있게 하거나, 정원 등 외부환경과 접근을 가능하게 하는 방법 등이 있다.

② 사회적 지원(social support)
- 환자에게 가족과의 접촉은 많은 도움이 되며, 사회적 지원을 잘 받는 환자는 상대적으로 스트레스가 적고 건강한 것으로 나타난다.
- 병실이나 휴게실의 가구 배치 등은 사회적 상호작용에 영향을 줄 수 있는데, 고정적 가구보다 이동이 가능한 가구가 사회적 상호작용에 도움이 될 수 있다.

③ 물리적 환경에서의 기분전환
- 매우 높지도 낮지도 않은 긍정적 자극이 제공될 때 건강이 증진된다.
- 기분전환에 도움을 주는 물리적 환경의 요소에는 나무나 물 등의 자연적 요소가 있다.

④ 길찾기
- 병원에는 복잡하고 다양한 공간이 함께 존재하여 환자들이 당황하거나 무력감을 느끼고 스트레스를 경험할 수 있다.
- 길찾기에 영향을 주는 물리적 환경은 색상, 형태, 질감에 있어 독특한 특징이 있을수록 잘 기억되며, 가독성 있는 사인 체계도 중요하다.

⑤ 프라이버시와 영역성
- 병실에서 개개의 영역을 확보하여, 불필요한 마찰을 줄이고 안정감을 주는 것이

필요하다.

(3) 치매환자를 위한 병원에서 특별히 고려해야 할 행태학적 개념

① 방향감각의 상실

- 치매환자는 방향을 구분하기 어렵고 새로운 것을 기억하기 어렵다.
- 제한된 환경에서 자신들의 능력을 유지하며 환경에 대한 통제력을 길러주는 것이 중요하다. 치매환자를 위한 환경은 인지하기 쉽게 계획되어야 한다.

② 배회(wandering)

- 치매환자가 목적 없이 배회하는 증상은 위험할 수 있고, 보호자를 힘들게 하므로 제한된 범위 내에서 안전하게 접근하는 환경의 조성이 필요하다.
- 안전한 범위 내에서 출입문을 잠그거나, 환자가 계속 걸을 수 있는 배회로를 계획해주는 방법이 있다.

③ 친근감

- 가정과 같은 분위기를 만들 수 있도록 개인화를 허용하고, 넓은 공간 대신 작고 친밀한 공간을 만들어주는 것이 효과적이다.

④ 안전성

- 치매환자는 안전에 대한 판단이 부족하여, 환자 자신이나 보호자를 위해서 안전한 환경을 계획하는 것이 매우 중요하다.

기출 및 예상 문제

4. 행태학적 개념과 공간디자인

01 주거공간을 계획하는 데 고려할 쾌적성 개념에 포함되는 조건이 아닌 것은? 공인3회

① 친밀성　② 영역성
③ 공간구성　④ 프라이버시

02 주거공간 디자인에서 행태학적 개념을 가장 잘 고려한 경우는?

① 가족 구성원 모두 공평하게 동일한 정도의 프라이버시를 제공한다.
② 프라이버시를 위해 필요시 차단 가능한 조절 가능한 공간으로 계획한다.
③ 가족이 함께 생활하는 장소에는 영역성을 고려하지 않는다.
④ 개인 침실이 아닌 거실의 가구배치 시 개인공간을 고려할 필요가 없다.

03 교육공간에서 다음 지문과 같은 현상이 초래되는 이유에 해당하는 환경심리행태 개념은? 공인3회, 공인4회, 공인5회

> 주변에 자극이 많으면 집중력이 떨어지고 일반적인 행동의 제약을 받는다. 특히 교육공간에서는 주변에 자극이 많으면 부정적 정서, 스트레스, 생리적 각성을 유발, 사회 상호작용에서의 위축, 공격행위를 야기, 과제수행에서 학습된 무기력감, 복잡한 과제수행의 감소, 그리고 학생과 학업에 대한 교사의 피드백의 변별력 둔화 등의 현상이 일어난다.

① 과밀감　② 개인화
③ 복합성　④ 영역성

정답 및 해설

01 ①
주거공간 계획에서 일조, 통풍 등 생리적 요구사항과 함께 주거공간의 구성도 쾌적한 환경의 조건이 되며, 프라이버시와 영역성 확보의 심리적 쾌적성이 요구된다.

02 ②
프라이버시 확보는 가족 모두 중요하나 요구되는 프라이버시의 종류와 정도는 가족 구성원에 따라 다르다. 가족이 함께 생활하는 주거공간에도 구성원 각기 영역을 가지고 생활하게 되며, 거실이나 식사실의 가구 배치 시 개인공간의 고려는 필요하다.

04 교육공간에 대한 실내디자인 방향으로 올바른 것은? 공인4회

① 교육공간은 단순히 격리되거나 함께 있는 상태가 아니라 타인에 대해 개방적·폐쇄적, 접근적·회피적 사이의 균형을 이루도록 디자인한다.
② 소속감을 갖도록 하기 위해서는 학교를 대규모화하고 정보를 효율적으로 교환하기 위하여 비공식적 학습공간도 제공한다.
③ 개방교실에서는 수업공간과 다른 공간들 사이에 분명한 영역 경계를 설정하지 아니한다.
④ 박물관에서 전시물 배치 시 단절이나 일시적 정지 대신에 연속성 있게 함으로써 관람자의 만족을 높일 수 있다.

05 교육공간에서 개인공간과 영역성을 잘 고려한 경우는?

① 학교와 같이 공적인 공간에서는 개인적 선호 등 각자의 요구는 배제한다.
② 교실의 규모를 설정할 때 교수와 학생 간 거리 등 대인 간 공적거리 개념을 고려한다.
③ 도서관 공간에서는 영역의 경계를 두지 않고 단일한 공간으로 계획해야 스트레스를 줄일 수 있다.
④ 학교는 공동 생활영역이므로 영역의 침범에 대한 방어를 고려하지 않아도 된다.

06 교육공간 계획 시 소속감을 고려할 때 바르게 된 것은?

① 외부환경인 교정을 제외한 학교 내에 정체감을 가질 수 있게 계획한다.
② 학생들의 활발한 과외활동 참여와 타인의 요구에 민감하게 하게 하기 위해서는 대규모 공간으로 계획하는 것이 좋다.
③ 개인이나 집단학습을 위해 비공식적인 학습공간을 제공한다.
④ 소식란과 안내소를 통한 정보교환은 가능한 제한적 구성원만 접근 가능하도록 계획한다.

정답 및 해설

03 ①
교육공간에서의 과밀은 부정적 정서, 스트레스를 유발하고, 사회 상호작용에 위축과 관련 있으며, 공격행동을 야기시키며, 학습된 무력감으로 복잡한 과제 수행 감소를 유발시킨다.

04 ①
소규모의 학교가 소속감을 더 가지게 하고, 개방 교실에서도 영역성을 확보할 수 있게 경계를 설정하는 것이 필요하며, 박물관 전시물 배치 시에는 단절 혹은 일시적 정지를 만들어 박물관 피로를 줄일 수 있다.

05 ②
학교와 같은 공적 공간에서도 개인공간에 대한 각자의 요구가 배제되어서는 안 되고, 도서관에서의 영역성 표시는 다른 공간과의 다른 영역성의 권한을 나타내며, 다양한 공간으로 영역을 각각 다르게 하면 스트레스를 줄일 수 있다.

07 업무공간의 심리행태에 대한 설명 중 알맞은 것은? 공인3회

① 오픈스페이스 개념은 의사교환을 증대하여 업무효율을 증대시킨다.
② 회사 내 지위에 따른 공간계획의 차별화는 영역성을 증진한다.
③ 이동성과 융통성이 높은 사무가구 설치는 폐쇄형의 장점이 된다.
④ 개인 물품을 배치하여 개별공간을 강조하는 것이 업무 효율을 감소시킨다.

08 업무공간의 디자인 계획으로 가장 알맞은 것은? 공인4회

① 개인 작업공간은 공간의 경계를 형성하여 영역감을 통한 업무효율성을 향상시킨다.
② 공동 작업공간은 타인으로부터 자유롭고 집중할 수 있어야 한다.
③ 회의실은 프라이버시는 요구되지 않으며 모든 사람이 쉽게 접근 가능해야 한다.
④ 휴게실은 업무효율을 높이기 위해서 업무 공간과 가까이 위치하는 것이 좋다.

09 업무공간의 심리행태에 대한 설명 중 알맞은 것은? 공인5회

① 오픈스페이스 형태의 업무공간은 관리 감독이 수월하고 프라이버시 유지에 유리하다.
② 회사 내 지위에 따른 공간계획의 차별화는 영역성을 증진한다.
③ 이동성과 융통성이 높은 사무가구 설치는 폐쇄형의 장점이 된다.
④ 개인 물품을 배치하여 개별공간을 강조하는 것은 고독감을 발생시켜 업무효율을 감소시킨다.

정답 및 해설

06 ③
출입구나 건물 복도 등 비공식적 학습공간의 제공은 학생들의 소속감에 도움을 준다. 작은 학교의 학생들이 과외활동에 더 참여적이고, 다른 사람의 요구에 더 민감하다. 소식란과 안내소 등 정보교환의 효용성을 도모하는 것이 교육공간소속감에 도움을 준다.

07 ①
개방형 사무공간은 의사소통과 작업의 능률성의 장점을 가진다. 가구배치의 가변성과 변화 가능성은 개방형이 더 발전된 형태인 오피스 랜드스케이프 평면의 효율성을 높여준다.

08 ①
공동 작업공간은 근무자들 간의 협업을 위한 행태를 지원해야 한다. 회의실은 프라이버시가 요구되며 모든 사람이 쉽게 접근 가능해야 한다. 휴게실은 소음이 발생하기 쉬워 업무 공간과 분리하는 것이 바람직하다.

09 ②
개방형 사무공간 단점으로 주의 분산과 프라이버시의 결여가 있다. 이동성과 융통성이 높은 가구는 개방형 사무공간에 중요하며, 지위 상징은 보수와는 다른 형태의 보상이 된다.

10 업무공간에서의 프라이버시 문제에 대해 바르게 설명한 것은?

① 개방 사무공간은 관리에 어려움을 주는 반면, 프라이버시를 확보해준다.
② 이동식 칸막이나 작업대 배치 방향 조절로 프라이버시를 보완할 수 있다.
③ 폐쇄형 칸막이는 시각적 커뮤니케이션을 높이고 프라이버시 확보에 방해가 된다.
④ 대화의 프라이버시를 제공하기 위해, 천장에 반사성이 높은 거울이나 소리 전달이 잘 되는 자재를 사용한다.

11 의료공간의 디자인에 대한 제안으로서 가장 알맞은 것은? 공인1회

① 사회적 지지는 스트레스와 건강차원에서 중요한 인자이므로 병원 내에 사회적 상호작용을 증진시킬 수 있는 공간은 도움이 된다.
② 병원디자인에서 사용자의 영역에 따른 구분을 애매하게 하는 것이 바람직하다.
③ 물리적 환경의 긍정적인 자극을 적절히 제공할 때 인간의 건강이 증진될 수 있는데 이때 자극의 정도는 낮아야 한다.
④ 의료공간은 사용자의 통제력을 감소시키고 스트레스를 줄이는 방법으로 디자인되어야 한다.

12 의료공간의 심리행태에 대한 설명 중 알맞은 것은? 공인3회

① 자연적 요소의 실내 도입은 혼잡을 피하고 길 찾기를 용이하게 한다.
② 높은 소음, 집중적 조명, 밝은 색채 등으로 최대한 자극환경을 제공한다.
③ 낮은 정도의 자극을 지속하여 긍정적 기분전환을 가능하게 한다.
④ 목적 없이 배회하는 환자를 위한 순환통로를 제공한다.

정답 및 해설

10 ②
개방형 사무공간은 관리, 감독의 수월함을 주나 프라이버시 결여의 단점이 있고, 폐쇄형 칸막이는 시각적 커뮤니케이션을 저해하고, 대화 프라이버시를 위해 흡음 효과가 있는 천장을 설치한다.

11 ①
병원과 같은 의료공간은 복잡한 구조로 인하여 영역성을 명확히 해줌으로써 불필요한 마찰을 줄이고 안정감을 줄 수 있다. 물리적 환경이 긍정적 자극을 적절히 제공할 때 건강이 증진될 수 있는데, 자극이 매우 높지도 낮지도 않아야 한다. 의료시설에서는 환자들의 통제력을 증가시키고 스트레스를 줄이는 방향의 접근을 고려해야 한다.

12 ④
치매환자의 경우 목적 없이 배회하는 증상으로 위험할 수 있으며 보호자를 힘들게 할 수 있으므로 제한된 범위 내에서 안전하게 접근하는 통로 등의 환경 조성이 필요하다.

13 〈보기〉에서 치매환자의 행태적 특성을 배려한 치매 병동 디자인 방법만을 골라 놓은 것은? 공인5회

> ㄱ. 작은 공간보다는 넓은 공간으로 디자인하는 시각적 용적감을 준다.
> ㄴ. 가정과 같은 분위기의 개인화 작업이 허용되는 방향으로 디자인한다.
> ㄷ. 환경을 알아보기 쉽고 혼돈이 생기지 않도록 문과 표지판 등은 구분이 확실하게 디자인한다.
> ㄹ. 걸어 다닐 수 있는 통로는 가능한 한 순환되는 치유복도로 디자인한다.

① ㄱ, ㄴ
② ㄴ, ㄷ
③ ㄱ, ㄷ
④ ㄴ, ㄹ

14 다음 〈보기〉의 용어 중 의료기관 실내계획 시 고려해야 할 행태적 개념과 관련이 있는 것들끼리 묶은 것은? 공인5회

> ㄱ. 사회적 지원　　ㄴ. 개인화　　ㄷ. 영역성　　ㄹ. 통제감

① ㄱ, ㄴ, ㄷ
② ㄴ, ㄷ, ㄹ
③ ㄱ, ㄷ, ㄹ
④ ㄱ, ㄴ, ㄷ, ㄹ

15 의료공간 계획 시 환자의 스트레스를 줄이기 위한 노력으로 적절한 것은?

① 정원이나 바깥 환경으로의 접근을 가능하게 한다.
② 무겁고 이동이 불가능한 의자를 배치하여 안정감을 준다.
③ 집중적 조명과 밝은 색채로 자극을 충분히 주는 환경으로 계획한다.
④ 병원 각층의 공간은 형태와 색상을 유사하게 계획하여 차별화를 줄인다.

정답 및 해설

13 ④
치매환자를 위한 병원의 행태학적 개념은 방향감각의 상실에 대비해 쉽게 알아보고 통제력이 있도록 계획하여야 하고, 새로운 환경에 대한 부담감을 줄여 가정과 같은 분위기 창출을 위해 개인화를 허용하는 것이 효과적이다.

14 ④
의료기관 계획 시 환자의 통제력을 증가시키고, 가족과 친지들과의 접촉으로 스트레스를 적게 하여 가구배치 등을 통해 사회적 지원을 용이하게 하는 디자인을 고려하고, 물리적 환경에서의 기분전환, 길찾기의 용이함, 명확한 영역성 등을 고려해야 한다. 치매환자의 경우 가정과 같은 분위기를 위해 개인화를 허용하는 것이 효과적이다.

15 ③
정원 등으로의 접근을 가능하게 하는 것은 환자들의 통제력을 증가시켜 스트레스를 줄일 수 있다.

03 실내설비

1 급배수 · 위생설비

1) 급수설비

건축물 내의 거주자가 생활에 필요한 음료, 세탁, 식기세척, 오물처리, 소화 등에 필요한 물을 알맞은 곳에 공급하는 설비이다.

(1) 급수원

① 종류

- 상수 : 일상생활에서 소비되는 물로 상수도는 취수시설, 정수시설, 송수시설, 배수시설을 거쳐 일반 건물에 공급된다.
- 지하수 : 보통 철분 등의 불순물이 많아 급수설비나 음용수로서 부적합한 경우가 많으므로 충분히 검토하고 사용 목적에 따라 정수 처리설비를 사용한다.
- 중수 : 우수나 생활용수, 공업용수 등 사용했던 물을 재처리하여 사용하는 물이다. 수세식 변기용수, 청소용수, 세차용수, 조경용수, 소방용수 등에 사용된다.

② 경도(hardness of water)

- 물에 포함되어 있는 칼슘, 마그네슘, 나트륨 등의 염류량을 뜻한다.
- 물의 판정기준이며, 도(度) 또는 ppm을 쓴다.
- 물 1㎥에 1mg의 탄산칼슘이 포함되어 있는 상태를 1ppm이라고 한다.

(2) 급수량

① 사용 인원수에 의한 방법

1일 사용 급수량=인원×1인당 1일 평균 사용 급수량(ℓ /d) Qd=N×qd
시간 평균 예상 급수량=1일 사용 급수량/1일 평균 사용시간 Qh=Qd/T
시간 최대 예상 급수량 Qm=(1.5~2.0) Qh
순간 최대 예상 급수량 Qp=(3.0~4.0) Qh/60=(3.0~4.0) Qd/T · 60(ℓ /min)

② 건물 면적에 의한 방법

1일 사용 급수량=연면적×유효율(유효면적/연면적)×유효면적당 인원×1인당 1일 평균 사용 급수량
Qd=A×α ×n×qd

(3) 급수방식

① 수도직결방식

상수도 본관에서 압력에 의해 각 세대로 직접 급수하는 방식이다.

- 정전 시에도 급수가 가능하다.
- 설비비 및 유지관리비가 저렴하다.
- 급수오염의 가능성이 가장 낮다.
- 2~3층 이하의 소규모 건물에 적합하다.

② 고가수조방식

상수도 본관의 물이나 지하수를 저수조에 저장하고, 양수펌프로 고가탱크까지 양수하여 물의 중력에 의해 각 층에 급수하는 방식이다.

- 기구에 가해지는 급수압이 일정하다.
- 저수량이 확보되므로 단수 시에도 일정 시간 동안 급수가 가능하다.
- 대규모 급수설비에 적합하다.
- 저수조 안에서 물이 오염될 가능성이 있어 저수 시간이 길어지면 수질이 나빠지기 쉽다.
- 설비비, 경상비가 높고 구조설계가 까다롭다.

③ 압력탱크방식

상수도 본관에서 저수조로 저장된 물을 급수 펌프로 압력탱크 내의 공기를 압축·가압하여 그 압력으로 물을 필요한 장소에 급수하는 방식이다.

- 옥상에 고가수조가 필요 없으므로 건축구조를 강화할 필요가 없고 탱크의 설치 위치에 제한을 받지 않는다.
- 부분적으로 고압을 필요로 하는 경우에 적합하다.
- 최고·최저 압력 차가 커서 급수압이 일정하지 않다.
- 제작비가 비싸고 시설비가 많이 든다.
- 취급이 간단하지 않으며 다른 방식에 비하여 고장이 잦다.

④ 펌프직송방식 (부스터방식)

저수조에 저수된 물을 급수 펌프만으로 필요지점으로 급수하는 방식이다.

- 상수가 장치에 머무는 시간이 비교적 적어 수질오염에서 유리하다.
- 옥상 물탱크가 필요하지 않아 건설 원가 절감과 미관상 유리하다.
- 대용량 사용이 가능하지만 정전 시에 불리하고 장치가 복잡하다.
- 펌프의 대수를 조절하는 정속방식과 회전수를 조절하는 변속방식이 있다.

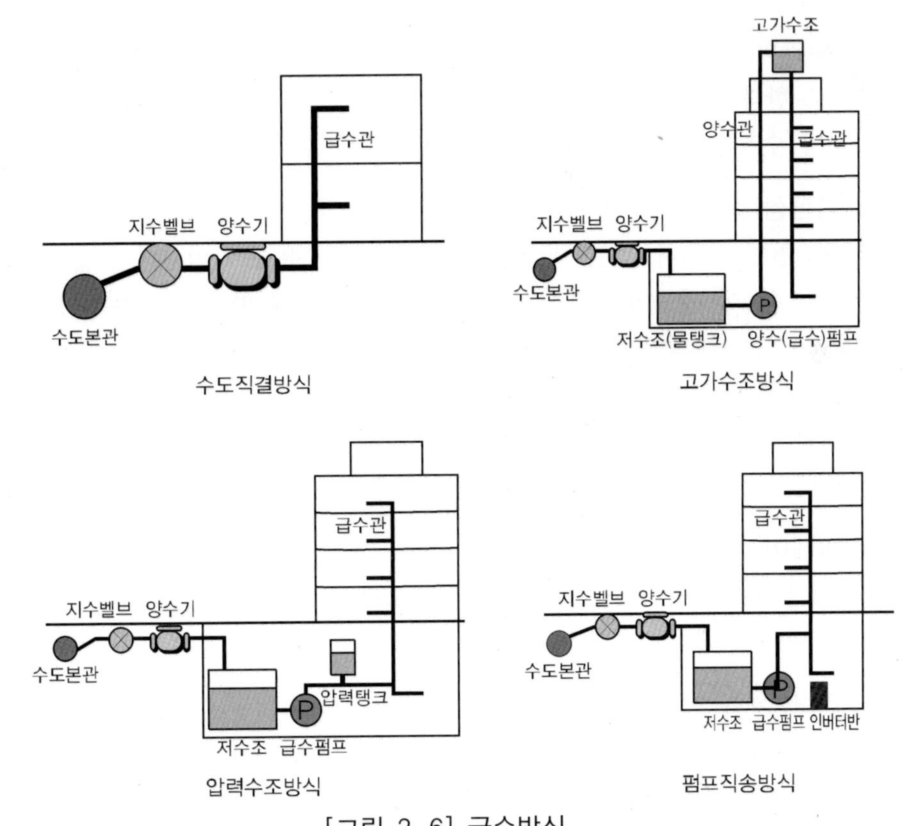

[그림 2-6] 급수방식

자료 : 박찬필, 후시미켄(2021), 그림으로 보는 건축설비

⑤ 초고층 건물의 급수방식

- 고층 건물은 최상층과 최하층의 수압 차가 일정하지 않아 고가수조에서 최하층 기구까지의 수직거리가 40~50m 이하가 되도록 중간탱크를 설치하거나 급수압이 고르게 될 수 있도록 급수 조닝(zoning)을 할 필요가 있다.
- 층별식, 중계식, 압력탱크방식, 조압펌프식, 감압밸브를 사용한 조닝 방식이 있다.

(4) 배관설계 및 시공 시 주의사항

① 급수설비의 오염방지

- 급수배관 부식이 일어나지 않는 자재를 사용하여 시공한다.
- 급수계통의 배관과 그 외의 계통관이 직접 접속되는 것을 막는다.
- 위생기구의 Overflow선과 수전류의 토수구 사이에 토수구 공간을 확보한다.
- 저수탱크는 6개월마다 1회씩 청소를 의무화한다.

② 배수관구배

- 하향배관의 경우 수평주관은 앞 내림 구배로 하고 각 층의 수평주관은 앞 올림 구배로 한다.
- 각 하향 수직관 최하부에는 필요시 배수를 합할 수 있도록 배수밸브를 설치한다.

③ 수격현상(워터해머) 방지

- 개폐를 천천히 하며, 배관 내에 과다한 수압이나 유속이 일어나지 않도록 한다.
- 배관에 굴곡이 만들어지지 않도록 시공하며, 경우에 따라서는 수격 방지기, 에어챔버(관 말단) 등의 방지기구를 설치한다.
- 수격방지기는 주로 전기적으로 개폐가 일어나는 곳(세탁기, 식기세척기, 수위조절기 부착 탱크 등)에서 유발되는 소음을 방지하기 위해 설치하는 장치이다.
- 수격방지기는 원인 밸브 상류에 설치한다.

④ 캐비테이션(cavitation) 방지

흡입관의 굵기를 연결관의 크기와 같은 것으로 하거나 밸브, 플랜지 등의 부속의 수를 적게 하여 손실 수두를 줄인다.

⑤ 슬리브 설치

⑥ 방식피복

- 나사이음부와 용접이음부가 부식되기 쉬우므로 방청도료를 칠한다.
- 화장실, 욕실, 주방, 화학공장, 화학실험실 등의 바닥에 매설하는 관은 내산도료를 칠한다.
- 지중 매설관은 아스팔트를 칠하거나 감아서 시공한다.

⑦ 방로 및 방동피복

보온재는 스티로폼, 그래스 울, 펠트, 마그네시아 등을 사용하고 시공순서는 방수지 → 보온재 → 비닐(면,마) → 알류미늄 밴드이다.

- 상수도관 : 청색
- 중수도관 : 연분홍색
- 하수도관 : 회색
- 오수관 : 적색
- 가스관 : 황색

2) 급탕설비

(1) 급탕방식

급탕방식 / 특징	개별 급탕방식				중앙식 급탕방식
	순간식	저탕식 (일반)	저탕식 (음료용)	기수 혼합식	
장점	① 용도에 따라 필요한 개소에 필요 온도의 탕이 비교적 간단하게 얻어진다. ② 급탕 개소가 적기 때문에 가열기·배관 연장 등 설비 규모가 작고 따라서 설비비는 중앙식보다 적게 들며 유지관리도 용이하다. ③ 열 손실이 적다. ④ 주택 등에서는 난방 겸용의 온수 보일러 순간온수기를 이용할 수 있다. ⑤ 건물 완성 후에 급탕 개소의 증설이 비교적 쉽다.				① 기구의 동시 이용률을 고려하여 가열장치의 총용량을 적게 할 수 있다. ② 일반적으로 열원 장치는 공조 설비의 그것과 겸용 설치되기 때문에 열원단가가 싸게 든다. ③ 기계실 등에 다른 설비 기계류와 함께 가열 장치 등이 설치되기 때문에 관리가 용이하다. ④ 배관에 의해 필요 개소에 어디든지 급탕할 수 있다.
단점	① 어느 정도 급탕 규모가 크면 가열기가 필요하므로 유지관리가 힘들다. ② 급탕 개소마다 가열기의 설치 스페이스가 필요하다. ③ 가스 탕비기를 쓰는 경우 건축의장 등 구조적으로 제약을 받기 쉽다. ④ 값싼 연료를 쓰기 어렵다. ⑤ 소형 온수 보일러에서는 수두 10m 이하여야 하는 제약을 받기 때문에 급수 측 수압에 변동이 생겨 혼합 수전 샤워 등의 사용에 불편하다.				① 설비 규모가 크기 때문에 처음에 설비비가 많이 든다. ② 전문기술자가 필요하다. ③ 배관 중 열손실이 많다. ④ 시공 후의 기구 증설에 따른 배관 변경 공사를 하기 어렵다.
가열기의 종류	가스 및 전기 순간온수기	가스·전기·기름·석탄 연소온수 보일러	가스·전기 저탕식 탕비기	증기흡입기 (사일렌서) 기수 혼합밸브	증기 및 온수 보일러

자료 : 김진관 외 2인(2015), 최신 실내건축설비

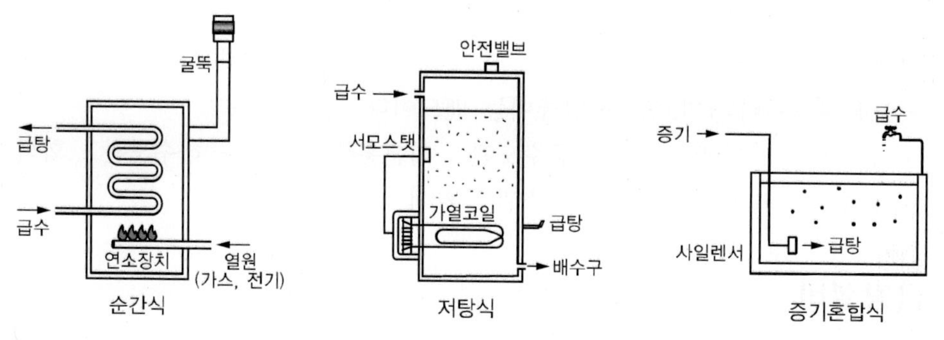

[그림 2-7] 개별식 급탕설비

자료 : 실내건축연구회(2015), 실내환경

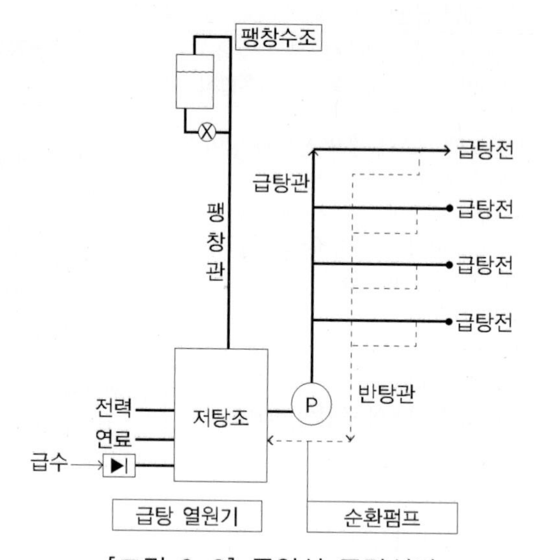

[그림 2-8] 중앙식 급탕설비

자료 : 박찬필, 후시미켄(2021), 그림으로 보는 건축설비

(2) 급탕배관방식

① 단관식

- 온수를 급탕까지 운반하는 배관이 단관으로만 설치되어 있으므로 배관이 간단하다.
- 순환관이 없어서 배관 내의 저온급탕이 배출되어야 하므로 고온급탕이 나올 때까지 시간이 필요하다.
- 소규모 건물이나 주택에 적합하고 급탕배관 길이는 9m 이내로 한다.

② 복관식(순환식)

- 급탕관과 환탕관에 항상 급탕이 순환하기 때문에 사용 시 바로 온수가 나온다.

• 급탕관 길이가 길 때 관내 온수의 냉각을 방지할 수 있으므로 대규모 건물에 적합하다.
• 순환의 방식은 물의 온도차에 의한 밀도 차이로 자연 순환시키는 방식인 중력식과 순환펌프를 이용해서 강제적으로 온수를 순환시키는 방식인 강제식이 있다.

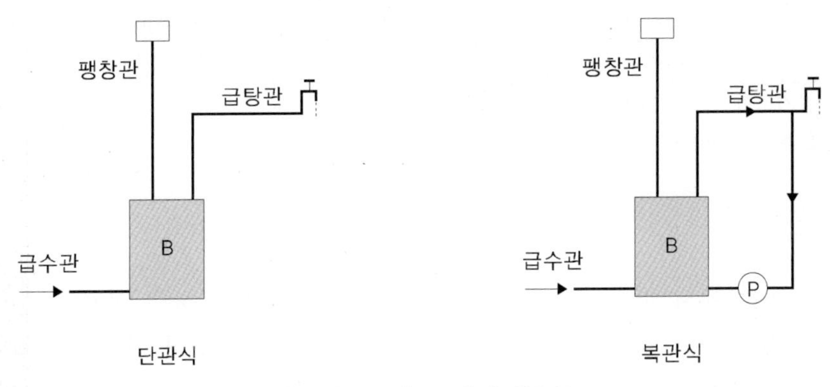

[그림 2-9] 급탕배관방식

자료 : 실내건축연구회(2015), 실내환경

3) 배수 · 통기설비

(1) 배수 · 통기설비의 성질

• 기본은 중력에 의한 자연배수이다.
• 관 내의 물은 간헐적으로 흐른다.
• 물은 관 내의 공기를 배제하면서 흐른다.
• 유출 후의 관 내는 대기압에 의해 공기가 남는다.
• 관 내는 배수의 집중적 유입과 단시간 배출의 반복이다.
• 배수 중, 관내 유속 · 수심 · 기압은 항상 변동하고 있다.
• 건물 내의 배수관은 하수도와 직결하고 있다.
• 유해가스, 악취, 작은 동물, 곤충, 벌레의 통로가 될 수도 있다.
• 배수관은 공기와 접촉하고 적당한 온도와 습기 때문에 곰팡이, 잡균이 번식하여 관의 내벽에 부착한다.
• 배수의 선단부에는 반드시 배수트랩을 붙일 필요가 있다.[1]

1) 박찬필, 후시미켄(2021), 그림으로 보는 건축설비, p.66

(2) 배수의 종류

<table>
<tr><th>호칭</th><th>건축설비</th><th>호칭</th><th>행정 등, 일반</th></tr>
<tr><td>오수</td><td>화장실 배수</td><td rowspan="2">오수</td><td rowspan="2">생활배수·특수 배수 모두</td></tr>
<tr><td>잡배수</td><td>화장실 이외의 배수</td></tr>
<tr><td>특수 배수</td><td>유해물질의 배수</td><td rowspan="2">우수</td><td rowspan="2">진눈깨비 등, 강수에 한정
(용수·공기조화 드레인)※</td></tr>
<tr><td>우수</td><td>비 · 샘물 · 공조드레인※</td></tr>
</table>

※ 용수 · 공기조화 드레인은 방류처의 상황에 의한다.

자료 : 박찬필, 후시미켄(2021), 그림으로 보는 건축설비

(3) 트랩

배수관은 기구에서 배수되지 않을 때는 관속이 비어있어 하수 본관 및 건물 내 배수관에서 발생하는 악취나 벌레 등이 침입할 수 있다. 따라서 기구로부터의 일부분에 물을 저수하여 물은 통하지만 공기나 가스를 제한함과 동시에 악취, 벌레 등이 실내로 침투하지 못하게 하는 기구이다.

① 봉수

- 하수관으로부터의 악취와 유독가스 및 해충의 침입을 막는다.
- 봉수깊이 : 50~100㎜

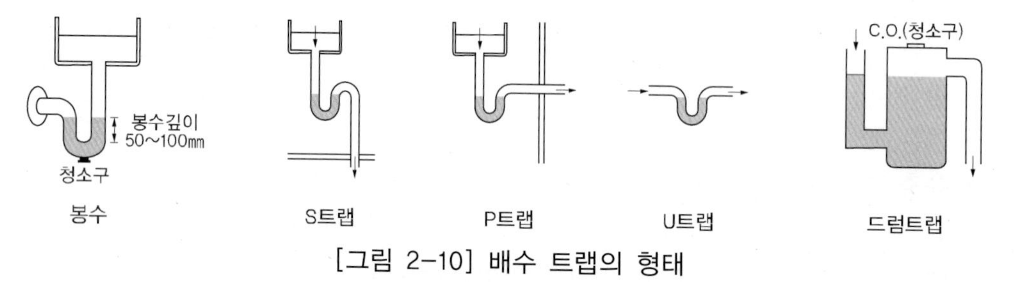

[그림 2-10] 배수 트랩의 형태

자료 : 실내건축연구회(2015), 실내환경

② 트랩의 종류

- S트랩
  - 세면기, 대 · 소변기에 부착하여 바닥 밑으로 배수할 때 사용한다.
  - 사이펀 작용을 일으키기 쉬운 형태로 봉수가 쉽게 파괴된다.
- P트랩
  - 벽체배수에 연결하여 위생기구에 가장 많이 사용하고 봉수가 S트랩보다 안전하다.

- U트랩
  - 옥외에서 배수 수평주관에 사용한다.
  - 수평배수관 도중에 설치할 경우 유속을 저해하는 단점이 있다.
- 기타
  - 드럼 트랩 : 주방 싱크의 배수용 트랩으로 봉수가 잘 파괴되지 않으며 청소가 용이하다.
  - 벨 트랩 : 욕실, 베란다 등의 바닥 배수용으로 사용한다.
  - 그리스 트랩 : 호텔이나 대규모 식당의 주방과 같이 기름기가 많이 발생하는 배수에서 기름기를 제거하는데 사용한다.
  - 가솔린 트랩 : 정비소, 세차장 등에서 사용한다.
  - 플라스터 트랩 : 치과 기공실, 정형외과 깁스실에서 사용한다.
  - 헤어 트랩 : 미용실, 이발소에서 머리카락을 걸러낸다.
  - 개리지 트랩 : 차고 내의 바닥 배수용에 사용한다.

③ 배수 트랩의 봉수 파괴 원인

원 인	설 명	비 고
자기사이펀 작용	트랩 만수 상태 때 트랩의 물이 흡수된다.	• 대용량 • 자정작용효과
흡인작용	대기압과 관내 기압 차이로 관내 수위가 변화	• 봉수의 흘러내림 • 부압 발생
모세관현상	머리카락·실밥이 의류에 모여 봉수 파괴	• 욕조의 마루배수 • 세면기
증발작용	봉수의 증발	• 장기간 사용하지 않는 건물 • 공기조화 드레인관

자료 : 박찬필, 후시미켄(2021), 그림으로 보는 건축설비

④ 저집기

배수 중에 혼입되는 유해물질이나 불순물, 침전물 등을 분리해 내기 위해 설치한다. 저집기는 트랩의 기능을 갖춘 것이 많으므로 여기에 기구트랩을 설치하면 이중트랩이 될 수 있다. 그리스 저집기, 가솔린 저집기, 모래 저집기, 헤어 저집기, 석고 저집기 등이 있다.

(4) 배수관 설계

① 표준구배

- 1/50~1/100

제1장 실내계획
제2장 실내환경
제3장 실내시공
제4장 실내구조 및 법규

② 배관의 최소 관경

기구	관경(㎜)	기구	관경(㎜)	기구	관경(㎜)
음수기	32	소변기 (벽걸이)	40	샤워	50
세면기	32	소변기(스톨)	50	공동목욕탕	75
대변기	75	오물수채	75	요리수채 (주택용)	40
비대	40	욕조	40	요리수채 (영업용)	50
세탁수채	40	청소용수채	50	조합수채	40

자료 : 김진관 외 2인(2015), 최신 실내건축설비

③ 설계 · 시공 시 주의사항

- 통기, 배수 수직주관은 파이프 샤프트 내에 배관하고 변기는 되도록 수직관 가까이에 설치한다.
- 배수배관은 점검 및 수리 시 배관 굴곡부나 분기점에 반드시 청소구를 설치한다.
- 통기관은 넘침관까지 올려 세운 다음 배수수직관에 접속한다.
- 2중 트랩이 되지 않게 배관해야 하며 기구 배수관의 곡관부에 다른 배관을 접속하지 않는다.
- 드럼 트랩 등 트랩의 청소구를 열었을 때 하수 가스가 누설되지 않게 배관한다.[2)]

(5) 통기관

① 목적

- 사이펀작용이나 배압에 의한 트랩의 봉수를 보호하고 배수의 흐름을 원활하게 한다.
- 트랩의 봉수를 보호하여 배수관내 악취가 실내로 들어오는 것을 방지한다.
- 관내 수압을 일정하게 하고 관내 청결을 유지한다.

② 종류

- 각개통기관
  - 위생기구마다 하나씩 통기관을 설치하는 가장 이상적 통기방식이다.
  - 자기사이펀의 경우에는 각개통기방식 외에는 방지가 어렵다.
  - 경제성이 낮고 시공이 어렵다.

2) 이상화(2022), 실내건축기사 필기, p.408

- 관경은 최소 32㎜ 이상으로 하며 접속되는 배수관 구경의 1/2 이상으로 한다.

• 루프통기관
  - 2개 이상의 기구조를 일괄 통기하는 통기관으로 수직관에 접속하는 것은 회로 통기관, 신정 통기관에 접속하는 것은 환상 통기관이라 한다.
  - 관경은 40㎜ 이상, 배수수평지관과 통기수직관 중에서 작은 쪽 1/2 이상으로 한다.
  - 감당하는 수기구는 8개 이내로 한다.

• 신정통기관
  - 최상층의 배수 수평지관이 배수 수직관에 연결된 통기관으로 옥상 등에 돌출시킨다.
  - 관경은 최소 75㎜ 이상으로 하며, 배수수직관의 관경보다 작게 해서는 안 된다.

• 도피통기관
  - 환상 통기배관에서 통기 능률을 촉진시키기 위한 통기관이다.
  - 관경은 최소 32㎜ 이상, 또는 접속하는 배수관 관경의 1/2 이상으로 한다.

• 결합통기관
  - 고층 건물의 배수 수직관과 통기 수직주관을 접속하는 통기관이다.
  - 5개층마다 설치해서 배수 수직주관의 통기를 촉진한다.
  - 관경은 최소 50㎜ 이상으로 하며, 통기수직관과 배수수직관 중에서 작은 것 이상으로 한다.

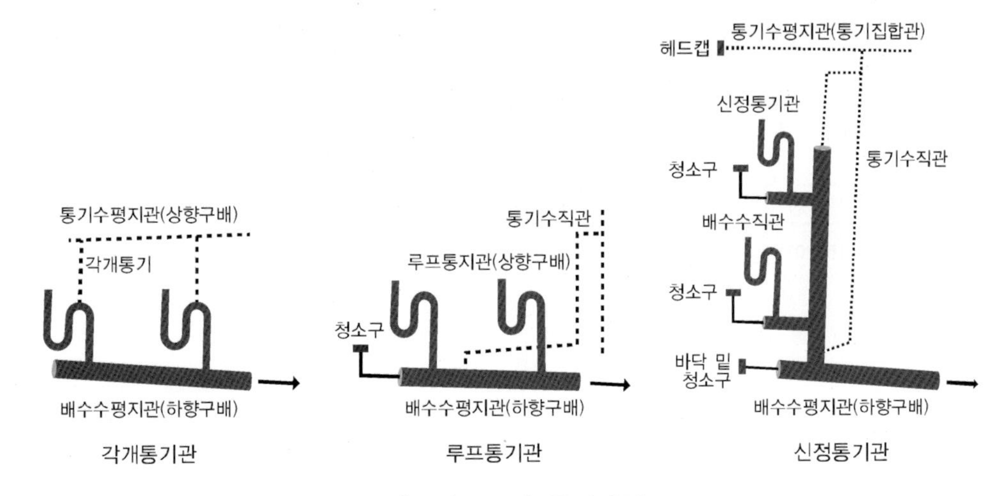

[그림 2-11] 통기배관

자료 : 박찬필, 후시미켄(2021), 그림으로 보는 건축설비

4) 위생기구설비

(1) 위생기구의 조건

- 사용자가 안전한 내식성, 내마모성, 내구성이 있어야 한다.
- 위생적이고 청결을 유지할 수 있어야 하며, 사용 후 오염물을 바로 배출할 수 있는 구조이어야 한다.
- 재료의 흡수성이 적고 표면이 매끄럽고 미관이 좋아야 한다.
- 제작과 설치가 용이해야 한다.

(2) 위생기구의 분류 및 종류

분 류			명칭 · 주 종류
위생기구	수수용기	변기	• 유수 세정(세출식, 세락식) • 사이펀(사이펀, 사이펀 제트) • 탱크식(탱크부착 세출식, 탱크부착 사이펀, 탱크부착 사이펀 제트, 사이펀 볼텍스) • 분출식(블로 아웃)
		소변기	• 벽걸이 : 스톨형, 하프스톨형, 트랩 부착 스톨형
		세면기	• 벽걸이형, 스탠드형, 카운터형, 다기능 세면기
		개수대	• 청소 개수대, 싱크대, 실험 개수대
		욕조	• 강철, 주철제, 도기 FRP, 나무, RC
	급수용기	수전	• 급수전, 급탕밸브
		플래시밸브	• 세정밸브식, 연속이용 가능, 인체감지센서
		볼탭	• 탱크 내, 일정량 급수
	배수기구	배수금구류	• 바닥배수, 개수대배수
		각종 트랩	• 단독, 기구부착
		배수구	• 루프드레인, 피드
	부속품	부속물	• 페이퍼 홀더, 거울, 화장대, 손잡이, 타월걸이

자료 : 박찬필, 후시미켄(2021), 그림으로 보는 건축설비

기출 및 예상 문제

1. 급배수 · 위생설비

01 수도직결식 급수방식을 사용하는 건물에서 수도본관의 수압이 1.5kg/㎠라고 가정할 때 설치할 수 있는 위생기구의 최고 높이는?(단, 위생기구 최소필요압력을 0.7kg/㎠, 배관 내 마찰손실압력 0.2kg/㎠라고 가정한다.) 공인2회

① 2m　　② 4m
③ 6m　　④ 8m

02 다음 급수 방식을 설명한 것 중 옳은 것은? 공인5회

① 수도직결방식은 수도 본관에서 직접 인입하므로 가장 간단하지만 수질오염이 쉽게 되고 정전 시에도 사용하기 어렵다.
② 고가탱크 방식은 정전이나 단수 시에 매우 불리하지만 대규모 급수에 매우 유리하다.
③ 압력탱크방식은 압축공기를 사용하므로 다른 급수 방식에 비해 설비가 간단하고 기계실 면적이 작다.
④ 탱크리스부스터 방식은 수질오염에서 유리하고 대용량 사용이 가능하지만 정전 시에 불리한 방식이다.

정답 및 해설

01 ③
수도 본관의 압력 P ≥ PI+PII+PIII(kg/㎠)
PI : 급수 기구 최소소요압력(kg/㎠)
PII : 급수 배관 내 마찰손실압력(kg/㎠)
PIII : 수도 본관에서 최상층 급수기구까지의 수직높이에 상당하는 압력(kg/㎠)
PIII=P−(PI+PII) 1.5−(0.7+0.2) 0.6kg/㎠
정수두H(mAq) 10×P 10×0.6 6(m)

02 ④
탱크리스부스터 방식 : 이 방식은 상수도 본관에서 지하 저수조로 이동된 급수를 펌프를 이용하여 필요한 급수기구까지 직접 급수하는 방식으로 펌프의 대수를 조절하는 정속방식과 회전수를 조절하는 변속 방식이 있다. 탱크리스부스터 방식은 상수가 장치에서 머무는 시간이 비교적 적어 수질오염에서 유리하고 대용량 사용이 가능하지만 정전에 불리하고 장치가 복잡하다.

03 연면적 2,000㎡의 사무소 건물에 필요한 1일 급수량은 몇 ㎥/d인가?(단, 유효면적비는 70%, 유효 면적당 인원은 0.3명/㎡인, 급수량은 150ℓ /d로 한다) 공인1회

① 6.3㎥
② 7㎥
③ 63㎥
④ 70㎥

04 대변기의 세정 급수 방식 중 보기의 설명에 해당하는 방식은? 공인5회

세정수의 수압이 낮으므로 세정관이 굵어야 하며(50㎜), 저항을 줄이고 단시간에 소요량을 사수하여 세정목적을 달성하도록 되어있으며, 세정 시 소음이 적은 장점과 함께 바닥의 점유 면적이 큰 단점이 있다.

① 하이 탱크식(high tank system)
② 로우 탱크식(low tank system)
③ 세정 밸브식(flush valve system)
④ 기압 탱크식(pressure tank system)

05 대변기의 세정급수 방식 중 로우 탱크(Low Tank)방식의 특징과 거리가 먼 것은? 제19회

① 세정 시 하이 탱크(High Tank)방식에 비해 소음이 크다.
② 탱크의 위치가 낮은 곳에 있어 탱크관리가 편리하다.
③ 하이 탱크(High Tank)방식에 비해 물 사용량이 많다.
④ 단수 시에는 탱크에 물을 부어 사용할 수 있는 편리함이 있다.

정답 및 해설

03 ③
1일 사용 급수량 = 연면적×유효율(유효면적/연면적)×유효면적당 인원×1인당 1일 평균 사용 급수량 Qd = A×α×n×qd

04 ②
로우 탱크식은 탱크가 낮은 위치에 있어 소음이 적은 편이며 급수가 되지 않을 때에도 물을 공급하여 세정을 할 수 있다. 세정수압이 낮아 하이 탱크식보다 세정 수용량이 크다.

05 ①
로우 탱크식은 탱크가 낮은 위치에 있어 소음이 적은 편이며 급수가 되지 않을 때에도 물을 공급하여 세정을 할 수 있다. 세정수압이 낮아 하이 탱크식보다 세정 수용량이 크다.

06 주택, 숙박시설 등 거주용 건물의 욕실에 로우 탱크(low tank)형 대변기를 사용하는 이유는? 제16회

① 저 소음 ② 외관 미려
③ 설치면적 적음 ④ 물 절약

07 급탕 방법 중 개별식 급탕법의 특징이 아닌 것은? 제19회

① 배관의 길이가 짧아 배관의 열손실이 적다.
② 필요에 따라 자유롭게 온도조절 및 사용이 가능하다.
③ 주택 등 급탕 개소가 적은 소규모 건축물에 적합하다.
④ 탕비 장치가 대형이므로 효율이 양호하다.

08 직접가열식 급탕방식에 관한 설명으로 옳은 것은?

① 가열된 증기나 온수를 저탕탱크 내 코일 속을 흐르게 하여 가열하는 방식이다.
② 가열 보일러로 저압 보일러의 사용이 가능하다.
③ 효율이 좋지만 수압이 크게 작용하고 온도에 따른 장치의 팽창수축과 부식이 발생한다.
④ 난방이나 공기조화 설비의 열원을 이용할 수 있어 설치 및 유지비를 절약할 수 있다.

09 위생기구가 가져야 할 기본조건과 거리가 먼 것은? 공인1회

① 위생기구 표면의 흡수성이 커야 한다.
② 조립이 간단하고 확실해야 한다.
③ 항상 청결이 유지되고 외관이 미려해야 한다.
④ 내식성, 내마모성, 내구성이 우수해야 한다.

정답 및 해설

06 ①
로우 탱크식은 탱크가 낮은 위치에 있어 소음이 적은 편이며 급수가 되지 않을 때에도 물을 공급하여 세정을 할 수 있다. 세정수압이 낮아 하이탱크식보다 세정 수용량이 크다.

07 ④
개별식 급탕설비 : 개별식은 급탕 개소가 적고 소용량의 급탕을 사용하는 소규모 건물이나 급탕 개소가 서로 멀리 떨어져 있어 배관 길이가 길어서 열손실이나 시설비가 과다하게 발생하는 대규모 건물에도 사용할 수 있다. 개별식 급탕은 급탕 개소가 적을 때는 설비비가 싸고 유지관리 및 증설이 용이하다. 사용장소 근처에 설치할 수 있어 열손실이 적고 용도에 따라 필요한 온도의 급탕을 손쉽게 얻을 수 있다. 그러나 급탕량이 많거나 설치 대수가 많은 경우는 유지관리가 불편하며, 실내 혹은 근처에 설치해야 하므로 전기, 가스와 같이 비교적 고가의 청정한 연료를 사용해야 하고 가열장치가 같이 장착되어야 한다.

08 ③
직접가열식은 보일러에서 직접 급탕을 공급하므로 효율이 좋지만 수압이 크게 작용하고 온도에 따른 장치의 팽창수축과 부식이 발생한다.

10 트랩에서 중요한 역할을 하는 봉수는 여러 가지 이유 때문에 파괴되는데, 다음 중 봉수 파괴 발생 가능성이 가장 낮은 것은? 공인2회

① 배수관에 연결하는 통기관의 위치가 위생기구 수면과 배수수평지관과 배수수직관의 접속지점을 연결하는 동수구배선보다 높을 때
② 위생기구에서 트랩에 배수가 꽉 찬 상태로 흐르게 되어 배수관이 사이펀의 역할을 할 때
③ 배수수직관 상부에서 다량의 물이 낙하하면서 배수수직관 근처의 위생기구에서 발생하는 것으로 트랩의 봉수가 흡입 작용에 의해 흡입될 때
④ 하부의 배수수평주관이 만수인 상태에서 상부에서 다량의 물이 배수되면서 일시적으로 배수관 내의 압력이 높아질 때

11 배수설비에서 배수 트랩의 설명으로 맞는 것은? 공인3회

① 배수관 내 하수가스의 실내 침입을 방지하는 목적이다.
② 각 위생 기구마다 통기관을 세우는 것이 이상적이다.
③ 배수관 내의 흐름을 원활하게 한다.
④ 배수관 계통 내의 환기를 돕고, 관내를 청결히 보존한다.

12 업무용 빌딩에서 세정 밸브식 대변기를 사용하는 이유는? 제17회

ㄱ. 저소음	ㄴ. 설치면적 적음
ㄷ. 연속사용 가능	ㄹ. 작동 용이

① ㄱ, ㄴ　　② ㄴ, ㄷ
③ ㄷ, ㄹ　　④ ㄱ, ㄹ

정답 및 해설

09 ①
사용자가 안전한 내식성, 내마모성, 내구성을 갖추고 있어야 하고, 청결을 유지할 수 있어야 하며, 사용 후 오염물을 바로 배출할 수 있는 구조여야 한다. 또한 재료의 흡습성이 적고 표면이 매끄럽고 위생적이어야 한다.

10 ①
배수 트랩의 봉수 파괴 원인은 자기사이펀 작용, 흡인작용, 모세관현상, 증발작용이 있다.

11 ①
②③④는 통기관의 목적 및 방식을 설명하고 있다.

13 배수설비에서 트랩을 사용하는 목적은?

제15회

① 하수냄새의 실내 인입 방지
② 배수 흐름 원활
③ 하수의 이물질 제거
④ 배수량 조절

14 각개 통기관의 설명으로 옳은 것은?

① 고층 건물의 배수 수직관과 통기 수직주관을 접속하는 통기관이다.
② 위생기구마다 설치하여 효율이 높아 위생기구의 사용빈도가 높은 대형건물이나 배수관 내 압력변화가 큰 초고층 건물에서 사용한다.
③ 배수수직관의 상부에서 직접 대기로 개방하는 통기관이다.
④ 경제성이 높고 시공이 용이하다.

15 오수처리정화조의 옳은 정화순서를 나타낸 것은?

① 오물 유입→소독조→여과조→산화조→방류
② 여과조→부패조→소독조→산화조→방류
③ 오물 유입→산화조→부패조→소독조→방류
④ 오물 유입→부패조→산화조→소독조→방류

정답 및 해설

12 ②
세정 밸브식은 급수관에서 세정밸브를 거쳐 대변기 급수구에 직접 연결하여 핸들이나 레버의 작동으로 물이 사출되어 세정하는 방식이다. 사용 후 바로 재사용할 수 있으므로 짧은 시간에 집중적으로 사용하는 건물이나 사용자가 많은 학교, 사무실, 공중용 시설 등에서 유리하다.

13 ①
배수관은 기구배수관으로부터 공공하수관까지 연결되어 있어 악취나 벌레 등이 침입할 수 있지만 도중에 밸브를 설치할 수 없다. 기구로부터의 배수가 원활하게 하고 취기의 역류를 방지하기 위한 설비로 트랩을 사용한다.

14 ②
각개 통기관은 위생기구마다 통기관을 설치하여 효율이 높아 위생기구의 사용빈도가 높은 대형건물이나 배수관 내 압력변화가 큰 초고층 건물에서 사용한다.

15 ④
오물 유입→부패조→산화조→소독조→방류

2 공기조화설비

실내공간에서 사람 혹은 물건을 위해 온도, 습도, 환기, 기류 등 열적 환경 외에 먼지, 냄새, 유독가스, 박테리아 등의 질적 환경에 있어서도 그 공간의 용도에 적합한 상태로 조정하는 설비를 말한다.

- 온도 : 실내공기의 가열, 냉각
- 습도 : 실내공기의 가습, 감습
- 기류 : 기류속도, 기류경로
- 청정도 : 부유분진, 유해가스 농도[3)]

1) 공기조화설비의 구성

냉수나 온수, 증기를 만드는 냉동기나 보일러 등 열원공급 부분, 적정조건의 공기를 만드는 공기조화기 부분, 공기를 실내로 공급하는 송풍기와 덕트 또는 펌프나 배관 등의 반송기, 전체 시스템을 통합 조절하는 자동제어 부분으로 구성된다.

항 목	기 기	기 능
열원설비	보일러, 온풍로, 히트펌프, 냉동기, 기타부속기기	공조부하에 따른 가열 및 냉각을 하기 위해 증기, 온수 또는 냉수를 만드는 설비
열교환설비	공기조화기, 열교환기	공조스페이스로 보내는 공기의 온도·습도를 조정하는 설비 공조스페이스로 보내는 냉온수의 온도를 조정하는 설비
열매수송설비	송풍기, 에어덕트, 펌프, 배관	공조스페이스로 열매(공기 또는 물)를 보내기 위한 설비
실내유닛	취출구, 흡입구, FCU, 유인유닛, 패키지형 공조기, 복사패널 기타의 방열기	실내로 조화공기를 공급하는 장치 실내공기를 가열·냉각·감습·가습하는 장치
자동제어·중앙관제 설비	자동제어기기·중앙감시, 원격조작판 등	온도·습도·유량 등의 자동제어·감시·기록·기기의 원격조작·감시 등

자료 : 김진관 외 2인(2015), 최신 실내건축설비

3) 실내건축연구회(2015), 실내환경, p.98

2) 공기조화방식

구 분	열 반송 매체에 의한 분류	시스템 명칭	세분류
중앙방식	전공기방식	정풍량 단일 덕트 방식	존 리히트, 터미널 리히트
		변풍량 단일 덕트 방식	
		이중 덕트 방식	멀티 존 방식
	공기-수방식	팬코일 유닛·덕트 병용	2관식, 3관식, 4관식
		인덕션 유닛 방식	2관식, 3관식, 4관식
		복사 냉·난방 방식 (패널 에어 방식)	
	전수방식	팬코일 유닛 방식	2관식, 3관식, 4관식
개별방식	냉매방식	룸 에어컨 패키지 유닛 방식(중앙식) 패키지 유닛 방식 (터미널 유닛 방식) 히트 펌프	

자료 : 김진관 외 2인(2015), 최신 실내건축설비

(1) 전공기방식

공기조화기로부터 덕트를 통하여 냉풍과 온풍을 송풍하는 방식이다.

① 단일 덕트식

- 냉난방 시 필요한 전 송풍량을 한 개의 덕트로 분배한다.
- 온습도, 공기청정 제어가 용이 하고 실내기류분포가 좋다.
- 설치비가 저렴하고 관리 및 보수가 편리하다.
- 덕트 스페이스가 커져 건물 층고가 증가한다.
- 공조기계실 스페이스가 많이 필요하다.
- 사무실, 병원, 청정도가 요구되는 수술실, 공장, 배기풍량이 많은 연구소, 레스토랑, 큰 풍량과 높은 정압이 요구되는 극장에 적합하다.
- 종류
  - 정풍량 단일 덕트 방식(CAV) : 가장 일반적인 공조방식으로 한 대의 공조설비에서 조건에 맞게 조절된 공기를 단일 덕트를 통해 각 실로 분배하는 방식이다. 설비가 가장 단순한 방식이므로 설치비가 적게 들고, 보수·관리가 쉽다. 각 실로 보내는 풍량이 일정하여 실내환경을 일정하게 유지할 수 있지만, 개별제어가 불가능하다.
  - 변풍량 단일 덕트 방식(VAV) : 열부하의 증감에 따라 송풍량을 조절하여 공조해야 할 대상의 실내 온·습도를 일정하게 유지시키는 방식이다. 취출구 1

개 혹은 존마다 변풍량 유니트(VAV유닛)를 설치하여 조건에 따라 취출량을 조절한다. 송풍량을 줄일 수 있어 에너지 절약에도 유리하고 외기 부하 변경에 대처가 가능하지만, 온도차가 적어 송풍량이 작을 경우 공기의 청정도 유지에 불리하다.

② 이중 덕트식

- 온풍, 냉풍을 각 별개의 덕트로 보내고 각 실의 분출구에서 설치된 혼합 유닛에서 실의 조건에 따라 혼합하여 송풍하는 방식이다.
- 실별 온도제어가 용이하고 공조효과가 좋으며 실내기류분포가 양호하다.
- 설비비가 비싸고 에너지 소비가 가장 큰 방식이다.
- 냉풍, 온풍을 동시에 공급하므로 덕트 공간을 크게 차지한다.
- 고층 건물, 연면적이 큰 건물에 적합하다.

(2) 공기-수방식

공조기에서 조정된 공기 일부를 덕트를 통하여 실로 보내는 방식을 이용하고 일부는 열원장치에서 온수, 냉수를 보내어 실에 장착된 유닛을 이용하여 실내공기를 가열, 냉각하는 방식이다.

① 팬코일 유닛 병용방식

- 팬코일 방식은 실내공기만을 재순환 하므로 실내공기가 오염되며 습도제어가 불가능하기 때문에 중앙기계실의 외기처리 조화기에서 덕트로 바깥공기를 공급하는 방식이다.
- 유닛마다 풍량을 조절할 수 있으므로 개별제어가 용이하다.

② 유인 유닛방식

- 1차 공조기로부터 조화한 공기를 고속 덕트를 통해 각 유닛에 송풍하면 1차 공기가 유인 유닛 속의 노즐을 통과할 때에 유인작용을 일으켜 실내공기를 2차 공기로 하여 유인한다.
- 유인된 실내공기는 유닛 속 코일에 의해 냉각 또는 가열된 후 2차의 혼합공기로 되어 실내로 송풍된다.
- 각 유닛마다 개별 제어가 가능하고 고속 덕트를 사용하므로 덕트 공간을 작게 할 수 있다.
- 실내 환경 변화에 대응이 용이하고 회전부가 없어 동력배선이 필요 없다.
- 각 유닛마다 수배관을 설치하므로 누수의 염려가 있고 냉각 가열을 동시에 하는 경우 혼합손실이 발생한다.

- 유인 성능 및 공간 문제 등으로 고성능 필터의 사용이 곤란하고 송풍량이 적어서 외기 냉방의 효과가 적다.

(3) 수방식

덕트를 쓰지 않고 배관에 의해 냉·온수가 동시 또는 단독으로 실내에 처리된 유닛 속에 보내져서 방의 공기를 처리하는 방식이다.

① 팬코일 유닛

- 중앙기계실에서 냉수나 온수를 만들어 각 실에 설치된 팬코일 유닛에 공급하여 공기조화를 하는 방식이다.
- 유닛마다 풍량을 조절할 수 있으므로 개별제어가 용이하다.
- 외주부의 창문 밑에 설치하면 콜드 드래프트를 방지할 수 있지만 수배관 누수의 위험성이 있다.

(4) 냉매식

송풍 덕트나 냉·온수 배관 없이 현장에서 냉매 배관으로 실내공기를 직접 처리하는 방식이다. 각실 별로 개별제어가 가능하고 유닛이 실에 배치되므로 덕트 공간이 짧고 기계실 면적이 작아도 된다. 증축이나 용도변경에도 유리하지만 전기를 전원으로 사용하는 경우 이를 고려해야 한다. 실내공기를 순환하므로 환기나 외기냉방이 어렵고 실내의 소음이 크다.

① 패키지 유닛 방식

- 패키지 유닛에서 만들어진 공기를 덕트를 이용하여 각 실로 공급하는 방식이다.
- 소규모 건물, 전산실 등에 사용한다.
- 열원은 대개 전기를 사용하므로 깨끗하고 편리하며 개별운전이 가능하다.
- 설치가 간단하고 취급이 용이하여 증축이나 증설 및 실의 용도변경에도 편리하다.
- 송풍능력이 작아 고도의 공기정화가 곤란하고 다수의 유닛이 분산 설치되므로 보수, 관리가 어렵다.

(5) 클린룸

- 전자공업이나 정밀 기계공업, 병원수술실 등의 청정작업 환경을 목적으로 설치한다.
- HEPA, ULPA 등의 고성능 필터를 사용하여 고품질의 청정환경을 구성할 수 있는 설비이다.

- 패스 박스, 에어샤워 공기청정시스템, 공기 조화 시스템 등으로 구성된다.

(6) 바닥취출 공조방식

- 공조공기를 실의 바닥에 설치한 Free Access Floor 하부공간을 효과적으로 활용하여 급기하고 천장에서 흡입하여 공간의 쾌적성을 확보할 수 있는 방식이다.
- 액세스 플로어의 공간을 활용하여 덕트 대용으로 사용하거나 공간 내에 덕트를 설치하는 방식이므로 덕트 공사비와 덕트 공간을 줄일 수 있다.
- 전기와 통신설비가 많이 채용되는 인텔리전트 빌딩에서 적용된다.

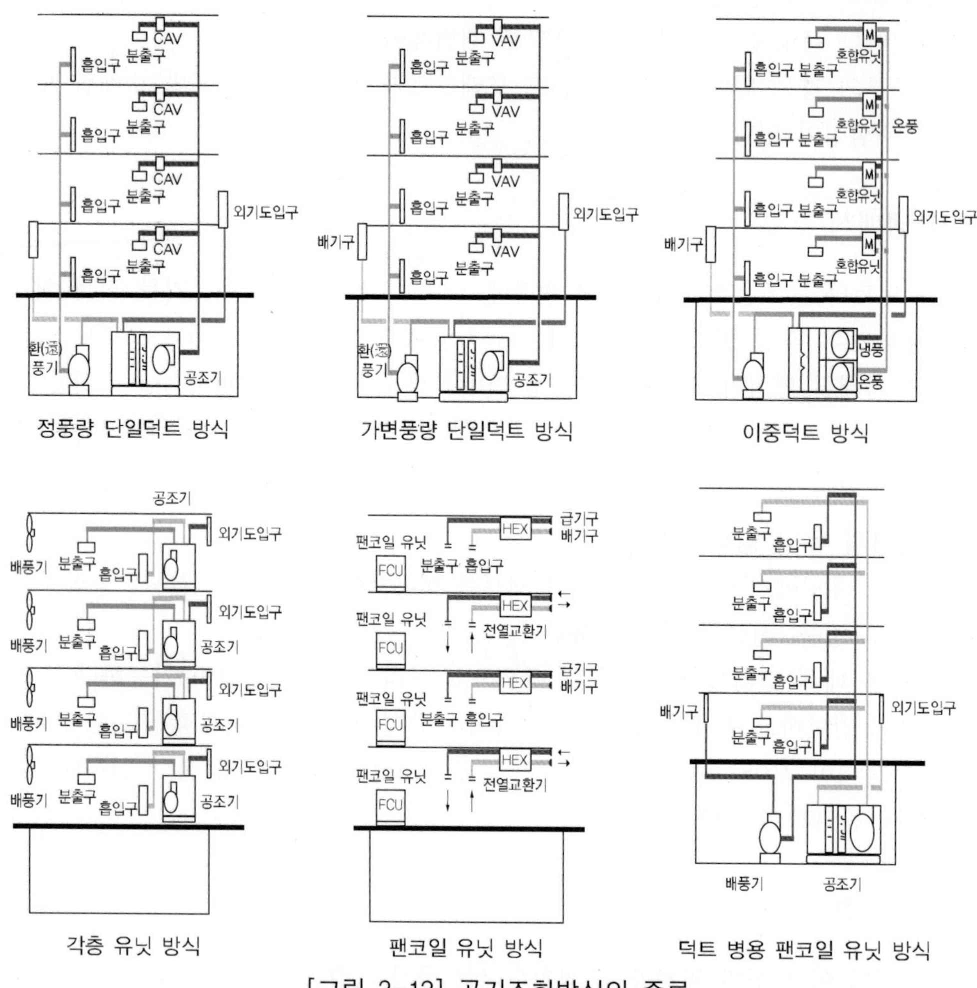

[그림 2-12] 공기조화방식의 종류

자료 : 박찬필, 후시미켄(2021), 그림으로 보는 건축설비

3) 공기분배장치

실내의 공기조화를 위하여 중앙의 공기조화장치에서 잘 조절된 공기를 실내로 보내기 위한 장치이다.

(1) 취출구와 흡입구

실내공기의 온도분포는 균일할수록 쾌적함을 느끼며, 적절한 기류속도가 유지되어야 하며 이와 같은 환경은 취출구와 흡입구의 배치, 취출구의 형상, 취출공기의 속도 · 온도 · 풍량 등의 영향에 따라 결정된다.

〈표 2-4〉 취출구의 종류

분 류	명 칭	풍향조정	비 고
복류 취출구	아네모형	베인 가동 베인 고정	천장 디퓨저
	팬형	팬 가동 팬 고정	
축류 취출구	노즐	고정	
	펑카루버	수진	수진형의 노즐
	그릴형	고정 - 펀칭 메탈 - 고정 베인 베인 가동	
	슬롯형	고정 베인 가동	
면상 취출구	다공판	고정(펀칭 메탈)	
		베인 가동	펀칭 메탈 내측에 가동 베인
	천장 패널		반자를 취출구 패널로 한 것
선상 취출구	라인 디퓨저	베인 가동 베인 고정	

자료 : 김진관 외 2인(2015), 최신 실내건축설비

〈표 2-5〉 흡입구의 종류

분 류	특 징
라인형	라인형 취출구에서 풍량 조정을 하는 블레이드를 제거한 것
격자형	사각의 프레임에 루버나 그릴을 부착한 것
머쉬룸형	극장 등의 큰 실내에서 좌석 밑에 설치하여 바닥의 환기 덕트에 연결한다.

(2) 덕트

- 공기를 수송하는 데 사용하는 것으로 주로 환기나 공기조화를 위해서 사용된다.
- 가급적 최단거리로 연결해야 하고 굴곡부의 수를 줄여 유동과정에서의 압력손실을 최소화해야 한다.
- 배치방식
  - 간선 덕트 방식 : 가장 간단한 방식, 비용이 저렴하고 점유공간이 절감된다.
  - 개별 덕트 방식 : 취출구마다 단독설치, 풍량 조절이 용이하지만 덕트 수가 많아지므로 설비비용이 높고 점유공간이 증가한다.
  - 환상 덕트 방식 : 덕트 끝을 연결하여 루프를 만드는 형식으로 말단 취출구의 압력 조절이 용이하다.

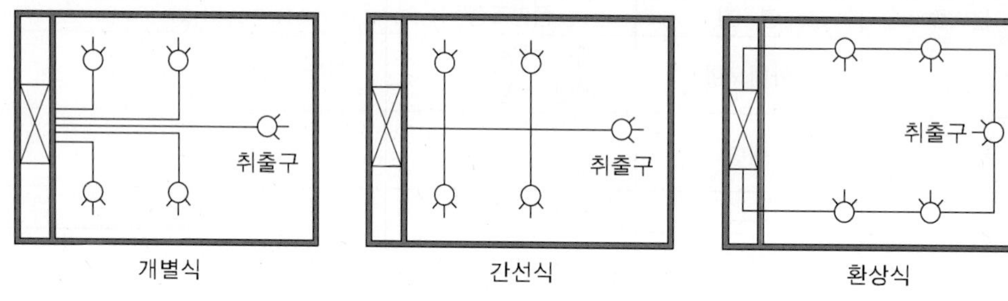

[그림 2-13] 덕트 배치 방식

자료 : 실내건축연구회(2015), 실내환경

(3) 댐퍼

① 풍량조절 댐퍼

덕트의 풍량을 조절 또는 폐쇄하기 위해 쓰이는 부속으로 덕트에 설치된 날개가 닫히거나 열리는 정도에 따라 수동, 자동으로 풍량조절을 한다.

② 방화댐퍼

화재가 발생했을 때 덕트를 통하여 다른 방으로 화재가 번지는 것을 방지하기 위해 방화구역을 관통하는 덕트 내에 설치하는 공기차단 장치이다.

③ 방연댐퍼

연기감지기와 연동되어 작동하는 연기 차단 댐퍼이다.

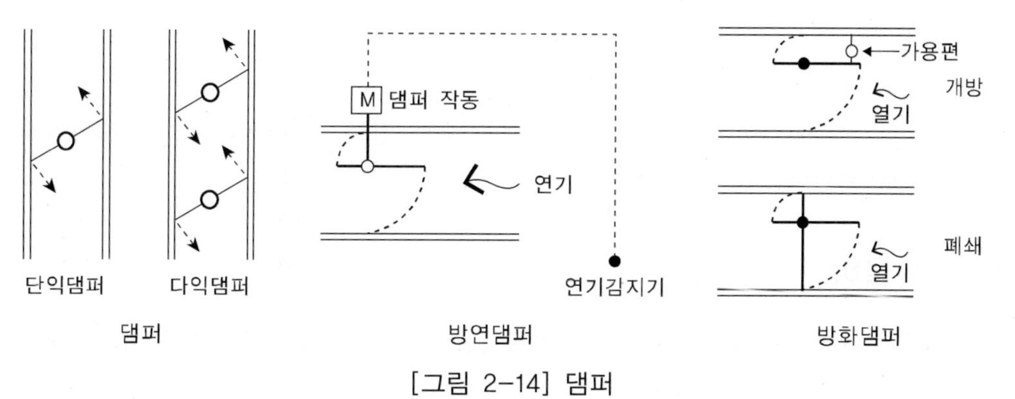

[그림 2-14] 댐퍼

자료 : 실내건축연구회(2015). 실내환경

4) 공기조화설비 기기

(1) 에어필터

- 공기 중의 먼지, 유해가스, 취기 등을 제거하여 쾌적한 공기를 공급하는 기능이다.
- 냉각코일, 가열코일을 지나면서 외기속의 먼지가 코일표면에 부착하여 코일의 열전달 성능을 저하하는 것을 막는 기능이다.
- 유닛형 필터는 건식, 점성, 흡착식 에어필터가 있다.
- HEPA, ULPA, 전기식 집진기 등의 고성능 필터는 클린룸, 방사성물질을 취급하는 시설에 사용된다.

(2) 공기 냉각기와 가열기

- 실내에 공급하는 공기의 온도를 제어하기 위한 기기이다.
- 코일 내부에 냉수, 온수 혹은 증기가 지나가면서 코일 외부에 부착한 핀 사이로 통과하는 공기를 냉각하거나 가열한다.

(3) 공기가습기와 감습기

실내에 공급하는 공기의 습도를 조절하는 기능을 하는 기기이다.

(4) 송풍기

- 공기조화기를 거친 공기를 실내에 바람으로 공급하는 기기이다.
- 축류형 송풍기는 공기가 들어가는 방향과 나오는 방향이 일직선을 이루고 있고, 풍량은 많지만 소음이 커서 유닛 히터, 냉각탑이나 소형 환기팬으로 주로 사용

한다.

- 관류형 송풍기는 공기가 송풍기 직각방향으로 들어와 직각방향으로 취출되는 것으로 설치공간이 작지만 효율이 낮다. 주로 건물 출입구에 설치하는 에어커튼으로 쓰인다.

5) 환기설비

- 어떤 공간의 공기를 자연적 또는 기계적인 방법에 의해 실내공기를 실외공기와 교환하는 것을 환기라고 한다.
- **자연환기** : 자연풍에 의한 압력차, 실내외 온도차에 의한 공기의 밀도 차이를 이용한다.
- **기계환기** : 급기와 배기를 송풍기와 배풍기 등에 의한 기계력을 이용한 환기로 자연환기보다 강력한 환기를 할 수 있고, 송풍기의 사용 형태에 따라 제1종, 제2종, 제3종으로 구분한다.

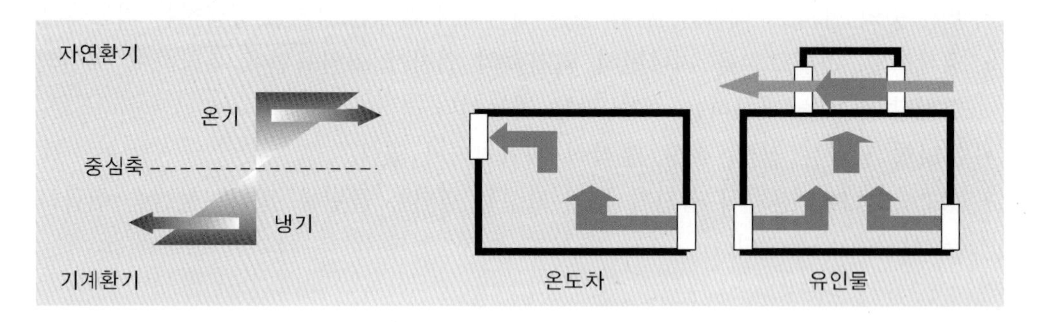

종별	제1종	제2종	제3종
형태			
급기	급기팬	급기팬	자연급기
배기	배기팬	자연배기	배기팬

[그림 2-15] 환기의 종류

자료 : 박찬필, 후시미켄(2021), 그림으로 보는 건축설비

기출 및 예상 문제

2. 공기조화설비

01 다음의 공조방식 중 에너지 손실이 가장 큰 방식은? 제16회, 공인1회

① 정풍량 단일 덕트 방식
② 변풍량 단일 덕트 방식
③ 유인 유닛 방식
④ 이중 덕트 방식

02 실내환경 조절방법 중 설비형 조절방법에 해당되는 것은? 공인1회

① 건물의 방위
② 공조설비
③ 실내마감재
④ 구조체

03 공기조화설비에서 조닝(zoning)을 구분하는데 그 목적과 관계가 없는 것은? 공인1회

① 공사비 절약
② 효율적인 유지관리
③ 에너지 절약
④ 쾌적한 실내

정답 및 해설

01 ④
에너지 손실이 가장 작은 방식은 단일 덕트 방식의 변형인 가변풍량방식(VAV방식)으로, 이는 존(zone) 또는 실의 부하조건에 따라 풍량을 제어하여 송풍하는 방식이다. 이에 반해 이중 덕트 방식은 중앙 공조기에서 냉풍과 온풍을 동시에 만들어 각각의 덕트로 보내어 송풍하는 방식으로 에너지 다소비형 공조방식이다.

02 ②
공기조화설비는 실내에서 인간의 열적 체감에 큰 영향을 미치는 온도뿐만 아니라 습도, 기류와 공기의 청정도를 함께 조절하여 각각의 실내공간의 목적에 적절한 공기를 공급함으로써 보다 쾌적한 실내환경을 유지시켜 인간의 건강과 일의 효율을 얻는 것을 목적으로 하는 설비이다.

03 ①
같은 건물 내에서도 열부하, 실내환경조건, 실의 사용용도 또는 사용 시간에 따라서도 각기 부하조건이나 실내 조건이 다르므로 조닝으로 나누어 공조설비를 한다.

04 다음의 공기조화방식 중 외기냉방에 가장 불리한 방식으로만 연결된 것은? 공인2회

1. 정풍량 덕트 방식	2. 팬코일 유닛 방식
3. 인덕션 유닛 방식	4. 패키지 유닛 방식

① 1－2
② 1－3
③ 2－4
④ 3－4

05 공기조화방식의 사용장소에 따른 조합 중 <u>틀린</u> 것은? 제15회, 공인3회

① 단일 덕트 방식 : 소규모 또는 비교적 구획수가 적은 대규모 빌딩
② 팬코일 유닛 방식 : 빌딩의 외주부, 호텔의 객실, 병원 등
③ 각층 유닛 방식 : 백화점 또는 부분 운전을 고려하는 대규모 빌딩
④ 패키지 공조기 방식 : 대규모 빌딩(특히, 부하의 상태나 운동시간이 동일한 곳)

06 공기조화설비의 덕트에 대한 설명으로 가장 적당하지 <u>않은</u> 것은? 공인4회

① 간선 덕트 방식은 간단하고 덕트 공간이 작으며, 개별 덕트 방식은 개별 풍량조절이 용이하고 덕트 공간이 크다.
② 덕트의 분기구에 설치되어 풍량을 조절하는 데는 스플릿 댐퍼가 사용된다.
③ 덕트는 화재 시에 연기나 열기가 인접실로 확산될 우려가 있어 방화 댐퍼나 방연댐퍼를 설치하고 방연댐퍼는 연기감지기와 연동하여 작동한다.
④ 장방형 덕트는 동일한 풍량에 대해 원형 덕트보다 차지하는 공간이 크고 마찰저항이 작아 일반적으로 고속용으로 주로 사용한다.

정답 및 해설

04 ③
수방식은 외부에 설치된 열원 장치에서 온수나 냉수를 실에 장착된 유닛에 공급하여 공기를 가열, 냉각하는 방식으로 온도조정은 용이하나 습도, 기류, 청정도는 조정이 매우 어렵고 환기를 따로 하지 않는 경우 공기상태가 매우 불량해진다. 예로 팬코일 유닛 방식이 있다.
냉매를 이용하여 난방, 냉방하는 방식으로 주로 냉방용으로 사용하거나 히트펌프를 이용하여 냉난방도 가능하다. 실내공기를 순환하므로 환기나 외기냉방이 어렵고 유닛이 실내 근처에 있어 소음, 진동이 없어야 하는 곳에는 부적당하다. 예로 패키지 유닛 방식이 있다.

05 ④
패키지 공조기 방식은 주로 부분적인 국부 공조기 방식으로서 주로 소규모 건물에 이용되며 대규모 건물에서는 특히 부하의 상태나 운전시간이 다른 실에 적합하다.

06 ④
장방형 덕트는 공간의 효율성면에서는 좋지만 고속이나 고압이 필요한 덕트용으로는 부적당하다.

07 공기조화설비 중 송풍장치 설비가 아닌 것은? 제15회, 공인5회

① 급기 덕트 ② 배기 덕트
③ 송풍기 ④ 냉동기

08 아파트 공조설비에 대한 설명 중 맞지 않은 것은? 제19회

① 에어컨의 배수는 실내습기가 냉각코일에서 응축된 것이다.
② 실의 환기기준은 CO_2를 기준으로 하고 있다.
③ 폐열 회수용 열교환기란 급·배기가 이루어지는 시스템에서 적용된다.
④ 1인당 외기의 환기량 기준은 약 20㎥/h이다.

09 다음 중 영화관에 가장 적합한 공기조화 방식은? 제17회

① 유인 유닛 방식 ② 팬코일 유닛 방식
③ 복사냉난방 방식 ④ 단일 덕트 방식

10 다음 중 공조방식을 결정하는 가장 커다란 요인은? 제15회

① 건물의 향 ② 천장고
③ 건물의 높이 ④ 실내환경 수준

제1장 실내계획
제2장 실내환경
제3장 실내시공
제4장 실내구조 및 법규

정답 및 해설

07 ④
냉동기는 공기조화 열원기기이다.

08 ④
환기량은 이산화탄소 농도의 기준으로서 한 명에 대해 1시간당 30㎥ 정도로 한다.

09 ④
정풍량 덕트 방식 : 가장 일반적인 공조방식으로 중앙에서 AHU(Air Handling Unit)나 패키지형 공조기를 설치하고 조건에 맞게 조절된 공기를 단일 덕트를 이용하여 각 실로 분배하는 방식이다. 필요한 온도에 맞추어 송풍량을 일정하게 하고 송풍온도를 조절하여 공급하는 방식이며 대형, 고층 건물의 인테리어 존 또는 극장, 공회당 등의 대공간의 공조 등 부하특성이 일정한 장소에 주로 사용한다. 부하특성이 시간에 따라 급격하게 변하는 장소에는 부적당하다.

10 ④
공기조화설비는 실내에서 인간의 열적 체감에 큰 영향을 미치는 온도뿐만 아니라 습도, 기류와 공기의 청정도를 함께 조절하여 각각의 실내공간의 목적에 적절한 공기를 공급함으로써 보다 쾌적한 실내환경을 유지시켜 인간의 건강과 일의 효율을 얻는 것을 목적으로 하는 설비이다.

냉 · 난방설비

1) 난방방식

종 류	특 성	장 점	단 점
증기 난방	보일러에서 발생된 증기를 배관을 통해 실내에 있는 방열기까지 보내고 증기의 잠열을 발생시켜 난방하고 응축수를 다시 보일러로 환수하는 난방방식	• 열 운반 능력이 크다. • 예열시간이 짧고 순환이 빨라 실내 온도 상승이 빠르다. • 방열면적 및 관경이 작다. • 설비비와 유지비가 싸다. • 동파우려가 적고, 대상건물의 층고가 높아도 증기공급이 가능하다.	• 난방의 쾌감도가 낮다. • 난방 부하변동에 따른 실온조정이 곤란하다. • 스팀 해머에 의한 소음이 발생한다. • 보일러 취급에 전문기사가 필요하다.
온수 난방	보일러에서 만들어진 온수를 배관을 통해 필요한 실에 배치된 방열기로 공급하여 난방을 하는 방식	• 방열량 조정이 용이하여 외기부하 변화에 대처가 쉽다. • 보일러 취급이 안전하고 쾌적도가 높다. • 난방을 정지해도 난방효과가 지속된다.	• 예열시간이 길다. • 방열기 면적, 배관관경이 크므로 설비비가 많이 든다. • 열용량이 커서 온수순환 시간이 길다. • 한랭 시 난방을 정지할 때 동파의 우려가 있다.
복사 난방	천장, 벽, 바닥 등 구조체에 코일을 매설하고 열매를 통과시켜 가열된 구조체 표면에서 복사되는 열로 실을 난방하는 방식	• 실내온도 분포가 균일하고 쾌감도가 높다. • 방열기가 필요 없으므로 바닥면 활용도가 높다. • 실내 평균온도가 낮으므로 동일 방열량에 대해 열손실이 적다. • 대류가 적으므로 바닥면의 먼지 상승이 적다.	• 외기와 면하는 구조체의 경우 열손실을 줄이기 위해 단열재를 설치해야 한다. • 예열시간이 길고 일시적 난방에 부적합하다. • 설비비가 많이 든다. • 고장 시 수리가 어렵다. • 복사열을 순발력 있게 조절하기 어렵다.
온풍 난방	온풍기나 가열코일에서 온풍을 만들어서 실내로 공급하는 방식	• 예열시간이 짧아 간헐 난방이 가능하다. • 동결우려가 없고 유지관리가 편리하다. • 외기도입이 가능하므로 환기가 가능하다. • 시스템이 간단하고 습도 제어가 가능하다. • 냉난방이 가능하다. • 초기 설비비가 적에 든다.	• 급탕을 위해서 별도의 설비가 필요하다. • 소음 발생 우려가 많다. • 실내 상하 온도차 및 정밀한 온도제어가 곤란하여 쾌적성이 떨어진다. • 덕트 사용 시 공간이 필요하다.

2) 냉방방식

(1) 냉방원리

① 냉동톤

냉동톤은 냉방기의 능력을 나타내는 것으로 1냉동톤은 0℃ 물 1ton을 24시간 동안 0℃ 얼음으로 만드는 능력이다.

② 전동식 냉동기

- 냉동의 원리는 압축한 냉매의 증발에 의해 냉수를 만들어내는 것이다.
- 순환하는 냉매가 증발기 내에서 기화할 경우 주위로부터 열을 빼앗는 작용에 의해 공기나 물을 냉각한다.
- 응축기에서는 냉매가스가 냉매액으로 변환하는 과정에서 주변으로 열을 방출하는 역할을 담당한다.
- 증발기는 실내를 냉각하는 부분과 연결되고, 응축기는 기내에서 발생한 열을 냉각수에 방열하고, 이 열은 냉각탑에 의해 처리된다.

③ 흡수식 냉동기

- 용액이 냉매가스의 흡수를 촉진시켜 잠열을 흡수하는 과정과 희석된 용액을 다시 가열하여 농축시키는 과정이 반복되어 냉방순환이 진행된다.
- 진공 중 증발기 내에서 흡수액을 혼입한 물(냉매)을 저온 증발시켜 냉수를 만들고 냉매는 사용한 물이 증발할 때 주위로부터 열을 빼앗는 작용을 이용한다.
- 냉방과정에서 흡수식은 화학적인 특성을 이용하기 때문에 압축식보다 소비에너지가 적고 태양열 등 대체에너지의 사용이 가능하다.
- 압축기가 필요 없기 때문에 진동이나 소음이 적다.
- 동일한 냉방능력을 얻기 위해서는 냉방기의 중량, 냉각탑의 크기 등 전체적인 규모가 압축식보다 커진다.

④ 히트펌프

- 냉방과 난방 시에 압축냉동기의 냉매의 흐름을 바꾸어 냉방 시에는 실내의 열을 밖으로 방출하고 난방 시에는 옥외의 열을 실내에 유입하여 난방하는 방식이다.
- 하나의 장치로 냉방과 난방을 동시에 활용 가능하다.

⑤ 냉각탑

- 응축기나 흡수기로부터 나온 높은 온도의 냉각수를 냉각탑 내에서 분사함으로써 냉각수의 일부가 증발할 경우, 주위로부터 열을 빼앗는 작용에 의해 냉각수

의 온도를 내리는 장치이다.

- 냉각수와 대기의 접촉면이 크고 풍속이 클수록 유리하므로 바람이 잘 통하는 외부나 건물의 최상층부에 위치한다. 이때 중량에 대한 구조적 검토와 미관을 고려해야 한다.

(2) 냉방기의 종류

① 룸에어컨디셔너

- 소형의 패키지 유닛형 공기조화기이다.
- 분리형은 압축기, 응축기 등이 내장된 실외기와 증발기, 제어장치가 내장된 실내기를 실내와 실외에 분리하여 설치하고 냉매배관으로 연결하여 사용하는 것으로 소음과 진동이 적다.
- 내장형은 동일한 케이스 내에 증발기는 실내측으로, 응축기는 실외측으로 면하도록 설치된 것으로 창문형이라고도 한다.
- 인버터형은 전원과 압축기용 전동기 사이에 인버터를 설치하여 운전이 시작되면 압축기가 고회전으로 운전함으로써 실온을 설정온도까지 급속하게 도달하고 실온에 이르면 저회전으로 전환되어 실온 변동폭이 작아지면서 동시에 소비전력을 줄인다.

② 멀티 유닛 에어컨디셔너

- 여러 대의 실내기와 한 대의 실외기를 접속하여 사용하는 것으로 실의 크기와 용도에 따라 실내기의 형태와 용량을 다양하게 선택할 수 있다.
- 학교나 중소규모의 사무소 등에서 사용하며 주택용으로 사용되기도 한다.
- 시스템 에어컨이라는 명칭으로 불리기도 한다.
- 실내기와 실외기를 연결하는 냉매 배관의 길이가 길수록 효율이 저하되고 미관에 불리해지기 때문에 짧을수록 유리하다.
- 냉매배관의 길이는 직관과 상당길이를 합쳐 100m 이내로 하고 높이는 50m까지 가능하다.
- 냉매배관이 외부로 노출되는 경우는 기능 저하 및 미관이 나빠지므로 구조체 속에 미리 냉매배관을 매립하고 추후 장치를 연결할 수 있도록 하는 설비계획이 필요하다.

기출 및 예상 문제

3. 냉 · 난방설비

01 다음 증기난방과 온수난방의 특징을 기술한 것 중 가장 옳은 것은? 제19회, 공인1회

① 온수난방은 증기난방에 비해 예열시간이 짧아 실내온도 상승이 빠르지만 겨울철 동파의 우려가 있다.
② 증기난방은 온수난방보다 방열기 표면온도가 높아 실내기온의 상하 온도차가 비교적 적은 편이다.
③ 온수난방은 증기난방보다 방열기 표면온도가 낮지만 난방을 정지해도 난방효과가 일정 시간 유지된다.
④ 증기난방은 온수난방보다 방열량 조정이 쉽고 난방 쾌적도가 높다.

02 냉방에 대한 설명 중 가장 적절하지 <u>않은</u> 것은? 공인2회

① 냉방기 능력은 냉동톤으로 나타내며 표준 냉동톤은 24시간 동안 얼음 1ton을 융해하는 데 필요한 열량을 의미한다.
② 증기압축식 냉방과정은 증발기－압축기－응축기－팽창밸브 순으로 이루어지는데 냉방을 하는 실에 면하는 곳은 응축기부분이다.
③ 흡수식 냉방기는 태양열 등의 대체에너지 사용이 가능하지만 동일한 냉방능력을 얻고자 할 때 전체적인 규모가 압축식보다 커진다.
④ 히트펌프는 지열 등의 저열원을 모아 고열원으로 공급하는 것으로 난방뿐만 아니라 냉방도 가능하다.

정답 및 해설

01 ③
온수난방은 예열시간이 길고 난방장치 용량, 방열기 면적, 배관관경이 증기난방보다 더 크다. 한랭지에서 난방을 하지 않는 경우에 동파의 우려가 있다.
증기난방은 방열기 표면온도가 높아 방열면적 및 관경을 온수난방보다 작게 할 수 있다. 실내의 상하온도차가 크고 방열기 표면온도가 높아 난방 쾌적도가 온수난방보다 낮다.

03 최근에 관심이 모아지고 있는 신재생에너지에 대한 내용과 가장 관련이 적은 것은?

공인2회, 공인4회

① 법률상 신재생에너지 공급의무비율이 부과되는 업무시설 건축물은 연면적 1,000㎡를 초과하는 신축건물로서 증축 또는 개축 시에는 제외된다.
② 태양열 급탕 및 난방은 집열부, 축열부, 이용부 및 보조열원으로 구성되며 집열부의 경사각은 난방 시에는 위도보다 15° 정도 높은 것이 유리하다.
③ BIPV는 건물통합형 태양광 전지판 시스템으로 건물외장재뿐만 아니라 커튼월 건물, 차양시설, 창호, 블라인드등과 다양하게 결합해서 사용할 수 있다.
④ 지열에너지는 연중변화가 적은 지중의 온도를 이용하는 것으로 지열히트펌프를 활용하여 냉방과 난방을 모두 할 수 있다.

04 다음 난방방식 중 가장 쾌적한 열환경을 제공하는 것은?

제15회, 공인3회

① 복사난방 ② 증기난방
③ 온수난방 ④ 유닛히터

05 온수를 이용하여 난방을 하는 방식에 관한 사항 중 틀린 것은?

공인5회

① 바닥 복사난방 시 온수 공급온도는 보통 40℃ 전후이다.
② 컨벡터나 복사형 방열기 이용 시 설계 기준온도는 80℃이다.
③ 바닥 복사난방 시 단열재는 바닥 온도의 균일을 위해 온수코일 상부에 설치함이 바람직하다.
④ 바닥 복사난방 시는 온수분배기(header)는 조닝(zoning) 개념이다.

정답 및 해설

02 ②
증발기는 주변의 열을 흡수하여 주변을 냉각시키는 것이고 응축기는 증발기에서 흡수된 열을 외부로 방출시키는 곳으로 냉방 시에는 외부와 면하게 된다.

03 ①
신축·증축 또는 개축하는 부분의 연면적이 1,000㎡ 이상인 건축물로 법률상 신재생에너지 공급의무비율 대상이 되는 건축물은 신재생에너지 공급의무비율이 부과되며 신재생에너지 이용 인증 대상이다.

04 ①
복사난방은 천장, 벽, 바닥 등 구조체에 코일을 매설하고 열매를 통과시켜 가열된 구조체 표면에서 복사되는 열로서 실을 난방하는 방식이다. 실내 상하 온도분포가 비교적 균등하여 쾌적도가 높고 방열면이 커서 실온이 낮아도 난방효과가 있다.

05 ③
바닥 복사난방 시 단열재는 바닥 온도의 균일을 위해 온수코일 하부에 설치함이 바람직하다.

06 복사난방에 대한 특징이 아닌 것은? 제19회

① 복사열에 의하므로 쾌적성이 좋다.
② 배관이 매설되므로 정성 시공이 되어야 한다.
③ 증기난방이나 온수난방에 비해 고가이다.
④ 방열기를 설치한다.

07 온수난방 방식의 특징이 아닌 것은? 제17회

① 현열을 이용한 난방이므로 증기난방에 비해 쾌감도가 높다.
② 난방을 정지 하여도 일정시간 난방효과가 지속된다.
③ 예열시간이 증기난방에 비해 짧다.
④ 열용량이 크기 때문에 온수순환시간이 길다.

08 자연환기가 많이 일어나는 곳에서 난방효율이 가장 좋은 시스템은? 제16회

① 복사난방 ② 팬코일 난방
③ 덕트 난방 ④ 증기난방

09 다음 용어의 설명이 잘못된 것은? 제16회

① 기온 : 공기의 열적 상태를 나타낸 것
② 습도 : 대기 중의 수증기 상태를 수량으로 표시한 것
③ 난방도일 : 실내평균기온과 실외평균기온의 차를 난방기간 일수에 곱한 것
④ 화씨(℉)온도 : 빙점과 비등점을 각각 0℉와 100℉로 잡고 그 사이를 100등분한 것

정답 및 해설

06 ④
온수난방은 보일러에서 만들어진 온수를 배관을 통해 필요한 실에 배치된 방열기로 공급하여 난방을 하는 방식이다.

07 ③
예열시간이 길고 난방장치 용량, 방열기 면적, 배관관경이 증기난방보다 더 크다.

08 ①
실내 평균온도가 낮기 때문에 동일 방열량에 대해서 손실열량이 적은 장점이 있다.

09 ④
화씨(℉)온도 : 빙점과 비등점을 각각 32℉(0℃)와 212℉(100℃)로 잡고 그 사이의 온도를 180등분한 것.

4 전기설비

1) 전기설비의 개요

(1) 전압

물질의 전기적 높이를 전위라 하고 그 차이를 전위차 혹은 전압이라 한다. 전류가 흐르는데 필요한 압력으로 단위는 볼트(V, volt)이다.[4)]

전압V(volt) = 전류I(ampere) × 저항R(ohm)

(2) 전류

전자의 흐름으로 도체의 단면을 단위시간에 이동한 전기량을 말한다.[5)] 전류는 I라는 기호를 쓰고 단위는 암페어(A, ampere)로 나타낸다.

전류(I) = 전압(V)/저항(R) 혹은 전류량(Q)/시간(T)

(3) 전력

전기에너지가 1초 간에 행하는 일의 양을 전력이라고 하며 단위는 와트(W, watt)를 사용한다. 1V의 전압으로 1A의 전류가 흐르면 1W라고 한다. 전기가 하는 일의 양을 전력량이라고 하고 Wh또는 kWh로 표시한다.[6)]

전류W(kW) = 전압V(volt) × 전류I(ampere)

(4) 직류와 교류

- 시간에 관계없이 일정한 전압으로 전류가 흐르는 방향이나 크기가 변하지 않는 전류를 직류(DC)라고 하고, 전화, 시계를 비롯한 통신설비와 엘리베이터 전원으로는 직류를 사용한다.

---

4) 실내건축연구회(2015), op. cit., p.72

5) 김진관 외 2인(2015), 최신 실내건축설비, p.201

6) Ibid., p.201

• 전류가 흐르는 방향이나 크기가 시간과 함께 주기적으로 변하는 전류를 교류(AC)라고 하고, 보통의 건물은 교류를 사용한다.

2) 배전설비

전로를 통해 건물에 유입된 전기를 각각의 필요장소로 분배하는 것을 배전이라고 한다.

(1) 배전방식

• 단상 2선식 : 일반 주택 등 소규모 건물에 사용된다(100V, 220V).
• 단상 3선식 : 백화점, 학교, 일반 사무실, 공장에 사용된다(100V, 200V).
• 3상 3선식 : 중규모 건축물 동력 전원으로 많이 사용된다(220V).
• 3상 4선식 : 3상 동력과 단상 조명을 동시에 공급할 수 있어 대규모 건축물에서 주로 사용된다.

(2) 간선의 배전방식

• 평행식 : 배전반에서 각 분전반으로 단독 배선한다. 전압강하가 적은 반면 설비비가 많이 소요된다. 대규모 건물에 적합하다.
• 가지식(수지상식) : 배전반에서 한 개의 간선이 각 분전반을 거쳐 가며 공급되는 방식으로 배전반에서 멀어질수록 전압강하가 발생한다. 중소규모 건축에 적용되며 전동기가 분산되어 있을 때 적합하다.
• 병용식 :평행식과 가지식을 병용한 것으로 전압강하도 크지 않고 설비비도 줄일 수 있어 가장 많이 사용된다.

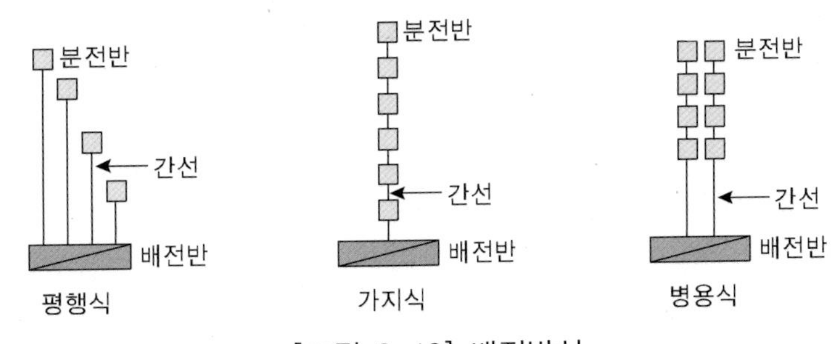

[그림 2-16] 배전방식

자료 : 실내건축연구회(2015), 실내환경

(3) 간선 설계 순서

부하용량 선정 → 전기방식·배선방식 결정 → 배선방법 결정 → 전선의 굵기 결정

(4) 배전반과 분전반

- 배전반 : 고압전기는 변압기를 거치면서 저압전기로 변환되며, 변환된 전기를 배분, 개폐, 계량하기 위해 개폐기, 차단기, 제어기기 등을 설치한 패널을 배전반이라고 한다.
- 분전반 : 배전반을 거친 전기는 각 세대의 계량기를 거쳐 전열, 전등 등의 부하로 분리되어 공급되는데 이렇게 분리하는 패널을 분전반이라고 한다.
  1개 공급범위는 1,000m², 설치 높이는 최상단부가 1.8m를 넘지 않도록 한다.

3) 배선설비

(1) 배선공사

전기설비 기준에 의하면 옥내배선 공사의 종류는 12종류로 규정하고 있으며 시설장소 및 사용 전압에 따라 채용될 수 있는 방법이 제한되어 있다.

- 애자 공사 : 노출공사, 은폐공사를 할 수 있으며 전선을 애자로 지지하는 방법이다.
- 목재 몰딩 공사 : 목재 몰딩 속에 배선을 하고 기둥 등에 부착하는 것으로 상하층 연결배선, 스위치 등의 배선을 보호한다.
- 경질 비닐관 공사 : 절연성과 내식성이 좋지만 열과 기계적 강도에 취약하다.
- 금속관 공사 : 고무나 비닐 전선을 금속관 속에 매립하는 방식으로 화재나 외부의 충격에 강하고 전선의 인입이나 교체가 용이하다.
- 금속 몰드 공사 : 전선을 금속 몰드에 배선하는 방식으로 아연도금 철제나 에나멜 칠한 것을 사용한다.
- 금속 덕트 공사 : 전선을 금속 덕트에 매립하는 방식으로 굵은 전선이 많이 설치되는 장소에 주로 사용한다.
- 바스 덕트 공사 : 철, 알루미늄판으로 제작한 덕트에 동을 절연물로 지지하여 많은 용량의 전류가 흐르는 저압배전반 부근에 사용한다.
- 가요전선관 방식 : 전선을 플렉시블 관에 넣어 시공하므로 굴곡이 필요한 장소나 승강기배선, 공장 등에 사용한다.
- 플로어 덕트 공사 : 전선을 바닥 플로어 덕트 내에 설치하고 말단에 덕트 엔드를 사용한다. 사무실, 백화점 등에서 콘센트와 같이 사용한다.[7]

(2) 배선재료

- 전선은 절연성질을 가진 고무, 합성수지, 면 등을 전선 표면에 부착한 절연전선을 의미한다.
- 전선의 굵기는 강도, 저항, 내열성이 있어야 하고 유연성이 필요하다.
- 고무절연전선은 절연저항 및 절연내력, 내수성이 좋다.
- 비닐절연전선은 내전압, 저항, 내수, 내화학성 등은 좋지만 고온이 되면 연화되는 단점이 있다.
- 기계적 강도는 전기공작물 규정에 의한 굵기 이상을 사용하면 되고 전압강하에 따르는 전선의 굵기는 이것의 허용전류를 검토하여 선정한다.[8]

(3) 배선기구

① 개폐기

- 나이프 스위치 : 손으로 핸들을 조작하여 회로를 차단하는 것으로 조명이나 전동기 등의 동력용의 주 회로에 사용되는 것으로 개방형과 덮개형이 있다. 개방형은 전압 250V 이하, 전류 600A 이하까지 사용하며 덮개용은 전압 250V, 전류는 300A까지 사용가능하다.
- 컷아웃 스위치 : 안전기라고도 하며 옥내배선의 분전반에 설치한다. 일정 전류에 도달하면 자동적으로 차단되어 배선의 점검, 보수를 안전하게 할 수 있다. 퓨즈는 15A와 30A가 표준이며 전압은 250V까지 사용한다.
- 마그넷 스위치 : 전자석을 동작시켜 개폐하는 스위치로 원거리에서 작동이 가능하며 전동기 조작이나 회로의 개폐 등에 사용한다.

② 점멸기

- 텀블러 스위치 : 구조체에 매립하는 스위치로 손잡이를 상하로 작동한다.
- 로터리 스위치 : 스위치를 회전시켜 점멸하는 방식이다.
- 풀 스위치 : 벽체가 없는 경우에 늘어뜨려진 줄을 당겨 점멸한다.
- 버튼형 스위치 : 두 개의 버튼이 각각 점등, 소등을 담당하도록 연결된다.
- 코드 스위치 : 기기 코드 중간에 접속해서 사용한다.
- 도어 스위치 : 도어의 개폐에 따라서 조명기구가 점멸된다.
- 타임 스위치 : 활동을 인식한 후 일정시간 동안 점등되었다가 소등되는 것으로

---

7) 실내건축연구회(2015), op. cit., p.75
8) 김진관 외 2인(2015), op. cit., p.207

주택이나 호텔 객실의 현관부분, 공공시설의 화장실 및 계단 등에 설치하여 절전을 도와준다.

- **조광기** : 조명기구의 조도와 색채를 단계적으로 변환시키는 장치이다
- **3로 스위치 · 4로 스위치** : 3개의 단자를 가진 스위치로 계단, 복도처럼 긴 통로 형태의 공간에서 시작점에서 점등하고 종점에서 소등 할 수 있도록 하나의 스위치에서 점등과 소등이 동시에 가능한 스위치이다. 3로 스위치는 2곳, 4로 스위치는 3곳에서 점멸이 가능하다.[9]

③ 과전류 보호기

과전류가 흐르면 자동적으로 전기를 차단하는 장치이다. 퓨즈를 사용하는 퓨즈 브레이크 과전류가 흐를 때 자동으로 회로를 끊어서 보호하고 브레이크 자체는 아무런 손상을 입지 않고 다시 쓸 수 있는 서킷 브레이크(노 퓨즈 브레이크)가 있다.[10]

④ 누전 차단기

충전되지 않은 금속 부분의 저압이나 누설된 전류에 의한 전원의 불평형 전류가 일정한 값을 초과하였을 때, 전원을 차단하도록 되어 있는 장치이다.[11]

⑤ 접속기

옥내배선과 코드접속에 사용되며 주로 천장에서 코드를 달아 내리는데 사용하는 로제트류나 코드와 전구와의 접속에 사용하는 소켓, 옥내배선과 전기기기와의 접속에 사용하는 콘센트, 플러그 등이 있다.

- **로젯** : 천장 속의 옥내배선과 조명을 연결할 때 천장에 하중이 걸리지 않도록 코드를 천장에 매다는 것으로 매립형과 노출형이 있다.
- **리셉터클** : 구조체에 직접 부착하여 전구를 접속하는 것으로 스위치는 따로 설치한다.
- **소켓** : 전구를 끼워서 코드와 연결하여 사용, 키레스 소켓, 키소켓, 당김소켓, 분기소켓 등이 있으며 분기소켓은 다른 소형기기를 동시에 사용할 때 이용한다.
- **코드접속기** : 코드와 코드를 접속하는 것이다
- **클러스터** : 로젯처럼 코드를 천장에 2본 이상 매달 때 사용하는 것으로 전선과 코드가 여러 개 연결될 수 있도록 한 것이다.
- **콘센트** : 코드에 접속하기 위해 플러그를 끼울 수 있는 기구로 매립형과 노출형이 있으며 정격전압은 110V, 220V, 정격전류는 10～50A, 2구 혹은 3구형이 쓰

9) 실내건축연구회(2015), op. cit., pp.76～77
10) 김진관 외 2인(2015), op. cit., p.208
11) Ibid, p.208

이며 3구형의 1구는 안전을 위한 접지 역할을 한다.

- **테이블 탭** : 기존 콘센트나 소켓에서 필요한 곳까지 연결시켜 동시에 여러 개의 기구를 접속하여 사용할 수 있다.[12]

4) 정보통신설비

(1) 전화설비

① 전화설비

- 국선의 인입용 관로, 배선반(MDF), 건물내부 간선 케이블, 구내교환설비(PBX), 단자별 분기배선, 내선 전화기 등을 말한다.
- 전화설비의 배선공사는 미관상 바닥이나 벽체에 두께 2㎜ 이상으로 매립하는 것을 기본으로 한다.
- 증설이나 위치변경을 고려하여, 전화기가 위치해야 하는 곳에 단자를 꽂을 수 있는 아웃렛박스를 설치한다.

② 인터폰 설비

- 구내, 옥내전용의 통화 연락을 목적으로 현관, 거실, 주방, 욕실용 도어폰, 사무소, 공장 등의 사내 업무용, 비상시 엘리베이터와 관리실을 연결하는 인터폰 등이 있다.
- 작동원리에 따라 프레스 토크식과 도어폰에 사용하는 동시통화방식이 있다.
- 접속방식에 따라 1대의 모(母)기에 여러 대의 자(子)기를 접속하는 모자식과 인터폰 상호 간에 서로를 호출할 수 있는 상호식, 모자식과 상호식을 조합한 것으로 대규모 연결을 위한 방식인 복합식이 있다.
- 인터폰 시공은 전화배선과 별도로 보수가 용이하고 안전한 장소에 설치하여야 하고, 바닥에서 1.5m 정도에 위치하도록 한다.

(2) 인터넷설비

- **근거리 통신망** : LAN(Local Area Network)은 다수의 컴퓨터 기기 간의 상호통신이 가능하도록 한 데이터통신 시스템으로 주변 기기를 공유할 수 있어 사무소 공간의 유효활용 및 비용을 절감할 수 있고 데이터를 공유함으로써 정보교환과 정보의 일원화 등 많은 이익을 얻을 수 있다.
- **부가가치 통신망** : VAN(Value Added Network)은 통신사업자로부터 통신회선을

12) 실내건축연구회(2015), op. cit., p.78

임대하여 통신서비스를 제공한다.

- 무선 근거리 통신망 : 무선으로 이루어지는 근거리 네트워크 통신망으로 무선접속장치(일명 AP)가 설치된 곳에서 일정 거리 안에서 무선인터넷의 사용이 가능하며 와이파이(Wireless Fidelity)라고 한다.

(3) 홈오토메이션

- IT 기술과 융합하여 TV · 냉난방기기, 조명기구, 가스설비, 방범설비 등 기기를 집중관리 및 원격 조정하는 시스템을 말한다.
- 가스누출, 방범경보, 차량 도착 등의 알람기능, 전기나 가스의 원격검침 기능, 조명, 가스밸브, 난방, 에어컨 등을 외부에서 조정할 수 있다.

(4) 안테나설비

안테나, 정합기, 증폭기, 분배기로 구성되는 공동시청설비와 CATV설비, 위성방송설비 등이 있다.

5) 수송설비

(1) 엘리베이터

① 엘리베이터

- 기계실이 승강로 상부에 위치한 로프식과 기계실을 승강로 하부에 둘 수 있어 오버헤드가 필요 없는 유압식이 있다.
- 기계실, 권상기, 케이지, 균형추, 안전장치, 제어기기 등으로 구성된다.
- 안전장치는 조속기, 비상정지장치, 완충기, 끼임방지장치가 있다.
- 조속기는 케이지의 속도가 일정값 이상이 되면 과속스위치가 작동해서 전원을 끊는 장치이다.
- 완충기는 엘리베이터가 최하부 바닥으로 떨어질 때 바닥에서의 충격을 완화한다.

② 비상용 엘리베이터

- 높이 31m를 넘는 건축물에서는 의무화되어 있다.
- 비상용 엘리베이터의 설치대수는 높이 31m를 넘는 부분의 바닥면적이 1,500㎡ 이하 1대, 1,500㎡를 초과할 때 3,000㎡마다 1대씩 가산한다.

③ 덤웨이터

- 사람이 타지 않는 화물전용 엘리베이터의 일종으로 리프트라고도 한다.

- 주방과 식당을 연결하여 음식물을 전달하는 배선용이나 도서관이나 대형사무소에서 서적이나 서류를 운반하는 용도로 사용한다.
- 덤웨이터의 케이지는 바닥면적이 1㎡ 이하이고 높이가 1.2m 이하이며 중량 300kg 이하의 화물을 운반하는 데 사용한다.[13)]

(2) 에스컬레이터

① 에스컬레이터

- 사용 인원이 연속적이고 상하층으로의 대량수송이 가능한 백화점, 대형점포, 터미널 역사, 대형 극장 건축 등에 설치된다.
- 30° 이하의 경사도를 가진 설비로서, 정격속도는 30m/min 이하이며, 크기는 난간 높이 1.2m 이하이다.
- 난간 안 폭이 800㎜형은 성인 1인, 소아 1인 기준, 1,200㎜형은 성인 2인이 나란히 탈 수 있다.
- 사용량이 많은 곳은 연속운전을 하고, 사용자가 간헐적인 곳은 센서를 부착하여 사용 시에만 가동하여 효율적인 운전을 할 수 있도록 한다.
- 노약자, 임산부, 어린이 등이 쉽게 타고 내릴 수 있어야 하며, 유사시 신속하게 대응 가능한 안전장치를 구비한다.
- 전체적으로 경량으로 설계하고 하중은 주요구조부에 균등하게 분포되도록 배치한다.

② 이동보도

- 계단상형이 아닌 수평형 에스컬레이터의 통칭을 말한다.
- 공항이나 역, 터미널과 같이 보행거리가 긴 공간에서 수평으로 이동하는 에스컬레이터 장치의 일종으로 경사 10° 이내의 범위에서 수송하는 장치이다.

---

13) 실내건축연구회(2015), op. cit., pp.78~80

기출 및 예상 문제

4. 전기설비

01 최대 수용 전력과 부하의 설비용량의 비를 %로 나타낸 것은? 공인1회

① 부하율 ② 수용률
③ 부등률 ④ 전력률

02 다음 중 옥내배선에 관한 설명 중 <u>틀린</u> 것은? 공인3회

① 단상 2선식 : 소규모 건축물에서 주로 사용하는 방식으로, 100V와 220V의 두 종류가 있다.
② 단상 3선식 : 100V와 220V용의 전원을 함께 사용할 수 있는 방식으로, 중성선과의 전압은 220V이며, 선간전압은 100V이다.
③ 3상 3선식 : 공장의 동력용이나 전열용으로 쓰이며, 200V, 380V의 전압을 주로 사용한다.
④ 3상 4선식 : 동력과 전등을 동시에 공급할 수 있으므로 대규모 건물에서 시설비 절감을 위해 사용되며, 전압의 종류는 208V와 120V, 460V와 265V, 380V와 220V가 있다.

03 넓은 사무실이나 백화점 바닥의 배선 공사 방법으로 적합한 공사는? 제17회, 공인3회

① 애자사용 은폐공사 ② 목재선통 공사
③ 플로어(floor) 덕트 공사 ④ 가요전선관 공사

정답 및 해설

01 ②
수용률 [최대수용전력(kW)/부하 설비 용량 합계(kW)]×100(%)

02 ②
3상 4선식은 3상 동력과 단상 조명을 동시에 공급할 수 있어 대규모 건물에서 주로 사용된다.

04 건축물에서 전기설비는 강전설비와 약전설비로 분류되는데, 다음 중 강전설비에 속하지 않는 것은? 제18회, 공인4회

① 전동기설비
② 축전지설비
③ 화재경보설비
④ 자가발전설비

05 돌침방식의 피뢰설비는 돌침부, 인하도선, 접지전극으로 구성되어 있는데 일반건축물에서 돌침부가 낙뢰에서 피보호물을 보호할 수 있는 보호각으로 적당한 값은? 공인4회

① 45°
② 50°
③ 55°
④ 60°

06 약전전기설비에 해당되지 않는 것은? 공인5회

① 전화선
② 인터폰선
③ 감시, 제어선
④ 전열, 전등선

07 전기설비에 있어서 옥내배선의 설계 시 가장 먼저 고려되어야 할 사항은? 제19회

① 부하결정
② 덕트 및 배관공사
③ 공사 방법의 결정
④ 기구 및 재료의 선정

정답 및 해설

03 ③
플로어 덕트 공사는 전선을 바닥 플로어 덕트 내에 설치하고 말단에 덕트 엔드를 사용한다. 사무실, 백화점 등에서 콘센트와 같이 사용한다.

04 ③
화재경보설비는 약전설비이다.

05 ④
돌침부가 설치된 피뢰설비가 낙뢰에서 피보호물을 보호할 수 있는 보호각은 일반건축물은 60°, 위험물저장이나 화학물질 관계 건축물은 45°로서 보호각이 작을수록 피보호물은 안전하다.

06 ④
전열, 전등선은 강전설비이다.

07 ①
옥내배선공사 : 배선용량은 배선에 걸리는 전부하를 포함하며 증축이나 용도변경에 따라 계획된 부하량을 감당할 수 있도록 설계한다. 옥내배선공사는 설치 위치와 구조, 형태에 따라 선택한다.

08 실내배선공사의 설명 중 <u>틀린</u> 것은? 제18회

① 실내배선은 내부점검 및 전선의 교환이 가능한 구조로 한다.
② 배선은 배선설계도면에 따라 시공한다.
③ 스위치의 위치는 각실 입구의 1.2m 높이를 표준으로 한다.
④ 인입개폐기, 계량기, 배전반의 위치 및 용량은 현장에서 결정한다.

09 아래 분전반에 관한 설명 중 ( )속에 각각 알맞은 답은? 제17회

분전반은 주 개폐기, 분기회로용 분기개폐기나 자동차단기를 모아서 설치한 것 이다. 보통 1개의 분전반에 넣을 수 있는 분기 개폐기의 수는 예비회로를 포함하여 ( )회로이며, 예비회로의 수는 본 회로의 ( )% 정도로 한다. 적어도 1개 층에 1개씩 분전반을 설치하고, 분기 회로의 길이를 30m 이하가 되도록 한다. 분전반 설치 시 1개의 공급면적은 ( )㎡ 이내로 한다.

① 60, 30, 1,000
② 40, 50, 1,200
③ 40, 30, 1,000
④ 60, 50, 1,200

10 전기 수전설비에 관한 사항 중 <u>틀린</u> 것은? 제16회

① 수전용량은 건물에 인입되는 최대수용전력을 의미한다.
② 최대수용전력은 부하설비의 전체 용량의 약 60~70% 정도이다.
③ 변압기(수변전설비)용량은 부하설비 전체용량으로 한다.
④ 전기실은 변전실로서 변압기를 설치하는 장소이다.

정답 및 해설

08 ④
인입개폐기, 계량기, 배전반의 위치 및 용량은 설계도면 및 특기시방서를 따른다.

09 ③
분전반은 1개 공급범위는 1,000㎡, 설치 높이는 최상단부가 1.8m를 넘지 않도록 한다. 배전반 및 분전반의 설치는 전기회로를 쉽게 조작할 수 있고 개폐기를 쉽게 개폐할 수 있는 노출된 곳에 위치해야 하며, 분기회로는 옥내간선으로부터 분기하여 전기기기, 조명기구 또는 콘센트 등에 이르는 배선으로 분기회로 마다 자동차단기를 설치하면 고장이나 사고가 발생했을 때 다른 회로에 영향을 주지 않아 보수가 용이하다.

10 ③

$$\text{변압기 용량} = \frac{\text{총부하설비용량} \times \text{수용률}}{\text{역률} \times \text{부동률}}$$

11 다음 중 심벌과 설명을 잘못 연결한 것은? 제15회

① (심벌) : Exit Light
② (심벌) : Lighting Panel
③ (심벌) : Three-Way Switch
④ (심벌) : FL Double

12 전압에 대한 설명으로 옳은 것은?

① 전기에너지가 1초간에 행하는 일의 양이다.
② 물질의 전기적 높이를 전위라 하고 그 차이를 전위차라 한다.
③ 도체의 단면을 단위 시간에 이동한 전기량을 말한다.
④ 전압의 단위는 암페어(A)로 표시한다.

13 활동을 인식한 후 일정시간 동안 점등되었다가 소등되는 스위치로 자택이나 호텔 객실의 현관부분, 공공시설의 화장실 및 계단 등에 설치하여 절전을 도와주는 점멸기는 무엇인가?

① 텀블러 스위치
② 도어 스위치
③ 타임 스위치
④ 버튼형 스위치

제1장 실내계획
제2장 실내환경
제3장 실내시공
제4장 실내구조 및 법규

정답 및 해설

11 ①

(심벌) : Exit Light

12 ②

전압은 전위차를 의미하며 전류가 흐르는 데 필요한 압력으로서 단위는 V(volt)이다.

13 ③

텀블러 스위치는 구조체에 매립하는 스위치로 손잡이를 상하로 작동한다.
도어 스위치는 도어의 개폐에 따라서 조명기구가 점멸된다.
버튼형 스위치는 두 개의 버튼이 각각 점등, 소등을 담당하도록 연결된다.

5 소방설비

가연성 물질의 예방·관리의 초기 방재활동에서부터 화재의 조기 발견, 확인, 초기 소화작업, 피난, 본격적인 소화활동에 이르는 모든 방화 및 소화설비를 뜻한다.[14)]

〈표 2-6〉 소방용 설비의 분류

분 류		설비 명칭
소방용으로 제공하는 설비	소화설비	소화기·간단한 기구, 옥내소화전, 옥외소화전, 스프링클러, 거품(포)소화, 물 분무, 불활성가스, 할로겐화물, 분말소화, 동력소화펌프
	경보설비	자동화재경보, 가스누출경보, 누전화재경보, 비상경보기구(경종·벨·사이렌·방송), 소방기관에 통보하는 화재경보설비
	피난설비	미끄럼대, 피난사다리, 구조대, 완강기, 피난다리 유도등, 유도표지등
소방용수		방화수조, 저수지 기타 용수
소화활동상 필요 설비		배연설비, 연결살수설비, 연결송수관, 비상콘센트설비, 무선통신 보조설비

자료 : 박찬필, 후시미켄(2021), 그림으로 보는 건축설비

1) 소화설비

(1) 소화의 원리 및 소화설비의 종류

① 소화의 원리

- 제거소화 : 연소반응에 관계된 가연물이나 주위의 가연물을 제거하는 소화방법이다.
- 냉각소화 : 연소 중인 가연물로부터 열을 빼어 연소물을 착화온도 이하로 내리는 방법으로 일반 화재에 많이 사용한다.
- 질식소화 : 산소공급원을 차단하여 소화하는 방법으로 기름 화재에 많이 사용한다.
- 억제소화 : 연소의 4요소 중 연속적인 산화반응, 즉 연쇄반응을 약화시켜 연소를 막아서 소화하는 것으로 화학적 작용에 의한 소화방법이다.
- 기타로 피복소화, 희석소화, 유화소화(에멀전) 등이 있다.

② 화재의 구분

- A급 일반화재(백색화재) : 목재, 종이, 섬유 등 보통 화재

14) 김진관 외 2인(2015), op. cit., p.179

- B급 기름화재(황색화재) : 가연성 액체 및 유지류 화재, 가스화재
- C급 전기화재(청색화재) : 전기기기 및 감전위험이 수반되는 화재
- D급 금속화재(무색) : 나트륨, 마그네슘, 우라늄 등 금속화재

③ 소화설비의 종류

- **소화기 및 간이소화용구** : 화재발생 초기에 진화할 목적으로 사용하는 소화설비로서 용기에 저장된 소화제를 연속적으로 방출하는 기구이다.
  - 연면적 33m² 이상인 특정소방 대상물에 설치한다.
  - 연면적 33m² 이하 지정문화재 및 가스시설, 터널 등에 설치한다.
  - 주방용 자동 소화장치는 아파트 및 30층 이상 오피스텔에 설치한다.
  - 수동식 소화기는 각 층마다 설치하되, 소방대상물의 각 부분으로부터 1개의 수동식 소화기까지의 보행거리가 소형 소화기에 있어서는 20m, 대형소화기는 30m 이내가 되도록 배치한다.
- **옥내소화전 설비** : 소화기에 의한 소화의 단계를 넘어 건축의 구조 자체에 미친 화재를 소화할 목적으로 설치한다. 사용자가 초기에 화재를 진압할 수 있도록 설치하는 소화설비로서 소화탱크, 펌프, 배관, 소화전함, 호스, 노즐 등으로 구성되어 있다.
- **옥외소화전 설비** : 건축물의 1, 2층의 소화를 목적으로 인접건축으로의 확산방지에 사용된다. 수원, 소화전함, 배관, 가압송수장치로 구성된다.
- **특수소화설비의 종류**
  - 물분무 소화설비
  - 포소화설비
  - 분말 및 할로겐화물 소화설비
  - 이산화탄소 소화설비

(2) 스프링클러 설비

화재 시에 가용 합금편이 용융됨으로써 자동적으로 화염에 물을 분사하는 자동소화설비이다. 살수와 동시에 화재경보장치가 작동하여 화재발생을 알림으로써 화재를 초기에 진화할 수 있다.

① 스프링클러 설비의 종류

- **폐쇄식**
  - 습식 스프링클러 : 일반적인 설비, 자동소화로서의 신뢰성이 높다.
  - 건식 스프링클러 : 겨울철 동결의 우려가 있는 부분 등에 이용된다.
  - 준비작동식 스프링클러 : 병원, 공동주택, 중요문화재, 건축물, 전산실 등 수

해에 의한 손실을 우려한 장소에 설치된다.

- **개방식** : 화재감지기 등으로 연동해 작동 또는 수동으로 일괄 개방밸브를 열어 방수하는 방식이다.
- **조합식** : 건식과 준비작동식의 시스템 작동기능을 동시에 갖춘 방식이다.

② 스프링클러 헤드의 설치간격(제10조 제3항)

일반적으로 스프링클러 헤드 하나가 소화할 수 있는 면적은 10㎡로 본다.

방화대상물의 적용 장소		헤드의 수평거리
무대부 · 특수가연물을 저장 또는 취급하는 장소		1.7m 이하
래크식 창고		2.5m 이하
아파트		3.2m 이하
기타 소방대상물	비 내화구조	2.1m 이하
	내화구조	2.3m 이하

※ 내화구조의 기준

① 벽 · 바닥(철근 또는 철근콘크리트구조로서 두께 10㎝ 이상인 것)

② 기둥(철근 또는 철근콘크리트조, 철골을 두께 5㎝ 이상의 콘크리트로 덮은 것)

③ 보(철근 또는 철근콘크리트조, 두께 5㎝ 이상의 콘크리트로 덮은 것)

자료 : 김진관 외 2인(2015), 최신 실내건축설비

③ 스프링클러 헤드의 배치법

- **정방형** : 살수부분의 중복이 적어서 이상적이다.
- **지그재그형**(정삼각형식) : 배관방식이 복잡하지만, 살수부분의 중복이 가장 적고 관경은 작은 것을 사용할 수 있다.
- **장방형식** : 살수부분의 중복이 가장 많다.

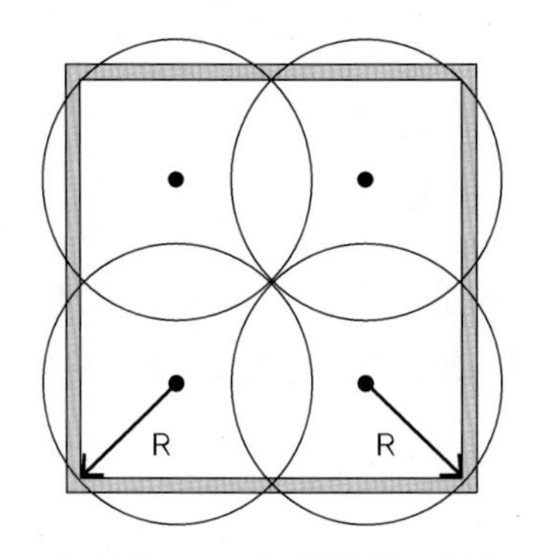

[그림 2-17] 정방형 배치

④ 스프링클러 설치대상 건물

- 문화 및 집회시설, 종교시설, 운동시설로서 수용인원이 100명 이상인 것
- 영화상영관의 용도로 쓰이는 층의 바닥면적이 지하층 또는 무창층인 경우에는 500㎡ 이상, 그 밖의 층의 경우에는 1,000㎡ 이상인 것
- 무대부가 지하층 · 무창층 또는 4층 이상의 층에 있는 경우에는 무대부의 면적이 300㎡ 이상인 것 혹은 무대부가 이외의 층에 있는 경우에는 무대부의 면적이 500㎡ 이상인 것
- 판매시설, 운수시설 및 창고시설 중 물류터미널로서 층수가 3층 이하인 건축물로서 바닥면적 합계가 6,000㎡ 이상이거나 층수가 4층 이상인 건축물로서 바닥면적 합계가 5,000㎡ 이상인 것 혹은 수용인원이 500명 이상인 것
- 층수가 11층 이상인 특정소방대상물의 경우에는 모든 층. 다만, 주택 관련 법령에 따라 기존의 아파트를 리모델링하는 경우로서 건축물의 연면적 및 층높이가 변경되지 않는 경우에는 해당 아파트의 사용검사 당시의 소방시설 적용기준을 적용
- 의료시설 중 정신의료기관이나 노유자시설로서 해당 용도로 사용되는 바닥면적의 합계가 600㎡ 이상인 것 혹은 숙박이 가능한 수련시설로서 해당 용도로 사용되는 바닥면적의 합계가 600㎡ 이상인 것
- 천장 또는 반자의 높이가 10m를 넘는 래크식 창고로서 연면적 1,500㎡ 이상인 것
- 기숙사 또는 복합건축물로서 연면적 5,000㎡ 이상인 경우에는 전 층[15)]

2) 경보설비

화재발생을 신속하게 알리기 위한 설비로 소방법에 의하여 자동화재탐지설비, 전기화재경보기, 자동화재속보설비, 비상경보설비 등으로 분류한다.

(1) 자동화재탐지설비

건물 내에 화재가 발생하였을 때 자동적으로 감지하여 내부 관계자에게 알리는 장치로서 감지기, 수신기, 발신기, 벨, 전원설비로 구성되어 있다. 보조 설비로 수동발신기를 병용하는 일이 많다.

15) 실내건축연구회(2015), op. cit., pp.112~113

① 감지기

- 온도상승에 의한 감지기
  - 차동식 : 주위 온도의 일정 상승률 이상이 되는 경우 작동하는 감지기이다. 사무실, 주차장, 서고 등 온도 변화가 비교적 적은 곳에 적합하다.
  - 정온식 : 국소온도가 기준보다 높아지는 경우 작동하는 감지기이다. 불을 많이 사용하는 보일러실과 주방 등에 적합하다.
  - 보상식 : 온도 상승률이 일정값을 초과 시 또는 온도가 일정값 초과 시 작동하는 감지기이다.
- 연기발생에 의한 감지기
  - 이온화식 : 감지기 안으로 유입된 연기 입자에 의한 이온전류의 변화를 이용하여 화재를 감지하는 것이다(농도 변화 감지).
  - 광전식 : 연기 입자에 의한 광전소자의 입사광량 변화를 이용하여 화재를 감지하는 것이다(광량 변화 감지).[16)]

② 수신기

- 감지기나 발신기로부터 화재 발생 신호를 받아 경보음과 동시에 화재발생 장소를 램프로 표시한다.
- 종류
  - P형 1급 수신기 : 상용전원 및 비상전원 간의 전환 등이 가능하며 회로 수에 제한이 없다. 4층 이상에 사용한다.
  - P형 2급 수신기 : 5회선 이하, 4층 미만 건물에 사용한다.
  - R형 수신기 : 고유의 신호를 수신하는 장치로, 숫자 등의 기록에 의해 표시되며 회선수가 매우 많은 동일 구내의 다수동이나 초고층 빌딩 등에 사용된다.
  - 기타 : M형, GP형, GR형[17)]

(2) 전기화재경보기

누전경보기라고도 하며 전기배선이나 전기기기에서 누전이 발생한 경우 자동적으로 경보작동을 하는 것으로 경보뿐만 아니라 자동적으로 그 회로를 차단한다.

(3) 자동화재속보설비

특정한 소방대상물의 화재 발생을 직접 소방기관에 통보하기 위한 것으로, 자체

---

16) 김진관 외 2인(2015), op. cit., pp.192~194

17) 이상화(2022), op. cit., p.429

화재 경보설비의 발신기를 설치하고 소방기관에 수신하여 그 고유의 화재신호를 수신하는 설비이다.

(4) 비상경보설비

화재 발생 시 음향·음성에 의해 건물 안의 사람들에게 정확한 피난을 유도하기 위한 설비로, 비상경보 기구, 비상벨, 비상 방송 설비, 자동 사이렌 등이 있다.

3) 피난설비

화재 시 피난을 목적으로 설치하는 설비로 피난기구, 인명구조기구, 유도등 설비, 비상조명, 휴대용 비상조명 등이 있다.

4) 소화활동설비

(1) 제연설비

화재 시 발생한 연기가 피난 경로인 복도, 계단 전실 및 거실 등을 침입하는 것을 방지하고 방화구역 내와 피난 경로 등에 축적되는 연기와 연소가스를 빨리 배출하여 거주자를 유해한 연기로부터 보호하여 안전하게 피난시킴과 동시에 화재폭발의 위험을 줄여 소화활동을 돕기 위한 설비이다.

① 배연설비 종류

- 자연배연 : 배연창과 개방장치로 구성되고 창의 크기는 '배연상 유효개구부'로서 필요한 면적은 '바닥면적의 1/50'이며, '천장에서 하부 80㎝ 이내'이다.
- 기계배연 : 배연기, 배연구, 배연 덕트로 구성되고 필요에 따라 대응하는 배연기는 비상전원 설치가 의무화되고 있다.

(2) 연결송수관설비

① 송수구

- 지면으로부터의 높이 : 0.5m 이상 1.0m 이하에 설치한다.
- 구경 65㎜의 쌍구형으로 한다.
- 연결송수관의 수직배관마다 1개 이상 설치한다.
- 이물질을 막기 위한 마개를 씌운다.

② 배관

- **주배관의 구경** : 100㎜ 이상이다(주배관 구경 100㎜ 이상인 옥내소화전 · 스프링클러 · 물분무 등 소화설비 배관과 겸용 가능).
- 수직배관은 내화구조로 구획된 계단실(부속실 포함) 또는 파이프 덕트 등 화재의 우려가 없는 장소에 설치한다.

③ 방수구

- **호스 접결구 설치** : 바닥으로부터 높이 0.5m 이상 1m 이하에 설치한다.
- 연결송수관설비의 전용방수구 또는 옥내소화전방수구로서 구경 65㎜의 것으로 설치한다.

④ 가압송수장치

- **펌프 토출량** : 2,400L/min 이상이다(계단식 아파트는 1,200L/min).
- 펌프 양정은 최상층에 설치된 노즐 선단의 압력이 0.35MPa 이상의 압력이 되도록 한다.
- 송수구로부터 5m 이내의 보기 쉬운 장소에 바닥으로부터 높이 0.8m 이상 1.5m 이하로 설치한다.[18]

(3) 연결살수설비

소방대 전용 소화전인 송수구를 통하여 화재 시 소방차로부터 가압송수에 의하여 지하층 등의 살수헤드를 이용하여 소화활동을 하는 기구이다. 스프링클러 설비를 통하여 살수 소화를 하는 것이 유리하나 설치 및 유지관리에 상당한 비용이 필요하기 때문에 큰 부담이 없는 연결살수 설비를 사용한다.[19]

(4) 비상콘센트

화재발생 시 정전으로 인하여 소화활동에 제약을 받게 된다. 따라서 초고층 건물 등과 같이 높은 건축물에 대해 배연설비와 조명설비 등의 전원공급을 목적으로 하는 콘센트 설비이다.[20]

18) 이상화(2022), op. cit., pp.428~429
19) 김진관 외 2인(2015), op. cit., p.196
20) Ibid., p.197

기출 및 예상 문제

5. 소방설비

01 다음 중 피난설비에 해당하지 않은 것은? 공인1회

① 미끄럼대 ② 완강기
③ 수동식 소화기 ④ 비상조명등

02 무대, 공장처럼 공간이 넓어 화재의 확산 속도가 빠른 곳이나 창고 및 준위험물 저장소 등에 설치하기에 가장 적당한 스프링클러는? 제18회, 공인2회

① 일제살수식 ② 습식
③ 건식 ④ 준비작동식

03 제연구획을 설정하는 기준으로 옳지 않은 것은? 공인2회

① 하나의 제연구역의 면적은 1,000㎡ 이내로 할 것
② 통로상의 제연구역은 보행중심선의 길이가 60m를 초과하지 아니할 것
③ 하나의 제연구역은 직경 60m 원 내에 들어갈 수 있을 것
④ 거실과 통로(복도 포함)는 별도의 제연구획을 할 것

정답 및 해설

01 ③
수동식소화기는 소화설비에 해당됨

02 ①
일제살수식 스프링클러 : 평상시에는 물탱크에서 일제개방밸브까지는 물, 밸브에서 개방형 헤드까지는 공기가 들어 있다. 화재감지기가 작동하면 일제개방밸브가 열리면서 동시에 모든 헤드에서 살수가 이루어지는 방식이다. 무대, 공장 등 화재의 확산 속도가 빠른 곳이나 창고 및 준위험물 저장소 등에서 사용한다.

03 ④
제연이란 화재 시 건물 내에서 발생한 연기가 다른 지역으로 확산되는 것을 지연시키기 위한 것으로 연기의 배출, 차단, 희석 등의 방법을 활용한다. 제연구역은 제연경계(보, 제연경계벽, 자동 구획되는 가동벽, 셔터, 방화문을 포함하는 벽)에 의해 구획된 공간을 말하며 다음과 같은 조건을 따라야 한다.
거실과 통로(복도를 포함, 이하 같다.)는 상호 제연구획 할 것

04 보기 설명에 해당하는 소방대상물에 설치해야 할 적합한 경보시설은?

제15회, 제18회, 공인3회

> 근린생활시설(일반목욕장을 제외한다), 위락시설, 숙박시설, 의료시설 및 복합건물로서 연면적 600㎡ 이상인 것.

① 비상경보설비
② 비상방송설비
③ 누전경보기
④ 자동화재 탐지설비

05 다음 중 연기감지기를 설치해야 하는 장소는?

공인3회

① 총길이 20m의 복도
② 건물 내의 파이프 덕트
③ 정온식 감지기가 설치된 장소
④ 반자의 높이가 12m인 장소

06 다음 경보 및 피난설비 중 설비와 관련된 내용이 잘못 연결된 것은?

제18회, 공인4회

① 누전경보기 : 전기배선 및 기기에서 누전이 발생할 때 경보하고 회로를 차단하는 것으로 최대계약전류용량이 100A를 초과하는 특정소방대상물에 설치한다.
② 비상방송설비 : 음향장치는 중심에서 1m 떨어진 곳에서 90dB 이상의 크기로 20분 이상 사용할 수 있는 전원이 확보되어야 한다.
③ 통로유도등 : 화살표로 피난방향을 표시하고 바닥면에서 1m 이내로 수평거리 20m마다 표시한다.
④ 비상조명등 : 조도는 10lx를 30분 이상 확보할 수 있어야 하며 100℃ 이상에서 10분 이상 견딜 수 있는 내열재료여야 한다.

정답 및 해설

04 ④

자동화재탐지설비는 다음의 해당 건물에 설치한다.

- 근린생활시설, 의료시설, 숙박시설, 위락시설, 장례식장 및 복합건축물로서 연면적 600㎡ 이상인 것
- 공동주택, 근린생활시설 중 목욕장, 문화 및 집회시설, 종교시설, 판매시설, 운수시설, 운동시설, 업무시설, 공장, 창고시설, 위험물 저장 및 처리시설, 항공기 및 자동차 관련 시설, 교정 및 군사시설 중 국방·군사시설, 방송통신시설, 발전시설, 관광 휴게시설, 지하가로서 연면적 1,000㎡ 이상인 것
- 교육연구시설, 수련시설, 동물 및 식물 관련 시설, 분뇨 및 쓰레기 처리시설, 교정 및 군사시설 또는 묘지 관련 시설로서 연면적 2,000㎡ 이상인 것
- 노유자 생활시설 및 노유자시설로서 연면적 400㎡ 이상인 것, 숙박시설이 있는 수련시설로서 수용인원 100명 이상인 것
- 공장 및 창고시설로서 〈소방기본법 시행령〉에서 정하는 수량의 500배 이상의 특수가연물을 저장·취급하는 것

05 ②

연기감지식 : 온도감지는 발화장소가 감지기와 가까운 경우에 가능하며 천장이 높거나 감지기와 거리가 먼 경우에는 화재 초기에 감지가 용이하지 않으므로 열보다 더 멀리 확산되는 연기를 이용하여 감지하는 방식이다. 이온화식과 광전식이 있으며 연기농도를 순간적으로 검출하는 비축적형, 연기농도를 축적하여 작동하는 축적형이 있다.

07 스프링클러 헤드에 관한 설명이다. 다음 중 틀린 것은? 제16회, 공인4회

① 폭이 8m인 실내의 측벽에 설치하였다.
② 스프링클러 헤드사이의 수평 거리를 2.1m로 하였다.
③ 하나의 분기관에 10개의 헤드를 설치하였다.
④ 스프링클러 헤드로부터 반경 70㎝의 공간을 확보하였다.

08 스프링클러 설비의 장, 단점과 거리가 먼 것은? 공인5회

① 초기화재 진압에 유효하다.
② 화재 시 자동으로 작동되므로 사람이 없는 시간에도 유효하다.
③ 시공비가 다른 소화설비에 비해 현저히 저렴하다.
④ 소화약제가 물이므로 물로 인한 2차 피해가 큰 편이다.

09 경보설비에 해당하지 않는 것은? 공인5회

① 비상벨설비 ② 비상방송설비
③ 가스누설경보기 ④ 유도등

제1장 실내계획
제2장 실내환경
제3장 실내시공
제4장 실내구조 및 법규

정답 및 해설

06 ④
비상조명등설비는 피난 시에 시야를 확보할 수 있는 최소한의 인공조명설비로서 140℃ 이상에서 30분 이상 견딜 수 있는 내열재료로 만들어져야 하며 조명기구는 10lx를 30분 이상 확보할 수 있어야 한다.

07 ③
- 배치 : 스프링클러의 헤드는 천장, 반자, 벽 등에 설치하며 헤드 배치방법은 정사각형, 직사각형, 지그재그형이 있다. 헤드가 살수하는 범위는 일반건물은 수평거리 2.1m(반경 R), 내화구조 2.3m 이하, 무대부 1.7m 이하, 아파트 3.2m 이하로 하며 헤드 하나의 소화면적은 일반적으로 10㎡로 가정한다. 헤드 간 거리는 정방형인 경우 약 3.0m 이하(2.1m 기준)로 계산되어지나 실의 형태에 맞추어 고른 간격으로 배치하며 살수 시에 선반이나 기둥에 의해 가려지는 부분이 없도록 한다.
- 스프링클러 헤드 : 스프링클러 헤드는 방수압 1.7kg/㎠ 이상, 방수량 80L/min 이상으로 1개당 20분 이상 살수될 수 있는 물을 저장해야 하며 스프링클러 헤드 주변 공간은 반경 60cm 이상 확보하며 벽과 헤드 사이 공간은 10cm 이상 확보하여 살수에 방해가 되지 않도록 한다.

08 ③
스프링클러 설비는 화재 시에 헤드가 열리면서 물이 분사되어 소화하는 방식으로 살수와 동시에 경보가 작동되는 자동소화경보설비이다. 초기화재 진압에 유효하고 화재 시 자동으로 작동되므로 사람이 없는 시간에도 유효하다. 소화약제가 물이므로 물로 인한 2차 피해가 큰 편이다.

09 ④
유도등은 피난시설이다.

10 스프링클러의 헤드 반경으로 적합한 것은? 제17회

① 10㎡ ② 30㎡
③ 1㎡ ④ 25㎡

11 다음 중 감지기 설치기준에 적합하지 <u>않은</u> 것은? 제16회

① 천장 또는 반자가 낮은 실내 또는 좁은 실내에 있어서는 출입구의 가장 먼 부분에 설치한다.
② 복도 및 통로에 있어서는 보행거리 30m마다 설치한다.
③ 계단 및 경사로에 있어서는 수직거리 15m마다 1개 이상 설치한다.
④ 감지기는 벽 또는 보로부터 0.6m 이상 떨어진 곳에 설치한다.

12 보기 설명에 해당하는 소방대상물에 설치해야 할 적합한 소방시설은? 제15회

연면적 3000㎡ 이상인 소방대상물(지하가중 터널을 제외한다)이거나 지하층, 무창층 또는 층수가 4층 이상인 층 중 바닥면적이 600㎡ 이상인 층이 있는 것은 전 층.

① 소화설비 ② 옥내소화전설비
③ 스프링클러설비 ④ 물분무 등 소화설비

정답 및 해설

10 ①
헤드 하나의 소화면적은 일반적으로 10㎡로 가정한다.

11 ①
천장 또는 반자가 낮은 실내 또는 좁은 실내에 있어서는 출입구의 가장 가까운 부분에 설치한다.

12 ②
옥내소화전 설비는 화재가 발생하였을 때 사용자가 초기에 화재를 진압할 수 있도록 설치하는 소화설비로서 소화탱크, 펌프, 배관, 소화전함, 호스, 노즐 등으로 구성되어 있다. 사용자가 노즐을 열면 물이 나와 소화를 할 수 있도록 소화전까지 항상 물이 차 있는 자동식과 수동으로 스위치를 작동시키는 수동식이 있다.

13 자동화재탐지설비를 설치하여야 하는 해당건물에 대한 설명으로 옳은 것은?

① 숙박시설이 있는 수련시설로서 수용인원 1,000명 이상인 것
② 교육연구시설, 수련시설, 동물 및 식물 관련 시설, 분뇨 및 쓰레기 처리시설, 교정 및 군사시설 또는 묘지 관련 시설로서 연면적 200㎡ 이상인 것
③ 노유자 생활시설 및 노유자시설로서 연면적 400㎡ 이상인 것
④ 연면적 1,000㎡ 미만의 아파트 및 연면적 1,000㎡ 미만의 기숙사

정답 및 해설

13 ③
- 숙박시설이 있는 수련시설로서 수용인원 100명 이상인 것
- 교육연구시설, 수련시설, 동물 및 식물 관련 시설, 분뇨 및 쓰레기 처리시설, 교정 및 군사시설 또는 묘지 관련 시설로서 연면적 2,000㎡ 이상인 것

1 조명일반

조명은 개구부를 통한 실내 채광의 자연조명과 인공적인 광원으로 공간에 빛을 제공하는 인공조명으로 구분된다. 실내공간의 사용자가 식별하고자 하는 대상을 바르게 인식하고, 현재 있는 주위의 상태를 적절하게 분별할 수 있도록 한다.

1) 빛의 특성

(1) 빛의 정의 및 구성

빛은 시각신경을 자극하여 물체를 볼 수 있게 하는 전자기파로 태양이나 고온의 물질에서 발하는 것으로 물체가 광선을 흡수 또는 반사하여 나타내는 빛깔로 정의된다. 즉, 공간을 이루는 요소에 의해 흡수 또는 반사되어 느껴지는 빛깔로 일정하지 않고 변화하는 속성을 가지고 있으며, 빛 자체는 광원에 의한 직접적 인지가 아닌 반사·흡수에 의한 간접적으로 인식된다.

① 태양광선의 분류

- 가시광선 : 380~780nm 범위의 파장으로 인간의 눈에 보이는 광선이다.
- 적외선 : 적색보다 파장이 긴 전자기파(780~4,000nm), 열효과를 가지고 있으므로 열선이라고도 한다. 복사열 측정장치를 이용하면 열발산 유형의 탐지나 물체의 식별 및 감지 등에 사용된다.
- 자외선 : 보라색보다 파장이 짧은 전자기파(20~380nm), 파장이 짧아 살균력이 강력하여 화학선, 건강선이라고 하며, 과다하게 노출되면 피부나 눈에 손상을 줄 수 있다.

(2) 빛의 성질

① 투과

투명한 물체에 빛이 투사되어 물체를 통과하는 성질이다. 반투명체는 빛의 직진을 교란·확산시킨다.

② 반사

빛이 비추어지는 진행 방향이 물체 등의 표면에 닿아 다른 방향으로 진행되는 것이다. 빛은 항상 물체에 닿으면 반드시 반사하는 성질을 가지고 있으며, 반사율은 재료에 따라 다르다.

- 경면반사 : 빛의 방향을 한 방향으로만 변화시키는 것으로 입사각과 반사각이 동일하다.
- 확산반사 : 반사면에 입사한 빛이 모든 방향으로 확산 되는 것이다.

③ 굴절

- 빛이 하나의 투명매체에서 다른 매체로 들어갈 때 빛의 방향이 변하는 성질이다.
- 입사각과 굴절각은 매질의 종류에 따라 빛의 속도가 차이가 생겨 굴절된다.

(3) 빛과 색

① 색온도

광원에서 발생되는 광색을 온도로 측정한 것으로 °K(Kelvin)로 표시한다.

② 연색성

빛의 분광 특성이 색의 보임에 미치는 효과를 연색성이라 하며, 연색 평가지수는 광원이 얼마나 색을 잘 표현하는가를 평가하는 것으로, 연색성 평가 기준이 되는 광원과 부합하는 물체색이 나타나는 것이다.

2) 조명의 특성

(1) 조명의 역할

- 실내공간을 안락하고 아름답게 만들어 주는 가장 중요한 역할을 한다.
- 공간 내에서 인간의 생활행위를 보조하는 역할을 한다.
- 실내 분위기를 조성하는 데 결정적인 역할을 한다.
- 시대상이 확실하게 잘 보이는 쾌적한 환경을 만든다.

(2) 조명용어의 이해

① 광속(Luminous flux : F)

광원에서 발생되는 총발광량으로 빛의 양이다. 단위는 루멘(lumen : 1m)으로, 파장이 380~760nm 사이인 방사속을 말한다.

② 조도(Illuminance : E)

작업면 또는 관련면에 들어온 빛의 양으로 단위 면적당의 입사 광속으로 표시된다. 단위는 럭스(lux : lx)와 풋캔들(footcandle : fc)을 사용하며 1lx라 함은 1cd의 광원으로부터 1m 떨어진 1㎡의 구면적에 도달하는 빛의 양을 말한다.

$$E = \frac{F}{S}\,(lm/m^2)$$

(F : 입사광속, S : 입사면적)

③ 광도(Candela : cd, Luminous intensity : I)

단위 시간 내에 발광체로부터 발산되는 빛의 양으로 그 방향의 단위 입체각에 포함된 광속으로 나타낸다. 기본 단위는 cd(칸델라)로 표시된다. 광도는 배광곡선, 즉 조명기구에 의해 형성되는 빛의 형태를 설명하는 단위로 이용한다.

④ 휘도(Luminance : L)

광원을 보면 그 면이 빛나 보이는데, 이 빛나는 정도를 휘도라 한다.

빛을 발산하는 면의 밝기에 대한 척도를 말하고, 그 방향의 광도를 수직투영 면적으로 나눈 값으로 표시된다. 단위는 cd/m^2(nit, asb, fL)를 사용한다.

⑤ 광속발산도(Luminous emittance : M)

단위면적으로부터 발산하는 광속이다. 단위로는 lm/m^2, 래드룩스(radlux : rlx)를 사용한다.

1. 조명일반

기출 및 예상 문제

제1장 실내계획
제2장 실내환경
제3장 실내시공
제4장 실내구조 및 법규

01 빛의 특성을 옳게 설명한 것끼리 짝지은 것은? 공인2회

> 1. 빛에 의한 공간의 요소들의 색은 일정하지 않고 빛에 따라 변한다.
> 2. 빛은 직접적이 아닌 반사나 흡수에 의한 간접적으로 인식되는 것이다.
> 3. 공간에서의 빛이란 태양의 광과 인공조명에서의 빛으로 크게 나누어볼 수 있다.
> 4. 빛은 흡수와 반사를 통해 느껴지는 것으로 일정하며 변하지 않는 속성을 지니고 있음은 불쾌하지만 참을 수 있는 정도, 즉, 일을 할 수는 있지만 좀 더 힘들고 불편한 정도를 말한다.

① 1－2　　② 1－4
③ 1－3－4　　④ 1－2－4

02 빛의 법칙 중 물 안에 막대를 넣을 때 꺾여 보이는 현상과 비슷한 상태를 무엇이라 하는가? 공인2회, 공인4회

① 빛의 반사　　② 빛의 굴절
③ 빛의 회절　　④ 빛의 산란

정답 및 해설

01 ④
공간에서의 빛이란 태양에 의한 자연광과 인공조명의 빛으로 나누어 볼 수 있으며, 공간을 이루는 요소에 의해 흡수 또는 반사되어 느껴지는 빛깔이다.

02 ②
빛이 액체 등에 비추는 입사로, 표면에서 각도가 변하여, 일정한 각도로 변하여 다시 직진하게 되는 것을 말하며, 물 안에 막대를 넣을 경우에 꺾여 보이는 현상과 비슷한 상태를 말한다.

03 다음의 조도 중 공부방과 침실의 조도로 알맞게 계획된 것은? 공인2회

① 1,000－400
② 1,000－200
③ 500－400
④ 500－200

04 다음의 지시문은 조명에 관한 조건 중의 하나이다. 다음의 조건에 해당되는 것은? 공인3회

- 광원을 보면 그 면이 빛나 보이며, 빛이 있는 면을 보거나 반투명의 것을 반대 측에서 보아도 밝게 보인다.
- 빛을 내고 있는 면을 어느 방향에서 볼 경우 얼마만큼 빛이 나는가를 나타내는 양으로 cd/㎡ 단위로 표시한다.
- 이 값이 너무 크면 시각적으로 불쾌감을 가진다.

① 광도
② 조도
③ 휘도
④ 순도

05 조명의 질을 좋게 하기 위해 주의해야 할 사항으로 옳지 못한 것은? 공인3회

① 조명의 질이 좋으면 밝을수록 눈의 피로가 적고, 심리적으로 쾌적하다.
② 빛을 모으는 점광원과 확산광원을 적절히 혼합하는 것이 좋다.
③ 조명을 다룰 때 과도한 휘도 대비는 불편함을 일으킨다. 또한 글레어는 눈부심을 일으키므로 적절한 조절이 필요하다.
④ 시야의 중심과 주변부가 동일한 밝음이거나, 주변부가 중심보다 약간 밝은 정도에서 가장 좋은 시력을 얻을 수 있다.

정답 및 해설

03 ①

- 공부방 조도 : 독서 600~1,500, 놀이 150~300, 전반 60~150
- 침실 조도 : 독서·화장 300~600, 심야 3~6, 전반 15~30

04 ③

광원을 볼 때 강하게 빛나 보이는데, 이 빛나는 정도를 휘도(luminance : L)라 하고, 그 방향의 광도를 수직투영 면적으로 나눈 값으로 표시된다. 단위로는 스틸브(stilb : sb), 니트(nite : nt) 및 풋 램버트(foot lambert : fL)를 사용한다.

05 ④

조명의 질이 좋으면 밝을수록 눈의 피로가 적고, 심리적으로 쾌적하다. 시야의 중심과 주변부가 동일한 밝음이거나, 주변부가 중심보다 약간 어두운 정도에서 가장 좋은 시력을 얻을 수 있다.

06 다음 빛의 속성에 대한 설명 중 옳지 않은 것은? 공인5회

① 모든 빛은 빛이 닿는 곳의 표면에서 반사하는 성질이 있으며 이를 반사율이라 한다.
② 눈부심은 주변의 평균적인 조명보다 훨씬 더 밝은 빛을 내는 광원과 눈이 부딪혔을 경우에 발생하게 된다.
③ 기존 설비에 대해 눈부심을 최소로 하기 위해서는 마감재의 색, 광원의 빛이 닿는 면적, 투사각의 수정 또는 전구의 차폐 등으로 해결할 수 있다.
④ 빛의 방향은 기획 단계에서 임으로 변경할 수 없으므로 무시해도 좋다.

07 빛의 휘도에 관한 다음 설명 중 틀린 것은? 공인5회

① 어떤 방향으로부터 본 물체의 밝기 정도를 말한다.
② 휘도의 단위는 cd/m^2이다.
③ 눈부심을 방지하기 위하여 휘도를 높게 한다.
④ 휘도비가 너무 크면 시각적으로 불쾌감을 느낀다.

08 다음 〈보기〉는 어떤 반사에 대한 내용인가? 제17회

> 입사되는 빛이 변형이 일어난 면에 반사되어 반사된 빛이 같은 방향으로 흩어지는 경우에 나타난다.

① 정반사(specular reflection)
② 확산반사(diffuse reflection)
③ 불완전 확산반사(spread reflection)
④ 복합반사(compound reflection)

정답 및 해설

06 ④
디자이너들은 빛 자체의 질이나 양보다는 빛이 어디에서 오는가, 즉 빛의 방향을 더 고려하고자 한다. 이러한 빛의 방향은 기획 단계에서 임의로 변경할 수 있는 중요한 디자인 요소일 수 있다.

07 ③
눈부심은 주변의 평균적인 조명보다 훨씬 더 밝은 빛을 내는 광원과 눈이 부딪쳤을 때 일어난다.

08 ③
빛이 비추어지는 진행 방향이 물체 등의 표면에 닿아 다른 방향으로 진행되는 현상을 반사라고 한다. 즉, 빛은 항상 물체에 닿으면 반드시 반사하는 성질을 가지고 있다. 매끄러운 표면을 가진 물체의 경우, 규칙적인 정반사가 이루어지고, 거친 질감의 표면의 물체에서는, 난반사가 이루어진다. 확산성이 있는 물체 표면의 경우, 반사면에 입사한 빛이 모든 방향으로 확산되는 반사는 확산반사라 한다.

09 파장마다 느끼는 빛의 밝기 정도를 1와트당의 광속으로 나타낸 것은? 제17회

① 휘도(luminance brightness)
② 시감도(luminous efficiency)
③ 연색성(color rendition)
④ 시쾌적률(visual comfort probability)

10 광막반사를 방지 할 수 있는 방법 중 옳지 않은 것은? 제15회

① 비광택 마감재 사용한다.
② 작업면에 높은 조도를 제공한다.
③ 표면 휘도가 낮은 조명기구를 사용한다.
④ 정반사 각도에서 벗어난 곳에 광원을 위치한다.

11 빛의 성질에 관한 다음 설명 중 맞는 것은? 제15회

① 물질의 두께와 상관없이 빛의 투명도는 일정하다.
② 빛은 동일방향으로만 반사되는 성질이 있다.
③ 입사광선, 법선, 굴절광선은 다른 평면상에 있다.
④ 빛은 투명매체로 들어갈 때 방향이 변한다.

12 측광량을 표시하는 단위의 조합에서 틀린 것은? 제14회

① 광속－watt
② 광도－candela
③ 조도－lux
④ 휘도－candela/m^2

정답 및 해설

09 ②
- 휘도 : 빛을 발산하는 면의 밝기에 대한 척도를 말하고, 그 방향의 광도를 수직투영 면적으로 나눈 값으로 표시된다. 단위는 cd/㎡(nit, asb, fL)를 사용한다.
- 연색성 : 빛의 분광 특성이 색의 보임에 미치는 효과이다.

10 ②
광막반사(Veiling Reflection)를 막기 위해서 책상 위에서 독서하는 사람의 눈으로부터 책상면으로 내린 수직선과 40° 각을 이루는 직선이 정방형면을 책상 위에 만들어 이 면에서 정반사하여 눈에 들어오는 천장면에 광원을 설치하지 않아야 한다. 뿐만 아니라 지나치게 밝은 조명은 낮춰주고 작업대에 가깝게 작업등을 설치하여 조명을 보충해주어야 하며, 책상면은 반사율이 35~50% 정도인 무광택 면을 사용하면 이러한 현상을 방지할 수 있다.

11 ④
빛이 하나의 투명매체에서 다른 매체로 들어갈 때 빛의 방향이 변하는 것을 굴절이라 한다.

12 ①
전자파로서 방사된 에너지의 양을 방사속이라 하지만, 즉 광속은 빛의 양이라 할 수 있다. 즉, 사람의 눈에 보이는 가시범위의 방사속을 광속(luminous flux : F)이라 하며, 단위는 루멘(lumen : 1m)으로, 파장이 380~760[nm] 사이인 방사속을 말한다.

2 조명의 분류

1) 광원에 따른 분류

(1) 백열전구

- 필라멘트에 전류를 흘려서 고온(2,000℃)으로 가열하여 빛을 얻는 광원이다.
- 연색성이 좋고 따뜻한 광색으로 점광원에 가깝고, 빛의 제어가 용이하다.
- 효율(7～22lm/W)이 낮고 방사열이 많아 이용에 불편이 따르고 수명이 짧다.
- 점멸빈도가 높고 사용 시간이 적은 곳, 강조조명이 필요한 곳에 적합하다.

① 할로겐 전구
- 백열전구의 특성을 개선한 램프로 별도의 점등 장치가 없으며, 수명이 길다.
- 고휘도 고연색성을 갖고 있으며, 배광 제어가 용이하다.
- 열방사가 많고 효율이 낮아 강조하는 조명으로 투광 조명, 악센트 조명, 영사기 및 자동차용 전구 등에 사용된다.

(2) 형광전구

- 수은과 아르곤의 혼합가스를 봉입한 방전관으로 유리관 내에 방사된 자외선은 번갈아가며 형광 코팅에 전류를 보내어 빛을 발산한다.
- 효율이 높고, 희망하는 광색을 얻을 수 있다.
- 램프의 휘도가 낮으며, 수명이 길다.
- 전원전압의 변동에 대한 광속변동이 적고 전원주파수의 변동이 수명에 영향을 미친다.
- 열을 거의 동반하지 않지만, 빛의 어른거림이 있다.
- 기동시간이 걸리고 주위온도의 영향을 받는다.

(3) 고압방전전구(HID기구)

- 고압가스나 증기 중의 방전을 이용하여 발광하는 방전등이다.
- 외형이 비교적 소형으로 광속이 크며, 램프의 효율이 높고 수명이 길다.
- 광속이 크고 효율이 높아 원하는 조도를 얻을 때 적게 설치할 수 있다.
- 대량의 광속이 필요한 면적이 넓은 옥외 조명, 투광 조명 또는 천장이 높은 공장, 체육관 등의 옥내 조명에 적합하다.

① 고압수은램프(high pressure mercury lamp)

- 수은 증기 중의 방전을 이용해 수은 증기압이 고압(1기압)이 됨에 따라 가시광선이 다량 방출되므로 직접조명용 광원으로 이용한다.
- 휘도(1,000～10,000cd/㎠)가 높고 등부의 전력 및 광속이 큰 램프이며, 배광 제어가 용이하다.
- 백열전구에 비해 효율이 높다.
- 연색성이 나쁘고, 시동, 재시동에 시간이 걸린다.

② 메탈할라이드램프(metal halide lamp)

- 고압수은등의 효율과 연색성을 개선한 것으로, 자연 주광색에 매우 가까운 연색성을 가진다.
- 수명이 길지만 가격이 다소 높고 점등 방향에 제약이 있다.
- 천장이 높은 내부조명에 쓰이며 고연색 등은 미술과, 상점, 경기장 등에 사용된다.

③ 고압나트륨램프(high pressure natrium lamp)

- 증기압을 높여 발광효율이 높고 수명이 매우 긴 광원이다.
- 색온도가 황백색으로 도로조명 등 옥외 일반 조명에 사용된다.
- 연색성이 매우 나쁘다.

(4) 고체 발광전구

① EL전구(electroluminescent lamp)

- 새로운 면광원 램프이다.
- 계기판의 조명용, 액정 표시 패널의 배면 조명(백라이트) 등에 사용된다.
- 백색광의 휘도가 65cd/m^2 정도이고 수명이 길다.

② LED(light-emitting diode)

- 반도체 광원으로 반영구적 수명의 램프이다.
- 발열이 적어 내구성이 길고 낮은 전력으로 효율이 높은 조명이다.
- 경제적 · 환경적 · 심미적 측면에 효과적이며, 광량 · 광색 · 배광 조절이 자유롭고 유지보수 비용이 적게 든다.

2) 조명방식에 따른 분류

(1) 조도분포에 따른 분류

① 전반조명

- 일정한 높이와 간격으로 조명기구를 배치하여 실내 전체를 균등하게 조명하는 방법으로 가장 일반적으로 사용되는 방식이다.
- 공간을 평균적으로 밝고 편안하고 온화한 분위기로 연출할 수 있고 그림자가 적어 학교, 공장, 사무실 등의 공간에 전체조명으로 사용된다.

② 국부조명

- 비교적 좁은 면적에 높은 조도를 부여하므로 조명연출이 효과적으로 요구되거나, 작업상 필요한 곳, 조명연출이 필요한 장소나 상품 등을 비추기 위하여 사용된다.
- 작업조명과 강조조명으로 구분되고, 작업조명은 시선을 집중시키는 빛이 필요하다.

③ 혼합조명

- 전반 국부 겸용 조명방식으로 필요한 곳에 부분적으로 조명을 보충하는 것으로 경제적인 조도를 구할 수 있다.
- 실내공간에 변화가 있는 공간연출로 생동감을 주어 명암대비에서 오는 시각 장애를 없애는 장점이 있는데 전반조명의 밝기가 국부조명의 1/10 이하가 되지 않도록 계획해야 한다.
- 일반적으로 레스토랑이나 설계실, 정밀 공장 등에 사용된다.

(2) 배광방식에 따른 분류

유 형	배광방식	배광곡선	특 성
직접조명		0 10 100 90 direct	작업면의 높은 조도를 얻을 수 있다. 에너지 효율이 좋으며, 물체의 입체감을 잘 표현할 수 있다.
반직접조명		0 40 90 60 semidirect	상향하는 약간의 빛은 아래로 향한 직접적인 빛으로부터 그림자를 부드럽게 한다.

전반확산조명	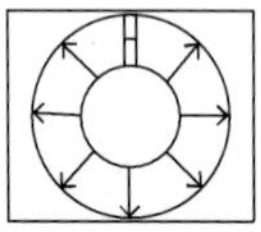	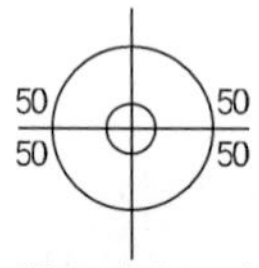 50 50 50 50 diffused general	동등한 빛이 모든 방향으로 나간다. 직접적인 눈부심을 조절하기 위해서는 확산성 덮개가 크고 와트수는 낮아야 한다.
직간접조명		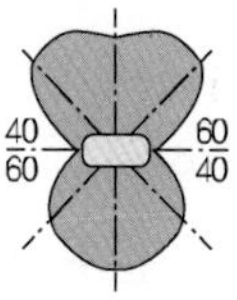 40 60 60 40	천장과 바닥에 거의 비슷한 양의 빛을 내보내고 측면은 거의 빛을 보내지 않는다. 직접눈부심을 줄인다.
반간접조명	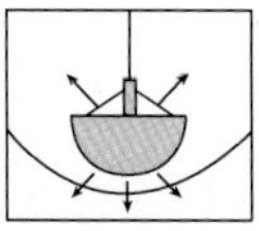	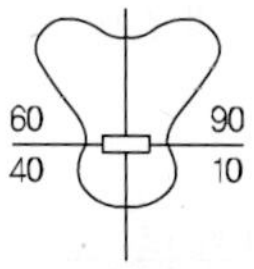 60 90 40 10 semidirect	균일한 조도를 제공하고 그림자를 부드럽게 한다. 눈부심이 적어 장시간 세밀한 일을 하는 작업에 적당하다.
간접조명	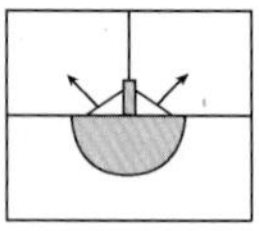	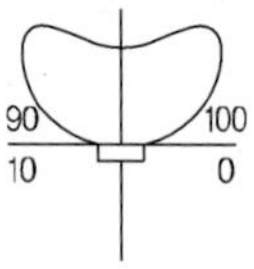 90 100 10 0 indirect	천장의 어두움을 방지할 수 있고, 높은 느낌을 만든다. 조도 분포가 균일하여 입체감과 생동감이 적으므로 정적인 공간에 적합하다. 효율이 떨어져 비경제적이고 사후 관리가 어렵다.

(3) 건축화 조명

건축물의 구성요소인 바닥이나 벽, 천장 등의 일부가 광원화되어 장식뿐만 아니라, 조명기구가 눈에 보이지 않고 빛만 느껴지도록 설치하여 건축의 중요한 일부가 되는 조명 방식을 말한다.

① 광천장 조명

- 천장의 전체 또는 일부에 조명기구를 설치하고 확산성 재료를 이용해서 조명기구가 보이지 않도록 마감 처리하여 천장 전면이 조명인 것처럼 연출하는 조명 방법이다.
- 그림자 없는 부드럽고 깨끗한 빛을 얻을 수 있고, 마감 재료의 설치 방법에 따라 실내공간의 변화를 줄 수 있다.
- 입체적 효과가 떨어져 단조롭고 지루하며 정적인 느낌을 줄 수 있다.

② 광창 조명

- 광원을 벽면 전체 또는 일부에 매입, 시선에 안락한 배경으로 작용한다.
- 지하철 광고판 등에 사용한다.

③ 코브 조명

- 조명기구가 천장 가까운 벽에 부착된 불투명판 뒤에 장착되어 확산광을 부여해

천장으로 빛을 비추는 조명방식이다.
- 높이에 대한 느낌을 표현할 수 있는 장점이 있다.
- 부드럽고 균등하고 눈부심 없는 빛을 발산하여 보조조명으로 쓰인다.

④ 트로퍼 조명
- 장방형의 천장 매입기구인 트로퍼를 천장에 매입한 조명 방법이다.
- 사무실 조명으로 주로 사용된다.
- 램프가 직접 눈에 들어오지 않도록 차광판, 디퓨저, 확산판, 루버 등이 사용된다.

⑤ 코니스 조명
- 천창 또는 천장 가까이에 차폐장치를 설치하여 빛이 아래쪽을 비추게 하는 조명방식이다.
- 재질감이 있는 벽면(돌, 벽돌, 나무 등)의 드라마틱한 특성을 강조하거나 재미있는 조명 효과를 준다.

⑥ 밸런스 조명
- 창문 바로 위에 커튼 또는 다른 부속물과 함께 설치하여 상향 또는 하향으로 비추는 간접조명 방식이다.
- 천장이 낮은 경우 아래로 비추면 높아 보이는 효과를 갖는다.

⑦ 브래킷 조명
- 밸런스 조명과 비슷하지만 창문 상·하부에 설치하는 것이 아닌 벽의 낮은 곳에 장착하여 직접조명과 간접조명으로 비추는 방식이다.
- 작업공간, 침실 또는 악센트용의 선반 유닛으로 사용된다.

⑧ 캐노피 조명
- 벽면이나 천장면의 일부를 돌출시켜 조명을 설치하여 아래로 집중적으로 빛을 비추는 조명 방법이다.
- 카운터 상부, 화장실 및 세면대 상부, 드레스룸의 화장대 상부에 사용된다.

⑨ 코퍼 조명
- 천장면을 원형 또는 사각형으로 구멍을 뚫어 단차를 두고 내부에 조명을 설치하는 간접조명방식이다.
- 빌딩이나 백화점 1층의 홀, 레스토랑, 대연회장 등 호화스런 분위기를 내는 곳에 사용한다.

⑩ 루버 조명
- 천장 전면에 루버를 설치하고 그 위에 광원을 배치하는 조명기법이다.

- 직사 현휘가 없고 밝은 조도를 얻기 위한 사용에 효과적이다.
- 루버면에 휘도를 일정하도록 하여 얼룩짐이 생기지 않도록 하고, 램프로부터 루버면까지의 거리를 직접 검토하여 설계한다.

⑪ 특수 조명

- 계단, 핸드 레일 또는 바닥과 같은 특별한 곳에 다양한 방법으로 설치되거나 천장, 벽면 상부에 조명 패널을 사용하는 특별한 조명방식이다.
- 조명벽이나 조명 기둥은 조명 천장과 같이 모두 장식적 용도나 그래픽 디스플레이용으로 사용된다.
- 실내공간에서 구조적인 요소를 표현할 때 효과적이다.

⑫ 바닥 조명

- 광원을 바닥에 매입 설치하여 위를 향하여 비추도록 하는 조명방식이다.
- 주로 어느 한 부분을 집중적으로 강조하거나 빛이 비추어지도록 한다.
- 실외에서 건물을 향하도록 설치하면 매우 드라마틱한 조명 효과가 연출된다.

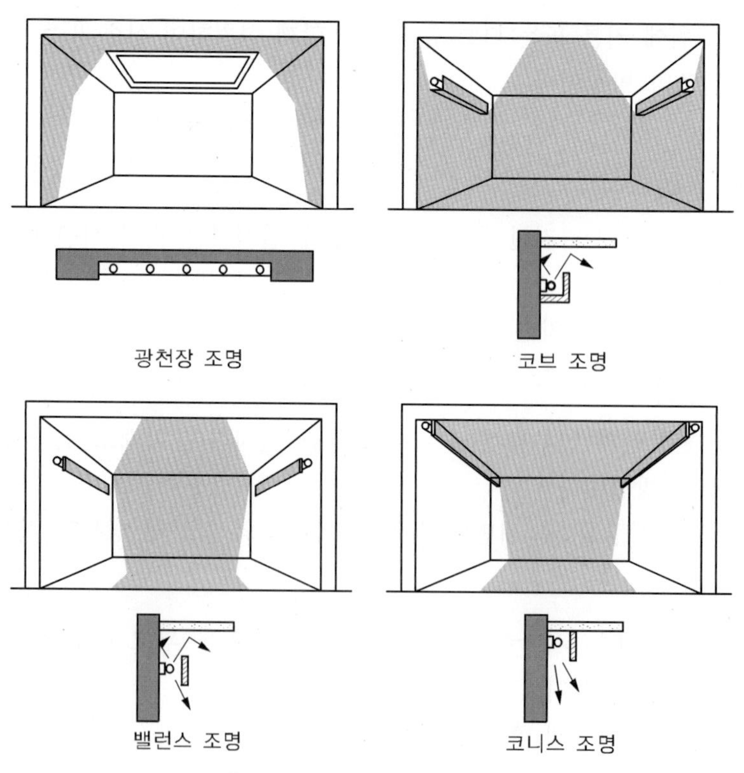

[그림 2-18] 건축화 조명

자료 : 이상화(2022), 실내건축기사 필기

3) 조명기구에 따른 분류

(1) 조명기구의 역할

- 기능상 전구를 보호한다.
- 공급되는 전기와 연결된다.
- 광선의 방향 및 형태를 조절한다.

(2) 설치 방법에 따른 분류

유형	램프	빛	특성
매립형	백열등, 고밀도 방전등 / 형광등	직접	전반조명으로 좋음, 또한 월 워싱과 악센트용 조명으로 사용됨
천장부착형	백열등, 고밀도 방전등 / 형광등	직접	전반조명을 제공하거나 직접조명이 될 수 있음 설치와 램프의 교체가 용이
벽부착형	백열등 / 형광등	직접 간접 직간접	종종 장식용, 악센트용으로 쓰임 시선을 천장에서 아래쪽으로 유도함 상하 또는 바깥쪽으로 빛을 낼 수 있으며 혼합형도 있음
매단형	백열등, 고밀도 방전등 / 형광등	직접 간접 직간접	높이를 조절할 수 있음 매달린 또는 빛을 동반한 장식물로 사용됨 상하좌우로 빛을 낼 수 있음
트랙형	백열등 / 형광등	직접 간접 직간접	효과, 위치 그리고 장식적 강조에 있어서 매우 유동적임 트랙은 표면에 노출 장착되거나 매립되거나 매달릴 수 있음

자료 : 로즈메리 킬머, W. 오티 킬머(2010), 인테리어 디자인

2. 조명의 분류

기출 및 예상 문제

01 다음 건축화 조명에 대한 설명 중 맞지 않은 것은? 제19회, 공인1회, 공인4회

① 광천장 조명은 천장의 전체 또는 일부에 조명기구를 설치하고 조명기구가 보이지 않도록 커버를 부착하는 것이다.
② 광창 조명은 벽면 전체 또는 일부를 광원화하는 조명방식이다. 최근 지하철 역사 등의 내부 벽면에 광고판 형식의 와일드 스크린을 사용한다.
③ 코브 조명은 주로 천장의 가장자리 부분의 코니스에서 확산광을 부여하는 천장으로 빛을 비추는 조명방식이다.
④ 캐노피 조명은 장식을 위해 천장면을 원형이나 사각형으로 하여 내부에 간접 조명 방식으로 단조로움을 없애는 것이다.

02 다음 중 조명 기구의 설치에 의한 분류가 아닌 것을 고르시오. 공인1회, 공인5회

① 매입조명 ② 천장직부조명
③ 벽조명 ④ 장식조명

정답 및 해설

01 ④
캐노피 조명(canopy lighting)은 천장 속에 내장하거나 천장보다 낮게 매달아 설치하는 조명방식이다.

02 ④
조명기구의 설치에 의해 매입, 천장직부, 벽부착, Suspended pendant, Track 방식으로 분류되고, 사용목적에 의해서는 명시, 장식조명으로 분류된다.

03 조도분포에 변화를 주어 공간을 생동감 있게 연출하기 위해 전반 조명과 국부 조명을 혼합하여 계획한다면, 전반 조명의 밝기와 국부 조명의 차이를 계획하는 바람직한 방법은? 공인1회

① 전반 조명의 밝기가 국부 조명의 1/2 이하가 되지 않도록 계획한다.
② 전반 조명의 밝기가 국부 조명의 1/5 이하가 되지 않도록 계획한다.
③ 전반 조명의 밝기가 국부 조명의 1/8 이하가 되지 않도록 계획한다.
④ 전반 조명의 밝기가 국부 조명의 1/10 이하가 되지 않도록 계획한다.

04 광원의 특성을 설명한 것으로 옳은 것은? 공인2회

① 백열등은 연색성이 좋고 차가운 광색이다.
② 백열전구의 발광체 효율은 필라멘트 특성에 따라 좌우된다.
③ 형광등은 고압 수은의 방전에서 발생된 자외선 방사이다.
④ 형광등은 빛의 흔들림이 없고 임의의 광색을 얻을 수 있다.

05 대량의 광속이 필요한 면적이 넓은 옥외조명, 투광 조명 또는 천장이 높은 공장, 체육관 등의 옥내조명을 적합한 램프는? 공인2회

① 고휘도 방전등(HID 기구)
② 고체 발광램프
③ 할로겐램프
④ 무전극 방전램프

정답 및 해설

03 ④
전반조명과 국부조명을 혼합하여 사용하는 전반 국부 겸용 조명방식으로 필요한 곳에 부분적으로 조명을 더하는 것으로 경제적인 조도를 구할 수 있다. 또한 실내공간에 변화가 있는 공간연출로 생동감을 주어 명암대비에서 오는 시각장애를 없애는 장점이 있다. 이때 전반조명의 밝기가 국부조명의 1/10 이하가 되지 않도록 계획해야 한다. 일반적으로 레스토랑이나 설계실, 정밀공장 등에 주로 사용된다.

04 ②
백열등은 유리구 안의 필라멘트에 전류를 흘려서 그것을 고온(2,000℃)으로 가열하여 열방사에 의해 빛을 방사시키는 광원이다. 백열등은 연색성이 좋고 따뜻한 광색이다.
형광등은 저압 수은의 방전에서 발생된 자외선 방사로서 방사 루미네센스에 의하여 유리관 내면에 바른 형광 물질을 자극시켜 효율이 좋은 빛을 얻도록 만든 광원이다.

05 ①
고압방전등(high pressure discharge lamp)은 고압가스나 증기 중의 방전을 이용하여 발광하는 방전등으로 특징은 우선 외형이 비교적 소형으로 광속이 크며, 램프의 효율이 높고 수명이 길다. 따라서 대량의 광속을 필요한 면적이 넓은 옥외 조명, 투광 조명 또는 천장이 높은 공장, 체육관 등의 옥내 조명에 적합하다.

06 배광방식 중 직접조명과 간접조명 방식을 병용한 것으로 위아래로 향하는 빛의 40~60%로 균등한 조명방식은? 공인2회, 공인4회

① 반직접조명
② 반간접조명
③ 직접-간접조명
④ 전반확산조명

07 다음 중 조명기법에 대한 설명 중 틀린 것은? 공인3회

① 전반조명은 균질화된 밝기를 만들며 대체로 천장조명에 의해 연출된다.
② 국부조명은 스포트라이트(spot light)나 빔라이트(beam light)로 특정부위를 집중 조사하는 형식이다.
③ 펜던트(pendent)나 샹들리에(chandelier)는 분위기를 연출하며 조명기구 자체의 심미적 성향을 강조하는 장식조명이다.
④ 건축화 조명에는 천장면에 매입되는 형식인 매입등과 벽에 부착되는 브라켓(bracket)이 있다.

08 실내공간에서 벽이나, 천장, 기둥 등에 매입되어 다음 〈보기〉와 같은 방식으로 조명되는 것을 무엇이라 하는가? 공인3회

• 빌트 인(built-in light)	• 코브(cove)
• 코니스(cornice)	• 캐노피(canopy)

① 전반조명
② 건축화 조명
③ 장식화조명
④ 바닥조명

정답 및 해설

06 ④
전반확산조명은 직접조명과 간접조명 방식을 병용한 것으로 위아래로 향하는 빛의 양이 40~60%로 균등하게 확산 배분되는 조명이다.

07 ④
건축화 조명은 건축물의 구성요소인 바닥이나 벽, 천장 등의 일부를 조명을 삽입하여 설계하는 것으로 광원(조명기구)을 삽입하여 설치하거나 노출하되 반사용 설치물을 부착하여 조명기구가 눈에 보이지 않고 빛만 느껴지도록 설치하는 붙박이 조명방식을 말한다. 따라서 광천장 조명, 광창 조명, 코브 조명, 트로퍼 조명, 벽면 조명, 캐노피 조명, 코퍼 조명, 빔 조명, 루버 천장 조명, 인공창, 코너조명, 특수조명, 바닥조명이 있다.

08 ②
건축화 조명은 건축물의 구성요소인 바닥이나 벽, 천장 등의 일부를 조명을 삽입하여 설계하는 것으로 광원(조명기구)을 삽입하여 설치하거나 노출하되 반사용 설치물을 부착하여 조명기구가 눈에 보이지 않고 빛만 느껴지도록 설치하는 붙박이 조명방식을 말한다.

09 건축화조명 중 벽면 조명방식이 아닌 조명방법은? 공인5회

① 코브(cove lighting)
② 코니스(cornice lighting)
③ 캐노피(canopy lighting)
④ 발란스(valance lighting)

10 PAR(Parabolic Aluminized Reflector) 램프의 설명으로 맞지 않은 것은? 제19회, 제16회

① 타원형 알루미늄 반사경을 가진 램프
② 내부에 반사면을 가진 백열전구
③ 빔각도를 조절하는 렌즈의 위치가 정확한 램프
④ 빛을 분광, 굴절시키는 램프

11 다음 중에서 가장 발광효율이 높은 전등은? 제18회, 제16회

① 백열전구
② 할로겐램프
③ 고압나트륨램프
④ 수은등

12 LED조명(발광다이오드 : Light-Emtting Diodes)에 관한 설명으로 알맞지 않은 것은? 제18회

① 전기적으로 점등 시 특정 전압을 요하지 않는다.
② 광량, 광색, 배광조절이 자유롭고 수명이 반영구적이다.
③ 전기가 반도체를 통해 직접 빛으로 전환되어 효율이 높다.
④ 전류가 흐르기 시작하고부터 발광하기까지의 시간이 짧다.

정답 및 해설

09 ①
코브 조명(cove lighting)은 주로 천장이나 바닥 가장자리 부분의 코니스(cornice)에서 확산광을 부여해 천장으로 빛을 비추는 조명방식으로 주로 보조적인 역할을 한다. 주변을 강조해 실내에 친밀하고 개인적인 분위기를 조성하고, 주로 천장이 높거나 천장 높이에 변화를 가할 때 천장의 높낮이 차이를 이용하여 설치하는 부드럽고 차분한 간접조명 방식이다.

10 ④
PAR램프는 텅스텐 필라멘트 전구 중 하나로 포물선 모양의 인티그럴(Integral)식 알루미늄 반사경이 있는 은폐식 광선의 광원이다. 이 램프는 튼튼한 압축 유리구조를 가지고 있는 것으로서, 열 충격에 대해 내성을 가지고 있으며, 옥외에서 사용될 수 있음을 알 수 있다. 일반적으로 이 전구의 정격 수명은 약 2,000시간이다.

11 ③
고압나트륨등은 발광효율이 다른 광원에 비해 극히 높으며, 수명도 비교적 길다. 황등색의 단광색이며, 연색성은 나쁘지만 색수차가 없다.

12 ①
LED광원의 특징은 전기적으로 특정전압 이상에서 점등을 시작하고, 점등 후에는 작은 전압변화에도 민감하게 전류와 광도가 변화한다.

13 조명기구를 선택 시 고려해야 할 사항이 아닌 것은? 제16회

① 재료의 밀도 ② 광선의 방향
③ 전기적 안정성 ④ 실내디자인과의 조화

14 백열전구에 비해 형광등의 장점이 아닌 것은? 제14회

① 수명이 길다.
② 효율이 높다.
③ 주위 온도의 영향을 받지 않는다.
④ 광원이 크므로 눈부심이 적다.

15 조명 설치 방법에 대한 설명 중 틀린 것은? 제13회

① 내입형(Recessed)은 눈부심 방지에 좋다.
② 벽부착형(Wall Bracket)은 휘도가 낮은 광원을 사용한다.
③ 트랙설치형(Track Mounted)은 설치형태가 매우 다양하다.
④ 이동형(Portable)은 설치비가 매우 높다.

정답 및 해설

13 ①
조명기구를 선택하고자 할 때 광선의 방향, 조명기구의 설치방법, 설치 및 운영비용, 전기적 안전성, 조명기구의 외양 혹은 노출성을 고려해야 한다.

14 ③
형광등은 저온에 부적합하고 점등기가 필요하며, 적정 전압 80V 이상이 필요하다.

15 ④
이동형 조명은 완제품으로 판매되므로 별도의 설치비가 필요하지 않다.

3 조명연출의 이해

1) 조명연출 요소

(1) 색온도

- 빛의 색상을 말하며, 절대온도 °K(켈빈 : Kelvin)으로 표시한다.
- 흑체를 고온으로 가열하면 온도가 높을수록 짧은 청색 계통의 빛이, 온도가 낮을수록 적색 계통의 빛이 나온다.
- 태양광의 경우 6,500°K로 표시되고, 푸른 하늘과 같은 푸른 기가 있는 빛은 11,000~20,000°K로 색온도가 높다고 하고, 백색형광램프는 4,200°K, 촛불의 불꽃은 2,000°K로 붉은 기가 있는 빛을 색온도가 낮다고 한다.
- 색온도가 낮은(붉은) 빛은 사람의 마음을 여유롭게 하고 안정되게 하며, 반대로 색온도가 높은(푸른) 빛은 긴장감을 돌게 하고 활동적인 경향을 갖게 한다.

(2) 광원의 연색성

- 광원에 의해 물체를 비추었을 때 물체의 색깔을 얼마나 잘 연출하느냐를 결정하는 광원의 성질이다.
- 같은 물체색이라도 광원의 종류에 따라 물체색이 달라 보이는 성질을 광원의 연색성이라고 한다.
- 백열등은 따뜻한 느낌을 주는 빛에 의해서 빨간색 계통의 색이 강조되어 더욱 선명하게 보이고, 파란색 계통은 침체되어 보인다.
- 형광등에는 파란색 계통은 더욱 선명하게 보이나, 빨간색 계통은 희미하게 보인다.
- 연색평가지수(Color Rendering Index)는 광원이 얼마나 색을 잘 표현하는가를 평가하는 것으로 자연광과 비교해서 어느 정도 빛이 다르게 보이는가를 나타내는 기준이다.

(3) 내장재와 반사율

- 반사율은 물체에 의해 얼마나 많은 빛이 반사되는가를 나타낸다.
- 반사되는 면의 반사율에 따라 반사되는 빛의 밝기와 양이 달라진다.
- 공간의 마감을 결정하는 내장재의 선택은 빛의 쾌적함을 결정하는 데 중요하다.

2) 조명연출 기법

(1) 강조 기법(Highlighting)

- 물체를 강조하거나 시선을 집중시키고자 할 때 사용하는 기법이다.
- 특정 물체에 그 배경의 밝기보다 5배 이상으로 하여 높은 밝기 대비를 부여함으로써 시선을 집중시키며 행위를 유도한다.
- 대부분 조절 가능한 매입조명 기구나 각도 조절이 가능한 스포트라이트를 사용한다.

(2) 빔 플레이 기법(Beam play)

- 광선 그 자체가 하나의 시각적 형태를 연출하는 것으로 공간을 보다 생동감 있고 온화하게 한다.
- 투명 유리 전구에서 비추는 광선의 형태는 강한 그림자를 만든다.
- 명도가 높을수록 반사율이 높아 광선의 형태가 명확해지고 화려한 느낌을 준다.

(3) 월 워싱 기법(Wall washing)

- 수직면을 비교적 균일하게 비추는 방법으로 비대칭 배광방식의 조명기구를 사용하여 균일한 조도의 빛을 비추는 기법이다.
- 공간 내에서 방향성을 주고, 시각적으로 공간 확대의 느낌을 주며, 공간내의 한쪽 면에 주의를 집중시킨다.

(4) 그림자 연출 기법(Shadow play)

- 시각적인 매력 요소로 빛에 의해 생기는 그림자의 질감과 깊이감을 이용하는 조명방법이다.
- 공간은 빛과 그림자의 관계에 의해 인지되며, 이 관계가 변하면 공간 및 형태에 대한 느낌이 다양하게 변화한다.

(5) 실루엣 기법(Silhouette play)

- 시각자와 광원 사이에 피조물을 두어 빛의 강한 대비로 물체의 형상만을 강조하는 기법이다.
- 시각적인 눈부심이 없고, 물체의 형상은 강조되나 물체의 세밀한 묘사는 안 된다.
- 친근하고 사적인 분위기를 주며 개개인의 내향적 행동을 유도한다.

(6) 후광조명 기법(Back lighting)

- 반투명 재료를 통하여 빛을 투과 및 확산시키는 방법이다.
- 무광의 백색 패널 뒤에 형광등을 부착하여 반투명 확산판을 통해 빛을 분산시킨다.
- 광창조명, 광천장 조명에 많이 사용되며, 강조 부분이나 색이 어둡거나 투명한 상품의 배경조명으로 효과적이다.

(7) 하향조명 기법(Down lighting)

- 빛을 조명기구에서 직접 하향시켜 작업조명이나 높은 천장에서 공간 전체에 전반조명용으로 이용된다.
- 직접 눈부심을 최소화해야 하기 때문에 공간은 안락해 보이지만 너무 온화해서 시각적 재미가 부족해지기 쉽다.

(8) 상향조명 기법(Up lighting)

- 간접광을 이용하여 상부를 강조시키거나 부드러운 반사광으로 전반 보충 조명을 부여하는 기법이다.
- 빛의 음영에 의한 입체감과 볼륨감을 느끼게 하며, 공간의 분위기가 낭만적이고 온화하게 된다.

(9) 스파클 기법(Sparkle lighting)

- 어두운 배경에서 광원을 반복적으로 번쩍거리게 연출하는 기법이다.
- 눈부심이 일어나며 눈이 쉽게 피로하고 불쾌감을 줄 수 있다.
- 공간 내에서 호기심을 유발하거나, 축제의 장식용이나 대화 분위기에 생동감을 부여해 준다.

(10) 그레이징 기법(Grazing lighting)

- 수직면의 재질을 강조시키기 위하여 빛의 각도를 이용하는 방법으로 수직면과 평행한 광선을 벽에 비춘다.
- 벽면 마감재료의 재질감을 강조시키며 벽면을 분할하여 천장이 낮아 보인다.
- 빛의 방향 변화에 따라 시각적인 느낌이 달라진다.

기출 및 예상 문제

3. 조명연출의 이해

01 사무실 조명에 사용되는 콤비 콤포트 시스템은 작업조명과 전반조명을 각기 다른 조명설비로 처리하는 것이다. 이러한 콤비 콤포트의 효과가 아닌 것은? 제19회, 공인1회

① 천장의 조도 확보가 가능하다.
② 에너지 절약에 효과가 있다.
③ 시각적 효과가 상승된다.
④ 공간 분리의 효과가 있다.

02 조명연출기법에 대한 설명 중 옳지 않은 것은? 공인2회

① 빔플레이는 광선그림자의 효과로 공간을 보다 생동감 있고 온화하게 하는 광선 그 자체가 하나의 시각적인 특성을 지니게 하는 방법이다.
② 월 워싱은 벽면의 질감과 출입구를 강조하거나 공간을 넓어 보이게 하는 등의 시각적 효과를 주기 위한 것이다.
③ 섀도 플레이는 시각적인 눈부심이 없으며 물체의 형상만을 강조하는 기법이다.
④ 백라이팅은 반투명 재료의 통과로 벽면의 뒷부분에 빛을 투과 및 확산시키는 방법이다.

정답 및 해설

01 ④

① 천장의 조도 확보가 가능하다 : 콤비 콤포트의 경우에는 천장면을 전용으로 조명하는 엠비언트 조명을 병용함으로써 천장면에 대한 조도희 확보가 가능하다.
② 에너지 절약 효과가 있다 : 콤비 콤포트는 필요한 밝기를 확보하고, 거기에 책상용의 조명 설비에 의해 부족한 나머지 조도를 보완하는 방식으로 에너지를 절약할 수 있다.
③ 시각적 효과가 향상된다 : 업무의 내용이 세분화됨에 따라 각 작업에 필요로 하는 조명 요건이 달라지고 있다.

02 ③

섀도 플레이(shadow play)는 시각적인 매력 요소로 빛에 의해 생기는 그림자의 질감과 깊이감을 이용하는 것이다. 공간은 빛과 그림자의 변화에 따라 공간 및 형태에 대한 느낌이 다양하게 변화한다.

03 다음의 〈보기〉는 글레어(Glare)에 대한 내용이다. 괄호 안에 들어갈 말이 순서대로 알맞게 짝지어진 것은? 제13회

조명이 좋고 나쁨을 평가하는 중요한 척도인 글레어는 광원의 휘도에 의한 눈부심이 주위가 어둡고 어둠에 익숙하게 될수록, 광원이 주시선에(서) (　　　), 광원의 면적이 (　　　), 광원이 (　　　) 커진다.

① 가까울수록, 클수록, 적을수록
② 멀수록, 작을수록, 많을수록
③ 가까울수록, 클수록, 많을수록
④ 가까울수록, 작을수록, 적을수록

04 다음 기술 중 맞지 않은 것은? 제13회

① 색온도(Color Temperature)는 광원에서 발생되는 광색을 온도로 측정한 것으로 K(Kelvin)로 표시한다.
② 광속은 다른 광원을 비교하거나 그 세기를 측정하는 것으로서 [I]로 표시한다.
③ 연색성의 지표(CRI, Color Rendering Index)는 광원이 물체의 색을 연출하는 정도를 측정하는 방식으로 CRI 100이라는 것을 기준광원과 색이 완전히 일치하는 것을 의미한다.
④ 연색 평가지수(Color Rendering Index)는 광원이 얼마나 색을 잘 표현하는가를 평가하는 것으로, 연색성 평가기준이 되는 광원과 부합하는 물체색이 나타나는 것을 의미한다.

05 다음의 마감 재료 중 반사율이 가장 낮은 것은?

① 무광택유리　　② 은(연마)
③ 천(벨벳)　　④ 백색페인트

정답 및 해설

03 ③
글레어(glare : 눈부심)는 눈부심을 일으키므로 적절한 조절이 필요하다. 시야 내에 매우 높은 휘도의 물체나 강한 휘도 대비가 있게 되면 잘 보이지 않고 불쾌한 느낌을 받는다. 또는 눈에 잘 보인다고 느껴도 시야 중에 지나치게 높은 휘도나 강한 휘도 대비로 동공, 망막, 뇌 등의 조정이 과도하게 이루어져 불쾌감과 동시에 눈의 신경피로를 일으키게 된다.

04 ②
광속(Luminous flux : F) : 광원에서 발생되는 총발광량으로 빛의 양이다. 단위는 루멘(lumen : lm)으로, 파장이 380~760㎚ 사이인 방사속을 말한다.

05 ③
천(벨벳) 〈 무광택유리 〈 백색페인트 〈 은(연마)

06 수직면을 빛으로 쓸어내리는 것 같은 효과를 주기 위해 수직면에 균일한 조도로 빛을 비추는 조명방식은?

① 강조조명 ② 건축화 조명
③ 실루엣 조명 ④ 월 워싱 조명

07 조명연출기법 중 그림자 연출 기법에 관한 설명으로 옳은 것은?

① 어두운 배경에서 광원을 반복적으로 번쩍거리게 연출하는 기법이다.
② 시각적인 매력 요소로 빛에 의해 생기는 그림자의 질감과 깊이감을 이용하는 조명 방법이다.
③ 수직면의 재질을 강조시키기 위하여 빛의 각도를 이용하는 방법으로 수직면과 평행한 광선을 벽에 비춘다.
④ 빛의 음영에 의한 입체감과 볼륨감을 느끼게 하며, 공간의 분위기가 낭만적이고 온화하게 된다.

정답 및 해설

06 ④
수직면을 비교적 균일하게 비추는 방법으로 비대칭 배광방식의 조명기구를 사용하여 균일한 조도의 빛을 비추는 기법이다. 공간 내에서 방향성을 주고, 시각적으로 공간 확대의 느낌을 주며, 공간내의 한쪽 면에 주의를 집중시킨다.

07 ②
- 스파클 기법 : 어두운 배경에서 광원을 반복적으로 번쩍거리게 연출하는 기법이다.
- 그레이징 기법 : 수직면의 재질을 강조시키기 위하여 빛의 각도를 이용하는 방법으로 수직면과 평행한 광선을 벽에 비춘다.
- 상향조명 기법 : 빛의 음영에 의한 입체감과 볼륨감을 느끼게 하며, 공간의 분위기가 낭만적이고 온화하게 된다.

4 조명설계

공간의 사용 목적에 맞는 실내조명을 위한 빛 환경을 확보하기 위하여 시작업에 적합한 빛의 질, 양 및 방향을 고려하여 광원과 조명기구의 종류, 크기, 위치 등 조명시설을 결정하는 것이다.

1) 조명계획의 기본

- 빛의 밝기, 광원의 차단상태, 방향 또는 광원의 위치 집중조명 등은 분위기 형성에 중요 변수이기 때문에 폭넓게 검토하여 조명계획을 한다.
- 전체조명, 국부조명, 장식조명을 적절히 배분하여 원하는 분위기의 공간이 되도록 한다.
- 조명기구와 건축화 조명을 실 전체의 디자인과 어울리도록 한다.
- 조명의 배광방식과 조명방식은 빛과 질과 양, 광색 등으로 입체감, 재질감, 색채감을 변화시킬 수 있다.
- 명암이 있는 배광·조명방식과 함께 조도를 적절히 배분시켜야 한다.
- 일상적인 반복의 작업공간은 균일한 조도보다 비균일의 조명상태가 좋다.
- 비균일의 조명은 공간의 심리적인 즐거움과 함께 효용성이 크다.
- 좋은 배광·조명방식은 심리적으로 공간의 넓이감을 확장·축소시켜 느끼게 하는데 벽을 밝게 비추면 공간감이 돋보이고 조도가 높을수록 공간의 여유감은 더해진다.
- 실의 용도와 형태, 크기 등에 따라 이를 적절히 이용하여 계획한다.
- 전체조명에 있어서 불필요하게 조도를 높이면 눈부심으로 인해 불쾌한 조명이 되므로 적절한 조도배분과 배광방식으로 한다.
- 시야 내에 눈부신 광원이나 반사광이 있으면 조명기구의 위치를 바꾸거나 조절기구로 눈부심을 방지하여 쾌적한 조명환경이 되도록 한다.
- 조명기구는 빛의 배분을 구체화시키는 수단이므로 조명기구의 선정에 있어 조명기구의 배광이라는 기본적인 성능을 충분히 파악한 다음 장식성을 고려한다.
- 낮에는 조명기구 자체가 가진 미적인 아름다움이 있어야 하며, 밤에는 조명기구가 빛을 발하는 눈에 띄기 쉬운 요소가 되므로 조명·배광의 효과와 함께 장식성이 있어야 한다.
- 조명기구의 형태는 실내 전체를 구성하는 다른 요소들의 양식과 조화를 이루어야 한다. 또한 실의 용도, 행위에 광원의 광학적 측면과 경제성을 고려하여 적

절한 광원을 선택한다.

- 실내계획은 전반의 이미지와 목적에 따라 조명계획이 전개되어 적절한 조명기구의 선정과 배치, 그리고 조명기구의 디자인이 되어야 한다.[21]

(1) 조명설계 디자인 프로세스

① 조사 · 계획

- 사용자의 사전 조사 단계로 건축도면을 입수하고 건물의 규모, 실의 상태(넓이, 천장높이, 벽의 마무리 공사 상황 등), 건축적 구조, 그 건물에서 하게 될 작업의 성질, 배선이나 기구 취부 등의 난이성 등을 조사, 검토한다.
- 사용자의 의견을 청취한다.
- 목적과 용도를 명확히 한다.
- 조명구상의 결정을 한다.

② 조명설계 순서

- 소요 조도의 결정
- 조명방식의 검토
- 광원의 선정
- 조명기구의 선정
- 조명기구의 배치 결정
- 실지수의 결정
- 조명률 결정
- 감광보상률(유지율)의 결정
- 총광속의 결정
- 광원수 및 크기의 결정
- 조도분포와 휘도에 대한 점검
- 점멸방법의 검토
- 스위치, 콘센트류의 배치
- 전기배선 설계[22]

---

21) 최산호 외 3인(2005), 실내건축조명, pp.209~210

22) Ibid., p.213

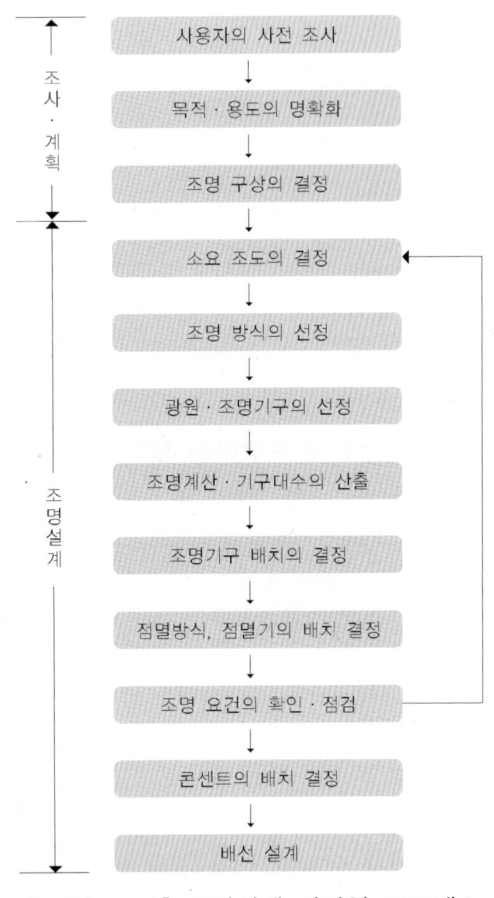

[그림 2-19] 조명설계 디자인 프로세스
자료 : 최산호 외 3인(2005), 실내건축조명

(2) 광원 선정 시 고려사항

- 연색성
- 눈부심
- 광색, 광질
- 밝음
- 보수유지
- 경제성[23]

(3) 조명기구 선정 시 고려사항

- 작업장의 특색

23) Ibid., p.223

- 실내 마감재료의 특징
- 조명설비의 효율
- 소요조도의 확보
- 조명기구의 유지관리
- 직사 현휘가 일어나지 않고 반사 현휘가 적을 것

2) 조명 계산

(1) 조명률

광원에서 나온 빛 가운데 작업면에 도달하는 빛의 합계가 몇 %인지를 나타내는 것이다. 광원의 광속(F)과 피조면 광속($F_{\circ}$)과의 비

$$조명률 = \frac{피조면의\ 광속}{광원의\ 광속} \qquad U(\%) = \frac{F_{\circ}}{F}$$

(2) 실지수

실의 크기와 형체에 따라 조명의 효율이 달라지는 것을 나타내는 것이다.
빛의 이용에 대한 방의 크기를 치수로 이용하는 것을 말한다.

$$K = \frac{XY}{H(X+Y)}$$

K : 방지수, X : 방의 폭(m), Y : 방의 길이(m)
H : 작업면 위에서 광원까지의 높이(m)
[직접조명, 반직접조명, 전반확산조명 등일 때 적용]
H : 작업면 위에서 천장까지의 높이(m)
[간접조명, 반간접조명일 때 적용]

(3) 감광보상률(유지율)

- 램프의 광속이나 먼지에 의한 반사율이 감소하는데 조명설계 시 조도 감소를 예상하여 미리 보상해 주는 것이다.
- 보수율의 역수이다.

(4) 보수율

- 조명시설을 일정 기간 사용 후 작업면에 도달하는 조도와 초기 조도와의 비이다.
- 조명시설은 시간이 경과 하면 광속 감쇠, 오염, 반사율 저하 등에 의해 조도가 낮아진다.

$$\text{보수율 } M = E_t \,/\, E_i$$

(E_t : 조명기구 교환 및 청소 전의 조도, E_i : 초기의 조도)

(5) 광원의 수

$$N(\text{광원의 수}) = \frac{Lm(\text{총광속})}{lm(\text{기구당의 광속})} \text{ (대)}$$

(6) 조명계산

- $\text{초기의 조도}(E') = \dfrac{\text{기구의 광속}(lm) \times \text{등기구수} \times \text{조명률}(U\%)}{\text{실면적}(m^2)} = \dfrac{F \times N \times U}{A}$

- $\text{실제의 조도}(E) = \dfrac{\text{초기의 조도}(E')}{\text{감광보상률}(D)} = \dfrac{F \times N \times U}{A \times D} = \dfrac{F \times N \times U \times M}{A}$

- $\text{광속}(F) = \dfrac{E \times A \times D}{N \times U} = \dfrac{E \times A}{N \times U \times M}$

- $\text{광원개수}(N) = \dfrac{E \times A \times D}{F \times U} = \dfrac{E \times A}{F \times U \times M}$

U : 조명률
D : 감광보상률
M : 보수율
A : 방의 면적(m^2)

3) 조명기구의 배치간격

① 광원간의 간격(S)

- S ≦ 1.5H(작업면과 광원까지의 거리)

〈표 2-7〉 조명기구의 배치간격

분 류	광원의 최대 설치간격
간접조명	S ≦ 1.2H
반간접조명	S ≦ 1.2H
전반확산조명	S ≦ 1.2H
반직접조명	S ≦ H
직접조명(매단등)	S ≦ 1.3H
직접조명(매입등)	S ≦ 0.9H

② 벽면과 광원의 간격

- S ≦ H/2 : 벽면을 사용하지 않을 때
- S ≦ H/3 : 벽면을 사용할 때

③ 조명의 높이

- **직접조명** : 광원과 작업면의 거리는 천장과의 거리의 2/3 정도가 적당하다.
- **간접조명** : 광원과 천장의 거리는 천장과 작업면 바닥까지의 거리의 1/5 정도가 적당하다.

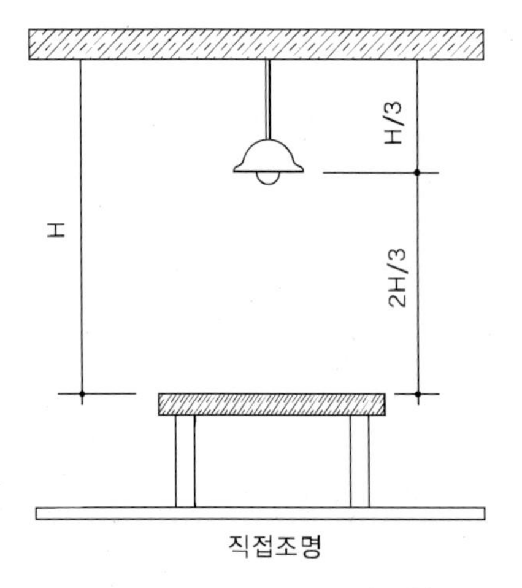

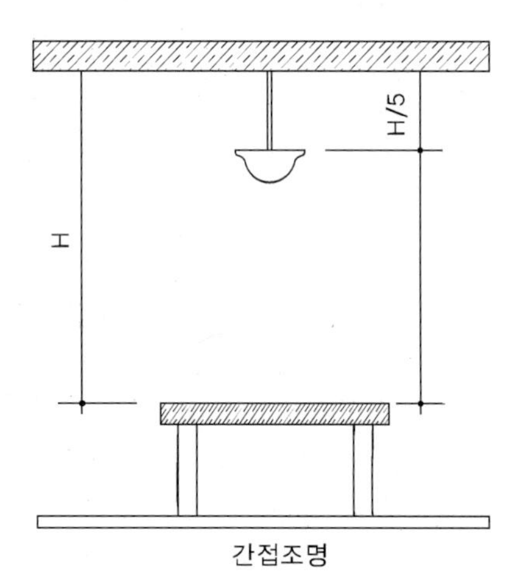

〈그림 2-20〉 조명기구의 높이

자료 : 이상화(2022), 실내건축기사 필기

기출 및 예상 문제

4. 조명설계

01 조도 계산 시 고려하지 않아도 되는 사항은? 공인1회, 공인5회

① 조명기구의 수 ② 공간의 크기
③ 천장, 벽, 바닥의 반사율 ④ 조명기구의 크기

02 환경친화적인 조명계획을 위한 방법 중 아닌 것은? 공인2회

① 주광을 건물의 내부로 끌어들일 수 있도록 계획한다. 이를 위한 시스템으로 헬리오스텟(heliostat)기법이 있다.
② 램프의 성능을 개선하도록 한다. 또한 램프와 조명기구를 정확하게 배합하는 것이 좋다.
③ 형광등 램프의 유리와 금속을 재생하도록 한다. 즉 모두 버리지 않는 베젤, 서켓 반사기와 같은 부속품만 교체할 수 있다.
④ 조명기구의 에너지 효율은 루버, 반사기, 디퓨저, 램프와 렌즈 선택과 관련이 없다.

정답 및 해설

01 ④
비취지는 면에 들어온 빛의 양으로 단위면적에 입사하는 광속량을 조도라 한다. 즉, 빛을 받는 면의 밝기를 표시한 것을 조도(illuminance : E)라 하며, 단위면적당의 입사광속으로 표시된다. 단위는 럭스(lux : lx)와 풋캔들(footcandle : fc)을 사용하며 1 [lx] 1 [lm/㎡], 1 [fc] 1 [lm/ft^2]이다.

02 ④
에너지 효율적인 조명계획을 세우기 위해 조명기구와 루버, 램프와 렌즈, 반사기, 디퓨저와 같은 관련 장치의 신중한 선택이 되어야 할 것이다.

제1장 실내계획
제2장 실내환경
제3장 실내시공
제4장 실내구조 및 법규

03 다음 조명에 관한 사항 중 맞지 <u>않은</u> 것은? 공인3회

① 감광보상율이란 사용과정에서 조도 저하를 예상한 여유이다.
② 직접조명에서 등기구 간격은 작업면상의 등기구 높이의 2.0배 미만으로 한다.
③ 조명률이란 작업면의 광속(lm)을 광원의 총 광속으로 나눈 값이다.
④ 조도(lux)란 단위면적당 입사하는 광속이다.

04 에너지 절약을 위한 조명계획에 대한 설명 중 <u>틀린</u> 것은? 제15회, 공인5회

① 동일 조도를 요하는 시작업으로 조닝(Zoning)을 한다.
② 개방형 평면은 벽체에 의한 차폐 에너지를 줄일 수 있다.
③ 선 주광 후 인공조명 시스템으로 계획한다.
④ 벽 표면은 반사율을 줄이고 흡수율을 늘린다.

05 조도 계산 시 조명률 값을 구할 때 고려하지 <u>않아도</u> 되는 것은? 제16회, 제19회

① 조명기구의 형태
② 램프의 효율
③ 공간의 크기
④ 천장, 벽, 바닥의 반사율

06 다음의 실지수(K)를 구하시오. 제18회

• 천장고 : 3.85m	• 조명방법 : 천장직부등
• 방의 크기(가로×세로) : 6×9m	• 작업면의 높이 : 85㎝

① 10.8
② 1.2
③ 0.83
④ 3.3

정답 및 해설

03 ②
직접조명에서 등기구 간격은 작업면상의 등기구 높이의 1.3배 미만으로 한다.

04 ④
반사율은 늘리고 흡수율을 줄여야 한다.

05 ②
조명률(CU)이란 조명기구에 설치된 전구에서 발생한 광속량(루멘)과 작업면에 도달하는 광속량의 비율을 말한다. 조명률(CU)이 높다는 것은 더 많은 빛이 작업면에 도달한다는 것을 의미한다. CU는 실표면의 반사율, 실의크기와 형태, 조명기구의 위치(즉 설치높이) 및 조명기구의 디자인(광도의 분포, 렌즈의 효율)등에 영향을 받는다. 실의 크기와 형태가 CU값에 가장 큰 영향을 미친다.

07 조명설계 시 관련면 상에 충분하고 적절한 조도를 부여하기 위한 가상면은 어디인가? 제16회

① 바닥면에서 45~60㎝ 상부인 가상면
② 바닥면에서 75~85㎝ 상부인 가상면
③ 천장면에서 45~60㎝ 아래의 가상면
④ 천장면에서 75~85㎝ 아래의 가상면

08 조명설계시 반드시 고려해야 할 사항과 거리가 먼 것은? 제15회

① 소요조도 결정
② 광원 선택
③ 조명방식 결정
④ 실내 재료 선택

09 조도에 관한 설명 중 틀린 것은? 제14회

① 조도는 피도면 경사각의 사인(sine)값에 비례한다.
② 조도는 광도에 비례한다.
③ 입사광속의 면적당 밀도가 높을수록 조도는 커진다.
④ 조도는 광원으로부터 떨어진 거리의 제곱에 반비례한다.

제1장 실내계획 제2장 실내환경 제3장 실내시공 제4장 실내구조 및 법규

정답 및 해설

06 ②
건축물에서 실의 크기과 형체는 빛의 이용에 크게 영향을 미친다. 따라서 앞의 여러 가지 요소들을 고려한 방지수(Room index)는 실지수라고도 한다. 이 실지수는 빛의 이용에 대한 방의 크기를 치수로 이용하는 것을 말한다.

$$K=\frac{XY}{X+Y}$$

K : 방지수, X : 방의 폭(m), Y : 방의 길이(m)
H : 작업면 위에서 광원까지의 높이(m)[직접조명, 반직접조명, 전반확산조명 등일 때 적용]
H : 작업면 위에서 천장까지의 높이(m)[간접조명, 반간조명일 때 적용]

07 ②
조명 설계 시 작업면(혹은 관련면) 상에 충분하고 적절한 조도를 부여해야 하는데, 일반적으로 바닥면으로부터 75~85㎝ 상부인 가상 작업면에서의 조도를 의미한다.

08 ④
조명설계 순서 : 소요조도 결정-광원의 선택-조명기구 선택-조명기구 배치-검토

09 ①
조도는 피도면 경사각의 코사인(cos)값에 비례한다.

10 실내 조명설계에서 가장 우선적으로 고려해야 할 점은? 제14회

① 조명방식의 선정 ② 전등종류의 선정
③ 소요조도의 선정 ④ 조명기구의 배치계획

11 조명설계에 대한 설명 중 옳은 것은?

① 조명설비의 설계는 다른 전기기구의 설계와 같이 여러 가지 수치만이 중요하다.
② 건축구조와 의장에 크게 영향을 받지 않는다.
③ 조명시설의 실제 조건으로는 적당한 조도, 휘도분석, 눈부심, 그림자, 분광분석, 기분, 조명기구의 위치와 의장 및 경제적인 면과 보수 등이다.
④ 주어진 장소의 사용 목적에 따라 적합한 광환경과 시작업이 되도록 빛의 양만 고려하면 된다.

정답 및 해설

10 ③
조명설계 순서 : 소요조도 결정–광원의 선택–조명기구 선택–조명기구 배치–검토

11 ③
조명설계는 주어진 장소의 사용목적에 적합한 광환경과 시작업이 되도록 빛의 질, 양 및 방향을 고려하여 조명시설을 정하는 것이다. 조명설비의 설계는 다른 전기기구의 설계와 같이 여러 가지 수치만이 중요한 것이 아니라, 생리, 심리 및 심미적인 견지에서의 고려도 충분히 반영되어야 한다. 또한 건축구조와 의장에 따라서 좌우된다는 것도 염두에 두어야 한다.

5 공간에 따른 조명계획

1) 주거 공간

- 주거 공간은 기능적으로 휴식공간, 작업공간, 위생공간으로 구분되며, 사용 목적이 전혀 다른 여러 가지 공간으로 구성되어 있다.
- 다양한 생활행위가 서로 유기적인 관계로 기능을 분담할 수 있으며, 공간의 사용 목적, 입주자의 취미, 가족 구성 등을 고려하여 그 목적에 따라 적절한 조도를 확보해야 한다.
- 휴식공간은 쾌적한 분위기가 확보되어야 하고, 간접조명 방식과 색채 조절이 되도록 해야 한다.
- 위생공간은 짧은 시간 사용하기 때문에 편리성이 중요하고 위생적이어야 한다.
- 건축계획 시 주광을 충분히 채광하여 건강하고 상쾌한 주거환경을 만드는 것이 필요하며, 각 실에서의 주광채광은 인공조명과의 밸런스를 생각하는 것이 중요하다.
- 1일의 평균 점등시간이 긴 장소나 조도를 높게 해야 할 장소는 형광등을 설치하고, 가급적 천연색 램프를 사용한다.
- 점등시간이 짧은 장소나 순시점등이 필요한 곳 또는 따스한 분위기를 필요로 하는 곳은 백열전구를 사용한다.

(1) 현관

- 조명등은 방문객의 표정과 자신을 살필 수 있는 위치에 설치한다.
- 얼굴에 그림자가 생기지 않도록 한다.
- 발밑이 밝도록 한다.
- 사람의 움직임을 감지하는 센서등이 적합하다.
- 스위치는 문을 열었을 때 쉽게 손이 닿을 수 있는 곳이 설치한다.

(2) 거실

- 전체적으로 공간이 밝으면 침착한 분위기가 없게 되므로 전반조명으로는 100lx 정도로 하는 것이 적당하고 경제적으로도 좋다.
- 간접조명으로 거실 내의 전면을 확산적으로 조명하는 것이 좋지만 경비가 많이 드는 단점이 있다.

- 아늑한 분위기가 필요한 곳으로 명암의 변화가 필요하므로 50(lx) 내외의 낮은 밝음으로 전반조명이나 간접조명을 하고, 필요에 따라 높은 조도를 얻을 수 있는 국부등을 병용하는 것이 바람직하다.

(3) 주방 및 식당

- 주방은 조리를 하는 장소로 능률적이고 위생적이어야 하고 조명도 밝아야 한다. 또한 조리하는 재료가 신선한지 음식에 불순물은 없는지를 확인하려면 그림자가 생기지 않게 충분한 밝기가 필요하다.
- 주방 전체를 밝히는 전체 조명과 개수대, 조리대 등 작업대를 밝히는 부분 조명은 그림자가 없는 작업조명으로 계획한다.
- 광색은 따뜻하고 밝은 빛을 내면서 연색성이 우수한 램프를 사용하고, 색온도는 3,100°K 정도가 적당하다. 작업대를 밝히기 위한 조명기구는 통상적으로 벽에서 500㎜ 정도, 작업대로부터 600㎜의 높이가 되는 곳에 설치한다.
- 식당은 공간 전체 조명과 식탁 위 국부조명에는 연색성이 좋은 광원으로 식사가 맛있게 보이고 또한 얼굴의 보임도 좋은 조명으로 백열전구의 펜던트 조명이 적합하다.
- 펜던트를 사용할 때는 시선에 방해를 받지 않고, 식탁의 중심 강도를 얻을 수 있도록 높이를 식탁면에서 60~80㎝로 하고, 옆 방향으로는 빛이 많이 나오지 않는 것이 좋다.

(4) 침실

- 침실에는 전반조명, 간접조명, 국부조명 등을 병용하는 것이 좋다.
- 전반조명은 조도 100lx 정도가 적당하고 천장등으로 한다. 간접조명은 조도 50lx 이내로 명암의 변화를 기대하면서 또한 아늑한 침실 분위기 조성이 필요한 곳에 적합하다.
- 침대 위에서 신문 또는 독서 등의 행위를 위해 200lx 이상의 고조도가 필요하다.
- 전반조명의 스위치는 방 입구부분과 침대 옆에서 점멸할 수 있는 3로스위치를 사용하면 어둠 속에서 많이 움직이지 않아도 된다.

(5) 자녀실

- 어린이들의 안전과 성장을 고려하여 계획하는 것이 필요하다.
- 밝은 분위기를 연출할 수 있는 고연색성의 형광등을 전반조명으로 하고 학습이

나 취침을 위해서는 단순하고 기능적인 국부조명용 등기구를 별도로 설치하는 것이 좋다.

- 책상 위나 침대 머리맡에는 탁상 스탠드는 300㎜ 떨어진 곳의 조도가 300lx 이상이어야 하며 500~1,000lx 정도의 밝음이 있고 책상 위에 놓았을 때 스탠드의 그림자와 반사광으로 어두운 곳이 생기거나 눈이 부시는 현상이 없어야 한다.

(6) 노인실

- 충분한 채광을 배려하고 그림자가 없는 부드러운 확산광을 제공하여야 하고, 더불어 안전성을 고려하여야 한다.
- 노인실의 전반조명은 안정된 분위기로 50~100lx가 바람직하며, 노화로 인해 시각 기능이 떨어져 있으므로 작업의 조명은 500~1,000lx가 필요하다.
- 노인 사용자의 개인적인 특성을 감안 하여 쾌적한 환경이 연출되어야 하며, 젊은 사람들보다 약 3배 정도 밝기를 필요로 한다.

(7) 서재

- 조도의 확보 및 눈부심 등을 고려해야 하고 명시 조명에 의한 작업 능률도 신경써야 한다.
- 하나의 조명기구를 사용하는 기법보다는 조명기구를 병용하여 휘도의 변화 없이 쾌적한 시각 환경으로 책을 볼 수 있도록 배려해야 한다.
- 중점조명과 전반조명을 병용 처리하여 사용하는 것이 바람직하고, 서재 전체적인 조명은 간접광을 이용하여 심리적으로 차분한 느낌을 줄 수 있는 백열램프를 사용하는 것이 좋다.

(8) 욕실

- 전기부품은 습기에 의해 절연불량을 일으킬 위험이 있기 때문에 안전의 확보가 필수적이고 기구는 방습형 혹은 방습・상수형을 사용한다.
- 실내 분위기를 청결하고 넓게 느껴지도록 하고, 따스한 느낌을 주는 점멸이 빠른 백열전구를 사용한다.
- 세면대에는 피부가 잘 보이는 광원을 사용하고 충분히 보일 수 있도록 빛의 방향을 선택한다.
- 좋은 욕실 조명이란 그림자가 없고, 욕실, 세면대에 일직선 형태의 스트립(strip) 조명을 설치하여 면도나 화장을 할 때 뛰어난 타스크(task) 조명을 제공한다.

2) 상업 공간

(1) 판매 공간

- 취급하는 상품을 항상 생동감 있게 보이기 위하여 계절에 따른 상품색채의 반사율을 고려한다.
- 광원의 점멸은 기상상태, 주간 및 야간, 폐점 후 변화에 따른 반응을 대응할 수 있도록 계획한다.
- 광원에서 발생하는 자외선이나 열에 의한 상품의 탈색, 변질 등의 손상을 미연에 방지할 수 있도록 고려한다.
- 상품의 색채를 강조해야 하는 상점의 경우에는 연색성이 좋은 광원을 사용한다.
- 상점의 스타일, 대상층, 진열방식, 취급상품의 종류 등에 따라 적절한 조명방식을 채택한다.
- 상품이 크거나 형상이 단순하면 낮은 조도로, 상품이 작거나 복잡하면 높은 조도로 계획한다.
- 상품을 볼 때 광원이나 반사면으로부터 눈부심이 발생하지 않도록 한다.[24)]

(2) 식음료 공간

- 식음의 형태에 따라 차이는 있지만 식사에 치중하는 경우에는 음식을 돋보이게 하며, 미각을 자극할 수 있는 조명으로 계획한다.
- 음료나 주류를 위주로 하는 공간인 경우에는 편안한 분위기를 연출할 수 있는 조명으로 계획한다.
- 대중음식점의 경우에는 실 전체를 반매입형의 형광등이나 광창조명으로 처리하여 밝고 명랑한 분위기가 연출될 수 있도록 한다.
- 고급 음식점의 경우, 아늑하고 품위 있는 분위기가 연출될 수 있도록 계획한다. 객석의 전반조명으로는 건축화 조명방식을, 식탁에는 국부조명으로 장식성이 좋은 펜던트를 사용하는 것이 일반적이며, 펜던트에는 식욕을 돋을 수 있는 연색성이 우수한 광원을 사용하는 것이 좋다.
- 통로는 저조도의 매입형 조명으로 하거나 코니스 조명, 밸런스 조명 등의 건축화 조명 방식도 분위기를 연출하는데 효과적이다.[25)]

---

24) 최산호 외 3인(2005), op. cit., p.183

25) Ibid., p.192

3) 사무 공간

- 개선된 조명계획은 작업자의 생산능력과 효율을 향상시킨다. 조명은 가능한 한 작업자가 업무를 능률적으로 수행하고 즐길 수 있도록 계획되어야 한다.
- 업무용 데스크 표면에 양질의 작업조명과 눈부심 없는 전반조명, 흥미 있는 주변조명 혹은 시각적인 편안함을 주는 기타 조명으로 계획한다.
- 시각적인 균형을 창출하기 위해, 각 업무 영역에 정상 스위치 또는 조광용 스위치를 설치하는 등의 한 개 이상의 복합조명 시스템의 통합이 이루어지도록 한다.
- 직접적인 눈부심은 형광등 조명기구 중 파라볼릭 루버와 같은 눈부심이 적게 일어나는 렌즈를 이용함으로써 극소화시킬 수 있다.
- 다양한 회의와 상호 연합활동이 일어나는 회의실은 융통성 있는 조명 시스템이 필요하다.
- 좋은 빛 환경의 업무용 조명이 회의탁자 위로 직접 떨어져야 하고 그 조정을 위한 개별 스위치가 있어야 한다.
- 월워싱 효과를 위한 조명방식이 주변 조명에 설치되어 쾌적한 환경을 창출한다.
- 프리젠테이션, 디스플레이, 또는 특수 목적으로 예정된 벽 주위에는 분리된 조광기 스위치가 장착된 보조조명이 설치되어야 한다.

4) 전시 공간

- 전시조명은 관람객들의 심리와 움직임 등 전시 효율에 커다란 영향을 미친다. 또한 박물관, 미술관 등 전시 공간의 조명은 전시 내용에 따라 기법이 다르다.
- 관찰, 조사, 연구를 목적으로 하는 박물관은 전시물의 형, 색, 질감을 바르게 표현 할 수 있도록 하여야 하고, 감상을 목적으로 하는 미술관의 경우에는 전시물을 보기 좋게 표현하는 것이 좋다.
- 조도, 시야 내의 휘도 분포, 불쾌 글레어, 그림자나 모델링, 광원의 광색과 연색성 등에 대한 검토를 하여야 한다.
- 박물관과 미술관의 조명은 전시물의 보호 및 손상 방지가 중요하다. 손상은 방사, 빛, 온도, 공기 오염 등이 원인이지만 중요한 전시물의 손상을 방지하기 위해서는 열과 방사의 영향을 충분히 고려하여 조도를 결정하여야 한다.

5) 의료 공간

- 환자와 방문객의 편안함과 근무자의 작업 요구 사항 등이 복잡하고 다양하게 관련되어 있으므로 환자의 요구와 의료행위의 목적을 달성하기 위한 방법으로

최적의 시각효과를 줄 수 있도록 계획한다.

- 의료시설에는 각 구역을 별도로 나누어 그 구역의 용도에 맞도록 조명계획을 수립하는 것이 필요한데, 수술실, 처치실 등 병원 중심의 작업 적 요소가 많은 장소의 조명과 병실 등 환자 중심의 생활적 요소가 많은 장소의 조명 등 2가지로 구분할 수 있다.
- 검사실은 최소한 전체 조명이 100fc이 유지되게 설계하여야 하고, 더 정밀한 검사를 위해서 의사는 일반적으로 고밀도 이동식 조명기구가 필요하다.
- 수술실은 전반조명과 천장에 부착된 특수 조명기구와 매우 높은 조도를 필요로 한다.
- 생활적 요소가 큰 장소는 환자가 병원에 머무는 동안 편암함을 느낄 수 있도록 가정과 같이 쾌적하고 차분한 분위기로 환경을 조성하여 회복에 도움을 준다.
- 대기실은 전반조명에 의해 매력적인 환경을 창출하도록 디자인하고 직섭 또는 간접조명방식으로 원하는 환경의 분위기에 따라 형광등과 백열등을 사용한다.

5. 공간에 따른 조명계획

기출 및 예상 문제

제1장 실내계획
제2장 실내환경
제3장 실내시공
제4장 실내구조 및 법규

01 다음 침실의 조명에 대한 설명 중 옳지 않은 것은? 공인1회

① 침실은 휴식공간이므로 편안하고 분위기 있는 조명으로 계획한다.
② 실내의 색채가 난색일 경우 형광등으로 조절한다.
③ 천장에는 지나치게 밝은 조명을 사용하지 않고 분위기를 위해 커튼조명이나 밸런스 조명을 이용한다.
④ 테이블램프는 조명자체와 조명기구의 아름다움으로 장식적인 액세서리 역할을 한다.

02 전시공간의 조명계획에 대한 설명으로 옳지 않은 것은? 공인1회

① 전시공간의 조도는 관람자가 쾌적하게 피로감 없이 전시물을 감상·관찰할 수 있도록 설계되어야 한다.
② 일반적으로 통로는 약 50lx, 전시자료는 약 300lx가 필요하다.
③ 전시품에 손상을 주지 않도록 조도를 유지하기 위해서는 전시면의 조도 균제도가 0.75 이상 되도록 조명기구에 배광 및 취부 위치를 검토한다.
④ 자연채광을 위한 창문 계획은 벽면 진열의 경우 천창을, 진열대 위의 진열은 측창을, 독립 물체의 진열은 고창을 사용하면 어느 정도 글레어 반사광을 방지할 수 있으나, 이것만으로는 충분하므로 인공조명을 사용하지 않는 것이 좋다.

정답 및 해설

01 ②
침실 이외의 용도로서 작업실, 부분거실 역할을 할 경우가 있으므로 전반조도가 200lx 이상 필요하나, 가능한 한 백열전구를 사용하여 조도조절이 가능하도록 하며, 개인적 활용도를 높이도록 하는 것이 좋다.

02 ④
전시면의 조도는 관람자가 쾌적하게 피로감 없이 전시물을 감상, 관찰할 수 있도록 설계해야 한다. 일반적으로 통로는 약 50lx, 전시자료는 약 300lx의 조도가 필요하다. 전시품에 손상을 주지 않도록 조도를 유지하기 위해서는 전시면의 조도 균제도가 0.75 이상이 되도록 조명기구에 배광 및 취부 위치를 검토한다.

03 주거 공간의 조명계획 시 고려해야 할 사항으로 옳지 않은 것은? 제19회, 공인1회, 공인4회

① 현관에는 전반확산조명이나 간접조명을 사용하는 것이 좋다.
② 거실은 용도는 단순하기 때문에 변화가 없는 일정한 조도를 유지할 필요가 있다.
③ 식탁 위 국부조명으로는 연색성이 좋은 광원으로 백열전구의 펜던트 조명이 적합하다.
④ 주방은 주야로 사용되는 작업공간으로 낮에는 자연광을 유입시켜 인공조명을 보완하며, 야간에도 주간과 같은 조도 수준을 제공하도록 계획한다.

04 상업공간 벽면 진열대 조명계획 시 가장 고려해야 할 요소는? 제19회, 공인3회

① 바닥의 수평면조도
② 벽의 연직면조도
③ 천장고
④ 벽면의 마감재

05 오피스 공간에서 글레어 현상을 줄이기 위한 방안을 모두 묶은 것은? 제12회, 공인3회

ㄱ. 벽과 천장을 조명하거나, 밝은색의 재료를 사용하여 실 표면을 밝게 한다.
ㄴ. 직접조명 방식을 사용한다.
ㄷ. 조명기기에 배플(baffle), 루버 등을 이용한다.
ㄹ. 적은 수의 밝은 램프보다는 많은 수의 약한 밝기의 램프를 사용한다.

① ㄱ, ㄴ, ㄷ
② ㄱ, ㄴ, ㄹ
③ ㄱ, ㄷ, ㄹ
④ ㄴ, ㄷ, ㄹ

정답 및 해설

03 ②
다양한 생활행위가 이루어지는 거실 조명은 여러 가지 분위기와 활동에 따라 조명시스템에 변화를 줄 수 있어야 한다.

04 ②
벽면 진열대 조명계획이므로 수직면에 대한 조명계획이 필요하고 이는 벽의 연직면조도와 관계한다.

05 ③
사무실 조명시스템은 직접조명 방식, 간접조명 방식, 직-간접조명 방식이며, 이들은 전반조명, 국부조명, 전반-국부조명의 조화라는 형태로 구체화된다. 예전에는 직접조명 방식이 주로 선택되었으나 최근에 간접조명 방식으로 점차 바뀌고 있다.

06 박물관, 미술관의 전시 조명의 대전제는 전시물의 연출 효과와 함께 심리적, 생리적 환경, 물리적 환경의 창출에 있다. 그중 물리적 환경에 해당되는 사항은? 공인3회

① 전시공간의 크기, 채광형식
② 전시실 밝기에 대한 시각적 만족도
③ 전시품에 대한 미적 가치
④ 색채에 의한 공간감

07 의료공간의 조명계획 시 유의할 사항을 모두 포함한 것은? 제12회, 공인4회

ㄱ. 병실의 전반적인 조명은 휘도가 크지 않도록 계획한다.
ㄴ. 심야 소등 시에 대비한 조명을 계획하여 설치한다.
ㄷ. 빛의 색에 미치는 영향 등을 고려한 조명계획을 한다.
ㄹ. 수술실은 연색성이 낮은 조명으로 전반조명을 한다.

① ㄱ, ㄴ, ㄷ
② ㄱ, ㄴ, ㄹ
③ ㄱ, ㄷ, ㄹ
④ ㄴ, ㄷ, ㄹ

08 학교 교실 조명 방법으로 주의할 점 중 잘못 설명된 것은? 공인5회

① 조명기구는 전반확산으로 배광곡선이 좋고 폭이 좁은 형광등이 좋다.
② 조명기구의 배치는 눈부심을 줄이고 측창채광을 보완하는 의미에서 측창과 평행되게 기구를 배치한다.
③ 칠판 조명용 기구의 광원이 학생의 눈에 직접 들어오지 않게 한다.
④ 교사가 강의 중 눈부시지 않도록 칠판 조명용 광원은 앙각 45도 이상으로 한다.

09 박물관, 미술관 등의 전시물에 대한 조명에서 가정 우선해야 할 것은? 제19회

① 효율
② 연색성
③ 수명
④ 기구의 경제성

정답 및 해설

06 ①
물리적 환경에 해당되는 사항은 전시공간의 크기와 채광형식이다.

07 ①
수술실 안에서 수술대는 조명의 중요성이 강조되는 부분이다. 특히 수술 부위에 충분한 조도를 제공하는 것은 수술실 조명의 핵심이라고 할 수 있다.

08 ①
주광이 중심적인 역할을 하는 것으로 부드럽고 균형적인 분위기를 조성하기 위해 직접조명과 간접조명을 혼용한다.

10 판매공간 조명계획 시 고려사항 중 적합하지 <u>않은</u> 것은? 제18회

① 계절에 따라 변화하는 상품색채의 반사율을 고려한다.
② 휘도가 높은 광원의 사용은 보는 사람의 시야를 높여준다.
③ 광원에서 발생하는 열에 의한 영향을 고려한다.
④ 상품의 색채를 강조하기 위하여 연색성이 좋은 광원을 사용한다.

11 작업용 공간 조명으로서의 조건 중 적합지 <u>못한</u> 것은? 제17회

① 충분한 조도와 균일한 조도가 확보되어야 한다.
② 그림자가 부드러우며, 눈부심이 없어야 한다.
③ 광색(색온도)는 편안한 느낌을 주는 낮은 색온도의 따뜻한 색의 조명을 주로 사용한다.
④ 경제적이며, 유지보수가 용이해야 한다.

12 글래어(glare)는 작업자의 눈에 불편함이나 장애를 초래하기 때문에 사무환경에서 중요한 요인이다. 다음 내용 중 <u>틀린</u> 것은? 제17회

① 주변의 평균적인 조명보다 훨씬 밝은 광원 혹은 반사광이 시계 내에 있을 때 발생한다.
② 서로 다른 밝기의 대조로 인해 발생한다.
③ 머리 위에서 직접적으로 비추는 조명은 강해도 글래어 현상을 일으키지 않는다.
④ 작업자 뒤의 조명이 컴퓨터 스크린에 반사되면 반사 글래어를 일으킨다.

정답 및 해설

09 ②
본래의 색상을 재현할 수 있도록 태양광선과 가까워야 하며 이를 연색성이 좋다고 한다.

10 ②
상품의 근처에 불쾌한 눈부심으로 상품이 보기가 힘들어진다. 적당한 휘도는 상점에 활기를 주어 주목도가 높아져 바람직하지만 너무 높다면 불쾌한 눈부심이 되어 눈의 피로를 가중시키는 결과를 낳는다.

11 ③
눈부심을 최소화 하고 균일하며 음영이 없고 광막반사를 감소시키기 위해 작업자의 전면에서 발생되는 빛을 피하고 측면광을 증가시킨다. 쾌적하고 생산적인 근무환경의 창출은 물론, 비용감소, 에너지 절약 또한 요구된다.

12 ③
머리 위에서 직접적으로 비추는 조명은 강하면 글래어 현상을 일으킨다.

13 주거공간의 주방 및 식당의 조명 방법으로 부적합한 것은? 제15회

① 조리대의 작업대의 조도가 100~150lx 정도 되어야 하고, 백열계통의 광원을 사용하는 것이 좋다.
② 가열대나 싱크대에는 그림자 없는 작업조명을 해준다.
③ 연색성이 필요한 식탁에는 백열등이나 할로겐 펜던트가 알맞다고 할 수 있다.
④ 작업에 필요한 조명은 싱크대 위쪽에 직선형태의 형광조명기구가 적절하다.

14 상점의 조명계획 시 유의 사항으로 부적합한 것은? 제15회

① 고객의 심리적, 생리적 반응을 고려하여 상품에 대한 흥미 유발과 상품의 가치를 돋보이게 하여 판매공간으로서의 분위기를 갖도록 한다.
② 상업공간은 의도적으로 조도차를 크게 하는 것이 효과적이다.
③ 계절에 따라 색채, 반사율이 달라지므로 조명을 변화시킬 수 있도록 한다.
④ 할로겐램프를 전반조명으로 사용하여 상점 전체의 분위기를 연출한다.

15 전시관의 채광방식에 관한 설명 중 부적합한 것은? 제14회

① 클리어스토리(clerestory lighting)는 전시면 조도의 불균일한 결점이 있다.
② 고창(high side lighting)은 창면을 크게 하면 반사, 눈부심을 방지할 수 있다.
③ 정측광(top side lighting)은 전시면 조도가 부족하고 낮아진 천장에 압박감이 생긴다.
④ 천창(top lighting)은 천창을 높게 하지 않으면 반사, 눈부심을 일으킨다.

제1장 실내계획
제2장 실내환경
제3장 실내시공
제4장 실내구조 및 법규

정답 및 해설

13 ①
작업대를 밝히는 부분 조명은 그림자가 없는 작업조명을 해준다. 이때의 조도는 전체 조명의 도움을 받아 약 500lx 정도의 조도 수준이 요구되며, 필요에 따라 500lx, 750lx, 1,000lx가 요구되기도 한다.

14 ④
할로겐램프는 열이 많이 나기 때문에 강조하고자 하는 부분에만 사용하는 것이 좋다.

15 ②
고창(clearstory) : 고창은 창의 상부가 천장면과 같거나 또는 천장면에서 채광하나 채광면이 수직이거나 수직면에 가까운 면에 설치되는 창으로, 관람자가 서 있는 위치인 중앙부는 어둡게 하고 대신 벽면은 조도가 충분한 이상적인 채광방식이다. 그러나 벽면의 조도차가 심하고 바닥면의 휘도가 벽면의 휘도보다 커 관람자의 그림자가 벽면에 생길 우려가 있다.

친환경디자인

1 친환경디자인 일반

- 1992년 브라질 리우에서 채택된 아젠다 21선언을 시작으로 환경오염에 대한 규제를 가하기 위한 국제적 협약이 마련되고, 환경을 보존하고 자연과 조화를 이룰 수 있는 생태학적 사고를 기초로 한 친환경 디자인 개념이 발전되어 오고 있다.
- 건조 환경(built environment)과 환경을 연계하는 노력은 제로 에너지 건축, 생태건축, 녹색건축, 지속가능한 건축, 환경공생 주택 등 다양하게 시도되고 있으며, 제품과 실내자재 분야에서도 이루어지고 있다.

1) 친환경 실내디자인

(1) 친환경 실내디자인 개념

- 실내디자인 분야에서 친환경은 그린 디자인 또는 지속가능한 디자인 등 다양한 용어로 불리고 있으며, 최근의 친환경 디자인은 기술적으로 주도되는 환경적 지속 가능성 또는 그린 디자인에 중점을 두고 있다.
- 친환경 실내디자인의 개념은 다음과 같이 제시되고 있다.

① 멘들러(Mendler et al., 2006)

"건조 환경에서 지속가능한 디자인은 자연과 인간 모두에게 포괄적이고 통합된 방식으로 유익한 디자인 해결책을 찾는 방법 또는 프로세스를 의미한다."

② 필라토비츠(Pilatowicz, 1954)

"지구환경과 실내환경은 상호의존적이며, 친환경적 실내디자인은 실내와 실외환경에 미칠 영향 모두를 고려한 디자인, 즉 지구환경의 보존과 건강한 실내환경을 위한 디자인이다."

③ 하현주 · 오찬옥(2011)

"친환경 실내디자인은 단순히 실내환경에만 국한시키기 보다는 실내환경과 실외환경과의 상호의존적인 관계를 토대로 지구환경의 보존이라는 거시적 차원에서 접근하며, 궁극적으로는 실내 공간의 사용자인 인간의 건강 유지와 증진을 꾀하는 디자인이다."

(2) 친환경 실내디자인 영역

- 디자인에서 그린(green)과 지속 가능한(sustainable)의 용어는 종종 같은 의미로 사용되고 있으나 구분할 필요가 있다.

① 그린 디자인

- 사람의 건강, 안전 및 복지와 같은 사람 문제에 중점을 두고 있다.

② 지속 가능한 디자인

- 지구의 건강, 안전 및 복지라는 보다 글로벌한 접근방식을 포함하여 현재 세대가 미래 세대의 필요를 위태롭게 하지 않으면서 자신의 필요를 충족하고자 한다. 또한 공정무역상품을 고려하고, 적절한 노동 조건 및 공정한 거래 조건을 얻는 데에도 중점을 두고 있다.
- 친환경 실내디자인은 사람 중심접근과 지구를 고려한 접근, 공정무역과 공정한 거래의 세 가지 개념 모두를 포함하며, 실내디자이너는 신축과 기존 건물의 개조 작업 모두에서 이러한 지속가능한 개념을 구현하도록 하여야 한다.
- 전통적 실내디자인은 공간 사용자의 미적 또는 기능적 요구사항을 충족시키는 데 중점을 두었던 반면, 친환경 실내디자인은 재료의 계획적 적용, 환경 및 건강에의 영향, 에너지 절약, 미적 품질, 유지관리 용이성 등에 중점을 두고 있다.

(3) 그린 리모델링

- 재건축은 기존의 건물을 헐고 새로 짓는 데 반해, 리모델링은 증축, 개축, 대수선 등을 통하여 건물의 수명을 연장하는 작업이며, 에너지 소비를 개선하기 위해서는 그린 리모델링이 필요하다.
- 우리나라는 국토교통부에서 2013년 그린 리모델링 창조센터를 설립하고 그린 리모델링 사업을 시작했다.
- 그린 리모델링이란 건축물의 노후화를 억제하거나 기능 향상 등을 위하여 대수

선하거나 일부 증축 또는 개축하는 행위를 말하며(건축법 제2조 제1항 제10호), 단열 성능을 향상시키고, 창호를 교체하는 등 노후화된 건축물의 에너지 성능을 개선하는 작업이다.

2) 친환경 실내디자인 관련 인증제도

- 대표적 친환경건축 인증제도로는 미국의 LEED, 일본의 CASBEE, 영국의 BREEAM 등이 있다.
- 우리나라의 친환경 건축 관련 인증은 녹색건축인증(G-SEED)과 제로에너지건축물인증(ZEB), 건축물에너지효율등급인증, 장애물 없는 생활환경인증(BF), 장수명주택인증, 친환경주택평가, 결로방지성능평가, 지능형건축물인증이 있다.
- 각 인증별로 건축기준 완화, 재산세 경감 등의 인센티브를 제공하고 있다.
- 국내 친환경건축 관련 인증은 스마트건축인증으로 일부 통합이 계획되고 있다.

(1) LEED(Leadership in Energy and Environmental Design)

- 미국의 USGB(U.S. Green Buildings Council)에서 발급하는 친환경 건축물 인증으로 전 세계에서 가장 많이 통용되고 있다.
- LEED 등급에 따라 세제 혜택 등 이익을 부여하고 있다.
- 지속가능한 대지계획, 수자원의 효율성, 에너지와 대기오염, 자재와 자원, 실내환경의 질에 대한 분야를 72개 항목으로 세분화하여 각각 점수를 합산하여 'Certified', 'Silver', 'Gold', 'Platinum' 등급을 부여한다.

(2) BREEAM(Building Research Establishment Environmental Assessment)

- 영국의 BRE(Building Research Establish)에서 만든 인증제도로 세계 최초의 친환경 건축물 인증제도이며, 유럽에서 가장 많이 쓰이고 있다.
- 주요 평가항목은 유지관리, 건강 및 쾌적성, 에너지, 교통, 수자원, 자재, 재활용, 대지이용 및 생태 등 9가지 항목으로 구분되어 있다.
- 각 카테고리에 점수를 매겨 'Pass', 'Good', 'Very Good', 'Excellent', 'Outstanding'의 5개 등급을 부여한다.

(3) 녹색건축물 인증제(G-SEED)

- G-SEED(Green Standard for Energy and Envitonment Design)는 2013년 6월부터 시행된 우리나라의 친환경 건축물 인증제도이다.
- 친환경건축물 인증제도(2002), 주택성능등급 표시제도(2009), 건물에너지 효율등급 인증제도(2009), 에너지 절약형 친환경주택(2010)의 이전의 인증제도를 통폐합하여, 에너지이용 효율 및 신재생에너지 사용 비율을 높여 온실가스 배출을 최소화하는 건축물 조성을 위한 「녹색건축물 조성 지원법」과 「녹색건축 인증 기준」이 2013년에 시행되었다.

① 인증심사기준

- 신축건축물 : 공동주택, 복합건축물(주거), 업무용 건축물, 학교시설, 판매시설, 숙박시설, 소형주택
- 기존 건축물 : 기존 공동주택, 기존 업무용 건축물, 그 밖의 용도의 건축물

② 인증 등급

- 토지이용 및 교통, 에너지 및 환경오염, 재료 및 자원, 물순환 관리, 유지관리, 생태환경, 실내환경의 7개 분야 항목별로 점수를 부여하여 합산한다.
- 점수에 따라 최우수(그린 1등급), 우수(그린 2등급), 우량(그린 3등급) 또는 일반(그린 4등급)의 4개 등급 중 하나를 부여한다.

③ 녹색건축물 인증 취득 의무

- 다음의 기관들에서 연면적의 합이 3,000㎡ 이상의 건축물을 신축하거나 별도의 건축물을 증축하는 경우, 국토교통부장관과 환경부장관이 정하여 공동으로 고시하는 등급 이상의 녹색건축 인증을 취득하여야 한다.
- 중앙행정기관, 지방자치단체, 공공기관, 지방공사/지방공단, 국립·공립학교

④ 인증 유효기간

- 인증서를 발급한 날부터 5년

(4) 건축자재 인증제도

- 친환경 건축자재란 천연건축재료, 친환경 재료, 지속가능한 재료로 정의된다(김원 외, 2009).

① 천연건축재료

- 흙, 나무, 돌 등 원재료를 채취해 건축재료로 적합하게 절단이나 연마한 재료

② 친환경 재료
- 각 나라의 환경 기준치에 맞춰 가공, 생산된 건축재료
- 라이프 사이클상 환경부하의 최소화와 사용자 건강을 저해하지 않는 특성

③ 지속가능한 재료
- 영구히 사용할 수 있는 재료
- 금속재(스틸, 동판, 알루미늄, 강철 등)
- 재활용 건축재료(재생섬유 흡음재, 재활용 섬유판재, 재활용골재 등)

- 건축물에 사용되는 자재나 제품 관련 인증제도는 친환경 건축자재, 환경표지제도, 환경성적·탄소성적표지제도를 통합한 환경성적표지제도(2016), HB마크 인증제도, KS표시 인증제도 중 SE_0~E_1형, 우수재활용제품(GR)인증제도, 녹색인증제도 등이 있다.
- 이러한 제도는 크게 두 가지 개념을 포함한다.
  - 제품의 오염물질 방출 정도 인증 : 제품사용 시 실내공기질 영향과 관련
  - 제품 생산과정에서 배출한 탄소와 오염물질 정도 인증 : 지구환경 영향과 관련

1. 친환경디자인 일반

기출 및 예상 문제

01 친환경건축의 기본개념이 아닌 것은? 공인5회

① 지구환경의 보전(low impact)
② 주변 환경과의 친화성(high contact)
③ 거주자의 건강, 쾌적성(health & amenity)
④ 기술과 문화와의 융합(convergence of technology and culture)

02 국토교통부에서 소개한 그린 리모델링 요소기술에 대한 설명으로 옳지 않은 것은? 공인1회, 공인2회

① 열차단 : 일사조절을 통해 건물의 열 획득을 감소시킴으로써 여름철 냉방부하를 저감
② 기밀 : 건축물 틈새부위의 기밀성을 확보함으로서 냉・난방에너지의 소비를 절감
③ 열교방지 : 불필요한 냉・난방에너지 소비와 결로 발생을 최소화하기 위해 단열의 끊김이 없도록 가능한 내단열로 시공
④ 실내마감재료 : 유해화학물질 방출량이 적고 습도조절 능력 등이 있는 친환경 실내마감재료를 사용

정답 및 해설

01 ④
친환경건축의 기본 개념에는 지구환경의 보전, 주변 환경과의 친화성, 거주환경의 건강쾌적성이 있다.

02 ③
열교방지를 위해서는 단열의 끊김이 없도록 가능한 외단열로 시공한다.

03 실내환경평가 과정 중에서 가장 선행되어야 할 사항인 것은? 공인3회

① 실태확인 ② 원인분석
③ 개선계획 ④ 적합성평가

04 환경을 고려한 지속 가능한 경제 성장을 위한 실내디자이너의 역할이 아닌 것은? 공인4회

① 절전형 형광등, 콘크리트 단열 벽을 사용하여 에너지 손실을 막는다.
② 추운 지역에서는 태양 복사열을 차단하고 더운 지역에서는 태양열을 공짜로 얻을 수 있도록 건물을 설계한다.
③ 자연환기가 잘되고 겨울철에 햇볕이 잘 들어오도록 설계한다.
④ 이중 또는 삼중 유리를 사용하여 열 손실을 줄이고 소음도 차단한다.

05 그린 리모델링에 대한 설명으로 옳지 않은 것은? 제19회

① 건물의 '리모델링'은 건물을 해체하고 다시 건축하는 '재건축'과 비교할 때 그 자체가 친환경에 해당한다.
② 그린 리모델링은 에너지 소비의 감소보다는 기존건물에 다양한 친환경 요소 도입을 강조하는 개념이다.
③ 그린 리모델링과 관련된 사업(제도)으로서 ESCO(Energy Service Company : 에너지절약 전문기업) 활동이 있다.
④ 국토교통부에서는 한국시설안전공단 내에 그린 리모델링 창조센터를 설립하고, 그린 리모델링의 시범 또는 본 사업을 시행하고 있다.

06 친환경 실내디자인의 필요성이라 볼 수 없는 것은? 제14회

① 사용자의 수준 상승 ② 지구온난화 방지
③ 교토협약 대응 ④ 이산화탄소 발생 저감

정답 및 해설

03 ①
실내환경평가는 실내환경의 실태를 확인하고, 문제점과 원인을 파악하여 이를 개선하는 것이다.

04 ②
추운 지역에서는 태양열을 공짜로 얻을 수 있도록 건물을 설계하고, 더운 지역에서는 태양 복사열을 차단할 수 있도록 건물을 지어야 한다.

05 ②
그린 리모델링의 목적은 에너지 성능향상에 따른 온실가스를 저감하고 생활환경 개선하려는 것이다.

07 지속가능한 디자인의 목표를 바르게 설명한 것은?

① 거주자의 건강보다 환경을 우선 고려하는 것
② 새로운 생태계와 서식지를 개발하는 것
③ 에너지, 재료, 물과 같은 천연자원의 소비를 줄이는 것
④ 지역의 역사적 연결은 배제하고, 자연적 연결을 지원하는 것

08 「녹색건축물 조성지원법」에 대한 설명으로 옳지 않은 것은? 공인2회

① '녹색건축물'이란 에너지이용 효율 및 신·재생에너지의 사용비율이 높고 온실가스 배출을 최소화하는 건축물을 말한다.
② 주요 조항은 건축물 에너지 및 온실가스 관리 대책, 녹색건축물 등급제 시행, 녹색건축물 조성의 실현 및 지원 등이다.
③ 건축물 에너지 및 온실가스 관리 대책을 위해서는 개별 건축물의 에너지 소비 총량 제한, 기존 건축물의 에너지성능 개선기준, 에너지 절약계획서 제출 등을 포함하고 있다.
④ 녹색건축물 조성의 지원으로는 소득세·법인세·취득세·재산세·등록세 등의 감면이 해당되며, 보조금 지급이나 이자지원 사업은 포함되지 않는다.

09 녹색건축물 인증제도에 대한 설명으로 틀린 것은? 공인4회

① 건축물 종류별 인증심사기준이 구분되어 있다.
② 녹색건축물 조성 지원법을 근거로 한다.
③ 신축건물에 해당하는 제도로서 기존 건축물은 아직 인증심사기준이 제정되어 있지 않다.
④ 2013년 6월 시행되면서 기존의 친환경건축물 인증제도가 폐지되었다.

정답 및 해설

06 ①
친환경 실내디자인은 지구온난화 방지를 위해 건물 부문의 화석 에너지 사용량을 감소하는 디자인이 핵심이 되고, 1997년 교토 기후변화협약 3차 당사국 총회에서 선진국 온실가스 감축의무를 규정한 국제협약이 이루어진 후 세계의 온실가스 감축 노력이 시도되고 있다.

07 ③
지속가능한 디자인의 목표는 천연자원의 소비를 줄이고, 생태계와 서식지의 보존과 거주자의 건강과 웰빙을 지원하며, 역사와 문화적 연결을 지원하는 공간을 만드는 것이다.

08 ④
「녹색건축물 조성지원법」에는 녹색건축물 조성을 위해 보조금의 지급 등 필요한 지원을 할 수 있으며, 재원의 조성 및 자금 지원, 금융상품의 개발 등의 조항이 포함되어 있다.

09 ③
녹색건축물 인증은 크게 신축 건축물, 기존 건축물, 리모델링으로 나뉘어 평가된다.

10 건축자재 인증제도에 대한 설명으로 옳지 않은 것은?

제19회

① HB마크 인증제도는 국내외에서 생산되는 건축자재에 대한 유기화합물 방출 강도를 품질인증시험 후 인증등급을 부여하는 제도이다.
② KS표시인증제도 중 합판에 대해서는 포름알데히드 방산량에 따라 E0, E1, E2 형으로 구분한다.
③ 환경표지제도는 동일 용도의 제품 중 생산 및 소비과정에서 오염을 상대적으로 적게 일으키거나 자원을 절약할 수 있는 제품에 인증하는 제도이다.
④ 탄소성적표지제도는 제품의 생산, 수송, 사용, 폐기 등의 모든 과정에서 발생되는 온실가스 발생량을 CO_2 배출량으로 환산하여, 라벨 형태로 제품에 부착하는 것이다.

11 녹색건축인증제도에 대해 옳게 설명한 것은?

① 녹색건축물의 인증등급은 모두 5개 등급으로 구별되어 부여된다.
② 공공기관에서 건축(신축, 별동 증축, 재축)하는 연면적의 합계가 1,000㎡ 이상인 공공건축물은 인증의무대상이다.
③ 인증심사는 토지이용 및 교통, 에너지 및 환경오염, 재료 및 자원, 물순환 관리, 유지관리, 생태환경, 실내환경 분야 점수 합산으로 등급을 인증한다.
④ 건축물에 사용된 자재와 시공단계에 한하여 환경에 영향을 미치는 요소를 평가하는 제도이다.

정답 및 해설

10 ②

KS표시인증제도 중 합판에 대해서는 포름알데히드 방산량에 따라 SE0형, E0형, E1형으로 구분한다.

11 ③

녹색건축인증은 건축물의 입지, 자재 및 시공, 유지관리, 폐기 등 건축의 전 생애를 대상으로 건축물의 환경성능을 인증하는 제도이며, 최우수, 우수, 녹색건축인증, 일반으로 4개의 인증등급이 있다.
중앙행정기관, 지방자치단체 등의 기관에서 연면적 합이 3,000m^2 이상의 건축물을 신축하거나 별도 건축물을 증축하는 경우 일정 등급 이상의 녹색건축인증을 취득해야 한다.

2 실내환경

- 외부환경－실내환경－인간은 서로 영향을 주는 체계를 가지며, 이를 인간－환경 시스템이라고 한다.
- 실내환경은 거주자의 생명 유지를 위해 필수적이며, 추위나 더위, 빛, 소음 등으로 인간의 감각에 영향을 미친다. 건물의 외부환경과 건축적 특징에 의해 실내환경은 변화하고, 이는 설비로 보완될 수 있다.
- 건물의 실내환경을 조절하는 방법은 자연형 조절(passive control system)과 설비형 조절방법(active control system)이 있다.

1) 실내온열환경

(1) 온열환경의 지표

- 온열감각은 기온, 습도, 복사, 기류의 4요소의 조합에 의하며, 주된 지표로 유효온도, 수정유효온도, 신유효온도 등이 있다.

① 유효온도

- 기온, 습도, 기류의 3요소를 총합하여 열환경을 평가하는 것이다.

② 수정유효온도

- 벽면의 온도가 온열감에 영향을 미치는 계절에는 유효온도(기온, 습도, 기류)에 복사를 더한 수정유효온도가 이용된다.

③ 신유효온도

- 기온, 습도, 복사, 기류, 인체 착의량, 대사량의 6개 요소를 변수로 한다.

(2) 실내온열환경의 쾌적요인

- 실내온열환경이 적절한 상태로 열에 의한 스트레스나 긴장을 일으키지 않는 상태를 열적 쾌적(thermal comfort) 상태라고 한다.
- 일반적으로 열은 온도가 높은 곳에서 낮은 곳으로 이동하며, 열의 전달 경로는 전도, 대류, 복사의 형태가 있다.

① 실내온열환경의 물리적 요소

- 기온 : 평균피부온도는 33.4~34.5℃. 이보다 높으면 불쾌감을 느끼고 정상범위보다 4.5℃ 이상 저하되면 불쾌한 추위를 느낀다(이정범, 2005).

- **상대습도** : 극단적으로 높거나 낮지 않으면 온열 쾌적성에 영향을 거의 미치지 않는다.
- **평균복사온도** : 쾌적한 상태는 평균복사온도가 기온보다 1~2℃ 정도 높을 때이다. 모닥불에 손을 가까이하면 복사열 전달로 따뜻함이 느껴진다.
- **기류** : 쾌적한 상태의 기류속도는 0.25~0.5m/s. 고온환경에서 기류가 있으면 서늘하게 느끼고, 한랭환경에서 기류가 있으면 더 춥게 느낀다.

② 실내온열환경의 인체측 요인

- **착의량** : 의복의 열저항 단위는 clo. 1clo는 기온 21.2℃, 상대습도 50%, 기류속도 0.1m/s에서 의자에 앉은 사람이 쾌적하게 느끼는 의복상태이다.
- **활동량** : 활동량 단위는 met. 열쾌적 범위는 인체의 활동량에 따른 방열량에 따라 달라지며, 취침(0.7met), 청소(2.0~3.4met) 등 다양한 활동량이 있다.
- 그 외 연령, 성별, 체격, 건강상태, 환경에 대한 적응도, 체질 등이 있다.

(3) 실내온열환경 디자인

- 실내의 열이 건물 외부와 교환되는 과정은 구조체를 통한 열이동, 환기에 의한 열이동, 창을 통한 열이동이 있다.

① 건물의 열성능 용어

- **단열성** : 건물 구조체가 실내와 주택외부 사이의 열이동을 차단하는 성능
- **열용량** : 어떤 물체 온도를 1℃ 높이는 데 필요한 열량, 단위는 mc(kcal/℃).
- **타임랙**(time-lag) : 외부기온의 피크에 대하여 구조체 내 피크의 지연시간
- **기밀성이 좋은 구조체** : 치밀하고 틈새가 작은 구조체. 기밀성이 좋으면 구조체의 열성능에 도움이 되지만, 지나치게 기밀한 구조체는 실내공기의 질을 나쁘게 하고 결로를 발생시킬 위험이 있다.

② 단열

- 단열의 원리는 저항형 단열, 반사형 단열, 용량형 단열이 있다.
  - 저항형 단열 : 열전도율이 낮은 단열재를 이용하여 구조체의 열이동을 막는 것
  - 반사형 단열 : 반사율이 높은 재료를 이용해 이동하는 열을 반사하는 것
  - 용량형 단열 : 열용량이 큰 재료의 타임랙 효과를 이용하는 것
- 단열의 효과나 구조체 내부의 결로발생 측면에서 외단열이 바람직하다.

③ 결로

- 공기 중 수증기가 차가운 표면에 닿아 생기는 현상

- 결로 원인은 높은 습도와 차가운 표면이다.
- 결로는 겨울철에 극심하며, 실내외 큰 온도차에 의해 벽표면온도가 실내공기 노점 온도보다 낮은 부분이 생기면 결로가 발생한다.
- 결로 방지를 위해서는 단열을 통해 벽체 표면온도와 실내온도의 차이를 줄이고, 단열재의 접합부위 시공에 주의를 기울여야 한다. 또한, 구조체가 기밀한 경우 습도 저하를 위해 자연 환기구를 계획한다.

④ 통풍
- 여름철 통풍을 위해서는 맞통풍이 교차되도록 창호의 위치를 계획하고, 남북 방향으로 가로지르는 통풍 효과를 계획한다.

⑤ 창
- 유리로 된 창은 벽체에 비해 단열성이 낮아, 열관류율이 낮은 유리를 사용하거나 여름철 뜨거운 태양열을 대비한 열선흡수유리 사용하면 창을 통한 열이동을 줄일 수 있다. 복층유리는 유리와 유리 사이에 공기층을 단열재로 사용하는 원리로 단층 유리보다 열관류율이 낮다.

⑥ 실내정원
- 실내정원은 습도를 조절하고 직사일광의 직접적 실내 유입을 줄이는 등 온열환경에 도움을 주며, 거주자의 심리와 건강에도 유익하다.

2) 실내공기환경

(1) 실내공기 오염물질

① 기체상 오염물질
- CO_2(이산화탄소) : 무색, 무미, 무취 가스, 자체독성은 없으나 다른 오염물질 발생 가능성을 보여주는 지표로 취급됨. 관련 법령에서 기준치는 1,000ppm이다.
- CO(일산화탄소) : 무색, 무취, 유독한 가스

② 입자상 오염물질
- PM10(미세먼지) : 0.005~500μm(100만분의 1m) 크기의 입자로, 미세입자에 중금속이 농축되어 있을 수 있어 유의해야 한다.
- 집먼지진드기 : 먼지 속에서 사람이나 동물 피부에서 떨어지는 비듬, 각질 등을 먹고 살며, 호흡기 알레르기 질환의 가장 중요한 기인항원이다.

③ 화학오염물질
- VOCs(휘발성유기화합물 : Volatile Organic Compounds) : 건축자재, 세탁용제, 페

인트, 살충제 등에서 발생하며, 호흡 및 피부를 통해 인체에 흡수되고, 호흡곤란, 두통, 구토, 빈혈 등을 일으킬 수 있다.

- HCHO(포름알데히드 : Formaldehyde) : 건축자재에서 발생된 포름알데히드는 실내온도와 습도가 높을수록 방출속도가 빨라지며, 인후염, 기침, 알레르기성 피부염, 두드러기 등을 일으킬 수 있다.

④ 방사성 물질

- 사람이 가장 흡입하기 쉬운 기체성 물질로 폐암의 원인이 된다.

(2) 새집증후군과 복합화학물질 과민증

- 새집증후군은 새로 지은 건축물에는 휘발성유기화합물 등 오염물질이 있어 거주자의 건강이나 쾌적에 영향을 미치는 증상이다. 피부 발진, 호흡기계통 증상 등이 있을 수 있으며 주택을 떠나면 증상이 보이지 않는다.
- 새집증후군 감소를 위해서는 환기, 난방으로 건축자재의 휘발성유기화합물을 방출시키는 베이크아웃(bake-out), 원인물질 제거 및 친환경 자재 사용, 식물을 이용한 공기정화, 기계정화를 이용한 공기정화 방법이 있다.
- 복합화학물질과민증은 특정 화학물질에 접촉된 이후 극미량의 화학물질에 접촉되어도 심한 반응을 일으키는 증상으로, 도시에서는 일상생활이 불가능해지는 중독성 질환에 이르기도 한다.

(3) 환기

- 환기는 오염된 실내공기와 깨끗한 외기를 교환하는 것으로, 실내의 오염된 공기를 깨끗하게 하는 가장 효과적 방법이다.
- 자연환기와 기계환기 방법이 있는데, 자연환기는 자연의 바람, 실내의 온도차에 의한 기류로 발생하는 환기를 말한다.
- 필요 환기량은 필요한 공기의 유입 또는 유출되는 양의 최저치를 말하며, 실내공기의 오염은 인체로부터 발생하는 CO_2 허용치에 근거하여 필요환기량을 계산할 수 있다.

① 환기시설 및 공기질 관련 건축자재 사용 조항

- 신축 또는 리모델링하는 100세대 이상의 공동주택은 시간당 0.5회 이상 환기가 이루어질 수 있도록 자연환기설비 또는 기계환기설비를 설치하여야 한다.
- 공동주택과 오피스텔의 난방설비를 개별난방방식으로 하는 경우 보일러실 윗부분에 면적이 $0.5m^2$ 이상인 환기창을 설치하고, 보일러실 윗부분과 아랫부분에

지름 10㎝ 이상의 공기흡입구 및 배기구를 항상 열려있는 상태로 바깥공기에 접하도록 설치할 것. 다만, 전기보일러의 경우에는 그러하지 아니하다.

- 주택의 부엌, 욕실 및 화장실에는 바깥의 공기에 면하는 창을 설치하거나, 국토교통부령이 정하는 바에 따라 배기설비를 하여야 한다.
- 공동주택에는 환경부장관이 고시한 오염물질방출 건축자재를 사용하여서는 아니 된다.
- 석면이 함유된 건축물이나 설비를 철거하거나 해체하는 자는 고용노동부령으로 정하는 석면해체 · 제거의 작업기준을 준수하여야 한다.

3) 실내빛환경

(1) 실내빛환경의 영향

- 실내빛환경은 공간 사용자에게 심리적 영향을 미치고, 치유효과를 주기도 하지만 불량한 경우 시력저하와 피로, 작업능률 저하 등에 영향을 준다.
- 휘도가 높거나 지나치게 강한 휘도대비가 있으면 사물을 보기 어렵거나 불쾌한 느낌을 주는데 이를 눈부심 현상이라 하고, 휘도비의 범위는 $\frac{1}{3}$~1이 적당하다.
- 높은 조도에서는 광원의 개수나 휘도가 증가하면 눈부심이 일어나기 쉬우므로 작업능률의 저하도 생기기 쉽다. 그러나 눈부심을 느끼지 않는 범위에서는 조도가 높을수록 작업능률이 높아진다.
- 광색은 심리적 영향과 치유력 등에 영향을 줄 수 있으며, 상황에 적합한 광색은 치유적 영향을 줄 수도 있다.
- 밤에 과도하게 밝은 빛에 의한 피해는 사람의 건강은 물론 환경에도 위해가 될 수 있다. 빛공해 발생 우려가 있는 지역은 조명환경관리구역으로 지정될 수 있다.

(2) 채광

- 채광은 실내 공간에 필요한 조도를 태양광에 의해 확보하는 것이다.
- 채광창의 계획 시에는 다음의 사항들을 고려해야 한다.

① 창의 위치

- 실내가 깊을수록 높은 창이 바람직하고, 천창은 천장 가운데에 위치해야 채광에 유리하다.
- 측창의 경우 자연광의 투사율을 높이기 위해 벽면의 중간이나 아래쪽에 위치할수록 유리하다.

② 창의 크기

• 전면유리 벽의 경우, 채광 외에 냉난방과 관련된 문제가 있으므로 이중유리나 흡열유리의 사용 등을 고려한다.

③ 창의 분할

• 한쪽 벽면에 위치한 측창은 분할하지 않는 것이 자연광 투사율을 높일 수 있으나, 균일한 조도를 위해서는 분할하는 것이 좋다.

④ 창의 형태

• 경사 창틀이나 벽면으로부터 깊이 후퇴시킨 창은 실내와 실외의 밝기의 대조로 인한 눈의 피로를 줄일 수 있다.

(3) 일조조절 디자인

• 일조로 인한 여름철의 열취득을 차단하기 위해서는 구조적 조절, 창 재료에 의한 조절, 창 내부에 설치하는 장식적 조절 방법으로 조절할 수 있다.

① 구조적 조절

• 낮 동안 높은 태양고도는 차양, 발코니, 루버차양, 수평루버 등 수평재를 창에 설치하는 것이 효과적이며, 서향 등에서 낮은 경사각으로 입사하는 일사는 수직루버, 수직 핀 등 수직계에 의한 조절이 좋다.
• 여름철 남쪽 벽의 강한 햇볕은 차양 설치가 도움을 주며, 처마나 아파트 발코니도 같은 효과를 가진다.

② 창 재료에 의한 조절

• 창의 재료 선택은 채광에 중요한데, 전통적 창 재료인 한지는 빛을 완전히 차단하지 않고 통풍과 단열에 우수하며 습기에도 쉽게 망가지지 않는 장점이 있다.
• 빛분산 복층유리, 블라인드가 장착된 유리 등 다양한 유리 종류를 선택하여 쾌적한 빛환경 계획을 할 수 있다.

③ 장식적 조절

• 창의 내부에 설치하여 빛을 조절하는 베네시안 블라인드, 커튼 등이 있다.

4) 실내음환경

(1) 소음

• 시끄럽고 불쾌하게 느껴지는 소리를 소음이라고 하며, 음의 크기가 크거나 주파

수가 높을수록 소음이 되기 쉽다.

- 음이 1초간 진동하는 횟수를 주파수라 하며, 단위는 Hz(c/s)를 사용한다.
- 한 개의 주파수만을 가진 음을 순음이라고 하고, 여러 개의 주파수 성분을 가진 것을 복합음 또는 광대역음이라 부른다.
- 음의 크기레벨은 인간의 청각에 의한 음의 크기이며, 단위는 폰(phon)이다.
- 소음공해 등을 취급할 때는 청감보정회로를 거쳐 음을 측정하며, 단위는 dB(A)로 나타내며, A 외에 B, C는 특수목적에 사용된다.
- 소음이 심한 곳에 장기간 노출될 경우 청력상실에 의한 소음성 난청이 생길 수 있으며, 소음공해는 위궤양, 소화불량 등을 유발할 수 있다.
- 소음이 낮은 환경에서는 소음이 작업 능률을 증가시키기도 하지만, 갑작스러운 소음은 작업의 능률을 낮춘다.

(2) 소음 관련 법규

- 공동주택을 건설하는 지점의 소음도가 65dB 미만이 되도록 하되, 65dB 이상인 경우에는 방음벽, 수림대 등의 방음시설을 설치하여 65dB 미만이 되도록 소음 방지대책을 수립하여야한다. 다만, 특정지역의 경우 실내소음도 45dB 이하로 해야 한다.
- 공동주택의 세대 내 층간 바닥충격음이 경량충격음은 58dB 이하, 중량충격음은 50dB 이하의 구조가 되도록 해야 한다.

(3) 외부소음 저감방안

- 외부소음에는 교통소음, 산업 시설 소음, 인간활동에 의한 소음이 있다.

① 재료의 차음특성 이용

- 공간 사이 소리의 전달을 막기 위해서는 벽의 건축재로 차음재를 사용한다.
- 대표적 차음재 : 철, 납, 합판, 석고, 유리, 콘크리트, 시멘트 벽돌 등

② 창의 차음성능

- 차음을 위해서 차음 및 단열성능이 우수한 이중창을 사용하거나 창의 틈을 최소화하는 것이 유리하다.
- 무거운 재질은 진동이 덜하므로 가벼운 재질보다 방음효과가 우수하다.

(4) 내부소음 저감방안

① 바닥충격음 대책

- 고체를 통한 소리 전달을 막기 위해서는 충격을 완화하는 차음재를 설치하거나, 위층 바닥 구조체와 아래층 천장 구조체의 접촉을 줄이도록 뜬바닥 구조를 선택하는 것이 바람직하다.

② 개폐음 대책

- 문을 여닫을 때 발생하는 소음은 문틈으로 전해지는 공기전달음과 바닥과 벽체의 고체전달음이 있다.
- 개폐 시 충격발생을 막기 위해서는 도어체크 등을 설치하거나, 창호 주변에 방진고무, 코르크, 펠트 등의 완충재를 설치하는 방법이 있다.

③ 설비음 대책

- 급배수설비에서의 소음을 방지하기 위해서는 파이프 등의 접속부위에 고무와 같은 방진재료를 사용하고, 바닥 부분에 완충재를 두어 진동을 방지하거나 방음 파이프 등을 사용한다.

④ 흡음 대책

- 실내의 소음을 줄이기 위해서는 두꺼운 재질의 커튼이나 카펫 등 직물 흡음재를 사용하는 방법이 있다.

기출 및 예상 문제

1. 친환경디자인 일반

제1장 실내계획
제2장 실내환경
제3장 실내시공
제4장 실내구조 및 법규

01 실내환경에 관한 설명 중 옳은 것은? 공인5회

① 실내환경은 일차적으로 설비의 가동과 건물 자체의 건축적 특성에 의해 형성된다.
② 외부환경－실내환경－인간은 서로 영향을 주는 관련 체계를 가지고 있다.
③ 실내환경은 내부 재실자의 감각기관 활동에 영향을 미치는 심리적 환경이다.
④ 실내환경을 조절하는 방법은 크게 물리적 방법과 심리적 방법 두 가지가 있다.

02 다음 중 외부기후의 변화에 의해 실내온열환경이 변화되는 데 걸리는 시간을 지연시키는 성능(타임랙)과 가장 관계가 깊은 것은? 공인1회

① 단열성 ② 열용량
③ 기밀성 ④ 개구부 면적

03 실내온열환경의 물리적 4요소는? 공인1회

① 기온, 상대습도, 복사열, 풍향
② 기온, 상대습도, 기류속도, 인체의 활동량
③ 기온, 상대습도, 기류속도, 복사열
④ 기온, 기류속도, 수직온도분포, 복사열

정답 및 해설

01 ②
실내환경은 일차적으로 외부환경의 영향을 받고, 건물 자체의 건축적 특성에 의해 형성되며, 거주자의 감각기관의 활동에 영향을 미치는 물리적 환경을 말한다. 실내환경은 자연형 조절과 설비의 가동에 의해 조절된다.

02 ②
주택구조체의 열용량은 주택구조체의 온도가 얼마나 쉽게 변하는지를 나타내는 양으로서, 열용량이 큰 구조체는 타임랙도 길다.

04 실내정원의 실내온열환경에 대한 효과라 할 수 없는 것은? 공인2회

① 발코니에 설치 시 직사일광이 거실로 직접 유입되는 것을 완화하는 기능
② 식물들이 실내 공간 간의 통풍을 방해하는 부정적 효과
③ 습도조절 효과
④ 잠열에 의해 실내온도를 일정하게 조절하는 역할

05 실내의 열이 건물 외부와 교환되는 과정에 해당하지 않은 것은? 공인2회

① 외부환경을 통한 열이동
② 구조체를 통한 열이동
③ 환기에 의한 열이동
④ 창을 통한 열이동

06 결로에 대한 설명으로 틀린 것은? 공인3회

① 결로는 공기중의 수증기가 차가운 표면에 닿아 생기는 현상이다.
② 결로의 방지를 위해서는 단열에 의해 벽체표면온도를 실내온도와 가깝게 유지하는 것이 필요하다.
③ 벽표면 온도가 실내공기의 노점온도보다 높은 부분에서 결로가 발생한다.
④ 건물내부의 결로발생은 다른 계절보다 겨울철에 극심하다.

07 고체 또는 정지한 유체에서 분자 또는 원자의 운동에 의한 열에너지 확산으로 전열되는 현상은? 공인3회

① 전도(conduction)
② 대류(convection)
③ 복사(radiation)
④ 방사(emission)

정답 및 해설

03 ③
실내온열환경의 물리적 4요소는 기온, 상대습도, 기류속도, 복사열이고, 인체 측 요인에는 착의량, 활동량이 있다.

04 ②
실내정원을 설치하면, 직사일광이 직접 유입되는 것을 완화하고, 습도조절, 잠열에 의해 실내온도를 일정하게 조절하는 역할을 하며, 실내공간에 그린을 도입해 심리적 효과와 건강상의 장점을 줄 수 있다.

05 ①
실내의 열이 건물 외부와 교환되는 과정은 구조체를 통한 열이동, 환기에 의한 열이동, 창을 통한 열이동으로 이루어진다.

06 ③
실내외 큰 온도차에 의해 벽표면온도가 실내공기의 노점온도보다 낮은 부분이 생기게 되면 결로가 발생한다.

07 ①
전도는 고체 또는 정지한 유체 속을 그들 물체 분자 또는 원자의 열에너지가 확산됨으로써 열이 이동하는 형태를 말한다.

08 온열환경지표에 대한 설명으로 옳지 못한 것은? 공인4회

① 유효온도에는 주 벽면으로부터의 복사열의 효과가 고려되어 있지 않다.
② 수정 유효온도는 습도나 기류의 영향을 과소평가하고 있다.
③ 신 유효온도는 가벼운 옷차림, 안정, 저풍속의 경우만 적용 가능하다.
④ 불쾌지수는 기온과 습도만으로 온열감을 나타낸다.

09 실내에서 결로발생 원인에 속하지 않은 것은? 공인4회

① 건물 구조체의 단열성능 부족
② 실내외의 큰 온도차
③ 실내에서의 낮은 상대습도
④ 환기량 부족

10 건물의 열교환 원리에 입각하여 실내온열환경을 쾌적하게 계획할 수 있는 방법과 거리가 먼 항목은? 공인5회

① 구조체의 열관류율을 높게 설계한다.
② 건물의 틈새가 적은 기밀성 있는 구조로 설계한다.
③ 여름철을 위해서는 자연통풍에 유리한 창호계획이 필요하다.
④ 창을 남향으로 하고 일사조절장치를 계획해야 한다.

11 〈보기〉에서 구조체의 열성능 계획으로 가장 알맞은 것은? 공인5회

ㄱ. 단열성능이 좋은 구조체 ㄴ. 열전도율이 높은 단층유리 ㄷ. 틈새가 적은 기밀성 있는 구조 ㄹ. 일사에 유리한 북쪽에 면한 창

① ㄱ,ㄴ
② ㄱ,ㄷ
③ ㄴ,ㄷ
④ ㄷ,ㄹ

정답 및 해설

08 ②
수정 유효온도는 기온, 습도, 기류 및 복사열의 조합이다.

09 ③
결로의 원인은 높은 습도와 차가운 표면이다.

10 ①
열관류는 고온측의 공기로부터 벽체 표면으로의 열전달, 벽체 내의 열전도, 벽체 표면에서 저온측 공기로의 열전달을 총합한 것이다. 구조체의 열관류율을 낮게 계획해야 외부의 추위나 더위로부터 실내환경을 쾌적하게 계획할 수 있다.

12 실내온열환경에서 벽체의 표면온도와 가장 관계가 깊은 것은? 제19회

① 기온 ② 상대습도
③ 복사열 ④ 기류속도

13 열 쾌적에 대한 기술 중 부적당한 것은? 제19회

① 건구 온도의 최적 범위는 약 16~28℃이다.
② 추울 때 습도가 높으면 더욱 춥게 느껴진다.
③ 실내에 공기의 흐름이 전혀 없는 경우 천장 부근과 바닥 부근에 공기층의 분리 현상이 생긴다.
④ 더운 상태에서는 대개 1m/s 정도에서 쾌적함을 느낀다.

14 열용량이 큰 건물 구조체의 특징으로 옳은 것을 모두 고르면? 제17회

ㄱ. 조절된 실내환경 상태를 오랫동안 유지한다. ㄴ. 외부기후 변화에 따른 실내온도의 변화시간을 지연시킨다. ㄷ. 여름철에 열대야를 유발시키는 요인이 된다. ㄹ. 조적조나 RC조 건물이 열용량이 적다.

① ㄱ,ㄴ ② ㄱ,ㄷ
③ ㄱ,ㄴ,ㄷ ④ ㄱ,ㄴ,ㄷ,ㄹ

정답 및 해설

11 ②
건물의 열성능은 단열성을 좋은 구조체, 타임랙이 긴 열용량이 큰 구조체, 기밀성이 좋은 구조체에서 유리하다. 그러나 지나치게 기밀성이 좋은 구조체는 실내공기질 악화와 결로발생의 가능성이 있다.

12 ③
차가운 유리창 옆에 있으면 인체의 복사열이 차가운 유리창 표면으로 방출되어 춥게 느끼게 되는데, 이처럼 벽체 표면온도는 복사열로 인해 온열감에 영향을 미친다.

13 ②
- 기온: 건구 온도의 최적 범위는 약 16~28℃이다(여름 24~26℃, 겨울 20~24℃).
- 습도: 낮을수록 더욱 춥게 느껴지며 여름에는 40~70%이며, 겨울에는 40~50%이다.
- 기류: 쾌적 기류 속도는 0.25~0.5m/sec이며, 더운 경우는 1m/sec까지 쾌적하다.

14 ③
열용량이 큰 건물은 더워지는 데 오래 걸리고, 열이 잘 식지 않으므로 조절된 실내환경 상태를 오랫동안 유지할 수 있다. 또한, 외부기후 변화에 따라 실내온열환경이 변하는 데 걸리는 소요 시간을 지연시키는 타임랙도 좋다. 도시의 열용량이 큰 건물은 밤이 되어도 잘 식지 않아 여름철 열대야를 유발시키는 요인이 되기도 한다.

15 결로현상에 대한 설명 중 옳은 것은? 제17회

① 결로현상의 주원인은 낮은 습도와 차가운 표면이다.
② 열전도율이 큰 재료의 사용이 결로방지에 유리하다.
③ 결로는 실내외의 큰 온도차 및 실내습기로 인해 발생된다.
④ 결로 방지를 위하여 벽 표면온도를 실내온도보다 낮게 유지한다.

16 실내공기질 관련법규에서 실내디자이너가 고려해야 하는 조항들 중 옳지 않은 것은? 공인1회

① 신축 또는 리모델링하는 100세대 이상의 공동주택은 시간당 0.5회 이상의 환기가 이루어질 수 있도록 자연환기설비 또는 기계환기설비를 설치하여야 한다.
② 공동주택의 보일러실에는 필요시 개폐할 수 있는 공기흡입구 및 배기구를 설치해야 한다.
③ 다중이용시설 또는 공동주택을 설치하는 자는 환경부장관이 고시한 오염물질방출건축자재를 사용하여서는 안 된다.
④ 석면이 함유된 건축물이나 설비를 철거하거나 해체하는 자는 고용노동부령으로 정하는 석면해체·제거의 작업기준을 준수하여야 한다.

17 실내공기 오염물질의 관계 중 올바른 것은? 공인1회

① 휘발성 유기화합물－포름알데히드, 라돈
② 기체상 오염물질－일산화탄소, 부유분진
③ 입자상 오염물질－집먼지진드기, 세균
④ 방사성물질－톨루엔, 자일렌

제1장 실내계획
제2장 실내환경
제3장 실내시공
제4장 실내구조 및 법규

정답 및 해설

15 ③
결로는 공기 중 수증기가 차가운 표면에 닿아 생기는 현상이며, 높은 습도와 차가운 표면이 원인이다. 실내·외 큰 온도차에 의해 벽체 표면온도가 실내 노점온도보다 낮은 부분이 생기면 결로가 생긴다. 결로 방지를 위해서는 열전도율이 낮은 단열재를 시공하고, 기밀한 구조체의 경우 공기 정체의 감소와 높은 습도 저하를 위해 자연환기구 계획이 필요하다.

16 ②
공동주택의 난방설비를 개별난방방식으로 하 는 경우, 보일러실 윗부분에 환기창을 설치하고, 보일러실 윗부분과 아랫부분에는 공기흡입구 및 배기구를 항상 열려있는 상태로 바깥공기에 접하도록 설치해야 한다.

17 ③
휘발성 유기화합물(VOCs), 포름알데히드는 화학적 오염물질, 라돈은 방사성물질이다. 부유분진, 먼지는 입자상 오염물질에 속하며, 톨루엔, 자일렌은 VOCs로 화학오염물질이다.

18 다음 〈보기〉의 내용들과 관련이 깊은 것은? 공인1회

> • 매우 농도가 높지 않은 한 인체에 직접 해를 미치지는 않는다.
> • 농도가 높아지게 되면 실내공기의 일반적인 성상이 악화된다.
> • 실내공기환경의 종합적인 평가수단으로 이용된다.

① 이산화탄소 ② 일산화탄소
③ 부유분진 ④ 세균성 오염물질

19 라돈에 대한 설명으로 옳은 것은? 공인2회

① 라돈은 흡연 다음의 폐암 원인으로 지목되고 있다.
② 라돈은 건축자재에서 방출되는 화학물질의 일종이다.
③ 라돈 가스는 공기보다 가벼워 고층일수록 농도가 높게 검출된다.
④ 라돈과 관련된 폐암은 흡연이 매개 변인으로 작용한 경우에만 발생하는 것으로 나타났다.

20 〈보기〉에서 실내공기오염의 개선방안으로 가장 알맞은 것은? 공인3회

> ㄱ. 구조체의 단열성능 향상
> ㄴ. 공기 오염원의 사용억제
> ㄷ. 건축물의 기밀성 향상
> ㄹ. 적정환기량의 확보

① ㄱ,ㄹ ② ㄱ,ㄷ
③ ㄴ,ㄷ ④ ㄴ,ㄹ

정답 및 해설

18 ①
기체상 오염물질인 이산화탄소는 자체의 독성은 없으나 실내에 농도가 높아지면 각종 공기오염물질들이 발생했을 가능성이 높아 실내공기오염을 대표하는 요소로 취급된다.

19 ①
라돈은 흙, 콘크리트 등의 건축자재 및 천연가스에 존재하여 공기중으로 방출되는 방사성 물질이다. 흡입 시 폐암이 발생되는 것으로 알려져 있고, 흡연 다음의 폐암 원인으로 지목되고 있다. 라돈 가스는 공기보다 무거워 지하실의 농도가 높게 검출된다.

20 ④
실내공기질 관리를 위해서는 환기시설 및 건축자재사용을 고려해야 한다.

21 다음 중 새집증후군과 복합화학물질과민증에 대한 설명으로 옳은 것은? 공인4회

① 새집증후군은 신축주택에서만 나타나는 호흡기 계통의 증상이다.
② 새집증후군은 휘발성유기화합물이 방출되는 자재 사용에 의한 질병이다.
③ 복합화학물질과민증이 발생한 사람들의 증상은 새 건물에 입주했을 때부터인 경우가 많다.
④ 새집증후군과 복합화학물질과민증은 새집을 떠나면 아무런 증상도 보이지 않는다.

22 이산화탄소의 실내공기 허용치는 얼마인가? 공인5회

① 100ppm ② 500ppm ③ 1,000ppm ④ 1,500ppm

23 실내공기의 입자상 오염물질에 대한 설명으로 옳지 않은 것은? 제19회

① 우리나라 실내공기질 관련 법규들에서의 미세먼지는 직경 10μm 이하의 먼지의 농도를 기준으로 한다.
② 석면은 석면 조직의 흡입과 폐암 및 늑막암 위험의 증가와는 명백한 관련이 있어, 1급 발암물질로 분류된다.
③ 집먼지진드기는 호흡기 알레르기 질환의 가장 중요한 기인항원으로 알려져 있다.
④ 미생물성 입자는 온도와 습도 등의 환경과 관계없이, 오염된 공기 즉 먼지 등 미생물의 영양분이 많은 곳에서 더 잘 번식한다.

24 다음 중 쾌적하게 느끼는 기류속도는?

① 0~0.25m/s ② 0.25~0.5m/s
③ 1.0~1.5m/s ④ 1.5~2.0m/s

정답 및 해설

21 ③
새집증후군은 호흡기 계통 증상뿐만 아니라 피부 증상으로도 나타나며, 휘발성유기화합물 등이 방출되는 자재를 사용한 신축주택에 머물 경우 나타난다. 복합화학물질과민증은 중독현상이 일어나면 이후 화학물질이 존재하는 도시 어디에서도 생활이 불가능해지는 어려움을 겪기도 한다.

22 ③
실내공기질 관련 우리나라와 일본에서 이산화탄소 기준치는 1,000ppm이다.

23 ④
미생물성은 다습하고 공기질이 나쁠 경우 잘 증식하게 되어, 전염성 질환, 알레르기 질환, 호흡기 질환 등을 유발시키는 원인이 된다.

24 ②
쾌적한 상태의 기류속도는 0.25~0.5m/sec이다.

25 다음 ( )안에 알맞은 말을 고르시오. 제17회

> 일반적으로 실내공기를 깨끗하게 유지하기 위해서는 실내의 오염된 공기를 배출하고 실외로부터 깨끗한 공기를 끌어들이는 방법이 있는데, 이를 ( )라 한다.

① 환기 ② 급기 ③ 배기 ④ 통풍

26 빛이 인체에 미치는 영향에 대한 설명 중 옳지 않은 것은?

① 광도는 눈의 건강에 영향을 주지만, 광색은 의미 있는 영향을 주는 것은 아니다.
② 수면 공간이 너무 밝으면 수면장애 등을 일으킬 수 있다.
③ 「인공조명에 의한 빛공해 방지법」은 인공조명으로부터 발생하는 과도한 빛 방사로 인한 국민 건강 또는 환경에 대한 위해 방지를 위한 것이다.
④ 라이트 테라피(light therapy)란 빛을 이용하여 우울증, 수면장애 등을 치료하는 것을 말한다.

27 다음 중 자연 채광의 장점으로 볼 수 있는 것은? 공인3회

① 실내 조도의 균일성 ② 비경제성
③ 야간 이용성 ④ 연색성

28 채광계획의 설명 중 옳은 것은? 공인4회

① 실내의 깊이가 있는 경우 측창이 높을수록 주광률의 변화가 크다.
② 창을 분할하는 것이 채광의 균제도에 유리하다.
③ 측창은 분할하여 설치하는 것이 큰 투사율을 얻을 수 있다.
④ 실내의 벽면으로부터 후퇴된 창은 빛을 끌어들이는 효과가 적다.

정답 및 해설

25 ①
실내의 오염된 공기를 깨끗하게 하는 가장 유효한 방법은 오염된 실내공기와 깨끗한 외기를 교환하는 환기이다.

26 ①
광색은 심리적 영향, 사고력, 감성, 치유력 등에 영향을 준다.

27 ④
태양광에 의한 주광조명의 특징은 인공광에 비해 창가나 실내 안쪽 등 시간적, 위치적으로 제약을 받고, 계절이나, 기후상태, 태양고도에 따라 밝기 정도와 광원의 색이 달라져 안정된 밝기를 필요로 하는 작업환경으로는 결점이 있으나, 일정한 방향성을 가지며 반사가 없고, 색이 가장 자연스러운 장점이 있다.

29 휘도에 대한 설명으로 옳은 것은? 공인5회

① 어떤 방향으로 반사하는 빛의 세기
② 휘도의 차이가 작으면 보고자 하는 대상의 식별 용이
③ 시력이 저하되지 않는 휘도비의 범위는 1/3 미만
④ 휘도비가 작을 때 눈부심 현상을 경험

30 소음이 인체에 미치는 영향에 대한 설명으로 옳은 것은? 공인2회, 공인4회

① 소음이 심한 곳에 장기간 노출될 경우 신체적 피해보다는 정서적인 영향을 받는다.
② 노화로 인한 난청은 청각세포의 변이로 발생한다.
③ 과도한 소음 속에서 생활하면 결과적으로 심장의 고동이 증가하고 안구의 동공이 확대되고 눈동자가 부어오르게 되며 동맥혈관이 수축된다는 임상적 증거들이 있다.
④ 백색소음은 어느 한 주파수가 강조된 음으로서, 뇌파 검사결과 집중력을 방해하는 것으로 나타났다.

31 〈보기〉에서 내부소음의 올바른 방지책만을 골라놓은 것은? 공인3회

ㄱ. 차량과 건물 사이에 방음벽이나 수림대를 설치하여 소리의 경로를 차단함
ㄴ. 창과 개구부의 차음성을 개선하여 소음원의 음의 크기레벨을 높게 유지함
ㄷ. 방진고무, 코르크, 펠트 등 완충재를 설치하여 충격력의 전달량을 감소시킴
ㄹ. 바닥 관통부분에는 완충재와 파이버 글라스 등을 사용해 방진구조로 시공함

① ㄱ, ㄴ ② ㄱ, ㄷ ③ ㄴ, ㄹ ④ ㄷ, ㄹ

정답 및 해설

28 ②
실내의 깊이가 있을 경우, 창의 위치가 높을수록 주광률 변화가 작아 높은 창이 바람직하고, 한쪽 방향에서만 채광을 하는 측창의 경우 창을 집중하여 설치하는 것이 어느 정도 큰 투사율을 얻을 수 있지만, 창을 분할하는 것이 채광 균제도에는 유리하다. 경사창틀과 실내 벽면으로부터 깊이 후퇴시킨 창이 실내 깊숙이 빛을 끌어들이는 데에 유리하다.

29 ①
휘도가 높거나 지나치게 강한 휘도대비가 있는 경우 사물을 보기 어렵게 되거나 불쾌한 느낌을 주는데, 이를 눈부심 현상이라 한다. 일반적으로 작업대상과 주변과의 시력이 저하되지 않는 휘도비의 범위는 $\frac{1}{3}$~1 정도가 적당하다.

30 ③
소음이 심한 곳에 장기간 노출될 경우 신체적 피해로 청력상실에 의한 소음성 난청이 대표적이고, 노화로 인한 난청은 모상세포의 수명이 다해 빠져버리면서 발생한다. 백색소음은 모든 주파수 대역에서 동일한 에너지 분포를 가지며, 백색소음을 들었을 때 집중력을 높인다고 나타났다.

32 다음 중 바닥충격음 대책으로 옳은 것은? 공인4회

① 바닥을 가볍게 하고 바닥의 강성을 낮춘다.
② 뜬 구조를 채택한다.
③ 설비소음을 저감한다.
④ 도어체크를 설치한다.

33 소음이 인간에게 주는 영향으로 볼 수 없는 것은? 공인5회

① 청력손실, 두통, 귀울림, 혈압상승, 위궤양 등의 증세가 나타날 수 있다.
② 만성으로 되면 고혈압, 임신 및 출산장애, 기형발생 등이 일어날 수 있다.
③ 과도한 소음은 극단적으로는 자살이나 살인충동을 야기할 수도 있다.
④ 아주 낮은 소음이라도 소음은 능률을 떨어뜨린다.

34 음의 특성에 대한 설명으로 알맞은 것은? 공인5회

① 높은 음보다는 낮은 음이 소음으로 들리기 쉽다.
② 감각적인 음의 크기를 음의 크기레벨이라고 한다.
③ 청감보정회로를 거쳐 측정한 음의 크기 단위로 dB(B)를 쓴다.
④ 한 가지 주파수의 음은 소음으로 들리기 쉽다.

정답 및 해설

31 ④
방음벽과 수림대 설치, 창의 차음 성능을 개선하는 것은 외부소음의 방지책이다.

32 ②
고체를 통한 소리 전달을 막기 위해서는 윗층 바닥 구조체와 아래층 천장 구조체의 접촉을 가능한 줄이기 위해 뜬 바닥 구조를 채택하거나, 충격을 완화하는 차음재를 설치하는 것이 바람직하다.

33 ④
비교적 낮은 소음 환경에서 소음은 능률을 증가시킬 수 있다.

34 ②
일반적으로 크기가 큰 음, 주파수가 높은 음일수록 소음이 될 가능성이 높다. 한 가지 주파수만을 가진 음을 순음이라고 하며, 음의 크기레벨은 인간의 청력에 의한 음의 크기를 나타내고 단위는 귀의 감각적 특성을 고려한 폰(phon)을 사용한다.

35 건축물의 소음 저감 디자인에 관한 설명으로 옳지 않은 것은? 제19회

① 공동주택을 건설하는 지점의 소음도가 65dB 미만이 되도록 하되, 특정지역의 경우 실내소음도 45dB 이하로 해야 한다.
② 공동주택의 세대 내 층간 바닥충격음이 중량충격음은 50dB 이하의 구조가 되도록 해야 한다.
③ 차음재는 소리의 전달을 가급적 차단시키기 위해 사용되는 건축 재료로서, 철, 납, 합판, 석고, 유리, 콘크리트, 시멘트 벽돌 등이 있다.
④ 고체를 통한 소리의 전달을 막기 위해서는 위층 바닥 구조체와 아래층 천장 구조체를 일체화한 구조체로 설계하는 것이 바람직하다.

36 음의 특성에 관한 내용 중 올바른 것은? 제18회

① 여러 가지 주파수가 혼합된 음－잔향
② 음의 물리적인 크기－크기레벨
③ 한 가지 주파수의 음으로 이루어진 음－원음
④ 음의 높이로, 매초의 진동수－주파수

37 외부소음 저감을 위해 사용하기 좋은 대표적 차음재가 아닌 것은?

① 시멘트 벽돌
② 철
③ 석고
④ 다공질 흡음재

정답 및 해설

35 ④
고체를 통한 소리의 전달을 막기 위해서는 위층 바닥 구조체와 아래층 천장 구조체의 접촉을 가능한 줄이는 방법으로 뜬바닥 구조를 채택하거나, 충격을 완화하는 차음재를 설치하는 것이 바람직하다.

36 ④
잔향은 음 발생이 중지된 후에도 실내에 남는 현상이고, 음의 크기레벨은 인간의 청각에 의한 음의 크기를 나타내며, 한 개의 주파수만을 가진 음은 순음이라고 한다.

37 ④
다공질 흡음재는 입사된 소리 에너지의 많은 양이 연속적인 작은 구멍들을 통해 다른 공간으로 전달되어 소리 차단율이 좋지 않다.

3 친환경디자인 전략

1) 에너지

- 친환경 실내디자인은 지구 온난화 방지를 위해 건물 부문의 화석 에너지 사용량을 감소시키는 디자인이 핵심이 된다.
- 건물에는 천연가스, 석탄, 석유, 재생에너지 등 다양한 에너지원이 사용되고, 이 중 화석연료가 76%를 차지한다. 화석연료를 태우는 것은 온실가스를 유발한다.
- 건물과 관련된 화석연료 사용에 대한 대안은 현존하는 지식과 기술을 사용해 에너지 성능이 좋은 고성능 건물로 디자인하는 액티브 조절 방법과 기후디자인이나 재생에너지 활용 등의 패시브 디자인 방법이 있다.

(1) 기후디자인

- 기후디자인은 주어진 기후환경에 순응하여 건물의 재료, 형태, 구조 등을 활용한 건축설계기법으로 자연형 또는 패시브 조절 방법을 말한다.
- 지역의 기후적 특징을 나타내는 지표를 기후지표라 하며, 기후도표와 도일이 이용된다.
  - 기후도표 : 어떤 지역의 일 년간의 기후를 그림으로 나타낸 것
  - 도일 : 각 지역의 난방이나 냉방에 필요한 열량을 계산하기 위해 고안된 지수
  - 난방도일 : 1일 평균 외기온이 난방설정온도보다 낮은 날에 대하여 외기온과 난방설정온도와의 차이를 겨울철 전 시간에 걸쳐 누적 합산한 것
- 기후에 따른 원리와 대처방법은 다음과 같다.

① 한랭지역
- 원리 : 열손실의 최소화
- 대처 : 외피면적 최소화, 창면적 최소화, 방풍 증대

② 고온건조지역
- 원리 : 외부 열기의 실내 침입 최대한 차단
- 대처 : 최소한의 창을 가진 열용량 큰 두꺼운 벽, 차양, 그늘진 중정, 연못/분수

③ 고온다습지역
- 원리 : 일사 차단, 통풍에 의해 습도와 체감온도 저하
- 대처 : 축열을 피하기 위한 경량구조, 투과성이 좋은 건물, 맞통풍실

④ 온난지역
• 원리 : 겨울에는 방풍과 일사열 취득, 여름에는 통풍효과 증대
• 대처 : 여름철 건기 지역은 일사차단, 다습한 지역은 통풍효과 증대

(2) 신 · 재생 에너지

• 신 · 재생 에너지는 자연에너지를 포함하며, 기존의 화석 연료를 변환시켜 이용하거나, 햇빛, 물, 지열, 강수, 생물유기체 등의 재생 가능한 에너지를 변환시켜 이용하는 에너지이다.
• 재생에너지에는 태양열, 풍력, 소수력, 지열, 바이오매스, 해양에너지, 폐기물에너지가 있고, 신에너지는 연료전지, 석탄액화가스화, 수소에너지 등이 있다.

① 태양열
• 태양열을 건축에 이용하는 방법은 패시브 기법과 액티브 기법으로 구분된다.
  – 패시브 기법 : 자연형 태양열 냉난방과 자연채광
  – 액티브 기법 : 설비형 태양열 급탕 및 냉난방, 태양광 발전, 태양열 발전
• 자연형 태양열 냉난방은 태양열을 이용해 건물의 실내온도를 높이는 방식이다. 태양열로 인한 냉방에너지 사용이 급증하는 여름철을 대비하여 태양열을 차단하는 건축적 디자인이 함께 고려되어야 한다.
• 설비형 태양열시스템은 기계적 방식을 도입해 태양열을 급탕, 난방, 냉방에 이용하는 것이다.
• 자연채광은 일조를 유입해 실내를 밝히는 것이다. 자연형 시스템으로 광선반, 광덕트, 광파이프 등이 있고, 설비형 시스템으로 광섬유 등이 있다.
• 태양광 발전(PV; photovoltaic)은 태양광을 직접 전력으로 변환시키는 기술로서, 렌즈나 반사경으로 태양열을 모아 높은 온도의 열을 얻고 이를 이용해 전기를 생산한다. 구름이 거의 없는 햇볕이 강하게 내리쬐는 지역에서 생산 가능하다.

② 풍력
• 풍력에 의해 전기를 생산하는 방식으로, 화석 연료와 같은 원자재 구입이 불필요하므로 유지비가 적게 들어 비용 효율이 뛰어나다.
• 최근에는 건물과 일체화된 디자인이 시도되고 있다.

③ 지열
• 지열에서 열과 전기 에너지를 생산하는 것으로, 지열 히트펌프나 땅속에 쿨 튜브(cool tube)를 매설하는 방법 등이 있다.
• 지열 히트펌프는 외부 환경에 관계없이 땅속 온도가 일정한 것을 이용한 방법으

로 우리나라 기후조건에 효과적인 시스템이다.

- 쿨 튜브는 실내 공기의 배기관 및 유입관을 땅 밑으로 통과시켜 겨울에는 지열로 높여진 온도의 공기를 실내로 유입하고, 여름에는 지하 배기관에서 냉각된 공기를 냉방에 이용하는 방식이다(김원, 2009).

④ 바이오매스

- 바이오매스는 지질 형성이나 화석화를 거치지 않은 생물 유기체 자원으로, 동식물 잔재물이나 폐목재, 볏짚, 해조류 등이 있다.
- 에너지 활용을 위해 건물 난방재나 조리기구에 바이오매스를 사용하거나, 음식물 쓰레기처리기와 같이 바이오폐기물로 바이오가스를 생성하기도 한다.

(3) 에너지 소비 저감

- 건축물에 사용되는 에너지 절약을 위해서는 건물 디자인, 부하절감기술, 자연에너지 이용 등 나양한 기술이 있다.

① 차양 및 차광 시스템

- 건물의 입면 디자인으로 건물 자체에 형태를 주어 향에 따른 일사량을 조절할 수 있으며, 내부형 롤링 스크린, 커튼 등으로 실내에서 직사광을 차단할 수 있다.
- 태양 각도와 건물의 방향에 따라 제어가 가능한 루버(louver)를 창문에 사용하면, 직사광은 반사시키고 확산광은 유입할 수 있어, 조명 에너지 절감은 물론 직사광의 차단과 냉방 에너지를 절감시킬 수 있다.

② 아트리움

- 아트리움은 호텔이나 오피스빌딩 등에서 보이는 실내 공간을 유리지붕으로 씌우는 것을 일컫는 용어, 건물 내 아트리움을 설치하면 자연 채광과 자연 환기를 촉진시킬 수 있고, 일사 유입으로 난방에너지를 줄일 수 있다.
- 아트리움에 식물을 도입하면 에너지 절약 및 자연 체험이 가능하고 쾌적한 실내 공기환경을 구축할 수 있다.
- 효과적 에너지 저감을 위해서는 온실효과로 아트리움 내부에 축적되는 과도한 열의 배출이 가능한 환기 시스템과 여름철 직사광을 막는 차광 요소가 필요하다.

2) 친환경 자재

친환경 자재는 환경에 미치는 영향이 적고, 환경이나 사람에 미치는 악영향을 줄인다. 친환경 건축자재에서 고려되는 주요 특징은 다음과 같다.

(1) 환경적 영향 저감

- 제품이 환경에 미치는 영향에 대한 평가방법은 라이프 사이클 분석(LCA; Life-cycle analysis)기법과 탄소발자국(foot print)이 있다.
- LCA는 재료나 제품 수명 주기 동안의 환경 영향을 계산하는 방법으로, 천연 자원 고갈, 기후 변화, 생태계 파괴 및 인간 건강 등 수많은 환경 영향을 평가하는 다중 기준 분석이다.
- 탄소발자국 분석은 온실가스 배출에 의한 기후변화라는 한 가지 환경 영향에만 초점을 맞춘 단일기준 분석으로, 제품 및 서비스의 원료 채취, 생산, 수송 · 유통, 사용, 폐기 등 전 과정에서 발생하는 온실가스 배출량을 이산화탄소(CO_2) 배출량으로 환산하여 표시한 지표이다.
- 탄소발자국은 영국 의회 과학기술처(post, 2006)에서 최초로 제안한 개념으로, 국내 탄소발자국 제도는 탄소발자국 인증(1단계), 저탄소제품 인증(2단계)으로 구성되어 있다.
- 탄소발자국 측면을 고려하면, 현지에서 조달된 자재의 사용은 건축 현장까지 자재를 장거리 운송하기 위해 에너지를 소비할 필요가 없기 때문에 친환경적이다.

(2) 유해물질 배출 최소화

- 건물에는 많은 종류의 내 · 외장 재료가 사용되고 있는데, 특히 내장 재료는 인체에 무해하여 쾌적한 실내를 유지할 수 있는 자재를 선택해야 한다.
- 실내 자재에서 배출되는 대표적 유해물질에는 휘발성 유기 화합물(VOC), 포름알데히드(HCHO), 프레온 가스 클로로플루오로카본(CFC) 등이 있다.
- 휘발성 유기 화합물(VOC)은 호흡기 자극, 두통, 현기증을 유발할 수 있다. 페인트, 접착제, 카페트 및 파티클보드 등의 자재에서 VOC를 생성할 수 있다.
- 프레온 가스 클로로플루오로카본(CFC)은 낮은 대기에서는 불활성이고 독성이 없지만, 성층권으로 상승하면서 열화되어 오존층을 파괴한다.

(3) 재활용 가능

- 자원의 재활용은 제품을 재생산하기 위해 추가 에너지를 소비하지 않고, 버려지지 않고 재활용되어 환경오염 문제에 도움이 된다.
- 재활용 되는 자재는 강철 등 사용 후 상당 부분이 제품 제조에 재투입될 수 있는 자재와 생산과정의 부산물이 대체제품 제조에 재사용되는 자재가 있다. 철강의 용광로공정 부산물인 미네랄 울 섬유가 그 예로 단열재로 사용된다. 또한, 석재

가공공정에서 발생되는 폐석 등을 활용한 인조석 판재, 석분 슬러지를 이용한 고강도 벽돌, 폐타이어를 이용한 건축 신소재 등 새로운 자재들이 실용화되고 있다.

3) 생체모방과 바이오필리아

• 친환경적 디자인을 위한 전략 중 자연 생태에서 영감을 얻은 디자인 프로세스에는 생체모방(Biomimicy)과 바이오필리아(Biophilia)가 있다.

(1) 생체모방(Biomimicry)의 개념과 용어

• 재닌 베뉴스(Janine Benyus, 1997)가 대중화한 용어로, 생체모방(Biomimicry)은 고대 그리스어의 생명을 뜻하는 바이오(bio)와 모방(mimesis)의 합성이이다.
• 생체모방 연구소(Biomimicry Institute, 2018)는 생체모방을 "오랜 시간 동안 검증된 자연의 패턴과 전략을 모방하여 인간의 도전에 관한 지속 가능한 해결안을 찾는 혁신에 대한 접근"으로 정의하였다.
• 생체모방이 중요한 이유는 자연 유기체와 시스템이 인간이 직면한 동일한 문제의 해결 방법을 조사함으로써 심각한 화학 물질이나 생태계 손상 없이 동일한 목표를 달성하는 다른 방법을 개발할 수 있는 데에 있다.
• 이 프로세스의 목표는 장기적인 지속 가능성이며, 유사하지만 초점이 다른 용어들과의 구분이 필요하다.

① 바이오모픽(Bio-morphic)
• 과정, 기능 또는 목적 고려하지 않고 생물학적 요소의 형태를 갖는 것
• 사례 : 프랭크 로이드 라이트(Frank Lloyd Wright)의 존슨 왁스(Johnson Wax) 개방형 사무실 디자인의 '나무' 모양의 기둥과 유기적 패턴의 벽지 디자인

② 바이오 활용(Bio-utilization)
• 제조 과정에서 또는 제품의 한 요소로 생물학적 요소를 사용하는 것
• 사례 : 버섯 균사체 등 농업 폐기물을 이용한 플라스틱 대체소재의 개발

(2) 생체모방(Biomimicry) 디자인 프로세스

① 확인(Identify)
• 디자인이 수행하기를 바라는 기능이나 일의 목록 만들기
• 사례 : 신칸센 고속철도가 터널을 빠져나갈 때 기압파에 의한 음속 폭음

② 번역(Translate)

- 해당 기능을 생물학적 세계에서 의미가 있는 용어로 번역하기
- 사례 : 동물의 세계에 급격한 기압 변화를 경험하는 것이 있을까?

③ 발견(Discover)

- 유사 문제를 성공적으로 해결한 종이나 시스템에 대한 연구와 관찰하기
- 사례 : 물총새가 물속에서 물고기를 쫓을 때 유사한 상황으로 물총새의 부리와 머리 모양을 관찰하고 분석한다.

④ 추상화(Abstract)

- 발견한 전략으로 작업 중인 프로젝트에 적용하기
- 사례 : 새가 먹이를 따라 물에 들어갈 때 물에 밀려나지 않는 반원형 머리 형태와 부리의 극단적 각도와 모양에 주목하고, 이를 기압에 적용한다.

⑤ 모방(Emulate)

- 전문 기술을 사용하여 발견한 전략을 사용하는 디자인 만들기
- 사례 : 물총새 부리의 각도와 머리 모양을 기차 앞쪽에 적용하였다.

⑥ 평가(Evaluate)

- 새로운 디자인을 원래 디자인과 비교하고 평가하여 다음 단계 계획하기
- 사례 : 디자이너들은 더욱 효율적으로 만들기 위해 다른 조류 종을 연구했다.

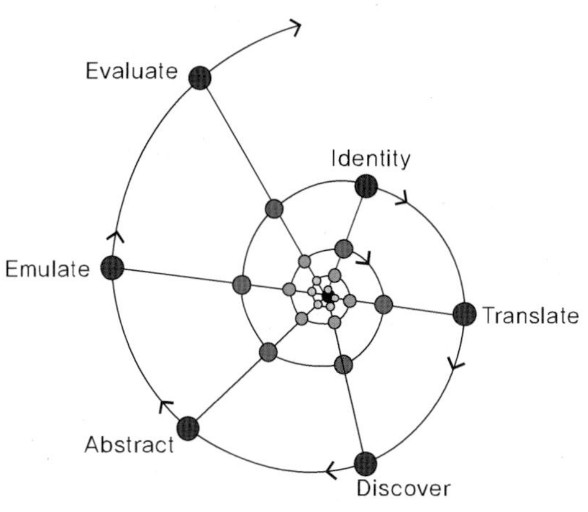

[그림 2-21] 생체모방 디자인 나선(Carl Hastrich, 2005)

(3) 바이오필리아(Biophilia)

- 바이오필리아(Biophilia)는 생명(bio)과 좋아함(-philia)의 조합어로, 하버드 대학 윌슨 교수(Edward O. Wilson, 1984)가 발전시킨 이론이다.

- 윌슨은 바이오필리아를 인간이 다른 형태의 생명체와 연결되고 싶어 하는 욕구로 정의하고, 인간은 자연 및 생물과 함께할 때 행복감과 편안함을 느끼고, 그렇지 못하면 스트레스와 우울증에 노출되고, 공격적 성향을 띠게 된다고 하였다.
- 바이오필릭 디자인의 주요 목표는 생태학적으로 건전한 환경으로, 거주자의 건강을 증가시키기 위한 공간을 만드는 것이다. 즉, 거주자에게 자연의 살아있는 요소, 프로세스 또는 패턴에 노출될 수 있는 모든 기회를 제공하는 것이다.
- 여러 연구에서, 야외가 보이는 병실의 환자들이 그렇지 않은 경우보다 회복이 빠르고, 자연 채광, 실내 식물, 자연 소리 등에 노출되었을 때 스트레스와 통증 감소, 긍정적 심리적 효과 등의 혜택이 있었으며, 동물 접촉이 주의력 결핍 과잉 행동장애(ADHD)에 긍정적 변화를 주는 것으로 나타났다.
- 사무실 환경에서 자연 채광 등의 환경 특징은 작업자의 성과를 개선하고 스트레스를 낮추고 동기를 부여하며, 집중력과 기억력에도 관련이 나타났다.

(4) 바이오필리아(Biophilia)의 속성

① 자연의 직접적 경험

- 요소 : 빛, 공기, 물, 화초, 동물, 생태계, 불 등
- 디자인 전략 : 창을 통한 전망, 데크, 전망대, 아트리움

② 자연의 간접적 경험

- 요소 : 자연 이미지, 천연 재료, 자연 색상, 자연적 형태, 생체 모방 형태 등
- 디자인 전략 : 회화, 벽화, 변화하는 자연 비디오, 천연 마감재

③ 공간과 장소의 경험

- 요소 : 정서적 애착, 물리적 위치에 대한 소속감을 고취시키는 건축 환경
- 디자인 전략 : 전망+피난처, 보호된 영역, 노출 구조, 토속적 형태

3. 친환경디자인 전략

기출 및 예상 문제

01 태양에너지를 건축에 응용하는 방법에 대한 설명으로 옳은 것은?

① 자연형 태양열 난방은 일사에 의해 실내온도를 상승시키는 원리에 의한 것이다.
② 태양열 이용은 사계절 모두 태양열의 도입이 가장 중요한 개념이다.
③ 설비형 자연채광시스템으로 광선반, 광덕트, 광파이프 등이 있다.
④ 태양광발전은 볼록 반사판에 태양복사를 확산시켜 수백도 이상의 열을 얻은 다음 이 열을 이용해 발전을 하는 방식이다.

02 일조조절 디자인에 대한 설명으로 옳지 않은 것은? 공인2회

① 창 재료 중 한지는 통풍 및 단열효과는 크지만 빛을 차단하는 단점이 있다.
② 일조는 유익한 효과가 많지만, 일조조절은 눈부심 방지와 여름철 열취득 차단을 위해 반드시 필요하다.
③ 일사열량을 실내에 투입시키지 않기 위해서는 외벽의 밖에서 차단하는 방법이 효과적이다.
④ 베네시안 블라인드는 날개의 각도 조절로, 눈부심 방지에는 효과적이나 차폐열은 매우 낮은 결점이 있다.

정답 및 해설

01 ①
자연형 태양열 난방은 일사에 의해 실내온도를 상승시키는 원리를 말하며, 여름을 위한 태양열 차단 디자인이 병행되어야, 온실효과에 의한 실내온도 상승으로 과도한 냉방부하 발생을 막을 수 있다. 태양광발전은 오목반사판에 태양복사를 집중시켜 수백 도 이상 열을 얻은 다음 이 열을 이용해 발전을 하는 방식이다. 자연형 자연채광시스템으로 광선반, 광덕트, 광파이프가 있고, 설미형 자연채광시스템으로 광섬유가 있다.

02 ①
한지는 빛을 차단하지 않으면서 통풍효과와 단열효과도 크다.

03 기후디자인에 대한 설명으로 옳은 것은? 공인4회

① 기후디자인은 21세기 첨단건물의 등장과 함께 시작된 개념이다.
② 기후디자인이란 기후요소의 특성에 적합하게 건물의 외피를 설계하는 액티브(active) 조절방법을 말한다.
③ 고온건조지역 기후디자인의 기본 원리는 일사는 차단하고 통풍에 의해 습도와 체감온도를 저하시키는 것이다.
④ 인간이 건강하고 쾌적하게 거주할 수 있는 실내조건에 비해 외기조건이 벗어나는 범위에 대처하기 위한 건물의 형태, 재료 등을 선택하는 것이다.

04 난방도일에 대한 설명 중 틀린 것은? 공인1회

① 난방 시 유지하는 실내 기준 온도와 일평균 기온의 차이를 모두 더한 것을 말한다.
② 연간 난방도일 값을 검토하여 각 지방의 겨울철 기호 조건을 비교할 수 있다.
③ 연간 난방도일 값을 이용하여 난방 설비와 용량을 산정할 수 있다.
④ 난방도일의 단위는 ℃ · day이다.

05 친환경건축에 이용하는 신재생에너지에 대한 설명으로 옳지 않은 것은? 공인4회

① 신에너지는 연료전지, 석탄액화가스화, 수소에너지 등을 말한다.
② 바이오매스 이용의 대표적인 방법은 땔감으로서 장작이나 나무 조각인 우드칩(wood chip) 또는 펠릿(pellets) 등 고형의 에너지원으로 이용하는 것이다.
③ 풍력에너지는 풍속에 의해 전기를 생산하는 방식을 말한다.
④ 지열에니지는 지중으로부터 열에너지를 얻는 것을 말한다.

정답 및 해설

03 ④
기후디자인은 토속주거에서 볼 수 있는 그 지역 기후를 고려한 것이며, 기후요소의 특성에 적합하게 건물의 배치, 구조 등을 설계하는 자연형 조절방법(passive control system)을 말한다. 고온건조지역 기후디자인은 외부 열기의 실내 침입을 최대한 차단하는 것이다.

04 ④
난방도일은 난방 기간 동안 실내 기준 온도(대개 18℃)와 일평균 기온과의 차를 모두 더한 것을 말한다. 난방도일의 단위 자체는 없다.

05 ④
지열로부터 얻어지는 에너지 형태는 열과 전기 생산이다.

06 친환경 공간디자인 계획에 대해 바르게 설명한 것은?

① 실내정원 설치 시 식물들이 실내의 통풍을 저해하는 문제가 있다.
② 이중외피 시스템은 냉난방에 대한 부담을 줄여 에너지를 절약할 수 있다.
③ 옛 페르시아의 윈드타워 활용은 실내공기를 따뜻하게 하여 난방비를 절감시킬 수 있다.
④ 옥상정원 계획 시 냉·난방비 절감 효과가 있으나, 도시의 열섬현상을 강화시킨다.

07 친환경 재료가 <u>아닌</u> 것은?

① 흙이나 나무 등 천연건축재료
② 라이프 사이클 상 환경부하를 최소화하는 재료
③ 플라스틱 같이 영구히 사용할 수 있는 지속가능한 재료
④ 재생섬유 흡음재와 같은 재활용 건축재료

08 친환경 재료의 사용에 대한 설명으로 바른 것은?

① 해외 청정지역에서 운송해온 건축자재를 사용한다.
② 실내 공기질에 부정정 영향을 미치는 화합물이 소량인 저방출 물질이나 무독성 제품을 사용한다.
③ 수명이 짧은 자재를 사용해 자재 교체가 빠르게 이루어질 수 있게 한다.
④ 재활용이 불가능한 자재를 사용한다.

정답 및 해설

06 ②
실내정원 설치시 직사일광 완화, 습도조절, 심리적 효과 등의 혜택이 있고, 윈드타워는 기류를 사용하여 실내온도를 떨어뜨리는 자연적 냉방 효과가 있다. 또한, 옥상정원은 도시의 열섬현상을 완화시킨다.

07 ③
지속가능한 재료는 영구히 사용할 수 있는 재료로서, 스틸, 동판, 알루미늄, 강철 등 금속재가 이에 속한다.

08 ②
자재의 운송은 에너지를 소비하고, 오염을 일으켜 현지 자재를 사용하는 것이 바람직하며, 친환경 건축자재는 내구성이 강하고 장기간 사용과 폐기 처리와 자재 재활용이 용이한 건축자재이다.

09 탄소발자국에 대한 설명으로 거리가 먼 것은?

① 2006년 영국 의회 과학기술처(post)에서 최초로 제안한 개념이다.
② 일상에서 배출한 이산화탄소의 총량을 한눈에 볼 수 있게 표시한 지표이다.
③ 제품의 생산 과정에 국한해 발생하는 온실가스 발생량을 이산화탄소 배출량으로 환산한다.
④ 국내 탄소발자국은 1단계 탄소발자국 인증, 2단계 저탄소제품 인증으로 구성되어 있다.

10 생체모방(biomimicry)디자인에 대해 가장 잘 설명한 것은?

① 기능을 고려하지 않고, 생물학적 요소의 형태를 나타내는 디자인
② 농업 폐기물을 활용해 플라스틱에 대한 대안을 개발하는 디자인
③ 나무의 모양을 따라서 시각적 아름다움에 주요 초점을 맞춘 디자인
④ 자연의 패턴과 전략을 모방하여 지속가능한 해결책을 찾는 디자인

11 생체모방 연구소(Biomimicry Institute)에서 제안한 생체모방(biomimicry) 디자인 프로세스를 맞게 설명한 것은?

① 확인(Identify)과정에서 디자인이 해결하고자 하는 조건을 명확히 한다.
② 번역(Translate)과정은 대상의 형태를 생물 형태로 변경하는 단계이다.
③ 발견(Discover)과정에서 환경오염을 일으키는 재료의 대체재를 찾는다.
④ 모방(Emulate)과정은 디자인에 다른 산업기술을 모방하는 것이다.

정답 및 해설

09 ③
탄소발자국은 제품 및 서비스의 원료채취, 생산, 수송·유통, 사용, 폐기 등 전 과정에서 발생하는 온실가스 발생량을 이산화탄소 배출량으로 환산하여 라벨 형태로 제품에 표시된다.

10 ④
생체모방디자인은 자연의 오랜 시간 검증된 패턴과 전략을 모방하여 인간의 도전에 대한 지속 가능한 해결책을 찾는 혁신적 접근을 말하며, 과정이나 기능을 고려하지 않고 생물학적 형태를 가지거나 제조 과정에 한 요소로 사용하는 것을 의미하지는 않는다.

11 ①
생체모방디자인 프로세스 중 번역(Translate)과정은 디자인이 해결해야하는 기능을 생물학적 용어로 재구성하는 것이고, 발견(Discover)과정은 디자인과 동일한 기능을 지닌 자연을 찾는 것이다. 모방(Emulate)과정에서는 생물학적으로 모방할 점을 기반으로 디자인 컨셉을 개발한다.

12 보기의 내용과 가장 관련이 깊은 것은?

공간의 이용자나 거주자에게 자연의 살아있는 요소, 프로세스 또는 패턴에 기반한 요소에 노출될 수 있는 기회를 제공하는 것이다.

① 바이오모픽(bio-morphic)
② 바이오필리아(biophilia)
③ 바이오 활용(Bio-utilization)
④ 바이오미미크리(biomimicry)

13 바이오필리아의 자연 경험과 그 효과가 잘 연결된 것은?

① 실내 분수–스트레스 해소
② 계절의 흐름이 보이는 창–내면 집중
③ 아트리움–고립된 느낌
④ 벽난로–긴장감

제1장 실내계획
제2장 실내환경
제3장 실내시공
제4장 실내구조 및 법규

정답 및 해설

12 ②
바이오필리아는 인간은 자연과의 연결 필요성을 가졌다는 주장이며 바이오필릭 디자인의 목표는 생태학적으로 건전한 환경으로 거주자의 건강을 증가시키기 위해 건강하고 지지적인 공간을 만드는 것이며, 이것은 거주자가 자연의 살아있는 요소, 프로세스 또는 패턴에 기반한 요소에 노출될 수 있는 모든 규모의 기회를 제공한다.

13 ①
실내외 분수 또는 폭포에서의 물에 대한 경험은 소리 차단, 스트레스 해소 등 건강에 도움을 준다.

4 친환경 공간디자인

1) 친환경주거

(1) 개념

- 친환경 주거란 건축물의 계획, 설계, 생산, 유지관리, 폐기에 이르기까지 전 과정에 걸쳐 에너지 및 자원을 절약하고 자연경관과 유기적 연계를 도모하여 자연환경을 보전하며, 인간의 건강과 쾌적성 향상을 가능하게 하는 주거라 할 수 있다.

① 친환경 주거와 유사한 개념의 용어들
- 생태 주거 : 생태계 순환 시스템 안에서 건축을 이해하는 것으로, 집짓기 단계에서 거주하기, 유지관리, 폐기 단계까지 생태에 대한 고려를 하는 것
- 저에너지 주택 : 기존 건축물에서 사용하고 있는 에너지의 총량을 단계별로 저감시켜나가기 위한 개념으로 에너지를 덜 소비하는 주택
- 패시브 주택 : 에너지를 절감하기 위한 단열, 고기밀 및 고효율 창호, 축열 구조체 등 패시브적 요소가 사용된 것이 특징인 주택
- 제로에너지 주택 : 부가적인 에너지의 공급 없이 필요한 에너지를 주택에서 자급자족할 수 있는 것을 말하며, 패시브 요소와 액티브 요소 기술을 동시에 적용하여 에너지 사용량이 제로에 가까운 주거
- 플러스에너지 주택 : 건물 소비 에너지의 자급자족을 넘어 신재생에너지의 적극적 활용을 통해, 사용하는 것보다 많은 에너지를 생산하는 주거
- 장수명주택 : 자원 및 에너지를 효율적으로 활용하여 100년 이상 지속할 수 있는 주거환경을 제공하고, 리모델링과 유지관리가 용이하며 사용자의 라이프 스타일의 변화와 시대의 변화에 능동적으로 대응할 수 있는 주택

(2) 친환경주거 계획요소(일본 지구환경주거연구회, 1944)

① 지구환경의 보전과 관련된 기법
- 기법 : 에너지의 절약과 유효이용, 자연에너지 이용, 내구성의 향상과 자원의 유효 이용, 환경부담의 경감과 폐기물의 감소
- 계획요소 : 건물의 지중화, 단열, 빗물, 중수활용, 재생 가능 건축자재 등

② 주변 환경과의 친화성에 관련된 기법

- 기법 : 생태적 순환성의 확보, 기후나 미기후와 지역성과의 조화, 건물 내·외의 연계성 향상, 거주자의 공동체적 활동의 지원
- 계획요소 : 옥상 녹화, 비오톱(동물 서식처) 조성, 지역기후와 조화로운 설계 등

③ 거주환경의 건강쾌적성에 관련된 기법

- 기법 : 자연에 의한 건강성 확보, 건강하고 쾌적한 실내환경, 안전성, 거주성 향상
- 계획요소 : 천연 마감재료 사용, 차음 설계, 쾌적한 냉난방 등

2) 친환경 의료공간 디자인

- 의료 시설은 가장 현대적인 시스템과 기술을 사용하여 운영되고 환자를 치료하는 데 많은 에너지를 소비하기 때문에, 엄청난 탄소발자국을 가지고 있다.
- 지속 가능한 의료공간 디자인을 위해서는 자연환경과 재생 전략을 활용하는 것이 중요하다. 자연 그늘, 차양, 바이오필릭(biophilic) 실내디자인, 친환경 자재, 그리드 독립성 등의 설계 원칙은 건물의 탄소발자국을 줄이는 데 도움이 된다.

① 방향(Orientation)

- 기후와 태양 방위에 맞게 건물의 정면이나 외피를 신중하게 설계해야 한다.
- 더운 기후에서 태양을 마주하는 대형 파사드는 냉방에 필요한 에너지 증가로, 장기적인 에너지 소비에 영향을 미칠 수 있다.
- 건물 내 공간 계획에 있어 충분한 자연채광과 조망이 가능한 방향으로 설계하여, 환자의 치유 효과를 향상시킬 수 있게 한다.

② 차양(Shading)

- 건물에 수평 돌출부, 수직 핀 또는 후퇴된 창을 두면, 불필요한 태양 복사를 차단하고 냉방 요구를 줄일 수 있으며, 계절에 적합한 차양 설치로 병원의 에너지 효율성을 향상시킬 수 있다.
- 건물 주변에 나무를 심으면 여름철 한낮의 햇빛을 차단하여 병원 내부를 시원하게 유지할 수 있다.

③ 에코 아트리움(Eco-Atriums)

- 실내 녹지 공간은 공기 질을 개선하고 음향 성능을 개선하며 에너지 소비를 줄이고 긍정적인 생물학적 치유 환경을 조성한다.
- '치유 정원'에서 시간을 보낼 때 환자의 심장 박동이 느려지고 코티솔과 스트레스 수치가 떨어지는 효과 등이 보고되고 있으며, 치유에 도움이 되는 바이오필릭 디자인은 건물의 각 부분에서 다양한 규모로 적용될 수 있다.

④ 생체모방 디자인 활용

- 생체모방은 건물, 제품, 시스템이 생명을 지원하는 생태계를 복원할 수 있게 설계하는 방법이기 때문에, 이용자의 건강 및 웰빙에 영향을 미칠 수 있다.
- 의료 산업에는 생체모방 디자인을 바탕으로 건강에 직접적 영향을 미칠 수 있는 제품(환자용 침대스탠드, 도어 하드웨어, 싱크 수도꼭지 등)들이 개발되어 있다.

⑤ 친환경 자재

- 인체에 유해한 화학물질과 오염물질 방출량이 제한된 친환경 자재를 사용하여 의료 공간 내 공기 질을 개선할 수 있고, 자연 요소로 인한 시각적 편안함에서 오는 환자의 심리적 안정 및 건강상태의 개선을 도모할 수 있다.

⑥ 도시 냉섬 현상(Urban Cool Islands)

- 주변 도심지보다 상대적으로 기온이 낮게 나타나는 도시 냉섬 현상은 도시 열섬 현상을 완화시키는 역할을 한다.
- 여름철 강한 햇빛을 흡수하는 대신 반사하는 지붕과 건물 주위에 더 많은 녹지를 설계하여 의료 시설의 탄소발자국을 줄일 수 있다.

기출 및 예상 문제

4. 친환경 공간디자인

01 친환경주거의 계획개념과 계획요소의 연결이나 설명 중 옳지 <u>않은</u> 것은?

공인1회, 공인2회

① 지구환경의 보전 – 에너지의 절약과 유효 이용
② 주변 환경과의 친화성 – 옥상 녹화
③ 거주환경의 건강 쾌적성 – 건물 및 창 단열
④ 친환경주거는 화석 에너지 사용량을 감소하는 것이 가장 핵심이다.

02 지속가능한 공간디자인을 위한 노력과 거리가 <u>먼</u> 것은?

① 기존 건물이나 건축 자재를 재사용하는 방안을 고려한다.
② 기후변화에 대응할 수 있는 설계를 고려한다.
③ 다양하고 많은 자원을 활용하여 공간에 독특한 성격을 부여한다.
④ 자연환기, 차양 등 전원 없이 사용가능한 패시브 기술을 활용한다.

03 제로에너지 주택에 대한 설명으로 거리가 <u>먼</u> 것은?

① 부가적인 에너지 공급 없이 에너지의 자급자족이 가능하다.
② 설비시스템을 제외한 패시브 요소 기술만을 적용하여 계획한다.
③ 화석 에너지 사용량이 제로에 가까운 주거이다.
④ 단열, 차양 등 전원 없이 사용가능한 패시브 기술을 활용한다.

정답 및 해설

01 ③
건물의 단열은 에너지 절약을 위한 효과적 방법이며, 거주환경의 건강 쾌적성을 위해서는 환기가 잘되는 구조와 자연 요소의 경험 등이 고려되어야 한다.

02 ③
지속가능한 건축의 전략은 저 적은 자원으로 더 많은 일을 하는 것이다.

04 의료공간에서의 친환경디자인에 대한 설명으로 적절한 것은?

① 인공조명에 장기간 노출되면 논리적 성격이 강화될 수 있다.
② 입원실에서의 일광 노출은 정신과 환자의 입원 기간을 단축시킬 수 있다.
③ 친환경 건축은 환자 회복에 도움을 주지만 직원의 생산성은 감소한다.
④ 신경계 질환자의 경우 일광은 완전히 차단되어야 한다.

05 의료공간에서의 친환경디자인과 거리가 가장 먼 것은?

① 여름철 태양을 마주하는 방향으로 대형 외부 파사드를 계획한다.
② 내부에 녹지를 계획하여 공기질을 개선한다.
③ 창문에 차양을 계획하여 지나친 태양 복사를 차단한다.
④ 여름철 태양열을 차단할 수 있는 디자인을 계획한다.

정답 및 해설

03 ②
제로에너지 주택은 순수부하 저감기술을 적용한 패시브 주택을 기반으로, 태양광, 지열 등의 신재생에너지 설비시스템을 적용한 것이다.

04 ②
인공조명, 특히 형광등에 장기간 노출되면 기분 저하와 우울증 유발 가능성이 있으며, 자연을 도입한 친환경 의료공간은 직원들의 생산성을 높일 수 있고, 자연광은 신경계 질환에 선호되는 치료법이다.

05 ①
더운 여름 태양을 마주하는 방향의 대형 외피는 에너지 소비에 영향을 미칠 수 있다.

참고문헌

01

신태양, 공간의 이해와 인간공학, 도서출판 국제, 2001

안옥희 외 2인, 주거인간공학, 기문당, 1999

윤영삼 외 2인, 인간공학, 도서출판 서우, 2015

한국실내디자인학회, 실내디자이너총설 03 인간공학, 기문당, 2020

02

그래지나 필라토비츠 저, 양세화, 오찬옥 역, 에코인테리어 : 환경친화적인 인테리어 디자인 지침, 울산대학교 출판부, 2002

이연숙, 실내환경심리행태론. 연세대학교 출판부, 1998

임승빈, 환경심리 행태론 : 환경설계의 과학적 접근. 보성문화사, 1997

Altman, I. (1974). Privacy to conceptual analysis, EDRA, 5, 13. Environmenal Design Research Association: Privacy, Social Ecology, Undermanning Theory, 3～28.

Altman, I. (1975). *The environment and social behavior: Privacy, personal space, territoriality and crowding*. Monterey, CA: Brooks/Cole.

Barker, R. G. (1968). *Ecological psychology: Concepts and methods for studying the environment of human behavior*. Stanford, CA: Stanford University Press.

Barker, R. G. (1979). Setting of professional lifetime, *Journal of Personality and Social Psychology*, 37, 2137～2157.

Bell, P. A., Greene, T. C., Fisher, J. D., & Baum, A. (2001). *Environmental psychology* (5th ed.). Fort Worth, TX: Harcourt College Publishers.

Berlyne, D. E. (1960). *Conflict, Arousal, and Curiosity*. New York: McFraw-Hill.

Berlyne, D. E. (1974). *Studies in the new experimental aesthetics : Steps toward an objective psychology of aesthetic appreciation*. New York: Halsted Press.

Canter, D., & Crik, K. H. (1981). Environmental psychology, *Journal of Environmental Psychology*, 1, 1～11.

Cohen, S. (1978). Environmental load and the allocation of attention. In A. Baum, J. E. Singer, & S. Valins(Eds.), *Advances in environmental psychology* (Vol. 1). Hillsdale, NJ: Erlbaum.

Downs, R. M., & Stea, D. (1973). Cognitive maps and spatial behavior: Process and products. In M. Dodge, R. Kitchin, & C. Perkins (Eds.), *The Map Reader: Theories of Mapping Practice and Cartographic Representation*, (pp.312～317)

Fisher, J. D., Bell, P. A., & Baum, A. (1984). *Environmental Psychology*. New York: CBS College Publishing.

Gibson, J. J. (1966). *The senses considered as perceptual systems*. Boston: Houghton Mifflin.

Gibson, J. J. (1979). *The ecological approach to visual perception*. Boston: Houghton Mifflin.

Hall, E. T. (1966). *The hidden dimension.* New York: Doubleday.

Hayduk, L. A. (1978). Personal space: Am evaluative and orienting overview. *Psychological Bulletin*, 58, 117~134.

Heimstra, N. W., & McFaring, L. H. (1978). *Environmental Psychology* (2nd ed.). Montrerey, CA: Brooks/Cole.

Holahan, C. H. (1982). *Environmental psychology.* New York: Random House.

Ittelson, W. H. (1978). Environmental perception and urban experience. *Environment and Behavior*, 10(2), 193~213.

Kaplan, R., Kaplan, S. & Ryan, R. L. (1998). *With people in mind: Design and management of everyday nature.* Washington, DC: Island Press.

Katz, P. (1937). *Animals and Men.* New York: Longmans, Green.

Ladd, F. C. (1970). Black youths view their environment: Neighborhood maps. *Environment and Behavior*, 2(1), 74-99.

Lewin, K. (1951). Formalization and progress in psychology. In D. Cartwright (Ed.), *Field Theory in Social Science*, New York: Harper.

Lynch, K.(1960). *The image of the city.* Cambridge, MA: MIT Press.

Mehrabian, A., Russell, J.A. (1974). *An approach to environmental psychology.* Cambridge, MA: MIT Press.

Michelson, W. (1977). *Environmental choice, human behavior and residential satisfaction.* New York: Oxford University Press.

Milgram, S. (1977). *The individual in a social world: Essays and experiments. Reading*, MA: Addison-Wesley.

Moore, G. T., & Gilldge, R. G. (1976). *Environmental knowing: Theories, Research, and Methods, Stroudsburg*, PA: Dowden, Hutchinson & Ross.

Morris, E. W., & Winter, M. (1978) *Housing, Family and Society.* New York: John Wiley and Sons.

Murtha, M. D. (1976). *Dimension of user benefits: An overview of user oriented environmental design.* Washington, DC: American Institute of Architects.

Porat, T., & Tractinsky, N. (2008). Affect as a mediator between web-store design and consumers' attitudes toward the store. In C. Peter, & R. Beale (Eds.), *Affect and Emotion in Human-Computer Interaction-From Theory to Applications.* (pp.142~153).

Preiser, W. F. E., Vischer, J. C., & White, E. T.(Eds.) (1991). *Design intervention: Toward a more humane architecture.* New York: Van Nostrand Reinhold.

Proshansky, H. M. (1976). *Environmental psychology and the real world. American Psychologist*, 4, 303-310.

Sommer, R. (1969). *Personal Space.* Englewood Cliffs, NJ: Prentice-Hall.

Steinitz, C. (1968) Meaning and the congruence of urban form and activity. *Journal of the American Institute of Planners*, 34(4), 233~248

Stokols, D. (1976). The experience of crowding in primary and secondary environments. *Environment and Behavior*, 8, 49~86.

Westin, A. (1970). *Privacy and Freedom.* New York: Atheneum Press.

Wohlwill, J. F. (1974). Human response to levels of environmental stimuation. *Human Ecology,* 2, 127~147.

Zeisel, J., & Welch, P. (1981). *Housing designed for families: A summary of research.* Cambridge, MA: Joint Center for Urban Studies for MIT and Harvard.

03

김재수, 공기조화설비, 문운당, 2011

김진관, 이재호, 이병윤, 최신 실내건축설비, 서우, 2015

박찬필, 후시미켄, 그림으로 보는 건축설비, 기문당, 2021

실내건축연구회, 실내디자이너 자격예비시험 가이드북 세트(1-5권). 교문사, 2015

임만택, 건축설비, 기문당, 2007

이상화, 실내건축기사 필기, 엔플북스, 2022

04

M. David Egan 저, 박종호 역, 건축조명개론, 기문당, 2000

나카지마 다쯔오키, 치카다 레이코, 맨데 카오루, 박필제, 조명디자인 입문, 예경, 1997

로즈메리 킬머, W. 오티 킬머 저, 김혜원, 윤혜경, 천진희 역, 인테리어 디자인 : 기초·실무이론, 교문사, 2010

박필제, 조명과 실내장식, 조형사, 1996

실내건축연구회, 실내디자이너 자격예비시험 가이드북 세트(1-5권). 교문사, 2015

안자이 데쓰 저, 박은지 역, 공간을 쉽게 바꾸는 조명, 마티, 2016

이상화, 실내건축기사 필기, 엔플북스, 2022

최산호, 김홍배, 김남효, 남시복, 실내건축조명, 기문당, 2005

황세옥, 조명 디자인, 미진사, 2002

05

건축 텍스트 편집위원회 저, 김유숙, 김찬수, 도진석, 문기훈, 안혁근, 안현태, 이면극, 이영욱, 정유근, 정민영, 최상현, 최길동 공역. 알기 쉬운 건축환경, 기문당, 2010

김정곤, 고귀한, 한창환, 현대 주거에서 나타나는 친환경 계획 요소에 관한 기초 연구, 생태학회 논문집, 22(4), 15~22, 2013

김진우, 친환경 건축 자재의 요소 분석, 한국교육환경연구원학술지, 7(2), 1~11, 2008

디스테이션(박지연, 안소미, 백혜영, 반자연), 공간디자인이슈, 교문사, 2013

민지영, 이혜선, 디자인 씽킹에 기반한 생체모방디자인의 아이디어 발상 및 프로세스에 관한 연구, 산업디자인학연구, 13(1), 137~150, 2019

실내건축연구회, 실내디자이너 자격예비시험 가이드북 세트(1-5권). 교문사, 2015

윤정숙, 최윤정, 주거실내환경학-개정판, 교문사, 2014

이경자, 김경진, 유진형, 전원주택을 위한 생태주거 계획요소에 관한 연구, 한국공간디자인학회 논

문집, 06(04), 105~114, 2011

이현수, 임수영, 장수명 주택의 활성화 방안에 관한 연구, 한국생태환경건축학회 논문집, 13(4), 95~102, 2013

Anderson, B. G. (2010) Transforming the interior design profession for leadership in an ecologically-benign future, in Proceedings of the Interior Design Educators Council 2010 Annual Conference, Atlanta, GA

Cargo, A. (2013). An evaluation of the use of sustainable material databases within the interior design profession. Senior Capstone Project, University of Florida.

Fleming, R., Roberts, S. H. (2019). *Sustainable Design for the Built Environment*. Taylor and Francis.

Hayles, C. S. (2015). Environmentally sustainable interior design: A snapshot of current supply of and demand for green, sustainable or Fair Trade products for interior design practice. *International Journal of Sustainable Built Environment*, 4(1), 100~108.

Jaffe, S. B., Fleming, R., Karlen, M., & Roberts, S. H. (2020). *Sustainable Design Basics*. Wiley.

Mark DeKay. G. Z. Brown 저, 박지영, 이경선, 오준걸 공역, 태양, 바람, 빛 친환경 건축 통합설계 디자인전략, 도서출판 대가, 2021

Mendler, S. F., Odell, W. & Lazarus, M. A. (2006) *The HOK Guidebook to Sustainable Design*. Hoboken, NJ: Wiley

Pilatowicz, G. (1995). *Eco-interiors: Guide to environmentally conscious interior design*. New York: Wiley.

Pile, J. F. (2003). *Interior Design* (third ed.). New Jersey, Prentice Hall.

건축인사이트. 국내 친환경 건축물 인증제도

대한건축학회 온라인 건축용어사전 http://dict.aik.or.kr/

두산백과

전원주택라이프 www.countryhome.co.kr

Carl Hastrich, 2005, Biomimicry design spiral

HMC Architect. Hospital Design Guidelines to Better Enable Sustainable Practices

https://biomimicry.org/biomimicry-design-spiral/ (accessed on 25 Feb 2022)

https://blog.naver.com/elecon_feed/222475232689

https://hmcarchitects.com/news/hospital-design-guidelines-to-better-enable-sustainable-practices-2018-11-09/

https://terms.naver.com/entry.naver?docId=6472971&cid=40942&categoryId=32308

제3장

실내시공

INTERIOR CONSTRUCTION

01_ 실내건축시공 총론 (홍석남 _ 서정디자인(주) 전무이사)

02_ 실내건축 공종별 시공 (이윤희 _ 신구대학교 건축전공 교수)

03_ 실내건축 재료 (이명아 _ 공간디자인 바림 대표)

04_ 실내건축 적산 (홍석남 _ 서정디자인(주) 전무이사)

01 실내건축시공 총론

1 실내건축시공 개요

1) 실내건축시공의 의의

실내건축시공이란 발주자의 여러 가지 원인에 의하여 신축 건축물이나 기존건축물에 자연재료나 인공재료 및 제품 등을 사용하여 발주자의 생활 및 사용 목적에 적합한 공간을 만들기 위하여 설계도, 시방서, 견적서 등의 설계도서를 바탕으로 건축의 3요소(구조, 기능, 미) 경제, 환경 등의 요소와 원가관리, 공정관리, 품질관리, 안전관리에 최선을 다하여 건축주에게 최상의 건축물을 제공하는 것이라 할 수 있다.

실내건축공사업[1)]이란 공공의 건강과 안전 및 복지를 유지시키고 생활의 질적 향상을 위하여 실내환경의 기능과 질에 속하는 문제들을 창조적으로 해결하고 연구하는 공사업이다. 실내건축공사업은 실내시공, 빌딩시스템 및 구성요소, 건축법규, 설비, 재료 및 마감 등에 대한 전문적인 지식을 이용하여 실내환경에 관한 프로그래밍, 디자인 목적, 공간계획, 미학적 고려, 현장 감리 등을 서비스하는 전문업이다.

- 건축 시공의 3요소 : 구조, 기능, 미
- 공사관리의 3대 요소 : 원가관리, 공정관리, 품질관리
- 건축생산 현대화 3S SYSTEM : 단순화, 규격화, 전문화

---

1) 건설산업기본법 시행령 제7조 관련

2) 공사관계자

(1) 발주자(client, owner)

건축주, 또는 시행자라고도 하며 실내건축공사를 의뢰하고 발주하는 자를 말하며, 개인, 법인, 정부기관 등이 될 수 있으며, 자본(자금)의 주체이다.

(2) 설계자

발주자로부터 실내건축공사 대상 건축물의 설계를 의뢰받아 요구조건에 맞게 공간을 계획하고 설계도서를 작성하는 자이며, 또한 그 설계의도대로 실내건축공사가 이루어질 수 있도록 지도, 관리, 감독하는 감리업무를 수행하기도 한다.

(3) 감리자

실내건축공사에서의 감리자는 현재까지 법적 영역에는 있지 않으나 건축주(발주자)의 요구에 의하여 선임되며, 실내건축공사가 설계도서대로 진행되는지의 여부와 함께 품질관리, 안전관리, 환경관리 등의 업무도 수행하기도 한다.

(4) 도급자(시공자)

발주자의 주문에 의하여 계약관계가 성립되고, 시공자는 실내건축설계 도서를 바탕으로 공사계획을 작성하고 정해진 기간 내에 완성하고 하자보수도 포함되어 시공하는 자를 말하며, 분류로는 원도급자, 하도급자로 구분한다.

원도급자는 최상의 도급자로서 발주자와 직접 계약을 체결하여 시공하는 시공업자로서 충분한 자본과 기술을 가지며 사회적인 책임감이 중요하다.

하도급자는 원도급자의 공사 일부분을 직종별, 공종별로 분할 도급하여 시공 하며, 공사의 난이도등의 여러 경우에 의해 전문건설 업자에게 하도급하게 되며 이러한 공사를 수행하는 자를 하도급자라고 한다.

(5) 작업자(노무자)

공사현장에서 원도급자나 하도급자의 지시에 따라 노동에 종사하는 사람으로 기술의 숙련도에 따라 기능공, 조공, 견습공(조력공)으로 구분하고 임금도 달리 지급받는다.

노무자의 고용형태에 따라 직용노무자, 정용노무자, 임시고용노무자로 구분한다.

직용노무자는 원도급자에게 직접 고용된 노무자를 말하며, 정용노무자는 직종별 전문업자 또는 하도급업자에게 고용되는 노무자이며, 임시고용노무자는 일정한 시간동안 고용되는 보조노무자로 간단하고 단순한 업무인 현장정리정돈이나 자재운반 등의 노무를 제공한다.

3) 공사방법 및 도급계약

실내건축공사를 실시하는 방법은 크게 직영제도와 도급제도로 구분한다.

(1) 직영공사

발주자가 실내건축공사 전반이나 부분적으로 공사계획을 세우고 발주자 본인이 직접 가설재, 재료, 공구 등을 구입하고 노무자 또한 직접 고용하여 일체의 공사를 시행하는 방법이다. 표면적으로 보기에는 자재나 인력의 낭비 없이 공사비를 절감하는 방식이기는 하나, 전문적인 지식과 관리능력이 미숙한 경우에는 품질 미확보로 인한 하자발생 처리비용, 공사 기간 증가 등 시간적, 경제적 손실을 볼 수 있는 문제점을 갖게 될 수 있다.

(2) 도급공사

도급공사는 공사시공분류 방식과 공사비 지급방식으로 나뉘며, 공사시공분류 방법에 따라 일식도급, 분할도급, 공동도급, 공사별도급으로 나뉜다.

① 일식도급계약제도는 실내건축공사 전부를 도급자에게 맡겨 공사에 필요한 재료, 노무, 현장시공업무 일체를 일괄하여 시행시키는 방법으로 가장 일반적인 방법이다.
- 장점 : 계약 및 감독이 간단하다. 공사비가 확정되고 공사의 시공 책임한계가 명확하다.
- 단점 : 도급자의 이윤이 가산되어 공사비가 증대된다. 공사의 질이 직영공사에 비해 떨어질 수 있다.

② 분할도급계약제도는 총괄도급자의 하도급에 많이 이용되며, 각 공종별로 세분하여 도급 주는 방식이다.
- 장점 : 전문공사 업자의 기술이 강화되고 복잡한 공사내용이 전문화되어 공사의 우수성과 확실성을 기대 할 수 있다.
- 단점 : 공사 전체관리가 복잡하고 가설(비계)공사나 사용장비 등의 중복으로 인한 공사비가 증가될 수 있다.

③ 공동 도급계약제도는 2개 이상의 회사가 공동출자하여 기업체를 조직해서 한

회사의 입장에서 공사를 시공하는 방식으로 기술, 자본 및 위험 등의 부담을 감소시킬 목적으로 생긴 도급 방식이다.

- 장점 : 기술 및 자본의 증대, 위험부담의 감소, 경험의 증가, 시공이행의 확실성이 높다.
- 단점 : 2개 회사에서 공사 진행으로 인한 의견 차이로 현장관리가 곤란해질 수 있다.

공사비 지급 방법에 따라 단가도급방식, 정액도급, 실비정산식 도급방식이 있다.

① 단가도급계약제도는 재료단가 · 노력단가 또는 재료 및 노력을 합한 단가를 면적 또는 체적 단가만으로 결정하여 공사를 도급 주는 방식이다.

- 장점 : 긴급을 요하거나 단순한 단일공사에 시행하기에 적합하다.
- 단점 : 총공사비를 예측하기 곤란하며 공사비가 높아질 우려가 있다.

② 정액 도급계약제도는 공사비 총액만을 결정하고 경쟁 입찰에 의해 최저 입찰자와 계약을 체결하는 도급 방식이다.

- 장점 : 공사관리 업무가 간단하다. 경쟁 입찰로 공사비를 절약할 수 있다. 총공사비가 예정되어 있기에 건축주의 자금관리가 용이하다.
- 단점 : 최저 입찰가격이 반드시 합리적인 최저가격이 아닐 수도 있다. 공사변경에 따른 도급금액의 증감이 곤란하여 건축주와 도급자 사이에 분쟁이 일어나기 쉽다. 이해관계로 인한 공사의 품질 저하될 수 있다.

③ 실비정산식 도급계약제도는 직영 및 도급제도 중에서 장점을 부각한 제도로서 건축주, 실내건축시공자가 공사에 소요되는 재료비와 노무비에 대한 보수를 미리 합의하여 정한 후 공사 진행에 따라 미리 결정해 놓은 공사비를 건축주로부터 받아 하도급자에게 지불하고 이에 대한 일정의 비율의 이윤을 받는 방식이다.

- 장점 : 실내건축주와 시공자 간의 신의와 성실이 바탕이 될 경우 우수한 공사가 된다. 시공자는 불의의 손해를 입을 우려가 없으므로 양심적이고 우수한 공사를 할 수 있다.
- 단점 : 공사비가 확정되어 있기에 공사기간이 연장되고 공사비가 증가할 수 있다.

실비정산식 도급계약제도를 공사비 보수 지불형식에 따라 실비비율 정산식, 실비한정비율 정산식, 실비정액 정산식, 실비변동률 정산식 등이 있다.

4) 시공사 선정

- 공사 도급업자는 입찰에 의하여 선정하며 입찰 방식은 공개경쟁입찰, 지명 경쟁 입찰, 특명입찰(수의계약)이 있다.

(1) 공개경쟁입찰

- 일반 공개경쟁입찰이라고도 하며 발주자가 인터넷, 신문, 잡지 등에 공사의 종류, 입찰자의 자격, 입찰규정 등을 널리 공고하여 입찰자를 모집하고 경쟁 입찰을 시키는 방법이다. 건설공사에서 보편적으로 이용하는 입찰방식이다.
  - 장점 : 경쟁으로 인한 공사비가 절감되고 담합의 우려가 적다. 균등한 기회를 제공한다.
  - 단점 : 입찰수속이 복잡하다. 부적격자에게 낙찰될 수 있다. 공사의 품질이 저하될 수 있다.

(2) 지명경쟁입찰

- 건축주가 시공에 가장 적합하다고 인정되는 몇 개의 업체를 지명하여 경쟁 입찰에 붙이는 방식이다. 시공회사의 자본, 신용, 과거실적, 기술능력 등을 상세히 조사하여 공사의 성질에 합당한 업체들을 지명하여야 한다.
  - 장점 : 양질의 시공결과를 얻을 수 있다. 시공능력이 부족한 자에게 낙찰위험성이 적다.
  - 단점 : 입찰자가 한정되어 담합의 우려가 있다. 균등한 기회 부여가 제한될 수 있다.

(3) 제한경쟁입찰

- 발주자가 미리 자격심사의 결과에 따라 등록되어 있는 업자 중에서 그 공사의 규모에 적합한 10개 정도의 회사 또는 몇 개의 회사를 지명하는 방식과 자금력, 기술력, 또는 도급한도액 등으로 입찰참가 회사를 제한해 시행하는 방식이 있다 (무능력자의 배제와 계약행정의 효율성 제고).
  - 장점 : 공사의 신뢰성 확보, 공정성·경제성 확보
  - 단점 : 담합의 우려가 높음. 공사비 상승 우려가 높음

(4) 특명입찰(수의계약)

- 발주자가 시공회사의 기술, 신용, 자산, 공사의 내용, 보유자재 등을 고려해 가장 적절한 1명의 도급 업자를 선정해 발주하는 방식으로 수의계약 이라고도 한다. 선 진행하고 있는 공사와 연속하여야 하는 종속공사, 추가공사, 보수 실비공사 등의 소규모 공사에 적용이 가능하다.
  - 장점 : 입찰수속이 간단. 공사 기밀 유지. 공사 품질 확보
  - 단점 : 공사비 증가 가능성 높음. 설계변경 곤란. 불순한 일이 발생되기 쉽다.

5) 입찰순서와 방법

(1) 입찰공고

- 발주자는 입찰에 붙일 공사를 인터넷, 신문 등에 널리 공고하여 입찰자를 모집 등록을 받는다. 내용에는 공사명칭 과 장소, 공사의 종류, 입찰보증금, 참가자의 자격, 입찰방법, 현장설명일시 및 장소, 낙찰에 관한규정, 유의사항 등을 기록한다.

(2) 입찰 참가신청

- 입찰에 참여하고자 할 때는 입찰참가통지서나 입찰공고 등을 확인하여 입찰참여조건에 해당하는지의 여부를 판단하고 그에 따르는 일체 서류를 정해진 기간 내에 발주자에 제출하고 등록한다.

(3) 입찰 보증금

- 입찰에 참여하는 자가 낙찰이 되어도 계약을 체결하지 않는 경우를 방지하기 위한 제도로서 현금이나 금융기관의 보증증권으로 지급보증 한다. 통상적으로는 5~10%의 범위 내에서 이루어진다. 입찰 후 낙찰자가 정해지면 낙찰자는 계약보증금으로 대체되며, 그 외 업체에는 즉시 반환된다.

(4) 견적기간

- 건설업 시행령에 의한 견적기한은 1억 미만 5일 이상, 1억 이상~10억 미만 10일 이상, 10억 이상~30억 미만 15일 이상, 30억 이상은 20일 이상으로 되어 있으나, 민간에서는 적용되지 못하는 실정이다.

(5) 현장설명

• 설계도서에 나타낼 수 없는 사항 등을 어느 장소에서 보충 설명하는 것이며, 내용으로는 설계도서, 도면, 내역서, 단가 산출서, 시방서, 특기시방서, 투시도 등을 비치하고 현장사항이나 특기사항 등을 발주처 관계자가 설명하여 입찰 참가자가 충분히 숙지하여 견적의 누락은 최소화하고, 시공방식 등 기술사항의 이해는 최대화하여 견적의 신뢰성을 확보하게 하는 것이 현장설명의 목적이다. 관급공사의 경우 추정가격 100억 미만의 공사는 현장설명을 하지 않아도 된다. 현장설명 참가자는 대계의 경우 현장대리인계, 위임장, 재직 증명서, 기술자사본, 사용인감계를 제출 등록서류에 회사명, 사업자등록번호, 대표자명, 참석자명, 연락처를 기재하고 사용인감을 날인한다.

(6) 입찰참가

• 입찰 방식으로는 전자입찰, 우편입찰, 지정된 장소에 참석하여 투찰하는 입찰방법이 있다. 낙찰자 선정 방법에는 총액입찰과 내역입찰이 있다.
• 총액입찰은 입찰서에 입찰금액을 기재하여 입찰하는 방식으로 낙찰된 자는 착공계 제출 시에 내역서를 제출한다.
• 내역입찰은 입찰 시에 제공받은 수량 내역서에 단가를 기재한 내역서를 제출하는 방식으로 추정가격 50억 이상의 공사에 적용한다.

(7) 낙찰자 선정 방법

• 최저가 낙찰제는 예정가격 범위 내에서 가장 낮은 가격으로 선정하는 방법으로 덤핑수주로 인한 부실시공이 우려된다.
• 저가 심의제는 예정가격 85% 이하 업체 중 공사 수행 능력을 평가하여 업체를 선정하는 방식으로 공사비 내역, 공사 시공계획, 경영실적, 기술경험, 유사사례 시공경험 등 전반에 걸쳐 비교 평가하여 결정하는 방법이다.
• 제한적 평균가 낙찰제는 예정가격 85% 이상 금액의 입찰자 사이에서 평균금액을 산출하여 이 평균금액 아래로 가장 근접한 입찰자를 낙찰자로 선정하는 방식이다. 공사의 품질유지에 가장 안전한 방식이다, 관급공사에 많이 적용된다.
• 적격심사제도는 적격낙찰제도라고도 하며, 입찰가격, 기술능력을 포함한 종합적인 판단으로 최저가 낙찰자 선정하는 제도이다.

(8) 재입찰, 재삼입찰

- 1차 입찰에서 예정가격 이내의 낙찰자가 없을 경우를 유찰이라고 하며, 유찰이 되면 다시 입찰공고를 하여 희망자에게 다시 입찰시키는 것을 재입찰이라고 하고, 재입찰에서도 낙찰자가 없으면 재삼입찰을 한다. 관급공사의 경우에는 재삼입찰 이후에는 입찰에 참여한 업체를 대상으로 최저입찰 순으로 협의에 의하여 수의계약을 할 수 있다.

6) 공사계약

(1) 계약

- 낙찰자가 결정되면 건축주와 도급자 간의 계약서류에 서명, 날인 하는 것을 계약이라 하고 계약에 서명하면 법률적인 계약이 성립된다. 법률적인 효과로는 발주자는 설계도서에서 준하는 완성된 건축물을 취득할 권리와 계약서에 따른 공사비를 지불할 의무를 가지게 되며, 시공자는 설계도서에 따라 완성된 목적물을 제공할 의무를 가지며 이에 따른 공사비를 청구할 권리를 갖는다.

(2) 계약서류

도급계약서에는 도급계약서, 계약조건, 설계도, 시방서, 공사비 내역서, 현장설명서, 질의응답서 등이 있다. 도급계약서의 기재내용은 다음과 같다.

① 공사내용
② 도급금액
③ 공사 착수시기, 공사 완공시기
④ 도급금액의 선급금이나 기성금의 지급에 관하여 약정을 한 경우에는 각각 그 지급시기 · 방법 및 금액
⑤ 공사의 중지, 계약의 해제 또는 천재지변의 경우 발생하는 손해부담에 관한 사항
⑥ 설계변경 · 물가변동 등에 기인한 도급금액 또는 공사내용 변경에 관한 사항
⑦ 인도를 위한 검사 및 그 시기
⑧ 공사완성 후의 도급금액의 지급시기
⑨ 계약이행 지체의 경우 위약금, 지연이자 지급 등 손해배상에 관한 사항
⑩ 하자담보 책임기간 및 그 담보방법
⑪ 산업안전보건법 제30조 규정에 의한 표준안전관리비의 지급에 관한 사항

(3) 도급금액 지불방법

도급금액의 지불방법과 시기는 계약서에 기재하고, 지불 방법은 다음과 같다.

① 전도금은 착공금이라고도 하며 건축주가 도급자에게 공사 착공 전에 계약금액의 일부를 선불하는 것이다(보통 계약금액의 1/3~1/5 정도이다).

② 기성고는 기성불 또는 중간불이라고도 하며, 시기는 계약서에 명기한다(보통 계약금액의 9/10까지로 한다).

③ 준공불은 공사 완성 후(준공검사 또는 사용검사)를 필하고 공사비 잔액 모두를 지급받은 것을 말한다.

④ 하자보수보증금은 준공검사 후 하자에 대한 보증금으로 부실공사 방지를 위한 담보이며, 하자보수보증금률은 계약금액의 2/100~5/100이고 하자보수보증기간은 1~3년으로 한다(건설산업기본법의 실내건축공사업의 하자보수기간은 1년이다).

1. 실내건축시공 개요

기출 및 예상 문제

01 공사관리 3대 요소에 포함되지 않은 것은?

① 품질관리 ② 공정관리
③ 원가관리 ④ 장비관리

02 건축 시공의 3요소에 포함되지 않은 것은?

① 구조 ② 기능
③ 미 ④ 단순화

03 공사관계자 설명으로 잘못된 것은?

① 발주자는 건축주, 또는 시행자라고도 하며 실내건축공사를 의뢰하고 발주하는 자를 말하며, 개인, 법인, 정부기관 등이 될 수 있으며, 자금의 주체이다.
② 설계자는 발주자로부터 실내건축공사 대상 건축물의 설계를 의뢰받아 요구조건에 맞게 공간을 계획하고 설계도서를 작성하는 자 이며, 또한 그 설계의도대로 실내건축공사가 이루어질 수 있도록 지도, 관리, 감독하는 감리업무를 수행하기도 한다.
③ 감리자는 실내건축공사에서의 감리자는 법적 영역에는 있지 않으나 건축주(발주자)의 요구에 의하여 선임되기도 하며, 실내건축공사가 설계도서대로 진행되는지의 여부와 함께 품질관리, 안전관리, 환경관리 등의 업무도 수행하기도 한다.
④ 시공자는 발주자의 주문에 의하여 계약관계가 성립되고 이에 실내건축설계 도서

정답 및 해설

01 ④
공사관리 3대 요소 : 원가관리, 품질관리, 공정관리

02 ④
건축생산 현대화 3S SYSTEM : 단순화, 규격화, 전문화

를 바탕으로 공사계획를 작성하고 정해진 기간 내에 완성하고 하자관리는 제외하며, 분류로는 원도급자, 하도급자로 구분한다.

04 직영공사의 설명으로 옳지 않은 것은?

① 발주자가 실내건축공사 전반이나 부분적으로 공사계획의 세우고 발주자 본인이 직접 가설재, 재료, 공구 등을 구입하고 노무자 또한 직접 고용하여 일체의 공사를 시행하는 방법이다.
② 표면적으로 보기에는 자재나 인력의 낭비 없이 공사비를 절감하는 방식이다.
③ 전문적인 지식과 관리능력이 미숙한 경우에는 품질 미확보로 인한 하자발생 처리비용 증가 및 공사 기간 증가 등 시간적, 경제적 손실을 볼 수 있는 문제점을 갖게 될 수 있다.
④ 공사비가 확정되고 공사의 시공 책임한계가 명확하다.

05 일식도급계약제도의 설명으로 바른 것은?

① 실내건축공사 전부를 도급자에게 맡겨 공사에 필요한 재료, 노무, 현장시공업무 일체를 일괄하여 시행시키는 방법으로 가장 일반적인 방법이다.
② 계약 및 공사 감독이 어렵다.
③ 공사비가 미확정되어 공사의 시공 책임한계가 불분명하다.
④ 도급자의 이윤이 공사비에 가산되어 공사비가 증대된다. 공사의 질이 직영 공사에 비해 높다.

06 다음 보기 중 분할도급 공사가 아닌 것은?

① 공종별 도급공사
② 공정별 도급공사
③ 턴키 도급공사
④ 공구별 도급공사

정답 및 해설

03 ④
하자관리도 포함한다. 작업자(노무자)도 공사 관계자에 포함한다.

04 ④
공사비가 확정되고 공사의 시공 책임한계가 명확하다. 도급공사의 장점에 속한다.

05 ①
계약 및 감독이 간단하다. 공사비가 확정되고 시공 책임 한계가 명확하다. 공사비가 증대될 수 있다.

06 ③
턴키 도급공사는 일반적으로 설계와 공사를 함께 발주하는 방식이다.

07 공사비 지급방법에 의한 도급계약 방식이 아닌 것은?

① 단가 도급계약
② 직영 도급계약
③ 정액 도급계약
④ 실비정산식 도급계약

08 실비정산식 도급계약제도 설명으로 옳은 것은?

① 직영 및 도급제도 중에서 장점을 부각한 제도로서 건축주, 실내건축시공자가 공사에 소요되는 실비와 이것에 대한 보수를 미리 합의하여 정한 후 공사 진행에 따라 미리 결정해 놓은 공사비를 건축주로부터 받아 하도급자에게 지불하고 이에 대한 일정의 비율의 이윤을 받는 방식이다.
② 공사비 총액만을 결정하고 경쟁 입찰에 부쳐 최저 입찰자와 계약을 체결하는 도급 방식
③ 공사관리 업무가 간단하다. 경쟁 입찰로 공사비를 절약할 수 있다. 총 공사비가 판명되어 건축주가 자금 예정을 할 수 있다.
④ 재료단가・노력단가 또는 재료 및 노력을 합한 단가를 면적 또는 체적 단가만으로 결정하여 공사를 도급 주는 방식

09 지명경쟁입찰 설명으로 옳지 않은 것은?

① 입찰자가 한정되어 담합의 우려가 있다. 균등한 기회가 제한될 수 있다.
② 건축주가 시공에 가장 적합하다고 인정되는 몇 개의 업체를 지명하여 경쟁 입찰에 붙이는 방식이다.
③ 시공회사의 자본, 신용, 과거실적, 기술능력 등을 상세히 조사하여 공사의 성질에 합당한 업체들을 지명하여야 한다.
④ 발주자가 시공회사의 기술, 신용, 자산, 공사의 내용, 보유자재 등을 고려해 가장 적절한 1명의 도급 업자를 선정해 발주하는 방식이다.

정답 및 해설

07 ②
직영공사는 발주자가 직접 공사를 시행하는 방식이다.

08 ①
② 정액 도급계약제도
③ 정액 도급계약제도의 장점
④ 단가도급계약제도

09 ④
특명입찰(수의계약)은 1명의 도급업자를 선정해 발주하는 방식이다.

10 입찰방식에 대한 설명으로 틀린 것은? 공인4회

① 특명입찰(수의계약) : 입찰수속은 간단하지만 공사금액 결정이 불명확하다.
② 공개경쟁입찰 : 경쟁으로 인한 공사비 절감이 용이하지만 담합의 우려가 많다.
③ 지명경쟁입찰 : 건축주가 해당공사에 적격하다고 인정되는 여러 개의 도급업자를 선정하여 입찰시키는 방식이다.
④ 공개경쟁입찰 : 입찰 참가자를 공모하여 유자격자는 모두 참여시켜 입찰하는 방식이다.

11 다음 중 입찰 순서를 바르게 연결한 것은? 제18회

1. 관보, 인터넷홈페이지 등에 공고	2. 입찰 등록 및 현장설명
3. 입찰서류 준비, 도면검토 및 내역서 작성	4. 입찰
5. 낙찰	6. 계약

① 1－2－3－4－5－6
② 1－3－2－4－5－6
③ 2－1－3－4－5－6
④ 2－1－4－3－5－6

12 입찰에 관한 설명으로 옳지 않은 것은? 제18회

① 입찰에 붙일 공사를 인터넷, 신문 등에 널리 공고하여 입찰자를 모집 등록을 받는다.
② 내용에는 공사명칭 과 장소, 공사의 종류, 입찰보증금, 참가자의 자격, 입찰방법, 현장설명일시 및 장소, 낙찰에 관한규정, 유의사항 등을 기록 한다
③ 입찰 보증금은 입찰에 참여하는 자가 낙찰이 되어도 계약을 체결하지 않는 경우를 방지하기 위한 제도로서 현금이나 금융기관의 보증증권으로 지급보증 한다. 통상적으로는 15%의 범위 내에서 이루어진다.
④ 입찰 보증금은 입찰 후 낙찰자가 정해지면 낙찰자는 계약보증금으로 대체되며, 그 외 업체에는 즉시 반환된다.

정답 및 해설

10 ②
공개경쟁입찰 : 담합의 우려가 적다.

11 ①

12 ③
입찰보증금은 통상적으로는 5~10%의 범위이다.

13 다음 보기 중 입찰순서를 바르게 연결한 것은?

1. 계약	2. 낙찰
3. 입찰	4. 입찰서류 준비 및 내역서 작성
5. 현장설명 및 입찰등록	6. 관보, 인터넷홈페이지 등에 공고

① 6－4－5－3－2－1　② 6－5－4－3－2－1
③ 6－5－4－2－3－1　④ 6－5－3－4－2－1

14 건설업 시행령에 의한 공사금액과 견적기한이 옳지 않은 것은?

① 1억 미만 7일 이상
② 1억 이상~10억 미만 10일 이상
③ 10억 이상~30억 미만 15일 이상
④ 30억 이상은 20일 이상

15 현장설명에 대하여 잘못 설명한 것은?

① 설계도서에 나타낼 수 없는 사항 등을 어느 장소에서 보충 설명하는 것
② 설계도서, 도면, 내역서, 단가 산출서, 시방서, 특기시방서, 투시도 등을 비치하고 현장사항이나 특기사항 등을 발주처 관계자가 설명한다.
③ 입찰 참가자가 충분히 알아듣게 하여 견적의 누락 없이 시공방식 등의 이해를 최대화하도록 한다.
④ 관급 공사의 경우 추정가격 50억 미만의 공사는 현장설명을 하지 않아도 된다.

16 계약서에 포함하지 않아도 되는 것은?

① 현장설명서, 질의응답서　② 설계도서
③ 시방서　④ 실행 예산서

정답 및 해설

13 ②
공고－등록－내역작성－입찰－낙찰－계약

14 ①
1억 미만 5일 이상

15 ④
100억 미만

16 ④
도급계약서에는 도급계약서, 계약조건, 설계도, 시방서, 공사비 내역서, 현장설명서, 질의응답서가 포함된다.

17 낙찰자 선정 방법 중 옳지 않은 것은?

① 저가 낙찰제는 예정가격 범위 내에서 가장 낮은 가격으로 선정하는 방법으로 덤핑수주로 인한 부실시공이 우려된다.
② 저가 심의제는 예정가격 82% 이하 업체 중 공사 수행 능력을 평가하여 업체를 선정하는 방식으로 공사비 내역, 공사 시공 계획, 경영 실적, 기술경험, 유사사례 시공경험 등 전반에 걸쳐 비교 평가하여 결정하는 방법이다.
③ 제한적 평균가 낙찰제는 예정가격 85% 이상 금액의 입찰자 사이에서 평균금액을 산출하여 이 평균금액 아래로 가잔 근접한 입찰자를 낙찰자로 선정하는 방식이다. 공사의 품질유지에 가장 안전한 방식이다, 관급공사에 많이 적용된다.
④ 적격심사제도는 적격낙찰제도라고도 하며, 입찰가격, 기술능력을 포함한 종합적인 판단으로 최저가 낙찰자를 선정하는 제도이다.

18 도급계약서에 기재하지 않아도 되는 것은?

① 공사내용(규모, 도급금액)
② 공사착수시기, 완공시기(물가변동에 대한 도급액 변경)
③ 설계변경, 공사 중지의 경우 도급액 변경, 손해부담에 대한 사항
④ 민원발생에 대한 대응 방안

19 공사비 지불방법 설명 중 옳은 것은?

① 전도금은 기성금이라고도 하며 건축주가 도급자에게 공사 착공 전에 계약금액의 일부를 선불하는 것이다(보통 계약금액의 1/3~1/5 정도이다).
② 기성불은 전도금 또는 중간불이라고도 하며, 지급시기는 계약서에 명기한다(보통 9/10까지로 한다).
③ 준공불은 공사 완성 후 준공검사 또는 사용검사를 필하고 공사비 잔액 모두를 지급받은 것을 말한다.
④ 하자보수보증금은 준공검사 후 하자에 대한 보증금으로 부실공사 방지를 위한 담보이며, 하자보수보증금률은 계약금액의 2/100~5/100이고, 하자보수보증기간은 1~3년으로 한다(건설산업기본법의 실내건축공사업의 하자보수기간은 2년이다).

정답 및 해설

17 ②
85% 이하

18 ④

19 ③
① 전도금 ② 기성불 ④ 건설산업기본법의 실내건축공사업의 하자보수기간은 1년이다.

2 실내건축공사 계획

1) 공사계획의 의의

- 실내건축에서는 공사 시작 전에서부터 완공까지의 대략적인 공사 진행과 시기를 조절하는 공사계획이 중요하다, 계획이 체계적일수록 공사도 순조롭고 품질이 우수한 건축물이 완성될 확률은 높아진다.
- 적절하게 작성된 공정계획과 철저하게 분석되고 합리적인 공정관리는 계획된 공사 기간 내에 공사완료를 가능하게 하고 이에 따라 질 좋은 우수한 건축물을 발주처에 제공 할 수 있게 된다, 공정관리에 실패를 한다면 예산의 초과 및 품질저하 및 안전사고의 발생 등의 문제가 발생할 수 있다. 공사는 발주자가 요구하는 기간 내에 주어진 설계도서에 상응하는 구체적인 건축물을 창출하는 것이며, 원가절감이 최대가 되는 최적 공기에 의해 좋게, 값싸게, 빨리, 안전하게 목적물을 완성하기 위한 계획과 관리가 중요하다.

2) 공사계획의 내용

- 공사계획의 목적은 경제적이고 안전하게 정해진 공사기간에 건축물을 완성하는 것으로서 계획의 내용은 준비단계에서의 검토사항, 공정표 작성, 실행예산의 작성, 자재관리, 품질관리, 안전관리, 하도급(협력)업체 선정, 현장조직 편성이 있다.

(1) 공사계획의 준비

① 설계도서 검토 : 설계도면, spec book, 견적 내역서, 수량산출서, 특기시방서, 계약특수조건 등의 내용을 충분히 파악하여 공사의 성격과 내용에 맞는 계획을 수립하여야 한다.

② 현장조사 : 현장에 대한 사진촬영, 실측, 전기, 설비, 소방시설 등의 기존 시설물 분석과 입지적으로 주변의 교통현황, 자재 상・하차 동선 및 인력의 이동동선 등의 가설에 관한 사항과 더불어 공사를 진행함에 소음, 분진, 진동 등의 공해에 대한 민원이 발생할 경우에 대안도 함께 면밀하게 분석하여 공사계획에 반영 하여야 한다.

③ 관련 법규검토 : 실내건축공사에서는 주로 건축법, 소방법, 소음 진동 규제법, 폐기물 관리법, 장애인 노인 임산부 등의 편의증진보장에 관한 법률 등이 있으며, 영업이나 운영 등 사업자 등록을 하기 위해 필요한 인・허가 사항 등의 제

반 규정도 함께 검토하여야 한다. 실내건축시공과 밀접하게 관련되는 건축법 중 대수선[2]은 다음의 사항 중 하나에 해당하는 경우로서, 증축·개축·재축에 해당하지 않는 것을 말한다.

- 내력벽을 증설 또는 해체하거나 그 벽면적을 30㎡ 이상 수선·변경하는 것
- 기둥을 증설 또는 해체하거나 세 개 이상 수선·변경하는 것
- 보를 증설 또는 해체하거나 세 개 이상 수선·변경하는 것
- 지붕틀(한옥의 경우 지붕틀의 범위에서 서까래는 제외)을 증설 또는 해체하거나 세 개 이상 수선·변경하는 것
- 방화벽 또는 방화구획을 위한 바닥 또는 벽을 증설 또는 해체하거나 수선·변경하는 것
- 주계단·피난계단 또는 특별피난계단을 증설 또는 해체하거나 수선·변경하는 것
- 다가구주택의 가구 간 경계벽 또는 다세대주택의 세대 간 경계벽을 증설 또는 해체하거나 수선·변경하는 것
- 건축물의 외벽에 사용하는 마감재료를 증설 또는 해체하거나 벽면적 30㎡ 이상 수선·변경하는 것

④ 공사 착공 전 확인 및 검토사항

- 설계도서에 표기된 공사개요
- 공사기간
- 계약금액(산출내역)
- 계약이행보증 및 보험계약에 관한 사항
- 공사대금 지급방법 및 기성 지불 시기
- 하자보증 방법, 기간, 금액
- 제3자 배상보험에 관한 사항(산재보험, 고용보험, 건강보험, 연금보험, 화재보험) 등
- 설계변경에 따른 도급금액 변경, 공사 지연에 따른 지체 보상금에 관한 사항
- 물가변동으로 인한 도급금액의 변경에 따른 연동제에 관한 사항
- 공사 중 천재지변 기타 불가항력의 사항에 대한 공사기간의 연장 및 손해부담액 등에 관한 사항
- 공사비 정산에 관한 사항
- 발주처 지급자재에 관련된 사항 내용과 방법
- 발주처와 시공자 사이의 분쟁 발생 시 해결방법에 관한 사항

---

2) 대수선(서울특별시 알기 쉬운 도시계획 용어, 2020. 12., 서울특별시 도시계획국)
「건축법」 제2조(정의), 「동법 시행령」 제2조(정의), 제3조의2(대수선의 범위)

- 가설공사와 관련된 사항(가설비계, 가설사무실, 창고, 가설전기, 가설수도) 등
- 준공검사 방법 및 관련 서류에 관한 사항

(2) 공정표 작성

- 공정표는 공정계획을 도표화한 것으로서 건축물을 예정된 공사기간 내에 완성시키기 위해서는 각각의 상호 관련성을 가지고 있는 공정들을 시간적으로 배분하여 전체 공사가 자연스럽게 진행될 수 있도록 작성하는 것이 공정표이며, 공정계획의 요소에는 공사의 내용, 공사의 시기, 자재의 수량, 공사투입 인력량, 장비, 자금 등이 있으며, 공정관리의 대상으로는 ① 품질향상 ② 경제성 확보 ③ 안정성 확보 ④ 변동 상황 대처 ⑤ 노무관리, 자재관리, 장비관리 ⑥ 원가관리 ⑦ 대책관리가 있다.
- 공정표의 종류에는 다음과 같다.
  - 횡선식 공정표(Bar chart)는 막대식 공정표라고도 하며, 공사의 공정이 일목요연하여 경험이 없는 사람도 쉽게 이해가 가능하다. 착수일과 완료일 이 명시되어 일정 판단이 용이하나, 각 작업의 상호관계를 명확히 나타낼 수 없으며, 횡선의 길이에 따라 공사의 진척도를 개괄적으로 판단할 수밖에 없는 단점이 있다.
  - 사선 그래프식 공정표는 기성공정을 파악하는 데 유리하고 공사 지연에 대한 대처가 용이하다. 사선식 공정표는 S-curve 또는 바나나 곡선이라고도 하며, 공정 계획선의 상하에 허용 한계선을 표시하여 그 한계 내에 들어가게 공정을 조정하는 것으로 공정의 진척 정도를 표시하는 데 활용한다. 장점은 예정과 실적의 차이를 파악하기 용이하고 시공속도를 예측할 수 있다. 각각의 공종의 부분 공정표용으로 활용하기에 적절하다. 단점은 각 개개의 작업 조정이 어려우며 보조적 공정관리에 사용한다.
  - 도표식 공정표는 건물의 약식 평면도 및 입면도에 공사 예정일과 실시일을 기록하고 실제 진척상황을 색이나 기호로 표시해 공정진척현황을 관리하는 기법으로서 전체 공사계획보다는 골조공사 등 단일공사의 공정관리에 채택되는 방법이다. 장점으로는 비전문가도 쉽게 건물 각 부분의 진척상황 파악이 용이하며, 단점으로는 시간의 흐름이 분명하지 않은 점이 있다.
  - 네트워크 공정표(Network)는 각 작업의 상호관계를 네트워크로 표현하며 공정 계획 및 관리에 필요한 정보를 기입하여 대상 공사수행에 관련하여 발생하는 공정상의 모든 문제를 도해 또는 수리적 모델로 해명하고 전체적인 견지에서 그 관리를 진행시키는 기법이다. 공사계획의 전모와 공사 전체의 파악을 용이하게 할 수 있으며, 각 작업의 흐름이 분해됨과 동시에 작업의 상호

관계가 명확하게 표시된다. 계획단계에서부터 공정상의 문제점이 명확하게 파악되고, 작업 전에 수정이 가능하며 공사의 진척 상황을 누구나 쉽게 알 수 있다. 장점은 개개의 작업 관련이 표시되어 있어 내용을 알기 쉽고 과거의 개념적인 공정표가 숫자화되어 신뢰도가 높다. 전자계산기의 이용이 가능하다. 크리티컬 패스 또는 이에 따르는 공정에 주의하고 다른 작업에 대한 누락이 없는 경우에는 공정이 원활하게 추진되어 관리가 편리하다. 개개 공사의 완급 정도와 상호관계가 명확하므로 주공정선의 작업에는 현장 인원의 중점 배치가 가능하다. 작성자가 아니라도 이해하기 쉬우므로 건축주나 관련 업자와의 공정 회의 및 관리에 편리하다. 단점은 다른 공정표에 비해 작성시간이 오래 걸리며 작성 및 검사에 특별한 기능이 요구된다. network 기법의 표시의 제약으로 작업의 세분화에 한계가 있다. CPM(Critical Path Method)기법은 작업 시간에 비용을 결부시키는 M.C.X(Minimum Cost Expending: 최소 비용)이론이 핵심이다. 프로젝트의 일정한 비용 관리를 위한 기법이며, 공기 설정에 있어서 최소 비용으로 최적의 공기(공사기간)를 구하는 것을 목적으로 하고 과거 경험이 있는 사업에 적용하기에 유용하다. PERT(Program Evaluation and Review Technique)기법은 정해진 기일에 어떤 프로젝트를 완성한다는 목적을 이루는 데 있어서 목표 기일에 맞추는 능력을 높이기 위하여 시간, 자원, 기능에 관한 조정을 하는 기법이기에 신규 사업에 적용하기가 적절하다.

(3) 실행예산 작성

① 실행예산의 의미

실행예산이란 건설공사의 착공에서부터 준공에 이르기까지 필요한 실제 투입 공사비의 예산으로 공사원가의 기준이 된다. 공사가 실제적으로 집행되는 기준이 되기에 단순한 공사예산이 아니라 공사시공의 손익을 사전에 예측하여 기업의 손익을 예측하며 공사의 품질도 미리 예측가능하다 할 수 있다.

미국에서는 관리견적(Control Estimate)이라고 부르며 표준원가의 역할을 한다. 이에 실행예산의 견적원가는 원가절감의 목표가 되고 실제원가와 비교되며 계획과 완성의 기준이라 할 수 있다.

가실행예산은 실행예산을 편성할 시간이 없거나 불가피한 사정으로 공사계약 이전에 사전공사 집행이 필요한 경우에 전체 또는 부분공사에 대하여 집행기준예산을 작성하는 것이다. 가실행예산은 최대한 빠른 시간 내에 작성하는 것이 바람직하다.

변경실행예산은 시공 도중 불가피한 사유나 설계변경으로 시공량의 현저한 증감의 발생이나 당초 편성한 실행예산의 착오나 누락 등의 사유로 인하여 본실행예산에 의한 시공관리가 곤란하다 판단되는 경우에는 본사와 합의해서 본실행예산을 변경 수정하게 되는데 이를 변경실행예산이라 한다.

② 실행예산의 기능과 목표

실행예산의 기능으로는 계획기능, 조직기능, 지휘기능, 조정기능, 통제기능을 가지고 있으며, 목표는 현장의 제반여건을 고려해 최적의 공사비를 구성하고 유사현장의 적용사례와 비교 분석하여 향후 공사에 적극적으로 반영하며 외주공사부분에 있어서도 실행금액과 견적금액의 타당성을 분석하여 경영활동의 지표라 할 수 있는 최적의 원가절감을 이루는 것이 목표라 할 수 있다.

③ 실행예산의 구성

실행예산은 직접공사비, 간접공사비, 본사관리비로 구성된다.

- 직접공사비는 공사시공을 위해 공사에 직접 투입되는 비용으로 공종별, 비목별 항목으로 나누어진다. 공종별 항목(목공사, 경량철골공사, 금속공사, 유리공사, 타일공사, 석공사, 조적공사, 미장공사, 방수공사, 수장공사) 등으로 나누어진다. 비목별 항목은 공종별 예산을 재료비, 노무비, 외주비, 중기(장비)비, 경비로 나누어진다.
- 간접공사비는 공사시공을 위해 간접 투입되는 비용으로 간접재료비(공사에 보조 적으로 소비되는 물품의 가치), 간접노무비(작업현장에서 보조적으로 발생되는 비용), 기타경비로 구분한다. 기타경비에는 기계경비, 안전관리비, 보험료, 전력비, 운반비, 품질관리비, 가설비, 폐기물 처리비 등이다(경비는 공사의 시공을 위하여 소요되는 공가원가 중 재료비, 노무비를 제외한 원가로서 기업의 유지를 위한 관리활동부문에서 발생되는 일반관리비와는 구분된다).
- 순공사비는 직접공사비에 간접공사비를 포함한 금액이다.
- 공사원가는 직접공사비와 순공사비 그리고 현장경비를 포함한 금액이다.
- 일반관리비는 기업의 유지를 위한 관리활동 부문에서 발생하는 제비용, 임원 급료, 사무실 직원의 급료, 제수당, 퇴직급여충당금, 복리후생비, 여비, 교통비, 통신비, 수도광열비, 세금과 공과금, 지급임차료, 감가상각비, 운반비, 차량유지비, 경상시험연구개발비, 보험료 등이며, 기업손익계산서를 기준해 산정한다.
- 총 원가는 공사원가에 일반관리비와 이윤을 포함한다.

③ 실행예산편성 작업 시 주의사항

- 계약 단위별(공종별, 품목별)로 작성한다.
- 금액이 결정되기까지의 과정을 파악하여 작성한다.
- 입찰견적서의 작성자와 함께 입찰서 작성기준을 확인하여 작성한다.
- 견적조건과 계약조건 등을 확인하고 지정업체가 있는지를 확인한다.

• 입찰견적서 작성시점의 설계도서 및 질의응답 내용과 예산서의 내용이 일치 여부를 확인한다.

(4) 자재관리

자재관리는 품질관리 대상의 하나이며, 자재관리에 있어서는 적절한 시기에 적정량의 자재가 공급되어야 하며 시공 중 재료의 부족이나 하자가 있을 경우 등으로 공사가 중단되지 않게 각각 공정별(공종별)로 발주하며, 항시 잉여자재를 파악하여 재료의 부족분이나 공정에 차질이 없도록 계획하고 관리되어야 한다. 재료는 외관이 우수하고 규격이 정확하며 물리적, 화학적으로 품질이 우수하고 시공하기에 편리하고 관리에 용이한 제품 이어야 한다. 자재의 보관장소는 현장별, 재료별 특성에 맞게 면적, 온도, 습도, 환기 등이 조절 가능한 장소여야 한다.

(5) 품질관리 계획(Q.C, quality control)

건설공사의 3대 관리(품질관리, 공정관리, 원가관리)와 안전관리, 환경관리를 더하여 5대 관리라 하며, 이중의 하나인 품질관리의 목적은 발주자의 요구에 맞는 공간을 만들어 내는 것이며, 공간의 설계로부터 건축물의 완성에 이르기까지 종합적으로 관리하는 것이다. 시공현장에서는 재료, 인력, 장비, 공법, 자금 등에도 적용한다(국토교통부 건설공사 품질관리 지침서에 품질관리 대상이 있다.).

(6) 안전관리 계획

안전관리는 사고와 재해를 비연에 방지하기 위하여 필요한 사항을 정하고 관리함을 목적으로 하고 있으며 현재는 기계화의 진보에 따라서 발생되는 사고유형도 변하고 있어서 이에 따른 재해 예방 대책도 강구하여야 한다. 재해의 원인으로는

① 직접적인 원인으로는 불완전한 가설물, 불안전한 시공기계설비, 어두운 채광 및 조명설비, 작업장의 불충분한 정비, 작업자의 안전의식 결여와 작업 미숙

② 간접적인 원인은 급속한 공사 진행에 의한 작업의 강행, 과격한 노동에 의한 피로, 노동력 감소자의 취역

③ 불안전한 작업자의 행동

④ 불안전한 현장, 기계, 장비의 상태

등이 있으며, 안전관리비의 항목별 사용내역 및 기준은 다음과 같다.

① 인건비 등은 전체 안전관리비의 40% 이하

② 안전시설비 등 전체 안전관리비의 50% 이하

③ 보호구 등 전체 안전관리비의 30% 이하
④ 안전진단 전체 안전관리비의 30% 이하
⑤ 교육비 등 전체 안전관리비의 30% 이하
⑥ 건강관리비 등 전체 안전관리비의 20% 이하
⑦ 기술지도비 등 전체 안전관리비의 20% 이하
⑧ 본사 사용비 전체 안전관리비의 2% 이하

(7) 하도급(협력)업체 결정

실행예산이 편성되면 각각의 공종별(품목별) 하도급자(협력업체)를 선정하여야 하는데, 기술능력(면허증 소지, 기능공 보유현황, 동일공종 시공실적, 장비보유 현황)과 업체능력(경영상태, 재무상태) 등을 고려하여 선정하여야 하며 숙련된 반장과 기능공을 보유하고 성실과 신용을 바탕으로 하는 협력업체를 선정하여야 한다.

(8) 현장조직 편성

도급계약이 체결되면 시공자는 실내건축의 시공업무를 담당하는 현장조직 인원을 선정하는 데 공사의 종류, 규모, 시공 정도에 따라서 적절한 조직을 구성하여 건설공사가 잘 이루어지도록 하여야 한다. 건설산업기본법 시행령에서 정한 자격 있는 기술자 배치기준의 의해 현장직원을 배치하는 경우도 있다(건설산업기본법 시행령 35조 제2항).

3) 건설관리 기법

(1) 건설 VE 기법(Value Engineering)

가치공학(Value Engineering)은 제품개발에서부터 설계, 생산, 유통, 서비스 등 모든 경영활동의 변화를 추구하는 경영기법으로 가치분석이라고도 하며, 가치공학은 다양한 목표를 수용, 그 목표를 가장 값싸고 효율적인 방법으로 원가를 절감하는 기법이다. 가치공학은 문제를 해결하는 방법론을 제공한다.

① VE 현안 문제점[3]
- 발주처 인식부족, 시공단계의 원가절감만으로 인식
- 도입 후 문제발생시 문책 우려로 인한 적용 기피

3) 대한건축학회, 건축 기술 지침 REV1. p.35

- VE적용으로 원가절감 시 과다설계 책임으로 적용 회피
- 발주자의 설계, 시공, 전문성 부재와 설계자의 시공 전문성 결여
- VE적용으로 원가절감 시 발주처의 도급액 삭감에 대한 우려

② VE 개선 대책

- 설계 완료되면 VE 효과가 상실되므로 설계단계에서 적극추진
- VE에 대한 인식전환, 교육 확대
- VE적용으로 원가절감 시 과다설계가 아니라는 인식으로 전환
- 객관적 자료 바탕으로 발주자 설득, 시공자와 발주자 양자 혜택 부여
- 원가절감 사례 데이터베이스 유도

(2) 건설관리(C.M)

Construction Management(건설사업관리)의 약자이며, 건설공사에 대한 기획, 타당성 조사, 분석, 설계를 비롯해 조달, 계약, 시공관리, 감리, 평가, 사후관리 등의 업무를 총괄하는 기술용역업이며, 발주자의 입장에서 사업의 모든 영역에 걸쳐 건설 사업이 성공 할 수 있도록 하는 최고의 서비스 기술이다. 또한 사업 전반 모든 내용을 발주자에 공개하기에 투명성과 신뢰도가 높다.

(3) 생애비용(LCC)

Life Cycle Cost(생애주기비용)[4]는 건축물을 기획, 설계, 건축하고, 유지관리하고 폐기하기 위해 소요되는 비용의 총액을 말한다. 건축 초기에 들어가는 기획 및 건축비용과 그 후 이용상 필요한 운용비용으로 크게 구분할 수 있다.

운용비용은 관리비, 수선비, 광열비, 해체 폐기비용 등이 포함되며, 생애주기비용 전체에서 보면 건설비는 적고 운용비용이 많이 들어간다. 보통 초기건설비용은 30~40%가 들어가고, 그 후 운용비용 및 해체비용 등은 60~70%에 달하는 것으로 알려져 있다.

LCC분석기법[5]에는 현재 가치법-생애주기에 발생하는 모든 비용을 일정한 시점으로 환산하는 방법과 대등균일 연간 비용법-생애주기에 발생하는 모든 비용이 매년 균일하게 발생할 경우, 이와 대등한 비용은 얼마인가라는 개념을 이용하여 균일한 연간 비용으로 환산하는 방법이 있다.

---

4) [네이버 지식백과] 생애주기비용[生涯週期費用, life cycle cost](부동산용어사전, 2020. 09. 10., 장희순, 김성진)

5) 대한건축학회, 건축 기술 지침 REV1. p.31

LCC산정방식 반복비용의 현재 가치산정, 비반복비용의 현재 가치산정, 대등 균일 연간비용의 산정 방식이 있다.

앞으로 저탄소 제로 에너지 시대에 시설 구조물의 경제성을 확보하기 위해 대안을 비교하여 체계적인 LCC분석이 필요하며, 에너지 및 자원부족, 환경오염 인지도 상승, 신 자재 및 효율적인 설비 개발을 고려할 때 기획 및 설계단계에서 세밀한 LCC분석이 절실히 요구된다.

(4) 공사관리 정보공유 시스템(PMIS)

PMIS(Project Management Information System)는 건설공사의 기획에서 설계, 구매, 시공, 유지보수까지 건설프로젝트 단계에서 생성되는 정보를 통합적으로 관리하고 필요한 정보를 공유화할 것을 목적으로 합니다. 이는 실제 설계와 시공에 따른 많은 데이터와 정보를 처리할 수 있는 기능이 필요하며, 관리자의 신속한 판단과 지시가 이루어질 수 있도록 단위 프로젝트를 대상으로 효율적인 정보관리를 위한 구조이며, 프로젝트 수행과 관련된 제반 정보를 공유함으로써 신속하고 정확한 의사전달에 의한 공기단축과 원가절감 등의 업무 효율화를 위한 사업 및 시공관리의 수단이다.

도입배경

① 건설사업의 특성인 정보의 과다
② 정보의 적시 전달 불가 및 전달 오류
③ 기록 유지관리의 어려움으로 재시공 발생 및 크레임에 대처 곤란
④ 발주처의 절차서 요구 증가에 대한 대비

PMIS 관리요소는 다음과 같다.

① 계약관리 : 계약내용, 계약조건, 범위, 첨부서, 변경서
② 예산관리 : 예산 및 매출코드, 집행, 기성청구 및 확인, 계약변경
③ 설계관리 : 도면리스트, 도면의 내용, 변경(차수별, 사유별), 현재 유효도면
④ 시공관리 : 검측 및 시험관리, 시험관리 체크 리스트, 일일 작업일보, 인원/장비 날씨 관리, 작업지시서, 펀치 리스트, 하도급 기성관리, 시공계획서
⑤ 대화록 관리 : 통화내용, 서신기록, 회의록, 정보제공요청서
⑥ 안전 및 환경관리 : 안전일지, 안전지시, 신규자교육, 안전장비 지급관리, 안전관리 계획서, 환경관리 계획서, 환경 점검 기록, 현장 모니터링
⑦ 공정관리 : 통합계획, 월간 계획, 주간 회의, 공정 회의록, 만회 대책, 전 공정 스케줄 항목
⑧ 승인관리 : 설계, 자재, 시공, 제출/승인요청/승인/거절/재승인 요청/재승인

4) 준공 및 유지관리

모든 공사를 완료하고 시설물을 인도하는 과정으로서 최종 완성된 상태를 점검하고 완료되었음을 발주자에게 기타 준공서류와 함께 준공확인서, 준공계 등의 서류를 제출하며, 승인됨과 동시에 준공이 되었다라고 본다.

(1) 준공검사 시 확인사항

① 사업승인 (변경)조건 이행여부
② 계약특수조건 이행여부
③ 관계법규 준수 및 이행여부
④ 설계도서대로의 시공여부
⑤ 현장 시공품질
⑥ 미완료된 사항이나 누락사항
⑦ 안전 관련사항
⑧ 환경 관련사항
⑨ 민원관련 확인사항

(2) 준공 관련 서류

발주처와 공사계약조건에 의하여 양식 및 내용은 조금씩 다르며 대개의 경우, 일반적인 서류는 다음과 같다.

① 준공계
② 준공검사원
③ 준공사진
④ 준공내역서
⑤ 공사완료 확인서
⑥ 현장진행사진
⑦ 준공도면
⑧ 자재납품 확인서
⑨ 잉여자재 확인서
⑩ 안전관리비 사용내역서
⑪ 폐기물처리 확인서
⑫ 청력계약 이행 확인서
⑬ 하자이행증권

(3) 유지관리

유지관리란 시설물의 완공 이후 그 기능을 보전하고 이용자의 편의와 안전을 높이기 위하여 시설물에 대하여 일상적으로 점검·정비하고, 필요에 따라 개량·보수·보강하는 것이며, 이를 위한 세부 계획을 수립한 문서를 유지관리계획서라고 말한다. 유지관리계획서에는 유지관리 대상인 시설물의 명칭 및 기본 현황을 비롯하여 안전점검계획 및 보수계획 등을 상세히 기재해야 하고, 유지관리 조직의 인원계획과 장비보유 현황 등을 구체적으로 기재하도록 한다. 유지관리의 목표는 설계수명 동안 최적의 상태로 시설물을 유지하기 위해서 시설물의 다양한 손상 원인에 대한 적절한 보수 보강을 통해서 시설물의 안전과 수명을 증대시키는 것이라 할 수 있다.

기출 및 예상 문제

2. 실내건축공사 계획

01 다음에서 실내건축 공사계획에 대한 설명으로 바른 것은?

① 공사 계획이 체계적일수록 공사도 순조롭고 품질이 우수한 건축물이 완성될 확률은 높아지므로 하자에 대한 검토는 준공 후에 검토한다.
② 공사계획의 목적은 경제적이고 안전하게 정해진 공사기간에 건축물을 완성하는 것이다.
③ 공사계획의 준비단계에서는 설계도서의 검토 및 현장조사를 하며 관련법규는 설계단계에서 이미 시행하였으므로 제외해도 무방하다.
④ 원가절감이 최대가 되는 최적의 공기를 절대 공기라 한다.

02 대수선에 포함되지 않은 것은?

① 내력벽을 증설 또는 해체하거나 그 벽면적을 30㎡ 이상 수선・변경하는 것
② 기둥을 증설 또는 해체하거나 세 개 이상 수선・변경하는 것
③ 보를 증설 또는 해체하거나 세 개 이상 수선・변경하는 것
④ 지붕틀을 증설 또는 해체하거나 두 개 이상 수선・변경하는 것

정답 및 해설

01 ②
원가절감이 최대가 되는 최적의 공기를 표준공기라 한다.

02 ④
지붕틀을 증설 또는 해체하거나 세 개 이상 수선・변경하는 것

03 대수선에 설명으로 바른 것은?

① 내력벽의 벽면적을 33㎡ 이상 수선·변경하는 것
② 기둥을 2개 이상 수선·변경하는 것
③ 보를 4개 이상 수선·변경하는 것
④ 다가구주택의 가구 간 경계벽 또는 다세대주택의 세대 간 경계벽을 증설 또는 해체하거나 수선·변경하는 것

04 다음 중 공사 착공 전 확인하지 않아도 되는 것은?

① 설계도서에 표기된 공사개요
② 가설공사와 관련된 사항 및 하자보증에 관한 사항
③ 계약이행보증 및 보험계약에 관한 사항
④ 공사비 정산에 관한 사항은 준공 후에 별도로 합의한다.

05 다음 중 횡선식 공정표의 설명으로 옳은 것은?

① 막대식 공정표라고도 하며, 공사의 공정이 일목요연하여 경험이 없는 사람도 쉽게 이해가 가능하다.
② 착수일과 완료일 이 명시되어 일정 판단이 용이하며, 각 작업의 상호관계를 명확히 나타낼 수 있다.
③ 횡선의 길이에 따라 공사의 진척도를 개괄적으로 표현기법으로 과학적인 공정기법 중의 하나이다.
④ 예정과 실적의 차이를 파악하기 쉽다.

제1장 실내계획
제2장 실내환경
제3장 실내시공
제4장 실내구조 및 법규

정답 및 해설

03 ④

04 ④

05 ①
- 각 작업의 상호관계를 명확히 나타낼 수 없다.
- 과학적인 공정기법이라 하기는 어렵다.
- 횡선식 공정표는 예정과 실적의 차이를 파악하기 어렵다.

06 다음중 공정표의 설명으로 옳은 것은?

① 사선 그래프식 공정표는 기성공정을 파악하는 데 유리하고 공사 지연에 대한 대처가 용이하다. 바나나 곡선이라고도 한다.
② 열기식 공정표는 건물의 약식 평면도 및 입면도에 공사 예정일과 실시일을 기록하고 실제 진척상황을 색이나 기호로 표시해 공정진척현황을 관리하는 공정표이다.
③ PERT공정표는 네트워크상에 작업간의 관계, 작업소요시간 등을 표현해 일정계산을 하고 전체 공사기간을 산정하며 공사수행에서 발생하는 공정상의 전반적인 문제를 도해 및 수리적 모델로 해결하고 관리하는 것이다.
④ 부분 공정표는 공사의 공정이 일목요연하여 경험이 없는 사람도 쉽게 이해가 가능하다.

07 실행예산서에 대한 설명 중 옳은 것은? 공인4회, 공인5회

① 건축주가 시공업체에 실제로 지불할 예산
② 설계단계에서 예측한 공사 가능 예산
③ 도급액 중 간접공사비를 뺀 순수 직접공사비의 합
④ 실제로 투입되는 공사원가의 의한 예산

08 실행예산편성 시 주의사항으로 맞지 <u>않은</u> 항목은? 제19회

① 원칙적으로 계약 단위별로 편성한다.
② 설계도서의 내용을 숙지한다.
③ 입찰서의 작성기준을 확인한다.
④ 표준품셈과 물가자료를 근거로 객관성을 유지하여야 한다.

정답 및 해설

06 ①
② 도표식 공정표
③ CPM공정표
④ 횡선식 공정표의 설명이다.

07 ④
현장여건에 맞게 실제로 투입될 원가를 대입하여 실행예산을 책정한다.

08 ④
표준가격이 무의미한 경우가 있다. 해당 공사여건에 맞는 실행예산을 짜야 한다.

09 실행예산서의 설명으로 옳은 것은?

① 원가절감만을 목표로 한다.
② 시공현장의 제반여건을 고려해 최상의 품질을 내기위해 최저의 예산으로 작성하는 문서이다.
③ 미국에서는 계상견적 이라고 부르며 표준원가의 역할을 한다.
④ 타 현장의 적용사례 등도 함께 검토하도록 한다.

10 실행예산편성 시 주의사항에 대한 설명으로 바르지 않은 것은?

① 원칙적으로 계약 단위별(공종별, 품목별)로 편성한다.
② 금액이 결정되면 그 과정은 모두 폐기하여 예산에 혼돈을 방지한다.
③ 입찰견적서의 작성자와 입찰서 작성기준을 확인하여 작성한다.
④ 입찰견적서 작성시점의 설계도서 및 질의응답 내용과 일치 여부를 확인한다.

11 다음 중 공정관리에 해당하지 않은 것은? 공인5회

① 공사용 기계의 조작법 및 예방조치를 확립
② 공정의 합리화 추구로 공기단축
③ 시공방법의 개선으로 작업능률의 향상
④ 일정계획이나 작업할당의 적정화를 도모함으로써 가동률 향상

12 다음에서 공사관리에 대한 설명으로 바르지 않은 것은? 공인4회

① 품질관리 : 소요품질의 재고파악 및 확보
② 공정관리 : 지정공기 준수 및 단축
③ 원가관리 : 비용절감 및 이윤의 극대화
④ 환경관리 : 환경영향에 대한 적절한 대응(건설공해방지)

정답 및 해설

09 ④
미국에서는 관리견적이라고 한다.

10 ②
금액이 결정되기까지의 과정을 파악하여 작성한다.

11 ①
공정관리 : 공정의 합리화 추구로 공기단축, 일정계획이나 작업할당의 적정화를 도모함으로써 가동률 향상, 작업일정과 순서계획의 합리화로 공정의 정체방지, 시공방법의 개선으로 작업능률의 향상, 공정관리의 적정화로 원가절감

12 ①
품질관리 : 소요품질의 확보 및 보증

13 건설공사 3대 관리 항목이 아닌 것은?

① 품질관리 ② 공정관리
③ 원가관리 ④ 생산관리

14 공사 시 발생하는 재해 중 간접적인 원인에 해당하는 것을 고르시오? 공인4회

① 불완전한 가설물 ② 열약한 조명시설 및 환기시설
③ 시공기계의 조작미숙 ④ 과도한 노동에 의한 피로누적

15 다음 중 안전관리에 해당하지 않은 것은? 공인4회

① 안전기준을 정하고 작업을 표준화한다.
② 작업장소의 조건, 작업장에서의 환경관리 기준을 정한다.
③ 기계 설비의 점검 및 정비를 철저히 한다.
④ 안전관리 목표를 정하고 관리체제의 system화를 도모한다.

16 안전관리에 대한 설명 중 옳은 것은?

① 안전관리는 사고와 재해를 미연에 방지하기 위하여 필요한 사항을 정하고 관리함을 목적으로 하고 있으며, 현재는 기계화의 진보에 따라서 발생되는 사고유형도 변하고 있어서 이에 따른 재해 예방 대책도 강구 하여야 한다.
② 불안전한 작업자의 행동은 안전사고 재해 유형 중 직접적인 원인이다.
③ 간접적인 원인으로는 불완전한 가설물, 불안전한 시공기계설비, 어두운 채광 및 조명설비, 작업장의 불충분한 정비, 작업자의 안선의식 결여와 작업 미숙 등이 있다.
④ 직접적인 원인은 급속한 공사 진행에 의한 작업의 강행, 과격한 노동에 의한 피로, 노동력 감소자의 취역 등이 있다.

정답 및 해설

13 ④
건설공사의 3대 관리(품질관리, 공정관리, 원가관리)와 안전관리, 환경관리를 더하여 5대 관리라 한다.

14 ④
①, ②, ③은 직접적 재해요인이다.

15 ③
원가절감 수단 : 기계 설비의 점검 및 정비를 철저히 한다.

16 ①
② 불안전한 작업자의 행동은 안전사고 재해 유형 중 간접적인 원인이다.
③ 직접적인 불완전한 가설물, 불안전한 시공기계설비, 어두운 채광 및 조명설비, 작업장의 불충분한 정비, 작업자의 안전의식 결여와 작업 미숙 등이 있다.
④ 간접적인 원인은 급속한 공사 진행에 의한 작업의 강행, 과격 노동의 피로, 노동력 감소자의 취역 등이다.

17 안전관리비 항목과 사용기준이 바르게 연결된 것은?

① 인건비 등은 전체 안전관리비의 50% 이하
② 안전시설비 등 전체 안전관리비의 40% 이하
③ 보호구 등 전체 안전관리비의 30% 이하
④ 기술지도비 등 전체 안전관리비의 10% 이하

18 다음 관리 기법 중 VE 기법에 해당하는 것은?

① 제품개발에서부터 설계, 생산, 유통, 서비스 등 모든 경영활동의 변화를 추구하는 경영기법으로 가치분석이라고도 한다.
② 가치공학은 다양한 목표를 수용, 그 목표를 가장 값싸고 효율적인 방법으로 원가를 절감하는 기법이다. 가치공학은 문제의 원인만을 제공한다.
③ 건설공사에 대한 기획, 타당성조사, 분석, 설계를 비롯해 조달, 계약, 시공관리, 감리, 평가, 사후관리 등의 업무를 총괄하는 기술용역업이다.
④ VE 산정방식 반복비용의 현재 가치산정, 비반복비용의 현재 가치산정, 대등 균일 연간비용의 산정 방식이 있다.

19 건설사업관리(construction management)에 대한 설명으로 옳지 않은 것은?

① 발주자의 위임으로 결정
② 통합관리 system 및 계약방식
③ 궁극적으로 발주자의 이익증대
④ 공사의 평가 및 사후관리는 제외한다.

정답 및 해설

17 ③
① 인건비 등 40% 이하
② 안전시설비 50% 이하
④ 기술지도비 20% 이하

18 ①
② 가치공학은 문제를 해결하는 방법론을 제공한다.
③ CM
④ LCC산정방식

19 ④
CM은 기획, 타당성조사, 분석, 설계, 조달, 계약, 시공관리, 감리, 평가, 사후관리 등의 업무를 총괄하는 기술용역업이다.

20 다음 중 생애비용(LCC)에 대한 설명중 옳지 <u>않은</u> 것은?

① Life Cycle Cost 건축물을 기획, 설계, 건축하고, 유지관리하고 폐기하기 위해 소요되는 비용의 총액을 말한다.
② 건축 초기에 들어가는 기획 및 건축비용과 그 후 이용상 필요한 운용비용으로 크게 구분할 수 있다.
③ 운용비용은 관리비, 수선비, 광열비, 해체 폐기비용 등이 포함되며, 생애주기비용 전체에서 보면 건설비는 적고 운용비용이 많이 들어간다.
④ 보통 초기건설비용은 40~50%가 들어가고, 그 후 운용비용 및 해체비용 등은 60~50%에 달하는 것으로 알려져 있다.

21 다음 중 공사관리 정보공유 시스템(PMIS) 설명 중 옳지 <u>않은</u> 것은?

① PMIS(Project Management Information System)는 건설공사의 기획에서 설계, 구매, 시공, 유지보수까지 건설프로젝트 단계에서 생성되는 정보를 통합적으로 관리하고 필요한 정보를 공유화할 것을 목적으로 한다.
② 실제 설계와 시공에 따른 많은 데이터와 정보를 처리할 수 있는 기능이 필요하며, 관리자의 신속한 판단과 지시가 이루어질 수 있도록 단위 프로젝트를 대상으로 효율적인 정보관리를 위한 기법이다.
③ 건설공사에 대한 기획, 타당성조사, 분석, 설계를 비롯해 조달, 계약, 시공관리, 감리, 평가, 사후관리 등의 업무를 총괄하는 기술용역업 중 하나이다.
④ 프로젝트 수행과 관련된 제반 정보를 공유함으로써 신속하고 정확한 의사전달에 의한 공기단축과 원가절감 등의 업무 효율화를 위한 사업 및 시공관리의 수단이다.

정답 및 해설

20 ④
보통 초기건설비용은 30~40%가 들어가고, 그 후 운용비용 및 해체비용 등은 60~70%에 달하는 것으로 알려져 있다.

21 ③
건설공사에 대한 기획, 타당성조사, 분석, 설계를 비롯해 조달, 계약, 시공관리, 감리, 평가, 사후관리 등의 업무를 총괄하는 기술용역업은 CM업이다.

22 다음 중 PMIS 관리요소가 바르지 않은 것은?

① 계약관리 : 계약내용, 계약조건, 범위, 첨부서, 변경서의 관리
② 예산관리 : 예산 및 매출코드, 집행, 기성청구 및 확인, 계약변경 등의 관리
③ 승인관리 : 기획, 타당성조사, 분석, 설계를 비롯한 승인관리
④ 설계관리 : 도면리스트, 도면의 내용, 변경(차수별, 사유별), 현재 유효도면 관리

23 실내건축공사의 준공 시 준공검사 항목 중 현장 확인하지 않아도 되는 사항인 것은?

① 사업승인 (변경)조건 이행여부
② 계약특수조건 이행여부
③ 관계법규 준수 및 이행여부
④ 설계도서대로의 시공여부 및 공사 정산서

24 실내건축공사의 준공 후 유지관리계획서 설명으로 잘못된 것은?

① 유지관리 대상인 시설물의 명칭 기본 현황을 비롯하여 안전점검 계획 및 보수 계획 등을 포함하여 상세히 기재한다.
② 유지 관리 계획서에는 조직의 인원 계획, 장비 보유 현황 등을 구체적으로 기재한다.
③ 유지관리의 목표는 설계수명 동안 최적의 상태로 시설물을 유지하기 위해서 시설물의 다양한 손상 원인에 대한 적절한 보수 보강을 통해서 시설물의 안전과 수명을 증대시키는 것이다.
④ 시설물의 완공 이후 그 기능을 보전하고 이용자의 편의와 안전을 높이기 위하여 시설물에 대하여 일상적으로 점검·정비하고, 필요에 따라 개량 · 보수 · 보강하는 것이며, 이것을 LCC라 한다.

제1장 실내계획
제2장 실내환경
제3장 실내시공
제4장 실내구조 및 법규

정답 및 해설

22 ③
PMIS에서의 승인관리 : 설계, 자재, 시공, 제출/승인요청/승인/거절/재승인 요청/재승인

23 ④
공사 정산서는 현장 확인사항이 아니다.

24 ④
LCC는 건축물을 기획, 설계, 건축하고, 유지관리하고 폐기하기 위해 소요되는 비용의 총액을 말한다.

3 실내건축 시방서

1) 시방서의 개요 및 종류

(1) 시방서의 개요

시방서는 SPEC 또는 Specifiction이라고 하며, 일반적으로 사용재료의 재질·품질·치수 등, 제조 시공상의 방법과 정도, 제품·공사 등의 성능, 특정한 재료·제조·공법 등의 지정, 완성 후의 기술적 및 외관상의 요구, 일반총칙사항이 표시되는 것으로서 도면과 함께 계약도서의 일부분이다.

또한 시방서는 발주자가 의도하는 건축물을 건설하기 위하여 설계도면에 표시할 수 없는 사항, 공사이행에 관련되는 일반사항, 재료의 선정과 검사방법 등의 기술적인 사항들을 기록하고, 또한 물리적·화학적 요구사항이나 재료나 장비의 제조 및 설치와 관련한 시공기준을 마련함으로써 건축물의 품질과 성능을 결정하는 중요한 역할을 하게 된다.

(2) 시방서의 종류

건설산업 분야에서 일반적으로 사용되고 있는 시방서는 그 적용대상 및 구성방법에 따라 다음과 같이 분류된다.

① 표준시방서

- 건축공사에서 일반적으로 사용할 수 있도록 표준적인 사항을 표시한 시방서
- 실내건축공사에서는 실내건축 표준시방서가 있다

② 특기시방서

- 특기시방서는 일반, 표준시방서와 달리 특별한 공법 또는 재료 등이 필요한 공사에 사용되며 독특한 공법과 새로운 재료의 시공, 현장사정에 맞추기 위한 특별한 고려사항 등이 포함되며, 특기시방서는 표준시방서에 우선한다.

③ 성능시방서

- 건축주가 공사대상 건축물의 전체 또는 일부에 대해 그 성능과 구조내력에 관한 사항을 명시한 시방서이다. 공사 완료 후 건축물의 형태, 구조, 마감, 품질 등의 성능이 시방서의 요구대로 시행되었는지의 여부만을 확인한 후 요구 성능이 충족되었을 경우 건축물을 인도받는다.

④ 전문시방서

- 시설물별 표준시방서를 기본으로 모든 공종을 대상으로 하여 특정한 공사의 시공 또는 공사시방서의 작성에 활용하기 위한 종합적인 시공기준을 말한다.

⑤ 공사시방서

- 표준시방서 및 전문시방서를 기본으로 하여 작성한 것으로, 공사의 특수성, 지역여건 및 공사방법 등을 고려하여 기본설계 및 실시설계도면에 구체적으로 표시할 수 없는 내용과 공사수행을 위한 시공방법, 자재의 성능·규격 및 공법, 품질시험 및 검사 등 품질관리, 안전관리, 환경관리 등에 관한 사항을 기술한 시공기준을 말한다.

(3) 설계도서상 표기가 다른 경우 우선 적용 순서[6)]

건축법 제23조 제2항의 규정에 의한 설계도서 작성기준 의하면 설계도서·법령해석·감리자의 지시 등이 서로 일치하지 아니하는 경우에 있어 계약으로 그 적용의 우선순위를 정하지 아니한 때에는 다음 순서를 원칙으로 한다.

① 공사시방서
② 설계도면
③ 전문시방서
④ 표준시방서
⑤ 산출내역서
⑥ 승인된 상세시공도면
⑦ 관계법령의 유권해석
⑧ 감리자의 지시사항의 순서를 원칙으로 하는 것임

2) 시방서의 내용과 작성 시 주의사항

(1) 시방서의 내용

① 적용범위, 공통 주의사항
② 사용재료(종류, 품질, 수량, 필요한 시험, 보관방법 등)
③ 시공방법(준비사항, 공사질의 정도, 공정, 공법, 주의사항, 금지사항등)
④ 품질관리, 안전관리, 환경관리, 별도공사, 유지관리, 특기사항 등 기타 도면에

6) 국토교통부, 건축정책과(2013.12.06.)(건설교통부 고시 제2003-11호 ; 2003.1.24.) 제9호
출처 : 건축사뉴스(http://www.a-news.kr)

표시하기 어려운 사항

(2) 시방서 작성 시 주의사항

① 공사의 범위는 반드시 명시한다.
② 기술은 명령식이 아니고 서술식에 의한다.
③ 간단명료하게 충분히 그 뜻을 나타낸다.
④ 중복 기재하지 말고, 도면과 시방서가 서로 다르지 않도록 한다.
⑤ 재료의 품종을 명확하게 규정하고 재료의 지정은 신중을 기한다.
⑥ 공법의 정밀도와 손질의 정밀도를 명확하게 규정한다.
⑦ 도면의 표시가 불충분한 부분은 시방서에서 충분히 보충 설명을 한다.
⑧ KS와 같은 표준규격의 참고사항을 기술할 경우에는 먼저 해당 규격 내용을 숙지한 이후에 인용을 할 수 있도록 한다.
⑨ 오자, 오기가 없도록 한다.

3. 실내건축 시방서

기출 및 예상 문제

01 시방서의 정의에 대한 내용이 아닌 것을 하나만 고르시오? 공인1회

① 시방서는 시공기술, 재료 및 설비의 물리 · 화학적 성질, 품질, 기능 등에 관한 사항을 정의한다.
② 시방서는 공사계약서를 근거로 한 공사의 준비 사항 및 행정적 요구사항도 건축 시방서의 중요한 내용 중의 하나이다.
③ 시방서는 공사인력의 수준을 규정하고 그 내용을 평가한다.
④ 시방서는 공사계약서나 설계도면만으로는 상세히 표현할 수 없는 사항을 문장 또는 수치로 상세하게 기술한다.

02 시방서의 표기내용으로 적절하지 않은 것은?

① 품질 요구사항
② 시공상의 방법과 장소
③ 제품 및 공사의 성능
④ 행정적 요구사항은 제외한다.

03 시방서의 작성 목적 및 작성 방법에 대한 설명으로 적합한 것은? 공인2회, 공인5회

① 시방서는 설계도면의 표현내용을 그대로 글로 작성한 설명서이다.
② 문서화되다 보니 시방서는 현장에서의 문제발생 소지를 일으킬 수 있다.
③ 글이나 표로 작성되어 현장에서 시공자에 대한 지시사항으로 작용한다.
④ 설비관련 적정 조도 및 열부하 계산서 등도 시방서의 내용에 포함된다.

정답 및 해설

01 ③
시방서는 공사인력의 수준이나 그 내용을 평가하지 않는다.

02 ④

04 건축법에서 사용하는 설계도서의 범위에 포함되지 않은 것은? 공인3회

① 공사용 도면 ② 구조계산서
③ 시방서 ④ 건물안전진단보고서

05 시방서에 대한 설명 중 맞지 않은 것은?

① 설계도에 기재할 수 없는 사항을 글로 써서 나타낸 문서이다.
② 공사계약도서의 일부로서 설계도면과 함께 건축공사의 품질을 좌우하는 중요한 문서이며 공사의 준비 사항 및 행정적 요구사항도 시방서의 중요한 내용 중의 하나이다.
③ 시방서는 시공자가 설계도면과 함께 작성한다. 설계자는 일반적으로 건축주나 시공자에게 자신의 설계 의도를 전달하기 위해 설계도 면과 시방서를 매개 수단으로 활용한다.
④ 설계자는 설계도면에 자신의 의도를 도학적으로 표현할 수 없을 때에 시방서를 활용한다. 따라서 설계도면과 시방서는 상호 보완적인 관계를 갖는다.

06 시방서의 종류에 대한 설명 중 맞지 않은 것은?

① 일반적으로 사용할 수 있도록 표준적인 사항을 표시한 시방서를 표준시방서라 한다.
② 특기시방서는 일반, 표준시방서와 달리 특별한 공법 또는 재료 등이 필요한 공사에 사용되며 독특한 공법과 새로운 재료의 시공, 현장사정에 맞추기 위한 특별한 고려사항 등이 포함되며, 표준시방서가 특기시방서에 우선한다.
③ 건축주가 공사내상 건축물의 전체 또는 일부에 대해 그 성능과 구조내력에 관한 사항을 명시한 시방서이다. 공사 완료 후 건축물의 형태, 구조, 마감, 품질 등의 성능이 시방서의 요구대로 시행 여부를 확인하는 시방서를 성능 시방서라 한다.
④ 전문 시방서는 시설물별 표준시방서를 기본으로 모든 공종을 대상으로 하여 특정한 공사의 시공 또는 공사시방서의 작성에 활용하기 위한 종합적인 시공기준을 말한다.

정답 및 해설

03 ③
열부하 계산서는 시방서에 포함되지 않는다.

04 ④

05 ③
시방서는 설계자가 설계도면과 함께 작성한다.

06 ②
특기시방서는 표준시방서에 우선한다.

07 공정표, 시방서는 다음 프로세스 중 어디에서 작성되는 과정인가? 제17회

① 평가 ② 개념화 작업
③ 자료수집 ④ 실행

08 설계도서 작성기준에 의한 설계도서 · 법령해석 · 감리자의 지시 등이 서로 일치하지 아니하는 경우에 있어 계약으로 그 적용의 우선순위를 정하지 아니한 때에는 다음 보기의 우선 순서를 바르게 연결한 것은?

1. 공사시방서	2. 설계도면
3. 전문시방서	4. 표준시방서
5. 승인된 상세시공도면	6. 관계법령의 유권해석
7. 감리자의지시사항	

① 1-2-3-4-5-6-7-8 ② 2-1-3-4-5-6-7-8
③ 8-7-6-5-4-3-2-1 ④ 2-3-4-5-6-7-8-1

09 시방서에 표시 내용 중 맞지 않은 것은?

① 적용범위, 공통 주의사항 표기한다.
② 사용재료(종류, 품질, 수량, 필요한 시험, 보관방법 등)에 관한 사항은 설계도면에 표시하기에 제외한다.
③ 시공방법(준비사항, 공사질의 정도, 공정, 공법, 주의사항, 금지사항등) 표기한다.
④ 품질관리, 안전관리, 환경관리, 별도공사, 유지관리, 특기사항 등 기타 도면에 표시하기 어려운 사항을 표기한다.

10 시방서에 명시되어야 할 내용으로 적합한 것은? 공인5회

① 자재에 대한 설명 ② 디자인 콘셉트에 대한 설명
③ 설계인들의 기량과 질적 수준 ④ 시공비용에 대한 설명

제1장 실내계획
제2장 실내환경
제3장 실내시공
제4장 실내구조 및 법규

정답 및 해설

07 ④
08 ①
09 ②
10 ①

11 시방서 작성방법 중 옳지 <u>않은</u> 것은? 공인5회

① 시방서는 공사와 관련하여 일정한 순서를 적은 문서로, 설계도 전반을 충분히 검토한 후에 공종별, 공정별, 공구별로 기술하되 명령식으로 서술한다.
② 적용되는 범위와 규준, 제출물 등을 상세하게 기록한다.
③ 공사하는데 필요한 자재 인적사항은 재료의 이름과 제작 및 조립 등의 정보를 기록하고, KS와 같은 표준규격의 참고사항을 기술할 경우에는 먼저 해당 규격 내용을 숙지한 이후에 인용을 할 수 있도록 한다.
④ 시공을 위한 준비사항과 제품의 설치, 시공을 한 후의 조정과 검사, 그리고 청소 및 보양 등의 인적사항 등을 기록한다.

12 시방서 작성 시 주의사항으로 맞지 <u>않은</u> 것은? 공인1회

① 간단명료하게 충분히 뜻하는 바를 표현한다.
② 중복을 피하고 도면과 부합하는 내용으로 한다.
③ 문제의 소지가 있는 부분의 언급은 자제한다.
④ 공법, 손질의 정밀도를 명확히 한다.

13 시방서 작성 시 주의사항으로 옳은 것은? 공인1회

① 공사의 범위는 반드시 명시한다.
② 기술은 서술식이 아니고 명령식에 의한다.
③ 간단명료하게 그 뜻을 나타내며 공법, 손질의 정밀도는 설계도면에 표기하여 오류가 없도록 한다.
④ 도면과 시방서가 서로 다르지 않도록 하며, 문제의 소지가 있는 부분에 대해서는 언급하지 않는다.

정답 및 해설

11 ①
기술은 명령식이 아니고 서술식에 의한다.

12 ③

13 ①
② 기술은 명령식이 아니고 서술식에 의한다.
④ 문제의 소지가 없도록 충분히 기술한다.

02 실내건축 공종별 시공

1 가설 및 철거공사

1) 가설공사

(1) 가설공사의 개요

가설공사는 실내건축 공사가 실시되기 전 설치하여 공사 진행의 보조 수단으로 활용하고 공사 완료 후 철거된다.

(2) 가설공사의 내용

가설공사는 먹메김(먹줄 놓기), 비계, 낙하물 방지 및 위험방지 시설, 보양, 공사장 가림막, 가설현장사무소 및 창고, 탈의실, 가설화장실, 위험물 저장소, 가설전기, 가설 환기시설 및 난방, 가설 용수, 현장 정리정돈, 자재양중, 준공청소, 안내간판 등을 포함한다. 이중 공사현장의 운영과 관리를 위한 시설물인 가설현장사무소와 위험물 저장소, 가설화장실, 탈의실 등은 공통가설공사이며, 공사에 직접 사용되는 먹메김, 비계, 낙하물 방지 및 위험방지시설, 현장 정리정돈 등은 직접가설공사라고 한다.

(3) 먹메김

현장바닥면에 도면에 기록된 치수에 따라 먹줄을 놓는 작업으로 이 작업은 목수, 현장기사나 소장이 참여하여 실시하며 도면에 기록되지 않은 치수는 설계자, 감리자, 현장소장의 지시에 따라 진행한다. 바닥에는 벽체중심선과 벽의 두께, 마감과 문틀표시선 등을 표시하며, 벽면에는 수평먹선을 1m 높이에 표시하여 천장, 벽면의 높이 등의 기준을 삼는다. 천장 먹메김은 등의 위치, 스프링클러의 위치, 등구멍 등을 표시한다.

2) 비계공사

(1) 비계의 분류

비계는 재료에 따라 통나무 비계와 강관비계로 구분하며 강관비계가 주로 사용되고 있고, 강관비계는 단관파이프비계와 강관틀비계가 있다.

〈표 3-1〉 비계의 구조 및 용도에 따른 분류

종 류	분 류	내 용
외부비계	외줄비계	조적공사 시 사용
	겹비계	적재하중이 많은 경우 사용
	쌍줄비계	재료의 수량이 많은 경우(미장, 타일, 석재 등) 사용
내부비계	내부 외줄비계	층고가 높은 건물의 실내건축현장에 사용
	내부 쌍줄비계	외부 쌍줄비계와 동일한 상황의 실내건축현장에 사용
	내부 수평비계	복합공사나 복잡한 공정 시 사용
	강관틀 비계	내외부 모두 사용, 수평비계 대용
	안장비계	층고가 낮거나 도배공사시 사용
비계다리	자재 운반용 경사로	
달비계	작업대를 옥상에서 줄로 매달아 외벽도장공사나 유리창 청소 시 사용	

3) 철거공사

(1) 철거공사의 개요

실내건축 공사를 위해 기존의 구조체의 일부나 부착된 시설물을 해체하고 해체시 나온 잔재물들을 공사현장 밖으로 반출하는 것이다.

(2) 철거공사 계획

철거시공 계획 전 현장 주변 조사(도로현황, 인접건물, 보행인 등), 철거대상 건물의 설계도 또는 현장실측에 의한 간접조사를 하여 낙하물, 진동, 소음에 대한 요인 예측하고 방지하기 위한 사전조사를 한다. 이러한 사전조사를 통해 철거방법과 작업내용, 안전대책 및 공해방지 대책 등의 계획서를 제출하여 승인받는다.

① 철거공사 내용

주변 환경 파악 및 안전망 설치 등 안전조치를 취하고 주요 배관 및 배선설비의 차단 등 안전사고 대비 후 실시한다. 잔재물의 반출을 위한 위치선정 및 출입구 부분의 정리로 안전하게 하도록 한다.

(3) 철거공사 분류

기계력과 인력에 의한 공법이 있으며, 이중 기계력에 의한 공법에는 핸드브레이커에 의한 공법(공기압에 의한 정이 작동하는 방식), 절단기에 의한 공법(그라인더와 같은 원리, 블레이드를 가솔린엔진이나 전동기 등으로 고속회전), 천공기에 의한 공법, 강구에 의한 공법, 대형브레이커에 의한 공법이 있다. 천공기에 의한 공법에는 엔진 착암기(압축공기 또는 전동모터의 동력)와 코어드릴(전동모터 또는 가솔린 엔진 등으로 회전)에 의한 공법이 있다. 인력에 의한 공법은 주로 실내건축공사에서 사용되며 공구를 사용하여 직접 철거하고, 경우에 따라 핸드 브레이커나 절단기, 천공기도 사용된다.

1. 가설 및 철거공사

기출 및 예상 문제

01 가설공사에서 사용되는 비계다리, 내부비계, 보호망 설치, 현장 정리, 먹메김 공사를 무엇이라고 하는가? 제13회, 제17회, 제19회

① 공통 가설공사 ② 직접 가설공사
③ 간접 가설공사 ④ 현장 가설공사

02 보기 중에서 가설공사의 종류에 해당하는 것들을 모은 것은? 공인1회

A. 먹메김 B. 금속공사 C. 자재운반(대.소), D. 준공청소 E. 비계설치공사 F. 목공사 G. 현장보양 및 정리정돈 H. 폐자재 처리 및 소운반 I. 도장공사

① A, D, I ② B, G, H ③ A, C, D ④ E, F, G

03 가설공사의 종류에 해당되지 <u>않은</u> 것은? 공인4회

① 먹메김 ② 비계설치
③ 자재운반 ④ 바닥 고르기

정답 및 해설

01 ②
공사에 직접 사용되는 먹메김, 비계, 낙하물 방지 및 위험방지시설, 현장 정리정돈 등은 직접가설공사

02 ③
금속공사, 목공사, 도장공사는 가설공사에 포함되지 않음. 가설공사는 먹메김, 비계, 가설전기, 보양, 현장사무실, 가설창고, 안내간판, 가림막 등을 포함

03 ④
먹메김, 비계설치, 자재운반, 현장보양, 준공청소 등이 가설공사에 속함

04 먹 메김에 대한 설명으로 부적합한 것은? 공인3회

① 벽면에 1m의 높이에 수평 기준 먹을 잡아 표시하여 둔다.
② 기준이 되는 먹에는 페인트를 이용하여 표시를 하여 둔다.
③ 천장 구조물의 경우에는 바닥에 먹을 놓고 수직으로 올린다.
④ 먹 메김 작업에는 설계자, 현장관리자 및 도장공이 참여하여 작업을 한다.

05 비계공사 중 내부비계의 종류에 해당하는 것은? 제17회

① 강관틀 비계
② 외줄비계
③ 겹비계
④ 쌍줄비계

06 거실 바닥면적이 150㎡(10×15m)인 경우 내부비계 면적은? 공인3회

① 150㎡
② 300㎡
③ 135㎡
④ 75㎡

07 다음 중 설명이 올바르게 기술된 것은? 공인2회

① 실내건축공사를 위한 철거공사는 철거 전에 반드시 관계기관의 허가를 득해야 한다.
② 철근콘크리트 옹벽 철거의 단위는 ㎡이다.
③ 석면이 함유된 건축자재를 철거, 폐기하여야 할 경우 산업안전보건법 규정을 준수하여야 하며, 노동부장관에게 등록한 석면 해체·제거업자를 통하여 석면을 해체·제거하여야 한다.
④ 핸드 브레이커에 의한 철거공법은 블레이드를 전동기나 가솔린 엔진 등으로 고속 회전시켜 구조물을 직선상으로 절단시키는 공법으로 정밀을 요하는 철거작업에 적합한 공법이다.

정답 및 해설

04 ④
먹메김은 목수, 현장기사나 소장이 참여하여 실시

05 ①
내부비계: 내부 외줄비계, 내부 쌍줄비계, 수평비계, 강관틀비계, 안장비계

06 ③
내부비계의 면적은 연면적의 90%, 따라서 150×0.9=135㎡

07 ③
절단기에 의한 철거공법은 블레이드를 전동기나 가솔린 엔진 등으로 고속 회전시켜 구조물을 직선상으로 절단시키는 공법으로 정밀을 요하는 철거작업에 적합한 공법

2 조적, 미장, 방수공사

1) 조적공사

(1) 조적공사의 개요

벽돌, 블록 등의 재료를 모르타르로 적재하여 건물의 벽과 기둥으로 제작하는 방법을 조적공사라 한다. 구조나 용도에 따라 수평하중을 받아 기초에 전달하는 내력벽, 하중을 받지 않는 비내력벽, 벽체를 이중으로 쌓는 중공벽으로 시공된다.

2) 벽돌 쌓기

(1) 벽돌 쌓기 시공법

0.5B 쌓기(벽의 두께 90㎜), 1.0B 쌓기(벽의 두께 190㎜), 1.5B 쌓기(벽의 두께 290㎜), 1.5B 공간쌓기(0.5B와 1.0B 쌓기 사이에 50㎜ 공간을 포함한 벽의 두께 330㎜)가 일반적이나 필요시 2.0B나 2.0B 공간쌓기도 한다.

수직 수평을 규준틀을 사용해 맞추어 쌓으며, 하루 쌓는 높이는 1.5m(20켜) 이하로 평균 1.2m(17켜)로 한다. 모르타르 두께는 10㎜로 하는 것이 일반적이다. 벽돌을 쌓을 때 충분히 물을 축인 다음에 쌓는데 이는 모르타르의 수분을 벽돌이 흡수하는 것을 막기 위해서이다. 가로 및 세로줄눈은 특별히 정한 것이 없을 경우 보통 10㎜로 하고 모르타르 배합비는 1:3이며, 치장줄눈용은 1:1 정도로 한다. 시공한 후 벽면에 흰가루가 생기는 현상을 백화현상이라고 하는데 이는 우수로 인해 모르타르의 석회분이 대기 중의 탄소와 결합 또는 벽돌의 유황성분과 결합으로 발생한다. 이를 방지하기 위해 벽돌은 소성이 잘된 것을 사용하거나 모르타르 제조 시 방수제 혼합을 한다.

(2) 벽돌벽 균열 원인

기초의 부동침하, 평면의 복잡성이나 벽 배치의 불균형, 하중이나 횡력 또는 충격, 벽체 강도부족, 개구부나 창문배치의 불균형 등 설계 미비, 벽체의 강도 부족(불량벽돌 및 모르타르 사용), 재료의 신축(온도차와 흡수 정도), 이질재의 접합부, 사춤모르타르 사용 부족 등의 잘못된 시공으로 인해 균열이 생긴다.

(3) 벽돌쌓기 종류

〈표 3-2〉 벽돌쌓기 종류 및 특징

종 류	쌓기 방법	특 징
영국식쌓기	한 켜는 길이, 다음 한 켜는 마구리 쌓기를 하고 모서리나 벽끝에는 이모토막이나 반조각 사용	가장 튼튼한 쌓기법
화란식쌓기	영식쌓기와 같은 방식이나 모서리나 벽 끝에 칠오토막 사용	편리하여 가장 많이 사용됨
불식쌓기	한 켜에 길이와 마구리가 번갈아 쌓기로 통줄눈이 생김	장식벽이나 담장에 사용됨
미식쌓기	앞면에 치장벽돌을 사용해 5켜는 길이, 한 켜는 마구리로 쌓기, 뒷면은 영식쌓기로 함	치장벽돌면이 있음
옆세워쌓기	아치나 창대 등 장식에 마구리를 내서 쌓는 방법	수직으로 세워 쌓음
마구리쌓기	벽면에 마구리로만 보이게 쌓는 법. 1.0B 이상 쌓기에 사용됨	원형굴뚝, silo 등에 주로 사용
길이쌓기	길이만 보이게 쌓음. 0.5B에 사용	간막이벽

2) 블록공사

(1) 블록공사의 개요

블록을 조적조처럼 모르타르를 이용해 적층하는 방식으로 벽면을 구성하는 것을 블록공사라 한다. 종류로는 상부의 하중을 기초로 전달하는 내력벽체인 조적식 블록조, 간막이벽인 블록 장막벽, 블록 속을 철근과 콘크리트를 부어 보강한 보강블록조, 거푸집으로 사용되는 거푸집블록조가 있다.

4) 미장공사

(1) 미장공사의 개요

- 미장은 보통 조적공사나 기본적인 공사면의 마감공사 전 마무리 단계로 바닥, 벽, 천장 등에 모르타르나 회반죽 등을 발라 마감면을 구성하는 것이다. 시공상황에 따라, 바름벽 바탕, 시멘트 모르타르 바름, 회반죽 마감, 단열모르타르 바름, 셀프 레벨링재 바름, 바닥 강화재 바름, 황토벽 바름 등이 있다.
- 바름벽 바탕은 일반 시멘트벽돌, 블록, 콘크리트 바탕면의 파손이 심하거나 하여 면이 균등하도록 조정을 하는 경우와 너무 미끈한 바탕의 경우, 메탈라스 작업으로 초벌바름을 하도록 한다. 이러한 바탕은 콘크리트 및 조적조의 파손이나 변형이 심한 곳을 두께 25㎜ 이하의 모르타르 바름으로 조정하여 바탕을 만

들거나 메탈라스 바탕, 와이어 라스 바탕, 석고보드 바탕으로 표면처리를 한다.

(2) 모르타르

- 시멘트 모르타르 바름의 경우 시멘트, 모래, 물을 배합하여 만든 모르타르를 가지고 마감시공 전에 바탕을 만드는 것으로 배합 시 시멘트는 포틀랜드시멘트를 주로 사용하고, 깨끗한 모래와 물을 사용하여야 한다. 특히 배합 후 1시간 이상 경과된 것은 사용하지 말아야 하며, 바름두께는 천장은 15㎜ 이하, 보통 바닥이나 벽의 경우는 15㎜ 이상으로 한다. 바르는 순서는 바탕처리–초벌바름 및 라스 먹임[7)]–고름질 및 재벌바름–정벌바름–비드[8)] 설치 순으로 진행된다.
- 석회나 회반죽 마감은 2~8㎜ 정도로 미장재를 바른 후 표면에 문양을 내어 마무리하는 것이다. 순서는 테이프 커버링–주걱 미장–흙손 미장–문양 넣기 순이다.
- 단열모르타르 바름은 바닥고르기 및 방수처리–접착 모르타르와 일반 시멘트를 3:1로 섞어서 고르게 바르기–단열재 표면을 평평하게 하여 부착–단열재 위 접착 모르타르 6㎜ 두께로 바르기–보강용 유리섬유 깔기–다시 접착 모르타르 마감 후 마감하기 순으로 시공한다.

5) 방수공사

(1) 방수공사의 개요

- 방수공사는 물을 주로 사용하는 곳이나 침투 가능성이 있는 곳에 이를 방지하기 위해 방수층을 설치하는 것이다. 주로 지하실, 주방, 화장실, 지붕 등에 방수처리를 하며 도막방수, 침투방수, 수밀재붙임 공법이 있다. 도막방수는 우레탄, 고무, 비닐, 아크릴, 에폭시계 방수가 있고 침투 방수는 액체방수, 수밀재붙임에는 시트와 아스팔트 방수가 있다.
- 시멘트액체방수는 모르타르 미장면과 콘크리트 표면에 방수제를 침투시키거나 모르타르에 방수제를 혼합하여 덧발라 방수하는 것이다. 시공순서는 바탕처리–방수액도포–방수시멘트 페이스트 도포–방수 모르타르 바름이다.

---

7) 2주일 이상 방치하여 균열 등을 발생시킨 후 덧바름 해준다.
8) 비드는 스켄트 모르타르의 각진 부분이나 모서리 등 미장이 끝나는 면의 깨짐 방지 등 보호하기 위해 설치한다.

기출 및 예상 문제

2. 조적, 미장, 방수공사

01 다음 중 벽돌 벽의 두께와 쌓기 관계가 옳은 것은? 제17회, 공인3회

① 0.5B 쌓기－벽의 두께 80㎜
② 1.0B 쌓기－벽의 두께 190㎜
③ 1.5B 쌓기－벽의 두께 250㎜
④ 2.0B 쌓기－벽의 두께 300㎜

02 벽돌 쌓기의 일반적 주의사항으로 올바른 것은? 제19회

① 굳기 시작한 모르타르를 사용한다.
② 건조 시에는 충분히 물을 축여서 쌓는다.
③ 1일 쌓기 높이는 1.5~1.7m 정도로 한다.
④ 벽돌 벽체의 수장을 위해서 나무벽돌, 고정철물 등은 시공 완료 후 설치한다.

03 벽돌벽의 균열 원인 중 시공상 결함이 <u>아닌</u> 것은 ? 제4회, 제17회, 공인1회

① 불합리한 개구부의 크기 및 그 배치의 불균형
② 1일 쌓기 높이제한을 무시한 시공량
③ 이질재와의 접합부 시공 결함
④ 장막벽 상부의 콘크리트 구체와의 접합부 모르타르 다져넣기 부족

정답 및 해설

01 ②
0.5B 쌓기(벽의 두께 90㎜), 1.0B 쌓기(벽의 두께 190㎜), 1.5B 쌓기(벽의 두께 290㎜), 1.5B 공간쌓기(0.5B와 1.0B 쌓기 사이에 50㎜ 공간을 두어 벽의 두께 330㎜)

02 ②
1일 쌓기 높이는 1.2~1.5m 정도로 한다. 물축이기를 한 후에 쌓는다.

03 ①
불합리한 개구부의 크기 및 그 배치의 불균형은 설계상의 결함

04 표준형 시멘트벽돌 쌓기에 대하여 바르게 설명한 것을 고르시오.

제13회, 2017회, 공인4회

① 1.0B 쌓기 벽체의 두께는 200㎜이다.
② 표준형 벽돌의 규격은 (너비)90㎜×(두께)60㎜×(길이)190㎜이다.
③ 한 켜는 길이쌓기, 다음 켜는 마구리쌓기로 하는 쌓기법에는 영국식 쌓기와 화란식 쌓기가 있다.
④ 마구리쌓기는 벽면에 마구리만 보이도록 쌓는 방법으로 0.5B 두께의 칸막이벽 쌓기에 사용된다.

05 한 켜에 길이방향과 마구리방향이 교차하는 방법으로 가장 아름다운 벽돌쌓기 방법은?

공인5회

① 미국식
② 영국식
③ 프랑스식
④ 화란식

06 미장공사 시 주의사항에 대한 설명으로 올바르지 않은 것은?

공인3회

① 급격한 건조 및 진동을 피한다.
② 배합은 정확하게, 혼합은 충분하게 한다.
③ 양질의 재료를 사용하여 바름 두께는 균일하게 시공한다.
④ 바탕면을 고르게 하고, 습기가 없도록 한다.

정답 및 해설

04 ③
1.0B는 190㎜, 표준형 벽돌의 규격은 (너비)90㎜×(두께)57㎜×(길이)190㎜ 길이쌓기는 벽면에 마구리만 보이도록 쌓는 방법으로 0.5B 두께의 칸막이벽 쌓기

05 ③
프랑스식 쌓기가 가장 아름다운 쌓기 방법

06 ④
바탕면에 미리 물을 뿌려 물축이기를 한다.

07 다음은 미장 공사에 대한 설명이다. 잘못 설명한 것은? 제4회, 제12회, 제17회

① 콘크리트 및 조적조 벽체의 면이 변형되거나 파손이 심한 경우 25㎜ 이하의 모르타르 바름으로 바닥을 조정한다.
② 바름 면의 오염과 손상을 방지하기 위해 보양할 때 포장덮기나 폴리에틸렌필름을 덮는다.
③ 보양되는 공간은 통풍이 잘되도록 한다.
④ 기온이 5℃ 이하일 경우 난방기 등으로 보온한다.

08 다음의 설명 중 바르게 설명한 것을 고르시오. 공인1회

① 방수공사는 1차로 액체방수를 하고 2차를 도막방수를 하면 좋다. 그러면 액체방수의 단점을 보완할 수 있다.
② 블록쌓기는 통줄눈쌓기를 하여야 상부에서 오는 하중을 잘 분산하여 견고하고 작업도 용이하다.
③ 시멘트 모르타르 바르기 시공 시 벽체는 18㎜ 정도의 두께로 바르는데 접착을 용이하게 하기 위하여 한 번에 바른다.
④ 시멘트 모르타르는 물의 양을 조절하여 모르타르의 점도를 조정할 수는 있으나 작업이 어렵다.

09 시멘트 액체방수 공법의 순서를 올바르게 나열한 것은? 공인3회

ㄱ. 방수용액 침투
ㄴ. 방수모르타르 바름
ㄷ. 바탕처리
ㄹ. 방수시멘트 풀칠
ㅁ. 방수층 보호 누름모르타르

① ㄷ－ㄱ－ㄴ－ㄹ－ㅁ
② ㄷ－ㄱ－ㄴ－ㄹ－ㅁ
③ ㄷ－ㄱ－ㄹ－ㄴ－ㅁ
④ ㄷ－ㄱ－ㄹ－ㅁ－ㄴ

정답 및 해설

07 ③
조기 건조를 방지하기 위해 통풍이나 일조를 피한다. 콘크리트 및 조적조의 파손이나 변형이 심한 곳을 두께 25㎜ 이하의 모르타르 바름으로 조정한다.

08 ①
조적식 블록쌓기의 세로줄눈은 막힌줄눈으로 한다. 시멘트 모르타르는 재벌바름을 하는 것이 일반적이다.

09 ④
시공순서는 바탕처리－방수액도포－방수시멘트 페이스트 도포－방수층 보호 누름모르타르－방수모르타르 바름이다.

3 석재 및 타일공사

1) 석재공사

(1) 석재공사의 정의

석재를 조적으로 쌓거나 판석으로 구조체에 연결철물 또는 모르타르로 설치하는 공사이다. 실내건축에서는 대부분 후자의 공사가 많다. 석재는 외장재로 화강암이 사용되며, 내장재로는 사문암이나 사암이 사용된다.

(2) 석재쌓기 방법

거친돌쌓기(막돌쌓기), 다듬돌쌓기, 막쌓기, 바른층 쌓기가 있다.

(3) 석재의 특징

- 화강암은 내구성과 강도가 크며 다른 석재에 비해 흡수성이 적고 압축강도가 높으나 내화도는 낮다.
- 사암은 암석의 붕괴로 생긴 자갈과 모래가 압력으로 생성된 암석으로 질감이 거칠고 독특한 색상과 무늬를 가지고 있다.
- 대리석은 석회암이 변화되어 결정화된 것으로 조직이 견고하고 무늬와 색이 아름다우나 산과 열에는 약하다. 실내 마감장식 재료로 주로 사용되며 표면을 연마하면 광택이 난다,

(4) 석재 표면가공법

가공법과 정도에 따라 혹두기, 정다듬, 도드락다듬, 잔다듬, 물갈기, 버너구이 등이 있다.

(4) 석재 시공방법

석재 시공에는 습식과 건식공법이 있다. 습식공법은 석재를 구조체에 사춤모르타르와 연결철물을 사용하여 부착하는 방법으로 소량의 석재 사용할 때 사용한다. 건식공법은 모르타르 없이 긴결 철물을 사용하여 고정하는 방법이다. 바닥에 시공할 경우 모르타르를 사용하는 방법과 압착하여 시공하는 방법이 있다.

① 습식공법의 순서

석재 설치 전 사용할 철물의 위치와 수량확인-바탕면정리-3㎝ 이격 또는 석재 두께정도 이격-모르타르사춤-석재 상부 연결-모르타르 채움 후 고정-철물로 고정 순으로 진행한다.

② 건식공법의 순서

수평실 치기-앵커용 구멍뚫기-완충제 사용하여 연결철물 설치-치수, 줄눈 등 설계내용 검토 확인을 진행한다.

③ 바닥 시공법

모르타르 시공은 바탕면 정리-물뿌리기-붙임모르타르 깔기-시멘트 뿌리기-줄눈에 맞추어 깔고 고무망치로 수평맞추기-1일 경과 후 치장줄눈넣기 순으로 시공한다. 압착시공은 바탕면정리-붙인모르타르 깔고 접착제와 시멘트 사용하여 설치-줄눈 맞추고 고무망치로 수평맞추기-1일 경과 후 치장줄눈넣기 순으로 시공한다.

2) 타일공사

(1) 타일공사의 개요

타일공사는 타일을 모르타르나 접착제로 벽면이나 바닥 등의 표면에 붙이는 것이다. 타일은 시공 용도에 따라 외부용, 내부용으로 구분하고, 시공 부착면에 따라 바닥용, 벽면용으로 구분하여 시공한다. 타일의 선정방법은 타일 종류, 형상, 등급, 치수, 표면의 상태 및 광택 등을 살피고 설계상 제시된 스펙과 시방서의 내용에 맞는 것을 선택한다. 붙임재료로는 시멘트 모르타르와 유기질 고무계, 에폭시계로 분류된다.

(2) 순서

모르타르 배합과 바탕처리를 선행한다. 벽면 타일시공 공법은 소형, 중형의 타일 시공 시 발라 붙이기 공법을 사용한다. 하루의 시공 높이는 120~150㎝를 표준으로 한다. 중형타일을 한 장씩 붙이기 할 경우 압착붙이기로 모르타르 두께를 타일 두께의 1/2이상 5~7㎜ 정도로 한다. 1회 시공 면적은 1.2㎡으로 15분 이내로 한다. 개량 압착붙이기는 대형타일을 벽에 붙일 때 사용하는 공법으로 붙임모르타르를 3~6㎜ 바른다. 즉시 타일을 부치고 모르타르가 타일두께의 1/2를 올라오도록 시공한다. 이외에도 판형 붙이기와 접착제 붙이기 공법으로 시공한다.

(3) 타일바닥 시공방법

- 벽타일 시공이 끝나고 바닥면을 바탕처리를 한다. 타일나누기를 하고 기준이 되는 먹줄을 치고 수평과 물매를 잡아 모르타르를 마르고 타일을 부착한다. 바탕에 바르는 모르타르는 2㎜ 정도 높게 된비빔모르타르는 약 10㎜ 정도로 깔고 물래를 잡아 구석에서 출입문 쪽으로 붙인다.

(4) 치장줄눈 및 보양

- 치장줄눈은 타일시공 후 3시간 경과 후에 솔이나 헝겊을 사용하여 홈을 파고 청소 후 24시간 이상 결과 후 모르타르가 굳은 정도를 보고 치장줄눈을 한다. 백시멘트를 매우고 젖은 헝겊으로 문질러서 마무리하고 깨끗한 물로 닦는다.
- 타일시공 후에 두꺼운 비닐시트 등으로 보양을 하여 직사광선이나 폭우 등에서 보호한다. 바낙타일 시공 후 3일간은 보행을 금지해야 하나 여의치 않은 경우 두게 12㎜ 정도의 보양을 하도록 한다.

(5) 타일 시공 시 주의할 점

- 도기질 타일은 외부 사용이나 수영장 마감에 사용하면 안 되며, 영상 3° 이하에는 시공을 지양하고 시공 후 타일이 떨어지는 박리현상을 방지해야 한다.
- 박리현상은 과도한 면적을 미리 도포하여 모르타르가 굳은 상태에 시공된 경우, 압착공법 시 모르타르가 얇을 경우, 잘 두드리지 않거나 줄눈 간격이 좁게 하여 모르타르를 안 넣었을 경우 타일 뒷면이 불량인 경우에 나타난다.

3. 석재 및 타일공사

기출 및 예상 문제

01 석재의 표면가공법에 대한 설명이다. 옳지 않은 것은? 공인1회

① 혹두기 : 잔다듬한 면을 정으로 쳐서 표면을 세밀하게 하는 가공법
② 도드락다듬 : 중간 정다듬정도의 표면을 더욱 평평하게 마무리하는 가공법
③ 잔다듬 : 날망치를 사용해 정다듬 또는 도드락 면을 다듬어 평탄하게 마무리하는 가공법
④ 정다듬 : 거친 혹을 정으로 더 다듬어 정자국의 간격을 좁혀 나가는 가공법

02 화강암 등의 암석은 내후성이 뛰어나게 강하나, 불에는 약한 성질을 갖고 있다. 급격하게 돌 표면에 고열을 가하여 석재의 단위결정체가 튕겨 나가면 마무리면은 잔물결처럼 기복이 있지만 결정이 부스러지지 않게 하기 때문에 색조는 비교적 선명하다. 위의 글은 석재의 어떤 표면 가공법에 해당되는가? 제17회

① 혹두기 ② 버너구이
③ 도드락다듬 ④ 물갈기

정답 및 해설

01 ①
쇠메로 다듬은 마감면. 정다듬은 정으로 쪼아 평탄한 거친면으로 다듬는 것이다.

02 ②
버너구이는 고열을 가하여 자잘하고 독특한 마감면을 만든다.

03 석재에 관한 설명 중 바르게 설명한 것을 고르시오? 제17회

① 대리석은 이탈리아 등지에서 수입하는데 미관이 좋아서 주로 외벽에 많이 사용된다.

② 석재로 세면대 상판을 만들면 물이 석재상판을 통과하므로, 석재의 배면에 방습코팅을 하거나, 통과한 수분이 공기 중으로 증발할 수 있는 구조로 설치하여야 한다.

③ 화강석 물갈기는 화강석을 버너구이로 가공한 다음 연마기로 광택을 낸 것이다.

④ 사우나의 욕실 바닥을 돌로 마감하려고 할 때 물갈기로 마감한 석재가 물에도 강하고 미관상으로도 좋다.

04 석재 시공 및 사용상의 주의사항 중 옳은 것은? 공인3회

① 내화 구조물은 내화성보다 강도에 주의할 것

② 외부나 바닥에 사용할 때는 내수성과 내구성을 고려할 것

③ 구조재는 직압력을 받지 않도록 한다.

④ 석재 귀부의 파손방지를 위해 둔각은 피할 것

05 석재의 시공 중에서 습식공법의 설명으로 알맞지 않은 것은? 공인4회

① 시공할 일정한 면적의 바탕 면을 깨끗이 청소하고 물을 충분히 뿌린다.

② 바탕에 된비빔 모르타르를 소정의 치수에 관계없이 깔고 그 위에 시멘트를 적당량 뿌린 다음, 석재를 올려놓고 고무망치를 이용하여 수평을 잡아 두드리면서 다짐을 한다.

③ 수평을 유지하는 실을 치고 연결철물의 장착을 위한 앵커설치용 구멍을 뚫는다.

④ 본실치 완료 후 줄눈에서 흐른 모르타르를 극간 없이 채운다.

정답 및 해설

03 ②
대리석은 주로 내부 벽면에 사용된다.

04 ②
모서리 부분의 파손방지를 위해 예각은 피한다.

05 ③
건식공법은 수평을 유지하는 실을 치고 연결철물의 장착을 위한 앵커설치용 구멍을 뚫는다.

06 타일공사에 관한 설명 중 올바른 것은? 공인1회

① 타일을 구입할 때 포장된 박스에 표시된 수량만으로 계산하여 구입하면 로스가 없어서 경제적이다.
② 석기질타일은 석재판을 잘라 만든 타일을 말하며 주로 외장용으로만 쓰인다.
③ 타일나누기를 할 때 조각타일을 붙여야만 할 경우에는 가급적 작은 조각타일만으로 붙여야 한다.
④ 바닥과 벽체가 모두 타일로 시공될 경우 벽체 타일을 먼저 시공한다.

07 타일붙이기에 대한 설명 중 올바르지 않은 것은? 공인2회

① 바닥의 모르타르 바름두께는 1~2㎝가 적당하다.
② 벽의 모르타르 바름두께는 1.5~2.5㎝가 적당하다.
③ 바탕바름을 하지 않고 타일의 뒷면에 직접 모르타르를 두껍게 발라 붙이기도 한다.
④ 타일의 시공법에는 떠붙임공법, 압착공법, 밀착공법, 개량떠붙임공법, 개량압착공법이 있다.

08 바닥타일 시공법에 대한 설명으로 옳은 것은? 제13회, 제17회, 공인3회

① 붙임 모르타르의 깔기면적은 1회 18~24㎡로 한다.
② 압착용 모르타르를 약 10㎡ 정도씩 바르고 타일을 붙인다.
③ 타일의 박리 박락의 원인은 타일의 뒷굽부족, 모르타르의 배합불량, 철물류의 부식, 동결의 팽창, 바탕 골조의 균열 등이다.
④ 바닥 콘크리트 면에 된비빔 모르타르를 약 24㎜ 두께로 고르게 바른다.

정답 및 해설

06 ④
벽-바닥 순, 구석-출입구 순으로 시공한다.

07 ②
벽면 모르타르는 5~7㎜ 정도로 한다.

08 ③
압착용 모르타르는 1.2㎡를 표준으로 한다.

09 타일공사 중 벽타일 붙임공법의 시공순서가 올바르게 된 것은? 제1회, 제17회

ㄱ. 타일나누기	ㄴ. 치장줄눈 넣기	
ㄷ. 바탕처리	ㄹ. 보양	ㅁ. 벽타일 붙이기

① ㄷ－ㄱ－ㅁ－ㄴ－ㄹ
② ㄱ－ㄴ－ㄷ－ㄹ－ㅁ
③ ㄷ－ㄱ－ㅁ－ㄹ－ㄴ
④ ㅁ－ㄷ－ㄱ－ㄴ－ㄹ

10 타일 공사에 있어 주의사항으로 틀린 것은? 제8회, 제12회, 제17회, 공인5회

① 붙임 모르타르에 사용하는 모래는 양질의 강모래를 사용하여야 하며, 청결한 물을 부어 반죽한 후 1시간 이내에 사용한다.
② 벽타일 시공은 특기시방이 없으면, 압착붙임 공법으로 한다.
③ 치장줄눈은 타일 부착 후 2시간이 경과한 후 청소와 더불어 줄눈 파기를 한다.
④ 바닥 타일 시공 시 콘크리트 면에 모르타르 된비빔으로 10㎜ 두께로 고르게 바른 후 경화되면, 물뿌리기, 먹줄내기, 타일배치를 실시한다.

11 타일공사와 관련된 설명 중 바르지 못한 것을 고르시오? 제9회, 제17회

① 타일은 용도에 따라 내장타일, 외장타일, 바닥타일, 모자이크 타일로 구분할 수 있다.
② 타일은 유약의 처리 여부에 따라 시유타일과 무유타일로 구분할 수 있다.
③ 다일을 기계로 눌러서 만든 건식타일과 사출 성형한 습식타일로 나눌 수 있다.
④ 타일은 만든 재료에 따라 자기질타일, 도기질타일, 석기질타일로 분류할 수 있으며 그중에서 도기질 타일의 흡수성이 제일 적다.

정답 및 해설

09 ①
바탕처리－타일나누기－벽타일 붙이기－치장줄눈－보양

10 ③
치장줄눈은 타일 부착후 3시간이 경과한 후 청소와 더불어 줄눈 파기를 한다.

11 ④
도기질 타일은 흡수성이 높아 외벽이나 수영장 마감에 사용하지 않는다.

4 금속공사 및 경량철골공사

1) 금속공사

(1) 금속공사의 개요

금속공사는 1차 가공 상태를 현장에서 설치 후 마감하는 공사와 제품을 조립하거나 설치만 하는 공사가 있다. 금속은 작업성이 좋고 내구성이 좋아서 천장공사나 벽체공사에 목재대신 사용되는 경우가 많다. 금속의 종류는 순철, 탄소강, 합금강, 주철, 동, 알루미늄 등이 있다. 구조용 강재에는 형강과 경량형강이 있고 강판 및 강관에는 아연도금강판, 착색아연도금강판, 무늬강판, 스테인리스강판, 강관이 있다.

(2) 금속의 가공방법

구조용 강재 및 강판과 강관의 경우 공장에서 실시한다. 실내건축공사에서는 금속재 1.2~1.6㎜의 철판을 절단, 절곡하거나 V 커팅 등의 작업으로 1차 가공하고 용접을 하여 2차로 제작하는 작업이다. 이렇게 가공된 금속 부재는 현장에 운반하기 전에 녹이나 오염을 제거하고 녹막이칠을 한다. 콘크리트와 접하는 부분, 조립으로 부착될 부분, 용접할 부분, 마찰면 등에는 녹막이칠을 하지 않는다.

(3) 금속공사 철물 및 공구

① 금속공사의 기계 및 공구류

유압절단기, V-커팅기, 유압절곡기, 레이저 커팅기, 용접기, 작업용 보안경, 방진마스크, 용접용 장갑 등이 사용된다.

② 고정이나 긴결 철물

철사못 류, 볼트 및 너트, 와셔, 목구조용 철물이 있다. 철사못 류에는 일반용 철못, 콘크리트용 철못, 나사못, 타카핀이 있고 볼트 및 너무, 와셔에는 보통볼트, 스터드앵커, 셋트앵커, 프레임 앵커, 핀앵커, 플라스틱 앵커, 케미컬앵커, 주걱볼트, 양나사볼트, 와셔[9], 너트 등이 있다. 목구조용 철물에는 꺽쇠, 띠쇠, 주걱볼트, 양나사볼트, 와셔, 너트, 감잡이쇠, ㄱ자쇠, 안장쇠, 듀벨, 인서트, 팽창볼트, 드라이브 핀 등이 있다.

9) 너트의 풀림 방지, 접촉면적 크게 하여 마찰저항을 크게 할 때 사용

(4) 금속구조재 구조틀 및 제작 설치 공사

① 금속구조재 설치공사

천장이나 벽체구조틀 조성이나 건축화 가구 및 고정 구조틀을 제작한다. 이러한 구조틀은 제작 전 설치 상세도가 작성되어야 하며 규격, 접합, 설치에 대한 세부 도면을 작성한다. 벽체구조틀은 건식벽체 작업 시 경량철골이나 목재로 제작하기도 하나 내구성이 필요하거나 곡선처리가 요구되는 경우, 외피 구성을 위해 각 파이프로 벽체를 조성한다. 벤치형 의자나 카운터 화장실의 세면 대 등 건축화 가구 제작 시에도 사용한다. 천장 금속구조틀은 일반적으로 경량철골 천장 반자틀을 구성하나 천장이 라운드 등의 형태가 적용될 경우 스틸파이프와 철판을 이용해 구성한다.

② 금속 제작 설치 공사

금속을 제작하여 설치하는 공사에는 계단 논슬립, 금석 줄눈재, 펀칭메탈, 코너비드, 재료분리대, 점검구 금속재, 커튼박스 및 조명박스, 금속 격자물(메탈라스, 와이어라스, 와이어베시, 데크 플레이드 등), 금속 계단 공사가 있다. 논슬립은 주로 스테인리스재, 황동재, 알루미늄재가 있다.

2) 경량철골공사

(1) 경량철골공사 개요

경량철골시스템을 사용하여 설치하는 공사는 목재구조틀로 하는 것보다 공기가 짧고 방화성 및 차음성 효과가 있다. 주재료는 경량철골과 석고보드로 이루어졌으며 경량벽체, 경량천장공사가 있다.

(2) 경량벽체구조틀

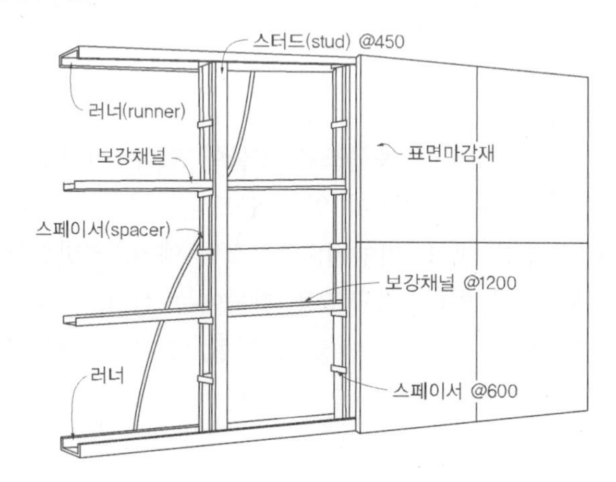

[그림 3-1] 경량벽체구조틀

출처 : 김문덕 외(2003), 실내건축시공

경량벽체구조틀은 석고보드, 경량철골구조재, 보온, 단열, 흡음재, 긴결재, 기타 긴결재, 조인트부 처리부재로 이루어진다. 시공순서는 먹메김-러너(Runner) 설치-스터드(Stud) 설치-석고보드 부착 순이다. 먹메김은 설치할 위치에 다림추를 사용해 벽이 수직이 되도록 기준을 정해 천장과 바닥의 중심에 먹메김을 하고 러너는 간격을 900㎜ 이하로 고정하고 스터드는 5㎜ 정도 작게 절단해 세운다. 간격은 300㎜를 기준으로 동일하게 날개방향을 한다. 벽체높이가 4m를 넘을 경우 각 파이프로 1,800㎜ 간격으로 보강한다.

(3) 경량철골구조틀

경량철골구조틀은 석고보드, 흡음천장재 등의 재료를 부착시켜 제작한다. 종류로는 M-Bar System 구조틀, 트랙바(TACK-BAR) System 구조틀, H-BAR System, T-BAR System, T&H BAR System, A.P.T 천장 System, SQ-CEILING System, P-BAR System 등이 있다. 천장 점검구는 알루미늄 프레임식과 스틸플레이트 제작 점검구가 있다.

(4) 경량천장틀 시공

경량천장틀 시공방법은 인서트(insert) 설치-행거볼트 설치-캐링채널 및 마이너채널 설치-반자틀 설치-표면 마감재 부착 순으로 하며 인서트 설치간격은 벽 끝에서 200㎜ 이내, 900㎜ 간격으로 격자형 배치한다. 반자틀은 주도 M-bar를 장변방향으로 설치한다. 이는 싱글과 더블바가 있는데 상황에 따라 싱글바만 배치 또는 교차배치한다.

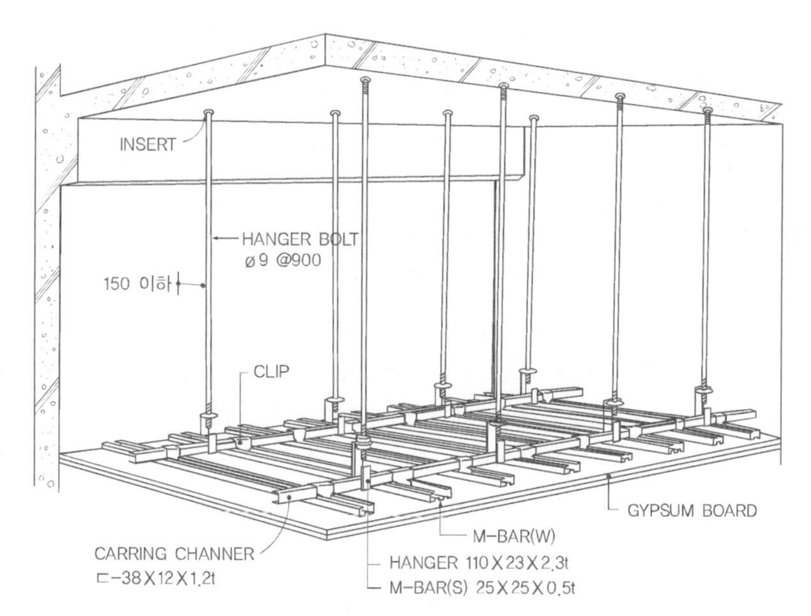

[그림 3-2] 경량천장구조틀

출처 : 김문덕 외(2003), 실내건축시공

4. 금속공사 및 경량철골공사

기출 및 예상 문제

01 금속공사에 대한 설명 중 옳지 않은 것은? 공인1회

① 갈바 스틸 프레임(galvanized steel frame)은 녹이 슬지 않으므로 용접부위에 녹막이 페인트 도장을 생략해도 된다.
② 스테인리스 스틸 프레임은 V－cut 후 절곡을 하면 절곡 부위의 두께가 감소하여 강도가 저하되므로 내부에 스틸 프레임으로 보강한다.
③ 금속공사는 목공사보다 내구성이 강하고, 목공사에 비하여 성형이 용이하다.
④ 금속공사용 철판의 두께는 설계도서에 의하나 일반적으로 1.2～1.6㎜의 철판을 많이 사용한다.

02 금속의 시공방법에 해당하지 않은 것을 하나 고르시오. 공인3회

① 절단, 절곡
② 방수처리
③ 표면처리
④ 녹막이 처리

03 금속의 녹막이 처리에 대한 설명 중 옳은 것은? 공인4회

① 방청 도장은 현장 설치 후 1회 도장한다.
② 기성 제품이라도 아연도 도장을 하는 것이 원칙이다.
③ 모든 설치장소에는 약품으로 산화 처리시켜 부식이 이루어 지지 않도록 한다.
④ 모든 이질 금속의 접합부에는 아스팔트 프라이머를 도포한다.

정답 및 해설

01 ①
녹막이칠을 한다.

02 ②
절단, 절곡, 녹막이처리, 표면처리는 금속 시공방법이다.

04 일반적인 경량 철골 공사의 시공 순서로 옳은 것은? 공인1회

① 인서트 및 스트롱 앵커－캐링 채널 및 마이너 채널 설치－M-Bar 설치－석고보드, 택스 마감취부－행거볼트 설치
② 인서트 및 스트롱 앵커－행거볼트 설치－캐링 채널 및 마이너 채널 설치－M-Bar 설치－석고보드, 택스 마감취부
③ 캐링 채널 및 마이너 채널 설치－인서트 및 스트롱 앵커－행거볼트 설치－석고보드, 택스 마감취부－M-Bar 설치
④ M-Bar 설치－캐링 채널 및 마이너 채널 설치－인서트 및 스트롱 앵커－행거볼트 설치－석고보드, 택스 마감취부

05 경량 철공 공사에서 석고보드(Gypsum Board) 시공 시 마무리 부분의 간격을 띄우기 위해 사용하는 재료는? 공인3회

① 케이싱 비드(Casing Bead)
② 코너 비드(Corner Bead)
③ 러너(Runner)
④ 스터드(Stud)

06 먹메김 후에 감독자의 승인을 득한 후 기준선에 따라 천장과 바닥에 러너(Runner)를 수직·수평면으로 고르게 고정시킬 때 고정못의 간격은 ? 제17회

① 300㎜ 이내
② 600㎜ 이내
③ 900㎜ 이내
④ 1,200㎜ 이내

정답 및 해설

03 ④
방청도장은 공장에서 1회 도장 후 현장 설치 후 한 번 더 도장한다.
기성 제품을 제외하고는 아연도 도장을 원칙으로 한다.
공기 중에 염도가 곳에서 처리한다.

04 ②
인서트(insert) 설치–행거볼트 설치–캐링채널 및 마이너 채널 설치–반자틀 설치–표면 마감재 부착

05 ①
케이싱비드는 아연도금 강판을 소재로 제작되고 석고보드가 끝단을 보호하기 위해 설치하는 띠모양의 부재

06 ②
러너 고정 시 못의 간격은 600㎜ 이내

07 스터드 시공 시 벽의 중심선을 따라 천장과 바닥에 (　　)를 설치한다. 이때 면에는 힐티–넷(HILTNAT)으로 고정하여 간격은 스터드의 설치에 따라 900㎜ 이하로 한다. (　　)에 맞는 것은 무엇인가?
공인3회

① 메탈스터드
② 코킹재
③ 러너
④ 석고보드

08 경량철골 천장틀 재료를 〈보기〉에서 골라 설치 순서대로 나열된 것은?
제5회, 제13회, 제17회

ㄱ. 클립(Clip)
ㄴ. 조절행거
ㄷ. 인서트(Insert)
ㄹ. 행거볼트(Hanger Bolt)
ㅁ. 캐링 찬넬(Carrying Channel)
ㅂ. 천장 마감재
ㅅ. 엠바(Single M/W-Bar)

① ㄷ–ㄹ–ㅁ–ㄱ–ㄴ–ㅅ–ㅂ
② ㄷ–ㄹ–ㄱ–ㄴ–ㅁ–ㅅ–ㅂ
③ ㄷ–ㄹ–ㅅ–ㅁ–ㄴ–ㄱ–ㅂ
④ ㄷ–ㄹ–ㄴ–ㅁ–ㄱ–ㅅ–ㅂ

09 건식벽체 시공상 스터드 설치는 러너의 설치가 끝난 후 스터드를 300m 간격으로 수직·수평면에 바르게 러너의 연결철물과 아연도금 나사못을 사용하여 고정시킨다. 또한 스터드 설치 시 교차부분, 개구부 주위, 설비 부착 위치 등에는 러너와 스터드를 추가 설치해야 하며 스터드의 높이가 (㉮)를 초과하는 부분은 보강 러너를 반드시 추가 설치해야 한다.
제7회, 제12회, 제17회

① 2m
② 4m
③ 4.5m
④ 6m

정답 및 해설

07 ③
러너(Runner)

08 ④
인서트(insert) 설치–행거볼트 설치–캐링채널 및 마이너 채널 설치–반자틀 설치–표면 마감재 부착 순

09 ②
4m 초과 시 1800㎜ 간격으로 보강 필요

5 목공사

1) 목공사 개요

- 목공사는 외부에 노출되지 않는 부분으로 마무리 작업이 필요 없는 구조 목공사와 수장 목공사로 크게 나누어 볼 수 있으며 실내건축공사에 큰 비중을 차지한다. 건물의 구조용으로 사용하는 목재는 건축물의 뼈대를 구성하는 것으로 강도와 내구성이 크고 습도차이에 대한 수축팽창이 작고 내부식성이 크며 해충에 대한 저항이 큰 것을 주로 사용한다.
- 실내 치장을 위해 사용되는 수장용 목재는 무늬와 결이 아름답고 뒤틀림이 적으며 함수율은 낮고 내마모성은 커야 된다. 목재의 분류는 침엽수종와 활엽수종으로 나뉘며 침엽수종은 구조용, 활엽수종은 가구나 치장재로 주로 사용한다.

(1) 목재의 치수 표시

제재치수, 제재정치수, 마무리치수[10]로 표시한다. 각재는 두께 6㎝ 이상, 폭이 두께의 3배 미만이고, 소각재는 두께 6㎝ 미만, 폭이 두께의 3배미만이며, 소판재는 두께 3㎝ 미만, 폭이 12㎝ 미만, 후판재는 두께가 3㎝ 이상, 판재는 두께 3㎝ 미만, 폭이 12㎝ 이상인 것이다. 각재의 기본치수는 120×120㎜, 100×100㎜, 90×90㎜가 있다. 판재는 두께가 6㎜, 9㎜, 12㎜, 15㎜, 18㎜, 21㎜, 24㎜, 30㎜, 36㎜ 등이 있고 폭이 9㎝ 이상, 10㎝, 12㎝, 13.5㎝, 15㎝, 18㎝, 21㎝, 24㎝ 등이 있다. 목재의 정척길이는 1.8m(6척), 2.7m(9척), 3.6m(12척)이 있다. 길이가 12척 이상은 장척물로 분류된다.

(2) 목재 가공

① 목재 가공의 순서

먹매김－마름질－다듬질을 하는 단계인 바심질－대패질 마무리－모접기(설계도서 지정, 지정이 없을 경우 실모접기 실시)를 한다.

② 목공용기계

둥근톱, 띠톱, 자동대패, 손밀이 대패, 에어 툴이 있고 목공용으로 톱, 대패, 끌, 자귀, 송곳 등이 사용된다. 철물은 못, 에어 툴 핀, 나사못, 볼트, 꺽쇠, 띠쇠, 듀벨 등이 있고 접착제로는 동물질 아교, 알부민 아교, 카세인 아교인 동물성접착제가 있고, 대

---

10) 대패질하여 마무리한 치수 가구나 창호재에 사용

두아교, 전분질계접착제, 소맥질 접착제 등의 식물질 접착제가 있으며, 비닐수지 접착제, 요소수지접착제, 멜라민수지 접착제, 페놀수지 접착제, 폴리에스테르수지 접착제 등의 합성수지질 접착제로 분류된다.

③ 부재의 이음

맞댄이음, 겹친이음, 반턱이음, 따내기 이음(주먹장 이음, 메뚜기장 이음, 엇설이 이음, 빗이음, 엇빗이음), 중복이음이 있으며 이음의 위치에 따라 심이음, 내이음, 베개이음이 있다.

④ 부재의 맞춤

일반적인 맞춤과 주먹장 맞춤, 연귀 맞춤, 장무 맞춤, 쪽매가 있으며, 일반적인 맞춤에는 턱 맞춤, 숭어턱 맞춤, 장부빗턱 맞춤, 통 맞춤, 가름장부 맞춤, 안장 맞춤, 걸침턱 맞춤, 반턱 맞춤, 허리 맞춤이 있고, 주먹장 맞춤에는 주먹장부 맞춤, 두겁주먹장 맞춤, 턱걸이주먹장 맞춤이 있다. 연귀 맞춤에는 반연귀 맞춤, 안촉연귀 맞춤, 밖촉연귀 맞춤, 남팎촉연귀 맞춤, 사개연귀 맞춤이 있다. 장부 맞춤에는 내다지장부 맞춤, 긴장부 맞춤, 반다지 맞춤이 있고 쪽매에는 맞댄 쪽매, 반턱 쪽매, 틈막이 쪽매, 오니 쪽매, 양끝못 맞댄 쪽매, 빗 쪽매, 제혀 쪽매, 딴혀 쪽매가 있다.

⑤ 목조 건물의 뼈대 세우기

토대, 기둥, 가새, 버팀대, 귀잡이층도리, 깔도리, 처마도리, 지붕틀로 구성한다. 지붕틀은 한식 및 졸충식 지붕틀과 양식 지붕틀이 있다.

(3) 목공사용 재료

- 목재와 목제가공품, 공정상 목공사에서 같이 해야 하는 재료들이 있다. 목재가공품에는 합판, 집성목재, 마루판, MDF, 파티클보드, 파티클보드 치장판, 코펜하겐 리브, 코르그 보드, 무의목, 쇠시리 및 걸레받이, 럼버 코어 합판(Lumber core plywood), O.S.B(Oriented strand Board)가 있고 공정상 목공사에서 시공되는 것으로 석고보드, 합성수지제품, 불연보온 단열재, 불연천장판 등이 있다.
- 목재, 합판, MDF 등 반입하는 목재는 손상이나 결함이 없는지 반드시 검수를 실시한다. 검수를 통해 반입된 목재는 종류, 규격, 용도, 사용순서별로 구분하여 지면에 닿지 않게 하여 저장한다. 수장용 목재는 비, 직사광선 등을 피하고 오염이나 손상, 부식 등이 되지 않도록 보관하고 판재의 경우 휨이 생기지 않도록 수평을 유지하여 적재 보관한다. 보양을 하여 습기, 직사광선에 의한 피해가 없도록 하고 현장이 안전하도록 정리한다. 습기방지가 필요하다면 방부처리를 하고 실내건축공사에 사용하기 전 방연처리를 해야 한다.

(4) 목공사 방법

① 반자틀 구성

천장면을 구성하는 것을 반자라 하며 건축판반자, 널반자에는 치받이 널반자와 살대반자가 있으며 바름반자, 우물반자, 구성반자 등의 종류가 있다. 반자틀은 반자돌림대, 반자틀받이, 달대, 달대받이로 이루어져 있다.

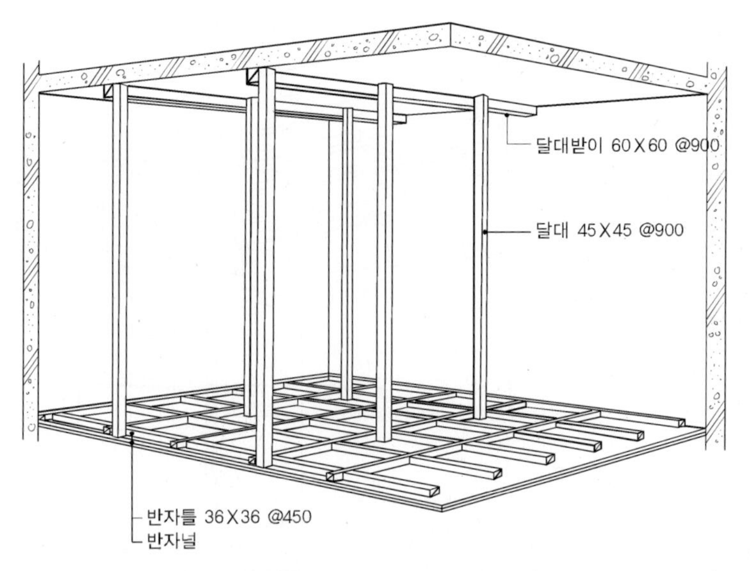

[그림 3-3] 반자틀 구성

출처 : 김문덕 외(2003). 실내건축시공

② 목조벽체틀 구성

일반벽면 구성과 간막이벽 구성이 있으며, 목조골조의 구성은 천장면을 구성하는 것과 거의 유사하다. 목조 벽면은 가로틀(가로띠장)의 경우 배치간격 450㎜ 내외로 하고 세로틀(세로띠장) 배치간격도 450㎜로 하며, 격자틀 배치간격은 450~600㎜로 제작하며 시공 순서는 부재 위치하기－목메김 하기－수직수평 맞추기－못박기－1차 조립부재－틀세우기－조립 및 틀세우기 순으로 진행한다.

③ 마루시공

마루는 1층 마루를 시공하는 경우가 많으며 상점이나 창고는 납작마루로 용도상 바닥을 높게 하는 동바리 마루로 구분된다. 바닥틀 구성은 상부마감재, 하부바탕재, 하부구조재(장선, 멍에, 동바리)이며 마루널(상부마감재)는 두께 9~24㎜, 나비 60~120㎜ 정도의 널은 제혀쪽매로 하여 숨은 빗못치기를 하고 접착제로 합판에 부착한다. 하부바탕재인 합판은 내수합판을 사용하며 가장자리는 장선목의 중앙에서 접합하며 장선 간격에 따라 합판규격을 정하면 된다. 주께는 주로 9㎜가 사용되며 2겹이 일방적이다. 장선은 마루널의 길이와 직각방향으로 하고 멍에의 간격이 1m 이내면 45×45㎜ 또는 45×60㎜ 정도로 하고 멍에의 간격은 0.9~1.8m 정도로 하면 90×90㎜ 각 내외의 것을 사용하고 장변방향을 길게 걸쳐지도록 한다. 동바리는 멍에와 같은 크기의 부재 사용으로 하중과 멍에목 크기에 따라 설치간격을 정한다.

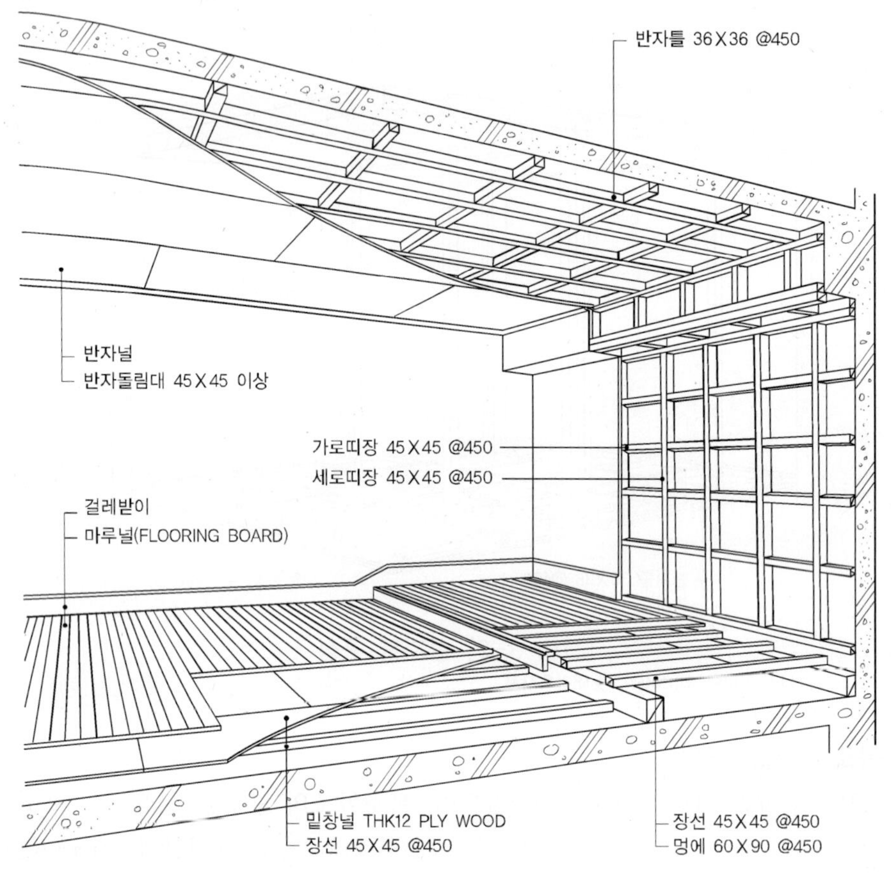

[그림 3-4] 벽체 및 바닥틀 구성

출처 : 김문덕 외(2003), 실내건축시공

(5) 계단

높이가 3m 넘을 경우 너비 1.2m 이상의 계단참을 설치해야 하고 높이 1m가 넘으면 난간을 설치해야 한다. 너비 3m 넘으면 중간난간이 필요하고 단 높이는 15㎝ 이하, 단 너비가 30㎝ 이상이면 중간난간을 설치할 필요가 없다.

① 계단의 시공순서

계산 시공은 1층 멍에설치－계단 참 설치－2층 받이보 설치－계단 옆판, 엄지기둥 설치－디딤판, 챌판 설치－난간동자－난간두겁 설치 순으로 하며, 계단의 나비가

1.2m 이상인 경우는 계단멍에를 설치한다.

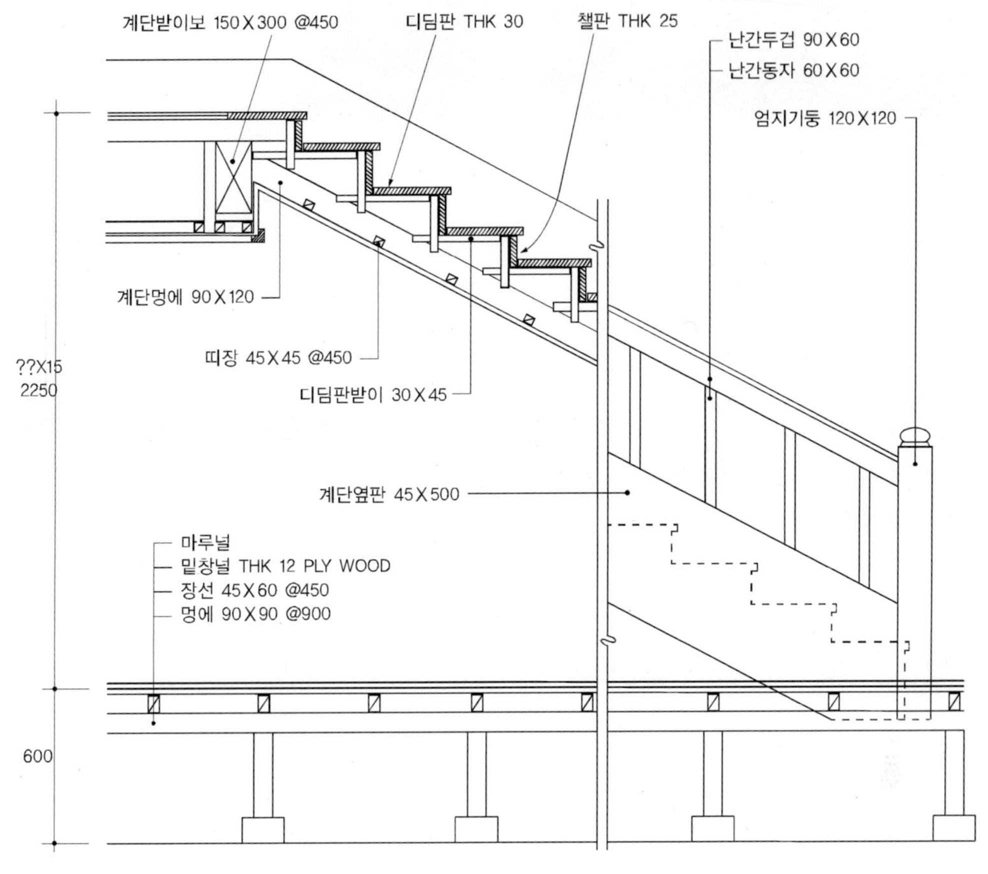

[그림 3-5] 목조 계단의 구조

출처 : 김문덕 외(2003), 실내건축시공

기출 및 예상 문제

5. 목공사

01 두 각재의 연결을 위해 한 끝은 촉을 내고 다른 한 끝은 홈을 파서 짜 맞추는 목재의 맞춤방법으로 맞는 것은? 제10회, 제17회, 공인1회

① 딴혀쪽맞춤　② 은못맞춤
③ 반턱맞춤　④ 장부맞춤

02 다음은 원목과 판재의 맞춤방법에 관한 설명이다. 이에 해당하는 것을 고르시오. 공인3회

뼈대가 되는 원목 두께의 반 정도만큼 턱을 내고 따내어 판재와 원목이 거의 일직선이 되도록 결합시키는 방법

① 턱솔홈맞춤　② 반턱몰딩맞춤
③ 반턱맞춤　④ 통맞춤

03 목재의 접합 방식 중 2개 이상의 부재를 섬유방향과 평행으로 옆 대어 붙이는 방식은? 제19회

① 쪽매　② 맞춤　③ 이음　④ 보강

정답 및 해설

01 ④
딴혀쪽맞춤 : 판재를 수평으로 잇기 우해 접촉면 사이에 보이지 않도록 가늘고 긴 쐐기를 박아 넣는 방법
은못맞춤 : 목재의 결합하려는 두 면 사이에 나무못을 숨겨 박아 결합하는 방법
반턱맞춤 : 결합하려는 두 부재의 반 정도만큼씩 턱을 만들고 따내어 양부재가 편평하게 맞추는 방법

02 ③
반턱맞춤 : 결합하려는 두 부재의 반 정도만큼씩 턱을 만들고 따내어 양부재가 편평하게 맞추는 방법

03 ①
쪽매는 폭이 좁은 널을 그 폭을 넓게 하기 위해 옆대어 붙이는 것으로 마루널이나 양판문의 제작 시 사용한다.

04 원목과 원목의 맞춤방법으로 45의 각도로 맞추어 접합하는 방법은?

제15회, 제17회

① 장부 맞춤 ② 연귀 맞춤
③ 반턱 맞춤 ④ 주먹장 맞춤

05 수장목공사 시공 시 주의사항 중 <u>틀린</u> 것을 고르시오? 제17회, 공인3회

① 규정된 증기건조목을 사용한다.
② 마감재는 감독자에게 견본품만 제출하고 재질, 형상, 규격 등 승인을 받지 않아도 사용 가능하다.
③ 시공 전 공작도(shop drawing)을 제출하고 승인을 받은 후 시공한다.
④ 목재는 뒤틀림이나 갈라짐 등 하자가 발생하지 않도록 구조재에 완전히 고정한다.

06 다음은 벽체 목공사의 시공에 대한 설명이다. 옳지 <u>않은</u> 것은? 공인4회

① 가로목과 세로목 고정은 빗못박기를 한다.
② 석고 보드나 합판을 사용하여 목틀 위에 최종 2겹으로 시공한다.
③ 석고 보드나 합판으로 마감 시 이음매에는 몰딩(molding)작업으로 한다.
④ 목재틀 재작 시 각목재의 간격은 450㎜ 내외로 한다.

07 벽체 목공사 시행 시 아래 설명 중 <u>틀린</u> 것을 고르시오. 제17회

① 목틀제작은 특기시방서에 정한 바가 없을 때 나왕, 미송 등의 각 목재를 사용한다.
② 목틀제작 시 각목재의 간격은 천장목틀과 마찬가지로 900㎜ 내외로 한다.
③ 목틀제작 시 세로목은 바닥부터 천장까지 이어진 곧은 나무로 사용한다.
④ 가로목은 450㎜ 내외의 길이로 세로목 사이에 끼워 넣어 고정시킨다.

정답 및 해설

04 ②
연귀맞춤은 마구리가 보이지 않게 귀를 5도로 접어서 맞추는 방법으로 문선이나 판벽의 두겁대, 걸레받이 등에 사용한다.

05 ②
마감재는 반드시 감독자의 승인을 득해야 한다.

06 ③
이음매는 퍼티(putty) 작업을 한다.

07 ②
목틀제작 시 각 목재의 간격은 450㎜ 내외로 한다.

6 창호 및 유리공사

1) 창호공사

(1) 창호공사의 개요

- 창문과 문의 제작에서 설치에 이르는 과정을 말한다. 출입, 환기, 채광을 위한 개구부를 설치하는 것으로 자주 사용하므로 견고하게 우수한 재료로 제작 설치를 해야 한다. 목재, 금속재, 플라스틱재가 있다.
- 목재문과 목재 창문의 구성은 여닫이문, 자재문, 접문, 회전문, 미닫이문, 미서기문 등이 있고 목재창문에는 여닫이창, 오르내리창, 회전창, 미닫이창, 미서기창이 있다. 목재문의 종류에는 플러시문, 양판문, 살문, 비늘살 문, 유리창문 등이 있다. 창문틀은 두께 4.5~6cm, 나비 12~20cm로 한다. 창문선은 창문틀 둘레에 치장으로 부착하는 테두리이다.

(1) 창호재료

- 창호 재료는 목재, 합판, 접착재가 있다. 창호재의 대패질은 투명 도장으로 마무리할 경우 대패자국이 전혀 없도록 마무리해야 하며 불투명 도장으로 칠할 경우는 대패자국이 거의 없을 정도로 마무리한다.

(2) 풍소란

- 바깥에서 오는 먼지, 소음, 바람 등을 차단하기 위한 것으로 창호에 부착하며 재료는 고무나 합성수지(개스캣)로 된 것이나 금속재 스프링 형태의 것을 적절히 사용한다. 홈대는 홈을 판 창문틀로 창문두께마다 다르지만 보통 20mm 나비로 파고 깊이는 윗홈대는 15mm, 밑홈대는 3mm 정도로 한다.

(3) 강제창호의 종류

- 강제창 및 창틀, 스테인리스 스틸 창호, 강제문, 강제창호가 있으며 알루미늄제 창호, 셔터, 특수창호인 주름문, 무테문(강화유리문), 아코디언도어, 자동개폐문 등이 있다.
- 강제창호는 일반강제문으로 양판문, 양면 플러시문이 있고 방화문에는 갑종 방화문, 을종 방화문이 있으며 이외에도 방음문이 있다.

(4) 창문설치공사방법

① 녹막이 처리–② 창틀 먼저 세우기–③ 창문틀 나중 세우기–④ 창문틀 고정–⑤ 운반–⑥ 정장–⑦ 보양

이때 창문틀 고정은 1:3 된비빔 시멘트 모르타르로 밀실하게 사춤하고 틈이 없도록 흙손으로 꼼꼼하게 눌러 바르도록 한다.

(4) 셔터의 종류

방화셔터, 방연셔터, 차음셔터, 방범셔터, 방폭셔터 등이 있으며 수동 및 전동식 개폐방식이 있고 화재 시 온도가 70°가 되면 자동으로 퓨즈가 녹으면서 폐쇄되는 퓨즈 장치식이 있다. 설치 공법에는 홈대, 셔터 케이스, 로프 홈통 방식이 있다.

(4) 창호 철물

① 여닫이 창호철물

보통정첩, 자유정첩, 레버토리 힌지, 플로어힌지, 피벗힌지가 있고 자물쇠에는 함 자물쇠, 핀텀블러자물쇠, 헛자물쇠, 본 자물쇠, 나이트 래치, 통 자물쇠가 있으며 걸쇠와 꽂이쇠에는 걸쇠,러 넓적 걸쇠, 도래걸쇠, 갈고리 걸쇠, 크레센트가 있고 꽂이쇠에는 문빗장, 꽂이 자물쇠, 도어볼트, 오르내리 꽂이쇠, 민고두꽂이쇠, 양꽂이쇠가 있다.

② 창호개폐조정기

도어 클로저, 도어캐치, 도어 홀더, 문 버팀쇠, 장 개폐조정기가 있고 손잡이 및 손걸이로 알 손잡이, 레버핸들, 파이프손잡이, 오목 손걸이가 있다. 기타 철물로 문바퀴, 레일, 도어행거 등이 있다.

2) 유리공사

(1) 유리공사의 개요

창호 및 문 등에 유리를 끼우거나 설치하는 공사로 조망과 채광을 목적으로 설치한다. 종류에는 보통 판유리, 판유리 가공품으로 마판유리, 결상유리, 무늬유리, 형판유리, 색유리, 강화유리, 망입유리, 접합유리, 복층유리, 에칭유리, 샌드블라스트유리, 매직유리등이 있고 특수유리로는 스테인트유리, 프리즘유리, 유리블록, 유리벽돌, 유리타일, 기포유리 등이 있다.

(2) 유리의 가공

① 유리 끼우기

우선 유리를 절단하여야 하는데 깨끗한 장갑과 항상 마스크를 사용해야 한다. 강화유리와 복층유리는 현장에서 절단하기 어려워 도면 및 시방서에 따라 정확하게 제작 후 현장으로 반입한다.

② 판유리의 절단

창문틀의 홈 안까지의 치수 보다 위와 한쪽 측면을 1.5~2㎜ 내외로 작게 절단하여 사용한다. 두꺼운 유리의 경우, 유리칼로 금을 긋고 뒷면에서 고무망치로 두드려 절단한다.

③ 접합유리

양면을 유리칼로 자르고 꺽기를 반복하며 절단하도록 한다. 코팅된 유리를 절단할 경우 코팅 면을 위로하여 절단하며, 코팅면에는 마킹펜 등으로 표시를 하지 않는다.

④ 유리 끼울 때 필요한 재료

유리 퍼티, 세팅블록, 실런트, 유리와 새시의 접합부 또는 새시틀 사용이 없는 공법 내 이용되는 가스켓, 유리 끼구기 홈 측면과 유리면 사이에 여유 있게 하고 유리 위치를 고정하는 블록으로 스페이서가 있다.

⑤ 유리 끼우는 방법

우선 목재창호에 유리를 끼울 때 유리 홈 4방 퍼티를 하고 세로에 퍼티할 때 양옆의 세로퍼티를 떼고 위는 유리홈을 깊게 파고 밑은 얕게 파 유리를 올려 끼우고 내려 맞춘다. 금속제 유리창문은 공장에서 제작 조립하어 납품하는 것이 일반적이나 세팅블록, 스페이서, 사이드 블록 등을 설치한 후 유리를 끼우고 실런트로 마무리하거나 프레임과 동일한 금속제 퍼티를 사용하여 나사못으로 고정하고 난 후 실런트로 마무리한다.

⑥ 유리 시공 후 보양

유리 시공이 마무리되면 유리면에 '유리주의'라고 표시를 부착하여 안전사고를 방지해야 하며 유리창호 부근에 물건 적체 등 외부 하중을 주지 말아야 하며 오염된 유리면은 중성세제를 사용하여 닦는다.

기출 및 예상 문제

6. 창호 및 유리공사

01 다음 중 창 짝을 상하문틀에 홈을 파서 끼우거나 또는 밑틀에 레일을 대고 옆으로 밀어붙이거나 벽 중간에 밀어 넣은 식의 창은?

① 미닫이창 ② 미서기창
③ 여닫이창 ④ 오르내리창

02 건축법 상 화재의 확산을 방지하기 위해 설치하는 문은?

① 양판문 ② 방화문
③ 방음문 ④ 미서기문

03 셔터의 개폐방식 중 화재 시 온도가 70°가 되면 작용하도록 한 방식은?

① 수동식 ② 전동식
③ 커넥션 셔터 방식 ④ 퓨즈 장치식

04 유리공법의 종류가 <u>아닌</u> 것은? 제17회, 공인1회

① 플로트공법(Floating) ② 프레스공법(Pressing)
③ 밸런스공법(Valance) ④ 접합공법(Laminating)

정답 및 해설

01 ①
미닫이창

02 ②
방화구획에 설치해야 하는 건축물에 화재의 확산방지를 위해 사용

03 ④
화재 시 온도가 70° 가 되면 퓨즈가 녹아 자동적으로 폐쇄되는 형식

05 다음 중 불화수소에 부식되는 성질을 이용하여 후판유리면에 그림이나 무늬, 글자 등을 화학적으로 조각한 유리를 고르시오. 제3회, 제12회, 제17회, 공인2회

① 샌드블라스트유리 ② 에칭유리
③ 매직유리 ④ 색유리

06 유리공사에 관한 설명 중 바르지 못한 것을 고르시오. 제13회, 제17회, 공인3회

① 창문에 끼울 두께 3㎜ 유리(폭 700㎜×길이 800㎜) 10장이 필요하다. 이때의 주문할 유리는 90평이다.
② 일반적인 판유리의 크기는 3m 이하이며 그 이상의 규격에 대하여는 주문생산에 의하여 공급 받아야 한다.
③ 유리는 설계도면을 보고 정확한 규격대로 공장에서 절단기계로 동시에 가공하여 반입하여야 정밀하고 경제적으로 시공할 수 있다.
④ 판유리를 시공할 프레임에 설치하고 코킹으로 4면의 앞·뒤 부분에 대하여 충진을 한다.

07 유리 시공 시 유의할 점이 아닌 것은? 공인3회

① 강화유리는 일반유리보다 2~3배의 강도를 가지고 있으므로 출입문이나 에스컬레이터 난간에 사용한다.
② 시공 전, 건축 현장에서 실물실험(mock-up test)를 실시하는 것이 필요하다.
③ 새시(frame)는 단열성과 기밀성이 좋고, 강도와 강성이 높은 것이어야 한다.
④ 적절한 저장소가 필요하며, 유리 길이 1m당 5~7°의 경사로 보관해야 한다.

정답 및 해설

04 ③
플로트 공법은 고품질평면유리를 만들기 위해 비용 효율아 높은 공법. 접합공법은 최소한 2장 이상의 유리 사이에 접합필름을 넣어 만든 공법, 프레스공법은 녹인 유리를 주조형틀에 붓고 압축하여 성형된 2개 제품을 고온에서 융착하여 제조하는 공법

05 ②
샌드블라스트유리는 유리면에 오려낸 모양판을 붙이고 모래를 고압증기로 뿜어 오려낸 부분을 마모시켜 유리면에 그림이나 무늬, 글자 등의 모양을 만든 것으로 장식용 창이나 스크린에 사용
매직유리는 판유리의 표면에 은 등의 반사성 금속피막을 입힌 유리로 밝은 쪽에서는 광선을 반사하여 거울로 보이고 어두운 쪽에서는 밝은 쪽을 투시 가능
색유리는 유리를 제조 시 유리의 원료에 산화금속류의 착색제를 넣어 각종 색채를 띠게 한 유리

06 ③
판유리는 창문틀의 홈 안까지의 치수보다 위와 한쪽 측면을 1.5~2㎜ 내외로 절단

07 ①
강화유리는 일반유리의 5배 이상의 강도

08 각 유리의 시공특성으로 올바르지 않은 것은?

① 반사유리는 반사막이 광선을 차단시켜 실내에서 외부를 볼 때에는 지장이 없으나, 외부에서는 거울처럼 보이게 된다.
② 접합유리는 2장 이상의 유리판을 합성수지로 붙여 댄 것으로 강도가 크며, 두께가 두꺼운 것은 방탄유리로 사용된다.
③ 강화유리는 성형 판유리를 가열 압착하여 만든 유리로 강도가 보통 유리의 3~5배 크며 현장절단이 용이하다.
④ 망입유리는 유리판 중간에 철선망을 넣어 만든 유리로 화재나 충격 시 파편이 산란하는 위험을 방지하는 유리이다.

정답 및 해설

08 ③
강화유리 및 복층유리는 현장에서 절단할 수 없다.

7 방염, 방음, 단열공사

1) 방염공사

(1) 방염공사의 개요

- 방염공사는 화재 시 가연성 물질의 인화, 연소를 방지나 지연하기 위해 마감재의 표면에 방화성능이 있는 물질로 처리하는 것이다.
- 방염도료 종류와 특징

용도에 따라 화재 확산을 방지해주는 하도용과 다양한 색상이 있어 마무리까지 가능한 상도용이 있다. 종류로는 바니시와 페인트로 제품은 유성 방염래커, 우레탄 방염래커, 수성 방염 래커, 컬러 방염 래커, 방화바니시 등이 있으며 방염처리할 때 하도용은 5~30°, 습도는 85% 이내, 상도용은 온도 5~30도, 습도 65% 이내를 유지한다.

- 목재의 방염처리방법

목재 방염재의 품질과 종별, 용도는 특기시방서에 따라야 하며 지정한 내용이 없을 경우 3종으로 처리한다. 1종은 개설법이나 가압법, 2종은 침지법, 3종은 2회 도포나 뿜칠이다. 방염의 기준은 소방법에서 정한 내용에 따라야 한다.

2) 방음공사

(1) 방음공사의 개요

- 방음공사는 소음의 차단, 흡음 또는 조절을 목적으로 방음 효과가 있는 재료를 실치하거나 방음 구조의 공사이다.
- 차음재료는 음에너지를 차단, 저지하는 효과가 있고, 전파음을 초기에 반사 또는 투과음이 적은 재료이다.
- 흡음 재료는 음을 흡수할 목적으로 사용하며, 다공질 흡음재, 판상흡음재, 특수 흡음체가 있다.

(2) 흡음재의 종류

- 흡음용 연질 섬유판, 흡음용 유공 알루미늄 패널, 흡음용 구정 석고판, 흡음용 구멍 석면 시멘트판, 암면 흡음 천장판, 암면 및 유리면 흡음재가 있고 흡음천은 조직 구성상 흡음률이 0.25 이상인 천을 바탕재에 붙여서 큰 공간에서 나오는 공명현상을 제거하고 잔향시간을 조절해 실내음의 명료도를 높이는 효과가 있다.

• 판상흡음재 벽 시공

바탕처리, 흡음용 연질 섬유판 시공, 흡음용 구멍 석고판 시공이 있다. 흡음용 연질 섬유판의 흡음 특성은 표면가공, 바탕구조, 배후 공기층의 두께 등에 의해 변화하게 된다. 흡음용 구멍 석고판의 흡음 특성은 판 두께, 표면의 가공, 바탕의 구조, 배후 공기층의 두께, 뒷면 붙이기 재료 등에 의해 변화하게 된다.

• 판상흡음재 천장시공

바탕처리, 흡음용 유공 알루미늄 패널 시공, 암면 흡음 천장판 시공이 있다. 암면 흡음 천장판은 흡음과 단열이 우수하고 면 패턴이 다양해 사무공간의 천장에 많이 사용된다. 시공법은 접착공법과 경량철골 공법이 있다. 접착공법은 상대습도 85% 이하에서 시공하며 경량철골 공법은 상대습도 80% 이하에서 시공한다.

3) 단열공사

(1) 단열공사의 개요

단열공사는 바닥, 벽, 천장 등의 열 손실을 방지하기 위해 하는 공사로 단열재료를 사용하여 시공한다. 단열재는 절연, 보온재료를 포함한 것으로 열전도율이 0.05kcal/mh℃ 내외의 값을 갖는 재료이다.

(2) 단열재의 종류

- 재질에 의한 분류 : 무기질단열재, 유기질 단열재, 화학 합성 단열재
- 형상에 의한 분류 : 입자 및 섬유형 단열재, 지포 또는 블랭킷형, 성형판 단열재, 조적재형 단열재, 주입형 단열재, 알루미늄 포일
- 암면계열 : 암면, 암면 보온판, 암면 보온대, 암면 펠트
- 유리섬유 계열 : 유리섬유, 유리면 보온판, 유리면 보온대, 유리면 보온관
- 석면 계열 : 석면과 석면 제품
- 기타 : 발포폴리스티렌 보온재, 경질 우레탄 폼 보온재, 규산칼슘 보온재 등

(3) 단열재 설치 시 공법

바탕면을 정리하고 단열재의 이름은 서로 겹치도록, 이음새는 어긋나게 하고 바탕면에 부착 시에는 압착상태로 하여 박리가 일어나지 않도록 단단하게 고정하도록 한다. 단열공법에는 충진공법, 붙임공법, 주입공법, 뿜칠공법이 있다.

• 단열재 콘크리트바닥 시공

바탕을 깨끗이 하고 방습필림을 깔고 그 위에 단열재를 밀착시키고 접합부에 내

습성이 있는 테이프 등으로 고정한다. 마룻바닥에는 장선 사이에 단열재를 채워 넣고 그 위에 방습필름을 깐다.

- 단열재 콘크리트벽체 시공

조적조 중공벽, 목조틀 바탕 내벽에 시공하게 되는데 공간쌓기 안에 성형판 단열재를 설치한다. 목조틀 바탕내벽의 경우 띠장 간격에 맞게 단열재를 재단하여 띠장 사이에 꼭 끼도록 설치한다. 천장에 설치할 경우 반자틀 간격에 맞게 재단하고 천장 마감재 시공과 동시에 부착하여 마무리한다.

- 시공완료 후 단열층이 손상되지 않도록 보양하도록 한다. 또한 빈틈없이 시공하여 결로를 방지한다.

기출 및 예상 문제

7. 방염, 방음, 단열공사

제1장 실내계획
제2장 실내환경
제3장 실내시공
제4장 실내구조 및 법규

01 소방법에서 지정하는 방염성능의 기준이 아닌 것은? 공인4회

① 불꽃을 제거한 때부터 불꽃을 올리며 연소하는 상태가 그칠 때까지 시간은 20초 이내
② 불꽃을 제거한 때부터 불꽃을 올리지 아니하고 연소하는 상태가 그칠 때까지 시간은 30초 이내
③ 탄화한 면적은 50㎠ 이내, 탄화한 길이는 30㎝ 이내
④ 불꽃에 의해 완전히 녹을 때까지 불꽃의 접촉 횟수는 3회 이상

02 방염공사에 대한 내용 중 옳지 않은 것은?

① 방염처리 할 때 하도용은 5~30°, 습도는 85% 이내, 상도용은 온도 5~30°, 습도 65% 이내를 유지한다.
② 목재의 방염처리는 목재 방염재의 품질과 종별, 용도는 특기시방서에 따라야 하며 지정한 내용이 없을 경우 2종으로 처리한다.
③ 화재 시 가연성 물질의 인화, 연소를 방지나 지연하기 위해 마감재의 표면에 방습성능이 있는 물질로 처리하는 것이다.
④ 방염의 기준은 소방법에서 정한 내용에 따라야 한다.

정답 및 해설

01 ③
탄화한 면적은 50㎠ 이내, 탄화한 길이는 20㎝ 이내(방염성능기준 제4조)

02 ②
목재의 방염처리는 목재 방염재의 품질과 종별, 용도는 특기시방서에 따라야 하며 지정한 내용이 없을 경우 3종으로 처리

03 방음공사에 대한 설명으로 가장 옳은 것은?

① 방음재료는 차음재료는 열에너지를 차단, 저지하는 효과가 있고, 전파음을 초기에 반사 또는 투과음이 적은 재료이다.
② 흡음 재료는 음을 반사할 목적으로 사용하며, 다공질 흡음재, 판상흡음재, 특수 흡음재가 있다.
③ 흡음천은 조직 구성상 흡음률이 0.25 이상인 천을 바탕재에 붙여서 큰 공간에서 나오는 공명현상을 제거하고 잔향시간을 조절해 실내음의 명료도를 높이는 효과가 있다.
④ 판상흡음재 벽 시공은 바탕처리, 흡음용 연질 섬유판 시공, 흡음용 구멍 섬유판 시공이 있다.

04 흡음과 단열이 우수하고 면 패턴이 다양해 사무공간의 천장에 많이 사용되는 것은?

① 암면 흡음 천장판 ② 흡음용 구멍 석고판
③ 흡음용 연질 섬유판 ④ 흡음천

05 흡음률이 0.25 이상인 천을 바탕재에 붙여서 공명현상을 제거하고 잔향시간을 조절해 실내음의 명료도를 높이는 효과가 있는 것은?

① 암면 흡음 천장판 ② 흡음용 구멍 석고판
③ 흡음용 연질 섬유판 ④ 흡음천

06 다음 중 단열공법이 아닌 것은?

① 충진공법 ② 붙임공법
③ 압착공법 ④ 뿜칠공법

정답 및 해설

03 ③
방음재료는 차음재료는 음에너지를 차단, 저지 하는 효과가 있고, 전파음을 초기에 반사 또는 투과음이 적은 재료이다. 흡음 재료는 음을 흡수할 목적으로 사용하며, 다공질 흡음재, 판상흡음재, 특수 흡음재가 있다. 판상흡음재 벽 시공은 바탕처리, 흡음용 연질 섬유판 시공, 흡음용 구멍 석고판시공이 있다.

04 ①
암면 흡음 천장판은 흡음과 단열이 우수하고 면 패턴이 다양해 사무공간의 천장에 많이 사용된다.

05 ④
흡음천은 조직 구성상 흡음률이 0.25 이상인 천을 바탕재에 붙여서 큰 공간에서 나오는 공명현상을 제거하고 잔향시간을 조절해 실내음의 명료도를 높이는 효과가 있다.

06 ③
단열공법에는 충진공법, 붙임공법, 주입공법, 뿜칠공법이 있다.

07 다음 중 단열공사가 빈틈이 있어 생기는 현상은?

① 결로현상 ② 보온현상
③ 절연현상 ④ 흡수현상

정답 및 해설

07 ①
단열공법에는 충진공법, 붙임공법, 주입공법, 뿜칠공법이 있다.

8 도장공사

1) 도장공사의 개요

마감면의 보호와 외관이나 내부의 변화, 열이나 전기의 전도성 조절, 생물의 부착 방지, 살균이나 음파의 반사 등 다양한 성능에 대한 목적으로 액체나 반고체의 도장 재료를 표면에 발라 피막을 형성하는 것이다. 따라서 도장공사는 건축과 실내건축공사의 마무리 공정으로 매우 중요한 공사이다.

① 도서 및 제출물

시공 전에 세부 품질기준, 배합 희석, 환경 조건, 바탕준비 상태 및 도장재 사용 시 유해물질에 대한 안전조치 내용이 포함된 제품 설명자료와 주요부분 도장에 대한 색상, 광택, 조직 등에 대한 견본을 제작해 승인을 얻어야 한다. 또한 제조업체가 제공하는 작업설명서를 제출해야 한다.

② 재료 준비

라벨은 붙어서 미개봉 상태로 반입되어야 하며 가연성 도료는 소화기와 소화기용 모래를 포함한 내화구조 또는 방화구조로 된 전용창고에 보관하고 '화기없음'이 표시되어야 한다. 페인트 재료는 환풍 시설이 있고 직사광선을 피하며 먼지가 나지 않는 곳에 보관하고 기온을 7~32°로 유지하고 사용설명서를 준수한다. 재료의 준비는 여유분을 준비하도록 해야 한다.

③ 작업공간 특성

기온 5° 이하, 35° 이상이거나 습도가 85% 이상일 경우, 바람이 강할 경우 작업을 진행하지 않는다. 칠은 얇게 막이 되도록 하고 충분히 건조 후 다음 작업을 하도록 한다. 라텍스 페인트는 시공 가능한 최저온도는 7°, 외부 10°이다. 바니시 페인트의 경우는 내외부 동일하게 18°이다. 작업 시 기후 조건은 온도 약 20°, 습도 약 75%가 가장 좋다.

(1) 도장공사 종류 및 역할

① 도료성분에 따른 분류

페인트, 합성수지도료, 바니시 등으로 분류되고 페인트는 유성, 수성, 수지성페이트로, 특수페인트는 방청, 알루미늄, 내산, 내알칼리, 에나멜, 함석페인트로 구분되고, 바니시는 휘발성, 오일 바니시가 있으며, 이외에도 방화도료, 방부도료가 있다.

② 실내건축공사에 사용되는 도장재료

- 투명도료로는 희석제로 알코올을 사용하는 셀락바니시, 우드실러가 있고 희석제로 래커신너를 사용하는 클리어 래커, 하이솔리드 클리어 래커, 아크릴 수지 클리오 래커가 있으며, 희석제로 테레핀유를 사용하는 옻칠이 있다.
- 불투명도료로는 희석제를 보일유로 사용하는 조합페인트, 신너를 사용하는 합성수지페이트, 전용신너를 사용하는 염화비닐 수지도료, 아크릴수지도료, 에폭시수지도료가 있다. 희석제로 물을 사용하는 에폭시수지에멀전도료, 다채무늬도료가 있다.

③ 바탕용재료

퍼티계열에 도장용퍼티, 징크퍼티, 석고판용 조인트 처리재가 있으며, 바탕용도료에는 오일 프라이머, 래커 샌딩 실러, 래커 프라이머, 우드 실러, 에칭 프라이머가 있다.

(2) 도장바탕 만들기

- 목부바탕을 만들기 위해서는 못을 제거하지 못했을 땐 깊이 박고 정크퍼티 처리를 한다. 유분은 휘발유 또는 벤졸 등으로 닦아내고 송진은 긁고 휘발유로 닦는다. 표면의 대패자국이나 엇결 등은 연마지닦기를 하고 구멍이나 균열에는 목재 눈먹임용 퍼티로 평평하게 하고 24시간 방치하도록 한다.
- 철부바탕은 표면을 깨끗하게 닦고 용접이나 리벳접합부분 등의 부분은 스크레이퍼, 와이어브러시, 내수연마지 등을 사용해 제거하며 유분이 묻은 곳은 휘발유, 벤졸 솔벤트 등으로 닦아낸다. 또는 비눗물로 씻어주고 더운물로 다시 씻어 건조시킨다. 녹 떨기를 한 후에는 에칭 프라이머를 1회 얇게 바른 후 3시간 이상 방치하도록 한다.
- 콘크리트, 모르타르, 플라스터의 바탕은 충분히 건조 후 깨끗하게 정리한다. 구멍 등은 바탕조정용 퍼티를 사용해 메우고 충분히 건조하면 #120 연마지로 닦아 평평하게 한다.

(3) 도장재료 별 공정

① 칠공법

솔 칠, 롤러 칠, 뿜칠 공법이 있으며 수성페인트는 바탕처리를 퍼티－연마지 닦기－퍼티－연마지 닦기 순으로 2번 반복하여 고르게 하며 바탕처리용 도료로 바탕누름을 하고 초벌칠 후 5시간 건조한다. 이후 #120-180 연마지로 닦고 재벌칠을 한다.

재벌칠 후 필요하다면 연마지 닦기를 한다. 이후 정벌칠을 하여 마무리 한다. 합성수지 에멀전페인트는 바탕누름 후 석고보드, 섬유판 등 흡수성이 심한 바탕면은 5시간 이상 건조시키고 초벌칠 후 5시간 이상 건조시킨다. #120-180 연마지로 닦고 재벌칠을 한 후 필요하다면 연마지로 다시 닦는다. 이후 정벌칠을 하여 마무리한다.

② 목부에 에나멜페인트칠 공정

#120 연마지 닦기－초벌칠 후 48시간 이상 건조－#160-180 연마지 닦기－퍼티먹임 후 24시간 이상 건조－물갈기－재벌칠 1회 후 12시간 이상 건조－연마지물갈기(내수용 #320-400)－재벌칠 2회 후 24시간 이상 건조－연마지물갈기(내수용#400)－정벌칠로 마무리한다. 철부에 에나멜페인트칠의 공정은 녹막이칠 1회 후 48시간 이상 건조－#160연마지 닦기－녹막이 2회 후 48시간 이상 건조－#160-180 연마지 닦기－퍼티먹임 후 24시간이상 건조－물갈기－재벌칠 1회 후 24시간 이상 건조하기－연마지물갈기(내수용#240)－재벌칠 2회 후 24시간 이상 건조－연마지물갈기(내수용 #280-400)－정벌칠로 마무리한다.

③ 철부에 은색에나멜페인트 공정

초벌칠 공정으로 녹막이칠을 한 후 48시간 이상 건조－퍼티먹임 후 48시간 이상 건조－#160-180 연마지 닦기－재벌칠 후 24시간 이상 건조－정벌칠로 마무리한다. 철부 알루미늄페인트칠 공정은 초벌칠 1회 공정으로 녹막이칠 1회를 실시 후 48시간 이상 건조－#160-180 연마지 닦기－초벌칠 2회 공정으로 목막이칠 2회를 실시하고 48시간 이상 건조－퍼티먹임 후 48시간 이상 건조－#160-180 연마지 닦기－재벌칠 후 24시간 이상 건조－정벌칠로 마무리한다.

④ 목부에 래커에나멜 뿜칠의 공정

합성수지에멀전 퍼티 후 24시간 이상 건조 －#220-400 연마지 닦기－초벌 1회 후 3시간 이상 건조－초벌질 2회 후 3시간 이상 건조－재벌칠 후 24시간 이상 건조－정벌칠로 마무리한다.

⑤ 롤러무늬 마무리 칠

시멘트 스터코 칠, 시멘트계 롤러무늬 마무리칠, 합성수지계 롤러무늬 마무리칠이 있고 공정은 밑바탕 후 1시간 이상 건조－무늬형성재칠 후 1시간 이내 무늬넣기－무늬롤러와 무늬 넣은 후 24시간 이상 건조한다.

⑥ 아모코트 도장

평평한 면과 구부러진 곡면에도 사용가능한 흙손 마감 작업이다. 대리석 분말과 석회, 천연안료, 오일과 왁스 등의 재료로 만들어 다양한 색상 표현이 가능하다.

⑦ 안티코 스터코 도장

헤라로 반복하여 칠하여 입체감과 변화감을 주는 데코레이션 기능의 도장으로 시공 전 프라이머를 시공하며 습하거나 5도 이하에서는 시공을 하지 않는다. 1차 코팅 후 6시간 정도 건조-2차 코팅 후 6시간 정도 건조-3차 코팅을 한다.

기출 및 예상 문제

8. 도장공사

01 다음은 특수 도장 기법에 대한 보기 중 나무결을 살리는 기법(grained wood)이다. 순서에 맞게 서술된 것은? 공인2회

> ㄱ. 밑바탕의 나무결을 잘 드러나게 하기 위해 마른 오일 바탕의 칠(dry oil-based glazed)을 수직으로 한다.
> ㄴ. 붓자국을 없애기 위해 무명천으로 나무결을 따라 두드리고 문지른다.
> ㄷ. 나무결을 따라 수직으로 내리면 타원형의 옹이들이 나타난다.
> ㄹ. 긴 붓으로 부드럽게 수직 방향으로 펼쳐 나간다.
> ㅁ. 나무결의 아름다움이 나타난 마감된 상태
> ㅂ. 작업에 사용되는 연장으로 작업을 마무리함.

① ㄱ－ㄴ－ㄷ－ㄹ－ㅁ－ㅂ　　② ㄱ－ㄴ－ㄹ－ㄷ－ㅁ－ㅂ
③ ㄴ－ㄱ－ㄷ－ㄹ－ㅁ－ㅂ　　④ ㄴ－ㄱ－ㄷ－ㄹ－ㅂ－ㅁ

02 다음의 도장공사에 대한 설명 중 바른 것을 고르시오. 제13회, 제17회, 공인3회

① 실내 벽체에 무광 락카 스프레이 도장을 할 때 도장면의 오염을 방지하기 위하여 모든 창문과 문을 꼭 닫아서 바람의 흐름을 막아야 한다.
② 도장공사는 맑은 날 시행한다.
③ 롤러로 도장하면 작업이 간편하고 기구 다루기도 편리하여 구석진 부분까지 골고루 칠하는 데 유리하다.
④ 도장면의 한쪽 끝에서 시작하여 한 번 도장이 끝나면, 바로 즉시 처음으로 돌아와서 도장하여 피막이 일체가 될 수 있도록 시공하여야 한다.

정답 및 해설

01 ①
바탕칠 후 연마질과 2회 도장의 공정으로 진행

03 도장공사의 목재면 바탕 만들기에 대한 설명이다. 옳지 않은 것은? 공인3회

① 표면에 돌출되고, 녹이 슬 우려가 있는 못은 펀치로 친 후 토분으로 채운다.
② 송진이 많은 부분은 인두로 가열하여 녹아 나오게 한 후 휘발유로 닦아낸다.
③ 목재의 틈, 구멍, 이음새 등은 톱밥을 사용하여 표면을 평탄하게 한다.
④ 목재바탕이 찍혀 있을 경우에는 연마지로 표면을 평활하게 한다.

04 도장공사 시 유의사항으로 맞지 않은 것은? 제17회, 공인5회

① 도장공사는 맑은 날 시행한다.
② 도장 시작 전 소지(표면)처리를 잘 한다.
③ 겹도장은 잘 건조된 후 시행한다.
④ 작업 시 창문을 닫고 냄새가 새어 나가지 않도록 한다.

05 다음 중 수성페인트의 특성이 아닌 것을 선택하시오? 제17회

① 일반적으로 철재의 도료로 사용한다.
② 물을 용재로 사용하며 유기질, 무기질, 에멀전 수성페인트가 있다.
③ 가격은 저렴하나 장시간 후 탈락 우려가 있다.
④ 시공이 간단하고 건조가 빠르다.

06 도장공사의 분체도장 공법에 대한 설명으로 옳지 않은 것은? 제19회

① 분체도장은 주로 유성페인트 도장 시 사용된다.
② 분체도장 특성상 문, 문틀, 가구 등의 규격재의 표면을 칠하는 데 유리하다.
③ 도장표면 강도가 강하여 내구성을 요하는 곳에 사용되는 공법이다.
④ 분체도장은 특성상 천장과 벽면 등 넓은 면적을 칠하는 데 유리하다.

정답 및 해설

02 ②
도장공사는 습기가 많거나 너무 춥거나 더운 경우 작업이 어렵다.

03 ③
목재의 틈, 구멍, 이음새 등은 퍼티를 사용하여 표면을 평탄하게 한다.

04 ④
환기가 되어야 한다.

05 ①
철재도료는 유성페인트

06 ④
분체도장은 철재용으로 주로 사용

07 드라이비트(Dry-vit) 시공 시 주의사항에 대한 설명으로 올바른 것은? 제19회

① 보수 공사 시에는 기존 벽체의 바탕면을 깨끗하게 청소해야 하며, 필요시 프라이머를 사용하여 벽면에 완전 흡수, 일치하게 하여 표면을 강화시킨다.
② 시공이 어렵고 비용이 많이 든다.
③ 별도의 마감재료가 필요하다.
④ 혼합된 접착제는 2시간 이내에 사용하도록 한다.

08 뿜칠공법(Spray painting)의 설명으로 올바른 것은? 제7회, 제17회

① 뿜칠은 분무기(Spray gun)가 바탕면에 수직을 이루도록 하며 바탕면과의 거리는 900㎜ 정도가 떨어져 평행하게 이동한다.
② 뿜칠 폭은 약 30㎝ 정도로 하고 겹쳐지지 않도록 한다.
③ 분무기는 연속적으로 움직이게 하며, 사용되는 칠의 종류에 따라 노즐의 구경이 조정되어야 한다.
④ 수성페인트 도장에 주로 이 공법이 쓰인다.

정답 및 해설

07 ①
드라이비트가 마감재 역할을 하며 시공이 쉽고 비용이 적게 든다.

08 ③
수성페인트는 일반 칠하기나 롤러 공법으로 시공

9 수장공사

수장공사는 마감단계의 공사를 총칭하는 것으로 주로 벽면이나 천장면에 하는 도배공사나 인테리어 필름 공사와 바닥마감인 카펫, PVC 타일 시공, 액세스 플로어 시공 등이 포함된다.

1) 도배공사

(1) 도배공사의 개요

- 도배공사는 벽이나 천장면에 마감공사로 벽지로 시공하는 공사이다. 벽지는 소재에 따라 종이, 직물, 비닐, 목질계, 무기질 벽지로 구분되며 접착제를 사용하여 부착하는 것으로 접착면을 가지고 있는 것도 포함한다. 다른 재료에 비해 내구성이 약하고 오염되기 쉬워 이러한 기능을 보완할 수 있는 기능이 있는 벽지들이 개발 및 시판되고 있다.
- 공사 전 벽 입면상세도(벽지나누기 포함), 제품설명자료(벽지와 접착제), 견본(300×300㎜)－승인용, 시험보고서, 시공 시 주의점 등이 필요하다. ASTM E 84, NFPA 244으로 시험하여 방염 25, 방연 50을 기준으로 한다.

(2) 도배공사 자재

- 초배지, 재배지(시방에 따라 필요시), 정배지(벽지), 접착재, 코너비드, 면처리용 필러, 프라이머와 실러 등이 필요하며, 초배지는 한지 또는 양지 등으로 벽지의 종류와 용도에 따라 선택한다. 정배지에는 종이벽지, 비닐벽지, 섬유벽지, 초경벽지, 목질계와 무기질 벽지 등이 있다.

(3) 벽지 시공 방법

- 도배지의 보관을 위해 온도를 4℃ 이상 유지해야 하며 공사 전부터 공사 후 48시간 후까지 16℃ 이상 온도를 유지해야 한다. 시공 순서는 바탕만들기－재단하기－접착재 처리하기－초배지 작업－정배작업－마무리하기이다.
- 바탕만들기

모르타르 면은 재벌이나 정벌바름으로 마무리하고 모서리 면 등은 코너비드로 처리하고 보양하도록 한다. 석고보드나 합판 등의 이음새 등은 틈이 없도록 하고 맞대어 못질이나 접착제로 고정한다. 돌출이나 요철부분은 쇠헤라 등으로 제거하고 움푹

파인 홈은 전용 핸디나 석고 등으로 채우고 연마지를 사용해 평평하게 한다.

• 재단하기

모두 갓둘레를 일정하게 재단하며 색상과 무의가 잘 맞게 마름질하여 재단한다. 이대 제품의 이색이나 오염, 얼룩 등을 확인하며 진행한다.

• 접착제(풀칠)처리하기

바탕면에 묽은 풀칠을 한 후 초배지를 부착한다. 창문살에 먼저 풀먹임을 하여 종이 부착이 잘되도록 한다.

• 초배지작업하기

벽지 전체를 한 장처럼 느껴지도록 풀칠작업을 하고 도배지 끝선과 바탕면의 요철이 안 보이게 평활하게 한다. 초배지에 전체 풀칠하는 약식초배는 실크벽지 시공시에는 사용하지 않는다. 기둥초배는 벽지의 연결부위를 벽에서 띄워서 도배지 끝선을 보강하는 위한 방법이다. 벽지전체가 벽에서 뜨게 하는 공법으로 봉투바름 등이 있다. 레자 벽지의 경우 바탕면을 모두 퍼티로 처리하고 면을 연마지로 평평하게 하고 이후 전체 풀칠로 1회 초배를 발라 면을 평평하게 한다.

• 접착제(풀칠)처리하기

벽지에 풀칠을 위해서는 주변을 정리하고 최소 폭 3m×길이 4m 이상 공간이 필요합니다. 부분 풀칠과 전면 풀칠 방법이 있으며 전면 풀칠은 벽지 전면에 풀을 칠하는 방식이며 부분 풀칠은 벽지의 둘레 부분은 6~10㎝ 폭을 풀칠하고 안쪽은 물칠을 하는 것이다.

• 정배작업하기

음영이 생기지 않는 방향으로 진행하고 표면에 헝겊이나 솔 등으로 문질러서 주름이 생기거나 들뜨지 않도록 하고 갓둘레는 밀착시키도록 한다.

• 마무리하기

작업 마무리 후 하자 및 품질 보존을 위해 벽지 부착한 주변 몰딩, 등박스, 도배지 끝선, 가구 등에 있는 풀칠 및 풀자국을 닦도록 한다. 접착면을 다시 확인하고 색이 다른 것이 없는지 확인한다. 직사광선이나 통풍이 없고 건조, 균열, 늘어딥, 퇴색 등 오염되지 않도록 한다. 이음매가 벌어진 곳이 없는지 확인하고 이음에는 롤러 등으로 사용해 충분히 문질러서 부착이 견고하게 한다.

2) 인테리어 필름 공사

(1) 인테리어 필름 공사의 개요

• 일종의 합성수지 제품으로 한쪽 면에는 접착면이 있어 필요한 마감 부위에 재단하여 붙이면 된다. 충격이나 마찰, 스크래치, 접촉면 들뜸 등의 단점이 있으

나 작업과 유지관리가 쉽고 작업기간이 짧은 장점이 있다. 목재, 스틸, 유리 등의 마감 위에 시공이 가능하고 다양한 패턴으로 분위기 연출이 가능하다.

- 두께는 0.2~0.5㎜ 정도이고 폭은 910~1,220㎜로 50㎝를 1롤로 생산되며 각 업체별로 패턴이 상이하고 다채롭다.

(2) 인테리어 필름 시공

- 시공은 바탕면 정리하기(전기스위치, 콘센트 등 부착물 제거하기)－모서리나 끝부분 프라이머 도포하기－재단하기(1~3㎝ 여유)－시트 뒷면 접착면을 10㎝ 정도 만들기－부분접착면을 부착 후 나머지 종이 제거하기－헤라를 이용해 기포가 생기지 않게 밀어서 부착하기 순으로 한다. 바탕면이 내수성이 있는 바탕면은 비누성분의 물을 뿌리고 필림 부착하여 기포와 수분제거를 위해 헤라를 이용하여 마무리 한다.
- 작업이 어려운 곳은 필름을 열풍기로 부드럽게 한 후 부착하도록 하며 기포가 생긴 곳은 칼집을 작게 내어 기포를 제거하고 필름을 압착하도록 한다.
- 시공 전후 상온을 유지하도록 하고 오염방지를 위한 보양을 하도록 한다.

3) 카펫시공

(1) 카펫시공의 개요

- 카펫은 실로 직조한 바닥재료로 양털, 레이온, 아크릴 등으로 직조하여 흡음효과와 보온효과가 우수한 재료이다. 색채, 무늬 등이 다양하고 아름다우며 고급스러운 마감재료에 속한다. 천연의 소재로 직접 손으로 짠 수직물과 아크릴, 나일론, 합성섬유 등으로 기계로 짠 기계직으로 분류된다. 또한 작업 방식과 소재의 형태에 따라 타일 카펫, 롤 카펫으로 분류되고 전체가 아닌 일부분에 까는 러그 형태도 있다.

(2) 카펫시공방법

- 카펫시공 전 자재를 입고하여 2~3일간 현장에 보관하고 시공 후 24시간 동안은 온도가 20℃ 이상이어야 한다. 부속자재는 접착제, 부자재, 쿠션재, 클리퍼, 바닥필러, 베이스캡, 계단 논슬립 등이 필요하다. 롤카펫은 제품 보관 시 길이방향으로 눕혀 보관하고 적재 하지 않는다. 시공 시 순서대로 사용할 수 있도록 보관하고 카펫이 공기의 온도에 적응시키도록 한다. 바탕은 평활도가 2㎜ 이내, 콘크리트 함수율 7% 이하로 건조상태인지, 먼지나 알칼리, 탄소성분 등을 검사

한다. 바탕면의 돌출부위 제거하고, 틈새, 조인트 등은 바탕 필러로 메워 평평하게 하고 필러가 양생될 때까지 보행을 금지한다. 이후 깨끗하게 청소해 준다.

- **카페타일 시공** : 시공 전 바닥 정리–제품 확인 및 중심선 설치–접착제 도포–시공 및 벽면 재단–유지관리 순으로 한다.
- **롤카펫 시공** : 시공 방법으로 그리퍼 공법이나 접착제 공법을 사용한다. 그리퍼 공법은 면적인 작은 경우, 카펫 설치를 할 공간 주변에 고정할 그리퍼를 설치하여 카펫을 끌어당기며 고정하는 방식이다. 접착제 공법은 공간의 면적이 넓고 보행량이 많은 공간에 바닥면 전면에 접착제를 도포 후 카펫을 부착하는 방법이다.
- **보양** : 설치 완료 후 1차 비닐로 보양하고 2차 보양재로 연결하여 보양테이프로 밀봉한다.
- 다른 공정이 있을 경우 합판으로 보양하여 보호하도록 한다.

4) 수장 바닥재 시공

(1) 수장 바닥재 시공 개요 및 방법

- 내부 마감재로 쓰이는 PVC 바닥재, 럭스트롱, 데코타일, 전도성 타일, 마모륨 등의 바닥재를 모두 수장 바닥재라 한다.
- 바닥에 오염물질을 다 제거하고 흙, 먼지 등이 없도록 청소한다. 바탕면 습도는 4.5% 이내 건조 상태로 균열이나 파인부분은 충진재로 평탄하게 한다. 접착재를 바를 때는 바탕면에 고르게 펼쳐 바르는 온통바름으로 평활하게 한다.
- 시공 시 실내온도는 20℃ 이상으로 하고 만약 20℃ 이하의 경우는 난방을 실시하고 시공하도록 한다. 타일 형태의 자재 부착 시에는 접착제를 바탕 전면에 고르게 바르고 약간 끈적일 때 기준선부터 부착해 나간다.

기출 및 예상 문제

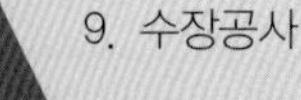

01 도배공사의 시공상 주의사항에 관한 설명으로 옳은 것은? 제15회, 제17회, 공인3회

① 초배지의 경우 이음매 겹침은 없고, 이음은 엇갈리게 봉투붙임으로 한다.
② 정배지는 무늬, 색상 등을 맞추어 마름질 한 후 밀실한 시공을 한다.
③ 조인트 퍼티를 한 석고보드 위에 직접 도배할 때는 초배를 하지 않는다.
④ 천장고가 높은 경우는 위에서 아래로 붙이는 것을 원칙으로 한다.

02 도배공사의 순서로 바르게 연결된 것은? 제1회, 제8회, 제9회, 제17회, 공인4회

① 바탕 만들기－재단 및 바탕면 풀칠하기－정배지 바르기－초배지 바르기－장판 바르기
② 바탕 만들기－재단 및 바탕면 풀칠하기－초배지 바르기－정배지 바르기－장판 바르기
③ 바탕 만들기－재단 및 바탕면 풀칠하기－초배지 바르기－장판 바르기－정배지 바르기
④ 바탕 만들기－재단 및 바탕면 풀칠하기－정배지 바르기－초배지 바르기－장판 바르기

03 PVC 타일 등 수장 바닥재 시공 시 실내온도의 기준은?

① 10　　② 15　　③ 20　　④ 25

정답 및 해설

01 ②
초배지의 경우 이음매 겹침이 6~15㎜ 있고, 이음은 엇갈리게 봉투붙임으로 한다. 조인트 부분은 퍼티 후 면을 갈고 초배를 한다. 천장고가 높을 때는 아래에서 위로 붙인다.

02 ②
바탕 만들기－재단 및 바탕면 풀칠하기－초배지 바르기－정배지 바르기－장판 바르기

04 도배공사에 대한 설명 중에서 바르지 <u>못한</u> 설명을 고르시오? 제19회

① 벽면이 울퉁불퉁한 곳은 공간초배(봉투붙임)를 하면 어느 정도 바로 잡을 수 있다.
② 정배지를 바를 때 천장은 방의 입구에서 안쪽으로 발라 간다.
③ 정배지는 종이 크기에 따라 나누어보고 색상과 무늬를 맞추어 마름질 한다.
④ 정배는 천장을 먼저 바르고 벽을 다음으로 바른다.

05 아래의 수장공사의 설명에 해당하는 것은? 제15회, 제17회

모르타르 미장 바탕에는 재벌이나 정벌바름으로 마무리하고, 꺾어지는 면은 각을 정확하게 하여 미끈하게 한다.

① 풀칠하기 ② 초배 지바르기
③ 정배 바르기 ④ 바탕 만들기

06 실내 건축공사에서 최종 마감작업 단계를 통칭하는 용어는? 공인3회

① 수장 공사 ② 도장 공사
③ 마감 공사 ④ 손보기 공사

07 인테리어 필름을 부착할 때 기포나 들뜸 방지를 위해 필름 부착 시 사용하는 도구는?

① 접착제 ② 헤라
③ 칼 ④ 연마지

정답 및 해설

03 ③
시공 시 실내온도는 20℃ 이상을 기준으로 하며 20℃ 이하의 경우는 난방 후 붙여야 한다.

04 ②
정배지를 바를 때 천장은 방의 안쪽에서 입구 쪽으로 발라 간다.

05 ④
바탕 만들기 단계에 모르타르 미장 바탕에는 재벌이나 정벌바름으로 마무리하고, 꺾어지는 면은 각을 정확하게 하여 미끈하게 한다.

06 ①
실내건축공사의 마감단계 작업을 수장공사라 한다.

07 ②
가포, 주름 등을 방지하기 위해 헤라를 사용하여 한다.

08 카펫 깔기 전에 처리해야할 작업 중 옳은 것은?

① 카펫시공 전 자재는 입고한 후 바로 작업하도록 한다.
② 시공 후 24시간 동안은 온도가 낮아도 된다.
③ 롤카펫은 제품 보관 시 길이방향으로 세워서 보관한다.
④ 바탕은 평활도가 2㎜ 이내, 콘크리트 함수율 7% 이하로 건조상태인지, 먼지나 알칼리, 탄소 성분 등을 검사한다.

09 액세스플로어(access floor)공사에 대한 설명으로 옳지 않은 것은? 제19회

① 배관, 배선 등이 벽면으로부터 노출되지 않아 깔끔하며, 교체작업에도 편리하다.
② 배관이나 배선이 많은 기계실, 전산실 등에는 시공하기 어렵다.
③ 바닥 구조체에서 특수 제작된 지지철물, 경량철골 프레임 등을 이용하여 25~45㎝ 정도의 공간을 두고 시공한다.
④ 바닥마감재와 콘센트 등이 일체화된 시스템 박스를 설치하여 마감하는 방법이다.

10 다음은 무엇을 설명한 것인가? 제17회

일반적으로 창문에 느슨하게 걸려있는 무거운 커튼을 말하며, 주로 화려하고, 클래식한 분위기를 연출하는 장식적 목적으로 이용한다. 주름이 많이 잡힌 두꺼운 천을 사용하므로 차광성, 방음 및 보온성이 뛰어나다.

① 글라스 커튼(Glass curtain)
② 밸런스(Valance)
③ 코니스(Cornice)
④ 드레이퍼리(Drapery)

제1장 실내계획
제2장 실내환경
제3장 실내시공
제4장 실내구조 및 법규

정답 및 해설

08 ④
카펫시공 전 자재는 입고하여 2~3일간 현장에 보관하고 시공 후 24시간 동안은 온도가 20℃ 이상이어야 한다. 롤카펫은 제품 보관 시 길이방향으로 눕혀 보관하고 적재 하지 않는다. 시공 시 순서대로 사용할 수 있도록 하고 카펫이 공기의 온도에 적응시키도록 한다. 바탕은 평활도가 2㎜ 이내, 콘크리트 함수율 7% 이하로 건조상태인지, 먼지나 알칼리, 탄소성분 등을 검사합니다.

09 ②
배관이나 배선이 많은 기계실, 전산실 등에 주로 시공한다.

10 ④
코니스와 밸런스는 건축화조명의 명칭이다. 주름이 많이 잡히는 두꺼운 천을 사용하는 것은 드레이퍼리이다.

10 설비공사

1) 위생설비

- 위생설비는 화장실, 부엌 등 위생기구를 설치하는 공사로, 급배수 및 급탕설비가 있는 곳에 위생기구를 설치하는 것이다. 위생기구 설치기준을 보면 샤워기는 1,870㎜(바닥면-샤워헤드)이고, 소변기 530㎜(바닥면-리브의 상단), 세면기 720㎜, 대변기 앉는 면 365㎜, 주방 싱크대는 800~850㎜으로 바닥에서 기구의 넘치는 수면까지이다. 거울은 1,400~1,500㎜(바닥면에서 거울의 중심까지), 휴지걸이는 710㎜(양식 대변기 기준으로 바닥면에서 휴지걸이 중심까지), 타월걸이는 1,100㎜(바닥면에서 봉 중심까지)이다.

2) 급수 및 배수설비

(1) 급수 및 배수설비의 개요

- 급수설비는 상수나 지하수를 실내에 물을 공급하는 설비로 식수와 조리용인 상수용과 청소, 화장실 세척 및 정원용수로 사용하는 잡수용이 있다. 배수설비는 세면기, 변기나 욕조, 드레인, 싱크 등에서 물을 사용한 후 나오는 오수를 배수하여 정화조 또는 하수도까지 배출하는 설비이다. 또한 배관 내에서 발생하는 악취가 나지 않도록 하는 설비도 포함된다.
- 배관은 용도별로 소화관(스프링쿨러), 급수관(냉수와 온수), 오수관, 증기관, 환탕관 등이 있는데 이 관들은 대부분 단열을 위해 커버를 씌우고 시방서의 기준으로 비닐테이프 색별로 감싸는 데 일반적으로는 스피링쿨러나 온수의 경우 빨간색, 급수 또는 냉수를 파란색, 환탕관은 노란색, 증기관은 흰색, 오수관은 검정색으로 한다. 오수관은 주철제관의 경우, 단열커버 없이 검정색 페인트를 칠한다.
- 배관의 재질은 용도별로 급수, 급탕관은 동관이나 스테인리스관이며, 배수와 오수관은 주철관, PVC관, 통기관은 강관이나 PVC관으로 한다.
- 밸브는 급수와 급탕의 유량을 조절하는 슬루스 밸브, 급수와 급탕 배관의 일부에 한 방향으로 흐르게 하는 체크밸브, 변기의 세정에 쓰이는 것으로 일정량의 물이 한꺼번에 나왔다가 서서히 자동으로 잠기게 되는 플러시 밸브 등이 있다.

(2) 급수 및 배수설비의 시공

① 급수설비 배관공사

상향급수 배관방식과 하향급수 배관방식은 각각 진행방향에 따라 올라가거나 내려가는 기울기를 적용하고 균일한 구배로 배관한다. 공기빼기 밸브는 공기가 생기는 부분에, 구경 25mm 이상의 드레인밸브는 물이 고이는 부분에 설치한다. 주배관의 보수와 관리를 위해 플랜지 이음쇠로 접속하고 관경이 50㎜ 이하일 경우 유니온을 사용하기도 한다. 급수관은 배수관 위에 매설, 수평간격은 500㎜ 이상으로 한다. 밸브류는 보수관리가 용이한 곳에 설치하며 워터해머현상방지를 위해 배관에 에어챔버 등의 장치를 부착한다.

② 배수설비 배관공사

합류하는 경우 수평에 가까운 기울기인 45° 이내의 예각으로 한다. 연관을 구부릴 경우 원형을 유지하도록 하고 배수지관 연결을 하지 않도록 한다. 배수관은 2중 트랩은 사용하지 않고 배수 수평관에는 T형이나 크로스 이음쇠를 사용하지 않는다. 배수관 중간에 유니온이나 관형 플랜지를 사용하지 않고 배수관에 나사나 용접도 하지 말아야 한다. 동파방지를 위해 외벽에 설치하지 않고 워터해머 현상 방지를 위해 배관에 에어챔버 등의 장치를 부착한다.

3) 공기조화설비

(1) 공기조화설비의 개요

- 공기조화설비는 실의 사용에 적합한 온도, 습도, 환기, 공기 청정 상태를 유지하기 위한 환기, 냉난방, 가습 등의 기능이 있는 설비를 설치하는 공사이다. 실내건축에서는 일반적으로 패키지 유닛과 덕트 등을 설치한다. 냉난방 시설은 각 실의 용도에 맞도록 설비한다. 냉난방을 위한 공기가 덕트를 통해 배출 또는 흡입된다. 덕트는 사각형 덕트공사가 일반적이며 취출구에 원형 덕트를 연결용으로 사용한다. 디퓨저는 라인디퓨저, 사각디퓨저, 원형 디퓨저, 에어바 디퓨저 등의 종류가 있다.

4) 바닥 파이프 온돌공사

(1) 파이프 온돌공사의 개요

- 전통의 온돌공사는 아궁이, 구들, 굴뚝시공으로 하였으나, 최근에 온돌공사의 방법은 파이프에 온수를 흘려보내 바닥을 난방하는 방법으로 효율적으로 온돌을 만들 수 있게 되었다. 바닥은 단열층, 받침재, 파이프, 마감 모르타르 순으로 시

공되며, 파이프의 종류는 스테인리스, 동, 합성수지 파이프 등이 있고 이중 스테인리스는 내식성과 강도, 온수의 흐름도 좋으나 비용이 비싸고, 동파이프는 스테인리스의 장점을 가지도 있으나 이음부의 접속 후에 이 부분에서 누수가 생기는 단점이 있다. 합성수지 파이프는 가장 경제적이고 시공이 쉬운 방법으로 이음부가 없이 연결되나 정확성이 떨어지는 단점이 있다.

(2) 파이프 온돌 시공방법

- 단열층은 기포콘크리트 또는 스트로폴 배관관을 까는 방법이 있고, 파이프 받침의 경우 받침목을 대거나, 클립바 또는 스트로폴 배관관을 까는 방법이 있다. 마무리층은 자갈을 펴고 마감모르타르를 하거나, 자갈층 없이 두껍게 마감모르타르를 하는 법, 자갈층 대신 모르타르를 펴고 판석 등으로 마무리하는 방법이 있다.
- 가장 일반적인 방법은 스티로폴 배관관 위에 합성수지 파이프로 시공하는 방법은 먼저 바닥 수평과 높이를 모르타르 또는 모래로 조정(문턱과의 높이를 80~85㎜가 되도록 하고 벽으로부터 5㎝ 간격을 둠)-스트로폴 배관관을 바닥에 배열-배관선에 따라 파이프가 꼬이거나 꺽이지 않도록 파이프 배관-배관 턱 높이로 1차 모르타르 깔기-메탈라스를 1차 모르타르 위에 깔기-마감모르타르 깔기-평평하게 미장하기-장판, 마루판, 대리석판 등으로 마감하기 순으로 진행한다.

5) 전기설비 및 소화설비

(1) 전기설비의 개요

- 전기설비는 전원, 전등, 전화와 인터넷, 인터폰 등을 장치하는 공사이다. 콘센트를 설치하는 전열공사와 조명기구와 스위치를 설치하는 공사가 있다.
- 전열공사 중 강전은 손에 닿을 경우 위험하며 가전제품, 컴퓨터, 사무용 기기 등에 이용되며, 약전은 손에 닿아도 지장 없는 전화단자, 인터넷과 TV 단자, 인터폰 단자 등에 이용된다.
- 전선관, 전선, 배선기구를 사용하며 화재, 감전 등의 안전사고를 예방하기 위해 신뢰성 있는 업체(전기사업면허업체 및 전기공사 자격증 소지자)가 시공해야 하며 사용되는 용품은 KS 제품으로 전기안전승인을 획득한 제품으로 사용해야 한다.

(2)전기설비 시공방법

- 실내배선 시 유의사항으로는 점검 및 전선교환이 가능하도록 하며, 모든 제품의 규격은 특기 시방에 따르면 KS 제품으로 한다. 조명기구 접속 및 슬래브에 매입박스는 플렉서블 파이프로 처리하며 접속은 커넥터를 사용해 고정한다. 풀박스 내부에 조명기구의 리드선과 전원선의 연결을 하도록 한다.
- 콘센트의 위치는 사무공간의 경우 벽길이 2m, 높이 30㎝로 하며, 주거공간은 벽길이 3.6m, 높이 30㎝로 하며, 설치위치, 개수 등은 실의 용도와 기능에 따라 도면에 근거하여 배치한다. 스위치는 높이 1.2m로 복도와 계단에는 2개소 이상 설치한다. 스위치, 콘센트의 종류는 특기시방을 따른다.
- 조명설치공사 중 실내 공간에 주로 많이 사용되는 다운라이트의 설치 방법을 보면 전선관(강재, PVC) 배관－전선인입－플렉서블 배관 설치－타공 전 먹줄치기－타공하기－전선과 전등 연결－전등 부착 순으로 진행하며 진행 후 스위치를 사용해 점등해 본다.

(3) 소화설비

- 소화설비는 화재발생 시 피난시설로 유도등, 비상조명등, 스프링클러, 옥내소화전, 소화기 비치, 감지기, 소방스피커 등이 있으며, 경보시설로 비상경보설비, 비상방송설비, 누전경보기, 자동화재탐지설비, 가스누설경보기 등이 있다.
- 옥내소화전은 4층 이상 건물의 경우 전체 층에 설치하고 수평거리 간격은 25m 이하로 한다. 스프링클러의 설치간격은 건물의 용도 및 구조에 따라 1.7~3.2m 이다. 열감지기는 1대당 내화구조 시 20㎡, 비내화구조는 15㎡가 경계이며, 연기감지기는 구조에 관계없이 150㎡이다. 유도등은 피난 시 보기 쉬운 장소에 설치하도록 한다.

기출 및 예상 문제

10. 설비공사

01 다음 중 위생기구의 설치 높이가 <u>아닌</u> 것은? 공인4회

① 소변기는 바닥 면에서 리브 상단까지 530㎜이다.
② 세면기는 바닥 면에서 기구의 넘치는 수면까지 600㎜이다.
③ 고정식 샤워기는 바닥 면에서 샤워헤드 설치 훅 중심까지 1,870㎜이다.
④ 핸드샤워기는 바닥 면에서 샤워헤드 설치 훅 중심까지 1,650㎜이다.

02 배수는 여러 가지 고형물이나 오수를 공공하수도나 정화조로 보내게 된다. 이때 위생 배관의 관경이 <u>잘못</u> 연결된 것은? 제17회, 공인5회

① 대변기 배수관경－75㎜　② 소변기 배수관경－40㎜
③ 세면기 배수관경－25㎜　④ 급·배수관의 수평 간격－500㎜ 이상

03 설비배관의 용도와 재질이 적합하지 <u>않은</u> 것은? 공인1회, 공인5회

① 경질비닐관 : 배수관, 급수관
② 동관 : 급탕관, 난방관
③ 주철관 : 오수관, 지중매설관
④ 스테인리스관 : 급수, 급탕, 냉온수관

정답 및 해설

01 ②
세면기는 바닥면에서 기구의 넘치는 수면까지 720㎜이다.

02 ③
위생기구의 배관에서 세면기의 배수 관경은 30㎜이다.

03 ①
경질비닐관은 배수관, 통기관으로 주로 사용된다. 급수관은 강관, 동관 스테인리스관이 사용된다.

04 설비공사에 사용되는 관의 용도별 재질이 옳게 연결된 것은? 공인3회

① 급수관 : 스테인리스 강관, 동관
② 오배수관 : 강관
③ 통기관 : 강관, 스테인리스 강관
④ 가스관, 소화관 : 주철관, PVC관

05 설비공사에 관한 설명 중 바르게 한 설명을 고르시오. 공인3회

① 실내공간에서의 배수설비는 주로 생활오수를 배수관에서 막히지 않게 하여 공공하수도나 정화조까지 보내는 설비이다. 이에 부수하여 발생하는 악취를 제거하기 위하여 설치하는 것이 그리스트랩이다.
② 오랫동안 사용하지 않는 욕실이나 세면대는 봉수가 파괴되어 실내에 악취가 확산되는 원인이다.
③ P.V.C. 파이프로 설치한 배수관은 설치가 용이하고 주철관보다 소음 발생이 적다.
④ 정화조의 환기구는 보기가 좋지 않으므로 건물 후면에 설치하는 것이 좋다.

06 공조설비 중 덕트 및 부속품 설명으로 적합하지 않는 것을 고르시오. 공인1회

① 덕트는 공기의 통로가 되는 설비이다.
② 풍량조절 댐퍼는 풍량을 조절하거나 폐쇄하기 위해 사용하는 부속품이다.
③ 방화 댐퍼는 덕트를 통해 다른 실로 화재가 확산되는 것을 막는 부속품이다.
④ 챔버는 자동 감지시스템이다.

07 다음 중 천장공사에서 천장에 부착되지 않아도 되는 것은? 제17회, 제19회, 공인4회

① 누전 경보기
② 스프링클러
③ 소방감지기
④ 공조용 디퓨저

정답 및 해설

04 ①
급수관은 스테인리스관, 동관을 사용한다.

05 ②
실내공간에서의 배수설비는 주로 생활오수를 배수관에서 막히지 않게 하여 공공하수도나 정화조까지 보내는 설비이다. 악취 차단을 위한 설치하는 것이 그리스트랩이다. 정화조 환기구는 냄새가 역류하는 것을 막기 위해 높이를 2m 위로 설치한다. 주철관이 PVC관보다 소음 발생이 적다.

06 ④
챔버는 공조기와 덕트의 접속부분, 취출구 직전에 설치하며, 기류안정과 소음 저감을 목적으로 사용되는 부속품이다.

07 ①
누전 경보기는 일반적으로 벽에 설치한다.

03 실내건축 재료

1 목재

1) 목재의 일반사항

(1) 장점

- 가볍고 가공이 용이하다.
- 비중에 비해 강도가 크다.
- 열전도율이 낮아 보온, 방한, 방서의 효과가 크다.
- 색채, 무늬 등 외관이 다양하고 미려하여 마감재와 가구재로 우수하다.
- 차음성 및 충격, 진동에 대한 흡수성이 크다.
- 산과 알칼리에 대한 저항성이 크다.

(2) 단점

- 가연성 재료로 화재에 약하다.
- 습기에 약하여 신축, 변형이 크다.
- 충해나 풍화로 인해 내구성이 약하다.

2) 목재의 성질

(1) 목재의 조직

- 수심과 수피 : 나무의 중심과 껍질부분을 의미한다.
- 나이테 : 나무를 가로방향으로 잘랐을 때 보이는 고리모양을 말하며 연륜이라고

도 한다. 계절변화에 따른 생장의 차이로 생성되는 것으로, 봄에서부터 여름에 생성되는 춘재와 늦여름부터 늦가을에 생성되는 추재로 구성된다. 춘재는 색상이 연하고 유연하며, 추재는 색상이 진하며 견고하다.

- **심재** : 목재의 횡단면 상 중심부에 위치한 색상이 진한 부분으로, 견고하고 함수율이 낮으며 변형이 적어 구조재로 많이 사용된다.
- **변재** : 목재의 횡단면 상 주변부에 위치한 색상이 연한 부분으로, 함수율이 높으며 건조수축 시 변형과 균열이 발생할 수 있고, 심재에 비해 강도가 약하다.

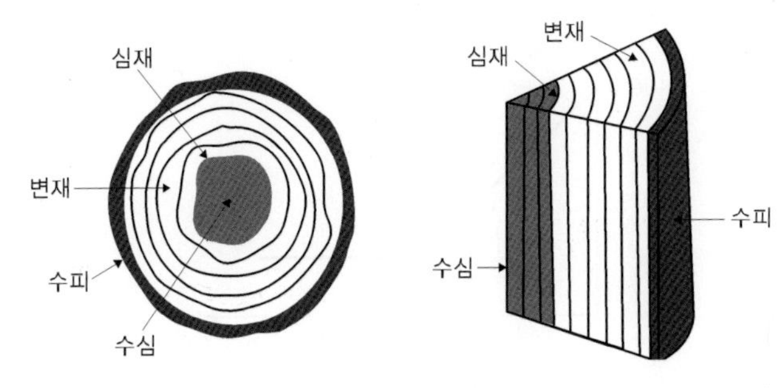

[그림 3-6] 목재의 조직

(2) 물리적 성질

① 함수율

함수율은 목재가 포함하고 있는 수분량으로, 함수율의 변화는 목재의 수축과 팽창, 강도에 영향을 미친다.

$$\text{함수율}(\%) = \frac{\text{건조전 중량} - \text{절대건조 시 중량}}{\text{절대건조 시 중량}} \times 100$$

② 단계별 함수율

섬유포화점을 경계로 목재의 강도에 변화가 생기며, 섬유포화점 이상에서는 강도의 변화가 없으나 섬유포화점 이하에서는 함수율이 낮아질수록 강도가 높아진다. 전건상태에서는 섬유포화점 강도의 3배로 증가한다.

〈표 3-3〉 목재의 단계별 함수율

상 태	정 의	함수율
섬유포화점	세포막 내부에는 수분이 포화되어 있고 세포 사이의 수분은 건조되어 있는 상태	30%
기건재	대기 중 습도와 평형을 이루고 있는 상태	15%
전건재	완전히 건조되어 세포사이와 세포막 내부의 수분이 없는 상태	0%

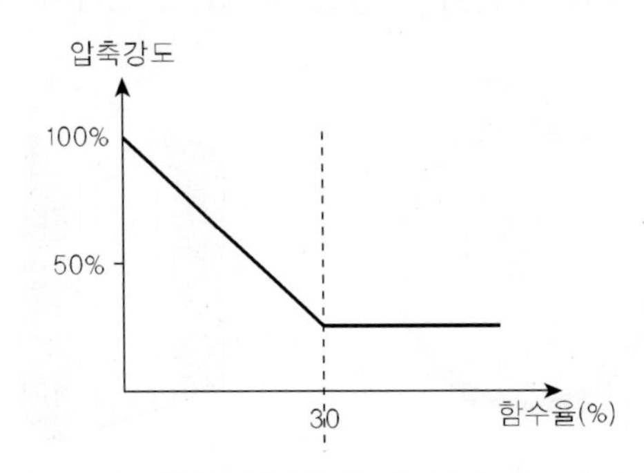

[그림 3-7] 목재의 함수율과 압축강도와의 관계

③ 수축과 팽창

- 목재는 함수율뿐 아니라 수종, 목재의 조직, 절단방향 등에 따라 수축 및 팽창률이 다르게 나타난다.
- 일반적으로 심재보다 변재가, 춘재보다 추재가 수축이 크다.
- 목재의 절단방향에 따른 수축률: 나이테 접선방향(널결, 촉)>반지름방향(곧은결, 직각)>줄기방향(섬유, 길이방향)

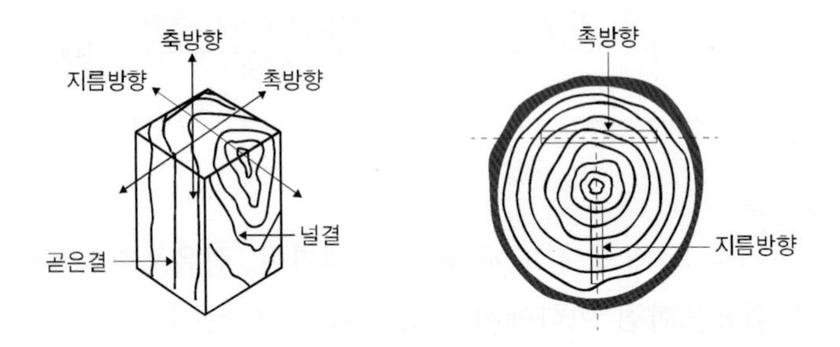

[그림 3-8] 목재의 방향에 따른 수축

④ 열전도

목재는 내부의 공극으로 인해 금속, 콘크리트, 유리 등의 재료에 비해 열전도율이 낮아서 보온, 방한에 효과적이다.

- **열전도율** : 콘크리트(1.2)>유리(0.9)>물(0.5)>목재(0.1)>공기(0.02)

(3) 역학적 성질

- 목재의 강도 순서 : 인장강도>휨강도>압축강도>전단강도
- 인장강도 : 목재를 잡아당겼을 때 외력에 대한 내부 저항을 말하며, 섬유방향의 인장강도가 직각방향(접선, 반지름 방향)의 인장강도보다 크다.
- 압축강도 : 목재를 압축했을 때 외력에 대한 내부 저항을 말하며, 섬유의 직각방향에 대한 압축강도가 낮은 편이다.
- 휨강도 : 목재를 휘거나 구부러지게 할 때 외력에 대한 내부 저항을 말하며, 휨강도는 압축강도의 1.75배이다. 옹이의 위치 및 크기에 따라 영향을 많이 받는다.
- 전단강도 : 부재의 축과 수직인 방향으로 자르려고 할 때 외력에 대한 내부 저항을 말하며, 목재는 섬유방향과 평행인 방향에서의 전단강도가 매우 낮은 편이다.

(4) 목재의 취급단위

목재의 길이단위는 푼(3㎜), 치(3㎝), 자(30㎝)를 사용하며, 체적단위로 입방미터(㎥), 사이(才) 등을 사용한다.

1사이(才)=1치×1치×12자(尺)

3) 목재의 수종

(1) 침엽수재

건조가 빠르고 비중 대비 강도가 커서 건축용 재료로 많이 쓰이며, 크고 긴 재료를 얻기 쉽다. 예) 소나무, 전나무, 삼나무, 잣나무 등

(2) 활엽수재

- 활엽수재 : 침엽수에 비해 다양한 문양을 가지며, 치장재, 가구재로 사용된다. 예. 참나무, 단풍나무, 밤나무, 떡갈나무 등

4) 가공목재의 종류

(1) 합판

- 얇은 단판을 층마다 섬유방향에 직교가 되도록 적층시켜 접착시킨 것이다.
- 3, 5, 7매 등의 홀수로 겹쳐서 만들며, 두께는 3, 6, 9, 12, 15, 18, 21, 24㎜로 생

산된다.
- 원목에 비해 강도가 크고, 뒤틀림과 신축의 변형이 적다.
- 곡면 가공이 가능하며, 넓은 단판을 얻을 수 있다.
- 코아합판 : 합판 내부를 단판 대신 목재로 하고 양면에 얇은 단판을 접착시킨 것으로, 블록보드라고도 불린다.

(2) MDF(Medium Density Fiber Board)

- 목재를 분쇄하여 섬유질을 추출한 후 접착제와 함께 열과 압력을 가하여 만든 판재이다.
- 가공이 용이하고, 뒤틀림 및 신축변형이 적으며, 가격이 저렴하다.
- 습기에 약하며, 합판에 비해 강도가 약하다.

(3) 파티클보드(PB, Particle Board)

- 목재의 작은 조각(Chip)을 원료로 하여 접착제를 첨가하여 열과 압력을 가하여 만든 판재이다.
- 방향에 따른 강도차이가 없으며, 가공이 용이하고 넓은 판을 얻을 수 있다.
- 단열 및 방음효과가 우수하다.

(4) 집성목

- 목재의 판재 및 각재를 섬유방향으로 평행하게 배열하여 접착시킨 것이다.
- 뒤틀림과 신축 변형이 적으며, 목재의 무늬를 유지할 수 있다.
- 구조재와 치장재로 활용된다.

(5) 코펜하겐 리브

- 두께 50㎜, 너비 100㎜의 긴 판의 표면에 자유곡면의 리브로 가공한 것이다.
- 장식 및 음향 효과를 위해 사용된다.

(6) 무늬목

- 원목을 종이처럼 얇게 가공한 것으로 주로 합판 등의 표면에 접착하여 사용한다.
- 천연 원목의 무늬와 질감, 색감을 표현할 수 있다.
- 가공이 까다롭고 가격이 비싸다.

(7) 마루판재

- **원목마루** : 천연 원목을 그대로 가공하여 사용한 것으로, 질감과 무늬, 색상이 뛰어나다. 수분에 의한 변형으로 관리가 어려우며 가격이 비싸다.
- **온돌마루** : 합판을 바탕재로 하고 그 위에 무늬목을 붙여 만든 마루판이다. 원목마루의 단점인 신축변형을 보완하여 나온 제품이다. 표면의 오염 및 긁힘, 찍힘 등에 약하다.
- **강화마루** : 목재의 섬유질을 압축한 HDF(High Density Fiber Board) 위에 표면판을 접착시킨 제품이다. 원목마루와 온돌마루에 비해 표면의 내마모성과 내구성이 좋으며 유지관리가 쉽다.

기출 및 예상 문제

1. 목재

01 보기 중 목재의 특성을 맞게 기술한 것은? 공인4회

ㄱ. 재료의 비중에 비하여 인장강도가 크며, 자중이 크다. ㄴ. 가공성과 시공성이 우수하다. ㄷ. 열전도율이 크고, 보온성, 방한성, 방서성, 흡음성 등이 우수하다. ㄹ. 가연성재료로 비내화적이다. ㅁ. 비내구적이며 보온성이 크다. ㅂ. 건조・습윤에 의해 수축, 팽창이 적다.

① ㄱ, ㄴ, ㄹ
② ㄴ, ㄹ, ㅁ
③ ㄷ, ㄹ, ㅁ
④ ㄹ, ㅁ, ㅂ

02 목재의 성질에 관한 설명 중 옳지 않은 것은? 공인5회

① 목재는 함수율이 적어질수록 수축하며, 강도는 증가한다.
② 목재는 평행방향에서 가장 강하며, 직각방향에서 가장 약하다.
③ 목재는 조직 중 공극이 있기 때문에 열전도율이 높은 편이다.
④ 경도는 마멸에 대한 내부저항이다.

정답 및 해설

01 ②

- 목재는 콘크리트나 조적조에 비하여 자중이 적은 편이다.
- 열전도율이 낮아 보온, 방한, 방서 효과가 크다.
- 목재는 습기에 약하며 건조에 따른 수축, 팽창이 크다.

02 ③

목재는 내부 공극으로 인해 열전도율이 낮아서 방안, 보온에 효과적이다.

03 다음 중 목재에 대한 설명으로 맞는 것은? 공인3회

① 목재는 일반적으로 수종, 추재와 춘재, 목재의 절단방향에 따라 수축률과 팽창률이 다르며 수축률의 크기는 줄기방향<나이테 접선방향<반지름 방향의 순이다.
② 열전도율은 조직 가운데 공극이 있기 때문에 비교적 낮은 편이다. 함수율과 비중이 증가할수록 열전도율은 작아진다.
③ 목재의 압축강도는 목재 섬유방향과 평행한 종방향이 큰 편이다.
④ 목재의 전단강도는 섬유방향과 평행인 것보다는 수직인 것이 더 작다.

04 목재의 함수에 관한 기술 중 <u>틀린</u> 것은? 공인1회

① 목재는 세포 수의 증감에는 팽창과 수축이 되지 않는다.
② 목재의 흡수는 곧은결 방향과 널결 방향은 거의 같고 목구면이 가장 크다.
③ 섬유 포화점의 함수율은 약 25~30%이고 이를 가정으로 하여 목재의 성질은 크게 변화된다.
④ 기건 상태의 함수율은 대기상태에 있는 목재의 평균 함수율을 말하며 평균 15%이다.

05 목재의 수축에 대한 기술 중 옳지 <u>않은</u> 것은? 제19회

① 목재는 함수율이 커질수록 수축한다.
② 목재의 수축은 무거운 목재일수록 크다.
③ 목재는 섬유방향으로 수축한다.
④ 목재의 수축은 축방향이 가장 적다.

정답 및 해설

03 ③
- 목재의 수축률의 크기는 줄기방향<반지름방향<나이테 접선방향 순이다.
- 함수율이 증가하면 공극이 작아지기 때문에 열전도율이 높아진다.
- 목재의 전단강도는 섬유방향과 평행인 방향에서의 전단강도가 매우 낮은 편이다.

04 ①
목재는 함수율뿐 아니라 세포수의 증감에 따라 수축과 팽창이 일어난다.

05 ①
목재는 섬유포화점 이상의 함수율에서는 수축과 팽창이 일어나지 않으나, 섬유포화점 이하의 함수율에서는 이와 비례하여 수축, 팽창한다.

06 목재를 기건 상태로 건조하였을 때 함수율은? 제18회

① 15% ② 25% ③ 40% ④ 50%

07 다음 중 목재의 취급단위에 대한 설명 중 틀린 것은? 제18회

① 목재의 취급단위는 체적(m^3 또는 l : 1,000㎤)으로 취급한다.
② 미국의 경우도 BF(Board Feet)라 하여 1인치 두께의 1평방피트(1인치×1피트×1피트)의 체적단위가 사용되고 있다.
③ 우리나라에서는 1재(1사이, 才)라 하여 1치(寸)×1치(寸)×10자(尺)의 체적단위가 사용되었으나 요즈음은 국제단위계인 SI단위계의 m^3를 사용하고 있다.
④ 합판 등 일정 두께가 정해진 판재의 경우에는 면적단위인 m^2를 사용하기도 한다.

08 합판의 특성이 아닌 것은? 공인1회

① 목재만이 갖는 특성을 살리면서 그의 결점을 개량시켜 제조한 제품이다.
② 원목에 비해 강도가 크며, 작은 목재로 너비가 넓은 판을 손쉽게 대량으로 생산할 수 있다.
③ 재료의 방향성이 보완되어 강도의 차이가 거의 없다.
④ 건조 공정 없이 바로 사용할 수 있는 장점이 있다.

09 다음은 어느 한 가공판재에 관한 설명이다. 이에 해당하는 것을 고르시오. 공인5회

> 목재를 얇은 판, 단판(veneer)으로 만들고 접착제를 사용하여 인접하는 층이 단판의 섬유방향에 서로 직교하도록 홀수로 적층하여 접착시키는 판이다.

① 합판 ② 파티클보드
③ MDF ④ OSB

정답 및 해설

06 ①
기건상태는 대기 중의 습도와 평형 상태를 말하며, 목재는 기건상태 시 15%의 함수율을 갖는다. 실내 장식 및 가구재는 일반적으로 10% 이하의 함수율을 보인다.

07 ③
1사이(才)=1치×1치×12자(尺)

08 ④
합판은 0.5~1.5㎜ 정도의 얇은 두께로 깎은 단판(Veneer)을 건조, 가공한 후에 적층시킨다.

09 ①
합판은 얇은 단판을 층마다 섬유방향에 직교가 되도록 적층시켜 접착시킨 것이다.

10 최근 실내(인테리어) 공사 시 정확한 마감이 요구되어 MDF의 사용이 증가하고 있다. MDF에 대한 설명 중 맞는 것은? 제18회

① 재질이 균질이다.
② 강도가 약한 편이다.
③ 변형이 적어 습기에 강하다.
④ 무늬목을 마감할 때 바탕으로 사용할 수 없다.

11 다음 중 가공목재의 특성이 아닌 것은? 제16회

① 각재란 두께가 60㎜ 이상이고, 너비는 두께의 3배 이상 또는 두께 및 너비가 75㎜ 이상인 것을 의미한다.
② 합판은 원목을 0.5~1.5㎜ 정도의 두께로 깎은 단판을 홀수로 적층시킨 제품이다.
③ MDF는 중밀도 섬유판을 의미한다.
④ 파티클보드는 목재의 남은 조각을 잘게 부수어 합성수지 접착제를 첨가하여 성형, 열압시켜 만든 것이다.

12 다음 중 가공목재에 대한 설명으로 맞지 않은 것은? 제19회

① 합판은 1장 이상의 단판을 홀수로 섬유방향이 직교하도록 접착제로 겹쳐서 붙여 만든 것이다.
② MDF(Medium Density Fiber Board)는 톱밥에 합성수지 접착제를 분무하고 열과 압력을 주어 접착시킨 목질판상제품이지만 목재의 특성인 방향성이 없고, 건조 공정없이 바로 사용할 수 있어, 습기에 강하고 일반 고정 못으로 시공이 용이하다.
③ 집성목은 목재를 일정한 크기의 각재로 켠 다음, 섬유방향을 서로 평행시켜 접착으로 집성한 것으로 원목에 비해 비틀림, 신축, 갈라짐 등 변형이 적다.
④ OSB(Oriented Strand Board)는 직사각형 모양의 얇은 나무조각을 서로 직각으로 겹쳐지게 배열하고 내수수지로 압착가공한 패널을 말한다.

정답 및 해설

10 ①
- MDF는 습기에 약하며 합판에 비해 강도가 약하다.
- 무늬목은 주로 합판의 표면에 접착하여 사용한다.

11 ①
각재는 두께가 60㎜ 미만이고, 너비는 두께의 3배 미만, 또는 두께 및 너비가 75㎜ 이상인 것을 의미한다.

12 ②
MDF는 습기에 약하며, 무게가 많이 나간다.

13 목재용 바닥재의 특성으로 맞지 않은 것은? 제16회

① 단단하면서 100% 건조된 것이어서 변질이 없어야 한다.
② 좋은 무늬와 결을 갖는 바닥재를 선택하는 것이 좋다.
③ 바닥재로 가장 좋다고 평가되는 나무는 단단하고 무늬가 다양한 느티나무 종류의 괴목이다.
④ 오동나무는 탄력성이 뛰어나 체육관이나 볼링장 바닥에 쓰이나 단점은 가격이 고가이다.

정답 및 해설

13 ④
오동나무는 활엽수로 가공이 쉽고 가벼우며 부드러운 촉감을 가지고 있으며, 주로 내장재 및 가구재로 사용된다.

2 석재

1) 석재의 일반사항

(1) 장점

- 압축강도가 크고 불연성 재료이다.
- 내구성, 내화학성, 내마모성이 크다.
- 종류가 다양하고 다양한 색조를 가진다.

(2) 단점

- 중량이 무겁고 인장강도가 약하다(인장강도는 압축강도의 1/10~1/20이다.).
- 큰 재를 얻기 어려우며, 가공성이 낮다.

2) 석재의 가공

- 혹두기 : 쇠메를 쳐서 석재의 표면을 대강 다듬는 가공법
- 정다듬 : 혹두기를 한 다음 정으로 쪼아 표면을 다듬는 가공법
- 도드락 다듬 : 정다듬을 한 후 도드락 망치로 표면을 좀더 부드럽게 만드는 것
- 잔다듬 : 정다듬 또는 도드락 다듬한 표면을 날망치로 일정한 방향으로 찍어서 다듬는 표면 가공법
- 화염처리(버너구이) : 고열의 불꽃을 쬐어서 석재 표면을 벗겨내는 마감법. 손다듬 중 잔다듬과 비슷한 마감의 형태를 보임.
- 물갈기 : 다듬기가 끝난 돌의 표면을 연마하는 것으로, 화강석, 대리석 등의 최종 마감법. 매끄럽고 정교한 면을 얻을 수 있음.

3) 석재의 분류

(1) 성인에 따른 분류

- 화성암 : 지구 내부에서 마그마가 냉각되어 굳어진 암석(화강암, 안산암, 현무암)
- 수성암 : 지표의 퇴적물이 기계적 또는 화학적 작용으로 물속에서 퇴적되어 생성된 암석. 연질이며 강도가 약한 편이다(점판암, 응회암, 석회석, 사암).
- 변성암 : 화성암 또는 수성암이 높은 열과 압력에 의해 변성된 암석(대리석, 사문암, 석면)

(2) 용도에 따른 분류

- 구조용 : 강도가 큰 화성암 종류가 구조용으로 사용된다.
- 마감용 : 강도는 약하지만, 색상과 패턴이 우수한 대리석(내장용)과 화강석(외장용)이 주로 사용된다.

(3) 형태에 따른 분류

- 각석 : 정방형 또는 장방형의 단면을 갖는 석재로, 장대석이라고도 한다. 주로 기초, 축벽, 계단 등에 사용된다.
- 판석 : 20㎜, 30㎜, 40㎜, 50㎜ 등 두께를 갖는 편평한 석재로, 실내건축에서 주로 쓰이는 형태이다.
- 견치석 : 사각뿔형의 석재로, 송곳니를 닮았다 하여 이름이 붙여졌다. 주로 건축용 석축에 사용된다.
- 사고석 : 주로 외벽이나 담장에 사용되는 15~20㎝ 크기의 입방체형 석재이다.
- 잡석 : 지름 20㎝ 정도로 깨어낸 막 생긴 돌로, 잡석다짐 시 사용된다.
- 호박돌 : 지름 20~30㎝ 정도의 호박모양처럼 둥글넓적한 큰 돌이다. 기둥 및 처마를 받치거나 실내조경의 장식용으로 사용된다.

4) 석재의 종류

(1) 화강암

- 대표적인 화성암으로 강도가 크고, 내구성 및 내마모성이 높다.
- 미려한 색감과 패턴을 갖고 있으며, 큰 재를 얻을 수 있다.
- 열에 약하다.
- 외장재, 내장재, 구조재 등 다양하게 사용된다.

(2) 사암

- 모래가 퇴적되어 생긴 수성암이다.
- 화강암보다 내화성과 흡수성은 크나 강도가 약하다.

(3) 점판암

- 퇴적된 점토가 압력과 열을 받아 변성된 암석이다.
- 천연 슬레이트라고 하며, 얇은 판으로 채취할 수 있다.

- 재질이 치밀하고 방수성이 높다.

(4) 대리석

- 석회암이 변성되어 만들어진 대표적인 변성암이다.
- 조직이 치밀하고 견고하며, 광택과 색상, 패턴이 아름답다.
- 산과 열에 약하고 내구성이 낮아 주로 내장재에 사용된다.

(5) 석회석

- 탄산칼슘을 주성분으로 하는 수성암으로, 라임스톤으로 알려져 있다.
- 치밀하고 견고하나, 내산 및 내화학성이 약하다.

(6) 현무암

- 화성암의 일종이며 지표면 가까이에서 용암이 빠르게 굳어져서 생성된 암석으로 검은색, 암회색을 띤다.

(7) 인조석

- 시멘트 또는 합성수지에 천연석 돌가루를 결합하여 만든 모조석이다.
- 천연석에 비해 강도는 낮으나, 다양한 색상과 크기를 얻을 수 있다.
- 테라조 : 대리석의 쇄석에 백색 시멘트를 혼합하여 경화한 후 연마하여 광택을 낸 인조석

기출 및 예상 문제

2. 석재

01 다음 중 석재에 대한 설명으로 맞는 것은? 공인2회

① 불연성이고 내수성, 내화학성이 풍부하고 인장강도가 크다.
② 종류가 다양하고 같은 종류의 석재이면 동일한 외관과 색조를 나타낸다.
③ 석재의 내화도는 공극률이 클수록 크고, 조성결정형이 클수록 작으며, 표면이 평활할수록 결로가 일어나기 쉽다.
④ 석재의 강도는 주로 압축강도를 의미하며 흡수율이 큰 석재일수록 압축강도도 크다.

02 다음은 석재의 물리적 성질을 설명한 것 중 옳지 <u>않은</u> 것은? 제13회

① 보통 석재의 비중은 2.5~3.0으로 평균 2.65 정도이다.
② 석재의 흡수율은 풍화, 파괴, 내구성에 크게 좌우되지 않으며, 흡수율이 클수록 내구성이 크다.
③ 석재는 화재에 대해 불연재이지만, 1,000℃ 이상의 고온으로 가열했을 때 암석은 파괴된다.
④ 석재는 압축강도가 크고 공극률과 구성입자가 작을수록 크다.

정답 및 해설

01 ③
- 석재는 중량이 무겁고 인장강도가 약하다.
- 석재는 종류가 다양하고 같은 종류의 석재라도 다양한 외관과 색조를 지닌다.
- 석재의 함수율이 클수록 강도는 저하된다.

02 ②
흡수율이 크면 공극률이 높고 풍화나 융해되기 쉽기 때문에 내구성이 저하된다.

03 화강암 등의 암석은 내후성이 뛰어나게 강하나, 불에는 약한 성질을 갖고 있다. 급격하게 돌 표면에 고열을 가하여 석재의 단위결정체가 튕겨 나가면 마무리면은 잔물결처럼 기복이 있지만 결정이 부스러지지 않게 하기 때문에 색조는 비교적 선명하다. 위의 글은 석재의 어떤 표면 가공법에 해당되는가? 제14회, 제18회

① 혹두기 ② 버너구이
③ 도드락다듬 ④ 물갈기

04 다음은 석재의 표면가공법에 대한 설명이다. 옳지 않은 것은? 제19회

① 혹두기 : 잔다듬한 면을 정으로 쳐서 표면을 거칠게 하는 가공법
② 도드락다듬 : 중간 정다듬 정도의 표면을 더욱 평평하게 마무리하는 가공법
③ 잔다듬 : 양날이라는 도구를 사용하여 표면을 가늘게 마무리하는 가공법
④ 정다듬 : 거친 혹을 정으로 더 다듬어 정자국의 간격을 좁혀 나가는 가공법

05 지름이 20㎝ 정도의 부정형으로 막생긴돌을 말하며, 기초잡석다짐 또는 바닥콘크리트 지정에 쓰이는 석재는? 공인2회

① 견치돌 ② 각석
③ 호박돌 ④ 판돌

06 다음 석재의 분류가 바르게 연결된 것은? 공인5회

① 화성암－안산암 ② 수성암－감람석
③ 수성암－대리석 ④ 변성암－응회석

정답 및 해설

03 ②
버너구이는 고열의 불꽃을 쬐어서 석재 표면을 탈락시키는 마감법이다.

04 ①
혹두기는 쇠메를 쳐서 석재의 표면을 대강 다듬는 가공법이다.

05 ③
호박돌은 호박모양처럼 둥글넓적한 돌로, 기둥이나 처마를 받치거나 기초잡석다짐 등에 사용된다.

06 ①
- 화성암: 화강암, 안산암, 현무암, 감람석
- 수성암: 점판암, 응회암, 석회암, 사암
- 변성암: 대리석, 사문암, 석면

07 다음 석재의 설명 중 옳지 않은 것은? 공인3회, 제18회

① 대리석 : 석회암이 변화되어 결정화한 것으로 고급호텔, 백화점 매장의 내장재로 이용된다.

② 석회석 : 화성암 중의 석회분이 물에 녹아 바다 속에 침전되어 퇴적 응고된 것이다.

③ 감람석 : 비중이 0.7 정도의 경석이며, 회백색, 담청, 담홍색의 내화도가 높은 다공질석으로 경량골재나 내화재료로 사용된다.

④ 사암 : 일명 부석이라고 하며, 화산에 분출된 암장이 급냉하여 응고된 다공질로 경량골재로 널리 쓰인다.

08 석재에 관한 설명 중 바르게 설명한 것을 고르시오. 제15회

① 대리석은 이탈리아 등지에서 수입하는데 미관이 좋아서 주로 외벽에 많이 사용된다.

② 석재로 세면대 상판을 만들면 물이 석재 상판을 통과하므로, 석재의 배면에 방습코팅을 하거나, 통과한 수분이 공기 중으로 증발할 수 있는 구조로 설치하여야 한다.

③ 화강석 물갈기는 화강석을 버너구이로 가공한 다음 연마기로 광택을 낸 것이다.

④ 사우나의 욕실 바닥을 돌로 마감하려고 할 때 물갈기로 마감한 석재가 물에도 강하고 미관상으로도 좋다.

정답 및 해설

07 ④
사암은 석영질의 모래가 지중에 퇴적되어 교착재에 의해 응고, 경화된 것이다.

08 ②
- 대리석은 산과 열에 약하고 내구성이 낮아 주로 내장재에 사용된다.
- 화강석 물갈기는 다듬기가 끝난 돌의 표면을 연마하는 것이다.
- 물갈기로 마감한 석재는 미끄러울 수 있어 사우나의 바닥재로 적합하지 않다.

09 석재에 대한 설명으로 맞는 것은? 제14회

① 화강암은 외관이 수려하고 내구성 및 강도와 내화도가 크나 큰 판재를 얻기가 어렵다.
② 사암은 모래, 자갈이 압력을 받아 생성된 암석으로 함유광물의 성분에 따라 내구성, 흡수율, 강도에 현저한 차이가 있다.
③ 트래버틴은 대리석의 일종으로 석질이 균일하고 조직이 치밀하다.
④ 점판암은 천연슬레이트라고도 하며, 흡수성이 커서 실내마감재로 사용된다.

10 인조석재의 특성이 아닌 것은? 공인1회

① 시멘트에 천연석의 가루와 돌조각을 안료와 함께 성형한 건축재료이다.
② 천연석에 비하여 경제적이며 다양한 색상과 크기를 생산할 수 있다.
③ 압축강도 및 인장강도가 천연석에 비하여 강하다.
④ 현장에서 원료를 혼합하여 바른 후 연마기로 갈아내는 현장 테라조 방법도 있다.

정답 및 해설

09 ②
- 화강암은 내구성이 높으나, 열에 약하다.
- 트래버틴은 석질이 불균일하고 다공질이다.
- 점판암은 재질이 치밀하고 방수성이 높다.

10 ③
인조석재는 천연석에 비해 강도는 낮으나, 다양한 색상과 크기를 얻을 수 있다.

3 금속재

1) 금속재의 일반사항

(1) 장점

- 내구성이 강하고, 목공사에 비해 저렴한 편이다.
- 시공성이 좋다.

(2) 단점

- 중량이 무거우며, 녹이 발생할 수 있다.
- 열과 전기의 전도율이 크다.

2) 금속재의 성질

(1) 철금속

- 탄소 함유량과 가공온도에 따라 성질이 달라진다.
- 탄소함유량이 높을수록 강도와 경도가 높아지며, 가공온도가 100~250℃일 때 강도가 증가하고 250℃에서 최대가 된다.
- 탄소강 : 철과 탄소의 합금으로, 0.7% 이하의 탄소를 함유하고 있는 강이다.
- 특수강 : 탄소강의 성질을 개량하기 위하여 특수 원료를 첨가한 강이다. 크롬강, 니켈강, 스테인리스강 등이 있다.
- 주철 : 탄소함유량이 2.1~6.7%인 철로, 용융점이 낮아 주조하기 쉽고 내식성이 우수하다.

(2) 비철금속

- 동(구리)과 합금 : 동은 열과 전기의 전도율이 높으며, 가공성, 내식성이 우수하다. 황동은 구리에 아연(30%)을 가하여 만든 합금으로 구리보다 경도가 크다. 청동은 구리에 주석을 혼합한 합금으로 강도와 내식성이 우수하다. 지붕재와 장식재 등으로 사용된다.
- 알루미늄 : 가벼우며 비중에 비해 강도가 크고, 전기와 열에 대한 전도율이 높다. 가공성이 좋으며 내식성이 크다. 실내장식, 창호, 가구 등에 사용된다.
- 아연 : 강도가 우수하며 연성과 내식성이 좋다. 방식용 도금, 홈통 재료 등으로

사용된다.

- 납 : 비중이 크고 연질이며, 가공성이 높다. 열전도율이 낮으며 방사선 차단효과가 있다. 송수관, 가스관, X선실, 납땜재료 등으로 쓰인다.
- 주석 : 용융점이 낮고 녹이 생기지 않으나, 알칼리에 침식된다. 전성과 연성이 크고, 주로 청동, 방식피복재료 등으로 사용된다.

3) 금속재의 종류

(1) 스틸플레이트(Steel Plates)

- 실내건축 분야에서는 철판의 표면에 얇은 아연층을 입힌 아연도금철판(Galvanized Steel Plate)인 갈바 스틸 플레이트가 가장 많이 사용된다. 시공 후 도장 및 필름작업 등 후속 마감공정이 필요하다.

(2) 스테인리스 스틸플레이트(Stainless Steel Plates)

- 크롬이 함유된 강철 합금으로, 표면이 미려하고 녹이 잘 슬지 않으며 내구성이 강해 최종 마감재로 많이 사용된다.
- 헤어라인(Hair line) : 머리카락 모양의 패턴이 한 방향으로 나 있는 무광의 표면가공상태로 흠집이 나도 눈에 잘 띄지 않아서 관리가 편리하다.
- 미러(Mirror) : 거울과 같이 광택이 나고 형상이 잘 비치는 유광의 표면가공상태로, 흠집이 눈에 띄기 쉬우며 고가이다.

(3) 알루미늄 플레이트

- 비중이 작아 경량의 장점을 가지며 기밀성이 높아 창호 샤시 등에 주로 사용된다.

(4) 파이프재

- 원형, 사각, 육각 등의 단면 형태를 가진 긴 파이프형 철재로, 스틸 각파이프의 경우 부식으로 인해 최종 마감재 보다는 실내공간의 구조틀의 뼈대로 활용된다.

(5) 평철재(Steel Flat Bar)

- 납작한 바 형태를 갖는 철재로, 실내건축에서 구조보강과 미관상의 목적으로 주로 사용된다.

(6) 형강재

- 단면의 모양에 따라 I-형강, H-형강 등이 있으며, 주로 구조보강용으로 사용된다.

(7) 철선재

- 철선을 가공하여 만든 제품으로, 철선을 격자형으로 용접하여 만든 와이어 메시(Wire Mesh)와 마름모꼴의 철망의 일종인 와이어라스(Wire Lath) 등이 있다.

(8) 긴결 및 고정철물

- 부재를 견고하게 고정시키는 연결철물로, 못, 볼트 등의 긴결철물과 인서트, 익스팬션 볼트, 드라이브 핀 등의 고정철물이 있다.
- 듀벨 : 목공사에서 사용하는 접합용 보강철물로 볼트와 함께 사용된다.
- 인서트 : 콘크리트 표면에 미리 매입해두고 추후 구보물을 달아매는 데 사용되는 고정철물이다.
- 익스팬션 볼트 : 콘크리트에 박아 사용하는 볼트로 구멍에 볼트를 박으면 끝이 쪼개지며 벌어져 고정되는 볼트이다.
- 드라이브핀 : 발사총을 사용하여 콘크리트나 강재 등에 박는 특수 강제못이다.

(9) 수장 및 장식용 철물

- 조이너 : 보드류를 붙일 때 이음부분에 부착하는 가는 막대모양의 줄눈재이다.
- 코너비드 : 미장마감에서 기둥이나 벽의 모서리가 상하지 않도록 보호하는 철물이다. 아연도금철제, 스테인리스철제, 화동제 등이 있다.
- 펀칭메탈 : 얇은 박강판에 여러 가지 모양의 구멍을 뚫은 가공 철판으로, 미관상 목적으로 주로 사용된다.
- 논슬립 : 계단의 미끄럼방지를 위하여 계단코 부분에 부착하는 철물이다.

기출 및 예상 문제

3. 금속재

제1장 실내계획
제2장 실내환경
제3장 실내시공
제4장 실내구조 및 법규

01 금속에 대한 설명 중 옳은 것은? 공인2회

① 탄소의 양이 많을수록 경질이고 취성이 낮다.
② 황동은 구리와 주석을 주성분으로 하는 합금이다.
③ 청동은 대기 중에서 상당한 부식성이 있다.
④ 순동의 비중은 8.65이다.

02 다음 중 금속재에서 철금속 중 탄소강에 대한 설명으로 맞는 것은? 공인2회

① 인장강도 및 탄성강도는 탄소량이 증가함에 따라 강도도 계속해서 증가한다.
② 신장률은 탄소량의 증가에 따라 증가한다.
③ 경도는 탄소량의 증가에 따라 증가한다.
④ 탄소량이 많을수록 깨어지기 쉽다.

03 철강은 연철, 강, 주철로 분류하는데, 어느 것의 함유량에 의해서 결정되는가? 공인5회

① 규소 ② 탄소 ③ 망간 ④ 크롬

정답 및 해설

01 ④
- 탄소함유량이 높을수록 취성이 높아진다.
- 황동은 구리와 아연(30%)의 합금이다.
- 청동은 강도와 내식성이 우수하다.

02 ④
탄소강은 탄소량이 많을수록 파괴적인 성질인 취성이 커진다.

03 ②
철강은 탄소량에 따라 구분되는데 주철, 강, 연철의 순으로 탄소량을 함유한다.

04 동(銅)과 일반 금속과의 다른 점을 비교한 것이다. 옳은 것은 어느 것인가?

공인2회

① 동은 열전도율은 적으나 전기 전도율은 크다.
② 동은 열전도율이 크고 전기 전도율도 크다.
③ 동은 열전도율이 크고 전기 전도율은 적다.
④ 동은 열전도율은 적으나 전기 전도율은 적다.

05 금속의 성질과 용법에 관한 기술 중 맞지 않은 것은? 공인3회

① 동은 대기 중에서 내구성이 강하나 암모니아에 접속시키면 손상되기 쉽다.
② 아연은 철과 접촉하면 손상되기 쉬우므로 아연도구 철판에는 사용하지 않는다.
③ 알루미늄 합금은 기계적 강도가 크나 내식성이 아주 작다.
④ 동은 주물로 하는 것이 곤란하나 황동은 주물로 하는 것이 용이하다.

06 알루미늄에 대한 설명으로 맞는 것은? 공인2회

① 전기 및 열의 전도율이 낮다.
② 대기 중 산화피막이 생겨 산과 알칼리 등의 내식성이 우수하다.
③ 전성 및 연성이 크다.
④ 비중에 비해 강도가 약해 구조재로 부적합하다.

07 알루미늄 새시(aluminium sash)에 관한 설명 중 맞지 않은 것은? 공인5회

① 시공이 스틸 새시(steel sash)보다 까다롭다.
② 내식성이 크다.
③ 산이나 알칼리에 침식된다.
④ 비중은 철(Fe)과 동(copper)의 약 1/3이다.

정답 및 해설

04 ②
동은 일반 공업용 금속 재료 중 열전도율, 전기 전도율이 가장 큰 금속재이다.

05 ③
알루미늄 성질은 대기 중에서 순도(보통 98~99.7%)에 따라 큰 차이가 있으나 순도가 높은 것은 산화피막이 생겨서 오히려 보호의 역할을 하여 잘 부식하지 않으므로 내식성이 크다.

06 ③
- 알루미늄은 비중에 비해 강도가 크며, 전기와 열에 대한 전도율이 높다.
- 주석은 전성과 연성이 크다.

07 ①
알루미늄 새시는 제작 및 시공이 용이하여 많이 사용된다.

08 스테인리스 스틸 플레이트(stainless steel plate)에 관한 설명이 옳지 않은 것은?

공인1회

① 표면 특유의 마감효과가 우수하며 녹이 슬지 않는다.
② 스테인리스 헤어라인(hair line) 표면효과를 낼 수 있다.
③ 스테인리스 미러(mirror) 표면효과를 낼 수 있다.
④ 아연도금철판(galvanized steel plate)처럼 표면 도장처리효과가 용이하다.

09 설비공사에 사용되는 관의 용도별 재질이 옳게 연결된 것은?

제18회

① 급수관 : 스테인리스 강관, 동관
② 오배수관 : 강관
③ 통기관 : 강관, 스테인리스 강관
④ 가스관, 소화관 : 주철관, PVC관

10 가구 재료로 쓰이는 금속재에 관련하여 옳은 것을 모두 고르시오.

공인1회, 공인2회

ㄱ. 금속판을 가공하여 다양한 형태의 제품을 만드는 판금기법은 굽힘가공, 압인가공, 엠보싱 등의 방법으로 제작된다.
ㄴ. 금속 표면의 분체도장은 용제형 도료에 비해 도막 성능이 3배 이상 우수하다.
ㄷ. 리벳조인트는 조립식 가구에 유용한 결합방법이나 작업이 어렵고, 내구성이 떨어진다.
ㄹ. 구리합금은 은빛의 색채가 아름답고 표면 광택이 좋으며 가볍고 가공이 쉬워 장식적 부품으로 많이 쓰인다.
ㅁ. 금속재는 일반적으로 연성은 좋으나 전성이 좋지 않다.

① ㄱ, ㄴ　② ㄴ, ㄷ
③ ㄷ, ㄹ　④ ㄱ, ㅁ

정답 및 해설

08 ④
스테인리스 스틸 플레이트는 표면이 미려하고 녹이 잘 슬지 않고 내구성이 좋아 도장 등의 후속공정을 거치지 않고 최종 마감재로 많이 사용된다.

09 ①
- 스테인리스 강관은 내식성이 우수하고 위생적이며, 급수관, 급탕관, 냉온수관에 쓰인다.
- 동관은 수명이 길고 내식성이 좋으며 마찰손실이 적어 급수관, 급탕관, 냉온수관, 난방관에 쓰인다.

10 ①
리벳조인트는 강재를 이을 때 리벳을 이용하여 접합하는 것을 말한다.

11 다음 중 가구용 부자재인 하드웨어(hardware)에 대한 설명으로 잘못된 것은? 공인2회

① ㄷ자형 손잡이 : 문짝의 크기가 크고 하중이 많이 나가는 제품에 적합하다.
② 숨은경첩 : 문짝의 상하좌우 조절이 용이하며, 문짝개폐 시 각도조절은 90도이다.
③ 스틸러너 : 서랍의 크기가 작고 하중이 적은 곳에 적합하다.
④ 래치 : 문짝을 내부에서 고정하는 잠금장치로써 두 개의 문짝을 모두 개폐할 필요가 없으며, 한쪽 문을 고정시킬 때 사용한다.

12 판재와 판재 사이를 연결시켜주는 조립식 철물이 맞는 것은? 공인3회

① 미니 픽스(minifix)
② 마그네틱 캐치(magnetic catch)
③ 캐스터(castor)
④ 쉘프 서보트(shelf support)

13 다음 중 바르게 설명한 것은? 제16회

① 미끄럼막이(non-slip) : 타일의 벽에 붙이는 것
② 코너비드 : 기둥, 벽 등의 모서리에 방수공사에 사용하는 철물
③ 펀칭메탈 : 얇은 강판에 여러 가지 구멍을 뚫어 만든 것으로 환기구나 라디에이터 등에 사용
④ 와이어매쉬 : 철사 굵기의 크기를 나타내는 용어

정답 및 해설

11 ②
숨은경첩은 도어와 문틀 사이에 매입되어 시각적으로 경첩이 노출되지 않는다.

12 ①
미니픽스는 판재를 연결하는 조립식 철물로 주로 분해 조립이 가능한 가구를 만드는 데 사용되는 철물이다.

13 ③
미끄럼막이는 계단디딤판 방지철물, 코너비드는 미장 바름을 보호하기 위한 철물, 와이어매쉬는 콘크리트 바닥의 균열방지용으로 사용되는 그물 철망이다.

4 타일

1) 타일의 일반사항

- 바닥, 벽 등의 표면을 피복하기 위한 판상형의 점토소성제품이다.
- 표면이 견고하고 내구성, 내화성, 비흡수성이 좋다.
- 색채와 패턴이 다양하고 미려하며 의장효과가 크다.
- 무게가 가볍고 경제적이며, 내수성이 높아 주방, 화장실, 욕실 등에 주로 사용된다.

2) 타일의 분류

(1) 소성온도에 따른 분류

- 타일은 소성온도에 따라 흡수율의 차이가 있는 토기질, 도기질, 석기질, 자기질로 분류되며, 흡수율이 낮을수록 강도가 크다.

〈표 3-4〉 점토제품의 분류

구 분	소성온도	흡수율	색 조	특 성	재 료
토기질	700~900℃	20% 이하	유색	흡수율이 가장 크고 강도가 약하다.	벽돌, 기와
도기질	1000~1300℃	10% 이하	백색 유색	다공성이며 흡수성이 있다.	내장타일 테라코타타일
석기질	1300~1400℃	3~10%	유색	강도가 높고 내구성이 좋다.	바닥용, 외장용 클링커타일
자기질	1300~1450℃	0~1%	백색	흡수율이 가장 낮아 방수성이 크고, 강도가 강하다.	바닥용 타일 모자이크 타일 위생도기

- 소성온도 : 자기질>석기질>도기질>토기질
- 흡수율 : 자기질<석기질<도기질<토기질

(2) 유약에 따른 분류

- 표면에 광택을 주고 흡수성 저하 및 오염 방지를 위해 유약을 바른다.
- 시유타일 : 타일에 유약을 바른 후 코팅한 것
- 무유타일 : 유약을 칠하지 않은 타일

(3) 제조방법에 따른 분류

- 습식타일 : 원재료를 물반죽하여 형틀에 넣어 압착성형한 타일로, 거칠고 다공질이며 정밀도가 떨어진다.
- 건식타일 : 원재료를 건조분말 형태로 하여 약간의 습기를 주어 형틀에 넣고 압축하여 성형한 타일로, 치밀하고 견고하며 정밀한 성질이 있다.

(4) 용도에 따른 분류

- 외부용 타일 : 외장재로 흡수율이 낮고 대기 부식에 대한 내후성이 높은 자기질이 주로 사용된다.
- 내부용 타일 : 건식성형의 도기질이 주로 사용되며, 색상과 무늬가 다양하다.

3) 타일의 종류

(1) 바닥타일

- 바닥용이므로 두껍고 내구성과 내수성이 강한 제품을 사용하며, 주로 자기질이나 석기질의 타일에 유약을 바르지 않은 제품을 사용한다.

(2) 벽체타일

- 바닥타일에 비해 내수성과 강도가 약한 편이다. 바닥타일에 비해 규격이 큰 편이며 다양한 크기와 형태, 색상의 제품을 얻을 수 있다. 흡수성이 큰 도기질을 사용하기도 한다.

(3) 모자이크타일

- 정사각형, 직사각형, 다각형 등의 다양한 모양의 작은 타일을 조합하여 모자이크 형태로 만들어낸 타일로, 시공의 용이성을 위해 낱장이 아닌 300×300㎜ 정도의 유닛에 망사나 종이붙임을 하여 생산된다.

(4) 테라코타타일

- 점토를 반죽하여 형틀에 넣고 성형, 소성한 제품으로 내화도가 높고 풍화에 강하다. 일반 석재보다 가볍고, 구조용과 장식용으로 사용된다. 구조용 테라코타는 바닥이나 칸막이벽에 사용되며, 장식용 테라코타는 조각물, 기둥 주두, 돌림

대, 난간벽 등에 사용된다.

(5) 코너/논슬립 타일

- **논슬립타일** : 미끄럼방지를 위해 제작된 특수 타일로, 수영장이나 사우나 등 물을 사용하는 공간이나 계단 디딤판 등에 주로 사용된다. 표면에 홈을 파서 미끄럼을 방지하는 형식과 표면에 유약을 발라 미끄럼을 방지하는 형식이 있다.
- **코너타일** : 바닥이나 벽, 기둥의 모서리 마감을 위해 사용되는 타일이다.

기출 및 예상 문제

4. 타일

01 흡수율이 커서 외부보다는 실내 벽체에 주로 많이 사용되는 타일은? 공인1회

① 석기질 ② 토기질
③ 자기질 ④ 도기질

02 점토소성 제품의 다음 보기 중 흡수성이 큰 순서로 배열된 것은? 제14회

① 자기－도기－토기－석기 ② 토기－도기－석기－자기
③ 도기－석기－토기－자기 ④ 석기－자기－도기－토기

03 자기질 타일에 관한 설명 중 틀린 것은?

① 흡수율이 낮아 방수성이 크다.
② 경도가 낮고 주로 내장용으로 사용된다.
③ 모자이크 타일이 자기질로 이루어진다.
④ 두드리면 금속성의 맑은 소리를 낸다.

정답 및 해설

01 ④
도기질은 다공성이며 흡수성이 커서 내장용으로 주로 사용된다.

02 ②
흡수율은 소성온도와 관련이 있으며, 토기, 도기, 석기, 자기 순으로 크다.

03 ②
자기질타일은 강도가 강하여 주로 외장타일과 바닥타일로 사용된다.

04 다음 중 점토제품에 대한 설명으로 맞는 것은? 제14회, 제16회, 공인2회

① 보통벽돌은 진흙을 빚어 소성하여 만든 것으로 완전연소로 구운 적벽돌과 불완전연소로 구운 검정벽돌이 있다.
② 바닥용 타일은 흡수성이 거의 없고 경질이며, 내마모성이 큰 도기질 타일이 주로 사용된다.
③ 타일의 성형에는 건식과 습식의 2가지 방법이 있고 습식의 경우 건식에 비해 정밀도는 높으나 복잡한 형상의 타일 제조 시에는 불리하다.
④ 모자이크 타일은 주로 습식으로 성형하며 도기질 타일이다.

05 타일에 대한 설명 중 틀린 것은? 제18회

① 내장용 타일은 미려하고 위생적이며, 청소가 용이하다는 장점이 있다.
② 바닥 타일로는 보통 두께 4~8㎜의 것이 많이 쓰인다.
③ 외부용 타일로는 흡수성이 작고 외기에 대해 저항력이 강한 단단한 것이 좋다.
④ 바닥용 타일은 단단하고 마모에 강하며 흡수성이 적은 것이 좋다.

06 타일에 대한 설명 중 옳은 것은? 제13회, 공인2회

① 쿼리타일은 유약이 두꺼워 동파의 위험이 적어 외장벽에 주로 사용한다.
② 바닥용타일은 강도가 강하고 유약이 두껍다.
③ 모자이크 타일은 주로 습식으로 성형하며 도기질 타일이다.
④ 자기질타일은 불침투성이다.

정답 및 해설

04 ①
- 바닥용 타일은 내구성이 높은 자기질 타일을 주로 사용한다.
- 습식타일은 거칠고 다공질이며 정밀도가 떨어진다.
- 모자이크 타일은 주로 건식으로 성형하며 자기질 타일이다.

05 ②
바닥타일은 두께 7~20㎜의 두꺼운 타일을 주로 사용한다.

06 ④
- 쿼리타일은 압출성형법으로 만든 무유타일로 주로 바닥용으로 사용된다.
- 바닥용 타일은 자기질이나 석기질의 타일에 유약을 바르지 않는 제품을 사용한다.
- 모자이크 타일은 주로 건식으로 성형하며 자기질 타일이다.

07 테라코타(Terra Cotta)의 특성이 <u>아닌</u> 것은? 공인1회

① 점토제품 중 매우 미적이며 색도 석재보다 다채롭다.
② 일반석재보다 가볍고(화강암의 1/2 정도) 중공이며, 부착이 용이하다.
③ 대리석보다 풍화에 강하므로 외장에 적당하다.
④ 모든 제품은 현장제작이 용이하고 변형이 생기지 않는다.

08 시공의 용이성을 위해 작은 타일들을 조합한 후 뒷면에 망사를 붙여 유닛화하여 생산되는 타일은?

① 폴리싱타일
② 모자이크타일
③ 스크래치타일
④ 논슬립타일

정답 및 해설

07 ④
테라코타는 점토를 반죽하여 형틀에 넣어 성형, 소성한 제품으로 현장제작이 어렵다.

08 ②
모자이크타일은 작은 타일의 시공성을 높이거나, 타일이 다양한 패턴을 이룰 경우 뒷면에 망사를 붙여 미리 배접하여 생산되는 타일이다.

5 조적재

1) 조적재의 일반사항

- 점토를 고온에서 소성시키거나 시멘트를 주원료로 하여 성형한 조적재의 일종으로 내력벽이나 칸막이벽, 외장재로 사용되는 재료이다.
- 시멘트벽돌, 붉은벽돌, 치장벽돌, 내화벽돌, 시멘트블록 등이 있다.
- 압축강도가 크나 인장강도는 약하며, 내구성과 내화성이 높다.

2) 조적재의 규격과 명칭

(1) 규격

① 벽돌의 규격

종 류	시멘트벽돌의 규격			허용오차
	길 이	폭	높 이	
기존형 벽돌	210	100	60	±2
표준형 벽돌	190	90	57	

② 블록의 규격

종 류	기본형 시멘트블록의 규격			허용오차	
	길 이	폭	높 이	길 이	높 이
기본형 블록	390	210 190 150 100	190	±2	±3

(2) 벽돌의 명칭

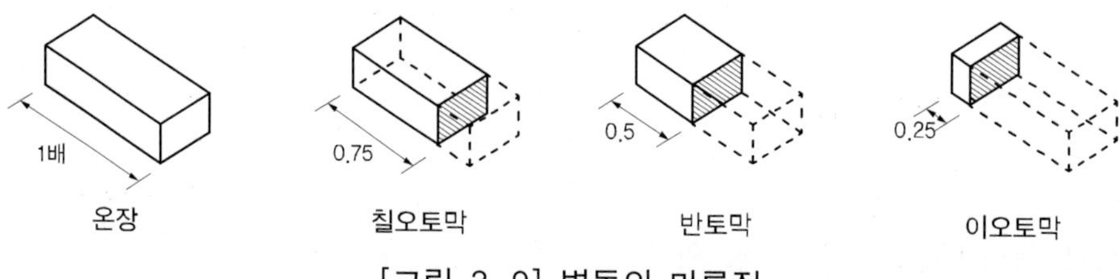

[그림 3-9] 벽돌의 마름질

3) 조적재의 종류

(1) 시멘트벽돌

- 시멘트에 모래, 자갈 등을 혼합한 후 압축, 성형하여 굳힌 벽돌이다.
- 시멘트 1포로 170매의 시멘트벽돌을 제작하는 것이 표준이다(시멘트:물=1:7).
- 천연벽돌에 비해 내구성과 강도가 우수하며, 대량생산이 가능하다.
- 공간구획을 위한 기본 벽체를 조성하는 데 주로 사용된다.

(2) 보통벽돌

- 진흙으로 빚어 고온에서 소성한 벽돌로, 점토 속에 포함된 산화철에 의해 적갈색을 띠며 붉은 벽돌 또는 적벽돌이라고 불린다.
- 제조공정 : 원토조정－혼합－원료배합－성형－건조－소성
- 내화성과 내구성이 크며, 마름질에 따라 다양한 모양으로 사용할 수 있다.

(3) 경량벽돌

- 건축물의 단열, 흡음, 방음, 경량화를 목적으로 벽돌 내부에 공극을 포함시켜 제작된 벽돌로 구멍벽돌과 다공질벽돌이 있다.
- 구멍벽돌 : 점토에 구멍을 내어 구워낸 벽돌로, 중공벽돌, 공동벽돌이라고도 한다. 단열, 방음, 방습에 효과적이며, 무게가 가벼워서 경량화를 위한 칸막이벽체에 사용된다.
- 다공질벽돌 : 저급점토, 목탄가루, 톱밥 등을 혼합하여 성형한 후, 소성 과정에서 이를 소각시켜 내부에 무수한 공극을 생성한 벽돌이다. 비중이 낮으며, 단열, 방음, 보온 효과가 좋으며 가공이 용이하다.

(4) 내화벽돌

- 1,500℃ 이상의 고온에서도 녹거나 변형이 일어나지 않도록 내화성 원료로 제작된 벽돌이다.
- 규격은 230×114×65㎜로 보통벽돌보다 크다.
- 줄눈으로 내화 모르타르를 사용하며, 벽난로, 굴뚝, 사우나, 보일러실 등에 쓰인다.

(5) 특수벽돌

- **검정벽돌** : 점토를 불완전연소로 소성하여 검은색을 띠는 벽돌로, 주로 치장용으로 사용된다.
- **이형벽돌** : 특별한 모양으로 제작된 벽돌이다. 아치벽돌, 원형벽돌 등이 있다.
- **포도벽돌** : 흡수성이 적고, 마모에 강하며 방습, 내구성, 내화성이 좋다. 주로 복도, 창고, 공장의 바닥면이나 옥상 포장용으로 쓰인다.
- **광재벽돌** : 슬래그에 소석회를 가하여 성형한 후 대기나 고압증기로 경화시켜 만든 벽돌로 흡수율과 열전도율이 낮다.

(6) 시멘트블록

- 시멘트와 모래, 자갈 등의 골재를 혼합하여 형틀에 채우고 진동, 가압하여 성형한 중공형 블록으로, 벽돌에 비해 크기가 크며 주로 건축물의 벽체를 조성하는 데 쓰인다.
- 블록의 빈 공간에는 철근과 콘크리트를 넣어 내력벽을 만드는 데 사용되기도 한다.

4) 접착제(모르타르)

- 시멘트에 모래와 물을 섞어 반죽한 것으로, 시멘트모르타르의 약칭이다.
- 콘크리트 표면의 미장용이나 벽돌, 블록 등 조적재의 접착재로 쓰인다.
- 주로 시멘트는 포틀랜드시멘트, 모래는 강모래를 사용한다.
- 시멘트와 모래의 배합비는 보통 1:3이며, 아치쌓기용은 1:2, 치장줄눈용은 1:1 등 경우에 따라 배합하여 사용한다.
- 모르타르 반죽 후 1시간이 지나면 응결이 시작하기 때문에 1시간 이내에 사용해야 한다.
- 혼화제를 넣어 사용하기도 하며 석회모르타르, 혼합모르타르, 방수모르타르, 색모르타르, 방화모르타르 등이 있다.

기출 및 예상 문제

5. 조적재

01 다음 중 조적재의 특성이 <u>아닌</u> 것은? 제12회

① 구조적으로 강하여 대형건축에 자주 사용된다.
② 내화성, 내구성이 높고 대량생산이 가능하다.
③ 일반적으로 붉은 벽돌, 시멘트벽돌, 치장벽돌, 내화벽돌, 콘크리트 블럭 등이 있다.
④ 현재 건식공법의 발달로 인하여 조적재의 사용비중이 그다지 높지 않은 편이다.

02 점토의 압축강도는 인장강도의 몇 배인가? 공인5회

① 2배 ② 3배 ③ 5배 ④ 10배

03 보통 벽돌의 표준형 크기는? 공인5회

① 200×100×57㎜ ② 220×110×60㎜
③ 190×90×57㎜ ④ 200×90×57㎜

정답 및 해설

01 ①
조적재는 콘크리트에 비하여 구조적으로 약하여 외장재나 내력벽, 칸막이 벽 등에 사용된다.

02 ③
점토의 압축강도는 인장강도의 5배 정도로, 상대적으로 인장강도가 압축강도에 비해 약하다.

03 ③
시멘트벽돌의 표준형 크기는 190×90×57㎜이다.

04 보통 벽돌은 진흙으로 빚어 고온에서 소성한 벽돌로, 점토 속에 포함된 성분에 의해 적갈색을 띠어 적벽돌이라고 불린다. 적벽돌의 붉은색을 결정하는 성분은?

① 구리 ② 규산
③ 아연 ④ 산화철

05 벽돌쌓기 중 한 켜는 마구리, 한 켜는 길이쌓기, 벽의 모서리나 끝을 쌓을 때는 이오토막이 필요한 쌓기법은? 공인3회

① 불식 쌓기 ② 네덜란드식 쌓기
③ 미식 쌓기 ④ 영국식 쌓기

06 경량벽돌에 관한 설명 중 옳지 <u>못한</u> 것은? 공인3회

① 점토에 톱밥, 겨, 탄가루 등을 혼합하여 제작한다.
② 구멍벽돌과 다공질 벽돌이 있다.
③ 단열과 방음성이 우수하다.
④ 절단, 못치기 등의 가공이 어렵다.

07 경량벽돌에 관한 설명 중 올바른 것은? 제14회, 공인5회

① 경량화를 위하여 점토만을 재료로 하여 만들어진다.
② 경량의 단점을 극복하기 위해 구멍 등을 만들지 않는다.
③ 보통벽돌에 비하여 단열과 방음성능이 취약하다.
④ 마감 공사 시 절단, 못치기 등의 가공이 쉬운 편이다.

정답 및 해설

04 ④
적벽돌은 점토 속에 함유되어 있는 산화철의 영향을 받아 붉은색을 보인다.

05 ④
영국식 쌓기는 길이 쌓기와 마구리 쌓기를 한 켜씩 번갈아가며 쌓는 방법으로, 모서리에 이오토막이나 반절을 사용하기 때문에 통줄눈이 생기지 않아 가장 튼튼한 쌓기법이다.

06 ④
경량벽돌인 다공질 벽돌은 절단, 못치기 등의 가공성이 좋다.

07 ④
- 경량화를 위해 점토, 톱밥 등을 혼합하여 성형한다.
- 경량화를 위해 구멍을 뚫거나 다공질의 형태로 만든다.
- 단열, 방음 효과가 우수하다.

08 콘크리트의 장점이 아닌 것은? 공인1회

① 내화적이다. ② 내구적이다.
③ 인장강도가 크다. ④ 강재가 접착이 잘된다.

09 콘크리트 강도에 가장 큰 영향을 주는 것은? 공인3회

① 골재의 입도 ② 물시멘트비
③ 골재의 공극률 ④ 모래, 자갈의 배합비율

정답 및 해설

08 ③
콘크리트는 인장강도는 약하고 압축강도가 크다.

09 ②
콘크리트의 강도는 물시멘트비와 수화속도에 의해 결정된다.

6 유리

1) 유리의 일반사항

- 품질이 균일하고 대량생산이 가능한 현대건축의 주요 재료이다.
- 다른 재료와 달리 채광, 환기 등 공간 환경적 측면에서 중요한 기능을 한다.
- 투명성, 시각적 개방성, 패턴의 다양성 등으로 의장 및 시각적 디자인 요소로 작용한다.
- 유리는 규산(SiO_2)을 주성분(71~73%)으로 하며, 소다, 석회, 산화칼륨, 수산화알루미늄 등으로 구성된다.

2) 유리의 성질

(1) 일반적 성질

- 일반적으로 유리의 비중은 2.5~2.6이며, 금속 산화물(납, 아연, 바륨 등)을 포함하면 비중이 커진다.
- 유리의 강도는 보통 휨강도를 의미하며, 보통유리는 450~700kg/cm^3, 강화유리는 1,500kg/cm^3 내외이다.
- 투과율은 착색상태, 표면상태, 맑은 정도, 두께 등에 따라 달라지며, 맑은 유리는 최대 92% 정도를 보인다.
- 약한산에는 침식되지 않으나, 염산, 황산, 질산 등의 강산에는 서서히 침식된다.

(2) 열에 대한 성질

- 유리의 열전도율은 콘크리트의 1/2 정도이며, 대리석과 타일보다 작다.
- 열에 약한 편이며, 온도차로 인한 파괴는 두께가 두꺼운 유리일수록 쉽게 파괴된다.
- 보통유리의 연화점은 약 740℃이며, 컬러유리는 약 1,000℃ 내외이다.

3) 유리 제품

(1) 보통판유리

- 실내건축에서 가장 쉽게 볼 수 있는 유리로, 편평한 면으로 마감된 투명유리이다.
- 충격에 약하고 차음성능이 낮은 편이다.
- 생산품의 두께는 주로 5㎜, 8㎜, 12㎜이다.

(2) 강화유리

- 판유리를 600℃의 고온으로 열처리한 후 양면을 급냉시켜 강도를 높인 제품이다.
- 충격에 대한 강도 및 하중강도는 보통유리의 3~5배이다.
- 내열성이 커서 200℃ 이상의 고온에서도 견딜 수 있다.
- 열처리 후에는 절단, 구멍뚫기 등 현장에서의 재가공이 불가능하다.
- 파손 시 날카롭지 않은 작은 파편들로 쪼개져 안전하다.

(3) 복층유리

- 두 장 이상의 판유리 사이에 공간을 두어 대기압의 건조공기를 삽입하여 밀봉한 이중유리이다.
- 건조공기층이 열이나 소리의 차단을 도와, 단열, 방음, 방서, 결로방지 등의 효과가 있다.
- 현장 가공이 어려워 주문치수의 정확성이 요구된다.
- 제품의 두께는 12㎜, 16㎜, 18㎜, 22㎜, 24㎜, 28㎜ 등이 있다.

(4) 접합유리

- 2장 이상의 판유리 사이에 접착 필름을 삽입한 후, 고열과 고압으로 강하게 접합한 유리이다.
- 충격에 대한 흡수성이 높으며, 접착 필름으로 인해 파손 시 파편이 떨어지지 않는 안전유리이다.
- 보온과 방음성능도 우수하다.
- 여러 장의 유리를 접합하여 방탄유리로도 사용된다.
- 접합 가공 후에는 절단 및 구멍뚫기 등 현장 가공이 어렵기 때문에, 주문 치수의 정확성이 요구된다.

(5) 망입유리

- 판유리 사이에 금속 망을 넣고 압착 성형한 유리이다.
- 내부에 매입된 금속망으로 인해 도난방지 및 방화목적으로 사용된다.
- 방화구획 등에 주로 사용되며, 외부 침입을 막기 위해 공공시설 등에도 활용된다.

(6) 무늬유리

- 고온의 액체 상태인 유리를 무늬가 있는 롤러로 압축성형한 유리이다.
- 의장 및 시각적 효과, 시선 차단 등을 위해 사용된다.
- 줄무늬, 격자무늬, 버블, 미스트 등 다양한 패턴 등이 있다.

(7) 로이유리(Low-e Glass)

- 반사유리나 컬러유리 표면에 금속이나 금속산화물을 얇게 코팅한 유리이다.
- 로이(low-emissivity)는 낮은 방사율을 의미하며, 열의 이동을 최소화하는 저방사의 에너지 절약형 유리이다.
- 단판 보다는 복층으로 사용되며, 코팅면이 유리 내부를 향하도록 한다.
- 단판 유리 및 일반 복층유리와 비교하여 각각 50%, 25%의 에너지 절감효과가 있다.

(8) 유리블록

- 유리블록은 유리를 상자형으로 만들어 600℃에서 압착하여 일체화시킨 유리제품으로, 벽돌과 같이 쌓는 기법을 통해 벽체를 형성할 수 있다.
- 유리블록 내부는 완전 건조공기를 삽입하여 단열효과를 갖는다.
- 열전도율이 일반벽돌의 1/4 정도로 낮아 냉난방 효과가 있다.
- 형태와 크기, 두께가 다양하며, 실내공간에서 의장적 요소로 주로 사용된다.

기출 및 예상 문제

6. 유리

01 유리의 설명 중 옳은 것은? 공인3회

① 1㎡ 면적에는 9평의 유리가 소요된다.
② 판유리의 주성분은 SiO_2, Ma_2O, CaO이다.
③ 보통유리의 모스 경도는 8정도이다.
④ 알칼리가 많으면 강도는 감소한다.

02 유리의 주성분으로 옳은 것은? 제13회

① Na_2O
② CaO
③ SiO_2
④ K_2O

03 다음의 설명과 관련이 있는 유리의 종류는? 제12회

• 비교적 융점이 낮다.	• 산에 강하고 알칼리에 약하다.
• 내풍화성은 약하다.	• 비교적 강도와 팽창률은 크다.

① 컬러연유리
② 소다석회유리
③ 붕규산유리
④ 경질유리

정답 및 해설

01 ④
• 보통유리의 모스 경도는 약 6 정도이다.
• 판유리의 주성분은 SiO_2, Na_2O, CaO이다.

02 ③
유리는 규산(SiO_2)을 주성분(71~73%)으로 한다.

03 ②
소다석회유리는 건축 일반용 창호유리에 주로 사용되며, 산에 강하고 알카리에 약하며 풍화되기 쉽고 용융하기 쉽다.

04 강화유리에 대한 설명이다. (　) 안에 들어갈 올바른 것은? 제12회

ㄱ. 맑은 유리, 색유리 등을 섭씨 (　)℃ 이상의 연화점까지 열처리 한 후에 급냉시켜 투시성은 같으나 강도가 5배가 된다.
ㄴ. 섭씨 200℃의 온도 변화에도 견디는 내열성을 갖는다.

① 200　② 400
③ 600　④ 800

05 다음 유리 종류 중 건설현장에서 가공할 수 있는 것은? 공인4회

① 망입유리　② 강화유리
③ 복층유리　④ 유리블록

06 다음 중 불화수소에 부식되는 성질을 이용하여 후판유리면에 그림이나 무늬, 글자 등을 화학적으로 조각한 유리를 고르시오. 제12회

① 샌드블라스트유리　② 에칭유리
③ 매직유리　④ 색유리

07 반사유리나 컬러유리 표면에 금속이나 금속산화물을 얇게 코팅하여 열의 이동을 최소화한 에너지 절약형 유리는?

① 로이유리　② 규산유리
③ 소다석회유리　④ 열선흡수유리

정답 및 해설

04 ③
강화유리는 판유리를 600℃의 고온으로 열처리한 후 양면을 급냉시켜 강도를 높인 제품이다.

05 ①
강화유리는 열처리 후 현장 재가공이 불가능하며, 복층유리는 건조공기를 삽입하여 밀봉한 이중유리로 현장 가공이 어렵다. 유리블록도 상자형으로 일체화시킨 제품으로 현장에서 절단 및 가공이 어렵다.

06 ②
에칭유리는 유리면을 깎아내어 표면에 질감과 입체감을 부여하는 가공 기법이다.

07 ①
로이(low-emissivity)는 낮은 방사율을 의미하며, 판유리의 한쪽 면에 얇은 은막으로 코팅을 하여 에너지를 절약하고자 개발된 것이다.

7 방수/미장/단열재

1) 방수재

(1) 개요

- 건물 내 물이나 습기가 스며들지 않게 하기 위해 사용되는 재료이다.
- 실내건축에서는 외부에서의 수분 침투보다 내부에서 물을 사용하는 공간의 수분과 습기를 다른 공간으로 전이되는 것을 막는 역할을 한다.
- 바탕면에 새로운 방수층을 형성하거나 바탕재에 방수재를 직접 혼합하여 시공할 수 있다.

(2) 방수재의 종류

① 아스팔트방수재

- 아스팔트 루핑이나 아스팔트 펠트를 용융아스팔트로 여러 층을 적층하여 방수층을 구성하는 방식이다.
- 수명이 길고 방수성능이 높으나 시공이 복잡하다.
- 내산성, 내알칼리성, 내구성, 내열성, 방수성, 전기절연성이 높다.

② 시멘트 액체방수재

- 방수제를 시멘트, 물, 모래 등과 혼합하여 반죽한 뒤 바탕 표면에 발라 방수층을 구성하는 방식이다.
- 대표적으로 염화칼슘, 규산소다, 실리카 등의 혼합물이 사용된다.
- 시공이 간편하고 공사비가 적게 드는 장점이 있다.
- 균열이 쉽게 발생하고, 온도변화에 약하며 내구성이 낮다.

③ 시트방수재

- 합성고무나 합성수지, 개량아스팔트를 주원료로 하는 방수시트를 겹쳐서 방수층을 구성하는 방식이다.
- 취급이 간편하고 공사기간이 짧으며, 내열성과 내한성이 좋다.
- 탄성이 우수하여 충격에 대한 복원력이 우수하여 신축구조물에 적합하다.
- 이음매 시공이 까다롭고 하자가 생겼을 경우 누수부위 진단이 어렵다.

④ 도막방수재

- 합성수지 방수재를 바탕에 여러 번 도포하여 방수도막을 만드는 공법이다.

- 롤러나 스프레이, 붓 등으로 칠할 수 있어 굴곡이 있는 표면에도 시공이 용이하다.
- **유제형 도막방수** : 액체상태의 방수제를 표면에 그대로 바르는 도막방수로, 재질이 약하여 넓은 면적에는 적합하지 않다.
- **용제형 도막방수** : 방수제를 휘발성 용제에 녹여서 바르는 도막방수로 시공이 용이하지만 화재발생에 유의해야 한다.
- **에폭시 도막방수** : 표면에 에폭시수지를 바르는 도막방수로 내약품성, 내마모성, 내화학성 등이 우수하다.

2) 미장재

(1) 개요

- 미장재료는 벽체, 바닥, 천장 등의 부위에 흙손 등을 이용하여 일정 두께로 발라서 마감하는 점성재료를 일컫는다.
- 가소성이 우수하며, 이음매 없이 바탕처리를 할 수 있다.
- 미관, 내구성, 보온, 방습, 방음, 방화, 내화 등을 목적으로 한다.
- 기온이나 습기의 영향을 많이 받으며, 균열관리가 필요하다.
- 최종 마감재로로 사용될 수 있으며, 주로 도장이나 벽지 등 후속 마감공정이 필요하다.

(2) 미장재의 분류

마장재료는 재료의 응고작용에 따라 크게 기경성과 수경성 재료로 구분된다.
- **기경성 재료** : 공기 중에 굳어지는 것으로, 진흙질, 회반죽, 돌로마이트 플라스터(마그네시아 석회) 등이 있다.
- **수경성 재료** : 물과 화학반응하여 굳어지는 것으로, 석고 플라스터, 무수석고 플라스터, 시멘트 모르타르, 인조석바름 등이 있다.

(3) 미장재의 종류

① 시멘트 모르타르

- 시멘트 모르타르는 시멘트, 모래, 물을 혼합한 후 흙손을 이용하여 바르는 것으로 실내공간에서는 마감재보다 바탕재의 역할을 많이 한다.
- 시공성을 좋게 하기 위하여 소석회를 혼합한다.
- 내구성과 강도가 높으나 작업성은 좋지 않다.

② 회반죽
- 소석회, 모래, 여물, 해초풀 등을 혼합하여 만든 미장용 반죽이다.
- 시멘트 모르타르보다 건조시간이 빠르나 견고성이 떨어지며 내수성이 약하다.
- 흙손을 이용해 바름으로써 바탕면을 보호하고 마감면을 미려하게 표현할 수 있다.

③ 석고 플라스터
- 소석고를 주성분으로 한 미장 재료이며, 혼화제, 접착제, 경화촉진제 등을 혼합한다.
- 수경성 재료로 회반죽과 비교하여 경화가 빠르고 경화강도가 크다.
- 내화성을 가지나, 습기에 약하다.
- 경화 및 건조 시 치수 안정성을 갖는다.

3) 단열재

(1) 개요

- 단열재란 실내공간 중 일정 온도를 유지하고자 하는 부분을 피복하여 외부로부터 열손실이나 열유입을 차단하기 위한 재료, 즉 열의 전도를 낮추고자 하는 재료이다.
- 사용온도에 따라 보냉재, 보온재, 단열재, 내화단열재 등이 있다.
- 열전도율을 낮추기 위해서 다공실의 특성을 갖춘다.
- 일반적으로 열전도율 값이 0.06Kcal/mhr℃ 이하인 것을 단열재라고 한다.

(2) 단열재의 종류

① 유리섬유(Glass fiber)
- 규사를 원료로 한 유리를 고온에서 용융하고 압축공기로 뿜어내어 섬유화한 인조광물섬유이다.
- 섬유가 미세한 기공을 형성하고 있어 보온재, 단열재, 흡음재, 전기절연재 등으로 사용된다.
- 난연성이며, 화재 시 유독가스가 발생하지 않는다.
- 가공성이 좋고, 시간에 따른 제품의 변형이 적다.
- 제품으로 유리면(Glass wool), 유리면 보온판, 유리면 보온통, 유리면 블랭킷, 유리면 보온대 등이 있다.

② 암면(Rock wool)

- 암석이나 광재 등의 혼합물에 석회석을 섞은 원료를 고열로 용융한 후 압축공기를 이용하여 세게 불어서 섬유화한 인공무기섬유이다.
- 불연성, 경량성, 내구성, 단열성, 흡음성 등이 우수하다.
- 난연성이며 가공성이 우수하다.
- 제품으로 암면 보온판, 암면 보온통, 암면 보온대, 암면 펠트, 암면 매트 등이 있다.

③ 스티로폼

- 폴리스틸렌 수지에 발포제를 가하여 스폰지처럼 팽창시켜 굳힌 단열재로, 가벼우며 외부충격에 강하다.
- 내수성, 방수성, 방습성, 차음성, 가공성, 시공성 등이 뛰어나다.
- 열전도율이 낮으며 보냉, 보온 효과가 크다.
- 화재 발생 시 유독가스가 발생한다.

기출 및 예상 문제

7. 방수/미장/단열재

01 방수재료에 대한 설명으로 맞는 것은? 제16회, 공인1회, 공인3회

① 에폭시 도막방수재는 내약품성, 내마모성이 우수하고 신장율도 좋아 내균열성도 좋다.
② 아스팔트방수는 방수가 확실하고 내구적이며 결함부위를 찾기가 쉽다.
③ 우레탄방수는 신축성과 바탕면과의 접착성이 양호하고 경화시간이 짧다.
④ 액체방수는 경화시간이 짧으나, 접착성이 약하고 충격에 약하다.

02 에폭시수지 도료의 저항성과 적응성에 관한 사항 중 옳지 않은 것은? 공인1회

① 알칼리성에 침식되지 않으나 산에는 비교적 약하다.
② 도막이 충격에 비교적 강하고 내마모성도 좋다.
③ 용제와 혼합성이 좋다.
④ 습기에 대한 변질의 염려가 적다.

03 다음 중 기경성 미장재료로 맞는 것은? 공인2회

① 석고플라스터 ② 돌로마이트 플라스터
③ 인조석 ④ 시멘트 모르타르

정답 및 해설

01 ④
- 에폭시 도막방수재는 내약품성과 내마모성이 우수하나 경성이다.
- 아스팔트방수는 내구성이 높지만 결함부위를 찾기 어렵다.
- 우레탄방수는 경화시간이 긴 단점이 있다.

02 ①
에폭시수지 도료는 내약품성, 내마모성, 내수성, 내습성이 우수하다.

03 ②
기경성 미장재료는 공기 중에 굳어지는 것으로, 진흙질, 회반죽, 돌로마이트 플라스터 등이 있다.

04 석고 플라스터 중 가장 경질이며, 벽바름 및 바닥재료로 쓰이는 것은? 공인5회

① 혼합석고 플라스터
② 보드용 플라스터
③ 경석고 플라스터
④ 석회성 플라스터

05 회반죽(Lime Plaster)에 여물을 혼합하여 사용하는 이유는? 제14회, 공인1회, 공인2회

① 점성을 높이기 위해서
② 균열을 분산, 경감하기 위해서
③ 경도를 높이기 위해서
④ 경화 및 건조를 촉진시키기 위해서

06 시멘트에 대한 설명으로 맞지 <u>않은</u> 것은? 공인1회

① 시멘트의 비중은 클링커의 소성이 불충분할 때, 풍화된 경우, 저장기간이 길어질 때 등에 따라 작아진다.
② 분말도가 큰 시멘트일수록 수화작용이 빠르고, 초기강도가 빨리 나타난다.
③ 시멘트의 응결 및 경화는 분말도가 높고, 온도가 낮을수록, 배합수량이 많을수록 빨리 나타난다.
④ 백색 포틀랜드 시멘트는 보통 포틀랜드 시멘트에 비해 조기강도는 약간 높고 다른 성질은 거의 같다.

07 시멘트의 품질과 시공연도가 동일한 범위에서 콘크리트 강도에 영향이 가장 큰 것은? 공인1회

① 물시멘트비
② 시멘트와 골재의 비
③ 골재의 양
④ 모래와 자갈의 비율

정답 및 해설

04 ③
경석고 플라스터는 표면 강도가 크고 광택이 있어 벽바름이나 바닥바름 재료로 사용된다.

05 ②
회반죽은 수축 균열을 분산하여 균열을 방지하기 위해 여물 등을 혼합한다.

06 ③
시멘트의 응결 및 경화는 분말도가 높고 온도가 높을수록, 배합수량이 적을수록 빨리 나타난다.

07 ①
시멘트의 강도는 시멘트의 조성, 물시멘트비, 재령 및 양생조건 등에 따라 다르나 가장 큰 영향을 주는 것은 물시멘트비이다.

08 백화 발생조건으로 맞지 않은 것은? 공인4회

① 기온이 낮은 경우
② 습도가 높은 경우
③ 바람으로 인한 표면 급경화
④ 시멘트 제품 재령이 긴 경우

09 다음 중 단열재의 구비조건이 아닌 것은? 제16회

① 열전도율, 흡수율, 수증기 투과율이 낮아야 한다.
② 가벼우나 기계적 강도는 약해도 관계없다.
③ 품질의 편차가 없어야 한다.
④ 소재의 변질이 없어야 하고 유독가스가 발생하지 않아야 한다.

10 단열재에 대한 설명으로 옳지 않은 것은? 공인1회

① 암면(rock wool)은 석회, 규산을 주성분으로 하는 내열성이 높은 광물질로서 일명 광석면이라고도 한다.
② 석면(ashestos)은 유리의 원료를 녹인 유리액을 압축공기로 분산시켜 가는 섬유 모양으로 만든 것이다.
③ 발포폴리스티렌은 폴리스티렌수지에 발포제를 넣은 다공질의 기포 플라스틱으로써 스티로폴(styropor)이라고도 한다.
④ 폴리우레탄 폼(polyurethan foam)은 경질과 연질이 있으나 단열재의 용도로는 경질의 제품이 사용된다.

11 다음의 단열재료에 대한 설명 중 옳은 것은? 공인1회, 공인4회, 공인5회

① 얼전도율의 값이 0.5kcal/mh℃ 내외의 값을 갖는 재료를 말한다.
② 같은 두께의 경우 중량재료가 더 단열효과가 크다.
③ 표면에서 열을 반사하는 재료는 단열재료의 일종이라 할 수 없다.
④ 대부분 흡음성도 우수하므로 흡음재료로도 사용한다.

정답 및 해설

08 ④
백화 발생조건 : 기온이 낮고, 습도가 높은 경우, 불량재료 선택이나 모르타르 배합이 나쁠 경우, 시멘트 제품 재령이 짧은 경우, 그늘진 북측면, 바람으로 인한 표면 급경화의 경우

09 ②
단열재는 가벼우며 강도가 우수해야 한다.

10 ②
유리섬유 : 규사를 원료로 한 유리를 고온에서 용융하고 압축공기로 뿜어내어 섬유화한 인조광물섬유이다.

11 ④
단열재는 열의 전도를 낮추기 위해 다공질의 특성을 취하는데 이는 흡음재로써의 역할도 한다.

12 다음 중 다공질 흡음재가 아닌 것은? 제18회

① 암면 ② 유리면

③ 텍스(tex) ④ 석고판

정답 및 해설

12 ④
암면, 유리면(유리섬유제품), 텍스는 모두 다공질의 특성을 갖추고 있는 단열재이다.

8 도장제

1) 도장재의 일반사항

- 도장재는 고체물질의 표면에 도포하면 도막을 형성하여 물체 표면의 보호와 미장 기능을 하는 유동성 물질이다.
- 도장은 물체 표면의 방수, 방습의 내수성, 살균과 살충의 방부성, 내후성, 내화성, 내구성, 내열성, 내화학성, 내마모성 등을 향상시킨다.
- 전기절연의 효과가 있다.

2) 도료의 특성

(1) 도료의 구성

- 용제 : 도료의 도막구성요소를 용해하는 것으로 알맞은 점성과 농도를 유지하기 위해 사용되는 물질
- 수지 : 도료의 물성을 결정짓는 주요 성분으로, 천연수지와 합성수지가 사용됨
- 안료 : 색상, 광택, 내광성, 은폐력 등 도막의 미장 효과를 결정짓는 성분
- 보조제 : 도료의 물성 증진을 위해 사용되는 첨가제

(2) 도료의 분류

- 안료를 용해하는 방법에 따라 수성, 유성, 아크릴, 에나멜 도료 등으로 구분한다.
- 피막의 투명도에 따라 불투명피막을 형성하는 페인트, 투명 피막을 형성하는 바니시가 있다.

3) 도장재의 종류

(1) 페인트

① 유성페인트

- 성분 : 안료+건성유+건조제+희석제
- 내후성과 내마모성이 좋다.
- 경제적이며 두꺼운 도막을 형성하고, 붓바름의 작업성이 용이하다.
- 알칼리에 약하기 때문에, 콘크리트 및 모르타르 면에는 부적당하다.
- 목재, 석고판, 철재류 등의 도장에 사용된다.

② 수성페인트

- 성분 : 안료+아교(또는 카세인)+물
- 건조가 빠르고, 작업성이 좋다.
- 알칼리에 강하며, 내수성이 약하다.
- 콘크리트면, 모르타르, 벽돌, 석고판 등의 도장에 사용된다.

③ 에나멜 페인트

- 성분 : 유성바니시+안료+건조제
- 유성페인트와 유성바니시의 중간제품
- 유성페인트보다 건조시간이 빠르며, 도막이 견고하고 광택이 있다.
- 내수성, 내열성, 내약품성, 내후성, 내유성 등이 우수하다.
- 금속표면 등에 주로 사용된다.

(2) 니스(Vanish : 바니시)

수지를 건성유 또는 휘발성 용제로 용해한 것으로, 투명하고 광택이 나며 물질의 표면을 보호하기 위한 마감도료이다. 주로 목재와 기타 가공재 표면의 마무리 단계에 사용된다.

① 유성 바니시

- 성분 : 수지+건성유+희석제
- 무색 또는 담갈색의 투명 도료이다.
- 건조가 빠르고 광택이 우수하다.
- 내후성이 낮아 옥외보다 옥내의 목재 바탕 마감 시 사용된다.

② 휘발성 바니시

- 성분 : 수지+휘발성용제(+안료)
- 락(수지+휘발성용제), 래커(수지+휘발성용제+안료) 등이 있다.
- 건조가 빠르고, 광택이 좋다.
- 도막이 얇고 부착력이 약하다.
- 내장, 가구용으로 사용된다.

(3) 합성수지 도료

① 합성수지 에멀전 페인트

- 건조시간이 빠르다.
- 방화성이 우수하다.
- 내산성, 내알칼리성이 우수하여 콘크리트 면에 사용가능하다.

② 에폭시수지 도료

- 부착성이 뛰어나며, 광택 및 색상이 다양하다.
- 내약품성과 내마모성, 내수성, 내습성 등이 우수하다.
- 콘크리트 및 모르타르 바탕면이나 금속 마감용 도장 등에 주로 사용된다.

(4) 방청도료

금속의 부식 방지를 목적으로 하는 도료를 말한다.

- **광명단** : 철골 및 금속 표면의 녹막이를 위해 사용되는 주홍색의 바탕칠 재료로써, 알칼리성 안료가 기름과 반응하여 단단한 도막을 형성한다.
- **징크로메이트** : 크롬산아연과 알키드 수지를 배합한 방청도료로, 알루미늄과 아연철판의 초벌 녹막이칠에 사용된다.
- **알루미늄 도료** : 알루미늄 분말을 안료로 하는 방청도료로 열반사효과가 있다.

(5) 특수도료

- **본타일** : 합성수지에 안료를 혼합한 입체모양의 뿜칠용 도료로, 주로 콘크리트 및 모르타르 바탕면의 도장용으로 사용된다.
- **다채무늬 도료** : 1회 도장으로 2가지 이상의 다채로운 색상을 표현할 수 있는 장식용 도료이다.

기출 및 예상 문제

8. 도장재

제1장 실내계획
제2장 실내환경
제3장 실내시공
제4장 실내구조 및 법규

01 도장재료에 대한 설명으로 맞는 것은? 제14회, 공인2회

① 방청페인트로는 광명단, 아연분말 도료 등이 있다.
② 바니시는 속칭 니스라고도 하며 광택과 작업성이 우수하고, 내약품성과 내후성도 좋다.
③ 에멀전페인트는 유성페인트로 표면의 광택이 좋다.
④ 멜라민수지도료는 도막이 단단하고 색상이 선명하나 내수성과 내구성이 약하다.

02 다음의 설명과 관련이 있는 페인트의 종류는? 제14회, 제16회

• 도막이 견고하다.	• 옥내의 목부와 금속면에 사용한다.
• 내후성과 내수성이 좋다.	• 착색이 선명하다.

① 유성페인트　② 에나멜페인트　③ 에멀전페인트　④ 수성페인트

03 유용성수지, 건성유, 희석재를 혼합한 것으로 담갈색의 투명도료이며 건조가 빠르고 광택이 우수하여 실내 목재 바탕 마감 시 사용되는 도료는?

① 유성페인트　② 에나멜페인트　③ 유성바니시　④ 휘발성바니시

정답 및 해설

01 ④
• 유성바니시는 내후성이 낮아 옥외에는 사용하지 않는다.
• 에멀전페인트는 수성페인트의 일종으로 내외부 도장에 사용된다.

02 ②
에나멜페인트는 도막이 견고하고 내수성이 좋아 금속표면에 주로 사용된다.

03 ③
유성바니시는 보통 니스라고 부르며, 내후성이 적어 외부보다 내부 목부 바탕의 투명 마감 시 사용된다.

04 양산가구 목재도장의 재료로서 적당하지 않은 것은? 공인1회

① 우레탄 도장 ② 하이글로시 도장
③ 래커도장 ④ 옻칠

05 합성수지에 안료를 혼합한 입체모양의 뿜칠용 도료로 주로 콘크리트나 모르타르 바탕면의 도장용으로 사용되는 특수도료는?

① 본타일 ② 광명단
③ 다채무늬 도료 ④ 알루미늄 도료

06 부착성이 뛰어나고 광택이 있으며, 내약품성, 내마모성, 내수성이 좋아 콘크리트 및 모르타르 바탕면 등에 사용되는 합성수지 도료는?

① 요소수지 도료 ② 알키드수지 도료
③ 멜라민수지 도료 ④ 에폭시수지 도료

07 (ㄱ)에 알맞은 말은? 공인3회

> 안티코 스타코는 (ㄱ) 으로 대리석, 화강석 그리고 안티크 효과의 패턴을 낼 수 있는 인테리어 마감재로서 헤라, 롤러, 스펀지, 나이프, 솔, 천연 해면 등의 기구를 사용하여 여러 가지 형태의 감각을 발휘한다.

① 수성 아크릴 성분 ② 락카 성분
③ 천연 식물성 성분 ④ 우레탄 성분

정답 및 해설

04 ④
옻칠은 건조가 더디나 견고한 목재도장 재료로 고급가구에 사용된다.

05 ①
본타일은 입체적 질감을 갖는 뿜칠용 도료로 내수성, 내구성, 작업성 등이 우수하다.

06 ④
에폭시수지는 충격에 강하고 내마모성이 좋으며, 내산, 내알칼리성이 있어 콘크리트나 모르타르 면에 주로 사용된다.

07 ①
안티코 스타코는 수성 아크릴 성분으로 대리석 질감 연출이 가능한 인테리어 마감재이다.

08 도장공사에 있어서 바탕에 바르는 도료와 맞지 않은 것은? 제12회

① 철골 : 광명단 바름
② 아스팔트(Asphalt) 타일바닥 : 기름 또는 석유
③ 플라스틱(Plastic) : 수성 페인트 칠
④ 플로어링(Flooring) 바닥 : 오일스테인(Oil Stain) 바름

09 알키드수지를 전색료로 하고 크롬산아연을 안료로 한 방청도료로, 녹막이 효과가 좋아 알루미늄의 초벌 녹막이칠에 사용되는 도료는?

① 광명단 ② 알루미늄 도료
③ 규산염 도료 ④ 징크로메이트 도료

정답 및 해설

08 ②
아스팔트 타일바닥에 기름 또는 석유를 칠하면 아스팔트가 녹을 수 있다.

09 ④
징크로메이트 도료는 알루미늄이나 아연철판의 녹막이 초벌칠에 가장 적합한 방청도료이다.

9 수장재

1) 벽지

(1) 벽지의 특성

- 벽지란 마감면의 보호 및 장식을 목적으로 바르는 종이류를 지칭한다.
- 소재에 따라 종이류, 직물류, 비닐류 등이 있다.
- 표면처리방식에 따라 인쇄, 엠보스, 발포 등으로 구분된다.
- 가격이 저렴하고, 소재와 패턴이 다양하며 시공이 간편하다.
- 내구성이 부족하고, 화재 및 오염에 약하다.

(2) 벽지의 종류

① 종이벽지

- 색상과 패턴이 다양하고 가격이 저렴하며 시공이 용이하다.
- 물에 약하며 잘 찢어지고 오염에 취약하다.

② 섬유벽지(직물벽지)

- 천연섬유 및 합성섬유를 종이에 배접한 벽지이다.
- 천연섬유 소재는 실크, 면, 마, 모 등이 있으며, 합섬섬유 소재는 레이온, 나일론, 아크릴 등이 있다.
- 다양한 색상 및 재질감, 입체감이 풍부하다.
- 직물의 특성 상 통기성, 흡음성, 단열성 등이 우수하다.
- 오염에 약하며 시공의 난이도가 높다.

③ 비닐벽지

- 종이 위에 비닐을 코팅한 합성수지 벽지이다.
- 내구성과 방수성이 우수하며 가격이 저렴하다.
- 통기성이 좋지 않고, 화재 시 유독가스 발생 우려가 있다.

2) 카펫

(1) 카펫의 특성

- 바닥면의 보호, 보온, 감촉 등을 위해 바닥에 까는 직물 제품

- 부드러운 촉감과 보행성이 좋으며, 흡음 효과가 크며 소음을 방지한다.
- 다양한 색상과 재질 등으로 공간의 주요 장식적 요소로 사용된다.
- 가격이 높고 얼룩이나 오염에 약하며, 오염을 세척하는 데 어려움이 있다.

(2) 카펫의 분류

① 파일(Pile) 형태에 의한 분류

- 커트 파일(Cut pile) : 카펫의 털 끝을 자른 것으로, 파일 길이는 5~10㎜ 정도이다. 단면이 균일하고 보행촉감이 부드럽다.
- 루프 파일(Loop pile) : 파일이 절단되지 않고 연결되어 있는 것으로, 내구성이 높고 오염도가 낮다.
- 커트 앤 루프 파일(Cut & Loop pile) : 커트 파일과 루프 파일을 조합한 것으로 파일의 고저차를 활용하여 여러 질감을 연출할 수 있다.

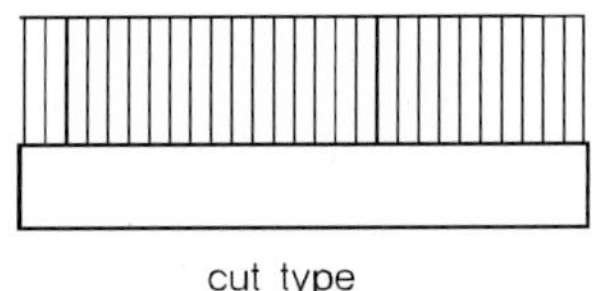

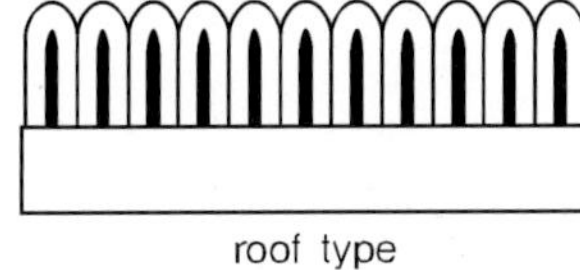

[그림 3-10] 타일 카펫의 파일 형태

(3) 카펫의 종류

- 타일 카펫(Tile carpet) : 규격화된 정사각의 형태로 생산되며, 색상과 질감이 다양하다. 오염 시 부분교체가 가능하여 유지관리가 용이하다.
- 롤 카펫(Roll carpet) : 두루마리 형태로 말아서 제작되는 카펫으로 시공성이 좋으나 부분 보수가 용이하지 않다.
- 러그(Rug) : 실내공간에 부분적으로 까는 직물 제품으로 주로 장식적인 목적으로 사용된다.

3) 일광조절 제품

(1) 커튼

- 커튼은 실내 창문이나 칸막이 등에 사용되는 직물류로 실내공간의 분위기를 좌우하는 중요한 요소이다.
- 실내외 시선 차단효과, 채광 조절, 흡음과 보온 등의 기능적인 목적과 다양한 색상 및 질감을 활용한 장식적인 목적으로 사용된다.

① 드레이프 커튼(Drape curtain)

- 주름이 잡혀 드리워진 두꺼운 커튼을 총칭한다.
- 평직, 능직, 수자직을 기본으로 하며, 짜임새가 치밀하여 차광성, 방음성, 보온성이 우수하다.

② 레이스 커튼(Lace curtain)

- 비치는 얇은 천으로 만들어 유리창문 앞에 대는 커튼을 일컫는다.
- 커튼을 치더라도 일부 투시되는 기능이 있어 햇빛을 완벽하게 차단하기보다 외부로부터 시각적 프라이버시를 지키는 데 목적이 있다.

③ 밸런스(Valance curtain)

- 창의 윗부분이나 천장에서 늘어뜨리는 직물을 의미하며, 코니스라 불리기도 한다.
- 주로 장식적인 요소로 사용되며, 상부에서 들어오는 외광을 부분적으로 차단하는 기능이 있다.

(2) 블라인드

채광 조절이 편리하고 소재가 다양하며, 모던한 분위기를 연출한다.

① 수평블라인드

- 수평으로 선 날개의 각도를 조절하거나 승강조작을 통하여 일조나 통풍을 조절한다.
- 가장 일반적인 블라인드로 베네시안 블라인드(Venetian blind)라고도 한다.

② 버티컬블라인드

- 수직으로 루버를 늘어놓은 것으로, 루버의 회전 및 좌우 개폐로 채광을 조절한다.

③ 롤블라인드

- 상부 구동기구를 이용해 스크린을 감아올리거나 내리는 것으로, 빛을 한번 걸러주어 은은한 분위기를 만든다.

4) 합성수지 제품

(1) 일반사항

- 일반적으로 플라스틱을 의미하며, 바닥재, 필름재, 도료 및 접착제 원료 등의 실내용으로 사용된다.
- 경량이며, 착색이 용이하다.
- 내구성, 내수성, 내식성, 가공성이 우수하다.
- 열에 의한 팽창, 수축이 크며, 내마모성과 표면강도가 약하다.

(2) 합성수지의 분류

- 열가소성 수지 : 열을 가하면 가소성이 되고, 냉각하면 다시 고형이 되는 수지
  - 아크릴수지 : 투광성이 크고 착색이 자유롭다. (용도 : 채광판, 유리대용품 등)
  - 염화비닐수지 : 강도, 전기절연성, 내양품성이 양호하며 고온, 저온에 약하다. (용도 : 바닥용 타일, 접착제 등)
  - 초산비닐수지 : 무색투명으로 접착성이 양호하다. (용도 : 도료, 접착제 등)
  - 스티롤수지(폴리스티렌) : 무색투명으로 전기절연성, 내약품성, 내수성이 좋다. (용도 : 발포 보온판, 파이프, 창유리 등)
  - 폴리에틸렌수지 : 전기절연성, 내약품성, 내수성이 우수하며, 물보다 가볍다. (용도 : 방수필름, 발포 보온관, 건축용 성형품 등)
- 열경화성 수지 : 고형화가 된 후 열을 가해도 연화하지 않는 수지
  - 페놀수지 : 전기절연성, 내산성, 내열성, 내수성, 강도 등이 양호하나, 내알칼리성이 약하다. (용도 : 덕트, 파이프, 발포보온관, 목재 접착제 등)
  - 요소수지 : 무색으로 착색이 자유롭고, 내수성이 다소 약하다. (용도 : 마감재, 가구재, 도료 및 목재, 합판의 접착재 등)
  - 실리콘수지 : 내열성이 크고, 내약품성, 내후성이 우수하다. (용도 : 방수피막, 발포보온관, 도료 및 접착제 등)
  - 에폭시수지 : 금속의 접착력이 우수하고, 내약품성과 내열성이 크다. (용도 : 금속도료 및 접착제, 보온보냉제 등)

(3) 합성수지제품의 종류

① PVC 바닥재

- 패턴이 다양하고 내구성이 좋다.
- 물청소가 가능하며 유지관리가 용이하다.

- 타일형 바닥재와 시트형 바닥재로 구분된다.

② 필름재

- 특수가공한 필름 제품으로 한쪽 면이 접착면으로 구성되어 시공이 간편하고 경제적이다.
- 내수성, 내습성, 내오염성, 내열성, 내약품성 등이 우수하며 다양한 재질의 바탕면에 시공할 수 있다.

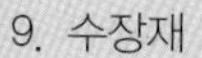

기출 및 예상 문제

01 비닐벽지의 장점이 <u>아닌</u> 것은? 제18회, 공인1회

① 가격이 저렴하다.
② 물청소 등이 가능하며 관리가 쉽다.
③ 대량생산이 가능하며 색, 디자인, 무늬를 자유롭게 할 수 있다.
④ 통기성이 좋으며 감촉이나 재질감은 직물보다 우수하다.

02 다음 벽지의 바람직한 벽면구획 사항으로 <u>틀린</u> 것은? 공인4회

① 이음매의 간격이 모두 균일한 것이 가장 이상적이다.
② 천장의 이음매와 벽면의 이음매가 일치하는 것이 좋다.
③ 창문틀 윗부분과 아랫부분의 분할은 상하의 이음매가 맞아야 한다.
④ 기둥 부분을 싸서 바르는 경우는 이음매 부분이 잘 보이도록 마무리한다.

03 마닐라삼을 원료로 만든 벽지로 직포방법에 따라 수직과 기계직으로 구분되며, 적갈색을 띠는 벽지는? 공인5회

① 해초벽지 ② 황마벽지 ③ 아바카벽지 ④ 완포벽지

정답 및 해설

01 ④
비닐벽지는 통기성이 좋지 않고 화재 시 유독가스 발생 우려가 있다.

02 ④
벽지로 기둥 부분을 싸서 바르는 경우는 이음매 부분이 잘 보이지 않도록 깨끗하게 마무리한다.

03 ③
아바카벽지는 마닐라삼을 원료로 가공, 직조 한 후 종이에 붙인 벽지로, 적갈색을 띠며 친환경적이며 자연 소재의 색상과 질감이 표현된 벽지이다.

04 다음 카펫의 장점이 아닌 것은? 제18회

① 아늑하고 우아한 분위기로 격조 높은 생활공간을 창조한다.
② 카펫의 쿠션감과 논슬립성으로 보행감이 좋다.
③ 일반 상재에 비해 보온, 보냉 효과가 우수하며 에너지 절감이 크다.
④ 초기 투자비용이 저렴하다.

05 주름이 없는 커튼의 일종으로 커튼의 총 길이를 나누어 접어 올리면서 상하로 개폐하는 것을 고르시오. 공인3회

① 밸런스
② 글라스커튼
③ 케이스먼트커튼
④ 로만쉐이드

06 다음 커튼의 설명 중 틀린 것은? 공인5회

① 드레이프 커튼 : 평직, 능직, 주자직의 기본으로서 두터운 커튼을 총칭한다.
② 레이스 커튼 : 외부로부터 프라이버시를 지키는 데 효과가 있다.
③ 케이스먼트 커튼 : 레이스보다 약하고, 거칠고 장식성이 많이 떨어진다.
④ 프린트 커튼 : 양이나 종류가 많고 눈막이, 일조 조절 등에 사용한다.

07 커튼과 함께 가장 많이 사용되는 것으로, 날개의 각도조절, 승강조작이 자유로운 블라인드는? 제19회

① 베니스식 블라인드(Venetian Blind)
② 버티칼 블라인드(Vertical Blind)
③ 롤 블라인드(Roll Blind)
④ 패널 블라인드(Panel Blind)

정답 및 해설

04 ④
카펫은 가격이 비싸 대용품인 카펫타일을 많이 사용한다.

05 ④
로만쉐이드는 줄을 잡아당기면 계단식으로 접혀 올라가는 커튼이다.

06 ③
케이스먼트 커튼은 레이스 커튼과 드레이프 커튼의 중간형으로, 반투시적이며 장식성이 크다.

07 ①
수평블라인드는 베니스식 블라인드라고 하며, 수평으로 선 날개의 각도를 조절하거나, 승강조작을 통하여 일조나 통풍을 조절하는 블라인드 제품이다.

08 다음 중 열경화성수지로 맞는 것은? 공인2회

① 아크릴수지 ② 염화비닐수지
③ 폴리에틸렌수지 ④ 페놀수지

09 전기절연성, 내산성이 우수하고 덕트, 파이프, 보온관 등으로 쓰이는 수지는? 공인2회

① 요소수지 ② 페놀수지
③ 멜라민수지 ④ 실리콘수지

10 다음 중 합성표면 마감재가 아닌 것을 고르시오. 공인3회

① HPM ② LPM
③ HDF ④ PVC

11 FRP(fiberglass reinforced plastics)에 대한 설명으로 맞는 것은? 공인1회, 공인2회

① 다양한 형태를 자유롭게 구성하는 데는 제한이 있다.
② 내열성이 좋은 수지와 우수한 성능의 유리섬유의 복합재료로 열전도율이 높다.
③ 내구성이 높고 중량이 가벼우나 설치가 어려운 단점이 있다.
④ 화학, 철강 분야에 사용되기도 하며, 틀·거푸집으로 제작되므로 동일한 형태를 여러 개 만들 수 있다.

정답 및 해설

08 ④
열경화성 수지는 고형화가 된 후 열을 가해도 연화하지 않는 수지로, 페놀수지, 요소수지, 실리콘수지, 에폭시수지 등 있다.

09 ②
페놀수지는 전기절연성, 내산성, 내열성, 내수성, 강도 등이 우수하여 덕트, 파이프, 발포보온관, 목재 접착제 등에 사용된다.

10 ③
- HPM(High pressure melamine), LPM(Low pressure melamine) : 멜라민재
- PVC(Polyvinyl chloride) : 염화비닐
- HDF(High Density Fiberboard) : MDF보다 밀도가 높은 가공목재

11 ④
FRP는 유리섬유 강화플라스틱으로, 다양한 형태를 자유롭게 구성할 수 있으며 열전도율이 낮다. 내구성이 높고 중량이 가벼우며, 설치가 용이하다.

12 목재의 접착제가 <u>아닌</u> 것은? 공인3회

① 페놀수지(phenol resin) ② 멜라민수지(melamine resin)
③ 스티롤수지(styrol resin) ④ 카세인(casein)

13 합성수지 접착제 중 금속재 접착에 가장 좋은 것은? 공인1회

① 에폭시수지 ② 멜라민수지
③ 페놀수지 ④ 스티롤수지

정답 및 해설

12 ③
스티롤수지는 무색투명으로 전기절연성, 내약품성, 내수성이 좋아 창유리, 발포 보온판, 파이프 등에 사용된다.

13 ①
에폭시수지는 내약품성과 내열성이 크며 금속의 접착력이 우수하다.

실내건축 적산

1 적산 일반

1) 적산 및 견적

설계도서, 현장설명서에 따라 공사의 시공조건에 맞는 공사비를 산출한 조서이며, 적산과 견적으로 구분한다.

적산이란 공사에 필요한 재료 및 품의 수량, 즉 공사량을 산출하는 작업이며, 공사량에 단가(단위가격)를 곱해 공사가격을 산출하는 작업을 견적이라 한다.

2) 견적의 종류

견적의 종류에는 개산견적과 명세견적으로 구분하며, 작성시기는 다음과 같다.

- 개산견적(Approximate estimate) : 과거공사의 실적, 통계자료, 물가지수 등을 기초로 해 개략적인 공사비를 산출하는 방식으로 단위면적(용적)당, 단위시설당, 부분별, 요소별 기준 공사비를 책정한다.
- 명세견적(Detailed estimate) : 완성된 설계도서, 현장설명서, 질의응답 등에 의해 공사부위의 공사량, 노무량 등을 각 공사별로 산출한 값에 단가(단위가격)를 곱해 공사비를 산출하는 방식이다.

2) 품셈과 일위대가

(1) 품셈(Work Account)

- 품셈은 정부 등의 공공기관에서 시행하는 각종 공사의 적정한 예정가격을 산정하기 위한 일반적인 기준을 제공하기 위해 제정되었으며, 사람이나 기계가 어떤 공사 결과물을 만드는 것에 대한 단위당 소요되는 재료(자재)량과 일(노무)의 양을 수량으로 표시한 것이다.
  품셈표는 인력 또는 기계로 어떤 물체를 만드는 것에 대한 단위당 소요되는 노력과 능률 및 재료를 인/m^2, kg/m^2, 인/m^3 등의 수량으로 표시한 것이다.
- 표준품셈 적용 및 계산상의 유의사항
  - 표준품셈은 건설공사 중 대표적이고 보편적인 공종 및 공법의 기준 이기에 지역이나 기후의 특성 및 기타 현장의 작업조건, 공사의 특성에 맞게 조정해야 한다.
  - 품셈적용 및 적산은 설계, 시공방법, 현장조건 등을 충분히 고려하여 시설물의 수명, 품질, 기능 설치 목적에 부합되도록 검토해야 한다.
  - 실내건축공사의 다기능화, 복잡화, 신자재, 신공법 등 기술변화와 개발에 따라 표준품셈 적용 및 적산체제를 보완 적용해야 한다.
  - 품셈적용 및 적산은 설계, 시공경험 등을 겸비한 전문기술자에 의해, 설계도 및 시방서, 현장여건 등을 면밀히 검토 후 적용한다.
  - 표준품셈은 절대적인 기준이 아니므로 현장여건에 적합하지 않을 경우, 실적자료 등을 참고해 합리적으로 적용해야 한다.

(2) 일위대가(breakdown cost)

- 일위대가는 재료비에 가공 및 설치 등을 합산한단가로 복합단가라고도 한다.
- 일위대가는 아래의 세 가지를 참고하여 작성한다.
  - 표준품셈 : 공종별 표준 품 확인한다.
  - 물가정보자료 : 재료비, 노무비, 경비 등을 확인한다.
  - 당해연도 시중노임단가 : 공종별 게시된 시중노임단가를 대입한다.
- 일위대가 표는 단위수량당 단가를 구해놓은 표이다.

3) 단가(재료비, 노무비)종류와 단가의 결정

일반적으로 건설재료 및 자재단가의 결정은 실거래가격을 기준으로 하며, 단가의 종류와 분류는 다음과 같다.

(1) 단가의 분류

① 건물용도 및 기능에 따른 분류
- 용도별 면적에 따른 단가 : 바닥면적당(m²당 단가)
- 용도별 용적에 따른 단가 : 실용적당(m³당 단가)
- 사용에 따른 단가 : 1좌석당, 1테이블당
- 호수에 따른 단가 : 공동주택 등에서 1세대당, 1병실당, 1교실당

② 형태에 따른 분류
- 재료비 단가 : 시멘트 1포당, 목재 1재(才)당, 모래 1m³당 등의 단가이며, 취급 비용이나 운반비 등을 포함시키는 경우가 많다.
- 노무비 단가 : 내장목공, 타일공, 페인트공, 보통인부 등의 1인 1일의 노임(1인 1일 8시간 기준 노무비)을 말하며, 비용을 포함할 수도 있다. 정부에서 시중 노임단가를 조사해 매년 연초 당해연도 노임단가를 발표하고 있으나, 현실과는 차이가 있다.
- 복합단가 : 일위대가 또는 재공공(재공합한) 단가라고도 하며, 재료비, 노무비, 소모품비, 기구 및 기자재의 손료, 도급경비 등을 포함한 단가로서, 외주비의 단가도 복합단가의 일종이다.
- 합성단가 : 각 부분의 바탕에서 표면 마무리까지를 포함한 것을 말하며, 여러 공종의 복합단가가 합성된 것이라 할 수 있다. 1식, 1SET 등의 단위를 사용한다.

(2) 노임단가

- 기획재정부의 위탁을 받아 대한건설협회에서 매년 직종별 시중 노임을 조사해 평균 노임을 발표하고 있다. 이 노임단가는 직종별 조사된 총임금을 직종별 조사된 총인원으로 나눈 값으로 실제 현장 노임과는 차이가 있으므로 실내건축공사 적용은 무리가 따르고 있다. 현실적으로는 민간공사에는 정부발표 시중노임단가는 무의미하며, 건설시장의 현재 노임단가가 적용되고 있다. 또한 야간작업의 별도의 품의 할증도 이루어져야 한다.

(3) 단가의 결정

- 단가의 결정방법은 품셈에 의한 방법과 과거실적비용, 가격정보지, 전문업체 견적 방법이 있으며, 정부와 공공기관의 공사를 시행할 경우에는 정부 제정 표준품셈을 적용하고 있다.
  - 과거 공사완공물의 실적치에 의한 방법 : 과거에 시공된 유사한 사례의 예

산, 계약 내역서 등을 참고하여 결정하는 방법이다.

- 가격 정보지에 의한 방법 : 단가에 관계되는 수량, 운반 등 여러 가지 조건의 설정에 대해 충분한 검토, 조사가 필요하다.
- 전문 업체에 견적의뢰 하는 방법 : 품셈이나 실적 공사비에 자료가 나와 있지 아니한 경우, 직접 다수의 전문 업체에 견적을 의뢰해 비교 결정하는 방법 이다.

4) 손료 및 잡 재료

공사에 투입되는 도구를 사용함에 있어 도구가 소모되기에 이를 유지 관리를 위한 비용이 투입되는 것을 고려하게 되는데, 이것을 손료라는 생산 용구 관계의 비용에 대해 일정한 비율을 적용해서 산출한 추정치로, 재료비나 노무비와 같이 개개의 공정마다 결과로서 소모된 양을 확인할 수 없기에, 보통 감가상각비, 유지수리비, 관리비 등으로 구성해 계상하고 있다.

공구손료는 일반 공구 및 시험용 계측기구류의 손료로서 공사 중, 또는 상시 일반적으로 사용하는 것을 말하며, 직접 노무비(노임할증제외)의 3%까지 계상하며, 특수 공구(철골공사, 석공사 등) 및 검사용 특수 계측기류의 손료는 별도 계상한다.

재료 및 소모재료비는 설계내역에 표시해 계상하고, 주재료비의 2~5%까지 계상한다.

5) 원가계산서

원가계산이란 어떤 공사목적물을 만들기 위해 필요한 원가를 산출하는 과정을 말하며, 과정에 소요된 물건 및 서비스 등을 화폐가치로 환산해 나타낸 것이다. 공공발주에 있어서 원가계산에 의한 예정가격을 작성함에 있어 공사원가계산을 하고자 할 때에는 공사원가계산서를 작성하고 비목별 산출근거를 명시한 기초계산서를 첨부해야 한다.

(1) 공사원가

공사원가라 함은 공사시공 과정에서 발생한 재료비, 노무비, 경비의 합계액을 말한다.

(2) 재료비

재료비에는 공사목적물의 실체를 형성하는 물품의 가치를 뜻하는 직접재료비와 공사 목적물의 실체를 형성하지는 않으나 공사에 보조적으로 소비되는 물품의 가치를 말하는 간접재료비가 있으며, 재료를 구입하는 과정에서 발생되는 운임, 보험료, 보관비 등도 재료비에 포함된다. 한편, 시공 중에 발행하는 작업설, 부산물은 매각액 또는 이용가치 등을 추산해 재료비에서 공제한다.

(3) 노무비

노무비는 직접노무비 및 간접노무비로 나누며, 직접노무비는 현장에서 계약목적물을 완성하기 위해 직접 작업에 종사하는 종업원 및 노무자에 의해 제공되는 노동력의 대가로서 기본금, 제수당, 상여금, 퇴직급여충당금 등의 합계를 말하며, 간접노무비는 직접 작업 에 종사하지는 않으나 현장에서 보조작업을 하는 노무자, 종업원과 현장감독자 등의 노동력의 대가로서 기본급, 제 수당, 상여금, 퇴직급여충당금의 합계를 말한다.

(4) 경비

경비는 공사의 시공을 위해 소요되는 공사원가 중 재료비, 노무비를 제외한 원가를 말하며, 기업의 유지를 위한 관리활동 부문에서 발생하는 일반관리비와 구분된다.

(5) 일반관리비

일반관리비는 기업의 유지를 위한 관리활동 부문에서 발생하는 제비용 즉, 임원급료, 사무실 직원의 급료, 제수당, 퇴직급여충당금, 복리후생비, 여비, 교통 통신비, 수도광열비, 세금과공과, 지급임차료, 감가상각비, 운반비, 차량비, 경상시험연구개발비, 보험료 등을 말하며 기업 손익계산서를 기준해 산정한다.

(6) 이윤

이윤은 영업이익을 말하며 직접공사비, 간접공사비 및 일반관리비의 합계액에 이윤율을 곱해 계상한다. 다만, 이윤율은 15%를 초과할 수 없다(전문공사의 일반관리비율 : 5억 미만 6%, 5억~30억 미만 5.5%, 30억 이상 5%).

(7) 부가가치세

부가가치세는 재화용역을 공급하고 공급받는 거래를 행하는 경제활동주체가 그 재화용역에 대해 부가하는 가치에 대해 부과하는 세금으로 간접세이다. 세율은 현행 10%의 단일 세율을 적용하고 있다.

기출 및 예상 문제

1. 적산 일반

01 실내건축 적산 및 견적에 대한 설명으로 맞지 <u>않은</u> 것은? 제18회

① 적산이란 실내건축공사에 필요한 재료량을 산출하는 작업이다.
② 적산하여 놓은 값에 재료비, 인건비, 경비를 곱하여 공사가격을 산출하는 것을 견적이라 한다.
③ 견적의 종류에는 개산견적, 명세견적 등이 있다.
④ 적산 착수 전에 현장설명 및 현장설명서 숙지, 도면 확인, 질의응답 확인, 표준시방서 및 특기시방서 숙지, 기타 별도공사 사항을 확인하여야 한다.

02 다음에서 적산과 견적의 설명으로 옳은 것은?

① 설계도서, 현장설명서에 따라 공사의 시공조건에 맞는 공사비를 산출한 조서이며, 적산과 견적으로 구분하고 이는 계약도서중의 하나이다.
② 재료 및 품의 수량, 공사량을 산출하는 작업을 견적이라 한다.
③ 공사량에 단가를 곱해 공사가격을 산출하는 작업을 적산이라 한다.
④ 원가절감이 최대한으로 될 수 있도록 견적 하여야한다.

정답 및 해설

01 ①
적산이란 공사에 필요한 재료 및 품의 수량, 즉 공사량을 산출하는 작업이며, 공사량에 단가(단위가격)를 곱해 공사가격을 산출하는 작업을 견적이라 한다.

02 ①
재료 및 품의 수량, 공사량을 산출하는 작업을 적산 이라하고, 공사량에 단가를 곱해 공사가격을 산출하는 작업을 견적이라 한다.

03 견적의 설명으로 옳지 않은 것은?

① 개산견적은 과거공사의 실적, 통계자료, 물가지수 등을 기초로 해 개략적인 공사비를 산출하는 방식으로 단위면적(용적)당, 단위시설당, 부분별, 요소별 기준 공사비를 책정한다.
② 완성된 설계도서, 현장설명서, 질의응답 등에 의해 공사부위의 공사량, 노무량 등을 각 공사별로 산출한 값에 단가(단위가격)를 곱 해 공사비를 산출하는 방식을 명세견적 이라한다.
③ 프로젝트 기획 시 발주자가 공사규모를 가늠하기 위한 견적은 개산견적이라 한다.
④ 입찰에 참여할 입찰가격을 산정하기 위한 견적을 하고, 공사계약 시 계약내역에 의한 실행예산과 정산을 위한 자료로서 개산견적을 작성하고 사용한다.

04 표준품셈과 일위대가에 대한 설명으로 맞지 않은 것은? 제18회

① 표준품셈이란 정부 등 공공기관에서 시행하는 각종 공사의 적정한 예정가격을 산정하기 위한 일반적인 기준을 제공하기 위해 제정된 것이다.
② 표준품셈은 사람이나 기계가 어떤 공사 결과물을 만드는 것에 대한 단위당 소요되는 재료와 일의 양을 수량으로 표시한 것이다.
③ 일위대가란 공종별로 재료비의 단위 수량당 단가를 산출하는 작업이다.
④ 일위대가를 복합단가라고도 한다.

05 다음 중 표준 품셈 적용 및 계산상의 유의사항으로 옳지 않은 것을 고르시오? 공인4회

① 인테리어공사의 다기능화, 복잡화, 신자재, 공법 등 기술변화와 개발에 따른 표준품셈 적용 및 적산체제 등은 계속 보완되어야 한다.
② 품셈 적용 및 적산은 설계, 시공방법 및 현장 조건 등을 충분히 고려해야 하지만 시설물 수명, 품질, 기능, 외관미 등은 고려하지 않아도 된다.
③ 표준 품셈은 건설공사 중 대표적이고 보편적인 공종, 공법을 기준한 것이므로 지역이나 현장의 특성 및 기타 현장조건에 따라 조정해야 한다.
④ 표준 품셈은 절대적인 기준이 아니므로 현장 여건에 불합리할 경우, 실적자료 또는 외국자료 등을 참고로 합리적으로 적용한다.

정답 및 해설

03 ④
④는 정밀견적을 하여야 한다.

04 ③
일위대가는 재료비에 가공 및 설치 등을 합산한단가로 복합단가라고도 한다.

05 ②
품셈 적용 및 적산은 설계, 시공방법 및 현장 조건 등을 충분히 고려해야 하며 시설물 수명, 품질, 기능, 외관미 등 설치목적에 부합되도록 검토되어야 한다.

06 품셈의 설명으로 옳지 않은 것은?

① 품셈은 정부 등의 공공기관에서 시행하는 각종 공사의 적정한 예정가격을 산정하기 위한 일반적인 기준을 제공하기 위해 제정되었다.
② 사람이나 기계가 어떤 공사 결과물을 만드는 것에 대한 단위당 소요되는 재료(자재)량과 일(노무)의량을 수량으로 표시한 것이 품셈이다.
③ 표준품셈은 건설공사 중 대표적이고 보편적인 공종 및 공법의 기준 이기에 지역이나 기후의 특성 및 기타 현장의 작업조건, 공사의 특성에 맞게 조정하여서는 아니 된다.
④ 품셈표는 사람이 인력 또는 기계로 어떤 물체를 만드는 것에 대한 단위당 소요되는 노력과 능률 및 재료를 인/㎡, kg/㎡, 인/㎥ 등의 수량으로 표시한 것이다.

07 품셈의 적용 및 계상상의 유의사항으로 옳지 않은 것은?

① 표준품셈은 건설공사 중 대표적이고 보편적인 공종 및 공법의 기준 이기에 지역이나 기후의 특성 및 기타 현장의 작업조건, 공사의 특성에 맞게 조정해야 한다.
② 표준품셈은 정부 공공기관에서 제정된 문서이기에 절대적인 기준이다.
③ 품셈적용 및 적산은 설계, 시공방법, 현장조건 등을 충분히 고려하여 시설물의 수명, 품질, 기능 설치 목적에 부합되도록 검토해야 한다.
④ 품셈적용 및 적산은 설계, 시공경험 등을 겸비한 전문기술자에 의해, 설계도 및 시방서, 현장여건 등을 면밀히 검토, 적용해 실시해야 한다.

08 다음 설명에 해당하는 것은? 제18회

> 재료비, 노무비, 소모품비, 기구 및 기자재의 손료, 도급경비 등을 포함하는 단가로서 외주비도 이에 해당한다.

① 합성단가　　② 복합단가
③ 노임단가　　④ 재료단가

정답 및 해설

06 ③
공사의 특성에 맞게 조정해서 사용한다.

07 ②
표준품셈은 정부 공공기관에서 제정된 문서이지만 절대적인 기준은 아니다.

08 ②
복합단가는 일위대가라고도 한다.

09 일위대가에 대한 다음 설명 중 바르지 않은 것은? 제18회

① 재료비에 가공 및 설치비 등을 가산하여 단가로 한 것이다.
② 복합단가라고도 한다.
③ 품셈에 의한 단위수량에 소요 단가를 곱하여 산정한다.
④ 일위대가에 적용되는 수량은 정미수량으로 한다.

10 일위대가에 대한 다음 설명중 올바른 것은? 제17회

① 재료비에 가공 및 설치비 등을 감산하여 단가로 한 것이다.
② 단수단가라고도 한다.
③ 품셈에 의한 단위수량에 소요 단가를 나누어 산정한다.
④ 일위대가에 적용되는 수량은 소요수량으로 한다.

11 일위대가의 설명으로 옳은 것은?

① 재료비에 가공 및 설치 등를 합산한단가로 복합단가라고도 한다.
② 일위대가표란 단위종류별 단가를 구해놓은 표이다
③ 일위대가 작성 시 공종별 표준품이 중요하며, 물가자료는 매년 변하므로 참고 하기에는 곤란하다.
④ 노무비를 책정하기 위해서는 당해연도 시중노임단가를 대입하기에는 적절하지 아니하다.

12 재료 및 노임의 단가 설명으로 옳은 것은?

① 용적에 따른 기준으로는 바닥이나 벽면적당 ㎡당으로 표기한다.
② 면적에 따른 기준으로는 실용적당 ㎥당으로 표기 한다
③ 복합단가는 일위대가 라고도 하며, 재료비, 노무비 그리고 경비로 구성되며, 이와는 별개로 소모품비, 기구 및 기자재의 손료, 도급경비 등은 경비에서 제외한 복합단가의 일종이다.
④ 합성단가는 각 부분의 바탕에서 표면 마무리까지를 포함한 것을 말하며, 여러 공종의 복합단가가 합성된 것이라 할 수 있다.

정답 및 해설

09 ④
일위대가에 적용되는 수량은 소요수량으로 한다.

10 ④
일위대가에 적용되는 수량은 소요수량으로 한다.

11 ①
일위대가표는 단위수량당 단가이다.

13 정부 공공기관의 공사를 시행할 때 적용하는 단가의 결정방법 중 우선 적용방법으로 적합한 것은?

① 품셈에 의한 방법
② 과거실적비용
③ 전문업체 견적 비교 방법
④ 가격정보지

14 노임단가 설명 중 옳지 않은 것은?

① 기획재정부의 위탁을 받아 대한건설협회에서 매년 직종별 시중 노임을 조사해 평균 노임을 발표하고 있다.
② 노임단가는 직종별 조사된 총임금을 직종별 조사된 총 인원 으로 나눈 값으로 실제 현장 노임과는 차이가 없다.
③ 노임단가는 건축공사의 경우 공공발주 현장 적용에는 무리가 없다.
④ 민간공사에는 정부발표 시중노임단가는 무의미하며, 건설시장의 현재 노임단가가 적용되고 있다.

15 손료 및 잡재료 설명 중 옳지 않은 것은?

① 손료는 재료비나 노무비와 같이 개개의 공정마다 결과로서 소모된 양을 확인할 수 없고, 보통 감가상각비, 유지수리비, 관리비 등으로 구성해 계상하고 있다.
② 손료라는 개념은 생산 용구 관계의 비용 에 대해 일정한 비율을 적용해서 산출한 추정치이다.
③ 일반 공구 및 시험용 계측기구류의 손료로서 공사 중, 또는 상시 일반적으로 사용하는 것을 말하며, 직접 노무비의 5%까지 계상한다.
④ 공사에 투입되는 도구를 사용함에 있어, 도구가 소모되고 유지, 관리를 위한 비용이 투입되는 것을 고려하지 않을 수 없게 된다. 이때에 발생되는 비용을 손료라고 한다.

정답 및 해설

12 ④
용적 부피의 기준 ㎥이며 면적은 ㎡로 표기한다.
일위대가에는 재료비, 노무비, 경비의 합한 복합단가의 일종이다.

13 ①

14 ②
실제 현장 노임과는 차이가 있다.

15 ③
직접 노무비(노임할증제외)의 3%까지 계상

16 다음 중 설명이 잘못 기술된 것은?

제18회

① 공사원가라 함은 공사시공 과정에서 발생하는 재료비, 노무비, 경비의 합계를 말한다.
② 재료비는 직접재료비와 간접재료비가 있으며, 재료를 구입하는 과정에서 발생되는 운임, 보험료, 보관비 등은 재료비에서 제외된다.
③ 노무비란 현장에서 계약 목적물을 완성하기 위하여 직접 작업에 종사하는 종업원 및 노무자, 현장 보조 노무자, 종업원과 현장 감독자 등의 노동력의 대가를 말한다.
④ 경비는 공사의 시공을 위하여 소요되는 공사원가 중 재료비, 노무비를 제외한 원가를 말하며, 일반관리비와 구분된다.

17 공사원가계산서의 내용에 관한 설명 중 옳은 것은?

공인1회

① 순공사원가란 재료비, 노무비, 경비, 일반관리비의 합계액을 뜻한다.
② 경비란 기업의 유지를 위한 관리비이다.
③ 간접재료비에는 재료 구입 과정 중의 운임, 보험료, 보관비도 포함된다.
④ 현장감독자의 기본급은 직접노무비에 해당된다.

18 공사원가계산서 설명 중 옳지 않은 것은?

① 공공 발주에 있어서 원가계산에 의한 예정가격을 작성함에 있어 공사원가계산을 하고자 할 때에는 공사원가계산서를 작성하고 비목별 산출근거를 명시한 기초계산서를 첨부해야 한다.
② 공사원가는 공사시공 과정에서 발생한 재료비, 노무비, 경비의 합계에 일반관리비를 더한 금액을 말한다.
③ 어떤 공사목적물을 만들기 위해 필요한 원가를 산출하는 과정을 말하며, 과정에 소요된 물건 및 서비스 등을 화폐가치로 환산해 나타낸 것이다.
④ 운임, 보험료, 사무실 직원급료 등은 일반관리비에 포함된다.

정답 및 해설

16 ②
재료비는 직접재료비와 간접재료비가 있으며, 재료를 구입하는 과정에서 발생되는 운임, 보험료, 보관비 등은 재료비에서 포함된다.

17 ③
- 순공사원가 : 재료비, 노무비, 경비
- 경비 : 공사 시공에 소요되는 재료비, 노무비 이외의 원가
- 현장감독자의 기본급은 간접노무비에 해당된다.

18 ②
공사원가는 공사시공 과정에서 발생한 재료비, 노무비, 경비의 합계이며, 일반관리비는 포함하지 않는다.

19 다음 중 원가계산서의 설명으로 옳지 않은 것은?

① 공사원가라 함은 공사시공 과정에서 발생한 재료비, 노무비, 경비의 합계액을 말한다.
② 재료비에는 공사목적물의 실체를 형성하는 물품의 가치를 뜻하는 직접재료비와 공사 목적물의 실체를 형성하지는 않으나 공사에 보조적으로 소비되는 물품의 가치를 말하는 간접재료비가 있으며, 재료를 구입하는 과정에서 발생되는 운임, 보험료, 보관비 등은 재료비에 포함되지 않는다.
③ 간접노무비는 직접 작업 에 종사하지는 않으나 현장에서 보조 작업을 하는 노무자, 종업원과 현장감독자 등의 노동력의 대가로서 기본급, 제수당, 상여금, 퇴직급여충당금의 합계를 말한다.
④ 경비는 기업의 유지를 위한 관리활동 부문에서 발생하는 일반관리비와 구분된다.

정답 및 해설

19 ②
재료를 구입하는 과정에서 발생되는 운임, 보험료, 보관비 등은 재료비에 포함한다.

2 적산 및 견적 기준

1) 일반 기준

적산과 견적은 프로젝트 초기부터 시공이 완료되는 마지막까지 작성 및 수정되며, 프로젝트 기획 시 발주자(사용자)는 공사규모를 가늠하기 위한 개산견적을 하며, 설계도서가 작성되는 시점에서는 설계자가 공사예정가를 산출하기 위한 견적서를 작성하게 된다. 입찰 공사에서는 입찰 시 참여할 입찰 가격을 산정하기 위한 견적을 하고, 공사계약 시 계약내역에 의한 실행예산과 정산을 위한 정밀 견적을 하게 된다. 이 과정에서 공사 계약 시 발주자는 계약당사자와 최종 협의된 금액의 산출내역을 표시하는 서류(산출내역서)를 제출하도록 하기도 하며, 수량 조절 및 물가변동으로 인한 계약금약의 조정, 공사대금 지급 시에 적용 된다.

(1) 적산 착수 전 검토사항

- 현장설명 참가자와 적산 및 견적자가 다른 경우에는 정확한 현장상황과 현장설명 전달이 중요하다.
- 도면 매수, 변경 도면의 유무, 현장 및 현장 설명 등과 비교해 다른 부분이 있는지를 확인한다.
- 질의응답 및 제출기한 시기를 확인한다.
- 적산 시 기준 및 요령을 숙지하고 전산 및 견적한다.
- 표준시방서, 특기시방서의 내용을 확인하고 적산한다.
- 별도 공사의 종류와 범위를 확인(전기공사, 설비공사, 주방공사, 소방공사, 가구공사, 사인공사, 외부공사 등)한다.

(2) 적산 주의사항

- 도면의 누락이나 축척에 오차가 있는지 확인한다.
- 수량 및 단가금액의 소수점이 틀리지 않도록 한다.
- 중복계산이 되지 않게 한다.
- 수량의 조사 및 단가의 결정은 재확인한다.
- 재료의 규격 및 품질을 확인하고 기입한다.
- 기입한 치수에 착오가 없는지 재확인한다.
- 제3자가 검토하여 누락된 사항이 없는지를 확인한다.
- 반드시 재검토한다.

2) 적산의 순서

- 실(방)별, 부위별(바닥, 벽, 천장 등) 순으로 적산한다.
- 시공 순서대로 적산한다.
- 내부에서 외부로 적산한다.
- 아파트의 경우 단위세대에서 전체 세대로 적산한다.
- 큰 곳에서 작은 곳으로 적산한다.

3) 적산 단위 및 수량계산 일반기준

- 수량산출은 국제단위계인 SI(또는 C.G.S)단위를 사용한다.
  - 길이 : ㎜, ㎝, m / 치(寸), 간(間), 자(尺), yard, feet, inch
  - 면적 : ㎠, ㎡ / 평방척(平方尺), Squar yard, Squard feet
  - 체적(용적) : ㎤, ㎥, / 입방척(立方尺), 재(才), 석(石), Cubic yard, Board Feet, Cubic feet
  - 무게 : g, kg, t / 관(貫), Pound, Ounce
  - 부분 : EA(개, each), 조(組, set) 본(本), 매(枚)
  - 기타 : 식(式), 인(人)
- 수량의 단위 및 소수위는 표준품셈 단위표준에 의한다.
- 수량의 계산은 지정 소수위 이하 1위까지 구하고, 끝수는 반올림한다.
- 볼트의 구멍, 리벳 구멍, 모따기, 이음줄눈의 간격, 철근콘크리트 중의 철근 체적과 면적은 구조물의 수량에서 공제하지 아니한다.

4) 재료의 할증률

재료의 할증률이란 시방 및 도면에 의해 산출된 재료의 정미량에 재료의 운반, 절단, 가공 및 시공 중에 발생되는 손실량을 가산해 주는 백분율(%)로서 품셈에 할증이 포함되지 않은 경우와 표시되어 있지 아니한 경우에 한해 적용한다.

- 정미수량(절대소요량) : 설계도서에 의해서 산출된 수량이며 할증은 포함하지 않는다.
- 소요수량(실소요량) : 정미수량에 할증률을 합산한 수량이다.
- 가공 및 시공품, 재료비를 적용할 때에는 할증량에 대해 품을 추가로 적용해서는 안 되며, 재료비의 산출은 단가에 할증량을 포함한 실소요수량을 곱해 산출한다.
- 재료의 운반품은 정미수량에 할증량을 포함한 실소요수량에 적용한다.

① 일반재료의 할증률

각재 5%, 판재 10%, 일반합판 3%, 수장용합판 5%, 텍스 5%, 석고보드 5%, 코르크판 5%, 비닐타일류(아스팔트, 리놀륨, 비닐렉스, 비닐) 5%, 벽돌(붉은벽돌, 내화벽돌) 3%, 시멘트벽돌 5%, 단열재 10%, 유리 1%, 도료 2%, 테라코타 3%, 타일(모자이크, 자기, 도기, 클링거) 3%, 블록(경계블럭 3%, 호안블럭 5%, 중공블럭 4%), 슬레이트 3%, 원석(마름돌) 30%, 석재(정형 10%, 부정형돌 30%)

② 강재류의 할증률

이형철근 3%, 원형철근 5%, 일반볼트 5%, 강판 10%, 강관 5%, 대형형강 7%, 소형형강 5%, 봉강 5%, 각파이프 5%, 스테인리스 강관 5%, 스테인리스 강판 10%, 동판 10%

③ 콘크리트 및 포장재료의 할증률(앞숫자 : 정치식, 뒷숫자 : 기타)

시멘트 2%·3%, 잔골재 10%·12%, 굵은골재 3%·5%, 아스팔트 및 석분 2%·3%, 혼화재 정치식 2%·0%

5) 품의 할증률

- 표준품셈의 할증률을 적용한다.
- 연면적 10㎡ 이하, 기타 이에 준하는 소단위 공사에는 품을 50%까지 가산할 수 있다.
- 도서지역(인력 파견 시) 및 도로개설이 불가능한 산악지역에서는 인력품을 50%까지 가산할 수 있다.
- 공기단축을 위해 야간작업을 할 경우나 특성상 부득이 야간작업을 할 경우에는 품을 25%까지 가산한다.

6) 견적내용과 순서

- 수량조서 : 설계서, 현장설명, 질의응답 등에 따라서 공사수량을 계산하고 이것을 재검 확인한 후 비목, 과목, 세목의 순서로 작성한다.
- 단가 : 각 세목에 의한 단위수량의 공사비를 산정한다.
- 가격 : 각 세목의 수량에 단가를 곱해 세목가격을 산출한다.
- 집계 : 각 세목의 가격을 과목별로 집계하고 각 비목별로 집계한다.
- 현장경비 : 순공사비에 현장경비를 산출가산해 공사비 원가를 산출한다.
- 일반관리비 : 공사원가에 일반관리비를 가산한다.
- 이윤 : 총원가에 이윤을 가산한다.
- 부가가치세
- 총액

2. 적산 및 견적 기준

기출 및 예상 문제

01 적산 착수 전 검토사항으로 옳지 않은 것은?

① 현장설명 참가자와 적산 및 견적자가 다른 경우에는 정확한 현장상황과 현장설명 전달이 중요하다.
② 도면 매수, 변경 도면의 유무, 현장 및 현장설명 등과 비교해 다른 부분이 있는지를 확인한다.
③ 질의응답 및 제출기한 시기를 확인한다.
④ 별도 공사의 종류와 범위는 계약이후 발주자와 협의하여 공사진행이 원활하게 하도록 한다.

02 적산 시 주의사항이 아닌 것은? 제18회

① 재료의 규격 및 품질은 반드시 기입한다.
② 수량 및 설계도서의 축척 등이 틀리지 않았는지 확인한다.
③ 물가지수의 변동을 대비한 변동 소요수량을 계산하여야 한다.
④ 적산 착수 전 공사현장 답사를 통하여 여러 상황을 복합적으로 파악한다.

정답 및 해설

01 ④
별도 공사의 종류와 범위를 확인(전기공사, 설비공사, 주방공사, 소방공사, 가구공사, 사인공사, 외부공사 등)한다.

02 ④

03 다음 중 적산 및 견적 설명으로 옳지 않은 것은?

① 설계도서에 나타난 수량을 소요수량이라 하며, 소요수량은 정밀하게 산출한다.
② 산출양식은 통일하며, 순서는 정해진 순서로 산출한다.
③ 수량 산출은 작은 곳에서 큰 곳으로 산출한다.
④ 도면의 누락이나 축척에 오차가 있는지 확인한다.

04 다음 중 적산 순서의 설명으로 옳은 것은?

① 실별, 부위별 구분 없이 자유롭게 작성한 후 견적 시 반영한다.
② 아파트의 경우 단위세대에서 전체 세대로 적산한다.
③ 외부에서 내부로 적산한다.
④ 작은 곳에서 큰 곳으로 적산한다.

05 다음 중 적산 단위 및 수량계산 일반기준 의 설명으로 옳지 않은 것은?

① 수량산출은 국제단위계인 SI(또는 C.G.S)단위를 사용한다.
② 수량의 단위 및 소수위는 표준품셈 단위표준에 의한다.
③ 수량의 계산은 지정 소수위 이하 1위까지 구하고, 끝수는 반올림한다.
④ 다음에 열거하는 것의 체적과 면적은 구조물의 수량에서 공제하지 아니한다. 볼트의 구멍, 벽면의 개구부, 모따기, 이음줄눈의 간격, 철근콘크리트 중의 철근

06 다음 중 적산 단위 연결이 잘못 연결된 것은?

① 길이 : ㎜, ㎝, m / 치(寸), 간(間), 자(尺), yard, feet, inch
② 면적 : ㎠, ㎡ / 평방척(平方尺), Squar yard, Squard feet
③ 체적(용적) : ㎤, ㎥ / 본(本), 재(才), 석(石), Cubic yard, Board Feet, Cubic feet
④ 무게 : g, kg, t / 관(貫), Pound, Ounce

정답 및 해설

03 ①
설계도서에 나타난 수량은 설계수량이라 한다.

04 ②
큰 곳에서 작은 곳으로. 아파트의 경우 단위세대에서 전체 세대로 적산한다.

05 ④
벽면의 개구부(도어 및 창문)는 공제한다.

06 ③
부분의 단위는 EA(개, each), 조(組, set) 본(本), 매(枚) 등이 있다.

07 다음 괄호 안의 알맞은 치수가 바르지 않은 것을 고르시오. 제15회

① 1자(尺)=30.3㎝
② 1inch=2.54㎝
③ 1평(坪)=6자(尺)×6자(尺)=1.818m×1.818m
④ 1재(才)=1才×1才×10자(尺)

08 다음 중 재료의 할증에 대한 설명으로 옳지 않은 것은?

① 시방 및 도면에 의해 산출된 재료의 정미량에 재료의 운반, 절단, 가공 및 시공 중에 발생되는 손실량을 가산해 주는 백분율(%)로서 품셈에 할증이 포함되지 않은 경우나 표시되어 있지 아니한 경우에 한해 적용한다.
② 정미수량(절대소요량) : 설계도서에 의해서 산출된 수량이며 할증은 포함되지 않는다.
③ 소요수량(실소요량) : 정미수량에 할증률을 더한 수량이다.
④ 가공 및 시공품, 재료비를 적용할 때에는 할증량에 대해 품을 추가로 적용하며, 재료비의 산출은 수량에 할증량을 포함한 실소요수량을 곱해 산출한다.

09 다음 중 재료의 할증률이 옳은 것은?

① 벽돌 중 시멘트 벽돌의 할증률 3%
② 벽돌 중 붉은벽돌의 할증률 5%
③ 석재 판붙임재 중의 정형돌 할증률 5%
④ 석재 판붙임재 중의 부정형돌 할증률 20%

정답 및 해설

07 ④
① 30.3
② 2.54
③ 6자×6자=1.818m×1.818m
④ 1×1×12

08 ④
재료비를 적용할 때에는 할증량에 대해 품을 추가로 적용하지 않으며, 재료비의 산출은 단가에 할증량을 포함한 실소요수량을 곱해 산출한다. 재료의 운반품은 정미수량에 할증량을 포함한 실소요수량에 적용한다.

09 ①
② 벽돌 중 붉은벽돌의 할증률 3%
③ 석재 판붙임재 중의 정형돌 할증률 10%
④ 석재 판붙임재 중의 부정형돌 할증률 30%

10 다음 중 품의 할증률의 설명으로 잘못된 것은?

① 표준품셈의 할증률을 적용한다.
② 연면적 10㎡ 이하, 기타 이에 준하는 소단위 공사에는 품을 50%까지 가산할 수 있다.
③ 도서지역(인력 파견 시) 및 도로개설이 불가능한 산악지역에서는 인력 품을 50%까 지 가산할 수 있다.
④ 공기단축을 위해 야간작업을 할 경우나 특성상 부득이 야간작업을 할 경우에는 품을 200%까지 계상한다.

11 다음 보기 중 견적의 순서가 바른 것은?

① 수량조서	② 단가	③ 가격	④ 집계	⑤ 현장경비
⑥ 일반관리비	⑦ 이윤	⑧ 부가가치세	⑨ 총액	

① ①-②-③-④-⑤-⑥-⑦-⑧-⑨
② ②-①-③-④-⑤-⑥-⑦-⑧-⑨
③ ①-②-③-④-⑤-⑥-⑦-⑨-⑧
④ ②-①-③-④-⑤-⑥-⑦-⑨-⑧

정답 및 해설

10 ④
④ PERT/CPM 공정계획에 의한 야간작업 할증률은 25%까지 가산한다.

11 ①

3 주요 공종별 수량 산출 기준

1) 가설 공사

① 외부비계면적 산출 기준

- 목조의 쌍줄비계는 벽 중심선에서 90㎝ 거리의 지면에서 건물높이까지의 외주면적
- 철근콘크리트조 및 철골조의 쌍줄비계는 벽 외면에서 90㎝ 거리의 지면에서 건물높이까지의 외주면적
- 목조의 겹비계, 외줄비계는 벽 중심선에서 45㎝ 거리의 지면에서 건물높이까지의 외주면적
- 철근콘크리트조 및 철골조의 겹비계, 외줄비계는 벽 외면에서 90㎝ 거리의 지면에서 건물높이까지의 외주면적

② 파이프 비계면적 산출 기준

- 철근콘크리트조 및 철골조의 단관비계는 벽 외면에서 100㎝ 거리의 지면에서 건물높이까지의 외주면적
- 철근콘크리트조 및 철골조의 강관틀관비계는 벽 외면에서 100㎝ 거리의 지면에서 건물높이까지의 외주변석

③ 내부말비계의 비계면적은 연면적의 90%로 한다.

④ 가설물의 면적 및 수량은 다음과 같다.

- 사무소 1인당 3.3㎡
- 식당 30인 이상일 때 1인당 1㎡
- 근로자숙소 1인당 3.3㎡
- 휴게실 기거자 1인당 1㎡
- 화장실 대변기 남자 20명당 1기, 여자 15명당 1기
- 화장실 소변기 남자 30명당 1기
- 화장실 1변기당 2.2㎡

2) 조적, 미장, 방수공사

① 벽돌수량 산출

벽돌 수량은 두께별로 정미수량, 즉 쌓기 면적×단위면적당 매수를 산출한 후 할

증률(시멘트 벽돌 5%, 붉은 벽돌 3%)을 가산해 소요수량을 구한다. 이때 벽면의 개구부 면적은 제외시키며, 도면상에 명기가 없을 경우 창호 frame size에 알루미늄 창호는 네 변에 각각 30㎜, 목재창호의 경우는 네 변에 각각 20㎜를 가산하여 개구부 치수로 한다.

- 표준형 시멘트 벽돌(190×90×57)의 1㎡당 정미량 쌓기별 수량은 다음과 같다.
  - 벽돌의 할증률은 붉은 벽돌일 때 3%, 시멘트 벽돌일 때 5%로 한다.
  - 줄눈 너비 10㎜를 기준으로 한 것이다.
  - 표준형 시멘트 벽돌 수량은 0.5B−75매, 1.0B−149매, 1.5B−224매, 2.0B−298매, 2.5B−373매, 3.0B−447매(할증은 일위대가에서 계상한다.)

② 벽돌쌓기의 모르타르의 량

3.6m 이하 기준 ㎡당 1.0B 조적 쌓기 매수는 149매, 시멘트 벽돌은 할증률 5%를 적용하면 149매×1.05 157매이다. 모르타르는 1,000매당 0.33㎥ 소요되므로 149매일 때에는 0.049㎥ 소요된다(줄눈은 10㎜이고, 치장쌓기의 모르타르 배합비는 1 : 3, 치장줄눈용 모르타르 배합비는 1 : 1이다.).

③ 미장공사의 수량 산출

- 미장바름의 수량은 내부 정미면적으로 산출한다.
- 공사부위별(바닥, 벽, 천장)로 구분해 산출한다.
- 마감두께, 바탕종류, 공법, 마무리 종류별로 구분해 산출한다.
- 천장틀이 있는 벽인 경우 천장 위 50㎜까지 연장한 높이로 산출한다.
- 타 공사와 복합된 공정일 경우에는 각각 공종별로 구분하여 물량을 산출하며, 마감두께는 바닥 15~24㎜, 벽 18㎜, 천장 15㎜, 외벽 24㎜ 기준으로 산출한다.
- 미장바름의 외벽은 3개층 단위기준으로 산출, 바탕폭이 30㎝ 미만인 곳은(걸레받이, 계단) 등은 구분하여 산출, 원주의 바름도 구분하여 산출한다.

④ 시멘트액체방수, 방수 모르타르, 코오킹 공사의 수량 산출

시멘트액체방수는 방수액을 모르타르나 콘크리트에 혼합해 방수하는 공법이며, 방수제의 형태는 액상, 반죽상, 분말상으로 되어 있다.

- 벽 두께를 제외한 안목치수를 정미면적으로 산출한다.
- 미장공사, 타일공사 등과 중복되어 공사가 이루어지므로 중복을 피해 각각의 재료량을 산출한다.
- 액체방수는 1, 2차를 구분해 산출하고, 보호층이 미장노출면일 경우 별도로 산출 적용한다.
- 코오킹(Caulking)은 asbestos, 백아, 아연화 등을 불건성유나 플라스틱제로 반죽한 것이다. 표면은 단시간에 경화하나 내부는 반영구적으로 경화지 않고 신축성을

유지하는 것으로 창문틀, 스틸새시의 갓둘레 등의 이질재간의 접합부에 사춤해 수밀하게 한다. 수량은 사용장소별, 부위별, 재질별로 구분해 연장길이로 산출한다.

(3) 목공사

① 각재, 판재의 구분

- 각재 : 두께가 6㎝ 이상이고, 폭이 두께의 3배 미만인 것
- 소각재(오림목) : 두께가 6㎝ 미만이고, 폭이 두께의 3배 미만인 것
- 판재 : 두께가 6㎝ 미만이고, 폭이 두께의 3배 이상인 것
- 소판재 : 두께가 3㎝ 미만이고, 폭이 12㎝ 미만인 것
- 후판재 : 두께가 3㎝ 이상인 것
- 판재 : 두께가 3㎝ 미만이고 폭이 12㎝ 이상인 것

② 각재, 판재의 산출기준

- 가공순서나 조립순서로 산출하되 외부에서 내부로, 구조체에서 마감재의 순으로 산출한다.
- 재종별, 등급별, 형상별로 정미수량을 산출한다.
- 수장용 목공사는 사용부위에 따라 공법별, 종류별, 두께별로 산출한다. 면적을 산출해 자재 할증을 감안해 자재 수량을 구하는 방법이 있다.

③ 기타 기준

- 걸레받이, 반자돌림대, 재료분리대는 규격별로 구분하고 길이(m)로 산출해 일위대가를 적용한다.
- 공사부위별(바닥, 벽, 천장)로 구분해 산출한다.
- 공사 중에 오염이나 손상의 우려가 있는 부분은 보양 면적을 산출한다.
- 문틀 뒷면, 현관턱 등의 노출되지 않는 부위의 방부도료 면적을 산출한다.

(4) 창호공사

① 목재창호 수량산출

- 증기 건조목(함수율 18% 이하, 고급 15% 이하)으로 소요 목재량을 산출한다.
- 문틀재, 창호재로 구분 산출하며, 문틀재는 할증률 10%, 창호재는 할증률 15%를 가산한다.
- 합판은 1매 미만일 때 1매로 하고 잔량은 화목대로 처리한다.
- 플러시 도어 산출 시 접착제는 짝당 0.5㎏ 가산한다.

- 목재문틀 1개소당 버팀목의 손료는 1개소로 산출한다.
- 도어록은 침실용, 통로용, 욕실용 등으로 세분해 산출하기도 한다.
- 플로어 힌지 및 도어 체크는 시방에 의거 적합한 규격으로 종류별, 규격별 구분 산출한다.
- 기타 고정철물 및 창호철물은 도면 및 시방서에 의거 산출한다.
- 문틀제작 설치 면적은 문틀 외 면적으로 창호면적을 산출한다.
- 문틀의 부식방지를 위한 방부제 면적을 문틀 4변 바닥면적으로 한다.

② 알루미늄 창호 수량산출

- 종류별, 타입별로 구분하여 개소당으로 산출한다.
- 틀과 창호가 동시에 제작되는 특성상 1개구부마다 외목치수의 면적으로 산출, 또는 가로재 및 세로재의 길이에 중량을 곱해 산출하기도 한다.

③ 스틸 창호 수량산출

- 틀과 창호가 동시에 제작되는 특성상 1개구부마다 외목치수의 면적으로 산출한다.
- 창호 철물 중 오르내리꽂이쇠, 오목손잡이, 정첩은 별도로 계상한다.
- 도어록, 도어체크 등은 일위대가에 포함, 혹은 별도 수량 계상한다.

(5) 유리공사

① 유리 수량산출

- 종류별, 규격별로 정미면적을 산출한다.
- 정미면적 : 도면상의 유리면적에 한 변 끼우기 깊이 7.5㎜씩을 더한 면적이다.
- 정미면적은 잘라낼 수 있는 가장 경제적인 규격품의 면적에 할증률 1%씩을 더한 소요면적을 규격품별로 산출 집계한다.
- 창호 재질별로 목재, 알루미늄, 플라스틱, 강제창호 등으로 구분하여 산출한다.

② 복층유리 수량산출

복층유리는 정미면적을 소요면적으로 한다.

(6) 석공사

① 석공사의 수량산출

석재는 종류(대리석, 화강석, 사암 등), 석재가공(혹두기, 버너구이, 잔다듬, 물갈기 등), 가공(평면, 곡면), 시공위치(벽, 바닥, 천장 등), 붙임공법(건식, 습식)에 따라 구분하여 정미수량으로 산출한다. 단위기준별 종류는 다음과 같다.

- 개수(EA)로 산출 : 주춧돌, 기둥돌, 디딤돌

- 길이(m)로 산출 : 걸레받이돌, 장대돌, 두겁돌, 계단석, 창대석
- 면적(m^2)으로 산출 : 벽쌓기돌, 벽붙임돌, 바닥깔기돌, 견치돌.
- 체적(m^3)으로 산출 : 잡석, 각석, 통석

② 석공사의 공사비 구성과 할증

- 재료비 : 석재, 모르타르, 치장모르타르, 소모품비, 기계손료 등이 포함된다.
- 노무비 : 붙이기공임, 치장줄눈공임, 소운반비, 청소보양비 등이 포함된다.
- 석재의 할증률은 정형돌 10%, 부정형돌 30%이다.

(7) 타일 및 테라코타공사

① 수량산출 기준

- 타일의 종류, 규격, 시공방법 또는 부위별, 장소별로 산출한다.
- 타일의 붙임면적으로 산출한다.
- 코너타일, 걸레받이용 타일, 논슬립 타일, 띠타일 등은 연장길이(m)로 산출한다.
- 특수용도로 사용되는 타일 및 이형타일은 형상별, 규격별로 구분하여 별도 매수로 산출한다.
- 타일붙임의 각 재료(타일, 시멘트, 모래 접착제 등)와 붙임공임을 구분해 산출한다.
- 바탕모르타르 시공이 필요한 경우 설계도면 및 시방서를 확인해 별도로 산출한다.
- 바닥의 경우 욕조를 제외한 위생기구 등의 면적은 포함하여 안치수 기준으로 산출한다.
- 벽의 경우도 안목치수로 산출하며 욕실장, 소형 기울 등의 면적은 공제하지 아니하고 대형거울의 경우 시방서를 참조해 그에 따른다. 또한 천장마감을 고려해 10㎝ 정도 천장선 위로 연장해 산출한다.
- 실외의 바닥타일 줄눈은 보통시멘트를, 실내의 바닥타일 줄눈은 백색시멘트를 적용해 산출한다.
- 타일의 수량은 줄눈을 포함한 면적에 의해 정미수량을 계산하고 할증률은 3%를 가산한다. 실내건축에서는 박스(box) 및 매수나 장수로 수량을 산출하는 경우도 있다.

(8) 도장공사

① 수량산출 기준

- 칠의 면적은 도장재료의 종류, 바탕면 재료, 도장 횟수, 도장 부위, 도장 방법 등에 따라서 도장이 달라지기에 구분이 중요하며, 도면 정미면적을 소요면적으로

하고 다음과 같이 구분한다.
- 바탕면 재료 : 목재, 철재, 콘크리트, 석고보드 등
- 도장 횟수 : 1회, 2회, 3회 등
- 도장 부위 : 바닥, 벽, 천장 또는 고소, 협소 장소 등
- 도장 방법 : 붓칠, 뿜칠, 롤러 등

• 요철부, 곡면 등은 펼친 길이, 전개면적으로 산출한다.
• 몰딩, 띠장, 걸레받이 등은 연길이(m)로 산출한다.

② 도장면적 개산 배수(큰 숫자 복잡구조 적용, 작은 숫자 간단구조 적용)

• 양판문(양면도장) : 안목면적×(4.0~3.0)(문틀, 문선 포함)
• 유리양판문(양면도장) : 안목면적×(3.0~2.5)(문틀, 문선 포함)
• 플러시문(양면도장) : 안목면적×(2.7~3.0)(문틀, 문선 포함)
• 오르내리창(양면도장) : 안목면적×(2.5~3.0)(문틀, 문선, 창선반 포함)
• 미서기창(양면도장) : 안목면적×(1.1~1.7)(문틀, 문선, 창선반 포함)
• 철문(양면도장) : 안목면적×(2.4~2.6)(문틀, 문선 포함)
• 철 새시(양면도장) : 안목면적×(1.6~2.0)(문틀, 문선 포함)
• 철 셔터(양면도장) : 안목면적×2.6(박스 포함)
• 징두리판벽, 두겁대, 걸레받이 : 안목면적×(1.5~2.5)
• 비닐판벽 : 표면적×1.2
• 철 격자(양면도장) : 안목면적×0.7
• 철제계단 : 경사면적×(3.0~5.0)
• 파이프난간(양면도장) : 높이×길이×(4.0~3.0)

(9) 수장공사

① 바닥재 공사의 수량산출

• 재료비에는 연결고정 준비재, 바탕꾸밈재, 연결고정재 등은 별도 산출한다.
• 아스(디럭스)타일, 비닐(데코)타일, 러버(고무)타일, 비닐시트(장판) 등은 종류별, 재질별, 규격별로 구분해 정미면적으로 산출한다.
• 걸레받이는 높이별, 두께별로 구분해 총길이를 산출한다.
• 이중마루판은 종류별, 규격별로 구분해 정미면적으로 산출한다.
• 카펫은 깔기 면적을 산출하고 밑깔기 재료(펠트) 및 고정철물 기타 부속품비 등은 별도 산출한다.

② 도배 공사의 수량산출

- 도배지는 바탕별(석고보드, 콘크리트, 합판), 부위별(천장, 벽 또는 고소 등), 재질별(종이, 비닐, 페브릭 등)로 실면적을 산출하며, 초배바름 유무를 구분한다.
- 초배지 바름을 더할 때에는(2회 이상) 별도로 구분하여 산출한다.
- 장판지는 바닥면적에 굽도리면적(5㎝)을 가산한 면적으로 산출한다.

③ 판 붙임 공사의 수량산출

- 벽의 마감재료는 용도에 따라 표면마감재 면적을 기준으로 산출하고, 구조체의 구조내용(목구조틀, 경량벽체틀, 금속구조틀)을 공종별, 공법별로 구분하여 산출한다.

④ 천장공사의 수량산출

- 천장틀은 천장 구조틀의 종류별 금속(각파이프)구조틀, 경량천장철골틀, 목구조틀로 구분하고, 경량철골천장구조틀은 형태별(M, T, H, I-Bar 등)로 세분화하여 도면상의 정미면적으로 산출한다.
- 천장 마감재는 바탕별(석고보드, 합판 등), 두께별, 형태별(민무늬, 벌레무늬, 격자무늬, 줄눈무늬 등)로 구분하여 정미면적으로 산출한다.
- 천장 마감재의 종류가 2가지 이상의 공종이나 재료인 경우에는 바탕재료와 마감재료를 각각 재료별, 두께별, 형상별로 구분하여 정미면적으로 산출한다(예 : 석고보드와 흡음텍스 마감, 합판 위 인테리어 필름 마감, 석고보드 위 도배마감 등이 있다.).
- 일반적으로 천장면에 부착되는 등기구, 점검구, 환기구, 소규모 면적의 전등 부착용 박스는 공제하지 않는다.
- 몰딩이나 커텐박스는 재질별, 형태별, 규격별 구분하여 전체길이(m)로 산출한다.

⑤ 커튼공사의 수량산출

- 창문의 빛을 조절하는 기능을 가진 장치의 종류에는 커튼(드레이프 커튼, 레이스 커튼, 케이스먼트 커튼), 블라인드(수직 블라인드, 수평 블라인드), 쉐이드(롤 쉐이드, 로만 쉐이드)가 있으며, 작동 방법은 전동식과 수동식 2가지 방식이 있다.
- 커튼은 주름(평주름, 두주름, 함주름, 한쪽주름, 새주름, 이중함주름)의 종류에 따라 창문의 면적보다 재료의 양이 증가되고 부속재료들도 증가된다.
- 일반적으로 창호 면적을 산출하고 일사조절장치의 종류, 주름, 구성재료, 작동방식 등을 감안하여 건축주의 생활에 부합되게 적용하는 것이 현실적이라 할 수 있다.
- 공사비 구성은 재료비는 커튼과 부속재료비이며, 공임은 커튼 가공비와 설치비, 운반비로 되어 있다.

기출 및 예상 문제

3. 주요 공종별 수량 산출 기준

제1장 실내계획
제2장 실내환경
제3장 실내시공
제4장 실내구조 및 법규

01 다음 가설물 설치기준으로 옳은 것은?

① 사무소 1인당 $2.5m^2$ ② 식당 30인 이상 1인당 $1m^2$
③ 남자 대변기 10명당 1기 ④ 여자 대변기 25명당 1기

02 가로15m×세로10m×높이2.4m의 가설 사무소에 근무 가능한 적정 인원은 몇 명인가?

① 38명 ② 42명 ③ 45명 ④ 50명

03 거실 바닥면적이 $120m^2$(10m×12m)인 경우 내부비계면적을 계산하시오. 제17회

① $132m^2$ ② $120m^2$ ③ $108m^2$ ④ $96m^2$

04 거실 바닥면적이 $150m^2$(10m×15m)인 경우 내부비계면적을 계산하시오. 제15회

① $150m^2$ ② $300m^2$ ③ $135m^2$ ④ $75m^2$

정답 및 해설

01 ②
사무소 1인당 $3.3m^2$. 남자 대변기 20명당 1기. 여자 대변기 15명당 1기

02 ③
사무소 1인당 $3.3m^2$(15m×10m=$150m^2$÷$3.3m^2$=45명)

03 ③
내부비계 면적은 바닥면적 곱하기 0.9하면 된다.

04 ③
내부비계 면적은 바닥면적 곱하기 0.9하면 된다.

05 실내건축공사 현장의 규모가 1층 25×15m와 2층 25×10m인 현장에 내부비계를 설치하고자 한다. 내부비계의 양은 얼마인가?

① 500㎡ ② 562.5㎡ ③ 593.75㎡ ④ 625㎡

06 표준형 시멘트벽돌(190×90×57) 쌓기 표준매수로 옳지 않은 것은?(줄눈너비는 10㎜를 기준으로 한다.)

① 0.5B 기준 1㎡당 72매
② 1.B 기준 1㎡당 149매
③ 1.5B 기준 1㎡당 224매
④ 2.0B 기준 1㎡당 298매

07 높이 2m, 길이 5m인 시멘트벽돌 벽을 0.5B 두께로 쌓을 때 필요한 벽돌 양은?(표준형 벽돌, 줄눈 10㎜, 할증률 5%) 공인1회

① 750매 ② 788매 ③ 770매 ④ 760매

08 다음 중 표준형 시멘트벽돌(190×90×57) 쌓기 ㎡당 기준량 중 틀린 것은?(단, 줄눈너비는 10㎜를 기준으로 하며, 정미량을 기준으로 함) 공인4회

① 0.5B : 75매 ② 1.0B : 149매
③ 1.5B : 225매 ④ 2.0B : 298매

정답 및 해설

05 ②
내부비계의 비계면적은 연면적의 90%로 하고 손료는 3개월까지의 손율 적용
말비계는 층고 3.6m 미만 공사에 적용한다.

06 ①
0.5B 기준 75매이다.

07 ②
표준형 시멘트벽돌은 1㎡당 75매 소요되므로
2mx5mx75매=750매
할증 5%를 적용하면 750매x1.05=787.5매≒788매

08 ③
1.5B의 매수는 224매이다.

09 안목치수 6m×8m인 화장실 바닥과 벽의 액체방수 면적은 얼마인가?(단, 벽 방수는 바닥에서 1.2m까지로 하고, 출입문의 크기는 0.8m×2.1m이다.) 공인4회

① 77.84㎡ ② 79.24㎡ ③ 80.64㎡ ④ 82.04㎡

10 목재 6치×4자×10자는 몇 사이인가? 제18회

① 300사이 ② 200사이 ③ 100사이 ④ 50사이

11 목재의 체적 취급단위로 옳지 않은 것은?

① 입방미터 : 1m×1m×1m, 단위 ㎥, 299.47재, 438.596bf
② 재(才) : 1치×1치×10자
③ 보드피트 : 1in×1in×12ft, bf 0.703재
④ 재(才) : 0.00324㎥

12 다음 조건 벽체의 가로, 세로 띠 장의 소요량 및 석고보드의 소요매수는? 제19회

<조건>
- 벽체 : 가로 12m×높이 2.7m
- 가로 및 세로 띠 장 : 30×30 각재, 간격 450㎜ / 할증 10%
- 석고보드 2겹, 장당 규격은 900×1,800 / 할증 5%

① 가로 및 세로 띠 장 : 158.40m / 석고보드 : 40매
② 가로 및 세로 띠 장 : 158.40m / 석고보드 : 42매
③ 가로 및 세로 띠 장 : 174.57m / 석고보드 : 40매
④ 가로 및 세로 띠 장 : 174.57m / 석고보드 : 42매

정답 및 해설

09 ③
바닥 방수면적=6×8=48㎡
바닥에서 1.2m까지 방수하므로
벽 방수면적={2×(6+8)×1.2}−(0.8×1.2)=33.6−0.96=32.64㎡
전체 방수면적=48+32.64=80.64㎡

10 ②
목재 1사이는 1치×1치×12자

11 ②
목재 1재(1사이)는 1치×1치×12자

12 ②

13 길이 10m, 높이 2.4m인 벽면에 석고보드 2겹으로 시공할 때 소요되는 석고보드의 수량은?(단, 석고보드는 9.5㎜X900㎜X1,800㎜의 것으로 하며, 할증은 10%로 본다.) 공인1회

① 15매 ② 17매 ③ 30매 ④ 33매

14 높이 3.4m, 길이 15m의 벽체에 석고보드를 2겹으로 붙이려 한다. 석고보드는 몇 매가 필요한가?(석고보드 규격은 1.8mx0.9m, 할증은 5%를 적용한다) 공인4회

① 65매 ② 66매 ③ 67매 ④ 69매

15 금속공사의 적산관련 내용 중 맞지 않은 것은? 공인4회

① 재료비는 주재료비만 적용하는 것을 원칙으로 한다.
② 앵커볼트는 치수별 개수로 산출한다.
③ 수량의 단위는 kg, ton, m, ㎡ 등이 사용된다.
④ 금속은 공정의 특성별로 할증을 적용한다.

16 창호공사의 수량 산출 시 고려사항이 아닌 것은? 공인5회

① 창호도, 평면도, 입면도 등의 도면을 비교 검토한다.
② 종류별, 규격별로 구분하여 수량을 파악한다.
③ 창호의 도장면적에는 반드시 할증을 감안하여야 한다.
④ 창호도의 별도 하드웨어리스트를 확인하여 수량을 파악한다.

정답 및 해설

13 ④
10m×2.4m=24㎡
석고보드1매 면적 : 0.9m×1.8m=1.62㎡
24㎡÷1.62㎡=14.81매(1겹)
따라서 2겹 : 14.81×2=29.63매
할증 10% : 29.63매×110%=32.59매<33매

14 ③
벽체면적(3.4m×15m)51㎡÷석고보드 매당 1.62㎡=31.48매
31.48매x2겹=62.96x할증 1.05=66.1매≒67매

15 ①
재료비는 주재료비, 부속재료비, 소모품비로 나뉜다.

16 ③
창호의 도장면적은 정미면적을 적용한다.

17 1m×1m 문에 유리를 끼울 때 몇 평의 유리가 소요되는가? 제18회

① 8평 ② 9평 ③ 10평 ④ 11평

18 유리의 적산기준 및 수량산출 기준으로 옳지 않은 것은?

① 정미면적은 도면상의 유리면적에 한 변 끼우기 길이 7.5㎜씩을 더한 면적이다. 유리수량 산출 시에 소요면적은 정미면적에 최대한 근접되도록 산출되어야 한다.
② 복층유리는 정미면적을 소요면적으로 한다.
③ 정미면적은 잘라낼 수 있는 가장 경제적인 규격품의 면적에 할증률 3%씩을 더한 소요면적을 규격품별로 산출 집계한다.
④ 주문품 규격 이상 및 특수유리(강화유리 등)는 정미면적을 소요면적으로 한다.

19 석공사의 수량산출에 관한 내용으로 맞지 않은 것은? 공인4회

① 석재의 함수율별 구분이 필요하다.
② 계단석의 산출 단위는 규격별 길이(m)이다.
③ 석재의 산출 단위는 개수, 길이, 면적, 체적 등으로 나뉜다.
④ 석재의 표면 마감별로 구분한다.

20 600×600×30㎜ 화강석 판재 300장을 5톤 트럭으로 운반할 때 소요대수는?(단, 화강석 판재의 단위중량은 2.65로 한다.) 공인2회

① 1대 ② 2대 ③ 3대 ④ 4대

제1장 실내계획
제2장 실내환경
제3장 실내시공
제4장 실내구조 및 법규

정답 및 해설

17 ④
유리는 1㎡당 11평 기준이다.

18 ③
정미 면적은 잘라낼 수 있는 가장 경제적인 규격품의 면적에 할증률 1%씩을 더한 소요면적으로 하고 규격품별로 산출 집계한다.

19 ①
함수율은 목재의 재료적 특성이다.

20 ②

21 석공사의 적산기준 및 수량산출 기준으로 옳지 않은 것은?

① 판재의 경우 재료, 마감두께, 마감방법, 모르타르 두께에 따라 분류하고 마감면적으로 산출한다.
② 시공방법에 따라 구분 산출한다.
③ 수량 산출에 앞서 석재의 종류, 마감방법(물갈기, 버너구이, 혹두기 등)을 확인 숙지해야 한다.
④ 계단석, 두겁돌, 걸레받이의 경우, 재료, 마감방법, 규격에 따라 분류, 면적으로 산출한다.

22 타일공사의 적산기준 및 수량산출 기준으로 옳지 않은 것은?

① 타일의 종류, 규격, 시공방법 또는 부위별, 장소별로 산출한다.
② 타일의 붙임면적으로 산출한다.
③ 타일의 수량은 줄눈을 포함하고 면적에 의해 정미수량을 계산하고 할증률은 8%를 가산한다.
④ 코너타일, 걸레받이용 타일, 논슬립 타일 등은 연장길이(m)로 산출한다.

23 타일공사의 적산기준 및 수량산출 기준으로 옳은 것은?

① 천장틀이 있는 벽인 경우 천장 선까지의 높이로 계상한다.
② 타 공사와 복합된 공정일 경우에는 각각 공종별로 물량을 산출하며, 마감두께를 정확히 구분해 적용한다.
③ 코너비드는 미장면 코너 부위의 총길이로 산출하고 논슬립은 실제 길이보다 15% 더 길게 산출한다.
④ 시멘트나 모래 등의 부자재는 현장 상황에 맞게 실측 확인하여 정미량으로 산출한다.

정답 및 해설

21 ④
계단석, 두겁돌, 걸레받이의 경우, 재료, 마감방법, 규격에 따라 분류, 길이로 산출한다.

22 ③
할증률은 3%를 가산한다.

23 ②
① 천장틀이 있는 벽인 경우 천장 위 50㎜까지 연장한 높이로 계상한다.
③ 코너비드는 미장면 코너 부위의 총길이로 산출하고 논슬립은 실제 길이로 산출한다.
④ 시멘트, 모래는 공종별 소요수량을 산출해 전체 소요량을 마지막 공종으로 구분해 예산 편성한다.

24 타일 크기가 300×300㎜일 때 바닥면적 45㎡에 소요되는 타일의 정미수량은?(단, 가로, 세로 줄눈은 6㎜로 한다.) 공인2회

① 500매 ② 481매
③ 452매 ④ 433매

25 바닥면적 500㎡에 1장의 크기가 30×30㎝인 모자이크 타일을 시공할 때 소요되는 모자이크 타일의 장수는 얼마인가? 공인3회

① 5,850매 ② 5,700매
③ 5,550매 ④ 6,100매

26 다음 도장공사 적산방법에 대한 설명이 올바르게 기술된 것은? 공인3회

① 칠 면적은 도료의 종별, 장소별로 구분하여 산출하며 도면의 정미면적을 소요면적으로 한다.
② 도료는 정미량에 할증률 3%를 가산하여 소요량으로 한다.
③ 철재면 철문(양면칠)의 소요면적 계산식은 안목면적×(3.0~4.0)이다(문틀, 문선 포함).
④ 칠면적의 배수는 복잡한 구조일 때에는 작은 배수를, 간단한 구조일 때에는 큰 배수를 적용한다.

정답 및 해설

24 ②

25 ②

바닥면적 1㎡당 모자이크 타일 소요량= $\frac{1}{0.3\times0.3}$ ×1.03≒11.4매

모자이크 타일의 장수=11.4×500㎡=5,700매

26 ①

도료 소요량은 정미량X할증률 2%

철재면 철문(양면칠)의 소요면적 계산식은 안목면적X(2.4~2.6)이다(문틀, 문선 포함).

칠면적의 배수는 복잡한 구조일 때 큰 배수를, 간단한 구조일 때에는 작은 배수를 적용

27 다음과 같이 도장면적을 표기한 것 중 바르게 연결된 것은? 제19회

> ㄱ. 0.9m×2.1m 목재 양판문을 양면칠 할 경우 문틀, 문선을 포함한 도장면적은 6㎡이다.
> ㄴ. 3.0m×5.0m 철재 셔터를 양면칠 할 경우 박스를 포함한 도장면적은 24㎡이다.
> ㄷ. 보통구조 철골 360톤을 양면칠 할 경우 도장면적은 8,280㎡이다.
> ㄹ. 경사면적이 25㎡인 철재 계단을 양면칠 할 경우 도장면적은 80㎡이다.

① ㄱ, ㄴ
② ㄱ, ㄹ
③ ㄴ, ㄷ
④ ㄴ, ㄹ

28 수장공사의 적산기준 및 수량산출 기준으로 옳지 않은 것은?

① 이중마루판은 종류별, 규격별로 구분해 정미면적으로 산출한다.
② 아스(디럭스)타일, 비닐(데코)타일, 러버(고무)타일, 비닐시트(장판지) 등은 재질별, 종류별, 규격별로 구분해 정미면적으로 산출한다.
③ 카펫은 깔기 면적을 산출하고 밑깔기 재료(펠트) 및 고정철물 등은 별도 산출한다.
④ 걸레받이는 연길이(m)로 산정하기에 종류나 규격은 분류하지 않으며 실길이를 소요수량으로 산출한다.

29 수장재의 수량산출에 관한 내용 중 옳지 않은 것은? 공인1회

① 상대적으로 고가인 대리석 등의 경우 좀 더 세밀한 수량산출을 요한다.
② 천정재는 면적으로 수량을 산출하되 천정 점검구는 면적에서 제외한다.
③ 비닐계 타일은 재질별, 두께별, 구분이 필요하다.
④ 도배공사의 수량산출 시 벽과 천정을 구분하여야 한다.

정답 및 해설

27 ②
ㄱ. 목재 양판문을 양면칠 할 경우 안목면적의 3.0~4.0배이므로 0.9m×2.1m=1.89㎡×(3.0~4.0)=5.67~7.56㎡
ㄴ. 철재 셔터를 양면칠 할 경우 안목면적의 2.6배이므로 3m×5m=15㎡×2.6=39㎡
ㄷ. 보통구조 철골일 경우 33~55㎡/t이므로 360t×(33~55)=11,880~19,800㎡
ㄹ. 철재계단 양면칠일 경우 경사면적의 3.0~4.0배이므로 25㎡×(3.0~4.0)=75~100㎡

28 ④
걸레받이는 연길이(m)가 단위기준이며, 종류별, 규격별로 구분하여 실길이로 산출한다.

29 ②
천정 점검구는 천정 면적에서 공제하지 않는다.

30 창면적 150㎡인 실내에 롤 블라인드를 설치할 때의 소요수량 및 품이 맞는 것은?

공인2회

(㎡당)

블라인드(㎡)	레일 및 잡자재(m)	내장공(인)	보통인부(인)
1.10	0.500	0.030	0.030

① 블라인드 소요수량 150㎡, 레일 및 잡자재 75m, 내장공 4인, 보통인부 4인
② 블라인드 소요수량 165㎡, 레일 및 잡자재 75m, 내장공 5인, 보통인부 5인
③ 블라인드 소요수량 150㎡, 레일 및 잡자재 82.5m, 내장공 4인, 보통인부 4인
④ 블라인드 소요수량 165㎡, 레일 및 잡자재 82.5m, 내장공 5인, 보통인부 5인

31 바닥면적 100㎡인 실내에 450×450×3㎜의 비닐타일을 붙일 때 소요수량 및 품이 맞는 것은?

제18회

구분 / 종류	타 일(㎡)	접착제(kg)	내장공(인)	보통인부(인)
비닐랙스타일	1.05	0.39~0.45	0.06	0.02
비닐타일	1.05	0.24~0.31	0.06	0.02

① 비닐타일 소요수량 100㎡, 접착제량 24kg~31kg, 내장공 6인, 보통인부 2인
② 비닐타일 소요수량 105㎡, 접착제량 24kg~31kg, 내장공 7인, 보통인부 3인
③ 비닐타일 소요수량 100㎡, 접착제량 24kg~31kg, 내장공 7인, 보통인부 3인
④ 비닐타일 소요수량 105㎡, 접착제량 24kg~31kg, 내장공 6인, 보통인부 2인

32 다음 실내건축 전기설비의 재료 수량 중 바르게 설명된 것은?

공인2회

① 설계수량 : 계획수량에 보급수량을 가산한 시공상 필요한 수량
② 소요수량 : 설계도서에 나타난 개수 또는 정미길이, 면적, 체적 등의 수량
③ 계획수량 : 설계수량에 소요수량을 더한 수량
④ 보급수량 : 설계도서에 표시되지 않는 부분(전선의 연결부, 절단부, 배관의 우회부 등)의 추정 수량

정답 및 해설

30 ②

31 ④

32 ④

- 설계수량은 설계도서에 나타난 개수 또는 정미길이, 면적, 체적 등의 수량
- 소요수량은 설계수량에 보급수량을 가산한 시공상 필요한 수량
- 계획수량은 시공계획에 기초한 수량

33 지름 75㎜ 배수구 10개, 100㎜ 배수구 20개인 어느 건물의 바닥 배수구 설치에 소요되는 품이 올바르게 계산된 것은?(개소당) 공인2회

레일 및 잡자재(㎜)	내장공(인)	인부(인)
지름 50	0.139	0.118
지름 75	0.217	0.136
지름 100	0.255	0.139

① 배관공 8인, 인부 5인
② 배관공 9인, 인부 6인
③ 배관공 8인, 인부 4인
④ 배관공 9인, 인부 5인

정답 및 해설

33 ①

참고문헌

01

건설산업 기본법 시행령 제7조 관련
건설업법 시행령, 1991
건축법 제2조(정의), 동법 시행령 제2조(정의), 제3조의2(대수선의 범위)
국토교통부. 건축정책과(2013.12.06.) (건설교통부 고시 제2003-11호 ; 2003.1.24) 제9호건축사뉴스 (http://www.a-news.kr)
국토해양부, 건축공사 표준시방서, 2013
김문덕 외 8인, 실내건축시공, 광문각, 2003
김철, 실내건축 시공실무 HAND BOOK, 동방디자인학원, 2021
김형대, 실내건축시공학, 기문당, 2018
대한건축학회, 대우건설, 건축기술지침 REV. 2 건축 1, 공간예술사, 2017
대한건축학회, 대우건설, 건축기술지침 REV. 2 건축 2, 공간예술사, 2017
(사)실내건축공사업협의회, 실내건축공사 표준시방서, 2015
(사)한국실내건축가협회 과년도 기출문제 자료
서울특별시 도시계획국, 서울특별시 알기 쉬운 도시계획 용어, 2020
실내건축연구회, 실내디자이너 자격예비시험 가이드북 세트(1-5권). 교문사, 2015
이경돈 외 1인, 인테리어디자인시공실무, 도서출판 지음, 2015
장희순 외 1인, 부동산 용어사전, 2020

02

김문덕 외 8인, 실내건축시공, 광문각, 2003
김철, 실내건축 시공실무 HAND BOOK, 동방디자인학원, 2021
김형대, 실내건축시공학, 기문당, 2018
대한건축학회, 대우건설, 건축기술지침 REV. 2 건축 1, 공간예술사, 2017
대한건축학회, 대우건설, 건축기술지침 REV. 2 건축 2, 공간예술사, 2017
(사)한국실내건축가협회 과년도 기출문제 자료
신동규 외, 실내건축시공, 서우, 2014
실내건축연구회, 실내디자이너 자격예비시험 가이드북 세트(1-5권), 교문사, 2015
이경돈 외 1인, 인테리어디자인시공실무, 도서출판 지음, 2015

03

김영수, 김형돈 편저, 실내 건축 재료학, 한국이공학사, 2001
김혜자, 이성금, 서승하, 실내건축재료학, 광문각, 2008
남재호, 실내건축기사 4주완성, 한솔아카데미, 2022
문영식, 양승룡, 실내건축재료학, 건기원, 2016

실내건축연구회 노상완, 김준철, 태인성 공저, 실내시공, 교문사, 2015
오도엽, 이경돈, 이도희, 실내건축재료, 도서출판 지음, 2008
조준현, 김봉주, 홍정석, 주진형, 조민석 공저, (최신)건축재료학, 기문당, 2020
대한건축학회 온라인 건축용어사전 http://dict.aik.or.kr/
두산백과 http://www.doopedia.co.kr
인테리어 용어사전 https://terms.naver.com/list.naver?cid=42827&categoryId=42827

04

강인철 외 5인, 실내건축적산, 도서출판 서우, 2019
건설교통부, 건축공사 수량산출기준 지침서, 1999
국토교통부, 건설공사 표준품셈, 2020
국토해양부, 건축공사 표준시방서, 2013
기획재정부, 계약예규 예정가격 작성기준 및 요령, 2021
김철, 실내건축 시공실무 HAND BOOK, 동방디자인학원, 2021
대한주택공사, 물량에 대한 단가의 산출을 위하여 필요한 세부 설명서, 2003
(사)실내건축공사업협의회, 실내건축공사 표준시방서, 2015
(사)실내건축공사업협의회, 실내건축일위대가, 2020
(사)한국실내건축가협회, 과년도 기출문제 자료, 2020
실내건축연구회, 실내디자이너 자격예비시험 가이드북 세트(1-5권), 교문사, 2015
최산호 외 1인, 최신건축적산 견적실무, 기문당, 2021

제4장

실내구조 및 법규

INTERIOR STRUCTURE & CODE

01 실내구조

1 실내구조 일반

1) 구조의 개요

건축구조란 건축물을 구성하는 방법 및 그 역학적 구조를 말한다. 건축물을 형성하는 방법 및 전체적인 구성, 골격뿐만 아니라 각 부분의 바탕에서 마무리에 이르는 세부구조도 포함한다.

2) 구조의 분류

건축구조는 구조의 구성재료, 구조형식, 시공과정에 따라 다음과 같이 분류된다.

(1) 구성재료에 의한 분류

① 목구조(wooden construction)

기둥과 보 등 주요구조체가 목재이며, 통나무구조, 경목구조, 중목구조 등으로 나누어진다. 친환경적이며 단열성능이 좋다.

② 벽돌구조(brick construction)

벽돌을 모르타르로 점착하여 쌓는 구조이며, 내습성, 내구성, 내화성이 좋으나, 지진 등의 수평방향 외력에 대하여 약하다.

벽돌구조의 기준은 다음과 같다.

- 벽체의 길이는 10m 이하로 하며 10m 이상일 때는 부축벽으로 보강

- 내력벽으로 둘러싸인 벽돌바닥면적은 80㎡ 이하
- 벽체의 두께는 벽높이의 1/20 이상
- 내력벽의 두께는 상부층의 내력벽의 두께 이상
- 2, 3층 건물에서 최상층의 내력벽의 높이는 4m 이하

개구부의 기준은 다음과 같다.

- 개구부의 폭은 그 벽 길이의 1/2 이하
- 개구부와 위 개구부위 수직거리는 60㎝ 이상
- 개구부위 상호간의 간격 또는 대린벽과 개구부와의 간격은 벽체두께의 2배 이상(개구부가 아치구조인 경우 예외)
- 개구부 폭이 1.8m 이상인 경우에는 철근콘크리트 인방보 설치

③ 블록구조(block construction)

시멘트블록을 모르타르 점착하여 쌓는 구조이다. 벽돌구조와 장단점이 같으며, 블록 빈속에 철근과 모르타르로 보강한다.

④ 철골구조(steel frame construction)

철로 된 부재(형강, 강판)를 리벳, 볼트, 용접 등으로 접합하여 만든 구조로, 부재의 두께에 따라서 중량철골조, 경량철골조로 나누어진다. 시공속도가 빠르며 내구성이 좋으나 자재비가 비싸며, 내화성이 없어 내화피복이 필요하다.

일반적인 H, I형강은 수평부재인 2장의 플랜지, 수직부재인 웨브로 구성되며, 좌굴을 방지하기 위해서 스티프너라는 보강재를 덧대기도 한다.

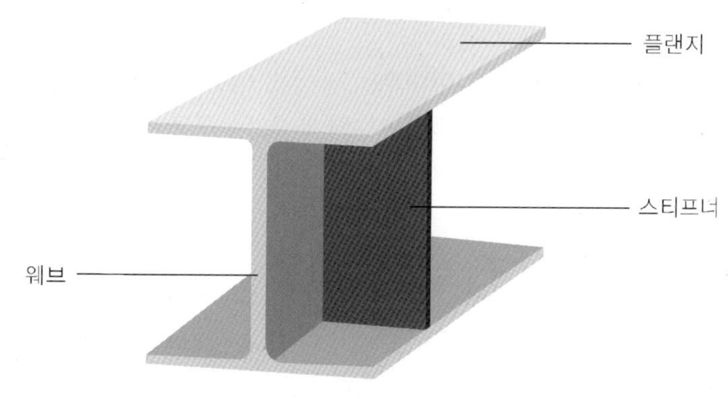

[그림 4-1] 형강의 단면구조

⑤ 철근콘크리트구조(reinforced concrete construction)

콘크리트 안에 철근을 배근하고 일체화시킨 구조물로서 내구성, 내진성이 좋다. 비교적 자유로운 형태가 가능하며 대규모 건축에도 적합하나, 자중이 크며 콘크리트

양생기간으로 공사기간이 긴 단점이 있다.

철근의 피복두께란 녹이나 불 등으로부터 철근을 지키기 위하여 철근을 콘크리트로 감싼 두께를 말하며, 설계 및 시공 시 일정의 피복두께를 확보하는 것이 중요하다.

⑥ 철골철근콘크리트구조(steel reinforced concrete construction)

철근콘크리트와 철골을 일체화한 구조로서, 내진성, 내화성, 내구성이 좋으며 고층 및 대규모 건물에도 적합한 구조이다. 시공이 복잡하고 공사비가 고가인 단점이 있다.

(2) 구조형식에 의한 분류

① 조적식구조(masonry structure)

벽돌, 돌 등을 모르타르로 점착하여 쌓는 구조로 벽체 자체가 구조체가 된다. 자재의 강도와 접착 강도가 전체 강도에 영향을 미치며, 철사 등의 보강재를 사용하면 더욱 강해진다. 벽돌구조, 석구조 등이 있다.

② 가구식구조(framed structure)

나무, 철 등의 선형의 자재를 조립하여 만든 구조로 각 부재의 배리형태와 접합방법이 전체 강도에 영향을 미치며 가새 등을 사용하면 횡력에 강해진다. 목구조, 철골구조 등이 있다.

③ 일체식구조(monolithic structure)

철근, 철골 등에 콘크리트가 굳어 일체화된 구조로 강력하고 균일한 강도를 갖는 합리적인 구조이다. 철근콘크리트구조, 철골철근콘크리트구조 등이 있다.

④ 입체구조(space frame structure)

3차원으로 외력, 하중을 지지하고 평형이 되게 하는 구조로 입체트러스구조, 절판구조, 쉘구조, 현수구조 등이 있다.

⑤ 기타 구조

기타 구조에는 막구조 등이 있다. 막구조는 지지방법에 따라 프레임지지 막구조, 서스펜션 막구조, 공기막구조 등으로 분류되어 진다. 재료의 경량성으로 대공간에 적합하며, 투광성이 있어 체육관 등에도 적합하다.

(3) 시공과정에 의한 분류

① 습식구조(wet construction)

시공 시 물을 사용하는 구조로서 모르타르, 콘크리트 등의 재료를 사용한다. 콘크리트는 자유로운 형태가 가능하고 긴밀한 구조체를 형성하나, 강도발현까지 시간이 소요되며, 기후적인 제한을 받는다.

② 건식구조(dry construction)

시공 시 물을 사용하지 않고, 공장에서 제작된 기성자재를 조립한다. 기후적 영향을 받지 않으며 시공기간이 단축가능하다.

③ 현장구조(field construction)

구조부재를 현장에서 제작, 가공, 설치한다.

④ 조립식 구조(prefabricated construction)

구조부재를 공장에서 제작하여 반입한 후 현장에서 조립하는 구조로 패널조립식 구조와 골조조립식 구조가 있다. 기후적 영향 없이 일정한 품질이 확보 가능하며, 대량생산 및 공기단축이 가능하다.

3) 건축물의 주요 구조부재

(1) 기초(footing)

건축물의 하중을 지반에 전달하여 지지하는 건축물의 하부구조이다. 독립기초, 온통기초, 복합기초, 연속기초 등이 있다.

① 독립기초(isolated footing)

1개의 기둥 하중을 독립된 1개의 기초판이 부담하는 형식이다.

② 복합기초(combined footing)

2개 이상의 기둥 하중을 1개의 기초판이 부담하는 형식이다.

③ 연속기초(continuous footing)

벽 또는 1열의 기둥을 띠모양의 기초판이 부담하는 형식으로 줄기초라고도 한다.

④ 온통기초(mat footing)

건물 하부 전체가 일체식기초가 되어 상부의 하중을 부담하는 형식으로, 상부하중이 크거나 지반의 지내력이 약한 경우 사용된다.

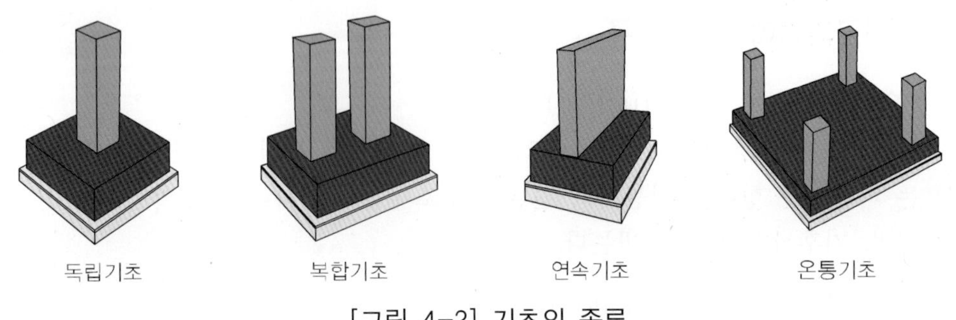

[그림 4-2] 기초의 종류

(2) 기둥(column, post)

슬래브, 보 등의 상부하중을 받아 하부로 전달하는 수직부재이다. 구조적 기능이 아닌 의장적·심미적 요소로도 사용되며, 복수의 기둥으로 공간의 영역을 한정하거나 분할하고, 동선을 제어하는 요소로도 사용된다.

(3) 벽(wall)

상부의 하중을 하부로 전달하는 수직부재로, 외부와 내부를 구획하는 외벽, 내부를 구획하는 내벽, 칸막이벽으로 설치되어 상부하중을 부담하지 않는 장막벽, 상부하중을 부담하는 내력벽으로 구분된다.

(4) 바닥(slab)

고정하중 및 적재하중을 기둥 또는 벽으로 전달하는 수평부재로, 수직적으로 공간을 분할한다.

(5) 보(beam, girder)

슬래브 밑에 설치되는 수평부재로, 바닥의 하중을 기둥으로 전달한다. 일반적으로는 천장으로 가려져 드러나지 않으나, 천장을 제거하여 디자인적인 요소로 노출하는 경우도 있다. 기둥과 기둥 사이에 걸쳐지는 큰 보(girder)와 큰 보 사이에 걸쳐지는 작은 보(beam)가 있으며, 보의 크기는 분담 슬래브의 자중, 기둥간격, 보의 자중 등에 의해 결정된다.

철근콘크리트구조의 보의 최소 춤은 30㎝이상, 폭은 보 높이의 1/2~2/3 정도, 보의 높이는 보길이의 1/8~1/12 정도로 한다.

(6) 지붕(roof)

건축물의 최상부를 덮는 부분으로 햇볕, 비, 바람 등 외부로부터 건축물을 보호하는 구조체로서, 다양한 형태가 있다. 방수 및 단열성능, 내구성이 요구되며, 건물의 외관에 영향을 미친다.

기출 및 예상 문제

1. 실내구조 일반

01 다음 중 습식구조의 특징인 것은? 공인1회, 공인5회

① 공기단축 ② 대량생산 가능
③ 기후에 관계없는 시공 ④ 긴밀한 구조체

02 다음은 기둥과 보에 대한 설명이다. 맞는 것은? 공인1회

① 기둥과 보는 건물의 하중을 지지하는 기본적인 구조체이다.
② 기둥과 보는 구조적 역할에 충실하여야 하므로, 이를 의장적, 심미적 요소로 활용할 수 없다.
③ 보는 천장디자인에 매우 제한을 주는 요소이므로 가능한 한 천장 속에 감추어야 한다.
④ 기둥은 점적인 요소이므로 공간의 영역을 한정하거나 분할할 수 없다.

03 선형의 수직적 요소로 크기, 형상을 가지고 있으며 지붕, 천장, 보, 층 바닥 등을 떠받치기 위해 벽체를 대신하여 구조적 요소로 사용되는 것은? 공인1회

① 캔틸레버 ② 커튼월
③ 기둥 ④ 개구부

정답 및 해설

01 ④
시공 과정에서 물을 사용하는 구조로서 모르타르, 콘크리트 등의 재료를 사용한다. 콘크리트는 자유로운 형태가 가능하고 긴밀한 구조체를 형성하나 강도 발현까지 시간이 소요되며, 기후적인 제한을 받는다.

02 ①
기둥과 보는 건물의 하중을 지지하는 기본적인 구조체이며, 구조적 기능이 아닌 의장적·심미적 요소로도 사용된다.

03 ③
기둥은 지붕, 천장, 보, 층 바닥 등의 하중을 받아 하부로 전달하는 수직부재이다.

04 다음 중 작은 규격재를 쌓아 벽체를 구성하는 구조형식은 무엇인가? 공인1회

① 일체식구조 ② 조적식구조
③ 가구식구조 ④ 막식구조

05 가구식 구조에 포함되는 것을 선택하시오. 공인1회

① 철골구조 ② 철근콘크리트구조
③ 벽돌구조 ④ 철골철근콘크리트구조

06 벽돌조는 횡력과 인장력에 매우 약하므로 공간의 축조 시 그 구조적인 제한이 있다. 다음의 서술 중 내용이 옳은 것은? 공인1회

① 대린벽의 경우 벽체의 길이는 8m를 넘을 수 없다.
② 벽으로 둘러쌓인 부분의 바닥면적은 100㎡를 넘을 수 없다.
③ 대린벽으로 구획된 각층 벽의 개구부 폭의 합계는 그 벽길이의 1/3 이하
④ 부축벽은 비내력벽이라고도 하며 그 길이는 벽높이의 1/3 정도이다.

07 조적조의 개구부에 대한 다음의 설명 중 옳은 것은? 공인5회

① 인방 설치 시 두께는 벽체와 같고 높이는 30㎝ 이상, 단부에서 각기 20㎝ 이상 물리도록 설치한다.
② 개구부 상하간의 수직거리는 90㎝ 이상이어야 한다.
③ 개구부 상호간의 간격 또는 대린벽과 개구부와의 간격은 벽체 두께의 3배 이상으로 한다.
④ 아치 쌓기 할 때 벽돌은 세워서 쌓고 개구부 양단에서 각기 20㎝ 이상 연장하여 쌓는다.

정답 및 해설

04 ②
벽돌이나 돌 등을 모르타르를 사용하여 쌓아 올린 구조를 조적식구조라 한다.

05 ①
철근콘크리트, 철골철근콘크리트구조는 일체식구조, 벽돌은 조적식구조이다.

06 ④
① 대린벽의 경우 벽체의 길이는 10m를 넘을 수 없다.
② 벽으로 둘러쌓인 부분의 바닥면적은 80㎡를 넘을 수 없다.
③ 대린벽으로 구획된 각층 벽의 개구부 폭의 합계는 그 벽길이의 1/2 이하
④ 부축벽 길이는 층높이의 1/3, 단층에서는 1m 이상, 2층의 밑층에서 2m 이상

08 다음 중 용어의 설명에 맞는 골재를 고르시오. 공인1회

> 콘크리트 중량을 감소시킬 목적으로 사용하는 절대건조비중 2 이하의 경량콘크리트를 만들 때 사용하는 골재

① 잔골재 ② 워커빌리티
③ 중량골재 ④ 경량골재

09 철근콘크리트 구조의 피복두께 목적과 거리가 먼 것은? 공인1회

① 내화성 ② 내구성
③ 철근의 부식방지 ④ 해체의 편리성

10 다음 건축물의 구조 시스템 중 입체구조가 아닌 것은? 공인2회, 공인4회

① 절판구조 ② 현수구조 ③ 막구조 ④ 아치구조

11 건물 바닥 전체가 1개의 일체식기초로 축조하여 상부구조인 기둥의 하중을 지지하며, 상부구조의 하중이 클 경우나 연약한 지반일 때 사용하는 기초 형식은? 공인3회, 공인4회

① 독립기초 ② 복합기초 ③ 온통기초 ④ 연속기초

정답 및 해설

07 ④
① 인방 설치 시 두께는 벽체와 같고 높이는 20㎝ 이상, 단부에서 각기 20㎝ 이상 물리도록 설치한다.
② 개구부 상하간의 수직거리는 60㎝ 이상이어야 한다.
③ 개구부 상호간의 간격 또는 대린벽과 개구부와의 간격은 벽체 두께의 2배 이상으로 한다.

08 ④
콘크리트 중량을 감소시킬 목적으로 사용하는 절대건조비중 2 이하의 경량콘크리트를 만들 때 경량골재를 사용한다.

09 ④
철근의 피복두께란 철근 콘크리트 구조체에서 녹이나 불 등으로부터 철근을 지키기 위하여 철근을 콘크리트로 감싼 두께를 말한다.

10 ④
입체구조란 3차원으로 외력과 하중을 지지하고 평형이 되게 하는 구조로 입체트러스구조, 절판구조, 쉘구조, 현수구조 등이 있다.

11 ③
온통기초는 건물 바닥 전체가 1개의 일체식기초로 축조하여 상부구조인 기둥의 하중을 지지하도록 하는 기초 형식이다. 상부하중이 크거나 지반의 지내력이 약한 경우 사용된다.

12 철골조의 I형단면의 보의 웨브의 좌굴방지를 위하여 덧대는 부재의 명칭은? 공인3회

① 스티프너
② 커버플레이트
③ 사이드 앵글
④ 윙플레이트

13 철근 콘크리트구조의 보에 대한 설명 중 옳은 것은? 공인3회

① 보의 크기는 분담 슬래브의 자중, 기둥크기, 보의 자중 등에 의해 결정된다.
② 보의 최소 춤은 30㎝ 이상으로 해야 한다.
③ 폭은 보 높이의 1/4~1/3 정도로 한다.
④ 보의 높이는 보 길이의 1/8~1/12 정도로 한다.

14 건물 구조체에 작용하는 하중 가운데서 사람이나 가구, 집기 등 건축물을 사용하면서 부가되는 하중은? 공인3회

① 고정하중
② 적재하중
③ 동하중
④ 침하하중

15 실내 공간을 만들기 위한 구조의 단순화 및 조립화를 꾀할 때 장단점의 기술 중 틀린 것은? 공인5회

① 공장관리의 생산으로 품질이 우수하다.
② 기계화 시공으로 공기 단축이 가능하다.
③ 기계생산이므로 부재의 다원화가 쉽다.
④ 현장에서 조립하므로 상세도를 간단히 하여야 한다.

정답 및 해설

12 ①
철골조의 I형단면의 보의 웨브의 좌굴방지를 위하여 덧대는 부재를 스티프너라 한다.

13 ④
① 보의 크기는 분담 슬래브의 자중, 기둥간격, 보의 자중 등에 의해 결정된다.
② 보의 최소 춤은 25㎝ 이상으로 해야 한다.
③ 폭은 보 높이의 1/2~2/3 정도로 한다.

14 ②
적재하중은 건축물의 각 실별・바닥별 용도에 따라 그 속에 수용되는 사람과 적재되는 물품 등의 중량으로 인한 수직하중을 말한다.

15 ③
기계생산을 위해서는 부재의 규격화가 필요하다.

16 다음 중 실내건축구성요소인 보에 관한 설명으로 <u>틀린</u> 것은? 공인5회

① 보는 구조재이므로 천장으로 감춰지도록 마감해야만 한다.
② 보를 공간에서 패턴을 주는 요소로 이용하여 디자인할 수 있다.
③ 지지재상(支持材上)에서 옆으로 작용하고 하중을 받치고 있는 구조재이다.
④ 보의 설치로 공간의 영역을 규정짓기도 한다.

정답 및 해설

16 ①
일반적으로는 천장으로 가려져 드러나지 않으나, 천장을 제거하여 디자인적 요소로 노출하는 경우도 있다.

2 벽체구조

1) 벽체의 기능

벽체는 독립적 공간을 구획할 수 있는 구조를 가지며, 외부와 내부를 구분하는 외벽과 내부공간을 구획하는 내벽이 있다.

2) 외벽

외벽구조의 종류에는 커튼월구조, 조적구조, 콘크리트 옹벽구조 등이 있으며, 외벽마감은 크게 바름벽, 판벽, 붙임벽으로 나뉜다.

(1) 바름벽

- 바름벽에는 시멘트모르타르바름, 회반죽바름, 흙바름 등이 있다.
- 시멘트모르타르는 시멘트와 모래를 1:2~3의 비율로 섞어 물반죽하며, 1회의 바름 두께는 6㎜ 내외로 하여 초벌, 재벌, 정벌 순으로 총 두께를 20~25㎜로 한다. 모르타르 바름면은 흙손, 뿜칠, 긁어내기 등으로 마감한다. 쇠흙손은 표면마감은 좋으나 얼룩이 생기기 쉬우며, 흙손마감은 쇠흙손마무리와 나무흙손마무리가 있으며, 나무흙손은 거칠지만 흙손자국이 잘 나타나지 않는다.
- 회반죽바름은 소석회에 여물, 모래, 해초풀 등을 넣어 반죽한 것을 사용하며, 초벌바름, 재벌바름, 정벌바름의 순으로 한다.

(2) 판벽

- 판벽은 목구조나 경량철골구조 등의 외벽마감에 사용되며, 가로판벽, 세로판벽이 있다.
- 가로판벽은 기둥, 샛기둥에 널을 가로로 붙이는 방식으로 빗물이 밖으로 흐르도록 겹쳐서 설치한다. 누름대비늘판벽, 영국식비늘판벽, 일식비늘판벽 등이 있다.
- 세로판벽은 기둥, 샛기둥에 가로 띠장을 대고 너비 20㎝ 정도의 널을 세로로 붙이는 방식으로, 빗물이 스며들기 쉽다.

(3) 붙임벽

- 붙임벽에는 석재붙임, 타일붙임, 금속판붙임, 테라코타붙임, 유리판붙임 등이 있다.

- 석재는 화강석, 안산암 등이 주로 사용되며, 붙임방법에는 모르타르뒷채움을 하는 습식공법과 하지 않는 건식공법이 있다. 고층의 경우에는 연결철물로 고정하는 건식공법으로 시공한다.
- 외장용 금속판은 알루미늄판과 강판이 주로 사용된다.

3) 내벽

실내에 설치되는 내벽은 상부 하중을 부담하는 내력벽과 공간을 구획하는 칸막이벽으로 나눠진다. 칸막이벽은 조적구조와 가벽구조, 샛기둥칸막이구조, 조립식칸막이구조, 이동식칸막이구조로 나눠진다.

(1) 조적구조

벽돌, 시멘트블록 등을 쌓는 방식으로 시공이 쉽고, 내화성과 차음성능이 좋다. 마감은 모르타르 미장이나, 타일, 보드 등의 부착이 일반적이며, 보드 등을 부착할 경우에는 목재 및 경량철골 등으로 바탕부재를 설치하여 부착한다.

(2) 가벽구조

기존 벽 위에 덧붙이는 구조로 바탕부재와 보드 등을 사용하여 구성한다. 바탕부재의 설치간격은 가로틀, 세로틀의 경우 450㎜ 내외로 하며, 격자틀은 450～600㎜ 내외로 한다.

(3) 샛기둥 칸막이 구조

공간을 나누는 목적으로 만들어지는 비내력벽 구조로 목재 또는 경량철골로 샛기둥을 설치하고 양쪽에 합판이나 석고보드 등의 보드류를 부착한다. 가볍고 설치 및 해체가 용이하며, 보드 사이의 공간이 있어 설비관로의 설치도 용이하다.

- 목재 샛기둥 칸막이(wood stud partition)는 머리판과 밑판을 천장과 바닥에 설치하고 그 사이에 샛기둥을 설치하여 뼈대를 만들고 양쪽에 보드를 부착하는 구조이다. 샛기둥은 30×60㎜ 이상의 목재를 사용하여 300㎜, 450㎜, 600㎜ 간격으로 설치하며, 비틀림 방지를 위해 수평대를 300㎜ 또는 450㎜ 간격으로 설치한다. 양측에 t9～15㎜의 마감판을 최종 2겹 시공하며, 개구부는 바탕부재를 보강한다. 단열, 차음성능의 보강을 위하여 샛기둥 사이에 단열재를 넣거나 차음시트 등을 부착하기도 한다. 타일 등을 붙일 경우에는 메탈라스 등을 설치하고 부착한다. 석고보드의 이음부 및 나사못 머리 부위는 이음테이프 등으로 처리를

한 후 샌딩하여 평활하게 한다. 또한 보드의 끝모서리 부분의 파손방지 및 석고보드 설치 시 시공의 편의를 위하여 케이싱비드를 사용하기도 하며, 코너 부분의 각을 잡고 모서리를 보호하기 위해 코너비드를 사용한다.

- 금속재 샛기둥 칸막이(steel stud partition)는 머릿판과 밑판을 천장과 바닥에 설치하고 스터드(steel stud)를 수직으로 설치한 후 양쪽면에 보드를 부착하는 구조이다. 금속재 샛기둥의 단면 폭은 설치높이에 따라 65㎜, 100㎜를 사용하고, 판재의 폭에 맞게 300㎜, 450㎜, 600㎜ 간격으로 설치한다. 교차부분, 개구부 등에는 러너와 스터드를 추가 설치하여 보강하며, 스터드 높이가 3m를 넘으면 보강 러너를 추가 설치한다. 마감판 시공방법은 목재 샛기둥 칸막이 구조와 동일하다.

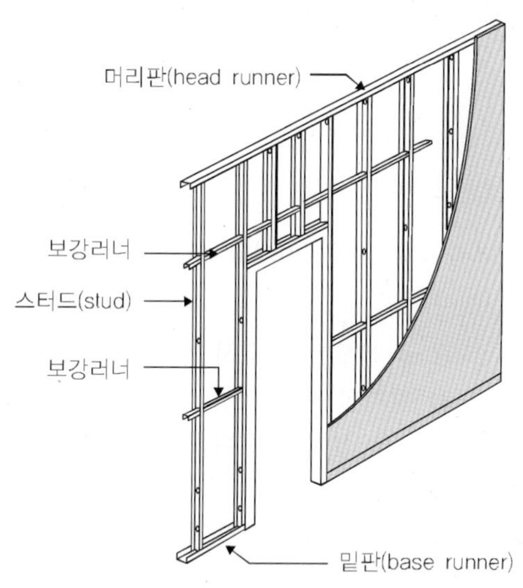

[그림 4-3] 금속재 샛기둥 칸막이

(4) 조립식 칸막이 구조

주요 부재들을 공장 제작하여 현장에서 조립하는 구조이며, 시공이 쉽고 마감이 균일한 반면, 현장 치수와의 차이로 인하여 발생하는 손실이 있을 수 있다.

(5) 이동식 칸막이 구조

이동식 칸막이 구조는 공간의 분절과 통합이 빠르고 간편하며, 미닫이패널시스템과 미닫이접이패널시스템 등이 있다.

기출 및 예상 문제

2. 벽체구조

01 다음 중 경량철골 칸막이벽을 구성하는 데 사용되는 부재는? 공인1회

① 인서트 ② 스터드
③ 멀리언 ④ 스팬드럴

02 목재 샛기둥칸막이(wood stud partition)를 설명하는 글로 적합하지 <u>않은</u> 것은? 공인1회

① 샛기둥의 단면은 30×60㎜ 이상을 사용하고 간격은 400, 450이나 600㎜로 한다.
② 개구부나 기타 부착물을 설치할 때엔 마감 판의 안쪽에 각재 등을 대어 보강한다.
③ 칸막이 내에 배관 및 배선을 설치하기 위하여 일정높이 간격으로 수평대를 설치한다.
④ 방화, 단열, 차음 등의 성능을 보강하기 위하여 샛기둥 사이의 간격에 단열재(insulation) 등을 채우거나 특수한 마감판을 사용하기도 한다.

정답 및 해설

01 ②
경량철골 칸막이벽은 스터드, 러너, 보강부재 등을 사용하여 구성한다.

02 ③
비틀림 방지를 위해 수평대를 300㎜ 또는 450㎜ 간격으로 설치한다.

03 벽체 목공사 시행 시 아래 설명 중 틀린 것을 고르시오. 공인1회

① 가로목과 세로목 고정은 빗못박기를 한다.
② 벽체에 목틀 제작이 완료되면 가로목과 세로목 사이사이에 유리섬유를 끼워 채운다.
③ 석고보드나 합판을 사용하여 목틀 위에 최종 2겹 시공한다.
④ 석고보드나 합판으로 최종 마감 시 이음매는 그냥 놓아둔다.

04 목구조 코너부 보강의 효과로 가장 적합한 것은? 공인2회

① 통재기둥 ② 샛기둥
③ 버팀대 ④ 인서트 및 앵커볼트

05 건식벽 구조시스템을 설명한 내용은? 공인2회, 공인5회

① M바+석고보드 2장+비닐페인트
② 동자기둥+서까래
③ 스터드+러너+수평재
④ 트러스+스티프너

06 경량 철공 공사에서 석고보드(Gypsum Board) 시공 시 마무리 부분의 간격을 띄우기 위해 사용하는 재료는? 공인2회

① 케이싱 비드(Casing Bead)
② 코너 비드(Corner Bead)
③ 러너(Runner)
④ 스터드(Stud)

정답 및 해설

03 ④
마감석고보드의 이음매 및 나사못 머리 부위는 이음매 마감재 (Joint Compound) 및 이음테이프(Joint Tape)를 사용하여 이음매 처리를 한 후 충분히 건조시킨 다음 표면을 샌드페이퍼로 평활하게 하여야 한다.

04 ③
가새를 댈 수 없을 때 기둥과 보의 모서리에 짧게 수직으로 비스듬히 댄 부재를 버팀대라 한다.

05 ③
경량철골 칸막이벽은 스터드, 러너, 보강부재 등을 사용하여 구성한다.

06 ①
석고보드 시공 시 끝모서리 부분의 파손방지 및 석고보드 설치 시 시공의 편의를 위하여 사용하는 부재

07 코너비드(Corner bead)에 대한 설명으로서 맞는 것은? 공인3회

① 천장, 벽체마감재로 합판이나 석고보드를 붙이고 그 이음새를 감추어 누르는데 사용한다.
② 얇은 강판에 구멍이 뚫려 있으며 환기구 모서리에 주로 사용한다.
③ 계단 디딤판 코너에 설치하는 철물로서 미끄럼 방지용으로 널리 사용된다.
④ 벽체를 석고보드로 시공 시 또는 미장바름 시 모서리 부분을 보호하기 위해 설치하는 철물이다.

08 건식벽체 시공상 스터드 설치는 러너의 설치가 끝난 후 스터드를 300㎜ 간격으로 수직·수평면에 바르게 러너의 연결철물과 아연도금 나사못을 사용하여 고정시킨다. 또한 스터드 설치 시 교차부분, 개구부 주위, 설비 부착 위치 등에는 러너와 스터드를 추가 설치해야 하며 스터드의 높이가 (㉮)를 초과하는 부분은 보강 러너를 반드시 추가 설치해야 한다. 공인3회

① 2m ② 3m
③ 4.5m ④ 6m

09 다음 중 조립식 칸막이(prefabricated partition)의 특성과 거리가 먼 것은? 공인4회

① 공장에서 제작되어 분해와 재조립이 가능하다.
② 해체 후 재조립 시 현장치수와 차이가 생길 수 있어 이로 인한 손실이 발생한다.
③ 실내공간의 신속한 통합과 분절이 가능하다.
④ 설계의 유연성 및 현장작업을 덜 수 있어 공정을 절약할 수 있다.

정답 및 해설

07 ④
기둥, 벽체, 난간, 보 등에서 코너 부분의 각을 잡아주기 위한 부재를 코너비드라 한다.

08 ②
스터드의 높이가 3m를 초과하는 부분은 1개 이상의 중간 보강 러너를 반드시 추가 설치해야 한다.

09 ③
실내 공간의 신속한 통합과 분절이 가능한 구조는 이동식 칸막이 구조이다.

10 외벽 마감 방법의 바름벽 방식 중 시멘트모르타르바름에 대한 설명 중 틀린 것은?

공인4회

① 시멘트와 모래를 1:2~3 비율로 섞어 물반죽 한 것으로 약칭 모르타르라 한다.
② 1회의 바름 두께를 10~20㎜ 정도의 두께로 한다.
③ 모르타르 바름면은 흙손, 뿜칠, 긁어내기 등을 사용하여 마감한다.
④ 흙손 마감은 쇠흙손마무리 나무흙손마무리가 있는데, 나무흙손을 사용하면 거칠지만 흙손자국이 잘 나타나지 않으나 쇠흙손을 사용하면 표면마감은 매끈하나 얼룩이 나타나므로 주의해야 한다.

11 방송국이나 극장, 강당 등에서 에코를 방지하고 벽의 음향효과를 높이기 위해 사용하며 요철형상이 있는 목재판벽은?

공인5회

① 징두리 판벽
② 비늘판벽
③ 코펜하겐 리브
④ 세로판벽

정답 및 해설

10 ②
1회의 바름 두께는 6㎜ 내외로 하여 총 두께를 20~25㎜ 정도로 한다.

11 ③
코펜하겐 리브는 방송국이나 극장, 강당 등에서 에코를 방지하고 벽의 음향효과를 높이기 위해 사용하는 요철형상이 있는 목재판벽을 말한다.

3 바닥구조

1) 바닥의 종류

바닥은 수직적 위치에 따라 지반층 바닥과 상부층 바닥으로 구분되며, 지반층 바닥이나 상부층 바닥으로부터 일정 높이를 들어 올려 설치하는 올린바닥이 있다. 기능적으로는 수술실, X선실에 사용되는 전도성바닥, 사무실, 전산실에 사용되는 액세스플로어, 공장, 체육관 등에 사용되는 방진바닥 등이 있다.

(1) 지반층 바닥

지반층 바닥에는 지면과의 사이에 공극이 없는 솔리드구조와 일정 공간을 두고 띄워서 설치하는 서스펜디드구조가 있다. 솔리드구조에는 지반으로부터의 습기를 차단하는 방습막의 설치가 중요하며, 서스펜디드구조는 바닥판 하부공간의 통풍이 중요하다.

(2) 상부층 바닥

상부층 바닥은 철근콘크리트조로 된 일체식구조와 철골조 등의 가구식구조가 있다.

- 일체식구조는 조적조, 철근콘크리트조에서 주로 사용되며, 벽이나 기둥이 지지하는 보 위에 슬래브를 설치하는 방식이다. 보슬래브, 평슬래브, 장선슬래브, 와플슬래브 등의 구조가 있다.
  - 보슬래브구조는 보가 슬래브를 지지하는 구조로서, 하중이 보를 통해 기둥으로 전달된다.
  - 평슬래브구조는 보 없이 기둥이 슬래브를 지지하는 구조로, 무량판구조라고도 한다. 높은 층고의 확보가 가능하며, 서고, 저장고 등의 바닥으로도 쓰인다.
  - 장선슬래브구조는 한방향의 좁은 간격으로 장선을 배치하고 슬래브와 일체로 만들어서 단부에서 지지하는 구조이다.
  - 와플슬래브구조는 격자모양의 작은 리브가 붙은 슬래브로 기둥의 간격이 넓은 공간에서 주로 사용된다.
- 가구식구조는 좁은 간격으로 장선을 설치하고 그 위에 바닥을 설치하는 형식으로, 목조주택 등에서 주로 사용된다.

(3) 올린바닥(이중바닥)

구조적 바닥 위에 일정한 높이로 올려 설치한 비구조적 바닥을 올린바닥(raised floor)이라고 한다. 사무실, 전산실 등 슬래브와 올린바닥 사이를 배선 등 설비용 공간으로 사용하기 위한 프리 액세스 플로어, 체육관, 공장 등 진동제어와 충격완화를 위한 방진바닥 등이 있다.

2) 바닥마감

(1) 바름마감

바름마감에는 시멘트모르타르, 콘크리트, 인조석갈기, 합성수지바름 등이 있다.

- 시멘트모르타르마감은 내구성이 좋고 공사비가 저렴하나, 균열 및 마모에 약하다.
- 시멘트모르타르마감과 콘크리트마감은 바닥면적이 넓은 경우 균열방지를 위해 신축줄눈을 설치한다.
- 인조석갈기마감은 균열을 방지하기 위해 줄눈대를 설치한다.
- 합성수지바름마감은 방수성과 내약품성이 좋아서 화학공장, 실험실 등에 사용한다.

(2) 붙임마감

붙임바닥구조는 목재마루, 카펫, 시트, 타일 등을 붙여서 마감한 바닥이며, 재료마다 붙임방법이 다르다.

(3) 특수마감

하부의 습기를 차단하는 방습바닥, 정전기 축적을 방지하는 전도바닥, 방사선을 차폐하는 X선 차폐바닥 등의 특수마감 바닥구조가 있다.

3. 바닥구조

기출 및 예상 문제

01 상부층 바닥구조 중 보를 사용하지 않고 슬래브를 기둥이 직접 지지하는 형식으로 창고, 서고, 저장고 등과 같은 바닥판에 사용하는 바닥구조는? 공인2회

① 평슬래브구조
② 일체식구조
③ 장선슬래브구조
④ 와플슬래브구조

02 다음 중 용도와 바닥구조가 <u>잘못된</u> 것은? 공인1회, 공인2회, 공인4회

① 수술실－전도성바닥
② 전산실－프리 액세스 플로어(free access floor)
③ 공장－방진바닥
④ 체육관－솔리드구조(solid floor)

03 다음 바닥구조에 관한 조합 중 서로 연관성이 <u>적은</u> 것은? 공인5회

① 상부층 바닥(upper floor)－방습막(damp-Proof insulation)
② 전도성 바닥－수술실, X선실
③ 서스펜디드구조(suspended floor; 뜬바닥)－통풍시스템(ventilation system)
④ 올린 바닥－체육관, 강당

정답 및 해설

01 ①
보 없이 기둥이 슬래브를 지지하는 구조로, 높은 층고의 확보가 가능하며, 서고, 저장고 등의 바닥으로도 쓰인다.

02 ④
체육관은 진동이나 소음을 차단하기 위해 구조체로부터 바닥판을 들어 올린 뜬바닥을 사용한다.

03 ①
지반층 바닥의 솔리드구조에는 지반으로부터의 습기를 차단하는 방습막의 설치가 중요하다.

4 천장구조

1) 천장의 종류

천장은 구성방법에 따라 맞댄천장, 달대천장, 시스템천장으로 구분된다.

(1) 맞댄천장

상부의 바닥판 밑면이나 구조에 맞대어 부착하는 형태로서, 천장속의 설비공간의 확보가 어렵다.

(2) 달대천장

상부의 바닥판 밑면에 설치한 달대에 천장을 매다는 형태로서, 천장속의 설비공간을 확보가능하다. 무이음달대천장, 프레임 패널시스템, 개방격자시스템 등이 있다.

① 무이음달대천장

달대에 행거를 고정하고, 행거에 채널과 엠바(M-bar)를 연결하여 천장판을 붙이는 방식으로, 전체의 천장판은 하나의 판으로 일체화된다. 천장 속의 배관 등의 유지관리를 위하여 점검구를 설치한다.

② 프레임 패널시스템

행거에 연결하여 역 T자형 바의 격자로 구성하고, 그 프레임에 천장패널을 얹는 방식으로, 천장패널이 각각 독립적으로 개방될 수 있다. 천장패널의 개폐에 의해 천장 속의 유지관리가 가능하며, 조명 등 설비시설과의 시스템화에 유리하다.

③ 개방격자시스템

프레임 격자를 천장패널 없이 개방하여 천장 속을 노출시키는 방식으로, 천장고가 높아보이는 장점이 있다.

(3) 시스템천장(system ceiling)

천장패널과 조명, 공조, 각종감지기 등의 설비를 시스템화한 천장이다. 시공성과 공정관리가 좋아 주로 대규모의 사무실빌딩에서 사용되며, 천장 속 유지관리도 용이하다.

2) 반자틀의 구조

천장설치를 위해 보나 바닥판이나 구조에 설치하는 바탕틀이 반자틀이며, 목재반자틀과 철재반자틀이 있다.

(1) 목재반자틀

목재를 사용하는 목재반자틀은 작업성이 좋으나, 불에 타기 쉽고 뒤틀리기 쉬운 단점이 있다.

(2) 철재반자틀

경량형강을 사용하는 철재반자틀은 작업성은 목재에 비하여 떨어지나 불에 강하고 무변형이 장점이다.

① 달대볼트는 상부바닥과 반자대를 연결하는 자재로서, 일반적으로 지름 9㎜, 길이 900㎜ 이내의 것을 사용한다. 상부는 인서트, 하부는 행거를 연결한다.

② 반자대는 천장판을 붙이기 위한 바탕틀로서 경량형강 채널, 엠바, 티바(T-bar) 등이 사용된다. 반자대받이에 직각으로 설치하며, 설치간격은 30㎝를 기준으로 한다. 엠바에는 더블(Double)엠바와 싱글(Single)엠바가 있으며, 천장판의 연결부에는 더블엠바를 사용한다.

③ 반자대받이는 행거와 반자대를 연결하는 부재로서, 경량형강 채널을 90㎝ 정도의 간격으로 설치한다.

④ 인서트는 바닥판과 달대를 연결하기 위해 설치된 너트로서, 벽 끝에서 200㎜ 이내, 900㎜ 간격으로 격자형으로 설치한다.

3) 천장마감의 종류

천장은 마감재료에 따라 널천장, 붙임천장, 건축판천장, 금속판천장, 바름천장 등으로 구분되며, 널천장에는 치받이널천장, 살대천장, 우물천장 등이 있다.

- 합판, 석고보드 등 위에 벽지 등을 붙인 것을 붙임천장, 회반죽 등을 바른 것을 바름천장이라 한다.
- 합판, 석고보드 대신 섬유질 보드 등의 특수한 건축판을 붙인 천장을 건축판천장, 알루미늄판 등의 금속판을 붙인 것을 금속판천장이라 한다.
- 마감재료의 단위 면적이 크면 이음줄이 적어 미관상 좋지만 균열이 생기기 쉽고, 단위면적이 작으면 균열에는 좋지만 이음줄이 많이 생기는 단점이 있다.

4. 천장구조

기출 및 예상 문제

01 주로 규모가 큰 오피스빌딩에서 사용하는 것으로 천장판과 조명기구, 공조기기, 감지기, 스프링클러 등 많은 설비를 조합시킨 천장형식을 가리키는 용어는? 공인2회

① 자동화천장
② 설비형천장
③ 지능화천장
④ 시스템천장

02 천장틀의 종류 중 엠바(M-bar)의 특징을 설명한 것으로 적절한 내용은?

공인2회, 공인4회

① 경량철골재를 사용하므로 목재 천장틀보다는 강성이 약한 편이다.
② 엠바 위에 목재 틀을 설치한 후 석고보드나 텍스를 부착하여 마감한다.
③ 마감 후 천장틀이 노출되므로 천장면에 일정한 패턴을 조성할 수 있다.
④ 엠바에는 더블엠바와 싱글엠바 방식이 있다.

정답 및 해설

01 ④
천장패널과 조명, 공조, 각종 탐지기 등의 설비를 시스템화한 천장이다. 주로 대규모의 사무실 빌딩에서 사용되며, 천장 속 유지관리도 용이하다.

02 ④
경량철골재를 사용하므로 목재 천장틀보다는 강성이 강한 편이다. 엠바(M-bar) 밑에 석고보드나 텍스를 부착하여 마감하며, 마감 후 천장틀은 노출되지 않는다. 엠바는 폭에 따라 싱글과 더블이 있다.

03 천장구조 중 목재나 금속재 달대를 못이나 용접을 이용하여 행거에 고정시키고 다시 이 행거에 의존한 채널과 금속제 프레임에 직접 천장판을 붙이는 구성방식은?

공인3회, 공인4회

① 맞댄천장 ② 무이음달대천장
③ 프레임 패널시스템 ④ 개방격자시스템

04 다음 중 널천장의 종류에 해당하지 <u>않는</u> 것은? 공인4회

① 치받이널천장 ② 살대천장
③ 우물천장 ④ 붙임천장

05 다음 중 금속판 반자에서 가장 고려해야 할 것은? 공인5회

① 진동현상 ② 흡음성능
③ 결로현상 ④ 수축, 균열

정답 및 해설

03 ②
무이음달대천장은 목재나 금속재 달대를 못이나 용접을 이용하여 행거에 고정시키고 다시 이 행거에 의존한 채널과 금속제 프레임에 직접 천장판을 붙이는 방식을 말한다.

04 ④
널천장에는 치받이널천장, 살대천장, 우물천장이 있다.

05 ③
금속판 천장은 실내·외와 천장 속의 온도차로 인한 결로현상을 고려하여 환기에 주의해야 한다.

5 지붕구조

지붕은 기후와 환경에 따라 다양한 형태로 나타난다. 강수량과 강설량, 바람 등에 의해 경사가 달라지며, 건축양식, 지붕재료 등에 따라 형태도 다양하게 형성된다.

지붕의 경사도는 지붕면적이 클수록, 지붕잇기 재료의 단위크기가 작을수록, 지붕잇기 재료의 방수성능이 낮을수록 급하게 하는 것이 일반적이다.

1) 지붕의 종류

- 외쪽지붕(shed roof) : 지붕이 한방향으로 경사진 것으로 가장 단순한 형태이며, 주로 작은 건물에 쓰인다. 커지면 하중이 부담이 되며, 부재의 길이가 길어지는 단점이 있다.
- 박공지붕(gabled roof) : 두개의 같은 경사면이 중앙에서 대칭으로 만나는 형식으로, 가장 기본적인 형태의 지붕이다. 설계 및 시공이 단순하며, 경제성이 좋다.
- 모임지붕(hipped roof) : 경사지붕면이 사방으로 만들어진 것으로, 빗물로부터 측벽을 보호하며 바람에 강한 장점이 있으나 지붕 속 환기는 어렵다.
- 방형지붕(pyramidal roof) : 피라미드와 같이 지붕 중앙의 한 점에서 네 방향으로 경사진 각추형지붕이다.
- 합각지붕(half-hipped roof) : 하부는 모임지붕, 상부는 박공지붕을 합친 형태로, 두 지붕의 장점을 모은 지붕이다.
- 맨사드지붕(mansard roof) : 모임지붕의 지붕면을 상부와 하부가 다른 경사로 만든 지붕이다.
- 꺾임지붕(gambrel roof) : 박공지붕을 중간에서 꺾어 상부하부의 경사가 다른 지붕이다.
- 솟을지붕(monitor roof) : 지붕의 일부가 솟아올라 돌출된 형태로 채광과 환기에 좋다.
- 평지붕(flat roof) : 지붕면이 수평으로, 주로 철근콘크리트조 건물에 쓰인다. 지붕 속 공간이 없으나 옥상정원을 활용할 수 있다.
- 곡면지붕(shell roof) : 지붕면이 곡면으로 된 것으로, 반원지붕, 돔지붕 등이 있다.
- 톱날지붕(sow tooth roof) : 톱날모양을 한 지붕으로, 톱날마다 설치된 고측창을 통해 채광 및 환기에 유리하다. 공장, 미술관에 많이 사용된다.
- 버터플라이지붕(butter-fly roof) : 양쪽 지붕면에 역경사를 주어 빗물이 중앙에 모이게 한 것으로 Y자형지붕이라고도 한다. 심미성이 좋으며, 채광에도 유리하다.

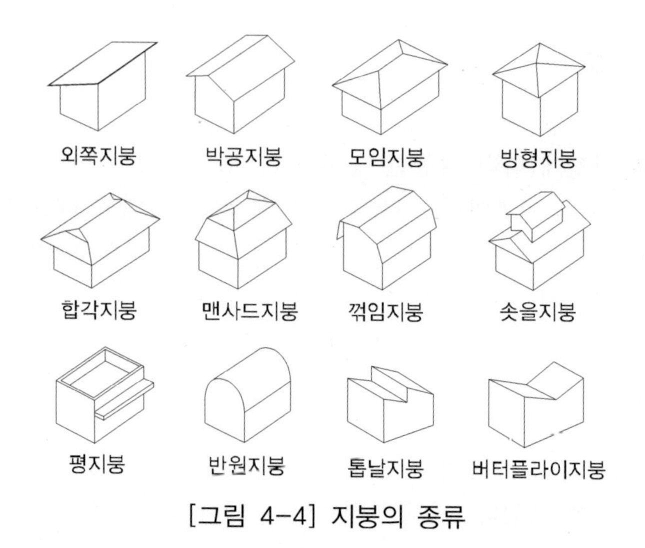

[그림 4-4] 지붕의 종류

2) 지붕잇기 재료

① 기와

기와는 현재에도 많이 사용되는 지붕재료로서 내구성, 내화성, 차음성이 좋다.

② 슬레이트

슬레이트에는 천연슬레이트와 인조슬레이트가 있다. 천연슬레이트는 내구성과 심미성이 좋으나 무겁고 고가이다.

③ 금속판

무게가 가볍고 상대적으로 완만한 물매 시공이 가능하며, 어려운 지붕형태에도 적용이 가능한 반면에, 열팽창률이 크고, 부식과 소음발생의 단점이 있다. 비교적 가격이 저렴한 아연도금강판, 알루미늄합금판이 많이 사용된다.

④ 아스팔트쉬글

아스팔트와 펠트의 조합으로 된 지붕재이며, 가볍고 유연성이 있어 시공성이 우수하다. 색상과 디자인이 다양하며 경제성도 좋으나, 단열성능이 떨어지고 강풍에 의해 표면이 벗겨질 우려가 있다.

5. 지붕구조

기출 및 예상 문제

01 지붕구조에 대한 설명으로 틀린 것은? 공인3회, 공인4회

① 지붕의 전체 면적이 클수록 물매를 급하게 한다.
② 지붕재료는 열전도율이 작고, 가벼워야 한다.
③ 지붕잇기 재료의 기본단위가 작을수록 물매는 완만하게 한다.
④ 온·습도에 의한 재료의 변형이 없어야 한다.

02 전통 한옥의 지붕형태 중 추녀마루를 만들어 지붕면이 사방으로 경사져 형성된 것은? 공인4회

① 박공지붕(gabled roof)
② 모임지붕(hipped roof)
③ 방형지붕(pyramidal roof)
④ 합각지붕(half-hipped roof)

03 다음 〈보기〉는 지붕잇기에 대한 설명이다. 다음 중 위의 설명에 해당하는 지붕잇기 재료로 알맞은 것은? 공인5회

무게가 가볍고 상대적으로 적은 물매 시공이 용이하며, 어려운 지붕형태에도 적용이 가능한 반면에, 열팽창률이 크고, 부식과 소음발생의 우려가 있다.

① 금속판
② 싱글
③ 기와
④ 천연슬레이트

정답 및 해설

01 ③
지붕의 전체 면적이 클수록, 지붕잇기의 재료의 기본단위가 작을수록, 재료의 방수성능이 낮을수록 물매의 각도를 급하게 한다.

02 ②
모임지붕은 추녀마루를 만들어 지붕면이 사방으로 경사진 것으로, 주택을 비롯하여 각종 건물에 쓰인다.

03 ①
금속판 지붕재는 무게가 가볍고 상대적으로 완만한 물매 시공이 가능하며, 어려운 지붕형태에도 적용이 가능한 반면에, 열팽창률이 크고 부식과 소음발생의 단점이 있다.

6 창호구조

1) 창호의 기능 및 성능

창호는 외부와 내부를 연결하는 건축요소로서 방음성, 기밀성, 단열성, 수밀성, 내풍압성 등을 갖추어야 하고, 유지보수가 용이해야 한다.

2) 창호의 분류

창호는 개폐방식, 주요 재료, 그리고 기능과 성능에 따라 다음과 같이 분류된다.

(1) 개폐방식에 의한 분류

① 여닫이창호(swing door & window)

내부 또는 외부의 단일방향으로 회전하여 개폐되는 방식이다. 문은 피난방향으로 열리는 것이 원칙이다.

② 자유여닫이창호(free swing door & window)

내부, 외부 양쪽으로 회전하여 개폐되는 방식이다. 문단속이 어렵고 기밀성이 떨어진다.

③ 미닫이창호(sliding door & window)

문짝을 수평방향으로 밀어 벽 옆이나 벽안으로 넣는 방식이다. 개구부 전체면적을 개방 가능하다.

④ 미서기창호(double sliding door & window)

2개 이상의 홈이나 레일 위에서 창호 한쪽을 다른 한쪽으로 밀어 2짝의 창호가 서로 겹치며 개폐하는 방식이다. 일반적으로 2짝 또는 4짝으로 구성되고 개구부 전체면적의 50%를 개방 가능하다.

⑤ 접이식미닫이창호(folding sliding door & window)

복수의 창호를 접을 수 있도록 정첩으로 연결하고 레일에 중앙부를 매달아 창호를 접으면서 벽면 쪽으로 열어붙이는 방식이다. 칸막이 대용으로 사용하여 공간의 가변이용이 가능하다.

⑥ 오르내리창호(double hung window)

2짝의 미서기창을 위아래로 열 수 있도록 한 방식으로, 개구부의 50% 면적을 열

수 있다. 세로로 긴 창에 주로 쓰이며 통풍조절이 용이하다.

⑦ 회전창호(pivot door & window)

수평으로 회전시키는 수평회전창과, 수직으로 회전시키는 수직회전창이 있다. 개구부 전체면적 개방 가능하다.

⑧ 붙박이창호(fixed window)

고정창으로 채광과 조망은 가능하나, 환기는 불가능하다.

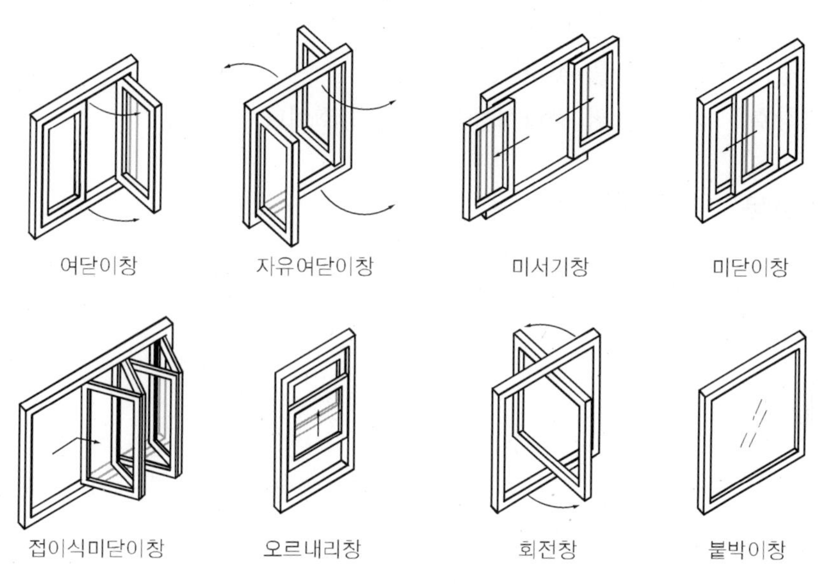

[그림 4-5] 창호의 종류

(2) 구성 재료에 의한 분류

① 목재창호

가볍고 부드러우며 심미성이 좋다. 물과 불에 약하여 주택과 같은 소규모 건축물의 실내 창호로 주로 사용된다.

② 금속재창호

내구성과 내화성이 우수하고 강도가 높아 외부나 방화구역 등에 사용되나, 무겁고 철재 일부 제품은 부식의 우려가 있다. 또한 합금제품의 경우에는 자유로운 형태구성이 용이하지 않다. 과거에는 강철을 많이 썼으나 요즘은 스테인리스나 알루미늄 등이 많이 사용한다.

③ 합성수지창호

열전도율이 낮고 내식성이 좋아서 온도차가 많이 나는 곳, 습기가 있는 곳에서 사용된다. 금속재창호에 비하여 강도가 약하고 자유로운 형태구성이 어렵다.

④ 유리창호

개방성과 심미성이 좋으나, 파손이 쉬우며 특수한 하드웨어가 필요하다.

(3) 성능에 의한 분류

① 보통창호 : 일반적인 창호이다.
② 방음창호 : 방음성능을 갖춘 창호이다.
③ 단열창호 : 단열성능을 갖춘 창호이다.
④ 방화창호 : 건축법상의 방화성능을 갖춘 창호이다.

3) 창호철물

창호철물은 창, 문을 창문틀에 설치하여 잠그거나 여닫을 때 사용하거나, 창호의 보강을 위한 철물이다.

(1) 지지철물

창호의 개폐 시에 창호를 지지하며 축, 롤러의 역할을 하는 철물이다. 창호의 종류, 용도, 장소에 맞게 사용하여야 한다.

① 정첩(경첩, hinge)

여닫이문을 문틀에 달 때 고정하는 철물로 회전의 축이 된다. 재료로는 강철, 주철, 황동 등이 주로 쓰이며, 너클과 핀으로 구성된다.

- 패스트핀정첩 : 핀이 잘 뽑히지 않도록 만든 것으로 방범상 중요한 외부의 방범용문에 쓰인다.
- 꼭지정첩 : 핀의 끝에 꼭지가 있어 쉽게 핀을 뽑을 수 있으며, 실내의 문에 쓰인다.
- 병원정첩 : 너클의 양쪽 끝부분이 안전하게 만들어진 것으로 주로 병원이나 교도소 등에서 쓰인다.
- 돌쩌귀정첩 : 상부 너클과 하부 너클 사이에 핀을 끼워 고정한 정첩이다.
- 깃발정첩 : 하부 너클에 상부 너클에 부착된 핀을 끼운 정첩으로, 상하로 분리하면 쉽게 문짝을 뗄 수 있는 구조이며, 강제철문에 주로 사용된다.
- 화장실정첩 : 문이 자동으로 닫히나 조금은 열린 상태에서 멈춰서 안이 비어있음을 알려주는 기능이 있는 정첩이다. 공동화장실의 부스의 문에 쓰인다.
- 숨은정첩 : 매립형으로 문을 닫으면 정첩이 노출되지 않는 것으로 고급 문, 가

구에 쓰인다.

- 자유정첩 : 스프링이 내장되어 문이 저절로 닫히는 구조로 식당의 주방 등 출입이 많은 곳에 쓰인다.
- 피봇힌지 : 문의 상하의 피봇을 설치하여 축으로 회전하는 구조로 중량문에 쓰인다.

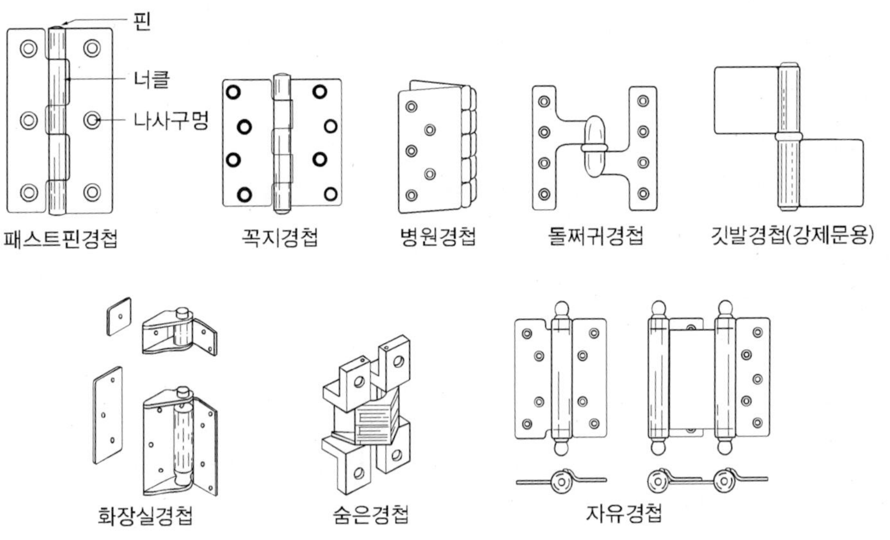

[그림 4-6] 정첩의 종류

자료: 이홍렬(2007), 최신 건축구조학, p.29.

② 호차와 레일

- 호차 : 미닫이, 미서기의 문짝의 밑에 설치된 바퀴를 호차라 한다.
- 레일 : 호차가 움직이는 길로서 철, 황동, 플라스틱으로 만들어진다.

(2) 손잡이

손잡이는 굽은 손잡이, 알손잡이, 레버핸들, 오목손잡이, 패닉핸들, 밀판, 푸시가드바 등이 있으며, 설치위치는 밀판은 1,250㎜가 일반적이며, 레버핸들은 1,010㎜가 일반적이었으나 BF인증을 위해서는 800~900㎜ 사이에 위치하여야 한다.

(3) 잠금철물

① 자물쇠

열쇠로 잠글 수 있는 본자물쇠, 문이 닫혀 있을 때 위치만 고정하는 헛자물쇠가 있다.

② 꽂이쇠와 걸쇠

닫힌 미서기창호 문짝의 겹친 부분이나 문틀과 문짝에 설치하는 빗장과 같은 잠금장치를 꽂이쇠라고 하고, 돌리거나 걸어서 잠그는 방식을 걸쇠라고 한다.

(4) 개폐조절장치

① 도어체크/도어클로저(door check, door closer)

여닫이문의 문짝 상부에 설치하여 문이 천천히 닫히게 하는 장치이다.

② 도어스토퍼(door stopper)

여닫이문을 열 때 문손잡이가 벽에 부딪히는 것을 방지하기 위해 문을 멈추게 하는 장치이다.

③ 도어홀더(door holder)

열려진 문을 고정하는 장치이다.

④ 도어체인(door chain)

문이 일정 한도 이상 열리지 않도록 하는 침입방지성능을 갖는 장치이다.

기출 및 예상 문제

6. 창호구조

01 창호의 개폐방식에 대한 설명이다.

> "내, 외부 어느 쪽으로도 회전 개폐될 수 있는 방식의 창호로서, 문단속이 불완전하고 기밀성이 없는 단점이 있으며, 정첩의 위치와 창호의 무게중심과의 차이로 처짐이 생길 수 있다."

다음 중 위의 설명에 해당하는 것은? 공인1회

① 여닫이창호(swing door & window)
② 미닫이창호(sliding door & window)
③ 회전창호(revolving door / pivoted window)
④ 자유여닫이창호(free swing door / window)

02 다음 중 강제 철문에 부착되는 창호철물 중 문의 개폐상태나 정도를 조절, 유지하는 역할을 하지 않는 것은? 공인1회

① 도어스톱(door stop)
② 플로어힌지(floor hinge)
③ 도어스코프(door scope)
④ 도어클로저(door closer)

정답 및 해설

01 ④
자유여닫이창호는 내・외부 어느 쪽으로도 회전 개폐될 수 있는 방식의 창호이다. 자유여닫이창호는 문단속이 불완전하고 기밀성이 없는 단점이 있으며, 정첩(경첩)의 위치와 창호의 무게중심과의 차이로 처짐이 생길 수 있다.

02 ③
도어 스코프는 광각 렌즈를 사용하여 현관문의 안에서 밖을 넓게 내다볼 수 있도록 만든 장치이다.

03 설계 시 필수적으로 반영해야 하는 창호의 5대 성능에 해당하지 않는 것은? 공인2회

① 통풍성 ② 기밀성 ③ 방음성 ④ 단열성

04 다음 중 창호의 개폐조절 장치가 아닌 것은? 공인2회, 공인4회

① 도어체크(door check)
② 피봇힌지(pivot hinge)
③ 도어홀터(door holder)
④ 도어스톱(door stop)

05 상하 문틀에 2줄의 홈을 파서 창호 한쪽을 다른 한쪽으로 밀어붙여 2짝의 창호가 서로 겹치거나 교차되며 개폐하는 방식으로 보통 2짝 또는 4짝으로 이루어져 있고 문꼴 전체를 열 수 없고 개구부의 50% 면적을 열수 있는 창호방식은? 공인2회, 공인4회

① 여닫이창호 ② 미닫이창호
③ 미서기창호 ④ 오르내리창호

06 다음과 같은 특성을 가지고 있는 창호는 무엇인가? 공인3회

- 내화성과 내구성이 뛰어나고 강도가 높아 주로 외부나 방화구역 등에 사용된다.
- 자중이 높고 일부제품의 경우 부식의 우려가 있다.
- 자유로운 형태 구성이 용이하지 않은 단점이 있다.

① 목재창호 ② 금속재창호
③ 합성수지창호 ④ 유리창호

정답 및 해설

03 ①
창호의 5대성능은 방음성, 기밀성, 단열성, 수밀성, 내풍압성이다.

04 ②
피봇힌지(pivot hinge)는 문의 상하의 지도리(pivot)를 축대로 하여 회전하는 구조로 중량문에 주로 쓰인다.

05 ③
미서기창호는 상하 문틀의 두 줄의 홈을 파서 창호 한쪽을 다른 한쪽으로 밀어붙여 2짝의 창호가 서로 겹치거나 교차되며 개폐하는 방식이다. 보통 2짝 또는 4짝으로 이루어져 있고 문꼴 전체를 열 수 없고 개구부의 50% 면적을 열 수 있다.

06 ②
금속재창호는 내화성과 내구성이 뛰어나고 강도가 높아 주로 외부나 방화구역 등에 사용된다. 그러나 자중이 높고, 철제의 경우에는 부식의 우려가 있으며, 합금제품의 경우에는 자유로운 형태구성이 어려운 단점이 있다.

7 계단구조

1) 계단의 특징

(1) 계단의 기능과 구성

일반적으로 계단은 편리한 동선으로 설계되고, 안전하게 이용할 수 있도록 설계되어야 한다. 한 계단에서 단너비와 단높이는 일정하게 계획하며, 층고가 3m 이상의 경우에는 계단참을 설치하여 안전하게 사용할 수 있도록 한다.

① 디딤판(Tread)과 챌판(Riser)

- 계단의 수평 바닥면을 디딤판이라 하고 수평깊이를 단너비라 한다. 디딤판과 디딤판 사이의 수직면을 챌판이라 하고, 수직높이를 단높이라 한다.
- 중고등학교와 집합주택의 공동으로 사용하는 계단은 단너비 260㎜ 이상, 단높이 180㎜ 이하로, 초등학교는 단너비 260㎜ 이상, 단높이 160㎜ 이하로 계획하여야 한다.

② 계단참

- 계단의 층과 층 사이에 설치된 넓은 단을 계단참이라고 한다. 일반적으로는 계단참의 유효너비는 120㎝이상으로 하며, 초중고등학교의 계단의 경우는 150㎝ 이상으로 한다.

③ 계단폭과 난간

- 계단의 유효치수를 계단폭이라고 하고, 디딤판으로부터 손스침까지의 수직높이 중 최소 높이를 난간높이라 한다. 계단폭은 일반적으로 120㎝, 초중고등학교는 150㎝ 이상으로 하며, 난간높이는 85㎝로 한다. 계단폭이 3m 이상일 때는 중간에 난간을 설치한다(계단높이 1m 이하, 단높이가 15㎝ 이하의 것은 제외).

④ 계단경사

- 계단의 각도를 계단경사라고 한다. 일반적으로 계단의 경사는 30~35° 정도가 적정하다.

⑤ 천장높이

- 디딤판으로부터 천장까지의 최소 수직높이를 천장높이라고 하며, 최소 2.1m를 확보하여야 한다.

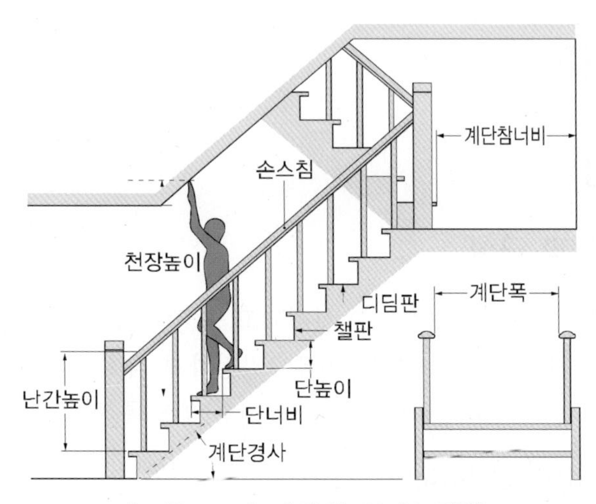

[그림 4-7] 계단의 각 부 명칭

2) 형태에 의한 분류

- 곧은계단(straight stair) : 곧은 직선의 계단이다. 안전을 위해 중간에 계단참을 둔다.
- 꺾은계단(quater-turn stair) : 중간에 한 번 90°로 꺾은 형상의 계단이다.
- 꺾어돌음계단(half-turn stair) : 중간에 180°로 유턴한 형상의 계단이다.
- 돌음계단(screw stair) : 원형의 돌아가는 형태의 계단이며, 중심이 비어있는 원형계단(circular stair)과 중심에 기둥이 있는 나선계단(spiral stair)이 있다. 돌음계단의 단너비 측정은 안측 끝에서 30㎝ 떨어진 곳을 측정한다.
- 경사로(ramp) : 단차가 없이 경사진 바닥으로 된 계단의 일종이며 차량 경사로는 1/6 이하, 장애인 경사로는 1/12 이하로 한다.

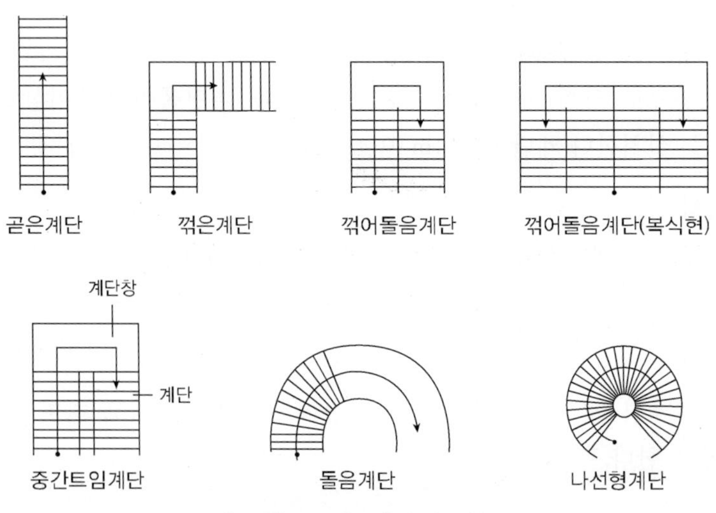

[그림 4-8] 계단의 종류

자료: 이홍렬(2007). 최신 건축구조학. p.260

3) 재료에 의한 분류

(1) 목재계단

① 틀계단
틀계단은 일반적으로 계단폭 1m 이내의 곧은계단으로 사용한다. 틀처럼 간단히 짜 만든 계단으로 양 옆판 사이에 디딤판과 챌판을 조립하는 형태이다. 디딤판의 두께는 2.5～3.5㎝, 옆판의 두께는 3.5～4.5㎝의 부재를 사용한다.

② 옆판계단
계단받이보에 계단옆판을 걸치고 옆판과 옆판사이에 디딤판과 챌판을 설치하는 형태이며, 옆판, 디딤판, 챌판 이외에도 엄지기둥, 계단멍에, 난간동자 등으로 구성된다.

③ 따낸 옆판계단
옆판계단과 같으나 옆판을 계단에 맞추어 톱날형태로 따내고, 디딤판과 챌판을 옆판위에 얹어서 지지하는 형태이다.

④ 멍에계단
옆판 없이 중앙의 계단보에 바닥판을 캔틸레버 형식으로 걸쳐 댄 계단으로, 의장적 효과가 좋다.

(2) 철재계단

자유로운 형태가 제작가능하고 해체/조립이 용이하나, 사용 시에 진동과 소음이 발생한다. 주로 공장이나 창고, 옥외 등에 쓰이고, 부식방지를 위해 방청도료 도포가 필요하다.

① 사다리계단
봉강이나 평강 등을 이용한 사다리 형태의 계단을 벽체에 고정하는 구조로서, 주로 옥상 유지관리용으로 사용하는 계단이다.

② 나선형계단
중심기둥을 축으로 계단이 스파이럴형태로 회전하여 올라가는 구조이다. 차지하는 수평면적이 가장 작으며, 형태적 심미성도 좋다. 디딤판을 중심에서만 지지하는 내민보형식과 외주부에서도 지지하는 외단지지형식으로 나누어진다.

③ 옆판계단
옆판은 강판을 가공하여 사용하며 디딤판과 챌판은 용접으로 일체화한다. 미끄럼과 진동방지를 위해 디딤판은 모르타르, 석재 등으로 마감한다.

(3) 철근콘크리트계단

철근콘크리트계단은 내화성과 내구성이 좋고, 자유롭고 형태 제작이 쉽다.

기출 및 예상 문제

7. 계단구조

01 계단의 구성에 대한 설명으로 틀린 것은? 공인1회

① 발을 딛는 수평 바닥면을 디딤판이라 하고 그 수평 깊이를 단너비라고 한다.
② 디딤판과 직각을 이루는 수직면을 챌판이라 하고, 그 수직 높이를 단높이라고 한다.
③ 디딤판으로부터 천장까지의 최대 수직 높이를 천장높이라고 한다.
④ 계단을 오르며 중간부에 만든 넓은 단을 계단참이라고 한다.

02 계단이 설치기준에 관한 설명 중 옳은 것은? 공인1회, 공인4회

① 계단참 설치는 높이 3m를 넘는 계단에는 높이 3m 이내마다 너비 1m 이상을 설치하여야 한다
② 계단 및 계단참의 양측에 난간을 설치하는 최소의 높이는 1.5m이다
③ 돌음 계단의 단너비 측정은 좁은너비 끝에서 45㎝이다.
④ 계단폭이 3m를 넘는 경우 계단의 중간에 폭 3m 이내마다 난간을 설치하여야 한다.

정답 및 해설

01 ③
천장높이는 디딤판으로부터 천장까지의 최소 수직높이이다.

02 ④
① 계단참 설치는 높이 3m를 넘는 계단에는 높이 3m 이내마다 너비 1.2m 이상을 설치하여야 한다.
② 계단 및 계단참의 양측에 난간을 설치하는 최소의 높이는 1m이다
③ 돌음 계단의 단너비의 측정은 좁은 너비의 끝에서 30㎝이다.

03 다음은 일반적인 계단의 치수에 대한 설명이다. 옳지 <u>않은</u> 것은? 공인3회

① 천장높이는 최소 2.1m 이상을 확보해야 한다.
② 계단의 물매는 통상 30~35°가 가장 쾌적하다.
③ 난간의 높이는 85㎝ 이상을 유지해야 한다.
④ 일반 건축물에 해당하는 계단의 계단참은 2m 이내마다 설치한다.

04 계단 디딤판으로부터 천장까지의 최소 수직높이는 최소 얼마 이상 되어야 하는가? 공인4회

① 1.8m ② 1.9m ③ 2.0m ④ 2.1m

05 계단의 구조에 대한 설명이다. 다음으로 적당한 것은? 공인5회

> "철제 계단의 가장 특징적인 형태로서, 차지하는 평면공간을 최소화할 수 있는 장점 외에도 의장적 구성이 용이하다. 디딤판 지지형식에 따라 내민보형식과 외단지지형식으로 분류할 수 있다."

① 나선형 계단(spiral stair)
② 틀계단(box stair)
③ 옆판계단(closed string stair)
④ 캔틸레버식(cantilever) 계단

정답 및 해설

03 ④
일반 건축물에 해당하는 계단의 계단참은 3m 이내마다 설치한다.

04 ④
천장높이는 최소 2.1m 이상을 확보해야 한다.

05 ①
나선형 계단은 중심기둥을 축으로 계단이 스파이걸 형태로 회전하여 올라가는 구조이다. 차지하는 수평면적을 최소화할 수 있는 장점 외에도 의장적인 구성이 용이하며, 디딤판 지지형식에 따라 내민보형식과 외단지지형식으로 분류할 수 있다.

실내법규

1 실내건축 관련 법규(法規)의 이해

1) 법 체계

대한민국의 법 체계는 '헌법(憲法)' 법률, 명령, 규칙의 형태로 구성되어 있다. 헌법의 정신을 구현하기 위해 의결된 법률로 헌법의 이념과 입법 취지를 실행하기 위한 내용으로 대통령령, 총리령과 같은 행정상의 입법이다. 각 지방자치 단체의 입법권에 따라 자치법규로 되어 있다.

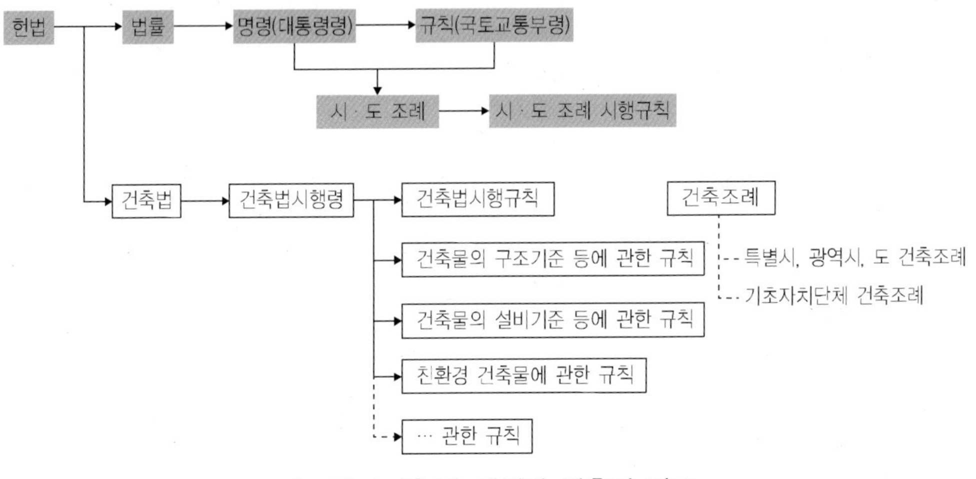

[그림 4-9] 법 체계와 건축법 비교

헌법(Constituition)은 국가의 조직구성 및 운영에 관한 최고의 법규이다. 법규(Act)는 사회를 유지하기 위한 규범으로 헌법이 정한 절차에 의하여 국회의 의결을 거쳐 재정하고 대통령이 공포한다. 명령은 대통령령(Presidential Decree), 시행령(Enforcement Decree)은 일반적으로 주관부처에서 개정하며, 법률을 시행하기 위한 필요한 사항이라 할 수 있다.

2) 국토이용의 용도 구분

(1) 용도지역

국토는 토지의 이용실태 및 특성, 장래의 토지이용방향, 지역 간 균형발전 등을 고려하여 다음과 같은 용도지역으로 구분한다.

〈표 4-1〉 국토의 계획 및 이용에 관한 법률에 의한 용도지역

<table>
<tr><th>용도지역</th><th>중분류</th><th>소분류</th></tr>
<tr><td rowspan="4">도시지역</td><td>주거지역</td><td>전용주거지역
일반주거지역
준주거지역(1종, 2종, 3종)</td></tr>
<tr><td>상업지역</td><td>중심상업지역
일반상업지역
근린상업지역
유통상업지역</td></tr>
<tr><td>공업지역</td><td>일반공업지역
준공업지역
전용공업지역</td></tr>
<tr><td>녹지지역</td><td>보전녹지지역
생산녹지지역
자연녹지지역</td></tr>
<tr><td>관리지역</td><td>보전관리지역
생산관리지역
계획관리지역</td><td></td></tr>
<tr><td>농림지역</td><td colspan="2">도시지역에 속하지 않는 「농지법」에 따른 농업진흥지역 또는 「산지관리법」에 따른 보전산지 등으로서 농림업을 진흥시키고 산림을 보전하기 위하여 필요한 지역</td></tr>
<tr><td>자연환경보전지역</td><td colspan="2">자연환경 · 수자원 · 해안 · 생태계 · 상수원 · 문화재의 보전과 수산자원의 보호 · 육성 등을 위하여 필요한 지역</td></tr>
</table>

3) 실내건축 관련 법규

(1) 건축법

건축법은 대지, 구조, 설비 기준 및 용도 등을 정하여 건축물의 안전, 기능, 환경 및 미관을 향상시킴으로써 공공복리의 증진에 이바지하는 것을 목적으로 한다.

(2) 건축법의 구성

건축법의 체계는 첫째, 목적, 용어의 정의, 적용대상 및 범위를 나타낸다. 둘째, 절차와 같은 이행 여부에 따른 과태료와 벌칙을 부과하는 규정(인허가 절차, 시정명령, 벌치, 부칙 등)을 정하고 있다. 셋째, 건축물과 대지 그 자체에 적용되는 실질적인 기준을 의미한다.

〈표 4-2〉 법 구성체계

<table>
<tr><th>구 분</th><th colspan="3">내 용</th><th>비 고</th></tr>
<tr><td rowspan="2">운영
규칙</td><td>총칙</td><td colspan="2">목적, 용어 정의, 적용대상, 범위, 행정시효, 자격(설계, 감리, 시공, 검사..)</td><td></td></tr>
<tr><td>절차 및 제도</td><td colspan="2">허가, 사용승인, 유지관리, 감독,</td><td></td></tr>
<tr><td rowspan="5">집단
규정</td><td rowspan="3">일반규정</td><td>용도제한</td><td>용도 규정, 지역, 지구</td><td rowspan="2">국토계획이용
도시계획</td></tr>
<tr><td rowspan="2">형태제한</td><td>건폐율, 용적률, 대지 분할 금지
건축물의 높이제한(일조, 가로구역내 높이, 인동간격, 항공고도)</td></tr>
<tr><td>공개공지</td><td></td></tr>
<tr><td rowspan="2">특례규정</td><td colspan="2">적용완화</td><td rowspan="2">도시계획</td></tr>
<tr><td colspan="2">지구단위계획(도시정비, 미관지구, 경관보호지구, 녹지, 문화재..)</td></tr>
<tr><td rowspan="3">개체
규정</td><td>대지 및 도로</td><td colspan="2">대지, 조경, 건축선</td><td rowspan="3">건축물 하나에
적용</td></tr>
<tr><td>구조 및 재료</td><td colspan="2">구조안전, 사용상 안전 및 거주환경
방재(내화, 방화, 건축재료) 및 방호</td></tr>
<tr><td>설비</td><td colspan="2">승강기, 배관, 열손실관리</td></tr>
</table>

(3) 건축법의 규정 내용

- 건축법의 적용 대상은 대지, 구조, 설비기준 및 건축물의 용도를 규정한다.
- 건축법령은 집합성에 따라 집단규정과 개체규정으로 나눈다.

〈표 4-3〉 건축법의 집단규정과 개체규정

구 분	집단규정	개체규정
정의	건축물이 밀집하여 집단화 되었을 경우, 건축물 상호간의 관계 또는 도로와의 관계 규정	건축물 하나에 대한 대지, 구조안전, 화재안전, 위생을 확보하기 위하여 적용되는 실체적인 규정
사례	용도지역내의 건축물의 제한 규정 특별건축구역	건축물의 구조, 재료 건축 설비

(4) 용어의 정의

가) 대지

대지는 2m 이상 도로와 접하여야 한다.[1] 도로에 접하지 않은 대지를 맹지(盲地)라고 한다.

"대지(垈地)"란 「공간정보의 구축 및 관리 등에 관한 법률」에 따라 각 필지(筆地)로 나눈 토지를 말한다. 다만, 대통령령으로 정하는 토지는 둘 이상의 필지를 하나의 대지로 하거나 하나 이상의 필지 일부를 하나의 대지로 할 수 있다.

하나의 건축물이 두 개 이상의 필지(A), 필지(B)에 걸쳐 있을 경우, 각각의 필지를 합한 토지를 하나의 대지로 본다.

단, 다음과 같은 경우에는 합병이 불가능하다.

첫째, 필지의 부여지역이 서로 다른 경우(행정단위인 리・동 단위의 지번 설정)

둘째, 필지의 도면 축척이 다른 경우

셋째, 서로 인접하고 있는 필지가 연속하지 않을 경우

넷째, 토지의 소유권자가 서로 다른 경우

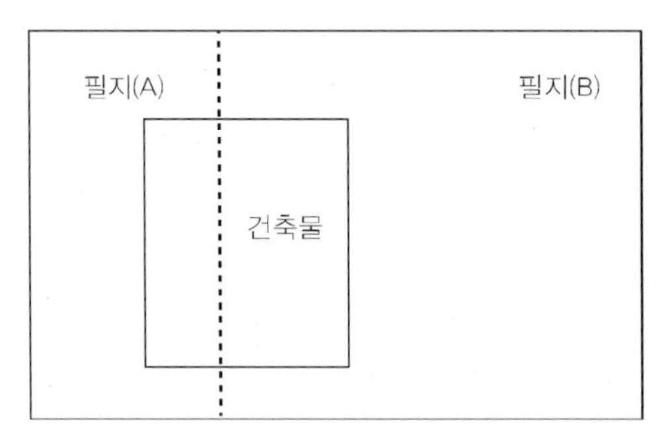

[그림 4-10] 2개의 필지는 하나의 대지로

① 도로

건축물의 대지는 2m 이상이 도로에 접하여야 한다.[2]

도로란 보행 및 자동차 통행이 가능한 너비 4m 이상이어야 한다.

〈표 4-4〉 막다른 도로의 길이와 너비

막다른 도로의 길이	도로의 너비
10m 미만	2m
10m 이상 35m 미만	3m
35m 이상	6m(도시지역이 아닌 읍, 면 지역은 4m)

1) 건축법 제44조(대지와 도로와의 관계)

2) 건축법 제44조

지형적 조건에 따라 차량 통행이 곤란하다고 인정하여 시장 군수 구청장이 그 위치를 지정, 공고하는 구간에서는 너비를 3m로 적용한다.

② 건축선[3)]

도로와 접한 부분에 있어 건축할 수 있는 선으로 도로와의 경계선으로 한다.

도로 폭이 4m 미만인 경우 건축선은 해당 도로의 중심선에서부터 2m씩 떨어진 곳이 된다.

특별자치시장・특별자치도지사 또는 시장・군수・구청장은 4m 이하의 범위에서 건축선을 따로 지정할 수 있다.[4)]

③ 대지의 안전

대지는 인접한 도로면보다 낮아서는 아니 된다. 다만, 대지의 배수에 지장이 없거나 건축물의 용도상 방습(防濕)의 필요가 없는 경우에는 인접한 도로면보다 낮아도 된다.[5)]

대지의 안전을 위해 옹벽을 설치한다.[6)]

성토 또는 절토하는 부분의 경사도가 1:1.5 이상으로서 높이가 1m 이상인 부분에는 옹벽을 설치해야 한다.

옹벽의 높이가 2m 이상인 경우에는 이를 콘크리트구조로 할 것

〈표 4-5〉 석축 옹벽 경사도

구 분	1.5m까지	3m까지	5m까지
멧쌓기	1:0.30	1:0.35	1:0.40
찰쌓기	1:0.25	1:0.30	1:0.35

〈표 4-6〉 석축 옹벽 뒷채움돌의 두께

구 분		1.5m까지	3m까지	5m까지
석축용 돌의 뒷길이(㎝)		30	40	50
뒷채움돌의 두께(㎝)	상부	30	30	30
	하부	40	50	50

〈표 4-7〉 석축 옹벽 윗가장자리로부터 건축물 외벽면까지 띄어야 하는 거리

건축물의 층수	1층	2층	3층 이상
띄우는 거리(m)	1.5	2	3

3) 건축법 제46조
4) 건축법 시행령 제31조
5) 건축법 제40조
6) 건축법 시행규칙 제25조 제2항 [별표6]

④ 공개공지의 확보

- 다음과 같은 경우 대지에 건축물을 조성할 경우 개방된 휴식공간을 마련한다.
- 공개공지의 면적은 대지면적의 10/100(10%) 이하(각 자치지역에서 조례로 지정)

〈표 4-8〉 공개공지 확보 대상

시설 대상	비 고
문화 및 집회시설, 종교시설,	
판매시설	농수산물유통시설 제외
업무시설 및 숙박시설	바닥면적의 합계가 5,000㎡ 이상

나) 건축물

건축법의 적용 대상은 건축물이다. 건축물이란 토지에 정착(定着)하는 공작물 중 지붕과 기둥 또는 벽이 있는 것과 이에 딸린 시설물, 지하나 고가(高架)의 공작물에 설치하는 사무소·공연장·점포·차고·창고 등을 말한다.

예외적으로 지붕이 없지만, 경기장의 경우 건축물로 본다. 대문과 담장도 일체화된 공작물로 간주한다.

〈표 4-9〉 건축물의 정의

구 분	내 용
토지에 정착(定着)하는 공작물 중	지붕과 기둥 또는 벽이 있는 것
	이에 딸린 시설물(대문, 담장 등)
지하나 고가(高架)의 공작물	사무소·공연장·점포·차고·창고
그 밖에 대통령령으로 정하는 것	건축법 시행령 [별표 1]의 용도별 건축종류

다) 대지의 조경

면적 200㎡ 이상 대지에는 조경을 하고, 그 밖의 조치를 해야 한다.

라) 거실

사전적 의미로 거실은 주거공간에서 가족이 모여서 생활하는 리빙룸(Living room)의 개념과는 다르게 건축법에서 거실[7]이란 건축법을 적용하는 대상으로서 건축물 안에서 거주, 집무, 작업, 집회, 오락, 그 밖에 이와 유사한 목적을 위하여 사용되는 방으로 정의 한다. 즉, 건축물의 사용목적에 따라 머무는 공간이다.

7) 건축법 제2조 6항

건축법에서 거실을 이렇게 구분하는 것은 거실에 거주자가 머무는 동안 채광, 환기, 방습, 안전과 같이 보건, 위생, 피난 방재를 위하여 다른 공간보다 규제된다는 의미이다.

〈표 4-10〉 용도별 거실 기준

용 도	거 실	거실이 아닌 공간
주거	침실, 서재, 응접실, 주방, 식당 등	
공동주택	화장실, (세대) 현관	공용부분이 아님
업무공간	사무실, 회의실, 숙직실,	홀, 복도, 계단, 화장실, 기계실, 창고, 엘리베이터
숙박시설	객실, (객실의) 화장실과 현관	복도, 홀
창고	물품을 보관 분류, 관리하는 공간	
주차장	-	주차장은 모두 아님

마) 지하층

지하층[8]이란 건축물의 바닥이 지표면 아래에 있는 층으로서 바닥에서 지표면까지 평균높이가 해당 층 높이의 1/2 이상을 말한다.

경사지에 건축물의 경우 지하층의 '층고'의 산정[9]은 가중평균으로 한다.

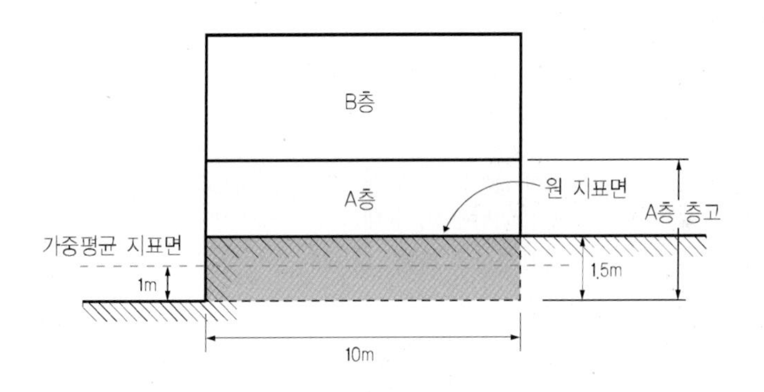

8) 건축법 제2조 제1항 제5호.

9) 건축법 시행령 제119조 제1항 제8호

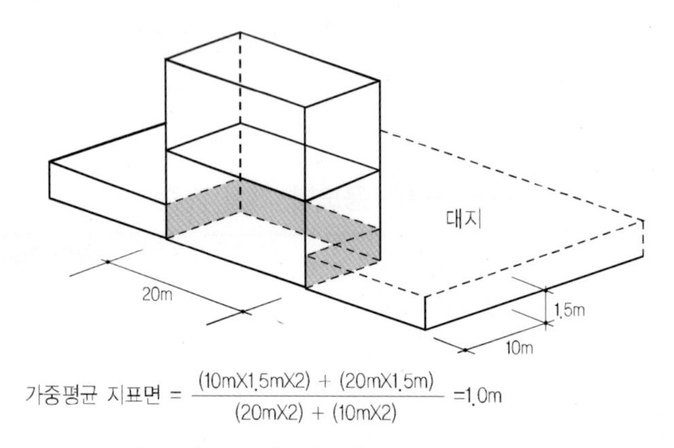

가중평균 지표면 = $\frac{(10m \times 1.5m \times 2) + (20m \times 1.5m)}{(20m \times 2) + (10m \times 2)} = 1.0m$

[그림 4-11] 지하층의 산정 방법

(5) 건축물의 용도10)

건축물의 용도는 29가지로 분류된다.

〈표 4-11〉 용도별 건축물의 종류

No.	건축물 종류	시설 용도
1	단독주택	단독주택, 다중주택, 다가구주택, 공관(公館)
2	공동주택	아파트, 연립주택, 다세대주택, 기숙사
3	제1종 근린생활시설	소매점, 휴게음식점, 미용원, 세탁소, 의원, 체육도장, 공공업무 수행시설, 미을회관
4	제2종 근린생활시설	(500m² 미만) 공연장, 종교집회장, 청소년게임제공업소, 복합유통게임제공업소(1,000m² 미만), 자동차영업소, 서점, 독서실, 기원,(300m² 이상), 휴게음식점, 일반음식점, 장의사, 동물병원(500m² 미만), 학원(500m² 미만), 테니스장, 체력단련장, 에어로빅, 볼링장,당구장, 실내낙시터, 골프연습장 등
5	문화및집회시설	제2종 근린생활시설에 해당하지 않는 공연장 및 집회장, 관람장(1,000m² 이상), 전시장, 동식물원
6	종교시설	제2종 근린생활시설에 해당하지 않는 종교집회장
7	판매시설	도매시장, 소매시장, 상점
8	운수시설	여객자동차터미널, 철도시설, 공항시설, 항만시설
9	의료시설	병원, 격리병원
10	교육연구시설	제2종 근린생활시설에 해당하지 않는 학교, 교육원, 직업훈련소, 학원, 연구소, 도서관
11	노유자(老幼者: 노인 및 어린이) 시설	아동 관련 시설, 노인복지시설, 사회복지시절, 근로복지시설

10) 건축법 시행령 제3조의 5, [별표1] <개정 2021. 11. 2.>

12	수련시설	생활권 수련시설, 자연권 수련시설, 유스호스텔
13	운동시설	운동장, 체육관, 근린생활시설에 해당하지 않는 탁구장, 체육도장 등 체육시설
14	업무시설	공공업무시설, 일반업무시설, 오피스텔
15	숙박시설	일반숙박시설 및 생활숙박시설, 관광숙박시설
16	위락(慰樂)시설	근린생활시설에 해당하지 않는 단란주점, 유흥주점, 무도장, 무도학원, 카지노영업소
17	공장	근린생활시설, 자동차관련 시설에 분류되지 않은 물품제조, 가공에 이용되는 건축물
18	창고시설	창고, 하역장, 집배송시설
19	위험물저장 및 처리시설	주유소, 충전소, 위험물 제조소·저장소, 액화가스 취급소·판매소, 유독물 보관·저장·판매시설, 고압가스 충전소·판매소·저장소, 도료류 판매소, 도시가스 제조시설, 화약류 저장소
20	자동차 관련 시설	주차장, 세차장, 폐차장, 검사장, 매매장, 정비공장, 운전학원 및 정비학원, 전기자동차 충전소
21	동물 및 식물 관련 시설	축사, 가축시설, 도축장, 도계장, 작물 재배사, 종묘배양시설, 화초 및 분재 등의 온실
22	자원순환 관련 시설	하수 등 처리시설, 고물상, 폐기물재활용시설, 폐기물 처분시설, 폐기물감량화시설
23	교정(矯正) 및 군사시설	교정시설(보호감호소, 구치소 및 교도소), 갱생보호시설, 소년원 및 소년분류심사원, 국방·군사시설
24	방송통신시설	근린생활시설이 아닌 방송국, 전신전화국, 촬영소, 통신용 시설, 데이터센터
25	발전시설	근린생활시설이 아닌 발전소(집단에너지 공급시설 포함)로 사용되는 건축물
26	묘지 관련 시설	화장시설, 봉안당(종교시설에 해당하는 것은 제외), 묘지와 자연장지에 부수되는 건축물, 동물화장시설, 동물건조장(乾燥葬)시설 및 동물 전용의 납골시설
27	관광휴게시설	야외음악당, 야외극장, 어린이회관, 관망탑, 휴게소, 공원·유원지 또는 관광지에 부수되는 시설
28	장례식장	장례식장, 동물 전용의 장례식장
29	야영장 시설	「관광진흥법」에 따른 야영장 시설

가) 주택

단독주택과 공동주택의 차이점은 한 건물에 한 세대 이상이 거주하는 경우 한 명이 소유할 수 있는지 각자 개별적으로 소유할 수 있는지에 따라 결정된다.

다가구주택은 단독주택으로 분류한다. 다가구주택은 하나의 건물에 여러 세대가 살더라도 건물주는 한 명이며 개별적으로 등기를 할 수 없다. 공동주택은 한 건물에 각 세대마다 분양을 통해 팔고 사는 것으로 개별 등기가 가능하다.

〈표 4-12〉 주택의 용도구분

구 분	종 류	내 용	비 고
단독주택	단독주택		
	다중주택	1개동	독립된 주거 형태를 갖추지 않은 것
		660m^2 이하	지하층 면적 제외
		3개층 이하	1층 전부를 필로티 구조 주차장으로 사용하는 경우 층수 제외
	다가구주택	3개층 이하	
		660m^2 이하	
		19세대 이하	
	공관(公館)		
공동주택	아파트	5층 이상	지하층은 주택 층수 제외
	연립주택	1개동 바닥면적 합계 660m^2 초과	부설주차장 면적 제외
	다세대주택	1개동 바닥면적 합계 660m^2 이하	부설주차장 면적 제외
	기숙사	1개 동 세대 수가 전체 50% 이상	공동취사시설 이용

나) 근린생활시설

근린생활시설이란 주택가와 인접해 주민들의 생활 편의 시설을 말하며, 규모와 시설의 종류, 생활 밀착도에 따라 '제1종 근린생활시설'과 '제2종 근린생활시설'로 나뉜다.

〈표 4-13〉 제1종 근린생활시설

시 설	구 분	용 도	비 고
제1종 근린생활 시설	소매점	식품 · 잡화 · 의류 · 완구 · 서적 · 건축자재 · 의약품 · 의료기기 등 일용품	1,000m^2 미만
	음식점	휴게음식점, 제과점 등 음료 · 차(茶) · 음식 · 빵 · 떡 · 과자 등을 조리하거나 제조하여 판매하는 시설	300m^2 미만
	위생	이용원, 미용원, 목욕장, 세탁소 등 사람의 위생관리나 의류 등을 세탁 · 수선하는 시설	
	의료시설	의원, 치과의원, 한의원, 침술원, 접골원(接骨院), 조산원, 안마원, 산후조리원 등 주민의 진료 · 치료 등을 위한 시설	
		탁구장, 체육도장	500m^2 미만
	공공시설	지역자치센터, 파출소, 지구대, 소방서, 우체국, 방송국, 보건소, 공공도서관, 건강보험공단 사무소	1,000m^2 미만
	주민공동시설	마을회관, 마을공동작업소, 마을공동구판장, 공중화장실, 대피소, 지역아동센터	
	지원시설	변전소, 도시가스배관시설, 통신용 시설	1,000m^2 미만
		정수장, 양수장 등 주민의 생활에 필요한 에너지공급 · 통신서비스제공이나 급수 · 배수와 관련된 시설	
	일반업무시설	금융업소, 사무소, 부동산중개사무소, 결혼상담소 등 소개업소, 출판사 등	30m^2 미만

〈표 4-14〉 제2종 근린생활시설

시 설	구 분	용 도	비 고
제2종 근린 생활 시설	공연장	극장, 영화관, 연예장, 음악당, 서커스장, 비디오물감상실, 비디오물소극장 등	500m^2 미만
	종교집회장	교회, 성당, 사찰, 기도원, 수도원, 수녀원, 제실(祭室), 사당	500m^2 미만
		자동차영업소	1,000m^2 미만
		서점 (제1종 근린생활시설에 해당하지 않는 것)	
		총포판매소, 사진관, 표구점	
	게임제공업소	청소년게임제공업소, 복합유통게임제공업소, 인터넷컴퓨터게임시설제공업소, 가상현실체험 제공업소	500m^2 미만
	음식점	휴게음식점, 제과점 등 음료 · 차(茶) · 음식 · 빵 · 떡 · 과자 등을 조리하거나 제조하여 판매시설	300m^2 이상
		일반음식점	-
		장의사, 동물병원, 동물미용실	-
		학원 (자동차학원 · 무도학원 및 정보통신기술을 활용하여 원격으로 교습 제외)	500m^2 미만
		교습소 (자동차학원 · 무도학원 및 정보통신기술을 활용하여 원격으로 교습 제외)	
		직업훈련소 (자동차학원 · 무도학원 및 정보통신기술을 활용하여 원격으로 교습 제외)	
	체육시설	테니스장, 체력단련장, 에어로빅장, 볼링장, 당구장, 실내낚시터, 골프연습장, 놀이형시설	
	일반업무시설	금융업소, 사무소, 부동산중개사무소, 결혼상담소 등 소개업소, 출판사 등(제1종 근린생활시설에 해당하지 않는 것)	
		다중생활시설	
	제조수리시설	제조업소, 수리점 등 물품의 제조 · 가공 · 수리 시설	
		단란주점	150m^2 미만
		안마시술소, 노래연습장	-

(6) 실내건축

"실내건축"이란 건축물의 실내를 안전하고 쾌적하며 효율적으로 사용하기 위하여 내부 공간을 칸막이로 구획하거나 벽지, 천장재, 바닥재, 유리 등 재료 또는 장식물을 설치하는 것을 말한다.

(7) 건축행위[11)]

"건축"이란 건축물을 신축 · 증축 · 개축 · 재축(再築)하거나 건축물을 이전하는 것을 말한다.

11) 건축법 시행령 제2조

구 분	명 칭	해 설
대지에 건축물이 없는 경우	신축	새로 건축물을 축조(築造)하는 것 부속건축물만 있는 대지에 새로 주된 건축물을 축조하는 것을 포함
건축물이 있는 경우	증축	기존 건축물이 있는 대지에서 건축물의 건축면적, 연면적, 층수 또는 높이를 늘리는 것
	재축	천재지변이나 그 밖의 재해(災害)로 멸실된 경우 다음 요건을 모두 갖추어 다시 축조하는 것 가. 연면적 합계는 종전 규모 이하 나. 동(棟)수, 층수 및 높이는 다음의 어느 하나에 해당할 것 1) 동수, 층수 및 높이가 모두 종전 규모 이하 2) 동수, 층수 또는 높이의 어느 하나가 종전 규모를 초과하는 경우에는 해당 동수, 층수 및 높이가 건축법에 모두 적합할 것
	개축	기존 건축물의 전부 또는 일부인 내력벽 · 기둥 · 보 · 지붕틀 (한옥의 경우에는 지붕틀의 범위에서 서까래는) 중 셋 이상이 포함되는 경우) 를 해체하고 그 대지에 종전과 같은 규모의 범위에서 건축물을 다시 축조하는 것
	이전	건축물의 주요구조부를 해체하지 아니하고 같은 대지의 다른 위치로 옮기는 것

가) 대수선[12)]

- 건축물의 기둥, 보, 내력벽, 주계단 등의 구조나 외부 형태를 수선 · 변경하거나 증설하는 것
- 주요 구조부[13)]인 내력벽, 기둥, 바닥, 보, 지붕틀 및 주계단에 대한 변경은 건축물의 안전상 중요한 문제가 발생할 수 있기 때문

① 대수선의 범위[14)]

- 내력벽을 증설 또는 해체하거나 그 벽 면적을 30㎡ 이상 수선 또는 변경
- 기둥을 증설 또는 해체하거나 3개 이상 수선 또는 변경
- 보를 증설 또는 해체하거나 3개 이상 수선 또는 변경
- 지붕틀(한옥의 경우에는 지붕틀의 범위에서 서까래는 제외)을 증설 또는 해체하거나 3개 이상 수선 또는 변경
- 방화벽 또는 방화구획을 위한 바닥 또는 벽을 증설 또는 해체하거나 수선 또는 변경
- 주계단 · 피난계단 또는 특별피난계단을 증설 또는 해체하거나 수선 또는 변경
- 다가구주택의 가구 간 경계벽 또는 다세대주택의 세대 간 경계벽을 증설 또는

12) 건축법 제2조 9항
13) 건축법 제2조 1항
14) 건축법 시행령 제3조의2

해체하거나 수선 또는 변경
- 건축물의 외벽에 사용하는 마감재료를 증설 또는 해체하거나 벽면적 30㎡ 이상 수선 또는 변경

② 마감재료[15)]
- 용도 및 규모에 따라 건축물의 벽, 반자, 지붕(반자가 없는 경우) 등 내부의 마감재료는 방화에 지장이 없는 재료로 실내공기질 유지기준[16)] 적용
- 건축물의 외벽에 사용하는 마감재료(두 가지 이상의 재료로 제작된 자재의 경우 각 재료 포함)는 방화에 지장이 없는 재료
- 욕실, 화장실, 목욕장 등의 바닥 마감재료는 미끄럼을 방지
- 건축물 외벽에 설치되는 창호(窓戶)는 방화에 지장이 없도록 인접 대지와의 이격거리를 고려하여 방화성능 등이 적합

나) 건축신고[17)]

- 다음의 경우 신고를 하면 건축허가를 받은 것으로 본다.

신고 대상	비 고
증축, 개축 또는 재축	바닥 면적 합계가 85㎡ 이내
개축 부분의 바닥 면적 합계가 연면적 1/10 이내	3층 이상 건축물
연면적이 200㎡, 3층 미만인 건축물	관리지역, 농림지역 또는 자연환경보전지역의 경우 (지구단위계획구역, 방재지구 등 재해취약지역 제외)
연면적이 200㎡, 3층 미만인 건축물	대수선의 경우
주요구조부의 해체가 없는 대수선	대통령령으로 정하는 대수선
연면적 합계가 100㎡ 이하인 건축물	
(건축법 제23조 제4항에 따른) 표준설계도서에 따라 건축하는 건축물로서 그 용도 및 규모가 주위 환경이나 미관에 지장이 없다고 인정하여 건축 조례로 정하는 건축물	

- 신고를 한 자가 신고일부터 1년 이내에 공사에 착수하지 아니하면 신고의 효력 상실
- 허가권자가 정당한 사유가 있다고 인정하면, 1년의 범위에서 착수기한 연장

① 신고절차와 방법
- 건축신고를 하기 위해서는 시장・군수・구청장에게 건축・대수선・용도변경 신고서와 첨부 서류(전자문서 포함)를 제출

15) 건축법 제52조제2항에 따른 마감재료, 건축법 시행령(제3조의4)
16) 실내공기질 관리법 제5조 및 제6조 <개정 2021. 3. 16.>)
17) 건축법 제14조

- 건축신고 시 건축 · 대수선 · 용도변경 신고서와 함께 제출해야 할 첨부 서류[18]

〈표 4-15〉 건축신고 도서

도면명	비 고
배치도 · 평면도 · 입면도 및 단면도	「건축법 시행규칙」 별표 2
건축계획서, 배치도, 평면도, 입면도, 단면도	연면적 합계가 100㎡를 초과하는 단독주택
구조도	구조 내력상 주요 한 부분의 평면 및 단면을 표시한 것만 해당
건축계획서 및 배치도	표준설계도서에 의한 건축
평면도	사전 결정을 받은 경우

② 건축물의 허가와 사용승인[19]

- 허가 받았거나 신고를 한 건축물의 건축공사를 완료 후 공사감리자가 작성한 감리 완료 보고서와 공사 완료 도서를 첨부하여 허가권자에게 사용승인을 신청
  - 변경허가대상 : 85㎡를 초과하는 부분에 대한 신축, 증축, 개축에 해당하는 경우
  - 신고대상 : 신축, 증축, 개축, 재축, 이전, 대수선 또는 용도변경에 해당하지 않은 경미한 사항의 변경

〈표 4-16〉 사용승인 시 설계변경 없이 일괄 처리할 수 있는 대상

대 상	비 고
바닥면적의 합계가 50㎡ 이하	건축물의 동수나 층수를 변경 없음 변경부분의 높이 1m이하 전체 높이의 1/10 이하. 건축 중인 부분의 위치 변경 범위가 1m 이내
변경 부분이 연면적 합계 1/10 이하	건축물의 층수 변경 없음. 변경부분의 높이 1m 이하 전체 높이의 1/10 이하

18) 건축법 시행규칙 제6조 제1항 [별표2]
19) 건축법 제16조, 제22조, 건축법 시행령 제12조

(8) 규모의 산정

가) 면적 산정방법[20)]

구 분	내 용	예외조항
대지면적	대지의 수평투영면적 건축선으로 둘러쌓인 부분	대지에 건축선이 정해진 경우: 건축선과 도로 사이의 대지면적
건축면적	건축물의 외벽 중심선에 둘러쌓인 부분	수평투영 면적
	기둥의 중심선으로 산정	외벽이 없는 경우
	1m 후퇴한 선 (단, 한옥의 경우 2m, 축사, 창고의 경우 3m, 신재생에너지의 시설 2m 후퇴)	처마, 차양의 중심선에서 1m 이상 돌출된 경우
바닥면적	벽, 기둥 등의 구획 중심선 수평투영면적 벽, 기둥 등의 구획이 없는 경우 지붕 끝에서 1m 후퇴한 선	공용의 필로티, 승강기, 계단탑, 장식탑, 1.5m 이하 다락, 굴뚝
연면적	각층의 바닥면적 합계	지하층 면적 지상층 주차장 면적 초고층 피난안전구역 면적 경사지붕 대피공간 면적

나) 건폐율과 용적률

구 분	내 용	계산식
건폐율	대지면적에서 건축면적이 차지하는 비율	$\frac{\text{건축면적}}{\text{대지면적}} \times 100(\%)$
용적률	대지면적에서 건축물 각층의 면적을 합한 연면적의 비율	$\frac{\text{연면적}}{\text{대지면적}} \times 100(\%)$

다) 건축물 높이와 층수

① 높이와 층고

- 건축물의 높이는 지표면에서 당해 건축물의 상단까지의 높이
- 처마높이는 지표면에서 건축물의 지붕틀, 깔도리 사단, 기둥상단, 테두리보 아래까지의 높이
- 층고는 각 층의 슬래브 윗면부터 윗층 슬래브의 윗면까지
- 동일한 층에서 높이가 다른 경우 면적에 따라 가중 평균한 높이

② 층수

- 층수는 구분이 명확하지 않을 경우 4m마다 하나의 층으로 분할
- 층수가 서로 다를 경우 가장 많은 층수

---

20) 건축법 시행령 119조

• 승강기탑, 계단탑, 옥탑 건축물이 건축면적의 1/8 초과 시 층수에 산입

③ 반자높이[21]

• 반자의 높이는 바닥에서 반자까지의 높이이며, 사용자가 실내공간을 실질적으로 사용할 수 있는 높이를 의미한다. 반자의 높이가 다른 경우 가중평균 높이[22]로 한다.

• 시설별 반자높이

시설용도	반자높이	비 고
거실의 반자높이	2.1m 이상	
일반학교의 교실	3m 이상	바닥면적이 50m² 이상
극장, 영화관, 연예장, 관람장, 공회당 또는 집회장의 객석	4m 이상	200m² 이상 기계환기장치의 설치 시 예외

④ 구조

• 건축 및 대수선 시 설계자는 법으로 정하는 구조기준 등에 따라 구조 안전을 확인한다.

• 착공신고 시 건축주가 설계자로부터 구조안전 확인 서류를 받아 허가권자에게 제출해야 하는 건축물

〈표 4-17〉 구조안전 확인 조건

구 분	내 용
층수	2층 (목구조는 3층) 이상
연면적	200m² (목구조는 500m²) 이상
높이	13m 이상
처마높이	9m 이상
기둥간격	10m 이상
용도에 따른 규정	위험물 저장 및 처리시설 국가 및 지방자치단체 청사, 외국공관, 소방서, 발전소, 방송국, 전화국 종합병원, 수술 및 응급시설 5,000m² 이상 공연장, 관람, 집회, 운동시설, 판매시설, 운송시설 아동, 노인복지, 사회복지, 근로복지 관련 시설 5층 이상 숙박시설, 오피스텔, 기숙사, 아파트 학교 1,000m² 이상의 의료시설
박물관 기념관	국가적 문화유산으로 보존할 가치가 있는 5,000m² 이상 건축물
특수구조	한쪽이 고정되고 다른 끝이 지지하지 않는 구조로 보, 차양 등이 외벽의 중심선으로부터 3m 이상 돌출
주택	단독주택, 공동주택

21) 건축물의 피난·방화구조 등의 기준에 관한 규칙 제16조
22) 건축법 시행령 제119조 제1항 제7호

1. 실내건축 관련 법규의 이해

기출 및 예상 문제

01 실내건축과 관련된 각종 법규들 중 제정 목적으로 부합하지 않는 것은? 공인5회

① 도시계획법 : 도시의 개발 · 정비 · 관리 · 보전 등을 위한 도시 계획의 수립 및 집행에 관한 도시지역의 시급한 택지난을 해소하기 위하여 주택건설에 필요한 택지의 취득 · 개발 · 공급 및 관리 등에 관하여 특례를 규정함으로써 공공의 안녕질서를 보장하고 공공복리를 증진하며 주민의 삶의 질을 향상하게 함을 목적으로 한다.
② 건축법 : 건축물의 대지, 구조 및 설비의 기준과 건축물의 용도 등을 법으로 정하여 건축물의 안전, 기능 및 미관을 향상시킴으로써 공공복리 증진에 이바지함을 목적으로 한다.
③ 소방법 : 화재를 예방 · 경계 · 진압하고 재난 · 재해 및 그 밖의 위급한 상황에서의 구조 · 구급활동을 통하여 국민의 생명 · 신체 및 재산을 보호함으로써 공공의 안녕질서의 유지와 복리증진에 이바지함을 목적으로 한다.
④ 소방법 : 주차장의 설치 · 정비 및 관리에 관하여 필요한 사항을 정함으로써 자동차교통을 원활하게 하여 공중의 편의를 도모함을 목적으로 한다.

02 다음의 건축물에 관련된 각종 법률들 중 실내건축분야와 밀접한 법규로만 짝지어진 것은? 공인5회, 공인1회

① 건축법, 택지개발촉진법, 주차장법, 도시개발법
② 건축법, 주차장법, 소방법, 장애인복지법
③ 건축법, 소방법, 장애인복지법, 임대차보호법
④ 소방법, 주차장법, 건축법, 수도권 정비계획법

정답 및 해설

01 ④
소방법 : 주차장법의 목적

02 ②
도시개발법, 수도권 정비계획법 지역 지구에 대한 개발 관련 법
임대차보호법는 부동산 관련 거래 관련 법규

03 건축법의 용어 정의에서 주요 구조부에 속하지 <u>않는</u> 것은? 공인1회, 공인5회

① 벽 ② 바닥 ③ 보 ④ 기초

04 용도별 건축물의 분류를 설명한 것으로 옳은 것은? 공인5회

① 다가구주택 : 주택으로 쓰이는 1개동의 연면적(지하 주차장의 면적 제외)이 660m²을 초과하고 층수는 4개층 이하인 주택.
② 제1종 근린생활시설 : 동사무소, 소방서, 방송국등 기타 이와 유사한 것으로서 동일한 건축물 안에서 바닥면적의 합계가 1,500m² 이상인 것.
③ 제2종 근린생활시설 : 단란주점으로 동일 건축물 안에서 당해 용도에 쓰이는 바닥면적의 합계기 150m² 미만인 것.
④ 문화 및 집회시설 : 관람장은 경마장, 자동차경기장 기타 이와 유사한 것 및 체육관・운동장으로 관람석 바닥면적의 합계가 500m² 이상인 것

05 용도별 건축물의 종류에서 단독주택에 해당되는 것은 무엇인가? 공인5회

① 기숙사 ② 연립주택
③ 다세대주택 ④ 다가구주택

06 제1종 근린생활시설에 관한 설명 중 옳지 <u>않은</u> 것은? 공인5회

① 슈퍼마켓과 일용품 등의 소매점으로서 동일한 건축물 안에서 당해 용도에 쓰이는 바닥면적의 합계가 1,000m² 미만인 것
② 휴게음식점으로서 동일한 건축물 안에서 당해 용도에 쓰이는 바닥 면적의 합계 300m² 미만인 것
③ 이용원・미용원・일반목욕장 및 세탁소
④ 테니스장・체력단련장・에어로빅장・볼링장・당구장・실내낚시터・골프연습장,

정답 및 해설

03 ④
주요 구조부는 벽, 기둥, 바닥, 보, 지붕 및 주계단을 말한다.

04 ③
건축법 시행령 제3조의5
① 4개층 → 3개층
② 1종 근린생활시설 중 동사무소는 1,000m³ 미만
④ 1,000m³ 미만

05 ④
단독주택은 단독주택, 다중주택, 다가구주택이 해당된다.

기타 이와 유사한 것으로서 동일한 건축물 안에서 당해 용도에 쓰이는 바닥면적의 합계가 500㎡ 미만인 것

07 건축법령이 적합하게 기술된 것을 고르시오. 공인2회

① 기계환기 장치를 설치하고 바닥면적이 500㎡(제곱미터)인 영화관의 반자높이는 최소 2.1m(미터) 이상이어야 한다.
② 높이 5m(미터)를 넘는 계단은 높이 5m(미터)마다 너비 1.2m(미터) 이상의 계단참을 설치하여야 한다.
③ 방화벽은 홀로 설 수 있는 내화구조로서 그 끝이 건축물의 양측 외벽면 및 지붕면으로부터 0.9m(미터) 이상 돌출하여야 한다.
④ 의료시설인 병실 간의 간막이벽을 벽돌조로 축조하는 경우에는 두께가 19㎝(센티미터) 이상으로 하여야 한다.

08 용도별 건축물의 분류를 설명한 것으로 옳은 것은? 공인2회

① 다가구주택 : 주택으로 쓰이는 1개동의 연면적(지하 주차장의 면적 제외)이 660㎡(평방제곱미터)를 초과하고 층수는 4개층 이하인 주택
② 제1종 근린생활시설 : 지역자치센터, 파출소, 지구대, 소방서, 방송국등 기타 이와 유사한 것으로서 동일한 건축물 안에서 바닥면적의 합계가 2,000㎡(평방제곱미터) 미만인 것
③ 제2종 근린생활시설 : 단란주점으로 동일 건축물 안에서 당해 용도에 쓰이는 바닥면적의 합계가 150㎡(평방제곱미터) 미만인 것
④ 문화 및 집회시설 : 관람장은 경마장, 자동차경기장 기타 이와 유사한 것 및 체육관・운동장으로 관람석 바닥면적의 합계가 500㎡(평방제곱미터) 이상인 것

정답 및 해설

06 ④
④은 제2종 근린생활시설

07 ④
① 기계환기 장치를 설치하고 바닥면적이 200㎡인 영화관의 반자높이는 최소 4m 이상이어야 한다. 건축물 피난・방화구조 등의 기준에 관한 규칙 (제16조 2항)
[참조] 다중이용시설의 기계환기설비 의무
② 높이 5m를 넘는 계단은 높이 3m마다 너비 1.2m 이상의 계단참을 설치하여야 한다.
③ 방화벽은 내화구조로서 건축물의 양측 외벽면 및 지붕면으로 부터 0.5m 이상 돌출하여야 한다.

08 ③
① 다가구주택의 경우 3층 이하 660㎡ 이하, 19세대 이하
② 지역자치센터, 파출소, 지구대, 소방서, 우체국, 방송국, 보건소, 공공도서관, 건강보험공단 사무소는 1,000㎡ 미만

09 다음 시설 중 제1종 근린생활시설이 아닌 것은? 공인1회

① 기원 ② 이용원
③ 마을회관 ④ 의원

10 건축법상 대수선에 해당되는 것을 고르시오. 공인1회

① 주 계단을 해체하는 것
② 기둥을 1개 이상 해체하는 것
③ 주거지역 내 건축물의 외관을 변경하는 것
④ 현관 출입문을 교체하는 것

11 옹벽에 설치하는 배수구멍의 간격으로 옳은 것은? 공인5회

① 1.5㎡당 1개소 ② 2.0㎡당 1개소
③ 2.5㎡당 1개소 ④ 3.0㎡당 1개소

12 공개공지를 확보해야 하는 대상지역이 아닌 것은? 공인5회

① 일반주거지역 ② 준주거지역
③ 상업지역 ④ 일반공업지역

정답 및 해설

④ 문화 및 집회시설은 제2종 근린생활시설에 해당하지 않는 공연장 및 집회장, 관람장(1,000㎡ 이상 인 경우), 전시장, 동식물원이다(제2종 근린생활시설은 500㎡ 미만의 공연장, 종교집회장 시설이다.).

09 ①
기원은 제2종 근린생활시설이다.

10 ①
기둥을 증설 또는 해체하거나 3개 이상 수선 또는 변경하는 것
다가구주택의 가구 간 경계벽 또는 다세대주택의 세대 간 경계벽을 증설 또는 해체하거나 수선 또는 변경하는 것.

11 ④
3.0㎡당 1개소

12 ④
공업지역의 경우 공개공지의 확보 (건축법 시행령 27조의 2)

13 석축 옹벽의 경사도 기준으로 부적합한 것은? 공인5회

① 높이 2.0m의 멧쌓기 1 : 0.35
② 높이 2.0m의 찰쌓기 1 : 0.30
③ 높이 5.0m의 멧쌓기 1 : 0.35
④ 높이 5.0m의 찰쌓기 1 : 0.35

14 건축허가 또는 신고사항의 변경에서 대통령이 정하는 사항 중 사용승인을 신청할 때 일괄하여 신고할 수 없는 것은? 공인제5회

① 변경되는 위치가 2m 이하인 경우
② 대수선에 해당하는 경우
③ 변경되는 부분의 바닥면적의 합계가 50㎡ 이하인 경우
④ 층수가 변경되지 아니하고, 변경되는 부분의 높이가 1m 이하로서 전체높이의 10분의 1이하인 경우

15 석축으로 조성된 대지에 3층 높이의 건축물을 건축하고자 할 때, 석축인 옹벽의 위 가장자리로부터 건축물의 외벽면까지 띄어야 하는 거리는? 공인2회

① 0.5m ② 2.0m ③ 2.5m ④ 3.0m

16 아래의 항목 중 건축물의 용도분류가 틀리게 조합되어 있는 것은? 공인2회

① 외국공관－업무시설
② 공항시설－판매 및 영업시설
③ 연구소－교육연구 및 복지시설
④ 장례식장－문화 및 복지시설

정답 및 해설

13 ③

건축법 시행규칙 제25조 제2항 [별표6] 석축 옹벽 경사도

구분	1.5m까지	3m까지	5m까지
멧쌓기	1:0.30	1:0.35	1:0.40
찰쌓기	1:0.25	1:0.30	1:0.35

14 ①

건축법 제16조, 제22조, 건축법 시행령 제12조

15 ④

석축 옹벽의 끝에서 건축물의 외벽면까지 1층 1.5m, 2층 2.0m, 3층 이상은 3.0m 이상 띄어야 한다.

16 ④

장례식장-문화 및 복지시설 → 문화 및 집회시설

17 건축법에서 대수선이라 함은 증축 개축 또는 재축에 해당하지 않는 것을 말한다. 아래의 항목 중에서 대수선의 범위에 해당하는 것은? 공인2회

① 내력벽의 벽 면적을 30㎡ 이상 수선 또는 변경하는 것
② 기둥을 2개만 해체하여 수선 또는 변경하는 것
③ 보를 2개만 해체하여 수선 또는 변경하는 것
④ 방화벽 또는 방화구획이 아닌 바닥 또는 벽을 해체하여 수선 또는 변경하는 것

18 토지굴착 시 조치에 관한 다음 설명 중 틀린 것은? 공인2회

① 지하에 묻은 수도관·하수도관·가스관 또는 케이블 등이 파손되지 않도록 한다.
② 토질이 모래인 토시를 1.5m 이상 굴착하는 경우 경사도를 1 : 1.8 이하로 한다.
③ 시공 중에는 흙막이의 보강, 적절한 배수 조치 등 안전상태를 유지하여야 한다.
④ 높이가 1.5m를 넘는 경우에는 그 비탈면적의 1/5 이상에 해당하는 면적의 단을 만들어야 한다.

19 시가지 안에서 건축물의 위치나 환경을 정비하기 위하여 건축선을 따로 지정할 경우 최대 범위는? 공인2회

① 2m ② 3m ③ 4m ④ 5m

20 다음 시설 중 제2종 근린생활시설이 아닌 것은? 공인2회, 공인4회

① 노래연습장 ② 변전소
③ 일반음식점 ④ 기원

정답 및 해설

17 ①
기둥 3개 이상, 보 3개 이상, 방화벽 또는 방화구획을 위한 벽의 증설 해체인 경우 대수선에 속한다.

18 ④
높이가 3m를 넘는 경우에는 높이 3m 이내마다 그 비탈면적의 5분의 1 이상에 해당하는 면적의 단을 만들 것(건축법 시행규칙 제26조)

19 ③
특별자치시장·특별자치도지사 또는 시장·군수·구청장은 4m 이하의 범위에서 건축선을 따로 지정할 수 있다(건축법 시행령 제31조)

20 ②
(1,000㎡ 미만의) 변전소는 제1종 근린생활시설

21 다음 시설 중 문화 및 집회시설이 아닌 것은? 공인2회

① 박물관
② 동물원
③ 체험관
④ 해단 용도로 쓰이는 바닥면적의 합계가 300㎡ 미만의 영화관

22 다음 업종별 시설 및 설비기준에 맞지 않는 것은? 공인2회

① 일반음식점에 객실(투명한 칸막이 또는 투명한 차단벽을 설치하여 내부가 전체적으로 보이는 경우는 제외한다.)에서는 잠금장치를 설치할 수 없다.
② 일반음식점의 객실 안에는 무대장치, 음향 및 반주시설, 우주볼 등의 특수 조명시설을 설치하여서는 아니 된다.
③ 숙박업(생활)은 공용 욕실 또는 공동 샤워실을 설치할 수 있다.
④ 목욕실・발한실 및 탈의실 외의 시설에 무인감시카메라(CCTV)를 설치할 수 있으며, 무인감시카메라를 설치하는 경우에는 반드시 그 설치여부를 이용객이 잘 알아볼 수 있게 안내문을 게시하여야 한다.

23 체육시설 중 골프연습장업 시설기준에 맞지 않는 것은? 공인2회

① 위치 및 지형상 안전사고의 위험이 없는 경우를 제외하고 연습 중 타구에 의하여 안전사고가 발생하지 않도록 그물・보호망 등을 설치하여야 한다.
② 2홀 이하의 퍼팅연습용 그린을 설치할 수 있다.
③ 연습 또는 교습에 필요한 기기를 설치할 수 있다.
④ 타석 간의 간격이 2.3m 이상이어야 한다.

정답 및 해설

21 ④
300㎡ 미만의 영화관, 극장, 영화관, 연예장, 음악당, 비디오물감상실, 비디오물소극장 등은 제2종 근린생활시설이다.

22 ③
① ② 식품위생법 시행규칙 제36조 [별표 14] 업종별 시설 및 설비기준
숙박시설은 일반숙박시설 및 생활숙박시설, 관광숙박시설, 다중생활시설(500㎡ 이상의 고시원) 로 구분된다(건축법 시행령 3조의5 [별표1]).
숙박업(생활) : 손님이 잠을 자고 머물 수 있도록 시설(취사시설을 포함한다) 및 설비 등의 서비스를 제공하는 영업(공중위생관리법 시행령 제4조 〈전문개정 2020. 6. 2.〉)

23 ④
실외 연습에 필요한 2홀 이하의 골프 코스, 18홀 이하의 피칭연습용 코스, 타석 간의 간격은 2.5m 이상

24 비디오물 시청 제공업의 시설기준에 맞지 않는 것은? 공인2회

① 통로는 다른 용도의 영업장과 완전히 구획되어야 한다.
② 시청실 안에 화장실, 욕조, 주차장 시설 등 비디오물 시청에 필요하지 아니한 시설을 설치하여서는 아니 된다.
③ 시청실 출입문은 출입문 바닥에서 1.5m 높이의 부분부터 출입문 상단까지의 면적 중 1/2 이상을 투명한 유리창으로 설치하고, 출입문의 유리창을 가려서는 아니 된다.
④ 침대 또는 침대 형태로 변형된 의자나 3인용 이상의 소파를 비치하여서는 아니 된다.

25 관광 편의시설업 중 관광 펜션업 시설기준에 맞지 않는 것은? 공인2회

① 자연 및 주변 환경과 조화를 이루는 3층 이하의 건축물일 것
② 객실이 10실 이하일 것
③ 취사 및 숙박에 필요한 설비를 갖출 것
④ 숙박시설 및 이용시설에 대하여 외국어 안내표기를 할 것

정답 및 해설

24 ③

시청실 출입문은 출입문 바닥에서 1.3m 높이의 부분부터 출입문 상단까지의 면적 중 2분의 1 이상을 투명한 유리창으로 설치하고, 출입문의 유리창을 가려서는 아니 된다(영화 및 비디오물의 진흥에 관한 법률 시행규칙 제17조 [별표 2] 〈개정 2019. 10. 7.〉).

비디오물시청제공업의 시설기준(제17조 관련)

1. 비디오물감상실업

구 분	시설기준
통로	(1) 다른 용도의 영업장과 완전히 구획되어야 한다. (2) 시청실간 통로의 너비는 1.2m 이상이어야 한다(시청실을 벽면 등으로 구획하는 경우에 한한다).
시청실	(1) 시청실을 구획하는 벽면의 높이가 1.3m를 초과하는 경우에는 통로에 접한 1면에는 바닥으로부터 1.3m 이상 2m 이하의 부분 중 해당 면적의 좌우 대비 2분의 1 이상을 투명유리창으로 설치하여야 한다. (2) 시청거리는 1.6m 이상을 확보하여야 한다. 다만, 이용자가 직접 컴퓨터 등 전자기기를 작동하여 시청하는 경우에는 시청거리를 확보하지 아니하여도 된다. (3) 시청실 바닥으로부터 1m 높이의 조도가 20lx 이상이 되어야 한다. 다만, 빔 프로젝트를 이용하는 경우에는 조도를 20lx 이상으로 하지 아니하여도 된다. (4) 출입문은 출입문 바닥에서 1.3m 높이의 부분부터 출입문 상단까지의 면적 중 2분의 1 이상을 투명한 유리창으로 설치하고, 출입문의 유리창을 가려서는 아니 된다. (5) 시청실 안에 화장실, 욕조, 주차장 시설 등 비디오물 시청에 필요하지 아니한 시설을 설치하여서는 아니 된다.
시청시설 등	(1) 비디오물 재생기기는 한 장소에서 각각 시청제공할 수 있도록 중앙집중식으로 설치하여야 한다. 다만, 이용자가 직접 컴퓨터 등 전자 기기를 작동하여 시청하는 경우에는 중앙집중식으로 설치하지 아니하여도 된다. (2) 침대 또는 침대형태로 변형된 의자나 3인용 이상의 소파를 비치하여서는 아니 된다. (3) 출입구에는 "청소년 출입금지" 표시판을 부착하여야 한다.

26 의료기관의 종류별 시설기준에 맞지 <u>않는</u> 것은? 공인2회

① 의원의 경우에는 입원실은 입원환자 29명 이하이어야 한다.
② 수술실은 외과계 진료과목이 있는 종합병원이나 병원인 경우에만 해당한다.
③ 물리치료실은 종합병원에만 갖출 수 있다.
④ 조제실은 의원에서는 어느 경우에서도 갖출 수 없다.

27 건축허가 또는 용도변경 신고 시 에너지절약계획서를 제출해야 하는 건축물은? 공인2회

① 바닥면적의 합계가 500㎡ 미만의 단독주택
② 바닥면적의 합계가 500㎡ 이상의 식물원
③ 바닥면적의 합계가 500㎡ 미만의 변전소
④ 바닥면적의 합계가 500㎡ 이상의 운동시설

28 수련시설의 단위시설 설비기준 중 청소년수련원 기준에 맞지 <u>않는</u> 것은?(법령 개정으로 보기를 수정) 공인5회

① 생활관 숙박실은 숙박정원 1인당 2.4㎡ 이상 있어야 한다.
② 식당은 생활관 숙박정원의 1인당 1㎡ 면적이여야 한다.
③ 실내집회장은 생활관 숙박정원의 60/100 이상을 수용할 수 있어야 한다.
④ 휴게실은 1개소 이상 설치하여야 한다.

정답 및 해설

25 ②
관광펜션업은 자연 및 주변환경과 조화를 이루는 3층(다만, 2018년 6월 30일까지는 4층으로 한다) 이하의 건축물일 것. 객실이 30실 이하일 것. 취사 및 숙박에 필요한 설비를 갖출 것. 바비큐장, 캠프파이어장 등 주인의 환대가 가능한 1 종류 이상의 이용시설을 갖추고 있을 것(다만, 관광펜션이 수개의 건물 동으로 이루어진 경우에는 그 시설을 공동으로 설치할 수 있다) 숙박시설 및 이용시설에 대하여 외국어 안내표기를 할 것을 정하고 있다(관광진흥법 제6조, 시행규칙 15조 [별표2] 〈개정 2020. 9. 2.〉).

26 ④
조제실을 두는 경우에만 갖춘다(의료법 시행규칙 34조 [별표 3] 〈개정 2020. 2. 28.〉).

27 ④
합계가 500㎡ 이상의 공동주택, 종교시설, 의료시설, 교육연구시설이며, 단독주택, 동식물원, 발전시설은 제외된다(녹색건축물 조성 지원법 제14조).

28 ③
청소년 활동진흥법 시행규칙 제8조, 수련시설의 시설기준(제8조 관련) [별표3] 〈개정 2021. 11. 8.〉
1) 집회장
가) 강당・회의실 등으로서 개별기준에서 정한 집회장 수용인원이 150명 이하인 경우에는 150㎡, 150명을 초과하는 경우에는 초과하는 1명마다 0.8㎡를 더한 면적 이상의 면적이어야 하며, 그 면적의 합계가 800㎡를 초과하는 경우에는 800㎡로 할 수 있다.
8) 생활관 : 숙박실은 숙박정원 1인당 2.4㎡ 이상
10) 식당 : 1인당 1㎡

29 원칙적으로 조경 등의 조치를 하여야 하는 건축물의 대지면적 기준은? 공인1회

① 100㎡ 이상
② 200㎡ 이상
③ 300㎡ 이상
④ 400㎡ 이상

30 옥외광고물들에 관한 설명 중 바르게 설명되지 않은 것은? 공인5회

① 가로형 간판 : 문자·도형 등을 목재·아크릴·금속재 등의 판에 표시하거나 입체형으로 제작하여 건물의 벽면에 가로로 길게 부착하거나 벽면 등에 직접 도료로 표시하는 광고물
② 세로형 간판 : 문자·도형 등을 목재·아크릴·금속재 등의 판에 표시하거나 입체형으로 제작하여 건물의 벽면 또는 기둥에 세로로 길게 부착하거나 벽면 등에 직접 도료로 표시하는 광고물
③ 돌출형 간판 : 주유소 또는 가스충전소의 주유기 또는 충전기시설의 차양면에 상호·정유사 등의 명칭을 표시하는 광고물
④ 창문이용광고물 : 천·종이 또는 비닐 등에 문자·도형 등을 표시하여 창문 또는 출입문에 직접 부착하거나 문자·도형 등을 목재·아크릴·금속재 등의 판이나 입체형으로 제작하여 창문 또는 출입문을 이용하여 표시하는 광고물

정답 및 해설

29 ②
면적이 200㎡ 이상인 대지에 건축하는 건물은 조경 및 그 밖의 필요한 조치를 해야 한다(건축법 제42조).

30 ③
주유소의 차양면 광고는 옥외광고물이다.

2 피난 관련 규정

1) 거실 및 복도

(1) 보행거리

• 거실 각 부분에서 피난층 또는 지상으로 통하는 직통계단(경사로)에 이르는 거리

기 본	내화구조	스프링클러 등 자동소화설비 설치
30m 이하	50m 이하	75m 이하
	16층 이상 공동주택 40m 이하	무인화 공장은 100m 이하

(2) 피난층에서의 보행거리

외부로의 출구거리	기 본	주요 구조의 내화구조, 불연 재료의 경우
계단에서	30m 이하	50m 이하 40m 이하(16층 이상 공동주택)
거실에서	60m 이하	100m 이하 80m 이하(16층 이상 공동주택)

(3) 거실의 반자높이[23)]

기 본	높 이	예외 규정
일반 거실	2.1m 이상	공장, 창고 위험물 저장 및 처리시설 동물 및 식물 관련 시설 분뇨 및 쓰레기 처리 시설 묘지 관련 시설
문화 및 집회시설 종교 및 장례시설 위락시설, 유흥주점 관람 및 집회면적 200㎡ 이상	4.0m 이상	200㎡ 이상 노대 아랫부분 2.7m 이상

23) 건축물의 피난·방화구조 등의 기준에 관한 규칙 제16조

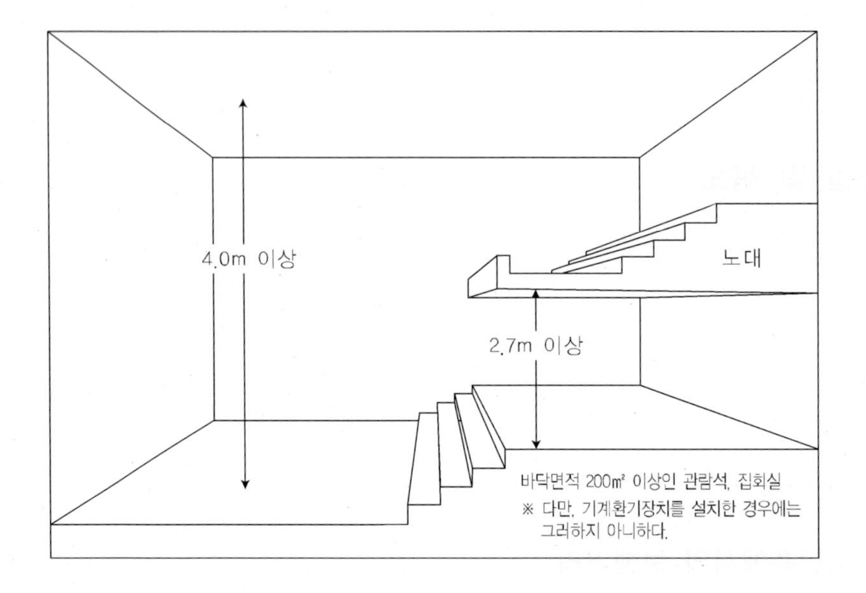

(4) 채광 및 환기를 위한 창문 설치 및 기준[24)]

- 단독주택 및 공동주택의 거실, 학교의 교실, 의료시설의 병실 및 숙박시설의 객실에는 다음의 기준에 따라 채광 및 환기를 위한 창문 등이나 설비를 설치

구 분	설치 기준(창문의 면적)	예외 규정
채광 창문	거실 바닥면적의 1/10 이상	거실의 용도에 따라 조도기준 이상의 조명장치를 설치하는 경우
환기 창문	거실 바닥면적의 1/20 이상	기계환기장치 및 중앙관리방식의 공기조화설비를 설치하는 경우

■ 건축물의 피난·방화구조 등의 기준에 관한 규칙 [별표 1의3]

거실의 용도에 따른 조도기준(제17조제1항 관련)

거실의 용도구분 \ 조도구분		바닥에서 85㎝ 높이 수평면의 조도(lx)
1. 거주	독서·식사·조리	150
	기타	70
2. 집무	설계·제도·계산	700
	일반사무	300
	기타	150
3. 작업	검사·시험·정밀검사·수술	700
	일반작업·제조·판매	300
	포장·세척	150
	기타	70

24) 건축법 시행령 제51조 및 건축물의 피난·방화구조 등의 기준에 관한 규칙 제17조

4. 집회	회의 집회 공연・관람	300 150 70
5. 오락	오락일반 기타	150 30
6. 기타		1란 내지 5란 중 가장 유사한 용도에 관한 기준을 적용

2) 복도의 너비

(1) 복도 너비의 유효폭[25)]

구 분	양측 거실의 복도	기타의 복도
유치원, 초등학교, 중・고등학교 복도	2.4m	1.8m
의료시설의 환자용 복도, 기타 건축물 (거실 바닥면적 합계 200m² 이상인 복도)	1.5m 이상	1.2m 이상
공동주택 공용복도의 경우 길이가 40m를 넘는 가운데 복도식은 40m마다 자연환기가 될 수 있도록 외기에 접할 수 있게 해야 한다.	가운데 복도 1.8m	갓복도 1.2m

(2) 문화 및 집회시설의 복도 너비

구 분	해당 층 바닥면적	기 타
문화 및 집회시설 중 공연 집회 관람 전시장 종교시설 중 종교집회장 노유자시설 중 아동관련, 노인복지시설 수련시설 중 생활권 수련시설 위락시설 중 유흥주점	500m² 미만	1.5m 이상
	500~1.000m² 미만	1.8m 이상
	1,000m² 이상	2.4m 이상

(3) 문화 및 집회시설중 공연장 복도

- 개별관람실(바닥면적 300m² 이상의 경우)의 바깥쪽에 양쪽 및 뒤쪽에 각각 복도 설치
- 하나의 층에 개별관람실(바닥면적 300m² 미만의 경우) 2개 이상을 연속해서 설치하는 경우 관람실의 바깥쪽에 앞쪽 및 뒤쪽에 각각 복도를 설치

25) 건축물의 피난・방화구조 등의 기준에 관한 규칙 제15조의 2

3) 계단 및 피난공간

(1) 계단 요소의 설치 규정[26]

계단요소	설치기준	조 건
계단참	높이 3m마다 설치(유효폭 1.2m 이상)	높이 3m가 넘는 경우
난간	양 옆에 설치	높이 1m가 넘는 계단 및 계단참
중간난간	계단 중간에 3m 이내로 설치 (높이 15㎝, 단 너비 30㎝ 이상일 경우 제외)	너비가 3m가 넘는 경우
유효높이	2.1m 이상	계단의 바닥 마감면부터 상부 구조체의 하부 마감면까지의 연직방향의 높이

(2) 계단의 높이

시설용도	단 높이	단 너비	계단·참 유효 너비
초등학교	16㎝ 이하	26㎝ 이상	150㎝ 이상
중 고등학교	18㎝ 이하	26㎝ 이상	150㎝ 이상
문화 및 집회시설 판매시설	-	-	120㎝ 이상
위층 거실바닥면적 합계 200㎡ 이상 거실바닥면적 합계 200㎡ 이상인 지하층	-	-	120㎝ 이상
기타	-	-	60㎝ 이상

(3) 경사로

- 경사로는 1:8을 넘지 않아야 하며, 표면을 거친 면으로 미끄러지지 않은 재료로 마감한다. 다만, 지체부자유자용 경사로는 유효너비 1.2m 이상으로서 경사도 1:12를 넘지 않게 한다.

(4) 난간

구 분	내 용
설치 대상	공동주택(기숙사 제외), 제1종 및 제2종 근린생활시설, 문화 및 집회시설, 종교시설, 판매시설, 운수시설, 의료시설, 노유자시설, 업무시설, 숙박시설, 위락시설, 관광휴게시설의 계단
난간 구조	아동의 이용에 안전하고 노약자 및 신체장애인의 이용에 편리한 구조 양쪽에 벽 등이 있어 난간이 없는 경우 손잡이를 설치
손잡이	최대지름 2.3㎝ 이상 3.8㎝ 이하인 원형 또는 타원형의 단면 벽 등으로부터 5㎝ 이상 떨어져 계단으로부터 높이 85㎝ 계단이 끝나는 부분에서 바깥쪽으로 30㎝ 이상 나오도록 설치

26) 건축물의 피난·방화구조 등의 기준에 관한 규칙 제15조

(5) 직통계단 2개 이상 설치 대상[27]

직통계단은 건물 내부에서 피난층 또는 지상으로 직접 연결된 계단이다.

면 적	건축물 용도	비고
200㎡ 이상	문화 및 집회시설(전시 및 동식물원 제외) 종교시설, 장례시설 위락시설 중 주점영업	해당 층 용도 바닥면적 합계
	단독주택 중 다중주택, 다가구주택 정신과의원(1종 근린시설로 입원실이 있는 경우) 학원 독서실, 판매시설, 운수시설(여객용) 의료시설(입원실이 없는 치과 제외) 장애인 재활 및 거주시설 숙박시설, 수련시설 및 유스호스텔	3층 이상 층의 해당용도 거실 바닥면적 합계
	지하층	해당 층의 거실 바닥면적의 합계
300㎡ 이상	2종 근린생활시설 중 공연장 종교집회시설 인터넷 컴퓨터게임시설 제공업소(3층 이상)	해당 층의 바닥면적의 합계
	공동주택(층당 4세대 이하 제외) 업무시설 중 오피스텔	해당 층의 용도 거실 바닥면적 합계
400㎡ 이상	위에서 해당시설을 제외한 모든 시설	3층 이상 거실 바닥면적 합계

(6) 피난계단, 특별피난계단의 설치조건[28]

설치형식	설치조건	예외규정
피난계단 또는 특별피난계단	5층 이상 또는 지하 2층 이하	5층 이상 바닥면적 200㎡ 이하 5층 이상 바닥면적 200㎡마다 방화구획
특별피난계단	11층 이상 공동주택 16층 이상 지하3층 이하	갓복도식[29] 공동주택 바닥면적 400㎡ 미만인 층
1개소 이상의 특별피난계단	5층 이상 또는 지하 2층 이하의 판매시설	
직통계단 이외의 별도의 피난계단 특별피난계단	5층 이상 층으로 문화 및 전시시설 중 전시장 또는 동식물원 판매, 운수시설(여객용만), 운동시설, 위락시설, 관광휴게시설(다중이용시설 만), 수련시설,	그 층의 해당용도 바닥면적 2,000㎡ 이상인 경우 2,000㎡마다 1개소(4층 이하에서는 사용하지 않음)

---

27) 건축법 시행령 34조

28) 건축법 시행령 35조

29) 아파트 '편복도(片複道)식'을 '갓복도식'으로 용어 변경(변경고시 : 2021. 2)

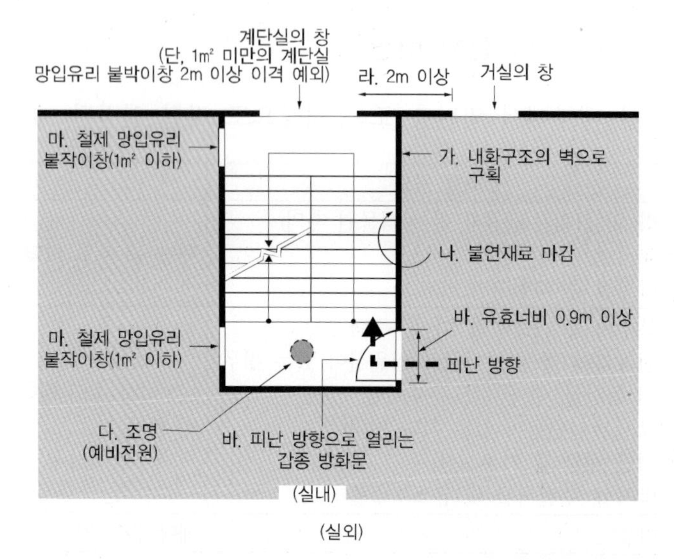

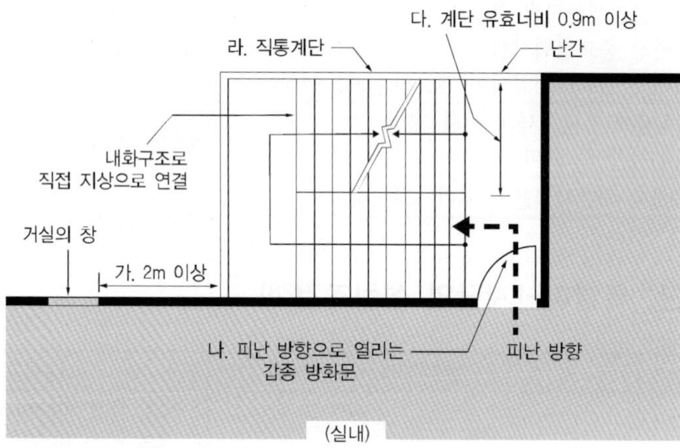

[그림 4-12] 피난계단[건축물 내부(상)와 외부(하)]

출처 : 이재인, 그림으로 이해하는 건축법, p.287

(7) 옥외 피난계단의 설치

- 3층 이상의 건축물 중 직통계단 이외에 지상으로 통하는 옥외계단을 별도로 설치[30)]

시설용도	내 용
2종 근린생활시설 (공연장)	해당용도 바닥면적 300㎡ 이상
문화 및 집회시설 (공연장) 위락시설(주점영업)	그 층의 해당용도 바닥면적 300㎡ 이상
문화 및 집회시설 (집회장)	1,000㎡ 이상

30) 건축법 시행령 제 36조

(8) 피난계단 및 특별 피난계단의 구조

가) 건축물 내부 피난계단의 구조[31)]

항 목	내 용	예외사항
계단실 바깥쪽의 출입구	창문으로부터 2m 이상의 거리에 설치	망입유리 붙박이창으로 1㎡ 이하
건축물의 내부에서 계단으로 통하는 출입구	60분+방화문 또는 60분(1시간)방화문을 설치 피난방향으로 열림	닫힌 상태 화재 시 자동으로 닫히는 구조
계단의 유효너비	0.9m 이상	
재료	(벽체) 내화구조 (마감) 불연재료	
조명	예비전원에 의한 조명설비	
	돌음계단(원형)으로 해서는 안 됨	

나) 특별 피난계단

- 부속실을 거쳐서 계단실과 연결되는 피난계단 형태

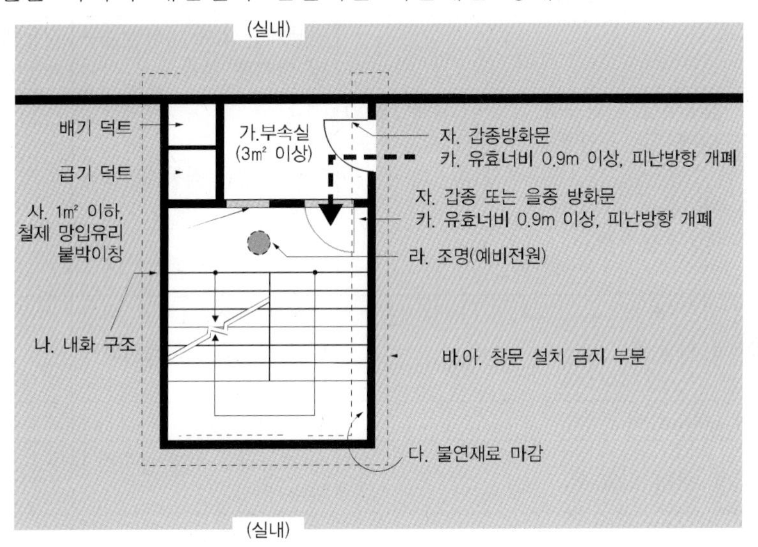

출처 : 이재인, 그림으로 이해하는 건축법, p.287

31) 건축물의 피난·방화구조 등의 기준에 관한 규칙 제9조

다) 경사로

• 피난층에서 외부로 나가는 통로에 경사로 설치

시설용도	내 용	비 고
1종 근린생활시설	지역자치센터, 파출소, 지구대, 소방서, 우체국, 방송국, 보건소, 공공도서관	1,000㎡ 미만
	마을회관, 마을공동작업소, 마을공동구판장, 변전소, 양수장, 정수장, 대피소, 공중화장실	-
판매시설, 운수시설		5,000㎡ 이상
교육시설(학교)		-
업무시설	국가 및 지방자치단체 청사, 외국공관	1종 근린생활시설 제외
기타	승강기를 설치해야 하는 건축물	

라) 출구 및 대피공간

① 지하층 출구의 설치 기준[32)]

지하층 시설	설치기준	예 외
50㎡ 이상	직통계단 외에 비상탈출구 및 환기통 설치	직통계단이 2개 이상인 경우
2종 근린생활시설(공연장, 단란주점, 당구장, 노래연습장) 문화 및 집회시설(예식장, 공연장) 수련시설(생활권 수련시설, 자연권수련시설) 숙박시설(여관, 여인숙) 위락시설(단란주점, 유흥주점). 다중이용업소	50㎡ 이상은 직통계단 2개 이상 설치	
바닥면적 1,000㎡ 이상 층	방화구획마다 1개소 이상 피난계단 또는 특별피난계단 설치	
거실 바닥면적 1,000㎡ 이상 층	환기설비 설치	
지하층 바닥면적 300㎡ 이상 층	식수 공급을 위한 급수전 1개소 이상	

② 비상탈출구의 설치 기준(주택 제외)

비상탈출구	설치 기준
크기	유효너비 0.75m×높이 1.5m
출구 방향	피난 방향 실내에서 항상 열 수 있게
설치 위치	출입구로부터 3m 이상 떨어진 곳

32) 건축물의 피난 방화구조 등의 기준에 관한 규칙 제25조

사다리 설치	지하층 바닥부터 비상탈출구 아래 부분까지 높이 1.2m 이상인 경우 벽체에 발판의 너비가 20㎝ 이상
피난 통로의 유효너비	75㎝ 이상
비상탈출구 통로 마감	불연재료
진입부분	통행에 지장이 없는 물건 방치, 시설 설치 금지
유도등	피난통로의 유도등 설치

③ 지하층과 피난층 사이의 개방공간 설치 기준

설치위치	시 설	면 적
지하에 설치한 경우	공연장, 집회장, 관람장, 전시장	바닥면적 1,000㎡ 이상 층

기출 및 예상 문제

2. 피난 관련 규정

01 거실 반자높이의 최소치로서 맞는 것은? 공인5회

① 2.1m 이상
② 2.3m 이상
③ 2.4m 이상
④ 3.0m 이상

02 숙박시설의 객실에 설치하는 자연채광을 위한 창문의 면적은 바닥면적의 얼마 이상이어야 하는가? 공인5회

① 1/5
② 1/10
③ 1/20
④ 1/30

03 거실의 창 기타 개구부로서 환기에 필요한 부분의 면적은 그 거실의 바닥면적에 대하여 얼마 이상이어야 하는가?(단, 환기장치를 한 경우는 제외한다.) 공인1회

① 5분의 1
② 10분의 1
③ 20분의 1
④ 30분의 1

정답 및 해설

01 ①

거실의 반자높이는 최소 2.1m 이다. (건축법 시행령 제10조)

02 ②

거실의 채광 및 환기

① 거실의 창, 기타의 개구부로서 채광을 위한 부분의 면적은 거실 바닥면적의 1/10 이상이어야 한다.

② 거실의 창, 기타의 개구부로서 환기를 위한 면적은 거실 바닥면적의 1/20 이상이어야 한다.

* 단, 수시로 개방할 수 있는 미닫이로 구획된 2개의 거실은 채광 및 환기를 위한 면적 산정 시 1개의 거실로 본다.

03 ③

채광의 경우 거실 바닥면적의 10분의 1 이상, 환기의 경우는 거실 바닥면적의 20분의 1 이상이다.

04 공연장 각층 관람석의 출구 설치기준 중 <u>틀린</u> 것은?(단, 관람집회시설 등의 용도임)

공인5회

① 바닥면적이 300㎡ 이상일 때 적용한다.
② 출구는 각 층별로 2개 이상 설치한다.
③ 각 출구의 너비는 0.9m 이상이다.
④ 관람석 밖으로의 출구의 문은 안여닫이로 할 수 없다.

05 건축법상 초등학교 또는 중·고등학교 복도의 최소 폭은?(단, 양측에 교실이 있다)

공인5회

① 1.2m ② 1.5m ③ 1.8m ④ 2.4m

06 피난층의 설명으로 맞는 것은? 공인5회

① 피난층이라 함은 곧바로 지상으로 갈 수 있는 출입구가 있는 층을 말한다.
② 피난층이라 함은 각층별 옥외 필로티부분을 말한다.
③ 피난층이라 함은 건물의 1층만 해당된다.
④ 피난층이라 함은 1층과 옥상층을 말한다.

정답 및 해설

04 ③
관람집회시설의 출구 설치기준
① 각 출입구의 너비는 1.5m 이상이어야 한다.
② 각 층별로 출입구 유효폭의 합계는 관람석 바닥면적 100㎡마다 0.6m 이상의 비율로 산정한 폭 이상일 것. 즉 그 층의 바닥면적 합계(㎡)/100㎡ 0.6m

05 ④
복도의 유효폭(건축물의 피난·방화구조 등의 기준에 관한 규칙 제15조의2(복도의 너비 및 설치기준)〈개정 2019. 8. 6.〉

구 분	양측 거실의 복도	기타의 복도
유치원, 초등학교, 중·고등학교 복도	2.4m	1.8m
의료시설의 환자용 복도, 기타 건축물 (거실 바닥면적 합계 200㎡ 이상인 복도)	1.5m 이상	1.2m 이상
공동주택 공용복도의 경우 길이가 40m를 넘는 가운데 복도식은 40m마다 자연환기가 될 수 있도록 외기에 접할 수 있게 해야 한다.	가운데 복도 1.8m	갓복도 1.2m
관람석이나 집회실 바닥면적 합계 500㎡ 미만	1.5m 이상	
500~1,000㎡ 미만	1.8m 이상	
1,000㎡ 이상	2.4m 이상	

06 ①
곧바로 지상으로 갈 수 있는 출입구가 있는 층을 말한다.
– 화재예방, 소방시설 설치·유지 및 안전관리에 관한 법률 시행령 [대통령령 제31100호, 2020. 10. 8, 타법개정] 제2조 (정의)

07 건축 관련 법에서 정하는 환기설비를 설치해야 하는 대상 건축물이 아닌 것은?

공인5회

① 모든 관광숙박시설 ② 모든 관람집회시설
③ 모든 대중음식점 ④ 모든 위락시설

08 계단의 설치기준에 관한 설명 중 옳은 것은? 공인2회

① 계단참 설치는 높이 3m를 넘는 계단에는 높이 3m이내마다 너비 1m 이상을 설치하여야 한다.
② 계단 및 계단참의 양측에 난간을 설치하는 최소의 높이는 1.5m이다.
③ 돌음 계단의 단너비 측정은 좁은너비 끝에 서 45㎝이다.
④ 계단폭이 3m를 넘는 경우 계단의 중간에 폭 3m 이내마다 난간을 설치하여야 한다.

09 다음은 일반적인 계단의 치수에 대한 설명이다. 옳지 않은 것은? 공인4회

① 천장높이는 최소 2.1m 이상을 확보해야 한다.
② 계단의 물매는 통상 30~35°가 가장 쾌적하다.
③ 난간의 높이는 80~90㎝ 이상을 유지해야 한다.
④ 일반 건축물에 해당하는 계단의 계단참은 2m 이내마다 설치한다.

정답 및 해설

07 ③
(신축 또는 리모델링하는) 100세대 이상 공동주택, 요양시설, 다중이용시설도 의무대상에 포함

08 ④
① 계단참 설치는 높이 3m를 넘는 계단에는 높이 3m 이내마다 너비 1.2m 이상을 설치하여야 한다.
② 계단 및 계단참의 양측에 난간을 설치하는 최소의 높이는 1m이다.
③ 돌음 계단의 단 너비의 측정은 좁은 너비의 끝에서 30㎝이다.

09 ④
계단참은 높이 3m마다 설치

3 방화 및 설비 관련 규정

1) 방화구획 기준[33)]

• 주요 구조부는 내화구조로 되어 있는 건축물의 경우

규 모	구획 면적	스프링클러 설치	비 고
10층 이하	1,000㎡ 이내마다	3,000㎡ 이내마다	
11층 이상	500㎡ 이내마다	1,500㎡ 이내마다	불연재료 마감
	200㎡ 이내마다	600㎡ 이내마다	불연재료가 아닌 경우
수직구획	매 층마다 구획		지하1층에서 지상으로 직접 연결하는 경사로 부위 제외

2) 방화구획 설치 기준

구 분	설치기준
개구부	60분+방화문 또는 60분(1시간)방화문 설치 자동방화셔터 (닫힌 상태로 유지, 화재 감지 시 자동으로 닫치는 구조)
방화구획의 관통부분 처리	외벽 사이 급수관, 배전관, 그 밖의 관이 방화구획 되어 틈에 내화채움성능 재료 사용
탬퍼	환기, 난방, 냉방시설의 풍도가 방화구획을 관통하는 경우 비차열 및 방연성에 적합

3) 방화구획 완화 규정

시설 용도	기 준
문화 및 집회시설(동 식물원 제외), 종교시설, 운동시설, 장례시설	거실로서 시선 및 활동공간의 확보를 위해 불가피한 경우
고정식 대형 설비 설치 부분	지하층인 경우 한쪽 벽이 개방되어 보행 및 자동차의 진출입이 가능한 경우
계단실, 복도, 승강기의 승강로 부분	다른 부분과 방화구획으로 구획된 부분
최상층 또는 피난층	대규모 회의장, 강당, 스카이라운지, 로비 또는 피난안전구역의 용도로 불가피한 경우
복층형 공동주택의 세대간 바닥	
주요부위가 내화구조 또는 불연재료인 주차장	
단독주택, 동 식물관련 시설, 교정시설, 군사시설(집회, 체육, 창고 용도)	

---

33) 건축물의 피난·방화구조 등의 기준에 관한 규칙 제14조(방화구획의 설치기준)<개정 2021. 3. 26.>

4) 방화지구 내의 건축물

기 준	예 외
주요 구조부 및 지붕, 외벽이 내화구조	30㎡ 미만의 단층 부속건물로 외벽 및 처마면이 내화구조로 되어 있는 경우
	주요 구조부가 내화구조로 된 도매시장
간판, 광고탑, 지붕위 공작물 (높이 3m 이상)	불연재료

5) 건축물 내에 함께 설치할 수 없는 시설용도[34)]

다음과 같은 시설용도는 같은 건물 내에 설치할 수 없다.

건축물 내에 함께 설치할 수 없는 시설		예외 조항
공동주택, 의료시설, 장례시설, 노유자시설(아동시설, 노인복지시설)	위락시설, 공장 위험물저장 및 처리시설 자동차 관련 시설(정비공장)	공동주택(기숙사)과 공장이 같은 건물에 있는 경우 중심상업지역 일반상업지역 또는 근린상업지역에서 '도시 및 환경정비법'에 따른 재개발 사업 시행의 경우 공동주택과 위락시설이 같은 초고층건축물에 있는 경우(주택의 출입구, 계단 및 승강기는 분리)
노유자시설(아동관련 노인복지시설), 단독주택(다중, 다가구주택)	판매시설 중 도매시장 소매시장	
단독주택(다중 다가구주택), 공동주택, 제1종 근린생활시설(조산원, 산후조리원)	제2종 근린생활시설 (다중생활시설)	

6) 방화벽, 방화문

(1) 방화벽 구획 대상

방화구획 기준	예외규정
연면적 1,000㎡ 이상은 건물에 1,000㎡ 미만의 면적으로 구획	주요 구조부가 내화구조, 불연재료의 건축물
	단독주택, 동 식물관련 시설, 공공시설(교도소, 소년원, 묘지관련시설-화장시설 제외)
	설비로 인한 방화벽으로 구획하기 어려운 창고시설

34) 건축법 시행령 제47조

(2) 방화벽 기준[35)]

- 내화구조로 홀로 설 수 있는 구조
- 방화벽의 양쪽 끝과 위쪽 끝을 건축물의 외벽면 및 지붕면으로부터 0.5m 이상 돌출
- 방화벽에 설치된 출입문의 너비와 높이는 2.5m 이하 60분+방화문 또는 60분방화문 설치

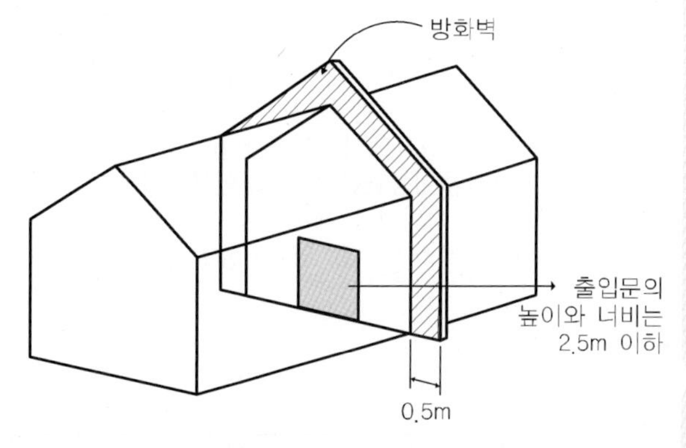

출입문	성 능
60분+방화문	연기 및 불꽃 차단 60분 이상, 열차단 30분 이상
60분방화문	연기 및 불꽃 차단 60분 이상
30분방화문	연기 및 불꽃 차단 30분 이상, 60분 미만

7) 내화구조와 마감

- 주요 구조부를 내화구조로 해야 하는 건축물
- 단, 외벽 및 처마 밑을 방화구조된 연면적 50㎡ 이하인 단층의 부속건축물과 무대의 바닥

〈표 4-18〉 시설 용도별 내화구조

용 도	기 준	비 고
문화 및 집회 시설(전시장 동식물원 제외) 종교시설, 장례시설 위락시설(주점영업)	관람시설 또는 집회시설 200㎡ 이상	옥외관람시설 1,000㎡ 이상
2종 근린생활시설(공연장, 종교집회장)	해당용도 바닥면적 300㎡ 이상	
문화 및 집회시설(전시장, 동식물원) 판매시설, 운수시설, 수련시설 교육연구시설(강당, 체육관) 운동시설(체육관, 운동장) 위락시설(주점 제외) 창고시설, 위험물저장 및 처리시설 자동차관련 시설, 관광휴게시설 방송통신시설(방송국, 전신전화국, 촬영소) 묘지시설(화장시설)	해당용도 바닥면적 500㎡ 이상	

35) 건축물의 피난·방화구조 등의 기준에 관한 규칙, 제21조

공장	해당용도 바닥면적 2,000㎡ 이상	작은 공장 제외
2층 건축물 중 단독주택(다중주택, 다가구주택) 공동주택, 1종 근린생활시설(의료시설) 1종 근린생활시설(다중생활시설) 노유자시설(아동관련 시설, 노인복지시설) 의료시설, 숙박시설, 장례시설 수련시설(유스호스텔), 업무시설(오피스텔)	해당용도 바닥면적 400㎡ 이상	
3층 이상 지하층이 있는 건축물(2층 이하)	모든 건축물 단독주택	다중주택, 다가구주택 제외 동식물시설 교도소
개정 2021. 1. 5.		

(1) 내화구조[36)]

① 벽

구조 부분		두께
철근 콘크리트, 철골철근콘크리트		10(7)㎝ 이상
벽돌조		19㎝ 이상
철골조의 철구양면	철망모르타르로 덮을 때(바탕 불연재)	4(3)㎝ 이상
	콘크리트 블록, 벽돌, 석재로 덮을 때	5(4)㎝ 이상
철재로 보강된 콘크리트블록조, 벽돌조, 석도로 콘크리트 블록		
고온 고압의 증기로 양생된 경량기포 콘크리트 패널 경량기포 콘크리트 블록조		10㎝ 이상
무근콘크리트, 콘크리트블록조, 벽돌조, 석조		(7)㎝ 이상
( ) 외벽 중 비내력벽		

② 기둥(지름 25㎝ 이상)

구조 부분		두께
철근 콘크리트, 철골철근콘크리트		10㎝ 이상
철골조	철망모르타르로 덮을 때	6㎝ 이상
	콘크리트 블록, 벽돌, 석재로 덮을 때	5㎝ 이상
철재로 보강된 콘크리트블록조, 벽돌조, 석도로 콘크리트 블록		
고온 고압의 증기로 양생된 경량기포 콘크리트 패널 경량기포 콘크리트 블록조		7㎝ 이상
무근콘크리트, 콘크리트블록조, 벽돌조, 석조		5㎝ 이상

36) 건축법 시행령 56조

③ 바닥

내화 구조	두께
철근 콘크리트, 철골철근콘크리트	10cm 이상
철재로 보강된 콘크리트조, 벽돌조, 석조로서 철재에 덮은 콘크리트 블록	5cm 이상
철재의 양면을 철망모르타르 혹은 콘크리트로 덮은 것	5cm 이상

④ 보(지붕틀 포함)

보 부분		두 께
철근 콘크리트, 철골철근콘크리트		
철골조	철망모르타르로 덮을 때(경량철골)	6(5)cm 이상
	콘크리트 블록, 벽돌, 석재로 덮을 때	5cm 이상
철재조 지붕틀(바닥에서 4cm 이상)로 아래에 반자가 없거나 불연재료 반자		

⑤ 지붕 및 계단

지붕, 계단 구조	두 께
철근 콘크리트, 철골철근콘크리트	- 규정 없음
철재로 보강된 콘크리트조, 벽돌조, 석조	
철골조(계단 만)	
철재로 보강된 유리블록 혹은 망입유리로 된 것(지붕 만)	
무근콘크리트, 콘크리트블록조, 벽돌조, 석조(계단 만)	

(2) 방화구조

구조부분	방화구조
철망모르타르 바르기	두께 2cm 이상
석고판 위에 시멘트모르타르 또는 회반죽을 바른것	두께 2.5cm 이상
시멘트모르타르 위 타일 붙이기	
심벽에 흙으로 맞벽치기	두께 규정 없음
한국산업규격의 시험결과 방화2급 이상	

- 연면적 1,000㎡ 이상의 목조건축물의 구조는 방화구조로 하고, 불연재료를 사용한다.[37]

(3) 마감재료

- 건축물의 마감재료[38]는 용도별로 다음과 같은 기준에 맞춘다.

37) 건축물의 피난・방화구조 등의 기준에 관한 규칙 제22조

• 단, 주요 구조부가 내화구조로 거실면적 200㎡(스프링클러 설치 시 면적 제외) 마다

<table>
<tr><th rowspan="2">건축용도</th><th colspan="2">마감재료</th></tr>
<tr><th>거실(벽 반자)
(반자돌림, 창대 제외)</th><th>복도 계단
(벽, 반자)</th></tr>
<tr><td>단독주택(다중 다가구주택, 공동주택)
제2종 근린생활시설(공연장, 종교집회시설, 학원, 독서실, 인터넷 게임시설제공, 당구장, 다중생활시설)
공장, 창고시설, 자동차관련 시설, 위험물 저장 처리시설
다중이용업시설</td><td rowspan="2">불연재료
준불연재료
난연재료</td><td rowspan="4">불연재료
준불연재료</td></tr>
<tr><td>5층 이상(층 거실면적 합 500㎡ 이상)</td></tr>
<tr><td>지하층</td><td>불연재료
준불연재료</td></tr>
<tr><td>문화 집회시설, 종교시설, 판매시설, 운수시설, 의료시설
교육시설(초등학교) 학원
노유자시설, 수련시설
업무시설(오피스텔), 숙박시설, 장례시설
위락시설(단란주점, 유흥주점 제외)</td><td>불연재료
준불연재료
(지하 포함)</td></tr>
</table>

8) 설비규정[39]

건축물은 환경요소로 환기와 채광, 소음문제, 방습과 같은 문제도 있으나, 물의 급배수와 엘리베이터와 같은 수직이동에 대한 기준을 통해 거주자의 안전을 규정하고 있다.

(1) 승강기[40]

• 승강기에는 승객용, 비상용, 피난용 엘리베이터로 구분된다.
• 설치대상 : 6층 이상(연면적 2,000㎡ 이상)
각 층 거실면적 300㎡마다 1개소 이상 직통계단 설치 시 제외

38) 건축법 제52조, 건축법 시행령 제61조, 건축물의 피난·방화구조 등의 기준에 관한 규칙 제24조, 건축물 마감재료의 난연성능 및 화재 확산방지 구조 기준 제2조
39) 건축물의 설비기준 등에 관한 규칙
40) 건축법 제64조, 건축법 시행령 제89조

(2) 승강기 설치 대수 산정법[41)]

건축용도	6층 이상 거실바닥 면적(S)		
	3,000m² 미만	3,000m² 초과	계산법
문화 집회시설(공연장, 집회장, 관람장) 판매시설 의료시설	2대	2대에 2,000m²마다 1대씩 더한 대수	$2+\frac{S-3000}{2000}$
문화 집회시설(전시장 동식물원) 업무시설, 숙박시설, 위락시설	1대	1대에 2,000m²마다 1대씩 더한 대수	$1+\frac{S-3000}{2000}$
공동주택 교육시설, 노유자시설 그 밖의 시설			$1+\frac{S-3000}{3000}$
(주) 설치대수의 산정은 8인승 이상 15인승 이하의 승강기는 1대, 16인승 이상은 2대로 산정			

(3) 비상용 승강기[42)]

- 높이 31m를 넘는 건축물에는 승용 승강기와 별도로 추가 설치
- 비상용 승강기를 설치하지 않아도 되는 건축물
  - 높이 31m를 넘는 각 층을 거실 외의 용도로 사용하는 건축물
  - 높이 31m를 넘는 각 층의 바닥 면적이 500m² 이하인 건축물
  - 높이 31m를 넘는 층수가 4개층 이하로 각 층의 바닥 면적이 200m²(벽 및 반자 실내에 접하는 부분의 마감재료가 불연재료일 경우 500m²) 이내에 방화구획된 건축물
- 다음은 비상용 승강기의 설치 산정법이다.

건축물의 높이 31m가 넘는 바닥 면적 중 최대 바닥면적	설치대수	계산법
1,500m² 이하	1대 이상	
1,500m² 초과	1대에 1,500m²를 넘는 3,000m² 마다 1대식 추가	$1+\frac{S-1500}{3000}$
2대 이상의 비상용 승강기를 설치하는 경우 화재 시 소화에 지장이 없도록 일정한 간격을 유지		

41) 건축물의 설비기준 등에 관한 규칙 제5조 [별표 1의 2]

42) 건축법 시행령 제90조 제1항

(4) 승강장의 구조

구 분	내 용
승강장과 다른 부분과의 구획	승강장은 내화구조로 다른 부분과 구획(창문 등 개구부 제외)
각층 내부와의 연결부	내부와 연결되는 출입구에는 갑종방화문을 설치 단, 피난층에는 갑종방화문을 설치하지 않을 수 있다.
배연설비	노대 또는 반자가 실내에 접하는 부분은 불연재료
조명설비	채광창이 있거나 예비전원에 의한 조명
승강장의 바닥면적	비상용 승강기 1대당 6㎡ 이상 (옥외 승강장 제외)
승강장의 출입구로 부터의 거리	피난층 승강장으로부터 도로 또는 공지로 30m이하
표지설치	승강장 출입구 부근 비상용 승강기 표시 설치

(5) 승강로 구조

- 승강로는 내화구조로 구획
- 각 층에서 피난층까지 이르는 승강로를 단일구조로 연결하여 설치
- 승용 승강기가 설치된 건축물을 수직 증축할 경우, 엘리베이터도 연장되어야 함
- 단, 1개층만 증축하는 경우에는 승용 승강기의 승강로는 연장하여 설치하지 않음

9) 배연설비

단독주택 및 공동주택의 거실, 교육연구시설 중학교의 교실, 의료시설의 병실 및 숙박시설의 객실에는 채광 및 환기를 위한 창문 등이나 설비를 설치하여야 한다.

(1) 채광 및 환기를 위한 창문

기 능	시설용도	창문 면적	비 고
채광	단독주택의 거실 공동주택의 거실 학교의 교실 의료실의 병실 숙박시설의 객실	거실면적의 1/10 이상	용도에 따른 조도규정 이상의 조명 설치 시 예외
환기		거실면적의 1/20 이상	기계장치, 중앙관리방식의 공조설비 설치 시 예외

(2) 배연설비 설치 및 구조

구 분	내 용	비 고
시설 대상	문화 및 집회시설, 판매 및 영업시설, 의료시설, 교육연구 및 복지시설(연구소)·아동 관련 시설·노인복지시설 및 유스호스텔, 운동시설, 업무시설, 숙박시설, 위락시설 및 관광휴게시설	6층 이상

설치위치	배연창 상변과 천장 또는 반자로부터 수직거리 0.9m 이내	방화구획마다 1개소 이상
	배연창은 2.1m 이상 위치	반자높이가 3m 이상의 경우
배연구 유효면적	1㎡ 이상 건축물 바닥면적 1/100 이상 (방화구획이 설치된 경우에는 그 구획된 면적)	거실바닥면적의 1/20 이상 환기창을 설치한 거실 면적은 제외
배연구 구조	연기감지기, 열감지기에 여 자동으로 열 수 있는 구조 예비전원 사용	손으로도 열고 닫을 수 있도록 할 것

건축물의 설비기준 등에 관한 규칙 제14조(배연설비)

(3) 특별피난계단, 비상용 승강기의 승강장 배연설비의 구조

구 분	내 용	비 고
배연구 구조	연기감지기, 열감지기에 자동으로 열 수 있는 구조 평상시 닫힌 상태 유지 배연구, 배연풍도는 불연재료 사용	손으로도 열고 닫을 수 있도록 할 것 열린 경우 기류로 인하여 닫히지 않는 구조
배연기	배연구가 외기에 접하지 않는 경우 배연기 설치 자동으로 작동	예비전원 사용

10) 난방설비

- 공동주택 및 오피스텔의 난방설비를 개별난방식으로 하는 경우

난방설비	내 용
보일러실의 위치	거실 이외의 장소 보일러실과 거실 사이는 내화구조의 벽으로 구획(출입구 제외)
보일러실의 환기	보일러실 상부 0.5㎡ 이상의 환기창 설치 위아래에 지름 10㎝ 이상의 공기흡입구 및 배기구 설치(항상 개방 상태) (전기보일러의 경우 예외)
기름 저장소	보일러실 외의 장소에 설치
오피스텔의 난방구획	난방구획을 방화구획으로 구획
보일러실의 연도	내화구조로 공동연도 설치
가스보일러	가스 관련 법령에 따름

11) 방습 및 내수

구 분	내 용
방습조치	최하층 거실바닥 높이는 지표에서 45cm 이상 (콘크리트 바닥으로 방습 조치된 경우는 예외)
내수재료의 마감	1종 근린시설(일반목욕장 욕실, 휴게음식점 조리장) 2종 근린시설(일반반음식점, 휴게음식점 조리장) 숙박시설(욕실, 조리장) 바닥과 높이 1m까지의 안벽 마감
욕실 화장실 목욕장 바닥은 미끄럼 방지 조치	

- **내수재료** : 벽돌, 자연석, 인조석, 콘크리트, 아스팔트, 도자기질, 유리질 등 그 밖의 비슷한 성능의 내수성 재료

12) 환기설비[43)]

신축 또는 리모델링하는 공동주택 및 다중이용시설에서는 자연환기설비 또는 기계환기설비를 설치해야 한다.

시설용도	규 모	비 고
공동주택	30세대 이상	신축 또는 리모델링의 경우
다중이용시설		실내공기질 관리법 시행령 제2조제1항

43) 건축물의 설비기준 등에 관한 규칙 제11조(공동주택 및 다중이용시설의 환기설비기준 등)<개정 2020. 4. 9.>

기출 및 예상 문제

3. 방화 및 설비 관련 규정

01 골구를 철제로 하고 그 양면에 붙인 철판의 두께가 얼마 이상일 때 갑종방화문으로 인정하는가? 공인2회

① 0.5㎜ ② 0.8㎜
③ 1.2㎜ ④ 1.5㎜

02 관람집회시설, 종교 집회장, 숙박시설 등에 배연설비를 설치해야 할 경우는 몇 층 이상인 건축물인가? 공인1회, 공인3회

① 3층 ② 6층
③ 9층 ④ 11층

정답 및 해설

01 ①
갑종방화문은 골구를 철제로 하고 양면 두께 0.5㎜ 이상의 철판을 붙인 것 또는 철재로써 철판두께 1.5㎜ 이상인 것이다.

02 ②
(1) 배연설비 설치대상 건축물
6층 이상의 건축물로서 관람집회시설, 종교집회장, 장례 식장, 운송시설, 위락시설, 전기시설, 운수시설(다중이 이용하는 시설에 한한다), 관광휴게시설, 판매시설, 숙박시설, 유스호스텔, 의료시설, 아동시설, 노인시설, 업무시설 및 연구소의 거실에는 배연설비를 하여야 한다.
(2) 배연설비의 구조 및 기준
① 건축물에 방화구획이 설치된 것은 그 구획마다 1개소 이상의 배연구를 바닥에서 1m 이상의 높이에 설치할 것
② 배연구의 크기는 배연에 필요한 유효면적이 1.0㎡ 이상이고, 바닥면적의 1/100 이상이 되도록 할 것
③ 배연구는 연기감지기 또는 열감지기에 의하여 자동으로 개방될 수 있는 구조로 하되 손으로 여닫을 수 있도록 할 것
④ 배연구는 예비 전원에 의하여 가동될 수 있도록 할 것
⑤ 기계식 배연설비를 하는 경우 제 1호 내지 제 4호의 규정에 불구하고 소방관계법령의 규정에 적합하도록 할 것

03 공동주택 세대 간의 경계벽 기준이 아닌 것은? 공인5회

① 철근콘크리트조·철골철근콘크리트조로서 두께가 10㎝ 이상인 것
② 벽의 양쪽 끝과 위쪽 끝을 건축물의 외벽면 및 지붕면으로부터 50㎝ 이상 튀어나오게 할 것
③ 무근콘크리트조 또는 석조로서 두께가 10㎝ 이상인 것
④ 콘크리트 블록조 또는 벽돌조로서 두께가 19㎝ 이상인 것

정답 및 해설

03 ②
방화벽의 구조임(건축물의 피난·방화구조 등의 기준에 관한 규칙 제21조 2항)

4 소방 규정

- 소방시설 : 소화설비, 경보설비, 피난구조설비, 소화용수설비, 소화활동설비
- 소방시설등 : 소방시설과 비상구에 설치되는 등
- 소방용품 : 화재진압을 위한 제품 또는 기기

1) 건축물 인허가 및 소방동의

- 건축허가와 함께 소방본부장 또는 소장서장의 동의를 받아야 함
- 건축허가 등 소방동의 대상 범위

대 상	면 적	비 고
모든 건축물	6층 이상	
	400m² 이상	연면적
학교시설	100m² 이상	학교시설사업촉진법 제5조의2제1항에 따라 건축하려는 경우
지하층 또는 무창층이 있는 건축물	150m² 이상	공연장의 경우 100m² 이상
노유자시설 및 수련시설	200m²	
주차장 면적		층이 있는 건축물 기계식 주차 20대 이상
정신의료기관	300m²	입원실이 없는 정신건강의학과 의원 제외
장애인 재활의료시설		
동의 제외대상		특정대상소방물에 설치된 소방시설이 화재안전기준에 적합한 경우 증축 또는 용도변경으로 추가 소방시설을 설치하지 않는 경우 성능위주설계를 한 특정소방대상물
화재예방, 소방시설 설치·유지 및 안전관리에 관한 법률 시행령 제12조		

2) 소방안전관리 등급

- 소방안전관리 대상물 등급 기준

등 급	층수와 높이	연면적	설 비
특급	50층 이상(지하층 제외), 높이 200m 이상 아파트 30층 이상(지하층 포함), 높이 120m 이상 (아파트 제외)	연면적 200,000m² 이상 (아파트 제외)	

1급	30층 이상(지하층 제외) 높이 120m 이상 아파트 11층 이상	연면적 15,000m^2 이상 (아파트 제외)	
2급	특급, 1급에서 속하지 않는 건축물		자동화재탐지설비 소화화전 설비
3급	특급, 1급, 2급에서 속하지 않는 건축물		자동화재탐지설비 설치

화재예방, 소방시설 설치·유지 및 안전관리에 관한 법률 시행령 제22조

3) 소방안전 관리감독

(1) 소방특별조사

① 특별소방조사 실시 대상

- 관계인이 법규에 따라 소방시설 등 방화시설, 피난시설 등에 대한 자체점검이 불성실하거나 불완전하다고 인정되는 경우
- 화재경계지구에 대한 소방특별조사 등 다른 법률에서 소방특별조사를 실시하도록 하는 경우
- 국가적 행사등 주요행사가 개최되는 장소 및 그 주변 관계지역
- 화재가 자주 발생되거나 우려가 뚜렷한 곳
- 재난예측정보, 기상예보 분석 결과 화재, 재난 재해의 발생위험이 판단되는 경우

② 특별소방조사 조사방법

- 7일 전에 관계인에게 조사대상, 조사기간 및 조사사유 등을 서면으로 전달

③ 특별소방조사 항목

- 소방안전관리업무 수행 사항
- 소방계획서의 이행에 관한 사항
- 자체점검 및 정기적 점검에 대한 사항
- 화재예비조치 등에 관한 사항
- 불을 사용하는 설비 등의 관리와 특수가연물질의 저장, 취급에 관한사항
- 다중이용업소의 안전관리에 관한 사항
- 위험물 안전관리법에 따른 안전관리 사항

(2) 다중이용업소

- 다중이용업소란 불특정 다수가 이용하는 영업 중 화재 등 재난 발생 시 생명, 신체 재산상의 피해가 발생할 우려가 높은 영업시설을 의미한다.

• 다중이용업 대상

구 분	규 모	비 고
휴게음식점영업·제과점영업 ,일반음식점영업	100㎡ 이상	지하층 : 66㎡ 이상
단란주점영업과 유흥주점영업		
영화상영관·비디오물감상실업·비디오물소극장업 및 복합영상물제공업		
학원	300명 이상	기숙사가 함께 있는 학원 : 100~300명 미만
다중이용업과 학원이 함께 있는 경우		
목욕장업		
게임제공업·인터넷컴퓨터게임시설제공업 및 복합유통게임제공업		
노래연습장		
산후 조리원		
고시원		구획된 실에 학습 시설을 갖추고 숙박 숙식을 제공하는 형태
권총사격장		실내사격장에 한정
가상체험 체육시설업		실내에 1개 이상 별도의 구획된 실로 골프 운동이 가능한 시설 영업으로 한정
안마시술소		

① 다중이용업소의 소방설비 설치기준

구 분		설치기준
소방설비	소화설비	소화기 또는 자동확산소화기, 간이스프링클러
	피난구조설비	피난기구(미끄럼대, 피난사다리, 구조대, 완강기, 다수인 피난장비, 승강식 피난기), 비상조명등(휴대용 포함), 유도등, 피난유도선
	경보설비	비상벨 설비 또는 자동화재탐지기
기타		비상구, 영업장 내부 피난통로, 영상음향 차장장치, 방화구획(영업장 내 보일러실), 창무

② 다중이용업소의 안전시설 신고[44)]

• 안전시설 설치 전에 소방본부장이나 소방서장 또는 서장에게 안전에 관한 시설을 신고

44) 다중이용업소의 안전관리에 관한 특별법 시행규칙 제11조

• 다중이용업소의 신고 대상

구 분	내 용
안전시설을 설치하는 경우	안전시설 설계도면 첨부
영업장 내부 변경	영업장의 면적 증가 구획된 실의 증가 내부 통로의 구조변경 안전시설공사를 맞친경우

4) 방염 규정

• 불이 붙지 않거나 타서 번지는 것을 막는 것을 의미

(1) 방염성능 이상의 실내장실물 설치 대상[45)]

〈표 4-19〉 방염설치 대상

구 분	시 설	비 고
근린생활시설	의원, 조산원, 산후조리원, 체력단련장, 공연장 및 종교집회장	
건축물 옥내시설	문화 및 집회시설, 종교시설, 운동시설	수영장 제외
의료시설	의료시설, 노유자시설, 숙박시설, 다중이용업소	
교육연구시설	합숙소, 숙박이 가능한 수련시설	
방송통신시설	방송국, 촬영소	
기타	11층 이상	아파트 제외

(2) 방염 대상 물품[46)]

① 제조 또는 가공공정에서 방염처리를 한 물품

방염처리물품이란 방염 선처리 제품으로 공장에서 해당 물품을 제조 또는 가공하는 공정에서 방염 처리되어 생산되는 제품이다. 소파 및 의자는 그 원료가 섬유류 또는 합성수지류일 경우에 해당하며, 소파나 의자를 설치하는 곳이 단란주점, 유흥주점, 노래연습장의 영업장인 경우 방염처리 제품을 사용한다.

• 창문에 설치하는 커튼류(블라인드 포함)
• 카펫/두께가 2㎜ 미만인 벽지류(종이벽지 제외)
• 전시용 합판, 섬유판, 무대용 합판, 섬유판

45) 소방시설 설치 · 유지 및 안전관리에 관한 법률 시행령(제 19조) <개정 2021.8.24.>
46) 화재예방, 소방시설 설치 · 유지 및 안전관리에 관한 법률 시행령 제20조 (방염대상물품 및 방염성능기준)<개정 2019.8.6.>

- 암막, 무대막(영화상영관, 골프연습장의 스크린 포함)
- 섬유류 또는 합성수지류 등이 원료인 소파, 의자(단란, 유흥주점, 노래연습장만 해당)

② 건축물 내부 천장이나 벽에 부착하거나 설치하는 것

건축물 내부의 천장이나 벽에 부착 또는 설치하는 것들이 방염을 해야 하는 방염 대상 물품이다. 다만, 가구류(옷장, 찬장, 식탁, 식탁용 의자, 사무용 책상, 사무용 의자, 계산대 등)와 너비 10㎝ 이하인 반자돌림대 등과 건축법의 내부 마감재료는 제외한다.

- 종이류, 합성수지류 또는 섬유류를 주원료로 한 물품
- 합판이나 목재
- 공간을 구획하기 위하여 설치하는 간이 칸막이(접이식 등 이동 가능한 벽체)
- 흡음이나 방음을 위하여 설치하는 흡음재 또는 방음재(커튼을 포함)

〈표 4-20〉 방염물품

구 분	내 용	비 고
제조 또는 가공 공정에서 방염처리를 한 물품	창문에 설치하는 커튼류(블라인드 포함)	합판・목재류의 경우에는 설치 현장에서 방염처리를 한 것 포함
	카펫, 두께가 2㎜ 미만인 벽지류(종이벽지 제외)	
	전시용 합판 또는 섬유판, 무대용 합판 또는 섬유판	
	암막, 무대막, 영화상영관 및 골프 연습장업에 설치하는 스크린	
	섬유류 또는 합성수지류 등을 원료로 하여 제작된 소파・의자	단란주점영업, 유흥주점영업 및 노래연습장업의 영업장에 설치하는 것만 해당
건축물 내부의 천장이나 벽에 부착하거나 설치하는 것	종이류(두께 2㎜ 이상인 것)・합성수지류 또는 섬유류를 주원료로 한 물품	가구류와 너비 10㎝ 이하인 반자돌림대, 「건축법」 제52조에 따른 내부 마감재료는 제외
	합판이나 목재	
	공간을 구획하기 위하여 설치하는 간이 칸막이(접이식 등 이동 가능한 벽체, 천장 또는 반자가 실내에 접하는 부분까지 구획하지 아니하는 벽체)	
	흡음(吸音)이나 방음(防音)을 위하여 설치하는 흡음재 (흡음용 커튼 포함)	
	방음재(방음용 커튼 포함)	
가구류는 옷장, 찬장, 식탁, 식탁용 의자, 사무용 책상, 사무용 의자, 계산대 및 그 밖에 이와 비슷한 것		

③ 방염성능 기준

- 버너의 불꽃을 제거한 때부터 불꽃을 올리며 연소하는 상태가 그칠 때까지 시간은 20초 이내일 것
- 버너의 불꽃을 제거한 때부터 불꽃을 올리지 아니하고 연소하는 상태가 그칠

때까지 시간은 30초 이내일 것
- 탄화(炭化)한 면적은 50㎠ 이내, 탄화한 길이는 20㎝ 이내일 것
- 불꽃에 의하여 완전히 녹을 때까지 불꽃의 접촉 횟수는 3회 이상일 것
- 소방청장이 정하여 고시한 방법으로 발연량(發煙量)을 측정하는 경우 최대연기 밀도는 400 이하일 것

(3) 다중이용업소의 방염기준

① 다중이용업소에서 실내장식물 설치 원칙

- "실내장식물"이란 건축물 내부의 천장 또는 벽에 설치[47)]
  - 다중이용업소에서 실내장식물은 불연재료 또는 준불연재료로 설치하여야 함
  - 다중이용업소에서 실내장식물이란 건축물의 내부의 천장이나 벽에 붙이는 것으로서 종이류(두께 2㎜ 이상), 합판, 목재, 간이칸막이, 흡음제, 방음제 등이다. 다만, 가구류는 제외하며 너비가 10㎝ 이하인 반자돌림대와 건축법상의 내부 마감재료는 제외한다.

② 실내장식물을 합판 또는 목재로 설치하는 경우

영업장 천장과 벽을 합한 면적의 3/10 이하(스프링클러 또는 간이스프링클러설비 설치 시는 5/10 이하)인 부분은 방염성능기준 이상의 것으로 설치할 수 있다.

- 다중이용업소에서 합판이나 목재로 실내장식물을 설치하고자 하는 경우에는 설치가능 면적을 해당 용도의 영업장 천장과 벽을 합한 면적
- (바닥을 제외한 5면의 면적을 합친 면적의 3/10 이하인 부분에 대해서만 방염성능 기준 이상의 것으로 설치)
- 다만, 스프링클러나 간이스프링클러가 설치된 다중이용업소의 영업장이라면 그 설치 제한면적이 5/10까지 가능
- 나머지는 불연재료 또는 준불연재료로 설치

(4) 방염성능 대상 물품 성능 기준[48)]

① 카펫의 방염성능기준

- 잔염시간[49)]이 20초 이내, 탄화길이 10㎝ 이내(내세탁성 측정 물품은 세탁 전후 이 기준에 적합해야 함)

---

47) 다중이용업소의 안전관리에 관한 특별법 제2조
48) 방염성능의 기준 제4조
49) 버너의 불꽃을 제거한 때부터 불꽃을 올리며 연소하는 상태가 그칠 때까지의 시간

② 얇은 포의 방염성능기준은

- 잔염시간 3초 이내, 잔신시간[50] 5초 이내, 탄화면적 30㎠ 이내, 탄화길이 20㎝ 이내, 접염횟수 3회 이상(내세탁성 측정 물품은 세탁 전후 이 기준에 적합해야 함)

③ 두꺼운 포의 방염성능기준

- 잔염시간 5초 이내, 잔신시간 20초 이내, 탄화면적 40㎠ 이내, 탄화길이 20㎝ 이내, 접염횟수 3회 이상(내세탁성 측정 물품은 세탁 전후 이 기준에 적합해야 함)

④ 합성수지판의 방염성능기준

- 잔염시간 5초 이내, 잔신시간 20초 이내, 탄화면적 40㎠ 이내, 탄화길이 20㎝ 이내

⑤ 합판, 섬유판, 목재 및 기타물품(이하 "합판등"이라 한다.)의 방염성능기준

- 잔염시간 10초 이내, 잔신시간 30초 이내, 탄화면적 50㎠ 이내, 탄화길이 20㎝ 이내

⑥ 소파 · 의자의 방염성능기준

- 버너법에 의한 시험은 잔염시간 및 잔신시간이 각각 120초 이내일 것
- 45도 에어믹스버너 철망법에 의한 시험은 탄화길이가 최대 7.0㎝ 이내, 평균 5.0㎝ 이내

〈표 4-21〉 방염성능기준의 최대연기밀도

대상물품	기준(단위)	비 고
카펫, 합성수지판, 소파 · 의자 등	400 이하	선처리물품에 한하여 적용
얇은 포 및 두꺼운 포	200 이하	
합판 및 목재	신청값 이하	신청값은 400이하로 할 것

5) 소방시설

- 소방시설는 화재를 탐지(감지)해서 통보함으로서 재실자들을 보호, 대피시켜 화재 초기단계에서 즉시 소화활동을 할 수 있도록 지원한다. 자동 또는 수동 조작으로 화재를 진압할 수 있도록 하는 기계 · 기구 및 시스템
- 소방시설은 다음과 같이 분류한다.

50) 방염성능기증 제2조 잔신시간 : 버너의 불꽃을 제거한 때부터 불꽃을 올리지 아니하고, 연소하는 상태가 그칠 때까지의 시간(잔염이 생기는 동안의 시간은 제외)

소방시설	설 명	종 류
소화설비	물 또는 그 밖의 소화약제를 사용하여 소화	소화기구 자동소화장치 옥내소화전설비(호스릴 옥내소화전설비 포함) 스프링클러설비등 물분무등소화설비 옥외소화전설비
경보설비	화재발생 사실을 통보	단독경보형감지기 비상경보설비 시각경보기 자동화재탐지설비 비상방송설비 자동화재속보설비 통합감시시설 누전경보기 가스누설경보기
피난구조설비	화재가 발생할 경우 피난하기 위하여 사용	피난기구 인명구조기구 유도등 비상조명등 및 휴대용비상조명등
소화용수설비	화재를 진압하는 데 필요한 물을 공급하거나 저장	상수도소화용수설비 소화수조 · 저수조, 그 밖의 소화용수설비
소화활동설비	화재를 진압하거나 인명구조활동을 위하여 사용	제연설비 연결송수관설비 연결살수설비 비상콘센트설비 무선통신보조설비 연소방지설비

화재예방, 소방시설 설치 · 유지및안전관리에 관한 법률 시행령[별표 1] <개정 2021. 1. 5.>

(1) 소화설비

① 소화기구 설치대상

구 분	비 고
연면적 33㎡ 이상	노유자시설의 경우 투척용 소화용구 등 화재 안전기준에 따라 산정된 소화기의 1/2 이상 설치
지정문화재, 가스시설	
터널	

② 자동 소화기

주거용 자동소화기	아파트 및 30층 이상 오피스텔의 모든 층
자동소화장치 (가스 분말 고체에어로졸, 캐비닛형)	화재안전기준

③ 옥내소화전

건물 내에서의 화재 발생 시 당해 소방대상물의 관계자 또는 자위소방대원이 이를 사용하여 발화 초기에 신속하게 진화할 수 있도록 건물 내에 설치하는 소화설비

설치대상	기 준	
모든 소방대상물	연면적	3,000㎡ 이상
	지하층, 무창층 4층 이상 바닥면적	600㎡ 이상
근린생활시설, 판매시설, 숙박기설, 노유자시설	연면적	1,500㎡ 이상
	지하층, 무창층 4층 이상 바닥면적	300㎡ 이상
지하가 중 터널	길이	1,000m 이상
옥상의 차고 및 주차장	주차용도의 면적	200㎡ 이상
위에 해당하지 않는 공장, 창고시설	특수가연물 저장취급	수량의 750배 이상

④ 스프링클러설비

설치대상	수용 인원	면 적
문화 및 집회 시설(동식물원은 제외)	100명 이상	영화 상영관의 용도 층의 바닥면적 지하층, 무창층인 경우에는 500㎡ 이상, 그 밖에 층 1,000㎡ 이상 무대부가 지하층, 무창층 또는 4층 이상, 300㎡ 이상 무대부의 면적이 500㎡ 이상
종교시설(주요 구조부가 목조 제외)		
운동시설(물놀이형시설 제외)		
판매시설, 운수시설 및 창고시설	500명 이상	5,000㎡ 이상
6층 이상인 특정소방대상물	-	모든 층
의료시설(종합병원, 치과병원, 한방병원, 요양병원)(정신병원은 제외) 노유자시설 숙박이 가능한 수련 시설	-	바닥면적 600㎡ 이상
창고시설		바닥면적 5,000㎡ 이상
천장 또는 반자 (반자가 없는 경우에는 지붕의 옥내에 면하는 부분)의 높이가 10m를 넘는 *래크식 창고		바닥면적 1,500㎡ 이상
위에서 해당되지 않는 경우		특정소방대상물의 지하층. 무창층(축사는 제외), 4층 이상인 층으로 1,000㎡ 이상
공장 또는 창고시설		소방기본법 시행령 별표 2에서 정하는 수량의 1,000 배 이상의 특수가연물을 저장. 취급하는 시설
		원자력안전법 시행령 제2조 제1호에 따른 중. 저준위 방사성 폐기물의 저장시설 중 소화수 수집. 처리하는 설비가 있는 저장시설

		250명 이상	바닥면적 2,500m^2 이상
지붕 또는 외벽이 불연 재료가 아니거나 내화구조가 아닌 공장 또는 창고시설	래크식 창고시설 중 6호에 해당하지 않은 것		바닥면적의 합계가 750m^2 이상
	공장 또는 창고시설 중 7호에 해당하지 않은 것		지하층. 무창층 또는 층수가 4층 이상인 것 중 바닥면적이 500m^2 이상인 것.
	공장 또는 창고시설 중 8호 ㉠항에 해당하지 않은 것		소방기본법 시행령 별표 2에서 정하는 수량의 500배 이상의 특수가연물을 저장. 취급하는 시설
지하가(터널은 제외)			1,000m^2 이상
기숙사(교육연구시설. 수련시설 내에 학생 수용) 또는 복합건축물			연면적 5,000m^2 이상
교정 및 군사시설 보호감호소, 교도소, 구치소 및 그 지소, 보호관찰소, 갱생보호시설, 치료감호시설, 소년원 및 소년분류심사원의 수용거실.			출입국 관리법 제52조 제 2항에 따른 보호시설(외국인 보호소의 경우에는 보호 대상자의 생활공간으로 한정)로 사용하는 부분(단, 보호시설이 임차건물에 있는 경우 제외)
			경찰관 직무집행법 제9조에 따른 유치장
위 모든 시설			특정소방대상물에 부속된 보일러실 또는 연결통로

*래크식 창고(Rack warehouse)는 물건을 수납할 수 있는 선반이나 이와 비슷한 시설

⑤ 간이 스프링클러설비

설치대상	설치조건
근린생활시설	근린생활시설 사용 면적 1,000m^2 이상 모든 층 입원실이 있는 의원(치과의원, 한의원 포함)
교육연구시설	100m^2 이상 합숙소
의료시설	600m^2 미만 병원(종합병원, 치과병원, 요양병원, 한방병원 포함) 300m^2 이상 600m^2 미만 정신의료기관, 의료재활시설 300m^2 미만이고, 창살설치 정신의료기관, 의료재활시설(탈출가능 창살설치 시 제외)
노유자시설	5,000m^2 이상
임차한 출입국관리법에 따른 보호시설 부분	모든 층
숙박시설	바닥면적 600m^2 이상(생활형 숙박시설)
복합건축물	하나의 건축물이 근린생활시설, 판매시설, 업무시설, 숙박시설, 위락시설의 용도와 주택의 용도로 함께 사용하는 것으로서 연면적 1,000m^2 이상인 것은 모든 층

⑥ 물분무식 소화설비

- 물분무식 소화설비는 수원, 가압송수장치, 기동장치(개방밸브), 화재 감지장치, 물분무 헤드, 제어반 등 주요 구성요소는 스프링클러 소화설비와 유사하지만,

스프링클러 설비의 방수압력보다 고압으로 방사하여 물의 입자를 미세(0.02-2.5 ㎜)하게 분무시켜 안개비 모양의 형태로 소방대상물을 감싸듯 방사하여 열로 인하여 수증기가 되어서 다량의 기화열을 내면서 소화물을 신속히 발화점 이하로 떨어뜨리는 냉각작용과 수증기의 질식작용, 가연성 액체의 표면에 불연성의 층을 형성하는 유화(에밀존)작용, 용해성 액체는 희석하여 소화하는 희석작용 등의 의하여 소화, 화재의 억제, 연소방지, 냉각시켜주는 소화설비

- 물방울 표면적을 넓게 확산시켜 유류화재, 전기화재 등에도 적응성이 뛰어나도록 한 소화설비

특정소방대상물		설치대상 기준
항공기 격납고		모두 적용
주차 관련	주차용 건축물(주차장법 제2조 제3호에 따른 기계식주차장 포함)	연면적 800m² 이상
	건축물 내부에 설치된 차고 및 주차장으로서 차고 또는 주차 용도인 부분	바닥면적 200m² 이상
	기계주차장치에 의한 주차시설(주차장법 제2조 제2호)	20대 이상
전기실, 발전기실, 변전실, 축전지실, 통신기기실, 전산실 ※ 건성변압기, 전류차단기 등의 전기기기, 가연성 피복을 사용하지 않은 전선 및 케이블만을 설치한 전기실, 발전실 및 변전실 제외 ※ 내화구조로 된 공정제어실 내에 설치된 주조정실로서 양압시설이 설치되고 전기기기에 220 볼트 이하인 저전압이 사용되며 종업원이 24 시간 상주하는 곳은 제외		바닥면적 300m² 이상 ※ 하나의 방화구획 내에 둘 이상 실이 있는 경우 하나의 실로 보아 바닥면적 산정
중·저준위방사성폐기물 저장시설		소화수를 수집·처리하는 설비 미설치 시
문화재로 지정된 건축물(문화재보호법 제2조 제2항 제1, 2호)		국민안전처장관이 문화재청장과 협의하여 정한 것
(적용 제외대상) 가스시설 또는 지하구는 특정소방대상물의 설치대상에서 제외		

⑦ 옥외소화전설비

- 옥외소화전설비는 건물의 1, 2층과 옥외설비 및 장치에서 화재의 진압 또는 인접 건축물로의 연소 확대 방지를 목적으로 방호대상물의 옥외에 설치하는 수동식 고정소화설비
- 옥외소화전설비 적용대상물

대상물	설치기준
특정소방대상물(아파트 등, 위험물 저장 및 처리시설 등 가스시설, 지하구 또는 지하가 중 터널을 제외)	지상 1층 및 2층의 바닥면적의 합계 9,000m² 이상
	보물 또는 국보로 지정된 목조건축물
	공장 또는 창고시설로서 750배 이상의 특수가연물을 저장·취급

(2) 경보설비

① 비상경보설비 설치기준

시설기준	비고(1)	비고(2)
연면적 400㎡ 이상	지하가 중 터널, 사람이 거주하지 않거나 벽이 없는 축사 등 동·식물 관련시설 제외	지하구, 모래, 석재 등 불연재료 창고 및 위험물 저장·처리시설 중 가스시설은 제외
지하층 또는 무창층의 바닥면적 150㎡ 이상	공연장의 경우 100㎡	
지하가 중 터널 500m 이상		
50명 이상의 옥내 작업장		

② 비상방송설비 설치기준

시설대상	비 고
연면적 3,500㎡ 이상	위험물 저장 및 처리시설 중 가스시설, 사람이 거주하지 않는 동물 및 식물관련 시설, 지하가 중 터널, 축사 및 지하구 제외
지하층을 제외한 11층 이상	
지하 3층 이상	

③ 누전경보기 설치기준

시설대상	비 고
100A(암페어)를 초과하는 특정소방대상물	위험물 저장 및 처리시설 중 가스시설, 지하가 중 터널 또는 지하구 제외

④ 자동화재탐지 설치기준

시설대상	비 고
1) 근린생활시설(목욕장 제외), 의료시설(정신의료기관 또는 요양병원 제외), 숙박시설, 위락시설, 장례식장 및 복합건축물	연면적 600㎡ 이상
2) 공동주택, 근린생활시설 중 목욕장, 문화 및 집회시설, 종교시설, 판매시설, 운수시설, 운동시설, 업무시설, 공장, 창고시설, 위험물 저장 및 처리시설, 항공기 및 자동차 관련시설, 교정 및 군사시설 중 국방·군사시설, 방송통신시설, 발전시설, 관광휴게시설, 지하가(터널제외)	1,000㎡ 이상
3) 교육연구시설(교육시설 내에 있는 기숙사 및 합숙소 포함), 수련시설(수련시설 내에 있는 기숙사 및 합숙소 포함, 숙박시설이 있는 수련시설 제외), 동·식물 관련 시설(기둥과 지붕만으로 구성된 장소 제외), 분뇨 및 쓰레기 처리시설, 교정 및 군사시설(국방·군사시설 제외), 묘지관련 시설	연면적 2,000㎡ 이상
4)지하구	
5)지하가 중 터널	1,000m 이상

6) 노유자 생활시설	
7) 6)에 해당하지 않는 노유자시설로서	연면적 400m² 이상인 노유자시설 및 숙박시설이 있는 수련시설로서 수용인원 100명 이상
8) 2)에 해당하지 않는 공장 및 창고시설	「소방기본법 시행령」 별표2 에서 정하는 수량의 500배 이상의 특수가연물을 저장·취급하는 것
9) 의료시설 중 정신의료기관 또는 요양병원으로서 다음의 어느 하나에 해당하는 시설	
가) 요양병원	정신병원과 의료재활시설은 제외
나) 정신의료기간 또는 의료재활시설	바닥면적의 합계 300m² 이상
다) 정신의료기간 또는 의료재활시설	바닥면적 합계 300m² 미만이고, 창살이 설치된 시설(창살 등이 자동으로 열리는 구조 제외)

⑤ 자동화재속보설비 설치대상

시설대상		비 고
1) 업무시설, 공장, 창고시설, 교정 및 군사시설 중 국방·군사시설, 발전시설(사람이 근무하지 않는 시간에는 무인경비시스템으로 관리하는 시설)		바닥면적 1,500m² 이상 층
2) 노유자 생활시설		
3) 2)에 해당하지 않는 노유자시설		바닥면적 500m² 이상 층
4) 수련시설(숙박시설이 있는 건축물)로서		바닥면적 500m²이상 층
5) 보물 또는 국보로 지정된 목조건축물		
6) 1)부터5)까지에 해당하지 않는 특정소방대상물		30층 이상
7) 의료시설 중 요양병원	가) 요양병원	정신병원, 의료재활시설 제외
	나) 정신병원과 의료재활시설	바닥면적 500m² 이상 층

[주] 1), 3), 4), 5)는 사람이 24시간 상시 근무하고 있는 경우에는 자동화재속보설비를 설치하지 않을 수 있음

⑥ 단독경보형 감지기 설치대상

시설대상	비 고
아파트	연면적 1,000m² 미만
기숙사	연면적 1,000m² 미만
교육연구시설 또는 수련시설 내 합숙소 또는 기숙사	연면적 2,000m² 미만
숙박시설	연면적 600m² 미만
숙박시설이 있는 수련시설	수용인원 100명 미만
유치원	연면적 400m² 미만

⑦ 시각경보기 설치대상

시설대상	비 고
근린생활시설, 문화 및 집회시설, 종교시설, 판매시설, 운수시설, 운동시설, 위락시설, 창고시설	물류터미널
의료시설, 노유자시설, 업무시설, 숙박시설, 발전시설 및 장례식장	
교육연구시설, 방송통신시설	도서관, 방송국
지하가	지하상가

⑧ 가스누설경보기 설치대상

시설대상	비 고
판매시설, 운수시설, 노유자시설, 숙박시설, 창고시설 중 물류터미널	가스시설이 설치된 경우
문화 및 집회시설, 종교시설, 의료시설, 수련시설, 운동시설, 장례식장	

(3) 피난구조 설비

- 피난구조설비는 화재가 발생할 경우 피난하기 위하여 사용하는 기계, 기구 또는 설비
- 피난설비의 종류로는 미끄럼대, 피난사다리, 구조대, 완강기, 피난교, 피난밧줄, 공기안전매트, 방열복, 공기호흡기, 인공소생기, 유도등 및 유도표시, 비상조명등 및 휴대용비상조명등

① 피난기구

- 피난기구는 특정소방대상물의 모든 층에 설치
- 다만, 피난층 · 지상 1층 · 지상 2층 및 층수가 11층 이상인 층과 가스시설 · 지하구 또는 지하가 중 터널은 제외

구 분	내 용
피난사다리	화재 시 긴급대피를 위해 사용하는 사다리
완강기	사용자의 몸무게에 따라 자동으로 내려올 수 있는 기구 중 사용자가 교대하여 연속으로 사용할 수 있는 것
간이완강기	사용자의 몸무게에 따라 자동적으로 내려올 수 있는 기구 중 사용자가 교대하여 연속으로 사용할 수 없는 것
구조대	포지 등을 사용하여 자루 형태로 만든 것으로, 화재 시 사용자가 그 내부에 들어가서 내려옴으로써 대피할 수 있는 것
공기안전매트	화재 발생 시 사람이 건축물 안에서 밖으로 긴급히 뛰어내릴 때 충격을 흡수하여 안전하게 지상에 도달할 수 있도록 포지에 공기 등을 주입하는 구조로 되어 있는 것
피난밧줄	급격한 하강을 방지하기 위한 매듭 등을 만들어 놓은 밧줄
기타	피난용 트랩, 피난교, 미끄럼대 등

② 인명구조기구

구 분	내 용
방열복	고온의 복사열에 가까이 접근하여 소방활동을 수행할 수 있는 내열피복
공기호흡기	소화 활동 시 화재로 인해 발생하는 각종 유독가스 중에서 일정 시간 사용할 수 있도록 제조된 압축공기식 개인 호흡장비 수용인원 100명 이상의 문화 및 집회시설(영화상영관) 판매시설(대규모 점포) 운수시설(지하역사) 지하가(지하상가)
인공소생기	호흡부전 상태의 사람에게 인공호흡을 시켜 환자를 보호하거나 구급하는 기구

③ 유도등 및 유도표시 설치

- 유도등이 평면으로 벽에 설치되어 화재 시 급박하게 대피하는 경우 식별하기 어려웠으나, 개정을 통해 유도등을 정면으로 볼 수 있게 추가하거나(수직형), 입체형으로 설치하는 등 대피 중에도 유도등이 쉽게 식별될 수 있도록 함

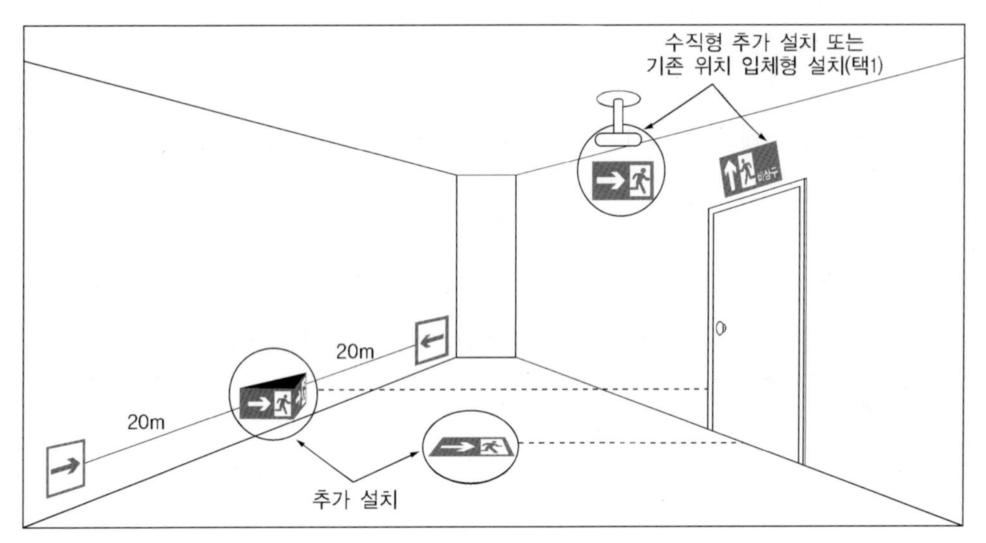

[그림 4-13] 유도등 및 유도표지의 종류, 설치장소

* 유도등 표시면을 2면 이상으로 하고 각 면마다 피난유도표시가 있는 것

유도등 및 유도표지의 화재안전기준(NFSC303) [소방청 고시 제2021-23호] 〈시설 2021.7.8.〉

〈표 4-22〉 유도등 및 유도표지의 화재안전기준(NFSC303)

설치장소	유도등 및 유도표지의 종류
1. 공연장 · 집회장(종교집회장 포함) · 관람장 · 운동시설 2. 유흥주점영업시설(춤을 출 수 있는 무대가 설치된 카바레, 나이트클럽 또는 그 밖에 이와 비슷한 영업시설만)	대형피난구유도등 통로유도등 객석유도등
3. 위락시설 · 판매시설 · 운수시설 · 관광숙박업 · 의료시설 · 장례식장 · 방송통신시설 · 전시장 · 지하상가 · 지하철역사	대형피난구유도등 통로유도등
4. 숙박시설 (제3호의 관광숙박업 외의 것) · 오피스텔 5. 제1호부터 제3호까지 외의 건축물로서 지하층 · 무창층 또는 층수가 11층 이상인 특정소방대상물	중형피난구유도등 통로유도등
6. 제1호부터 제5호까지 외의 건축물로서 근린생활시설 · 노유자시설 · 업무시설 · 발전시설 · 종교시설(집회장 용도로 사용하는 부분 제외) · 교육연구시설(국방 · 군사시설 제외) · 기숙사 · 자동차정비공장 · 운전학원 및 정비학원 · 다중이용업소 · 복합건축물 · 아파트	소형피난구유도등 통로유도등
7. 그 밖의 것	피난구유도표지 통로유도표지

⑤ 비상조명등 설치

- 화재 발생 등에 따른 정전 시 안전하고 원활하게 피난활동을 할 수 있도록 거실 및 피난통로 등에 설치되어 자동 점등되는 조명등으로 지하층을 포함한 5층 이상인 건축물로서 연면적 3,000m² 이상(특별소방대상물로서 지하층 또는 무창층의 400m² 이상인 경우)의 시설에 설치

⑥ 휴대용 비상조명등 설치

- 숙박시설, 수용인원 100명 이상의 영화관, 판매시설(대규모점포), 철도 및 도시철도시설(지하역사), 지하가(지하상가)

(4) 소화용수 설비

가) 상수도 소화용수설비[51]

① 상수도 소화용수설비 설치기준

- 호칭지름 75㎜ 이상의 수도배관에 호칭지름 100㎜ 이상의 소화전을 접속
- 소방자동차 등의 진입이 쉬운 도로변 또는 공지에 설치
- 특정소방대상물의 수평투영면의 각 부분으로부터 140m 이하가 되도록 설치

51) 상수도소화용수설비의 화재안전기준(NFSC 401)

나) 소화수조 또는 저수조[52)]

- 대지 경계선으로부터 180m 이내에 구경 75㎜ 이상인 상수도용 배수관이 설치되지 아니한 지역에 있어서는 소화수조 또는 저수조를 설치[53)]
- 소화수조 및 저수조의 설치대상

적용기준	비 고
연면적 5,000㎡ 이상	• 위험물 저장 및 처리시설 중 가스시설 • 지하가 중 터널 또는 지하구의 경우는 제외
가스시설로서 지상에 노출된 탱크	저장용량의 합계가 100톤 이상인 것

① 수화수조

- 소화수조, 저수조의 채수구 또는 흡수관투입구는 소방차가 2m 이내의 지점까지 접근할 수 있는 위치에 설치
- 저수량은 연면적을 다음 표에 따른 기준면적으로 나누어 얻은 수(소수점 이하의 수는 1로 본다)에 20㎥를 곱한 양 이상이 되도록 설치

적용기준	비 고
1. 1층 및 2층 바닥면적의 합계가 15,000㎡ 이상인 소방대상물	7,500㎡
2. 1호에 해당되지 아니한 그 밖의 소방대상물	12,500㎡

- 지하에 설치하는 소화용수설비의 흡수관투입구는 그 한 변이 0.6m 이상이거나 직경이 0.6m 이상, 소요수량이 80㎥ 미만, 1개 이상, 80㎥ 이상 인 것에 있어서는 2개 이상을 설치
- "흡관투입구"라고 표시

② 채수구

- 채수구는 소방용 호스 또는 소방용 흡수관에 구경 65㎜ 이상의 나사식 결합금속구를 설치
- 채수구의 수

소요수량	20㎥ 이상 40㎥ 미만	40㎥ 이상 100㎥ 미만	100㎥ 이상
채수구의 수	1개	2개	3개

- 채수구는 지면으로부터의 높이가 0.5m 이상 1m 이하의 위치에 설치하고 "채수구"라고 표시한 표지를 할 것

52) 소화수조 및 저수조의 화재안전기준(NFSC 402)
53) 화재예방, 소방시설 설치·유지 및 안전관리에 관한 법률 시행령 [별표 5] 제4호

• 가압송수장치

소요수량	20m³ 이상 40m³ 미만	40m³ 이상 100m³ 미만	100m³ 이상
가압송수장치의 1분당 양수량	1,100L 이상	2,200L 이상	3,300L 이상

(5) 소화활동 설비

가) 제연설비[54)]

• 화재 시 건물 안에서 발생되는 연기가 유동하거나 확산방지 제어 장치
• 제연의 원리는 연기를 희석/ 배출/ 차단 또는 이들의 조합에 의해 이루어지는 것
• 배연설비는 연기를 배출하는 제연은 내부로 유입이 되지 못하게 하면서 연기를 희석

① 제연설비를 설치하여야 하는 특정소방대상물

• 문화 및 집회시설, 종교시설, 운동시설로서 무대부의 바닥면적이 200㎡ 이상 또는 문화 및 집회시설 중 영화상영관으로서 수용인원 100명 이상
• 지하층이나 무창층에 설치된 근린생활시설, 판매시설, 운수시설, 숙박시설, 위락시설, 의료시설, 노유자시설 또는 창고시설(물류터미널만 해당한다)로서 해당 용도로 사용되는 바닥면적의 합계가 1,000㎡ 이상 층
• 운수시설 중 시외버스정류장, 철도 및 도시철도 시설, 공항시설 및 항만시설의 대합실 또는 휴게시설로서 지하층 또는 무창층의 바닥면적이 1,000㎡ 이상
• 지하가(터널은 제외한다)로서 연면적 1,000㎡ 이상
• 지하가 중 예상 교통량, 경사도 등 터널의 특성을 고려하여 행정안전부령으로 정하는 터널
• 특정소방대상물(갓복도형 아파트 등은 제외한다)에 부설된 특별피난계단 또는 비상용 승강기의 승강장

② 제연설비의 설치장소

• 하나의 제연구역의 면적은 1,000㎡ 이내로 할 것
• 거실과 통로(복도를 포함한다. 이하 같다)는 상호 제연구획 할 것
• 통로상의 제연구역은 보행중심선의 길이가 60m를 초과하지 아니할 것
• 하나의 제연구역은 직경 60m 원내에 들어갈 수 있을 것
• 하나의 제연구역은 2개 이상 층에 미치지 않도록 할 것

54) 제연설비의 화재안전기준(NFSC 501)

다만, 층의 구분이 불분명한 부분은 다른 부분과 별도로 제연구획

나) 연결송수관 설비

- 고층건축물, 지하건축물, 복합건축물, 아케이드 등에 설치하여 초기소화를 목적으로 설치한 스프링클러, 물분무, 옥내소화전설비 등을 도와 소화활동을 원활하게 하기 위해서 설치하는 소화활동설비
- 수원을 공급받거나, 소방대로부터 건축물의 벽면에 설치된 송수구로부터 수원을 공급받아 건축물내의 화재 소화
- 건축물의 3층부터 설치한 방수구에 소방용 호스와 방사형 노즐을 연결형으로 설치
- 방수구가 가장 많이 설치된 층을 기준하여 3개층마다 방수기구함을 설치 그 층의 방수구마다 보행거리 5m 이내에 설치

다) 연결살수설비

- 건축물의 1층 벽에 설치된 연결살수설비용의 송수구로 수원을 공급하는 설비
- 연결살수설비가 스프링클러설비, 물분무소화설비와 차이점은 외부의 소방차 등으로부터 수원을 공급받아 화재 소화 가능
- 송수구역마다 선택 밸브로 개폐 필요한 구역에 개폐하여 물이 뿌림
- 판매시설 및 지하가 또는 건축물 지하층의 연면적 150㎡ 이상인 곳에 설치

라) 비상콘센트 설비

- 화재 발생 시 건물 내 전원이 차단되었을 때, 소방대원의 소화활동장비에 전원을 공급을 할 수 있는 설비
- 일반전원이 차단되더라도 비상콘센트에 공급되는 전원에 영향을 최소화
- 건물 내부로 접근이 용이치 않은 고층건물이나 지하층 전원공급
- 전원에서 비상콘센트까지는 전용배선
- 배선은 내화배선과 내열배선으로 설치
- 비상콘센트 설치대상

설치대상	비 고
11층 이상의 층	지하층을 포함하는 특정소방대상물
지하층의 층수가 3개층 이상	바닥면적의 합계가 1,000㎡ 이상 지하 전층
지하가 중 터널	길이 500m 이상

제1장 실내계획
제2장 실내환경
제3장 실내시공
제4장 실내구조 및 법규

마) 무선통신보조설비

- 지하공간의 경우 전파의 반송특성이 나빠 무선교신이 어려워 화재진압이나 구조현장에서 소방대원간의 무선교신이 어려움
- 공간에 전파가 도착할 수 있도록 누설동축케이블이나 안테나를 설치하여 무선교신을 할 수 있도록 한 설비
- 무선통신보조설비 설치대상

설치대상	비 고
지하가	1,000㎡ 이상
지하층 면적	3,000㎡ 이상
지하3층 이상	1,000㎡ 이상
16층 이상 부분	30층 이상 건물에서

기출 및 예상 문제

4. 소방 규정

01 피난층 이외의 층의 용도 및 규모가 피난층 또는 지상으로 통하는 직통계단 2개소 설치의무 대상이 되는 건축물은? 공인2회

① 장례식장 용도로 쓰이는 층의 관람석 또는 집회실의 바닥면적 합계가 200㎡ 이상인 것
② 숙박시설로서 그 층의 해당용도에 쓰이는 거실의 바닥면적 합계가 200㎡ 이상인 것
③ 업무시설 중 오피스텔 용도에 쓰이는 층으로서 당해용도에 쓰이는 거실의 바닥면적 합계가 200㎡ 이상인 것
④ 지하층으로서 그 층의 거실의 바닥면적의 합계가 150㎡ 이상인 것

02 소방시설설치유지 및 안전관리에 관한 법률시행령에서 사용하는 용어의 정의가 바르게 설명된 것은? 공인2회

① '피난층'이라 함은 곧바로 다른 층으로 옮겨 갈 수 있는 출입구가 있는 층을 말한다.
② '비상구'라 함은 주된 출입구 외에 화재발생 등 비상시에 건축물 또는 공작물의 내부로부터 지상 그 밖의 안전한 곳으로 피난할 수 있는 가로 80㎝ 이상, 세로 180㎝ 이상 크기의 출입구를 말한다.
③ '무창층'이라 함은 지상층 중 해당 요건을 갖춘 개구부의 면적의 합계가 당해층의 바닥면적의 1/50 이하가 되는 층을 말한다.
④ '실내장식물'이라 함은 건축물 내부의 미관 또는 장식을 위하여 설치하는 가구류, 집기류 등을 포함하지 않는다.

정답 및 해설

01 ①
② 3층 이상 그 층의 해당용도의 거실 바닥면적 합계이다.
③ 업무시설 중 오피스텔 그 층의 해당용도의 거실 바닥면적 합계 300㎡ 이상
④ 지하층으로서 그 층의 거실의 바닥면적의 합계가 200㎡이상인 것
(건축법 시행령 34조)

03 특정소방대상물에 사용하는 제품의 방염성능 기준으로 <u>틀린</u> 것은? 공인2회

① 탄화한 면적은 50㎠(평방제곱센티미터) 이내, 탄화한 길이는 20㎝(센티미터) 이내
② 버너의 불꽃을 제거 후 불꽃을 올리지 않고 연소상태가 그칠 때까지 시간은 30초 이내
③ 버너의 불꽃을 제거 후 불꽃을 올리며 연소하는 상태가 그칠 때까지 시간은 20초 이내
④ 불꽃에 의하여 완전히 녹아질 때까지 불꽃의 접촉횟수는 2회 이상

04 1급 방화관리 대상물의 관리자가 될 수 있는 사람은? 공인2회

① 소방공무원으로서 2년 이상 근무 경력이 있는 자
② 소방설비기술사 또는 소방설비기사 자격을 가진 자
③ 건축기사 1급 자격을 가진 자로서 4년 이상 실무 경력이 있는 자
④ 방화업무관리에 관한 강습과정을 수료하고 그 자격을 인정받는 자

정답 및 해설

02 ④
"피난층"이란 곧바로 지상으로 갈 수 있는 출입구가 있는 층을 말한다.
"비상구"는 가로 75㎝ 이상, 세로 150㎝ 이상이어야 한다.
"무창층(無窓層)"이란 지상층 중 다음 각 목의 요건을 모두 갖춘 개구부(건축물에서 채광·환기·통풍 또는 출입 등을 위하여 만든 창·출입구, 그 밖에 이와 비슷한 것)의 면적의 합계가 해당 층의 바닥면적(「건축법 시행령」 제119조제1항제3호에 따라 산정된 면적)의 1/30 이하가 되는 층을 말한다.(화재예방, 소방시설 설치·유지 및 안전관리에 관한 법률 시행령 제2조)
"실내장식물"이란 건축물 내부의 천장 또는 벽에 설치하는 것을 말한다(다중이용업소의 안전관리에 관한 특별법 제2조).

03 ④
불꽃의 접촉횟수는 3회 이상
화재예방, 소방시설 설치·유지 및 안전관리에 관한 법률 시행령 제20조(방염대상물품 및 방염성능기준)〈개정 2021.3.2.〉 구체적인 성능은 '방염성능기준' [소방청고시 제2021-7호]으로 정하고 있다.

04 ④
1급 방화관리자의 자격요건은 다음과 같다.
1. 소방기술사·소방시설관리사·소방설비기사 또는 소방설비산업기사 자격을 가진 자
2. 산업안전기사 또는 산업안전산업기사 자격을 가진 자로서 2년 이상 방화관리에 관한 실무경력이 있는 자
3. 위험물기능장·위험물산업기사 또는 위험물기능사 자격을 가진 자로서 「위험물안전관리법」 제15조제1항의 규정에 의하여 위험물안전관리자로 선임된 자
4. 「고압가스 안전관리법」 제15조제1항, 「액화석유가스의 안전관리 및 사업법」 제14조제1항 또는 「도시가스사업법」 제29조제1항의 규정에 의하여 안전관리자로 선임된 자
5. 「전기사업법」 제73조제1항 및 제2항의 규정에 의하여 전기안전관리자로 선임된 자
6. 소방공무원으로 5년 이상 근무한 경력이 있는 자
7. 「고등교육법」 제2조제1호 내지 제6호의 어느 하나에 해당하는 학교에서 소방안전관리학과를 전공하고 졸업한 자로서 2년 이상 방화관리에 관한 실무경력이 있는 자
8. 「고등교육법」 제2조제1호 내지 제6호의 어느 하나에 해당하는 학교에서 소방 관련 교과목(소방방재청장이 정하여 고시하는 교과목을 말한다. 이하 같다)을 12학점 이상 이수하고 졸업하거나 소방안전 관련 학과(소방방재청장이 정하여 고시하는 학과를 말한다. 이하 같다)를 전공하고 졸업한 자로서 3년 이상 방화관리에 관한 실무경력이 있는 자

05 소방법 용어에서 '관계인'에 해당되는 것은? 공인2회

① 소방대상물 소유자 ② 건물의 출입인
③ 소방서장 ④ 건물경비원

06 화재예방 소방시설 설치 · 유지 및 안전관리에 관한에서 설치하여야 하는 소방시설에 해당되는 설명이 바르게 된 것은? 공인2회

① 소화설비 : 수동식 또는 반자동식 소화기, 수동확산소화용구, 간이스프링클러설비
② 피난설비 : 피난기구, 유도등, 유도표지, 비상조명등, 휴대용비상조명등,
③ 경보시설 : 비상경보설비, 누전경보기, 가스누설경보기, 비상방송설비
④ 소화활동설비 : 방화문 및 피난구

07 피난유도등 · 객석유도등 및 유도표지를 설치하여야 할 소방대상물이 바르게 설명된 것은? 공인2회

① 공연장 · 경기장 · 집회장 및 유흥음식점 : 대형피난구유도등, 통로유도등, 객석유도등
② 시장 · 호텔 · 종합병원 및 특수목욕장 : 중형피난구유도등, 통로유도등
③ 다방 · 여관 · 기숙사 및 병원 : 중형피난구유도등, 통로유도등
④ 과자점 · 여인숙 · 의원 · 노인복지시설 · 아동복지시설 및 장애인복지시설 : 중형피난유도등, 통로유도등

정답 및 해설

9. 2급 방화관리대상물의 방화관리에 관한 실무경력이 5년 이상 경과한 자 중 소방방재청장이 실시하는 1급 방화관리대상물의 방화관리에 관한 시험에 합격한 자
10. 법 제41조제1항의 규정에 의한 강습교육을 수료하고, 소방방재청장이 실시하는 1급 방화관리대상물의 방화관리에 관한 시험에 합격한 자

05 ①
"관계인"이란 소방대상물의 소유자 · 관리자 또는 점유자를 말한다(소방기본법 제2조 3항).

06 ③
① 소방설비는 소화기구, 자동소화장치, 옥내소화전설비(호스릴 옥내소화전설비 포함), 스프링클러설비 등, 물분무등소화설비, 옥외소화전설비
② 피난설비 → 피난구조설비(명칭변경)
③ 경보시설 : 단독경보형감지기, 비상경보설비, 시각경보기, 자동화재탐지설비, 비상방송설비, 자동화재속보설비, 통합감시시설, 누전경보기, 가스누설경보기
④ 소화활동설비 : 방화문 · 비상구(비상탈출구)
화재예방 소방시설 설치 · 유지 및 안전관리에 관한 법률 시행령 [별표 1]〈개정 2021.1.5.〉에 의해 문제와 보기 수정

08 소방법 규정에 의한 소화활동설비에 속하지 않는 것은? 공인1회

① 연결송수관설비 ② 스프링클러설비
③ 연결살수설비 ④ 비상콘센트설비

09 아래의 항목 중 소방법상의 개구부의 정의에서 부적합한 것은? 공인2회

① 해당 층의 바닥 면에서 개구부의 하부까지의 높이가 1.2m 이내일 것
② 화재 시 건축물로부터 쉽게 피난 할 수 있도록 창살 그 밖의 장애물이 설치되지 않을 것
③ 개구부의 크기가 지름 40㎝의 원이 내접할 수 있을 것
④ 도로 또는 차량의 진입이 가능한 공지에 면할 것

정답 및 해설

07 ①

유도등 및 유도표지의 화재안전기준(NFSC303) 제4조(유도등 및 유도표지의 종류)

설치장소	유도등 및 유도표지의 종류
1. 공연장 · 집회장(종교집회장 포함) · 관람장 · 운동시설 2. 유흥주점영업시설(춤을 출 수 있는 무대가 설치된 카바레, 나이트클럽 또는 그 밖에 이와 비슷한 영업시설만)	대형피난구유도등 통로유도등 객석유도등
3. 위락시설 · 판매시설 · 운수시설 · 관광숙박업 · 의료시설 · 장례식장 · 방송통신시설 · 전시장 · 지하상가 · 지하철역사	대형피난구유도등 통로유도등
4. 숙박시설 (제3호의 관광숙박업 외의 것) · 오피스텔 5. 제1호부터 제3호까지 외의 건축물로서 지하층 · 무창층 또는 층수가 11층 이상인 특정소방대상물	중형피난구유도등 통로유도등
6. 제1호부터 제5호까지 외의 건축물로서 근린생활시설 · 노유자시설 · 업무시설 · 발전시설 · 종교시설(집회장 용도로 사용하는 부분 제외) · 교육연구시설(국방 · 군사시설 제외) · 기숙사 · 자동차정비공장 · 운전학원 및 정비학원 · 다중이용업소 · 복합건축물 · 아파트	소형피난구유도등 통로유도등
7. 그 밖의 것	피난구유도표지 통로유도표지

08 ②

소화설비와 소화활동설비의 종류는 다음과 같다.

소화설비	소화활동설비
소화기구	제연설비
자동소화장치	연결송수관설비
옥내소화전설비	연결살수설비
스프링클러설비등	비상콘센트설비
물분무등소화설비	무선통신보조설비
옥외소화전설비	연소방지설비

09 ③

지름 50㎝의 원이 내접할 수 있을 것

10 방화벽의 설치 대상 건물의 연면적은? 공인2회

① 1,000㎡ ② 2,000㎡ ③ 10,000㎡ ④ 20,000㎡

11 다음 중 건축물에 설치하는 커튼 및 실내장식물등에 대하여 소방법상 방염성능 검사를 받지 않아도 되는 곳을 고르시오. 공인2회

① 층수가 3층 이상인 건축물에 설치된 객실 30실 미만인 여관
② 지상 2층의 건축물로 객실이 20실 미만인 호텔
③ 건축 바닥면적의 합계가 600㎡ 미만인 전시장
④ 지상 3층이고 상영관 바닥면적이 500㎡ 미만인 극장

12 관람집회시설, 종교집회장, 위락시설, 전시시설 등의 용도에 사용하는 건축물로서 당해 용도에 쓰이는 바닥면적의 합계가 얼마 이상일 경우 거실의 벽 및 반자의 마감을 불연재료, 준불연재료 또는 난연재료로 하여야 하는가? 공인2회

① 1,000㎡ ② 200㎡ ③ 250㎡ ④ 400㎡

정답 및 해설

10 ①
방화벽의 설치대상의 연면적은 1,000㎡이다.

11 ①
화재예방, 소방시설 설치・유지 및 안전관리에 관한 법률 제12조, 시행령 제19조〈개정 2021.8.24.〉
방염성능기준 이상의 실내장식물 등을 설치하여야 하는 특정소방대상물은
1. 근린생활시설 중 의원, 체력단련장, 공연장 및 종교집회장
2. 건축물의 옥내에 있는 시설로
 가. 문화 및 집회시설
 나. 종교시설
 다. 운동시설(수영장은 제외한다)
3. 의료시설
4. 교육연구시설 중 합숙소
5. 노유자시설
6. 숙박이 가능한 수련시설
7. 숙박시설
8. 방송통신시설 중 방송국 및 촬영소
9. 다중이용업소
10. 제1호부터 제9호까지의 시설에 해당하지 않는 것으로서 층수가 11층 이상인 것(아파트는 제외한다)

12 ②
건축물의 내장
주요구조부가 내화구조 또는 불연재료인 건축물로서 그 거실 바닥면적의 200㎡ 방화구획이 되어 있는 경우 내장의 제한을 받지 않는다(단, 스프링클러 등의 자동소화설비를 설치할 부분의 바닥면적 산정 제외).

13 소방서장의 건축허가 및 사용승인 동의대상 건축물은 연면적 얼마 이상인가? 공인2회

① 200㎡ ② 400㎡ ③ 600㎡ ④ 1,000㎡

14 6층 이상의 건축물로서 배연설비를 갖추어야 하는 시설들을 나열한 것 중 배연설비 설치 의무 대상이 <u>아닌</u> 것은? 공인2회

① 의료시설
② 교육연구시설 중 도서관
③ 수련시설 중 유스호스텔
④ 종교시설

15 소방법에서 건축허가 등을 함에 있어서 소방본부장 또는 소방서장의 동의를 받아야 하는 건축물의 연면적은 얼마인가? 공인2회

① 100㎡ ② 200㎡ ③ 300㎡ ④ 500㎡

16 방염대상 건축물에 포함되지 <u>않는</u> 것은? 공인5회

① 안마시술소, 헬스클럽
② 11층 이상 건축물
③ 숙박 가능한 청소년시설
④ 저층 아파트

정답 및 해설

13 ②
화재예방, 소방시설 설치·유지 및 안전관리에 관한 법률 시행령 제12조 〈2021. 8. 24. 개정〉
- 6층 이상 연면적 400㎡ 이상
- 학교시설 : 100㎡
- 노유자 및 수련시설 : 200㎡
- 의료재활시설 : 300㎡

14 ②
6층 이상의 문화 및 집회시설, 판매 및 영업시설, 의료시설, 교육연구 및 복지시설 중 연구소·아동 관련 시설·노인복지시설 및 유스호스텔, 운동시설, 업무시설, 숙박시설, 위락시설 및 관광휴게시설

15 ④

16 ④
11층 이상은 방염성능기준 이상의 실내장식물 등을 설치해야 하지만, 아파트는 제외한다(화재예방, 소방시설 설치·유지 및 안전관리에 관한 법률 시행령(제19조). 〈제목개정 2021. 8. 24.〉

17 대통령령이 정하는 특수장소에는 대통령령이 정하는 물품은 방염성능이 있는 것으로 하여야 한다. 이때 대통령령이 정한 것이 아닌 것은? 공인5회

① 칸막이용 합판 ② 전시용 섬유판
③ 커튼 ④ 유리제품

18 특수 장소에 사용하는 실내 장식물로서 방염성능이 없어도 되는 제품은? 공인1회

① 간이 칸막이용 섬유판 ② 무대에서 사용하는 막
③ 바닥마감용 모노륨 ④ 전시용 합판

19 건축법상 방화구획을 설치하는 목적으로 가장 적합한 것은? 공인1회

① 이웃 건축물로부터의 인화방지
② 동일 건축물 내에서의 화재 확산방지
③ 화재 시 건축물의 붕괴방지
④ 화재 시 화재 진압의 원할

20 대규모 목조건축물의 외벽 중에서 "연면적 1,000㎡ 이상인 목조 건축물의 구조는 국토교통부령으로 정하는 바에 따라 ( )구조로 하거나, ( )재료로 해야 한다."에서 ( )에 들어갈 단어로 알맞게 연결된 것은? 공인1회

① 방화구조－난연재료 ② 방화구조－불연재료
③ 내화구조－난연재료 ④ 내화구조－불연재료

정답 및 해설

17 ④
유리제품은 불꽃이 발생하지 않음.

18 ③
합판 · 목재류, 커튼류(블라인드를 포함한다), 카펫, 두께가 2㎜ 미만인 벽지류(종이벽지는 제외한다), 전시용 합판 또는 섬유판, 무대용 합판, 암막 · 무대막에 설치하는 스크린.
화재예방, 소방시설 설치 · 유지 및 안전관리에 관한 법률 시행령 제20조(방염대상물품 및 방염성능기준)〈개정 2019.8.6.〉
방염성능기준 제3조(방염성능 검사의 대상)[소방청고시, 2021.1.14]

19 ②
방화구획의 설치는 건축물 내에서 화재 확산을 방지하기 위해 설치한다.

20 ②
연면적이 1000㎡ 이상인 목조의 건축물은 그 외벽 및 처마 밑의 연소할 우려가 있는 부분을 방화구조로 하되, 그 지붕은 불연재료로 하여야 한다.

21 아래의 항목 중 거실의 벽 및 반자의 실내에 접하는 부분의 마감을 불연재료 또는 준불연재료 만을 사용하여야하는 것은? 공인1회

① 특수목욕탕, 박물관, 교회
② 극장, 음악당, 교회
③ 주차장, 호텔, 백화점
④ 노래연습장, 단란주점, 주점영업

22 소화설비에 해당하는 것은? 공인5회

① 동력펌프설비
② 상수용 소화설비
③ 소화수조
④ 연결살수설비

23 방염용어 중 '두꺼운 포'의 정의로 옳은 것은? 공인5회, 공인2회

① 커튼 등에 사용되는 섬유류 및 합성수지류의 포지로서 1㎡의 중량이 350g 미만인 것을 말한다.
② 커튼 등에 사용되는 섬유류 및 합성수지류의 포지로서 1㎡의 중량이 350g 초과하는 것을 말한다.
③ 커튼 등에 사용되는 섬유류 및 합성수지류의 포지로서 1㎡의 중량이 450g 미만인 것을 말한다.
④ 커튼 등에 사용되는 섬유류 및 합성수지류의 포지로서 1㎡의 중량이 450g 초과하는 것을 말한다.

24 건축허가대상 건축물 중 소방법에서의 사용검사 동의 대상 건축물의 연면적은 얼마 이상인가? 공인5회

① 150㎡ ② 300㎡ ③ 400㎡ ④ 500㎡

정답 및 해설

21 ④
노래방, 단란주점, 주점영업시설은 다중이용업소로 실내장식물은 불연재료 또는 준불연재료로 설치하여야 함.

22 ①
- 소화설비는 동력소방펌프설비, 소화기구, 자동소화장치, 스프링클러설비, 옥외소화전설비 등이 있다.
- 상수용 소화설비는 소화수조는 소화용수설비에 해당된다.
- 연결살수설비는 소화활동설비이다.

23 ④
"두꺼운 포"란 포지형태의 방염물품으로서 1㎡의 중량이 450g을 초과하는 것을 말한다(방염성능기준 제2조(용어의 정리). 2항/방염제품의 성능인증 및 제품검사의 기술기준 제2조(용어의 정리)

24 ③
6층 이상 연면적 400㎡ 이상의 모든 건축물은 소방동의 대상이다.

25 주요구조부가 내화구조 또는 불연재료로 된 건축물로서 연면적이 1,000㎡를 넘는 것의 방화구획으로 <u>틀린</u> 것은? 공인5회, 공인2회

① 3층 이상의 층과 지하층은 층마다 구획할 것
② 10층 이하의 층은 바닥면적 1000㎡, 11층 이상의 층은 바닥면적 300㎡ 이내마다 구획한다.
③ 10층 이하의 층은 스프링클러 등 자동식소화설비를 설치할 경우 바닥면적 3,000㎡ 이내마다 구획한다.
④ 11층 이상의 층은 벽 및 반자의 실내에 접하는 부분의 마감을 불연재료로 한 경우 바닥면적 500㎡ 이내마다 구획한다.

26 소방법에서 피난층에 해당하는 층은? 공인1회

① 지상과 접하는 1층 ② 옥상층
③ 지하 10층 이상 ④ 건출물의 최상층

27 피난에 관한 규정 중 <u>틀린</u> 사항은? 공인1회

① 피난층이란 직접 지상으로 통하는 출입구가 있는 층을 말한다.
② 피난계단은 직통계단이어야 한다.
③ 보행거리는 거실의 각 부분으로부터 피난층에 통하는 직통계단까지 거리를 말한다.
④ 피난층은 1개뿐이다.

정답 및 해설

25 ②
10층 이하의 층은 바닥면적 1,000㎡, 11층 이상의 층은 바닥면적 500㎡ 이내마다 구획한다(건축물의 피난・방화구조 등의 기준에 관한 규칙 제14조(방화구획의 설치기준). 〈개정 2021. 3. 26.〉

26 ①
피난층이란 지상으로 통하는 출구가 있는 층이다

27 ④
경사지일 경우 외부로 나갈 수 있는 출입구가 2개 이상을 수 있음

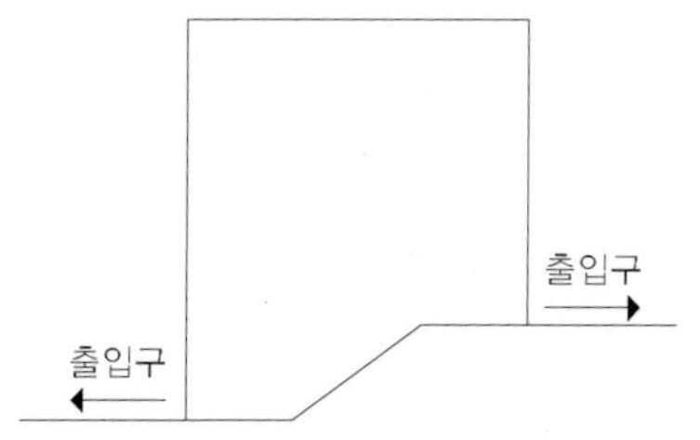

5 주차장법

사용자와 함께 건축물을 계획할 때 고려되어야 하는 것은 자동차의 이용으로 인한 주차 공간이다.

1) 주차구획(주차장법 시행규칙 제3조)[55]

〈표 4-23〉 부설주차장의 설치대상 시설물 종류 및 설치기준(제6조제1항 관련)

시설물	설치기준
1. 위락시설	시설면적 100m²당 1대(시설면적/100m²)
2. 문화 및 집회시설(관람장은 제외), 종교시설, 판매시설, 운수시설, 의료시설(정신병원 · 요양병원 및 격리병원은 제외), 운동시설(골프장 · 골프연습장 및 옥외수영장은 제외), 업무시설(외국공관 및 오피스텔은 제외), 방송통신시설 중 방송국, 장례식장	시설면적 150m²당 1대(시설면적/150m²)
3. 제1종 근린생활시설[「건축법 시행령」 별표 1 제3호 바목 및 사목(공중화장실, 대피소, 지역아동센터는 제외)은 제외한다], 제2종 근린생활시설, 숙박시설	시설면적 200m²당 1대(시설면적/200m²)
4. 단독주택(다가구주택 제외)	시설면적 50m² 초과 150m² 이하 : 1대 시설면적 150m² 초과 : 1대에 150m²를 초과하는 100m²당 1대를 더한 대수[1+{(시설면적−150m²)/100m²}]
5. 다가구주택, 공동주택(기숙사는 제외한다), 업무시설 중 오피스텔	「주택건설기준 등에 관한 규정」 제27조제1항에 따라 산정된 주차대수. 이 경우 다가구주택 및 오피스텔의 전용면적은 공동주택의 전용면적 산정방법을 따른다.
6. 골프장, 골프연습장, 옥외수영장, 관람장	골프장 : 1홀당 10대(홀의 수×10) 골프연습장 : 1타석당 1대(타석의 수×1) 옥외수영장 : 정원 15명당 1대(정원/15명) 관람장 : 정원 100명당 1대(정원/100명)
7. 수련시설, 공장(아파트형은 제외한다), 발전시설	시설면적 350m²당 1대(시설면적/350m²)
8. 창고시설	시설면적 400m²당 1대(시설면적/400m²)
9. 학생용 기숙사	시설면적 400m²당 1대(시설면적/400m²)
10. 방송통신시설 중 데이터센터	시설면적 400m²당 1대(시설면적/400m²)
11. 그 밖의 건축물	시설면적 300m²당 1대(시설면적/300m²)

55) 주차장법 시행령 [별표 1] <개정 2021.3.30.>

(1) 평행주차형식의 경우

구 분	너 비	길 이
경형	1.7m 이상	4.5m 이상
일반형	2.0m 이상	6.0m 이상
보도와 차도의 구분이 없는 주거지역의 도로	2.0m 이상	5.0m 이상
이륜자동차 전용	1.0m 이상	2.3m 이상

(2) 평행주차형식 외의 경우

구 분	너 비	길 이
경형	2.0m 이상	3.6m 이상
일반형	2.5m 이상	5.0m 이상
확장형	2.6m 이상	5.2m 이상
장애인전용	3.3m 이상	5.0m 이상
이륜자동차 전용	1.0m 이상	2.3m 이상

(3) 주차단위 구획

- 주차단위구획은 흰색 실선으로 표시(선두께 15㎝)
- 경형자동차 전용주차구획의 주차단위구획은 파란색 실선으로 표시

(4) 장애인 주차구획의 확보

- 노상주차장에는 다음 각 목의 구분에 따라 장애인 전용주차구획을 설치하여야 한다.
  - 주차대수 규모가 20대 이상 50대 미만인 경우 : 1면 이상
  - 주차대수 규모가 50대 이상인 경우 : 주차대수의 2%부터 4%까지(해당 지방자치단체의 조례로 정하는 비율 이상)

2) 지하식 또는 건물식 노외 주차장

- 자주식 주차장으로서 지하식 또는 건축물식 노외주차장
  - 높이는 주차바닥면으로부터 2.3m 이상
  - 곡선 부분은 자동차가 6m(같은 경사로를 이용하는 주차장의 총주차대수가 50대 이하인 경우에는 5m, 이륜자동차전용 노외주차장의 경우에는 3m) 이상의

내변반경으로 회전할 수 있도록 함

- 경사로의 차로 너비는 직선형인 경우에는 3.3m 이상(2차로의 경우에는 6m 이상)으로 하고, 곡선형인 경우에는 3.6m 이상(2차로의 경우에는 6.5m 이상)으로 하며, 경사로의 양쪽 벽면으로부터 30㎝ 이상의 지점에 높이 10㎝ 이상 15㎝ 미만의 연석(경계석)을 설치해야 한다. 이 경우 연석 부분은 차로의 너비에 포함
- 경사로의 종단경사도는 직선 부분에서는 17%를 초과하여서는 아니 되며, 곡선 부분에서는 14%를 초과하여서는 안 됨
- 경사로의 노면은 거친 면으로 함
- 주차대수 규모가 50대 이상인 경우의 경사로는 너비 6m 이상인 2차로를 확보하거나 진입차로와 진출차로를 분리

• 지하식 또는 건축물식 노외주차장에는 벽면에서부터 50㎝ 이내를 제외한 바닥면의 최소 조도(照度)와 최대 조도

- 주차구획 및 차로 : 최소 조도는 10lx 이상, 최대 조도는 최소 조도의 10배 이내
- 주차장 출구 및 입구 : 최소 조도는 300lx 이상, 최대 조도는 없음
- 사람이 출입하는 통로 : 최소 조도는 50lx 이상, 최대 조도는 없음

• 주차대수 30대를 초과하는 규모의 자주식주차장으로서 지하식 또는 건축물식 노외주차장에는 관리사무소에서 주차장 내부 전체를 볼 수 있는 폐쇄회로 텔레비전(녹화장치를 포함한다) 또는 네트워크 카메라를 포함하는 방범설비를 설치 · 관리

기출 및 예상 문제

5. 주차장법

01 연면적 20,000㎡인 호텔에 설치해야 할 부설주차장의 최소 주차대수는? 공인2회

① 60대
② 80대
③ 100대
④ 150대

02 장애인 주차장 계획에 대한 설명 중 가장 적합한 것은? 공인1회

① 비장애인 주차장과 겸용하여 사용한다.
② 비장애인 주차장과 분리하여 가급적 멀리 배치한다.
③ 넓은 공간 확보를 위해 주출입구에서 먼 곳에 배치한다.
④ 하차하여 가장 짧은 동선으로 주출입구로 연결되도록 계획한다.

정답 및 해설

01 ③
숙박 시설의 경우 200㎡당 1대(장애자용 주차대수 포함)
숙박시설 부설주차장 주차대수 : $\frac{20,000}{200} = 100$(대)

02 ④
장애인 주차장은 겸용으로 사용할 수 없으며, 주출입구와 가까이 배치한다.

03 주차단위구획에 대한 설명 중 옳지 <u>않은</u> 것은?(법령 개정으로 보기를 수정) 공인5회

① 직각주차인 일반 주차장 : 너비 2.5m 이상, 길이 5.0m 이상
② 지체장애인 전용주차장 : 너비 3.3m 이상, 길이 5.0m 이상
③ 평행주차인 일반주차장 : 너비 2.0m 이상, 길이 6.5m 이상
④ 주거지역의 보도와 차도의 구분이 없는 도로에서의 평행주차 : 너비 2.0m 이상, 길이 5.0m 이상

정답 및 해설

03 ③
주차장의 주차단위 구획
(1) 일반주차장
① 평행주차 이외의 주차구획은 2.5m×5.0m 이상(법령 개정)
② 평행주차장일 때 일반형 구차구획은 2.0m×6.0m 이상(주거지역에서 보도와 차도의 구분이 없는 도로에서의 평행주차구획 : 2.0m×5.0m 이상)
(2) 장애인 전용주차구획은 3.3×5.0m 이상
* 주차단위구획은 백색실선으로, 경형자동차 전용주차구획의 주차단위구획은 파란색 실선으로 표시해야 함
주차장법 시행규칙 제3조(주차장의 주차구획) [시행 2021. 8. 27.] [국토교통부령 제882호, 2021. 8. 27., 타법개정]〈개정 2018. 3. 21.〉

6 실내공기질 관리법

다중이용시설, 신축 공동주택 및 대중교통차량의 실내공기질을 알맞게 유지하고 관리함으로써 그 시설을 이용하는 국민의 건강을 보호하고 환경상의 위해를 예방을 목적으로 한다.

1) 실내공기질 관리법의 적용대상 시설

시 설	적용대상 기준
지하역사	모든 지하역사 (출입통로 · 대합실 · 승강장 및 환승통로와 이에 딸린 시설 포함)
지하도상가	연면적 2,000m² 이상
철도역사(대합실)	
여객자동차터미널(대합실)	
항만시설(대합실)	연면적 5,000m² 이상
공항시설(여객터미널)	연면적 1,500m² 이상
도서관	연면적 3,000m² 이상
박물관 및 미술관	
의료기관	연면적 3,000m² 이상 이거나 병상 수 100개 이상
산후조리원	연면적 500m² 이상
노인요양시설	연면적 1,000m² 이상
어린이집	연면적 430m² 이상 (국공립어린이집, 법인어린이집, 직장어린이집, 민간어린이집)
대규모점포	모든 대규모점포
장례식장	연면적 1,000m² 이상(지하에 위치한 시설로 한정)
영화상영관	모든 영화상영관(실내 영화상영관으로 한정)
학원	연면적 1,000m² 이상
전시시설	연면적 2,000m² 이상(옥내시설로 한정)
인터넷컴퓨터게임시설제공업 (영업시설)	연면적 300m² 이상
실내주차장	연면적 2,000m² 이상(기계식 주차장은 제외)
업무시설	연면적 3,000m² 이상
둘 이상의 용도 건축물	연면적 2,000m² 이상(건축법 제2조제2항에 용도)
공연장(실내 공연장)	객석 수 1,000석 이상
체육시설(실내 체육시설)	관람석 1,000석 이상
목욕장업(영업시설)	연면적 1,000m² 이상

기출 및 예상 문제

6. 실내공기질 관리법

01 실내공기질 관련법규에서 실내디자이너가 고려해야 하는 조항들 중 옳지 않은 것은?

공인5회

① 신축 또는 리모델링하는 100세대 이상의 공동주택은 시간당 0.5회 이상의 환기가 이루어질 수 있도록 자연환기설비 또는 기계환기설비를 설치하여야 한다.

② 공동주택의 보일러실에는 필요시 개폐할 수 있는 공기흡입구 및 배기구를 설치해야 한다.

③ 다중이용시설 또는 공동주택을 설치하는 자는 환경부장관이 고시한 오염물질방출 건축자재를 사용하여서는 안 된다.

④ 석면이 함유된 건축물이나 설비를 철거하거나 해체하는 자는 고용노동부령으로 정 하는 석면해체·제거의 작업기준을 준수하여야 한다.

정답 및 해설

01 ④

석면에 대해서는 환경부에서 정하는 석면안전관리법에 따름

7 실내건축 관련 규정 목록(법령 구성)

구 분	법령/법규/행정규칙명	약 칭	시 행
일반	건축법		[법률 제17733호, 2020.12.22]
	건축법 시행령		[대통령령 제31941호, 2021.8.10.]
	건축법 시행규칙		[국토교통부령 제935호, 2021.12.31]
	건축물의 분양에 관한 법률	건축물 분양법	[법률 제17007호, 2020.2.18., .]
	다중생활시설 건축기준		[국토교통부고시 제2020-248호, 2020.3.4., ..]
	주택법		[법률 제17486호, 2020.8.18., .]
	주택법 시행령		[대통령령 제31468호, 2021.2.19, .]
	주택법 시행규칙		[국토교통부령 제823호, 2021.2.19, .]
	주택건설기준 등에 관한 규정	주택건설 기준규정	[대통령령 제31389호, 2021.1.12., .]
	리모델링이 용이한 공동주택 기준		[고시 제2018-774호, 2018.12.7., .]
	오피스텔 건축기준		[국토교통부고시 제2017-279호, 2017.5.23, .]
	건출물의 설계도서 작성기준		[고시 제2016-1025호, 2016.12.30., .]
	건축물의 설계표준계약서		[고시 제2019-970호, 2019.12.31., .]
	건축공사 표준계약서		[고시 제2016-193호, 2016.4.8., .]
	건축공사 감리세부기준		[고시 제2020-1011호, 2020.12.24., .]
	건축물대장의 기재 및 관리 등에 관한 규칙		[국토교통부령 제722호, 2020.5.1., .]
구조 및 재료	건축물의 구조기준 등에 관한 규칙	건축물구조 기준규칙	[국토교통부령 제777호, 2020.11.9., .]
	건축구조기준		
	소규모건축구조기준		
	실내건축의 구조·시공방법 등에 관한 기준		[국토교통부고시 제2020-742호, 2020.10.22., .]
	소음방지를 위한 층간 바닥충격음 차단 구조기준		[국토교통부고시 제2018-585호, 2018.9.21., .]
	공동주택 결로 방지를 위한 설계기준		[국토교통부고시 제2016-835호, 2016.12.7, .]
	발코니 등의 구조변경절차 및 설치기준		[국토교통부고시 제2018-775호, 2018.12.7., ..]
	벽체의 차음구조 인정 및 관리기준		[국토교통부고시 제2018-776호, 2018.12.7., ..]
설비 기준	건축물의 설비기준 등에 관한 규칙	건축물설비 기준규칙	[국토교통부령 제715호, 2020.4.9., .]
	건축물의 냉방설비에 대한 설치 및 설계기준		[산업통상자원부령 제390호, 2020.8.25., .]

	도시가스사업법 시행규칙		[산업통상자원부고시 제2017-47호, 2017.3.31., .]
	하수도법		
	수도법		
피난·방화구조 등의 기준	건축물의 피난·방화구조 등의 기준에 관한 규칙	건축물방화구조규칙	[국토교통부령 제832호, 2021.3.26., .]
	건축물 마감재료의 난연성능 및 화재 확산 방지구조 기준		[국토교통부고시 제2020-263호, 2020.3.13., ..]
	고강도 콘크리트 기둥·보의 내화성능 관리기준		[고시 제2008-334호, 2008.7.21., 제정]
	내화구조의 인정 및 관리기준		[국토교통부고시 제2019-593호, 2019.10.28., ..]
	자동방화셔터, 방화문 및 방화댐퍼의 기준		[국토교통부고시 제2020-44호, 2020.1.30., ..]
	고층건축물의 화재안전기준		[소방청고시 제2017-1호, 2017.7.26, .]
	다중이용업소의 안전관리에 관한 특별법	다중이용업소법	[법률 제17894호, 2021.1.12., .]
	다중이용업소의 안전관리에 관한 특별법 시행령	다중이용업소법 시행령	[대통령령 제31511호, 2021.3.2, .]
	다중이용업소의 안전관리에 관한 특별법 시행규칙	다중이용업소법 시행규칙	[행정안전부령 제113호, 2019.4.22.]
	기존다중이용업소 건축물의 구조상 비상구를 설치할 수 없는 경우에 관한 고시		[소방청고시 제2017-1호, 2017.7.26.]
	기존다중이용업소(옥내권총사격장·골프연습장·안마시술소) 건축물의 구조상 비상구를 설치할 수 없는 경우에 관한 기준		[소방청고시 제2017-1호, 2017.7.26., .]
	숙박형 다중이용업소의 간이스프링클러설비 설치 지원사업에 관한 규정		[고시 제2020-22호, 2020.12.18., 제정]
	화재예방, 소방시설 설치·유지 및 안전관리에 관한 법률	소방시설법	[법률 제17007호, 2020.2.18., .]
	화재예방, 소방시설 설치·유지 및 안전관리에 관한 법률 시행령	소방시설법 시행령	[대통령령 제31016호, 2020.9.15., .]
	화재예방, 소방시설 설치·유지 및 안전관리에 관한 법률 시행규칙	소방시설법 시행규칙	[행정안전부령 제243호, 2021.3.25., .]
실내공기질	실내공기질 관리법	실내공기질법	[법률 제16307호, 2019.4.2., .]
	실내공기질 관리법 시행령	실내공기질법 시행령	[대통령령 제30592호, 2020.3.31, .]
	실내공기질 관리법 시행규칙	실내공기질법 시행규칙	[환경부령 제858호, 2020.4.3., .]
범죄예방	범죄예방 건축기준 고시		[국토교통부고시 제2019-394호, 2019.7.24., ..]

	건축물의 범죄예방 설계 가이드라인		[시행 2013.1.9.] [기타 제9999호, 2013.1.9., 제정]
지능형건축물	지능형건축물의 인증에 관한 규칙		[시행 2017.3.31.] [국토교통부령 제413호, 2017.3.31., .]
	지능형건축물 인증기준		[시행 2020.12.10.] [국토교통부고시 제2020-1028호, 2020.12.10., .]
녹색건축물 조성	녹색건축물 조성 지원법	녹색건축법	[시행 2020.10.8.] [법률 제17229호, 2020.4.7., .]
	녹색건축물 조성 지원법 시행령		[시행 2020.12.10] [대통령령 제31243호, 2020.12.8, .]
	녹색건축물 조성 지원법 시행규칙		[국토교통부령 제914호, 2020.12.11, .]
	건축물의 에너지절약설계기준		[국토교통부고시 제2017-881호, 2017.12.28., ..]
	기존 건축물의 에너지 성능 개선 기준		[고시 제2021-322호, 2021.4.12., .]
	그린리모델링지원사업 운영 등에 관한 고시		
	건축물 에너지효율등급 인증 및 제로에너지건축물 인증에 관한 규칙	건축물 에너지 인증규칙	[국토교통부령 제623호, 2019.5.13., .] [산업통상자원부령제333호,2019.5.13.,.]
	건축물 에너지효율등급 인증 및 제로에너지건축물 인증 기준		[국토교통부고시 제2020-574호, 2020.8.13., .]
	에너지절약형 친환경주택의 건설기준		[국토교통부고시 제2020-355호, 2020.4.24., ..]
	건강친화형 주택 건설기준		[국토교통부고시 제2020-368호, 2020.4.30., ..]
	장수명 주택 건설 · 인증기준		[국토교통부고시 제2018-521호, 2018.8.28., ..]
	고효율 에너지기자재 보급촉진에 관한 규정		[산업통상자원부고시 제2020-40호, 2020.3.31., ..]
	녹색건축 인증에 관한 규칙	녹색건축 인증규칙	[국토교통부령 제831호, 2021.3.24., .] [환경부령제908호,2021.3.24.,.]
	녹색건축 인증기준		[국토교통부고시 제2019-764호, 2019.12.23., ..]
편의시설	장애인 · 노인 · 임산부 등의 편의증진 보장에 관한 법률	장애인 등 편의법	[법률 제16739호, 2019.12.3., .]
	장애인 · 노인 · 임산부 등의 편의증진 보장에 관한 법률 시행령	장애인 등 편의법 시행령	[대통령령 제31129호, 2020.10.27., .]
	장애인 · 노인 · 임산부 등의 편의증진 보장에 관한 법률 시행규칙	장애인 등 편의법 시행규칙	[보건복지부령 제672호, 2019.9.27.]
	교통약자의 이동편의 증진법	교통약자법	[법률 제17545호, 2020.10.20.]

	교통약자의 이동편의 증진법 시행령	교통약자법 시행령	[대통령령 제31380호, 2021.1.5.]
	교통약자의 이동편의 증진법 시행규칙	교통약자법 시행규칙	[국토교통부령 제719호, 2020.4.23.]
	장애물 없는 생활환경 인증에 관한 규칙		[보건복지부령 제672호, 2019.9.27]
용도별 시설 관련	장애인복지법		[보건복지부령 제791호, 2021.4.13]
	장애인복지법 시행령		
	장애인복지법 시행규칙		
	영유아보육법		[보건복지부령 제773호, 2020.12.31.]
	영유아보육법 시행령		
	영유아보육법 시행규칙		
	노인복지법		[법률 제17776호, 2020.12.29.]
	노인복지법 시행령		[대통령령 제31773호, 2021.6.15.]
	노인복지법 시행규칙		[보건복지부령 제851호, 2021.12.31.]
	아동복지법 시행규칙		
	어린이안전관리에 관한 법률 시행령 - 어린이이용시설		[보건복지부령 제773호, 2020.12.31.]
	어린이놀이시설 안전관리법	어린이놀이시설법	[법률 제17695호, 2020.12.22.]
	어린이놀이시설의 시설기준 및 기술 기준		[행정안전부고시 제2021-22호, 2021.3.5.]
	사회복지사업법		
	한부모가족지원법 시행규칙		
	고등학교 이하 각급 학교 설립·운영 규정		
	초중등교육법		
	공중위생관리법		
	의료법		
	식품위생법		
기타	국가기술자격법		
	건설기술진흥법		[법률 제17939호, 2021.3.16., .]
	건설산업기본법		[법률 제18338호, 2021.7.27., .]
	국토의이용및 계획에관한 법률	국토계획법	[법률 제17893호, 2021.1.12., .]
	도시재생 활성화 및 지원에 관한 특별법	도시재생법	[법률 제17814호, 2020.12.31.]
	전기안전관리법		[법률 제17171호, 2020.3.31]

03 장애인 · 노약자 시설 관련 법규

1 기본 개념

1) 기본 원칙

장애인 · 노인 · 임산부 등 사회적 약자가 일상생활에서 안전하고 편리하게 시설과 설비를 이용하고 정보에 접근할 수 있도록 가능하면 최대한 편리한 방법으로 최단거리로 이동할 수 있도록 편의시설을 설치하여야 한다.

2) 용어의 정의[56]

① 접근권

• 장애인 등은 인간으로서의 존엄과 가치 및 행복을 추구할 권리를 보장받기 위하여 장애인 등이 아닌 사람들이 이용하는 시설과 설비를 동등하게 이용하고, 정보에 자유롭게 접근할 수 있는 권리를 가진다.

② 편의시설

• 장애인 등이 일상생활에서 이동하거나 시설을 이용할 때 편리하게 하고, 정보에 쉽게 접근할 수 있도록 하기 위한 시설과 설비

③ 시설주

• 편의시설을 설치하여야 하는 대상시설의 소유자 또는 관리자

---

56) 「장애인 · 노인 · 임산부 등의 편의증진보장에 관한 법률」 법률(제16739호). 2021년 12월 4일 시행 제2조 제4조

④ 시설주관기관

- 편의시설의 설치와 운영에 관하여 지도하고 감독하는 중앙행정기관의 장과 특별시장 · 광역시장 · 특별자치시장 · 도지사 · 특별자치도지사, 시장 · 군수 · 구청장 및 교육감

⑤ 공공건물 및 공중이용시설

- 불특정다수인이 이용하는 건축물, 시설 및 그 부대시설로서 대통령령으로 정하는 건물 및 시설

3) 편의시설 설치계획의 수립 · 시행[57)]

시설주관기관은 편의시설 설치를 촉진하기 위하여 대상시설에 대한 편의시설 설치계획을 수립 · 시행하여야 하며 다음의 사항이 포함되어야 한다.

- 대상시설의 편의시설 설치실태 및 정비계획
- 대상시설의 건축 · 대수선 · 용도변경 등에 따른 편의시설 설치계획
- 대상시설 및 편의시설 설치 기준에 관한 홍보
- 그 밖에 보건복지부령으로 정하는 사항

4) 장애물 없는 생활환경 인증[58)]

보건복지부장관과 국토교통부장관은 장애인 등이 대상시설을 안전하고 편리하게 이용할 수 있도록 편의시설의 설치 · 운영을 유도하기 위하여 대상시설에 대하여 장애물 없는 생활환경 인증을 할 수 있다.

대상시설에 대하여 인증을 받으려는 시설주는 보건복지부장관과 국토교통부장관에게 인증을 신청하여야 한다. 이 경우 시설주는 인증 신청 전에 대상시설의 설계도서 등에 반영된 내용을 대상으로 예비인증을 신청할 수 있다.

보건복지부장관과 국토교통부장관은 인증 업무를 효과적으로 수행하기 위하여 필요한 전문인력과 시설을 갖춘 기관이나 단체를 인증기관으로 지정하여 인증 업무를 위탁할 수 있다.

인증 기준 · 절차, 유효기간 연장의 기준 · 절차, 인증기관 지정 기준 · 절차, 그 밖에 인증 제도 운영에 필요한 사항은 보건복지부와 국토교통부의 공동부령으로 정한다.

57) 제12조

58) 제10조의 2

- 의무인증시설
  - 국가나 지방자치단체가 지정·인증 또는 설치하는 공원 중 도시공원 및 공원시설
  - 국가, 지방자치단체 또는 공공기관이 신축·증축·개축 또는 재축하는 청사, 문화시설 등의 공공건물 및 공중이용시설 중에서 대통령령으로 정하는 시설
  - 국가, 지방자치단체 또는 공공기관 외의 자가 신축·증축·개축 또는 재축하는 공공건물 및 공중이용시설로서 시설의 규모, 용도 등을 고려하여 대통령령으로 정하는 시설

1. 기본 개념

기출 및 예상 문제

01 장애인 · 노인 · 임산부 등이 일상생활에서 안전하고 편리하게 시설과 설비를 이용하고 정보에 접근할 수 있도록 보장함으로써 이들의 사회활동 참여와 복지 증진에 이바지함을 목적으로 1997년 제정된 법령의 이름은 무엇인가?

① 장애인등편의법
② 교통약자의 이동편의 증진법
③ 장애인복지법
④ 장애물 없는 생활환경인증에 관한 규칙

02 장애인 · 노인 · 임산부 등의 편의증진보장에 관한 법률에 대한 설명 중 옳지 않은 것은? 공인2회

① "장애인 등"이라 함은 장애인 · 노인 · 임산부등 생활을 영위함에 있어 이동과 시설이용 및 정보에의 접근등에 불편을 느끼는 자를 말한다.
② "편의시설"이라 함은 장애인 등이 생활을 영위함에 있어 이동과 시설이용의 편리를 도모하고 정보의 접근을 용이하게 하기 위한 시설과 설비를 말한다.
③ "시설주관기관"이라 함은 이 법에서 정하는 대상시설의 소유기관 또는 관리기관을 말한다.
④ "공공건물 및 공중이용시설"이라 함은 불특정다수인이 이용하는 건축물, 시설 및 그 부대시설로서 대통령령으로 정하는 건물 및 시설을 말한다.

정답 및 해설

01 ①
① 장애인 · 노인 · 임산부 등의 편의증진 보장에 관한 법률

02 ③
"시설주관기관"이란 편의시설의 설치와 운영에 관하여 지도하고 감독하는 중앙행정기관의 장과 특별시장 · 광역시장 · 특별자치시장 · 도지사 · 특별자치도지사, 시장 · 군수 · 구청장(자치구의 구청장) 및 교육감을 말한다.

03 장애인·노인·임산부 등의 편의시설 설치계획에서 고려해야 할 사항 중 옳지 않은 것은? 공인2회

① 대상시설의 편의시설 설치실태 및 정비계획
② 대상시설 및 편의시설 설치기준에 관한 홍보
③ 대상시설의 신축일 경우 또는 교통수단 구입 등의 경우에 있어서의 편의시설설치계획
④ 기타 보건복지부령으로 정하는 사항

04 「장애인·노인·임산부 등의 편의증진 보장에 관한 법률」에서 "장애물 없는 생활환경 인증"에 대한 설명으로 적합한 것은? 공인3회

① 장애인 등이 대상시설을 안전하게 이용할 수 있도록 편의시설의 설치·운영을 유도하기 위한 인증이다.
② 국가나 지방자치단체가 신축하는 청사, 문화시설 등의 공공건물 및 공중이용시설은 모두 건설교통부장관의 인증을 받아야 한다.
③ 대상시설에 대하여 인증을 받으려는 시설주는 관할 시장의 인증을 신청하여야 한다.
④ 건설교통부장관등은 인증 업무를 효과적으로 수행하기 필요한 전문 인력과 시설을 갖춘 기관이나 단체를 인증기관으로 지정하여 업무를 운영할 수 있다.

정답 및 해설

03 ③
대상시설의 건축·대수선·용도변경 등에 따른 편의시설 설치계획

04 ④
① 대상시설을 안전하고 편리하게 이용할 수 있도록 편의시설의 설치·운영을 유도하기 위하여 대상시설에 대하여 장애물 없는 생활환경 인증을 할 수 있다.
② 국가, 지방자치단체 또는 공공기관 외의 자가 신축·증축·개축 또는 재축하는 공공건물 및 공중이용시설로서 시설의 규모, 용도 등을 고려하여 대통령령으로 정하는 시설은 의무적으로 보건복지부장관과 건설교통부장관의 인증을 받아야한다.
③ 대상시설에 대하여 인증을 받으려는 시설주는 보건복지부장관과 건설교통부장관에게 인증을 신청하여야 한다. 이 경우 시설주는 인증 신청 전에 대상시설의 설계도서 등에 반영된 내용을 대상으로 예비인증을 신청할 수 있다.

05 장애인 복지시설의 설치 운영기준에 관한 다음의 기술 중 가장 부적합한 것은?

공인2회

① 시각장애인을 위한 시설 중, 2층 이상의 건물에는 1개소 이상의 피난설비를 설치하여야 한다.

② 지적장애인 및 자폐성장애인을 위한 시설 중, 거실은 2층에 설치되어야 한다.

③ 허약아, 미숙아 및 전염 가능 아동을 격리 보호할 수 있는 격리보호실이 1개 이상 있어야 한다.

④ 장애인 공동생활 중, 거실은 1명 당 최소 $3.3m^2$ 이상이어야 한다.

정답 및 해설

05 ②

중증의 정신지체인을 수용하는 거실은 1층에 설치되어야 한다.

2 편의시설설치 대상시설59)

1) 공원

2) 공공건물 및 공중이용시설

구 분	세부용도	규 모*
제1종 근린생활시설	식품·잡화·의류·완구·서적·건축자재·의약품·의료기기 등 일용품을 판매하는 등의 소매점	300～1,000㎡
	이용원·미용원·목욕장	500㎡ 이상
	지역자치센터, 파출소, 지구대, 우체국, 보건소, 공공도서관, 국민건강보험공단·국민연금공단·한국장애인고용공단·근로복지공단의 사무소, 그 밖에 이와 유사한 용도의 시설	1,000㎡ 미만
	대피소	
	공중화장실	
	의원·치과의원·한의원·조산원·산후조리원	500㎡ 이상
	지역아동센터	300㎡ 이상
제2종 근린생활시설	일반음식점, 휴게음식점·제과점 등 음료·차(茶)·음식·빵·떡·과자 등을 조리하거나 제조하여 판매하는 시설	300㎡ 이상
	공연장	300～500㎡
	안마시술소	500㎡ 이상
문화 및 집회시설	공연장 및 관람장	500㎡ 이상
	집회장	500㎡ 이상
	전시장	500㎡ 이상
	동·식물원	300㎡ 이상
종교시설	종교집회장	500㎡ 이상
판매시설	도매시장·소매시장·상점	1,000㎡ 이상
의료시설	병원, 격리병원	500㎡ 이상
교육연구시설	학교	
	교육원, 직업훈련소, 학원	500㎡ 이상
	도서관	1,000㎡ 이상
노유자시설	아동 관련 시설(어린이집·아동복지시설)	
	노인복지시설(경로당 포함)	
	사회복지시설(장애인복지시설 포함)	
수련시설	생활권 수련시설, 자연권 수련시설	

59) 장애인·노인·임산부 등의 편의증진 보장에 관한 법률 시행령 [별표 1] 편의시설 설치 대상시설(제3조 관련) <개정 2018.1.30.>

운동시설	체육관, 운동장과 운동장에 부수되는 건축물	500㎡ 이상
업무시설	국가 또는 지방자치단체의 청사	
	금융업소, 사무소, 결혼상담소 등 소개업소, 출판사, 신문사, 오피스텔, 그 밖에 이와 유사한 용도의 시설	500㎡ 이상
	국민건강보험공단 · 국민연금공단 · 한국장애인고용공단 · 근로복지공단의 사무소	1,000㎡ 이상
숙박시설	일반숙박시설(호텔, 여관으로서 객실수가 30실 이상인 시설)	
	관광숙박시설, 그 밖에 이와 비슷한 용도의 시설	
공장	물품의 제조 · 가공[염색 · 도장 · 표백 · 재봉 · 건조 · 인쇄 등을 포함] 또는 수리에 계속적으로 이용되는 건물로서 장애인고용의무가 있는 사업주가 운영하는 시설	
자동차 관련시설	주차장	
	운전학원(운전 관련 직업훈련시설 포함)	
방송통신 시설	방송국, 그 밖에 이와 유사한 용도의 시설	1,000㎡ 이상
	전신전화국, 그 밖에 이와 유사한 용도의 시설	1,000㎡ 이상
교정시설	보호감호소 · 교도소 · 구치소, 갱생보호시설, 그 밖에 범죄자의 갱생 · 보육 · 교육 · 보건 등의 용도로 쓰이는 시설, 소년원, 소년분류심사원	
묘지관련시설	화장시설, 봉안당	
관광휴게시설	야외음악당, 야외극장, 어린이회관, 그 밖에 이와 유사한 용도의 시설	1,000㎡ 이상
	휴게소	300㎡ 이상
장례식장	의료시설의 부수시설에 해당하는 것은 제외	500㎡ 이상

* 동일한 건축물 안에서 당해 용도에 쓰이는 바닥면적의 합계

3) 공동주택

- 아파트
- 세대수가 10세대 이상인 연립주택
- 세대수가 10세대 이상인 다세대주택
- 기숙사
  - 학교 또는 공장 등의 학생 또는 종업원 등을 위하여 사용되는 것으로서 공동취사 등을 할 수 있는 구조이되, 독립된 주거의 형태를 갖추지 아니한 것으로 30인 이상이 기숙하는 시설

4) 통신시설

5) 그 밖에 장애인 등의 편의를 위하여 편의시설을 설치할 필요가 있는 건물 · 시설 및 그 부대시설

2. 편의시설설치 대상시설

기출 및 예상 문제

01 장애인 · 노인 · 임산부 등의 편의증진보장에 관한 법률에서 '공공건물 및 공중이용시설'에 해당하지 않은 것은? 공인2회, 공인4회

① 문화 및 집회시설　② 집합주택
③ 의료시설　④ 공장

02 장애인 · 노인 · 임산부 등의 편의증진보장에 관한 법률에 의한 편의시설 설치 대상시설에 대한 내용 중 가장 부적합한 것은?

② 이용원 · 미용원 · 목욕장으로서 동일한 건축물 안에서 당해 용도에 쓰이는 바닥면적의 합계가 500m² 이상인 시설
① 일반음식점으로서 동일한 건축물 안에서 당해 용도로 쓰이는 바닥면적의 합계가 300m² 이상인 시설
③ 전시장으로서 바닥면적의 합계가 500m² 이상인 시설
④ 병원으로서 동일한 건축물 안에서 당해 용도에 쓰이는 바닥면적의 합계가 1,000m² 이상인 시설

정답 및 해설

01 ②
공공건물 및 공중이용시설은 제1종 근린생활시설 및 제2종 근린생활시설, 문화 및 집회시설, 종교시설, 판매시설, 의료시설, 교육연구시설, 노유자시설, 수련시설, 운동시설, 업무시설, 숙박시설, 공장, 자동차관련시설, 교정시설, 방송통신시설, 묘지 관련 시설, 관광 휴게시설 및 장례식장을 말한다.

02 ④
병원으로서 동일한 건축물 안에서 당해 용도에 쓰이는 바닥면적의 합계가 500m² 이상인 시설

03 장애인 · 노인 · 임산부 등의 편의증진보장에 관한 법률에서 '공동주택'에 해당하지 않은 것은?

① 공동취사 등을 할 수 있고, 독립된 주거의 형태를 갖추지 않은 30인 이상이 기숙하는 시설
② 아파트
③ 세대수가 10세대 이상인 연립주택
④ 세대수가 5세대 이상인 다세대주택

04 장애인 · 노인 · 임산부 등의 편의증진보장에 관한 법률에 의한 편의시설을 설치하지 않아도 되는 곳은?

① 제1종 근린생활시설 중 지역아동센터에 쓰이는 바닥면적의 합계가 300㎡ 이상인 시설
② 제2종 근린생활시설 중 바닥면적이 500㎡ 이상인 안마시술소의 장애인전용주차구역
③ 종교시설 중 바닥면적이 500㎡ 이상인 종교집회장 등의 주출입구 접근로
④ 세대수가 5세대 이상인 연립주택의 출입구(문)

정답 및 해설

03 ④
세대수가 10세대 이상인 다세대주택

04 ④
④ 세대수가 10세대 이상인 연립주택

3 편의시설 종류 및 설치 기준60)

1) 접근공간 or 매개시설

- 각 항목별 설치기준은 의무사항과 권장사항으로 구분함
- 의무사항 : 법률에 최소규격이 명시되어 있으며 반드시 설치되어야 하는 편의시설(이하 표내용 중 굵은 글씨체)
- 권장사항 : 편의시설의 선택적 설치가 가능하거나 최소규격 이상을 권장하는 경우

(1) 접근로

항목	내용
유효폭	• **1.2m 이상**
활동공간	• 50m마다 1.5×1.5m 이상의 교행구역 설치 • 경사진 접근로의 경우 30m마다 1.5×1.5m 이상의 수평참 설치
기울기	• **1/18 이하**(지형상 곤란한 경우 1/12까지 완화)
단차	• **단차 없는 것이 원칙, 단차 있는 경우 2㎝ 이하**
접근로와 차도 경계	• **연석·울타리 기타 차도와 분리할 수 있는 공작물을 설치**, 색상과 질감은 접근로의 바닥과 다르게 설치 가능 • 연석의 높이 : 6~15㎝ 이하
재질과 마감	• **잘 미끄러지지 아니하는 재질로 평탄하게 마감** • **블록 등으로 접근로를 포장하는 경우에는 이음새의 틈이 벌어지지 아니하도록 하고, 면이 평탄하게 시공** • **장애인 등이 빠질 위험이 있는 곳에는 덮개 설치** • **틈새가 있는 경우 간격 2㎝ 이하**
보행장애물	• **가로등·전주·간판 등을 설치하는 경우에는 장애인 등의 통행에 지장을 주지 아니하도록 설치** • **가로수는 지면에서 2.1m까지 가지치기**

(2) 장애인전용주차구역

항목	내용
위치	• **장애인 등의 출입이 가능한 건축물의 출입구 또는 장애인용 승강설비와 가장 가까운 장소에 설치**
건축물의 출입구 또는 장애인용 승강설비에 이르는 통로	• **단차 없애고, 유효폭 1.2m 이상** • **자동차가 다니는 길과 분리하여 설치**

60) 장애인 등편의법 시행령 [별표 2] 대상시설별 편의시설의 종류 및 설치기준(제4조관련) <개정 2019.7.2.>
장애인 등편의법 시행규칙 [별표 1] 편의시설의 구조·재질 등에 관한 세부기준(제2조제1항관련) <개정 2018.2.9.>
장애인 등편의법 시행규칙 [별표 2] 편의시설의 안내표시기준(제3조관련) <개정 1999.6.8>

통로와 자동차가 다니는 길이 교차하는 부분	• 색상과 질감 바닥재와 다르게 함 • 기존 건축물에 설치된 지하주차장의 경우 바닥재의 질감을 다르게 하기 불가능하거나 곤란한 경우 바닥재의 색상만 다르게 함
주차공간	• 주차대수 1대에 대하여 폭 3.3m 이상, 길이 5m 이상, 평행주차형식인 경우 폭 2m 이상, 길이 6m 이상
바닥면	• 미끄러지지 아니하는 재질로 평탄하게 마감 • 단차 없어야 하며, 기울기는 1/50 이하
장애인전용안내표지	• 주차장 안의 식별하기 쉬운 장소에 부착하거나 설치 • 규격 : 가로 0.7m, 세로 0.6m • 지면에서 표지판까지의 높이 1.5m
장애인전용표시	• 바닥면과 주차구역선에 운전자가 식별하기 쉬운 색상으로 표시 • 바닥면 : 가로 1.3m, 세로 1.5m • 주차구역선 : 가로 50㎝, 세로 58㎝

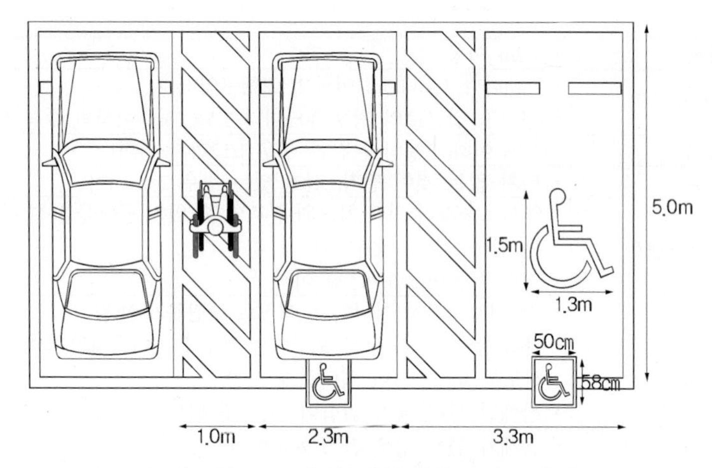

[그림 4-14] 장애인전용주차구역

(3) 건축물 출입구

일반사항	• 구조적으로 곤란하거나 주출입구보다 부출입구가 장애인 등의 이용에 편리하고 안전한 경우에는 주출입구 대신 부출입구의 높이차이를 없앰
주출입구와 통로	• 높이 차이가 있는 경우 2㎝ 이하가 되도록 턱낮추기를 하거나 휠체어리프트 또는 경사로를 설치

2) 이동공간 or 내부시설

(1) 출입구(문)

통과유효폭	• 0.9m 이상
전면 유효거리	• 1.2m 이상(연속된 출입문의 경우 문의 개폐에 소요되는 공간은 유효거리에 포함하지 않음)
활동공간	• 자동문이 아닌 경우 출입문 옆에 0.6m 이상
바닥면	• 문턱이나 높이차이를 두어서는 안 됨
문의 형태	• 회전문을 제외한 다른 형태의 문 설치 • 미닫이문 : 가벼운 재질, 턱이 있는 문지방이나 홈은 안 됨 • 여닫이문 : 도어체크를 설치하는 경우 문 닫히는 시간 3초 이상 확보 • 자동문 : 문의 개방시간이 충분히 확보, 개폐기 작동장치의 감지범위 넓게 함
손잡이	• 중앙지점이 바닥면으로부터 0.8~0.9m 사이에 위치하도록 설치 • 레버형이나 수평 또는 수직막대형
유도 및 안내	• 출입문옆 벽면의 1.5m 높이에는 방이름을 표기한 점자표지판을 부착 • 건축물 주출입구의 0.3m 전면에는 문의 폭만큼 점형블록을 설치하거나 바닥재의 질감 등을 다르게 함 • 자동문인 경우 문이 자동으로 작동되지 않는 경우에 대비하여 호출벨을 자동문 옆에 설치

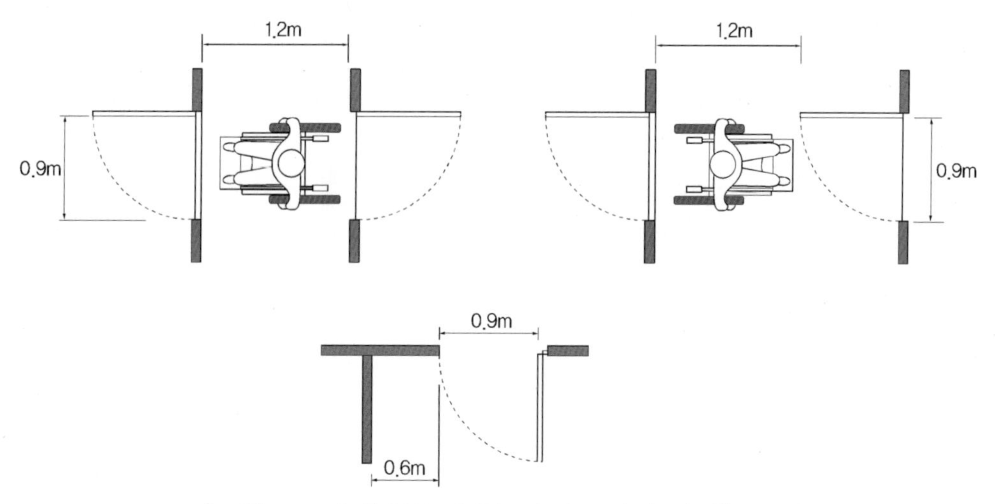

[그림 4-15] 출입구 유효폭과 유효거리 및 활동공간

(2) 복도

구분	내용
유효폭	• 1.2m 이상 • 복도 양옆에 거실이 있는 경우 1.5m 이상
바닥	• 단차 없을 것, 높이차이를 두는 경우에는 경사로 설치 • 표면은 미끄러지지 아니하는 재질로 평탄하게 마감 • 넘어졌을 경우 가급적 충격이 적은 재료 사용
손잡이	• 장애인복지시설, 병원급 의료기관 및 노인복지시설의 복도 양측면에 연속하여 설치 • 방화문 등의 설치로 손잡이를 연속하여 설치할 수 없는 경우 방화문 등의 설치에 소요되는 부분에 한하여 손잡이를 설치하지 않음 • 손잡이 높이 : 바닥면으로부터 0.8~0.9m, 2중으로 설치하는 경우 윗쪽 손잡이는 0.85m, 아랫쪽 손잡이는 0.65m 내외 • 손잡이 지름 : 3.2~3.8㎝ • 벽에 손잡이를 설치하는 경우 벽과 손잡이 간격 5㎝ 내외 • 손잡이의 양끝부분 및 굴절부분에 점자표지판 부착
보행장애물	• 통로상부는 바닥면으로부터 2.1m 이상의 유효높이 확보 • 유효높이 2.1m 이내에 장애물이 있는 경우 바닥면으로부터 높이 0.6m 이하에 접근방지용 난간 또는 보호벽 설치 • 통로의 바닥면으로부터 높이 0.6~2.1m 이내의 벽면으로부터 돌출된 물체의 돌출폭은 0.1m 이하 • 통로의 바닥면으로부터 높이 0.6~2.1m 이내의 독립기둥이나 받침대에 부착된 설치물의 돌출폭은 0.3m 이하
안전성 확보	• 복도의 벽면에는 바닥면으로부터 0.15~0.35m까지 킥플레이트 설치 • 복도 모서리 부분 둥글게 마감

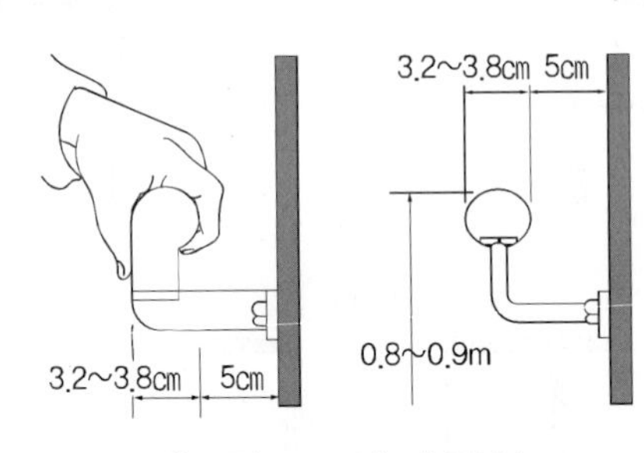

[그림 4-16] 손잡이

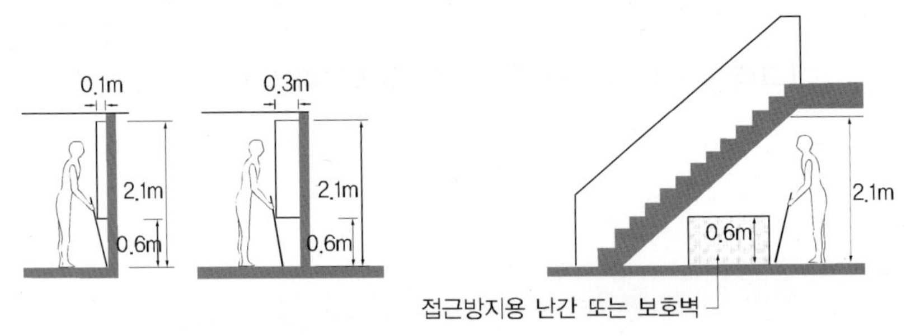

[그림 4-17] 복도 보행장애물

(3) 계단

형태	• 직선 또는 꺾임형태로 설치 • 바닥면으로부터 높이 1.8m 이내마다 수평면으로 된 참 설치
유효폭	• 계단 및 참의 유효폭 : 1.2m 이상(건축물의 옥외피난계단은 0.9m 이상)
디딤판과 챌면	• 챌면 설치 • 디딤판 너비 : 0.28m 이상 • 챌면 높이 : 0.18m 이하 • 동일한 계단에서 디딤판 너비와 챌면 높이 균일하게 할 것 • 챌면 기울기 : 디딤판의 수평면으로부터 60° 이상 • 계단코 : 3㎝ 이상 돌출하면 안 됨
손잡이	• 계단의 양측면에 연속하여 설치 • 방화문 등의 설치로 손잡이를 연속하여 설치할 수 없는 경우 방화문 등의 설치에 소요되는 부분에 한하여 손잡이를 설치하지 않음 • 경사면에 설치된 손잡이의 끝부분에 0.3m 이상의 수평손잡이 설치 • 손잡이의 양끝부분 및 굴절부분에 층수·위치 등을 나타내는 점자표지판 부착
재질과 마감	• 바닥표면은 미끄러지지 아니하는 재질로 평탄하게 마감 • 계단코에 줄눈넣기를 하거나 경질고무류 등의 미끄럼방지재로 마감(바닥표면 전체를 미끄러지지 아니하는 재질로 마감한 경우 제외) • 계단코의 색상은 계단의 바닥재색상과 다르게 할 수 있음 • 계단 시작 지점과 끝나는 지점의 0.3m 전면에 계단폭만큼 점형블록을 설치하거나 바닥재의 질감 등을 다르게 함
안전성 확보	• 계단의 측면에 난간을 설치하는 경우 난간하부에 바닥면으로부터 높이 2㎝ 이상의 추락방지턱 설치

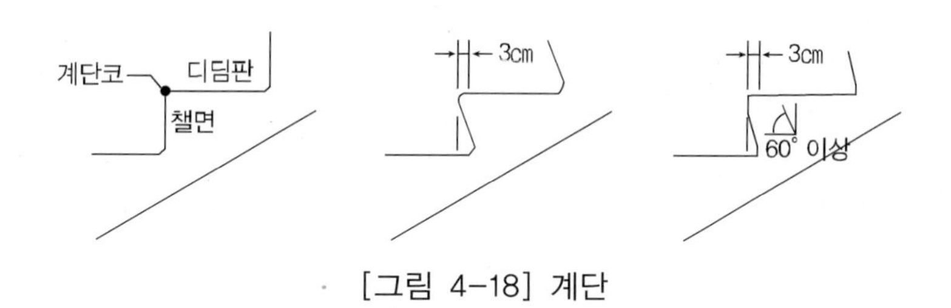

[그림 4-18] 계단

(4) 승강기

위치 및 활동공간	• 장애인 등의 접근이 가능한 통로에 연결하여 설치 • 가급적 건축물 출입구와 가까운 위치에 설치 • 승강기의 전면 1.4×1.4m 이상 활동공간 확보 • 승강장바닥과 승강기바닥의 틈 : 3㎝ 이하
크기	• 승강기 내부 유효바닥면적 : 폭 1.1m 이상, 깊이 1.35m 이상, 신축 건물의 경우 폭 1.6m 이상 • 출입문 통과유효폭 : 0.8m 이상, 신축 건물의 경우 0.9m 이상

이용자 조작설비	• 스위치 높이 : 바닥면으로부터 0.8~1.2m 이하, 수가 많아 1.2m 이내에 설치하는 것이 곤란한 경우 1.4m 이하 • 승강기 내부의 휠체어 사용자용 조작반: 진입방향 우측면에 가로형으로 바닥면으로부터 0.85m 내외로 수평손잡이와 겹치지 않도록 설치, 승강기의 유효바닥면적이 1.4×1.4m 이상인 경우에는 진입방향 좌측면에 설치 가능 • 조작설비의 형태 : 버튼식, 층수 등을 점자로 표시 • 조작반 · 통화장치 등에 점자표시
기타 설비	• 승강기의 내부 수평손잡이 : 바닥에서 0.8~0.9m에 연속하여 설치, 수평손잡이 사이에 3cm 이내의 간격을 두고 측면과 후면에 각각 설치 • 내부에서 휠체어가 180도 회전이 불가능할 경우 휠체어가 후진하여 문의 개폐여부를 확인하거나 내릴 수 있도록 승강기 후면의 0.6m 이상의 높이에 견고한 재질의 거울 설치 • 각 층의 승강장 : 승강기의 도착여부를 표시하는 점멸등 및 음향신호장치 설치 • 승강기의 내부 : 도착층 및 운행상황을 표시하는 점멸등 및 음성신호장치 설치 • 광감지식 개폐장치를 설치하는 경우 바닥면으로부터 0.3~1.4m 이내의 물체를 감지할 수 있도록 하여야 함 • 사람이나 물체가 승강기문의 중간에 끼었을 경우 문의 작동이 자동적으로 멈추고 다시 열리는 되열림장치 설치 • 각 층의 장애인용 승강기의 호출버튼의 0.3m 전면 : 점형블록 설치 또는 시각장애인이 감지할 수 있도록 바닥재의 질감 등을 달리하여야 함 • 승강기 내부의 상황을 외부에서 알 수 있도록 승강기전면의 일부에 유리 사용 가능 • 승강기 내부의 층수 선택버튼을 누르면 점멸등이 켜짐과 동시에 음성으로 선택된 층수를 안내, 층수선택버튼이 토글방식인 경우 처음 눌렀을 때에는 점멸등이 켜지면서 선택한 층수에 대한 음성안내가, 두 번째 눌렀을 때에는 점멸등이 꺼지면서 취소라는 음성안내가 나오도록 함 • 층별로 출입구가 다른 경우 : 반드시 음성으로 출입구의 방향 안내 • 출입구, 승강대, 조작기의 조도 : 저시력인 등 장애인의 안전을 위하여 최소 150lx 이상

(5) 에스컬레이터

유효폭 및 속도	• 유효폭 : 0.8m 이상 • 속도 : 분당 30m 이내
디딤판	• 휠체어사용자가 승 · 하강할 수 있도록 에스컬레이터의 디딤판은 3매 이상 수평상태로 이용할 수 있게 하여야 함 • 디딤판 시작과 끝부분의 바닥판은 얇게 할 수 있음
손잡이	• 에스컬레이터의 양측면 : 디딤판과 같은 속도로 움직이는 이동손잡이 설치 • 에스컬레이터의 양끝부분 : 수평이동손잡이를 1.2m 이상 설치 • 수평이동손잡이 전면 : 1m 이상의 수평고정손잡이 설치 • 수평고정손잡이에 층수 · 위치 등을 나타내는 점자표지판 부착

(6) 휠체어리프트

승강장	• 계단 상부 및 하부 각 1개소에 탑승자 스스로 휠체어리프트를 사용할 수 있는 설비 • 크기 : 1.4×1.4m 이상 • 휠체어리프트 사용자의 이용편의를 위하여 시설관리자 등을 호출할 수 있는 벨 설치, 작동설명서 부착 • 운행 중 돌발사태가 발생하는 경우 비상정지시킬 수 있고, 과속을 제한할 수 있는 장치 설치
경사형 휠체어리프트	• 휠체어받침판의 유효면적 : 폭 0.76m 이상, 길이 1.05m 이상 • 휠체어사용자가 탑승 가능한 구조로 하여야 한다. • 운행 중 휠체어가 구르거나 장애물과 접촉하는 경우 자동정지가 가능하도록 감지장치 설치 • 안전판이 열린 상태로 운행되지 아니하도록 내부잠금장치 • 휠체어리프트를 사용하지 않을 때: 지정장소에 접어서 보관, 벽면으로부터 0.6m 이상 돌출되지 않도록 함
수직형 휠체어리프트	• 내부 유효바닥면적 : 폭 0.9m 이상, 깊이 1.2m 이상

(7) 경사로

유효폭	• 1.2m 이상 • 건축물을 증축·개축·재축·이전·대수선 또는 용도변경 하는 경우 1.2m 이상의 유효폭을 확보하기 곤란한 때에는 0.9m까지 완화
활동공간	• 바닥면으로부터 높이 0.75m 이내마다 휴식을 할 수 있도록 수평면으로 된 참 설치 • 경사로의 시작과 끝, 굴절부분 및 참에는 1.5×1.5m 이상의 활동공간 확보 • 경사로가 직선인 경우 참의 활동공간의 폭은 경사로의 유효폭과 같게 함
기울기	• 1/12 이하 • 신축이 아닌 기존시설에 설치되는 높이 1m 이하의 경사로로서 시설관리자 등으로부터 상시보조서비스가 제공되는 경우 1/8까지 완화
손잡이	• 경사로의 길이가 1.8m 이상이거나 높이가 0.15m 이상인 경우 양쪽에 연속하여 손잡이 설치 • 경사로의 시작과 끝부분에는 보행자에게 알리기 위하여 수평손잡이를 0.3m 이상 연장하여 설치 • 통행상 안전을 위하여 필요한 경우 수평손잡이를 0.3m 이내로 설치
재질과 마감	• 경사로의 바닥표면 : 잘 미끄러지지 아니하는 재질로 평탄하게 마감 • 양측면 : 휠체어의 바퀴가 경사로 밖으로 미끄러져 나가는 것을 방지하기 위하여 5㎝ 이상의 추락방지턱 또는 측벽을 설치 • 휠체어의 벽면충돌에 따른 충격을 완화하기 위하여 벽에 매트 부착
기타 시설	• 건물과 연결된 경사로를 외부에 설치하는 경우 햇볕, 눈, 비 등을 가릴 수 있도록 지붕과 차양 설치

3) 위생공간 or 위생시설

(1) 화장실

일반사항	• 장애인용 대변기는 남자용 및 여자용 각 1개 이상 설치 • 영유아용 거치대 등 임산부 및 영유아가 안전하고 편리하게 이용할 수 있는 시설을 구비하여 설치
위치	• 장애인 등의 접근이 가능한 통로에 연결하여 설치 • 장애인용 변기와 세면대는 출입구(문)와 가까운 위치에 설치
출입구(문)의 통과유효폭	• 0.9m 이상
재질과 마감	• 화장실의 바닥면에는 높이차이를 두어서는 안 됨 • 바닥표면은 물에 젖어도 미끄러지지 아니하는 재질로 마감
안내표시	• 화장실의 0.3m 전면 : 점형블록 설치 또는 시각장애인이 감지할 수 있도록 바닥재의 질감 등을 달리함 • 화장실의 출입구(문)옆 벽면 : 1.5m 높이에 남자용과 여자용을 구별할 수 있는 점자표지판 부착 • 장애인복지시설은 시각장애인이 화장실의 위치를 쉽게 알 수 있도록 하기 위하여 안내표시와 함께 음성유도장치를 설치
기타	• 세정장치・수도꼭지 등 : 광감지식・누름버튼식・레버식 등 사용하기 쉬운 형태로 설치

(2) 대변기

유효바닥면적	• 신축의 경우 : 폭 1.6m 이상, 깊이 2.0m 이상 • 대변기 좌측 또는 우측 : 휠체어의 측면접근을 위하여 유효폭 0.75m 이상의 활동공간 확보 • 대변기 전면 : 휠체어가 회전할 수 있도록 1.4×1.4m 이상의 활동공간 확보 • 기존시설에 설치하는 경우 : 시설의 구조 등의 이유로 설치하기가 어려운 경우에 한하여 유효바닥면적이 폭 1.0m 이상, 깊이 1.8m 이상이 되도록 설치
출입문	• 화장실사용여부를 시각적으로 알 수 있는 설비 및 잠금장치 설치 • 통과유효폭 : 0.9m 이상 • 형태 : 자동문, 미닫이문 또는 접이문 등 • 여닫이문 설치하는 경우 : 바깥쪽으로 개폐되도록 함. 단, 휠체어사용자를 위하여 충분한 활동공간을 확보한 경우 안쪽으로 개폐되도록 할 수 있음
대변기	• 등받이가 있는 양변기형태 • 바닥부착형으로 하는 경우 : 변기 전면의 트랩부분에 휠체어의 발판이 닿지 않는 형태 • 좌대의 높이 : 바닥면으로부터 0.4~0.45m
세정장치・휴지걸이 등	• 대변기에 앉은 상태에서 이용할 수 있는 위치에 설치
손잡이	• 대변기의 양옆 수평 및 수직손잡이 설치 • 수평손잡이는 양쪽에 모두 설치, 수직손잡이는 한쪽에만 설치 가능 • 장애인 등의 이용편의를 위하여 수평손잡이와 수직손잡이는 연결하여 설치 가능하며, 이 경우 수직손잡이의 제일 아랫부분의 높이는 연결되는 수평손잡이의 높이로 함 • 화장실의 크기가 2×2m 이상인 경우에는 천장에 부착된 사다리형태의 손잡이 설치 가능

수평손잡이	• 높이 : 바닥면으로부터 0.6~0.7m • 한쪽 손잡이는 변기중심에서 0.4m 이내의 지점에 고정하여 설치 • 다른 쪽 손잡이는 0.6m 내외의 길이로 회전식으로 설치 • 손잡이간의 간격 : 0.7m 내외
수직손잡이	• 길이 : 0.9m 이상 • 손잡이의 제일 아랫부분이 바닥면으로부터 0.6m 내외의 높이에 오도록 벽에 고정하여 설치 • 벽에 설치하는 것이 곤란한 경우 바닥에 고정하여 설치하되, 손잡이의 아랫부분이 휠체어의 이동에 방해가 되지 않도록 함
비상용 벨	• 대변기 가까운 곳에 바닥면으로부터 0.6~0.9m 높이에 설치 • 바닥면으로부터 0.2m 내외의 높이에서도 이용이 가능하도록 함
기타	• 공공업무시설, 병원, 문화 및 집회시설, 장애인복지시설, 휴게소 등은 대변기 칸막이 내부에 세면기와 샤워기 설치 가능 • 세면기는 변기의 앞쪽에 최소 규모로 설치하여 대변기 칸막이 내부에서 휠체어가 회전하는 데 불편이 없도록 함 • 세면기에 연결된 샤워기를 설치하되 바닥으로부터 0.8~1.2m에 설치

(3) 소변기

소변기	• 바닥부착형으로 설치 가능
손잡이	• 소변기 양옆에 수평 및 수직손잡이 설치
수평손잡이	• 높이 : 바닥면으로부터 0.8~0.9m • 길이 : 벽면으로부터 0.55m 내외 • 좌우 손잡이의 간격 : 0.6m 내외
수직손잡이	• 높이는 바닥면으로부터 1.1~1.2m • 돌출폭 : 벽면으로부터 0.25m 내외 • 하단부 : 휠체어의 이동에 방해가 되지 않도록 함

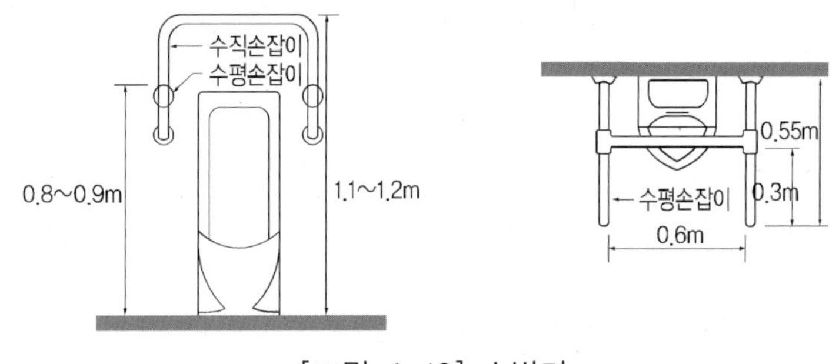

[그림 4-19] 소변기

(4) 세면대

세면대	• 상단높이 : 바닥면으로부터 0.85m 이상 • 하단높이 : 바닥면으로부터 0.65m 이상 • 세면대의 하부 : 무릎 및 휠체어의 발판이 들어갈 수 있도록 함
수도꼭지	• 냉·온수의 구분을 점자로 표시
거울	• 세로길이 : 0.65m 이상, • 하단 높이 : 바닥면으로부터 0.9m 내외 • 거울상단부분 : 15도 정도 앞으로 경사지게 하거나 전면거울을 설치
손잡이	• 목발사용자 등 보행곤란자를 위하여 세면대의 양옆에는 수평손잡이 설치 가능

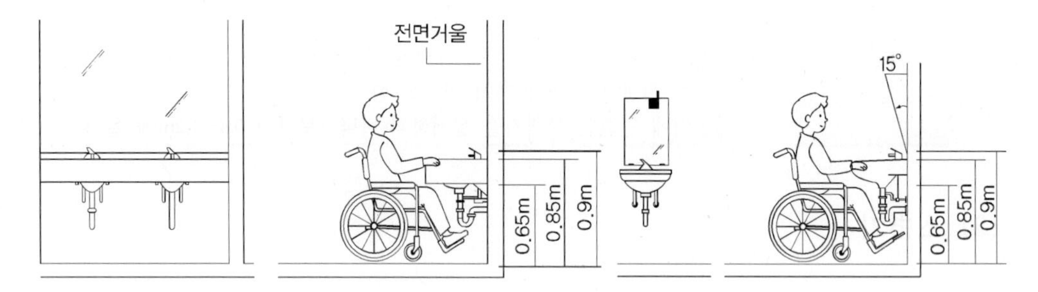

[그림 4-20] 세면대

(5) 욕실

일반사항	• 1개실 이상을 장애인 등이 편리하게 이용할 수 있도록 구조, 바닥의 재질 및 마감과 부착물 등을 고려하여 설치
위치	• 장애인 등의 접근이 가능한 통로에 연결하여 설치
출입문의 형태	• 미닫이문 또는 접이문
활동공간	• 욕조 전면 : 휠체어 접근이 가능한 활동공간 확보
바닥	• 바닥면높이 : 탈의실 바닥면과 동일하게 할 수 있음 • 바닥면 기울기 : 1/30 이하 • 욕실 및 욕조의 바닥표면 : 물에 젖어도 미끄러지지 아니하는 재질로 마감
욕조	• 높이 : 바닥면으로부터 0.4~0.45m • 휠체어에서 옮겨 앉을 수 있는 좌대를 욕조와 동일한 높이로 설치
샤워기	• 앉은 채 손이 도달할 수 있는 위치에 레버식 등 사용하기 쉬운 형태로 설치
수도꼭지	• 광감지식·누름버튼식·레버식 등 사용하기 쉬운 형태로 설치 • 냉·온수의 구분은 점자로 표시
손잡이	• 욕조 주위에 수평 및 수직손잡이 설치
비상용벨	• 비상사태에 대비하여 욕조로부터 손이 쉽게 닿는 위치에 설치

(6) 샤워실 및 탈의실

일반사항	• 1개실 이상을 장애인 등이 편리하게 이용할 수 있도록 구조, 바닥의 재질 및 마감과 부착물 등을 고려하여 설치
위치	• 장애인 등의 접근이 가능한 통로에 연결하여 설치
출입문의 형태	• 미닫이문 또는 접이문
유효바닥면적	• 0.9×0.9m 또는 0.75×1.3m 이상(샤워부스 포함)
바닥	• 바닥면 기울기 : 1/30 이하 • 물에 젖어도 미끄러지지 아니하는 재질로 마감
샤워용 접이식 의자	• 바닥면으로부터 0.4~0.45m 높이로 설치
샤워기	• 앉은 채 손이 도달할 수 있는 위치에 레버식 등 사용하기 쉬운 형태로 설치
수도꼭지	• 광감지식 · 누름버튼식 · 레버식 등 사용하기 쉬운 형태로 설치 • 냉 · 온수의 구분은 점자로 표시
손잡이	• 장애인 등이 신체일부를 지지할 수 있도록 수평 또는 수직손잡이 설치
탈의실 수납공간	• 높이 : 바닥면으로부터 0.4~1.2m에 설치 • 하부 : 무릎 및 휠체어의 발판이 들어갈 수 있도록 함

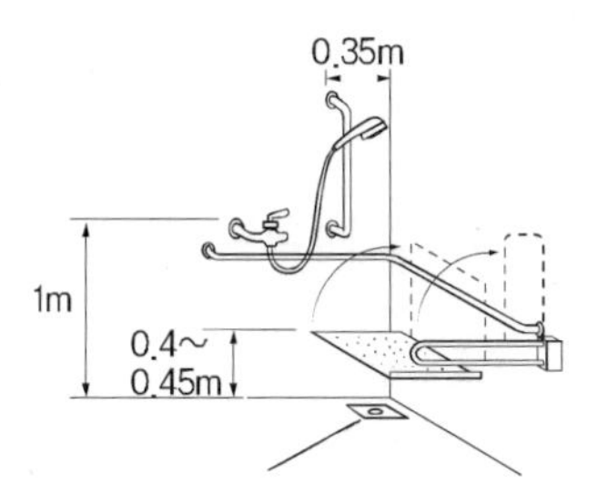

[그림 4-21] 샤워용 접이식 의자와 손잡이

4) 안내시설

(1) 점자블록

일반사항	• 시각장애인의 보행편의를 위하여 감지용점형블록과 유도용 선형블록을 사용 • 매립식으로 설치 • 매립식으로 설치가 불가능하거나 현저히 곤란한 경우 부착식으로 설치 • 실외에 설치하는 점자블록의 경우 햇빛이나 불빛 등에 반사되거나 눈, 비 등에 미끄러지기 쉬운 재질을 사용해서는 안 됨
설치 위치	• 건축물의 주출입구와 도로 또는 교통시설을 연결하는 보도 • 점형블록 : 계단 · 장애인용 승강기 · 화장실 등 시각장애인을 유도할 필요가 있거나 시각장애인에게 위험한 장소의 0.3m 전면, 선형블록이 시작 · 교차 · 굴절되는 지점 설치 • 선형블록 : 대상시설의 주출입구와 연결된 접근로에서 시각장애인을 유도하는 용도로 사용, 유도방향에 따라 평행하게 연속해서 설치

크기와 높이	• 표준형 : 0.3×0.3m • 높이 : 바닥재의 높이와 동일하게 함
색상	• 원칙적으로 황색 사용 • 바닥재의 색상과 비슷하여 구별하기 어려운 경우 다른 색상 사용
점형블록	• 표준형 : 블록당 36개의 돌출점 • 돌출점 : 반구형 · 원뿔절단형 또는 이 두 가지의 혼합배열형 • 돌출점 높이 : 0.6±0.1㎝
선형블록	• 표준형 : 블록당 4개의 돌출선 • 돌출선 : 상단부평면형 • 돌출선의 높이 : 0.5±0.1㎝

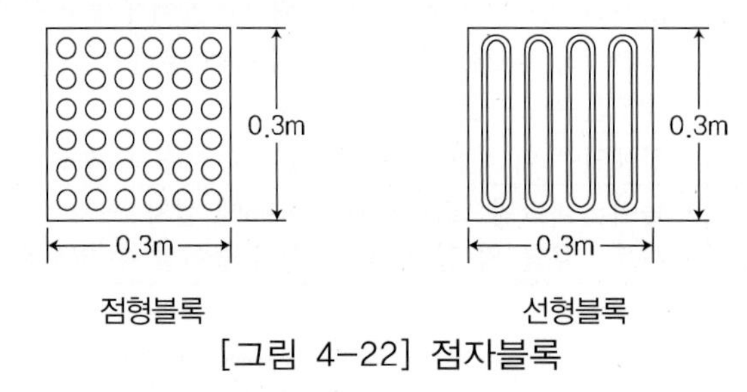

[그림 4-22] 점자블록

(2) 시각 및 청각장애인 유도 · 안내설비

일반사항	• 건축물의 주출입구 부근에 점자안내판, 촉지도식 안내판, 음성안내장치 또는 그 밖의 유도신호장치를 점자블록과 연계하여 1개 이상 설치 • 공원 · 근린공공시설 · 장애인복지시설 · 교육연구시설 · 공공업무시설, 시각장애인 밀집거주지역 등 시각장애인의 이용이 많거나 타당성이 있는 설치요구가 있는 곳에는 교통신호기가 설치되어 있는 횡단보도에 시각장애인을 위한 음향신호기 설치 • 청각장애인 등의 이용이 많은 곳에는 전자문자안내판 또는 기타 전자문자안내설비를 설치
점자안내판 또는 촉지도식 안내판	• 주요시설 또는 방의 배치를 점자, 양각면 또는 선으로 간략하게 표시 • 일반안내도가 설치되어 있는 경우 점자를 병기하여 점자안내판에 갈음 • 점자안내표시 또는 촉지도의 중심선이 바닥면으로부터 1.0~1.2m의 범위 안에 있도록 설치 • 수직으로 설치하거나 내용이 많아 1.0~1.2m의 범위 안에 설치하는 것이 곤란한 경우점자안내표시 또는 촉지도의 중심선이 1.0~1.5m의 범위에 있도록 설치
시각장애인용 음성안내장치	• 주요시설 또는 방의 배치를 음성으로 안내
시각장애인용 유도신호장치	• 음향 · 시각 · 음색 등을 고려하여 설치 • 특수신호장치를 소지한 시각장애인이 접근할 경우 대상시설의 이름을 안내하는 전자식 신호장치 설치 가능

(3) 시각 및 청각 장애인 경보 · 피난설비

시각 및 청각 장애인 경보 · 피난 설비는 「화재예방, 소방시설 설치 · 유지 및 안전관리에 관한 법률」에 따른다. 이 경우 청각장애인을 위하여 비상벨설비 주변에는 점멸형태의 비상경보등을 함께 설치하고, 시각 및 청각 장애인용 피난구유도등은 화재 발생 시 점멸과 동시에 음성으로 출력될 수 있도록 설치하여야 한다.

(4) 안내표시 기준

일반사항	• 시각장애인용 안내표지와 청각장애인용 안내표지는 기본형과 함께 설치 • 시각장애인을 위한 안내표지에는 점자 병기
색상	• 청색과 백색 사용
크기	• 단면을 0.1m 이상
설치방법	• 장애인의 이동에 안전하고 지장이 없도록 배려 • 사용장애인의 신체적인 특성을 고려하여 결정

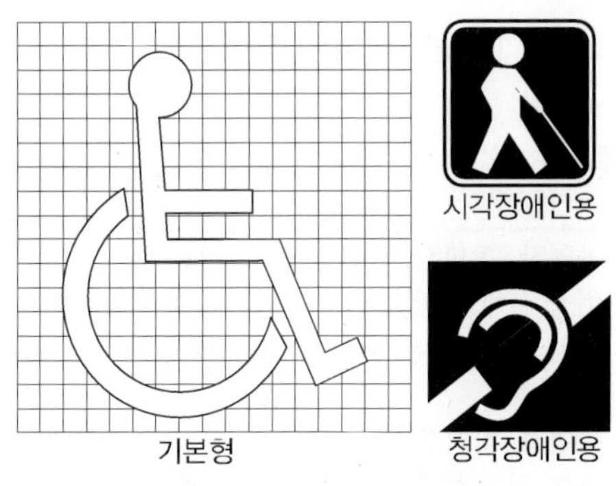

[그림 4-23] 안내표시

5) 기타 공간

(1) 객실 또는 침실

일반사항	• 기숙사 및 숙박시설 등의 전체 침실수 또는 객실의 1% 이상(관광숙박시설은 3% 이상) 설치. 단, 산정된 객실 또는 침실수 중 소수점 이하의 끝수는 이를 1실로 봄
위치	• 식당 · 로비 등 공용공간에 접근하기 쉬운 곳에 설치 • 승강기가 가동되지 아니할 때에도 접근이 가능하도록 주출입층에 설치 가능
구조	• 휠체어사용자를 위한 객실 등은 온돌방보다 침대방으로 할 수 있음 • 내부에 휠체어가 회전할 수 있는 공간 확보 • 침대 높이 : 바닥면으로부터 0.4~0.45m • 활동공간 : 침대 측면에 1.2m 이상 확보

바닥	• 바닥면에 높이차이를 두어서는 안 됨 • 미끄러지지 아니하는 재질로 평탄하게 마감
기타 설비	• 객실 등의 출입문옆 벽면의 1.5m 높이에 방이름을 표기한 점자표지판 부착 • 콘센트 · 스위치 · 수납선반 · 옷걸이 등의 높이: 바닥면으로부터 0.8~1.2m에 설치 • 초인종과 함께 청각장애인용 초인등 설치 • 건축물 전체의 비상경보시스템과 연결된 청각장애인용 경보설비 설치

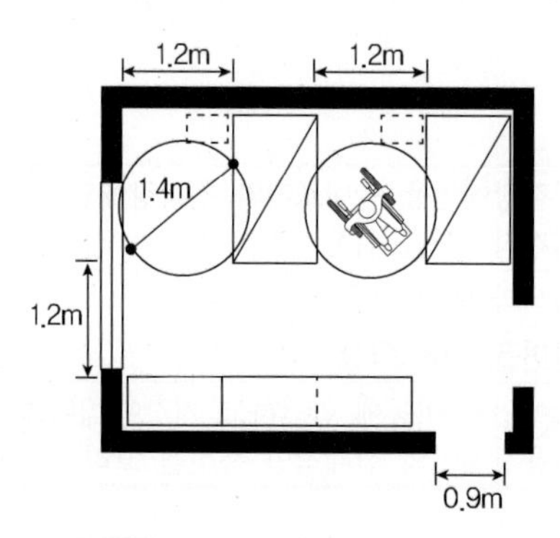

[그림 4-24] 침실 구조

(2) 관람석 또는 열람석

일반사항	• 공연장, 집회장, 관람장 및 도서관 등의 전체 관람석 또는 열람석 수의 1% 이상(전체 관람석 또는 열람석 수가 2,000석 이상인 경우에는 20석 이상) 설치. 단, 산정된 관람석 또는 열람석 수 중 소수점 이하의 끝수는 이를 1석으로 봄 • 공연장, 집회장 및 강당 등에 설치된 무대에 높이 차이가 있는 경우 장애인 등이 안전하게 이용할 수 있도록 경사로 및 휠체어리프트 등을 설치. 단, 설치가 구조적으로 어려운 경우에는 이동식으로 설치
위치	• 출입구 및 피난통로에서 접근하기 쉬운 위치에 설치
관람석	• 이동식 좌석 또는 접이식 좌석을 사용하여 마련 • 이동식 좌석의 경우 한 개씩 이동이 가능하도록 하여 휠체어사용자가 아닌 동행인이 함께 앉을 수 있도록 함 • 유효바닥면적 : 1석당 폭 0.9m 이상, 깊이 1.3m 이상 • 시야가 확보될 수 있도록 관람석 앞에 기둥이나 시야를 가리는 장애물 등을 두어서는 안 됨 • 안전을 위한 손잡이는 바닥에서 0.8m 이하의 높이로 설치 • 휠체어사용자를 위한 관람석이 중간 또는 제일 뒷줄에 설치되어 있을 경우 앞좌석과의 거리는 일반 좌석의 1.5배 이상으로 하여 시야를 가리지 않도록 설치 • 영화관의 경우 스크린 기준으로 중간 줄 또는 제일 뒷줄에 설치. 단, 휠체어사용자를 위한 좌석과 스크린 사이의 거리가 관람에 불편하지 않은 충분한 거리일 경우에는 스크린 기준으로 제일 앞줄에 설치 가능 • 공연장의 경우 무대 기준으로 중간 줄 또는 제일 앞줄 등 무대가 잘 보이는

	곳에 설치. 단, 출입구 및 피난통로가 무대 기준으로 제일 뒷줄로만 접근이 가능할 경우에는 제일 뒷줄에 설치 가능 • 난청자를 위하여 자기루프, FM송수신장치 등 집단보청장치 설치 가능
열람석	• 열람석 상단까지의 높이 : 바닥면으로부터 0.7m 이상 0.9m 이하 • 열람석의 하부 : 무릎 및 휠체어의 발판이 들어갈 수 있도록 바닥면으로부터 높이 0.65m 이상, 깊이 0.45m 이상의 공간을 확보

(3) 접수대 또는 작업대

일반사항	• 지역자치센터 및 장애인복지시설 등의 접수대 또는 작업대는 장애인 등이 편리하게 이용할 수 있도록 형태·규격 등을 고려하여 설치 • 동일한 장소에 2대 이상을 설치하는 경우 그 중 1대만을 장애인 등의 이용을 고려하여 설치 가능
활동공간	• 전면에는 휠체어를 탄 채 접근이 가능한 활동공간 확보
높이	• 바닥면으로부터 0.7m 이상 0.9m 이하
하부공간	• 무릎 및 휠체어의 발판이 들어갈 수 있도록 바닥면으로부터 높이 0.65m 이상, 깊이 0.45m 이상의 공간을 확보

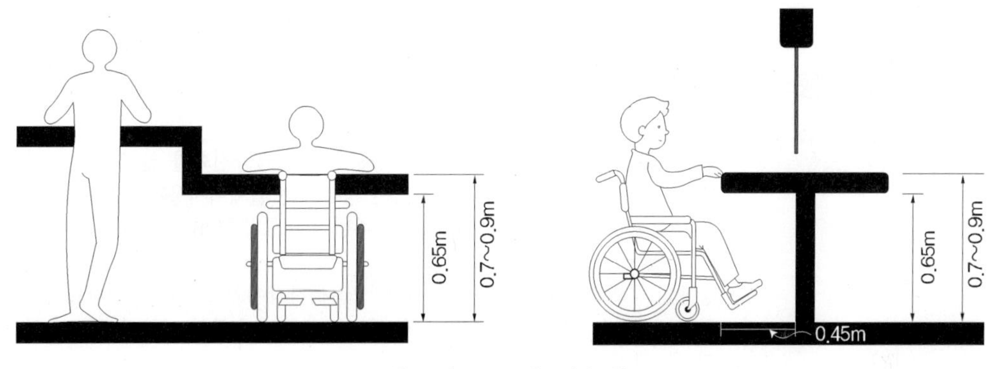

[그림 4-25] 접수대

(4) 매표소 판매기 또는 음료대

일반사항	• 매표소(장애인 등의 이용이 가능한 자동발매기를 설치한 경우와 시설관리자등으로부터 별도의 상시서비스가 제공되는 경우 제외)·판매기 및 음료대는 장애인 등이 편리하게 이용할 수 있도록 형태·규격 및 부착물 등을 고려하여 설치 • 동일한 장소에 2곳 또는 2대 이상을 각각 설치하는 경우 그중 1곳 또는 1대만을 장애인 등의 이용을 고려하여 설치 가능
활동공간	• 전면에 휠체어를 탄 채 접근이 가능한 활동공간 확보
높이	• 바닥면으로부터 0.7m 이상 0.9m 이하
하부공간	• 무릎 및 휠체어의 발판이 들어갈 수 있도록 바닥면으로부터 높이 0.65m 이상, 깊이 0.45m 이상의 공간을 확보

자동판매기 또는 자동발매기	• 동전투입구 · 조작버튼 · 상품출구 높이 : 0.4m 이상 1.2m 이하
음료대	• 분출구 높이 : 0.7m 이상 0.8m 이하
안내표시	• 자동판매기 및 자동발매기의 조작버튼 : 품목 · 금액 · 목적지 등을 점자로 표시 • 음료대의 조작기 : 광감지식 · 누름버튼식 · 레버식 등 사용하기 쉬운 형태로 설치 • 매표소 또는 자동발매기의 0.3m 전면 : 점형블록 설치 또는 시각장애인이 감지할 수 있도록 바닥재의 질감 등을 달리함

(5) 임산부 등을 위한 휴게시설

일반사항	• 수유실로 사용할 수 있는 장소 별도로 마련 • 공간의 효율적인 이용을 위하여 기저귀교환대는 접이식으로 설치 가능
설치 위치	• 휠체어 사용자 및 유모차가 접근 가능한 위치에 설치
기저귀교환대, 세면대 등	• 휠체어사용자가 접근 가능하도록 1.4×1.4m의 활동공간 확보 • 상단 높이 : 바닥면으로부터 0.85m 이하 • 하단 높이 : 바닥면으로부터 0.65m 이상 • 하부에는 휠체어의 발판이 들어갈 수 있도록 설치

(6) 장애인 등의 이용이 가능한 공중전화

일반사항	• 공원, 공공건물 및 공중이용시설과 공동주택에 공중전화를 설치하거나, 장애인의 타당성 있는 설치요구가 있는 경우에는 휠체어사용자 등이 이용할 수 있는 전화기를 1대 이상 설치. 단, 주변 소음도가 75dB 이상인 경우 설치하지 않아도 됨 • 장애인 등의 이용이 많은 곳에는 시각 및 청각장애인을 위하여 점자표시전화기, 큰문자버튼전화기, 음량증폭전화기, 보청기 호환성 전화기, 골도전화기 등 설치 가능 • 전화부스를 설치하는 경우 보도 또는 통로와 높이차이를 두어서는 안 됨
설치 위치	• 장애인 등의 접근이 가능한 보도 또는 통로에 설치
전화대	• 하부 : 바닥면으로부터 높이 0.65m 이상, 깊이 0.25m 이상의 공간 확보 • 동전 또는 전화카드투입구, 전화다이얼 및 누름버튼 등의 높이 : 바닥면으로부터 0.9~1.4m
기타	• 지팡이 및 목발사용자가 몸을 지지할 수 있도록 전화부스의 양쪽에 손잡이를 설치하거나, 지팡이 및 목발을 세울 곳을 마련할 수 있음

(7) 장애인 등의 이용이 가능한 우체통

설치 위치	• 장애인 등의 접근이 가능한 보도 또는 통로에 설치
투입구 높이	• 0.9~1.2m

기출 및 예상 문제

3. 편의시설 종류 및 설치 기준

01 장애인·노인·임산부 등의 편의증진보장에 관한 법률에 의한 편의시설 설치기준에 가장 적합한 것은? 공인2회

① 공원 장애인용 대변기는 남자용 및 여자용 각 1개 이상을 설치하여야 한다.
② 공공건물 및 공중이용시설 주차장은 주차공간이 넓은 주출입구에서 먼 곳에 위치해야 한다.
③ 공동주택에서 건축물의 주출입구와 통로에 높이 차이가 있는 경우에는 경사로를 설치하여야 한다.
④ 통신시설 공중전화는 장애인의 타당성 있는 설치요구가 있는 경우에 휠체어사용자 등이 이용할 수 있는 전화기를 3대 이상 설치하여야 한다.

02 장애인 등을 위한 편의시설의 구조 및 재질 등에 관한 세부기준으로 적합한 것은?

① 자동문이 아닌 경우 출입문 옆에 0.3m 이상 활동공간을 두어야 한다.
② 손잡이를 벽에 설치하는 경우 벽과 손잡이의 간격은 5㎝ 내외로 하여야 한다.
③ 통로의 바닥면으로부터 높이 0.6m에서 2.1m 이내의 벽면으로부터 돌출된 물체의 돌출폭은 0.3m 이하로 할 수 있다.
④ 계단은 바닥면으로부터 높이 2.0m 이내마다 휴식을 할 수 있도록 수평면으로 된 참을 설치할 수 있다.

정답 및 해설

01 ①
② 장애인전용주차구역은 장애인 등의 출입이 가능한 건축물의 출입구 또는 장애인용 승강설비와 가장 가까운 장소에 설치하여야 한다.
③ 건축물의 주출입구와 통로에 높이차이가 있는 경우에는 건축물의 주출입구와 통로의 높이차이가 2㎝ 이하가 되도록 턱낮추기를 하거나 휠체어리프트 또는 경사로를 설치하여야 한다.
④ 장애인의 타당성 있는 설치요구가 있는 경우에는 휠체어사용자 등이 이용할 수 있는 전화기를 1대 이상 설치하여야 한다.

02 ②
① 자동문이 아닌 경우 출입문 옆에 0.6m 이상 활동공간을 두어야 한다.
③ 통로의 바닥면으로부터 높이 0.6m에서 2.1m 이내의 벽면으로부터 돌출된 물체의 돌출폭은 0.1m 이하로 할 수 있다.
④ 바닥면으로부터 높이 1.8m 이내마다 휴식을 할 수 있도록 수평면으로 된 참을 설치할 수 있다.

03 장애인 시설계획에 관한 내용 중 가장 적합한 것은?

① 경사로의 기울기는 1/18 이하로 하여야 한다.
② 휠체어 이용자를 위한 세면기를 바닥에서 0.8m에서 1.2m 높이로 설치하였다.
③ 엘리베이터 출입문의 통과유효폭은 0.9m 이상으로 한다.
④ 계단 및 참의 유효폭은 1.2m 이상으로 하였다.

04 장애인 등의 통행이 가능한 접근로에 대한 설명으로 옳은 것은?

① 휠체어 사용자가 통행할 수 있도록 접근로의 유효폭은 1.5m 이상으로 해야 한다.
② 접근로의 기울기는 1/15까지 완화할 수 있다.
③ 접근로의 바닥 표면은 장애인 등이 넘어지지 않도록 미끄러지지 않는 재질로 평탄하게 마감하여야 한다.
④ 가로수는 지면에서 2.4m까지 가지치기를 해야 한다.

05 장애인 등의 통행이 가능한 접근로의 시설기준 중 적합한 것은? 공인2회

① 휠체어사용자가 다른 휠체어 또는 유모차 등과 교행할 수 있도록 30m마다 1.5m×1.5m 이상의 교행구역을 설치할 수 있다.
② 접근로의 기울기는 20분의 1 이하로 하여야 한다.
③ 연석의 높이는 5㎝ 이상 20㎝ 이하로 할 수 있으며, 색상은 접근로의 바닥재색상과 동일하게 설치해야 한다.
④ 휠체어사용자가 통행할 수 있도록 접근로의 유효폭은 1.2m 이상으로 하여야 한다.

정답 및 해설

03 ④
① 경사로의 기울기는 1/12 이하로 하여야 한다.
② 휠체어사용자용 세면대의 상단높이는 바닥면으로부터 0.85m, 하단 높이는 0.65m 이상으로 하여야 한다.
③ 엘리베이터 출입문의 통과유효폭은 0.8m 이상으로 한다.

04 ③
① 휠체어 사용자가 통행할 수 있도록 접근로의 유효폭은 1.2m 이상으로 해야 한다.
② 접근로의 기울기는 18분의 1 이하로 하여야 한다. 지형상 곤란한 경우 12분의 1까지 완화할 수 있다.
④ 가로수는 지면에서 2.1m까지 가지치기를 해야 한다.

05 ④
① 휠체어사용자가 다른 휠체어 또는 유모차 등과 교행할 수 있도록 50m마다 1.5m×1.5m 이상의 교행구역을 설치한다.
② 접근로의 기울기는 18분의 1이하로 한다. 지형상 곤란한 경우 12분의 1까지 완화한다.
③ 접근로와 차도의 경계부분에는 높이 6㎝ 이상 15㎝ 이하의 연석·울타리 기타 차도와 분리할 수 있는 공작물을 설치하여야 하며, 색상과 질감은 접근로의 바닥재와 다르게 설치할 수 있다.

06 장애인 전용주차구역에 대한 설명 중 적합한 것은?

① 장애인 등의 출입이 가능한 건축물의 출입구 및 장애인용 승강설비와 가장 가까운 장소에 설치할 수 있다.
② 조명은 너무 어둡지 않도록 평균조도 100lx 이상을 권장하며, 호텔 등 고급 상업시설은 300lx 이상을 기준으로 한다.
③ 통로의 유효폭은 1.5m 이상으로 두고, 주차구역 내 모든 단차를 제거한다.
④ 통로와 자동차가 다니는 길이 교차하는 부분은 바닥재의 색상만을 다르게 할 수 있다.

07 장애인 전용주차구역에 대한 설명 중 적합한 것은?

① 장애인전용주차구역의 크기는 주차대수 1대에 대하여 폭 3.3m 이상, 길이 6m 이상으로 하여야 한다.
② 장애인이 통행할 수 있도록 가급적 높이 차이를 없애고, 그 유효폭은 1.5m 이상으로 하여야 한다.
③ 주차공간의 바닥면은 장애인 등의 승하차에 지장을 주는 높이 차이가 없어야 하며, 기울기는 50분의 1 이하로 할 수 있다.
④ 장애인전용주차구역 안내표지의 규격은 가로 0.7m, 세로 0.6m로 하고, 지면에서 표지판까지의 높이는 1.2m로 한다.

제1장 실내계획
제2장 실내환경
제3장 실내시공
제4장 실내구조 및 법규

정답 및 해설

06 ②
① 장애인 등의 출입이 가능한 건축물의 출입구 또는 장애인용 승강설비와 가장 가까운 장소에 설치하여야 한다.
③ 장애인이 통행할 수 있도록 높이차이를 없애고, 유효폭은 1.2m 이상으로 하여 자동차가 다니는 길과 분리하여 설치하여야 한다.
④ 통로와 자동차가 다니는 길이 교차하는 부분의 색상과 질감은 바닥재와 다르게 하여야 한다. 기존 건축물에 설치된 지하주차장의 경우 바닥재의 질감을 다르게 하기 불가능하거나 현저히 곤란한 경우에는 바닥재의 색상만을 다르게 할 수 있다.

07 ③
① 장애인전용주차구역의 크기는 주차대수 1대에 대하여 폭 3.3m 이상, 길이 5m 이상으로 하여야 한다.
② 장애인이 통행할 수 있도록 높이차이를 없애고, 유효폭은 1.2m 이상으로 하여 자동차가 다니는 길과 분리하여 설치하여야 한다.
④ 장애인전용주차구역 안내표지의 규격은 가로 0.7m, 세로 0.6m로 하고, 지면에서 표지판까지의 높이는 1.5m로 한다.

08 장애인 주차장 계획에 대한 설명 중 가장 적합한 것은? 공인1회, 공인2회, 공인4회, 공인5회

① 비장애인 주차장과 겸용하여 사용한다.
② 비장애인 주차장과 분리하여 가급적 멀리 배치한다.
③ 넓은 공간 확보를 위해 주출입구에서 먼 곳에 배치한다.
④ 하차하여 가장 짧은 동선으로 주출입구로 연결되도록 계획한다.

09 장애인전용주차구역의 주차대수 1대에 대하여 가장 적합한 크기는? 공인2회, 공인4회

① 2.0m×4.0m ② 2.5m×5.0m
③ 3.3m×5.0m ④ 3.5m×5.5m

10 높이차이가 제거된 건축물 출입구에 대한 설명으로 적절한 것은?

① 건축물의 주출입구와 통로의 높이차이는 1㎝ 이하가 되도록 설치하여야 한다.
② 건축물 주출입구의 0.5m 전면에는 문의 폭만큼 점형블록을 설치하거나 시각장애인이 감지할 수 있도록 바닥재의 질감 등을 달리하여야 한다.
③ 건축물의 주출입문이 자동문인 경우 호출할 수 있는 벨을 자동문 옆에 설치하여야 한다.
④ 주출입구보다 부출입구가 장애인 등의 이용에 편리하고 안전한 경우에는 주출입구 대신 부출입구의 높이차이를 없앨 수 있다.

정답 및 해설

08 ④
장애인전용주차구역은 장애인 등의 출입이 가능한 건축물의 출입구 또는 장애인용 승강설비와 가장 가까운 장소에 설치하여야 한다.

09 ③
장애인전용주차구역의 크기는 주차대수 1대에 대하여 폭 3.3m 이상, 길이 5m 이상으로 하여야 한다. 평행주차형식인 경우에는 주차대수 1대에 대하여 폭 2m 이상, 길이 6m 이상으로 하여야 한다.

10 ④
① 건축물의 주출입구와 통로의 높이차이는 2㎝ 이하가 되도록 설치하여야 한다.
② 건축물 주출입구의 0.3m 전면에는 문의 폭만큼 점형블록을 설치하거나 시각장애인이 감지할 수 있도록 바닥재의 질감 등을 달리하여야 한다.
③ 건축물의 주출입문이 자동문인 경우에는 문이 자동으로 작동되지 아니할 경우에 대비하여 시설관리자 등을 호출할 수 있는 벨을 자동문 옆에 설치할 수 있다.

11 장애인 등의 출입이 가능한 출입구에 대한 설명으로 적절한 것은?

① 자동문 개폐기의 작동장치는 가급적 감지범위를 넓게 한다.
② 출입문은 회전문이 가장 바람직하다.
③ 여닫이문에 도어체크를 설치하는 경우 문이 닫히는 시간이 5초 이상 충분히 확보되도록 한다.
④ 미닫이문은 가벼운 재질로 하며, 턱이 있는 문지방이나 홈을 설치할 수 있다.

12 장애인 등의 출입이 가능한 출입구에 대한 설명으로 적절한 것은?

① 출입문의 손잡이는 중앙지점이 바닥면으로부터 0.8m와 0.9m사이에 위치하도록 설치하여야 한다.
② 건축물안의 공중의 이용을 주목적으로 하는 사무실 등의 출입문옆 벽면의 1.2m 높이에는 방이름을 표기한 점자표지판을 부착하여야 한다.
③ 건축물 주출입구의 0.6m 전면에는 문의 폭만큼 점형블록을 설치하거나 시각장애인이 감지할 수 있도록 바닥재의 질감 등을 달리하여야 한다.
④ 자동문이 아닌 경우에는 출입문 옆에 0.3m 이상의 활동공간을 확보하여야 한다.

13 장애인 등의 출입이 가능한 출입구(문)의 설치기준 중 적합한 것은? 공인2회

① 출입구(문)은 통과유효폭을 1.0m 이상으로 하여야 하며, 출입구(문)의 전면 유효거리는 1.2m 이상으로 하여야 한다.
② 자동문이 아닌 경우에는 출입문 옆에 0.6m 이상의 활동공간을 확보한다.
③ 출입문은 회전문을 설치하여야 한다.
④ 자동문은 개폐기의 작동장치는 가급적 감지범위를 좁게 하여야 한다.

정답 및 해설

11 ①
② 출입문은 회전문을 제외한 다른 형태의 문을 설치하여야 한다.
③ 여닫이문에 도어체크를 설치하는 경우 문이 닫히는 시간이 3초 이상 충분히 확보되도록 한다.
④ 미닫이문은 가벼운 재질로 하며, 턱이 있는 문지방이나 홈을 설치하여서는 안 된다.

12 ①
② 건축물안의 공중의 이용을 주목적으로 하는 사무실 등의 출입문옆 벽면의 1.5m 높이에는 방이름을 표기한 점자표지판을 부착하여야 한다.
③ 건축물 주출입구의 0.3m 전면에는 문의 폭만큼 점형블록을 설치하거나 시각장애인이 감지할 수 있도록 바닥재의 질감 등을 달리하여야 한다.
④ 자동문이 아닌 경우에는 출입문 옆에 0.6m 이상의 활동공간을 확보하여야 한다.

13 ②
① 출입문의 통과유효폭을 0.9m 이상으로 하고, 출입문의 전면 유효거리는 1.2m 이상으로 한다.
③ 출입문은 회전문을 제외한 다른 형태의 문을 설치하여야 한다.
④ 자동문 개폐기의 작동장치는 가급적 감지범위를 넓게 하여야 한다.

14 장애인 등의 출입이 가능한 출입구에 대한 설명으로 <u>부적절한</u> 것은? 공인4회

① 출입문은 회전문이 가장 바람직하다.
② 미닫이문은 가벼운 재질로 한다.
③ 여닫이문에 도어체크를 설치하는 경우 문이 닫히는 시간이 3초 이상 충분히 확보되도록 한다.
④ 자동문 개폐기의 작동장치는 가급적 감지범위를 넓게 한다.

15 장애인 등의 통행이 가능한 복도와 통로에 대한 설명 중 가장 적절한 것은?

① 복도의 유효폭은 1.5m 이상으로 한다.
② 손잡이의 높이는 바닥면으로부터 0.65m 이상 0.85m 이하로 한다.
③ 장애인이 넘어져도 충격이 적은 목재 마감재를 사용해야 한다.
④ 손잡이를 벽에 설치하는 경우 벽과 손잡이의 간격은 5㎝ 내외로 하여야 한다.

16 장애인 등의 통행이 가능한 복도 및 통로의 설치기준에 대한 설명 중 적합한 것은?

① 통로의 바닥면으로부터 높이 0.6m에서 2.1m 이내의 벽면으로부터 돌출된 물체의 돌출폭은 0.3m 이하로 할 수 있다.
② 통로상부는 바닥면으로부터 2.1m 이상의 유효높이를 확보하여야 한다.
③ 통로의 바닥면으로부터 높이 0.6m에서 2.1m 이내의 독립기둥이나 받침대에 부착된 설치물의 돌출폭은 0.5m 이하로 할 수 있다.
④ 휠체어사용자의 안전을 위하여 복도의 벽면에는 바닥면으로부터 0.2m에서 0.5m까지 킥플레이트를 설치할 수 있다.

정답 및 해설

14 ①
① 출입문은 회전문을 제외한 다른 형태의 문을 설치하여야 한다.

15 ④
① 복도의 유효폭은 1.2m 이상으로 하되, 복도의 양옆에 거실이 있는 경우에는 1.5m 이상으로 할 수 있다.
② 손잡이의 높이는 바닥면으로부터 0.8m 이상 0.9m 이하로 하여야 하며, 2중으로 설치하는 경우에는 위쪽 손잡이는 0.85m 내외, 아래쪽 손잡이는 0.65m 내외로 하여야 한다.
③ 넘어졌을 경우 가급적 충격이 적은 재료를 사용하여야 한다.

16 ②
① 통로의 바닥면으로부터 높이 0.6m에서 2.1m 이내의 벽면으로부터 돌출된 물체의 돌출폭은 0.1m 이하로 할 수 있다.
③ 통로의 바닥면으로부터 높이 0.6m에서 2.1m 이내의 독립기둥이나 받침대에 부착된 설치물의 돌출폭은 0.3m 이하로 할 수 있다.
④ 휠체어사용자의 안전을 위하여 복도의 벽면에는 바닥면으로부터 0.15m에서 0.35m까지 킥플레이트를 설치할 수 있다.

17 장애인 등의 통행이 가능한 복도와 통로의 유효 폭을 바르게 설명한 것은? 공인3회

① 복도의 유효폭은 1.2m 이상으로 하되, 복도의 양옆에 거실이 있는 경우에는 1.5m 이상으로 한다.
② 복도의 유효폭은 0.9m 이상으로 하되, 복도의 양옆에 거실이 있는 경우에는 1.5m 이상으로 한다.
③ 복도의 유효폭은 1.2m 이상으로 하되, 복도의 양옆에 거실이 있는 경우에는 2.0m 이상으로 한다.
④ 복도의 유효폭은 0.9m 이상으로 하되, 복도의 양옆에 거실이 있는 경우에는 2.0m 이상으로 한다.

18 장애인 등의 통행이 가능한 계단에 대한 설명 중 가장 적절한 것을 고르시오.

① 바닥표면 전체를 미끄러지지 아니하는 재질로 마감한 경우 계단코에는 줄눈넣기를 하거나 경질고무류 등의 미끄럼방지재로 마감하여야 한다.
② 계단의 측면에 난간을 설치하는 경우에는 난간하부에 바닥면으로부터 높이 3㎝ 이상의 추락방지턱을 설치할 수 있다.
③ 손잡이의 양끝부분 및 굴절부분에는 층수 · 위치 등을 나타내는 점자표지판을 부착하여야 한다.
④ 방화문 등의 설치로 손잡이를 연속하여 설치할 수 없는 경우에도 계단의 양측면에는 손잡이를 연속하여 설치하여야 한다.

정답 및 해설

17 ①
복도의 유효폭은 1.2m 이상으로 하되, 복도의 양옆에 거실이 있는 경우에는 1.5m 이상으로 할 수 있다.

18 ③
① 계단코에는 줄눈넣기를 하거나 경질고무류 등의 미끄럼방지재로 마감하여야 한다. 바닥표면 전체를 미끄러지지 아니하는 재질로 마감한 경우에는 그러하지 아니하다.
② 계단의 측면에 난간을 설치하는 경우에는 난간하부에 바닥면으로부터 높이 2㎝ 이상의 추락방지턱을 설치할 수 있다.
④ 계단의 양 측면에는 손잡이를 연속하여 설치하여야 한다. 방화문 등의 설치로 손잡이를 연속하여 설치할 수 없는 경우에는 방화문 등의 설치에 소요되는 부분에 한하여 손잡이를 설치하지 아니할 수 있다.

19 장애인 등이 이용 가능한 승강기에 대한 설명 중 적절한 것을 고르시오.

① 승강기내부의 유효바닥면적은 폭 1.6m 이상, 깊이 1.35m 이상으로 하여야 한다.
② 각 층의 승강장에는 승강기의 도착여부를 표시하는 점멸등 및 음향신호장치를 설치하여야 한다.
③ 승강기의 외부에는 도착 층 및 운행상황을 표시하는 점멸등 및 음성신호장치(문개폐, 층정보)를 설치하여야 한다.
④ 승강장바닥과 승강기바닥의 틈은 2㎝ 이하로 하여야 한다.

20 장애인용 에스켈레이터에 대한 설명 중 적절한 것을 고르시오.

① 장애인용 에스컬레이터의 유효폭은 0.9m 이상으로 하여야 한다.
② 휠체어사용자가 승·하강할 수 있도록 에스컬레이터의 디딤판은 3매 이상 수평상태로 이용할 수 있게 하여야 한다.
③ 에스컬레이터의 양끝부분에는 수평이동손잡이를 1m 이상 설치하여야 한다.
④ 수평이동손잡이 전면에는 1.2m 이상의 수평고정손잡이를 설치할 수 있다.

21 공연장 또는 관람장의 객석 수가 1,000석 이상 3,000석 미만일 경우 지체장애인 전용 관람석 수는 얼마 이상이어야 하는가? 공인1회

① 15석 ② 10석
③ 5석 ④ 3석

정답 및 해설

19 ②
① 승강기내부의 유효바닥면적은 폭 1.1m 이상, 깊이 1.35m 이상으로 하여야 한다. 신축 건물의 경우 폭을 1.6m 이상으로 하여야 한다.
③ 승강기의 내부에는 도착층 및 운행상황을 표시하는 점멸등 및 음성신호장치를 설치하여야 한다.
④ 승강장바닥과 승강기바닥의 틈은 3㎝ 이하로 하여야 한다.

20 ②
① 장애인용 에스컬레이터의 유효폭은 0.8m 이상으로 하여야 한다.
③ 에스컬레이터의 양 끝부분에는 수평이동손잡이를 1.2m 이상 설치하여야 한다.
④ 수평이동손잡이 전면에는 1m 이상의 수평고정손잡이를 설치할 수 있다.

21 ②
공연장, 집회장, 관람장 및 도서관 등의 전체 관람석 또는 열람석 수의 1% 이상(전체 관람석 또는 열람석 수가 2,000석 이상인 경우에는 20석 이상)은 장애인 등이 편리하게 이용할 수 있도록 구조와 위치 등을 고려하여 설치한다. 단, 산정된 관람석 또는 열람석 수 중 소수점 이하의 끝수는 이를 1석으로 본다. 그러므로 최소 10석 이상 설치되어야 한다.

22 휠체어리프트에 대한 설명 중 적절한 것을 고르시오.

① 계단 상부 및 하부 각 1개소에 탑승자 스스로 휠체어리프트를 사용할 수 있는 설비를 1.5×1.5m 이상의 승강장을 갖추어야 한다.
② 경사형 휠체어리프트는 휠체어받침판의 유효면적을 폭 0.9m 이상, 길이 1.2m 이상으로 하여야 하며, 휠체어사용자가 탑승 가능한 구조로 하여야 한다.
③ 수직형 휠체어리프트는 내부의 유효바닥면적을 폭 0.76m 이상, 깊이 1.05m 이상으로 하여야 한다.
④ 휠체어리프트를 사용하지 아니할 때에는 지정장소에 접어서 보관할 수 있도록 하되, 벽면으로부터 0.6m 이상 돌출되지 아니하도록 하여야 한다.

23 장애인 편의시설의 세부기준 중 경사로 대한 설명 중 적절한 것을 고르시오.

① 건축물을 증축·개축·재축·이전·대수선 또는 용도 변경하는 경우 1.2m 이상의 유효폭을 확보하기 곤란한 때에는 1.0m까지 완화할 수 있다.
② 바닥면으로부터 높이 1.5m 이내마다 휴식을 할 수 있도록 수평면으로 된 참을 설치하여야 한다.
③ 경사로의 시작과 끝, 굴절부분 및 참에는 1.4×1.4m 이상의 활동공간을 확보하여야 한다.
④ 경사로가 직선인 경우에 참의 활동공간의 폭은 경사로의 유효폭과 같게 할 수 있다.

정답 및 해설

22 ④

① 계단 상부 및 하부 각 1개소에 탑승자 스스로 휠체어리프트를 사용할 수 있는 설비를 1.4×1.4m 이상의 승강장을 갖추어야 한다.
② 경사형 휠체어리프트는 휠체어받침판의 유효면적을 폭 0.76m 이상, 길이 1.05m 이상으로 하여야 하며, 휠체어사용자가 탑승 가능한 구조로 하여야 한다.
③ 수직형 휠체어리프트는 내부의 유효바닥면적을 폭 0.9m 이상, 깊이 1.2m 이상으로 하여야 한다.

23 ④

① 건축물을 증축·개축·재축·이전·대수선 또는 용도 변경하는 경우 1.2m 이상의 유효폭을 확보하기 곤란한 때에는 0.9m까지 완화할 수 있다.
② 바닥면으로부터 높이 0.75m 이내마다 휴식을 할 수 있도록 수평면으로 된 참을 설치하여야 한다.
③ 경사로의 시작과 끝, 굴절부분 및 참에는 1.5×1.5m 이상의 활동공간을 확보하여야 한다.

24 장애인 화장실을 설명하는 것으로 틀린 것은?

공인1회

① 세정장치, 수도꼭지 등은 광감지식, 누름버튼식, 레버식 등 사용하기 쉬운 것을 사용한다.
② 점자블록을 설치하지 않아도 된다.
③ 화장실바닥은 높이 차이를 두지 않고 미끄러지지 않는 재질로 한다.
④ 대변기 칸막이는 유효바닥면적이 폭 1.0m 이상, 깊이 1.8m 이상으로 한다.

25 장애인을 위한 시설계획에서 경사로를 계획할 때 가장 적합한 것은?

① 경사로의 길이가 1.5m 이상이거나 높이가 0.12m 이상인 경우에는 양 측면에 손잡이를 연속하여 설치하여야 한다.
② 손잡이를 벽에 설치하는 경우 벽과 손잡이의 간격은 3㎝ 내외로 하여야 한다.
③ 손잡이를 설치하는 경우에는 경사로의 시작과 끝부분에 수평손잡이를 0.3m 이상 연장하여 설치하여야 한다.
④ 양 측면에는 휠체어의 바퀴가 경사로 밖으로 미끄러져 나가지 아니하도록 3㎝ 이상의 추락방지턱 또는 측벽을 설치할 수 있다.

정답 및 해설

24 ②

화장실의 0.3m 전면에는 점형블록을 설치하거나 시각장애인이 감지할 수 있도록 바닥재의 질감 등을 달리하여야 한다.
건물을 신축하는 경우에는 대변기의 유효바닥면적이 폭 1.6m 이상, 깊이 2.0m 이상이 되도록 설치하여야 하며, 신축이 아닌 기존시설에 설치하는 경우 시설의 구조 등의 이유로 설치하기가 어려운 경우에 한하여 유효바닥면적이 폭 1.0m 이상, 깊이 1.8m 이상이 되도록 설치하여야 한다.

25 ③

① 경사로의 길이가 1.8m 이상이거나 높이가 0.15m 이상인 경우에는 양 측면에 손잡이를 연속하여 설치하여야 한다.
② 손잡이를 벽에 설치하는 경우 벽과 손잡이의 간격은 5㎝ 내외로 하여야 한다.
④ 양 측면에는 휠체어의 바퀴가 경사로 밖으로 미끄러져 나가지 아니하도록 5㎝ 이상의 추락방지턱 또는 측벽을 설치할 수 있다.

26 「장애인·노인·임산부 등의 편의증진 보장에 관한 법률」의 편의시설 세부기준에서 경사로에 관한 설명으로 가장 타당한 것은? 공인3회

① 경사로의 폭은 0.8m 이상 1.1m 이하로 한다.
② 바닥면으로부터 높이 1.5m 이내마다 휴식을 할 수 있는 수평면으로 된 참을 설치한다.
③ 경사로의 기울기는 12분의 1 이하로 한다.
④ 시설관리자 등으로부터 상시보조서비스가 제공될 경우 6분의 1까지 완화할 수 있다.

27 장애인을 위한 시설계획에서 경사로를 계획할 때 가장 적합한 것은? 공인5회

① 경사로의 기울기는 신축 또는 기존시설 모두 15분의 1 이하로 하여야 한다.
② 바닥면으로부터 높이 0.75m 이내마다 휴식을 할 수 있도록 수평면으로 된 참을 설치하여야 한다.
③ 경사로의 길이가 1.5m 이상이거나 높이가 0.2m 이상인 경우에는 한쪽에 손잡이를 연속하여 설치하여야 한다.
④ 경사로의 바닥면은 잘 미끄러지지 않도록 특수한 재질로 처리해야 한다.

28 장애인 등의 이용이 가능한 화장실에 대한 설명 중 적합한 것을 고르시오.

① 건물을 신축하는 경우에는 대변기의 유효바닥면적이 폭 1.0m 이상, 깊이 1.8m 이상이 되도록 설치하여야 한다.
② 대변기의 좌대의 높이는 바닥면으로부터 0.4m 이상 0.5미터 이하로 하여야 한다.
③ 수평손잡이는 바닥면으로부터 0.6m 이상 0.8m 이하의 높이에 설치하여야 한다.
④ 수직손잡이의 길이는 0.9m 이상으로 하되, 손잡이의 제일 아랫부분이 바닥면으로부터 0.6m 내외의 높이에 오도록 벽에 고정하여 설치하여야 한다.

정답 및 해설

26 ③
① 경사로의 유효폭은 1.2m 이상으로 하여야 한다.
② 바닥면으로부터 높이 0.75m 이내마다 휴식을 할 수 있도록 수평면으로 된 참을 설치하여야 한다.
④ 신축이 아닌 기존시설에 설치되는 높이 1m 이하의 경사로로서 시설관리자 등으로부터 상시보조서비스가 제공되는 경우 경사로의 기울기를 8분의 1까지 완화할 수 있다.

27 ②
① 경사로의 기울기는 12분의 1 이하로 하여야 한다. 신축이 아닌 기존시설에 설치되는 높이 1m 이하의 경사로로서 시설관리자 등으로부터 상시보조서비스가 제공되는 경우 경사로의 기울기를 8분의 1까지 완화할 수 있다.
③ 경사로의 길이가 1.8m 이상이거나 높이가 0.15m 이상인 경우 양 측면에 손잡이를 연속하여 설치하여야 한다.
④ 경사로의 바닥표면은 잘 미끄러지지 아니하는 재질로 평탄하게 마감하여야 한다.

28 ④
① 건물을 신축하는 경우에는 대변기의 유효바닥면적이 폭 1.6m 이상, 깊이 2.0m 이상이 되도록 설치하여야 한다.
② 대변기의 좌대의 높이는 바닥면으로부터 0.4m 이상 0.45m 이하로 하여야 한다.
③ 수평손잡이는 바닥면으로부터 0.6m 이상 0.7m 이하의 높이에 설치하여야 한다.

29 장애인을 위한 화장실 계획 시 고려해야 할 사항은? 공인2회, 공인4회, 공인5회

① 장애인용 변기와 세면대는 출입구(문)와 가까운 위치에 설치하여야 한다.
② 화장실의 바닥면에는 높이 차이를 두어야 하며, 바닥표면은 물에 젖어도 미끄러지지 아니하는 재질로 마감하여야 한다.
③ 출입구(문) 옆 벽면의 1.0m 높이에는 남자용과 여자용을 구별할 수 있는 점자표지판을 부착하여야 한다.
④ 장애인복지시설은 시각장애인이 화장실의 위치를 쉽게 알 수 있도록 하기 위하여 안내표시를 설치하여야 한다.

30 장애인 및 노약자를 위한 화장실 설명을 정확히 한 것을 고르시오. 공인3회

① 화장실의 출입구(문)옆 벽면의 1.2m 높이에는 남자용과 여자용을 구별하여 점자표지판을 설치해야 한다.
② 화장실 출입구와 점자표지판 전면 0.3m에 점형블록을 4장을 연결 설치하여 남녀화장실 명확히 구분해야 한다.
③ 세면대의 온냉수는 좌냉우온의 형식으로 하며 그러하지 아니한 경우 점자를 설치해야 한다.
④ 장애인복지시설은 시각장애인이 화장실의 위치를 쉽게 알 수 있도록 하기 위하여 안내표시와 함께 음성유도장치를 설치하여야 한다.

정답 및 해설

29 ①

② 화장실의 바닥면에는 높이차이를 두어서는 아니 되며, 바닥표면은 물에 젖어도 미끄러지지 아니하는 재질로 마감하여야 한다.
③ 출입구(문)옆 벽면의 1.5m 높이에는 남자용과 여자용을 구별할 수 있는 점자표지판을 부착하여야 한다.
④ 장애인복지시설은 시각장애인이 화장실의 위치를 쉽게 알 수 있도록 하기 위하여 안내표시와 함께 음성유도장치를 설치하여야 한다.

30 ④

① 화장실(장애인용 변기·세면대가 설치된 화장실이 일반 화장실과 별도로 설치된 경우에는 일반 화장실을 말한다)의 출입구(문)옆 벽면의 1.5m 높이에는 남자용과 여자용을 구별할 수 있는 점자표지판을 부착하여야 한다.
② 화장실의 0.3m 전면에는 점형블록을 설치하거나 시각장애인이 감지할 수 있도록 바닥재의 질감 등을 달리하여야 한다.
③ 수도꼭지는 냉·온수의 구분을 점자로 표시하여야 한다.

31 장애인 등의 이용이 가능한 욕실계획을 위한 편의시설 세부기준에 관한 내용 중 옳은 것은?

① 출입문의 형태는 미닫이문으로 하여야 한다.
② 욕실의 바닥면높이는 탈의실의 바닥면과 동일하게 하여야 한다.
③ 욕조에는 휠체어에서 옮겨 앉을 수 있는 좌대를 욕조와 동일한 높이로 설치하여야 한다.
④ 욕조의 전면에는 휠체어를 탄 채 접근이 가능한 활동공간을 확보하여야 한다.

32 장애인 화장실에 대한 다음의 내용 중 옳지 <u>않은</u> 것은? 공인4회

① 장애인 등의 접근이 가능한 통로에 연결하여 설치한다.
② 화장실의 바닥면에는 높이차이를 두지 않는다.
③ 시각장애인이 감지할 수 있도록 화장실 출입구 옆 벽면의 마감재의 질감을 달리한다.
④ 세정장치 · 수도꼭지 등은 사용하기 쉬운 형태로 한다.

33 장애인 등의 이용이 가능한 욕실계획 시 고려해야 할 사항은? 공인5회

① 바닥면의 기울기는 20분의 1 이하로 하여야 한다.
② 샤워기는 앉은 채 손이 도달할 수 있는 위치에 레버식 등 사용하기 쉬운 형태로 설치하여야 한다.
③ 욕조 주위에는 수평손잡이를 설치할 수 있다.
④ 욕조의 높이는 바닥면으로부터 0.5m 이상 0.55m 이하로 하여야 한다.

정답 및 해설

31 ②
① 출입문의 형태는 미닫이문 또는 접이문으로 할 수 있다.
② 욕실의 바닥면높이는 탈의실의 바닥면과 동일하게 할 수 있다.
③ 욕조에는 휠체어에서 옮겨 앉을 수 있는 좌대를 욕조와 동일한 높이로 설치할 수 있다.

32 ③
③ 화장실의 0.3m 전면에는 점형블록을 설치하거나 시각장애인이 감지할 수 있도록 바닥재의 질감 등을 달리하여야 한다.

33 ②
① 바닥면의 기울기는 30분의 1 이하로 하여야 한다.
③ 욕조 주위에는 수평 및 수직손잡이를 설치할 수 있다.
④ 욕조의 높이는 바닥면으로부터 0.4m 이상 0.45m 이하로 하여야 한다.

34 장애인 등의 이용이 가능한 샤워실 계획을 위한 편의시설 세부기준에 관한 내용 중 옳은 것은?

① 바닥면의 기울기는 20분의 1 이하로 하여야 한다.
② 샤워기는 앉은 채 손이 도달할 수 있는 위치에 레버식 등 사용하기 쉬운 형태로 설치할 수 있다.
③ 샤워용 접이식의자를 바닥면으로부터 0.4m 이상 0.45m 이하의 높이로 설치하여야 한다.
④ 수도꼭지는 광감지식 · 누름버튼식 · 레버식 등 사용하기 쉬운 형태로 설치하여야 하며, 냉 · 온수의 구분은 점자로 표시하여야 한다.

35 장애인 등의 이용이 가능한 샤워실 계획을 위한 편의시설 세부기준에 관한 내용 중 옳은 것은?

① 샤워실의 유효바닥면적은 0.9×0.9m 또는 0.8×1.2m 이상으로 하여야 한다.
② 샤워용 접이식의자를 바닥면으로부터 0.4m 이상 0.5m 이하의 높이로 설치하여야 한다.
③ 샤워실의 바닥면의 기울기는 30분의 1 이하로 하여야 한다.
④ 샤워기는 앉은 채 손이 도달할 수 있는 위치에 레버식 등 사용하기 쉬운 형태로 설치할 수 있다.

정답 및 해설

34 ②
① 바닥면의 기울기는 30분의 1 이하로 하여야 한다.
② 샤워기는 앉은 채 손이 도달할 수 있는 위치에 레버식 등 사용하기 쉬운 형태로 설치하여야 한다.
④ 수도꼭지는 광감지식 · 누름버튼식 · 레버식 등 사용하기 쉬운 형태로 설치하여야 하며, 냉 · 온수의 구분은 점자로 표시할 수 있다.

35 ③
① 샤워실의 유효바닥면적은 0.9×0.9m 또는 0.75×1.3m 이상으로 하여야 한다.
② 샤워용 접이식의자를 바닥면으로부터 0.4m 이상 0.45m 이하의 높이로 설치하여야 한다.
④ 샤워기는 앉은 채 손이 도달할 수 있는 위치에 레버식 등 사용하기 쉬운 형태로 설치하여야 한다.

36 장애인 등의 이용이 가능한 탈의실 계획을 위한 편의시설 세부기준에 관한 내용 중 옳은 것은?

① 탈의실은 장애인 등의 접근이 가능한 통로에 연결하여 설치할 수 있다.
② 출입문의 형태는 미닫이문 또는 접이문으로 하여야 한다.
③ 탈의실의 수납공간의 하부는 무릎 및 휠체어의 발판이 들어갈 수 있도록 하여야 한다.
④ 탈의실의 수납공간의 높이는 휠체어사용자가 이용할 수 있도록 바닥면으로부터 0.6m 이상 1.5m 이하로 설치하여야 한다.

37 장애인을 위한 편의시설 중 안내시설에 대한 설명 중 옳은 것은?

① 점자블록의 색상은 황색 외에 다른 색상으로 할 수 없다.
② 점자블록은 부착식으로 설치하여야 한다.
③ 점자안내판 또는 촉지도식 안내판은 점자안내표시 또는 촉지도의 중심선이 바닥면으로부터 1.0m 내지 1.5m의 범위 안에 있도록 설치하여야 한다.
④ 일반안내도가 설치되어 있는 경우에는 점자를 병기하여 점자안내판에 갈음할 수 있다.

38 장애인을 위한 편의시설 안내표시기준 중 그 내용이 틀린 것은? 공인1회

① 안내표지의 색상은 청색과 백색을 사용하여야 한다.
② 안내표지의 크기는 단면을 0.3m 이상으로 하여야 한다.
③ 시각장애인용 안내표지와 청각장애인용 안내표지는 기본형과 함께 설치하여야 한다.
④ 시각장애인을 위한 안내표지에는 점자를 병기하여야 한다.

정답 및 해설

36 ③
① 샤워실 및 탈의실은 장애인 등의 접근이 가능한 통로에 연결하여 설치하여야 한다.
② 출입문의 형태는 미닫이문 또는 접이문으로 할 수 있다.
④ 탈의실의 수납공간의 높이는 휠체어사용자가 이용할 수 있도록 바닥면으로부터 0.4m 이상, 1.2m 이하로 설치하여야 한다.

37 ④
① 점자블록의 색상은 원칙적으로 황색으로 사용하되, 바닥재의 색상과 비슷하여 구별하기 어려운 경우에는 다른 색상으로 할 수 있다.
② 점자블록은 매립식으로 설치하여야 한다. 다만, 건축물의 구조 또는 바닥재의 재질 등을 고려해볼 때 매립식으로 설치하는 것이 불가능하거나 현저히 곤란한 경우에는 부착식으로 설치할 수 있다.
③ 점자안내판 또는 촉지도식 안내판은 점자안내표시 또는 촉지도의 중심선이 바닥면으로부터 1.0m 내지 1.2m의 범위 안에 있도록 설치하여야 한다.

38 ②
안내표지의 크기는 단면을 0.1m 이상으로 하여야 한다.

39 장애인 등의 이용이 가능한 객실 또는 침실계획 시 고려해야 할 사항으로 적절한 것은?

① 출입문옆 벽면의 1.2m 높이에는 방이름을 표기한 점자표지판을 부착하여야 한다.
② 온돌방으로 계획해야 한다.
③ 승강기가 가동되지 아니할 때에도 접근이 가능하도록 주출입층에 설치할 수 있다.
④ 콘센트 · 스위치 · 수납선반 · 옷걸이 등의 높이는 바닥면으로부터 0.6m 이상 1.2m 이하로 설치하여야 한다.

40 장애인 등의 이용이 가능한 객실 또는 침실계획 시 고려해야 할 사항은? 공인2회

① 휠체어사용자를 위한 객실 등은 온돌방으로 계획해야 한다.
② 객실 등의 출입문옆 벽면의 1.0m 높이에는 방 이름을 표기한 점자표지판을 부착하여야 한다.
③ 침대의 높이는 바닥면으로부터 0.4m 이상 0.45m 이하로 하여야 하며, 그 측면에는 1.2m 이상의 활동공간을 확보하여야 한다.
④ 콘센트 · 스위치 · 수납선반 · 옷걸이 등의 높이는 바닥면으로부터 1.0m 이상 1.5m 이하로 설치하여야 한다.

41 장애인 등의 이용이 가능한 관람석 또는 열람석에 대한 설명으로 적절하지 <u>않은</u> 것은?

① 휠체어사용자를 위한 관람석은 이동식 좌석 또는 접이식 좌석을 사용하여 마련하여야 한다.
② 휠체어사용자를 위한 관람석이 중간 또는 제일 뒷줄에 설치되어 있을 경우 앞좌석과의 거리는 일반 좌석의 1.2배 이상으로 하여 시야를 가리지 않도록 설치하여야 한다.
③ 영화관의 휠체어사용자를 위한 관람석은 스크린 기준으로 중간 줄 또는 제일 뒷줄에 설치하여야 한다.
④ 휠체어사용자를 위한 관람석의 유효바닥면적은 1석당 폭 0.9m 이상, 깊이 1.3m 이상으로 하여야 한다.

정답 및 해설

39 ③
① 객실 등의 출입문옆 벽면의 1.5m 높이에는 방이름을 표기한 점자표지판을 부착하여야 한다.
② 휠체어사용자를 위한 객실 등은 온돌방보다 침대방으로 할 수 있다.
④ 콘센트 · 스위치 · 수납선반 · 옷걸이 등의 높이는 바닥면으로부터 0.8m 이상, 1.2m 이하로 설치하여야 한다.

40 ③
① 휠체어사용자를 위한 객실 등은 온돌방보다 침대방으로 할 수 있다.
② 객실 등의 출입문옆 벽면의 1.5m 높이에는 방 이름을 표기한 점자표지판을 부착하여야 한다.
④ 콘센트 · 스위치 · 수납선반 · 옷걸이 등의 높이는 바닥면으로부터 0.8m 이상, 1.2m 이하로 설치하여야 한다.

41 ②
② 휠체어사용자를 위한 관람석이 중간 또는 제일 뒷줄에 설치되어 있을 경우 앞좌석과의 거리는 일반 좌석의 1.5배 이상으로 하여 시야를 가리지 않도록 설치하여야 한다.

42 장애인 등의 이용이 가능한 관람석 또는 열람석에 대한 설명으로 적절한 것은?

① 휠체어사용자를 위한 관람석은 시야가 확보될 수 있도록 관람석 앞에 기둥이나 시야를 가리는 장애물 등을 두어서는 아니 되며, 안전을 위한 손잡이는 바닥에서 0.9m 이하의 높이로 설치하여야 한다.
② 휠체어사용자를 위한 관람석의 유효바닥면적은 1석당 폭 0.8m 이상, 깊이 1.2m 이상으로 하여야 한다.
③ 열람석의 하부에는 무릎 및 휠체어의 발판이 들어갈 수 있도록 바닥면으로부터 높이 0.65m 이상, 깊이 0.45m 이상의 공간을 확보하여야 한다.
④ 열람석상단까지의 높이는 바닥면으로부터 0.6m 이상 0.8m 이하로 하여야 한다.

43 장애인 등의 이용이 가능한 접수대 또는 작업대에 대한 설명으로 적절하지 않은 것은?

① 접수대 또는 작업대 상단까지의 높이는 바닥면으로부터 0.8m 이상 1.0m 이하로 하여야 한다.
② 접수대 또는 작업대의 하부에는 무릎 및 휠체어의 발판이 들어갈 수 있도록 바닥면으로부터 높이 0.65m 이상, 깊이 0.45m 이상의 공간을 확보하여야 한다.
③ 접수대 또는 작업대의 전면에는 휠체어를 탄 채 접근이 가능한 활동공간을 확보하여야 한다.
④ 장애인복지시설 등의 접수대 또는 작업대를 동일한 장소에 각각 2대 이상 설치하는 경우에는 그중 1대만을 장애인 등의 이용을 고려하여 설치할 수 있다.

정답 및 해설

42 ③
① 휠체어사용자를 위한 관람석은 시야가 확보될 수 있도록 관람석 앞에 기둥이나 시야를 가리는 장애물 등을 두어서는 아니 되며, 안전을 위한 손잡이는 바닥에서 0.8m 이하의 높이로 설치하여야 한다.
② 휠체어사용자를 위한 관람석의 유효바닥면적은 1석당 폭 0.9m 이상, 깊이 1.3m 이상으로 하여야 한다.
④ 열람석상단까지의 높이는 바닥면으로부터 0.7m 이상 0.9m 이하로 하여야 한다.

43 ①
① 접수대 또는 작업대 상단까지의 높이는 바닥면으로부터 0.7m 이상, 0.9m 이하로 하여야 한다.

44 장애인 등의 이용이 가능한 매표소·판매기 또는 음료대에 대한 설명으로 적절한 것은?

① 매표소의 높이는 바닥면으로부터 0.7m 이상 0.8m 이하로 하여야 한다.
② 자동판매기 또는 자동발매기의 동전투입구·조작버튼·상품출구의 높이는 0.6m 이상 1.2m 이하로 하여야 한다.
③ 음료대의 분출구의 높이는 0.7m 이상 0.9m 이하로 하여야 한다.
④ 매표소 또는 자동발매기의 0.3m 전면에는 점형블록을 설치하거나 시각장애인이 감지할 수 있도록 바닥재의 질감 등을 달리하여야 한다.

45 임산부 등을 위한 휴게시설을 계획할 때 고려해야 할 편의시설의 기준에 대한 설명으로 적절한 것은?

① 기저귀교환대 및 세면대의 하부에는 휠체어의 발판이 들어갈 수 있도록 설치하여야 한다.
② 기저귀교환대, 세면대 등은 휠체어사용자가 접근 가능하도록 가로 1.5m, 세로 1.5m의 공간을 확보한다.
③ 기저귀교환대 및 세면대의 높이는 0.7m 이상 0.9m 이하로 한다.
④ 기저귀교환대, 세면대 등의 설비를 갖추어야 하며, 기저귀교환대는 고정식으로 설치한다.

46 임산부를 위한 휴게시설에 대한 설명으로 부적절한 것은? 공인4회

① 임산부를 위한 휴게시설은 휠체어 사용자 및 유모차가 접근 가능한 위치에 설치한다.
② 임산부를 위한 휴게시설에는 수유실로 사용할 수 있는 장소를 별도로 마련한다.
③ 기저귀교환대, 세면대의 상단 높이는 바닥면으로부터 0.85m 이하, 하단 높이는 0.65m 이상으로 한다.
④ 안전을 위해 기저귀교환대는 별도의 장소에 고정식으로 설치한다.

정답 및 해설

44 ④
① 매표소의 높이는 바닥면으로부터 0.7m 이상, 0.9m 이하로 하여야 한다.
② 자동판매기 또는 자동발매기의 동전투입구·조작버튼·상품출구의 높이는 0.4m 이상, 1.2m 이하로 하여야 한다.
③ 음료대의 분출구의 높이는 0.7m 이상, 0.8m 이하로 하여야 한다.

45 ①
② 기저귀교환대, 세면대 등은 휠체어사용자가 접근 가능하도록 가로 1.4m, 세로 1.4m의 공간을 확보한다.
③ 기저귀교환대 및 세면대의 상단 높이는 바닥면으로부터 0.85m 이하, 하단 높이는 0.65m 이상으로 하여야 한다.
④ 공간의 효율적인 이용을 위하여 기저귀교환대는 접이식으로 설치할 수 있다.

46 ④
④ 공간의 효율적인 이용을 위해 기저귀교환대는 접이식으로 설치할 수 있다.

참고문헌

01

김남효, 강호섭, 길종원, 이재호, 장훈익, 허영환, **실내건축일반구조학**, 도서출판 서우, 2007
김정섭, 이수곤, 문연준, 장정수, **건축구조학**, 기문당, 2012
송성진, 소병익, 감창덕, 강경인, 홍성민, 임형철, **건축일반구조학**, 문운당, 2007
신창훈, **건축구조학**, 기문당, 2016
오영근, **인체척도에 의한 실내공간계획**, 도서출판 국제, 2001
유원대, 이용재, **건축구조학**, 한국이공학사, 2010
이광노, 송종석, 이정덕, 유희준, 윤도근, **건축계획**, 문운당, 1998
이홍렬, **최신 건축구조학**, 기문당, 2007
임긍환, 강인철, 장훈익, 길종원, **실내건축재료학**, 도서출판 서우, 2012

02

이재인, 그림으로 이해하는 건축법
국가법령정보센터, www.law.go.kr

03

장애인 · 노인 · 임산부 등의 편의증진보장에 관한 법률, 법률 제16739호(2021)

실내디자이너 자격예비시험 실전모의고사

국가공인 민간자격(국토교통부 제2016-3호)

실내디자이너 자격예비시험 답안지

주의 — 올바른 표기: ● / 잘못된 표기: ⊘⊗⊙◐

시험실시일: 년 월 일

성명:

과목명:

감독위원확인: (인)

응시번호

			–		–			
0	0	0		0		0	0	0
1	1	1		1		1	1	1
2	2	2		2		2	2	2
3	3	3		3		3	3	3
4	4	4		4		4	4	4
5	5	5	–	5	–	5	5	5
6	6	6		6		6	6	6
7	7	7		7		7	7	7
8	8	8		8		8	8	8
9	9	9		9		9	9	9

교시

1 2 3 4

번호					번호					번호					번호				
1	1	2	3	4	11	1	2	3	4	21	1	2	3	4	31	1	2	3	4
2	1	2	3	4	12	1	2	3	4	22	1	2	3	4	32	1	2	3	4
3	1	2	3	4	13	1	2	3	4	23	1	2	3	4	33	1	2	3	4
4	1	2	3	4	14	1	2	3	4	24	1	2	3	4	34	1	2	3	4
5	1	2	3	4	15	1	2	3	4	25	1	2	3	4	35	1	2	3	4
6	1	2	3	4	16	1	2	3	4	26	1	2	3	4	36	1	2	3	4
7	1	2	3	4	17	1	2	3	4	27	1	2	3	4	37	1	2	3	4
8	1	2	3	4	18	1	2	3	4	28	1	2	3	4	38	1	2	3	4
9	1	2	3	4	19	1	2	3	4	29	1	2	3	4	39	1	2	3	4
10	1	2	3	4	20	1	2	3	4	30	1	2	3	4	40	1	2	3	4

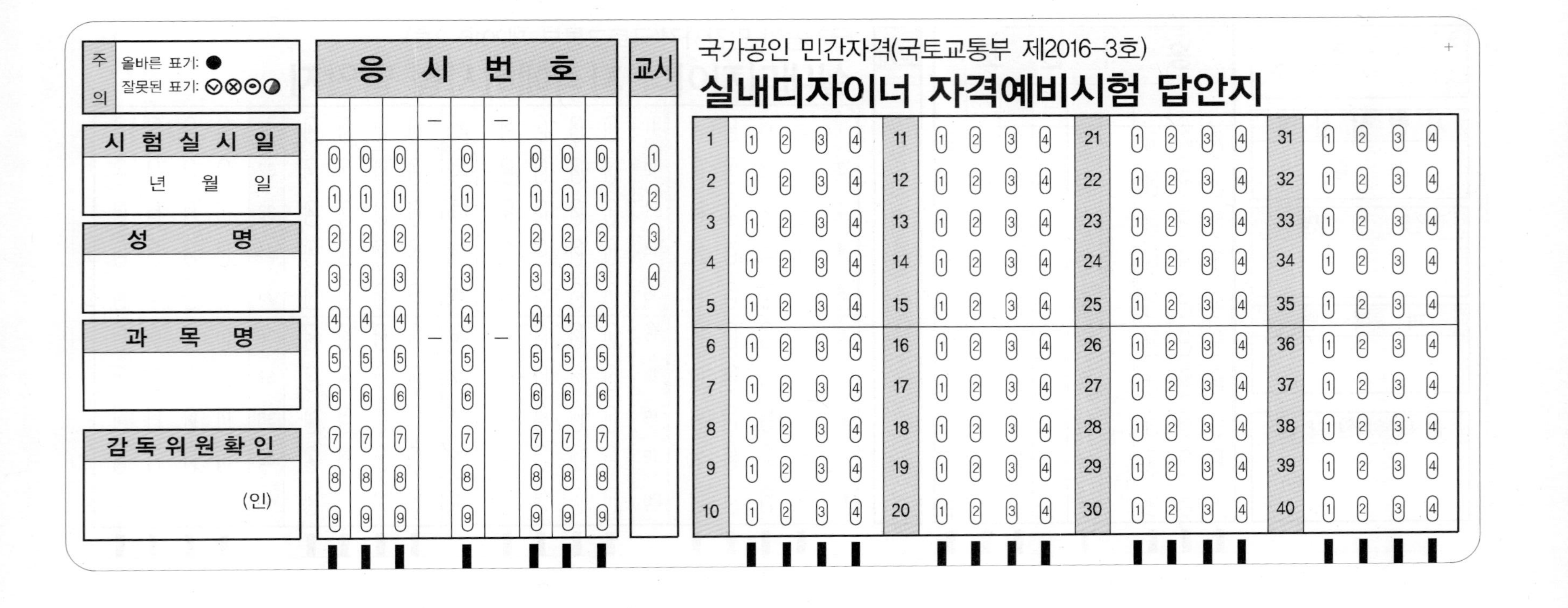

국가공인 민간자격(국토교통부 제2016-3호)

실내디자이너 자격예비시험 답안지

주의
올바른 표기: ●
잘못된 표기: ⊘⊗⊙◐

시 험 실 시 일
년 월 일

성 명

과 목 명

감 독 위 원 확 인
(인)

응 시 번 호

			–		–			
0	0	0		0		0	0	0
1	1	1		1		1	1	1
2	2	2		2		2	2	2
3	3	3		3		3	3	3
4	4	4	–	4	–	4	4	4
5	5	5		5		5	5	5
6	6	6		6		6	6	6
7	7	7		7		7	7	7
8	8	8		8		8	8	8
9	9	9		9		9	9	9

교시
1
2
3
4

1	1	2	3	4	11	1	2	3	4	21	1	2	3	4	31	1	2	3	4
2	1	2	3	4	12	1	2	3	4	22	1	2	3	4	32	1	2	3	4
3	1	2	3	4	13	1	2	3	4	23	1	2	3	4	33	1	2	3	4
4	1	2	3	4	14	1	2	3	4	24	1	2	3	4	34	1	2	3	4
5	1	2	3	4	15	1	2	3	4	25	1	2	3	4	35	1	2	3	4
6	1	2	3	4	16	1	2	3	4	26	1	2	3	4	36	1	2	3	4
7	1	2	3	4	17	1	2	3	4	27	1	2	3	4	37	1	2	3	4
8	1	2	3	4	18	1	2	3	4	28	1	2	3	4	38	1	2	3	4
9	1	2	3	4	19	1	2	3	4	29	1	2	3	4	39	1	2	3	4
10	1	2	3	4	20	1	2	3	4	30	1	2	3	4	40	1	2	3	4

국가공인 민간자격(국토교통부 제2016-3호)

실내디자이너 자격예비시험 답안지

주의	
올바른 표기: ●	
잘못된 표기: ⊘⊗⊙◐	

시험실시일
년 월 일

성명

과목명

감독위원확인
(인)

응시번호								
			—		—			
0	0	0		0		0	0	0
1	1	1		1		1	1	1
2	2	2		2		2	2	2
3	3	3		3		3	3	3
4	4	4		4		4	4	4
5	5	5	—	5	—	5	5	5
6	6	6		6		6	6	6
7	7	7		7		7	7	7
8	8	8		8		8	8	8
9	9	9		9		9	9	9

교시
1
2
3
4

No.					No.					No.					No.				
1	1	2	3	4	11	1	2	3	4	21	1	2	3	4	31	1	2	3	4
2	1	2	3	4	12	1	2	3	4	22	1	2	3	4	32	1	2	3	4
3	1	2	3	4	13	1	2	3	4	23	1	2	3	4	33	1	2	3	4
4	1	2	3	4	14	1	2	3	4	24	1	2	3	4	34	1	2	3	4
5	1	2	3	4	15	1	2	3	4	25	1	2	3	4	35	1	2	3	4
6	1	2	3	4	16	1	2	3	4	26	1	2	3	4	36	1	2	3	4
7	1	2	3	4	17	1	2	3	4	27	1	2	3	4	37	1	2	3	4
8	1	2	3	4	18	1	2	3	4	28	1	2	3	4	38	1	2	3	4
9	1	2	3	4	19	1	2	3	4	29	1	2	3	4	39	1	2	3	4
10	1	2	3	4	20	1	2	3	4	30	1	2	3	4	40	1	2	3	4

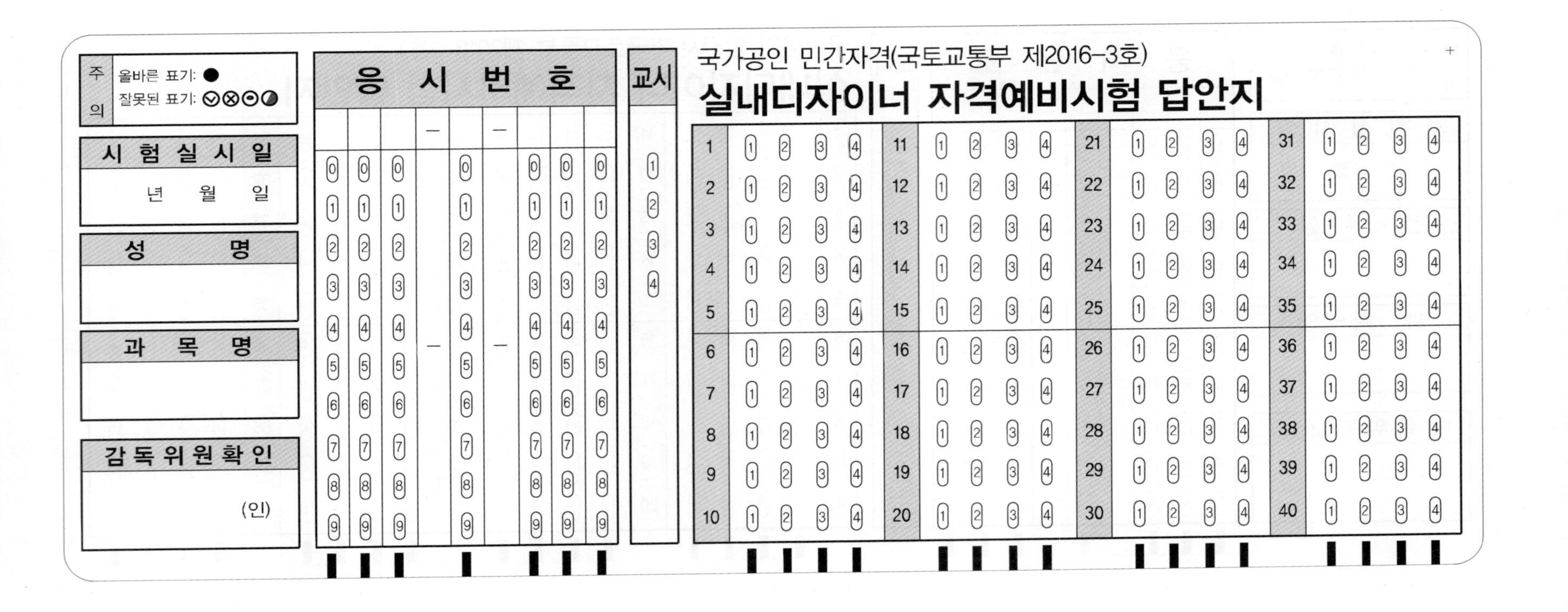

국가공인 민간자격(국토교통부 제2016-3호)

실내디자이너 자격예비시험 답안지

주의 — 올바른 표기: ● / 잘못된 표기: ⊘⊗⊙◐

시험실시일 — 년 월 일

성명

과목명

감독위원확인 — (인)

응시번호

			–		–			
0	0	0		0		0	0	0
1	1	1		1		1	1	1
2	2	2		2		2	2	2
3	3	3		3		3	3	3
4	4	4	–	4	–	4	4	4
5	5	5		5		5	5	5
6	6	6		6		6	6	6
7	7	7		7		7	7	7
8	8	8		8		8	8	8
9	9	9		9		9	9	9

교시: 1 2 3 4

번호	답	번호	답	번호	답	번호	답
1	1 2 3 4	11	1 2 3 4	21	1 2 3 4	31	1 2 3 4
2	1 2 3 4	12	1 2 3 4	22	1 2 3 4	32	1 2 3 4
3	1 2 3 4	13	1 2 3 4	23	1 2 3 4	33	1 2 3 4
4	1 2 3 4	14	1 2 3 4	24	1 2 3 4	34	1 2 3 4
5	1 2 3 4	15	1 2 3 4	25	1 2 3 4	35	1 2 3 4
6	1 2 3 4	16	1 2 3 4	26	1 2 3 4	36	1 2 3 4
7	1 2 3 4	17	1 2 3 4	27	1 2 3 4	37	1 2 3 4
8	1 2 3 4	18	1 2 3 4	28	1 2 3 4	38	1 2 3 4
9	1 2 3 4	19	1 2 3 4	29	1 2 3 4	39	1 2 3 4
10	1 2 3 4	20	1 2 3 4	30	1 2 3 4	40	1 2 3 4

국가공인 민간자격(국토교통부 제2016-3호)

실내디자이너 자격예비시험 답안지

주의 올바른 표기: ●
잘못된 표기: ⊘⊗⊙◐

시 험 실 시 일

년 월 일

성 명

과 목 명

감 독 위 원 확 인

(인)

응 시 번 호

			–		–			
0	0	0		0		0	0	0
1	1	1		1		1	1	1
2	2	2		2		2	2	2
3	3	3		3		3	3	3
4	4	4		4		4	4	4
5	5	5	–	5	–	5	5	5
6	6	6		6		6	6	6
7	7	7		7		7	7	7
8	8	8		8		8	8	8
9	9	9		9		9	9	9

교시

1 2 3 4

1	1	2	3	4	11	1	2	3	4	21	1	2	3	4	31	1	2	3	4
2	1	2	3	4	12	1	2	3	4	22	1	2	3	4	32	1	2	3	4
3	1	2	3	4	13	1	2	3	4	23	1	2	3	4	33	1	2	3	4
4	1	2	3	4	14	1	2	3	4	24	1	2	3	4	34	1	2	3	4
5	1	2	3	4	15	1	2	3	4	25	1	2	3	4	35	1	2	3	4
6	1	2	3	4	16	1	2	3	4	26	1	2	3	4	36	1	2	3	4
7	1	2	3	4	17	1	2	3	4	27	1	2	3	4	37	1	2	3	4
8	1	2	3	4	18	1	2	3	4	28	1	2	3	4	38	1	2	3	4
9	1	2	3	4	19	1	2	3	4	29	1	2	3	4	39	1	2	3	4
10	1	2	3	4	20	1	2	3	4	30	1	2	3	4	40	1	2	3	4

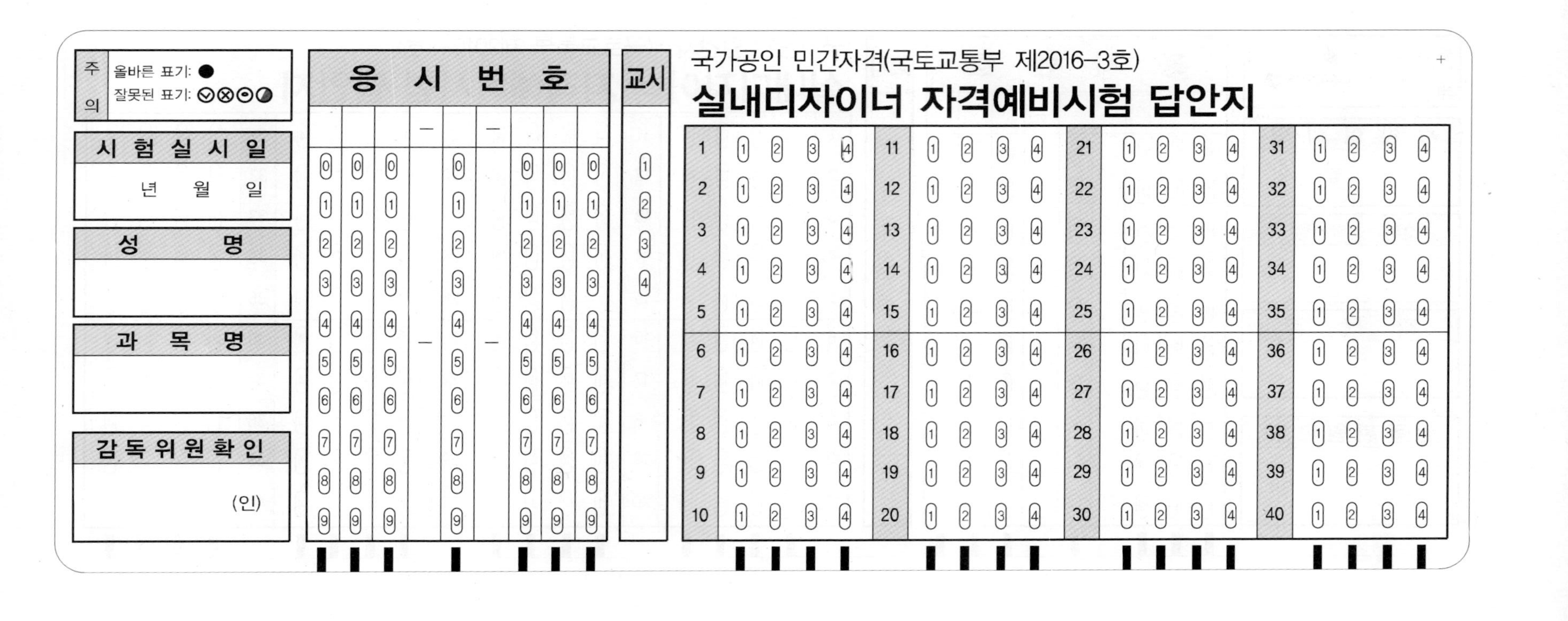

국가공인 민간자격(국토교통부 제2016-3호)

실내디자이너 자격예비시험 답안지

주의
올바른 표기: ●
잘못된 표기: ⊘⊗⊙◐

시험실시일
년 월 일

성 명

과 목 명

감독위원확인
(인)

응	시	번	호					
			–		–			
0	0	0		0		0	0	0
1	1	1		1		1	1	1
2	2	2		2		2	2	2
3	3	3		3		3	3	3
4	4	4		4		4	4	4
5	5	5	–	5	–	5	5	5
6	6	6		6		6	6	6
7	7	7		7		7	7	7
8	8	8		8		8	8	8
9	9	9		9		9	9	9

교시
1
2
3
4

번호					번호					번호					번호				
1	1	2	3	4	11	1	2	3	4	21	1	2	3	4	31	1	2	3	4
2	1	2	3	4	12	1	2	3	4	22	1	2	3	4	32	1	2	3	4
3	1	2	3	4	13	1	2	3	4	23	1	2	3	4	33	1	2	3	4
4	1	2	3	4	14	1	2	3	4	24	1	2	3	4	34	1	2	3	4
5	1	2	3	4	15	1	2	3	4	25	1	2	3	4	35	1	2	3	4
6	1	2	3	4	16	1	2	3	4	26	1	2	3	4	36	1	2	3	4
7	1	2	3	4	17	1	2	3	4	27	1	2	3	4	37	1	2	3	4
8	1	2	3	4	18	1	2	3	4	28	1	2	3	4	38	1	2	3	4
9	1	2	3	4	19	1	2	3	4	29	1	2	3	4	39	1	2	3	4
10	1	2	3	4	20	1	2	3	4	30	1	2	3	4	40	1	2	3	4

국가공인 민간자격(국토교통부 제2016-3호)

실내디자이너 자격예비시험 답안지

주의	올바른 표기: ● 잘못된 표기: ⊘⊗⊝◐

시험실시일
년 월 일

성명

과목명

감독위원확인
(인)

응시번호								
			–		–			
0	0	0		0		0	0	0
1	1	1		1		1	1	1
2	2	2		2		2	2	2
3	3	3		3		3	3	3
4	4	4		4		4	4	4
5	5	5	–	5	–	5	5	5
6	6	6		6		6	6	6
7	7	7		7		7	7	7
8	8	8		8		8	8	8
9	9	9		9		9	9	9

교시
1
2
3
4

번호					번호					번호					번호				
1	1	2	3	4	11	1	2	3	4	21	1	2	3	4	31	1	2	3	4
2	1	2	3	4	12	1	2	3	4	22	1	2	3	4	32	1	2	3	4
3	1	2	3	4	13	1	2	3	4	23	1	2	3	4	33	1	2	3	4
4	1	2	3	4	14	1	2	3	4	24	1	2	3	4	34	1	2	3	4
5	1	2	3	4	15	1	2	3	4	25	1	2	3	4	35	1	2	3	4
6	1	2	3	4	16	1	2	3	4	26	1	2	3	4	36	1	2	3	4
7	1	2	3	4	17	1	2	3	4	27	1	2	3	4	37	1	2	3	4
8	1	2	3	4	18	1	2	3	4	28	1	2	3	4	38	1	2	3	4
9	1	2	3	4	19	1	2	3	4	29	1	2	3	4	39	1	2	3	4
10	1	2	3	4	20	1	2	3	4	30	1	2	3	4	40	1	2	3	4

국가공인 민간자격(국토교통부 제2016-3호)

실내디자이너 자격예비시험 답안지

주의	올바른 표기: ● 잘못된 표기: ⊘⊗⊙◐

시 험 실 시 일
년 월 일

성 명

과 목 명

감 독 위 원 확 인
(인)

응 시 번 호								
			–		–			
0	0	0		0		0	0	0
1	1	1		1		1	1	1
2	2	2		2		2	2	2
3	3	3		3		3	3	3
4	4	4	–	4	–	4	4	4
5	5	5		5		5	5	5
6	6	6		6		6	6	6
7	7	7		7		7	7	7
8	8	8		8		8	8	8
9	9	9		9		9	9	9

교시
1
2
3
4

번호					번호					번호					번호				
1	1	2	3	4	11	1	2	3	4	21	1	2	3	4	31	1	2	3	4
2	1	2	3	4	12	1	2	3	4	22	1	2	3	4	32	1	2	3	4
3	1	2	3	4	13	1	2	3	4	23	1	2	3	4	33	1	2	3	4
4	1	2	3	4	14	1	2	3	4	24	1	2	3	4	34	1	2	3	4
5	1	2	3	4	15	1	2	3	4	25	1	2	3	4	35	1	2	3	4
6	1	2	3	4	16	1	2	3	4	26	1	2	3	4	36	1	2	3	4
7	1	2	3	4	17	1	2	3	4	27	1	2	3	4	37	1	2	3	4
8	1	2	3	4	18	1	2	3	4	28	1	2	3	4	38	1	2	3	4
9	1	2	3	4	19	1	2	3	4	29	1	2	3	4	39	1	2	3	4
10	1	2	3	4	20	1	2	3	4	30	1	2	3	4	40	1	2	3	4

제1교시

객 관 식

실내계획

성명		응시번호				-		-			

○ 객관식 총 40문제입니다.
○ 문제지에 성명과 응시 번호를 정확히 써 넣으십시오.
○ 답안지에 성명과 응시 번호를 써 넣고, 또 응시 번호, 답을 정확히 표시하시기 바랍니다.

1. 다음 형태지각의 특성 중 옳은 것은?

① 유사성이란 제반 시각요소들 중 형태의 경우만 서로 유사한 것들이 연관되어 보이는 경향을 말한다.
② 근접성이란 가까이 있는 시각요소들을 패턴이나 그룹으로 인지하려는 특성을 말한다.
③ 폐쇄성이란 완전한 시각요소들을 불완전한 것으로 보게 되는 성향을 말한다.
④ 도형과 배경의 법칙이란 양자가 동시에 도형이 되거나 동시에 배경이 될 수 있는 성향이다.

2. 다음 동선에 관한 설명 중 <u>틀린</u> 것은?

① 모든 동선은 반드시 짧게 계획하여야 한다.
② 선(線)으로서 사람이나 물건이 움직이는 선(線)을 연결한 궤적이다.
③ 동선은 시작 지점부터 연속적인 공간을 통해 목적하는 동선까지 이어진다.
④ 동선계획 시 이동 선상에 있는 사람의 행위나 물건의 흐름을 고려하여야 한다.

3. 다음 중 규모(scale)에 대한 설명으로 옳은 것은?

① 물체와 인체의 상호관계를 뜻한다.
② 부분과 전체와의 수량적 관계로 규정된다.
③ 실내공간 계획에서는 공간요소 간의 스케일을 우선적으로 고려한다.
④ 규모는 절대적인 크기, 즉 척도를 의미한다.

4. 인간이 색을 지각하기 위해서 갖추어야 할 세 가지 요소인 색의 3요소에 포함되지 <u>않는</u> 것은?

① 가시광선을 복사하는 광원(자연광, 인공광)
② 광원에서 나오는 광선을 반사하거나 투과시키는 물체
③ 광선을 지각하는 인간의 감각기관(눈)
④ 대기 중의 오존층 및 부유물질

5. 다음 중 데스틸(De Stijl) 색채에 대한 설명으로 맞는 것은?

① 강한 원색보다는 중간 톤의 색들을 사용하였다.
② 데스틸(De Stijl)의 가장 대표적인 색채는 금색이다.
③ 자연상태에 가까운 연한 갈색을 사용하였다.
④ 검정, 회색, 흰색의 무채색과 빨강, 파랑, 노랑의 원색으로 제한하여 사용하였다.

6. 스펙트럼 분광색의 파장과 색의 온도감과의 관계를 올바르게 표현한 것은?

① 장파장은 차갑고 단파장은 따뜻한 느낌이다.
② 장파장은 따뜻하고 단파장은 차가운 느낌이다.
③ 장파장은 차갑고 중파장은 따뜻한 느낌이다.
④ 장파장은 따뜻하고 중파장은 차가운 느낌이다.

7. 가구 배치 시 고려해야 할 사항으로 가장 적합한 것은 무엇인가?

① 컴퓨터 사용을 위한 가구는 창가에 배치한다.
② 규모가 큰 가구를 먼저 배치한다.
③ 다양한 스타일의 가구를 배치하여 변화를 준다.
④ 업무의 유형에 따라 행태별로 가구를 배치한다.

8. 현대 건축을 시대 순으로 바르게 정리한 것은?

① 미술공예운동 – 아르누보 – 데 스틸 – 바우하우스
② 아르누보 – 미술공예운동 – 바우하우스 – 데 스틸
③ 미술공예운동 – 데 스틸 – 아르누보 – 바우하우스
④ 아르누보 – 미술공예운동 – 데 스틸 – 바우하우스

9. 한국의 마루에 대한 설명 중 올바르지 않은 것은?

① 마루는 여름을 나기 위한 구조로 발달되어 왔다.
② 북쪽지역에서는 저장용 공간으로 사용되었다.
③ 구성방식에 따라 장마루, 우물마루로 구분된다.
④ 규모에 따라 대청, 툇마루, 쪽마루, 난간마루, 측간마루 등으로 구분된다.

10. 스마트 홈(디지털 홈)의 특징과는 거리가 먼 것을 고르시오.

① 스마트 기술을 활용하여 쾌적한 생활과 삶의 질 향상 추구
② 모든 정보전자기기가 유무선 홈 네트워크에 연결
③ 재택근무, 재택의료, 원격교육이 가능
④ 기존 공간에 디지털기술만 투입

11. 쇼윈도 전면의 눈부심(현휘현상)방지에 대한 설명 중 적합하지 않은 것은?

① 쇼윈도에 차양을 설치하여 햇빛을 차단한다.
② 쇼윈도 앞에 가로수를 심어 도로 건너편의 건물이 비치지 않도록 한다.
③ 곡면유리나 경사지게 처리된 유리를 사용한다.
④ 도로면을 밝게 하고 쇼윈도 내부를 상대적으로 어둡게 한다.

12. 연출과 진열에 대한 설명으로 잘못된 것은?

① 연출이란 고객이 상품을 보고 흥미와 구매 욕구를 불러일으키도록 표현하는 방법을 말한다.
② 진열이란 상품판매가 직접적으로 이루어지는 판매공간(IP)에서의 상품 디스플레이 표현방법을 말한다.
③ 상징적 연출이란 상품과 관련된 분위기를 조성하며 상품의 가치나 특성을 추구하는 감각 진열로서 구매심리를 직접적으로 자극하는 방법을 말한다.
④ 상품에 대한 신뢰와 구매의 확신을 느끼게 하여 디스플레이의 주요 목적인 판매에 가장 접적인 영향을 주는 것은 진열이다.

13. 백화점의 공간디자인 프로세스로 맞는 것은?

① 마스터플랜 – 기본전략계획 – 스토어디자인 – 스토어플랜 – VMD 전개
② 기본전략계획 – VMD 전개 – 마스터플랜 – 스토어플랜 – 스토어디자인
③ 기본전략계획 – 마스터플랜 – 스토어플랜 – 스토어디자인 – VMD 전개
④ 마스터플랜 – VMD 전개 – 기본전략계획 – 스토어플랜 – 스토어디자인

14. 레스토랑 평면계획에 대한 설명 중 옳지 않은 것은?

① 카운터는 출입구 부분에 위치하여 통행에 불편이 없도록 한다.
② 고객의 동선과 주방의 동선이 교차되지 않도록 한다.
③ 요리의 출구와 식기의 회수 동선은 분리시킨다.
④ 공간의 다양성을 위해 서비스 동선이 이루어지는 곳은 바닥의 고저차를 적극 활용한다.

15. 호텔의 공간구성요소 중 업무의 중추적 역할을 담당하며 접객기능을 지닌 공간은?

① 객실 ② 로비
③ 프런트데스크 ④ 현관

16. 의료공간에서 진료실 인테리어 계획 시 고려해야 할 사항으로 적합하지 않은 것은?

① 진료실은 환자가 긴장을 풀 수 있도록 거실같이 친근하며 따뜻한 분위기를 조성하는 것이 바람직하다.
② 진료실의 마감재는 위생을 위해 타일을 사용하는 것이 좋다.
③ 진료실 조명은 자연채광이 들어오게 하는 것이 이상적이며 부드럽고 밝은 전체조명과 독서용 국부조명이 필요하다.
④ 진료실에 필요한 가구는 패브릭 소재의 부드러운 가구를 사용하는 것이 좋다.

17. 개방형 오피스의 장점과 거리가 먼 것은?

① 개방형 오피스는 폐쇄형 오피스에 비해 1인당 더 넓은 최소면적이 요구된다.
② 개방형 오피스는 시스템가구의 사용으로 부서 간 가구나 비품 등의 이동이 자유롭다.
③ 부서간 벽과 문이 없어 시설비 및 관리비가 적게 든다.
④ 벽이 없어 변화에 대응하기가 용이하며 동선이 자유롭고 커뮤니케이션도 용이하다.

18. 오피스 공간의 시스템가구 특성으로 올바르지 않은 것은?

① 몇 개의 단위요소로 구성되어 넓은 공간에 다양한 배치가 가능하다.
② 유연한 동선의 흐름에 근거하여 배치함으로써 공간을 명확하게 구분할 수 있다.
③ 색채, 재료, 형태를 통일함으로써 실내 분위기가 적절하게 조성되고 환경을 개선할 수 있다.
④ 모듈화된 가구는 계급의식을 발생시켜 작업환경 조직화 시킨다.

19. 다음 중 쇼룸의 역할로 옳지 않은 것은?

① 기업의 상품판매만을 위해 다양한 전시기법을 이용하여 연출한 공간이다.
② 실질적인 제품, 소재를 통해 상품의 소개 및 홍보하는 상설전시 공간이다.
③ 상품판매에 직・간접적으로 관계하는 정보서비스 기능으로 재인식되는 장소이다.
④ 데몬스트레터의 설명과 질의응답에 의해 상품의 지식과 특성을 직접적으로 확인하는 장소이다.

20. 공연장 객석 계획에서 가시거리 설정에 대한 설명 중 올바르지 않은 것은?

① 공연장에서 무대위 연기자의 표정을 읽을 수 있는 시각한계는 15m 정도이다.
② 소규모 국악, 오페라, 발레, 현대극의 가시거리에 있어 제1차 허용한도는 22m 정도이다.
③ 대규모 오페라, 발레, 뮤지컬의 가시거리에 있어 제2차 허용한도는 50m 정도이다.
④ 영화에서 가시의 한계는45m 정도이다.

21. 학교의 평면계획 시 고려해야할 사항으로 올바르지 않은 것은?

① 학교 각 공간의 층별·특성별 공간 배분과 도성이 분리·연결되어야 한다.
② 코어를 통한 공간의 시지각적 체험유도 및 편의를 도보해야 한다.
③ 각 동의 기능별 분리와 내부 동선의 효율을 고려하여야 한다.
④ 교육공간 평면계획의 기본적 원칙은 교과 단위로 정리해야 한다는 것이다.

22. 실내건축가로서 갖추어야 하는 여러 가지 지식들 중에서 가장 거리가 먼 것은 다음 중 어느 것인가?

① 디자인의 기본적 요소들에 대한 이해를 돕는 다양한 예술매체에 대한 지식
② 건축과 환경사이의 상관관계를 이해하는데 필요한 지식
③ 다양한 연령층을 위한 공간설계에 대한 지식
④ 공공복지와 건강보호를 위한 디자인에 영향을 미칠 수 있는 건축법에 대하여 교육할 수 있는 능력

23. 디자인 비용 산정 시 핵심 고려사항으로부터 거리가 먼 항목은 다음 중 어느 것인가?

① 제공될 서비스의 범위 고려
② 해당 요금방법이 비용을 합리적으로 책정하고 순이익을 제공하리라는 확신하에 비용계산
③ 경쟁사를 고려하여 신중하게 디자인 비용 고려
④ 특정 프로젝트에 있어서 가장 수익성이 보장되는 방법 1가지로 보수산출방법을 고려하고 선택

24. 실내건축의 공통지식체계가 아닌 것을 하나 고르시오.

① 시각예술매체에 대한 인식
② 물리 및 수리학
③ 공간계획이론
④ 직업윤리에 관 지식한

25. 저스틴 스위트(Justine Sweet)의 《건축공학과 시공과정의 법적측면(Legal Aspects of Architecture and the Construction Process)》에 등장하는 직업상 업무태만의 예에 해당하지 않은 것은 다음 중 어느 것인가?

① 시공상에서 발생하는 잠재위험을 고객에게 알리지 않는 것
② 추가 업무를 유발하는 모호한 평면도 및 입면도와 같은 건축도면
③ 고객의 예산을 고려하지 않고 비용을 초과하는 디자인을 하는 것
④ 기존에 사용하지 않던 특이한 재료를 사용하는 것

26. '업무수행평가' 시 주의해야 할 오류 중 모든 직원을 보통 또는 우수 등급으로 평가하는 것을 말하며 누구에게도 동기부여는 거의 되지 않는 오류를 낳는다는 의미가 어떤 것인가?

① 후광효과(Halo Effect)
② 적당히 평가하게 되는 실수(Central Tendency Mistake)
③ 통합평가(Integrated Assessment)
④ 동급평가(Equal evaluation)

27. 디자인회사의 서비스비용에 관한 요금제 중 이 방법은 실비정산보수라고도 하며, 디자이너가 프로젝트에 소요되는 실제 시간을 추정하고, 예상되는 제반 비용에 대해 회사에서 정해놓은 비용 또는 설계 보수요율표에 기초하여 청구하는 방법이다. 이 경우, 정확한 프로젝트 기간을 명시해야 하며, 작업 지연이나 초과 작업의 원인이 고객에게 있을 경우, 추가 요금이 청구됨을 계약서상에 명시해야 한다. 이 방법은 무엇인가?

① 시간요금제 ② 가치근거제
③ 균일요금제 ④ 평당요금제

28. 회사에서 사용하는 회계 관련 용어 중 아직 부과되지 않은 소득세나 기타 총 세금을 의미하는 이것은 무엇인가?

① 미지급 세금(taxes payable)
② 인출금(drawing)
③ 예수금(deferred revenues)
④ 장기차입금(long-term debt)

29. 다음 중 실내디자이너 교육에 있어서의 중요한 지식체계에 해당되지 않는 것은?

① 공간 사용자의 행태에 관한 이해 및 지식
② 공간을 평면과 입체로 표현할 수 있는 지식
③ 지구환경을 고려하여 에너지 효율적인 디자인에 관한 지식
④ 회사 운영 시 경쟁사와의 경쟁에서 수익을 창출할 수 있는 방안에 관한 지식

30. 실내건축가는 자재공급자에게 자재 선정에 따른 사례금을 요구하지 않아야 한다. 이 설명에 알맞은 것은 어느 것인가?

① 책임의식 ② 의무 외 이행
③ 윤리강령 ④ 조정중재

31. 다음 중 '유니버설디자인'을 적용하는 데 우선해서 고려해야 할 대상은?

① 노인, 장애인
② 임산부, 어린이
③ 연령, 성별, 국적, 장애의 유무에 관계없이 모든 사람
④ 외국인

32. 다음 중 유니버설디자인의 4요소에 해당하지 않은 것은?

① 건강과 복지를 위한 안전성
② 사용자의 심리적 정서적 쾌적성
③ 거부감을 주지 않는 기능에 대한 지원성
④ 사용자의 요구와 능력에 맞춘 적응성

33. 다음 중 유니버설디자인의 7원칙에 해당하지 않은 것은?

① 접근·이용의 용이성 ② 오류의 최소화
③ 정보의 지각성 ④ 육체적 노력의 최소화

34. 유니버설디자인의 7원칙 중 '정보의 지각성'과 관련된 내용으로 맞지 않은 것은?

① 사용 환경과 사용자의 시각, 청각 등 감각능력에 따라 별도로 정보를 제공 할 것
② 중요한 정보는 강조하고 읽기 쉽게 할 것
③ 정보를 되도록 구별해서 이해하기 쉬운 요소로 구성할 것
④ 감각의 제한이 있는 사용자에게도 다양한 기술·장치를 공급하여 호환성을 갖게 할 것

35. 유니버설디자인의 프로세스로 올바른 것은?

① 사용자에 대한 이해 - 설계안 검토 - 계획공간계획 - 공간계획 - 법규 검토
② 법규 검토 - 공간에 대한 이해 - 기본계획 수립 - 공간계획 - 설계안 검토
③ 계획공간에 대한 이해 - 사용자에 대한 이해 - 법규 검토 - 공간계획 - 설계안 검토
④ 공간에 대한 이해 - 공간계획 - 설계안 검토 - 세부 공간디자인 - 사용자에 대한 이해

36. 유니버설디자인을 적용한 진입로 설계 시 고려할 사항으로 적절하지 않은 것은?

① 경사로의 좌우측에 휠체어가 탈락하지 않도록 턱을 준다.
② 접근로의 단차가 20㎜ 이하이면 적법하다.
③ 접근로의 램프각도는 1/18 이상 되어야 한다.
④ 배수를 위한 그레이팅의 살 간격은 15㎜ 이하로 한다.

37. 출입구 공간에 대한 기준으로 적절한 것은?

① 공동주택 방화문의 방풍턱은 최소 20㎜ 이하로 시공하여야 한다.
② 방풍실의 앞뒤 문 사이 간격은 최소 1,800㎜가 유지되어야 한다.
③ 투명유리 출입문이나 전면 창은 눈높이에 패턴이나 문자를 붙여 시인성을 높인다.
④ 출입구의 바닥은 오염에 대해 청소가 용이하도록 표면이 매끄러운 마감재를 사용한다.

38. 「장애인·노인·임산부 등의 편의증진보장에 관한 법률」에서 규정한 출입구의 통과 유효폭(a)과 「고령자 배려 주거시설 설계치수 원칙 및 기준」의 출입구 유효폭(b)이 맞게 짝지어진 것은?

① a: 850㎜, b: 900㎜
② a: 800㎜, b: 900㎜
③ a: 850㎜, b: 850㎜
④ a: 800㎜, b: 850㎜

39. 유니버설디자인 적용 시 단위공간 출입구에 불가피하게 단차가 발생하는 경우 적용기준으로 올바른 것은?

① 재료분리대를 경사면으로 처리하는 것을 권장하되 높이 15㎜ 이하의 단차는 경우 법적 허용치이다.
② 재료분리대를 경사면으로 처리하되 높이 15㎜ 이하, 1/2의 경사각으로 제작·설치한다.
③ 재료분리대를 경사면으로 처리하되 높이 20㎜ 이하, 1/2의 경사각으로 제작·설치한다.
④ 재료분리대를 경사면으로 처리하되 높이 15㎜ 이하, 1/3의 경사각으로 제작·설치한다.

40. 핸드레일에 관한 다음 설명 중 틀린 것은?

① 핸드레일은 직경 28~32㎜의 원형이나 타원형으로 한다.
② 벽면에서의 이격거리는 50㎜로 한다.
③ 핸드레일의 끝단은 벽면으로 90° 꺾어 부착한다.
④ 계단이나 램프의 끝에서는 300㎜ 이상 수평으로 연장하여 벽에 부착한다.

제2교시

실내환경

객 관 식

성명		응시번호				-		-			

○ 객관식 총 40문제입니다.
○ 문제지에 성명과 응시 번호를 정확히 써 넣으십시오.
○ 답안지에 성명과 응시 번호를 써 넣고, 또 응시 번호, 답을 정확히 표시하시기 바랍니다.

1. 인간공학의 내용 및 범위에 속하지 않은 것은?

① 인간의 형상, 자세, 근육운동 등의 분석
② 기계의 작동 시스템과 생산량 분석
③ 작업 부담 및 피로의 분석
④ 인간의 신뢰도 분석과 시스템의 안정성 설계

2. 동작 경제의 원리에 맞지 않은 것은?

① 동작의 범위는 최소로 할 것
② 사용하는 신체의 범위를 가급적 많이 할 것
③ 동작의 순서를 합리화할 것
④ 동작을 가급적 조합하여 하나의 동작으로 할 것

3. 인간의 '움직이는 행동'을 고려하여 산정한 치수는?

① 평균치수
② 절대치수
③ 구조적 인체치수
④ 기능적 인체치수

4. 문제사회적 약자에 대한 관심과 배려가 사회문제로 주목받으면서 휠체어 사용자를 배려하는 공간이 늘어나고 있다. 다음 중 휠체어 사용자를 위해 고려되어야 할 인체 치수로 옳은 것은?

① 정적치수 ② 동적치수
③ 정적치수+동적치수 ④ 근력

5. 퍼센타일(백분위수)의 개념으로 옳지 못한 것은?

① 1 퍼센타일은 집단내의 나머지 99%보다 작은 수치이다.
② 95 퍼센타일은 집단내의 5%만이 더 큰 수치를 나타낸다.
③ 퍼센타일은 단순히 양을 나타내는 것뿐 아니라 집단내의 순위까지도 나타내는 개념이다.
④ 퍼센트와 퍼센타일은 같은 개념이다.

6. 지각 과정을 바르게 나타낸 것은?

① 지각 → 인지 → 태도 → 반응
② 지각 → 태도 → 인지 → 반응
③ 지각 → 반응 → 인지 → 태도
④ 지각 → 인지 → 반응 → 태도

7. 다음 연결관계가 적합하지 않은 것은?

① 홍체 : 동공을 통해 눈으로 들어오는 빛의 양을 조절
② 각막 : 빛을 받아들이는 부분
③ 초자체 : 색채 정보를 구분하는 기능
④ 망막 : 추상체와 간상체에 의하여 빛에너지를 흡수

8. 다음 설명 중 작업영역에 대해 잘못 설명한 것은?

① 사람이 일정한 장소에서 몸의 각 부분을 움직일 때 평면적 또는 입체적으로 어떤 영역의 공간이 만들어지는 것을 말한다.
② 의자에 앉아서 하는 동작이나 기계조작시 필요한 공간의 위치 및 치수를 정하는 데 필요하다.
③ 최대작업영역이란 팔을 최대한 뻗어서 파악할 수 있는 영역으로 약 55~65㎝ 정도이다.
④ 수직 작업영역과 수평 작업영역은 다리의 움직임을 기준으로 정해진다.

9. 환경심리학에 대한 설명으로 옳지 않은 것은?

① 환경심리학이 다루는 환경은 자연환경과 인간이 만든 건조환경, 사회환경, 정보환경 등 모든 물리적 환경을 포함한다.
② 환경심리학 연구는 이론 연구와 응용 연구의 목적을 동시에 가지고 이루어지는 경우가 많다.
③ 환경심리학에서는 환경과 행동을 독립된 성분으로 분리해서 주로 연구한다.
④ 환경심리학자들 중 많은 이들이 사회심리학자이기도 하다.

10. 환경심리행태 연구의 특징을 가장 잘 설명한 것은?

① 환경심리학과 사회심리학의 연구 방법론은 서로 상이하게 구분된다.
② 환경심리학은 여러 학문분야가 관련된 다학제적 특징이 있다.
③ 밀집과 개인공간에 대한 관심사는 사회적 행동을 배제하고 개인적 태도에 대해 초점을 두고 있다.
④ 환경심리학의 이론적 토대들은 응용연구와는 관련이 적다.

11. 보기의 함수식은 르윈의 장(filed) 이론을 나타낸 것이다. 이 이론에 대한 설명으로 적합한 것은?

$$B = f(P \cdot E)$$

① 생활공간에서 사람은 긍정적 유인가를, 사물과 상황은 부정적 유인가를 지니고 있다.
② 인간행태는 자존감과 현재 감정의 교차함수로 이루어진다.
③ 물리적 장의 개념을 도입하여 인간행태를 설명하였다.
④ 인간행태를 개인의 특성과 개인에게 지각되는 환경의 함수로 나타낸 것이다.

12. 이론과 주장한 학자를 잘 연결한 것은?

① 바커(Barker)-사용자 이득 기준
② 깁슨(Gibson)-지원성이론
③ 머사 앤 리(Murtha and Lee)-환경부하이론
④ 코헨(Cohen), 밀그램(Millgram)-생태심리학

13. 보기에서 잘 나타나는 형태심리학의 원리는?

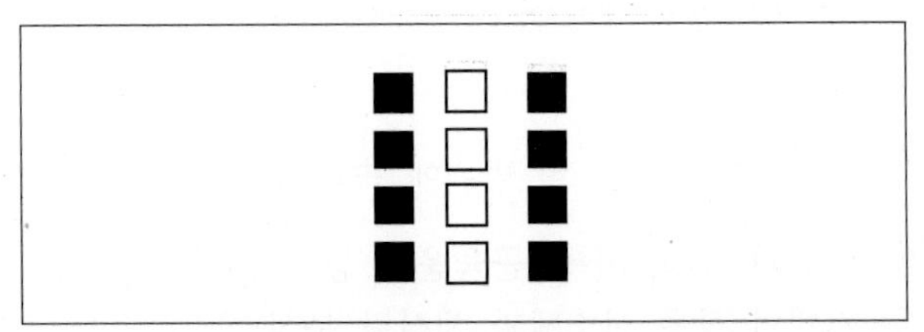

① 선보다 면이 두드러지게 잘 보이는 평면원리
② 완전한 형태를 형성하려는 완결성 원리
③ 유사한 것끼리 모아보는 유사성 원리
④ 분리된 것보다 연속적인 것이 더 잘 지각되는 연속성 원리

14. 린치(Lynch) 이론에서 도시이미지 형성에 기여하는 물리적 요소가 아닌 것은?

① 보행자 도로(pedestrian road)
② 지역(districts)
③ 모서리(edges)
④ 교차점(nodes)

15. 보기에서 설명하는 환경심리행태적 요소는?

개인 상호 간 접촉을 조절하고 바람직한 수준의 프라이버시를 이루기 위한 기능을 하는 신체를 둘러싼 눈에 보이지 않는 경계를 가진 영역

① 영역성 ② 밀도
③ 이차영역 ④ 개인공간

16. 프라이버시의 특성에 대한 옳은 설명은?

① 프라이버시는 자아의 독립, 정체성의 발견을 돕는다.
② 프라이버시는 많을수록 만족하게 된다.
③ 프라이버시 보호를 위해서는 언어 이외의 행동기제는 사용되지 않는다.
④ 프라이버시는 일방향 작용으로 타인으로부터 유입되는 방향에 대해 작용한다.

17. 건물면적 1,000㎡이며 유효면적비율이 60%인 사무소(1일 평균사용수량 100ℓ)의 1일 사용수량은?(유효면적당 인원은 0.2인/㎡, 1일 평균사용시간 8시간)

① 1,500ℓ ② 12,000ℓ
③ 96,000ℓ ④ 100,000ℓ

18. 장애인을 고려한 화장실 설계에서 가장 타당한 것은?

① 휠체어 사용자용 세면대의 상단높이는 바닥면으로부터 0.65m 이하로 하여야 한다.
② 대변기의 최대 높이는 바닥면으로 부터 0.5m 이상 0.55m 이하로 하여야 한다.
③ 대변기 전면에는 휠체어 회전이 가능한 1.4m×1.4m 이상의 활동공간을 확보하도록 한다.
④ 화장실 출입문의 통과유효폭은 문틀을 포함하여 0.8m 이상으로 하여야 한다.

19. 배수수직관 최상부 끝 부분을 연결하여 대기중에 개구하는 통기관은?

① 신정통기관 ② 루프통기관
③ 결합통기관 ④ 습윤통기관

20. 복사난방의 특징에 가장 적합한 것은?

① 복사열을 순발력있게 조절하기 쉽다.
② 실내온도 분포가 균일하고 쾌감도가 높다.
③ 예열시간이 짧고 일시적 난방에 적합하다.
④ 시스템이 간단하고 습도제어가 가능하다.

21. 덕트에 관한 설명 중 가장 타당한 것은?

① 장방형덕트는 원형덕트에 비해 고속용 덕트에 사용된다.
② 사각형 덕트를 제작할 경우에는 종횡비가 4:1 이하로 하는 것이 마찰저항손실을 줄일 수 있다.
③ 소음을 줄이기 위해 송풍기 출구 부분에 HEPA 필터를 설치한다.
④ 냉난방 송풍덕트는 결로의 우려가 없는 경우 단열을 하지 않아도 된다.

22. 스프링클러 설치 대상 건축물에 해당하는 것은?

① 수용인원 90인 종교시설
② 바닥면적 400㎡ 영화상영관
③ 연면적 1000㎡ 노유자시설
④ 바닥면적 120㎡ 휴게음식점

23. 옥내 전화배관 시 주의해야 할 사항에 해당하는 것은?

① 전기선과 구내 전화선은 직접 접속하도록 한다.
② 댐퍼는 장래 회선 증가를 고려한 크기로 한다.
③ 전선수가 많고 이동이 많을 것으로 예상되는 경우에는 플로어 덕트 방식 등을 적용한다.
④ 단자반에서 전화선까지 옥내선 길이는 보통의 경우 20~30m가 되는 위치에 설치하고 지중에 접지를 하여야 한다.

24. 빛의 성질 중 옳지 <u>않은</u> 것은?

① 경면반사는 빛의 반사를 한 방향으로만 변화시킨다.
② 어떤 면에 입사광속의 면적당 밀도를 그 면의 조도라 한다.
③ 1cd의 광원에 의해 방사된 광속은 π루멘이다.
④ 휘도는 표면 밝기의 척도이다.

25. 상향조명에 대한 설명으로 옳은 것은?

① 직접광을 이용하여 상부를 강조하거나 전반 보충 조명을 부여하는 방법이다.
② 조명기구의 위치에 따라 다양한 연출이 가능하다.
③ 벽면이나 천장면을 직접적으로 비추어 상부 공간을 강조한다.
④ 공간의 분위기가 밝아 눈부심이 발생할 수 있다.

26. 바닥면적 $5m^2$에 2500lm의 광속이 들어올 때의 평균조도는?

① 200lx ② 20lx
③ 500lx ④ 250lx

27. 전구를 시선에서 차단하여 현휘를 막고, 동시에 수평에 가까운 방향의 직사광을 반사에 의하여 아래로 향하게 하는 역할을 하는 조명기구는?

① 글로우브(globe) ② 반사갓(reflector)
③ 루버(louver) ④ 투광기(projector)

28. 건축화조명에 관한 설명 중 옳지 않은 것은?

① 조명기구를 노출시키지 않고 설치하여 건축물과 일체를 이룬 조명방식이다.
② 코브라이트(Cove Light)는 확산성이 좋으므로 효율적이다.
③ 광천장 조명은 그림자 없는 부드럽고 깨끗한 빛을 얻을 수 있다.
④ 설치비, 유지비 등이 직접 조명방식에 비해 비싼 편이다.

29. 다음 조명기구 중 효율이 가장 낮은 것은?

① 백열전구 ② 고압수은등
③ 고압 나트륨등 ④ 형광등

30. 실내공간 조명설계 순서에서 최종에 고려해야 하는 사항은?

① 조명방식 결정 ② 소요조도 결정
③ 조명기구 배치 ④ 소요전등 수 결정

31. 친환경디자인에 대하여 가장 잘 설명한 것은?

① 환경과 건조환경을 연계하려는 친환경디자인은 건축물디자인에 해당하며 제품과 자재는 해당되지 않는다.
② 친환경디자인은 인간의 자연파괴를 반성하여 자연만을 고려한 해결책을 찾는 것이다.
③ 친환경 실내디자인은 실내와 실외 환경에 미칠 영향을 모두 고려한 디자인이다.
④ 친환경 실내디자인은 저렴한 비용으로 이익 극대화가 가능한 무역상품을 고려하는 것이다.

32. 보기의 용어가 의미하는 것은?

BREEAM, LEED, G-SEED, CASBEE

① 생산효율 프로그램 ② 친환경 인증제
③ 친환경자재 품질기호 ④ 재해안전 인증제

33. 온열감각의 4요소가 아닌 것은?

① 기온 ② 습도
③ 밀도 ④ 복사

34. 단열의 원리에 대해 바르게 기술한 것은?

① 열전도율이 낮은 단열재를 이용하여 구조체의 열이동을 막는 것
② 반사율이 낮은 재료를 이용해 이동하는 열을 반사하는 것
③ 열용량이 작은 재료의 타임랙 효과를 이용하는 것
④ 열전도율이 높은 단열재를 이용하여 구조체의 열이동을 제한하는 것

35. 보기는 어떤 현상의 원인을 설명하는 것인가?

실내외 큰 온도차에 의해 벽표면온도가 실내공기 노점 온도보다 낮은 부분이 생기면 발생한다.

① 열적 손상 ② 결로
③ 상대습도 ④ 타임랙

36. 실내공기 오염물질에 대한 설명으로 옳은 것은?

① 건축자재에서 발생된 포름알데히드는 실내온도와 습도가 낮을수록 방출속도가 빨라진다.
② 일산화탄소는 호흡기 알레르기 질환의 가장 중요한 기인항원이다.
③ 이산화탄소는 자체독성은 없으나 다른 오염물질의 발생 가능성에 대한 지표로 취급된다.
④ 휘발성유기화합물은 먼지 속에서 사람이나 동물 피부에서 떨어지는 각질과 결합하여 피부 알러지를 일으킨다.

37. 소음저감 방안으로 가장 적절한 것은?

① 고체를 통한 소리 전달을 막기 위해서 충격을 완화하는 차음재를 설치한다.
② 방음 효과를 높이기 위해 무거운 재질보다 가벼운 재질의 창을 설치한다.
③ 바닥충격음을 줄이기 위해 윗층 바닥 구조체와 아래층 천장 구조체를 최대한 기밀하게 부착된 구조를 선택한다.
④ 층간 소음을 줄이기 위해 타일이나 대리석 등의 마루 재질의 접착식 바닥재를 사용한다.

38. 기후디자인에 대해 바르게 설명한 것은?

① 기후디자인이란 기후요소의 특성에 적합하게 건물의 배치, 설비 등을 설계하는 액티브 조절 방법이다.
② 기후지표에는 기후도표와 평균기온이 이용된다.
③ 기후도표는 어떤 지역의 십 년간의 기후를 그림으로 나타낸 것이다.
④ 난방도일은 1일 평균 외기온이 난방설정온도보다 낮은 날들을 대상으로 그 차이를 겨울철 전 시간에 걸쳐 누적 합산한 것이다.

39. 보기에서 설명하는 용어는?

오랜 시간 동안 검증된 자연의 패턴과 전략을 모방하여 인간의 도전에 관한 지속 가능한 해결안을 찾는 혁신에 대한 접근

① 생태 프로세스(Eco-process)
② 바이오 활용(Bio-utilization)
③ 바이오모픽(Bio-morphic)
④ 생체모방(Biomimicry)

40. 의료공간에서의 친환경디자인에 대한 설명으로 가장 적절한 것은?

① 환자의 스트레스를 줄이기 위해 자연광을 배제하고 부드러운 인공조명으로 계획한다.
② 친환경 자재 사용은 시각적 편안함을 주어 환자의 심리적 안정을 도모할 수 있다.
③ 치유에 도움이 되는 바이오필릭 디자인은 건물 내 소규모 장소에서만 적용이 가능하다.
④ 옥상에 녹지 정원을 계획하면 열섬현상이 발생할 수 있다.

제1회 실내디자이너 자격예비시험 실전모의고사

제3교시

객 관 식

실내시공

성명		응시번호				–		–			

○ 객관식 총 40문제입니다.
○ 문제지에 성명과 응시 번호를 정확히 써 넣으십시오.
○ 답안지에 성명과 응시 번호를 써 넣고, 또 응시 번호, 답을 정확히 표시하시기 바랍니다.

1. 다음 중 공통가설공사에 포함되는 것은?

① 공사현장의 운영과 관리를 위한 시설물이다.
② 가설현장사무소와 위험물 저장소, 가설화장실, 탈의실, 비계, 위험방지시설 등이다.
③ 먹메김, 비계, 낙하물 방지 및 위험방지시설, 현장 정리정돈 등이 포함된다.
④ 공사에 직접 사용되는 시설물들이다.

2. 다음 가설공사 중 바닥에 중심선과 벽의 두께, 마감과 문틀표시선 등을 표시하는 것을 무엇이라 하는가?

① 공사안내선
② 먹메김
③ 치수선
④ 먹줄

3. 다음 중 방수 종류가 잘못 분류된 것은?

① 액체방수-침투방수
② 우레탄방수-도막방수
③ 아스팔트방수-수밀재붙임
④ 에폭시계방수-침투방수

4. 화강암에 대한 설명으로 옳은 것은?

① 내구성과 강도가 크며 다른 석재에 비해 흡수성이 적고 압축강도가 높으나 내화도는 낮다.
② 석회암이 변화되어 결정화 된 것으로 조직이 견고하고 무늬와 색이 아름다우나 산과 열에는 약하다.
③ 가공법과 정도에 따라 혹두기, 정다듬, 도트다듬, 잔다듬, 물갈기, 버너구이 등이 있다.
④ 암석의 붕괴로 생긴 자갈과 모래가 압력으로 생성된 암석으로 질감이 거칠고 독특한 색상과 무늬를 가지고 있다.

5. 석재의 건식공법의 순서로 옳은 것은?

① 바탕면정리-3cm 이격 또는 석재 두께 정도 이격-모르타르사춤-석재 상부 연결-모르타르 채움 후 고정-철물로 고정
② 바탕면정리-모르타르사춤-석재 상부 연결3cm 이격 또는 석재 두께 정도 이격-모르타르 채움 후 고정-철물로 고정
③ 수평실 치기-앵커용 구멍뚫기-완충제 사용하여 연결철물 설치-치수, 줄눈 등 설계내용 검토 확인
④ 수평실 치기-완충제 사용하여 연결철물 설치-앵커용 구멍뚫기-치수, 줄눈 등 설계내용 검토 확인

6. 타일 시공 시 주의할 점이 아닌 것은?

① 잘 두드리지 않거나, 줄눈 간격이 좁게 하여 모르타르를 안 넣었을 경우, 타일 뒷면이 불량인 경우에 나타난다.
② 박리현상은 과도한 면적을 미리 도포하여 모르타르가 굳은 상태에 시공된 경우에 생긴다.
③ 영상 3℃ 이하에는 시공을 지양하고 시공 후 타일이 떨어지는 박리현상을 방지해야 한다.
④ 도기질 타일은 외부나 수영장 마감에 사용한다.

7. 경량벽체구조틀 시공 순서로 맞는 것은?

① 먹메김-스터드(Stud)설치-석고보드 부착-러너(Runner)설치
② 석고보드 부착-먹메김-러너(Runner)설치-스터드(Stud)설치
③ 먹메김-러너(Runner)설치-스터드(Stud)설치-석고보드 부착
④ 먹메김-스터드(Stud)설치-러너(Runner)설치-석고보드 부착

8. 목재로 된 반자틀에 대한 설명으로 옳은 것은?

① 일반벽면 구성과 간막이벽 구성이 있으며, 목조골조의 구성은 천장면을 구성하는 것과 거의 유사하다.
② 반자틀은 반자돌림대, 반자틀받이, 달대, 달대받이로 이루어져 있다.
③ 격자틀 배치간격은 450-600㎜로 제작한다.
④ 상부마감재, 하부바탕재, 하부구조재(장선, 멍에, 동바리)

9. 풍소란에 대한 설명으로 옳은 것은?

① 바깥에서 오는 먼지, 소음, 바람 등을 차단하기 위한 것이다.
② 목재, 합판, 접착재가 있다.
③ 창호에 부착하며 재료는 고무나 합성수지(개스캣)로 된 것만 사용한다.
④ 홈을 판 창문틀을 말한다.

10. 다음은 어떤 작업에 사용되는 재료들인가?

유리 퍼티, 세팅블록, 실런트, 유리와 새시의 접합부 또는 새시틀 사용이 없는 공법 내 이용되는 가스켓

① 유리창호 제작하기
② 판유리 절단하기
③ 유리 접합하기
④ 유리 끼우기

11. 단열재의 종류가 잘 연결된 것은?

① 암면계열에는 암면, 암면 보온판, 암면 보온대, 암면 펠트가 있다.
② 유리섬유 계열에는 유리섬유, 유리면 보온판, 유리면 보온대, 석면이 있다.
③ 석면 계열에는 석면, 석면 제품, 유리섬유가 있다.
④ 발포폴리스티렌 보온재, 경질 보온재, 규산보온재 등의 재료도 사용된다.

12. 다음 도장바탕 만들기 중 잘 설명된 것은?

① 철부바탕만들기를 위해 표면의 대패자국이나 엇결등은 연마지닦기를 하고 구멍이나 균열에는 목재 눈먹임용 퍼티로 평평하게 하여 24시간 방치하도록 한다.
② 목부바탕만들기를 위해서는 못을 제거하지 못했을 땐 깊이 박고 정크퍼티 처리를 한다.
③ 목부바탕은 표면을 깨끗하게 닦고 용접이나 리벳 접합부분 등은 스크레이퍼, 와이어브러시, 내수연마지 등을 사용해 제거한다.
④ 콘크리트, 모르타르, 플라스터의 바탕은 건조하기 전에 바탕을 만든다.

13. 다음의 순서로 된 도장 공정은 무엇인가?

초벌칠 공정으로 녹막이칠을 한 후 48시간 이상 건조-퍼티먹임 후 48시간 이상 건조-#160-180 연마지 닦기-재벌칠 후 24시간 이상 건조-정벌칠로 마무리

① 철부에 은색에나멜페인트 공정
② 철부 알루미늄페인트칠 공정
③ 목부에 에나멜페인트칠 공정
④ 목부에 래커에나멜 뿜칠의 공정

14. 목재의 일반적 특성으로 옳은 것은?

① 비중에 비하여 압축강도 및 인장강도가 크며, 자중이 작다.
② 열전도율이 높아 보온, 방서, 방한에 효과적이다.
③ 충해나 풍화에 대한 내구성이 강하다.
④ 습기에 강하고 신축변형이 작다.

15. 다음 중 가공목재의 설명으로 맞는 것은?

① 합판은 원목에 비해 강도가 약하며, 뒤틀림과 신축의 변형이 크다.
② MDF는 가공과 접착이 용이하고 습기에 강하다.
③ 파티클보드(Particle board)는 방향에 따른 강도 차이가 없으며 음, 열의 차단성이 우수하다.
④ 집성목은 곡면 가공이 가능하며, 넓은 단판을 얻을 수 있다.

16. 다음 중 석재의 장점에 해당하지 않은 것은?

① 종류가 다양하고 다양한 색조를 가진다.
② 내구성, 내화학성, 내마모성이 크다.
③ 압축강도가 크고, 불연성 재료이다.
④ 중량이 무겁고 인장강도가 크다.

17. 다음 중 대리석의 특성으로 옳지 않은 것은?

① 산과 열에 약하고 내구성이 낮다.
② 광택과 색상, 패턴이 아름답다.
③ 석회암이 변성되어 만들어진 대표적인 변성암이다.
④ 탄산칼슘을 주성분으로 한다.

18. 비철금속에 대한 설명 중 옳은 것은?

① 주철은 구리에 아연을 가하여 구리보다 경도가 크다.
② 아연은 강도가 우수하며 연성과 내식성이 좋다.
③ 알루미늄은 산과 알칼리에 약하다.
④ 납은 비중이 크고 연질이며 열전도율이 높다.

19. 점토소성 제품의 다음 보기 중 강도가 큰 순서로 배열된 것은?

① 자기 – 석기 – 도기 – 토기
② 자기 – 도기 – 석기 – 토기
③ 도기 – 석기 – 토기 – 자기
④ 석기 – 자기 – 도기 – 토기

20. 진흙으로 빚어 고온에서 소성한 벽돌로, 점토 속에 포함된 산화철에 의해 적갈색을 띄어 적벽돌이라고 불리는 벽돌은?

① 시멘트벽돌 ② 보통벽돌
③ 내화벽돌 ④ 특수벽돌

21. 유리를 상자형으로 만들어 압착하여 일체화시킨 유리제품으로, 내부에 완전 건조공기를 삽입하여 단열효과를 갖는 유리는?

① 글라스 유리(glass wool)
② 유리 블록(glass block)
③ 프리즘 유리(prism glass)
④ 다공 유리(foam glass)

22. 다음 미장재료 중 수경성 미장재료가 아닌 것은?

① 순석고 플라스터 ② 인조석바름
③ 시멘트 모르타르 ④ 회반죽

23. 도료에 관한 기술 중 맞는 것은?

① 유성페인트는 콘크리트 면에 적합하다.
② 수성페인트는 알칼리에 강하며, 내수성이 약하다.
③ 에나멜페인트는 도막층이 얇아 부착력이 약하다.
④ 유성 바니시는 건조시간이 오래 걸린다.

24. 다음 중 섬유벽지에 대한 설명으로 맞지 않은 것은?

① 색상이 다양하고 재질감이 풍부하다.
② 오염에 약하며 시공의 난이도가 높다.
③ 내구성과 방수성이 우수하다.
④ 천연섬유 및 합성섬유를 종이에 배접한 벽지이다.

25. 다음 카펫의 설명 중 맞는 것은?

① 얼룩이나 오염에 강하여 관리가 용이하다.
② 루프파일은 단면이 균일하고 보행촉감이 부드럽다.
③ 롤카페트는 시공성이 좋지 않으나 보수가 용이하다.
④ 타일카페트는 규격화된 정사각의 형태로 생산되며 오염 시 부분교체가 가능하다.

26. 직영공사의 설명으로 옳지 않은 것은?

① 발주자가 실내건축공사 전반이나 부분적으로 공사계획의 세우고 발주자 본인이 직접 가설재, 재료, 공구 등을 구입하고 노무자 또한 직접 고용하여 일체의 공사를 시행하는 방법이다.
② 표면적으로 보기에는 자재나 인력의 낭비 없이 공사비를 절감하는 방식이다.
③ 전문적인 지식과 관리능력이 미숙한 경우에는 품질 미확보로 인한 하자발생 처리비용 증가 및 공사 기간 증가 등 시간적, 경제적 손실을 볼 수 있는 문제점을 갖게 될 수 있다.
④ 공사비가 확정되고 공사의 시공책임 한계가 명확하다.

27. 다음 보기 중 입찰순서를 바르게 연결한 것은?

1. 계약 2. 낙찰 3. 입찰
4. 입찰서류준비 및 내역서 작성
5. 현장설명 및 입찰등록
6. 관보 및 홈페이지 등에 공고

① 6-4-5-3-2-1 ② 6-5-4-3-2-1
③ 6-5-4-2-3-1 ④ 6-5-3-4-2-1

28. 공사비 지불 방법 설명 중 옳은 것은?

① 전도금은 기성금이라고도 하며 건축주가 도급자에게 공사 착공 전에 계약금액의 일부를 선불하는 것이다.(보통 계약금액의 1/3~1/5 정도이다)
② 기성불은 전도금 또는 중간불이라고도 하며, 지급시기는 계약서에 명기한다.(보통 9/10까지로 한다)
③ 준공불은 공사 된성후 준공검사 또은 사용검사를 필하고 공사비 잔액 모두를 지급받은 것을 말한다.
④ 하자보수 보증금은 준공검사 후 하자에 대한 보증금으로 부실공사 방지를 위한 담보이며, 하자보수보증금율은 계약금액의 2/100~5/100이며, 하자보수보증 기간은 1년~3년으로 한다.(건설사업기본법의 실내건축공사업의 하자보수기간은 2년이다).

29. 다음에서 실내건축 공사계획에 대한 설명으로 바른 것은?

① 공사 계획이 체계적일수록 공사도 순조롭고 품질이 우수한 건축물이 완성될 확률은 높아짐으로 하자에 대한 검토는 준공후에 검토한다
② 공사계획의 목적은 경제적이고 안전하게 정해진 공사기간에 건축물을 완성하는 것이다.
③ 공사계획의 준비단계에서는 설계도서의 검토 및 현장조사를 하며 관련법규는 설계단계에서 이미 시행하였으므로 제외해도 무방하다.
④ 원가절감이 최대가 되는 최적의 공기를 절대 공기라 한다.

30. 실행예산서에 대한 설명으로 옳은 것은?

① 원가절감만을 목표로 한다.
② 시공현장의 제반여건을 고려해 최상의 품질을 내기위해 최저의 예산으로 작성하는 문서이다.
③ 미국에서는 계상견적 이라고 부르며 표준원가의 역할을 한다.
④ 타 현장의 적용사례등도 함께 검토 하도록 한다.

31. 건설공사 3대관리 항목이 아닌 것은?

① 품질관리 ② 공정관리
③ 원가관리 ④ 생산관리

32. 시방서의 종류에 대한 설명 중 맞지 않은 것은?

① 일반적으로 사용할 수 있도록 표준적인 사항을 표시한 시방서를 표준시방서라 한다.
② 특기시방서는 일반, 표준 시방서와 달리 특별한 공법 또는 재료 등이 필요한 공사에 사용되며 독특한 공법과 새로운 재료의 시공, 현장사정에 맞추기 위한 특별한 고려사항 등이 포함되며, 표준시방서가 특기시방서에 우선한다.
③ 건축주가 공사대상 건축물의 전체 또는 일부에 대해 그 성능과 구조내력에 관한 사항을 명시한 시방서이다. 공사 완료 후 건축물의 형태, 구조, 마감, 품질 등의 성능이 시방서의 요구대로 시행 여부를 확인하는 시방서를 성능 시방서라 한다.

④ 전문 시방서는 시설물별 표준시방서를 기본으로 모든 공종을 대상으로 하여 특정한 공사의 시공 또는 공사시방서의 작성에 활용하기 위한 종합적인 시공기준을 말한다.

33. 시방서 작성 시 주의사항으로 옳은 것은?

① 공사의 범위는 반드시 명시한다.
② 기술은 서술식이 아니고 명령식에 의한다.
③ 간단명료하게 그 뜻을 나타내며 공법, 손질의 정밀도는 설계도면에 표기하여 오류가 없도록 한다.
④ 도면과 시방서가 서로 다르지 않도록 하며, 문제 소지가 있는 부분에 대해서는 언급하지 않는다.

34. 다음에서 적산과 견적의 설명으로 옳은 것은?

① 설계도서, 현장설명서에 따라 공사의 시공조건에 맞는 공사비를 산출한 조서이며, 적산과 견적으로 구분하고 이는 계약도서 중의 하나이다.
② 재료 및 품의 수량, 공사량을 산출하는 작업을 견적이라 한다.
③ 공사량에 단가를 곱해 공사가격을 산출하는 작업을 적산이라 한다.
④ 최대한 원가절감이 될 수 있도록 견적하여야 한다.

35. 다음 적산 순서의 설명으로 옳은 것은?

① 실별, 부위별 구분 없이 자유롭게 작성한 후 견적시 반영한다.
② 아파트의 경우 단위세대에서 전체세대로 적산한다.
③ 외부에서 내부로 적산한다.
④ 작은 곳에서 큰 곳으로 적산한다.

36. 다음 중 적산 단위 연결이 잘못 연결된 것은?

① 길이 : ㎜, ㎝, m / 치(寸), 간(間), 자(尺), yard, feet, inch
② 면적 : ㎠, ㎡ / 평방척(平方尺), Squar yard, Squard feet
③ 체적(용적) : ㎤, ㎥ / 본(本), 재(才), 석(石), Cubic yard, Board Feet, Cubic feet
④ 무게 : g, ㎏, t / 관(寬), Pound, Ounce

37. 다음 보기 중 견적의 순서가 바른 것은?

① 수량조서	② 단가	③ 가격
④ 집계	⑤ 현장경비	
⑥ 일반관리비	⑦ 이윤	
⑧ 부가가치세	⑨ 총액	

① 1-2-3-4-5-6-7-8-9 ② 2-1-3-4-5-6-7-8-9
③ 1-2-3-4-5-6-7-9-8 ④ 2-1-3-4-5-6-7-9-8

38. 거실 바닥 면적이 120㎡(10m×12m)인 경우 내부비계면적을 계산하시오

① 132㎡ ② 120㎡
③ 108㎡ ④ 96㎡

39. 실내건축공사 현장의 규모가 1층 25m×15m와 2층 25m×10m인 현장에 내부비계를 설치하고자 한다. 내부비계의 양은 얼마인가?

① 500㎡ ② 562.5㎡
③ 593.75㎡ ④ 625㎡

40. 목재의 체적 취급단위로 옳지 않은 것은?

① 입방미터 : 1m×1m×1m, 단위 ㎥, 299.47재, 438.596bf
② 재(才) : 1치×1치×10자
③ 보드피트 : 1in×1in×12ft, bf 0.703재
④ 재(才) : 0.00324㎥

제4교시
객 관 식

실내구조 및 법규

성명		응시번호				-		-			

○ 객관식 총 40문제입니다.
○ 문제지에 성명과 응시 번호를 정확히 써 넣으십시오.
○ 답안지에 성명과 응시 번호를 써 넣고, 또 응시 번호, 답을 정확히 표시하시기 바랍니다.

1. 다음 중 철골구조에 대한 설명으로 맞는 것은?

① 수평방향의 외력에 대하여 약하다.
② 친환경적이며 단열성능이 좋다.
③ 내화성이 없어 내화피복이 필요하다.
④ 자중이 크며 공사기간이 긴 단점이 있다.

2. 다음 중 일체식구조에 속하는 것은?

① 철근콘크리트구조, 철골・철근콘크리트구조
② 목구조, 경량철골구조, 철골구조
③ 벽돌구조, 블록구조, 석구조
④ 절판구조, 쉘구조

3. 시공과정에 의한 분류 중 구조부재를 공장에서 생산하여 반입한 후 현장에서 조립할 수 있도록 한 구조는?

① 습식구조 ② 건식구조
③ 현장구조 ④ 조립구조

4. 다음은 기둥과 보에 대한 설명이다. 맞는 것은?

① 기둥은 슬래브, 보, 지붕 등의 하중을 받아 벽으로 전달하는 수평부재이다.
② 기둥은 점적인 요소이므로 공간의 영역을 한정하거나 분할할 수 없다.
③ 보는 천정디자인에 매우 제한을 주는 요소이므로 가능한 한 천정 속에 감추어야 한다.
④ 보의 크기는 분담 슬래브의 자중, 기둥간격, 보의 자중 등에 의해 결정된다.

5. 벽돌조에 대한 설명으로 맞는 것은?

① 벽체의 길이는 10m 이하로 하고, 만약 10m 이상일 때는 부축벽 또는 벽 두께를 보강한다.
② 내력벽으로 둘러싸인 벽돌바닥면적은 100㎡ 이하로 한다.
③ 벽돌 벽체의 두께는 벽돌조는 벽높이의 1/20 이하로 한다.
④ 벽돌벽체에서 개구부의 폭은 그 벽 길이의 1/3 이하로 한다.

6. 다음 중 목구조나 경량철골구조의 외벽에 사용하는 가로판벽에 대한 설명 중 적합한 것은?

① 화강석, 안산암, 응회암, 대리석 등의 판석과 할석(割石)이 사용된다.
② 종류에는 누름대비늘판벽, 영국식비늘판벽, 독일식비늘판벽이 있다.
③ 기둥이나 샛기둥에 가로로 띠장을 대고 널의 너비 20cm 정도의 널판재를 세로로 붙인다.
④ 알루미늄판과 강판이 주로 사용된다.

7. 목재 샛기둥 칸막이(wood stud partition)에 대한 설명으로 맞는 것은?

① 샛기둥의 단면은 30×30㎜ 이상을 사용한다.
② 휨과 비틀림을 방지하기 위하여 600㎜ 간격으로 수평대를 설치한다.
③ 타일 등과 같은 중량재를 붙일 경우에는 마감바탕판과의 부착력을 높이기 위해 메탈리스 등을 설치하고 부착한다.
④ 방화, 단열, 차음 등의 성능이 우수하다.

8. 다음 중 상부층바닥의 구조에 대한 설명으로 맞는 것은?

① 일체식구조는 내력벽이나 기둥이 지탱하는 보 밑에 슬래브판을 설치하는 방식이다.
② 평슬래브구조는 보 없이 기둥이 슬래브를 직접 지지하는 형식으로 이루어져 있으며 무량판구조라고도 한다.
③ 와플슬래브구조는 작은 리브가 직교가 되도록 격자형으로 이루어진 슬래브로 일반 슬래브보다 기둥의 간격이 좁아진다.
④ 가구식구조는 철근콘크리트의 대형건축물에서 주로 적용되는 구조이다.

9. 다음 중 천장의 구성방법에 대한 설명으로 맞는 것은?

① 달대천장은 바닥판 밑면에 설치한 달대에 천장을 매다는 형태로, 천장 속의 설비공간을 확보 가능하다.
② 무이음달대천장은 천장패널이 각각 독립적으로 개방되는 구조로서 별도의 점검구가 없이도 천장 속의 기능적 유지보수가 가능하다.
③ 프레임 패널시스템은 전체의 천장판을 하나의 판으로 일체화시키는 방식이다.
④ 개방격자시스템은 천장 속 구조를 밀폐하는 방식으로 천정고가 낮아보이는 단점이 있다.

10. 다음 중 지붕에 대한 설명으로 맞는 것은?

① 지붕물매의 각도는 지붕의 전체 면적, 재료의 방수성능과는 무관하다.
② 기와는 내구성이 좋고, 내화성, 내수성, 열전도율이 낮아 가장 많이 사용되는 지붕재료다.
③ 추녀마루를 만들어 지붕면이 사방으로 경사진 것을 박공지붕이라 한다.
④ 지붕잇기에 사용되는 금속판재료 중 저렴한 동판이 주로 많이 사용된다.

11. 다음 중 창호에 대한 설명으로 맞는 것은?

① 여닫이창호는 문짝을 수평방향으로 옆 벽에 밀어 붙이거나 벽 중간에 밀어 넣는 방식이다.
② 자유여닫이창호는 기밀성이 높은 장점이 있다.
③ 미서기창호의 장점은 개구부 전체를 개방할 수 있다는 것이다.
④ 접이식미닫이창호는 창호를 접으면서 벽면 쪽으로 열고 붙일 수 있게 한 것으로, 칸막이 대용으로 사용하여 공간의 가변이용이 가능하다.

12. 창호철물 중 문의 상하의 피봇을 축으로 하여 회전하는 구조로 중량문에 주로 쓰이는 것은?

① 패스트핀정첩 ② 꽂지정첩
③ 피봇힌지 ④ 숨은정첩

13. 계단의 설치기준에 관한 설명 중 옳은 것은?

① 천장높이는 최소 2.3m 이상을 확보해야 한다.
② 일반 건축물에 해당하는 계단의 계단참은 3m 이내마다 설치한다.
③ 계단폭이 3m 이상일 때는 계단높이가 1m 이하의 경우에도 중간에 난간을 설치한다.
④ 곧은계단의 계단참 너비는 1m 이상으로 한다.

14. 다음 중 건축 관련 법에서 건축물의 종류 중 단독주택이 아닌 것은?

① 다중주택 ② 다세대주택
③ 다가구주택 ④ 공관

15. 건축물의 용도 중 다중주택에 대한 요건으로 잘못 설명한 것은?

① 학생 또는 직장인 등 여러 사람이 장기간 거주할 수 있는 구조
② 각 실별 욕실은 설치할 수 있으나 취사시설은 없는 독립된 주거의 형태를 갖추지 않은 것
③ 1개 동의 주택으로 쓰이는 바닥면적 660㎡ 이하
④ 층수가 4층 이하일 것

16. 다음 중 용도별 건축물의 종류에 대한 규정 중 다가구주택에 대한 내용으로 바르게 설명한 것은?

① 1개 동 이하의 공동주택이다.
② 바닥면적은 330㎡ 이하이다.
③ 주택으로 사용하는 층수는 (지하층 제외) 3층 이하이다.
④ 20세대 이하가 거주해야 한다.

17. 건축물의 용도변경 규정 적용 시 허가 대상에 해당하는 것은?

① 고시원 → 근린생활시설
② 종교시설 → 숙박시설
③ 판매시설 → 수련시설
④ 업무시설 → 의료시설

18. 건축 신고를 하면 허가를 받은 것으로 인정되는 경우가 아닌 것은?

① 바닥 면적 합계가 85㎡ 이내의 개축
② 3층 이상 개축 부분의 바닥 면적 합계가 연면적 1/10 이내
③ 관리지역, 농림지역 또는 자연환경보전지역에서 연면적이 300㎡ 미만
④ 연면적 합계가 100㎡ 이하인 건축물

19. 대지의 경계가 석축 옹벽의 경우 윗가장자리로부터 1층 건축물을 계획하려고 한다. 외벽면까지 띄어야 하는 거리는?

① 1m ② 1.5m ③ 2m ④ 3m

20. 건축행위에 있어 기존 건축룰의 전부 또는 내력벽 · 기둥 · 보 · 지붕틀중 셋 이상을 해체하고 그 대지에 같은 규모의 건축물을 축조하는 것을 무엇이라고 하는가?

① 대수선 ② 증축 ③ 재축 ④ 개축

21. 다음 중 건축행위에 있어 대수선에 해당되는 것은?

① 내력벽을 해체하거나 그 벽 면적을 20㎡ 이상 수선한 경우
② 보 2개를 해체하고, 3개로 증설하여 계단을 만들 경우
③ 기둥 2개를 보강 공사 한 경우
④ 다세대 주택의 세대간 현관문을 수선하고 교체한 경우

22. 다음 중 신고를 하면 건축허가를 받은 것으로 인정되는 건축행위에 관한 내용으로 바르게 설명한 것은?

① 3층 건축물 연면적의 1/10 이내인 경우 개축 또는 재축하려는 부분의 바닥면적의 합계 100㎡ 이내
② 관리지역, 농림지역 또는 자연환경보전지역에 있는 3층 미만인 건축물에서 연면적이 300㎡ 의 개축
③ 연면적이 200㎡, 3층 미만인 건축물의 대수선
④ 신고일부터 1년 이내에 공사에 착수하지 못하면, 다시 신고해야 한다.

23. 다음 중 바닥면적을 산정하는 방법으로 적절하게 설명한 것은?

① 건축면적은 외벽 중심선에 둘러쌓인 부분의 수평투영 면적이다.
② 외벽이 없이 기둥과 2m 이상 지붕 차양만 나와 있는 경우, 지붕의 수평투영 면적으로 적용된다.
③ 외벽이 없는 경우 지붕과 기둥만 있는 경우 기둥의 중심선으로 산정한다.
④ 지붕이 없이 기둥과 보만 있는 경우 기둥의 중심선을 건축면적으로 산정한다.

24. 건축의 연면적을 산정할 경우, 건축물의 면적에 산정되어야 하는 것은?

① 지하층 면적
② 2m 돌출된 노대의 면적
③ 초고층 건축물과 준초고층 건축물에 설치하는 피난안전구역의 면적
④ 부속 용도의 부설 지상 주차장 면적

25. 크기가 가로 10m, 세로 12m인 거실에 바닥에서 높이 2.5m에서 천정이 설치되어 있으나 중앙에는 6m의 정사각형 모양으로 높이 3m 우물천장이 설치되어 있다면, 이 거실의 반자 높이는 얼마인가?

① 2.65 m ② 2.70 m ③ 2.85 m ④ 2.90 m

26. 거실의 반자에 대한 설명으로 바르게 설명하지 않은 것은?

① 바닥면적 200㎡ 이상의 문화 및 집회시설의 반자 높이는 4m 이상이다.
② 바닥면적 200㎡ 이상의 문화 및 집회시설의 노대 아래 부분은 2.4m 이상이다.
③ 거실의 반자가 없는 경우는 보의 바닥판의 밑면이다.
④ 일반적으로 거실의 반자높이는 2.1m 이상이어야 한다.

27. 계단 설치에 대한 규정으로 바르게 설명한 것은?

① 계단의 높이가 3m가 넘는 경우 높이 3m마다 계단참을 실치한다.
② 계단참의 유효폭은 1.5m 이상이다.
③ 계단의 높이가 1.5m가 넘으면 양옆에 난간을 설치해야 한다.
④ 계단의 유효높이는 2.4m 이상이어야 한다.

28. 피난계단과 특별피난계단의 대해 기준 중 잘못 설명한 것은?

① 5층 이상, 바닥면적 200㎡ 이상의 경우 설치해야 한다.
② 10층 이상일 경우 특별피난계단을 설치해야 한다.
③ 지하 2층에 판매시설이 있는 경우 특별피난계단을 설치해야 한다.
④ 바닥면적 300㎡ 이상 공연장의 경우 옥외 피난계단을 별도로 설치해야 한다.

29. 다음 중 방화구획에 대하여 바르게 설명한 것은?

① 10층 이상의 경우 1,000㎡마다 방회구획을 해야 한다.
② 스프링클러를 설치하면 10층 이상의 경우 3,000㎡마다 방회구획을 할 수 있다.
③ 11층에서 불연재료로 마감재가 되어있다면 500㎡마다 방회구획을 할 수 있다.
④ 11층에서 불연재료 마감이 아닌 경우 300㎡마다 방회구획을 할 수 있다.

30. 다음에서 시설용도 중 건축물 내에 함께 설치할 수 있는 시설은?

① 아동시설과 의료시설
② 공동주택과 위락시설
③ 소매시장과 아동시설
④ 노인복지시설과 도매시장

31. 건축물의 내부마감재료의 사용에서 불연재료, 준불연재료를 사용해야 하는 시설조건이 아닌 것은?

① 제2종 근린생활시설 중 학원 시설 내부
② 5층 이상 바닥면적 300㎡ 이상의 거실
③ 숙박시설의 복도와 계단
④ 지하층의 거실과 계단

32. 다음 중 건축법에서 정의하는 거실이 아닌 것은?

① 공동주택의 화장실
② 업무시설의 엘리베이터 홀
③ 창고시설의 불품분류실
④ 숙박시설 객실내 화장실

33. 다중이용업소 안전시설에 대한 신고의 사항으로 잘못 설명한 것은?

① 영업장의 면적이 증가하는 공사
② 영업장내의 구획 변경으로 실이 증가한 경우
③ 안전시설공사를 하려고 하는 경우
④ 내부의 통로와 구조가 변경된 경우

34. 「장애인・노인・임산부 등의 편의증진 보장에 관한 법률」에서 "장애물 없는 생활환경 인증"에 대한 설명으로 적합한 것은?

① 대상시설에 대하여 인증을 받으려는 시설주는 관할 시장의 인증을 신청하여야 한다.
② 국가나 지방자치단체가 신축하는 청사, 문화시설 등의 공공건물 및 공중이용시설은 모두 보건복지부장관의 인증을 받아야 한다.
③ 장애인등이 대상시설을 편리하고 안전하게 이용할 수 있도록 편의시설의 설치・운영을 유도하기 위한 인증이다.
④ 건설교통부장관은 인증 업무를 효과적으로 수행하기 필요한 전문 인력과 시설을 갖춘 기관이나 단체를 인증기관으로 지정하여 업무를 운영할 수 있다.

35. 장애인・노인・임산부 등의 편의증진보장에 관한 법률에 의한 편의시설을 설치하지 않아도 되는 곳은?

① 세대수가 5세대 이상인 연립주택
② 공중화장실
③ 노인복지시설
④ 객실수가 30실 이상인 일반숙박시설

36. 장애인 시설계획에 관한 다음 내용 중 가장 적합한 것은?

① 계단 및 참의 유효폭은 1.5m 이상으로 한다.
② 엘리베이터 출입문의 통과유효폭은 0.8m 이상으로 한다.
③ 휠체어 이용자를 위한 세면기를 바닥에서 0.8m에서 1.2m 높이로 설치하였다.
④ 경사로의 기울기는 1/18 이하로 하여야 한다.

37. 장애인등의 출입이 가능한 출입구에 대한 설명으로 적절한 것은?

① 미닫이문은 가벼운 재질로 하며, 턱이 있는 문지방이나 홈을 설치할 수 있다.
② 출입문은 회전문이 가장 바람직하다.
③ 여닫이문에 도어체크를 설치하는 경우 문이 닫히는 시간이 5초 이상 충분히 확보되도록 한다.
④ 자동문 개폐기의 작동장치는 가급적 감지범위를 넓게 한다.

38. 장애인 등의 통행이 가능한 복도 및 통로의 설치기준에 대한 설명 중 적합한 것은?

① 장애인이 넘어져도 충격이 적은 목재 마감재를 사용해야 한다.
② 복도의 유효폭은 1.2m 이상으로 하되, 복도의 양옆에 거실이 있는 경우에는 1.5m 이상으로 할 수 있다.
③ 바닥표면은 특수 재질로 마감하여야 한다.
④ 복도의 바닥면에는 적정 높이의 경사로를 설치해야 한다.

39. 장애인등의 이용이 가능한 화장실에 대한 설명 중 적합한 것은?

① 건물을 신축하는 경우에는 대변기의 유효바닥면적이 폭 1.0미터 이상, 깊이 1.8미터 이상이 되도록 설치하여야 한다.
② 대변기의 좌대의 높이는 바닥면으로부터 0.4미터 이상 0.5미터 이하로 하여야 한다.
③ 출입구(문)옆 벽면의 1.0m 높이에는 남자용과 여자용을 구별할 수 있는 점자표지판을 부착하여야 한다.
④ 장애인용 변기와 세면대는 출입구(문)와 가까운 위치에 설치하여야 한다.

40. 임산부를 위한 휴게시설에 대한 설명으로 적절하지 않은 것은?

① 임산부를 위한 휴게시설은 휠체어 사용자 및 유모차가 접근 가능한 위치에 설치한다.
② 안전을 위해 기저귀교환대는 별도의 장소에 고정식으로 설치한다.
③ 기저귀교환대, 세면대의 상단 높이는 바닥면으로부터 0.85m 이하, 하단 높이는 0.65m 이상으로 한다.
④ 임산부를 위한 휴게시설에는 수유실로 사용할 수 있는 장소를 별도로 마련한다.

제2회 실내디자이너 자격예비시험 실전모의고사

제1교시

객 관 식

실내계획

성명		응시번호				-		-			

○ 객관식 총 40문제입니다.
○ 문제지에 성명과 응시 번호를 정확히 써 넣으십시오.
○ 답안지에 성명과 응시 번호를 써 넣고, 또 응시 번호, 답을 정확히 표시하시기 바랍니다.

1. 선이 갖는 조형심리적 효과에 대해 바르게 설명하고 있는 것은?

① 수직선은 구조적인 높이감과 존엄성, 엄숙함을 느끼게 한다.
② 수평선은 확대, 무한, 평온함, 확장감이 있는 동시에 감정을 동요시키는 특성이 있다.
③ 사선은 생동감이 넘치는 에너지를 느끼게 하며, 동시에 안정감과 편안함을 준다.
④ 곡선은 경쾌하며 남성적인 느낌이 들게 한다.

2. 디자인 원리 중 조화(harmony)에 대한 설명으로 옳은 것은?

① 둘 이상의 요소가 동일한 공간에 배열될 때 서로의 특징을 돋보이게 한다.
② 전체적인 조립방법이 모순 없이 질서를 잡는 것이다.
③ 대비조화는 감정의 온화성, 안전성이 있으나 통합이 어려우므로 피하는 것이 좋다.
④ 통일성이 높은 요소들의 결합은 생동감이 있다.

3. 다음 중 바닥공간 디자인에 있어서 고려사항이 아닌 것은?

① 사용에 의한 마모 및 내구성
② 조명, 스피커, 공조 및 소방설비
③ 소리의 흡수 및 반사
④ 방향성, 패턴 등의 디자인 요소

4. 다음에서 설명하고 있는 색채디자인에 대한 내용 중 옳은 것은?

① 일반적으로 실의 안정감을 부여하기 위해 바닥의 색은 벽의 색보다 밝은 색을 사용한다.
② 벽에 따뜻한 색채를 사용하면 공간속에서 벽이 멀어지는 듯한 느낌을 준다.
③ 공간의 높이를 높아보이게 하기 위해서는 벽보다 밝은 색의 천장으로 처리한다.
④ 공간이 작을 경우 따뜻한 색으로 실 전체를 통일시킨다.

5. 먼셀(Munsell)의 색표기에서 5YR 7/12를 바르게 설명한 것은?

① 색상은 주황의 대표색, 채도는 7, 명도는 12이다.
② 색상은 빨강기미의 주황색, 명도는 7, 채도는 12이다.
③ 색상은 노랑기미의 주황색, 채도는 7, 명도는 12이다.
④ 색상은 주황의 대표색, 명도는 7, 채도는 12이다.

6. 한국전통주택의 건축적 특성에 대한 설명으로 적합한 것은?

① 행랑채, 사랑채, 안채는 마당을 기준으로 시각적으로 철저히 분할되어 있다.
② 안채는 집 안의 의례 공간으로 위계성을 나타내기 위하여 천장을 높게 계획한다.
③ 집 안으로 개방적이고, 집 밖으로 폐쇄적인 특성을 보인다.
④ 남성이 주로 사용하는 안채와 여성이 주로 사용하는 사랑채로 나뉜다.

7. 다음 목재에 관한 설명 중 바르지 않은 것은?

① MDF : 대패공법으로 만든 장섬유 펄프와 톱밥에서 섬유질 속의 수지를 제거하고 정제한 다음, 접착제와 방수제를 첨가하여 반죽한 후 판형화한 제품이다.
② 합판 : 3매 이상의 얇은 나무 판재를 섬유 방향이 직교하도록 홀수로 붙여 만든 판으로 잘 갈라지고 뒤틀림이 많다.
③ 도장 : 투명도료를 사용하여 나뭇결을 그대로 살리는 방법과 원하는 유색 불투명도료로 처리하는 방법 등이 있다.
④ 결합방법 : 접착제를 이용하는 방법, 못으로 박는 방법, 끼워 맞추는 방법, 조립식 철물로 조이는 방법 등이 있다.

8. 아트 앤 크래프트 운동(Arts and Crafts Movement)에 대한 설명으로 올바른 것은?

① 대량생산화에 대항하는 공예의 부활
② 화려한 장식적 디자인 적용된 신재료 개발
③ 신기술이 적용된 기계를 활용한 대량생산
④ 현대 디자인의 출발점

9. 가구를 배치할 때 고려하여야 하는 사항이 바르게 묶인 것은?

ㄱ. 기능 ㄴ. 동선 ㄷ. 인체공학 ㄹ. 인간심리

① ㄱ,ㄴ ② ㄱ,ㄴ,ㄷ
③ ㄱ,ㄴ,ㄷ,ㄹ ④ ㄱ,ㄷ,ㄹ

10. 노인실의 실내계획에 관한 설명 중 맞는 것은?

① 노인실은 조용한 북향이 바람직하다.
② 무릎이 아픈 노인의 경우 침대보다 요를 사용하는 것이 도움이 된다.
③ 노인실의 조명은 다른 침실보다 밝아야 한다.
④ 노인실 가까이에 화장실을 두는 것은 바람직하지 않다.

11. 소비자의 구매심리에 대한 시나리오의 올바른 순서를 고르시오.

1. 구매한다(Action). 2. 확신을 심어준다(Conviction). 3. 주의를 끈다(Attention). 4. 흥미를 준다(Interest). 5. 욕망을 느끼게 한다(Desire).

① 3-4-5-2-1 ② 5-4-2-3-1
③ 1-2-3-4- ④ 5-1-3-2-4

12. 골드라인(Gold line)에 관한 설명 중 옳은 것은?

① 스테이지 위의 진열일 경우 일반적으로 300~1,300㎜의 높이 범위에 해당한다.
② 선반 진열의 경우에는 700~1,200㎜ 정도의 범위가 이에 해당한다.
③ 고객의 시야를 기준으로 하향 10~40°의 범위를 말한다.
④ 인간의 시야는 세로와 가로의 비가 1 : 1.8이다.

13. 백화점의 마스터플랜 요소가 아닌 것은?

① VMD의 기본정책 결정
② 스토어 콘셉트의 설정
③ 중점대상 고객층의 설정
④ 상품의 이해

14. 레스토랑의 실내계획으로 적당하지 않은 것은?

① 고객이 부담 없이 편히 쉴 수 있는 안락한 분위기로 전개한다.
② 규모, 맛과 가격, 서비스 정도, 좌석의 배치유형 등을 규정한다.
③ 효과적 서비스를 위해 종업원의 피로가 절감될 수 있는 서비스시설로 계획한다.
④ 신속한 서비스, 홍보계획, 위생시설, 투자 등은 중요하지 않다.

15. 호텔의 조명계획에 대한 설명 중 <u>틀린</u> 것은?

① 프런트데스크는 프런트 직원과 고객의 표정이 서로 확실히 보이도록 500lx 이상의 밝은 조명이 필요하다.
② 호텔 객실층의 복도는 안정을 위해 객실보다 높은 300~400lx 정도로 균일한 조명을 한다.
③ 연회장의 조명의 조건은 200~500lx 이상의 조명으로 구석구석까지 밝고 균일하게 조명되도록 하며 연색성이 좋은 광원를 선택한다.
④ 객실은 침대를 중심으로 조명하도록 하되 천장의 조명은 침대에 누웠을 때 시선 안에 들어오므로 간접조명방식으로 하고 플로어스탠드, 벽부등과 같은 국부조명을 위주로 계획한다.

16. 의료시설을 위한 유니버설 디자인을 고려할 때 <u>틀린</u> 것은?

① 입구와 출입문은 91㎝ 정도로 확보하도록 한다.
② 문폐쇄기(도어클로저) 또는 스프링 힌지는 최소 5초간 열린 상태를 유지하도록 한다.
③ 문틀과 문의 테두리는 연질의 목재를 사용하는 것이 바람직하다.
④ 휠체어 사용자가 이용하는 문의 하부챌판의 높이는 25~41㎝로 계획한다.

17. 다음 설명에 해당하는 오피스 공간 계획으로 올바른 것은?

오피스 평면과 입면계획에 있어서 바닥, 벽, 천장을 구성하는 각 부재의 크기를 기준 단위로 한 유닛(모듈)을 계획의 보조 도구로 삼아 생활면의 고려는 물론 의장, 구조, 공법 등 갖가지 면에서의 요구를 종합적으로 조정 및 해결하는 계획방법

① 그리드플래닝 ② 모듈러시스템
③ 워크스테이션 ④ 좌우대향형

18. 사무공간의 조명계획 시 눈부심을 방지하기 위해 고려할 사항 중 옳지 <u>않은</u> 것은?

① 글레어존(glare zone)으로 눈부심이 일어나는 시선에서 30° 범위에서는 휘도에 주의하여 조명기구를 선정한다.
② 천장면을 상대적으로 밝게 하여 휘도대비를 줄인다.
③ 천장 조명기구의 설치는 가능한 낮게 설치하여 밝게 한다.
④ 천장, 벽은 반사율이 좋은 재료로 마감해 밝게 한다.

19. 전시의 순회유형중 연속순회 유형의 특징으로 올바른 것은?

① 동선이 단순하고 공간을 절약할 수 있다.
② 복도를 통해 각 실에 출입이 가능하다.
③ 관람자의 선택적 관람이 가능하다
④ 홀 중앙에 주로 천창을 설치한다.

20. 공연장 디자인에서 무대계획에 관한 설명 중 올바르지 <u>않은</u> 것은?

① 그림 액자와 같은 구성은 관객이 눈을 무대에 쏠리게 하는 시각적 효과를 갖는다.
② 천장의 높이는 프로시니엄 높이에다 사람이 올라가서 작업하는 공간 2m 이상을 확보한다.
③ 커튼라인은 프로시니엄아치 바로 앞 막의 위치에 있다.
④ 주무대는 무대의 중심으로 배우가 연기를 하는 장소이므로 평면계획과 함께 단면계획 역시 중요하다.

21. 다음 중 학교 도서관 공간 계획에 관한 설명 중 옳지 <u>않은</u> 것은?

① 서고의 수장능력 기준은 능률적인 작업용량으로서 서고면적 1㎡당 150~250권 정도이다.
② 일반적으로 열람실의 크기는 도서관 봉사계획에 의해서 정해진다.
③ 서고의 창호는 채광과 통풍을 원활히 할 수 있도록 크게 계획한다.
④ 열람실은 서고에 가깝게 위치하는 것이 바람직하다.

22. 비주얼 마케팅의 전개에서 드러나는 대표적 시각적 인자는 다음 중 어느 것인가?

① 음향 ② 색채 ③ 온도 ④ 향기

23. 21세기 디자인에 있어서 변화한 환경이라고 할 수 없는 것은 다음 중 어느 것인가?

① 지역화 ② 정보기술
③ 지식기반경제 ④ 네트워크 사회

24. 최근의 실내건축/디자인 경향이라고 할 수 없는 것은 다음 중 어느 것인가?

① 인간중심 디자인
② 자연을 모티브로 한 디자인
③ 환경을 고려한 디자인
④ 신축 중심 디자인

25. 미국의 National Council for Interior Design Qualification(NCIDQ)에서 정의하는 실내디자인의 내용이 아닌 것은 다음 중 어느 것인가?

① 실내디자인은 인간의 건강과 복지에 기여한다.
② 실내디자인이 순수예술과 다른 점은 법과 규칙을 따라야 한다는 점이다.
③ 디자인은 인간중심의 디자인이어야 한다.
④ 실내디자인은 디자이너의 창의력을 아낌없이 발휘할 수 있어야 한다.

26. 이 경영방식은 기업 구성원 모두가 비전과 이념으로 무장한 다음 각자의 역할을 능동적으로 수행할 수 있어야 한다. 상급자의 지시나 명령에 따라 수동적을 움직이는 것이 아니라 자율적이고 능동적으로 문제를 해결해 나가도록 하는 방식이다. 이것은 다음의 어떤 경영방식의 특성인가?

① 문화경영 ② 혁신경영
③ 창조경영 ④ 소프트경영

27. 디자인 싱킹(Thinking)을 설명하는 내용이 아닌 것은 다음 중 어느 것인가?

① 연역적 사고 또는 귀납적 사고를 강조하는 수직적 사고이다.
② 기존의 패턴을 벗어나 재구성하는 사고방식이다.
③ 비선형적 사고나 방사적 사고방식이다.
④ 창의적인 문제해결을 강조한다.

28. 효율적인 디자인 프로세스를 설명하는 내용이 아닌 것은 다음 중 어느 것인가?

① 한방향적인 디자인 프로세스가 효율적이다.
② 통합적인 디자인 프로세스가 다양한 문제를 효율적으로 해결할 수 있다.
③ 디자인 해결방안을 모색하기 위해서 다양한 정보를 취합하고 종합 분석해야 한다.
④ 실내디자인 프로젝트를 진행하시 위한 다양한 정보에는 현장답사, 기후에 관한 정보 등도 포함된다.

29. 디자인 프로그래밍(programming)에 있어서 실내공간 사용자의 요구를 파악하는 연구방법 중 공간의 종류를 정하고 공간사용자로써의 역할을 분담하여 공간 사용에 관한 니즈를 파악하는 방법은 어떤 것인가?

① 설문조사 ② 관찰법
③ 인터뷰(interview) ④ 게이밍법(gaming)

30. 다음에서 건축 및 디자인 분야 세계적인 기업에서 언급하는 최근의 디자인 동향이 아닌 것은 다음 중 어느 것인가?

① 지속가능성(sustainability)
② 기후변화(climate change)
③ 인간중심 디자인(user-centered design)
④ 이윤추구 경영(profit-oriented management)

31. 다음 중 '유니버설디자인'과 '무장애 공간 디자인'의 차이를 바르게 설명한 것은?

① '무장애 공간 디자인'은 상위 기준이며 '유니버설 디자인'은 적용을 위한 상세한 하위 기준에 해당한다.
② '유니버설 디자인'은 특정 사용자층을 대상으로 하나 '무장애 공간 디자인'은 예외집단을 갖지 아니한다.
③ '무장애 공간 디자인'은 특정 사용자층을 대상으로 하나 '유니버설 디자인'은 예외집단을 갖지 아니한다.
④ '유니버설 디자인'과 '무장애 공간 디자인'은 용어의 차이일 뿐 정의와 대상의 차이가 없다.

32. 유니버설디자인의 4요소 중 적응 가능한 디자인에 대한 설명 중 맞지 않은 것은?

① 모든 제품·환경의 이용자들이 동등한 혜택을 누려야 한다는 의미이다.
② 개인의 정보 이해능력의 차이, 개인의 감성에 따른 기호의 차이까지 고려한다.
③ 노화에 따른 활동 감소나 기대감의 수준을 자연스럽게 낮출 수 있게 도와준다.
④ 변화하는 사용자의 요구와 능력에 따라 대응할 수 있는 환경의 융통성을 뜻한다.

33. 다음 중 유니버설디자인의 7원칙에 해당하지 않은 것은?

① 단순성 ② 공평성 ③ 안전성 ④ 융통성

34. 다음 유니버설디자인의 원칙인 '공평한 사용에 대한 배려'에 해당하는 것은?

① 사용법의 자유
② 복잡함 배제
③ 쾌적한 사용을 위한 자세
④ 평등한 사용

35. 유니버설디자인을 적용한 공간계획에 관한 설명 중 틀린 것은?

① 양립성에 벗어나지 않는 공간계획
② 다양한 사용자를 고려한 공간계획
③ 인지가 쉬운 동선계획
④ 휠체어 장애인을 우선하는 공간계획

36. 건축물 신축 시 장애인·노인·임산부 등을 위한 경사로 계획에 있어 틀린 기준은?

① 최소 유효폭은 1.2m 이상이어야 한다.
② 단차가 있어서는 안 된다(단, 법적 기준은 30㎜ 이하는 허용한다.).
③ 접근로의 경계면은 휠체어나 유모차의 바퀴 이탈 방지를 위하여 경계턱(75~100㎜)을 만든다.
④ 경사로의 기울기는 1/18 이상으로 설치한다.

37. 유니버설디자인을 고려할 때, 공간의 규모에 관한 다음 설명으로 맞는 것은?

① 휠체어가 회전하기 위해서는 최소 지름 1,300㎜의 공간이 필요하다.
② 출입문은 개방한 상태로 최소 유효폭 900㎜ 이상이 확보되도록 해야 한다.
③ 문측면 유효폭은 레버가 달린 벽면 쪽으로 600㎜ 이상을 권장한다.
④ 바닥면의 단차 발생 시 재료분리대를 경사면으로 처리하되 높이 20㎜ 이하, 1/2의 경사각으로 설치한다.

38. 유니버설디자인을 고려할 때, 공간의 규모에 관한 다음 설명으로 틀린 것은?

① 휠체어 동작공간은 최소 1,400×1,400㎜ 이상의 공간을 확보한다.
② 문 유효폭은 800㎜이며, 850~900㎜를 권장한다.
③ 출입문 손잡이의 설치는 높이 850~1,000㎜ 이내로 한다.
④ 불가피하게 바닥면에 단차가 발생하는 경우에는 재료분리대를 경사면으로 처리하되 높이 15㎜ 이하, 1/2의 경사각으로 제작·설치한다.

39. 유니버설디자인을 적용한 계단의 설계에 관한 설명 중 틀린 것은?

① 유효폭의 법적 기준은 1,200㎜ 이상이지만 1,500㎜ 이상을 권장한다.
② 수평참을 바닥에 높이 1,800㎜마다 수평참을 1,200㎜ 이상의 유효폭을 갖도록 설치한다.
③ 챌면의 기울기를 디딤판의 수평면으로부터 60° 이상으로 설치한다.
④ 계단코는 4㎝ 이상 돌출되지 않게 하여 걸려 넘어지는 것을 방지한다.

40. 장애인을 위한 편의시설 안내표시기준 중 그 내용이 옳지 않은 것은?

① 안내표지의 색상은 청색과 백색을 사용하여야 한다.
② 안내표지의 크기는 단면을 0.3m 이상으로 하여야 한다.
③ 시각장애인용 안내표지와 청각장애인용 안내표지는 기본형과 함께 설치하여야 한다.
④ 시각장애인을 위한 안내표지에는 점자를 병기하여야 한다.

제2회 실내디자이너 자격예비시험 실전모의고사

제2교시

객 관 식

실내환경

성명		응시번호				-		-				

○ 객관식 총 40문제입니다.
○ 문제지에 성명과 응시 번호를 정확히 써 넣으십시오.
○ 답안지에 성명과 응시 번호를 써 넣고, 또 응시 번호, 답을 정확히 표시하시기 바랍니다.

1. 인간공학과 관련된 용어가 아닌 것은?

① 에콜로지(Ecology)
② 에르고노믹스(Ergonomics)
③ 휴먼 팩터 엔지니어링(Human factor Engineering)
④ 휴먼 팩터(Human factor)

2. 작업을 실시할 때 작업자에게 주는 부하의 강도를 나타내는 말은?

① 에너지 대사율　② 기초대사량
③ 신진 대사율　④ 생체리듬

3. 공간설계를 위한 건축적인 모듈(module)에 대한 설명으로 옳은 것은?

① 건축구성재의 치수에 모듈을 적용하면 색채 및 장식의 조절이 쉽다.
② 모듈수열은 배수성과 약수성의 속성을 지니므로 활용이 더 효과적이다.
③ 하나의 공간 안에 있는 모든 실내요소는 반드시 하나의 모듈로 수치를 단일화해야만 한다.
④ 모듈은 현대건축에서 개발해 사용하는 새로운 개념의 치수적용방법이다.

4. 다음의 집단 값을 적용하는 방법에 대한 설명 중 옳은 것은?

① 지하철 손잡이는 집단 최대값을 이용한다.
② 버스의 의자높이는 집단 최소값을 이용한다.
③ 문의 높이는 집단 평균값을 이용한다.
④ 승용차 운전석은 집단 최대값을 이용한다.

5. 시각표시장치를 디자인할 때의 지침으로 옳지 않은 것은?

① 눈에 잘 띄도록 해야 한다.
② 친숙한 도형을 사용한다.
③ 사용 시 예상되는 시각환경을 고려하여 디자인한다.
④ 정확하고 정교한 표현이 바람직하다.

6. 잔향시간이란 소리의 강도수준이 최초보다 몇 dB 내려가는 데 필요로 하는 시간(秒)인가?

① 30dB　② 40dB　③ 50dB　④ 60dB

7. 입식 작업대의 높이를 결정하는 방법으로 맞지 않은 것은?

① 섬세한 작업(정밀작업)일수록 작업대 높이를 높여야 한다.
② 일반작업의 작업대 높이는 팔꿈치보다 5~10㎝ 정도 낮은 것이 좋다.
③ 힘을 가하는 작업(힘든 작업)에는 팔꿈치보다 약간 높은 작업대가 낫다.
④ 발판 등으로 설비를 사람에게 맞추는 방법이 있을 수 있다.

8. VDT 작업시 바람직한 작업환경으로 적합한 것은?

① 작업자의 시선은 VDT 화면의 중심 위치보다 약간 낮게 하는 것이 좋으며, 작업자의 양팔은 수평이 되도록 한다.
② 조정되지 않는 작업대를 사용하는 경우, 바닥면에서 작업대 높이가 75~85㎝ 범위 내의 것을 선택한다.
③ 화면과 작업자 눈과의 거리는 적어도 30㎝ 이내이어야 적확한 작업을 할 수 있다.
④ 작업 면에 도달하는 빛의 각도를 화면으로부터 45° 이내가 되도록 조명 및 채광을 제한하여야 눈부심이 발생하지 않는다.

9. 환경심리행태의 연구에서 중점을 두는 관계의 단위는?

① 사물-인간심리 ② 환경-인간행태
③ 이론-인간행동 ④ 인간심리-사회행태

10. 각성 이론에 대한 설명으로 적절하지 않은 것은?

① 환경 자극에 노출되었을 때 사람들에게 나타나는 효과 중 하나이다.
② 지나치게 높은 각성수준은 작업에 대한 집중을 방해한다.
③ 작업수행은 낮은 수준의 각성상태에서 최대화된다.
④ 사람들은 중간수준의 자극을 추구한다.

11. 보기의 설명이 근거로 하는 이론은?

환경디자인은 생태적 상황에서 적절한 지원성을 제공하는 작업이라 할 수 있다.

① 머사 앤 리(Murtha and Lee)의 사용자 이득 기준
② 깁슨(Gibson)의 지원성 이론
③ 바커(Barker)의 생태심리학
④ 벌린(Berlyne)의 각성 이론

12. 린치(Lynch)의 도시이미지에 관한 이론에서 제시된 물리적 요소와 그 설명이 옳은 것은?

① 랜드마크(landmarks): 길을 찾을 때 참고하는 큰 건물이나 기념관 등의 요소
② 지역(districts): 대도시의 관공서 주변 공간
③ 모서리(edges): 하늘과 땅이 만나는 경계면
④ 교차점(nodes): 사람의 동선과 교통수단의 동선이 교차하는 지점

13. 보기에서 설명하는 개념은?

공간환경의 특성에 대해 머릿속에 기억해 두는 이미지이며, 또한 인식된 내용을 구체적으로 묘사한 표현 결과

① 자극의 대조속성 ② 환경태도
③ 각성 ④ 인지도

14. 영역성에 대한 설명으로 옳은 것은?

① 사회적 그룹 소속원들이 점유하는 공간을 제외한 개인공간에 대한 개념이다.
② 침입에 대한 방어행위를 하는 특성을 가진다.
③ 눈에 보이는 지리적 형태를 가지고 있지 않다.
④ 자극의 양을 증가시켜, 각성수준을 높인다.

15. 업무공간 디자인을 위한 행태학적 개념의 설명과 거리가 먼 것은?

① 근무장소에 개인물품을 두어 자신만의 공간으로 개인화하여 만족감을 느끼게 한다.
② 개방 사무공간은 관리, 감독이 수월하지만 프라이버시 결여 문제가 있다.
③ 개방 사무공간은 오히려 커뮤니케이션을 감소시킨다.
④ 바람직한 영역의 작업환경은 애착과 통제력, 책임감이 커지게 한다.

16. 치매환자를 위한 병원에서 고려되어야 할 행태학적 개념으로 옳은 것은?

① 치매환자가 목적 없이 배회하는 증상은 위험하여, 계속 걸을 수 있는 안전한 통로를 만들어 스트레스 해소의 방법을 고려한다.
② 작고 친밀한 공간보다 탁 트인 넓은 공간을 만들어주는 것이 효과적이다.
③ 복도나 출입문, 사인 등 환경의 시각적 디자인에 정기적으로 변화를 주어, 새로운 도전을 가능하게 한다.
④ 입원 스트레스 감소를 위해 출입문은 항상 열어둔다.

17. 저수조에 저수된 물을 급수펌프 만으로 건물 내의 소요개소에 급수하는 방식으로 물탱크를 설치할 필요가 없으며 정전 시에는 급수가 불가한 급수방식은?

① 고가수조방식 ② 압력탱크방식
③ 수도직결방식 ④ 부스터펌프방식

18. 통기관에 관한 설명 중 타당한 것은?

① 배수 중에 혼입된 유해물질이나 불순물, 침전물 등을 분리해내기 위해 사용한다.
② 배수관의 물(봉수)이 항상 유지되도록 하기 위하여 배관을 구부려 사용한다.
③ 사이펀 작용을 이용하여 오물을 배출하는 방식이다.
④ 배수관내의 기압을 유지하기 위하여 공기를 유입, 유출하는 역할을 한다.

19. 급탕배관 시공상 유의하여야 할 사항 중 적합한 것은?

① 공기가 고일 우려가 있는 곳은 익스펜션 조인트를 사용하여 공기를 뺀다.
② 급탕관은 급수관보다 물의 온도는 높으나 배관의 부식 우려는 적은 편이다.
③ 배관도중 밸브는 공기 체류를 유발하기 쉬우므로 유량 제어용으로 사용하는 스톱밸브를 사용하는 것이 좋다.
④ 팽창관을 팽창탱크에 연결하여 물의 팽창을 흡수하여 도피시키는 안전밸브 역할을 하도록 한다.

20. 열부하의 증감에 따라 송풍량을 조절하여 공조해야 할 대상의 실내 온습도를 일정하게 유지하기 위해 개별적으로 제어가 가능한 전공기 공조방식은?

① 변풍량 단일덕트 방식(VAV)
② 팬코일 유닛 방식
③ 정풍량 단일덕트 방식(CAV)
④ 유인유닛 방식

21. 전염병 환자를 위한 음압병상을 만들기 위해 기계환기를 적용할 경우 적합한 환기방식은?(급기와 배기는 공기의 청정도 유지를 위해 외기 도입을 제한한다.)

① 1종 환기법을 적용하며 배기량을 높인다.
② 2종 환기법을 적용하며 배기량을 높인다.
③ 3종 환기법을 적용하며 급기량을 높인다.
④ 2종 환기법을 적용하며 급기량을 높인다.

22. 화재 시 발생한 연기가 피난 경로인 복도, 계단전실 등에 침입하는 것을 방지하고 거주자를 유해한 연기로부터 보호하여 안전하게 피난시킴과 동시에 소화활동을 유리하게 할 수 있도록 하는 설비는?

① 제연설비 ② 연결송수관설비
③ 피난설비 ④ 드렌처

23. 배연창에 관한 설명 중 적합한 것은?

① 5층 이하의 업무시설에 설치한다.
② 배연창의 상단과 천장 또는 반자까지의 수직거리가 0.6m 이내로 한다.
③ 배연구는 감지기에 의해 자동적으로 열 수 있어야 하며 손으로 개폐가 되어서는 안 된다.
④ 배연창의 유효면적은 건축물의 바닥면적의 1/100 이상이어야 한다.

24. 다음 빛에 관한 사항 중 옳은 것은?

① 공간을 이루는 요소에 의해 흡수 또는 반사되어 느껴지는 빛깔로 일정하다.
② 가시광선은 파장이 짧은 전자기파이다.
③ 적외선은 가시광선보다 파장이 긴 전자기파이다.
④ 자외선은 380~780㎚ 범위의 파장으로 인간의 눈에 보이는 광선이다.

25. 수직면을 균일하게 비추는 방법으로 공간 내에서 방향성을 유도하고 공간을 넓어 보이게 하는 시각적 효과가 있는 조명연출기법은?

① 하이라이트 ② 그레이징
③ 월 워싱 ④ 후광조명

26. 실의 폭 8m, 안 길이 5m, 작업면에서 광원까지의 높이가 2m이다. 조명설계를 위해서 실지수는 얼마인가?

① 2.34 ② 1.54 ③ 1.15 ④ 1.67

27. 다음의 건축화 조명에 대한 설명 중 옳지 않은 것은?

① 광천장(Luminous Ceiling)은 천장 전체면이 발산체로 되어 있어 높은 조도를 낸다.
② 밸런스라이트(Valance Light)는 벽면에 설치하되 상하부를 오픈하여 빛이 나오도록 한다.
③ 코퍼라이트(Coffer Light)는 등박스를 만들어 디자인의 효과를 극대화 하는 조명이다.
④ 코니스라이트(Cornice Light)의 높이에 대한 비율은 대략 1:5가 적합하다.

28. 조명기구 선정 시 고려해야 할 것은?

① 반사현위가 클 것
② 소요조도의 확보
③ 연색성
④ 재료의 밀도

29. 에너지 절약을 위한 조명 계획과 거리가 먼 것은?

① 노출형 조명 기구보다 매입형 조명 기구의 효율이 높다.
② 벽 표면에 의해 흡수되는 빛의 양을 줄이기 위해 흡수 표면을 줄이고 반사율을 높인다.
③ 인공조명보다는 주광을 실내에 많이 받아들이도록 계획한다.
④ 실내의 조도 분포와 동일 조도를 요하는 작업을 기준으로 조닝(zoning)한다.

30. 조명기구를 사용하는 도중에 램프의 광속이나 먼지에 의한 반사율이 감소하는데 조명설계 시 조도 감소를 예상하여 반영하는 계수는 다음의 무엇인가?

① 광도 ② 감광보상률
③ 조명률 ④ 실지수

31. 친환경실내디자인을 바르게 설명한 것은?

① 사람이 아닌 지구를 고려한 접근 개념이다.
② 공정무역과 공정한 거래 개념을 포함한다.
③ 실내환경과 실외환경을 상호배제의 독립된 관계로 본다.
④ 인간의 건강을 위한 환경에 주요 초점을 두고 오염된 환경을 폐기하는 것이다.

32. 친환경 건축자재 관련 인증 제도에 포함된 개념이 아닌 것은?

① 제품의 오염물질 방출 정도 인증
② 제품생산과정에서 배출한 오염물질 정도 인증
③ 제품 사용 시 실내 공기질에 미치는 영향
④ 제품생산과정에서 단가상승에 대한 영향

33. 녹색건축물 인증제에 대한 설명으로 옳은 것은?

① 인증심사는 신축 건축물에만 해당된다.
② 항목별 점수를 합산하여 총 6개 등급 중 해당되는 등급을 부여한다.
③ 연면적 합이 3,000㎡ 이상인 공공기관 등의 건축물을 신축 또는 증축 시, 녹색건축 인증을 취득해야 한다.
④ 인증 유효기간은 인증서 발급한 날부터 3년이다.

34 실내온열환경의 쾌적 요인에 대한 옳은 설명은?

① 의복 착의량은 온열 쾌적성에 영향을 거의 미치지 않는다.
② 상대습도는 온열 쾌적성에 절대적 영향을 미친다.
③ 평균복사온도는 기온보다 1~2℃ 정도 낮을 때 쾌적한 상태이다.
④ 기류가 있으면 한랭환경에서 더 춥게 느끼게 된다.

35. 보기에서 설명하는 개념은?

휘발성유기화합물 등이 방출되는 자재를 사용한 신축주택에서 머문 시간에 비례해 건강침해나 쾌적성에 영향을 미치는 증상으로, 주택을 떠나면 증상이 보이지 않는다.

① 복합화학물질과민증 ② 새집증후군
③ 베이크아웃 ④ 열적 불쾌감

36. 환기 및 환기설비에 대해 바르게 설명한 것은?

① 100세대 이상의 공동주택 신축 시에는 시간당 1회 이상 환기가 이루어질 수 있는 기계환기설비만을 고려해야 한다.
② 공동주택과 오피스텔의 난방설비가 개별난방방식으로 된 경우 보일러실에 환기창을 설치하지 않아도 된다.
③ 자연환기는 자연의 바람, 실내의 온도차에 의한 기류로 발생하는 환기를 말한다.
④ 필요환기량은 필요한 공기의 유입 또는 유출되는 양의 최고치를 말한다.

37. 실내 빛환경의 영향에 대한 설명으로 적절한 것은?

① 실내 빛환경은 공간 사용자의 시력 등 건강에 영향을 미치지만, 심리적 영향은 거의 없다..
② 불량한 빛환경은 작업능률에는 영향을 미치지 않지만, 시력저하와 피로에 영향을 준다.
③ 광색은 심리적 영향과는 관계가 없고, 작업능률에 영향을 줄 수 있다.
④ 눈부심을 느끼지 않는 범위에서 조도가 높을수록 작업능률이 높아진다.

38. 기후디자인과 거리가 먼 것은?

① 한랭지역에서는 열손실을 최소화하기 위해 외피면적을 최소화한다.
② 고온다습지역에서는 축열을 피하기 위한 경량구조를 사용한다.
③ 고온건조지역에서는 외부 열기를 차단하기 위해 열용량이 작은 벽체를 사용한다.
④ 온난지역의 여름에는 방풍과 일사열을 취득할 수 있도록 한다.

39. 태양열을 이용한 신·재생 에너지에 대해 바르게 설명한 것은?

① 설비형 태양열 냉난방은 패시브 기법을 활용한 것이다.
② 자연형 태양열 냉난방은 일사에 의해 실내온도를 상승시키는 원리이다.
③ 자연채광은 일조를 유입해 급탕에 이용하는 것이다.
④ 태양광발전은 볼록판에 태양복사를 반사시켜 수백 도 이상의 열을 얻어 발전하는 방식

40. 친환경 주거에 관련된 내용 중 옳은 것은?

① 주변 환경과의 친화성을 고려하여, 옥상 녹화 또는 비오톱을 조성한다.
② 제로에너지 주택은 사용하는 것보다 많은 에너지를 생산하는 주거이다.
③ 장수명 주택은 자원과 에너지의 효율적 사용으로 오래 지속할 수 있는 주거환경을 제공하나, 사용자의 라이프 스타일 변화에는 대응하기 어렵다.
④ 친환경 주거란 주로 건축물의 계획 단계에서 이루어지는 설계기법으로, 에너지 및 자원을 절약할 수 있는 주거이다.

국토교통부 공인(제2016-3호) (사)한국실내건축가협회(민간자격등록 제2008-0101호)

제2회 실내디자이너 자격예비시험 실전모의고사

제3교시

객 관 식

실내시공

성명	

응시번호				-		-			

- ○ 객관식 총 40문제입니다.
- ○ 문제지에 성명과 응시 번호를 정확히 써 넣으십시오.
- ○ 답안지에 성명과 응시 번호를 써 넣고, 또 응시 번호, 답을 정확히 표시하시기 바랍니다.

1. 철거공사 계획 전 해야 할 일 중 옳은 것은?

① 철거시공 계획 전 도로 현황, 인접건물, 보행인 등 주변 환경을 모두 조사할 필요는 없다.

② 철거대상 건물의 설계도 또는 현장실측에 의한 간접 조사를 실시하고 직접 설계 도면을 수정한다.

③ 낙하물, 진동, 소음에 대한 요인을 예측하고 방지하도록 사전조사를 한다.

④ 사전조사를 통해 철거방법과 작업내용, 안전대책 및 공해방지 대책 등의 계획서는 승인 없이 회의를 통해 진행한다.

2. 다음 중 벽돌벽의 균열의 원인으로 옳은 것은?

① 기초의 부동침하

② 간단한 평면 형태

③ 균형 있는 벽배치

④ 사춤모르타르의 사용

3. 다음 중 모르타르 미장면과 콘크리트 표면에 방수제를 침투시키거나 모르타르에 방수제를 혼합하여 덧발라 방수하는 것은?

① 도막방수

② 침투방수

③ 시멘트 액체방수

④ 아스팔트 방수

4. 다음 중 ( ) 안에 들어갈 숫자로 옳은 것은?

> 치장줄눈은 타일시공 후 ( )시간 경과 후에 솔이나 헝겊을 사용하여 홈을 파고 청소 후, ( )시간 이상 경과 후 모르타르가 굳은 정도를 보고 치장줄눈을 한다. 백시멘트를 메우고 젖은 헝겊으로 문질러서 마무리하고 깨끗한 물로 닦는다.

① 1, 12 ② 2, 24 ③ 3, 12 ④ 3, 24

5. 다음 중 박리현상이 나타나는 경우가 아닌 것은?

① 과도한 면적을 미리 도포하여 모르타르가 굳은 상태에 시공된 경우에 나타난다.

② 압착공법 시 모르타르가 두꺼운 경우에 나타난다.

③ 잘 두드리지 않거나 줄눈 간격이 좁게 하여 모르타르를 안 넣었을 경우에 나타난다.

④ 타일 뒷면이 불량인 경우에 나타난다.

6. 다음 중 경량천장틀 시공순서로 옳은 것은?

① 인서트(insert)설치-캐링채널 및 마이너 채널 설치-행거볼트 설치-반자틀 설치-표면 마감재 부착

② 인서트(insert)설치-행거볼트 설치-반자틀 설치-캐링채널 및 마이너 채널 설치-표면 마감재 부착

③ 행거볼트 설치-인서트(insert)설치-캐링채널 및 마이너 채널 설치-반자틀 설치-표면 마감재 부착

④ 인서트(insert)설치-행거볼트 설치-캐링채널 및 마이너 채널 설치-반자틀 설치-표면 마감재 부착

7. 다음 중 목재의 이음 중 따내기 이음에 속하는 것은?

① 주먹장이음, 메뚜기장이음, 엇설이이음

② 엇빗이음, 맞댄이음, 겹친이음, 반턱이음,

③ 빗이음, 심이음, 내이음, 벼개이음

④ 맞댄이음, 겹친이음, 벼개이음, 엇설이 이음

8. 다음 중 화재 시 가연성 물질의 인화, 연소를 방지하거나 지연하기 위해 마감재의 표면을 방화성능이 있는 물질로 처리하는 것은?

① 단열공사 ② 방화공사
③ 방염공사 ④ 석면공사

9. 다음 도장공사를 위한 작업공간의 특성으로 옳지 않은 것은?

① 기온 5℃ 이하 35℃ 이상이거나 습도가 85% 이상일 경우 실시한다.
② 칠은 얇은 막이 되도록 하고 충분히 건조 후 다음 작업을 하도록 한다.
③ 라텍스 페인트는 시공 가능한 최저온도는 7℃, 외부 10℃이다.
④ 바니시 페인트의 경우는 내외부 동일하게 18℃로 한다.

10. 다음 중 헤라로 반복하여 칠하여 입체감과 변화감을 주는 데코레이션 기능의 도장은?

① 래커에나멜 뿜칠
② 롤러무늬 마무리 칠
③ 안티코 스터코 도장
④ 아모코트 도장

11. 다음 중 벽지공사 중 정배지로 사용되는 벽지로 이루어진 것은?

① 한지, 양지, 목질계 벽지, 무기질 벽지
② 종이벽지, 비닐벽지, 섬유벽지, 초경벽지, 목질계 벽지, 무기질 벽지
③ 초경벽지, 목질계 벽지, 무기질 벽지, 양지
④ 한지, 종이벽지, 비닐벽지

12. 다음 중 위생설비의 설치기준이다 ( )안에 들어갈 숫자로 옳은 것은?

> 위생기구 설치기준을 보면 샤워기는 ( )(바닥면-샤워헤드)이고, 소변기 ( )(바닥면-리브의 상단), 세면기 ( ) 대변기 앉는 면 365㎜, 주방 씽크대는 ( ) 으로 바닥에서 기구의 넘치는 수면까지이다.

① 1,870㎜, 530㎜, 720㎜, 800-850㎜
② 1,870㎜, 530㎜, 800㎜, 800-850㎜
③ 1,870㎜, 600㎜, 800㎜, 800-850㎜
④ 1,870㎜, 600㎜, 720㎜, 800-850㎜

13. 다음 중 공사예정공정표에 명시될 내용으로 옳은 것은?

① 공정별, 주요 공정 단계별 착수와 완료시점, 주요 공정 단계별 연관관계, 주공정선, 주간 공정률표 등
② 지급자재수급요청서(공사 착공 후 15일 이내 제출), 자재 선정계획, 공정별 인력 및 장비 투입계획서 등
③ 주간 공정률(표), 도급내역서, 자재 선정 및 수급계획, 하도급 시행계획서 등
④ 현장의 규모, 자재 선정 및 수급 계획, 주공정선 또는 주공정 공사의 목록, 주간 공정률(표) 등

14. 목재의 재료적 특징을 설명한 것 중 옳지 <u>않은</u> 것은?

① 고층이나 장 스판의 구조에도 적합하다.
② 함수율에 따른 신축, 변형이 크다.
③ 비중에 비해 강도가 크다.
④ 열전도율이 낮아 보온, 방한의 효과가 크다.

15. 목재의 강도에 대한 대소관계가 올바르게 표기된 것은?

① 압축강도 〉 휨강도 〉 인장강도 〉 전단강도
② 휨강도 〉 압축강도 〉 인장강도 〉 전단강도
③ 인장강도 〉 휨강도 〉 압축강도 〉 전단강도
④ 휨강도 〉 인장강도 〉 압축강도 〉 전단강도

16. 다음 중 석재의 특성으로 옳은 것은?

① 불연성이며, 인장강도가 크다.
② 비중이 크고 가공성이 좋지 않다.
③ 큰 부재를 얻기 쉽다.
④ 강도가 커서 주요 구조재로 사용된다.

17. 알루미늄에 관한 설명으로 옳지 않은 것은?

① 비중은 2.7로 철의 약 1/3이다.
② 비중에 비하여 강도가 크다.
③ 내화성이 크고, 열팽창계수가 작다.
④ 공기 중 표면에 산화막이 생겨 내식성이 우수하다.

18 다음 중 긴결 철물에 대한 설명으로 옳은 것은?

① 듀벨 : 보드류를 붙일 때 이음부분에 부착하는 줄눈재
② 익스팬션 볼트 : 콘크리트 표면에 매입하여 구조물을 달아매기 위한 고정철물
③ 인서트 : 구멍에 볼트를 박으면 끝이 벌어져 고정되는 볼트
④ 드라이브 핀 : 발사총을 사용하여 콘크리트에 박는 특수 강제못

19. 점토제품에 대한 설명으로 옳은 것은?

① 외부용타일은 내후성이 높은 도기질타일이 주로 사용된다.
② 도기질타일은 흡수성이 낮고 방수성이 우수하다.
③ 바닥타일은 두껍고 내구성과 내수성이 강한 제품을 사용한다.
④ 건식타일은 거칠고 다공질이며 정밀도가 떨어진다.

20. 내화벽돌에 관한 설명 중 옳지 않은 것은?

① 고온에서도 녹거나 변형이 일어나지 않도록 내화성 원료로 제작된 벽돌이다.
② 슬래그에 소석회를 가하여 성형한 후 고압증기로 경화시켜 만든 벽돌이다.
③ 규격은 230㎜×114㎜×65㎜로 보통벽돌보다 크다.
④ 줄눈으로 내화 모르타르를 사용한다.

21. 유리의 성질에 관한 설명으로 옳은 것은?

① 약산에 서서히 침식된다.
② 열전도율은 콘크리트의 2배이다.
③ 두꺼운 유리가 얇은 유리보다 열에 의해 쉽게 파괴된다.
④ 보통유리의 강도는 압축강도를 말한다.

22. 미장재료에 대한 설명 중 옳은 것은?

① 가소성이 우수하며, 이음매 없이 바탕처리를 할 수 있다.
② 기경성 재료는 회반죽, 석고플라스터, 돌로마이트 플라스터 등이 있다.
③ 후속공정이 필요하며 최종 마감재로 사용될 수 없다.
④ 시멘트 모르타르는 시공성을 좋게 하기 위하여 경화촉진제를 혼합한다.

23. 다음의 단열재료에 대한 설명 중 옳지 않은 것은?

① 열전도율을 낮추기 위해 다공질의 특성을 갖춘다.
② 유리섬유는 난연성이며, 화재 시 유독가스가 발생되지 않는다.
③ 열전도율 값이 0.06Kcal/mhr℃ 이하인 것을 단열재라고 한다.
④ 유리섬유는 가공성이 좋으나, 시간에 따른 제품의 변형이 크다.

24. 다음의 도료의 설명 중 옳은 것은?

① 유성바니시는 내후성이 크다.
② 에나멜페인트는 알칼리에 강하며, 내수성이 약하다.
③ 안료는 색상, 광택 등 도막의 미장 효과를 결정짓는 성분이다.
④ 수성페인트는 두꺼운 도막을 형성하고, 작업성이 좋다.

25. 다음 중 비닐벽지의 장점이 아닌 것은?

① 쉽게 찢어지지 않고, 오염에 강하다.
② 가격이 저렴하다.
③ 내구성과 방수성이 우수하다.
④ 재질감과 입체감이 풍부하다.

26. 실비 정산식 도급계약제도 설명으로 옳은 것은?

① 직영 및 도급 제도 중에서 장점을 부각한 제도로서 건축주, 실내건축 시공자가 공사에 소요되는 실비와 이것에 대한 보수를 미리 합의하여 정한 후 공사 진행에 따라 미리 결정해 놓은 공사비를 건축주로부터 받아 하도급자에게 지불하고 이에 대한 일정의 비율의 이윤을 받는 방식이다.
② 공사비 총액만을 결정하고 경쟁 입찰에 부쳐 최저 입찰자와 계약을 체결하는 도급 방식
③ 공사관리 업무가 간단하다. 경쟁 입찰로 공사비를 절약할 수 있다. 총공사비가 판명되어 건축주가 자금 예정을 할 수 있다.
④ 재료단가 · 노력단가 또는 재료 및 노력을 합한 단가를 면적 또는 체적 단가만으로 결정하여 공사를 도급 주는 방식

27. 건축 시공의 3요소에 포함되지 않은 것은?

① 구조 ② 기능 ③ 미 ④ 단순화

28. 입찰에 관한 설명으로 옳지 않은 것은?

① 입찰에 붙일 공사를 인터넷, 신문 등에 널리 공고하여 입찰자를 모집 등록을 받는다.
② 내용에는 공사명칭 과 장소, 공사의 종류, 입찰보증금, 참가자의 자격, 입찰방법, 현장설명일시 및 장소, 낙찰에 관한규정, 유의사항 등을 기록 한다.
③ 입찰 보증금은 입찰에 참여하는 자가 낙찰이 되어도 계약을 체결하지 않는 경우를 방지하기 위한 제도로서 현금이나 금융기관의 보증증권으로 지급보증 한다. 통상적으로는 15%의 범위 내에서 이루어진다.
④ 입찰 보증금은 입찰 후 낙찰자가 정해지면 낙찰자는 계약보증금으로 대체되며, 그 외 업체에는 즉시 반환된다.

29. 대수선에 포함되지 않은 것은?

① 내력벽을 증설 또는 해체하거나 그 벽면적을 30㎡ 이상 수선 · 변경하는 것
② 기둥을 증설 또는 해체하거나 세 개 이상 수선 · 변경하는 것
③ 보를 증설 또는 해체하거나 세 개 이상 수선 · 변경하는 것
④ 지붕틀을 증설 또는 해체하거나 두 개 이상 수선 · 변경하는 것

30. 다음 중 횡선식 공정표의 설명으로 옳은 것은?

① 막대식 공정표라고도 하며, 공사의 공정이 일목요연하여 경험이 없는 사람도 쉽게 이해가 가능하다.
② 착수일과 완료일이 명시되어 일정 판단이 용이하며, 각 작업의 상호관계를 명확히 나타낼 수 있다.
③ 횡선의 길이에 따라 공사의 진척도를 개괄적으로 표현기법으로 과학적인 공정기법 중의 하나이다.
④ 예정과 실적의 차이를 파악하기 쉽다.

31. 다음 중 공정표의 설명으로 옳은 것은?

① 사선 그래프식 공정표는 기성공정을 파악하는 데 유리하고 공사 지연에 대한 대처가 용이하다. 바나나 곡선이라고도 한다.
② 열기식 공정표는 건물의 약식 평면도 및 입면도에 공사 예정일과 실시일을 기록하고 실제 진척 상황을 색이나 기호로 표시해 공정진척현황을 관리하는 공정표이다.
③ PERT공정표는 네트워크상에 작업간의 관계, 작업소요시간 등을 표현해 일정계산을 하고 전체 공사기간을 산정하며 공사수행에서 발생하는 공정상의 전반적인 문제를 도해 및 수리적 모델로 해결하고 관리하는 것이다.
④ 부분 공정표는 공사의 공정이 일목요연하여 경험이 없는 사람도 쉽게 이해가 가능하다.

32. 설계도서작성기준 의한 설계도서・법령해석・감리자의 지시 등이 서로 일치하지 아니하는 경우에 있어 계약으로 그 적용의 우선순위를 정하지 아니한 때에는 다음 보기의 우선순서를 바르게 연결한 것은?

① 공사시방서	② 설계도면
③ 전문시방서	④ 표준시방서
⑤ 산출내역서	
⑥ 승인된 상세시공도면	
⑦ 관계법령의 유권해석	
⑧ 감리자의 지시사항	

① 1-2-3-4-5-6-7-8 ② 2-1-3-4-5-6-7-8
③ 8-7-6-5-4-3-2-1 ④ 2-3-4-5-6-7-8-1

33. 시방서에 대한 설명 중 맞지 않은 것은?

① 설계도에 기재할 수 없는 사항을 글로 써서 나타낸 문서이다.
② 공사계약도서의 일부로서 설계도면과 함께 건축공사의 품질을 좌우하는 중요한 문서이며 공사의 준비사항 및 행정적 요구사항도 시방서의 중요한 내용 중의 하나이다.
③ 시방서는 시공자가 설계도면과 함께 작성한다. 설계자는 일반적으로 건축주나 시공자에게 자신의 설계 의도를 전달하기 위해 설계도면과 시방서를 매개 수단으로 활용한다.
④ 설계자는 설계도면에 자신의 의도를 도학적으로 표현할 수 없을 때에 시방서를 활용한다. 따라서 설계도면과 시방서는 상호 보완적인 관계를 갖는다.

34. 일위대가의 설명으로 옳은 것은?

① 재료비에 가공 및 설치 등를 합산한 단가로 복합단가라고도 한다.
② 일위대가표는 단위종류별 단가를 구해놓은 표이다.
③ 일위대가 작성 시 공종별 표준품이 중요하며, 물가자료는 매년 변하므로 참고하기에는 곤란하다.
④ 노무비를 책정하기 위해서는 당해년도 시중 노임단가를 대입하기에는 적절하지 아니하다.

35. 다음 중 적산 단위 및 수량계산 일반기준의 설명으로 옳지 않은 것은?

① 수량산출은 국제단위계인 SI(또는 C.G.S)단위를 사용한다.
② 수량의 단위 및 소수위는 표준품셈 단위표준에 의한다.
③ 수량의 계산은 지정 소수위 이하 1위까지 구하고, 끝수는 반올림한다.
④ 다음에 열거하는 것의 체적과 면적은 구조물의 수량에서 공제하지 아니한다. 볼트의 구멍, 벽면의 개구부, 모따기, 이음줄눈의 간격, 철근콘크리트 중의 철근

36. 다음 중 재료의 할증률이 옳은 것은?

① 벽돌 중 시멘트 벽돌의 할증률 : 3%
② 벽돌 중 붉은벽돌의 할증률 : 5%
③ 석재 판붙임재 중의 정형돌 할증률 : 5%
④ 석재 판붙임재 중의 부정형돌 할증률 : 20%

37. 다음 중 품의 할증률의 설명으로 잘못된 것은?

① 표준품셈의 할증률을 적용한다.
② 연면적 10㎡ 이하, 기타 이에 준하는 소단위 공사에는 품을 50%까지 가산할 수 있다.
③ 도서지역(인력 파견 시) 및 도로개설이 불가능한 산악지역에서는 인력품을 50%까지 가산할 수 있다.
④ 공기단축을 위해 야간작업을 할 경우나 특성상 부득이 야간작업을 할 경우에는 품을 200%까지 계상한다.

38. 가로 15m×세로 10m×높이 2.4m의 가설 사무소에 근무 가능한 적정 인원은 몇 명인가?

① 38명
② 42명
③ 45명
④ 50명

39. 표준형 시멘트벽돌(190×90×57)쌓기 표준매수로 옳지 않은 것은?(줄눈 너비 10㎜ 기준으로 한다.)

① 0.5B 기준 1㎡당 72매
② 1.0B 기준 1㎡당 149매
③ 1.5B 기준 1㎡당 224매
④ 2.0B 기준 1㎡당 298매

40. 안목치수 6m×8m인 화장실 바닥과 벽의 액체방수 면적은 얼마인가?(단, 벽 방수는 바닥에서 1.2m까지로 하고, 출입문의 크기는 0.8m×2.1m이다.)

① 77.84㎡
② 79.24㎡
③ 80.64㎡
④ 82.04㎡

제4교시

객 관 식

실내구조 및 법규

성명		응시번호				-		-				

○ 객관식 총 40문제입니다.
○ 문제지에 성명과 응시 번호를 정확히 써 넣으십시오.
○ 답안지에 성명과 응시 번호를 써 넣고, 또 응시 번호, 답을 정확히 표시하시기 바랍니다.

1. 다음 중 목구조에 대한 설명으로 맞는 것은?

① 내습성, 내화성이 좋다.
② 친환경적이며 단열성능이 높다.
③ 지진 등의 수평방향 외력에 강하다.
④ 건물의 형태구성이 자유로우나, 공사기간이 길다.

2. 다음 중 입체식구조에 대한 설명으로 맞는 것은?

① 자재의 강도와 접착강도가 전체 강도에 영향을 미치며 철사 등의 보강재를 사용하면 더욱 강해진다.
② 목구조, 경량철골구조, 철골구조
③ 3차원으로 외력과 하중을 지지하고 평형을 이루는 구조이다.
④ 막구조가 대표적이다.

3. 시공과정에 의한 분류 중 시공과정에서 물을 사용하는 구조로서, 긴밀한 구조체를 형성하나 강도발현까지 시간이 필요한 구조는?

① 건식구조 ② 습식구조
③ 현장구조 ④ 조립구조

4. 다음 중 보에 대한 설명으로 맞는 것은?

① 햇볕, 비, 바람 등 외부환경의 영향을 가장 많이 받아, 방수, 단열, 내구성이 요구된다.
② 기둥과 기둥 사이의 보를 작은 보(beam)라고 한다.
③ 보의 크기는 활하중만을 고려하여 결정된다.
④ 철근콘크리트구조의 보의 최소 춤은 30㎝ 이상, 폭은 보 높이의 1/2-2/3 정도, 보의 높이는 보길이의 1/8-1/12 정도로 한다.

5. 다음 중 외벽마감에 대한 설명 중 맞는 것은?

① 시멘트모르타르바름의 1회 바름 두께는 6㎜ 내외로 하여 총 두께를 외벽의 경우 20~25㎜로 한다.
② 회반죽바름은 한 번의 바름으로 정밀하게 마감한다.
③ 고층부의 석재붙임은 뒷채움모르타르를 사용하는 습식공법으로 시공한다.
④ 세로판벽에는 누름대비늘판벽, 영국식비늘판벽, 일식비늘판벽 등이 있다.

6. 금속재 샛기둥 칸막이(steel stud partition)에 대한 설명으로 맞는 것은?

① 바닥과 천장에 스터드를 고정시킨 뒤 그 사이에 러너를 수직으로 설치하여 고정한다.
② 금속재 샛기둥의 단면 폭은 30㎜ 혹은 45㎜를 사용한다.
③ 스터드 설치 시 교차부분, 개구부 주위, 설비 부착위치 등에는 러너와 스터드를 추가 설치하여 보강한다.
④ 단열, 차음 등의 성능이 우수하다.

7. 바닥마감 중 바름마감에 대한 설명으로 맞는 것은?

① 목재마루, 타일, 벽돌, 시트 등을 바탕 위에 붙여서 마감한 바닥이다.
② 콘크리트마감은 신축성이 좋아 신축줄눈 설치가 불필요하다.
③ 시멘트모르타르, 인조석 갈기, 현장테라조바름, 합성수지바름 등의 공법이 있다.
④ 시멘트모르타르마감은 방수성과 내약품성이 좋아서 화학공장, 실험실 등에 사용한다.

8. 다음 중 철재반자틀에 대한 설명으로 맞는 것은?

① 작업성은 목재에 비하여 떨어지나 불에 강하고, 무변형이 장점이다.
② 작업성이 좋으나 뒤틀어지기 쉽고 불에 타기 쉬운 단점이 있다.
③ 달대볼트는 일반적으로 지름 3mm 길이 1200mm 이상의 것을 사용한다.
④ 경량형강 채널을 30cm 내외의 간격으로 달대볼트에 결속하여 반자대를 지지한다.

9. 지붕의 종류 중 모임지붕에 대한 설명으로 맞는 것은?

① 지붕면이 한쪽으로 경사진 것으로 주로 작은 건물에 쓰인다.
② 경사지붕면이 사방으로 만들어진 것으로, 빗물로부터 측벽을 보호할 수 있다는 장점이 있으나 지붕 속 환기는 어렵다.
③ 가장 기본적인 형태의 지붕으로, 지붕마루 양끝으로 같은 경사면을 가진 형식이다.
④ 지붕면이 수평인 것으로 주로 철근콘크리트조 건물에 쓰인다.

10. 다음 중 미서기창호에 대한 설명으로 맞는 것은?

① 내부 또는 외부의 단일방향으로 회전 개폐되는 방식의 창호이다.
② 문단속이 어렵고 기밀성이 떨어진다.
③ 문짝을 벽 옆이나 벽 중간에 넣는 방식으로 개구부 전체를 개방할 수 있다.
④ 창호 한쪽을 다른 한쪽으로 밀어붙여 2짝의 창호가 서로 겹치며 개폐하는 방식으로, 개구부 전체 면적의 50%를 개방 가능하다.

11. 창호철물 중 여닫이문을 열 때 문손잡이가 벽에 부딪히는 것을 방지하고 문을 고정시키기 위한 장치는?

① 도어클로저 ② 피봇힌지
③ 도어체인 ④ 도어스토퍼

12. 계단의 구성요소에 관한 설명 중 옳은 것은?

① 초등학교의 계단참의 유효너비는 150cm 이상으로 한다.
② 발을 딛는 수평 바닥면을 챌판이라 하고, 디딤판 사이의 수직면을 디딤판이라 한다.
③ 디딤판으로부터 손스침까지의 수직높이 중 최소 높이를 난간높이라고 하며, 75cm로 한다.
④ 계단의 경사는 20~25° 정도가 적정하다.

13. 철재계단에 관한 설명 중 옳은 것은?

① 틀계단의 디딤판의 두께는 2.5~3.5cm, 옆판의 두께는 3.5~4.5cm의 것으로 한다.
② 자유로운 형태가 제작 가능하고 해체 조립이 용이하나, 사용 시에 진동과 소음이 발생하는 단점이 있다.
③ 옆판계단은 차지하는 수평면적이 가장 작으며, 형태적 심미성도 좋다.
④ 주로 실내에 의장용으로 사용되며 내식성이 좋아 도장이 필요 없다.

14. 다음 중 2종 근린생활 시설에 해당되는 시설은?

① 330㎡의 휴게음식점 ② 200㎡의 소매점
③ 100㎡의 미룡실 ④ 50㎡의 세탁소

15. 다음 중 소방본부장 또는 소방서장의 동의를 얻어야 하는 건축물의 최소 연면적은?

① 4층 이상 200㎡ 이상
② 5층 이상 300㎡ 이상
③ 6층 이상 400㎡ 이상
④ 10층 이상 500㎡ 이상

16. 다음은 무엇에 관한 내용인가 보기에서 고르시오.

천재지변이나 그 밖의 재해로 멸실된 경우 연면적 합계와 층수, 높이를 모두 종전의 규모 이하로 건축하는 경우

① 신축 ② 증축
③ 재축 ④ 개축

17. 다음 중 착공신고 시 설계자로부터 구조안전 확인을 받아야 하는 것은?

① 2층 목구조
② 연면적 150㎡ 이상
③ 높이 12m 이상
④ 기둥간격 10m 이상

18. 내화구조로 되어 있는 건축물의 각 부분에서 피난층 또는 지상으로 통하는 직통계단에 이르는 보행거리는?

① 20m 이하 ② 25m 이하
③ 30m 이하 ④ 50m 이하

19. 기계식 환기장치가 설치되지 않은 400㎡의 거실에 설치하는 창의 크기 중 환기를 위한 최소의 면적은 얼마인가?

① 10㎡ ② 20㎡ ③ 30㎡ ④ 40㎡

20. 다음 중 경사로에 대한 설명 중 바르게 설명하지 않은 것은?

① 경사는 1:6을 넘지 않아야 한다.
② 경사로의 바닥면은 미끄러지지 않은 재료로 마감한다.
③ 장애인이 사용하는 경사로의 경우 최소 유효폭은 1.5m 이상이다.
④ 장애인이 사용하는 경사는 1:12 이하다.

21. 피난 관련 규정에서 계단의 난간 손잡이에 대한 설명이다. 잘못 설명된 것은?

① 양쪽에 벽이 있어 난간이 필요 없으면, 난간 손잡이를 설치하지 않을 수 있다.
② 난간 손잡이의 최대지름은 2.3㎝ 이상 3.8㎝ 이하이다.
③ 난간 손잡이는 원형 또는 타원의 단면으로 한다.
④ 계단이 끝나는 부분에서 30㎝ 이상 나오도록 설치한다.

22. 다음 중 소방시설관련 법에 따른 소화활동설비에 해당하지 않은 것은?

① 제연설비 ② 연결송수관설비
③ 비상콘센트설비 ④ 자동화재탐지설비

23. 방화구획에 대한 설명으로 옳지 않은 것은?

① 10층 이하는 1,000㎡마다 구획한다.
② 불연재료로 마감 되었을 경우 11층 이상은 500㎡마다 구획한다.
③ 불연재료로 마감 되지 않을 경우 11층 이상은 250㎡마다 구획한다.
④ 스프링클러가 설치되고 10층 이하인 경우 3,000㎡마다 구획한다.

24. 소방시설법에 의해 지하가중 터널은 제외한 지하층, 무창층 또는 4층 이상, 바닥면적 600㎡ 이상인 층이 있는 모든 층에는 옥내 소화전을 설치해야 하는 특별소방대상물의 최소 연면적은?

① 1,000㎡ 이상 ② 2,000㎡ 이상
③ 3,000㎡ 이상 ④ 4,000㎡ 이상

25. 다음 중 특정소방대상물의 모든 층에 설치해야하는 피난 기구가 아닌 것은?

① 휴대용전등 ② 완강기
③ 구조대 ④ 피난밧줄

26. 신축 또는 리모델링하는 100세대 이상의 공동주택의 기계환기설비의 최소 환기 횟수는?

① 시간당 0.5회 ② 시간당 1.0회
③ 시간당 1.5회 ④ 시간당 2.0회

27. 다음 시설물 중 방염성능기준 이상의 실내장식물을 설치해야 하는 특별소방시설 대상이 아닌 것은?

① 숙박 가능한 수련시설
② 의료시설 중 요양병원
③ 근린생활시설 중 체력단련장
④ 10층 아파트 공동주택

28. 다음 중 소화시설에 대한 분류 중 소화설비에 해당하지 않은 것은?

① 소화기구 ② 제연설비
③ 스프링클러설비 ④ 옥외소화전설비

29. 다음 보기중 60분+방화문에 해당하는 설명은?

① 60분 이상 연기차단
② 30분 이상~60분 미만 연기 및 불꽃 차단
③ 30분 이상 열 차단
④ 30분 이상 연기 및 불꽃 차단

30. 연면적 30,000㎡의 판매시설의 경우 주차장의 확보 대수는?

① 50대 ② 100대 ③ 200대 ④ 300대

31. 주차장에 대한 설명 중 잘못 설명한 것은?

① 주차장 구획은 실색 흰선으로 표시한다.
② 평행주차형식이 아닌 경우 주차구획의 크기는 너비 2.5 m 길이 5.0m이다.
③ 경형 주차구획의 경우 너비 2.0 m 길이 3.5 m이다.
④ 장애인전용 주차 너비 3.0 m 길이 5.0m이다.

32. 소방특별조사를 실시하려면, 며칠 전에 관계자에게 통보되어야 하는가?

① 7일 ② 14일 ③ 15일 ④ 20일

33. 11층 이상 오피스빌딩의 경우 바닥, 벽, 천장의 주요 부위의 마감이 불연재료로 되어 있고, 스프링클러가 설치된 층별 바닥면적 1,500㎡의 방화구획에 대하여 바르게 구획된 것은?

① 층간 방화구획
② 2개의 영역으로 구획
③ 3개의 영역으로 구획
④ 4개의 영역으로 구획

34. 장애인 · 노인 · 임산부 등의 편의시설 설치계획에서 고려해야할 사항 중 옳지 않은 것은?

① 대상시설의 신축일 경우에 있어서의 편의시설설치계획
② 대상시설 및 편의시설 설치기준에 관한 홍보
③ 대상시설의 편의시설 설치실태 및 정비계획
④ 기타 보건복지부령으로 정하는 사항

35. 장애인을 위한 시설계획에서 경사로를 계획할 때 가장 적합한 것은?

① 경사로의 길이가 1.5m 이상이거나 높이가 0.12m 이상인 경우에는 양 측면에 손잡이를 연속하여 설치하여야 한다.
② 손잡이를 벽에 설치하는 경우 벽과 손잡이의 간격은 3㎝ 내외로 하여야 한다.
③ 손잡이를 설치하는 경우에는 경사로의 시작과 끝부분에 수평손잡이를 0.3m 이상 연장하여 설치하여야 한다.
④ 양 측면에는 휠체어의 바퀴가 경사로 밖으로 미끄러져 나가지 아니하도록 2㎝ 이상의 추락방지턱 또는 측벽을 설치할 수 있다.

36. 장애인 등의 통행이 가능한 복도 및 통로의 설치기준에 대한 설명 중 적합한 것은?

① 복도의 바닥면에는 적정 높이의 경사로를 설치해야 한다.
② 바닥표면은 특수 재질로 마감하여야 한다.
③ 장애인이 넘어져도 충격이 적은 목재 마감재를 사용해야 한다.
④ 복도의 유효폭은 1.2m 이상으로 하되, 복도의 양옆에 거실이 있는 경우에는 1.5m 이상으로 할 수 있다.

37. 장애인 등의 이용이 가능한 화장실에 대한 설명 중 적합한 것은?

① 수직손잡이의 길이는 0.9m 이상으로 하되, 손잡이의 제일 아랫부분이 바닥면으로부터 0.6m 내외의 높이에 오도록 벽에 고정하여 설치하여야 한다.
② 대변기의 좌대의 높이는 바닥면으로부터 0.4m 이상 0.5m 이하로 하여야 한다.
③ 수평손잡이는 바닥면으로부터 0.6m 이상 0.8m 이하의 높이에 설치하여야 한다.
④ 건물을 신축하는 경우에는 대변기의 유효바닥면적이 폭 1.0m 이상, 깊이 1.8m 이상이 되도록 설치하여야 한다.

38. 장애인 등의 이용이 가능한 욕실계획을 위한 편의시설 세부기준에 관한 내용 중 옳은 것은?

① 욕조의 전면에는 휠체어를 탄 채 접근이 가능한 활동공간을 확보하여야 한다.
② 욕조에는 휠체어에서 옮겨 앉을 수 있는 좌대를 욕조와 동일한 높이로 설치하여야 한다.
③ 욕실의 바닥면높이는 탈의실의 바닥면과 동일하게 하여야 한다.
④ 출입문의 형태는 미닫이문으로 하여야 한다.

39. 장애인을 위한 편의시설 중 안내시설에 대한 설명 중 옳은 것은?

① 점자블록의 색상은 황색 외에 다른 색상으로 할 수 없다.
② 일반안내도가 설치되어 있는 경우에는 점자를 병기하여 점자안내판에 갈음할 수 있다.
③ 점자안내판 또는 촉지도식 안내판은 점자안내표시 또는 촉지도의 중심선이 바닥면으로부터 1.0m 내지 1.5m의 범위 안에 있도록 설치하여야 한다.
④ 점자블록은 부착식으로 설치하여야 한다.

40. 장애인 등의 이용이 가능한 접수대 또는 작업대에 대한 설명으로 적절하지 않은 것은?

① 장애인복지시설 등의 접수대 또는 작업대를 동일한 장소에 각각 2대 이상 설치하는 경우에는 그 중 1대만을 장애인 등의 이용을 고려하여 설치할 수 있다.
② 접수대 또는 작업대의 하부에는 무릎 및 휠체어의 발판이 들어갈 수 있도록 바닥면으로부터 높이 0.65m 이상, 깊이 0.45m 이상의 공간을 확보하여야 한다.
③ 접수대 또는 작업대의 전면에는 휠체어를 탄 채 접근이 가능한 활동공간을 확보하여야 한다.
④ 접수대 또는 작업대 상단까지의 높이는 바닥면으로부터 0.8m 이상 1.0m 이하로 하여야 한다.

제1회 실전모의고사 정답 및 해설

제1교시 실내계획

1 정답 : ②

유사성이란 색채, 형태, 크기, 질감, 패턴, 명암이 유사한 경우 하나의 그룹으로 인지하려는 경향이다. 폐쇄성이란 완전하지 않은 형태 또는 그룹을 완전한 형태나 그룹으로 인지하는 형태지각의 특성을 말한다. 도형과 배경의 법칙은 도형과 배경을 동시에 지각하는 것이 아닌 둘 중 하나만을 인식하는 것을 뜻한다.

2 정답 : ①

공간에서 사람이나 물건이 지나는 길을 동선이라 한다. 일반적으로 짧은 동선이 효율적이나, 백화점의 판매공간과 같이 공간의 성격에 따라 길게 머무를 수 있는 동선을 계획하기도 한다.

3 정답 : ①

실내공간 계획에서 우선적으로 고려되어야 할 사항은 인체 스케일(human scale)이다. 비례(proportion)는 규모(scale)와 마찬가지로 상대적인 개념이나 황금비와 같이 부분과 부분 또는 부분과 전체와의 수량적 관계로 규정된다.

4 정답 : ④

색은 빛이 인간의 눈을 자극할 때 지각할 수 있는 시감각이다. 색을 지각하기 위해서는 가시광선을 복사하는 광원(자연광, 인공광), 광원에서 나오는 광선을 반사하거나 두과시키는 물체, 광선을 지각하는 인간의 눈이 필요하다.

5 정답 : ④

데스틸 운동은 몬드리안을 중심으로 확산되었으며 가장 순수한 색채인 검정, 회색, 흰색의 무채색과 빨강, 파랑, 노랑의 원색을 사용하였다.

6 정답 : ②

장파장은 따뜻한 느낌으로 적광색이고, 단파장은 차가운 느낌으로 자색광이다.

7 정답 : ④

가구 배치는 공간 이용자의 행태에 영향을 미칠 수 있으며 공간의 용도 및 목적, 공간 이용자의 생활습관, 행위, 취향 등을 고려하여야 한다(참고문헌: 실내디자인, 2009, 교문사).

8 정답 : ①

미술공예운동 - 아르누보 - 데스틸 - 바우하우스의 순서이다.

9 정답 : ④

대청, 툇마루, 쪽마루, 난간마루, 측간마루 등은 마루를 설치하는 위치에 따라 구분된다.

10 정답 : ④

스마트 홈(디지털 홈)을 디자인할 때 기존 주거공간에 디지털 기술만 투입하는 것이 아닌, 디지털 기술이 갖는 딱딱함이나 삭막함을 줄이기 위해 공간의 형태뿐 아니라, 평면계획, 가구설비 등의 디자인을 고려하여 보다 부드럽고 안정된 분위기를 조성해야 할 필요가 있다.

11 정답 : ④

진열창의 반사 방지 방법으로는

- 진열창의 내부를 밝게 한다.
- 차양을 달아 외부에 그늘을 준다.
- 유리면을 경사시켜 비치는 부분을 위쪽으로 가게 한다.
- 특수한 경우에는 곡면 유리를 사용한다.
- 가로수를 쇼윈도 앞에 심어 도로 건너편의 건물이 비치지 않도록 한다.

12 정답 : ③

상징적 연출은 매장의 이미지 또는 기업의 이미지나 대표적인 상품을 상징적으로 연출하여 표현하는 형식으로 시선을 유도하는 영향력을 갖는다. 또한 상품과 관련된 분위기를 조성하여 상품의 가치나 특성을 추구하는 감각 진열로서 구매심리를 직접적으로 자극하는 방법은 분위기 연출방법이다.

13 정답 : ③

(1) 기본전략계획 : 사회경제동향 분석으로부터 상권, 입지, 고객 분석에 이르기까지 환경조건이나 시장 조건의 파악을 목표로 한다.
(2) 마스터플랜 : 마스터플랜이란 마케팅을 바탕으로 한 점 만들기의 종합계획이다.
(3) 스토어플랜 : 스토어플랜이란 마케팅을 바탕으로 점 전체의 구성에 대한 합리적 기준을 마련하는 것이다.
(4) 스토어디자인 : 외관과 내부 인테리어의 시각적 이미지는 소비자가 점을 찾는 동기부여에 막대한 영향을 미친다.
(5) 비주얼머천다이징 VMD 전개 : V(visual, 전달기술로서의 시각화)와 MD(merchandising, 상품계획)의 조합어로 점 구성의 기본이 되는 상품계획을 시각적으로 구체화하여 점 이미지를 경영전략 차원에서 고객에게 인식시키는 표현전략이다.

14 정답 : ④

서비스 동선은 기능성이 우선되어야 하므로 안전을 위하여 바닥의 고저차가 없어야 한다. 또한 신속한 서비스, 홍보계획, 위생시설, 투자 등이 종합적으로 함께 이루어져야 한다. 일반적으로 식음공간의 동선은 고객의 동선, 종업원의 서비스동선, 식품동선(음식재료의 반입, 쓰레기 반출)으로 구성된다.

15 정답 : ③

프런트는 호텔의 중추적인 업무를 담당하는 접객부분으로 프런트데스크(front desk)와 프런트데스크의 업무를 위한 프런트오피스(front office)로 나뉜다. 호텔 각 부분에서 정보가 집중되어 투숙객이 호텔에 머무르는 동안 필요한 모든 정보를 제공한다.

16 정답 : ②

진료실의 마감재는 따뜻한 분위기를 연출하기 위해 벽지를 사용하고 바닥에는 목재플로링이나 석재류 등을 사용하는 것이 좋다.

17 정답 : ①

폐쇄형 오피스의 경우 1인당 7.5~8.5㎡의 면적이 필요하지만 개방형 오피스는 복도나 통로 면적의 최소화로 1이당 4~5㎡의 면적이 필요하여 공간이 절약되고 유효면적이 넓다.

18 정답 : ④

시스템가구는 가구와 인간의 관계, 가구와 건축제의 관계, 가구와 가구의 관계 등 여러 요소를 고려하여 적절한 치수를 산출한다. 이렇게 모듈화된 가구는 계급의식을 없애므로 작업환경으 인간화를 유도한다.

19 정답 : ①

쇼룸은 주로 제품을 전시하여 상품의 소개 및 PR을 하는 상설전시공간이다. 쇼룸의 유형은 유통면과 전시내용, 입지조건 등에 따라 다양하게 나타나는데 이에 따라 전시수법 또한 다양하다. 쇼룸은 고객이 상품을 직접 체험해봄으로써 상품에 대한 정보를 파악할 수 있다.

20 정답 : ③

공연장의 가시거리 설정은 소규모 국악, 오페라, 발레, 현대극, 신극, 실내악 등의 경우 1차 허용한도는 22m 정도이며, 대규모 공연과 같은 경우 2차 허용한도는 35m이다.

21 정답 : ④

교육공간 평면계획의 기본적 원칙은 학년 단위로 정리해야 한다는 것이다. 같은 학년의 학급은 교과내용이 거의 일치하며, 심신의 발육상태도 거의 같기 때문이다.

22 정답 : ④

실내건축가는 독특한 자질을 가지고 어떤 분야에 대해 고도로 전문화된 능력을 가지면서 공통적으로 다음과 같은 지식을 갖추어야 한다.

- 창조적 디자인의 기초를 이루는 구성과 디자인의 기본적 요소와 이러한 기본 요소의 이해를 돕는 다양한 대중시각예술 매체에 대한 인식
- 건축환경과 건물 사이의 상관관계를 이해하게 해줄 디자인, 색상, 근접학, 시각인지력, 공간구성이론
- 모든 종류의 주거공간, 다양한 연령층과 사용자의 신체적 특성을 고려한 공간설계, 가구설계와 선택
- 공공복지, 안전, 건강, 노약자와 장애인 보호 등 디자인에 영향을 미칠 수 있는 법 조항, 규약, 규칙, 기준을 적용은 하나 적용에 대해 교육하는 것은 관계가 없다.

23 정답 : ④

디자인 비용 산정의 핵심은 다음과 같다

① 제공될 서비스의 범위를 이해한다.
② 그 요금방법이 비용을 만족스럽게 충당하고 순이익을 제공하리라는 확신하에 신중하게 비용을 계산한다.
③ 서비스에 절대적 방법은 없다. 회사는 함께 일할 고객, 디자인 공간의 유형, 경쟁사를 고려하여 신중하고 철저하게 디자인 비용을 산정해야 한다.
④ 디자이너나 경영자는 어떤 방법이 가장 수익성이 보장되는 방법인지 결정하기 위해 하나 또는 그 이상의 보수산출방법을 선택하여 마련해야 한다.

24 정답 : ②

실내건축가는 독특한 자질을 가지고 어떤 분야에 대해 고도로 전문화된 능력을 가지면서 공통적으로 다음과 같은 지식을 갖추어야 한다.

① 창조적 디자인의 기초를 이루는 구성과 디자인의 기본적 요소와 이러한 기본 요소의 이해를 돕는 다양한 대중시각예술 매체에 대한 인식
③ 건축환경과 건물 사이의 상관관계를 이해하게 해줄 디자인, 색상, 근접학, 시각인지력, 공간구성이론
④ 직업의 역사와 조직, 실내디자인 사업의 영업방식과 유형, 직업윤리의 이해

25 정답 : ④

직업상 업무태만의 예는 다음과 같다.

- 추가 업무를 유발하는 모호한 스케치 도면
- 고객의 예산을 지나치게 초과하여 디자인하는 것
- 건축물의 법규에 지정되지 않는 재료의 지정
- 인체공학을 무시한 가구를 디자인하는 것
- 자문을 찾아 상담하지 않은 것

26 정답 : ②

업무 수행 평가 시 주의해야 할 오류는 다음과 같다

① 후광효과(halo defect) : 일련의 특질이 다른 특질에 영향을 미치는 것을 말한다. 즉, 어떤 대상에 대한 일반적인 견해가 다른 특성에도 영향을 미치는 것이다.

② 적당히 평가하게 되는 실수(central tendency mistake) : 모든 직원을 보통 또는 우수등급으로 평가하는 것을 말한다. 이 경우 누구에게도 동기를 부여할 수 없다.

27 정답 : ①

① 시간요금제는 실비정산보수라고도 하며, 디자이너가 프로젝트에 소요되는 실제 시간을 추정하고, 예상되는 제반 비용에 회사의 DPE 또는 설계 보수요율표에 기초하여 청구하는 방법이다. 이 경우, 정확한 프로젝트 기간을 명시해야 하며, 작업 지연이나 초과 작업의 원인이 고객에게 있을 경우, 추가 요금이 청구됨을 계약서상에 명시해야 한다.

② 디자인회사가 제공하는 서비스의 가치나 질에 기초하여 보수를 산출하는 개념으로 경쟁사와 다른 점이 있으며, 자신의 서비스가 경쟁사보다 우수하다는 것을 보여줄 수 있을 때 제안할 수 있다. 고객은 여러 디자인회사가 제시한 내용 중 보다 큰 가치를 제공하는 디자인회사를 골라 계약하게 된다. 노하우가 축적된 회사는 신생회사보다 더 많은 기대감을 줄 수 있다. 그 회사만의 전문분야가 있을 때도 가치근거제를 반영하는 것이 가능하다. 이 방법은 디자이너의 경험과 능력을 분명하게 차별화할 수 있을 때 효과적이다.

③ 균일요금제는 총액에 한계를 두는 시간제 방법이다. 이 방법은 회사의 급여와 일반 비용 및 제공해야 할 서비스에 대해 완벽하게 파악하고 있을 때에 제안할 수 있다. 다양한 프로젝트 경험이 있거나, 그러한 프로젝트가 소요하는 시간에 대한 구체적인 자료를 가지고 있는 회사에서 사용하는 것이 유리하다.

④ 평당 요금비율을 작업할 프로젝트의 면적에 곱해서 요금을 산출하는 방법이다. 특정 분야의 경험이 많은 경우에 유리하다.

28 정답 : ①

① 미지금 세금 또는 예정납세는 아직 부과되지 않은 소득세나 기타 총 세금을 말한다.

③ 예수금은 아직 제공되지 않은 용역이나 매매거래에서 발생하는 수입을 말한다. 고객이 디자이너에게 지불하는 의뢰금, 착수금, 계약금 등이 이에 속한다.

④ 1년 후에 상환해야 하는 차입금을 말한다.

29 정답 : ④

실내디자이너의 지식체계로 미국의 실내디자인 인증을 담당하는 Council for Interior Design Accreditation에서는 다음과 같은 실내디자이너 지식체계를 13가지 범주에서 제시하고 있음. 디자이너로써의 윤리에 관한 내용은 강조되며 수익창출에 관한 내용을 강조하지는 않음: 지속가능성을 포함한 세계적 맥락, 협력, 비즈니스 실습과 전문성, 인간중심 디자인, 디자인 프로세스, 평면과 입체를 이용한 커뮤니케이션, 역사, 디자인 요소와 원리, 조명과 색채, 제품과 재료, 환경시스템과 인간의 웰빙, 시공, 규정과 가이드라인 등

디자이너로서의 윤리에 관한 내용은 강조되며 수익창출에 관한 내용을 강조하지는 않음

30 정답 : ③

실내건축가의 윤리규범이란, 직업인의 행동 또는 업무 수행과 관련된 옳고 그름에 관한 규정이다. 진정한 전문가는 윤리규범을 준수한다. 시행 가능한 기준을 단체나 학교에서 제시할 수도 있지만, 윤리적 행동은 각 디자이너가 고객, 동료, 사회 및 연계된 전문가들과 거래할 때에 자발적으로 우러나야 한다.

- 디자이너는 고객과 다른 사람들에게 고의로 자기 자신을 허위선전하거나, 같은 회사의 다른 사람이 자신이나 회사를 잘못 대변하게 하면 안 된다.
- 디자이너는 고객에게 디자이너에 대한 보수지급에 관해 충분히 알려주어야 한다.
- 자재 공급자로부터 어떤 종류의 사례금이나 대가를 요구하여서는 안 된다.
- 고객의 허락 없이 고객의 개인정보를 누설하여서는 안 된다.
- 업무를 통해 알게 된 기업의 기술적 정보·영업적 기밀을 누설하여서는 안 된다.
- 다른 디자이너의 명성에 손상이 가는 말을 하여서는 안 된다.
- 다른 디자이너와 고객 사이에 체결된 계약관계를 방해하여서는 안 된다
- 다른 디자이너가 발표한 디자인을 모방·표절하거나 무단 사용하여서는 안 된다.

31 정답 : ③

유니버설 디자인은 연령, 성별, 국적, 장애의 유무와 관계없이 모든 사람을 대상으로 보편적이고 일상적으로 반영되어야 할 사항이다.

32 정답 : ②

유니버설디자인의 4요소는 지원성, 접근성, 적응성, 안전성이다.

33 정답 : ②

유니버설디자인의 7원칙은 공평성, 융통성, 단순성, 정보

의 지각성, 오류의 허용성, 육체적 노력의 최소화, 접근·이용의 용이성이다.

34 정답 : ①

정보의 사용환경과 사용자의 시각, 청각 등 감각능력에 관계없이 필요한 정보가 효과적으로 전달되도록 배려하고 정보가 충분히 전달되도록 그림이나 문자, 촉각 등 다양한 방법을 병행 활용하여 종합적이고 입체적인 방식으로 정보 전달력을 높인다.

35 정답 : ③

유니버설디자인의 프로세스는 계획 공간에 대한 이해－사용자에 대한 이해－관련 법규 검토－기본계획 수립－공간계획－세부공간디자인－설계안 검토의 순으로 진행한다.

36 정답 : ④

배수를 위한 그레이팅은 휠체어나 유모차 바퀴가 틈새에 빠지지 않도록 살 간(13㎜ 이하)과 살 방향(보행 방향과 직각)을 고려해야 한다.

37 정답 : ③

공동주택 방화문의 방풍턱은 최소 15㎜ 이하로 시공하여야 한다. 방풍실의 앞뒤 문 사이 간격은 최소 1,200㎜ 이상의 유효거리를 확보해야한다. 출입구의 바닥은 배수가 원활하고 표면이 미끄럽지 않은 바닥재를 사용해야 한다.

38 정답 : ④

장애인 · 노인 · 임산부 등의 편의증진보장에 관한 법률」 시행규칙 중 제2조 제1항 관련 [별표 1] 편의시설의 구조 · 재질 등에 관한 세부기준 중 장애인 등의 출입이 가능한 출입구는 800㎜, '고령자 배려 주거시설 설계치수 원칙 및 기준'의 출입구 유효폭은 850㎜이다.

39 정답 : ②

단차발생이 불가피할 경우 재료분리대를 경사면으로 처리하되 높이 15㎜ 이하, 1/2의 경사각으로 제작 · 설치한다.

40 정답 : ①

핸드레일봉의 형상은 원형, 타원형 등 가능하며 지름 32~38㎜로 한다.

제2교시 실내환경

1 정답 : ②

인간공학은 기계 자체의 작동 시스템을 연구하기보다는 보다 효율적이고 쾌적한 작업환경을 조성하는 것에 가치를 두는 학문이라 하겠다.

2 정답 : ②

사용하는 신체의 범위를 가급적 적게 해야 한다.

3 정답 : ④

기능적 인체치수는 신체의 일부를 확장한 상태로, 예를 들어 한쪽 팔을 들거나 혹은 옆으로 펴거나, 한쪽 발을 펴거나 구부린 상태 등의 치수를 말한다.

4 정답 : ③

정적치수(Static Dimensions) : 고정 자세에서 인체 측정 / 동적치수(Dynamic Dimensions) : 움직이는 활동자세에서 인체 측정/ 근력(Muscular Strength) : 근육의 힘 측정

5 정답 : ④

대개의 인체측정 자료는 퍼센타일로 나타낸다. 신체부위 측정치는 100%를 최대범주로 하여 최대와 최소의 퍼센트로 나타낸다.

6 정답 : ①

인간은 자극(지각대상)에 대해 수용(지각)과 처리(인지) 과정을 거쳐 산출(견해, 감정, 태도)하고 마지막으로 반응을 유발한다.

7 정답 : ③

초자체는 렌즈 뒤와 망막 사이에서 안구의 형태를 구형으로 유지하는 액체이다.

8 정답 : ④

수직 작업영역과 수평 작업영역은 팔과 손의 움직임을 기준으로 한다.

9 정답 : ③

환경심리학에서는 환경과 인간행동을 하나의 단위로 연구한다.

10 정답 : ②

환경심리학의 이론적 토대들은 응용 연구로부터 도출되며, 연구 방법론에 있어 사회심리학과 중복된 특성을 가

진다. 밀집과 개인공간과 같은 환경심리학적 관심사는 사회적 행동을 내포한다.

11 정답 : ④

르윈은 심리적 장의 개념을 도입해 인간행태를 설명하였으며, 생활공간의 사물, 사람, 상황은 긍정적 또는 부정적 유인가를 지니고 있다고 하였다.

12 정답 : ②

바커(Barker) : 생태심리학
머사 앤 리(Murtha and Lee) : 사용자 이득 기준
코헨(Cohen), 밀그램(Millgram) : 환경부하이론

13 정답 : ③

유사성의 원리에 따라 유사한 사각형끼리 모아서 세로 방향 선으로 보는 경향이 있다.

14 정답 : ①

린치의 도시이미지 형성에 기여하는 물리적 요소 : 통로(paths), 모서리(edges), 지역(districts), 교차점(nodes), 랜드마크(landmarks)

15 정답 : ④

개인공간은 '침입자가 들어올 수 없는 개인의 신체를 둘러싼 눈에 보이지 않는 경계를 가진 영역', '개인 상호 간 접촉을 조절하고 바람직한 수준의 프라이버시를 이루기 위한 기능을 하는 영역'

16 정답 : ①

너무 많거나 적은 프라이버시는 불만족을 일으키고, 타인에게로의 유출과 유입 모두를 프라이버시 관점으로 본다. 프라이버시 보호를 위해 언어, 비언어, 환경적 기제 같은 행동기제를 사용한다.

17 정답 : ②

인원=연면적×유효면적 비율×유효면적당 인원
1일 사용수량=인원×1일 평균사용수량
인원=1,000㎡×0.6×0.2인/㎡=120인
1일 사용수량=120인×100리터=12,000리터
사용시간은 상관없음

18 정답 : ③

휠체어 사용자용 세면기 하단높이는 0.65m 이상이며 대변기 높이는 0.4m 이상, 0.45m 이하로 하며 화장실 출입문의 통과 유효폭은 문틀을 제외하여 0.9m 이상으로 하여야 한다(기존 건축물에 대한 완화의 경우도 문틀을 제외한 유효폭이 0.8m 이상이어야 한다.).

19 정답 : ①

루프 통기관은 2개 이상의 트랩 봉수를 보호하기 위해 사용하는 것으로 최상부 기구 바로 하류 측에 통기관을 세워 통기수직관에 연결한 관이며, 결합통기관은 고층 건물의 배수수직관 중간에서 연결하여 설치한 통기관이며 습운통기관은 통기와 배수의 역할을 함께하는 통기관이다.

20 정답 : ②

복사난방은 예열시간이 길기 때문에 복사열을 순발력 있게 조절하기 어렵고 방열기를 사용하지 않는다.

21 정답 : ②

원형덕트가 마찰이 적어 고속용 덕트에 적합하며, HEPA 필터는 공기의 청정도를 높이기 위한 여과시설이며, 냉난방 송풍덕트는 열손실을 줄이기 위해 단열을 하여야 한다.

22 정답 : ③

노유자시설은 600㎡ 이상인 경우 스프링클러를 설치하여야 한다.
종교시설과 문화시설은 해당용도에 사용하는 층 바닥면적이 500㎡ 이상, 휴게음식점은 바닥면적 1,000㎡ 이상인 경우에 해당한다.

23 정답 : ③

전기선과 전화선은 전류의 세기가 다르며 댐퍼는 덕트의 풍량을 조절하기 위해 사용되며 실내 단자반은 20~30m가 되는 위치에 설치한다.

24 정답 : ③

광도(luminous intensity : I)-어떤 방향에 대한 빛의 세기이며 단위는 칸델라(candela : cd)를 사용한다. 그 방향의 단위입체각에 포함된 광속으로 나타낸다.

25 정답 : ②

상향조명 기법(Up lighting) : 간접광을 이용하여 상부를 강조하거나 부드러운 반사광으로 전반 보충조명을 부여하는 방법이다.

26 정답 : ③

평균조도 E는

$$E=\frac{F}{S}(lm/m^2)=\frac{2500lm}{5m^2}=500lx$$

27 정답 : ③

루버 조명 : ① 천장 전면에 루버를 설치하고 그 위에 광원을 배치하는 조명기법이다. ② 직사 현휘가 없고 밝은 조도를 얻기 위한 사용에 효과적이다. ③ 루버면에 휘도

를 일정하도록 하여 얼룩짐이 생기지 않도록 하고, 램프로부터 루버면까지의 거리를 직접 검토하여 설계한다.

28 정답 : ②

코브조명 : ① 조명기구가 천장 가까운 벽에 부착된 불투명판 뒤에 장착되어 확산광을 부여해 천장으로 빛을 비추는 조명방식이다. ② 높이에 대한 느낌을 표현할 수 있는 장점이 있다. ③ 부드럽고 균등하고 눈부심 없는 빛을 발산하여 보조조명으로 쓰인다.

29 정답 : ①

백열전구는 효율(7~22lm/W)이 낮고 방사열이 많아 이용에 불편이 따르고 수명이 짧다.

30 정답 : ③

조명설계 순서 : 소요조도 결정-광원의 선택-조명기구 선택-조명기구 배치-검토

31 정답 : ③

친환경적 실내디자인은 실내와 실외환경에 미칠 영향 모두를 고려한 디자인, 즉 지구환경의 보존과 건강한 실내환경을 위한 디자인이다.

32 정답 : ②

미국의 LEED, 일본의 CASBEE, 영국의 BREEAM은 대표적 친환경건축 인증제도이며, G-SEED은 우리나라의 친환경 건축 인증인 녹색건축인증을 의미한다.

33 정답 : ②

온열감각은 기온, 습도, 복사, 기류의 4요소의 조합에 의한다.

34 정답 : ①

단열의 원리는 열전도율이 낮은 단열재를 이용하여 구조체의 열이동을 막는 것(저항형 단열), 반사율이 높은 재료를 이용해 이동하는 열을 반사하는 것(반사형 단열), 열용량이 큰 재료의 타임랙 효과를 이용하는 것(용량형 단열)이다.

35 정답 : ②

결로는 겨울철에 극심하며, 실내외 큰 온도차에 의해 벽 표면온도가 실내공기 노점 온도보다 낮은 부분이 생기면 결로가 발생한다.

36 정답 : ③

포름알데히드는 실내온도와 습도가 높을수록 방출속도가 빨라진다. 집먼지진드기는 먼지 속에서 사람이나 동물 피부에서 떨어지는 비듬, 각질 등을 먹고 살며, 호흡기 알러지 질환의 가장 중요한 기인항원이다.

37 정답 : ①

무거운 재질은 진동이 덜하므로 가벼운 재질보다 방음효과가 우수하다. 바닥충격음을 줄이기 위해 뜬바닥 구조를 채택하는 것이 바람직하다. 강마루, 타일, 대리석 등 마루재질의 접착식 바닥재는 층간 소음을 증가시키는 원인 중 하나이다.

38 정답 : ④

기후디자인이란 패시브 조절 방법이고, 기후지표에는 기후도표와 도일이 이용된다. 기후도표는 어떤 지역의 일년간의 기후를 그림으로 나타낸 것이다.

39 정답 : ④

생체모방 연구소(2018)에 의하면 생체모방(Biomimicry)은 "오랜 시간 동안 검증된 자연의 패턴과 전략을 모방하여 인간의 도전에 관한 지속 가능한 해결안을 찾는 혁신에 대한 접근"이다.

40 정답 : ②

충분한 자연채광과 조망은 환자의 치유효과를 향상시킬 수 있게 한다. 치유에 도움이 되는 바이오필릭 디자인은 건물의 각 부분에서 다양한 규모로 적용될 수 있다. 건물 옥상에 녹지를 설계하면 도시열섬현상을 완화할 수 있다.

제3교시 실내시공

1 정답 : ①

공통가설공사는 공사현장의 운영과 관리를 위한 시설물이다

2 정답 : ②

현장바닥면에 도면에 기록된 치수에 따라 먹줄을 놓는 작업으로 먹메김이라 한다.

3 정답 : ④

에폭시계방수는 도막방수의 종류이다.

4 정답 : ①

화강암은 내구성과 강도가 크며 다른 석재에 비해 흡수성이 적고 압축강도가 높으나 내화도는 낮다. 가공법과 정도에 따라 혹두기, 정다듬, 도드락다듬, 잔다듬, 물갈기, 버너구이 등이 있다.

5 정답 : ③
건식공법의 순서 : 수평실 치기-앵커용 구멍뚫기-완충제 사용하여 연결철물 설치-치수, 줄눈 등 설계내용 검토 확인을 진행한다.

6 정답 : ④
건식공법의 순서 : 수평실 치기-앵커용 구멍뚫기-완충제 사용하여 연결철물 설치-치수, 줄눈 등 설계내용 검토 확인을 진행한다.

7 정답 : ③
시공순서는 먹메김-러너(Runner)설치-스터드(Stud)설치-석고보드 부착 순이다.

8 정답 : ②
반자틀은 반자돌림대, 반자틀받이, 달대, 달대받이로 이루어져 있다. 나머지 답들은 벽체구조틀과 바닥구조틀 내용임.

9 정답 : ①
풍소란은 바깥에서 오는 먼지, 소음, 바람 등을 차단하기 위한 것으로 창호에 부착하며 재료는 고무나 합성수지(개스캣)로 된 것이나 금속재 스프링 형태의 것을 적절히 사용한다.

10 정답 : ④
유리 끼울 때 필요한 재료는 유리 퍼티, 세팅블록, 실런드, 유리와 새시의 접합부 또는 새스틀 사용이 없는 공법 내 이용되는 가스켓, 유리 끼구기 홈 측면과 유리년 사이에 여유 있게 하고 유리 위치를 고정하는 블록으로 스페이서가 있다.

11 정답 : ①
암면계열 : 암면, 암면 보온판, 암면 보온대, 암면 펠트
유리섬유 계열 : 유리섬유, 유리면 보온판, 유리면 보온대, 유리면 조온관
석면 계열 : 석면과 석면 제품
기타 : 발포폴리스티렌 보온재, 경질 우레탄 폼 보온재, 규산칼슘 보온재 등

12 정답 : ②
철부바탕은 표면을 깨끗하게 닦고 용접이나 리벳접합부분 등의 부분은 스크레이퍼, 와이어브러시, 내수연마지 등을 사용해 제거한다. 목부바탕을 만들기 위해서는 못울 제거하지 못했을 땐 깊이 박고 정크퍼티 처리를 한다. 유분은 휘발유 또는 벤졸 등으로 닦아내고 송진은 긁고 휘발유로 닦는다. 표면의 대패자국이나 엇결 등은 연마지닦기를 하고 구멍이나 균열에는 목재 눈먹임용 퍼티로 평평하게 하고 24시간 방치하도록 한다.

13 정답 : ①
철부에 은색에나멜페인트 공정은 초벌칠 공정으로 녹막이칠을 한 후 48시간 이상 건조-퍼티먹임 후 48시간 이상 건조-#160-180 연마지 닦기-재벌칠 후 24시간 이상 건조-정벌칠로 마무리 한다.

14 정답 : ①
목재는 열전도율이 낮으며, 충해나 풍화로 인해 내구성이 약하다. 또한 습기에 약하여 신축, 변형이 크다.

15 정답 : ③
합판은 원목에 비해 강도가 크고, 뒤틀림과 신축의 변형이 적다.
MDF는 가공이 용이하나 습기에 약하다.
합판은 곡면 가공이 가능하며, 넓은 단판을 얻을 수 있다.

16 정답 : ④
석재는 중량이 무겁고 인장강도가 약한 단점이 있다.

17 정답 : ④
석회석은 탄산칼슘을 주성분으로 하는 수성암으로, 라임스톤으로 알려져 있다.

18 정답 : ②
황동은 구리에 아연(30%)를 가하여 구리보다 경도가 크다.
알루미늄은 가공성이 좋으며 내식성이 크다.
납은 비중이 크고 연질이며, 열전도율이 낮다.

19 정답 : ①
점토소성제품의 흡수율은 자기-석기-도기-토기 순으로 낮으며, 흡수율이 낮을수록 강도가 크다.

20 정답 : ②
보통벽돌은 진흙으로 빚어 고온에서 소성한 벽돌로, 점토 속에 포함된 산화철에 의해 적갈색을 띠며 붉은 벽돌 또는 적벽돌이라고 불린다.

21 정답 : ②
유리블록은 내부에 완전 건조공기를 삽입한 후 밀봉한 것으로 단열효과가 높아 냉난방에 효과가 있다.

22 정답 : ④
회반죽은 기경성 재료로 공기 중에 굳어지는 성질이 있다.

23 정답 : ②
- 유성페인트는 알칼리에 약하기 때문에, 콘크리트 및 모르타르 면에는 부적당하다.
- 에나멜 페인트는 도막이 견고하고 광택이 있다.
- 유성 바니시는 건조가 빠르고 광택이 우수하다.

24 정답 : ③
비닐벽지는 종이 위에 비닐을 코팅한 벽지로 내구성과 방수성이 우수하다.

25 정답 : ④
카펫은 얼룩이나 오염에 약하며, 오염을 세척하는 데 어려움이 있다.
커트파일은 단면이 균일하고 보행촉감이 부드럽다.
롤카펫은 시공성이 좋으나 부분 보수가 용이하지 않다.

26 정답 : ④
공사비가 확정되고 공사의 시공 책임한계가 명확하다. 도급공사의 장점에 속한다.

27 정답 : ②
공고-등록-내역 작성-입찰-낙찰-계약

28 정답 : ③
① 전도금
② 기성불
④ 1년으로 한다.

29 정답 : ②
원가절감이 최대가 되는 최적의 공기를 표준공기라 한다.

30 정답 : ④
미국에서는 관리견적이라고 한다.

31 정답 : ④
건설공사의 3대 관리(품질관리, 공정관리, 원가관리)와 안전관리, 환경관리를 더하여 5대관리라 한다.

32 정답 : ②
특기시방서는 표준시방서에 우선한다.

33 정답 : ①
② 기술은 명령식이 아니고 서술식에 의한다.
④ 문제의 소지가 없도록 충분히 기술한다.

34 정답 : ①
재료 및 품의 수량, 공사량을 산출하는 작업을 적산이라 하고, 공사량에 단가를 곱해 공사가격을 산출하는 작업을 견적이라 한다.

35 정답 : ②
큰 곳에서 작은 곳으로. 아파트의 경우 단위세대에서 전체세대로 적산한다.

36 정답 : ③
부분의 단위는 EA(개, each), 조(組, set) 본(本), 매(枚) 등이 있다.

37 정답 : ①

38 정답 : ③
내부비계 면적은 바닥면적 곱하기 0.9하면 된다.

39 정답 : ②
내부비계의 비계면적은 연면적의 90%로 하고 손료는 3개월까지의 손율적용.
말비계는 층고 3.6m 미만 공사에 적용한다.

40 정답 : ②
목재 1재(1사이)는 1치×1치×12자이다.

제4교시 실내구조 및 법규

1 정답 : ③
① 벽돌구조/블럭구조의 특징
② 목구조의 특징
④ 철근콘크리트의 특징

2 정답 : ①
② 가구식구조
③ 조적식구조
④ 입체구조

3 정답 : ④
① 시공 시 물을 사용하여 구조부재를 형성하는 구조
② 시공 시 물을 사용하지 않고 공장에서 제작된 기성자재를 조립하여 사용한다.
③ 구조부재를 현장에서 제작, 가공, 설치하는 구조이다.

4 정답 : ④
① 기둥은 슬래브, 보 등의 하중을 받아 하부로 전달하는 수직부재이다.
② 기둥의 수와 위치에 따라 공간을 분할하거나 동선을 유도하는 역할도 한다.
③ 보는 일반적으로 천장으로 가려져 드러나지 않으나, 천장을 제거하여 디자인적 요소로 노출하는 경우도 있다.

5 정답 : ①
② 내력벽으로 둘러싸인 벽돌바닥면적은 80㎡ 이하로 한다.
③ 벽돌 벽체의 두께는 벽돌조는 벽높이의 1/20 이상으로 한다.
④ 벽돌벽체에서 개구부의 폭은 그 벽 길이의 1/2 이하로 한다.

6 정답 : ②
① 붙임벽 중 석재붙임에 대한 설명
③ 세로판벽에 대한 설명
④ 금속판붙임에 대한 설명

7 정답 : ③
① 샛기둥의 단면은 30×60㎜ 이상을 사용한다.
② 휨과 비틀림을 방지하기 위하여 300㎜ 또는 450㎜ 간격으로 수평대를 설치한다.
④ 방화, 단열, 차음 등의 성능이 떨어진다.

8 정답 : ②
① 내력벽이나 기둥이 지탱하는 보 위에 슬래브판을 설치하는 방식이다.
③ 와플슬래브구조는 작은 리브가 직교가 되도록 격자형으로 이루어진 슬래브로 일반 슬래브보다 기둥의 간격을 더 넓게 할 수 있다.
④ 가구식구조는 목조주택 등 가구식구조의 건축물에서 주로 적용되는 구조이다.

9 정답 : ①
② 무이음달대천장은 천장판을 하나의 판으로 일체화시키는 방식으로 별도의 점검구가 없을 경우 천장 속의 기능적인 유지보수가 어렵다
③ 전체의 천장판을 하나의 판으로 일체화시키는 방식은 무이음달대천장의 설명이다.
④ 개방격자시스템은 천장 속 구조를 그대로 노출시키는 방식으로 천장고가 높아 보이는 효과가 있다.

10 정답 : ②
① 지붕의 면적이 클수록, 지붕잇기의 재료의 기본단위가 작을수록, 재료의 방수성능이 낮을수록 물매를 급하게 한다.
③ 추녀마루를 만들어 지붕면이 사방으로 경사진 것을 모임지붕이라 한다.
④ 지붕잇기에 사용되는 금속판재료 중 저렴한 아연도금강판이나 알루미늄합금판이 주로 많이 사용된다.

11 정답 : ④
① 미닫이창호의 설명이다.
② 자유여닫이창호는 기밀성이 낮은 단점이 있다.
③ 미닫이창호의 설명이다.

12 정답:③
① 핀이 잘 뽑히지 않도록 만든 것으로 방범상 중요한 외부의 방범문에 주로 쓰인다.
② 핀의 양 끝에 꼭지를 달아 쉽게 핀을 뽑을 수 있으며 일반적으로 실내 문에 사용한다.
④ 매립형으로 문을 닫으면 정첩이 노출되지 않는 것으로 고급 문, 가구에 쓰인다.

13 정답 : ②
① 천장높이는 최소 2.1m 이상을 확보해야 한다.
③ 계단폭이 3m 이상일 때는 중간에 난간을 설치한다. 단 계단높이가 1m 이하인 것과 단높이가 15㎝ 이상의 것은 제외한다.
④ 곧은계단의 계단참 너비는 1.2m 이상으로 한다.

14 정답 : ②
다세대 주택은 공동주택으로 분류한다.

15 정답 : ④
다중주택의 바닥면적은 개정된 법률에 의해 330 → 660으로 변경
층수가 3층 이하일 것

16 정답 : ②
다가구주택 : 다음의 요건을 모두 갖춘 주택(공동주택이 아님)
1) 주택으로 쓰는 층수(지하층은 제외한다)가 3개 층 이하일 것. 다만, 1층의 전부 또는 일부를 필로티 구조로 하여 주차장으로 사용하고 나머지 부분을 주택(주거 목적으로 한정한다) 외의 용도로 쓰는 경우에는 해당 층을 주택의 층수에서 제외한다.
2) 1개 동의 주택으로 쓰이는 바닥면적의 합계가 660㎡ 이하일 것
3) 19세대(대지 내 동별 세대수를 합한 세대를 말한다) 이하가 거주할 수 있을 것

17 정답 : ④

주거업무시설군(업무시설)을 교육 및 복지시설군(의료시설)으로 용도변경은 허가 대상임

18 정답 : ③

관리지역, 농림지역 또는 자연환경보전지역에서 연면적이 200㎡ 미만

19 정답 : ②

1층의 경우 1.5m 띄운 거리에서부터 건축물을 지울 수 있다(건축법 시행규칙 제25조 제2항 [별표6]).

20 정답 : ③

개축이란 기존 건축물의 전부 또는 내력벽 · 기둥 · 보 · 지붕틀 중 셋 이상을 해체하고 그 대지에 같은 규모의 건축물을 축조하는 것이다.

21 정답 : ②

대수선의 경우 내력벽은 30㎡ 이상, 기둥, 보, 지붕틀을 3개 이상 수선 또는 변경한 경우, 다세대주택의 세대간 칸막이벽을 수선 변경한 경우이다.

22 정답 : ③

① 85㎡ 이내의 개축 또는 재축,
② 관리지역, 농림지역 또는 자연환경보전지역에 있는 3층 미만인 건축물에서 연면적이 200㎡의 개축
④ 신고일부터 1년 이내에 공사에 착수하지 못한 경우, 건축주의 요청에 따라 허가권자가 정당한 사유가 있다고 인정하면, 1년 범위에서 착수 기간을 연장할 수 있다.

23 정답 : ①

② 지붕에서 1m 후퇴한 선
③ 경기장을 제외하고, 지붕이 없는 경우 건축면적이 산정되지 않는다.

24 정답 : ②

건축물의 바닥면적은 노대의 면적은 1m 후되한 면적이 포함

25 정답 : ①

전체 거실바닥면적은 : 120㎡, 높이 2.5m인 면적은 높이가 3m인 면적은 36㎡

반자 높이의 평균가중치는 $= \dfrac{(36\times3)+((120-36)\times2.5)}{120}$

$= \dfrac{108+210}{120} = \dfrac{318}{120}[m] = 2.65[m]$

26 정답 : ②

문화 및 집회시설의 노대 아래 부분은 2.7m 이상이다.

27 정답 : ①

② 계단참의 유효폭은 1.2m 이상이다.
③ 계단의 높이가 1m가 넘으면 양옆에 난간을 설치해야 한다.
④ 계단의 유효높이는 2.1m 이상이어야 한다.

28 정답 : ②

11층 이상일 경우 특별피난계단을 설치해야 한다.

29 정답 : ③

① 10층 이하의 경우 1,000㎡마다 방회구획을 해야 한다.
② 스프링클러를 설치하면 10층 이하의 경우 3,000㎡마다 방회구획을 할 수 있다.
④ 11층에서 불연재료 마감이 아닌 경우 200㎡마다 방회구획을 할 수 있다.

30 정답 : ①

② 공동주택과 위락시설
③ 소매시장과 아동시설
④ 노인복지시설과 도매시장

31 정답 : ②

6층 이상 바닥면적 400㎡ 이상의 거실

32 정답 : ②

업무공간에서 엘리베이터, 복도, 화장실은 거실에 포함되지 않는 것으로 해석

33 정답 : ③

안전시설공사를 맞친 경우는 신고사항이다.

34 정답 : ③

① 대상시설에 대하여 인증을 받으려는 시설주는 보건복지부장관과 건설교통부장관에게 인증을 신청하여야 한다.
② 국가, 지방자치단체 또는 공공기관 외의 자가 신축 · 증축 · 개축 또는 재축하는 공공건물 및 공중이용시설로서 시설의 규모, 용도 등을 고려하여 대통령령으로 정하는 시설은 의무적으로 보건복지부장관과 국토교통부장관에게 인증을 받아야 한다.
④ 건설교통부장관과 보건복지부장관은 인증 업무를 효

과적으로 수행하기 필요한 전문 인력과 시설을 갖춘 기관이나 단체를 인증기관으로 지정하여 업무를 운영할 수 있다.

35 정답 : ①

① 세대수가 10세대 이상인 연립주택

36 정답 : ②

① 계단 및 참의 유효폭은 1.2m 이상으로 하여야 한다.
③ 휠체어사용자용 세면대의 상단높이는 바닥면으로부터 0.85m, 하단 높이는 0.65m 이상으로 하여야 한다.
④ 경사로의 기울기는 1/12 이하로 하여야 한다.

37 정답 : ④

① 미닫이문은 가벼운 재질로 하며, 턱이 있는 문지방이나 홈을 설치하여서는 아니 된다.
② 출입문은 회전문을 제외한 다른 형태의 문을 설치하여야 한다.
③ 여닫이문에 도어체크를 설치하는 경우 문이 닫히는 시간이 3초 이상 충분히 확보되도록 한다.

38 정답 : ②

① 넘어졌을 경우 가급적 충격이 적은 재료를 사용하여야 한다.
③ 바닥표면은 미끄러지지 아니하는 재질로 평탄하게 마감하여야 한다.
④ 복도의 바닥면에는 높이차이를 두어서는 안 된다. 부득이한 사정으로 높이차이를 두는 경우에는 경사로를 설치하여야 한다.

39 정답 : ④

① 건물을 신축하는 경우에는 대변기의 유효바닥면적이 폭 1.6m 이상, 깊이 2.0m 이상이 되도록 설치하여야 한다.
② 대변기의 좌대의 높이는 바닥면으로부터 0.4m 이상 0.45m 이하로 하여야 한다.
③ 출입구(문)옆 벽면의 1.5m 높이에는 남자용과 여자용을 구별할 수 있는 점자표지판을 부착하여야 한다.

40 정답 : ②

② 공간의 효율적인 이용을 위해 기저귀교환대는 접이식으로 설치할 수 있다.

제2회 실전모의고사 정답 및 해설

제1교시 실내계획

1 정답 : ①
수직선은 높이감을 주는 세로선으로 심리적 상승감, 엄숙함, 희망, 위엄, 강하고 절대적인 느낌을 준다. 수평선은 편안한 느낌의 가로선으로 확장감, 무한함, 영원성, 안정감, 침착하고 고요하며 평화로운 느낌을 준다. 사선은 생동감 넘치는 에너지와 운동감 및 속도감을 주는 동시에 긴장감, 변화, 위험의 느낌을 준다. 곡선은 여성적인 느낌을 주는 선으로 큰 곡선의 경우 우아하며 부드러움, 풍요로운 느낌을 들게 하고 작은 곡선의 경우 경쾌하고 미묘한 느낌을 주는 동시에 불명료한 느낌을 전달한다.

2 정답②
둘 이상의 요소가 동일한 공간에 배열되는 것은 디자인 원리 중 반복에 대한 설명이다. 상반되는 구성요소를 통한 대비조화는 공간에 대립과 긴장을 부여하여 개성이 뚜렷하고 생생한 공간을 표현할 수 있다. 통일성이 높은 요소들의 유사조화는 안정적이고 편안한 느낌을 줄 수 있으나 자칫 공간이 지루해질 수 있다.

3 정답 : ②
조명, 스피커, 공조 및 소방설비는 천장 디자인 시 고려할 사항이다.

4 정답 : ③
난색은 팽창, 진출되어 보이고, 한색은 수축, 후퇴되어 보인다. 명도는 중량감에 크게 영향을 미치는데 바닥의 명도가 벽보다 낮을수록 안정감을 준다.

5 정답 : ④
먼셀의 색표기에서는 색상(Hue), 명도(Value), 채도(Chroma)를 HV/C의 기호로 사용한다. 5YR 7/12의 경우 5는 대표색상, YR은 주황색, 7은 명도, 12는 채도를 의미한다.

6 정답 : ③
한국전통주택의 집 안은 개방적이고 집 밖으로 폐쇄적인 특성을 보인다. 벽체의 많은 부분이 창과 문으로 구성되어 필요에 따라 닫거나 열고, 들어 올려 개방적이거나 폐쇄적으로 사용한다. 남성이 주로 사용하는 사랑채와 여성이 주로 사용하는 안채로 나뉘는데 사랑채는 집안을 대표하는 위엄과 격식을 갖추고, 안채는 가장 깊숙한 곳에 있다. 대청은 집 안의 의례 공간으로 위계성을 나타내기 위하여 높은 천장을 계획한다. 한국전통주택은 채와 간으로 분화되어 있다. 채와 채 사이에 마당이 있고, 각 채는 간으로 분화되어 변화한다. 행랑채, 행랑마당, 사랑채, 사랑마당, 안채, 안마당 등 적극적인 공간인 채와 소극적 공간인 마당이 교차 반복되면서 시각적으로 연속된 특징을 보인다. 휜 목재를 자연의 모양 그대로 사용하는 등 자연과 융합된 특징을 보이며, 실의 규모와 비례, 척도는 인간의 치수를 기준으로 한다.

7 정답 : ②
합판은 3·5·7매 등 홀수의 얇은 나무 판재(박판)을 섬유 방향이 직교하도록 겹쳐 접착제로 붙여 만든 판으로 잘 갈라지지 않고 뒤틀림이 없다.

8 정답 : ①
19세기 초 윌리엄 모리스에 의해 주창된 아트 앤 크래프트 운동은 대량 기계생산 제품을 배제하고 수공예를 통한 제품의 정직한 원리에 기반하여 직선적인 형태와 자연을 모티브로 한 장식을 사용하였다. 장식적인 디자인과 신재료 공법이 동시에 나타난 것은 빅토리아 양식이다.

9 정답 : ③
가구 배치 시 기능, 동선, 인체공학, 인간심리 측면을 모두 고려하여야 한다.

10 정답 : ③
주거공간에서 노인은 일반 성인보다 2~3배의 밝기를 필요로 한다. 거실의 전반조명의 경우 일반성인은 30~75lx 정도의 밝기를 필요로 하는 반면 노인의 경우 90~215lx 정도의 밝기가 요구되어 진다.

11 정답 : ①
소비자의 구매심리 5단계(AIDCA 법칙)
1. 주의(Attention; A) : 상품에 대한 관심으로 주의를 갖게 한다.
2. 흥미(Interest; I) : 상품에 대한 흥미를 갖게 한다.
3. 욕망(Desire; D) : 상품 구매에 대한 강한 욕망을 갖게 한다.
4. 확신(Conviction; C) : 상품 구매에 대한 신뢰성으로 확신을 갖게 한다.
5. 행동(Action; A) : 구매 행위를 실행하게 한다.

12 정답 : ③
① 스테이지 위의 진열일 경우 일반적으로 600~2,100mm의 높이 범위에 해당한다.
② 선반 진열의 경우에는 950~1,300mm 정도의 범위가 이에 해당한다.
④ 인간의 시야는 세로와 가로의 비가 1 : 1.4이다.

13 정답 : ④
마스터플랜이란 마케팅을 바탕으로 한 점 만들기의 종합 계획이다. 마스터플랜의 요소는 다음과 같다. 화점의 마스터플랜 요소는 스토어 콘셉트의 설정, MD계획에 의한 상품정책의 이해, VMD 기본정책 결정, 판촉 및 영업 기본정책의 이해, 중점대상 고객층의 설정 등이다.

14 정답 : ④
레스토랑의 실내계획은 신속한 서비스, 홍보계획, 위생시설, 투자 등이 종합적으로 함께 이루어져야 한다. 또한 먹고 마시고 싶은 욕구를 충족시키며 고객이 부담 없이 편안하게 즐길 수 있는 안락한 분위기여야 하며 아름다운 분위기의 쾌적한 실내환경과 격조 높은 서비스 및 홍보, 위생, 투자 등에 관한 종합적인 계획을 세워야 한다.

15 정답 : ②
객실로 가는 복도는 안내받지 않은 숙박객이 불편하지 않을 정도의 조명이 필요하나 복도는 객실보다 낮은 50~100lx 정도로 균일한 조명을 한다. 또한 야간을 위한 조광장치를 하는 것이 경제적이다.

16 정답 : ③
의료시설의 문은 충격에 견딜 수 있도록 문틀과 문의 테두리는 철재나 경질의 목재를 사용한다.

17 정답 : ②
그리드플래닝은(grid planning)은 디자인상의 제요소를 종합하여 균형 잡힌 계획으로 정리하기 위한 일반적 계획방법 중 하나이다. 이것은 일정하게 정해진 규칙적인 형태의 기하학적 면이나 입체적 그리드를 계획의 보조도구로 사용하여 디자인을 전개하는 계획방법이다.

18 정답 : ③
사무공간은 쾌적한 근무환경 조성을 위해 조도와 휘도분포가 적당해야 하기 때문에 적절한 기준에 의한 조명계획이 필수적이다. 대형 사무공간의 경우 작업에 필요한 적정조도를 확보하기 위하여 주간에도 인공조명이 필요하므로 조명기구의 열 제거를 위해 공조설비와 일체화 시키는 것이 바람직하다.

19 정답 : ①
연속순회형의 장점은 동선이 단순하고 공간을 절약할 수 있다는 장점이 있으나, 주어진 순서로 관람해야 하므로 관객의 지루함을 유발할 수 있으며, 한 곳이 폐쇄되면 관람이 불가하다는 단점을 가지고 있다.

20 정답 : ③
커튼라인은 프로시니엄아치 바로 뒤 막의 위치에 있다. 주무대는 무대의 중심으로 배우가 연기를 하는 장소이므로 평면계획과 함께 단면계획 역시 중요하다. 단면으로는 주무대 위쪽의 각종 장식품을 매단 줄을 내려두는 공간과 주무대의 하부공간이 필요하다. 천장의 높이는 프로시니엄 높이에다 사람이올라가서 작업하는 공간 2m 이상을 확보한다. 무대의 하부공간은 인물의 아래쪽에 서만 등장하는 경우 3m 이상 필요하므로 장치에 따라 무대전환을 고려할 경우 폭, 높이 이상의 길이가 필요하고 이외에 기계피트가 3m 이상 필요하게 된다.

21 정답 : ③
학교 도서관은 학습활동이 중이 될 수 있어야 하고, 전교생이 접근하기 편리한 위치에 계획되어야 한다. 서고의 개구부는 환기, 채광에 필요한 최소한으로 하고, 서고의 채광은 간접 채광을 유도해야 하고, 인공채광이 효과적이다.

22 정답 : ②
시각적 인자는 색채, 형태 등을 지칭하며, 음향은 청각적, 온도는 촉각적, 향기는 후각적 인자로 구분된다.

23 정답 : ①
① 21세기 디자인에 있어서 변화한 환경은 세계화, 정보기술, 지식기반 경제, 네트워크 사회이다.

24 정답 : ④
④ 지구환경 보존과 에너지 절감을 위해 신축을 위한 Greenfield의 개발보다는 기존의 건물을 리모델링하고 재개발하는 디자인이 최근의 경향이다.

25 정답 : ④
④ 실내디자인이 순수예술과 다른 점은 건축법과 실내디자인 관련 법을 근거로 공간사용자 중심의 디자인안을 제안해야 하므로, 디자이너의 창의성이 이러한 한계를 인지하면서 발휘되어야 한다.

26 정답 : ①
② 혁신경영 : 혁신경영을 받아들이는 기업은 저효율성을 제거하고 미래환경 변화를 사전에 대비함으로써 변화에 신속하고 유연하게 대응하는 능력을 강화해야 한다.
③ 창조경영 : 애플의 최고 경영자인 스티브 잡스의 경영방식으로 미래를 향해 나서며 자연스러운 해경방안이 아닌 창조적인 해결방안을 찾는다.
④ 소프트 경영 : 정보화, 지식화, 디지털화에 발맞추어 정보기술을 중시하는 경영하는 경영방식이다. 최근에 전 세계가 소프트화 시대로 전환되면서 소프트 경쟁

력을 추구하고 있다.

27 정답 : ①

디자이너가 아이디어와 조형적 특성을 창출할 때 조건이나 제약 등에 너무 구애받지 않고 시각적으로 생각한다는 데서 유리됨. 하버드 디자인 대학원장을 역임한 피터 로위(Peter Rowe)는 "Design Thinking"이라는 책에서 건축과 도시계획에서 문제해결은 디자이너처럼 창의적인 생각해야 한다고 하였다. 디자인 싱킹은 수직적이지 않고 수평적이며 귀납이나 연역적 방법이 아닌 귀추적 방법을 쓰면서 다각적으로 해결방안을 모색한다.

28 정답 : ①

하버드 대학의 교수를 지낸 존 자이젤에 따르면, 효율적인 디자인 프로세스는 다양한 정보를 취득하고 종합하는 과정으로 일방향적이기보다는 상호 작용을 하는 프로세스이다. 실내디자인 프로젝트를 진행하기 위해서는 현장을 가봐야 하고 적합한 마감재와 재료의 선정을 위해서는 기후특성을 파악해야 한다.

29 정답 : ④

공간의 종류가 정해진 상태에서 각 공간 사용자의 역할을 하면서, 공간에서 필요한 니즈를 파악하는 방법을 게이밍법이라고 한다.
설문조사는 공간이 정해지지 않은 상태에서도 가능하며, 관찰법과 인터뷰 역시 공간사용자가 아닌 대상도 가능하다.

30 정답 : ④

최근의 디자인 분야의 경영은 보다 사용자 중심의 디자인안을 모색하고, 지구환경을 고려하는 지속가능성(sustainability)과 기후변화를 고려한다. 이윤추구 경영에서 보다 소비자와 사용자 중심의 경영을 모색하고 있다.

31 정답 : ③

유니버설 디자인은 예외집단을 갖지 않는 모두를 생각하는 범용 디자인이며 무장애 공간 디자인은 특정 사용자층을 위한 물리적 문제해결을 도모한다.

32 정답 : ③

노화에 따른 신체능력의 감소 때문에 제품과 환경을 사용함에 있어서 개인의 활동을 감소시키거나 그들이 해낼 수 있다는 기대감의 수준을 낮추게 해서는 안 된다.

33 정답 : ③

유니버설디자인의 7원칙은 공평성, 융통성, 단순성, 정보의지각성, 오류의 허용성, 육체적 노력의 최소화, 접근·이용의 용이성이다.

34 정답 : ④

연령, 성별, 인종, 질병과 장애 유무와 관계없이 누구나 평등하게 이용할 수 있도록 하는 것이다.

35 정답 : ④

휠체어뿐만 아니라 다양한 장애를 가진 사용자도 함께할 수 있는 편리한 공간계획이 되어야 한다.

36 정답 : ②

유니버설 디자인 적용시 진입로의 단차가 있어서는 안된다. 단, 법적 기준은 20mm 이하는 허용한다.

37 정답 : ③

휠체어 회전직경은 최소 지름 1,500mm 이상을 확보한다. 출입문 개방 상태에서 최소 유효폭은 800 이상이며 850~900mm을 권장한다. 불가피하게 단차발생 시 재료분리대를 사면으로 처리하고 높이는 15mm 이하, 1/2의 경사각으로 설치한다.

38 정답 : ①

휠체어 동작공간은 회전직경이 보장되도록 최소 1,500×1,500mm 이상의 공간을 확보한다.

39 정답 : ④

디딤판의 계단코는 발끝이나 목발의 끝이 걸리지 않도록 3cm 미만으로 돌출되게 한다.

40 정답 : ②

안내표지의 크기는 단면을 0.1m 이상으로 하여야 한다.

제2교시 실내환경

1 정답 : ①

인간공학의 영어 표현은 ergonomics이며, 미국에서는 human factor 혹은 human factor engineering라는 용어로 사용되기도 한다.

2 정답 : ①

작업강도는 에너지 대사율(RMR)로 나타낸다. 가벼운 작업은 1~2, 보통 작업은 2~4, 힘든 작업은 4~7, 굉장히 힘든 작업은 7 이상으로 표현한다.

3 정답 : ②

모듈은 디자인의 의도에 따라 비례를 위한 모듈, 기본모듈, 규격치수로서의 모듈, 조직화된 척법계열 내지는 수

열로서의 모듈로 구분해 적용해야 한다. 모듈은 고대시대부터 다양한 방식으로 적용되어 온 치수적용법이다.

4 정답 : ②
지하철 손잡이나 버스 의자높이는 집단 최소값을 이용하며, 통로나 문, 탈출구는 집답 최대값을 이용한다. 승용차 좌석이나 사무실 의자는 조절식 설계를 적용한다.

5 정답 : ③
시각표시장치는 가시도, 주목성, 읽기 쉬운 정도, 이해 가능도 등을 고려한다.

6 정답 : ④
잔향시간이란, 소리의 강도 수준이 최초보다 60dB 내려가는 데 요하는 시간이다.

7 정답 : ③
정밀작업의 경우 팔꿈치 높이보다 약 5~15㎝ 높게 한다. 일반작업(경작업)의 경우 팔꿈치 높이보다 약 5~10㎝ 낮게 한다. 중작업(힘든 작업)의 경우 팔꿈치 높이보다 약 10~20㎝ 낮게 한다.

8 정답 : ④
작업자의 시선은 화면 상단과 눈높이가 일치할 정도가 하고 작업 화면상의 시야범위는 수평선상으로부터 10~15° 밑에 오도록 하는 것이 좋다. 작업대의 높이는 60~70㎝ 범위 내가 적합하다. 화면과 작업자 눈과의 거리는 적어도 40㎝ 이상 확보되어야 피로하지 않다.

9 정답 : ②
환경심리학에서는 환경과 인간행동을 하나의 단위로 연구한다.

10 정답 : ③
작업수행은 중간수준의 각성상태에서 최대화된다.

11 정답 : ②
깁슨(Gibson)의 지원성 이론 관점에서 보면, 환경디자인은 생태적 상황에서 적절한 지원성을 제공하는 작업이라 할 수 있다.

12 정답 : ①
모서리(edges) : 해안선이나 벽처럼 선형적 특징을 지닌 요소
지역(districts) : 대도시에서 발견되는 블록 개념의 큰 공간
교차점(nodes) : 두 개의 도로가 교차하는 지점

13 정답 : ④
인지도는 공간의 관계 및 환경의 특성에 대해 머릿속에 기억해 두는 이미지이며, 인식된 내용을 구체적으로 묘사한 표현 결과를 말하기도 한다.

14 정답 : ②
영역성은 크기 위치 등의 지리적 형태를 가지고 있으며, 스트레스 자극들의 양을 통제해 스트레스를 줄이는 기능을 한다. 알트만은 영역을 세 가지로 나누고, 사회적 그룹 소속원들이 점유하는 공간을 이차영역으로 구분하였다.

15 정답 : ③
개방형 사무공간은 커뮤니케이션을 증가시킨다.

16 정답 : ①
치매환자를 위한 의료공간에서는 넓은 공간 대신 작고 친밀한 공간을 만들어주는 것이 효과적이다.
또한, 방향을 구분하기 어렵고 새로운 것을 기억하기 어려워, 환경에 대한 통제력을 길러주는 것이 중요하다. 화재법규에 위반되지 않는 범위 내에서 출입문을 잠그는 등 제한된 범위 내에서 안전하게 접근하는 환경 조성이 필요하다.

17 정답 : ④
펌프를 활용하는 급수방식으로 고가수조는 높이차이를 이용하므로 정전 시 급수가 가능하고 압력탱크 방식은 물탱크가 필요하며, 수도직결방식은 전기가 필요하지 않다.

18 정답 : ④
배수 중에 혼입된 유해물질이나 불순물, 침전물 등을 분리해내기 위해 사용하는 것은 배수트랩이며, 봉수를 보호하는 것은 트랩, 사이펀 작용을 이용하여 오물을 배출하는 것은 위생기기의 종류 중 사이펀식에 해당한다.

19 정답 : ④
공기가 고일 우려가 있는 곳은 공기빼기 밸브(air went)를 설치하며 급탕관은 급수관보다 부식하기 쉬우므로 황동관, 스테인리스관 등을 사용하는 것이 좋다. 스톱밸브는 유량제어용으로 공기체류를 유발할 수 있으므로 사용하지 않는 것이 좋다.

20 정답 : ①
정풍량 단일덕트 방식은 개별제어가 어렵고 팬코일 유닛 방식과 유인 유닛 방식은 공기와 물을 병용하는 방식이다.

21 정답 : ①
2종 환기는 급기, 3종 환기는 배기이며 전염병환자의 경

우 급기와 배기의 관리가 필요하므로 1종 환기를 적용하여 외기 도입을 제한하여야 한다.

22 정답 : ①

연결송수관은 소화설비이며, 완강기 등이 피난설비에 해당하고 건물과 건물 사이에 화재 확산을 방지하기 위해 설치하는 것이 드렌처이다.

23 정답 : ④

배연창은 6층 이상의 업무시설에 설치되며 천장 또는 반자까지의 수직거리가 0.9m 이내로 하여야 한다. 배연구는 수동으로도 개폐가 가능하며 배연창의 유효면적은 바닥면적의 1/100 이상이어야 한다.

24 정답 : ③

빛은 공간을 이루는 요소에 의해 흡수 또는 반사되어 느껴지는 빛깔로 일정하지 않고 변화하는 속성을 가지고 있다. 가시광선은 380~780㎚ 범위의 파장으로 인간의 눈에 보이는 광선이고 자외선은 가시광선보다 파장이 짧은 전자기파이다.

25 정답 : ③

월 워싱은 수직면을 비교적 균일하게 비추는 방법으로 그 공간 내에서 방향성을 유도한다. 벽면의 질감과 출입구를 강조하거나 공간을 넓어 보이게 하는 등의 시각적 효과가 있다. 많은 양의 부드러운 반사광이 공간 내부로 투입되어 전반 조명을 보충한다.

26 정답 : ②

실의 크기와 형체에 따라 조명의 효율이 달라지는 것을 나타내는 것이다.

$$K=\frac{XY}{H(X+Y)}=\frac{8\times5}{2\times(8+5)}=1.54$$

K : 방지수, X : 방의 폭(m), Y : 방의 길이(m)
H : 작업면 위에서 광원까지의 높이(m)

27 정답 : ④

코니스라이트 : ① 천창 또는 천장 가까이에 차폐장치를 설치하여 빛이 아래쪽을 비추게 하는 조명방식이다. ② 재질감이 있는 벽면(돌, 벽돌, 나무 등)의 드라마틱한 특성을 강조하거나 재미있는 조명 효과를 준다.

28 정답 : ②

조명기구를 선택하고자 할 때 고려사항은 ① 작업장의 특색 ② 실내 마감재료의 특징 ③ 조명설비의 효율 ④ 소요조도의 확보 ⑤ 조명기구의 유지관리 ⑥ 휘도에 대한 점검이다.

29 정답 : ①

동일 조도를 요하는 시작업으로 조닝(Zoning)을 한다. 벽 표면은 반사율을 높이고 흡수율을 줄인다. 인공조명보다는 주광을 실내에 많이 받아들이도록 한다.

30 정답 : ②

사용 중인 광원은 수명에 따라 광속이 감소하며, 표면이나 반사면의 청결상태에 의해서도 감소한다. 이 감소 비율을 감광보상률이라 하며, 보수율의 역수이다.

31 정답 : ②

친환경 실내디자인은 사람 중심접근, 지구를 고려한 접근, 공정무역과 공정한 거래와 관련된 개념 모두를 포함하며, 실내환경과 실외환경을 상호의존적 관계로 본다.

32 정답 : ④

친환경 건축자재나 제품관련 인증제도는 제품의 오염물질 방출 정도의 인증, 즉 제품사용 시 실내공기질 영향과 관련 있는 제도이고, 제품 생산과정에서 배출한 탄소와 오염물질 정도를 인증하는 지구환경 영향과 관련 있는 제도이다.

33 정답 : ③

녹색건축물 인증심사는 신축과 기존건축물 모두 해당되며, 4개의 그린 등급이 있다. 인증 유효기간은 인증서 발급한 날부터 5년이다.

34 정답 : ④

상대습도는 극단적으로 높거나 낮지 않으면 온열 쾌적성에 영향을 거의 미치지 않고, 쾌적한 상태는 평균복사온도가 기온보다 1~2℃ 정도 높을 때이다. 착의량은 실내 온열환경의 인체측 요인이다.

35 정답 : ②

새집증후군은 휘발성유기화합물 등이 방출되는 자재를 사용한 신축주택에서 머문 시간에 비례해 건강침해나 쾌적성에 영향을 미치는 증상으로, 주택을 떠나면 증상이 보이지 않는다.

36 정답 : ③

신축 또는 리모델링하는 100세대 이상의 공동주택은 시간당 0.5회 이상 환기가 이루어질 수 있도록 자연환기설비 또는 기계환기설비를 설치하여야 한다. 공동주택과 오피스텔의 난방설비를 개별난방방식으로 하는 경우 보일러실 윗부분에 면적이 0.5㎡ 이상인 환기창을 설치한다. 필요환기량은 필요한 공기의 유입 또는 유출되는 양의 최저치를 말한다.

37 정답 : ④

실내 빛환경은 공간 사용자에게 심리적 영향을 미치며, 불량한 경우 시력저하와 피로, 작업능률 저하에 영향을 준다. 높은 조도에서 광원의 수나 휘도가 증가하면 눈부심이 일어나 작업능률의 저하가 생기기 쉽지만, 눈부심을 느끼지 않는 범위에서는 조도가 높을수록 작업능률이 높아진다. 광색은 심리적 영향과 치유력에 영향을 줄 수 있다.

38 정답 : ④

온난지역의 기후디자인의 원리는 겨울에 방풍과 일사열을 취득할 수 있도록 하는 것이다.

39 정답 : ②

자연채광은 일조를 유입해 실내를 밝히는 것이고, 설비형 태양열 급탕 및 냉난방은 액티브 기법이다. 태양광 발전은 오목 반사판에 태양복사를 집중시켜 수백 도 이상의 열을 얻고 이 열을 이용해 발전하는 방식

40 정답 : ①

플러스에너지 주택은 사용하는 것보다 많은 에너지를 생산하는 주거이다. 장수명 주택은 자원 및 에너지를 효율적으로 활용하여 100년 이상 지속할 수 있는 주거환경을 제공하며, 사용자의 라이프 스타일 변화에 대응할 수 있는 주택이다. 친환경 주거는 건축물의 계획, 설계, 생산, 유지관리, 폐기에 이르기까지 전 과정에 걸쳐 에너지 및 자원 절약을 가능하게 하는 주거이다.

제3교시 실내시공

1 정답 : ③

철거시공 계획 전 현장 주변 조사(도로현황, 인접건물, 보행인 등), 철거대상 건물의 설계도 또는 현장실측에 의한 간접조사를 하여 낙하물, 진동, 소음에 대한 요인 예측하고 방지하도록 사전조사를 한다. 이러한 사전조사를 통해 철거방법과 작업내용, 안전대책 및 공해방지 대책 등의 계획서를 제출하여 승인받는다.

2 정답 : ①

기초의 부동침하, 평면의 복잡성이나 벽배치의 불균형, 하중이나 횡력 또는 충격, 벽체 강도부족, 개구부나 창문 배치의 불균형 등 설계 미비, 벽체의 강도 부족(불량벽돌 및 모르타르사용), 재료의 신축(온도차와 흡수정도), 이질재의 접합부, 사춤모르타르 사용 부족 등의 잘못된 시공으로 인해 균열이 생긴다.

3 정답 : ③

시멘트 액체방수는 모르타르 미장면과 콘크리트 표면에 방수제를 침투시키거나 모르타르에 방수제를 혼합하여 덧발라 방수하는 것이다.

4 정답 : ④

치장줄눈은 타일시공 후 3시간 경과 후에 솔이나 헝겊을 사용하여 홈을 파고 청소 후 24시간 이상 결과 후 모르타르가 굳은 정도를 보고 치장줄눈을 한다. 백시멘트를 매우고 젖은 헝겊으로 문질러서 마무리하고 깨끗한 물로 닦는다.

5 정답 : ②

박리현상은 과도한 면적을 미리 도포하여 모르타르가 굳은 상태에 시공된 경우, 압착공법 시 모르타르가 얇을 경우, 잘 두드리지 않거나 줄눈 간격이 좁게 하여 모르타르를 안 넣었을 경우 타일 뒷면이 불량인 경우에 나타난다.

6 정답 : ④

인서트(insert)설치-행거볼트 설치-캐링채널 및 마이너채널설치-방자틀설치-표면 마감재 부착

7 정답 : ①

따내기 이음에는 주먹장이음, 메뚜기장이음, 엇설이이음, 빗이음, 엇빗이음이 있다.

8 정답 : ③

방염공사는 화재 시 가연성 물질의 인화, 연소를 방지나 지연하기 위해 마감재의 표면에 방화성능이 있는 물질로 처리하는 것이다.

9 정답 : ①

기온 5도 이하 35도 이상이거나 습도가 85% 이상일 경우, 바람이 강할 경우 작업을 진행하지 않는다. 칠은 얇게 막이 되도록 하고 충분히 건조 후 다음 작업을 하도록 한다. 라텍스 페인트는 시공 가능한 최저온도는 7도, 외부 10도이다. 바니시 페인트의 경우는 내외부 동일하게 18도로 한다. 작업 시 기후 조건은 온도 약 20도, 습도 약 75%가 가장 좋다.

10 정답 : ③

안티코 스터코 도장은 헤라로 반복하여 칠하여 입체감과 변화감을 주는 데코레이션 기능의 도장

11 정답 : ②

정배지에는 종이벽지, 비닐벽지, 섬유벽지, 초경벽지, 목질계와 무기질 벽지 등이 있다.

실전모의고사 정답 및 해설

12 정답 : ①

위생기구 설치기준을 보면 샤워기는 1,870㎜(바닥면-샤워헤드)이고, 소변기 530㎜(바닥면-리브의 상단), 세면기 720㎜ 대변기 앉는 면 365㎜, 주방 씽크대는 800~850㎜으로 바닥에서 기구의 넘치는 수면까지이다.

13 정답 : ①

공사예정공정표에 명시될 내용은 공정별, 주요공정단계별 착수와 완료시점, 주요공정 단계별 선 선・후 또는 동시 진행 등의 연관관계, 주공정선(Critical Path) 또는 주공정 공사의 목록, 주간 공정률(표), 주요 제출물 제출 일정계획 : 시공계획서, 시공 상세도면 및 견본, 사용자재 옥내 운반 일정계획, 기타 이 시방서 각 절에 명시되어 있는 사항 등이다

14 정답 : ①

목재는 큰 부재를 얻기 어렵고, 습기에 신축, 변형이 크기 때문에 장 스판의 구조에 불리하다.

15 정답 : ③

목재의 강도는 인장강도, 휨강도, 압축강도, 전단강도 순으로 높다.

16 정답 : ②

석재는 불연성이며, 압축강도가 크고 인장강도가 약하다. 석재는 큰 부재를 얻기 어렵고, 인장강도가 적어서 건축물의 주요 구조재로 사용되기 어렵다.

17 정답 : ③

알루미늄은 내화성이 적고, 열팽창계수가 철의 2배 정도로 크다.

18 정답 : ④

조이너 : 보드류를 붙일 때 이음부분에 부착하는 가는 막대모양의 줄눈재이다.

익스팬션 볼트 : 구멍에 볼트를 박으면 끝이 쪼개져서 벌어져 고정되는 볼트이다.

인서트 : 콘크리트 표면에 미리 매입해두고 추후 구조물을 달아매는 데 사용되는 고정철물이다.

19 정답 : ③

외부용타일은 대기 부식에 대한 내후성이 높은 자기질이 주로 사용된다.

자기질타일은 흡수성이 낮고 방수성이 우수하다.

습식타일은 거칠고 다공질이며 정밀도가 떨어진다.

20 정답 : ②

광재벽돌은 슬래그에 소석회를 가하여 성형한 후 대기나 고압증기로 경화시켜 만든 벽돌이다.

21 정답 : ③

유리는 약산에는 침식되지 않으나, 강산에는 서서히 침식된다.

열전도율은 콘크리트의 1/2이다.

보통유리의 강도는 휨강도를 의미한다.

22 정답 : ①

석고플라스터는 수경성 재료이다.

미장재는 최종 마감재로도 사용될 수 있으며, 도장과 도배 등 후속공정을 진행할 수도 있다.

시멘트 모르타르는 시공성을 좋게 하기 위하여 소석회를 혼합한다.

23 정답 : ④

유리섬유는 가공성이 좋고, 시간에 따른 제품의 변형이 적다.

24 정답 : ③

유성바니시는 내후성이 낮아 옥외보다 옥내의 목재 바탕 마감 시 사용된다.

수성페인트는 알칼리에 강하며, 내수성이 약하다.

유성페인트는 두꺼운 도박을 형성하고, 붓바름의 작업성이 우수하다.

25 정답 : ④

섬유벽지는 색상이 다양하고, 재질감과 입체감이 풍부하다.

26 정답 : ①

② 정액 도급계약제도

③ 정액 도급계약제도의 장점

④ 단가도급계약제도

27 정답 : ④

건축생산 현대화 3S SYSTEM : 단순화, 규격화, 전문화

28 정답 : ③

입찰 보증금은 통상적으로는 5~10%의 범위이다.

29 정답 : ④

지붕틀을 증설 또는 해체하거나 세 개 이상 수선・변경하는 것

30 정답 : ①
횡선식 공정표는 예정과 실적의 차이를 파악하기 어렵다.

31 정답 : ①
② 도표식 공정표
③ CPM공정표
④ 횡선식 공정표의 설명이다.

32 정답 : ①

33 정답 : ③
시방서는 설계자가 설계도면과 함께 작성한다.

34 정답:①
일위대가표는 단위수량당 단가이다.

35 정답 : ④
벽면의 개구부(도어 및 창문)는 공제한다.

36 정답 : ①
② 벽돌 중 붉은벽돌의 할증률 : 3%
③ 석재 판붙임재 중의 정형돌 할증률 : 10%
④ 석재 판붙임재 중의 부정형돌 할증률 : 30%

37 정답 : ④
④ P.E.R.T/C.P.M 공정계획에 의한 공기 산출 결과 정상작업(정상공기)으로는 불가능하여 야간작업을 할 경우나 공사 성질상 부득이 야간작업을 하여야 할 경우에는 품을 25%까지 가산한다.

38 정답 : ③
사무소 1인당 3.3㎡

39 정답 : ①
0.5B 기준 1㎡당 75매이다.

40 정답 : ③
바닥 방수면적=6×8=48㎡
바닥에서 1.2m까지 방수하므로
벽 방수면적={2×(6+8)×1.2}-(0.8×1.2)=33.6-0.96
=32.64㎡
전체 방수면적=48+32.64=80.64㎡

제4교시 실내구조 및 법규

1 정답 : ②
① 벽돌구조/블럭구조의 특징
③ 지진 등의 수평방향 외력에 약하다.
④ 철근콘크리트의 특징

2 정답 : ③
① 가구식구조
② 조적식구조
④ 기타구조

3 정답 : ②
① 시공 과정에서 물을 사용하지 않고 목재나 철재 등의 기성자재를 조립하여 사용한다.
③ 주요 구조부재를 현장에서 제작, 가공, 설치하는 구조
④ 구조부재를 공장에서 제작하여 반입한 후 현장에서 조립하는 구조

4 정답 : ④
① 지붕에 대한 설명
② 기둥과 기둥 사이의 보를 큰 보(girder)라고 한다.
③ 보의 크기는 분담 슬래브의 자중, 기둥간격, 보의 자중 등에 의해 결정된다.

5 정답 : ①
② 회반죽바름은 초벌바름, 재벌바름, 정벌바름으로 마감한다.
③ 고층부의 석재붙임은 연결철물로 고정하는 건식공법으로 시공한다.
④ 가로판벽의 종류

6 정답 : ③
① 바닥과 천장에 머리판과 밑판을 고정시킨 뒤 그 사이에 금속재 스터드를 수직으로 설치하여 고정한다.
② 금속재 샛기둥의 단면 폭은 65㎜ 혹은 100㎜를 사용한다.
④ 방화, 단열, 차음 등의 성능이 떨어진다.

7 정답 : ③
① 붙임바닥에 대한 설명
② 콘크리트마감은 바닥면적이 넓은 경우에는 신축줄눈을 설치하여 균열을 방지한다.
④ 합성수지바름마감에 대한 설명

8 정답 : ①
② 목재반자틀의 설명
③ 달대볼트는 일반적으로 지름 9㎜, 길이 900㎜ 이내의 것을 사용한다.
④ 경량형강 채널을 90㎝ 내외의 간격으로 달대볼트에 결속하여 반자대를 지지한다.

9 정답 : ②
① 외쪽지붕의 설명
③ 박공지붕의 설명
④ 평지붕의 설명

10 정답 : ④
① 여닫이창호의 설명이다.
② 자유여닫이창호의 설명이다.
③ 미닫이창호의 설명이다.

11 정답 : ④
① 여닫이문의 문틀과 문짝 상부에 설치하여 문이 천천히 닫히도록 하는 장치이다.
② 문의 상하의 피봇을 설치하여 축으로 회전하는 구조로 중량문에 주로 쓰인다.
③ 문이 일정 한도 이상 열리지 않도록 하는 침입방지성능을 갖는 장치이다.

12 정답 : ①
② 발을 딛는 수평 바닥면을 디딤판이라 하고, 디딤판 사이의 수직면을 챌판이라 한다.
③ 난간높이는 85cm이상으로 한다.
④ 계단의 경사는 30~35°정도가 적정하다.

13 정답 : ②
① 목재계단 중 틀계단의 설명이다.
③ 철제계단 중 나선형계단의 설명이다.
④ 철제계단은 주로 공장, 창고, 옥외 등에 사용되며, 부식방지를 위해 방청도료 도포가 필요하다.

14 정답 : ①
300㎡ 미만의 휴게음심적은 1종 근린생활 시설이며, 300㎡ 이상 휴게음심적은 2종 근린생활 시설이다.

15 정답 : ③
6층 이상 또는 400㎡ 이상의 건축물에 대한 하여 건축허가를 할 경우 소방본부장 또는 소방서장의 동의를 받아야 한다.

16 정답 : ③
재축이란 천재지변이나 그 밖의 재해로 멸실된 경우 연면적 합계와 층수, 높이를 모두 종전의 규모 이하로 건축할 경우이다.

17 정답 : ④
① 목구조의 경우 3층
② 연면적 150㎡ 이상
③ 높이 13m 이상은 구조안전을 확인한다.

18 정답 : ④
보행거리는 30m 이하이지만, 내화구조로 되어 있는 경우 직통계단에 이르는 보행거리는 50m 이하

19 정답 : ②
환기를 위한 창의 면적은 1/20 이상이므로 $400 \times \frac{1}{20} = 20$ [㎡]

20 정답 : ①
경사로의 경사는 1:8을 넘지 않아야 한다.

21 정답 : ①
양쪽에 벽이 있어 난간이 필요 없으면, 난간 없이 손잡이를 설치한다.

22 정답 : ④
자동화재탐지설비는 '경보설비'이다.

23 정답 : ③
불연재료로 마감되지 않을 경우 11층 이상은 200㎡마다 구획한다.

24 정답 : ③
옥내 소화전을 설치해야 하는 특별소방대상물의 연면적은 최소 3,000㎡ 이상이다.

25 정답 : ①
특정소방대상물에 설치하는 피난 기구는 피난사다리, 환강기, 구조대, 공기안전매트, 피난밧줄 등이 있다.

26 정답 : ①
신축 또는 리모델링하는 (주택 이외의 시설과 동일 건축물로 건축하는 경우) 100세대 이상의 공동주택의 기계환기설비의 최소 0.5회 이상이어야 한다.

27 정답 : ④

방염성능기준 이상의 실내장식물을 설치해야 하는 특별소방시설 대상은 (1) 근린생활시설 중 체력단련장, 숙박시설, 방송통신시설

(2) 건축물 옥내 시설로 문화 및 집회시설, 종교시설, 운동시설(수영장 제외)

(3) 의료시설 중 종합병원, 요양병원, 정신의료기관, 노유자시설 및 숙박이 가능한 수련시설

(4) 이외 11층 이상의 것(아파트 제외)

28 정답 : ②

제연설비는 소화활동설비로 분류된다.

29 정답 : ③

60분+방화문은 60분 이상 연기 및 불꽃을 차단하고, 30분 이상 열 차단의 기능을 한다.

60분 방화문은 60분 이상 연기 및 불꽃을 차단하며, 열 차단의 기능은 요구하지 않는다.

30 정답 : ③

판매시령의 경우 시설면적 150㎡당 1대를 확보해야 하므로

$$주차대수 = \frac{연면적}{150} = \frac{30000}{150}$$

$= 200대$

31 정답 : ④

장애인전용 주차 너비 3.3m 길이 5.0m이다.

32 정답 : ①

화재예방, 소방시설 설치 · 유지 및 안전관리에 관한 법률 제4조의 3 : 7일 전에 관계인에게 조사대상, 조사기간 및 조사사유 등을 서면으로 알려야 한다.

33 정답: ①

규모	구획 면적	스프링클러 설치	비고
10층 이하	1,000㎡ 이내마다	3,000㎡ 이내마다	
11층 이상	500㎡ 이내마다	1,500㎡ 이내마다	불연재료 마감
	200㎡ 이내마다	600㎡ 이내마다	불연재료가 아닌 경우

34 정답 : ①

① 대상시설의 건축 · 대수선 · 용도변경 등에 따른 편의시설 설치계획

35 정답 : ③

① 경사로의 길이가 1.8m 이상이거나 높이가 0.15m 이상인 경우에는 양측면에 손잡이를 연속하여 설치하여야 한다.

② 손잡이를 벽에 설치하는 경우 벽과 손잡이의 간격은 5㎝ 내외로 하여야 한다.

④ 양 측면에는 휠체어의 바퀴가 경사로 밖으로 미끄러져 나가지 아니하도록 5㎝ 이상의 추락방지턱 또는 측벽을 설치할 수 있다.

36 정답 : ④

① 복도의 바닥면에는 높이차이를 두어서는 안 된다. 부득이한 사정으로 높이차이를 두는 경우에는 경사로를 설치하여야 한다.

37 정답 : ①

② 대변기의 좌대의 높이는 바닥면으로부터 0.4m 이상 0.45m 이하로 하여야 한다.

③ 수평손잡이는 바닥면으로부터 0.6m 이상 0.7m 이하의 높이에 설치하여야 한다.

④ 건물을 신축하는 경우에는 대변기의 유효바닥면적이 폭 1.6m 이상, 깊이 2.0m 이상이 되도록 설치하여야 한다.

38 정답 : ①

② 욕조에는 휠체어에서 옮겨 앉을 수 있는 좌대를 욕조와 동일한 높이로 설치할 수 있다.

③ 욕실의 바닥면높이는 탈의실의 바닥면과 동일하게 할 수 있다.

④ 출입문의 형태는 미닫이문 또는 접이문으로 할 수 있다.

39 정답 : ②

① 점자블록의 색상은 원칙적으로 황색으로 사용하되, 바닥재의 색상과 비슷하여 구별하기 어려운 경우에는 다른 색상으로 할 수 있다.

③ 점자안내판 또는 촉지도식 안내판은 점자안내표시 또는 촉지도의 중심선이 바닥면으로부터 1.0m 내지 1.2m의 범위 안에 있도록 설치하여야 한다.

④ 점자블록은 매립식으로 설치하여야 한다. 다만, 건축물의 구조 또는 바닥재의 재질 등을 고려해볼 때 매립식으로 설치하는 것이 불가능하거나 현저히 곤란한 경우에는 부착식으로 설치할 수 있다.

40 정답 : ④

④ 접수대 또는 작업대 상단까지의 높이는 바닥면으로부터 0.7m 이상 0.9m 이하로 하여야 한다.

저자 소개

제1장 실내계획

권현주(1.1 실내디자인 이론)

Virginia Polytechnic Institute & State University, Ph.D. (Housing)
현재 부산대학교 실내환경디자인학과 부교수
한국실내건축가협회 이사
한국실내디자인학회 이사

박지훈(1.2 실내공간별 계획)

홍익대학교 건축학과 건축학박사
현재 호남대학교 건축학과 조교수
대한민국 건축사(KIRA)
광주광역시 건축위원
전남 건설기술심의위원, 전북 공공건축가

김석경(1.3 디자인 경영)

Texas A&M University, Ph.D. (Architecture)
현재 연세대학교 실내건축학과 교수
한국실내건축가협회 상임이사
한국주거학회논문집 편집위원장
미국 미시건주립대학교 실내디자인학과 겸임교수
미국 IDEC Innovative Teaching Ideas Coordinator

이준수(1.4 유니버설디자인)

홍익대학교 건축공학과 공학석사(홍익대 건축공학과 박사 수료)
현재 광주여자대학교 실내건축디자인학과 조교수
한국공간디자인협회 부회장
한국실내디자인학회 위원장

제2장 실내환경

이승헌(2.1 인간공학)

부산대학교 건축공학과 공학박사
현재 동명대학교 실내건축학과 조교수
한국실내건축가협회 상임이사
부산시교육청 그린스마트미래학교 운영위원

안소미(2.2 환경심리행태, 2.5 친환경디자인)

연세대학교 주거환경학과 이학박사
현재 백석대학교 디자인영상학부 교수
한국실내건축가협회 상임이사
한국토지주택공사 LH디자인컨설턴트

김성혜(2.3 실내설비, 2.4 조명)

건국대학교 건축전문대학원 실내건축설계학과 박사수료
현재 협성대학교 실내디자인학과 교수
한국실내건축가협회 이사
서초구 공공건축 전문자문단 위원

제3장 실내시공

이윤희(3.2 실내건축 공종별 시공)

연세대학교 주거환경학과 이학박사
현재 신구대학교 건축학과 교수
한국실내건축가협회 부회장
한국실내디자인학회 이사

이명아(3.3 실내건축 재료)

연세대학교 실내건축학과 이학박사
현재 공간디자인 바림 대표
한국실내건축가협회 이사
한국실내디자인학회 부위원장

홍석남(3.1 실내건축시공 총론, 3.4 실내건축 적산)

인덕대학교 건축학과 졸업
현재 서정디자인(주) 전무이사
한국실내건축가협회 이사
한국실내디자인학회 정회원

제4장 실내구조 및 법규

윤동식(4.1 실내구조)

도쿄대학대학원 건축학전공 공학박사
현재 홍익대학교 건축도시대학원 교수
한국실내디자인학회 부회장
대한건축학회 연구2 담당이사

조성오(4.2 실내법규)

홍익대학교 건축과 박사
현재 동양미래대학교 실내건축디자인과 부교수
한국실내디자인학회 감사
대한건축학회 정회원

유성은(4.3 장애인·노약자 시설 관련 법규)

연세대학교 실내건축학과 이학박사
현재 군산대학교 공간디자인융합기술학과 교수
한국실내건축가협회 이사
한국실내디자인학회 이사

실내디자이너 자격예비시험 (최신판)

2022년 6월 25일 초판 1쇄 발행
2022년 6월 30일 초판 1쇄 발행

편 저 (사)한국실내디자인학회
펴낸이 강 찬 석
펴낸곳 도서출판 **미세움**
주 소 (07315) 서울시 영등포구 도신로51길 4
전 화 02-703-7507 팩스 02-703-7508
등 록 제313-2007-000133호
홈페이지 www.misewoom.com

ISBN 979-11-88602-52-0 13540

정가 45,000원